eXamen.press

Helmut Bähring

Anwendungsorientierte Mikroprozessoren

Mikrocontroller und Digitale
Signalprozessoren

4., vollständig überarbeitete Auflage

 Springer

Dr. Helmut Bähring
FernUniversität in Hagen
Fakultät Mathematik und Informatik
Universitätsstr. 1
58097 Hagen
Germany
helmut.baehring@fernuni-hagen.de

ISSN 1614-5216
ISBN 978-3-642-12291-0   e-ISBN 978-3-642-12292-7
DOI 10.1007/978-3-642-12292-7
Springer Heidelberg Dordrecht London New York

Die Deutsche Nationalbibliothek verzeichnet diese Publikation in der Deutschen Nationalbibliografie;
detaillierte bibliografische Daten sind im Internet über http://dnb.d-nb.de abrufbar.

Einbandentwurf: KuenkelLopka GmbH

Gedruckt auf säurefreiem Papier

Springer ist Teil der Fachverlagsgruppe Springer Science+Business Media (www.springer.com)

Für meine Familie

Vorwort

Thema dieses Buches sind die anwendungsorientierten Mikroprozessoren, also Mikroprozessoren, die für den Einsatz in einem weiten Spektrum von Anwendungen konstruiert wurden. Da sie modular an verschiedenste Problemstellungen anpassbar sind, haben sie die Realisierung vieler moderner elektronischer Anwendungen vereinfacht oder erst ermöglicht.

Zu den anwendungsorientierten Mikroprozessoren gehören zum einen die Mikrocontroller (µC), die über besondere Schnittstellen, integrierte Speicher und festgelegte Programme zur Steuerung verschiedenster Vorgänge verfügen. Sie stellen vollständige Mikrocomputer auf einem einzigen Chip dar. Im Unterschied zu den Prozessrechnern der Vergangenheit, die – oft schrankgroß – „von außen" ein System steuerten, können Mikrocontroller wegen ihrer geringen Größe direkt in dieses System integriert oder – anders gesagt – „eingebettet" werden.

Zum anderen gehören dazu die Digitalen Signalprozessoren (*Digital Signal Processor –* DSP), die besonders zur digitalen Verarbeitung analoger Signale mit speziellen Befehlen und Hardwarekomponenten konzipiert sind. Ihr Rechenwerk ist auf die schnelle Reihenberechnung ausgelegt, die in vielen Algorithmen der digitalen Signalverarbeitung eine zentrale Rolle spielt.

Das vorliegende Buch ist aus einem gleichnamigen Kurs an der FernUniversität Hagen entstanden, der dort erfolgreich seit mehreren Jahren an der Fakultät für Mathematik und Informatik durchgeführt wird. Wesentliche Grundlagen für diesen Kurs waren die beiden Bücher des Autors über „*Mikrorechner-Technik*", die 2002 im Springer-Verlag erschienen sind. Die zeitliche Beschränkung des Kurses führte auch zu einer inhaltlichen Beschränkung des vorliegenden Buches, das sich gründlich mit dem grundlegenden Aufbau komplexer Mikrorechner beschäftigt. Genauer betrachtet, sind Gegenstand dieses Buches die Hardwareaspekte sowie die Hardware-nahen Softwareaspekte der Mikrocontroller und DSPs. Die gewöhnlich im Focus des Interesses stehenden Prozessoren für Personal Computer der Firmen Intel und AMD werden daher nicht behandelt.[1]

Die Beschreibung der Lösungen und Konzepte orientiert sich außerdem hauptsächlich an Mikrocontrollern und DSPs der unteren und mittleren Leistungsklassen. Weiterführende Möglichkeiten zur Leistungssteigerung, wie der Einsatz von Caches, Superskalarität, virtuelle Speicherverwaltung usw., werden aus Platzgründen nicht behandelt. Sie findet man in den eben genannten Büchern beschrieben. Insbesondere kann im vorliegenden Buch auch der „explodierenden" Entwicklung der Mehrkern-Prozessoren bei Mikrocontrollern und DSPs kein weiter Raum gegeben werden.

In den einzelnen Kapiteln wird in Beispielen zwar auf spezielle Mikrocontroller und DSPs eingegangen. Trotzdem wurde versucht, hauptsächlich das allen Realisierungen Gemeinsame darzustellen, d.h., die verschiedenen Konzepte und Entwicklungsstrategien, aber auch wesentliche Unterschiede sowie Vor- und Nachteile der beschriebenen Lösungsmöglichkeiten. Dabei werden wir uns Schritt für Schritt vom Zentrum eines Mikrorechners, dem Prozessorkern (der CPU), „nach außen" bewegen: über die Verbindungswege des Bussystems zum Arbeitsspeicher und von dort zu den Systemsteuer- und Schnittstellenbausteinen.

---

[1] Nach Stückzahlen und Umsatz spielen diese Prozessoren eine verschwindend geringe Rolle gegenüber den Mikrocontrollern und DSPs, deren jährliche Verkaufszahlen in Milliardenhöhe liegen

Kapitel 1 beginnt zunächst mit einer kurzen Erklärung der wichtigsten Begriffe und Definitionen und stellt danach die Einsatzgebiete von anwendungsorientierten Mikroprozessoren und die an sie gestellten Anforderungen vor. Danach folgen in den *Kapiteln 2 und 3* für beide behandelten Typen, µC und DSP, Beschreibungen ihrer grundsätzlichen Architektur. Zu den µC werden typische, nach Leistungsklassen geordnete Beispiele vorgestellt. (Aktuelle Beispiele zu den DSPs folgen zum Abschluss des Buches in Kapitel 10!) *Kapitel 4* beschäftigt sich mit den immer wichtiger werdenden Mischformen aus µC und DSP.

Kapitel 5 behandelt die zentrale Einheit beider Prozessortypen, den Prozessorkern. Hier werden die Komponenten des Kerns ausführlich besprochen. Dazu gehören die Operations- und Steuerwerke, die Adressrechenwerke, der Registersatz und die Systembus-Schnittstelle. *Kapitel 6* beschäftigt sich ausführlich mit der Schnittstelle zwischen der Prozessor-Hardware und seiner Software. Dazu zählen die unterstützten Datentypen und ihre Formate, der Befehlssatz und die Adressierungsarten.

Im *Kapitel 7* werden der Aufbau des Arbeitsspeichers und die Funktion der wichtigsten Speicherbausteine beschrieben, die in anwendungsorientierten Mikroprozessoren oder ihrem Umfeld eingesetzt werden. *Kapitel 8* behandelt wichtige Bussysteme, die der Kopplung von anwendungsorientierten Prozessoren untereinander oder dem Anschluss von Peripheriekomponenten dienen. Zu der ersten Klasse gehören der USB, der CAN-Bus sowie der LIN-Bus, zur zweiten die prozessorspezifischen Systembusse und der I²C-Bus.

Kapitel 9 gibt eine Darstellung der wichtigsten Peripheriekomponenten eines anwendungsorientierten Mikroprozessors, die der internen Steuerung eines komplexen Systems dienen. Dazu gehören insbesondere Bausteine zur Verwaltung von Unterbrechungswünschen an den Prozessor, zur effizienten Datenübertragung zwischen dem Speicher und den Schnittstellen sowie zur Erzeugung und Messung von digitalen Zeitfunktionen unterschiedlicher Art. Neben den parallelen Schnittstellen wird den unterschiedlichen Ausprägungen der seriellen Schnittstellen breiter Raum gegeben. Am Ende des Kapitels werden die in Mikrocontrollern realisierten Verfahren zur Analog/Digital- und Digital/Analog-Wandlung vorgestellt.

Zum Abschluss widmet sich *Kapitel 10* ganz den Digitalen Signalprozessoren. Dazu wird zunächst beispielhaft auf einen speziellen 16-Bit-DSP eingegangen, der ganze Zahlen und Festpunktzahlen verarbeiten kann. Im letzten Abschnitt werden dann unterschiedliche Entwicklungstrends bei Hochleistungs-DSPs vorgestellt.

An dieser Stelle möchte ich mich ganz herzlich bei Prof. Dr. Theo Ungerer von der Universität Augsburg dafür bedanken, dass er mir erlaubt hat, die beiden Abschnitte in Kapitel 1 über Einsatzgebiete und Energiespartechniken aus seinem Buch über „Mikrocontroller und Mikroprozessoren" zu verwenden, auf das im Literaturverzeichnis hingewiesen wird.

Hemer, im Sommer 2010   Helmut Bähring

Inhaltsverzeichnis

1. Einführung

1.1 Definitionen und Begriffe

Der **Mikroprozessor**[1] (µP, *Micro Processing Unit* – MPU) ist die Zentraleinheit (*Central Processing Unit* – CPU) eines Digitalrechners, die auf einem einzigen Halbleiterplättchen (*Chip*) untergebracht ist. Er umfasst die beiden Komponenten Steuerwerk und Operationswerk (bzw. Rechenwerk), die untereinander Informationen über Steuer- und Meldesignale austauschen (s. Abb. 1.1). Während das Steuerwerk für den zeitgerechten Ablauf der Befehlsbearbeitung eines Programms zuständig ist, führt das Operationswerk (auch Rechenwerk genannt) die eigentlichen arithmetisch/logischen Operationen aus.

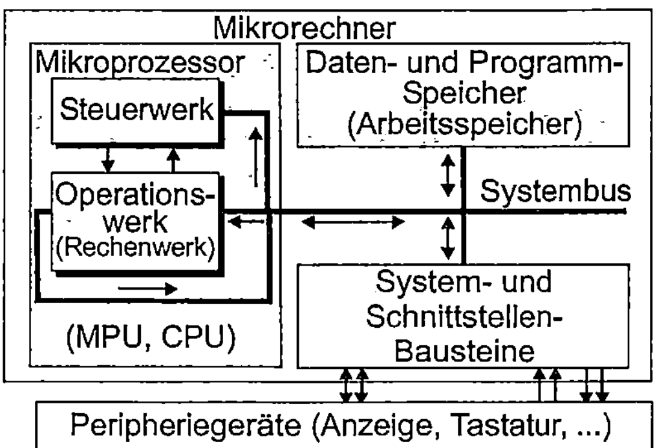

Abb. 1.1: Aufbau eines Mikrorechners

Ein **Mikrorechner** (µR, Mikrocomputer) enthält neben dem Mikroprozessor als Zentraleinheit zusätzlich noch einen Daten- und Programmspeicher, die wir zusammenfassend als Arbeitsspeicher bezeichnen. Die Verbindung des Speichers mit dem Mikroprozessor geschieht über den (bidirektionalen) Systembus[2]. Er leitet die Befehle aus dem Speicher zum Steuerwerk des Prozessors, die Operanden vom Speicher zum Operationswerk und die Ergebnisse zurück zum Speicher. Daten und Programme können gemischt in einem einzigen Speicher untergebracht oder aber in getrennten Daten- bzw. Programm-Speichern abgelegt sein. Zum Mikrorechner gehören weiterhin Schnittstellen-Bausteine für den Anschluss diverser Peripheriegeräte sowie weitere Systembausteine[3] (Zähler, Echtzeituhr, Digital/Analog- bzw. Analog/Digital-Wandler usw., vgl. Kapitel 9).

Unter einem **Mikrorechner-System** (µRS, Mikrocomputer-System – MCS) verstehen wir einen Mikrorechner mit allen angeschlossenen Peripheriegeräten, der sog. **Peripherie** des Systems. Dazu gehören z.B. Festplatten, Tastatur und Bildschirm, Drucker, aber auch einfache Sensoren, Aktoren, Anzeigen usw.

---

[1] Die Vorsilbe „Mikro-" bezieht sich nur auf die Größe des Prozessors, nicht jedoch auf seine Leistungsfähigkeit oder die Art der Realisierung des Steuerwerks. Die Namensgebung geschah zu einer Zeit, als der Prozessor eines Digitalrechners noch ein schrankgroßes Gehäuse füllte

[2] Unter einem Bus versteht man eine Sammlung von mehreren Leitungen, auf denen gleichartige Informationen parallel und in dieselbe Richtung übertragen werden und an denen alle Komponenten derart angeschlossen sind, dass zu jedem Zeitpunkt höchstens eine senden kann, aber alle anderen empfangen können

[3] Wir sprechen in diesem Buch vereinfachend auch dann von „Bausteinen", wenn es sich dabei um Komponenten handelt, die auf demselben Chip untergebracht sind

H. Bähring, *Anwendungsorientierte Mikroprozessoren*, eXamen.press, 4th ed.,
DOI 10.1007/978-3-642-12292-7_1, © Springer-Verlag Berlin Heidelberg 2010

Nach den Grundzügen ihrer Architektur unterscheiden wir bei den Prozessoren zwischen den folgenden Typen:

- **CISC-Prozessoren** (*Complex Instruction Set Computer*) verfügen über einen (relativ) umfangreichen Befehlssatz. Sie sind meist mikroprogrammiert, d.h., sie besitzen ein Mikroprogramm-Steuerwerk (MPStW), dessen Mikroprogramme vom Hersteller in einem Festwertspeicher (*Control Memory/Store*) untergebracht wurden und vom Benutzer nicht geändert werden können. Ihre Architektur folgt (meist) dem von-Neumann-Prinzip, d.h., Befehle und Daten liegen im selben Arbeitsspeicher gemischt vor und werden über ein einziges Bussystem[1] transportiert (vgl. Abb. 1.1). Diese Prozessoren werden heute hauptsächlich in Steuerungssystemen verwendet. In früheren Jahren dominierten die CISC-Prozessoren der Intel-80x86-Familie (bis 80486) den Markt der Personal Computer (PC).

- **RISC-Prozessoren** (*Reduced Instruction Set Computer*) sind nicht mikroprogrammierte Mikroprozessoren. Sie besitzen stattdessen ein fest verdrahtetes Steuerwerk, bei dem die Befehle durch direkte (kombinatorische) Schaltlogik realisiert werden. Die Bezeichnung RISC stammt von dem (ursprünglich) relativ kleinen Befehlssatz dieser Prozessoren. RISC-Prozessoren besitzen üblicherweise eine sog. Harvard-Architektur, bei der Befehle und Daten in getrennten Speichern untergebracht und gleichzeitig über getrennte Bussysteme transportiert werden können (s. Abb. 1.2). Sie werden hauptsächlich in den Mikrorechnern der höheren Leistungsklasse für anspruchsvolle Steuerungsaufgaben eingesetzt.

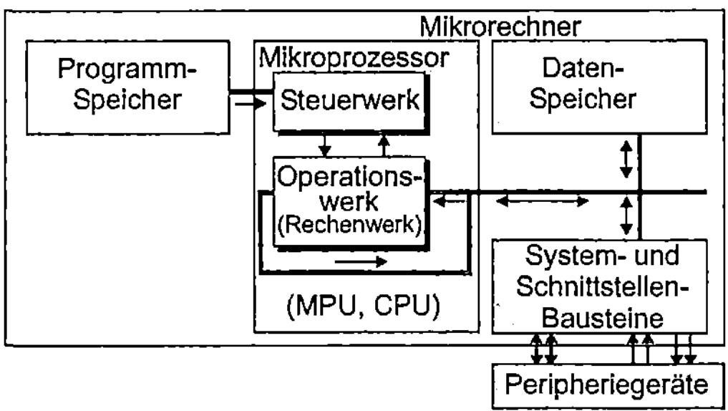

Abb. 1.2: Aufbau eines Mikrorechners mit Harvard-Architektur

- **Hybride CISC/RISC-Prozessoren,** stellen eine Mischform mit CISC- und RISC-Eigenschaften dar. Die Mehrzahl der heute im universellen Rechnerbereich eingesetzten Hochleistungs-Mikroprozessoren gehört dieser Klasse an. Insbesondere in den Personal Computern sind sie millionenfach vertreten (als Intel Pentium oder dazu „kompatible" Prozessoren).

Nach der Art ihres Einsatzes unterscheiden wir die folgenden µP-Klassen:

- **Universelle Mikroprozessoren** (*General Purpose Processors*) sind Prozessoren ohne spezielle Schnittstellen oder Komponenten, wie sie z.B. in PCs oder Laptops eingesetzt werden. Mit geeigneten Programmen und externen Erweiterungsbausteinen sind sie für alle allgemeinen Anwendungen einsetzbar. Universelle Mikroprozessoren können sowohl vom Typ CISC oder RISC oder eine Mischform aus beiden sein.

---

[1] Da zu jedem Taktzyklus nur jeweils ein Befehl oder ein Datum transportiert werden kann, bildet dieses Bussystem den sog. von-Neumann-Flaschenhals (*Bottleneck*)

- **Anwendungsorientierte Mikroprozessoren** sind Mikroprozessoren für spezielle Anwendungen. Dazu gehören:

  - die **Mikrocontroller** (µC, *Microcontroller Unit* – MCU), die über besondere Schnittstellen, integrierte Speicher und festgelegte Programme zur Steuerung bestimmter Vorgänge verfügen. Sie stellen – nach unserer Klassifikation – vollständige Mikrocomputer auf einem einzigen Chip dar (*Computer on a Chip, Single-Chip Computer*). Im Unterschied zu den Prozessrechnern der Vergangenheit, die – oft schrankgroß – „von außen" ein System steuerten, können Mikrocontroller wegen ihrer geringen Größe direkt in dieses System integriert werden (s. Abschnitt 1.2). Sie werden nach dem CISC- oder RISC-Prinzip gebaut.

  - die **Digitalen Signalprozessoren** (*Digital Signal Processor* – DSP), die besonders zur digitalen Verarbeitung analoger Signale mit speziellen Befehlen und Hardwarekomponenten konzipiert sind. Ihr Rechenwerk ist auf die schnelle Reihenberechnung (*Multiply-Accumulate* – MAC) ausgelegt, die in vielen Algorithmen der digitalen Signalverarbeitung eine zentrale Rolle spielt.

  - Immer häufiger verfügen Mikrocontroller aber auch über erweiterte Rechenwerke und Speicher-/Bus-Architekturen, die eine effiziente Verarbeitung analoger Signale ermöglichen. Andererseits besitzen DSPs häufig aber auch eine große Anzahl von integrierten Schnittstellen zur Kommunikation und Steuerung. Sie werden dann oft als **Digitale Signalcontroller** (DSC) bezeichnet.

1.2   Einsatzgebiete anwendungsorientierter Mikroprozessoren (Theo Ungerer)

Das wesentliche Einsatzgebiet anwendungsorientierter Mikroprozessoren, insbesondere der Mikrocontroller, sind die sog. **eingebetteten Systeme** (*Embedded Systems*). Hierunter versteht man Datenverarbeitungssysteme, die in ein technisches Umfeld integriert sind. Dort stellen sie ihre Datenverarbeitungsleistung zur Steuerung und Überwachung dieses Umfeldes zur Verfügung. Ein Beispiel für ein eingebettetes System ist etwa die mit einem Mikrocontroller oder Mikroprozessor realisierte Steuerung einer Kaffeemaschine. Hier dient die Datenverarbeitungsleistung dazu, die umgebenden Komponenten wie Wasserbehälter, Heizelemente und Ventile zu koordinieren, um einen guten Kaffee zu bereiten. Der PC auf dem Schreibtisch zu Hause ist hingegen zunächst kein eingebettetes System. Er wirkt dort als reines Rechnersystem zur Datenverarbeitung für den Menschen. Ein PC kann jedoch ebenfalls zu einem eingebetteten System werden, sobald er z.B. in einer Fabrik zur Steuerung einer Automatisierungsanlage eingesetzt wird.

Eingebettete Systeme sind weit zahlreicher zu finden als reine Rechnersysteme. Ihr Einsatzgebiet reicht von einfachen Steuerungsaufgaben für Haushaltsgeräte, Unterhaltungselektronik oder Kommunikationstechnik über Anwendungen in der Medizin und in Kraftfahrzeugen bis hin zur Koordination komplexer Automatisierungssysteme in Fabriken. In unserem täglichen Leben sind wir zunehmend von solchen Systemen umgeben. Die folgende Abb. 1.3 zeigt über der Zeitachse eine Auswahl von Geräten, durch die man von morgens 06:00 Uhr bis abends 22:00 Uhr mit eingebetteten Systemen in Kontakt kommt.

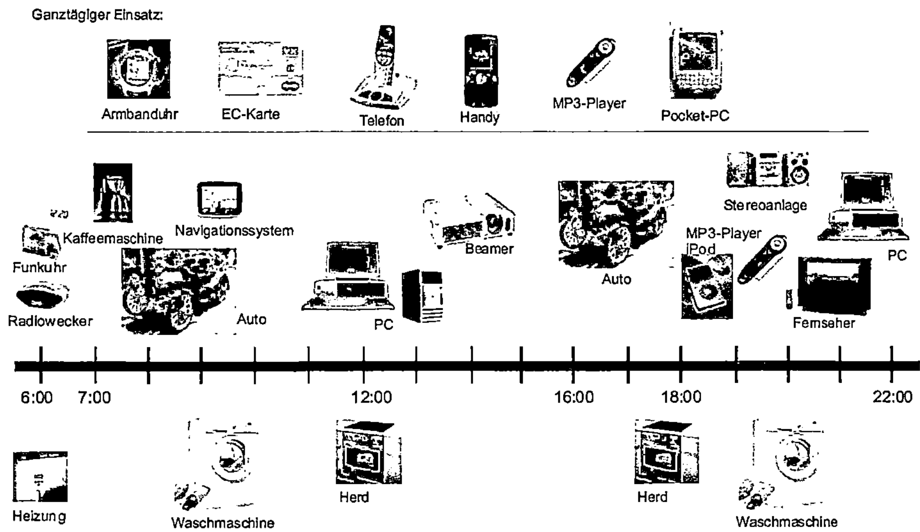

Abb. 1.3: Eingebettete Systeme in Geräten des täglichen Lebens

Als einfaches Beispiel aus dieser Geräte-Palette wollen wir in Abb. 1.4 den Aufbau eines sog. *MP3-Players* (MP3-Abspielgerät[1]) darstellen. Die zentrale Komponente des Gerätes ist ein großer, nicht flüchtiger Speicherbaustein (Flash-EEPROM), d.h., er verliert auch nach dem Ausschalten der Betriebsspannung seinen Inhalt nicht.

Die Umwandlung der gespeicherten digitalen MP3-Dateien wird vom integrierten Digitalen Signalprozessor (DSP) und dem Digital/Analog-Wandler (DAC) vorgenommen. Der nachgeschaltete Verstärker (*Amplifier* – AMP) sorgt für die vom Kopfhörer benötigte elektrische Spannung und Leistung. Gesteuert werden der Speicherbaustein, der DSP und die anderen Peripheriekomponenten wie Tasten und Flüssigkristall-Anzeige (*Liquid Crystal Display* – LCD) vom Mikrocontroller (µC), der über eine USB-Schnittstelle (*Universal Serial Bus*) und den Anschluss-Stecker mit einem PC verbunden werden kann. Über den USB-Anschluss und eine integrierte Ladeschaltung kann bei manchen Geräten auch der Akku geladen werden.

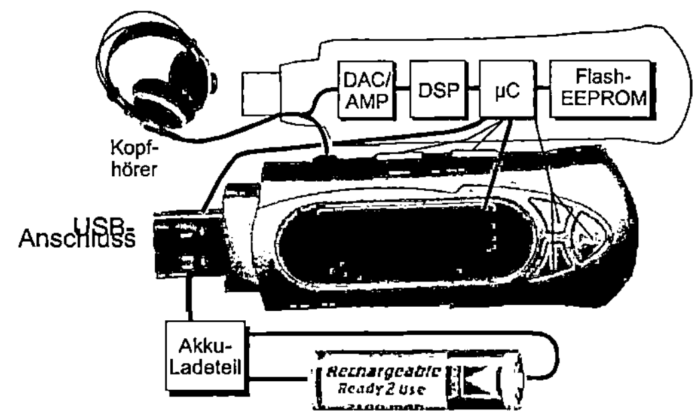

Abb. 1.4: Aufbau eines MP3-Players

---

[1] MP3 steht für MPEG-1 Audio Layer 3, MPEG für *Moving Picture Experts Group*

Gegenüber reinen Rechnersystemen werden an eingebettete Systeme einige zusätzliche Anforderungen gestellt:

- **Schnittstellenanforderungen:** Umfang und Vielfalt von Ein-/Ausgabeschnittstellen ist bei eingebetteten Systemen üblicherweise höher als bei reinen Rechnersystemen. Dies ergibt sich aus der Aufgabe, eine Umgebung zu steuern und zu überwachen. Hierzu müssen die verschiedensten Sensoren und Aktuatoren (Aktoren) bedient werden, welche über unterschiedliche Schnittstellentypen mit dem eingebetteten System verbunden sind.

- **Mechanische Anforderungen:** An eingebettete Systeme werden oft erhöhte mechanische Anforderungen gestellt. Für den Einsatz in Fabrikhallen, Fahrzeugen oder anderen rauen Umgebungen muss das System robust sein und zahlreichen mechanischen Belastungen standhalten. Aus diesem Grund werden z.B. gerne spezielle, mechanisch stabile Industrie-PCs eingesetzt, wenn – wie oben erwähnt – ein PC als eingebettetes System dient. Normale PCs würden den mechanischen Anforderungen einer Fabrikhalle oder eines Fahrzeugs nicht lange standhalten. Weiterhin werden der zur Verfügung stehende Raum und die geometrische Form für ein eingebettetes System in vielen Fällen vom Umfeld diktiert, wenn dieses System in das Gehäuse eines kleinen Gerätes wie z.B. eines Telefons untergebracht werden muss.

- **Elektrische Anforderungen:** Die elektrischen Anforderungen an eingebettete Systeme beziehen sich meist auf den Energieverbrauch und die Versorgungsspannung. Diese können aus verschiedenen Gründen begrenzt sein. Wird das System in eine vorhandene Umgebung integriert, so muss es aus der dortigen Energieversorgung mitgespeist werden. Versorgungsspannung und maximaler Strom sind somit vorgegebene Größen. In mobilen Systemen werden diese Größen von den Eigenschaften einer Batterie oder eines Akkumulators diktiert. Um eine möglichst lange Betriebszeit zu erzielen, sollte hier der Energieverbrauch so niedrig wie möglich sein. Ein niedriger Energiebedarf ist auch in Systemen wichtig, bei denen die Abwärme gering gehalten werden muss. Dies kann erforderlich sein, wenn spezielle isolierende Gehäuse (wasser- oder gasdicht, explosionsgeschützt usw.) den Abtransport der Abwärme erschweren oder die Umgebungstemperatur sehr hoch ist.

- **Zuverlässigkeitsanforderungen:** Bestimmte Einsatzgebiete stellen hohe Anforderungen an die Zuverlässigkeit eines eingebetteten Systems. Fällt z.B. die Bremsanlage eines Kraftfahrzeugs oder die Steuerung eines Kernreaktors aus, können die Folgen katastrophal sein. In diesen Bereichen muss durch spezielle Maßnahmen sichergestellt werden, dass das eingebettete System so zuverlässig wie möglich arbeitet und für das verbleibende Restrisiko des Ausfalls ein sicherer Notbetrieb möglich ist.

- **Zeitanforderungen:** Eingebettete Systeme müssen oft in der Lage sein, bestimmte Tätigkeiten innerhalb einer vorgegebenen Zeit auszuführen. Solche Systeme nennt man **Echtzeitsysteme**. Reagiert z.B. ein automatisch gesteuertes Fahrzeug nicht rechtzeitig auf ein Hindernis, so ist eine Kollision unvermeidlich. Erkennt es eine Abzweigung zu spät, wird es einen falschen Weg einschlagen.

- Eine weitere Anforderung an Echtzeitsysteme ist die längerfristige **Verfügbarkeit**. Dies bedeutet, dass ein solches System seine Leistung über einen langen Zeitraum hinweg unterbrechungsfrei erbringen muss. Betriebspausen, z.B. zur Reorganisation interner Datenstrukturen, sind nicht zulässig.

Der Echtzeit-Aspekt bedarf einiger zusätzlicher Erläuterungen. Allgemein betrachtet, unterscheidet sich ein Echtzeitsystem von einem Nicht-Echtzeitsystem dadurch, dass zur logischen Korrektheit die zeitliche Korrektheit hinzukommt. Das Ergebnis eines Nicht-Echtzeitsystems ist korrekt, wenn es den logischen Anforderungen genügt, d.h., z.B. ein richtiges Resultat einer Berechnung liefert. Das Ergebnis eines Echtzeitsystems ist nur dann korrekt, wenn es logisch korrekt ist und zusätzlich zur rechten Zeit zur Verfügung steht. Anhand der Zeitbedingungen können drei **Klassen von Echtzeitsystemen** unterschieden werden:

- **Harte Echtzeitsysteme** sind dadurch gekennzeichnet, dass die Zeitbedingungen unter allen Umständen eingehalten werden müssen. Man spricht auch von harten Zeitschranken. Das Überschreiten einer Zeitschranke hat katastrophale Folgen und kann nicht toleriert werden. Ein Beispiel für ein hartes Echtzeitsystem ist die bereits oben angesprochene Kollisionserkennung bei einem automatisch gesteuerten Fahrzeug. Eine zu späte Reaktion auf ein Hindernis führt zu einem Unfall.

- **Feste Echtzeitsysteme** definieren sich durch Zeitschranken, sog. feste Zeitschranken, deren Überschreitung das Ergebnis einer Berechnung zwar wertlos macht, ohne dass die Folgen unmittelbar katastrophal sind. Ein Ergebnis, das nach der Zeitschranke geliefert wird, kann verworfen werden, und es wird auf das nächste Ergebnis gewartet. Ein Beispiel ist die Positionserkennung eines automatischen Fahrzeugs. Eine zu spät gelieferte Position ist wertlos, da sich das Fahrzeug mittlerweile weiterbewegt hat. Dies kann zu einer falschen Fahrstrecke führen, die jedoch ggf. später korrigiert werden kann. Allgemein sind feste Echtzeitsysteme oft durch Ergebnisse oder Werte mit Verfallsdatum gekennzeichnet.

- **Weiche Echtzeitsysteme** besitzen Zeitschranken, die eher eine Richtlinie als eine harte Grenze darstellen. Man spricht deshalb auch von weichen Zeitschranken. Ein Überschreiten um einen gewissen Wert kann toleriert werden. Ein Beispiel ist die Beobachtung eines Temperatursensors in regelmäßigen Abständen für eine Temperaturanzeige. Wird die Anzeige einmal etwas später aktualisiert, so ist dies häufig nicht weiter schlimm.

Die zeitliche Vorhersagbarkeit des Verhaltens spielt für ein Echtzeitsystem die dominierende Rolle. Eine hohe Verarbeitungsgeschwindigkeit ist eine „nette Beigabe", jedoch bedeutungslos, wenn sie nicht genau bestimmbar und vorhersagbar ist. Benötigt beispielsweise eine Berechnung in den meisten Fällen nur eine Zehntelsekunde, jedoch in wenigen Ausnahmefällen eine ganze Sekunde, so ist für ein Echtzeitsystem nur der größere Wert ausschlaggebend. Wichtig ist immer der schlimmste Fall der Ausführungszeit (*Worst Case Execution Time* – WCET). Aus diesem Grund sind z.B. moderne Mikroprozessoren für Echtzeitsysteme nicht unproblematisch, da ihr Zeitverhalten durch ihre leistungssteigernden Techniken (auf die hier nicht näher eingegangen werden kann) schwer vorhersagbar ist. Einfache Mikrocontroller ohne diese Techniken besitzen zwar eine weitaus geringere Verarbeitungsleistung, ihr Zeitverhalten ist jedoch genauer zu bestimmen.

Der Begriff *Ubiquitous Computing* wurde bereits Anfang der 90er Jahre des letzten Jahrhunderts von der Firma Xerox geprägt und bezeichnet eine Zukunftsvision: Mit Mikroelektronik angereicherte Gegenstände sollen so alltäglich werden, dass die enthaltenen Rechner als solche nicht mehr wahrgenommen werden. Die Übersetzung von „*ubiquitous*" ist „allgegenwärtig" oder „ubiquitär", synonym dazu wird oft der Begriff „*pervasive*" im Sinne von „durchdringend" benutzt.

Ubiquitäre Systeme sind eine Erweiterung der eingebetteten Systeme. Als ubiquitäre (allgegenwärtige) Systeme bezeichnet man eingebettete Rechnersysteme, die selbstständig auf ihre Umwelt reagieren. Bei einem ubiquitären System kommt zusätzlich zu einem eingebetteten System noch Umgebungswissen hinzu, das es diesem System erlaubt, sich in hohem Maße auf den Menschen einzustellen. Die Benutzer sollen nicht in eine virtuelle Welt gezogen werden, sondern die gewohnte Umgebung soll mit Computerleistung angereichert werden, so dass neue Dienste entstehen, die den Menschen entlasten und ihn von Routineaufgaben befreien.

Betrachten wir das Beispiel eines Fahrkartenautomaten: Während bis vor einigen Jahren rein mechanische Geräte nur Münzen annehmen konnten, diese gewogen, geprüft und die Summe mechanisch berechnet haben, so ist der Stand der Technik durch eingebettete Rechnersysteme charakterisiert. Heutige Fahrkartenautomaten lassen eine Vielzahl von Einstellungen zu und arbeiten mit recht guter computergesteuerter Geldscheinprüfung. Leider muss der häufig überforderte Benutzer die Anleitung studieren und aus einer Vielzahl möglicher Eingabemöglichkeiten auswählen. In der Vision des *Ubiquitous Computing* würde beim Herantreten an den Fahrkartenautomaten der in der Tasche getragene „Persönliche Digitale Assistent" (PDA) oder das Mobiltelefon über eine drahtlose Netzverbindung mit dem Fahrkartenautomaten Funkkontakt aufnehmen und diesem unter Zuhilfenahme des im PDA oder Handy gespeicherten Terminkalenders mitteilen, wohin die Reise voraussichtlich gehen soll. Der Fahrkartenautomat würde dann sofort unter Nennung des voraussichtlichen Fahrtziels eine Verbindung und eine Fahrkarte mit Preis vorschlagen, und der Benutzer könnte wählen, ob per Bargeldeinwurf gezahlt oder der Fahrpreis von der Geldkarte oder dem Bankkonto abgebucht werden soll.

In diesem Sinne wird der Rechner in einer dienenden und nicht in einer beherrschenden Rolle gesehen. Man soll nicht mehr gezwungen sein, sich mit der Bedienung des Geräts, sei es ein Fahrkartenautomat oder ein heutiger PC, auseinandersetzen zu müssen. Stattdessen soll sich das Gerät auf den Menschen einstellen, d.h., mit ihm in möglichst natürlicher Weise kommunizieren, Routinetätigkeiten automatisiert durchführen und ihm lästige Tätigkeiten, soweit machbar, abnehmen. Daraus ergeben sich grundlegende Änderungen in der Beziehung zwischen Mensch und Maschine. *Ubiquitous Computing* wird deshalb als die zukünftige dritte Phase der Computernutzung gesehen:

- Phase I war die Zeit der Großrechner, in der wegen seines hohen Preises ein Rechner von vielen Menschen benutzt wurde.

- Phase II, die heute vorliegt, ist durch die Mikrorechner geprägt. Diese sind preiswert genug, dass sich sehr viele Menschen einen eigenen Rechner leisten können – zumindest in den gut entwickelten Industriestaaten. Auch das Betriebssystem eines Mikrorechners ist üblicherweise für einen einzelnen Benutzer konfiguriert. Technische Geräte arbeiten heute meist schon mit integrierten Rechnern. Diese können jedoch nicht miteinander kommunizieren und sind nicht dafür ausgelegt, mittels Sensoren Umgebungswissen zu sammeln und für ihre Aktionen zu nutzen.

- Phase III der Computernutzung wird durch eine weitere Miniaturisierung und einen weiteren Preisverfall mikroelektronischer Bausteine ermöglicht. Diese Phase der ubiquitären Systeme soll es ermöglichen, den Menschen mit einer Vielzahl nicht sichtbarer, in Alltagsgegenstände eingebetteter Computer zu umgeben, die drahtlos miteinander kommunizieren und sich auf den Menschen einstellen.

Fünf Merkmale sind zur Kennzeichnung **ubiquitärer Systeme** hervorzuheben:

- Sie sind eine Erweiterung der „eingebetteten Systeme", also von technischen Systemen, in die Computer eingebettet sind.
- Sie integrieren eingebettete Computer überall und in hoher Zahl (Allgegenwart).
- Sie nutzen drahtlose Vernetzung; dazu zählen die Technologien der Mobiltelefone, Funk-LAN (*Local Area Network*), Bluetooth und Infrarot.
- Sie verwenden Umgebungswissen, das es ihnen erlaubt, sich in hohem Maße auf den Menschen einzustellen.
- Sie binden neue Geräte ein, wie z.B. mobile „PCs" (PDA, *Handheld*), Mobiltelefone und am Körper getragene („*wearable*") Rechner.

Technisch gesehen sind für ein ubiquitäres System viele kleine, oftmals tragbare, in Geräten oder sogar am und im menschlichen Körper versteckte Mikroprozessoren und Mikrocontroller notwendig, die über Sensoren mit der Umwelt verbunden sind und bisweilen auch über Aktuatoren (Aktoren) aktiv in diese eingreifen. Verbunden sind diese Rechner untereinander und mit dem Internet über drahtgebundene oder drahtlose Netzwerke, die oftmals im Falle von tragbaren Rechnern spontan Netzwerke bilden. Die Rechnerinfrastruktur besteht aus einer Vielzahl unterschiedlicher Hardware und Software: kleine tragbare Endgeräte, leistungsfähige Server im Hintergrund und eine Kommunikationsinfrastruktur, die überall und zu jeder Zeit eine Verbindung mit dem „Netz" erlaubt. Ein wesentliches Problem für die Endgeräte stellt die elektrische Leistungsaufnahme und damit die eingeschränkte Nutzdauer dar. Ein weiteres Problem ist die Bereitstellung geeigneter Benutzerschnittstellen: Die Benutzer erwarten auf ihre Bedürfnisse zugeschnittene und einfach zu bedienende, aber leistungsfähige Dienste.

Die Einbeziehung von Informationen aus der natürlichen Umgebung der Geräte stellt ein wesentliches Kennzeichen ubiquitärer Systeme dar. Die Berücksichtigung der Umgebung, des „Kontexts", geschieht über die Erfassung, Interpretation, Speicherung und Verbindung von Sensordaten. Oftmals kommen Systeme zur orts- und richtungsabhängigen Informationsinterpretation auf mobilen Geräten hinzu. Verfügt ein Gerät über die Information, wo es sich gerade befindet, so kann es bestimmte Informationen in Abhängigkeit vom jeweiligen Aufenthaltsort auswählen und anzeigen. Das Gerät passt sich in seinem Verhalten der jeweiligen Umgebung an und wird damit ortssensitiv. Beispiele für ortssensitive Geräte sind die GPS-gesteuerten Kfz-Navigationssysteme (*Global Positioning System*), die je nach Ort und Bewegungsrichtung angepasste Fahrhinweise geben. Die GPS-Infrastruktur stellt an jeder Position die geographischen Koordinaten zur Verfügung, und das Navigationssystem errechnet daraus die jeweilige Fahranweisung.

Eine Mobilfunkortung ermöglicht lokalisierte Informationsdienste, die je nach Mobilfunkregion einem Autofahrer Verkehrsmeldungen nur für die aktuelle Region geben oder nahe gelegene Hotels und Restaurants anzeigen. Viele Arten von Informationen lassen sich in Abhängigkeit von Zeit und Ort gezielt filtern und sehr stark einschränken. Der tragbare Rechner entwickelt so ein regelrecht intelligentes oder kooperatives Verhalten.

1.3 Energiespartechniken (Theo Ungerer)

Die Reduktion des Energiebedarfs stellt ein weiteres wichtiges Kriterium beim Rechnerentwurf dar – insbesondere von eingebetteten Systemen. Durch den Einsatz in immer kleiner werdenden mobilen Geräten ist die verfügbare Energiemenge durch Batterien oder Akkumulatoren begrenzt. Es gilt, möglichst lange mit der vorhandenen Energie auszukommen. Im Wesentlichen lassen sich drei Ansätze unterscheiden:

- Verringerung der Taktfrequenz,
- Verringerung der Versorgungsspannung,
- Optimierung der Mikroarchitektur.

Die Verringerung der Taktfrequenz ist zunächst ein einfacher und wirkungsvoller Weg, den Energiebedarf zu reduzieren. Bei modernen CMOS-Schaltungen (*Complementary Metal-Oxide Semiconductor*) ist der Energiebedarf E proportional zur Taktfrequenz F, d.h.,

$$E \sim F$$

Eine Halbierung der Taktfrequenz reduziert daher auch den Energiebedarf auf die Hälfte. Leider wird hierdurch die Verarbeitungsgeschwindigkeit ebenfalls halbiert.

Eine zweite Möglichkeit zur Reduktion des Energiebedarfs ist die Reduktion der Versorgungsspannung. Der Energieverbrauch ist proportional zum Quadrat der Spannung U, d.h.,

$$E \sim U^2$$

Eine Reduktion der Spannung auf siebzig Prozent führt somit ebenso (ungefähr) zu einer Halbierung des Energiebedarfs.

Variiert man Versorgungsspannung und Taktfrequenz gleichzeitig, so erhält man:

$$E \sim F \cdot U^2$$

Versorgungsspannung und Taktfrequenz sind hierbei aber keine unabhängigen Größen. Je geringer die Versorgungsspannung, desto geringer auch die maximal mögliche Taktfrequenz. Näherungsweise kann hierfür ein linearer Zusammenhang angenommen werden:

$$F_{max} \sim U$$

Setzt man diesen Zusammenhang in die obige Gleichung für den Energiebedarf ein, so erhält man die **Kubus-Regel** für eine simultane Änderung der Taktfrequenz und Versorgungsspannung:

$$E \sim F^3 \quad \text{oder} \quad E \sim U^3$$

Eine Reduktion von Taktfrequenz und Versorgungsspannung verringert neben dem Energiebedarf auch die Verarbeitungsleistung. Forschungsansätze gehen deshalb dahin, Taktfrequenz und Versorgungsspannung eines Mikrocontrollers im Hinblick auf die Anwendung zu optimieren. Dazu wird z.B. der Versuch unternommen, in einem Echtzeitsystem Versorgungsspannung und Taktfrequenz eines Prozessors dynamisch an die einzuhaltenden Zeitschranken anzupassen. Besteht für eine Aufgabe sehr viel Zeit, so muss der Prozessor nicht mit voller Geschwindigkeit arbeiten, sondern kann mit reduzierter Taktfrequenz und damit reduziertem Energieverbrauch operieren.

Auch im Bereich der universellen Mikroprozessoren werden ähnliche Ansätze verfolgt. So regelte beispielsweise der Crusoe-Prozessor von Transmeta Taktfrequenz und Versorgungsspannung anhand der durchschnittlichen Prozessorauslastung. Diese wurde durch Messung der Prozessorruhezeiten (*Idle Times*) bei der Prozessausführung ermittelt.

Weitere Ansätze versuchen, die Versorgungsspannung einer CMOS-Schaltung – abhängig von Betriebsparametern, wie etwa der Temperatur – derart zu regeln, dass die Schaltung gerade noch fehlerfrei funktioniert. Ein anderer Forschungszweig befasst sich mit dem Ziel, die Mikroarchitektur eines Mikroprozessors derart zu optimieren, dass der Energiebedarf ohne Einbußen in der Verarbeitungsgeschwindigkeit gesenkt werden kann. Hier ist eine Reihe von Maßnahmen denkbar:

- **Reduktion der Busaktivitäten:** Bei konsequentem Einsatz der von RISC-Prozessoren bekannten *Load-Store*-Architektur, bei der nur durch die Lade- bzw. Speicherbefehle – und nicht z.B. durch einen arithmetischen Befehl – auf den Speicher zugegriffen wird, arbeiten die meisten Prozessor-Operationen auf den internen Registern. Die Busschnittstelle wird während dieser Zeit also nicht benötigt und kann als Energieverbraucher abgeschaltet bleiben. Ein entsprechend mächtiger interner Registersatz hilft ebenfalls, externe Buszugriffe zu verringern. Eine weitere Möglichkeit besteht darin, wo es sinnvoll ist, schmale Datentypen (8 oder 16 Bits anstelle von 32 Bits) zu verwenden. Dabei muss zur Datenübertragung nicht die volle Busbreite aktiviert werden.

- **Statisches Power-Management:** Dem Anwender können Befehle zur Verfügung gestellt werden, die Teile des Mikroprozessors abschalten (z.B. Speicherbereiche, Teile des Rechenwerks) oder den ganzen Mikrorechner in eine Art „Schlafmodus" versetzen (s. Unterabschnitt 2.3.2). Dadurch kann der Anwender gezielt den Energieverbrauch kontrollieren.

- **Dynamisches Power-Management:** Neben dem statischen Power-Management kann der Prozessor dynamisch für jeden gerade bearbeiteten Befehl die zur Verarbeitung nicht benötigten Komponenten abschalten. Dies kann z.B. in den verschiedenen Stufen der Befehlsbearbeitung (s. Abschnitt 5.2) erfolgen.

- **Erhöhung der Code-Dichte:** Die Code-Dichte kennzeichnet einerseits die Anzahl der Befehle, die für eine Anwendung benötigt werden – was auch als „Mächtigkeit" eines Befehlssatzes bezeichnet wird. Andererseits bezeichnet sie aber auch die durchschnittliche Anzahl von Bits, die für die Realisierung der Befehle benötigt werden.
Je höher die Code-Dichte, desto weniger bzw. kürzere Befehle sind erforderlich. Eine hohe Code-Dichte spart Energie aus zwei Gründen: Erstens wird weniger Speicher benötigt und zweitens fallen weniger Buszyklen zur Ausführung einer Anwendung an. Von diesem Gesichtspunkt aus stellt eine RISC-Architektur also eher einen Nachteil dar, da durch die einfacheren Instruktionen konstanter Bitbreite die Code-Dichte gegenüber CISC-Architekturen im Allgemeinen geringer ist.

Man sieht, dass durchaus komplexe Zusammenhänge zwischen Architektur und Energiebedarf bestehen. Es ist somit wünschenswert, möglichst frühzeitig bei der Entwicklung eines neuen Mikrorechners Aussagen über den Energiebedarf machen zu können. Neue Forschungsarbeiten zielen deshalb darauf ab, Modelle zur Vorhersage des Energiebedarfs zu entwickeln, die Aussagen in frühen Entwicklungsschritten erlauben. Ziel ist es, zusammen mit den ersten funktionalen Simulationen eines Mikroprozessors auch Daten über den wahrscheinlichen Energiebedarf zu erhalten.

2. Mikrocontroller

2.1 Einleitung

In diesem Kapitel wollen wir uns nun ausführlich mit den **Mikrocontrollern** (µC) beschäftigen. Wie bereits gesagt, können Mikrocontroller wegen ihrer geringen Größe direkt in das zu steuernde System integriert werden (s. Abb. 2.1). Diese Controller nennt man deshalb auch „eingebettete Controller" (*Embedded Controller*). Werden solche Mikrocontroller um weitere externe Komponenten, z.B. Speicher, Eingabe- und Anzeigemodule usw., zu einem Mikrorechner-System ergänzt, spricht man dementsprechend auch von „eingebetteten Systemen" (*Embedded Systems*). Die von ihnen gesteuerten technischen Geräte bezeichnet man als „eingebettete Anwendungen"[1] (*Embedded (Systems) Applications*). Bei komplexen Systemen sind häufig mehrere der in der Abbildung dargestellten Komponenten ebenfalls Mikrocontroller (oder DSPs).

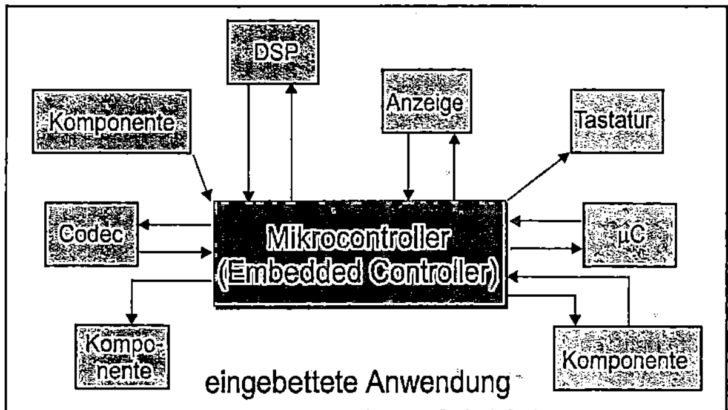

Abb. 2.1: Einbettung eines Mikrocontrollers ins System

Im Hochleistungsbereich und in sehr komplexen Systemen wurden und werden aber auch heute oft noch Standard-Mikroprozessoren (mit den benötigten Peripheriemodulen) zur Steuerung und Regelung eingesetzt. So gab es Prozessorfamilien, die vollständig oder überwiegend in eingebetteten Anwendungen eingesetzt wurden, z.B. der RISC-Prozessor Am29000 der Firma AMD oder die 680X0-Prozessoren von Motorola. Nach ihrer Einsatzweise werden diese Mikroprozessoren als „eingebettete Mikroprozessoren" (*Embedded Processors*) bezeichnet.

Bevor wir uns im Detail mit den Mikrocontrollern beschäftigen, zeigt Abb. 2.2 ein sehr einfaches eingebettetes System, in dem der Mikrocontroller im Wesentlichen die folgenden beiden Funktionen erfüllen muss:

- Er ist für das möglichst schonende Aufladen der wiederaufladbaren Batterie (Akku) zur Spannungsversorgung des Geräts zuständig,

- Er verwaltet die „Benutzerschnittstelle", die hier lediglich aus einem Ein/Ausschalter für den Motor des Gerätes sowie eine Reihe von Leuchtdioden (LEDs) zur Anzeige des Betriebszustands „ein/aus" des Gerätes und des Ladezustands des Akkus besteht.

---

[1] nicht ganz korrekt für „Anwendungen mit eingebetteter Steuerung"

H. Bähring, *Anwendungsorientierte Mikroprozessoren*, eXamen.press, 4th ed., DOI 10.1007/978-3-642-12292-7_2, © Springer-Verlag Berlin Heidelberg 2010

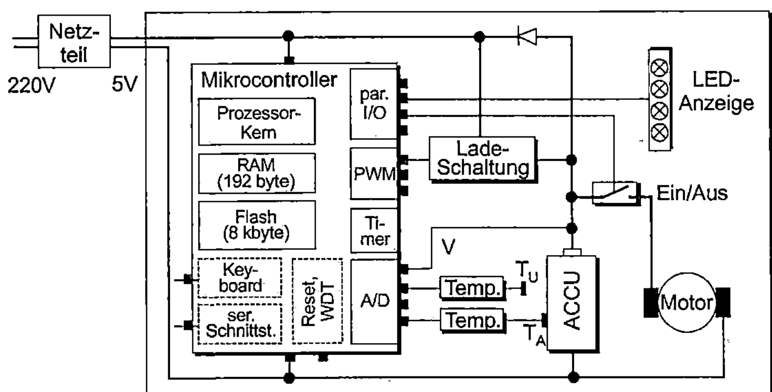

Abb. 2.2: Ein einfaches Mikrocontroller-System

Zur Feststellung des aktuellen Ladezustands ermittelt der Mikrocontroller einerseits die Akku-Spannung (V), andererseits die Betriebstemperatur des Akkus (T_A). Diese vergleicht er mit der Umgebungstemperatur im Gerät (T_U). In Abb. 2.3 ist der Verlauf beider Größen beim Ladevorgang skizziert.

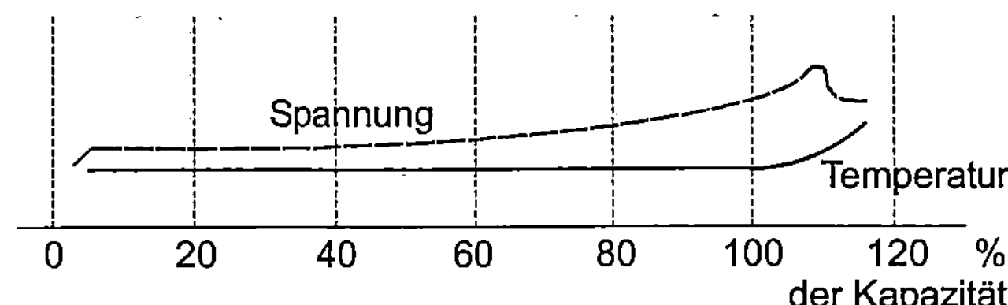

Abb. 2.3: Spannungs- und Temperaturverlauf beim Ladevorgang

Um eine irreversible Schädigung des Akkus zu verhindern, muss der Mikrocontroller durch eine geeignete Steuerung des Ladevorgangs unbedingt verhindern, dass das lokale Maximum der Akku-Spannung (bei ca. 110% der Kapazität) erreicht oder überschritten wird. Interessanterweise ist der Verlauf der Temperaturmesslinie, die sich aus der Differenz der Akku-Temperatur und der Umgebungstemperatur errechnet, aussagekräftiger für den Ladezustand als der Spannungsverlauf. Mit den ermittelten Werten steuert der Mikrocontroller einen Ladevorgang, wie er in Abb. 2.4 skizziert ist.

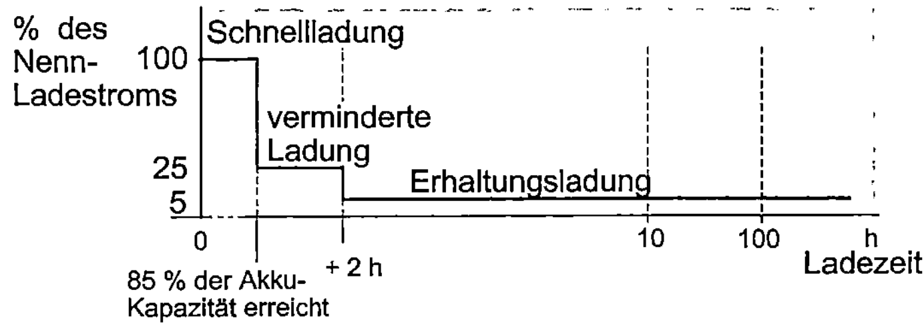

Abb. 2.4: Verlauf des Ladevorgangs

- Zunächst wird eine Schnellladung mit 100% des Nennladestroms durchgeführt, bis ca. 85% der Akku-Kapazität erreicht ist.

- Daran schließt sich eine maximal 2-stündige Phase der verminderten Ladung mit 25% des Nennladestroms an, wobei stets überprüft wird, dass keine Überladung (über 100%) auftritt.

- Im Anschluss daran schaltet der Mikrocontroller auf die sog. Erhaltungsladung, die mit 5% des Nennladestroms ausgeführt wird und dafür sorgt, dass der Akku stets voll aufgeladen ist.

Die für die beschriebene Aufgabe benötigten Mikrocontroller-Komponenten und Parameter sind in Abb. 2.2 eingezeichnet. Der verwendete Mikrocontroller ist der 8-Bit-Mikroprozessor[1] 68HC908KX8 der Firma Motorola (heute: Freescale), der mit 4 – 8 MHz betrieben wird und in einem kostengünstigen Gehäuse mit 16 Anschlüssen (*Pins*) untergebracht ist. Für die Steuerung des Ladestroms wird ein PWM-Kanal (Pulsweiten-Modulation) eingesetzt. Die Ermittlung der Akku-Spannung und der Temperaturen geschieht über drei Analog/Digital-Wandler-Eingänge. Die zeitliche Überwachung des Ladevorgangs wird über einen Zeitgeber-/Zähler-Baustein (*Timer*) vorgenommen. Über eine Leitung der Parallelschnittstelle (*Parallel I/O*) wird der Zustand des Ein/Ausschalters festgestellt; und über weitere Ausgangsleitungen dieser Schnittstelle werden die Leuchtdioden betrieben. Alle erwähnten Komponenten werden im Kapitel 9 ausführlich beschrieben.

Bei dem dargestellten „eingebetteten System" handelt es sich übrigens um ein Gerät, das in sehr vielen Haushalten täglich benutzt wird: einen Elektrorasierer mit Akku-Betrieb.

2.2 Mikrocontroller-Eigenschaften und Einsatzgebiete

Einige der folgenden typischen Mikrocontroller-Eigenschaften wurden bereits beschrieben:

- Der Mikrocontroller bearbeitet meist feste Programme für feste Anwendungen.

- Er besitzt einen „nichtflüchtigen" bzw. „Festwert"-Speicher als Programmspeicher, also einen Speicher, der nach dem Abschalten der Betriebsspannung seinen Inhalt nicht verliert.

- Durch die Integration vieler Komponenten auf einem Chip wird der Platzbedarf für die Prozessorsteuerung reduziert. Dadurch kann die Platinengröße verringert werden, oder es können mehr Komponenten auf der Platine untergebracht werden.

- Mikrocontroller haben durch *Power-Down-* bzw. *Sleep*-Modi einen geringeren Stromverbrauch als universelle Mikroprozessoren. Dadurch eignen sie sich besonders für den Batteriebetrieb. Dabei wird immer häufiger eine Spannungsversorgung mit bis zu 3 V oder weniger eingesetzt.

Die bisher beschriebenen Eigenschaften führen zu einer erheblichen Kostenreduktion bei der Baustein- und Platinenherstellung sowie bei den Betriebskosten:

- In der Entwurfsphase sind schnelle Design- und Programmänderungen möglich, wenn Controller-Versionen mit benutzerprogrammierbaren Festwertspeichern eingesetzt werden.

- Bei der Produktion von großen Stückzahlen werden die Kosten durch „maskenprogrammierte" Versionen verringert, d.h., durch Mikrocontroller, deren Festwertspeicher vom Chip-Hersteller bei der Produktion programmiert werden.

---

[1] Definition: Das Rechenwerk (für ganze Zahlen) eines n–Bit-Prozessors kann in einem einzigen Schritt n-Bit-Daten verarbeiten

- Durch die geringe Anzahl externer Komponenten wird die Wartungsfreundlichkeit des Geräts gesteigert.

- Die Betriebssicherheit wird durch die Verringerung der Anzahl fehleranfälliger externer Komponenten sowie durch verschiedene Komponenten des Controllers erhöht – wie speziellen Überwachungsschaltungen (*Watch-Dog Timer* – WDT, s. Abschnitt 9.4), *Power-Down-* bzw. *Sleep*-Modus usw.

- Ein Hardware-Kopierschutz für den Chip-internen Programmspeicher verhindert das unerlaubte Kopieren von kostspielig entwickelten Softwarelösungen.

Wie bereits gesagt, bestehen die Hauptaufgaben und Einsatzarten in der Steuerung und Regelung von Systemen. Dazu kommen in modernen Computersystemen in verstärktem Maß Aufgaben im Zusammenhang mit der Manipulation (z.B. De-/Kompression) und der Übertragung von Daten. In vielen Bereichen stehen die Mikrocontroller dabei in direkter Konkurrenz zu den Digitalen Signalprozessoren (DSP), deren Fähigkeiten zur Lösung der erwähnten Aufgaben stetig gesteigert werden (vgl. Kapitel 3 und 4).

Die Haupteinsatzgebiete für Mikrocontroller sind:

- Auto und Verkehr,

- Konsumelektronik,

- Kommunikation und Datenfernübertragung,

- Computerperipherie,

- Industrieanwendungen,

- SmartCard/Chipkarten-Anwendungen.

Die folgende Abb. 2.5 zeigt diese Haupteinsatzgebiete und für jedes Gebiet einige wenige Aufgabenbereiche.

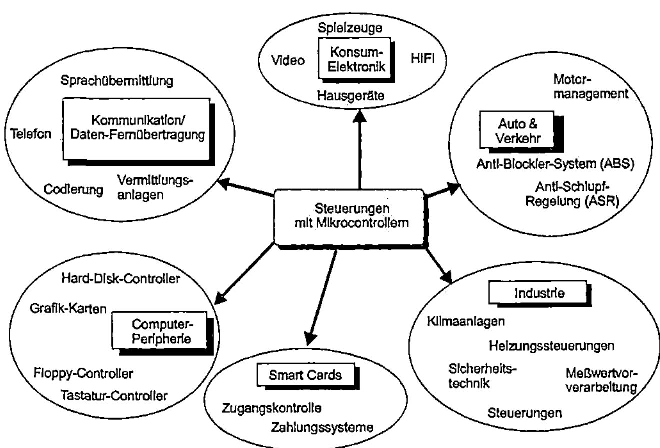

Abb. 2.5: Haupteinsatzgebiete für Mikrocontroller

Beispielhaft soll hier gezeigt werden, wo im Automobilbereich heute bereits Mikrocontroller (und DSPs) eingesetzt werden (s. Abb. 2.6). Dies führt dazu, dass in einem Automobil der „Oberklasse" bereits einige Dutzend Mikrocontroller ihre Arbeit ausführen.

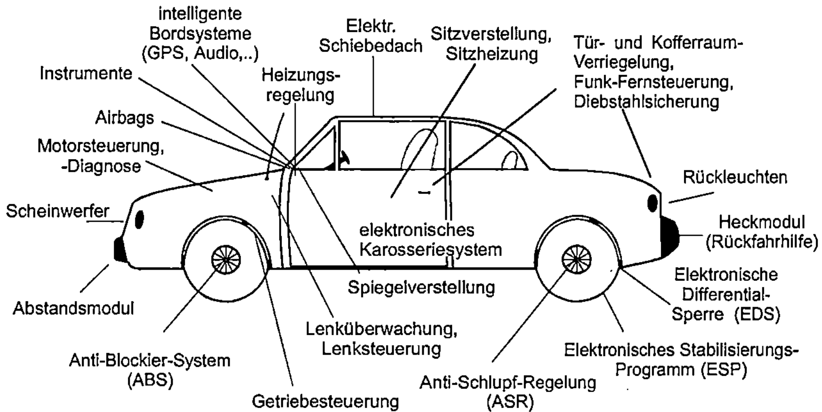

Abb. 2.6: Einsatz von Mikrocontrollern in einem Automobil

Gruppiert nach verschiedenen Einsatzgebieten ergeben sich die folgenden Einsatz- und Aufgabenbereiche, die wir leider nur aufzählen, aber nicht im Einzelnen beschreiben können:

- Antriebssystem: elektronische Motorsteuerung, elektronische Getriebesteuerung, Lambdasonden-Regelung;

- Sicherheitssystem: *Airbags*, Bremsregelung (Anti-Blockier-System – ABS), Anfahrhilfe (Anti-Schlupf-Regelung – ASR), Kurvenstabilisierung (Elektronisches Stabilisations-Programm – ESP), Elektronische Differentialsperre (EDS), Verschleißüberwachung und Diagnosehilfe, Diebstahlsicherung, Wegfahrsperre;

- Lenküberwachung: elektronische Lenkung (*Steering by Wire*);

- Karosseriesystem: Türüberwachung und -verriegelung, Kofferraumverriegelung, Gurtstraffer, Heizung, Klimaanlage, Temperaturregelung, Luftverteilung, Luftdurchsatzregelung, Luftfiltersysteme, Sitzheizung, Sitzverstellung, Standheizung, verstellbare Außenspiegel, Leuchtenüberwachung, Scheinwerfereinstellung, Funktionskontrolle;

- Abstandsmodule (vorne und hinten);

- intelligente Bordsysteme: GPS (*Globale Positioning System*), Navigationssysteme, Radio.

Marktprognosen[1] gehen davon aus, dass sich das Marktvolumen für Mikrocontroller im Automobilbereich zwischen 2006 und 2010 um 63% erhöhen wird und dabei der weltweite Umsatz von 5,83 Milliarden Dollar auf 9,52 Milliarden steigen wird.

Die beschriebenen Einsatz- und Aufgabenbereiche stellen sehr unterschiedliche Anforderungen an die Komplexität und Leistungsfähigkeit der verwendeten Mikrocontroller. Anders als im Bereich der universellen Prozessoren werden daher im Mikrocontrollerbereich 4-Bit-, 8-Bit- und 16-Bit-Prozessoren weiterhin in sehr großen Stückzahlen eingesetzt. Nach Umsatz gerechnet, machen diese immer noch bis zu 67% aus. Wegen ihrer erheblich niedrigeren Stückpreise sind also mehr als 2/3 aller verkauften Mikrocontroller aus dieser Klasse. Abb. 2.7 zeigt die prognostizierten Anteile der verschiedenen Mikrocontroller-Typen bis zum Jahr 2010.

---

[1] Nach einer Studie von Frost & Sullivan, *Embedded Systems Design Europe*, 11/12.07

Nach den eben genannten Prognosen wird für den 32-Bit-Markt bis 2011 eine jährliche Wachstumsrate der Stückzahlen von 24,5% erwartet, die – wegen der fallenden Stückpreise – einem jährlichen Umsatzplus von 17,8% entsprechen soll. Der weltweite Gesamtumsatz in diesem Markt betrug 2007 ca. 4,2 Milliarden Dollar. Im selben Jahr hatten die führenden Firmen auf dem 32-Bit-Markt die folgenden Anteile: Renesas (Ausgliederung des Halbleiterbereichs von Hitachi und Mitsubishi): 27,7%, NEC (*Nippon Electronics Corporation*): 22,9% und Freescale (ehemals Motorola): 17,3%.

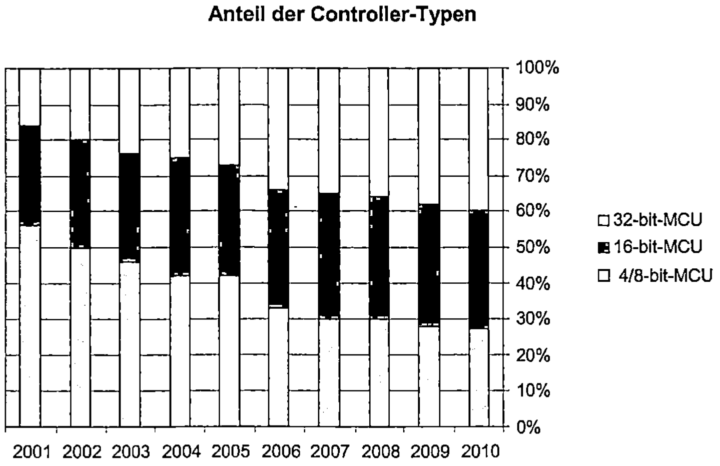

Anteil der Controller-Typen

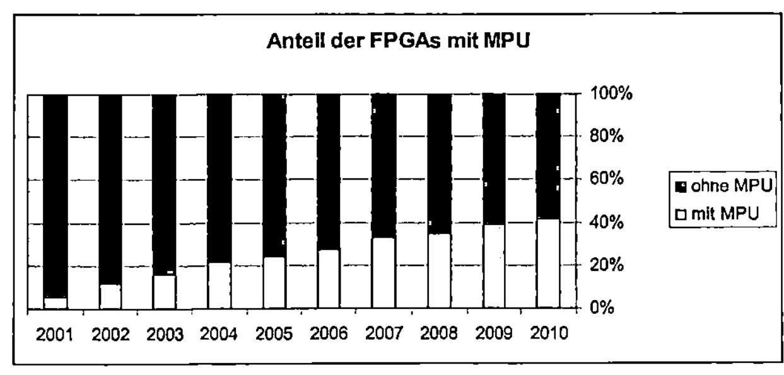

Abb. 2.7: Marktanteile der Mikrocontroller-Typen (Quelle: Embedded Systems Design Europe, Mai 2007, S. 14)

Eine immer größere Bedeutung finden Mikrocontroller auch in Schaltungen, die vom Systementwickler für spezielle Einsatzorte und -zwecke selbst erstellt („programmiert") werden können, den sog. *Field Programmable Gate Arrays* (FPGAs). Dazu kann der Entwickler die hardwaremäßige Beschreibung eines Mikrocontrollers – ähnlich wie ein Unterprogramm einer höheren Programmiersprache – laden und in der FPGA-Schaltung „einprogrammieren". Abb. 2.8 zeigt, dass der Anteil der FPGAs mit integriertem Mikrocontroller in naher Zukunft auf über 40 % steigen wird.

Abb. 2.8: Marktentwicklung der FPGAs mit Mikrocontroller

2.3 Typischer Aufbau eines Mikrocontrollers

2.3.1 Beschreibung der Komponenten

In Abb. 2.9 ist der grobe Aufbau eines Mikrocontrollers skizziert. Danach besteht er aus den folgenden Komponenten bzw. Komponentengruppen:

- dem Prozessorkern,

- eventuellen Erweiterungen des Prozessorkerns für spezielle Berechnungen,

- Programm- und Datenspeichern,

- Standardperipherie-Modulen,

- anwendungsspezifischen Modulen.

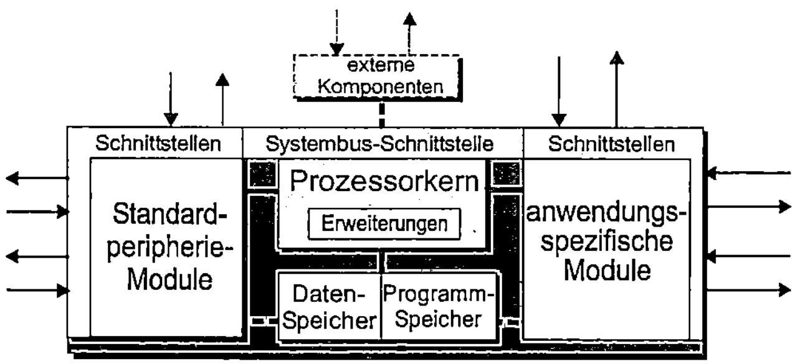

Abb. 2.9: Grober Aufbau eines Mikrocontrollers

Der Prozessorkern, auch CPU (*Central Processing Unit*) genannt, kann eine spezielle Entwicklung für einen bestimmten Mikrocontroller bzw. eine Mikrocontroller-Familie sein. In großem Maße werden jedoch bereits verbreitete universelle Mikroprozessoren als Prozessorkern (*Processor Core*) in Mikrocontrollern eingesetzt. Dadurch wird insbesondere die Softwareentwicklung erleichtert, da auf die Erfahrung von Programmierern und eventuell bereits vorhandene Entwicklungshilfsmittel zurückgegriffen werden kann. Für spezielle Anwendungen erweitert der Hersteller diese universellen Prozessorkerne um weitere Operationswerke, die entweder in den Prozessorkern selbst oder als eigenständiges Rechenwerk „neben" dem Prozessorkern auf dem Chip integriert werden. Zum Teil werden diese Erweiterungen in alle Mitglieder einer Controllerfamilie eingebaut, häufig aber aus Kostengründen nur in spezielle Familienprodukte, so dass der Anwender die für ihn geeignete „Controller-Ausstattung" wählen kann.

Programme und Daten können dabei in einem gemeinsamen Speicher oder in getrennten Speichern abgelegt werden. Standardperipherie- und anwendungsspezifische Module wirken entweder nur im „Inneren" des Mikrocontrollers oder besitzen eine Schnittstelle zur „Außenwelt". Welche Komponenten zu diesen Modulgruppen gehören, werden wir weiter unten erklären. Über die (eventuell vorhandene) Systembus-Schnittstelle kann der Mikrocontroller extern meist um weitere Komponenten ergänzt werden, insbesondere auch um eine oder mehrere Speichereinheiten oder einen Coprozessor.

In der nächsten Abb. 2.10 stellen wir den inneren Aufbau eines Mikrocontrollers in feinerer „Auflösung" dar. Darin haben wir alle wesentlichen Module zusammengefasst, die in gängigen

Mikrocontroller-Familien zu finden sind. Reale Controller verfügen häufig nicht über alle Komponenten, sondern nur über eine mehr oder weniger große Auswahl daraus. Andererseits gibt es Controller, die über zusätzliche spezifische Komponenten verfügen, die wir in unseren allgemeinen Überblick jedoch nicht aufnehmen konnten.

Bei einfacheren Mikrocontrollern werden die Komponenten z.T. direkt mit den entsprechenden Signalen des Prozessorkerns verbunden. Hersteller von höherwertigen Controllern, die ihre Produkte in einer oder mehreren Controller-Familien mit einer weiten Palette von unterschiedlichen Ausstattungen an Peripheriekomponenten anbieten, setzen meist einen firmenspezifischen, schnellen „Peripheriebus" in ihren Controllern ein. Diese werden z.B. als *Inter-Module Bus* (IMB, Motorola/Freescale) oder *Flexible Peripheral Interconnect* (FPI, Infineon) bezeichnet. Der Einsatz dieser Busse erleichtert insbesondere den modularen Aufbau von Controllern aus einer Bibliothek von Peripheriekomponenten mit einheitlichen Busschnittstellen. Um die Kommunikation zwischen Prozessorkern und Speicher nicht durch Buszugriffe der Komponenten zu belasten, besitzen viele Controller einen eigenen Prozessor-/Speicherbus, der mit dem Peripheriebus über eine „Brücke" verbunden ist. So sind simultane Übertragungen auf beiden Bussen möglich.

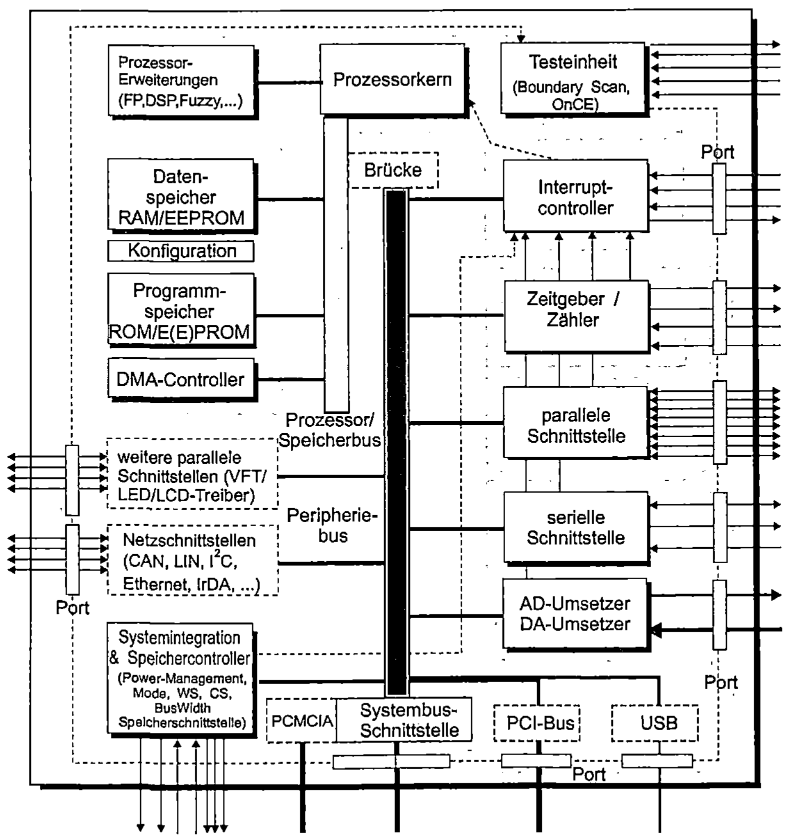

Abb. 2.10: Feinstruktur eines komplexen Mikrocontrollers

Im Folgenden werden wir die in Abb. 2.10 dargestellten Komponenten kurz beschreiben. Die ausführliche Erläuterung der Komponenten folgt in den späteren Kapiteln.

- Der **Prozessorkern** kann als CISC- oder RISC-Prozessor realisiert sein. Er enthält ein Integer-Rechenwerk mit 4, 8, 16 oder 32 Bit Verarbeitungsbreite. Zum Rechenwerk gehören häufig ein schnelles Parallel-Multiplikationswerk und ein schnelles Divisionswerk. Die Rechenwerke von leistungsfähigen Controllern verfügen meist über einen großen Registersatz für Adressen und Daten.

- Als **Prozessor-Erweiterungen** werden im verstärkten Maße Multiplizier-Akkumulier-Rechenwerke (*Multiply-Accumulate* – MAC) oder komplexere digitale Signalverarbeitungseinheiten[1] eingesetzt. Weiterhin finden sich Gleitpunkt-Arithmetikeinheiten (*Floating-Point Unit* – FPU) – sofern sie nicht schon Bestandteil des universellen Prozessorkerns sind –, Graphik-Einheiten oder *Fuzzy-Logic*-Einheiten[2] (zur Berechnung von Algorithmen der „unscharfen" Logik). Wenn diese Erweiterungen durch besondere Befehle im Befehlssatz des Prozessors programmiert werden können, so spricht man auch von **Coprozessoren**.

- Zu den Prozessorerweiterungen kann man auch die **Testeinheit** zählen, die bei modernen, höherwertigen Controllern zur „Grundausstattung" gehört. Sie kann häufig in zwei verschiedenen Betriebsmodi arbeiten: als sog. JTAG-Port (*Joint Test Action Group*) erlaubt sie in komplexen Systemen, die Verbindungsleitungen zwischen den Bausteinen zu testen. Dieser Test wird als *Boundary Scan* bezeichnet. In der zweiten Betriebsart ermöglicht die Testeinheit, in der Entwicklungsphase eines Systems die korrekte Funktion des Controllers und seiner Peripherie zu überprüfen, eventuelle Fehler aufzuspüren und zu lokalisieren. Diese Funktion wird *On-Chip Emulation* (OnCE) genannt. Auf beide Betriebsmodi der Testeinheit gehen wir im Anhang A.1 und A.2 genauer ein.

- Die **Speichereinheit** enthält zunächst den Programmspeicher, der bis zu 2 MByte groß sein kann und meist aus benutzerprogrammierbaren Festwertspeicherzellen – heute oft EEPROM (*Electrically Erasable Programmable Read-Only Memory*) oder Flash-EEPROM – besteht. Häufig kann der Programmspeicher durch das „Durchbrennen" einer Schmelzsicherung oder aber reversible interne Maßnahmen gegen unerlaubtes Auslesen geschützt werden. Der Programmspeicher kann extern bei einfachsten Controllern bis auf 64 kByte, bei Hochleistungscontrollern bis auf 4 Gbyte erweitert werden. Der Maximalwert für den internen Datenspeicher, der aus statischen Schreib-Lese-Speicherzellen (*Static Random Access Memory* – SRAM) oder Festwert-Speicherzellen (EEPROM-Zellen) besteht, liegt bei 128 kByte. Einfache Controller müssen sich häufig aber mit sehr wenigen Schreib-Lese-Speicherzellen (ein oder wenige kByte) zufrieden geben.
Im Adressbereich des Datenspeichers findet sich gewöhnlich auch die sog. I/O-Page, in der alle Steuer- und Statusregister (*Special Function Registers* – SFR) der internen Controller-Komponenten zusammengefasst werden (vgl. Unterabschnitt 8.2.4). Die Anzahl dieser Spezialregister kann bei komplexen Controllern bei einigen Hundert liegen.
Bei einigen Mikrocontrollern ist der gesamte Datenspeicher oder ein bestimmter Teil davon „bitweise" ansprechbar, d.h., die kleinste adressierbare und manipulierbare Einheit ist hier

---

[1] mit Hardware-Schleifensteuerung, Daten-Adressgeneratoren usw., s. Unterabschnitte 5.2.5 und 5. 4.3

[2] Fuzzy-Logik (englisch: *fuzzy* = ungenau, verschwommen, unscharf): Verallgemeinerung der zweiwertigen (Boole'schen) Logik, lässt auch Wahrheitswerte zwischen WAHR und FALSCH zu. Damit sind auch unscharfe Mengenabgrenzungen mathematisch behandelbar

das einzelne Bit – und nicht ein ganzes Byte. Diese Adressierungsmöglichkeit unterstützt hardwaremäßig die Bit-Manipulationsbefehle, auf deren Bedeutung für Mikrocontroller wir weiter unten eingehen werden. Nicht zuletzt ermöglichen es diese Befehle, bestimmte Bitfelder der o.g. Spezialregister gezielt zu lesen oder zu verändern.

Mit Hilfe der Speicher-Konfigurationseinheit kann der Entwickler eines Mikrocontrollersystems festlegen, in welchem Bereich des Adressraums der interne Programm- und Datenspeicher liegen sollen. Dazu wird ihm in der Regel eine kleinere Anzahl von Auswahlmöglichkeiten zur Verfügung gestellt, die den Systementwurf stark erleichtern können. Darüber hinaus kann er entscheiden, ob der Controller im sog. Mikroprozessor- oder Mikrocomputer-Modus arbeiten soll: Im ersten Fall ist er um externe Speichermodule erweitert, im zweiten Fall muss er mit den internen Speicherbereichen auskommen. Die Auswahl zwischen beiden Modi geschieht z.B. dadurch, dass der Controller (nur) während der Hardware-Initialisierung nach einem Rücksetzen (*Reset*) den Zustand bestimmter Busleitungen abfragt, die vom Systementwickler geeignet beschaltet wurden.

- Wegen seiner Funktion des „direkten Speicherzugriffs" zählen wir zur Speichereinheit auch einen eventuell vorhandenen **DMA-Controller** (*Direct Memory Access*, vgl. Abschnitt 9.3), der es den Peripherie-Komponenten erlaubt, selbstständig – d.h., ohne Unterstützung durch den Prozessorkern – auf den Speicher zuzugreifen. Dieser besitzt in der Regel mehrere „Kanäle" – typischerweise 6, maximal bis zu 32 – die unabhängige, nach Prioritäten gesteuerte Zugriffe der Peripheriekomponenten auf den Speicher ermöglichen.

Die nun beschriebenen Komponenten bezeichnen wir als Standardperipherie-Module, da sie bei den meisten Mikrocontrollern zu finden sind:

- Das **Zeitgeber-/Zähler-Modul** (*Timer*), das im Abschnitt 9.4 ausführlich beschrieben wird, erzeugt eine ganze Palette von Zeitfunktionen für Prozesssteuer-Aufgaben. Im Wesentlichen besteht ein Timer aus einem Binärzähler, der von einem einstellbaren Anfangswert auf 0 herunterzählt. Zu den erzeugten Funktionen gehören insbesondere das Zählen und Erfassen („Auffangen") externer Ereignisse (*Input Capture*) sowie die Erzeugung externer Ereignisse (*Output Compare*). Weitere wichtige Funktionen des Zeitgeber-/Zähler-Moduls sind der Einsatz als *Watch-Dog Timer* (WDT) zur Überwachung des Prozessorzustands und zur Einstellung eines unkritischen Zustands nach dem Auftreten eines Fehlers sowie die Verwendung als „Echtzeituhr" (*Real Time Clock* – RTC), die die Zeit in Stunden, Minuten, Sekunden, Zehntelsekunden angibt. Dieses Modul ist z.T. als eigenständiger (mikro-)programmierbarer Prozessor implementiert (*Time Processing Unit* – TPU) und kann dann bis zu 32 unabhängig arbeitende „Kanäle" zur Verfügung stellen.

- Der **Interrupt-Controller** (vgl. Abschnitt 9.2) eines komplexen Mikrocontrollers muss häufig einige Dutzend (im Extremfall bis über 200) „Interrupt-Quellen" verwalten. Das sind System-Komponenten, die Unterbrechungswünsche zur Bearbeitung eigener Aufgaben an den Prozessorkern stellen können. Dabei kann meist zwischen mehreren Prioritätsreihenfolgen gewählt werden – z.B. zwischen der unfairen Zuteilung fester Prioritäten oder der fairen *Round-Robin*-Strategie, bei der die höchste Priorität zyklisch rotierend vergeben wird. Die Interrupt-Anforderungen können von den integrierten Komponenten oder aber von externen Komponenten an bestimmten Anschlüssen gestellt werden. Dabei ermöglichen es viele Mikrocontroller, nicht benutzte Anschlüsse anderer interner Komponenten zu Interrupt-Leitungen „umzuprogrammieren", die dann selektiv aktiviert bzw. deaktiviert werden können.

- Zu den **digitalen Ein-/Ausgabe-Ports**[1] (I/O-Ports) gehören einerseits die parallelen Schnittstellen, die bis zu einigen Dutzend programmierbare Ein-/Ausgabe-Leitungen sowie spezielle Steuer- und Kontroll-Leitungen zum „Quittungsaustausch" (*Handshake*) umfassen. In vielen Anwendungen werden diese Leitungen nicht zur parallelen Übertragung von Mehr-Bit-Werten, sondern zur Ausgabe von einzelnen Steuersignalen bzw. zum Einlesen einzelner Zustandssignale verwendet. Deshalb werden sie auch als Allzweck-Ein-/Ausgabesignale bezeichnet (*General Purpose I/O* – GPIO).
  Häufig sind zusätzlich die Anschlusssignale nicht benötigter interner Komponenten als parallele Ein-/Ausgabeleitungen konfigurierbar, was in Abb. 2.10 durch eine graue Unterlegung gekennzeichnet sein soll. Dies gilt bei einem im Mikrorechner-Modus arbeitenden Controller oft sogar für die – aus externem Adress-, Daten- und Steuerbus bestehende – Systembus-Schnittstelle.
  Zu den digitalen Ein-/Ausgabeports zählen weiterhin die asynchronen und synchronen seriellen Schnittstellen. Unter diesen sind die asynchrone V.24-Schnittstelle (RS 232) sowie die synchrone SPI-Schnittstelle (*Serial Peripheral Interface*) besonders wichtig, die im Abschnitt 9.7 beschrieben werden.

- Die **analogen Ein-/Ausgabe-Ports** bestehen in der Regel nur aus Analog/Digital-Umsetzer (ADU, auch: A/D-Wandler, *A/D Converter* – ADC), welche die Digitalisierung analoger Signale bis zu einer Auflösung von 10 Bits – in Ausnahmefällen auch 12 oder 16 Bits – ermöglichen. Dazu kann der Mikrocontroller bis zu 40 analoge Eingänge besitzen, von denen jeweils einer über einen Analog-Multiplexer auf den A/D-Wandler gegeben wird. Durch einen zuschaltbaren Abtast- und Halteverstärker (*Sample and Hold* – S&H) kann das analoge Signal für die Dauer einer Umwandlung konstant gehalten werden. Zu den analogen Eingabequellen zählen immer häufiger auf dem Chip integrierte, mit eigenem A/D-Wandler ausgestattete Temperatursensoren, häufig auch mit Thermostatfunktion zur Überwachung eines zulässigen Temperaturbereichs.
  Seltener findet man bei Mikrocontrollern integrierte Digital/Analog-Umsetzer (DAU, auch: D/A-Wandler, *D/A Converter* – DAC). Wie die A/D-Wandler besitzen sie eine maximale Auflösung von 10 Bits. Häufiger wird zur D/A-Wandlung – wie im Unterabschnitt 9.4.4 beschrieben – ein PWM-Signal ausgegeben, das durch ein externes Integrierglied (Integrator) in einen analogen Wert umgewandelt wird.
  A/D- und D/A-Wandler-Einheiten für Mikrocontroller werden im Abschnitt 9.8 beschrieben.

- Das **Modul zur Systemintegration** (*System Integration Module* – SIM) besteht hauptsächlich aus einem Systembus-Controller, der die Erzeugung von Signalen zur Auswahl verschiedener Speicher-/Register-Bereiche (*Chip Select* – CS), zur Steuerung der Datenbusbreite und zur Vergabe des Buszugriffs (Arbitrierung) sowie das Einfügen von Wartezyklen (*Wait States*) zur Aufgabe hat (vgl. Abschnitt 8.2).
  Außerdem enthält das Modul häufig einen Speichercontroller, der die Steuersignale für den Einsatz unterschiedlichster Schreib/Lese- oder Festwert-Speicherbausteine generiert. Eine weitere Komponente übernimmt die Steuerung der Leistungsaufnahme (*Power Management*): Sie versetzt die Komponenten des Controllers in verschiedene Stromspar-Modi, die

---

[1] Als Port wird allgemein eine Gruppe von Anschlüssen bezeichnet, die in einem funktionalen Zusammenhang stehen

sich nach der Frequenz ihres Arbeitstakts und der Höhe der Versorgungsspannung unterscheiden (vgl. Abschnitt 2.3).

Die folgenden Komponenten sind nur in Mikrocontrollern für besondere Anwendungen integriert. Häufig existieren in umfangreichen „universellen" Controller-Familien spezielle Produkte, die über diese Komponenten verfügen.

- Zum Anschluss von Ein-/Ausgabegeräten für den Benutzer verfügen diese Mikrocontroller über weitere **anwendungsspezifische parallele Schnittstellen.** Dazu gehören Ausgänge, die hohe Ströme für den Anschluss von Leuchtdioden-Anzeigen (*LED Displays*) bzw. hohe Spannungen (bis 40 V) für den Anschluss von Vakuum-Fluoreszenz-Röhren (*Vacuum Flourescent Tube* – VFT) liefern. Für den Einsatz von ein- oder mehrfarbigen Flüssigkristall-Anzeigen (*Liquid Crystal Display* – LCD) mit bis zu 160 getrennt ansteuerbaren Anzeigepunkten (Segmenten) gibt es Ausgänge, die hohe digitale Wechselspannungen erzeugen. Weitere spezielle Schnittstellen, die ebenfalls Treiber für relativ hohe Ströme zur Verfügung stellen, dienen zur Ausgabe von Signalen für die Ansteuerung von Schrittmotoren.
  Als spezielle Eingabemodule findet man Schnittstellen zum Anschluss von grau oder farbig darstellenden, berührungsaktiven Anzeigen (*Touch Screens*) sowie von kleinen Tastaturen mit Zeilen/Spalten-Multiplexansteuerung (*Keypads*).

- Als anwendungsspezifische serielle Schnittstelle wird die **Infrarot-Schnittstelle** immer wichtiger, die mit Hilfe von infrarotem Licht serielle Daten mit einer Bitrate von 115 kBit/s bis 4 MBit/s nach dem standardisiertem IrDA-Protokoll (*Infrared Data Association*) synchron überträgt.

- In komplexen Systemen wird immer häufiger eine größere Zahl von Mikrocontrollern verwendet, die untereinander Daten austauschen müssen. Zu ihrer Kopplung verfügen viele Controller über sog. **Netzschnittstellen.** Eine der erfolgreichsten Schnittstellen dieser Art ist der **CAN-Bus** (*Controller Area Network*), der insbesondere im Automobilbau und im industriellen Bereich eingesetzt wird. Ihn werden wir im Abschnitt 8.4 ausführlich beschreiben.

- Eine weitere, etwas leistungsschwächere serielle Netzschnittstelle, der I^2C-**Bus** (*Inter-Integrated Chip Bus*), wurde bereits vor Jahrzehnten von der Firma Philips zur Verbindung von hochintegrierten Bausteinen entwickelt – nicht nur zur Kopplung von Mikrocontrollern. Beim I^2C-Bus handelt es sich ebenfalls um eine bidirektionale 2-Draht-Schnittstelle mit Übertragungsraten zwischen 100 und 400 kBit/s. Er hat in den letzten Jahren insbesondere im Bereich der SmartCards eine große Bedeutung erlangt – also bei den weit verbreiteten Chipkarten, deren integrierter „Chip" ein Mikrocontroller ist.

- Mit der fortschreitenden Miniaturisierung der universellen „persönlichen" Rechnersysteme, also z.B. der PDAs (*Personal Digital Assistants*), Pocket-PCs und Laptops, wird die Rolle der Mikrocontroller in diesem Bereich immer wichtiger. Deshalb werden ihre leistungsfähigsten Vertreter in verstärktem Maß mit denjenigen Busschnittstellen und den dazu erforderlichen Steuermodulen ausgerüstet, die in diesem Mikrorechner-Bereich weit verbreitet sind. Dazu gehören insbesondere der **PCI-Bus** (*Peripheral Component Interconnect*) – mit 32 Bit Busbreite und 33 MHz Bustakt – sowie der **USB** (*Universal Serial Bus*). Im Rahmen dieses Buches werden wir nur auf den „moderneren" USB eingehen (vgl. Abschnitt 8.3).

- Häufig wird in den eben erwähnten Mikrocontrollern auch die im Laptop-Bereich verwendete **PCMCIA-Schnittstelle** (*Personal Computer Memory-Card International Association*) oder ihr Nachfolger, das *PC-Card-Interface* integriert. Die zuerst genannte Schnittstelle ist ein 16-Bit-Derivat des ISA-Busses, die zweite ein 32-Bit-Derivat des PCI-Busses. Mit Hilfe von genormten, flachen Einschubkarten erlauben es diese Schnittstellen, den Rechner um verschiedene externe Komponenten zu erweitern – z.B. um ein externes Arbeitsspeicher-Modul oder ein Modem (Modulator/Demodulator) zum Anschluss des Rechners an das Telefonnetz.

Die folgende Abb. 2.11 zeigt das Photo eines Mikrocontroller-Chips, englisch auch *Die* („Mikroplättchen") genannt. Dabei handelt es sich um den (relativ) einfachen 8-Bit-Controller MC68HC908 der Firma Freescale. Durch die eingezeichneten Umrandungen wird die Lage der einzelnen Komponenten dargestellt. Die Abb. macht sehr gut deutlich, dass der eigentliche Prozessor, die CPU, mit ca. 4,3% nur noch sehr wenig Platz beansprucht. Eine immer größere Fläche nimmt bei modernen Mikrocontrollern hingegen der interne Speicher ein, in der Abbildung mit RAM (*Random Access Memory* – Schreib-/Lesespeicher), ROM (*Read-Only Memory* – Festwertspeicher) und *Flash* (veränderbarer Festwertspeicher, zuzüglich der Steuerung: *Flash Control*) bezeichnet. Zusammen sind das ungefähr 20% der Chipfläche.

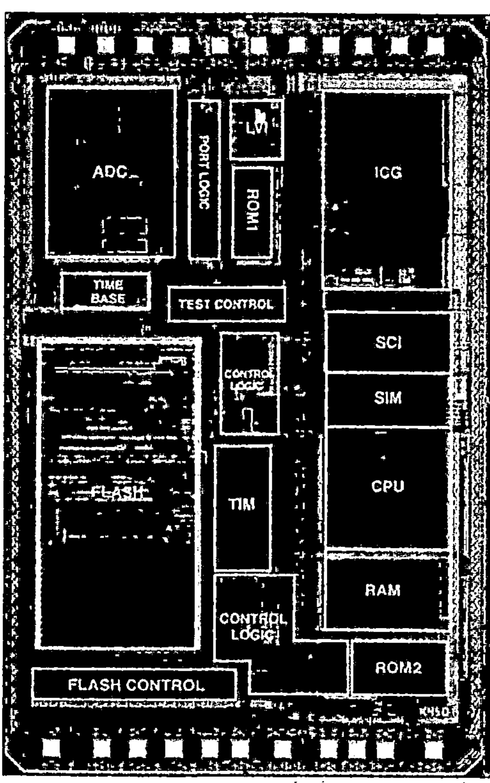

Abb. 2.11: Chip-Photo eines einfachen Mikrocontrollers

Die weiteren in der Abbildung benutzten Abkürzungen bedeuten:

ICG: integrierter Taktgenerator (*Internal Clock Generator*)

Control Logic: Steuerung der Peripheriekomponenten

Time Base: frei umlaufender Binärzähler zur Vorgabe einer Zeitbasis oder externer Takt

TIM: Zeitgeber-/Zähler-Modul (*Timer Interface Modul*)

Port Logic: Schaltung zur Steuerung der Ein-/Ausgabeleitungen mit Mehrfachbelegung

ADC: Analog/Digital-Wandler (*Analog/Digital Converter*)

SCI: asynchrone serielle Schnittstelle (*Serial Communications Interface*)

SIM: Modul zur Systemintegration (*System Integration Module*)

LVI: Überwachung des Betriebsspannungs-Pegels (*Low Voltage Inhibit*)

Test Control: Testschaltung

2.3.2 Steuerung der Leistungsaufnahme

Wie bereits im Abschnitt 1.3 beschrieben wurde, spielt in vielen eingebetteten Systemen die Steuerung und Verringerung der Leistungsaufnahme (*Power Management*) eine sehr wichtige Rolle. Aus Kosten- und Platzgründen verbietet sich z.B. der Einsatz eines Lüfters oder großer Kühlkörper zur Abführung der Wärme. Außerdem sind viele dieser Systeme für den Batteriebetrieb ausgelegt. Hier kommt es auf eine möglichst effektive Nutzung der Batteriekapazität an. Mikrocontroller können daher häufig in einen von mehreren Betriebsmodi (*Low-Power Modes*) versetzt werden, in denen die Leistungsaufnahme – unterschiedlich stark – reduziert wird. Der Übergang aus dem „Normalbetrieb", in dem Prozessorkern und Komponenten mit voller Taktgeschwindigkeit und hoher Betriebsspannung arbeiten, in einen dieser Zustände wird durch spezielle Befehle oder aber durch das Setzen bestimmter Bits in den Steuerregistern veranlasst. Die Komponente des Controllers, welche die verschiedenen Modi „verwaltet", wird als *Power Management Module* bezeichnet.

- Im *Stop Mode* wird der Controller – mit dem Taktgenerator und allen internen Komponenten – angehalten und seine Ausgänge werden hochohmig geschaltet. Ein entsprechender Assemblerbefehl kann z.B. LPSTOP (*Low-Power Stop*) heißen.

- Im *Power-Down Mode* wird der Controller ebenfalls vollständig angehalten; zusätzlich kann seine Betriebsspannung aber noch auf einen Wert herabgesetzt werden, der zur Erhaltung der in den internen RAM-Speichern abgelegten Informationen gerade noch ausreicht. (Eine Halbierung der Betriebsspannung bedeutet in etwa eine Viertelung der Leistungsaufnahme.) Ein Befehl zum Wechsel in den *Power-Down Mode* kann z.B. PWRDN heißen.

- Im *Slow Mode* wird die Taktfrequenz des gesamten Controllers um einen Faktor reduziert, der häufig im auslösenden Befehl angegeben werden kann. Mögliche Faktoren sind z.B. 16, 32, 64, 128.

- Im *Idle Mode* (auch *Wait Mode* genannt) wird nur der Takt vom Prozessorkern getrennt sowie ein eventuell vorhandener *Watch-Dog Timer* angehalten; die Peripheriekomponenten können jedoch mit voller Taktgeschwindigkeit weiterarbeiten. Häufig ist es möglich, einige oder alle Komponenten durch bestimmte Bits ihrer Steuerregister ebenfalls abzuschalten. Ein Befehl zum Wechsel in den *Idle Mode* heißt z.B. IDLE.

- Im *Sleep Mode* wird ebenfalls der Takt des Prozessorkerns sowie eines eventuell vorhandenen *Watch-Dog Timers* angehalten, die Peripheriekomponenten arbeiten hier nur mit herabgesetzter Taktgeschwindigkeit weiter.

Daneben existiert noch eine ganze Reihe von weiteren Stromspar-Modi, auf die wir hier jedoch nicht näher eingehen wollen. Das „Aufwecken" (*Wake Up*) des Controllers aus den beschriebenen Betriebszuständen geschieht durch

- das Ändern bestimmter Bits in einem Steuerregister durch entsprechende Befehle, sofern der Prozessor noch zur Programmbearbeitung in der Lage ist,

- eine externe Interrupt-Anforderung, sofern der Interrupt vor dem Eintritt in den Stromspar-Modus aktiviert wurde,

- die Anforderung einer Einzelschrittausführung (*Trace*),

- oder ein Rücksetzsignal (*Reset*).

Nach dem Aufwecken können bei einigen Modi sehr viele Taktzyklen vergehen, bis der abgeschaltete oder in seiner Frequenz herabgesetzte Taktgenerator wieder stabil arbeitet. Während dieser Zeit kann der Prozessor seine Arbeit noch nicht wieder aufnehmen.

2.3.3 Spezialbefehle bei Mikrocontrollern

In diesem Abschnitt wollen wir uns mit einigen Befehlen und Befehlsgruppen beschäftigen, die wesentlich für die Leistungsfähigkeit eines Mikrocontrollers sind. Den Befehlssatz eines universellen Mikroprozessors werden wir im Abschnitt 6.2 beschreiben. (Bei den im Abschnitt 1.2 erwähnten Mischformen aus µC und DSP kommen dazu noch die typischen DSP-Befehle nach Unterabschnitt 6.2.4).

2.3.3.1 Bitmanipulations- und Bitfeld-Befehle[1]

- **Bitmanipulationsbefehle** erlauben es, ein einzelnes Bit in einem Speicherwort, einem Prozessorregister oder einem Spezialregister (*Special Function Register* – SFR) gezielt zu testen, d.h., auf den Wert 0 oder 1 abzufragen. Im Anschluss an diesen Test kann das Bit auf 1 oder 0 gesetzt bzw. invertiert werden. In Mikrocontroller-Anwendungen werden diese Befehle häufig zur Initialisierung und Manipulation von Portleitungen, zur Aktivierung einzelner Steuerleitungen, zur häufigen Abfrage von Statussignalen sowie zur Bestimmung von Interrupt-Quellen benutzt, die über ein Interrupt-Anforderungsregister einen Unterbrechungswunsch stellen.

- **Bitfeld-Testbefehle** vergleichen einen Registerinhalt mit einer im Befehl vorgegebenen „Maske", d.h., mit einer beliebigen 0–1-Bitkombination. Nur wenn das Register an allen Bitpositionen, an der die Maske eine 1 hat, mit dem geforderten Wert 0 (*Low*) bzw. 1 (*High*) übereinstimmt, wird in einem speziellen Register des Prozessors, dem Statusregister, das sog. Nullbit[2] (*Zero Flag*) gesetzt.

- Kombinierte **Bitfeld-Test- und Manipulations-Befehle** testen zunächst die durch die Maske definierten Bits auf 0 bzw. 1 und setzen ggf. das o.g. Nullbit. Unabhängig vom Wert des

---

[1] s. auch Unterabschnitt 6.2.4
[2] Einige Prozessoren verwenden dazu das Übertragsbit (*Carry Flag*) im Statusregister, s. Abschnitt 5.5

Nullbits invertieren sie danach die durch die Maske selektierten Bits oder setzen sie auf 0 bzw. 1.

- Kombinierte **Bitfeld-Test- und Verzweigungs-Befehle** führen zunächst den eben beschriebenen Test durch und setzen ggf. das Nullbit. Falls das Bit gesetzt wird, führen sie danach eine Programmverzweigung (*Branch*) durch. Wird das Nullbit nicht gesetzt, verhalten sie sich wie ein einfacher NOP-Befehl (*No Operation*), der keinerlei sonstige Funktion ausführt.

2.3.3.2   Tabellensuch- und Interpolationsbefehl

Der Tabellensuch-Befehl (*Table Look-Up* – TBL) ist sehr wichtig in Steueranwendungen, in denen wiederholt mit Kennlinienfeldern gearbeitet wird. Er ermöglicht die Speicherung einer reduzierten Anzahl von Datenwerten in einer Tabelle und berechnet daraus – durch lineare Interpolation – alle Zwischenwerte. Als Anwendungsbeispiel sei hier eine Motorsteuerung genannt, bei der die aktuelle Geschwindigkeit oder das Drehmoment als Eingangsgröße in einer Tabelle abgelegt werden und daraus der erforderliche Zündwinkel als Ausgangsgröße berechnet wird. In dem folgenden Exkurs beschreiben wir die Ausführung des TBL-Befehls genauer.

Exkurs: Ausführung des TBL-Befehls

Die Basisdaten für den TBL-Befehl[1] werden in einer Tabelle mit n Tupeln (X^i, Y^i) im Speicher abgelegt. Die Ordinatenwerte Y^i können wahlweise Bytes, 16-Bit-Wörter oder 32-Bit-Doppelwörter sein. Die Abszissenwerte X^i sind als 16-Bit-Festpunktzahlen im Format (8.8) – d.h., 8 Stellen vor dem Punkt, 8 Stellen dahinter – vorgegeben, der Dezimalpunkt liegt also zwischen Bit 7 und Bit 8. Der gebrochene Anteil (*Fractional*) der Abszissenwerte X^i ist auf 0 gesetzt, d.h., die Abszissenwerte sind ganze Zahlen: $X^i = X_7...X_0 . X_{-1}...X_{-8} = X_7...X_0 . 0...0$. Somit kann die Tabelle maximal 256 Tupel enthalten. Die (ganzzahligen) Abszissenwerte X^i werden mit der Länge der Y-Daten skaliert ($\times$ 1, 2, 4 Bytes) und als relative Adressen („Index") für den Zugriff auf die gespeicherte Tabelle verwendet. Unter diesen Adressen werden die zugehörigen Ordinatenwerte Y^i der Datentupel abgelegt.

In Abb. 2.12 ist die Ausführung des TBL-Befehls skizziert.

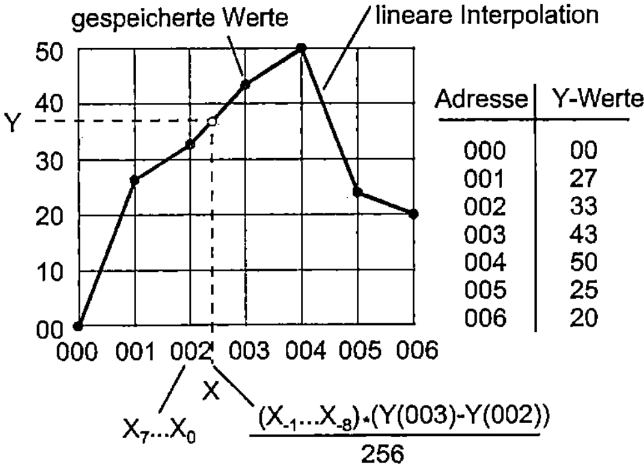

$$\frac{(X_{-1}...X_{-8}) \cdot (Y(003) - Y(002))}{256}$$

Abb. 2.12: Funktion des TBL-Befehls

---

[1] Wir orientieren uns hier an der Mikrocontroller-Familie MC683XX von Motorola/Freescale

Er ermittelt nach folgendem Verfahren für einen beliebigen Wert

$$Xi = X_7...X_0 . X_{-1}...X_{-8}$$

den entsprechenden y-Wert:

- Zunächst wird durch Abschneiden des *Fractional*-Teils von X der (ganzzahlige) Abszissenwert $X^i = X_7...X_0$ ermittelt.

- Zu den Abszissenwerten X^i, X^{i+1} werden die Ordinatenwerte $Y(X^i)$ und $Y(X^{i+1})$ aus der Tabelle gelesen und ihre Differenz $(Y(X^{i+1}) - Y(X^i))$ berechnet.

- Diese Differenz wird mit dem *Fractional*-Teil $.X_{-1}...X_{-8} = (X_{-1}...X_{-8})/256$ von X multipliziert[1].

- Der so ermittelte Wert wird stellenrichtig, also unter Berücksichtigung der Lage des Punktes, zum Ordinatenwert Y(Xi) hinzuaddiert. Das Ergebnis dieser Addition (u.U. mit einem negativen Summanden) ist der gesuchte Ordinatenwert zu X im Festpunktformat (m.8).

Die weitere Verarbeitung des Ergebnisses hängt vom verwendeten Format des TBL-Befehls ab, der in vier verschiedenen Varianten existiert. Zwei Varianten liefern einen vorzeichenbehafteten bzw. vorzeichenlosen gerundeten Wert (*signed, unsigned*), die beiden anderen Varianten die entsprechenden Werte in nicht gerundeter Form.

In jedem Befehl muss als Parameter zusätzlich die Länge der in der Tabelle abgelegten Ordinatenwerte (Byte, 16-Bit-Wort, 32-Bit-Doppelwort) angegeben werden. Die beiden zuerst genannten Befehls-Varianten runden das berechnete Ergebnis zur nächstgelegenen ganzen Zahl (*Round to Nearest Integer*). Die Länge des Ergebnisses entspricht dann der Länge der Ordinatenwerte.

Die beiden zuletzt genannten Befehls-Varianten liefern Ergebnisse mit einem 8-stelligen *Fractional*-Teil und einem Integer-Teil. Für Byte- und Wort-Ordinaten stimmt die Länge des Integer-Teils mit der Länge der Ordinatenwerte überein. Das Ergebnis wird hier durch das Vorzeichenbit auf 32 Bits verlängert (*Sign Extension*). Dagegen wird für Doppelwort-Ergebnisse der Integer-Teil auf seine niederwertigen 24 Bits abgeschnitten, so dass er mit dem 8-Bit-Fractional in ein 32-Bit-Register passt.

Eine einfachere Variante des TBL-Befehls erlaubt es nur, ein Tupelpaar (X1,Y1), (X2,Y2) in einem Registerpaar vorzugeben und – analog zu dem oben beschriebenen Verfahren – zu einem zwischen den Abszissenwerten X1 und X2 liegenden Wert X durch lineare Interpolation den entsprechenden Ordinatenwert Y zu bestimmen (*Register Interpolate Mode*).

---

[1] Dies entspricht einer Integer-Multiplikation mit $X_{-1}...X_{-8}$ und anschließendem Setzen des Punktes, so dass eine m.8-Zahl entsteht, d.h., das niederwertige Ergebnisbyte wird als *Fractional* interpretiert

2.4 Produktbeispiele

In diesem Abschnitt wollen wir nun anhand einiger weit verbreiteter Produktbeispiele die Spannbreite der Leistungsfähigkeit und Komplexität heutiger Mikrocontroller beschreiben. Zur Klassifizierung benutzen wir – wie üblich – die Breite der Datenwörter, die von der Integer-Einheit der Prozessorkerne in einem Schritt verarbeitet werden können, und sprechen so von 4-, 8-, 16- und 32-Bit-Controllern. Die vorgestellten Mikrocontroller sind z.T. Mitglieder von Controller-Familien mit bis zu einigen Dutzend Varianten, die sich in Typ und Größe der internen Speicher, der Arbeitsgeschwindigkeit, der integrierten Peripheriekomponenten und insbesondere auch der Gehäuseform unterscheiden. Darüber hinaus bieten einige Prozessorhersteller ihren Kunden an, kundenspezifische Schnittstellen und Peripheriekomponenten auf ihren Controllerchips zu integrieren. Dies ist natürlich nur bei relativ großen Stückzahlen[1] ökonomisch möglich.

2.4.1 4-Bit-Controller

4-Bit-Controller werden immer noch in riesigen Stückzahlen in einfachen Anwendungen eingesetzt. Dazu gehören z.B. Funk- oder Infrarot-Fernbedienungen, Spielzeug, intelligente Sensoren (*Smart Sensors*) bis hin zu „musikalischen" Grußkarten. Abb. 2.13 zeigt den Blockschaltplan eines 4-Bit-Mikrocontrollers, den wir hier beispielhaft beschreiben wollen.

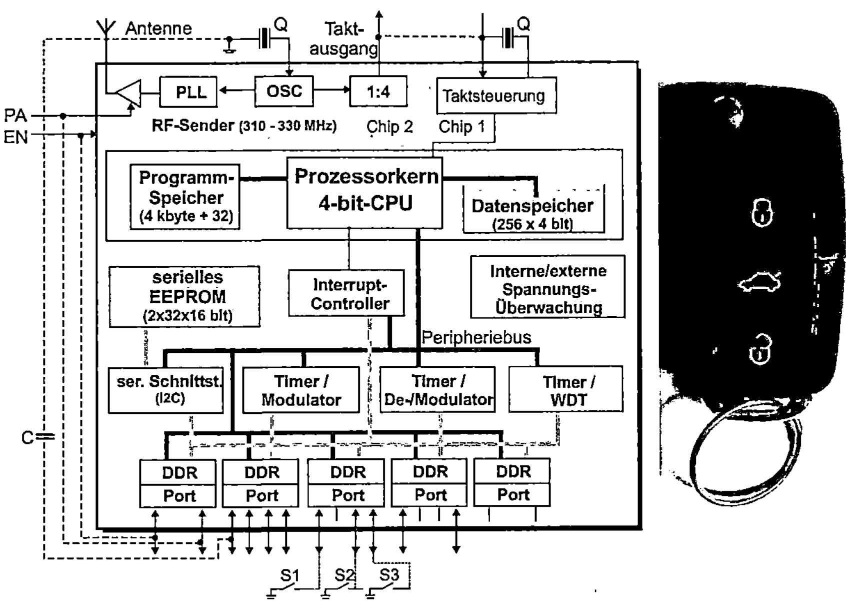

Abb. 2.13: Der 4-Bit-Mikrocontroller ATAM862-3 von Atmel[2]

Der Mikrocontroller wird von der Firma Atmel gebaut und trägt die Bezeichnung ATAM862-3. Er ist als Baustein auf zwei Halbleiter-Plättchen (*Multi-Chip Module* – MCM) realisiert und in einem Gehäuse mit 24 Anschlüssen (*Pins*) untergebracht. Er kann mit maximal 2 MHz getaktet werden. Neben dem eigentlichen Mikrocontroller enthält der Baustein noch einen RF-Sender (*Radio Frequency*[1]), der Funksignale im Frequenzbereich von 310 bis 330 MHz[2] ausgibt. Damit sind Übertragungsraten von bis zu 32 kBit/s möglich. Der Baustein ist z.B. geeignet für den o.g. Einsatz in Funk-Fernbedienungen, in Funk-Schließsystemen im Automobil (*Remote Keyless Entry* – RKE) sowie in der elektronischen Reifendrucküberwachung (*Tire-Pressure Monitoring System* – TPMS). Die Betriebsspannung des Bausteins kann zwischen 2,0 und 4,0 Volt liegen und ermöglicht so einen Einsatz mit einer einzelnen Lithium-Batterie. Im „Schlafmodus" (*Sleep Mode*) liegt die Stromaufnahme unter 1 µA. Zur Überwachung der Betriebsspannung – aber auch zur Überwachung einer externen Spannung – verfügt der Controller über eine spezielle Schaltung, die den Baustein zurücksetzt (*Reset*), wenn die überwachte Spannung unter einen vorgegebenen Wert sinkt.

Abb. 2.13 ist zu entnehmen, dass **Programm- und Datenspeicher** über getrennte Bussysteme mit dem Prozessorkern verbunden sind. Nach den Festlegungen von Abschnitt 1.1 liegt also eine Harvard-Architektur vor. Im Programmspeicher, der als 4-kByte-EEPROM (*Electrically Erasable ROM*) realisiert ist und somit im System byteweise gelöscht und wieder programmiert werden[3] kann, wird das Anwendungsprogramm des Controllers abgelegt. In einem weiteren kleinen EEPROM mit 32 Bytes werden die Daten abgelegt, die nach dem Rücksetzen/Einschalten des Controllers zur Konfiguration der internen Komponenten benötigt werden. Für Operanden und Ergebnisse steht ein Schreib-/Lesespeicher aus sRAM-Speicherzellen (*static Random Access Memory*) mit einer Kapazität von 256 Bytes zur Verfügung. Im Unterschied zum Programmspeicher – und den Schreib-/Lesespeichern aller im Folgenden beschriebenen Mikrocontroller – werden die Zellen des Schreib-/Lesespeichers im ATAM862-3 nicht über Adressen angesprochen. Stattdessen wird der Speicher als „Stapelspeicher" (*Stack*) verwaltet, bei dem Daten nur am „oberen Ende" (*Top of Stack* –TOS) eingetragen und dort wieder ausgelesen werden. Das bedeutet, dass zuletzt eingeschriebene Daten als erste wieder entfernt werden, weshalb diese Verwaltungsart als LIFO-Strategie (*Last in – First out*) bezeichnet wird.

- Der **Prozessorkern** des Mikrocontrollers enthält ein 4-Bit-Rechenwerk, das nur ganzzahlige Operanden (*Integer*) verarbeiten kann. Diese Operanden werden stets aus den oberen beiden Einträgen des Schreib-/Lese-*Stack*-Speichers gebildet; das Ergebnis wird stets im obersten Eintrag des Speichers abgelegt.

- Die **Peripheriekomponenten** des Controllers werden über einen weiteren Bus, den Peripheriebus, angeschlossen. Hier sind ein Interrupt-Controller, drei Timer-Bausteine und eine serielle Schnittstelle integriert. Die serielle Schnittstelle kann in verschiedenen Betriebsweisen arbeiten und so unterschiedliche „Übertragungs-Protokolle" realisieren. Nur über sie ist ein weiteres „serielles" EEPROM mit insgesamt 128 Bytes ansprechbar, das als Speicher für Daten vorgesehen ist, die vom Prozessorkern oder von einer externen Komponente, z.B. einem weiteren Controller, dort abgelegt bzw. gelesen werden können. Dadurch wird die Kommunikation über „gemeinsame Daten" (*Shared Memory*) zwischen Controller und externen

---

[1] Deutsche Bezeichnung: HF – Hochfrequenz-Bereich
[2] Baustein-Varianten „funken" auch im Bereich 429 – 439 MHz bzw. 868 – 928 MHz
[3] Diese Programmierung wird bei großen Stückzahlen auf Wunsch bereits vom Hersteller des Controllers vorgenommen

Komponenten unterstützt. Die Timer können – neben den Standardfunktionen, die wir im Abschnitt 9.4 beschreiben werden – einerseits auch als Schaltung zur Überwachung des Programmablaufs (*Watch-Dog Timer* – WDT), andererseits zur Ausgabe (*Modulator*) bzw. Annahme (*Demodulator*) von speziellen, codierten Zeitsignalen benutzt werden, wie sie z.B. bei der Aufzeichnung von Daten auf magnetischen Speichermedien eingesetzt werden.

- Der Controller verfügt über fünf 4-Bit-Ports mit universellen Ein-/Ausgabesignalen (*General Purpose I/O* – GPIO), von denen – aus Kostengründen – jedoch nur elf mit äußeren Anschlüssen des Controllers verbunden sind. Über dieselben Anschlüsse können alternativ die Ein-/Ausgabesignale der Peripheriekomponenten mit der „Außenwelt" verbunden werden.

Der integrierte Funk-Chip (2) enthält einen Schwingkreis (*Oscillator* – OSC), der – mit einem entsprechenden Quarz (Q) stabilisiert – z.B. eine Taktfrequenz von 9,8438 MHz erzeugt. Durch die nachfolgende PLL-Schaltung (*Phase-Locked Loop*, s. Abschnitt A.1) wird diese Frequenz auf das 32-fache erhöht, also auf 315 MHz. Diese Schwingung wird dann als sog. Funk-Trägersignal über eine angeschlossene Antenne ausgesendet. Der Baustein unterstützt zwei Möglichkeiten (s. Abb. 2.14), das Trägersignal mit der zu übertragenden Information zu überlagern (zu „modulieren"):

- Beim **Amplituden-Modulationsverfahren** (*Amplitude Shift Keying* – ASK) wird über eine Portleitung des Controllers, die extern mit dem Eingang PA des Senders verbunden wird, der der PLL nachgeschaltete Ausgangsverstärker im gewünschten Bitmuster ein- und ausgeschaltet.

- Beim **Frequenz-Modulationsverfahren** (*Frequency Shift Keying* – FSK) wird über eine Portleitung des Controllers ein externer Kondensator (C) im gewünschten Bitmuster zum Quarz dazugeschaltet. Dadurch wird die Frequenz des Oszillators zwischen zwei Werten umgeschaltet.

315 MHz-Grundschwingung

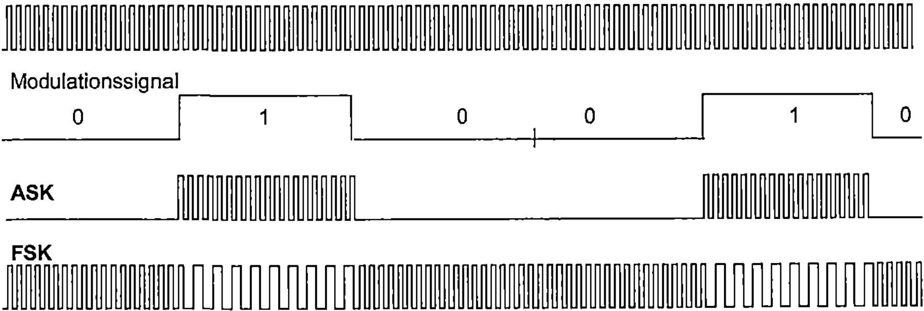

Abb. 2.14: Prinzip der ASK- und FSK-Modulation

Um die geforderten Zeitbeziehungen einzuhalten, müssen während des Betriebs des Funksenders Sender und Mikrocontroller synchronisiert werden. Dazu wird das Ausgangssignal des Oszillators, dessen Frequenz auf ein Viertel (1:4) heruntergeteilt wird, mit dem Takteingang des Controllers verbunden und übernimmt während der Übertragung die Taktung des Controllers. Über den Eingang EN (*Enable*) kann der gesamte Sender – zur Einsparung von Energie – ausgeschaltet werden, wenn er (momentan) nicht benötigt wird.

2.4.2 8-Bit-Controller

2.4.2.1 Mikrocontroller-Familie PIC 16C5x

Die Mikrocontroller PIC 16C5x der Firma Microchip Technology stellen eine erfolgreiche Familie von einfachen, kostengünstigen 8-Bit-Controllern dar (s. Abb. 2.15). Diese Familie umfasst eine sehr große Vielfalt von Typen, die sich insbesondere in der Größe des integrierten Programmspeichers, des Registersatzes[1] und der Anzahl der Eingabe/Ausgabeleitungen unterscheiden. Je nach ihrer Komplexität sind die Controller in Gehäusen mit 18 bzw. 28 Anschlüssen untergebracht. Sie können mit einem Arbeitstakt bis zu 20 MHz betrieben werden, der aber auch – ohne Informationsverlust – auf 0 Hz herabgesenkt werden kann („vollstatischer Betrieb"). Die Betriebsspannung kann zwischen max. 6,25 V im aktiven Modus und 2,0 V im Ruhezustand (*stand-by*) liegen. Im aktiven Betrieb ist der Stromverbrauch bei einer Taktfrequenz von 4 MHz und 5V-Betriebsspannung kleiner als 2 mA, im Stromspar-Modus mit 3 V Betriebsspannung und 32-kHz-Takt kleiner als 15 µA. Dieser wird im *Stand-By Mode* sogar auf weniger als 0,6 µA herabgesetzt.

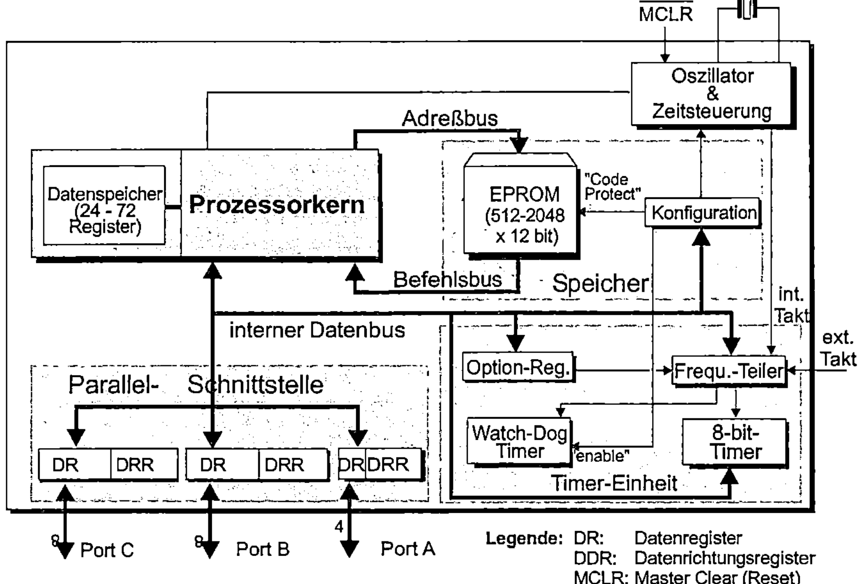

Abb. 2.15: Blockschaltbild des PIC 16C5x von Microchip

Der **Prozessorkern** unterstützt einen „RISC-ähnlichen" Befehlssatz aus 33 Befehlen (der konstanten Länge 12 Bits). Die Befehle werden in einem einzigen Taktzyklus ausgeführt – mit Ausnahme der Verzweigungsbefehle, die zwei Zyklen benötigen. Zur Aufnahme der Rücksprungadresse bei Unterprogrammaufrufen werden zwei spezielle Register (*Hardware Stack*) eingesetzt, so dass für den Aufruf von Unterprogrammen lediglich eine Schachtelungstiefe von 2 möglich ist: Hauptprogramm → Unterprogramm → Unterprogramm.

---

[1] Unter einem Register wollen wir zunächst – stark vereinfachend – eine interne Speicherzelle im Prozessorkern verstehen. Weitere Registereigenschaften lernen wir dann im Abschnitt 5.6 kennen

Der **Programmspeicher** fasst – je nach Typ – bis zu 512, 1024 oder 2048 12-Bit-Befehlswörter. Er ist als maskenprogrammiertes ROM, als EPROM oder als OTP-EPROM (*One-Time Programmable*) – also durch Zellen, die nur ein einziges Mal programmiert, aber nicht wieder gelöscht werden können – realisiert. Das Laden der Befehle aus dem Programmspeicher geschieht über einen speziellen 12-Bit-Befehlsbus. Das EPROM besitzt einen Kopierschutz, der – durch das Durchbrennen von Schmelzsicherungen – das unberechtigte Auslesen des gespeicherten Programmcodes verhindert (*Code Protect*). Der **Datenspeicher** ist im Prozessorkern integriert und besteht aus 24 bis 72 universellen 8-Bit-Registern, die in ein bis drei disjunkten „Bänken" (aus je 24 Registern) organisiert sind. Die Register jeder Bank können vom Prozessorkern direkt oder aber indirekt über ein Auswahlregister (*File Selection Register* – FSR) angesprochen werden. Die Verbindung zum Datenspeicher geschieht über einen separaten Bus, so dass die Prozessoren über eine Harvard-Architektur verfügen.

- Als Peripheriekomponenten verfügen die Controller über zwei bzw. drei **Parallelports,** von denen einer 4 Bits breit, der bzw. die anderen 8 Bits breit sind. Die Datenrichtungsregister (*Data Direction Register* – DDR) geben für jede Portleitung getrennt an, ob sie als Eingang oder Ausgang verwendet werden soll. Auszugebende Daten werden in den Datenregistern (*Data Register* – DR) zwischengespeichert.

- Die zweite Peripheriekomponente ist eine **Zeitgeber-/Zähler-Einheit,** die aus einem universell verwendbaren 8-Bit-Timer (*Real-Time Clock/Counter* – RTCC) und einem *Watch-Dog Timer* (WDT) besteht. Der Timer kann durch den internen Prozessortakt oder aber einen externen Takt, der WDT nur mit dem internen Takt betrieben werden. Beide Takte können durch einen 8-Bit-Frequenzteiler (*Prescaler*) um einen Faktor zwischen 1:1 und 1:256 heruntergeteilt werden. Jedoch kann der Frequenzteiler nur alternativ dem Timer oder dem WDT zugeordnet werden.

Aus Abb. 2.15 werden aber auch die wesentlichen Beschränkungen deutlich, welche die Einsatzmöglichkeiten der beschriebenen Mikrocontroller eng eingrenzen:

- Die Controller haben keine **Systembus-Schnittstelle** und können daher auch nicht extern um weitere Speichermodule und Peripheriekomponenten erweitert werden. Insbesondere kann daher auch die Schachtelungstiefe von Unterprogrammaufrufen nicht durch einen externen Speicher zur Aufnahme der Rücksprungadressen (*Stack*) vergrößert werden.

- Die Controller verfügen über keine Interrupt-Möglichkeit und können daher nur eingeschränkt auf externe Ereignisse reagieren, z.B. durch die programmierte regelmäßige Abfrage einer Eingabe-Portleitung.

2.4.2.2 8-Bit-Mikrocontroller-Familie AT90 von Atmel

Als etwas leistungsfähigeren 8-Bit-Mikrocontroller wollen wir nun den AT90CAN der Firma Atmel vorstellen, dessen Blockschaltplan in Abb. 2.16 zu sehen ist. Dieser Controller besitzt einen RISC-Prozessorkern, der mit beliebigen Frequenzen zwischen 0 und 16 MHz getaktet werden kann, was als vollstatischer Betrieb (*Fully Static Operation*) bezeichnet wird. Die Auswahl der gewünschten Taktfrequenz kann softwaremäßig im laufenden Betrieb erfolgen. Zur Reduzierung der Leistungsaufnahme unterstützt der Prozessor fünf verschiedene Sparmodi.

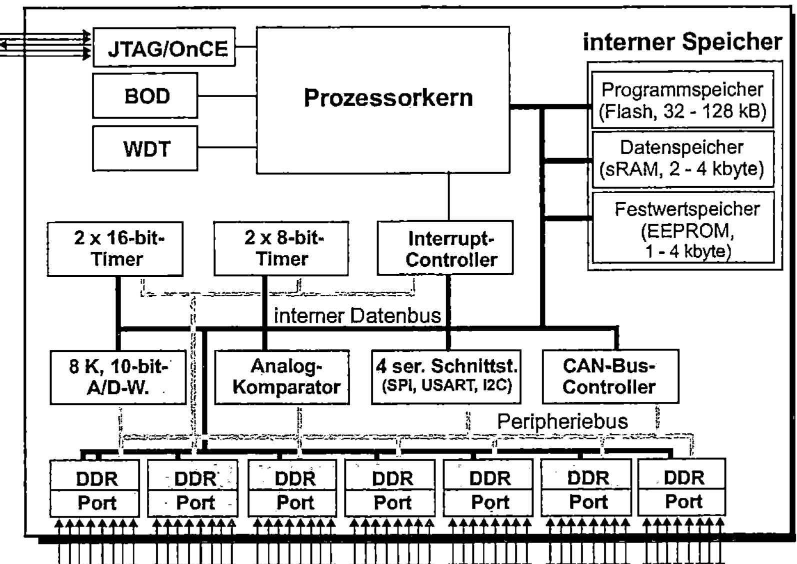

Abb. 2.16: Blockschaltbild des Atmel AT90CAN

- Der **Prozessorkern** enthält ein Rechenwerk, das 133 verschiedene Befehle ausführen kann, darunter auch – was für 8-Bit-Prozessoren nicht selbstverständlich ist – eine schnelle Multiplikation. Die Operanden können in 32 8-Bit-Registern abgelegt werden.

- Der **interne Speicher** besteht aus einem Festwert-Programmspeicher (*Flash*) mit 32 bis 128 kByte, einem statischen Schreib-/Lese-Datenspeicher (*static Random Access Memory* – sRAM) mit 2 bis 4 kByte und einem weiteren „nicht flüchtigen" Festwertspeicher für 1 bis 4 kByte Daten (EEPROM), der byteweise beschrieben und gelöscht werden kann. Im Unterschied zu den bisher behandelten Controllern, kann der AT90CAN extern um bis zu 64 kByte Speicher erweitert werden. Dazu werden drei der vorhandenen sieben Ein-/Ausgabe-Ports als Systembus-Schnittstelle benutzt.

- Der Controller verfügt über eine umfangreiche Ausstattung mit internen **Peripheriekomponenten**. Dazu gehören fünf Timer-Einheiten, von denen jeweils zwei mit einem 8- bzw. 16-Bit-Zähler und eine als Überwachungsschaltung (*Watch-Dog Timer* – WDT) arbeiten. Ein Interrupt-Controller verwaltet bis zu acht interne oder über bestimmte Portleitungen von außen herangeführte Unterbrechungswünsche der Peripherie. Drei serielle Schnittstellen unterstützen verschiedene, häufig eingesetzte Übertragungsprotokolle (*Serial Peripheral Interface* – SPI, *Universal Synchronous/Asynchronous Receiver/Transmitter* – USART, *Inter-IC Interface* – I^{2}C), die wir im Abschnitt 9.6 ausführlich behandeln werden. Die bei weitem komplexeste der integrierten Peripheriekomponenten ist der CAN-Bus-Controller, der die kostengünstige Vernetzung mit anderen Controllern ermöglicht. Auf seine Realisierung werden wir im Abschnitt 9.4 ausführlich eingehen. Anstelle der CAN-Schnittstelle, die sich auch in der Controllerbezeichnung AT90CAN wieder findet, besitzen andere Mitglieder der Controller-Familie AT90 z.B. den USB (*Universal Serial Bus*) oder eine komplexere Timer-Einheit.

- Für den Anschluss von **analoger Peripherie** steht ein 10-Bit-Analog/Digital-Wandler zur Verfügung, der acht analoge Signaleingänge, Kanäle genannt, in einem definierbaren, zeitlich sich wiederholenden Raster, also im sog. Zeitmultiplexverfahren, bedient. Für den Größen-Vergleich zweier analoger Eingangssignale steht ein Analog-Komparator zur Verfügung.

- Programme und Daten können über die CAN-Busschnittstelle und die o.g. seriellen Schnittstellen in den internen Flash-Speicher geschrieben werden. Da dies im laufenden Systembetrieb geschieht, spricht man im englischen Sprachgebrauch auch vom *In-System Programming* (ISP).

- Alle nicht benötigten Ein-/Ausgabeleitungen der Peripheriekomponenten können als universelle Portleitungen (*General Purpose I/O* – GPIO) genutzt werden. Im Maximalfall stehen davon 53 zur Verfügung.

- Zur Überwachung und Überprüfung des Bausteins stehen – neben dem schon erwähnten WDT – noch eine JTAG/OnCE-Schnittstelle zur Verfügung sowie eine Schaltung zur Überwachung der Betriebsspannung (*Brown-Out Detection* – BOD), die ein Rücksetzen des Controllers veranlasst, wenn die Betriebsspannung unter einen bestimmten Wert sinkt.

In Abb. 2.17 ist als Anwendungsbeispiel ein Atmel AT90-Controller in einer Chipkarte mit Mikrocontroller, einer sog. *SmartCard*, dargestellt. Nach Stückzahlen gemessen, gehören diese Chipkarten sicher zu den wichtigsten Einsatzgebieten für Mikrocontroller. Dazu zählen insbesondere auch die SIM-Karten (*Subscriber Identity Module*) der mobilen Telefone. Der dargestellte Controller trägt die Bezeichnung AT90SC9618RCT secureAVR. Zu finden ist er unter dem zentralen Goldkontakt auf der (im Abbildungs-Hintergrund dargestellten) Chipkarte.

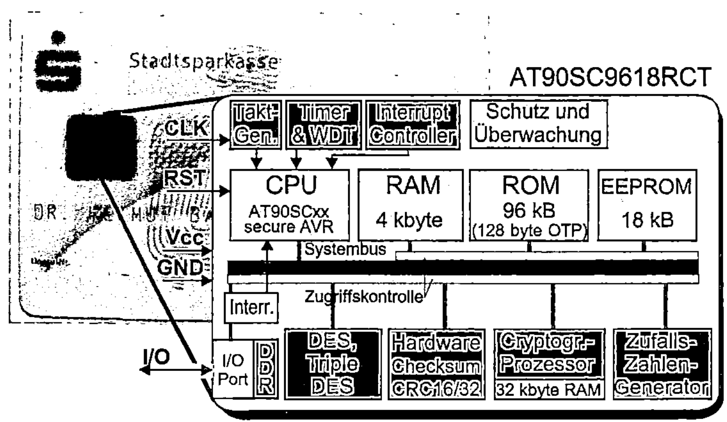

Abb. 2.17: Der AT90SC9618RCT secureAVR in einer *SmartCard*

Die parallelen Schnittstellen (*General Purpose I/O* – GPIO) des weiter oben beschriebenen AT90-Controllers sind auf einen 1-Bit-Port reduziert, über dessen (einzige) Ein/Ausgabeleitung (I/O) die serielle Kommunikation nach den standardisierten Chipkarten-Protokollen (gemäß ISO-7816-Norm) durchgeführt wird. Diese Portleitung wird durch eine Interrupt-Logik (*Interr. Ctrl.*) erweitert, die das Eintreffen von übertragenen Zeichen an den Prozessor meldet. Neben der Datenleitung (I/O) sieht der Chipkarten-Standard noch die beiden Anschlüsse für die positive Betriebsspannung (VCC) und die Masse (GND), den Takt (CLK) sowie das Rücksetzsignal (RST) vor. Ein integrierter Interrupt-Controller nimmt Anforderungen an den Prozessorkern durch die internen Komponenten des Controllers entgegen.

Neben dem Prozessorkern (*Central Processing Unit* – CPU) enthält die Chipkarte die folgenden Komponenten:

- einen 4 kByte großen „flüchtigen" Schreib/Lese-Datenspeicher (RAM),

- einen 18 kByte großen EEPROM-Bereich, in dem alle Daten abgelegt werden, die auch nach dem Abtrennen der Betriebsspannung gespeichert bleiben sollen[1],

- einen 96 kByte großen Programmspeicher,

- ein schnelles Rechenwerk zur Berechnung des DES-Verschlüsselungsalgorithmus in „Hardware" (*Data Encryption Standard*, Triple DES), durch die (binärcodierte) Texte zunächst mit einem bis zu 1024 Bits langen Schlüssel potenziert (*Exponentiation*) und danach das Ergebnis modulo eines vorgegebenen Wertes ausgegeben wird,[2]

- ein weiteres Rechenwerk, den Crypto-Coprozessor, zur Berechnung weiterer Verschlüsselungs- und Authentifizierungs-Algorithmen, das über einen eigenen Datenspeicher von 32 kByte RAM verfügt,

- eine spezielle Hardware zur Berechnung von Prüfsummen nach dem CRC32- bzw. CRC16-Standard (*Checksum, Cyclic Redundancy Check* – CRC),

- eine Zeitgeber-/Zähler-Einheit (*Timer*) sowie einen *Watch-Dog Timer* (WDT),

- einen Zufallszahlengenerator (*Random Number Generator* – RNG), der nach einem (deterministischen) Verfahren (Pseudo-)Zufallszahlen erzeugt, die zur Identifikation des Kartenbenutzers und zur Verschlüsselung der Daten benötigt werden,

- eine (physikalische) „Sicherheitslogik", in der Abbildung mit „Schutz und Überwachung" bezeichnet, die u.a. die Überprüfung der Betriebsspannung (auf Über- oder Unterspannung), des Taktes (minimale/maximale Frequenz) und der Temperatur zur Aufgabe hat. Neben ihrer Funktion beim „normalen" Betrieb der Chipkarte hat die Sicherheitslogik die Aufgabe, alle „unerlaubten" (elektrischen oder physischen) Zugriffe auf die Karte und ihre Komponenten und damit jeden Missbrauch der Karte – so gut wie möglich – zu verhindern.

Weitere Schutzmaßnahmen sorgen dafür, dass nur der Prozessorkern freien Zugriff zum Systembus erhält. Allen anderen Komponenten wird der Zugriff zum Systembus und zu den integrierten Speichermodulen erst nach Überprüfung durch eine spezielle „Zugriffskontrolle" (*Access Control*) gewährt. Zur Verhinderung des Auslesens des ROM/EEPROM-Speicherinhalts (z.B. unter einem Elektronenmikroskop) sind die Speicherzellen nicht regulär wortweise, sondern willkürlich „durcheinander" angeordnet („verwürfelt", *scrambled*).

2.4.3 16-Bit-Controller

Als Beispiel für einen erfolgreichen, leistungsfähigen 16-Bit-Controller beschreiben wir nun kurz den C167CR der Firma Infineon[3]. Der Controller arbeitet mit einer maximalen Frequenz von 25 MHz und ist in einem 144-Pin-Gehäuse untergebracht. In Abb. 2.18 ist sein Blockschaltbild dargestellt.

---

[1] Die Programmierung des EEPROMs geschieht auch hier über eine integrierte Ladungspumpe, die aus der Betriebsspannung die erforderliche Programmierspannung erzeugt

[2] Mit einem 512-Bit-Schlüssel dauert die Berechnung bei vergleichbaren Controllern weniger als 60 ms

[3] Dabei handelt es sich um einen der wenigen in Deutschland entwickelten und gebauten Mikrocontroller – und zwar von der ehemaligen „Mutterfirma" Siemens

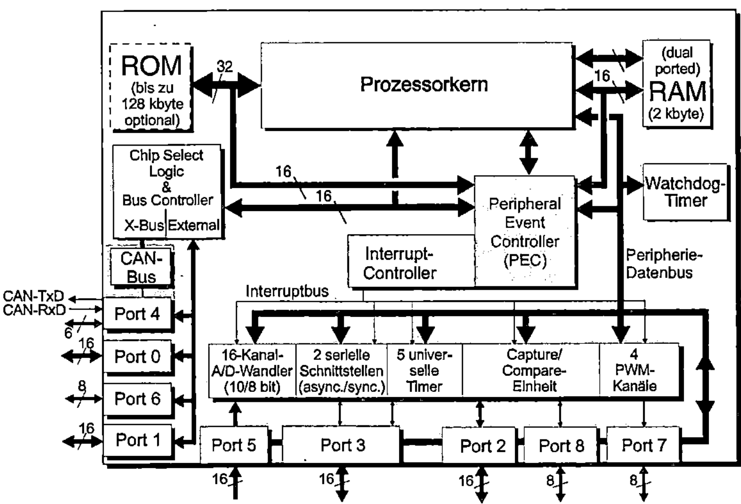

Abb. 2.18: Blockschaltbild des C167CR

Neben dem Prozessorkern, auf den wir hier der Kürze halber nicht eingehen wollen, besteht der Controller aus den folgenden Komponenten:

- dem internen Datenspeicher mit einer Kapazität von 2 kByte (optional 4 kByte), der als Zweiportspeicher (*Dual Ported RAM*) ausgelegt ist und dadurch zwei simultane Datenzugriffe (in jedem Takt) ermöglicht,

- einem (optionalen) internen Programmspeicher mit bis zu 128 kByte, der z.B. als Flash-EEPROM realisiert ist,

- einem Interrupt-Controller mit

  - bis zu 56 Interrupt-Quellen, die in 16 Prioritätsklassen eingeteilt werden können,

  - einem *Peripheral Event Controller* (PEC) zur schnellen Datenein-/ausgabe über acht Kanäle, wie er im Unterabschnitt 9.3.8 beschrieben wird,

- einem *Watch-Dog Timer* (WDT) zur Überwachung des Programmablaufs,

- zwei Zeitgeber-/Zähler-Einheiten (*Timer*) mit fünf universellen 16-Bit-Zählern,

- einem Analog/Digital-Umsetzer mit 16 gemultiplexten Kanälen, 10 Bits Auflösung und einer minimalen Wandlungszeit von 9,7 µs, d.h., einer maximalen Abtastrate von ca. 100 kHz,

- einer sog. *Capture-/Compare*-Einheit mit 32 Kanälen und zwei zusätzlichen Timern, die einerseits zur Erfassung von externen Ereignissen (*Input Capture*), andererseits zur Erzeugung solcher Ereignisse (*Output Compare*) verwendet und im Abschnitt 9.4 ausführlich beschrieben wird.

- vier Kanälen zur Ausgabe von digitalen Signalen, die bei konstanter Schwingungsdauer eine veränderliche Impulsbreite aufweisen; man spricht dabei von einer Pulsweiten-Modulation (PWM, vgl. Abschnitt 9.4),

- zwei seriellen Schnittstellen: eine kombinierte asynchron/synchrone Schnittstelle (USART) und eine synchrone Schnittstelle,

- neun Parallelports mit 8 oder 16 Bits Breite, die jedoch nur alternativ zu den Spezialfunktionen genutzt werden können,

- einer Systembus-Schnittstelle mit einem komplexen Buscontroller, die in verschiedenen Konfigurationen betrieben werden kann: Multiplexbus/Nicht-Multiplexbus, 8-Bit-/16-Bit-Bus, asynchroner/synchroner Busbetrieb. Die Systembus-Schnittstelle benutzt drei der o.g. neun Parallelports. (Die verschiedenen Betriebsmodi des Systembusses werden im Abschnitt 8.2 ausführlich beschrieben.)

- einem CAN-Buscontroller mit CAN-Busschnittstelle (vgl. Abschnitt 8.4).

2.4.4 32-Bit-Controller

Die bisher beschriebenen 8- und 16-Bit-Controller sind für den Einsatz in Steuerungsanwendungen niedriger und mittlerer Komplexität gut geeignet. In den letzten Jahren steigt jedoch die Anzahl der Anwendungen (*High-end Applications*) rapide, welche die Leistungsfähigkeit eines 8/16-Bit-Prozessorkerns überfordern. Diese Anwendungen liegen u.a. im Bereich komplexer industrieller Steuerungen, aber auch im Rechnerbereich (PC und Server). Hier werden insbesondere in den Peripheriekomponenten, z.B. in Plattenlaufwerken, Druckern, Scannern usw., immer leistungsfähigere Mikrocontroller verlangt. In diesem Unterabschnitt beschreiben wir kurz zwei 32-Bit-Controller, von denen der erste für die Erzeugung von digitalen Zeitsignalen für komplexe Steuerungsaufgaben, der zweite für den Einsatz als MCU in einem kleineren Rechnersystem besonders gut geeignet ist.

2.4.4.1 Der Controller MPC555 von Motorola

Der MPC555 von Motorola ist ein Controller, der in einem Gehäuse mit 272 Anschlüssen geliefert wird. Er enthält als Kern einen PowerPC. Dieser RISC-Prozessor war zunächst[1] als Konkurrenz zu den x86-Prozessoren von Intel im universellen Bereich entwickelt worden. Heute hat er jedoch seine Hauptbedeutung im Mikrocontroller-Bereich gefunden. In Abb. 2.19 ist sein Blockschaltbild dargestellt.

Der PowerPC-Kern ist ein superskalarer 32-Bit-RISC-Prozessor, der mit einem 40-MHz-Takt arbeitet und eine Gleitpunkteinheit (*Floating Point Unit* – FPU) nach dem IEEE-754-Standard (vgl. Unterabschnitt 6.1.4) besitzt. Auch hier wollen wir auf den Kern nicht näher eingehen, sondern nur die Peripheriekomponenten beschreiben:

- Der Prozessorkern arbeitet mit einem Programmspeicher, der aus einem 448 kByte großen Flash-EEPROM besteht, und einem SRAM-Datenspeicher mit 26 kByte. Auf beide Speicher kann der Prozessor ohne Wartezyklen zugreifen.

- Der Controller besitzt insgesamt fünf serielle Schnittstellen:
Das „gepufferte" serielle Schnittstellenmodul (*Queued Serial Module* – QSM) realisiert zwei asynchrone Schnittstellen (*Serial Communications Interface* – SCI) und eine synchrone Schnittstelle (*Serial Peripheral Interface* – SPI)[2]. Die asynchronen Schnittstellen arbeiten mit jeweils 16 Bytes langen Sende- und Empfangspuffern. Die synchrone Schnittstelle verfügt über einen 160 Bytes großen Puffer.

---

[1] von den Firmen Motorola, IBM und Apple
[2] vgl. die Unterabschnitte 9.7.3 und 9.6.2

Zwei weitere serielle Schnittstellen werden von den beiden CAN-Bus-Controller[1] zur Verfügung gestellt, die jeweils 16 Nachrichtenpuffer und zwei Nachrichtenmaskenregister besitzen, mit deren Hilfe die für den Controller wichtigen Nachrichten herausgefiltert werden. Die CAN-Schnittstellen ermöglichen die kostengünstige Vernetzung des Controllers mit anderen Controllern oder intelligenten Sensoren, die über eine CAN-Bus-Schnittstelle verfügen.

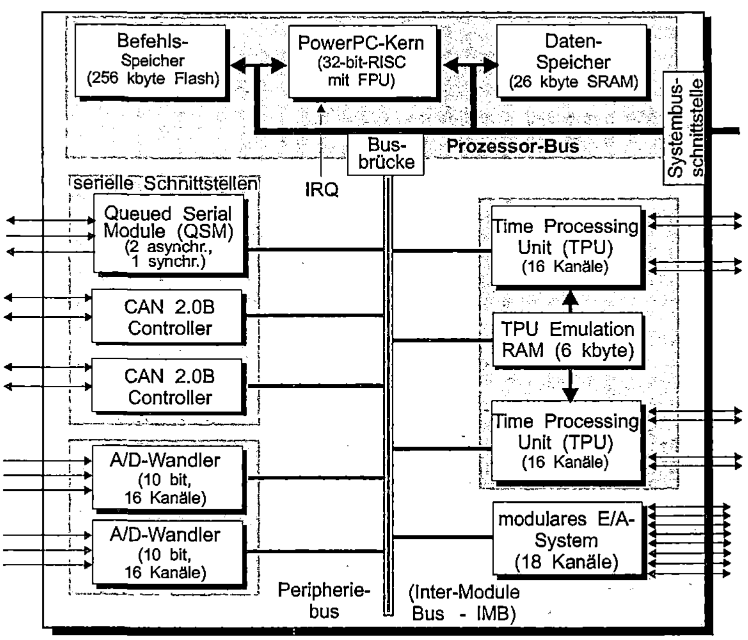

Abb. 2.19: Der MPC555 von Motorola

- Zwei A/D-Wandler stellen je 16 Kanäle mit einer Auflösung von 10 Bits zur Verfügung.

- Zur Erzeugung der angesprochenen Zeit-Steuersignale verfügt der Controller über zwei unabhängig voneinander arbeitende Zeitprozessoren (*Time Processing Units* – TPU) mit je 16 Kanälen[2]. Beide TPUs teilen sich einen 6 kByte großen Schreib/Lesespeicher, in dem selbstentwickelte (Mikro-)Programme zur Erzeugung spezieller Zeitfunktionen abgelegt werden können.

- Das sog. Modulare Ein-/Ausgabesystem (*Modular I/O System*) ist ein komplexes Modul, das zwei 16-Bit-Zeitgeber-/Zähler zur Erzeugung zweier unabhängiger Zeitbasen umfasst. Diese Zeitbasen werden zur Realisierung verschiedener Zeitfunktionen verwendet, z.B. zur Pulsweiten-Messung und -Modulation. Darüber hinaus stellt das System acht PWM-Kanäle und einen 16-Bit-Parallelport zur Verfügung. Aus Platzgründen wollen wir auf dieses Ein-/Ausgabesystem nicht näher eingehen.

---

[1] vgl. den Abschnitt 8.4
[2] wie sie im Unterabschnitt 9.4.5 beschrieben werden

2.4.4.2 32-Bit-Mikrocontroller (mit integriertem DSP)

Die Firma ARM (*Advanced RISC Machines*) entwickelte in den 90er Jahren (des letzten Jahrhunderts) eine Familie von RISC-Prozessoren, die sich durch ihren einfachen, aber effektiven Befehlssatz und eine konkurrenzlos niedrige Leistungsaufnahme auszeichnen. ARM produzierte diese Prozessoren nicht selbst, sondern verkaufte sie in Lizenz an andere Hersteller. Die sog. „ARM-Architektur" war so erfolgreich, dass sie seitdem von fast allen namhaften Herstellern von Mikroprozessoren und Mikrocontrollern übernommen wurde. Dazu zählen insbesondere auch die Firma Intel als Marktführer im PC-Bereich, die Firma Texas Instruments, der Marktführer im DSP-Bereich, und die Firma Freescale (ehemals: Motorola), einer der Marktführer bei den Mikrocontrollern. Als Beispiel für einen ARM-basierten Mikrocontroller beschreiben wir nun kurz den Controller TMS470R1VF7AC/6B der Firma Texas Instruments, der einen auf dem Chip integrierten Digitalen Signalprozessor (DSP) enthält (s. Abb. 2.20).

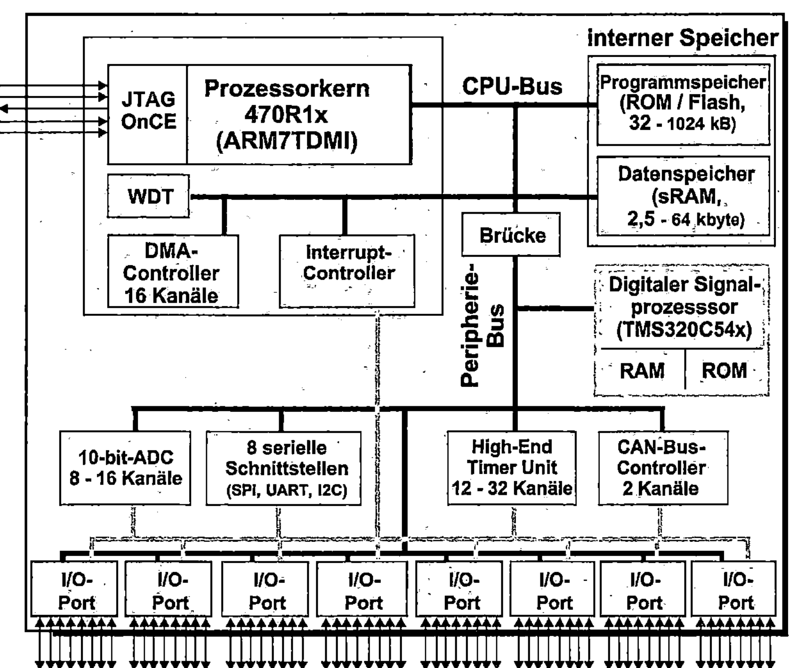

Abb. 2.20: Der TMS470R1VF7AC/6B mit DSP von Texas Instruments

Als **Prozessor** wird ein ARM7TDMI-Kern eingesetzt, der mit 20 bis 60 MHz getaktet und mit einer wählbaren Betriebsspannung von 3,3 V oder 5 V betrieben wird. Als Programmspeicher kann man wahlweise ein bis zu 256 kByte großes ROM (*Read-Only Memory*) oder ein bis zu 1 MByte großes Flash-EEPROM erhalten. Die Größe des Datenspeichers (*static Random Access Memory* – sRAM) liegt zwischen 2,5 und 64 kByte. Selbstverständlich verfügt der Controller auch über einen JTAG/OnCE-Test-Port und eine Programm-Überwachungsschaltung (*Watch-Dog Timer* – WDT).

Die umfangreichen Peripheriemodule umfassen

- einen Interrupt-Controller mit bis zu 32 Eingängen, die durch eine Zusatzschaltung auf bis zu 64 Eingänge erweitert werden können,

- bis zu vier asynchrone serielle Schnittstellen (*Universal Asynchronous Receiver/Transmitter* – UART), die als V.24-Schnittstelle mit einer maximalen Übertragungsrate von 1,25 MBit/s (baud) oder LIN-Schnittstelle (*Local Interconnect Network* – LIN) eingesetzt werden können,

- jeweils bis zu fünf synchrone serielle Schnittstellen nach dem SPI- bzw. I^{2}C-Standard (*Serial Peripheral Interface, Inter-IC-Bus*, s. Abschnitte 9.7 bzw. 8.6),

- einen DMA-Controller mit 8 bis 16 unabhängigen Kanälen, die den Datenaustausch zwischen dem (externen) Speicher und den seriellen Schnittstellen ohne Hilfe des Prozessorkerns vornehmen können,

- eine „Hochleistungs"-Zeitgeber-/Zähler-Einheit (*High-End Timer Unit* – HET) mit 9 bis 32 unabhängigen Funktionseinheiten („Kanälen"),

- eine Reihe von GPIO-Ports (*General Purpose I/O*) mit 40 bis 144 parallelen Ein-/Ausgabe-Leitungen, von denen sich die Mehrzahl die Bausteinanschlüsse mit den anderen Schnittstellen-Komponenten teilen müssen; insbesondere können sie auch zu externen Interrupt-Leitungen oder einem Systembus (aus Adress- und Datenbus) umprogrammiert werden,

- Bis zu drei CAN-Bus-Schnittstellen, die über große Pufferspeicher für 16 bzw. 32 zu sendende oder empfangene Nachrichten verfügen.

Für die Berechnung von Algorithmen der Digitalen Signalverarbeitung ist ein vollständiger DSP-Kern vom Typ TMS320C54 der Firma Texas Instruments auf dem Controller-Chip integriert. Dabei handelt es sich um einen sog. Festpunkt-DSP, d.h., er verarbeitet gebrochene Zahlen im 16-Bit-Festpunktformat, die eine Bitstelle vor dem Punkt und 15 Stellen hinter dem Punkt haben (vgl. Unterabschnitt 6.1.5). Sein Operationswerk besteht aus einem 40-Bit-Rechenwerk für arithmetische und logische Verknüpfungen, einem schnellen 17×17-Bit-Multiplizierer und einer 40-Bit-Einheit zur Ausführung komplexer Schiebe- und Rotationsbefehle. Die Größe des internen Programmspeichers (*Read-Only Memory* – ROM) variiert zwischen 4 und 64 kByte, die Größe des Datenspeichers (*Random Access Memory* – RAM) zwischen 10 und 64 kByte. Programm- und Datenspeicher werden über getrennte Bussysteme angesprochen, so dass eine Harvard-Architektur vorliegt.

2.4.5   Mikrocontroller mit FPGA-Feld

Zum Abschluss unserer „Beispielsammlung" wollen wir nun auf einen Trend eingehen, der von mehreren Controllerherstellern verfolgt wird. Er bietet dem Entwickler eines Mikrocontroller-Systems die Möglichkeit, so viele spezielle Komponenten seines Systems wie möglich mit dem Controller selbst in einem einzigen Baustein (*System on a Chip* – SOC) unterzubringen und dadurch – auch bei kleinen Stückzahlen – die Kosten für das Gesamtsystem zu minimieren. Grundlage dieser Lösung sind sog. FPGA-Bausteine (*Field Programmable Gate Arrays*), die aus Tausenden von logischen Gattern[1] bestehen. Die Komplexität dieser Gatter ist in einem bestimmten Baustein meist einheitlich; sie kann aber zwischen verschiedenen Bausteinen sehr unterschiedlich sein. Die Verbindungen dieser Gatter können vom Entwickler aufgabenspezi-

---

[1]   z.B. Und-, Oder-, Antivalenzgatter, Multiplexer und D-Flipflops

fisch „programmiert" werden. Dazu muss er in zugeordneten Speicherzellen[1] geeignete Steuerinformationen ablegen.

Hersteller von FPGA-Bausteinen bieten dem Entwickler schon seit langem die Möglichkeit, aus einer Bausteinbibliothek das „Programm" für die Realisierung eines bestimmten Mikrocontrollers zu entnehmen und ihn so im FPGA-Baustein nachzubilden. Seit einigen Jahren gehen nun die Mikrocontroller-Hersteller den umgekehrten Weg, indem sie Bausteine anbieten, auf denen sie ihren Mikrocontroller zusammen mit einem großen FPGA-Feld integrieren. Durch die enge räumliche Kopplung zwischen Controller und FPGA-Komponenten besteht insbesondere die Möglichkeit, auch sehr zeitkritische Komponenten zu realisieren – wie z.B. anwendungsspezifische Coprozessoren. Abb. 2.21 zeigt als Beispiel für diesen Lösungsweg den Controller AT94S der Firma Atmel, bei dem das FPGA-Feld und der Mikrocontroller auf getrennten Chips, aber im selben Gehäuse untergebracht sind (*Multi-Chip Module* – MCM).

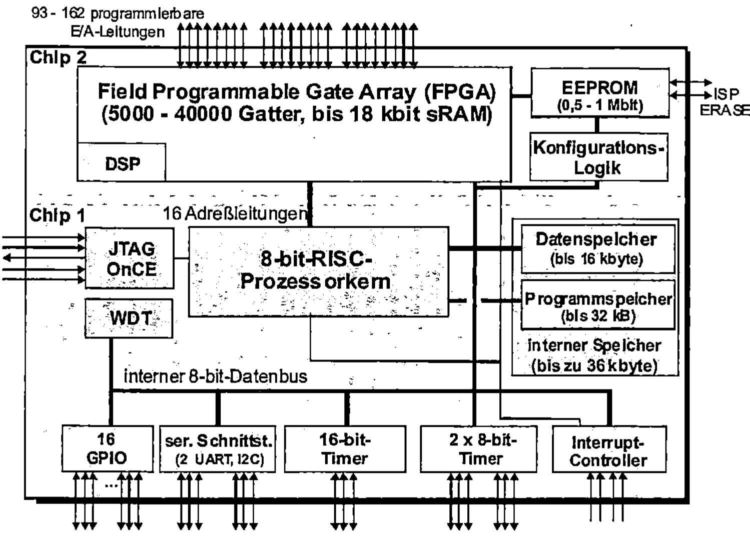

Abb. 2.21: Der AT94S von Atmel

Der **Mikrocontroller** im AT94S besitzt einen 8-Bit-Prozessorkern, der nach dem RISC-Prinzip mit Harvard-Architektur aufgebaut ist, d.h., über getrennte Bussysteme auf den Programm- und Datenspeicher zugreift. Er wird mit einer Taktfrequenz von 25 oder 40 MHz betrieben und benötigt eine Betriebsspannung von 3,0 bis 3,6 Volt. Der Kern besitzt einen für 8-Bit-Prozessoren relativ großen Satz von 32 8-Bit-Registern und kann – insbesondere für Anwendungen der Digitalen Signalverarbeitung – eine schnelle Multiplikation ausführen. Der interne Speicher ist als Schreib-/Lesespeicher (*Random Access Memory* – RAM) realisiert und bis zu 36 kByte groß. Die Aufteilung in Programm- und Datenspeicher kann dynamisch festgelegt werden. Der Datenspeicher kann von 4 bis zu 16 kByte groß sein, der Programmspeicher von 20 bis zu 32 kByte. Über eine JTAG/OnCE-Schnittstelle können die im Anhang A.1 und A.2 beschriebenen Test- und „Debug"-Verfahren durchgeführt werden.

---

[1] ROM oder RAM

Als Peripheriekomponenten bietet der Controller

- einen Interrupt-Controller, der – neben den Unterbrechungsanforderungen der internen Komponenten – bis zu vier externe Interrupt-Signale und bis zu 16 Interrupt-Signale aus dem FPGA-Chip entgegennehmen kann,

- einen *Watch-Dog Timer* (WDT),

- einen 16-Bit-*Timer* und zwei 8-Bit-*Timer*,

- zwei asynchrone serielle Schnittstellen (*Universal Asynchronous Receiver/Transmitter* – UART) und eine synchrone serielle Schnittstelle (*Inter-IC* – I^2C oder IIC),

- 16 universelle Ein-/Ausgabeleitungen (*General Purpose I/O* – GPIO).

Im **FPGA-Feld**, das auf einem zweiten Chip untergebracht ist und 5000 – 40000 logische Grundschaltungen, die sog. „Gatter", zur Verfügung stellt, kann der Anwender seine eigenen spezifischen Peripheriekomponenten unterbringen. Darüber hinaus bietet ihm der Hersteller eine ganze Palette von häufig verwendeten „kundenspezifischen" Komponenten, die er aus einer Schaltungsbibliothek kopieren kann (*Macro Library of Custom Peripherals*). Die Selektion der Komponenten geschieht über 16 Adressleitungen, über die sie mit dem Prozessorkern verbunden sind. Das FPGA-Feld bietet dem Anwender die Möglichkeit, sein gesamtes Mikrocontroller-System in einem einzigen Baustein unterzubringen. Man spricht daher von einem „System auf einem Chip" (*System on a Chip* – SoC). (Hier genauer: auf zwei Chips.)

Die Verbindungen werden beim vorliegenden FPGA-Typ durch geeignete Programmierung von Schreib-/Lese-Speicherzellen (*static Random Access Memory* – sRAM) festgelegt[1]. Die dafür benötigten Bit-Informationen werden in einem nicht flüchtigen EEPROM mit 512 kBit bis zu 1 MBit Kapazität zur Verfügung gestellt. Dieses EEPROM kann vom Benutzer über eine besondere serielle Schnittstelle gelöscht und erneut beschrieben („programmiert") werden. Da dies im laufenden Betrieb des Bausteins geschehen kann, d.h., ohne diesen dazu aus dem System herauszunehmen zu müssen, spricht man von einer „Programmierung im System" (*In-System Programming* – ISP). Die Programmierung des EEPROMs, die Übertragung seiner Information in das FPGA-Feld und die Verbindung mit dem Mikrocontroller wird von der Konfigurationslogik gesteuert. Über die Konfigurationslogik kann auch der Mikrocontroller im laufenden Betrieb eine (Um-)Programmierung des FPGA vornehmen. Neben den sRAM-Zellen zur Verknüpfung der Gatter bietet das FPGA noch einen allgemein verwendbaren Schreib-/Lesespeicher mit 2 bis 18,4 kBit. Vom Hersteller vorprogrammiert, befindet sich außerdem bereits ein DSP-Kern im FPGA-Feld. Über 93 bis 162 externe Anschlüsse können die im FPGA realisierten Schaltungen Signale nach außen geben bzw. von dort empfangen.

2.4.6 Eine komplexe Mikrocontroller/DSP-Anwendung

Zu Beginn dieses Kapitels hatten wir mit dem Elektrorasierer ein sehr einfaches Beispiel für den Einsatz von Mikrocontrollern in weit verbreiteten Geräten des täglichen Lebens gebracht. Zum Abschluss wollen wir nun ein sehr viel komplexeres Gerät beschreiben, das sich in seiner Größe vom Rasierer zwar nicht sehr unterscheidet, jedoch von einem weit größeren Benutzerkreis verwendet wird. Es handelt sich dabei um ein Mobiltelefon[2] (*Mobile Phone*), dessen Aufbau in Abb. 2.22 dargestellt ist.

---

[1] Andere Typen benutzen dafür nicht flüchtige Flash-Speicherzellen

[2] Den englisch klingenden Begriff „Handy" vermeiden wir, da er außer im deutschsprachigen Raum von keinem verstanden wird

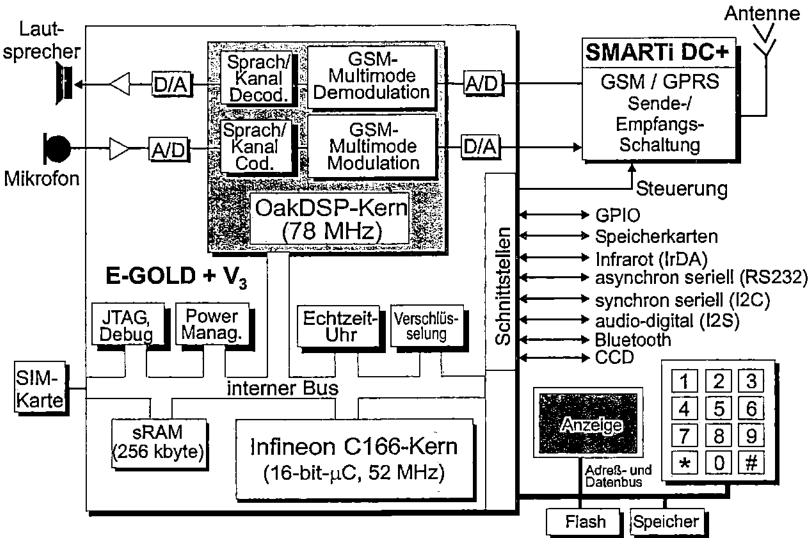

Abb. 2.22: Blockschaltbild eines Mobiltelefons

Bei dem dargestellten Mobiltelefon handelt es sich um ein Gerät, das die heute weit verbreiteten Standards GSM (*Global System for Mobile Communications*) und GPRS (*General Packet Radio Service*) unterstützt. Die diesen Standards zugrunde liegenden Algorithmen der digitalen Signalverarbeitung sind so komplex, dass sie von einem „normalen" Mikrocontroller nicht ausgeführt werden können. Daher wird im betrachteten Mobiltelefon ein Spezialprozessor der Firma Infineon, der E-GOLD + V_3 (GOLD: *GSM One-chip Logic Device*), eingesetzt. Dieser besteht aus einem Chip, auf dem ein DSP-Kern, ein Mikrocontroller-Kern sowie einige weitere wichtige Komponenten integriert sind.

- Als **DSP-Kern** wird der 16-Bit-Festpunkt-DSP OakDSPCore der Firma ParthusCeva verwendet, der mit einem 78-MHz-Systemtakt betrieben wird. Die Eingabedaten werden dem DSP über integrierte Analog/Digital-Wandler (A/D) zugeführt, seine Ausgabedaten gelangen über integrierte Digital/Analog-Wandler (D/A) an die Peripheriekomponenten.

- Der **µC-Kern** ist der 16-Bit-Controller C166S von Infineon, der mit 52 MHz betrieben werden kann. Sein Aufbau gleicht in weiten Teilen dem des C167, der im Unterabschnitt 2.4.3 beschrieben wurde.

- Zu den weiteren Komponenten des E-Gold-Bausteins gehören

  - eine Echtzeituhr (*Real-Time Clock* – RTC),

  - eine Schaltung zur Steuerung und Regelung der Leistungsaufnahme (*Power Management*), die im „mobilen" Bereich natürlich äußerst wichtig ist, um die Kapazität des Akkumulators möglichst gut zu nutzen,

  - eine Komponente zur hardwaremäßigen Verschlüsselung der übertragenen Information,

  - ein kombinierter JTAG/Debug-Port, wie er im Anhang A.1 ausführlich beschrieben wird.

DSP und µC teilen sich die vielfältigen Aufgaben des Mobiltelefons. Dabei muss der DSP die eigentlichen „Nutzanwendungen" erledigen, die im Zusammenhang mit dem Telefonieren stehen, d.h., dem Austausch von Informationen über das Funknetz. Auf diese Aufgaben gehen wir zum Schluss genauer ein. Der µC führt die folgenden „lokalen" Hilfsfunktionen[1] aus:

- die Abfrage der Tastatur und die Ausgabe von Informationen auf der Anzeige,

- die Bedienung der vielfältigen Schnittstellen. Neben den konventionellen asynchronen und synchronen Schnittstellen besitzt der Controller auch eine Infrarot-Schnittstelle (*Infrared Data Association* – IrDA), die im Mobilfunk- und PC-Bereich immer häufiger verwendet wird,

- die Überwachung für Temperatur, Betriebsspannung und Akku-Ladezustand,

- die Kommunikation und Kooperation mit der **SIM-Karte**. Die SIM-Karte ist eine kleine Chipkarte (*SmartCard*), die einen einfachen Mikrocontroller mit kleinem integrierten Speicher enthält und mit dem µC des Telefons über eine asynchrone Schnittstelle mit 9,6 kBit/s kommuniziert. In ihrem Speicher sind insbesondere die folgenden Daten abgelegt:

  - der Datentyp und eine Seriennummer,

  - eine Tabelle der Anwendungen („Dienste"), die der Telefonbesitzer von seiner Telefongesellschaft (Netzanbieter, *Provider*) nutzen darf,

  - ein Schlüssel zur Zugangskontrolle, über den sich das Telefon beim Netzanbieter authentifizieren kann,

  - eine persönliche vier- bis achtstellige Schlüsselnummer (*Personal Identify Number* – PIN), die der Benutzer nach dem Einschalten des Telefons zur Aktivierung eingeben muss,

  - eine 8-stellige Entsperrnummer, über die der Benutzer ein gesperrtes Telefon wieder aktivieren kann.

  - Darüber hinaus kann der Benutzer noch eine mehr oder weniger große Anzahl von Telefonnummern auf der SIM-Karte speichern.

Zum Abschluss wollen wir nun die Funktionen des DSP-Kerns im Rahmen der Telefonübertragungen nach dem GSM-Standard sehr stark vereinfachend darstellen. Als Voraussetzung muss man lediglich wissen, dass im GSM-Verfahren die Sprachinformationen und Daten in vielen getrennten Kanälen vorgenommen wird, die sich nach ihrer Lage im Frequenz- und Zeitbereich unterscheiden: Zunächst wird der zur Verfügung stehende Frequenzbereich (das Frequenzband) in gleich große „schmale" Frequenzbereiche (jeweils 200 KHz) unterteilt, über die gleichzeitig Informationen übertragen werden können. Diese Methode wird als Frequenz-Multiplexverfahren (*Frequency Division Multiple Access* – FDMA) bezeichnet. Die Hälfte der Kanäle wird dabei der Senderichtung, die andere Hälfte der Empfangsrichtung zugeordnet. Jeder Frequenzbereich wird nach dem Zeit-Multiplexverfahren (*Time Division Multiple Access* – TDMA) wiederum in acht Zeitschlitze eingeteilt[2], die reihum bedient werden. Beim Aufbau einer Funkverbindung wird dem Telefon ein bestimmter Zeitschlitz für beide Übertragungsrichtungen fest zugewiesen. Hingegen kann die Zuteilung des Frequenzbereichs dynamisch verändert und den Übertragungsbedingungen angepasst werden (*Frequency Hopping*). Stark vereinfacht stellt sich nun der Weg der Informationen vom Anwender zur Funkstrecke[3] bzw. von der Funkstrecke zum Anwender folgendermaßen dar:

---

[1] auch wenn diese Funktionen für viele Handy-Nutzer im Vordergrund stehen: Klingeltöne und lustige Bildchen ausgeben
[2] vgl. Unterabschnitt 9.7.3.2
[3] der sog. Luft-Schnittstelle

- **Sprechen**

Die analogen Ausgangssignale des Mikrofons werden mit einer Abtastrate von 8 kHz und einer Auflösung von 8 Bits durch den A/D-Wandler digitalisiert. Die anschließende Sprachcodierung im DSP dekomprimiert die Werte nach dem sog. *A-Law*-Verfahren zu 13-Bit-Werten, packt jeweils eine größere Anzahl von ihnen zu Blöcken zusammen und komprimiert diese Blöcke dann so, dass die erforderliche Übertragungsrate um den Faktor 8 gesenkt wird. Anschließend wird eine sog. Kanalcodierung durchgeführt, bei der die Blöcke um umfangreiche zusätzliche (redundante) Informationen ergänzt wird, mit deren Hilfe der Empfänger mit großer Wahrscheinlichkeit die Fehler erkennen kann, die während der Funkübertragung den Datenstrom verändert haben.

Im nächsten Schritt wird die bisher erzeugte Information zur Übertragung im festgelegten Frequenzbereich vorbereitet. Dies wird durch die sog. Modulation der Grundschwingung des Frequenzbereichs, der Trägerfrequenz, erreicht, wobei diese Modulation im digitalen Bereich stattfindet. Das modulierte Signal wird dann im vereinbarten Zeitschlitz auf den angeschlossenen D/A-Wandler gegeben und als Analogsignal im richtigen Frequenzbereich zur Sendeschaltung weitergereicht. Von dort nimmt es dann seinen Weg über die Antenne zum Empfänger.

- **Hören**

Der Weg der empfangenen Sprach- oder Dateninformationen zum Ohr des Benutzer ist unmittelbar aus dem zuvor Gesagten zu entnehmen: Von der Empfangsschaltung werden sie als analoge Signale von den integrierten A/D-Wandlern des Prozessors in digitale Werte umgewandelt. Durch die anschließende Demodulation wird aus diesen Werten die modulierte Trägerfrequenz wieder „herausgerechnet". Im nächsten Schritt der Kanal-Decodierung werden die redundanten Informationen zur Fehlererkennung entfernt und ausgewertet[1]. In der Sprachdecodierung wird schließlich die Komprimierung der übertragenen Information rückgängig gemacht. Die damit gewonnenen Werte können nun über den D/A-Wandler zum Lautsprecher ausgegeben werden.

3. Digitale Signalprozessoren

In diesem Kapitel werden wir uns nun mit der zweiten Klasse von anwendungsorientierten Mikroprozessoren, den Digitalen Signalprozessoren (DSP), beschäftigen. Wir beginnen zunächst mit einer kurzen Darstellung der Grundlagen der digitalen Signalverarbeitung.

3.1 Grundlagen der digitalen Signalverarbeitung

3.1.1 Einleitung

Die digitale Signalverarbeitung (DSV) beschäftigt sich mit der Verarbeitung von analogen Signalen mit Hilfe von digitalen Systemen. Ein Signal kann durch eine mathematische Funktion einer oder mehrerer Veränderlichen beschrieben werden. Die in der Kommunikations- und Informationstechnik behandelten Signale lassen sich sowohl im Zeit- als auch im Frequenzbereich beschreiben. Mit Signal wird im Allgemeinen die Darstellung im Zeitbereich f(t) bezeichnet. Die Darstellung im Frequenzbereich F(ω) wird dagegen das Spektrum des Signals genannt.

Die zeitlichen Änderungen eines Signals können einfacher registriert werden, denn die meisten Messgeräte arbeiten mit der Zeitbasis. Wenn man ein Signal visualisieren will, kann man das mit Hilfe eines Oszilloskops realisieren. Wenn es sich dabei z.B. um eine einfache Sinus-Schwingung handelt, kann man mit dieser Darstellung zufrieden sein. Die in der Natur vorkommenden Signale bestehen allerdings häufig aus einer Mischung von Sinus-Schwingungen verschiedener Frequenzen. Die menschlichen Sinne können in beschränkten Frequenzbereichen die Frequenzänderungen eines Signals registrieren. In der Musik z.B. hat jeder Ton eine andere Frequenz. Um einen Akkord zu erhalten, werden mehrere Töne zusammen erzeugt. Musik besteht also aus einer Mischung von Schwingungen unterschiedlicher Frequenzen. Der hörbare Frequenzbereich liegt zwischen 5 und 20.000 Hertz. Verschiedene Signale aus diesem Bereich werden als unterscheidbare Geräusche empfunden. Die elektromagnetischen Wellen aus dem sichtbaren Frequenzbereich können vom Menschen durch seine Sehorgane, die Augen, registriert werden. Die Frequenz jeder Welle entspricht einer bestimmten Farbe, und deswegen kann ihre Änderung in diesem Frequenzbereich durch das Auge wahrgenommen werden. Die Signale geben den Menschen Auskunft über ihre Umgebung. Sie sind Informationsträger.

Die durch ein Signal beschriebene Information kann mittels Sensoren in elektrische Signale umgewandelt werden. In der Musik z.B. spielt das Mikrofon die Rolle eines Schallsensors. Die elektrischen Signale lassen sich einfacher als die akustischen Signale weiterleiten und verarbeiten. Man kann z.B. aus einem umgewandelten akustischen Signal alle unangenehm klingenden Frequenzen herausfiltern oder den Pegel des Signals verändern. Diese Änderungen können nach der Rückwandlung in das akustische Signal mittels eines Lautsprechers durch die Hörorgane registriert werden. Genauso können durch den Einsatz von Filtern bestimmte Farben aus einem Farbbild entfernt werden. Das Originalsignal beinhaltet in den meisten Fällen nicht nur die Nutzinformation, sondern auch jede Menge Störfaktoren. Die Aufgabe der Signalverarbeitung besteht vor allem darin, die Nutzinformation aus einem gegebenen Signal zu gewinnen.

Man unterscheidet zwischen der analogen und der digitalen Signalverarbeitung. In der digitalen Signalverarbeitung werden die von Natur aus analogen Signale mit den Methoden der Digitaltechnik bearbeitet. Das hat viele Vorteile gegenüber der Analogtechnik. Vor allem die Lang-

H. Bähring, *Anwendungsorientierte Mikroprozessoren*, eXamen.press, 4th ed., DOI 10.1007/978-3-642-12292-7_3, © Springer-Verlag Berlin Heidelberg 2010

zeitstabilität der digitalen Systeme garantiert, dass man nach einer langen Betriebszeit immer noch exakt die gleichen Ergebnisse erzielt. Es gibt also praktisch keine Alterungsprozesse. Die digitalen Systeme lassen sich außerdem sehr einfach reproduzieren. Danach besitzen alle Systeme, die aus den gleichen Komponenten zusammengesetzt sind, die gleichen Eigenschaften.

Viele technische Lösungen sind erst mit der Entwicklung der digitalen Signalverarbeitung lösbar geworden. Dazu gehören u.a. die Sprach- und Bildverarbeitung, die Mustererkennung und die moderne Kommunikationstechnik mit Mobiltelefonen und ISDN. Im nächsten Unterabschnitt wird ein allgemeines digitales Signalverarbeitungssystem mit allen spezifischen Komponenten vorgestellt. Daran kann man erkennen, wie die digitale Information aus analogen Signalen gewonnen und wie sie nach der Verarbeitung in ein analoges Signal zurückgewandelt wird.

3.1.2   Aufbau eines digitalen Signalverarbeitungssystems

Ein digitales Signalverarbeitungssystem kann in drei Hauptteile zerlegt werden. Im ersten Teil werden Messdaten aus einem technischen Prozess gewonnen. Im zweiten Teil findet die tatsächliche Signalverarbeitung statt. Dabei werden die im Vorbereitungsteil bereitgestellten Daten je nach Anwendung auf bestimmte Weise bearbeitet. Diese Verarbeitungsverfahren werden durch die Algorithmen der digitalen Signalverarbeitung beschrieben. Im dritten Teil werden die bearbeiteten Daten in ein analoges Signal zurückgewandelt. Der erste und der dritte Teil sind optional, denn die aus dem Prozess gewonnenen Messdaten können schon in digitaler Form vorliegen. Die Ergebnisse werden häufig auch als digitale Daten in den Prozess zurückgeführt.

Ein typisches digitales Signalverarbeitungssystem ist in Abb. 3.1 dargestellt. Das zu verarbeitende analoge Signal wird mittels eines **Sensors** aus einem technischen Prozess gewonnen. Bei den Sensoren handelt es sich um spezifische Bausteine, die physikalische/mechanische Größen (wie Ort, Länge, Geschwindigkeit, Druck, Temperatur, Kraft, Beschleunigung oder Luftfeuchtigkeit) oder elektrische Größen (wie Spannung, Strom, Widerstand, Feldstärke) in eine elektrische Spannung umwandeln.

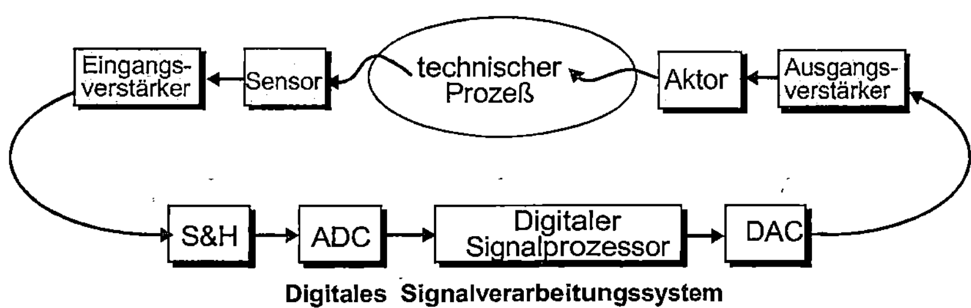

Abb. 3.1: Aufbau eines digitalen Signalverarbeitungssystems

Abb. 3.2 zeigt die Verarbeitung eines elektrischen Signals, das von einem Sensor geliefert wird, bis zur Eingabe in den DSP. In der Regel sind diese Signale sehr schwach, deswegen müssen sie zuerst verstärkt werden. Dies führt der **Eingangsverstärker** durch, der außerdem das Sensorsignal in den erforderlichen Spannungsbereich umsetzt und gleichzeitig seine Bandbreite, d.h., den Bereich der beteiligten Frequenzen, begrenzt.

a) **Analoges Signal:** zeit- und wertkontinuierlich

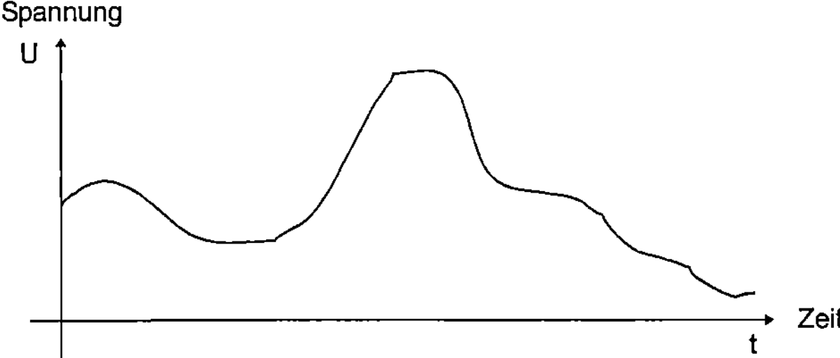

b) **zeitliche Quantisierung:** wertkontinuierlich und zeitdiskret

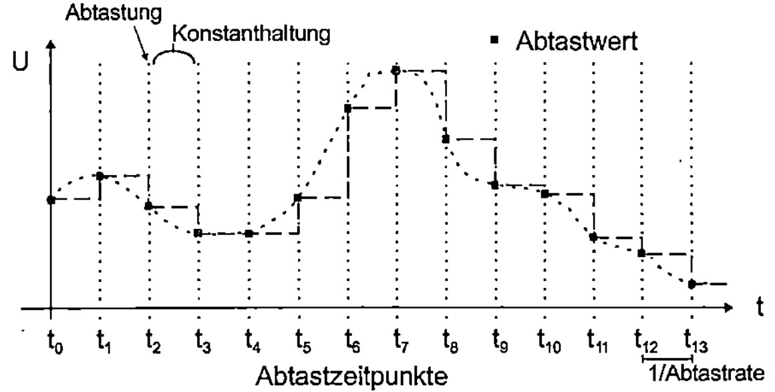

c) **Amplituden-Quantisierung:** wert- und zeitdiskret

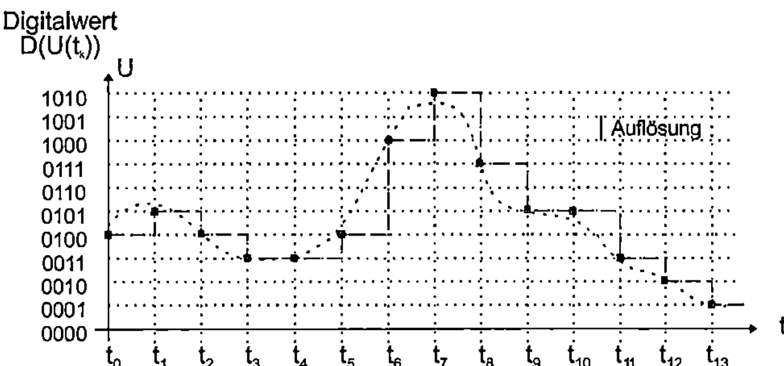

Abb. 3.2: a) analoges Signal, b) zeitlich quantisiertes Signal, c) pegelmäßig und zeitlich quantisiertes Signal

Ein auf diese Weise vorbereitetes analoges Signal (s. Abb. 3.2a) trifft auf das erste Element des DSV-Systems, den **Abtast- und Halteverstärker** (*Sample and Hold* – S&H). Seine Aufgabe besteht darin, den Spannungspegel des Eingangssignals periodisch abzutasten und den dadurch ermittelten Wert innerhalb einer Abtastperiode konstant zu halten. Es findet also eine zeitliche Quantisierung des analogen Signals statt. Dieser Sachverhalt ist in Abb. 3.2b dargestellt. Wie man erkennen kann, ist das Ausgangssignal nur von den Abtastwerten abhängig und ändert sich während einer Abtastperiode nicht – unabhängig von den Änderungen des Eingangssignals in dieser Zeit. Um Verzerrungen zu verhindern, muss dabei – nach dem sog. Abtasttheorem von Shannon bzw. Nyquist – die Frequenz, mit der das Signal abgetastet wird, mindestens doppelt so groß sein wie die erwartete maximale Frequenz des Eingangssignals.

Das Konstanthalten des abgetasteten Werts ist für den hinter dem S&H-Verstärker angeschlossenen **A/D-Umsetzer** (Analog/Digital-Umsetzer – ADU, *Analog/Digital Converter* – ADC, auch A/D-Wandler genannt, vgl. Abschnitt 9.8) erforderlich. Dieser braucht für die Wandlung eines Spannungswerts in einen digitalen Wert eine bestimmte Zeit. Ändert sich innerhalb dieser Zeit die angelegte Spannung, kann keine korrekte Umsetzung gewährleistet werden. Durch den A/D-Wandler wird der interessierende Spannungsbereich in (möglichst) gleich große Intervalle unterteilt, und jeder abgetastete Wert wird auf die nächstgelegene Grenze des Intervalls abgebildet, in dem er liegt (Amplituden-Quantisierung). Nach der Umsetzung ist das Eingangssignal zeitlich und pegelmäßig quantisiert (s. Abb. 3.2c).

In der folgenden Tabelle 3.1 sind nun die (Nummern der) Abtastzeitpunkte t_i (i = 0,..,13) und die zugehörigen diskreten Pegelwerte (durch die dualen Nummern der Teilintervalle) angegeben.

Tabelle 3.1: Digitale Zahlenfolge des gewandelten Analogsignals

Abtastzeitpunkt t_i

0	1	2	3	4	5	6	7	8	9	10	11	12	13
0100	0101	0100	0011	0011	0100	1000	1010	0111	0101	0101	0011	0010	0001

Digitalwert

Das in dieser Form vorliegende „digitale Signal" kann von einem **Digitalen Signalprozessor** (DSP) weiterverarbeitet werden. Der DSP stellt einen speziellen Mikroprozessor dar, der für die spezifischen Aufgaben der DSV entwickelt wurde. Seine Architektur und typische Anwendungen bilden den Inhalt dieses Kapitels. Hier soll nur schon darauf hingewiesen werden, dass DSPs durch spezielle Rechenwerke (insbesondere Multiplizier-Akkumulierwerke, vgl. Unterabschnitt 5.5.3) mit großen Registersätzen, mehrfache, komplexe Adressrechenwerke, vielfache Bussysteme und besondere Steuereinheiten (z.B. zur Schleifensteuerung in Hardware) gekennzeichnet sind.

Das im Signalprozessor verarbeitete Signal kann in ein analoges Signal mittels eines **D/A-Umsetzers** (Digital-/Analog-Umsetzer – DAU, *Digital/Analog Converter* – DAC, auch D/A-Wandler genannt, vgl. Abschnitt 9.8) zurückgewandelt werden. Das auf diese Weise gewonnene Signal hat die Form einer Treppenfunktion und muss mit Hilfe eines Tiefpassfilters geglättet werden: Durch ihn werden die hochfrequenten Signalanteile herausgefiltert, die für die Bildung der Stufen verantwortlich sind, d.h., die Bandbreite wird begrenzt. Diese Glättung wird – ebenso wie die erneute Umsetzung in den erforderlichen Spannungsbereich sowie die Leistungsverstärkung (Impedanzwandlung) – im **Ausgangsverstärker** durchgeführt. Das so verarbeitete Signal wird über **Stellglieder** (Aktoren, Aktuatoren) in den technischen Prozess zur Veränderung der Zustandsgrößen zurückgeführt (s. Abb. 3.1).

Das vorgestellte DSV-System arbeitet im Echtzeitbetrieb. Die vom technischen Prozess empfangenen analogen Signale werden laufend bearbeitet, und die Ausgabe erfolgt quasi gleichzeitig zur Eingabe. Diese Betriebsart wird vorwiegend in der Kommunikationstechnik und in der Regelungstechnik angewendet. Man kann die DSV-Systeme im Gegensatz zu analogen Signalverarbeitungssystemen aber auch außerhalb des Echtzeitbetriebs einsetzen. Diese Betriebsart ist vor allem dadurch charakterisiert, dass entweder die digitalisierten Signale zunächst gespeichert und erst später – wie oben beschrieben – weiterverarbeitet und analog ausgegeben oder nach der Verarbeitung lediglich in digitaler Form gespeichert werden. Als Beispiele kann man hier die

Sprach- und Bildverarbeitung sowie die Darstellung von Signalen auf dem Digital Speicheroszilloskop nennen. Da auch im Echtzeitbetrieb sehr oft die bearbeiteten Daten zwischengespeichert werden müssen, ist die Grenze zwischen den beiden Betriebsarten nicht immer eindeutig erkennbar.

Der Einsatz eines DSPs zur digitalen Verarbeitung von analogen Signalen bietet gegenüber reinen Analoglösungen u.a. die folgenden Vorteile:

- DSPs sind frei programmierbar und damit (fast) universell einsetzbar,

- sie können zur Lösung sehr komplexer Aufgaben eingesetzt und sehr schnell an Aufgabenänderungen angepasst werden,

- mit DSPs können beliebig niedrige Frequenzen (bis zu 0 Hz herunter) verarbeitet werden.

Ein großer Nachteil der DSPs ist jedoch, dass sie für sehr hohe Frequenzen (noch) zu langsam sind.

3.1.3 DSP-Einsatzbereiche

Digitale Signalprozessoren werden heute in (fast) allen Gebieten des täglichen Lebens eingesetzt, in denen es um die elektronische Verarbeitung von Daten geht. Dazu gehören die folgenden Gebiete mit nur einigen ihrer typischen Anwendungsmöglichkeiten:

- **Telekommunikation und Nachrichtentechnik:** Modem, Fax, digitale Filter, komprimierte Bewegtbildübertragung, digitale Sprachverarbeitung, Videokonferenz, digitale Nebenstellenanlage, schnurloses Telefon, Mobilkommunikation, Echounterdrückung, DTMF (*Dual Tone Multiple Frequency*, Mehrfrequenz-Wählverfahren – MFV), ISDN (*Integrated Services Digital Network*), Datenverschlüsselung und -Entschlüsselung;

- **Konsumerbereich:** Audiotechnik (CD – *Compact Disc*, DAT – *Digital Audio Tape*), Fernsehtechnik, Musik-Synthesizer, DVD (De-/Kompression);

- **Datenverarbeitung, Computer:** graphische Datenverarbeitung (insbesondere 3D), digitale Bildverarbeitung, Spracherkennung und Sprachverarbeitung, Ton- und Geräuscherzeugung, Festplattengerät, Laserdrucker, optische Zeichenerkennung (*Optical Character Recognition* – OCR);

- **Multimediabereich** als Zusammenfassung der o.g. Bereiche;

- **Automobilbereich** (*Automotive*): Antiblockiersystem (ABS), Antischlupfsystem, Motordiagnostik, aktive Fahrzeugfederung, Motorregelung, Navigationshilfe, Geräuschunterdrückung, Schwingungsanalyse;

- **Industrie:** Steuer- und Regelungstechnik, Robotik, Motorsteuerung, Messtechnik (Messwerterfassung, Messwertverarbeitung), Spektralanalyse;

- **Medizintechnik:** EKG (Elektrokardiogramm), EEG (Elektroenzephalogramm), Computer- und Kernspin-Tomographie, Ultraschall;

- **Militär:** Radar, Sonar, Bildverarbeitung, Navigation, Geschosslenkung, (abhör-)sichere Kommunikation;

- **Messtechnik:** digitale Filterung, seismische Messungen, Spektralanalyse, Funktionsgenerator.

In diesen Anwendungsbereichen und -möglichkeiten sind die DSPs auf die schnelle Berechnung mathematischer Reihenentwicklungen spezialisiert und besitzen dazu besondere Rechenwerke zur Multiplikation und Addition bzw. Akkumulation (*Multiply and Accumulate* – MAC) von Koeffizienten und Signalwerten. Im folgenden Abschnitt werden einige typische DSP-Algorithmen und ihre Anwendungsbereiche kurz angegeben – ohne dass hier die Theorie der DSV dargestellt werden kann.

3.1.4 Typische DSP-Algorithmen

- **Fensterung:** Hier werden Rechteck-, Dreiecks- und Hammingfenster unterschieden. Das analoge Signal wird dazu mit einer Funktion multipliziert, die in den beiden ersten Fällen ein Rechteck oder Dreieck darstellen. Das Hammingfenster ist durch die Funktion $w_{hm}(n)$ mit

$$w_{hm}(v) = 0 \qquad\qquad \text{für} \quad v < 0$$
$$w_{hm}(v) = \sin^2 (\pi \cdot v/N) \qquad \text{für} \quad 0 \le v \le N{-}1$$
$$w_{hm}(v) = 0 \qquad\qquad \text{für} \quad v \ge N$$

gegeben. Fensterung dient zur Überführung eines zeitlich unbegrenzten in ein zeitlich begrenztes Signal und wird als Hilfsalgorithmus für andere Algorithmen eingesetzt.

- **Fourierreihe:** Sie wird zur Analyse und Bearbeitung periodischer, kontinuierlicher Signale im Frequenzbereich benutzt und ist durch die folgende Formel gegeben:

$$f(t) = A_0/2 + \sum_k A_k \cos(k\omega_0 t + \alpha_k)$$

- **Diskrete Fouriertransformation** (DFT): Die DFT ist der wichtigste Algorithmus zur Analyse und Bearbeitung zeitdiskreter Signale im Frequenzbereich und wird in der Sprach-, Musikoder Bildverarbeitung eingesetzt:

$$X(k) = \sum_n x(n) \exp(-j \cdot 2\pi/N \cdot nk) \qquad 0 \le k \le N{-}1$$
$$x(n) = \sum_k X(k) \exp(j \cdot 2\pi/N \cdot nk) \cdot 1/N \qquad 0 \le n \le N{-}1 \ \text{(Inverse Transformation)}$$

- **Schnelle Fouriertransformation** (*Fast Fourier Transformation* – FFT): Sie realisiert einen Algorithmus zur schnellen Berechnung der DFT nach folgender Formel:

$$X(k) = \sum_r x(2r) \exp(-j \cdot 2\pi/M \cdot r \cdot k) + \exp(-j \cdot 2\pi/N \cdot k) \cdot \left[\sum_r x(2r{+}1) \exp(-j \cdot 2\pi/M \cdot r \cdot k) \right]$$

- **Diskrete Cosinustransformation** (DCT): Eine der wichtigsten Anwendungen für diese Transformation ist die Bilddaten-Kompression. Dazu wird die folgende Formel berechnet:

$$\sum_m \sum_n f(m,n) \cos[(2m{+}1)k\,\pi] \cos[(2n{+}1)i\,\pi]$$

- **Filter:** Filteralgorithmen dienen zur Veränderung eines Signals im Frequenzbereich. Dazu gehören insbesondere die Hoch- und Tiefpassfilter, die ein Signal im Frequenzbereich nach unten bzw. oben begrenzen. Die wichtigsten digitalen Filtertypen sind:

  - IIR (*Infinite Impulse Response*): Diese werden nach der folgenden Formel berechnet:

$$y(n) = \sum_i b_i \cdot x(n{-}i) + \sum_i a_i \cdot y(n{-}i) \quad (b_i, a_i \ \text{Filterkoeffizienten})$$

  Durch die Rückkopplung der $y(n)$-Werte sind diese Filter rekursiv und können dadurch instabil sein. Sie entsprechen in ihrer Funktion weitgehend den analog realisierten Filtern.

  - FIR (*Finite Impulse Response*): Hier gilt die Formel

$$y(n) = \sum_i b_i \cdot x(n{-}i) \qquad\qquad (b_i \ \text{Filterkoeffizienten})$$

  Da keine Rückkopplung vorliegt, können keine Instabilitäten auftreten. Diese Filter besitzen keine direkte Entsprechung in der Analogtechnik.

3.2 Basisarchitektur Digitaler Signalprozessoren

Die spezifischen Aufgaben der digitalen Signalverarbeitung stellen ganz bestimmte Anforderungen an die Bausteine, mit denen sie gelöst werden sollen. Um ihnen zu genügen, wurden spezielle, hochintegrierte Prozessoren, die Digitalen Signalprozessoren (DSP), entwickelt. Sie sind auf höchsten Datendurchsatz und größtmögliche arithmetische Verarbeitungsleistung abgestimmt. Die ersten, noch relativ leistungsschwachen DSPs kamen bereits Ende der 70er Jahre des 20. Jahrhunderts auf den Markt.

Die bei den frühen Mikroprozessoren sehr verbreitete von-Neumann-Architektur konnte wegen ihrer geringen Flexibilität nicht übernommen werden. Diese Architektur ist bekanntlich dadurch gekennzeichnet, dass sie mit nur einem gemeinsamen Speicher für Daten und Programme auskommen muss. Der Transport von Daten und Befehlen wird über einen gemeinsamen Bus abgewickelt. In den meisten Fällen kann auf den Speicher höchstens einmal während eines Taktzyklus zugegriffen werden. Zur Ausführung eines Befehls werden also in der Regel mehrere Taktzyklen benötigt, da die einzelnen Bearbeitungsphasen eines Befehls – z.B. das Holen der Operanden – nur sequenziell abgearbeitet werden können. Um die Inhalte von zwei Speicherzellen zu multiplizieren und zu einem vorherigen Wert zu addieren – wie es für Algorithmen der DSV typisch ist – und das Ergebnis anschließend im Speicher zu sichern, werden mindestens drei konsekutive Zugriffe auf den Speicher notwendig. Ein von-Neumann-Prozessor benötigt also schon für den Datentransport dieser DSV-Grundoperation drei Zyklen.

Ein Signalprozessor dagegen soll arithmetische Operationen in nur einem Taktzyklus ausführen. Um das zu erreichen, ist der Datenspeicher in getrennte Blöcke aufgeteilt, auf die über verschiedene Bussysteme gleichzeitig zugegriffen werden kann. Auf diese Weise können der arithmetischen Einheit gleichzeitig mehrere Operanden zur Verfügung gestellt werden. Außerdem werden ausführbare Programme in einem separaten Programmspeicher mit eigenem Bussystem für den Befehlstransport gespeichert, was den gleichzeitigen Transport von Daten und Befehlen ohne gegenseitige Behinderung ermöglicht. Die gleichzeitige Adressierung der Speicher erfordert allerdings den Einsatz von getrennten Adress(rechen)werken (s. Abschnitt 5.4).

Eine Architektur, die solche Merkmale besitzt, wird als (vollständige) **Harvard-Architektur**[1] bezeichnet (vgl. Abschnitt 1.1). Wenn der Prozessor sowohl über externe wie interne Speichermodule verfügt, sind bei dieser Architektur beide Speicher jeweils in einen Programm- und Datenspeicher unterteilt. Das erfordert natürlich eine große Zahl von Bausteinanschlüssen. Einen Kompromiss zwischen der Anzahl der Bausteinanschlüsse und der Zugriffsgeschwindigkeit stellt die „interne" (unvollständige) Harvard-Architektur dar, die in Abb. 3.3 skizziert ist. In der Abbildung sind die internen Speicher zwar noch voneinander getrennt, nach außen führt aber nur ein gemeinsames Bussystem. Der externe Speicher wird über diesen Bus durch einen Multiplexer/Demultiplexer an die internen Busse angekoppelt. Er kann entweder als gemeinsamer Programm-/Datenspeicher oder aber durch zwei getrennte Programm- und Datenspeicher-Module realisiert sein, die dann durch spezielle Selektionssignale ausgewählt werden. Digitale Signalprozessoren weisen häufig diese unvollständige Harvard-Architektur auf.

---

[1] Bei dreifach ausgelegtem Bus- und Speichersystem wird die Architektur von den Firmen z.T. *Super Harvard Architecture* oder *Extended Harvard Architecture* genannt

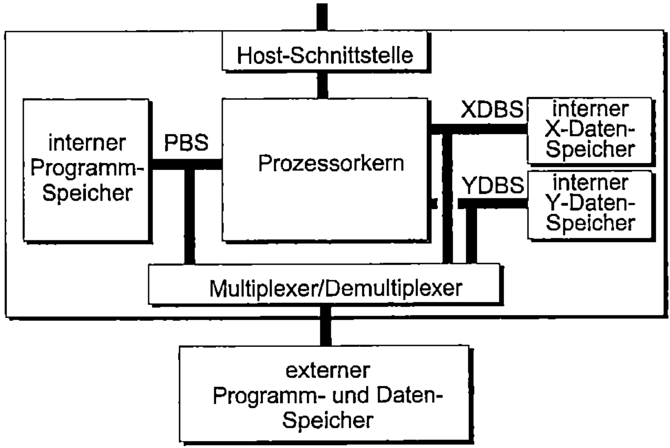

Abb. 3.3: Typische Bus- und Speicherstruktur eines DSPs

Die Leistungsfähigkeit eines DSPs ist jedoch auch sehr stark von seiner internen Busstruktur abhängig. Die leistungsfähigste Lösung stellt ein DSP mit einem Programm-Bussystem und drei Daten-Bussystemen dar. In diesem Fall kann die Arithmetikeinheit gleichzeitig über zwei getrennte Bussysteme mit Operanden versorgt werden. Über das dritte Daten-Bussystem wird das (im vorausgehenden Takt berechnete) Ergebnis im Speicher abgelegt. Dies alles geschieht innerhalb eines einzigen Taktes. Deswegen müssen hier die Zeitbedingungen genau beachtet werden, um (exakt) gleichzeitige Lese-/Schreibzugriffe auf die gleiche Speicherzelle zu vermeiden.

Wie im Abschnitt 3.1.4 gezeigt, basieren typische Algorithmen der digitalen Signalverarbeitung auf kombinierten Multiplikations- und Additionsoperationen: Zwei Werte werden miteinander multipliziert und deren Produkt zu dem Ergebnis der vorherigen Multiplikationen addiert/akkumuliert. Die Teilsummen müssen also nicht nach jeder Addition in den Speicher abgelegt werden. Viel effizienter ist es, diese Teilsummen in einem Register (Akkumulator) zwischenzuspeichern, auf das man schnell zugreifen kann. Daraus ergibt sich eine Struktur, die mit zwei Daten-Bussystemen auskommt. Mit dieser Architektur erreicht man bei viel kleinerem Aufwand fast die gleiche Leistungsfähigkeit wie mit drei Daten-Bussystemen. Solch eine innere Busstruktur eines DSPs ist in der oben gezeigten Abb. 3.3 zu sehen. Man erkennt hier zwei Daten-Bussysteme XDBS und YDBS, die parallel auf die internen Datenspeicher X und Y zugreifen. Die Programme sind in einem separaten Programmspeicher mit eigenem Programm-Bussystem PBS untergebracht.

Die Größe der internen Speicher reicht bei heutigen DSPs von wenigen kByte bis zu einigen MByte. Abweichend von der dargestellten Speicherstruktur existiert eine Vielzahl von Varianten, von denen drei in Abb. 3.4 skizziert sind. Bei der Variante a) werden der X- und Y-Datenspeicher in einem gemeinsamen Datenspeicher untergebracht, der als Zweiportspeicher (*Dual-Ported RAM*) ausgelegt ist und in jedem Taktzyklus zwei Zugriffe auf unterschiedliche Speicherwörter ermöglicht. In diesem Speicher können die X- und Y-Datenbereiche beliebig untergebracht werden. In Variante b) wird ein kombinierter Programm-/Datenspeicher eingesetzt, in dem neben den Befehlen auch die Y-Daten abgelegt werden. Das Bussystem zu diesem Speicher ist bei „langsamen" DSPs so ausgelegt, dass in einem Taktzyklus zwei Transporte (zunächst ein Befehl, danach ein Datum – *Dual Transition*) stattfinden können. Leistungsfähigere DSPs sind so schnell getaktet, dass dieser Zweifach-Transfer schwierig ist. Sie verfügen stattdessen über einen kleinen Puffer-Speicher, der jedoch nur die Befehle zwischenspeichert, deren Einlesen über den Bus zum Konflikt mit einem gleichzeitig notwendigen Transport eines Operanden führt. Nur bei der ersten Ausführung eines (noch nicht im Puffer abgelegten) Befehls müssen u.U. der Befehls- und Operandentransport serialisiert, d.h., hintereinander ausgeführt werden.

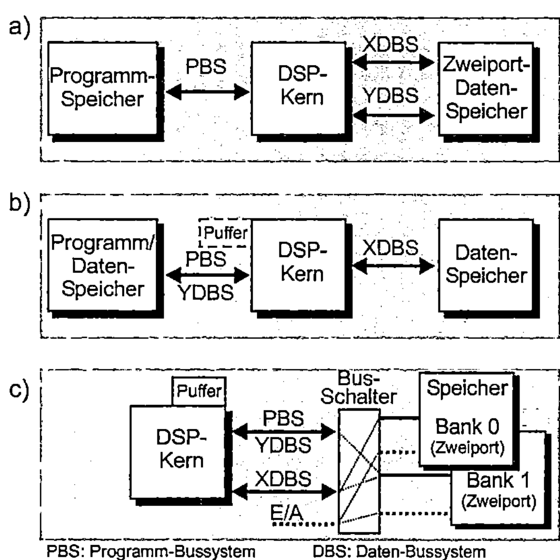

Abb. 3.4: alternative interne Speicherorganisationen

In der Variante c) wird jede Unterscheidung zwischen Programm- und Datenspeicher aufgehoben, indem beide in einem einzigen Speicher untergebracht werden. Um den erforderlichen zweifachen Zugriff pro Takt zu unterstützen, ist der Speicher physi(kali)sch in zwei Bänken realisiert. Der Prozessorkern verfügt über zwei getrennte Bussysteme, ein reines Daten-Bussystem (XDBS) und ein kombiniertes Befehls/Daten-Bussystem (PBS/YDBS). Über das letztgenannte Bussystem kann alternativ ein Operand oder ein Befehl übertragen werden. Um mögliche Konflikte zu vermeiden, besitzt der DSP-Kern auch hier (wie in Variante b) einen kleinen Befehlspuffer. Eine möglichst freie Verteilung der Programme und Daten auf die beiden Speicherbänke wird dadurch unterstützt, dass beide Prozessor-Bussysteme über einen komplexen Busschalter wahlweise mit beiden Speicherbänken verbunden werden können. Dies muss natürlich konfliktfrei geschehen, d.h., beide Busse müssen in jedem Taktzyklus mit jeweils einer anderen Speicherbank verbunden werden.

Moderne DSPs verfügen über eine größere Anzahl von Peripheriekomponenten, wie z.B. serielle oder parallele Schnittstellen. Diese werden z.T. über eine eigene, komplexe Steuerschaltung betrieben, einen sog. Ein-/Ausgabe-Controller oder Ein-/Ausgabe-Prozessor (E/A, *IO-Processor*)[1]. In Variante c) ist der Fall dargestellt, dass dieser E/A-Prozessor über ein eigenes

---

[1] Vgl. den ADSP-21xxx (SHARC) der Firma Analog Devices im Unterabschnitt 10.2.1

Bussystem auf den Speicher zugreifen kann. Um dabei Zugriffskonflikte mit dem DSP-Kern zu vermeiden, sind beide Speicherbänke als Zweiportspeicher ausgelegt. In jedem Taktzyklus können über diese Busstruktur also ein Ein-/Ausgabe-Datum zusammen mit zwei Operanden bzw. einem Befehl und einem Operanden übertragen werden. Auch in diesem Fall werden – wie oben erwähnt – die inneren Bussysteme über einen Multiplexer/Demultiplexer zu einem einzigen externen Bussystem zusammengefasst, an das ein externer Speicher und weitere Peripherie-Bausteine angekoppelt werden können.

Wenn der Signalprozessor nicht mit den Steuerungsaufgaben in einem komplexen Mikroprozessor-System belastet werden soll, kann er als schneller Coprozessor eingesetzt werden. Dazu ist er oft mit einer parallelen *Host*-Schnittstelle ausgestattet. Diese erlaubt die Steuerung des DSPs durch den Haupt-Mikroprozessor, dem *Host*, bei dem es sich um einen universellen Mikroprozessor, einen Mikrocontroller oder einen anderen Digitalen Signalprozessor handeln kann.

4. Mischformen aus Mikrocontrollern und DSPs (DSC)

In vielen Mikroprozessor-Anwendungen treten – neben komplexen Steuerungs- oder Kommunikationsvorgängen – auch rechenintensive Aufgaben der digitalen Signalverarbeitung auf. Diese Anwendungen finden sich beispielsweise in den Bereichen Telekommunikation, mobile Kommunikation, Internet-Anwendungen, Instrumentierung, Motorsteuerung, Industriesteuerungen usw. In steigendem Umfang werden daher in diesen Bereichen einerseits Mikrocontroller mit erweiterter Rechenkapazität eingesetzt. Andererseits werden viele DSPs um eine große Anzahl von Peripheriekomponenten und spezielle Befehle zur Steuerung dieser Komponenten erweitert. Diese so erweiterten DSPs werden häufig als DSP-Controller oder auch **Digitale Signalcontroller** (DSC) bezeichnet. Neben der Erweiterung von Mikrocontrollern oder DSPs um die jeweils fehlenden Funktionalitäten werden auch Lösungen angeboten, die auf einem einzigen Halbleiterchip vollständige DSPs und Mikrocontroller gemeinsam integrieren und diese auf vielfältige Weise über interne Datenpfade miteinander verbinden (vgl. Unterabschnitt 2.4.4.2). Auf den Telekommunikationsbereich spezialisierte DSP/µC-Mischformen werden z.T. auch **Kommunikationscontroller** genannt.

Im Folgenden werden wir einige der erwähnten Mischformen beispielhaft beschreiben. Dabei gehen wir auf Mikrocontroller mit DSP-Funktionalität nicht näher ein, da wir ihre wesentlichen Erweiterungen – insbesondere um eine MAC-Einheit, eine Hardware-Schleifensteuerung sowie die entsprechenden DSP-Befehle und -Adressierungsarten – erst in späteren Abschnitten ausführlich beschreiben werden.

4.1 DSP als Motorcontroller

In stetig steigendem Maß werden in allen Lebensbereichen Antriebs- und Servomotoren eingesetzt. Man denke beispielsweise an den Automobilbereich, für den in Abb. 2.6 eine Reihe von Einsatzorten für mehr oder weniger leistungsfähige Motoren skizziert wurde. Zu ihrer Steuerung werden in einfachen Anwendungen Mikrocontroller, in komplexeren Anwendungen häufig spezialisierte Digitale Signalprozessoren benutzt. Abb. 4.1 zeigt das Blockschaltbild eines DSP-basierten Motorcontrollers der Firma Analog Devices, des ADMC300.

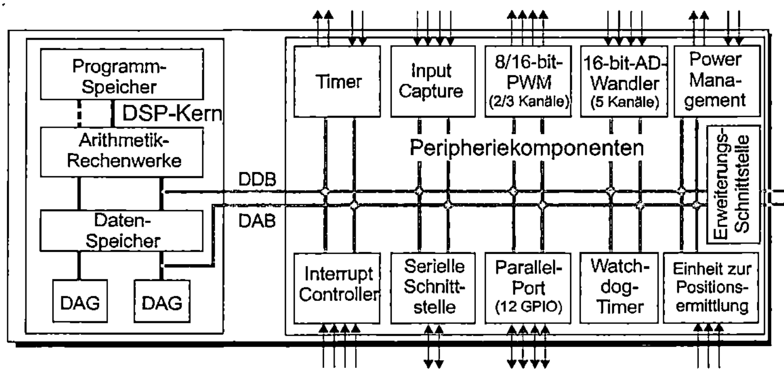

Abb. 4.1: Der Motorcontroller ADMC300

H. Bähring, *Anwendungsorientierte Mikroprozessoren*, eXamen.press, 4th ed.,
DOI 10.1007/978-3-642-12292-7_4, © Springer-Verlag Berlin Heidelberg 2010

Außer zur Steuerung von Motoren unterschiedlichster Art und Servoantrieben wird dieser Controller auch in unterbrechungsfreien Stromversorgungen (USV) und Datenerfassungssystemen eingesetzt. Weiterhin ermöglicht er den Aufbau von „intelligenten Sensoren" (*Smart Sensors*), d.h., von Schaltungen, die selbst eine Vorverarbeitung und Auswertung der aufgenommenen Signale durchführen können.

Der DSP-Kern dieses Controllers gehört zur Familie der 16-Bit-Festpunkt-DSPs ADSP-21xx von Analog Devices, die wir im Abschnitt 10.1 ausführlich beschrei ben werden. Die umfangreichen Peripheriekomponenten des Controllers, deren Funktionen in Kapitel 9 behandelt werden, sind mit dem internen Systembus zum Datenspeicher („Daten-Systembus") des DSP-Kerns verbunden, der aus dem Daten-Adressbus DAB und dem Daten-Datenbus DDB besteht. In Abb. 4.2 ist der Einsatz des Controllers zur Steuerung eines Motors mit seinen dabei verwendeten Komponenten dargestellt.

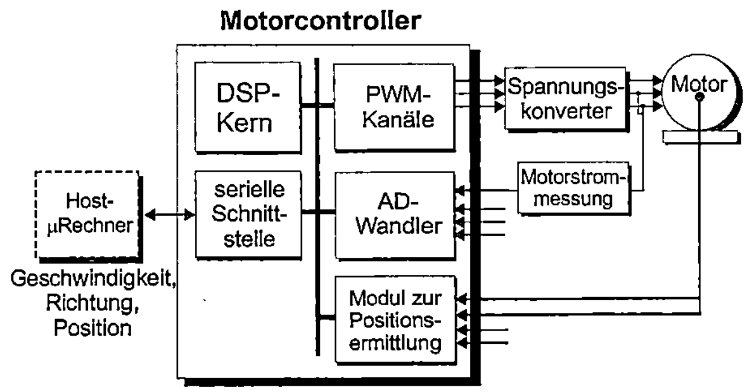

Abb. 4.2: Einsatz eines Motorcontrollers

Bei dem Motor handelt es sich um einen sog. Drei-Phasen-Drehstrommotor, der über drei phasenverschobene analoge Spannungssignale angesteuert wird. Die Aufgabe des DSPs in dieser Anwendung ist es, die Drehzahl des Motors „weich" über alle Bereiche zu regeln – vom Stillstand bis zur maximalen Drehzahl – und dabei schnelle Beschleunigungs- und Abbremsvorgänge zu ermöglichen. Dazu kann der Motorcontroller autonom nach festem Programm auf die aktuellen Anforderungen reagieren. Er kann aber auch von einem externen Host-Rechner Vorgaben über die Geschwindigkeit und die Drehrichtung des Motors oder seine exakte Anhalteposition erhalten.

Die drei vom Controller über seine 16-Bit-PWM-Kanäle (Puls-Weiten-Modulation, vgl. Unterabschnitt 9.4.4) ausgegebenen Pulsweiten-modulierten Signale werden durch einen Spannungskonverter in drei analoge Steuerspannungen umgesetzt und auf die Spannungseingänge des Motors gelegt. Durch Veränderung der Impuls/Pausen-Verhältnisse der PWM-Signale kann der Controller die Drehzahl des Motors und die Laufrichtung ändern.

Da auf den Motor sich jederzeit ändernde Belastungen einwirken, kann bei der beschriebenen einfachen Art der Motorsteuerung nur sehr schwer eine feste Zuordnung zwischen der Form der ausgegebenen Signale und der resultierenden Motordrehzahl angegeben werden[1]. Deshalb be-

---

[1] Es gibt komplizierte Verfahren, die aus den gemessenen Größen Motorspannung und -strom die Stellung des Motors ziemlich exakt schätzen können. Leider bereiten diese Verfahren bei niedrigen Drehzahlen große Probleme

sitzt der Motor auf seiner Achse eine Vorrichtung (*Encoder*), die bei jeder Umdrehung zwei Folgen von Impulsen[1] erzeugt. Die Impulsfolgen werden an eine Komponente des DSPs zur Positionsermittlung (*Encoder Interface Unit*) weitergegeben. Diese Komponente kann aus dem zeitlichen Abstand der empfangenen Impulse und ihrer relativen Lage zueinander zu jeder Zeit die genaue Stellung der Motorachse (Rotorposition) ermitteln und dem DSP-Kern als digitalen Wert in einem Register zur Verfügung stellen.

Der DSP kann aus der permanenten Beobachtung der Rotorposition die momentane Drehzahl sowie die Beschleunigung oder Abbremsung des Motors ermitteln. Daraus berechnet sie geeignete Reaktionen und lässt diese über die PWM-Ausgänge auf den Motor einwirken[2]. Diese Reaktion kann in der schnellen Erhöhung (Beschleunigung) oder abrupten Erniedrigung (Abbremsen) der Motordrehzahl bestehen. Die dazu vom Spannungskonverter in den Motor eingespeisten Ströme können die im Normalbetrieb zulässigen Grenzen erheblich überschreiten und zu einer starken Temperaturerhöhung im Konverter und im Motor führen. Beide Komponenten können daher diese Überschreitung des Strombereichs nur kurzzeitig aushalten, ohne zerstört zu werden. Zur Vermeidung einer Überlastung werden die in den Motor fließenden Ströme permanent gemessen und ihre Größe über den A/D-Wandler des Controllers dem DSP-Kern mitgeteilt, so dass dieser geeignet darauf reagieren kann.

4.2 Hochleistungs-DSC

Der in diesem Unterabschnitt beschriebene Digitale Signalcontroller ADSP-21535 ist aus einer Kooperation der Firmen Analog Devices und Intel entstanden. Er trägt den Zusatznamen *Blackfin*[3]. Mit 300 MHz Systemtakt gehört er momentan zu den schnellsten Festpunkt-DSPs auf dem Markt. Seine Architektur soll bereits in naher Zukunft Frequenzen über 1 MHz erlauben. Obwohl für den Blackfin prinzipiell die meisten der im Abschnitt 4.1 genannten DSP-Einsatzbereiche in Frage kommen, ist er hauptsächlich für leistungsstarke tragbare („mobile") Endgeräte geeignet, also z.B. komfortable Mobiltelefone, digitale Kameras oder Kleinst-PCs. Dazu verfügt er über eine Komponente zur anwendungsabhängigen Steuerung der Verlustleistung (*Dynamic Power Management*) des DSP-Kerns: Die aktuelle Arbeitsfrequenz sowie die interne Betriebsspannung können jederzeit verändert werden – die Betriebsspannung durch einen Spannungsregler z.B. zwischen 0,9 und 1,5 V[4]. Wie im Abschnitt 1.3 beschrieben, kann der Kern außerdem noch in verschiedene Stromspar-Modi versetzt werden. Alle Peripheriekomponenten, die momentan nicht benötigt werden, können zusätzlich vom Takt abgeschaltet werden. (Das gilt auch für den internen 256-kByte-Speicher.) Durch die integrierten PCI-Bus- und USB-Schnittstellen empfiehlt sich der Blackfin aber auch für den allgemeinen Einsatz im PC-Bereich. In Abb. 4.3 ist das Blockschaltbild des Blackfins dargestellt.

Der DSP-Kern des Blackfins verfügt über ein sehr leistungsfähiges Operationswerk, das die meisten Komponenten gleich mehrfach enthält und so eine Parallelbearbeitung von Befehlen mit verschiedenen Daten erlaubt (*Single Instruction, Multiple Data* – SIMD):

- zwei 40-Bit-Rechenwerke, die jeweils eine 32-Bit- oder – simultan – zwei (gepackte) 16-Bit-Operationen ausführen können;

---

[1] z.B. mit 2 × 1024 Impulsen (entsprechend 4096 Flanken) pro Motorumdrehung
[2] Aus der einfachen Steuerung ist damit eine Regelung geworden
[3] *Blackfin*: schwarze Flosse, wohl ein Anklang an den SHARC-DSP von Analog Devices (*Shark*: Haifisch)
[4] Bei 50 MHz und 1,2 V wird die Verlustleistung z.B. auf 10% reduziert

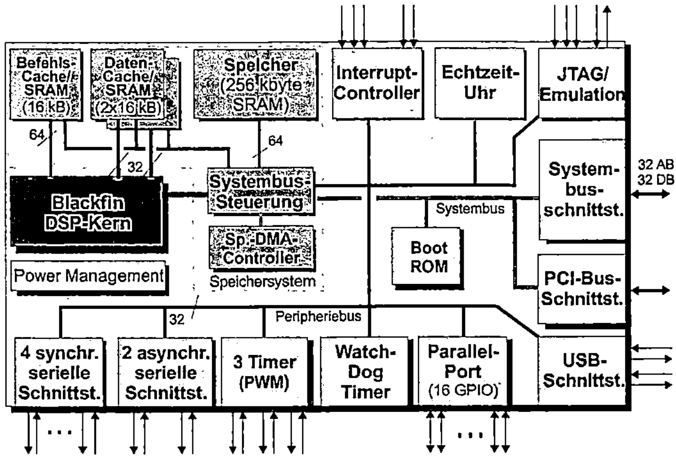

Abb. 4.3: Blockschaltbild des Blackfins von Analog Devices

- zwei Multiplizier-/Akkumuliereinheiten (MACs), die in jedem Taktzyklus jeweils eine Multiplikation „16×16 Bits → 32 Bits" mit nachfolgender 40 Bits breiter Akkumulation beherrschen[1];

- vier sog. Video-Rechenwerke für die im Bereich der Audio- und Videobearbeitung häufig verlangten Ganzzahlen-Operationen mit 8-Bit-Operanden;

- eine 40-Bit-Schiebe-/Normalisiereinheit (*Shifter*) zur Ausführung von Schiebe- und Rotationsoperationen.

Dem Operationswerk steht ein (relativ kleiner) Registersatz von acht 32-Bit-Datenregistern zur Verfügung, die aber auch 16-Bit-weise angesprochen werden können.

Der Befehlssatz des Blackfins umfasst – neben den gewöhnlichen DSP-Befehlen – auch typische „Mikrocontroller-Befehle", insbesondere also Bit-Manipulationsbefehle. Dazu kommen komplexe Befehle für den Video-Bereich[2] (*Video Instructions*), die z.B. die Kompression von Datenblöcken wesentlich beschleunigen. Die Befehle können 16 oder 32 Bits lang (*Multilength Instructions*) sein. Vom DSP-Kern können – in beschränkter Weise – mehrere Befehle zu 64-Bit-Befehlsgruppen zusammengepackt werden, die in einem einzigen Takt an die Rechenwerke weitergereicht werden können. So können z.B. ein komplexer 32-Bit-„Rechenbefehl" für den DSP-Kern und zwei einfachere 16-Bit-„Steuerbefehle" für die Peripheriekomponenten gemeinsam ausgeführt werden.

Die Verwendung eines Betriebssystems in einem Blackfin-System wird dadurch unterstützt, dass der Prozessor in drei unterschiedlichen Modi betrieben werden kann: Im Betriebssystemmodus können alle Befehle ausgeführt und alle Komponenten des Systems angesprochen werden. Im Benutzermodus bestehen hingegen eingeschränkte Rechte zur Befehlsausführung und zum Komponentenzugriff. Im Emulationsmodus wird die im Anhang A.2 beschriebene Möglichkeit zur Fehlersuche in Hard- und Software (*On-Chip Emulation* – OnCE) unterstützt.

---

[1] Dies entspricht bei 300 MHz einer Leistung von 600 MMACS (MMACS: 10^6 MAC-Operationen pro Sekunde)
[2] Beispiele: „berechne die Summe der Absolutbeträge der Differenzen" oder „lese bzw. schreibe ein Bitfeld"

Die Organisation des internen Speichersystems des Blackfins ähnelt sehr stark der bei universellen Hochleistungsprozessoren zu findenden Organisation. Der Speicher ist zweistufig aufgebaut:

- Die erste Stufe (*Level 1* – L1) besteht aus einem 16 kByte großen Befehlsspeicher und einem doppelt so großen Datenspeicher. Der Datenspeicher ist in zwei unabhängige 16-kByte-Blöcke unterteilt. Wie bei DSPs üblich, kann der Kern über getrennte Bussysteme gleichzeitig auf jeden der Teilspeicher zugreifen. So können in jedem Takt ein neues 64-Bit-Befehlswort (s.o.) und zwei 32-Bit-Operanden transportiert werden. L1-Daten- und Befehlsspeicher können wahlweise als Speicher mit wahlfreiem Zugriff über Adressen (*Static Random Access Memory* – SRAM) oder als sog. *Cache*-Speicher mit einer speziellen Zugriffsstrategie konfiguriert werden. In der Abbildung nicht gezeichnet ist ein vierter, 4 kByte großer Speicherblock, der dem DSP-Kern als „Notizblock" (*Scratch-Pad*) zur kurzzeitigen Ablage von Daten dient.

- Die zweite Stufe des Speichersystems (*Level 2* – L2) besteht aus einem 256 kByte großen gemeinsamen Befehls-/Datenspeicher, der über einen 64-Bit-Bus Befehle und Daten mit den L1-Speichermodulen austauschen kann. Zum schnellen Austausch von Daten- und Befehlsblöcken zwischen den L1- und L2-Speichermodulen ohne Hilfe des DSP-Kerns besitzt der Blackfin einen speziellen „Speicher"-DMA-Controller (*Direct Memory Access*, s. Abschnitt 9.3). Dieser übernimmt aber auch den Transport von Befehlen und Daten zwischen dem internen und einem – eventuell vorhandenen – externen Speichersystem, wobei der externe Speicher an der Systembus-Schnittstelle oder der PCI-Busschnittstelle des Blackfins angeschlossen sein kann.

Der DSP-Kern kann auf alle beschriebenen internen Speicherblöcke mit voller Arbeitsgeschwindigkeit zugreifen. Der Unterschied besteht nur darin, dass er die Daten aus dem L2-Speicher mit einer größeren Verzögerung (*Latency*) bekommt. Dies gilt insbesondere, wenn der L2-Speicher zunächst aus einem Stromspar-Modus aufgeweckt werden muss.

Abb. 4.3 zeigt, dass der Blackfin eine große Anzahl von Peripheriekomponenten besitzt, deren Funktion wir im Kapitel 9 ausführlich behandeln werden. Auf ihre genaue Ausprägung und Leistungsfähigkeit können wir aus Platzgründen nicht eingehen. Wir wollen nur erwähnen, dass unter den vier synchronen seriellen Schnittstellen zwei SPORTs (*Serial Ports*) und zwei SPIs (*Serial Peripheral Interface*) sind[1]. Eine der beiden asynchronen seriellen Schnittstellen kann auch als Infrarot-Schnittstelle (IrDA) eingesetzt werden.

Eine Besonderheit des Blackfins besteht darin, dass er keinen universell einsetzbaren DMA-Controller (mit einer Vielzahl von Kanälen) für die Übertragung von Datenblöcken zwischen den Speichereinheiten und den Peripheriekomponenten besitzt. Stattdessen sind in die Peripheriekomponenten selbst individuelle DMA-Kanäle integriert, so dass sie selbstständig auf den Speicher zugreifen können.

---

[1] s. Unterabschnitt 9.7.3

5. Der Prozessorkern

In diesem Kapitel wollen wir uns ausführlich mit dem Aufbau und den Komponenten des Prozessorkerns beschäftigen. Zur Vereinfachung der Darstellung gehen wir zunächst von einem Kern aus, wie er für 8- bzw. 16-Bit-Mikrocontroller mit von-Neumann-Architektur typisch ist. Im weiteren Verlauf des Kapitels werden wir dann auch auf Teilaspekte von Realisierungen eingehen, die bei höherwertigen Prozessorkernen (im 16- und 32-Bit-Bereich) anzutreffen sind – insbesondere auch bei den Prozessoren mit Harvard-Architektur und den DSPs.

5.1 Vereinfachter Aufbau

Abb. 5.1 zeigt den prinzipiellen Aufbau eines Mikroprozessorkerns eines einfachen 8- und 16-Bit-Mikrocontrollers. Die beiden dunkelgrau hinterlegten Rechtecke (R1, R2) links in der Abb. entsprechen den in der vereinfachenden Abb. 1.1 aufgeführten Basiskomponenten eines Mikroprozessors, dem Steuerwerk und dem Operationswerk. Bereits sehr früh in der Entwicklungsgeschichte der Mikroprozessoren wurden diese beiden „Werke" durch zusätzliche Komponenten ergänzt, um ihre Arbeit effizienter zu gestalten – das Steuerwerk durch ein eigenes Rechenwerk zur Bestimmung von Programm- und Operandenadressen im Speicher, dem Adresswerk, das Operationswerk durch einen (zunächst sehr kleinen) Registersatz zur Zwischenspeicherung der Operanden und Ergebnisse.

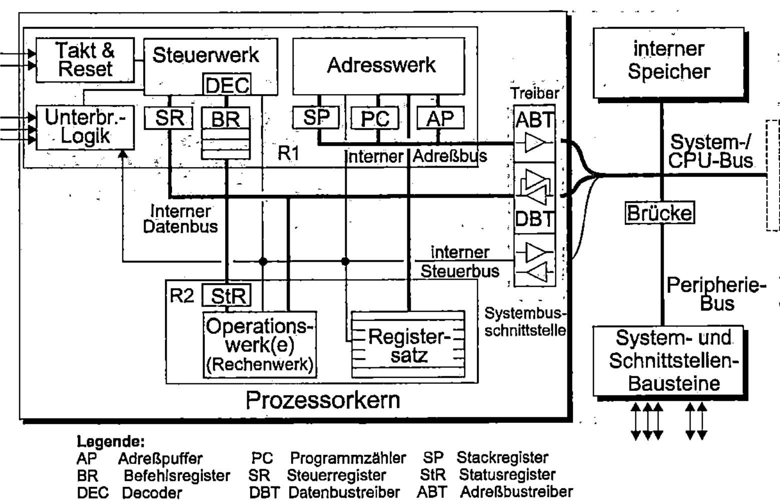

Abb. 5.1: Prinzipieller Aufbau eines (einfachen) Mikroprozessors

Das **Steuerwerk** (*Control Unit*, vgl. Abschnitt 1.1) ist für die zeitgerechte Bearbeitung der Programmbefehle zuständig. Zum Steuerwerk gehören das **Befehlsregister** (BR), das den augenblicklich ausgeführten Befehl zwischenspeichert, sowie das **Steuerregister** (SR), das die Art und Weise der Befehlsbearbeitung durch das Steuerwerk beeinflusst. Die Interpretation des Befehlscodes wird vom **Decoder** vorgenommen. Da es sich bei Mikroprozessoren um synchron arbeitende Schaltwerke handelt, werden alle Signale auf ein (oder mehrere) Taktsignale bezogen, die durch einen Taktgenerator erzeugt werden. Die mit „**Takt & Reset**" bezeichnete Kom-

H. Bähring, *Anwendungsorientierte Mikroprozessoren*, eXamen.press, 4th ed.,
DOI 10.1007/978-3-642-12292-7_5, © Springer-Verlag Berlin Heidelberg 2010

ponente leitet diesen Systemtakt bzw. diese Systemtakte aus einer extern angelegten Grundschwingung ab. Sie sorgt außerdem für einen geordneten Anfangszustand im Prozessor nach dem Einschalten der Betriebsspannung (*Power-on Reset* – POR) oder einem Rücksetzen des Systems (*Reset*). Eine weitere Komponente des Steuerwerks ist die **Unterbrechungslogik**, welche die Bearbeitung aller anstehenden Unterbrechungsanforderungen zur Aufgabe hat (vgl. Abschnitt 5.3). Das Steuerwerk erzeugt alle Steuersignale (*Control Signals*) zu den Komponenten des Systems – sowohl den prozessorinternen wie den prozessorexternen. Zu letztgenannten Signalen gehören insbesondere auch Statussignale, die die Peripheriekomponenten über den momentanen Zustand des Prozessors bzw. den Prozessor über den Zustand der Komponenten informieren. Alle Steuer- und Statussignale, die zwischen dem Steuerwerk, seinen „Hilfskomponenten" (Takt & Reset, Unterbrechungslogik) und den übrigen Komponenten des Kerns ausgetauscht werden, bilden den **internen Steuerbus**[1].

Das **Adresswerk** (*Address Unit* – AU, vgl. Abschnitt 5.4) berechnet nach den Vorschriften des Steuerwerks die Adresse eines Operanden oder eines Befehls im Speicher. Prozessoren mit von-Neumann-Architektur besitzen ein gemeinsames Adresswerk für Befehls- und Operandenzugriffe, Prozessoren mit Harvard-Architektur oder DSPs über mehrfache Adresswerke, um gleichzeitig auf Befehle und Daten oder mehrere Daten zugreifen zu können. Zur Zwischenspeicherung der Adressen besitzt das Adresswerk zwei Pufferregister: Der **Programmzähler** (PC), der auch Befehlszähler (*Program Counter*, *Instruction Pointer*) genannt wird, enthält stets die Adresse der Speicherzelle, in welcher der nächste auszuführende Befehl oder Befehlsteil liegt. Die für die Ausführung eines Maschinenbefehls benötigten Operanden werden durch das Adresspufferregister selektiert. Dieser **Adresspuffer** (AP) wird vom Adresswerk mit der Adresse des Operanden geladen, die nach bestimmten fest vorgegebenen Verfahren berechnet wird. (Diese als Adressierungsarten bezeichneten Verfahren beschreiben wir im Abschnitt 6.3.) Das **Stackregister** (*Stack Pointer* – SP) zeigt auf einen speziellen Speicherbereich, den *Stack*, der zur Aufnahme von Rücksprungadressen bei Unterprogrammaufrufen und Unterbrechungen dient. Je nach Typ des momentan ausgeführten Speicherzugriffs – auf einen Befehl oder einen Operanden – wird der Inhalt des Programmzählers, des Adresspuffers oder des Stackregisters auf den **internen Adressbus** gelegt.

Das **Operationswerk** (Rechenwerk, *Execution Unit*, vgl. Abschnitt 5.5) führt im einfachen Fall die vom Steuerwerk verlangten arithmetischen und logischen Operationen aus. Daher wird es auch als arithmetisch/logische Einheit (*Arithmetic and Logical Unit* – ALU) bezeichnet. Durch das **Statusregister** (StR) informiert es das Steuerwerk über die Größe des Ergebnisses (=0, ≥0, <0 usw.). Dieses kann darauf z.B. durch eine Änderung des Programmablaufs reagieren. Komplexere Prozessoren besitzen mehrere Rechenwerke, die speziellen Aufgaben zugeordnete Operationen ausführen. Beispiele sind Rechenwerke für Gleitpunktzahlen (*Floating Point Unit* – FPU), zur Manipulation einzelner Bits oder für Algorithmen der graphischen Datenverarbeitung. Die benötigten Operanden werden dem Operationswerk über den **internen Datenbus** zugeführt, über den auch die Ergebnisse abtransportiert werden. Zu beachten ist aber, dass über den internen Datenbus auch Adressen transportiert werden, die vom Adresswerk als Operanden für die Berechnung der nächsten Befehls- oder Operandenadresse benötigt werden und im Registersatz abgelegt sind oder aus dem Speicher geholt werden.

---

[1] Dabei handelt es sich nicht um einen Bus im engeren Sinne, da keine gleichartigen Signale über parallele Leitungen (in die gleiche Richtung) transportiert werden

Häufiger benutzte Operanden – Daten oder Adressen – werden im **Registersatz** (*Register Set*, vgl. Abschnitt 5.6) zwischengespeichert, auf den schneller als auf den externen Speicher zugegriffen werden kann. Einfache Prozessoren enthalten nur einige wenige Register (bis zu 8), RISC-Prozessoren von (typisch) 32 bis zu einige Hundert Register. Die Auswahl eines bestimmten Registers wird durch das Steuerwerk vorgenommen. Der Inhalt der Register wird über den internen Datenbus transportiert.

Die **Systembus-Schnittstelle** (*Systembus Interface*, vgl. Abschnitt 5.7) verbindet die internen Adress-, Daten- und Steuerbusse mit ihren Prozessor-externen Entsprechungen, deren Zusammenfassung als **Systembus** oder CPU-Bus bezeichnet wird. Die Systembus-Schnittstelle stellt ein Zwischenspeicher-Register (Puffer) für die kurzzeitige Aufbewahrung jedes Datums (Datenbuspuffer) auf seinem Weg in den Prozessor bzw. aus ihm heraus zur Verfügung. Damit dient sie der zeitlichen Anpassung zwischen dem häufig „schnelleren" Prozessorkern und den unter Umständen langsamer arbeitenden Peripheriekomponenten – insbesondere auch dem Speicher. Andererseits übernimmt sie durch Ausgangstreiber die elektrische Anpassung der Prozessorsignale an die Signalspezifikationen, die von allen Systemkomponenten verlangt werden. Diese Treiber können außerdem die Ausgangssignale in den hochohmigen Zustand (Tristate) versetzen und dadurch den Systembus für andere Systemkomponenten freigeben.

In den folgenden Abschnitten werden wir nun die Komponenten des Prozessorkerns ausführlich beschreiben. Da die mit „Takt & Reset" bezeichnete Komponente eher eine Hilfsfunktion ausführt, die „elektrotechnischer" Art ist, werden wir ihre Beschreibung in den Anhang A.3 und A.4 verlegen.

Bei universellen Mikroprozessoren und Digitalen Signalprozessoren werden die Signale der Systembus-Schnittstelle an den Bausteinanschlüssen des Prozessors bereitgestellt, und der Systembus zum Anschluss von Speicher und Peripheriekomponenten liegt außerhalb des Bausteins. Bei Mikrocontrollern befindet sich auch der Systembus auf dem Chip selbst und die Systembus-Schnittstelle verbindet die internen Busse des Prozessorkerns mit dem internen Systembus (CPU-Bus), an dem die internen Speichermodule und – meist über eine Brücke – auch die internen Peripheriekomponenten angeschlossen sind (s. Abb. 5.1). Höherwertige Mikrocontroller erlauben auch den Anschluss weiterer externer Komponenten. Dies geschieht entweder über eine weitere spezielle Schnittstelle, die den internen mit einem externen Systembus verbindet[1], oder aber über universelle Portleitungen (*General Purpose I/O* – GPIO), die als Systembus konfiguriert werden können.

Bei vielen Mikrocontrollern unterstützen die Schnittstellen zu einem Prozessor-externen Systembus eine ganze Palette von verschiedenen Bus-Typen, -Steuersignalen und -Protokollen. Dadurch wird der Anschluss verschiedenster externer Bausteine unterschiedlicher Hersteller und der Aufbau eines komplexen Systems erleichtert. Die Komponente, die diese Unterstützung liefert, wird häufig als **Modul zur Systemintegration** (*System Integration Module* – SIM, vgl. Abschnitt 2.3) bezeichnet. Um diesen Abschnitt inhaltlich nicht zu überfrachten, werden wir auf dieses Modul und seine Funktion erst im Abschnitt 8.2 eingehen.

---

[1] Vgl. den ganz rechts in Abb. 5.1 gestrichelt gezeichneten Kasten

5.2 Das Steuerwerk

5.2.1 Taktsteuerung

Wie bereits gesagt, ist das Steuerwerk (*Control Unit* – CU) eines Mikroprozessors ein synchrones Schaltwerk. Während bei älteren Mikroprozessortypen die Erzeugung des benötigten Takts extern in einem besonderen Baustein vorgenommen wurde, haben alle modernen Mikroprozessoren den Taktgenerator (*Clock Generator*) bereits auf dem Chip integriert, so dass zur Stabilisierung der Frequenz extern nur noch ein Quarz zwischen zwei Anschlüsse des Prozessors gelegt werden muss. Im Taktgenerator wird durch einen frei schwingenden Oszillator eine Rechteckschwingung mit fester Frequenz erzeugt, der durch eine PLL-Schaltung auf eine höhere Frequenz gebracht wird (vgl. Abschnitt A.1). Heute sind bei universellen Prozessoren Taktraten zwischen 1 und 3500 MHz, bei den anwendungsorientierten Mikroprozessoren zwischen 1 und 1000 MHz üblich. Da einige Mikroprozessoren dynamische Schaltwerke sind, bei denen die Information in Kondensatoren gespeichert ist, darf bei ihnen die Taktfrequenz nicht unter einen Minimalwert fallen, sonst werden die Inhalte der internen Register nicht rechtzeitig aufgefrischt und gehen durch Leckströme verloren. Der Prozessortakt wird über einen Ausgang meist allen externen Komponenten als Systemtakt zur Verfügung gestellt, ggf. auf eine niedrigere Frequenz heruntergeteilt.

Häufig werden im Taktgenerator noch weitere Zeitfunktionen abgeleitet. Dazu gehört beispielsweise die Erzeugung eines mit dem Prozessortakt synchronisierten Rücksetzsignals. Dieses Signal wird durch einen asynchron am RESET-Eingang angelegten Impuls (vgl. Abschnitt A.2) angestoßen und muss genaue zeitliche Spezifikationen erfüllen, um dem Prozessor eine geordnete Initialisierung zu ermöglichen. Diese wird durch eine fest vorgegebene Zustandsfolge („Programm") des Steuerwerks durchgeführt und besteht vor allem darin, die internen Register mit bestimmten Anfangswerten zu laden. Das Rücksetzsignal wird bei einigen µP-Typen über einen RESET-Ausgang auch allen anderen Komponenten des Systems zugeführt.

5.2.2 Ein-/Ausgangssignale

5.2.2.1 Zuteilung des Systembusses

Können in einem Mikroprozessor-System mehrere Komponenten aktiv auf den Systembus zugreifen, so benötigt man eine Schaltung zur Anforderung des Systembusses vom µP und zur Gewährung des Zugriffs durch den Prozessor (*Bus Arbitration Control*). Bei diesen Komponenten kann es sich um einen weiteren (Co-)Prozessor oder aber auch um einen Peripheriebaustein handeln (z.B. um den im Abschnitt 9.3 beschriebenen DMA-Controller – *Direct Memory Access*). Die folgenden drei Signale dienen zur Regelung des Zugriffs auf den Systembus. Die beschriebene Form der Buszuteilung wird als 3-Leitungs-*Handshake* oder Quittungsbetrieb bezeichnet.

- Durch das HOLD-Eingangssignal, auch mit BR oder BREQ (*Bus Request*) bezeichnet, wird dem Prozessor mitgeteilt, dass (wenigstens) eine andere Komponente des Mikroprozessor-Systems den Systembus belegen will. Der Prozessor schließt daraufhin noch die augenblicklich durchgeführte Systembusoperation (Schreib- oder Lesezugriff) ab.

- Sobald der Prozessor den Systembus nicht mehr benötigt, schaltet er alle seine Systembus-Ausgänge in einen hochohmigen Zustand (*Tristate*). Davon unterrichtet er jede anfordernde Komponente über das Ausgangssignal HOLDA (*Hold Acknowledge*), auch BG oder BGRT (*Bus Grant*) genannt. Während der Freigabe des Systembusses kann der Prozessor ggf. weitere Befehle in seinem Befehls-Prefetch-Block (vgl. Abschnitt 5.1) oder dem internen Speicher bearbeiten, solange dazu nicht der Systembus benötigt wird.

- Bewerben sich gleichzeitig mehrere Komponenten um das Bussystem, so muss nach einem geeigneten Verfahren durch einen „Schiedsrichter" ((*Bus Hold*) *Arbiter*) genau eine von ihnen zum neuen *Bus Master* bestimmt werden. Diese kann nun z.B. über das Signal BGA (*Bus Grant Acknowledge*) allen anderen Mitbewerbern mitteilen, dass sie die Buskontrolle übernommen hat. (Im Unterabschnitt 8.2.5 werden Sie mit dem *Independent Request*-Verfahren eines dieser Entscheidungsverfahren kennen lernen.)

5.2.2.2 Unterbrechungsanforderungen

- Durch die Interrupt-Eingänge IRQ (*Interrupt Request;* auch mit INT, INTR bezeichnet) und NMI (*Non-Maskable Interrupt*) kann ein laufendes Programm durch eine Systemkomponente unterbrochen und die Abarbeitung einer „Interrupt-Routine" im Prozessor angestoßen werden. (Wegen der großen Bedeutung der Programmunterbrechungen wird in einem eigenen Abschnitt 5.3 ausführlich darauf eingegangen. Dort wird der in Abb. 5.1 mit Unterbrechungslogik bezeichnete Teil des Steuerwerks beschrieben.)

- Mit Hilfe der oft bidirektional ausgeführten HALT-Leitung – benutzt als Eingang – kann der Prozessor aufgefordert werden, nach der Beendigung der momentan auf dem Systembus laufenden Transaktion zu stoppen, d.h., er stellt jegliche Programmbearbeitung ein – insbesondere auch die interne Bearbeitung seiner Befehlswarteschlange. Er signalisiert den angeschlossenen Komponenten über die gleiche HALT-Leitung, benutzt als Ausgang, oder seine Statussignale (vgl. Unterabschnitt 5.2.3.3), dass er im Halt-Zustand ist. Dabei schaltet er alle seine Ausgänge, also die Systembus-Ausgänge und alle anderen Steuerausgänge, in den hochohmigen Zustand. Aus diesem Zustand kann er meist nur durch einen Interrupt oder ein Rücksetzen (RESET) „aufgeweckt" werden. Von dieser Möglichkeit des Abbruchs jeder Programmbearbeitung wird insbesondere dann Gebrauch gemacht, wenn ein Fehler aufgetreten ist, der nicht vom µP selbst behoben werden kann.

5.2.2.3 Weitere Signale

Fehlermeldungen

Durch die Fehlermeldung BERR (*Bus Error*) wird dem Prozessor von bestimmten Komponenten mitgeteilt, dass bei der augenblicklich auf dem Systembus ablaufenden Transaktion ein Fehler festgestellt wurde. Beispiele dafür sind ein Zugriff auf einen geschützten Speicherbereich, das Ausbleiben eines Quittungssignals von einer Systemkomponente oder aber ein festgestellter Übertragungsfehler.

Statusinformationen

Durch eine Gruppe von **Prozessor-Statussignalen**, die beispielsweise mit $FC_n,..,FC_0$ (*Function Code*) oder $ST_n,..,ST_0$ (*Status*) bezeichnet sind, kann der Prozessor den angeschlossenen Komponenten seinen Zustand bzw. den Typ der augenblicklich ausgeführten Operation mitteilen. Dazu gehört z.B., ob der Prozessor

- ein Benutzerprogramm, eine Betriebssystemroutine oder eine Interrupt-Routine ausführt,

- im Halt-Zustand ist bzw. auf eine Unterbrechung wartet,

- Daten von einem Coprozessor erwartet oder zu diesem übertragen will,

- eine Lese- oder Schreiboperation ausführt,

- Daten oder OpCodes überträgt,

- auf den Arbeitsspeicher oder einen Peripheriebaustein zugreift.

Kommunikation mit einem Coprozessor

Über einige weitere Signale korrespondiert der Prozessor mit einem eventuell im System vorhandenen Coprozessor. Diese Signale werden im Rahmen dieses Buches nicht weiter behandelt.

Systembus-Steuersignale

Durch diese Signale werden insbesondere die Richtung des Datentransfers auf dem Systembus, das Einfügen von Wartezyklen beim Buszugriff sowie die Art der selektierten Komponente (Speicher oder Peripheriebaustein) festgelegt. Sie werden neben weiteren Signalen im Abschnitt 8.2 ausführlich beschrieben.

5.2.3 Ablauf der Befehlsbearbeitung

Der Aufbau des Steuerwerks wurde bereits kurz im Abschnitt 5.1 skizziert. Darin kann man das Befehlsregister, den Befehlsdecod(ier)er, die eigentliche Steuerlogik sowie das Steuerregister unterscheiden. Das Steuerwerk des Mikroprozessors liefert nach einem durch ein Programm vorgegebenen Ablauf Steuersignale in festgelegter zeitlicher Reihenfolge an das Rechenwerk, an die anderen Komponenten des Prozessors und über die Prozessoranschlüsse auch an alle externen Komponenten des Mikroprozessor-Systems. Von einigen internen und externen Komponenten treffen Meldesignale ein, die vom Steuerwerk zu Entscheidungen über den weiteren Ablauf herangezogen werden. Dazu gehören insbesondere Programmverzweigungen und -unterbrechungen. Ein Programm für den Mikroprozessor besteht aus einer Folge von Maschinenbefehlen (Makrobefehle). Diese werden vom Steuerwerk sukzessiv in den Prozessor geladen. (Auf den Aufbau der Makrobefehle gehen wir in Abschnitt 6.2 ausführlich ein.) Generell geschieht die Befehlsbearbeitung[1] in verschiedenen Phasen, die in Abb. 5.2 gezeigt werden.

- In der **Holphase** (*Fetch Cycle*) werden die Maschinenbefehle vom Steuerwerk ins Befehlsregister geladen. Genauer gesagt, wird von jedem Maschinenbefehl der Teil übernommen, der die gewünschte Operation und die dazu benötigten Prozessorkomponenten spezifiziert. Dieser Befehlsteil wird Operationscode (*OpCode*) genannt. Das Befehlsregister ist häufig als Block aus mehreren Registern realisiert, da einige Prozessoren Operationscodes besitzen, die sich in der Anzahl der benutzten Wörter unterscheiden. In diesem Fall werden befehlsabhängig ein oder mehrere Register des Blocks belegt.

---

[1] Wir unterscheiden streng zwischen der (vollständigen) Befehlsbearbeitung und der Befehlsausführung, mit der nur die Bearbeitung im Operationswerk bzw. in den Operationswerken gemeint ist

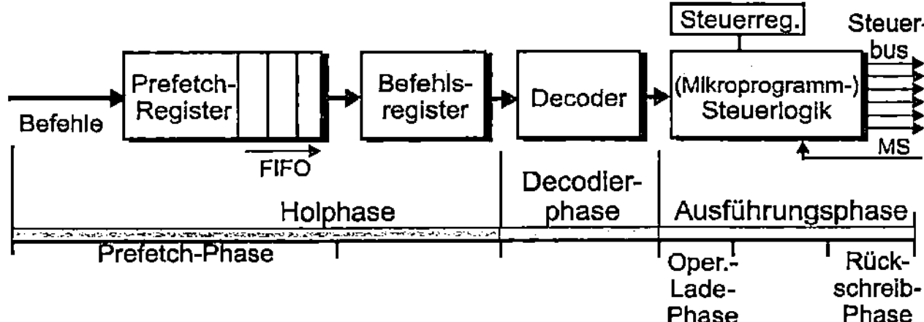

Abb. 5.2: Phasenunterteilung der Befehlsbearbeitung

- Moderne Mikroprozessoren führen eine mit *Opcode Prefetching* bezeichnete Maßnahme zur Steigerung der Verarbeitungsgeschwindigkeit aus, für die eine eigene ***Prefetch*-Phase** eingeführt wird: Während der aktuelle Befehl decodiert oder in anderen Komponenten des Prozessors bearbeitet wird, wird schon einer (oder mehrere) der folgenden Befehle aus dem Speicher in den *Prefetch*-Registerblock geladen. In Abb. 5.3 ist im oberen Teil der zeitliche Signalverlauf (*Timing*) ohne *Prefetching*, im unteren mit *Prefetching* dargestellt. Deutlich wird, dass in diesem Fall die Bandbreite des Systembusses besser genutzt wird. Nachteilig ist jedoch, dass vorzeitig geladene Befehle wieder aus dem *Prefetch*-Register(-block) entfernt werden müssen, wenn sich herausstellt, dass der aktuell ausgeführte Befehl zu einer Programmverzweigung führt.

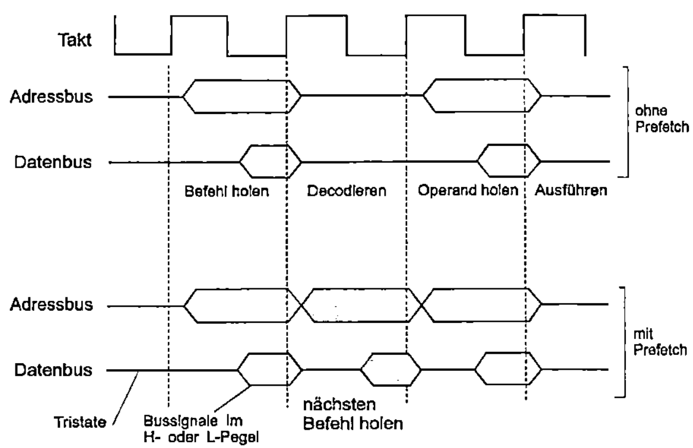

Abb. 5.3: Zeitlicher Ablauf des Befehls-*Prefetchings*

Im einfachsten Fall besitzt der Prefetch-Registerblock genau einen Eintrag. Viele Prozessoren besitzen einen ganzen Block von Registern, der als Warteschlange (*Opcode Prefetch Queue*) realisiert ist, bei welcher der aktuell zu bearbeitende Befehl am Ende ausgelesen wird, jeder andere Befehl darin um eine Position weiterrückt und am Anfang ein neuer Befehl eingetragen wird[1]. Die Befehle werden also immer in der Reihenfolge abgearbeitet, mit der sie in die Schlange eintreten. Deshalb spricht man von einem FIFO-Speicher (*First in, First out*). (Dieser ist aus Schieberegistern relativ einfach aufzubauen.)

---

[1] Der *Prefetch*-Zugriff auf den Systembus zum Laden neuer Befehle hatte bei den älteren µP-Typen stets eine geringere Priorität als die zur Ausführung des aktuellen Befehls erforderlichen Buszugriffe. Bei den modernen universellen Prozessoren wird durch eine höhere Priorität dafür gesorgt, dass die Warteschlange stets gefüllt und der µP somit nicht unbeschäftigt (*idle*) ist

- In der folgenden **Decodierphase** (*Decode Cycle*) wird durch den Befehlsdecod(ier)er (*Instruction Unit* – IU) der Befehl entschlüsselt („interpretiert"), d.h., es wird insbesondere festgestellt, um welche Befehlsgruppe es sich handelt, welche Prozessorkomponente für die Ausführung zuständig ist, ob und welche Operanden benötigt werden.

- Je nach Implementierung können in der Decodierphase auch bereits die Operanden geladen werden. In diesem Fall ist die **Operanden-Ladephase** (*Operand Fetch Cycle*) nach Abb. 5.2 eine Teilphase der Decodierphase und nicht der folgenden Ausführungsphase.

- In der **Ausführungsphase** (*Execution Cycle*) wird die eigentliche „Nutzleistung" erbracht, wie sie von den Befehlen verlangt wird. Überwacht und angeleitet durch die Steuerlogik, werden die Befehle durch die vom Decoder bestimmten Prozessorkomponenten „ausgeführt". Dazu generiert die Steuerlogik die erforderlichen Steuersignale, die über den Steuerbus die gewünschte Komponente erreichen. Durch Meldesignale (MS, s. Abb. 5.2) können die Komponenten dem Steuerwerk Zustandsinformationen liefern und dadurch Einfluss auf die Befehlsausführung nehmen. Durch die Ablage bestimmter Informationen („Programmierung") im Steuerregister kann ebenfalls die grundlegende Arbeitsweise der Steuerlogik beeinflusst werden. Typische Vorgaben sind z.B., ob Unterbrechungsanforderungen zugelassen werden sollen (*Interrupt Enable Flag*, vgl. Abschnitt 5.3) oder ob der Prozessor im Benutzer- oder Betriebssystemmodus (*User/Supervisor Mode*) arbeitet. Im einfachen Prozessor nach Abb. 5.1 geschieht die Befehlsausführung durch das Operationswerk bzw. Rechenwerk. Moderne Hochleistungsprozessoren verfügen über weitere Ausführungseinheiten (*Execution Units*).

- Zum Ende der Ausführungsphase werden die berechneten Ergebnisse in die Register oder in den Arbeitsspeicher zurückgeschrieben. Zur Erleichterung der Fließbandverarbeitung (*Pipelining*, vgl. Unterabschnitt 5.2.3) wird bei modernen Mikroprozessoren die Abspeicherung der Ergebnisse im Registersatz in einer getrennten Phase, der **Rückschreibphase** (*Write-Back Phase*), durchgeführt.

Wie im Abschnitt 1.1 erwähnt, ist die Steuerung moderner Hochleistungs-Prozessoren überwiegend aus fest verdrahteter Logik (*Hard-wired Logic*) realisiert; die Steuerlogik einfacher Mikroprozessoren, insbesondere auch von Mikrocontrollern, besteht zum großen Teil aber (immer noch) aus Mikroprogramm-Steuerwerken (MPStW). Den Aufbau eines einfachen Mikroprogramm-Steuerwerks beschreiben wir im Anhang A.7.

5.2.4 Fließbandverarbeitung

Eine Erhöhung der Arbeitsgeschwindigkeit des Prozessors erreicht man – außer durch eine Erhöhung der Frequenz des Systemtaktes – dadurch, dass möglichst viele der beschriebenen Komponenten gleichzeitig, nach Art einer Fließbandfertigung verschiedene Programmbefehle bearbeiten. Diese Arbeitsweise wird *Pipelining* genannt. So kann z.B. während der Abarbeitung einer Operation im Rechenwerk das Adresswerk bereits die Operandenadresse des nächsten Befehls berechnen und der Decoder des Steuerwerks bereits den übernächsten Befehl interpretieren. Schon beim Motorola MC68040, einem CISC-Prozessor aus dem Jahre 1989, konnten z.B. bis zu 14 Befehle gleichzeitig in mehreren Pipelines verarbeitet werden. Wegen seiner von-Neumann-Architektur (mit einfachem Bussystem) konnte der MC68040 diese Form der Fließbandverarbeitung nicht in jedem Takt durchführen, da er das Bussystem zwischenzeitlich für das Laden der Operanden und das Abspeichern der Ergebnisse benötigte. Durch die im Abschnitt 1.1 beschriebene interne Harvard-Architektur wird dieses Hindernis beseitigt, so dass (wenigstens von der Architektur her) in jedem Takt jeweils auf einen Befehl und einen Operanden getrennt zugegriffen werden kann.

5.2.4.1 Grundprinzip

Das Prinzip der Fließbandverarbeitung ist in Abb. 5.4 gezeigt. Zu jeder Phase (Stufe) der Befehlsverarbeitung, wie sie bereits beschrieben wurde, gehört eine Schaltung, die als Schaltnetz – also ohne Speicherelemente – realisiert ist und die Aufgaben der Stufe ausführt. Vor jedes dieser Schaltnetze ist ein Register (*Latch*) gesetzt, das vom Arbeitstakt des Prozessors gesteuert wird und die beiden Stufen voneinander trennt. Jeder Befehl tritt während seiner Bearbeitung „von links" in dieses lineare Fließband (*Pipeline*) ein, durchläuft sequenziell deren Stufen und verlässt die Pipeline am „rechten" Ende.

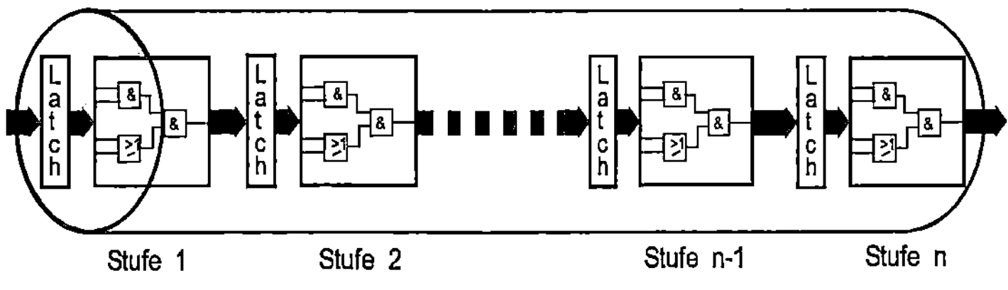

Abb. 5.4: Prinzip einer Pipeline

Dabei findet eine „überlappende" Parallelverarbeitung dadurch statt, dass bereits der nächste Befehl in die Pipeline eingezogen wird, sobald der vorhergehende die erste Stufe frei gemacht hat. Im Idealfall befinden sich bei einer n-stufigen Pipeline n Befehle im Fließband, die gleichzeitig, aber überlappend in verschiedenen Stufen verarbeitet werden. Obwohl also die Bearbeitung jedes Befehls n Takte benötigt, erreicht man durch geeignete Maßnahmen, dass (mit großer Wahrscheinlichkeit) in jedem Taktzyklus ein Befehl beendet wird. Die mittlere Bearbeitungszeit pro Befehl wird damit auf eine Taktperiode reduziert oder – anders ausgedrückt – der mittlere Befehlsdurchsatz um den Faktor n gesteigert.

Die Fließbandverarbeitung der Befehle wurde in weitem Maß zunächst nur bei den RISC-Prozessoren eingesetzt, bei denen die Einfachheit des Befehlssatzes, der Adressierungsarten[1] und Datentypen den Aufbau einer Pipeline wesentlich vereinfachte. Obwohl die genannten Eigenschaften der RISC-Prozessoren dazu führen, dass Maschinenprogramme für diese Prozessoren länger sind und daher mehr Speicherplatz belegen als bei CISC-Prozessoren[2], konnten – durch die Fließbandverarbeitung, und zwar auch ohne Berücksichtigung der dadurch möglichen Erhöhung der Taktfrequenz – diese Programme schneller als entsprechende Programme von CISC-Prozessoren ohne Fließbandverarbeitung berechnet werden.

Erst gegen Ende der 80er Jahre wurde die Fließbandverarbeitung auch bei den CISC-Prozessoren eingeführt, wobei aber längere Pipelines und komplexere Pipelinestufen in Kauf genommen werden mussten.

---

[1] insbesondere die Eigenschaft, dass nur über die Befehle LOAD und STORE auf den Speicher zugegriffen wird

[2] denn jeder komplexe CISC-Befehl mit ausgefeilter Adressierung und strukturierten Operanden muss durch eine Folge von „primitiven" RISC-Befehlen ersetzt werden, die auf einfachen Zahlen wirken und die Adressen dieser Operanden zunächst selbst berechnen müssen

Zur Vereinfachung der Darstellung werden wir im Folgenden die Pipelineverarbeitung in einem RISC-Prozessor mit Harvard-Architektur zugrunde legen und dabei davon ausgehen, dass alle Befehle im internen Programmspeicher und alle Operanden im Registersatz bzw. internen Datenspeicher zur Verfügung stehen. Werden Befehle und Daten nicht in den internen Speichern gefunden, treten ggf. zusätzliche Verzögerungen durch das Nachladen aus externen Speichern auf, die wir hier nicht betrachten wollen.

Kurze Pipelines bestehen aus drei bis fünf Stufen, sehr lange Pipelines besitzen über ein Dutzend Stufen. Die Einzeloperationen, die der Prozessor in jeder Stufe ausführt, variieren von Prozessortyp zu Prozessortyp. Je einfacher diese Operationen sind, desto schneller kann die Pipeline getaktet werden. Komplexere Operationen können dabei auf mehrere hintereinander folgende Pipelinestufen aufgeteilt werden.

Andererseits gibt es auch Prozessoren, bei denen mehrere der beschriebenen Phasen zusammengefasst sind, bei denen z.B. die Befehlshol- und Decodierphase in einem Taktzyklus ausgeführt werden.

Bei den kurzen Pipelines werden beispielsweise die folgenden Stufen unterschieden:

- **3-stufige Pipeline**

  - Holphase (*Instruction Fetch Phase*): Der Befehl wird aus dem Befehlsspeicher ins Befehlsregister geladen.

  - Decodierphase (*Decode Phase*): Der Decoder im Steuerwerk interpretiert den Befehl.

  - Ausführungsphase (*Execution Phase*): Die verlangte (arithmetische oder logische) Operation wird vom Rechenwerk ausgeführt. Das Ergebnis der Operation wird in den Registersatz übertragen (Rückschreiben – *Write Back*).

  Je nach Implementierung werden die für die Operation benötigten Operanden in der Ausführungsphase oder – wohl häufiger – in der Decodierphase geladen.

- **4-stufige Pipeline**

  Diese Pipeline stimmt im Wesentlichen mit der 3-stufigen überein. Die wichtigste Abweichung ist, dass das Abspeichern des Ergebnisses in einer eigenen Rückschreibphase (*Result Write-Back Phase*) durchgeführt wird. Die so entstehende 4-stufige Pipeline besteht also aus den Phasen: Befehl holen, Decodieren, Ausführen, Abspeichern (vgl. Abschnitt 5.2.3).

- **5-stufige Pipeline**

  - Holphase (*Instruction Fetch Phase*): Der Befehl wird aus dem Befehlsspeicher ins Befehlsregister geladen.

  - Decodierphase (*Decode Phase*): Der Decoder im Steuerwerk interpretiert den Befehl. Operanden, die in Registern zur Verfügung stehen, werden geladen. Verzweigungs- und Sprungbefehle sind (frühestens) am Ende dieser Phase abgeschlossen und durchlaufen die weiteren Stufen passiv. Die Pipeline kann ggf. ab der Sprungadresse neu geladen werden.

  - Ausführungsphase (*Execution Phase*): Die verlangte (arithmetische oder logische) Operation wird vom Rechenwerk ausgeführt.

  - Speicherzugriffsphase: In dieser Phase wird durch Load/Store-Befehle auf den internen Datenspeicher zugegriffen. Alle anderen Befehle durchlaufen diese Phase passiv. Die Bearbeitung der Store-Befehle ist mit dieser Phase abgeschlossen. Bei Load-Befehlen folgt eine weitere Phase, die Rückschreibphase[1].

- Rückschreibphase (*Result Write-Back Phase*): Das Ergebnis der Operation wird in einem Register abgelegt. Befehle ohne Abspeicherung eines Ergebnisses durchlaufen diese Phase passiv.

In Tabelle 5.1 ist die Arbeitsweise einer 4-stufigen Pipeline prinzipiell dargestellt. Man sieht, dass (bei dieser vereinfachenden Darstellung und nachdem die Pipeline aufgefüllt ist) in jedem Taktzyklus ein Befehl beendet wird. Leider gibt es nun eine Reihe von Gründen, die diese ideale Arbeitsweise der Pipeline verhindern. Man spricht dabei von **Pipelinehemmnissen** (oder Fließbandkonflikten, *Pipeline Hazards[2]/Conflicts*) und Pipelineverzögerungen (*Pipeline Delay*). Einige von ihnen werden wir nun kurz beschreiben und darstellen, durch welche Hardware- und/oder Softwaremaßnahmen sie ggf. beseitigt werden können. Dabei gehen wir vereinfachend davon aus, dass jeder Befehl in einem einzigen Taktzyklus in die Pipeline geladen werden kann. Insbesondere bei CISC-Prozessoren ist diese Voraussetzung aber oft nicht gegeben, so dass schon beim Laden der Befehle Konflikte auftreten können.

Tabelle 5.1: Arbeitsweise einer 4-stufigen Pipeline

Takt	Befehl holen	Decodieren	Ausführen	Abspeichern
1	Befehl 1	...	...	...
2	Befehl 2	Befehl 1	...	...
3	Befehl 3	Befehl 2	Befehl 1	...
4	Befehl 4	Befehl 3	Befehl 2	Befehl 1
5	Befehl 5	Befehl 4	Befehl 3	Befehl 2
6	...	Befehl 5	Befehl 4	Befehl 3
7	...	...	Befehl 5	Befehl 4
8	...	...	...	Befehl 5

5.2.4.2 Pipelinehemmnisse

Im Wesentlichen gibt es drei Ursachen für das Auftreten von Pipelinehemmnissen.

- Die erste Ursache wird als **Betriebsmittelabhängigkeit** (*Resource Dependency, Structural Dependency[3]*) bezeichnet. Sie tritt immer dann auf, wenn zwei Befehle auf dieselbe, nur einmal vorhandene Komponente des Prozessors gleichzeitig zugreifen wollen. Dabei kann es sich um einen Bus, ein Operationswerk oder aber auch nur ein Register (*Name Dependency*) handeln.

- Die zweite Ursache liegt dann vor, wenn in einem Befehl ein Datum verarbeitet werden soll, das durch die vorausgehenden Befehle noch nicht berechnet wurde. In diesem Fall spricht man von einer **Datenabhängigkeit** (*Data Dependency*).

- Die dritte Ursache tritt im Zusammenhang mit bedingten Verzweigungsbefehlen dann auf, wenn die vorgegebene Bedingung für den Befehl nicht rechtzeitig ausgewertet wird. In diesem Fall spricht man von einer **Kontrollflussabhängigkeit** (*Control Dependency*) oder – vereinfachend – von einer Sprungabhängigkeit.

---

[1] Wird ein Datum nicht im internen Speicher gefunden, muss es ggf. aus dem externen Speicher geladen werden, was zusätzliche Takte benötigt. Darauf gehen wir hier – voraussetzungsgemäß – nicht ein

[2] *Hazard*: Gefahr, Risiko

[3] weitere Bezeichnungen: *Resource Contention* oder *Resource Conflict*

Betriebsmittelabhängigkeiten

Für das Auftreten von Betriebsmittelabhängigkeiten gibt es eine ganze Reihe von Möglichkeiten, von denen wir hier beispielhaft nur zwei beschreiben wollen.

- In der Regel arbeitet der Prozessor mit einer erheblich kleineren Zykluszeit als der extern angeschlossene Speicher. Immer dann, wenn ein Datum nicht im internen Speicher gefunden wird und deshalb aus dem externen Speicher geholt werden muss, werden mehrere Taktzyklen für den Speicherzugriff benötigt. Bei einigen Prozessoren erlaubt die Organisation der Pipeline und des Prozessors nicht die Parallelbearbeitung (*Overlapping*) eines Speicherzugriffs mit einem anderen Befehl. Deshalb muss die Pipeline um wenigstens einen Takt angehalten werden (*Hardware Interlocking*), bis der Speicher das geforderte Datum bereitgestellt hat[1]. In Tabelle 5.2 ist z.B. ein Prozessor angenommen, der nur über ein einziges Bussystem und einen gemeinsamen externen Speicher zum Abspeichern von Daten und Befehlen verfügt.

Tabelle 5.2: Hardware Interlocking

Takt	Befehl holen	Decodieren	Ausführen	Abspeichern
1	Befehl 1	.....		
2	LOAD	Befehl 1	...	...
3	Befehl 2	LOAD	Befehl 1	...
...	xxx	Befehl 2	LOAD	Befehl 1
...	xxx	Befehl 2	LOAD	------
4	Befehl 3	Befehl 2	LOAD	------
5	Befehl 4	Befehl 3	Befehl 2	LOAD
6	Befehl 5	Befehl 4	Befehl 3	Befehl 2
7	Befehl 6	Befehl 5	Befehl 4	Befehl 3

Daher kann nicht gleichzeitig der Operand und ein neuer Befehl geladen werden (*Structural Hazard*). Im Beispiel ist unterstellt, dass der Zugriff auf den Operanden im externen Speicher insgesamt drei Taktzyklen benötigt.

- Ein weiteres Beispiel für Betriebsmittelabhängigkeiten kann z.B. in Prozessoren auftreten, die Operationswerke mit unabhängigen Pipelines unterschiedlicher Länge besitzen und auf demselben Registersatz arbeiten, z.B. zwei getrennte Rechenwerke für ganze und gebrochene Zahlen. Man betrachte dazu zwei Befehle, die unabhängig voneinander ihre Operationen ausführen. Beide Befehle benutzen dabei dasselbe Ausgaberegister. Läuft nun der zweite Befehl durch die kürzere Pipeline, der erste durch die längere, so kann der zweite vor dem ersten beendet werden. Das bedeutet, dass entgegen der Programmvorgabe, der Ausgaberegisterwert des zweiten Befehls durch den ersten Befehl überschrieben wird. Diese Form der Betriebsmittelabhängigkeit nennt man Registerabhängigkeit (*Name Dependency*). Wegen der beiden Schreiboperationen wird dieses Pipelinehemmnis aber auch als *Write-after-Write Hazard* (WaW) bezeichnet. Auch hier kann die Abhängigkeit durch Anhalten der kürzeren Pipeline (*Hardware Interlocking*) aufgelöst werden. Eine andere Möglichkeit (für Compiler oder Programmierer) besteht darin, für den zweiten Befehl ein anderes Ausgaberegister auszuwählen.

---

[1] Der Systemtakt läuft natürlich weiter

Datenabhängigkeiten

Im Folgenden nehmen wir wieder vereinfachend an, dass die Daten bereits im internen Speicher liegen und in einem Takt von dort geladen werden können, so dass keine (zusätzliche) Verzögerung durch den Zugriff auf den externen Speicher auftritt und die Adressen von Operanden oder Sprungzielen bereits nach der Decodierphase zur Verfügung stehen.

- Selbst bei einem RISC-Prozessor mit Harvard-Architektur, also mit getrenntem Daten- und Befehlsspeicher, ist es in der Regel so, dass das durch einen LOAD-Befehl in einem Zyklus aus dem Speicher eingelesene Datum zu spät zur Verfügung steht, um noch im folgenden Befehl verarbeitet zu werden. In diesem Fall spricht man von einer (echten) **Datenabhängigkeit** (*True Data Dependency, Data Hazard*) der Befehle. In der Befehlsfolge

1. LOAD <Adresse>,R1 ; R1:=(<Adresse>)
2. ADD R1,R2,R3 ; R3:=R1+R2
3. SUB R4,R5,R6 ; R6:=R4–R5
4. MULT R7,R8,R9 ; R9:=R8*R7

ist in der Ausführungsphase des zweiten Befehls ADD der neue Wert von R1 noch nicht aus dem Speicher ermittelt (s. Tabelle 5.3). Dieser könnte frühestens zum MULT-Befehl in der Decodierphase aus dem Registersatz entnommen werden.

Tabelle 5.3: Datenabhängigkeit beim LOAD-Befehl

Takt	Befehl holen	Decodieren	Ausführen	Abspeichern
1	LOAD	...	...	...
2	ADD	LOAD	...	...
3	SUB	ADD	LOAD ↓ (Bypass)	...
4	MULT	SUB	ADD	LOAD
5	Befehl 1	MULT	SUB	ADD
6	...	Befehl 1	MULT	SUB
7	...	...	Befehl 1	MULT

Auch hier kann durch die oben beschriebene Methode des *Hardware Interlockings*, also des Anhaltens der Pipeline, vermieden werden, dass der ADD-Befehl noch mit dem alten Wert des Registers R1 ausgeführt wird. Eine zweite Hardwarelösung für dieses Problem besteht im Einsatz eines sog. *Bypass Bus*: Das aus dem Speicher geholte Datum wird gleichzeitig mit der Übertragung in den Registersatz auch zum Rechenwerk gegeben und kann dort zeitgerecht vom ADD-Befehl verarbeitet werden. Man spricht hier vom *Load Forwarding* oder – missverständlicher – vom verzögerten Laden (*Delayed Load*).

Neben diesen Hardwarelösungen existieren auch zwei Softwarelösungen: Hat ein Compiler die Datenabhängigkeit zwischen den Befehlen festgestellt, so kann er im einfachsten Fall zwischen den betroffenen Befehlen so viele NOP-Befehle[1] (*No Operation*) einfügen, bis das gewünschte Datum aus dem Cache im Registersatz abgelegt wurde und für den ADD-Befehl in der Decodierstufe zur Verfügung steht (also im dargestellten Fall zwei NOP-Befehle, s. Tabelle 5.4).

---

[1] Jeder µP verfügt über diesen Befehl, der nur Speicherplatz und Rechenzeit benötigt, aber keine Operation ausführt

Tabelle 5.4: Einfügen von NOPs

Takt	Befehl holen	Decodieren	Ausführen	Abspeichern
1	LOAD	...	...	...
2	NOP	LOAD	...	...
3	NOP	NOP	LOAD	...
4	ADD	NOP	NOP	LOAD
5	SUB	ADD	NOP	NOP
6	MULT	SUB	ADD	NOP
7	Befehl 1	MULT	SUB	ADD

Hingegen untersuchen optimierende Compiler die Befehlsfolge auf Befehle, die zu den kritischen Befehlen in keiner Datenabhängigkeit stehen und platzieren diese zwischen die beiden kritischen Befehle. In unserer Befehlsfolge können dies z.B. der dritte und vierte Befehl SUB bzw. MULT sein (Tabelle 5.5).

Tabelle 5.5: Umplatzieren von Befehlen

Takt	Befehl holen	Decodieren	Ausführen	Abspeichern
1	LOAD	...	...	...
2	SUB	LOAD	...	...
3	MULT	SUB	LOAD	...
4	ADD	MULT	SUB	LOAD
5	Befehl 1	ADD	MULT	SUB
6	...	Befehl 1	ADD	MULT

- Eine andere Form der Datenabhängigkeit liegt dann vor, wenn das Ergebnis einer Operation von einem folgenden Befehl als Eingabewert benötigt wird:

1.   ADD   R1,R2,R3   ; R3:=R1+R2
2.   SUB   R3,R4,R5   ; R5:=R3–R4

Auch hier kann die beschriebene Methode des *Hardware Interlockings* verhindern, dass der SUB-Befehl noch mit dem alten Wert des Registers R3 ausgeführt wird. Diese Form eines Pipelinehemmnisses wird – wegen des Schreibzugriffs mit nachfolgendem Lesezugriff *Read-after-Write Hazard* (RaW) bezeichnet. Auch zu diesem Problem existiert eine weitere Hardwarelösung: Über einen zweiten Bypass-Bus kann das Ergebnis der Operation ADD auf den Eingang des Rechenwerks zurückgekoppelt und dort bereits verarbeitet werden, wenn es noch nicht im Registersatz abgelegt ist (s. Tabelle 5.6).

Tabelle 5.6: Datenabhängigkeit bei anderen Befehlen

Takt	Befehl holen	Decodieren	Ausführen	Abspeichern
1	ADD	...	...	...
3	SUB	ADD	...	...
2	Befehl 1	SUB	ADD (Bypass)	...
4	Befehl 2	Befehl 1	SUB	ADD
5	Befehl 3	Befehl 2	Befehl 1	SUB
6	...	Befehl 3	Befehl 2	Befehl 1

Die Softwarelösung für dieses Problem entspricht der des eben beschriebenen verzögerten Ladens: Zwischen die Befehle, unter denen die Datenabhängigkeit besteht, werden entweder NOP-

Befehle eingefügt, oder es werden durch den optimierenden Compiler andere Befehle der Befehlsfolge ohne Datenabhängigkeit dorthin platziert.

Kontrollflussabhängigkeiten (Sprungabhängigkeiten)

Eine weitere Schwierigkeit tritt in Verbindung mit (bedingten) Verzweigungen auf, bei denen die Bedingung erfüllt ist und somit der Programmfluss unterbrochen und an einer anderen Stelle des Programms fortgesetzt wird. Frühestens nach Auswertung des Statusregisters am Ende der Decodierphase steht fest, ob dieser Fall vorliegt.[1] In der Ausführungsphase wird danach die Adresse des Verzweigungsziels berechnet, ab der die Pipeline neu gefüllt werden muss. In der Rückschreibphase wird diese Adresse in den Programmzähler übertragen. In den vorausgehenden Stufen[2] der Pipeline befinden sich jedoch zu diesem Zeitpunkt bereits ein oder mehrere Befehle, die im Programm hinter dem Verzweigungsbefehl folgen. Im folgenden Beispiel (s. Tabelle 5.7) werden so noch die Befehle ADD, CLR und DEC ausgeführt, bevor die Verzweigung zur Ziel-Programmstelle (*Label*) wirksam wird.

```
1.      MULT    R7,R8,R9        ; R9:=R8*R7
2.      ADC     R4,R5,R4        ; R4:=R4+R5+C
3.      SLR     R0              ; R0:=R0/2
4.      BEQ     Label           ; PC:=<Adresse>
5.      ADD     R1,R2,R3        ; R3:=R1+R2
6.      CLR     R4              ; R4:=0
7.      DEC     R0              ; R0:=R0–1

Label:
8.      SUB     R4,R5,R6        ; R6:=R4–R5
9.      SLL     R0              ; R0:=R0 links verschoben
```

- Die einfachste Möglichkeit, dieses Problem zu lösen, besteht darin, die unnötigerweise geladenen Befehle vor dem Einlagern des angesprungenen Befehls aus der Pipeline zu entfernen (*Pipeline Flushing*). Jedoch ist diese Methode mit Leistungsverlusten verbunden, da die bereits erfolgte Teilverarbeitung der entfernten Befehle nutzlos war.

- Zur Lösung des letztgenannten Problems kann der Compiler wiederum eine ausreichende Anzahl von NOP-Befehlen hinter jeden Verzweigungsbefehl platzieren. (Im Beispiel oben reichen zwei NOPs. Bei vielen RISC-Prozessoren ist die Pipeline so organisiert, dass lediglich ein NOP-Befehl hinter dem Verzweigungsbefehl platziert werden muss.) Diese Form der Durchführung von bedingten Verzweigungen wird als verzögerte Verzweigung bezeichnet (*Delayed Branch*), da der Prozessor zunächst noch einen oder mehrere Befehle ausführt, bevor er zur neuen Programmadresse springt. Die Positionen hinter den Verzweigungsbefehlen werden *Branch Delay Slots* genannt.

---

[1] Bei vielen Prozessoren wird das Statusregister in der Decodierphase gelesen und erst in der Ausführungsphase ausgewertet. Es sei davon ausgegangen, dass der Befehl, der die Verzweigungsbedingung ermittelt, weit genug vor dem Verzweigungsbefehl ausgeführt wird, so dass keine zusätzliche Verzögerung auftritt

[2] In unserer Beispiel-Pipeline ist das nur die Holphase

Tabelle 5.7: Verzögerte Ausführung des Sprungbefehls

Takt	Befehl holen	Decodieren	Ausführen	Abspeichern
1	MULT			
2	ADC	MULT	...	...
3	SLR	ADC	MULT	
4	BEQ	SLR	ADC	MULT
5	ADD	BEQ	SLR	ADC
6	CLR	ADD	BEQ	SLR
7	DEC	CLR	ADD	BEQ
8	SUB	DEC	CLR	ADD
9	SLL	SUB	DEC	CLR
10	....	SLL	SUB	DEC
11	....	....	SLL	SUB

Optimierende Compiler versuchen, die NOPs durch Befehle zu ersetzen, die keine Auswirkung auf die Sprungentscheidung haben und unabhängig von dieser auf jeden Fall ausgeführt werden müssen. In der folgenden Befehlsfolge (vgl. auch Tabelle 5.8) sind dies die Befehle ADC, MULT und SLR. Untersuchungen haben gezeigt, dass dies in über 90% aller Fälle möglich ist. Durch die Umstellung geht keine Zeit verloren, und die Pipeline ist ununterbrochen mit der sinnvollen Bearbeitung von Befehlen beschäftigt.

```
1.      BEQ    Label        ; PC:=<Adresse>
2.      MULT   R7,R8,R9     ; R9:=R8*R7
3.      ADC    R4,R5,R4     ; R4:=R4+R5+C
4.      SLR    R0           ; R0:= R0/2
5.      CLR    R4           ; R4:=0
6.      ADD    R1,R2,R3     ; R3:=R1+R2

Label:
7.      SUB    R4,R5,R6     ; R6:=R4–R5
8.      AND    R1,R3,R2     ; R2:=R1+R3
```

Auftretende Verzögerungen in der Befehlsverarbeitung, die auf die beschriebene Eigenschaft der Verzweigungsbefehle zurückzuführen sind, werden als „Strafen" (*Branch Penalties*) bezeichnet. Auf Möglichkeiten, diese Strafen zu minimieren, können wir im Rahmen dieses Buches nicht näher eingehen.

Tabelle 5.8: Umplatzierung der Befehle

Takt	Befehl holen	Decodieren	Ausführen	Abspeichern
1	BEQ	...	...	...
2	MULT	BEQ	...	...
3	ADC	MULT	BEQ	...
4	SLR	ADC	MULT	BEQ
5	SUB	SLR	ADC	MULT
6	AND	SUB	SLR	ADC
8	...	AND	SUB	SLR
9	...	...	AND	SUB

Bei einigen Prozessoren, insbesondere DSPs, kann der Programmierer für jeden Verzweigungsbefehl individuell festlegen, ob er nach der ersten oben gezeigten Variante, also mit Leeren (*Flushing*) der Pipeline, oder nach der zweiten Variante als verzögerte Verzweigung ausgeführt werden soll. Dazu kann er z.B. im Assemblerbefehl die Erweiterung „...(db)" (*Delayed Branch*) angeben.

Zum Abschluss dieses Unterabschnitts sei noch angemerkt, dass der Effekt der „verzögerten" Ausführung nicht nur bei Verzweigungsbefehlen, sondern auch bei anderen Befehlen auftritt, die den Programmfluss ändern, also z.B. den Unterprogrammaufrufen (CALL, JSR, BSR) und den Rücksprüngen aus Unterprogrammen und Unterbrechungs-Behandlungsroutinen (RTS, RTI). Auch hier können die oben beschriebenen Maßnahmen eingesetzt werden.

5.2.5   Steuerwerk eines DSPs

5.2.5.1   Programm-Ablaufsteuerung

In Abb. 5.5 ist der typische Aufbau des Steuerwerks eines DSPs skizziert. Zentrale Komponente ist die Befehlsablaufsteuerung mit Befehlsregister und Befehlszähler (Programmzähler – PC), wie sie im Abschnitt 5.1.1 bereits für (einfache) universelle Mikroprozessoren beschrieben wurde. Aus Geschwindigkeitsgründen sind DSPs in der Regel nicht mikroprogrammiert, sondern in direkter Logik („festverdrahtet") realisiert, und die Befehle werden in einem sehr kurzen „Fließband" (Pipeline) mit nur zwei bis drei Stufen abgearbeitet.

In der Abbildung ist dargestellt, dass die von der Ablaufsteuerung erzeugte Befehlsadresse über den Programm-Adressbus (PAB) an den internen Programmspeicher übergeben und der selektierte Befehl über den Programm-Datenbus (PDB) ins Befehlsregister transportiert wird.

Eng mit der Ablaufsteuerung verbunden ist die Interrupt-Steuerung, die beim Auftreten einer Unterbrechungsanforderung (IRQ, NMI, vgl. Abschnitt 5.3) für den Aufruf der geeigneten Behandlungsroutine sorgen muss. Sie überträgt (in der Regel) die Startadresse der Routine in den Programmzähler.

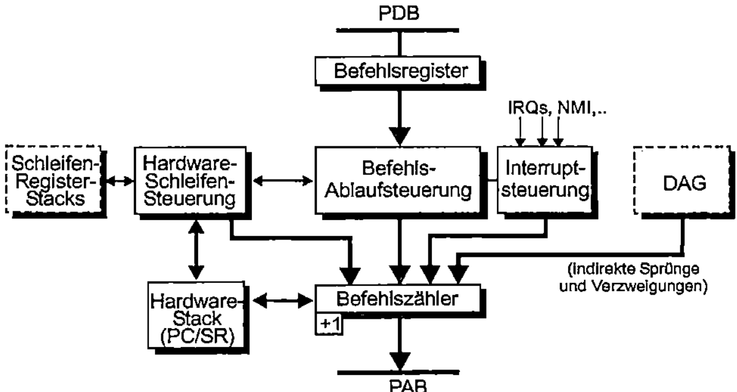

Abb. 5.5: Aufbau eines DSP-Steuerwerks

Die Startadressen der Routinen für alle möglichen (internen wie externen) Interrupt-Quellen des DSPs liegen typischerweise im unteren Adressbereich des Programmspeichers, ab der Adresse 0 (vgl. Abschnitt 5.3). Der Abstand zwischen ihnen umfasst typischerweise einige wenige, z.B.

vier Adressen. Sehr kurze Routinen zur Unterbrechungsbehandlung können unter diesen Adressen abgelegt werden, wobei der letzte Befehl ein Rücksprung-Befehl ins unterbrochene Programm (*Return from Interrupt* – RTI) sein muss. Bei längeren Routinen kann dort nur der Beginn der Routine gespeichert werden und der letzte Befehl muss ein Sprungbefehl zum Rest der Routine (an einer beliebigen Position im Programmspeicher) sein.

Ein weiterer Unterschied zu den (meisten) universellen Prozessoren besteht darin, dass DSPs gewöhnlich über einen kleinen Pufferspeicher verfügen, der auf dem Prozessorchip selbst untergebracht ist und nur wenige, bis zu 32 Einträge umfasst. Er nimmt bei Unterprogrammaufrufen und Unterbrechungsbehandlungen den aktuellen Programmzählerwert (PC) und den Inhalt des Statusregisters (SR) auf. Wegen dieser Funktion wird er – in Analogie zu dem besonderen Speicherbereich, der im Unterabschnitt 5.4.2 beschrieben wird – als (**Hardware-**)*Stack* bezeichnet. Beide Werte werden dabei zur Beschleunigung des Kontextwechsels gleichzeitig und gemeinsam in einem Stack-Eintrag gespeichert. Bei der Ausführung eines Rücksprungbefehls aus einer Unterroutine (*Return from Subroutine* – RTS) bzw. einer Unterbrechungsroutine (*Return from Interrupt* – RTI) werden gleichzeitig die jeweils zuletzt gespeicherte Rücksprungadresse in den Befehlszähler und der zugehörige Statuswert ins Statusregister übertragen. Nachteilig ist, dass der Füllzustand des Stacks meist nicht durch die Hardware überwacht wird, sondern vom Programmierer selbst berücksichtigt werden muss. Dadurch besteht die Gefahr, dass durch einen Programmierfehler der Stack „überläuft" und der Prozessor „zum Absturz" gebracht werden kann. Wird die gesamte Tiefe des Stacks vom Programm benötigt, so muss bei Bedarf der Inhalt des Stacks im Arbeitsspeicher unter Programmkontrolle gerettet und von dort wieder restauriert werden.

Üblicherweise erlauben DSPs auch die Ausführung von indirekten Sprüngen oder Verzweigungen. In diesem Fall wird die Zieladresse von einem der Daten-Adressgeneratoren (DAG, vgl. Abschnitt 5.4) erzeugt und in einem seiner Register zur Verfügung gestellt. Bei der Ausführung dieser Befehle überträgt der DAG den Inhalt des DAG-Registers in den Befehlszähler, und das Programm wird an der so vorgegebenen Stelle fortgesetzt.

Die letzte Komponente des Steuerwerks, die den Programmzähler verändern kann, ist in der Abbildung mit Hardware-Schleifensteuerung bezeichnet. Sie ermöglicht es, die in DSP-Anwendungen häufig auftretenden Schleifen[1] (fast) ohne zusätzlichen Befehlsaufwand und damit (fast) so schnell wie eine lineare Befehlsfolge abzuarbeiten *(Zero-Overhead Loop)*. Wegen ihrer Bedeutung für die enorme Rechenleistung der DSPs behandeln wir die Hardware-Schleifensteuerung im folgenden eigenen Unterabschnitt[2].

5.2.5.2 Hardwareschleifen

Durch Software verwaltete Schleifen benötigen eine relativ lange Ausführungszeit, da für das In- bzw. Dekrementieren des Schleiferzählers, die Überprüfung der Schleifenbedingung sowie die notwendige Verzweigung zum Schleifenanfang zusätzliche Befehle ausgeführt werden müssen. Dieser zusätzliche Aufwand fällt natürlich besonders bei sehr kurzen Schleifen, deren Schleifenkörper vielleicht nur einen oder wenige Befehle umfasst, sehr stark ins Gewicht. Moderne Signalprozessoren – z.T. aber auch universelle Prozessoren – verfügen daher über eine

---

[1] z.B. zur Berechnung der beschriebenen Summen von Produkten (*Sum of Products*)
[2] Hardwareschleifen findet man vermehrt auch in den modernen universellen Mikroprozessoren

Schleifen-Steuereinheit, die es ermöglicht, Programmschleifen mit einem minimalen Software-aufwand zu durchlaufen. Vereinfachend sprechen wir in diesem Zusammenhang von Hardware-schleifen (s. dazu Abb. 5.6).

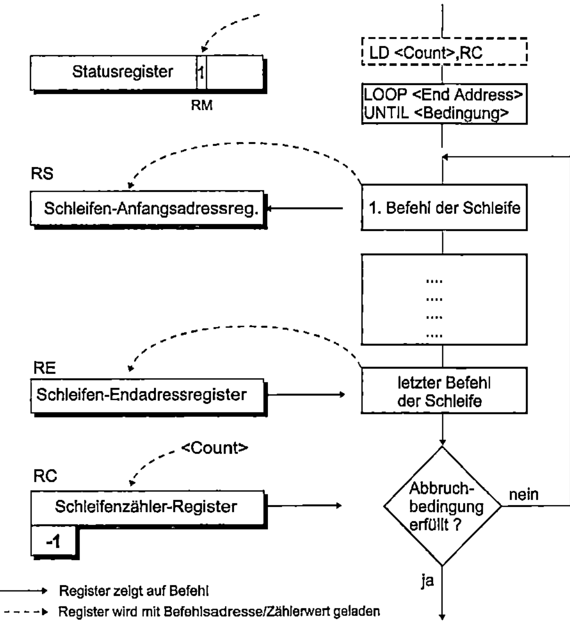

Abb. 5.6: Abarbeitung einer Hardwareschleife

Meist werden nur ein oder zwei zusätzliche Befehle benötigt, die vor dem Eintritt in die Hard-wareschleife die Steuereinheit initialisieren. Nach dem Dekodieren dieser Befehle wird die in ihnen angegebene Befehlsadresse als Schleifen-Endadresse in ein spezielles Register der Steu-ereinheit, das Schleifen-Endadressregister, geschrieben.[1] Der inzwischen inkrementierte Inhalt des Programmzählers zeigt auf den ersten Befehl des Schleifenkörpers und wird als Schleifen-Anfangsadresse in ein weiteres Register, das Schleifen-Anfangsadressregister, geladen. Wäh-rend die zur Schleife gehörenden Befehle sequenziell ausgeführt werden, vergleicht die Steuer-einheit im Hintergrund den Inhalt des Programmzählers mit der gespeicherten Schleifen-End-adresse. Beim Erreichen des Schleifen-Endes wird die Schleifenabbruchbedingung überprüft.

Dabei existieren zwei Arten von Abbruchbedingungen: Die eine wird durch den „Ablauf" ei-nes Zählers vorgegeben, die andere ergibt sich erst aus der Ausführung der Befehle des Schlei-fenkörpers. Beiden Fällen gemeinsam ist, dass die im Folgenden beschriebenen Operationen durch die Hardware der Steuereinheit ausgeführt werden und dadurch das Rechenwerk des Pro-zessors erheblich entlastet wird.

- Durch die erstgenannte Art der Abbruchbedingung werden Zählschleifen realisiert. Bei ihnen wird der Schleifensteuerung durch einen vor Beginn der Schleife ausgeführten Befehl (in der Abb.: LD <Count>,RC) die Anzahl der Wiederholungen mitgeteilt und im Schleifenzähler-Register abgelegt. Nach jedem Durchlauf durch den Schleifenkörper erniedrigt die Hardware

---

[1] Je nach Prozessor kann die Endadresse die Adresse des letzten Befehls im Schleifenkörper oder aber die Adresse des ersten Befehls nach der Schleife sein

den Schleifenzähler um 1. Erreicht er seinen vorgegebenen Endwert (meist den Wert 0), so wird die Schleife verlassen. Anderenfalls wird erneut die Schleifen-Anfangsadresse in den Programmzähler geladen und der Schleifenkörper ein weiteres Mal durchlaufen. Im zweiten Befehl zur Initialisierung der Schleifensteuerung (s. Abb. 5.6) wird in diesem Fall z.B. die Abbruchbedingung CE (*Counter Expired* – „Zähler abgelaufen") angegeben.

- Die zweite Art von Abbruchbedingungen wird erst durch die Befehle des Schleifenkörpers „berechnet". Sie wird nach jedem Durchlauf des Schleifenkörpers überprüft. Ist sie nicht erfüllt, wird zum Anfang des Schleifenkörpers zurückgesprungen, sonst wird die Schleife mit dem nachfolgenden Befehl beendet. Als Abbruchbedingungen kommt im Wesentlichen eine Teilmenge der im Unterabschnitt 6.2.4 beschriebenen Bedingungen für die Ausführung von Verzweigungsbefehlen in Frage, die sich aus den Flags des Statusregisters ableiten lassen. Zusätzlich besteht die Möglichkeit, Endlosschleifen durch die Angabe einer nie erfüllten Abbruchbedingung zu erzeugen.[1]

Die Ausführung einer Schleife wird im Statusregister durch ein spezielles Bit RM (*Repeat Mode,* auch: *Loop Flag*) angezeigt, um z.B. einer Unterbrechungsroutine die Möglichkeit zu geben, diese Tatsache geeignet zu berücksichtigen. Das RM-Bit dient aber auch der Schleifensteuerung dazu, geschachtelte Schleifen zu verwalten. Diese liegen dann vor, wenn im Schleifenkörper einer Schleife eine weitere Schleife enthalten ist usw. In der Regel können DSPs bis zu sechs ineinander verschachtelte Schleifen verarbeiten. Da der oben beschriebene Registersatz zur Steuerung der Hardwareschleifen in der Regel nur einmal vorhanden ist, muss er beim Eintritt in die nächste (untergeordnete) Schleife gerettet und nach deren Verlassen wieder restauriert werden. Nach Abb. 5.5 existieren dafür zwei Realisierungsmöglichkeiten:

- Bei der einfacheren Lösung werden diese Register auf dem Hardware-Stack (zusammen mit dem Programmzähler und Statusregister) gerettet. Nachteilig an dieser Lösung ist, dass der Hardware-Stack sehr schnell überlaufen und den Prozessor „zum Absturz" bringen kann.

- Bei der zweiten Lösung besitzt die Schleifensteuerung mehrere zusätzliche kleine Hardware-Stacks, die jeweils der Speicherung für eines der Schleifen(steuer)-Register dienen. In diesem Fall sind diese Register hardwaremäßig oft als oberster Eintrag dieser Stacks realisiert.

Zum Teil verlangen DSPs, dass geschachtelte Schleifen nicht mit demselben Befehl enden, also dieselbe Endadresse haben. In diesem Fall müssen u.U. zusätzliche NOP-Befehle eingefügt werden, um den Schleifen verschiedene Endbefehle zuzuteilen.

Bei universellen Prozessoren zeugt es von einem schlechten Programmierstil, (innere) Schleifen durch einen Sprung vorzeitig zu verlassen. Bei DSPs wird aus Zeitgründen von dieser Lösung häufig Gebrauch gemacht. Einige Prozessoren besitzen dazu einen eigenen Befehl (END-DO), der den vorzeitigen Abbruch einer Schleife bewirkt und dabei die beteiligten Hardware-Stacks automatisch bereinigt, d.h., die nicht mehr gültigen Registereinträge daraus entfernt. Zum Teil kann in diesem Befehl die Anzahl der geschachtelten (inneren) Schleifen vorgegeben werden, die auf einmal beendet werden. Bei Prozessoren, die diesen Befehl nicht kennen, muss der Programmierer selbst für die Bereinigung der Stacks/des Stacks sorgen.

---

[1] Im Befehl wird dazu z.B. die Bedingung „UNTIL Forever" angegeben

5.3 Die Unterbrechungslogik

Während der normalen Bearbeitung eines Programms kann es in einem Mikroprozessor-System immer wieder zu Ausnahmesituationen (*Exceptions*) kommen, die vom Prozessor eine vorübergehende Unterbrechung oder aber einen endgültigen Abbruch des Programms, also in jedem Fall eine Änderung des normalen Programmablaufs verlangen. Diese Ausnahmesituationen können einerseits durch das aktuell ausgeführte Programm selbst herbeigeführt werden, mit diesem also in einem logischen Zusammenhang stehen, andererseits aber auch ohne jegliche Beziehung zum Programm sein. Ursachen sind im ersten Fall das Vorliegen von Fehlern im System oder im Prozessor selbst, im zweiten Fall der Wunsch externer Systemkomponenten, vom Prozessor „bedient" zu werden. Durch einen Abbruch reagiert das System stets auf schwere Fehler, die eine Fortsetzung der Programmausführung verhindern, also z.B. auf Hardwarefehler oder falsche Werte in einer Systemtabelle.

Im Folgenden werden nun die erwähnten Möglichkeiten im Einzelnen dargestellt. Zu jeder wird beschrieben, welche Maßnahmen ergriffen werden, um die Ausnahmesituation zu beenden. Man spricht allgemein von **Ausnahmebehandlung** (*Exception Handling*) oder Ausnahmebearbeitung (*Exception Processing*). Die Ausnahmebehandlung wird von einer Komponente des Steuerwerks ausgeführt bzw. veranlasst, die wir mit dem Begriff Unterbrechungslogik (*Interrupt System*) bezeichnen (s. Abb. 5.1).

Einige Ausnahmesituationen werden nur durch die Hardware des Prozessors behoben. Dazu zählen beispielsweise das unten beschriebene Rücksetzen des Prozessors oder das Wiederholen einer Systembusoperation im Fehlerfall. Die meisten Ausnahmesituationen – insbesondere die, bei denen das Programm lediglich kurzzeitig unterbrochen, nicht aber abgebrochen werden soll – werden durch die Ausführung spezieller Routinen bereinigt. Wir nennen sie Ausnahmebehandlungsroutinen, kurz **Ausnahmeroutinen**. Diese Routinen müssen i.d.R. – wie alle anderen Programme auch – vom Betriebssystem oder dem Anwender selbst zur Verfügung gestellt werden. Die Auswahl und Aktivierung einer bestimmten Routine muss durch die bereits erwähnte Hardwarekomponente im Steuerwerk des Prozessors, die Unterbrechungslogik, wirksam unterstützt werden. Insbesondere müssen alle Aktivitäten aus Zeitgründen möglichst parallel zu den Operationen der übrigen Prozessorkomponenten ablaufen.

5.3.1 Ausnahmeroutinen

Der Aufbau einer Ausnahmeroutine ähnelt stark dem Aufbau eines Unterprogramms. In einem Unterprogramm bringt man gewöhnlich Programmteile unter, die häufiger benutzt werden, aber nur einmal im Speicher abgelegt werden sollen. Ein Unterprogramm kann nur an Stellen im Hauptprogramm (oder einem anderen Unterprogramm) durch spezielle Befehle (*Call Subroutine, Jump to Subroutine*) aufgerufen werden, die während der Programmierung („zur Programmierzeit") festgelegt werden. In diesen Befehlen muss die Startadresse des Unterprogramms angegeben werden. Durch das Steuerwerk wird zunächst der aktuelle Inhalt des Programmzählers und bei einigen Prozessortypen auch der des Statusregisters auf dem Stack[1] abgelegt. Danach wird die im Befehl angegebene Startadresse in den Programmzähler geladen und der Pro-

---

[1] Mit *Stack* bezeichnet man einen besonderen Bereich im Speicher, der zur kurzfristigen Ablage wichtiger Daten benutzt wird. Er wird im Unterabschnitt 5.4.2 genauer beschrieben

grammablauf an der dadurch bezeichneten Speicherstelle fortgesetzt. Die Beendigung des Unterprogramms geschieht durch einen besonderen Befehl (*Return from Subroutine*), durch den der Programmzähler und ggf. auch das Statusregister mit ihren alten Werten aus dem Stack restauriert und das Programm an der Unterbrechungsstelle fortgesetzt werden.

Demgegenüber tritt der Aufruf einer Ausnahmeroutine in einem Programm nicht explizit in Erscheinung. Stattdessen wird er durch ein externes Signal oder das Auftreten einer Fehlerbedingung im Prozessor veranlasst. Dies kann prinzipiell an beliebigen Stellen des Programms, z.B. nach jeder Befehlsausführung, geschehen. Dabei wird die Startadresse der Ausnahmeroutine vom Steuerwerk vorgegebenen Speicherzellen entnommen. Wie bei einem Unterprogrammaufruf wird zunächst der aktuelle Inhalt des Programmzählers auf den Stack gerettet und dann an der durch die Startadresse bezeichneten Stelle im Speicher fortgefahren. Um möglichst rasch auf Unterbrechungsanforderungen reagieren zu können, wird häufig auf die Sicherung des Statusregister-Inhalts verzichtet. Die Beendigung der Ausnahmeroutine geschieht mit Hilfe eines speziellen Befehls (*Return from Interrupt/Exception*), durch den der Programmzähler mit seinem alten, auf dem Stack geretteten Inhalt restauriert und die Programmausführung an der Unterbrechungsstelle fortgesetzt wird.

Genauer betrachtet, kann man bei der Behandlung von vorübergehenden Programmunterbrechungen die folgenden Schritte unterscheiden:

- Feststellen, ob eine interne oder externe Unterbrechungsanforderung vorliegt; bei externen Anforderungen weiterhin feststellen, ob durch das *Interrupt Enable Bit* (IE, vgl. Unterabschnitt 5.3.2) im Steuerregister eine Unterbrechung zugelassen ist[1];

- Zu Ende führen der augenblicklich bearbeiteten Operation, sofern dies sinnvoll ist; dabei kann es sich je nach Situation um einen vollständigen Maschinenbefehl oder aber nur um einen Systembuszugriff handeln;

- Übertragen des Prozessorzustands, also des Inhalts von Programmzähler, Statusregister und eventuell weiterer Register in den (oben erwähnten) Stack;

- Feststellen der Quelle der Unterbrechungsanforderung;

- Informieren der Systemkomponenten über spezielle Leitungen (*Interrupt Acknowledge* – INTA) oder die Prozessor-Statussignale, dass ein Unterbrechungswunsch akzeptiert wurde;

- Deaktivieren bestimmter anderer momentaner Unterbrechungsanforderungen;

- Ermitteln der Startadresse der Ausnahmeroutine für die festgestellte Quelle der Unterbrechungsanforderung und Laden dieser Adresse in den Programmzähler;

- Ausführen der Ausnahmeroutine;
  ....

- Beenden der Ausnahmeroutine durch einen speziellen Befehl (*Return from Interrupt* – RTI, auch: *IRET*);

- Restaurieren der anfänglich gesicherten Registerinhalte, Reaktivierung der zeitweise gesperrten Unterbrechungsanforderungen und Fortsetzung des Programms an der Unterbrechungsstelle, also mit dem unmittelbar auf die Unterbrechungsstelle folgenden Maschinenbefehl.

---

[1] Diese Abfrage entfällt bei den unten beschriebenen „nicht maskierbaren" Unterbrechungen!

Bis auf die (umrahmten) Schritte zur Ausführung und Beendigung der Ausnahmeroutine werden alle diese Schritte durch die Hardware der Interrupt-Logik – und das so weit wie möglich – parallel ausgeführt. Wie die Startadresse der Ausnahmeroutine genau ermittelt wird, wird erst im Anschluss an die folgende Beschreibung der verschiedenen Ausnahmesituationen gezeigt. Außerdem wird zunächst vorausgesetzt, dass zu jedem Zeitpunkt höchstens eine Unterbrechungsanforderung vorliegt. Erst zum Schluss dieses Abschnitts wird gezeigt, wie mehrere gleichzeitig vorliegende Anforderungen bearbeitet werden.

Für die Ausnahmesituationen können sowohl prozessorinterne als auch prozessorexterne Ursachen vorliegen. Prozessorexterne Ursachen treten in der Regel asynchron zum Programmablauf auf und werden durch die Hardware des Systems erzeugt. Hingegen werden fast alle Ausnahmesituationen mit prozessorinternen Ursachen durch das Programm selbst an fest vorgegebenen Stellen ausgelöst. Sie treten also synchron zum Programmablauf auf.

5.3.2 Prozessorexterne Ursachen für Ausnahmesituationen

5.3.2.1 Rücksetzsignale und Fehlermeldungen

RESET

Die einfachste und „wirksamste" Ausnahmesituation liegt vor, wenn der Prozessor in einen definierten Anfangszustand zurückgesetzt wird („Initialisierung"). Dies geschieht durch ein Signal am RESET-Eingang des Steuerwerks, wie es im Unterabschnitt 5.2.1 beschrieben wurde. Im Anhang A.4 werden die Möglichkeiten erwähnt, das Zurücksetzen automatisch beim Einschalten der Betriebsspannung (*POR*) oder durch eine Taste durchzuführen. In beiden Fällen liegt gewöhnlich kein Bezug zu einem laufenden Programm vor.

Andererseits werden in Mikroprozessor-Systemen mit hohen Verfügbarkeitsanforderungen häufig Überwachungsschaltungen (*Watch Dogs*) eingesetzt, die immer dann den Prozessor über den RESET-Eingang neu initialisieren, wenn dieser nicht innerhalb einer maximalen Zeitschranke durch eine genau definierte Aktion gezeigt hat, dass er noch korrekt arbeitet. Durch diese Schaltungen wird also insbesondere erkannt, wenn der Prozessor in einer Endlosschleife festhängt oder – durch eine Störung verursacht – den normalen Programmbereich verlassen hat. In diesem Fall besteht daher ein Zusammenhang zwischen dem auszuführenden Programm und dem Rücksetzen des Prozessors.

Sobald der RESET-Eingang aktiviert wird, bricht der Prozessor alle augenblicklich ausgeführten Operationen und Busaktivitäten ab. Danach setzt er (z.B. durch ein Mikroprogramm) alle bzw. einige Register auf vordefinierte Werte (häufig den Wert 0). Anschließend holt er aus einer vorbestimmten Stelle im (Festwert-)Speicher die Startadresse für das nach dem Rücksetzen zuerst auszuführende Programm. Diese wird in den Programmzähler geladen. Bei diesem Programm handelt es sich meist um eine (Betriebssystem-)Routine, die nun alle Hardware- und Software-Systemkomponenten in die erforderlichen Anfangszustände versetzt. Abschließend wird der Teil des Steuerwerks aktiviert, der für die sequenzielle Ausführung der Maschinenbefehle sorgt.

HALT, HOLD

Im Unterabschnitt 5.2.1 wurde gezeigt, dass einige Mikroprozessoren spezielle Eingänge (HALT, HOLD) besitzen, über die sie in einen Haltezustand versetzt werden können. Das bedeutet, dass der Prozessor nach Abschluss des laufenden Zugriffs auf den Systembus seine Programmbearbeitung unterbricht. Während dieser Zeit werden die Systembus-Ausgänge des Prozessors in den hochohmigen Zustand (*Tristate, Three State*) versetzt. Die beiden Signale HALT bzw. HOLD unterscheiden sich darin, wie lange der Haltezustand des Prozessors andauert: Im ersten Fall dauert der Zustand meist solange, bis er durch ein Rücksetzen des µPs oder eine Unterbrechungsanforderung beendet wird. Im zweiten Fall kann der Prozessor intern vorliegende Befehle und Daten weiter bearbeiten und wird nur dann und solange angehalten, wenn das HOLD-Signal aktiviert ist und der Prozessor auf den Systembus zugreifen will.[1] Während dieser Zeit kann eine andere Systemkomponente den Systembus benutzen. Im Abschnitt 9.3 wird das am Beispiel des direkten Speicherzugriffs (*Direct Memory Access* – DMA), einer Methode zum schnellen Datentransfer zwischen Speicher und Peripheriegerät, beschrieben.

ERROR

Viele Prozessoren besitzen einen Eingang, z.B. BERR (*Bus Error*) genannt, der die Reaktion auf verschiedene prozessorexterne Fehler des Systems erlaubt, die mit dem augenblicklich durchgeführten Zugriff auf den Systembus im Zusammenhang stehen. Dazu gehören insbesondere Paritätsfehler auf dem Datenbus, Zugriffe auf geschützte Datenbereiche oder das Ausbleiben von Quittungssignalen bestimmter Komponenten. Das Vorliegen einer solchen Fehlersituation muss durch eine spezielle externe Schaltung festgestellt und in ein BERR-Signal umgesetzt werden. Solange dieses Signal aktiv ist, geht der Prozessor in den oben beschriebenen Haltezustand. Sobald das Signal zurückgesetzt wird, wird z.B. in Abhängigkeit vom aktuellen Zustand des HALT-Eingangs eine von zwei Ausnahmebehandlungen durchgeführt:

- Die Operation, die zum Fehler führte, wird wiederholt;

- Es wird eine spezielle Routine zur Fehlerbehandlung aufgerufen.

5.3.2.2 Interrupts

Durch periphere Geräte oder Systemsteuerbausteine können – über spezielle Eingänge – asynchron zum Programmablauf Unterbrechungssignale ((*Hardware*) *Interrupts*) an den Prozessor abgegeben werden. Gründe dafür können z.B. das Vorliegen eines Datums in einem Eingabegerät oder eines bestimmten Zustands („Operation ausgeführt", Fehler usw.) sein. Einer Interrupt-Anforderung wird vom Prozessor frühestens nach der vollständigen Beendigung des in Bearbeitung befindlichen Befehls stattgegeben. Die vom Prozessor als Reaktion gestarteten Ausnahmeroutinen werden **Interrupt-Routinen** genannt. Die meisten Mikroprozessoren können über die im Unterabschnitt 5.2.1 beschriebenen Statusinformationen den Systemkomponenten mitteilen, dass sie im Augenblick eine Interrupt-Routine durchführen. Dazu muss der Zustand der Prozessor-Statussignale (z.B. FC2,..,FC0 – *Function Code*) von den Komponenten decodiert werden. Diese Information ist insbesondere für diejenige Komponente wichtig, welche die Unterbrechung angefordert hat.

Das oben beschriebene Retten des Prozessorzustands vor der Ausführung eines Interrupts

---

[1] Einfache Prozessoren ohne internen Programmspeicher werden sofort angehalten

dauert bei zeitkritischen Anwendungen oft unvertretbar lange. Auch bei modernen µPs liegt die Zeit im Bereich einiger Mikrosekunden. Deshalb bieten einige Prozessoren spezielle Befehle an, mit denen sie in einen Zustand versetzt werden können, in dem sie auf den nächsten Interrupt warten. Diese Befehle, meist mit WAI, WAIT (*Wait for Interrupt*) oder SYNC (*Synchronize*) bezeichnet, sorgen teilweise selbst für das vorzeitige Retten des Prozessorzustands im Stack. Bei anderen Prozessortypen muss der Programmierer dies durch Speicherbefehle explizit vornehmen. Nach dem Auftreten des Interrupts muss dann nur noch der Inhalt des Programmzählers ausgetauscht werden. Oft kann der Wartezustand nicht nur durch einen Interrupt verlassen werden, sondern es besteht die Möglichkeit, durch einen weiteren Prozessoreingang oder durch ein kurzes Triggersignal am Interrupt-Eingang das Programm mit dem auf WAIT folgenden Befehl fortzusetzen, ohne eine Interrupt-Routine durchzuführen.[1]

Interrupts können maskierbar oder nicht maskierbar sein. Für beide Typen stehen (meist) getrennte Eingänge zur Verfügung. Der Prozessoreingang für maskierbare Interrupts wird häufig mit INT, INTR bzw. IRQ (*Interrupt Request*), der für nicht maskierbare fast einheitlich mit NMI (*Non-maskable Interrupt*) bezeichnet.

- **Nicht maskierbare Interrupts** (*NMI*) werden nach Abschluss des gerade ausgeführten Befehls unbedingt durchgeführt. Diese Tatsache zeigt schon, dass diese Interrupts nur für wirklich wichtige Ausnahmesituationen reserviert sein sollten. Dazu gehören insbesondere Fehler, welche die Funktionsfähigkeit des Systems ernsthaft gefährden, wie z.B. der Zusammenbruch der Betriebsspannung. In diesem Fall kann die Interrupt-Routine die Aufgabe haben, die aktuellen Registerinhalte in einen (permanenten) Speicher zu retten, eine Not-Spannungsversorgung einzuschalten oder einen Alarm auszulösen. Während der Behandlung einer NMI-Routine wird zunächst durch die Hardware kein weiterer (maskierbarer oder nicht maskierbarer) Interrupt zugelassen. Einige Prozessoren speichern jedoch diese zwischenzeitlich eintreffenden Anforderungen und bearbeiten sie unmittelbar nach Abschluss der aktuellen Interrupt-Routine. Diese Anforderungen können aber durch den Programmierer auch während der NMI-Bearbeitung gezielt zugelassen werden.

- **Maskierbare Interrupts** (IRQ) werden nur dann ausgeführt, wenn im Steuerregister des Prozessors das spezielle IE-Bit (*Interrupt Enable Flag*) gesetzt ist. Beim Initialisieren des Systems (RESET) wird dieses Bit in der Regel zurückgesetzt. Es kann danach vom Entwickler eines Programms aufgabengemäß gesetzt bzw. zurückgesetzt werden.[2] Sobald die Bearbeitung einer maskierbaren Unterbrechungsanforderung beginnt, wird in der Regel das IE-Bit automatisch zurückgesetzt, um weitere maskierbare Interrupts während der aktuellen Ausnahmebehandlung zu verhindern. (NMIs werden natürlich stets akzeptiert.) Jedoch kann der Benutzer durch gezieltes Setzen des Bits selbst bestimmen, in welchem Programmbereich er eine weitere Unterbrechung zulassen will, und dadurch eine Verschachtelung der Unterbrechungsbearbeitungen erreichen (*Interrupt Nesting*). Zum Setzen bzw. Rücksetzen des IE-Bits werden ihm beispielsweise die Befehle SEI (*Set Interrupt Flag*) bzw. CLI (*Clear Interrupt Flag*) zur Verfügung gestellt (vgl. Unterabschnitt 6.2.4). Beim Verlassen der Interrupt-Routine wird das IE-Bit wieder automatisch gesetzt und ermöglicht so die Ausführung der nächsten, eventuell schon anstehenden Unterbrechungsanforderungen.

---

[1] Natürlich darf in dieser Realisierung der Prozessorzustand nicht durch den WAIT-Befehl vorher auf den Stack gerettet werden
[2] Die Zuordnung der Zustände „gesetzt" bzw. „zurückgesetzt" zu den logischen Werten 0 bzw. 1 hängt nur vom Typ des Prozessors ab

5.3.3 Prozessorinterne Ursachen für Ausnahmesituationen

Wie bereits gesagt, treten diese Ursachen fast immer synchron zum Programmablauf auf. Die programmsynchronen, internen Unterbrechungen werden durch Software-Interrupts und *Traps* und *Faults* hervorgerufen.

5.3.3.1 Software-Interrupts

Software-Interrupts werden durch besondere Befehle aufgerufen. Diese Befehle tragen oft die Bezeichnungen SWI n (*Software Interrupt*) oder INT n, wobei die Nummer n die Auswahl unter einer vorgegebenen Menge von Ausnahmeroutinen erlaubt. In ihrer Wirkung entsprechen Software-Interrupts dem Aufruf eines Unterprogramms, dessen Startadresse jedoch an einer bestimmten Speicherstelle festgelegt ist und deshalb nicht im Befehl angegeben werden muss. Gegenüber einem Unterprogrammaufruf besitzen sie daher die Vorteile, dass sie mit weniger Speicherzellen für den Maschinencode auskommen (1- oder 2-Byte-Befehle) und in der Regel den gesamten Prozessorzustand automatisch im Stack (vgl. Unterabschnitt 5.4.2) ablegen. In Betriebssystemen für Mikrorechner werden sie häufig benutzt, um die peripheren Komponenten des Systems anzusprechen. Die von diesen Komponenten benötigten oder ermittelten Parameter werden als Registerinhalte im Stack übergeben.

Software-Interrupts bieten darüber hinaus die Möglichkeit, die Ausnahmeroutinen der Hardware-Interrupts zu Testzwecken ohne externe Stimulierung durchzuführen. Da aber dieser Aufruf synchron zum Programm geschieht, können natürlich nicht alle Situationen getestet werden, die beim entsprechenden Hardwareaufruf vorliegen können.

5.3.3.2 Traps und Faults

Traps („Fallen") sind Ausnahmesituationen, in die der Prozessor nach dem Auftreten bestimmter Ereignisse gerät, die synchron zum Programmablauf auftreten. Diese Ereignisse stehen in direkter Beziehung zu den aktuell ausgeführten Befehlen bzw. Operationen. Sie werden deshalb auch *Instruction Exceptions* genannt. Traps haben in der Mehrzahl prozessorinterne Ursachen; sie können aber auch durch externe Ereignisse hervorgerufen werden, die dem Steuerwerk durch spezielle Signale mitgeteilt werden. Bei ihnen kann es sich um einen Fehler oder einen anderen „anomalen" Prozessorzustand handeln. Sie können einerseits vor, andererseits aber auch nach Ausführung einer Operation eintreten. Ereignisse, die vor der Ausführung auftreten, werden häufig auch *Faults* (Fehler) genannt. In Abhängigkeit von der Art des Ereignisses wird eine spezielle Ausnahmeroutine des Betriebssystems ausgeführt.

- Bei einem *Fault* wird in der Regel die Operation wiederholt, die zur Ausnahmesituation führte. Dazu muss zunächst durch die Ausnahmeroutine die Bedingung beseitigt werden, die zum Auslösen des Faults führte. Die Rücksprungadresse aus der Ausnahmeroutine zeigt in diesem Fall auf den Befehl, der die Ausnahmesituation hervorgerufen hat.

- *Traps* (im engeren Sinne) treten nach der Ausführung eines Befehls auf und führen in der Regel zum Abbruch (*Abort*) dieses Befehls, ohne dass eine Wiederholung versucht wird. In diesem Fall zeigt die Rücksprungadresse aus der Ausnahmeroutine auf den ersten Befehl nach dem Befehl, der die Ausnahmesituation hervorgerufen hat.

Typische Ursachen für Traps sind:

- nach arithmetischen Operationen

    - Division durch 0 (*Division by Zero*): Es wurde versucht, durch Null zu dividieren, oder der Quotient „passt" nicht in das Ergebnisregister.

    - Überlauf (*Overflow*): Das Ergebnis einer arithmetischen Operation verlässt den darstellbaren Zahlenbereich.

    - Bereichsüberschreitungen in Feldern (*Array Bound Check*): Beim Zugriff auf ein Feldelement wurde ein Index berechnet, der die Feldgrenzen über- bzw. unterschreitet.

- ungültiger Befehlscode (*Invalid OpCode*): Das Befehlsregister des Steuerwerks enthält eine Bitkombination, die keinem gültigen Befehl entspricht.

- Aufruf des Betriebssystems (*Supervisor Call Trap*): Aus einem Benutzerprogramm wurde eine Anforderung an das im privilegierten Modus arbeitende Betriebssystem gestellt.

- illegaler Operationsaufruf (*Illegal Operation Trap, Privilege Violation*): Aufruf eines privilegierten Befehls in einem Benutzerprogramm.

- unerlaubter Speicherzugriff (*Access Violation*), z.B.:

    - Überschreiten von Speicherbereichsgrenzen,

    - Verletzung von Zugriffsrechten auf bestimmte Speicherbereiche,

    - Lesen eines Worts von einer ungeraden Speicheradresse (nur bei Prozessoren, die den Zugriff auf ein 16/32-Bit-Wort nur an geraden Speicheradressen erlauben).

- Einzelschritt-Unterbrechung (*Single Step Interrupt, Trace*): Wenn das sog. *Trace Flag* im Steuerregister gesetzt ist, wird nach jeder Ausführung eines Befehls das Programm unterbrochen und eine vorgegebene Routine aufgerufen. Die Fortsetzung des Programms durch ein spezielles Signal, z.B. einem Tastendruck, erlaubt die Ausführung des Programms in kontrollierbaren Einzelschritten, bei der in der Ausnahmeroutine die Registerinhalte des Prozessors dargestellt und u.U. modifiziert werden können.

5.3.4 Festlegung der Startadressen der Ausnahmeroutinen

Die Startadressen der Ausnahmeroutinen werden üblicherweise als **Vektoren** (*Vector*) bezeichnet. Sie werden in einer Tabelle zusammengefasst, die wir verkürzend mit (Ausnahme-)**Vektortabelle** bezeichnen wollen. Im Englischen sind dafür die Begriffe *Exception Vector Table* und (vereinfachend) *Interrupt Vector Table* üblich.

Einfache 8-Bit-Prozessoren bieten meist nur eine eingeschränkte Ausnahmebehandlung. Insbesondere unterstützen sie keine Traps. Die Anzahl der Software-Interrupts ist sehr begrenzt (z.B. auf drei). Aus diesem Grund kommen diese Prozessoren mit einer kleinen Tabelle im Speicher aus, welche die Startadressen der Ausnahmeroutinen enthält. Diese Startadressen werden üblicherweise als **Vektoren** (*Exception Vectors*) bezeichnet. Die Vektortabelle ist meist in einem Festwertspeicher des Mikrorechner-Systems unter den höchstwertigen Adressen abgelegt. Beim Auftreten einer bestimmten Ausnahmesituation lädt das Steuerwerk des Prozessors die Startadresse der zugehörenden Ausnahmeroutine aus der ihr zugeordneten Speicherzelle in den Programmzähler.

Tabelle 5.9 zeigt ein mögliches Beispiel für eine einfache Vektortabelle. Der Prozessor besitze einen 8-Bit-Datenbus und einen 16-Bit-Adressbus, so dass jeder Vektor byteweise in zwei aufeinander folgenden Speicherzellen abgelegt werden muss. (Üblicherweise werden diese Bytes mit H-Byte und L-Byte bezeichnet; H=*high*, L=*low*.)

Tabelle 5.9: Einfache Vektortabelle

Speicheradressen	Ausnahmesituation	
$FFFE - $FFFF	RESET	Rücksetzen
$FFFC - $FFFD	NMI	nicht maskierbarer Interrupt (NMI)
$FFFA - $FFFB	SWI1	Software-Interrupt 1
$FFF8 - $FFF9	IRQ	maskierbarer Interrupt (IRQ)
$FFF6 - $FFF/	FIRQ	schneller maskierbarer Interrupt
$FFF4 - $FFF5	SWI2	Software-Interrupt 2
$FFF2 - $FFF3	SWI3	Software-Interrupt 3
$FFF0 - $FFF1		(reserviert)

Wir müssen hier nur noch den „schnellen" maskierbaren Interrupt erklären. Der FIRQ (*Fast Interrupt Request*) rettet lediglich den Programmzähler und das Statusregister in den Stack. Nur darin unterscheidet er sich vom IRQ, der sämtliche Registerinhalte abspeichert. Dementsprechend geschieht das „Umschalten" auf die FIRQ-Ausnahmeroutine erheblich schneller als auf die IRQ-Routine

16/32-Bit-Prozessoren unterstützen gewöhnlich eine viel größere Anzahl von Unterbrechungsmöglichkeiten. Dementsprechend umfassen ihre Vektortabellen typischerweise bis zu 256 Einträge. Die Tabelle 5.10 stellt ein Beispiel solch einer Vektortabelle dar.

Die Vektortabelle ist häufig in einer bestimmten, meistens der untersten Speicherseite abgelegt, d.h., unter den niederstwertigen Adressen. Bei vielen Prozessoren kann sie aber auch an beliebiger Stelle im Speicher untergebracht werden. Diese Prozessoren besitzen dazu ein spezielles Basisadress-Register (*Vector Base Register*), das die Basisadresse der Tabelle enthält. Durch Änderung dieser Basisadresse kann die Vektortabelle beliebig im Speicher positioniert werden.

Die letzte Spalte der Tabelle zeigt die relative Adresse jedes Eintrags, bezogen auf den Wert des Basisregisters, wenn ein Eintrag (beispielsweise) vier Bytes lang ist. Sie berechnet sich aus dem Produkt von Index und Eintragslänge. Im betrachteten Fall umfasst die gesamte Vektortabelle 1024 Bytes. Jeder Ausnahmeursache wird als Vektornummer der Index zugeordnet, unter dem die Startadresse ihrer Behandlungsroutine in der Tabelle gespeichert ist. Diese Startadresse wird auch Vektor oder Zeiger (*Pointer*) genannt. Durch Einschreiben eines neuen Werts in das Basisregister kann jederzeit (durch das Betriebssystem) auf eine andere Vektortabelle umgeschaltet und dadurch jeder Ausnahmeursache (*Exception*) eine neue Behandlungsroutine zugewiesen werden.

Für die Ausnahmesituationen, welche die Überwachung des Systems steuern, wie Traps, RESET und NMI, werden meist die ersten Tabellenplätze reserviert. Es folgen einige Gruppen von Ausnahmesituationen, die durch spezielle Komponenten verursacht werden, wie z.B. durch Coprozessoren. Für jede der eben erwähnten Unterbrechungen werden die Tabellenplätze — genauer ihre relative Lage in der Tabelle – vom Steuerwerk fest vorgegeben und die Vektoren prozessorintern erzeugt.

Tabelle 5.10: Beispiel einer komplexen Vektortabelle

Index	Ausnahmesituation		rel. Adr.
0	Divide by 0	Division durch 0	$000
1	Overflow	Zahlenbereichsüberschreitung	$004
2	Array Bound Check	Indexbereichsüberschreitung	$008
3	Invalid Opcode	illegaler Befehlscode	$00C
4	SVC (Supervisor Call)	Betriebssystemaufruf	$010
5	Privilege Violation	unerlaubter Aufruf einer privilegierten Operation	$014
6	Trace	Einzelschritt-Modus	$018
7	....		$01C
	....	(weitere Traps)	
i	....		(i*4)
i+1	RESET	Rücksetzen	
i+2	BERR	Busfehler	
i+3	NMI	nicht maskierbarer Interrupt	
-	....		
k	.....	(weitere Ausnahmesituationen)	(k*4)
k+1	Error	Coprozessor-Fehler	
-	....	(weitere Coprozessor-Meldungen,	
l		z.T. über spezielle Statusleitungen)	(l*4)
l+1		(Fehler der	
-	....	Speicherverwaltung)	
m	....	(nicht Gegenstand dieses Buches!)	(m*4)
m+1	....	(reserviert für zukünftige Erweiterungen	
-	....	und für Testzwecke des Herstellers)	
n	....		(n*4)
n+1	User Vectors	(durch Systementwickler frei	
-	....	zuzuordnende, maskierbare Interrupts)	
255	....		$3FC

Die maskierbaren Interrupts belegen meist die letzten Tabellenplätze. Der Systementwickler kann im Prinzip jeder Interrupt-Quelle einen dieser Tabellenplätze frei zuordnen. Nur wenn auf dem Mikrorechner ein universelles Betriebssystem laufen soll, ist er aus Kompatibilitätsgründen gezwungen, sich an die vom Betriebssystem vorgegebene Zuteilung der Tabellenplätze zu halten.

Bei DSPs und Mikrocontrollern werden z.T. in der Vektortabelle nicht die Startadressen, sondern die ersten Befehle der Ausnahmeroutinen selbst eingetragen (vgl. Unterabschnitt 5.2.4). Je nach Prozessortyp können dann kurze Ausnahmeroutinen, die ganz in einen Tabelleneintrag passen, sehr schnell abgearbeitet werden (*Fast Interrupts*), da sie ohne Retten des Prozessorzustands auf dem Stack ausgeführt werden. Längere Ausnahmeroutinen (an beliebiger Stelle im Speicher) müssen durch einen Unterprogrammaufruf im Tabelleneintrag angesprochen werden. Bei anderen Prozessoren wird der Prozessorzustand in jedem Fall gerettet, und längere Ausnahmeroutinen werden durch einen Sprungbefehl im Tabelleneintrag an einer beliebigen Stelle im Speicher fortgesetzt und dort durch einen RTI-Befehl (*Return from Interrupt*) beendet.

Software-Interrupts

Durch den oben beschriebenen Software-Interrupt INT n wird das Steuerwerk veranlasst, den Eintrag mit dem Index n (meist $0 \leq n \leq 255$) aus der Vektortabelle in den Programmzähler zu laden und danach die entsprechende Ausnahmeroutine auszuführen. Mit diesem Befehl ist der Zugriff auf alle Unterbrechungsroutinen möglich.

5.3.5 Prioritäten bei mehrfachen Unterbrechungen

Wie oben erwähnt, werden Unterbrechungsanforderungen vom Steuerwerk des Prozessors i.d.R. erst nach der Ausführung der aktuellen Operation erfüllt. Natürlich kann es passieren, dass während einer Befehlsausführung mehrere Anforderungen gleichzeitig oder kurz hintereinander auftreten. Am Ende der Befehlsausführung stellt das Steuerwerk des Prozessors dann das simultane Vorliegen dieser Anforderungen fest. In diesem Fall muss der Prozessor die Ausnahmesituationen in einer gewissen Reihenfolge behandeln. Diese Reihenfolge ist bei den Mikroprozessoren in der Regel fest vorgegeben. Durch sie werden den verschiedenen Anforderungen bestimmte **Prioritäten** zugeordnet. Der oben beschriebene Einsatz des nicht maskierbaren Interrupts (NMI) zur Erkennung von Ausfällen der Versorgungsspannung verlangt beispielsweise, dass der NMI stets vor den maskierbaren Interrupts (IRQs) ausgeführt wird.

Zu beachten ist jedoch, dass durch diese Prioritäten nur die Reihenfolge vorgegeben ist, in der die Behandlung der Interrupts begonnen wird. Werden in einer Ausnahmeroutine nicht alle anderen Unterbrechungen gesperrt, so kann es passieren, dass noch vor dem ersten Befehl der Routine eine gleichzeitig vorliegende Ausnahmesituation mit niedrigerer Priorität behandelt wird. Dies ist z.B. bei den Traps der Fall, die in der Regel die Interrupt-Eingänge nicht sperren. Vor der Ausführung der Trap-Routine kann daher beispielsweise noch ein maskierbarer Interrupt (IRQ) ausgeführt werden.

Die Vergabe der Prioritäten ist bei allen Mikroprozessor-Herstellern unterschiedlich. Gemeinsam ist allen nur, dass das Rücksetzen (RESET) und die Traps i.d.R. hohe Prioritäten zugewiesen bekommen. Tabelle 5.11 zeigt beispielhaft die Prioritäten bei den Prozessoren der Firma Intel.

Tabelle 5.11: Prioritäten bei der Ausnahmebehandlung der Intel-Prozessoren

Priorität	Ausnahmesituation	
0	RESET	Rücksetzen, Initialisieren des Systems
1	TRAPS	Ausnahmesituation bei der Befehlsausführung
	INT	als Spezialfall: Software-Interrupt
2	TRACE	Einzelschrittausführung
3	NMI	nicht maskierbarer Interrupt
4	...	Coprozessor-Fehler
5	IRQ	maskierbarer Interrupt

5.3.6 Die Behandlung gleichzeitig auftretender maskierbarer Interrupts

In einem komplexen System gibt es in der Regel viele Komponenten, die eine maskierbare Unterbrechungsanforderung an den Prozessor stellen können. Der Prozessor kann nicht jeder Quelle einen eigenen Interrupt-Eingang zur Verfügung stellen. Daher sind – im Minimalfall – alle Komponenten, die einen Hardware-Interrupt auslösen können, über eine gemeinsame Leitung entweder am IRQ- oder am NMI-Eingang des Prozessors angeschlossen. Daraus ergibt sich für den Prozessor das Problem, beim Auftreten eines maskierbaren Interrupts festzustellen, welche Quelle die Unterbrechung angefordert hat.

Die einfachste Methode, die bei den 8-Bit-Prozessoren bevorzugt angewendet wird, bezeichnet man mit *Polling*.[1] Bei diesem Verfahren fragt der Prozessor zu Beginn der Interrupt-Routine nach einer fest vorgegebenen Reihenfolge alle Komponenten ab, die einen Interrupt auslösen können. Diese Abfrage besteht im Wesentlichen darin, das Statusregister der Komponente zu lesen und darin ein bestimmtes Bit zu überprüfen. Dieses Bit wird *Interrupt Flag* (IF) genannt. Es wird von der Komponente immer dann gesetzt, wenn sie ihren Interrupt-Ausgang aktiviert hat. Sobald der Prozessor eine Komponente mit gesetztem Interrupt Flag findet, bricht er die Abfrageroutine ab und ruft eine spezifische, der Interrupt-Quelle zugeordnete Ausnahmeroutine auf. Nach Ausführung der Anforderung wird die Interrupt-Routine (über den Befehl RTI) wieder verlassen. Nun kann die nächste Komponente, die eine Unterbrechungsanforderung gestellt hat, bedient werden. Dabei sind prinzipiell zwei Varianten möglich:

- Bei der ersten Variante wird nach dem erneuten Eintritt in die Interrupt-Routine die zyklische Abfrage mit derjenigen Komponente fortgesetzt, die in der vorgegebenen Reihenfolge der zuletzt bedienten Komponente folgt. Diese Variante bietet allen Komponenten die gleiche Chance, bedient zu werden. Sie wird deshalb als „faire" Prozessorzuteilung bezeichnet. Ihr Einsatz empfiehlt sich dann und nur dann, wenn alle Komponenten die gleiche Wichtigkeit besitzen.

- Bei der zweiten Variante beginnt die Abfrage jeweils wieder mit der in der gegebenen Reihung eindeutig festgelegten ersten Komponente. Bei dieser Variante ist eine Komponente umso bevorzugter, je weiter sie in der vorgegebenen Reihenfolge „vorne steht". Auf diese Weise werden die Komponenten mit bestimmten Prioritäten (*Priority Level*) versehen. Komponenten mit hoher Priorität werden außerdem schneller bedient, da die Abfragezeit bis zu ihrer Identifizierung kürzer ist.

Der größte Nachteil des Polling-Verfahrens ist die Tatsache, dass durch die zyklische Abfrage aller möglichen Komponenten u.U. unvertretbar viel Zeit gebraucht wird, bis die Interrupt-Quelle identifiziert ist. Dieser Zeitverlust ist bei den modernen 16/32-Bit-Prozessoren nicht mehr zu vertreten. Im Abschnitt 9.2 wird eine Mikrorechner-Komponente beschrieben, die die Aufgabe hat, die gleichzeitig vorliegenden maskierbaren Interrupts (IRQs) in eine bestimmte Reihenfolge zu bringen. Dieser *Interrupt-Controller* löst diese Aufgabe hardwaremäßig und damit sehr viel schneller und ist typischerweise in heutigen Mikrocontrollern fest integriert.

---

[1] Deutsche Begriffe wie „Abfrageverfahren" oder „Wählverfahren" haben sich nicht durchgesetzt

5.4 Das Adresswerk

Das Adresswerk (*Address Unit* – AU, *Address Generation Logic*) hat die Aufgabe, nach den Vorgaben des Steuerwerks aus den Inhalten bestimmter Speicherzellen und Register die Adresse eines gewünschten Befehls oder Operanden zu bilden. Bei den ersten 8-Bit-Prozessoren wurde diese Adressberechnung zum großen Teil noch vom Rechenwerk des Prozessors selbst vorgenommen, so dass bei ihnen ein spezielles Adresswerk entfiel. Jedoch besaß bereits Mitte der 70er Jahre der µP 2650 von Valvo einen speziellen Adressaddierer (*Offset Adder*). Seitdem sind viele Funktionen zu den Aufgaben des Adresswerks hinzugekommen. Dadurch wird es möglich, die Adressberechnung parallel zu den Aktivitäten des Operationswerks durchzuführen und somit die Verarbeitungsgeschwindigkeit des Prozessors (durch *Pipelining*) wesentlich zu erhöhen. Moderne Prozessoren, die (intern) eine Harvard-Architektur aufweisen, besitzen zwei Adresswerke für die gleichzeitige Berechnung einer Befehls- und einer Operandenadresse. DSPs verfügen sogar über (wenigstens) drei Adresswerke, da sie in jedem Taktzyklus neben einem Befehl auch noch zwei Operanden selektieren müssen.

Zu den Aufgaben des Adresswerks bei Hochleistungsprozessoren gehört insbesondere die Verwaltung eines virtuellen Speichers. Vereinfachend gesagt, geht es dabei um die Umwandlung von logischen Programmadressen in physikalische Speicheradressen. Die virtuelle Speicherverwaltung wird von speziellen Bausteinen (*Memory Management Unit* – MMU) unterstützt, die bei den neueren 16/32-Bit-Prozessoren bereits ein- oder mehrfach auf dem Chip integriert sind. Um dieses Buch inhaltlich nicht zu überfrachten, werden wir auf die virtuelle Speicherverwaltung und die MMUs nicht näher eingehen, obwohl sie im Bereich der höherwertigen Mikrocontroller und DSPs eine immer wichtigere Rolle spielen. Hier wollen wir nur erwähnen, dass zur virtuellen Speicherverwaltung das Adresswerk auf eine große Anzahl von Registern und Tabellen zugreifen muss. Am Ende dieses Abschnitts werden wir eine vereinfachte Darstellung aus dem Mikrocontroller-Bereich bringen.

5.4.1 Allgemeiner Aufbau

Abb. 5.7 zeigt ein sehr einfaches Beispiel für ein Adresswerk eines von-Neumann-Rechners, zusammen mit den angeschlossenen Komponenten des µP-Kerns. In ihm sind, wie angekündigt, alle Komponenten zur Speicherverwaltung nur durch ihre Register und Tabellen repräsentiert.

Das Adresswerk besteht im Wesentlichen aus einer einfachen ALU (*Arithmetic and Logical Unit*), deren Hauptbestandteil ein Adressaddierer ist. Als „Akkumulatoren", also als kombinierte Ein-/Ausgaberegister, dienen diesem Addierer wahlweise der Programmzähler (PC), das Stackregister (SP, vgl. Unterabschnitt 5.4.2) oder der Adresspuffer (AP) – je nachdem, ob die Adresse des nächsten Programmbefehls oder eines Operanden berechnet werden muss.

Wie bereits gesagt, enthält der Programmzähler (*Program Counter*) stets die Adresse der Speicherzelle, in welcher der nächste auszuführende Befehl (oder Befehlsteil) liegt. Beim sequenziellen, nicht durch Sprünge oder Verzweigungen unterbrochenen Programmablauf wird der Programmzähler mit jedem Befehl (bzw. Befehlsteil) erhöht und zeigt danach auf den folgenden Befehl oder Befehlsteil. (Dies ist in Abb. 5.7 durch das Symbol „+" angedeutet.) Zur Realisierung von Sprüngen und Verzweigungen wird der Programmzähler mit der neuen Programmadresse geladen. (Wird durch eine falsch berechnete Sprungadresse nicht zu einem neuen Befehl, sondern stattdessen z.B. in einen Datenbereich des Speichers verzweigt, so führt das i.d.R. zu unvorhersehbaren Auswirkungen. Das Steuerwerk kann von sich aus nicht feststellen, ob das eingelesene Speicherwort einen Maschinenbefehl oder einen Operanden darstellt. In diesem Fall muss der µP wieder in einen definierten Anfangszustand zurückgesetzt werden.) Die für die Ausführung eines Maschinenbefehls benötigten Operanden werden durch den Adresspuffer selektiert. Rücksprungadressen von Unterprogrammen oder Unterbrechungsroutinen werden durch das Stackregister aus dem Speicher geholt, dessen Inhalt dazu automatisch erhöht oder erniedrigt werden kann. (Dies ist in Abb. 5.7 durch das Symbol „±" angedeutet.)

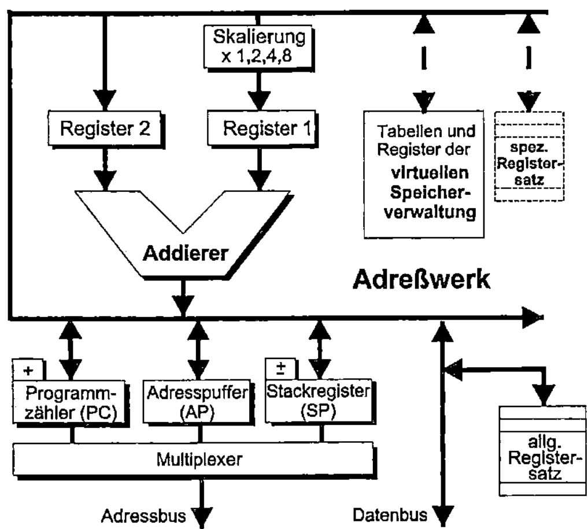

Abb. 5.7: Aufbau eines einfachen Adresswerks

Programmzähler, Stackregister und Adresspuffer werden vom Adresswerk mit der Adresse des Befehls oder Operanden geladen, die nach bestimmten fest vorgegebenen Verfahren berechnet wird. (Diese als Adressierungsarten bezeichneten Verfahren werden Sie im Abschnitt 6.3 kennen lernen.)

Die Werte der Akkumulator-Register (PC, SP, AP) werden dem Addierer zugeführt, in den Hilfsregistern an seinen Eingängen zwischengespeichert und dann mit weiteren Eingabewerten zur Adressberechnung verknüpft. Diese Eingabewerte können einerseits aus dem allgemeinen Registersatz des Prozessorkerns entnommen werden. Die Adresswerke von DSPs zur Berechnung von Operandenadressen (*Data Address Generator/Unit*) verfügen meist über spezielle Registersätze (mit jeweils bis zu 2 × 32 Adressregistern, in Abb. 5.7 rechts gezeichnet). Andererseits können die Eingabewerte aber auch über den Datenbus direkt aus dem aktuell bearbeiteten Befehl kommen. In diesem Fall handelt es sich um eine im Befehl angegebene absolute Adresse oder eine Adressdistanz zu einer Basisadresse im Registersatz.

Die mit **Skalierung** bezeichnete Komponente existiert hauptsächlich bei 32-Bit-Prozessoren. Sie erlaubt es, einen Operanden wahlweise mit den Werten 1, 2, 4 oder 8 zu multiplizieren. Da es sich bei den Eingabewerten zur Adressberechnung häufig um Adressen oder Adressdistanzen (*Offsets*) von Speicherzellen handelt, die z.B. in einem Register stehen, kann man sukzessiv auf Datenwörter der Länge 1, 2, 4 oder 8 Bytes zugreifen, indem man den Registerwert vor der Skalierung jeweils um 1 erhöht bzw. erniedrigt.

Das Ergebnis der Adressberechnung wird über die Systembus-Schnittstelle (Adress-, Daten- und Steuerbus) an den Speicher oder die Peripheriekomponenten des Prozessors ausgegeben. Bei den in der Abbildung unterstellten Prozessoren mit von-Neumann-Architektur schaltet der Multiplexer in der Schnittstelle entweder den Programmzähler (zum Zugriff auf den nächsten Befehl), das Stackregister oder den Adresspuffer (zum Zugriff auf den nächsten Operanden) nach außen. Bei Prozessoren mit Harvard-Architektur werden beide Registerwerte in getrennten Adresswerken berechnet und über getrennte Adressbusse nach außen gegeben.

5.4.2 Stack und Stackregister

Der *Stack* (Kellerspeicher, Stapelspeicher) ist ein besonderer Speicherbereich, der hauptsächlich zur Ablage des Prozessor-Status und des Programmzählers vor der Ausführung von Unterprogrammen oder Unterbrechungsroutinen dient, aber auch zur Übergabe von Parametern an diese Routinen und zur kurzzeitigen Lagerung von Zwischenergebnissen benutzt werden kann. Er ist normalerweise im Arbeitsspeicher angelegt (*Software Stack*). Einige der ersten Mikroprozessoren, aber auch neuere Entwicklungen und DSPs, besitzen jedoch auf dem Prozessorchip selbst einen Kellerspeicher (*Hardware Stack*) mit einer typischerweise sehr beschränkten Kapazität (vgl. Unterabschnitt 5.4.2). Als Vorteil hat er jedoch eine erheblich kürzere Zugriffszeit als ein Software-Stack. Moderne Prozessoren erlauben die gleichzeitige Verwaltung mehrerer getrennter Kellerspeicher im Arbeitsspeicher. Diese können z.B. einerseits dem Betriebssystem (*System Stack*), andererseits den Anwenderprogrammen (*User Stack*) oder ihren Daten (*Data Stack*) zugeordnet sein.

Das Prinzip des Stacks besteht im Wesentlichen darin, dass das zuletzt dort eingetragene Datum als erstes wieder gelesen und dabei aus ihm entfernt wird. Man spricht deshalb von einem *Last-In-First-Out*-Speicher (LIFO). Diese Verarbeitungsweise erinnert an die übliche Behandlung eines Aktenstapels, so dass man auch den Ausdruck Stapelspeicher benutzt.

Die „Verwaltung" des Stacks geschieht mit Hilfe des **Stackregisters** (*Stack Pointer* – SP), das einen Zeiger auf das zuletzt in den Stack eingetragene Datum enthält (vgl. Abb. 5.8).

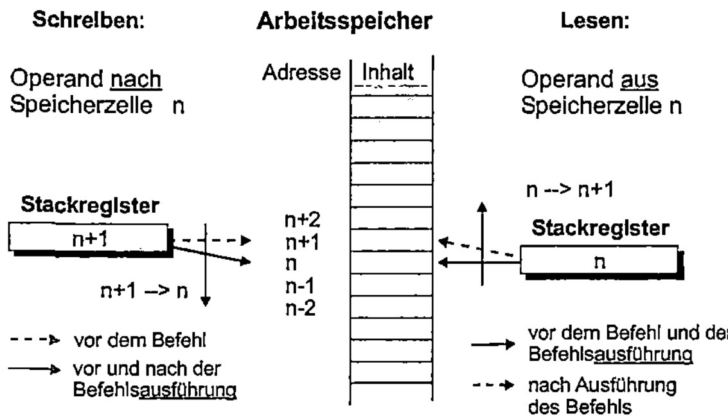

Abb. 5.8: Verwaltung des Stackregisters

Bei jedem Zugriff zum Stack wird der Inhalt des Stackregisters in Abhängigkeit von der Richtung der ausgeführten Operation (lesen oder schreiben) automatisch erhöht oder erniedrigt. Üblicherweise ist ein Schreibzugriff mit der Erniedrigung des Stackregister-Wertes, ein Lesezugriff mit seiner Erhöhung verbunden, so dass der Stack „nach unten wächst" und nach oben „schrumpft".

Ein Schreibzugriff auf den Stack geschieht implizit bei jedem Unterprogrammaufruf oder dem Starten einer Unterbrechungsroutine zur Ablage des Programmzählers (PC) und – im letztgenannten Fall – auch des Statusregisters (StR). Ein Rücksprung aus einem Unterprogramm oder einer Unterbrechungsroutine führt zu einem Lesevorgang zur Restaurierung der „auf dem Stack geretteten" Register.

Im Vorgriff auf Abschnitt 6.2 sei aber schon erwähnt, dass es im Befehlssatz des Prozessors spezielle Befehle zur Datenübertragung in den bzw. aus dem Stack gibt: Durch den Befehl PUSH wird der Inhalt eines oder mehrerer Register in den Stack übertragen, durch den Befehl PULL (manchmal auch mit POP bezeichnet) von dort geladen. Für das Befehlspaar PUSH/PULL sind dabei zwei Varianten der automatischen Veränderung des Stackregisters SP beim Zugriff auf den Stack möglich:

- PUSH: SP *vorher* erniedrigen (predekrement), PULL: SP *nachher* erhöhen (postinkrement)
- PUSH: SP *nachher* erhöhen (preinkrement),   PULL: SP *vorher* erniedrigen (postdekrement)

In Abb. 5.8 ist die erstgenannte Alternative der Verwaltung des Stackregisters skizziert.

5.4.3 Adresswerk eines DSPs für den Datenzugriff

Wie bereits gesagt, müssen DSPs die Fähigkeit haben, in einem einzigen Taktzyklus (wenigstens) einen neuen Befehl und zwei Operanden zu laden. Dazu benötigen sie drei unabhängig und parallel arbeitende Adresswerke. Das Adresswerk zur Selektion des nächsten Befehls unterscheidet sich nicht wesentlich von dem Adresswerk, das wir im Unterabschnitt 5.4.1 beschrieben haben. In diesem Unterabschnitt wollen wir uns daher auf die Beschreibung der (zwei) Operanden-Adresswerke beschränken. Sie werden üblicherweise als Daten-Adressgeneratoren (DAG) bezeichnet (*Data Address Generator* – DAG, auch: *Address Arithmetic Unit* – AAU, *Address ALU* – AALU oder *Address Generation Unit* – AGU). In Abb. 5.9 ist der Aufbau eines DAGs skizziert.

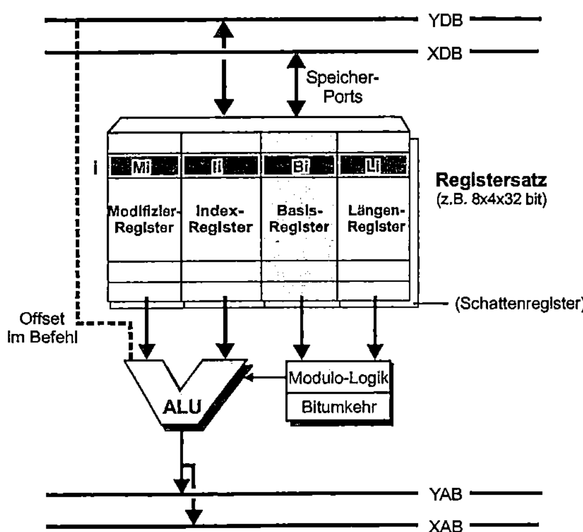

Abb. 5.9: Aufbau eines Daten-Adresswerks im DSP

Wie das Adresswerk eines universellen Mikroprozessors besteht ein DAG im Wesentlichen aus einer ALU, die lediglich ganzzahlige Werte verarbeiten kann. Im Unterabschnitt 6.3.4 werden wir zeigen, dass für die schnelle Ausführung typischer DSP-Algorithmen spezielle Adressierungsarten erforderlich sind. Für die Speicherung der dazu benötigten Operanden, d.h., Adressen, Adressdistanzen (*Offsets*), Angaben zur Länge und Adressierungsart, verfügt der DAG über einen relativ umfangreichen, dedizierten Registersatz. Dadurch wird erreicht, dass zur Berechnung der Operandenadressen nicht auf den Datenbus des Operationswerkes und seinen Registersatz zugegriffen werden muss, was seine Rechenleistung erheblich vermindern würde.

Im Registersatz werden vier Teilsätze unterschieden, deren Register jeweils spezielle Funktionen übernehmen: Das Basisregister gibt die Anfangsadresse eines Speicherbereichs[1] vor, das zugeordnete Längenregister legt dessen Umfang (in Speicherwörtern) fest; über das Indexregister wird ein bestimmtes Datum im Speicherbereich selektiert, wobei im zugeteilten Modifizier-Register die Adressierungsart beschrieben ist. Der Inhalt des Basisregisters und des Längenregisters wird für spezielle DSP-Adressierungsarten von einer Schaltungskomponente ausgewertet, deren Ausgangssignale die Arbeitsweise der Adress-ALU beeinflussen. Sie ist in der Abbildung mit Modulo-Logik und Bitumkehr bezeichnet. Auf ihre Funktion gehen wir erst im Unterabschnitt 5.4.3 ein.

Über die als Speicherports bezeichneten Schnittstellen können alle Register des Registersatzes über die (Daten-)Datenbusse gelesen oder beschrieben werden. Register, die aktuell nicht zur Adressierung von Speicheroperanden benötigt werden, können somit als universelle Datenregister benutzt werden.

5.4.4 Grundzüge der virtuellen Speicherverwaltung

Bei Prozessoren ohne virtuelle Speicherverwaltung bildet das Ergebnis der bisher beschriebenen Adressberechnung die physikalische Speicheradresse des Befehls oder Operanden. Bei **virtueller Speicherverwaltung** liegt hingegen zunächst eine logische (virtuelle) Adresse vor, die durch mehrfachen Zugriff auf Register und Tabellen der Speicherverwaltung erst in eine physikalische Adresse umgewandelt und danach auf den Adressbus gegeben wird.

Wie bereits angekündigt, soll anhand von Abb. 5.10 die Adressumwandlung der virtuellen Speicherverwaltung nur kurz und vereinfacht dargestellt werden.

Ein hypothetischer Prozessor besitze einen 24-Bit-Adressbus – und damit einen 16 MByte umfassenden physikalischen Adressraum. Dieser wird durch die Speicherverwaltung in Segmente mit maximal 64 kByte unterteilt. Die im Programm angegebenen virtuellen (logischen) Adressen sind jedoch jeweils 30 Bits lang, so dass der virtuelle Adressraum 1 Gbyte groß ist. Die virtuellen Adressen bestehen aus einer 14 Bits langen Segmentnummer und einem 16-Bit-Offset, der die Lage eines Datums in dem adressierten Segment angibt.

Das Betriebssystem legt für jedes neue Programm eine eigene Tabelle im Hauptspeicher an, in der die Startadressen aller Segmente, die zu diesem Programm gehören, eingetragen werden. Maximal können mit der 14-Bit-Segmentnummer 16.384 Segmente verwaltet werden. Die Anfangsadresse dieser Tabelle wird in ein Basisregister eingetragen.

---

[1] In den betrachteten Speicherbereichen können z.B. die Koeffizienten eines DSP-Programms oder die Eingabe- bzw. Ausgabedaten einer Schnittstelle abgelegt werden

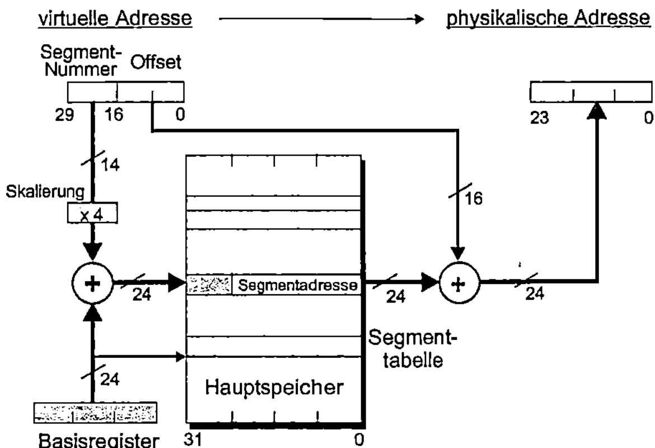

Abb. 5.10: Adressumwandlung bei virtueller Speicherverwaltung

Bei der Adressumsetzung wird die 14-Bit-Segmentnummer in der virtuellen Adresse durch die Speicherverwaltungseinheit (*Memory Management Unit* – MMU) mit der Länge der Einträge in Bytes (hier 4) skaliert und dann zu dem Inhalt des Basisregisters addiert. Das Ergebnis zeigt auf einen Eintrag in der Segmenttabelle, aus dem die Anfangsadresse des angesprochenen Segments entnommen wird. Die Addition des Offsets in der virtuellen Adresse zu dieser Anfangsadresse ergibt schließlich die gesuchte physikalische Speicheradresse.

Zum Abschluss dieses Unterabschnitts zeigen wir eine einfache Möglichkeit der Speicherverwaltung durch Einteilung in Segmente und Seiten, wie sie vom 16-Bit-Microcontroller C167 der Firma Infineon unterstützt wird (vgl. Unterabschnitt 2.4.3). Dieser Mikrocontroller besitzt einen 16-Bit-Datenbus sowie einen 24-Bit-Adressbus. Seine Form der „virtuellen Speicherverwaltung" ist in Abb. 5.11 skizziert.

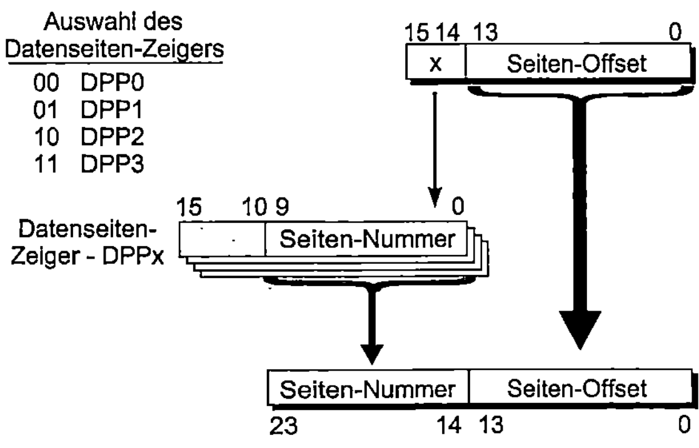

Abb. 5.11: Prinzip der Daten-Speicherverwaltung beim C167 von Infineon

Der Daten-Adressbereich wird dabei in 1024 „Seiten" mit jeweils 16 kByte eingeteilt. Für die Auswahl von bis zu vier aktuellen Seiten werden vier 16-Bit-Register DPPi (Datenseiten-

Zeiger, *Data Page Pointer*) benutzt, in denen jedoch nur die unteren 10 Bits zur Auswahl einer der 1024 Seiten ausgewertet werden. Die im Befehl angegebene „virtuelle" Adresse ist 16 Bits lang. Ihre höchstwertigen beiden Bits selektieren das verwendete DPP-Register. Die Speicheradresse (physikalische Adresse) ergibt sich aus der „Verkettung" (Konkatenation) der 10-Bit-Seitennummer im gewählten DPP-Register und der unteren 14 Bits der virtuellen Adresse, dem Seiten-Offset. Der Vorteil dieser zweistufigen Datenadressierung besteht darin, dass im Maschinenbefehl nur eine 16-Bit-Adresse angegeben werden muss, um ein externes Datum mit einer 24-Bit-Adresse zu selektieren.

Die Adressierung des Programmspeichers geschieht ebenfalls zweistufig: Zunächst wird ins untere Byte des Programmsegment-Zeigerregisters CSP (*Code Segment Pointer*) die Nummer des gewünschten Programmsegments geladen (s. Abb. 5.12). Ein bestimmter Befehl in diesem Segment wird dann über den Programmzähler (*Instruction Pointer* – IP, Befehlszähler) selektiert. Da der Programmzähler 16 Bits lang ist, umfasst jedes Segment wiederum maximal 64 kByte (2^{16} Bytes). Die physikalische 24-Bit-Befehlsadresse ergibt sich durch Konkatenation der acht Bits langen Segment-Nummer im CSP-Register und des 16-Bit-Programmzähler-Wertes.

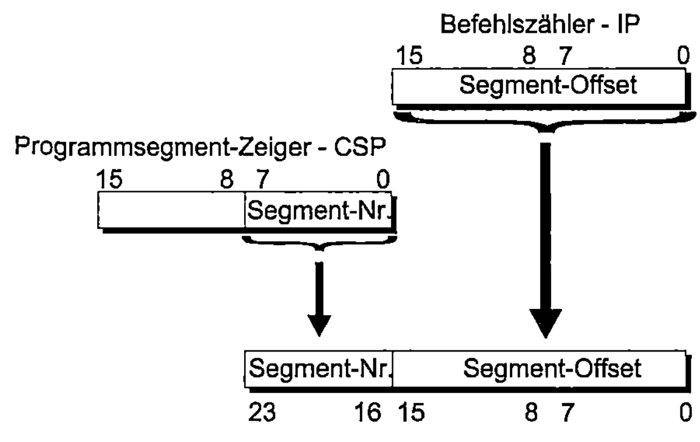

Abb. 5.12: Prinzip der Programm-Speicherverwaltung beim C167 von Infineon

Der Vorteil dieser zweistufigen Adressierung besteht darin, dass man in einfachen Systemen, die mit höchstens 64 kByte externem Speicher – also einem 64-kByte-Segment – auskommen, lediglich die unteren 16 Adresssignale auf die Ein-/Ausgabeports des Controllers legen muss (*Non-segmented Mode*). Zusätzlich kann festgelegt werden, dass von der Segment-Nummer die unteren 2, 4 oder alle 8 Bits nach außen gelegt werden, so dass wahlweise bis zu 4, 16 oder 256 externe Segmente benutzt werden können. Die dabei ggf. nicht als Adressleitungen benötigten Portausgänge können dann für andere Funktionen verwendet werden.

5.5 Das Operationswerk

Einfache Mikroprozessoren und Mikrocontroller besitzen häufig nur ein einziges Rechenwerk, das für die Ausführung aller arithmetischen und logischen Operationen zuständig ist. Es wurde bereits darauf hingewiesen, dass moderne Hochleistungsprozessoren hingegen über eine ganze Anzahl von unabhängig arbeitenden Rechenwerken mit speziellen Aufgaben verfügen (auch Verarbeitungseinheiten genannt, *Execution Units*). Zum Teil sind häufig genutzte Rechenwerke sogar mehrfach vorhanden. Sofern mehr als ein Rechenwerk vorhanden ist, werden wir im weiteren Verlauf des Buches unter dem Operationswerk eines Mikroprozessors die Zusammenfassung aller seiner Rechenwerke verstehen. Beispiele von Rechenwerken – von denen wir einige im Rahmen dieses Abschnitts beschreiben werden – sind

- Rechenwerke für ganze und Gleitpunktzahlen (*Integer Unit, Floating-Point Unit*),
- schnelle Parallel-Multiplizierer, schnelle Parallel-Dividierer,
- Schiebe- und Rotationseinheiten (*Shifter/Rotator Unit*),
- Rechenwerke zur Verarbeitung von Einzelbits und Bitfeldern (*Bit-Field Unit*),
- Rechenwerke für graphische und Multimediaoperationen (*Graphics Unit, Multimedia Extension – MMX*).

5.5.1 Integer-Rechenwerke

5.5.1.1 Prinzipieller Aufbau

In Abb. 5.13 ist der Aufbau eines Rechenwerks für ganze Zahlen (Integer-Rechenwerk, *Integer Unit*) und seine Anbindung an die Prozessorkomponenten skizziert. Die Operanden, die vom Rechenwerk verknüpft werden sollen, werden aus dem Registersatz geladen oder über den Datenbus aus dem Speicher geholt. Das Steuerwerk liefert sämtliche Steuersignale zur Aktivierung der Rechenwerksregister und zur Ausführung der gewünschten Operationen[1].

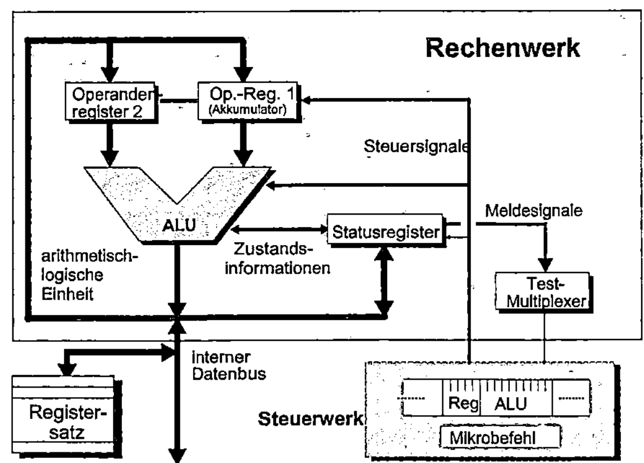

Abb. 5.13: Aufbau und Ansteuerung des Rechenwerks

Das Rechenwerk besteht aus der arithmetisch/logischen Einheit (ALU), einigen Hilfsregistern und dem Statusregister. Wie bereits mehrfach gesagt, deutet der Name ALU bereits an, dass diese Einheit alle arithmetischen und logischen Operationen im Prozessor ausführt. Das in Abb. 5.13 verwendete Symbol zeigt, dass sie dazu zwei Eingangsbusse und einen Ausgangsbus besitzt. Diese entsprechen in ihrer Breite dem internen (Daten-)Bus und sind mit diesem verbunden. Daten bzw. Operanden, die von der ALU (in einem Schritt) verarbeitet werden können, sind bei Mikrocontrollern 4, 8, 16 oder 32 Bits breit, bei universellen Mikroprozessoren 32 oder 64 Bits und bei DSPs 16, 24 oder 32 Bits breit.

Vor die Eingänge der ALU sind Hilfsregister geschaltet, die der Zwischenspeicherung der zu verknüpfenden Operanden dienen. Sie werden auch als Puffer(-Register) oder temporäre Register (*Temporary Registers, Latches*) bezeichnet. Die ALU selbst enthält keine Speicherschaltungen, so dass sie ein reines Schaltnetz ist.

Neben den Dateneingängen besitzt die ALU weitere Eingänge, die teils mit den Steuersignalen des Steuerwerks, teils von bestimmten Bits des Statusregisters belegt sind. Das Ergebnis einer Operation wird über den Ausgangsbus in eines der Register des Prozessors, über den Datenbus zu den anderen Komponenten des Systems oder aber in eines der Operandenregister der ALU übertragen. Liegt aktuell kein Ergebnis an den ALU-Ausgängen an, so werden diese vom Steuerwerk in den hochohmigen Zustand versetzt, so dass der interne Datenbus von anderen Prozessorkomponenten benutzt werden kann. In Abhängigkeit vom Ergebnis werden außerdem bestimmte Bits des Statusregisters modifiziert. (Auf das Statusregister wird weiter unten ausführlich eingegangen.)

Eines der erwähnten Operandenregister der ALU spielt bei den meisten 8-Bit-Prozessoren (und vielen DSPs) eine herausragende Rolle. Es ist das einzige Register, in dem Rechendaten von der ALU prozessorintern abgelegt werden können. Es wird bei jeder arithmetischen oder logischen Operation angesprochen und enthält stets das Ergebnis und – wenn mehr als ein Operand verarbeitet werden sollen – auch einen der Eingabeoperanden. Von der Eigenschaft, quasi die Ergebnisse „aufzusammeln", trägt dieses Register den Namen **Akkumulator** (*Accumulator* – AC). Einige 8-Bit-Prozessoren besitzen zwei Akkumulatoren im Rechenwerk, von denen durch einen besonderen Zusatz im Befehl einer ausgewählt werden kann. Prozessoren, die mit Akkumulatoren im Rechenwerk arbeiten, werden auch als **Akkumulator-Maschinen** bezeichnet. Bei modernen 16/32-Bit-Prozessoren findet man in der Regel keine ausgewiesenen Akkumulatoren mehr. Ihre Funktion wird von allen oder speziellen Registern des Registersatzes übernommen. Diese speziellen Register werden Datenregister genannt (vgl. Abschnitt 5.6). Häufig sind alle Datenregister auf gleiche Weise in einem Befehl ansprechbar. Der Name „Akkumulator" wird in diesem Fall nur dann für ein Datenregister benutzt, wenn spezielle Befehle ausschließlich auf dieses Register wirken.

5.5.1.2 Das Statusregister

Das Statusregister (Zustandsregister, *Condition Code Register* – CCR) besteht aus einzelnen, logisch unabhängigen Bits, die nur aus Gründen der einfacheren Adressierung zu einem Register verkettet werden. Diese Bits werden häufig auch als Marken oder *Flags* („Flaggen") be-

---

[1] Die Abbildung zeigt beispielhaft ein Mikroprogramm-Steuerwerk (MPStW), bei dem in jedem Mikrobefehl bestimmte Bitfelder für die Selektion der Register und zur Auswahl der Rechenwerksoperation reserviert sind, vgl. Anhang A.4

zeichnet. Die Flags werden aus den Operanden und dem Ergebnis einer Operation abgeleitet und reflektieren damit den „Zustand" des Rechenwerks nach dieser Operation. Sie werden aber nicht nur durch die Ausführung von arithmetischen oder logischen Operationen der ALU verändert, sondern häufig auch durch andere Befehle, bei denen der logische Zusammenhang zwischen der Operation und den Flags nicht klar zu erkennen ist. Zur Vermeidung von unerwünschten Nebeneffekten muss deshalb der Assemblerprogrammierer stets die Angaben des Herstellers darüber beachten, welche Flags bei einer Operation beeinflusst werden.

Je nach dem momentanen Wert der Flags kann der Ablauf des augenblicklich ausgeführten Befehls[1] geändert werden, was sich dann natürlich auch auf den Ablauf des Maschinenprogramms auswirken kann. Dazu dienen z.B. die Befehle zur bedingten Programmverzweigung[2]. Diese Befehle werten häufig nicht nur ein einzelnes Flag aus, sondern auch bestimmte logische Verknüpfungen mehrerer Flags. Um die Anzahl der benötigten Meldeleitungen vom Statusregister zum Steuerwerk klein zu halten, werden die Bits des Statusregisters durch einen Multiplexer, der ggf. auch die erwähnte Verknüpfung mehrerer Bits vornimmt, selektiv zum Steuerwerk durchgeschaltet. Er wird durch Signale des Steuerwerks gesteuert und gewöhnlich mit Bedingungsmultiplexer oder **Testmultiplexer** bezeichnet (s. Abb. 5.13).

Das Statusregister kann, wie (fast) jedes andere Register des Prozessors auch, in einem Programm gelesen, ausgewertet und verändert werden. Bei der Bearbeitung von Unterprogrammaufrufen oder Programmunterbrechungen kann es somit in den Speicher gerettet werden und bewahrt dadurch den Prozessorzustand bis zur Wiederaufnahme des unterbrochenen Programms.

Abb. 5.14 zeigt die typischerweise im Statusregister vorhandenen Flags. Sehr häufig sind einige Bits des Statusregisters nicht belegt (frei) oder für spätere Erweiterungen des Herstellers reserviert (res).[3]

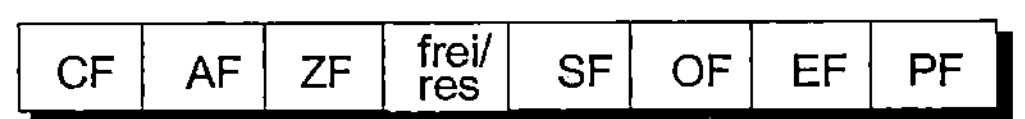

Abb. 5.14: Typische Flags eines Statusregisters

Erklärung der Statusflags

CF   Das **Übertragsbit** (*Carry Flag*) zeigt bei der Addition an, ob ein Übertrag (*Carry*) aus dem höchstwertigen Bit auftritt, bei der Subtraktion, ob dort ein Übertrag (*Borrow*) aus höherwertigen Teiloperanden benötigt wird. Die Berechnung von Summen und Differenzen mit einer Wortbreite, die ein Vielfaches der ALU-Bitbreite ausmacht, muss durch die ALU sequenziell in gleichartigen Teiloperationen durchgeführt werden. Dabei wird das Übertragsbit einer Teiloperation als Eingangsinformation für die folgende Teiloperation herangezogen. Darüber hinaus besitzt das Übertragsbit besondere Bedeutung bei der bitweisen Verschiebung von Operanden, auf die am Ende dieses Abschnitts eingegangen wird.

AF   Das **Hilfs-Übertragsbit** (*Auxiliary Carry Flag*, auch *Half-Carry Flag* genannt) zeigt einen Übertrag vom Bit 3 ins Bit 4 des Ergebnisses[4] an. Seine Gewinnung entspricht der

---

[1]   oder Mikroprogramms
[2]   die im Unterabschnitt 6.4.2 beschrieben werden
[3]   In diesem Fall sollten sie vom Programmierer stets mit einem vorgegebenen Wert (*default*) beschrieben werden
[4]   wobei die Zählung mit Bit 0 beginnt

101

des Übertragsbits für 4-Bit-Operanden. Es wird nur bei Prozessoren benötigt, deren ALU keine BCD-Arithmetik (*Binary Coded Decimal*) beherrscht. Dort dient es zusammen mit dem Übertragsbit zur Umwandlung eines dualen Ergebnisses in eine BCD-Zahl.

ZF   Das **Nullbit** (*Zero Flag*) zeigt an, dass das Ergebnis der letzten Operation gleich 0 war. Dabei kann es sich um das Laden eines Operanden in ein Register, um eine arithmetische oder logische Operation oder das Dekrementieren eines (Index-)Registers handeln. Die letztgenannte Möglichkeit wird besonders bei der Programmierung von Schleifen benutzt.

SF   Das **Vorzeichenbit** (*Sign Flag, Negative Flag* – N) zeigt an, dass das Ergebnis negativ ist, also sein höchstwertiges Bit (*Most Significant Bit* – MSB) den Wert 1 hat. Ganz allgemein spiegelt dieses Flag das höchstwertige Bit eines Operanden wider.[1]

OF   Das **Überlaufbit** (*Overflow Flag*, auch durch OV bzw. V abgekürzt) zeigt eine Bereichsüberschreitung im Zweierkomplement an. Bei einer Breite des Ergebnisses von n Bits wird dieses Bit also gesetzt, wenn das Ergebnis kleiner als -2^{n-1} oder größer als $2^{n-1}-1$ ist.

EF   Das **Even Flag** zeigt an, dass das Ergebnis eine gerade Zahl ist.

PF   Das **Paritätsbit** (*Parity Flag*) signalisiert, dass das Ergebnis eine ungerade Parität, d.h., eine ungerade Anzahl von 1-Bits, hat.

Die Flags werden durch ein Schaltnetz aus den Operanden, dem Ergebnis einschließlich eines aufgetretenen Übertrags und einigen Signalen des Steuerwerks bestimmt.

Zur Erleichterung der Adressierung werden übrigens bei einfachen Prozessoren häufig die Bits des Statusregisters und des Steuerregisters SR des Steuerwerks (vgl. Abschnitt 5.2) in einem einzigen Register zusammengefasst. Für dieses Register wird dann häufig unpräziserweise ebenfalls der Ausdruck Statusregister benutzt.

5.5.1.3   Der Operationsvorrat einer Integer-ALU

In Tabelle 5.12 sind die Operationen aufgeführt, die eine Integer-ALU – ein Rechenwerk, das alle arithmetischen Operationen nur auf ganzzahligen Operanden anwendet – im Minimalfall ausführen kann. Es fällt auf, dass dieser (minimale) Operationsvorrat nicht wesentlich über die vier Grundrechenarten +, –, ·, / hinausgeht. Viele der 8-Bit-Prozessoren beherrschen nicht einmal die Multiplikation und die Division, so dass diese wie alle anderen „höheren" mathematischen Operationen durch einen speziellen Baustein, einen sog. Arithmetik-(Co-)Prozessor, oder zeitaufwendiger durch ein Programm in vielen Schritten sequenziell berechnet werden müssen. Im letzten Fall spricht man von einer Emulation in Software.

• Die **Addition** und die **Subtraktion** werden wahlweise auf vorzeichenlosen ganzen Zahlen oder auf vorzeichenbehafteten ganzen Zahlen angewandt. Dabei macht die Schaltung keinerlei Unterschied zwischen beiden Zahlenbereichen; die Interpretation der Zahlen bleibt dem Programmierer überlassen. Die Subtraktion wird meist durch die Addition der negierten Zahl (im Zweierkomplement) durchgeführt. Alternativ kann ein Übertrag, der in einer vorhergehenden Operation aufgetreten ist, berücksichtigt werden oder nicht. Einige Prozessoren bieten

---

[1] Im Unterabschnitt 6.2.4 wird gezeigt, dass dieses Flag eine große Bedeutung bei den bedingten Verzweigungsbefehlen hat

die Operationen nur mit Berücksichtigung des Übertrags. Bei ihnen muss ggf. das Übertragsbit (CF) durch einen besonderen Befehl vor der Ausführung der Operation auf 0 bzw. 1 gesetzt werden. Dies wird im folgenden Beispiel vorausgesetzt.

Tabelle 5.12: Operationen einer ALU

Operation	Funktion
Arithmetische Operationen	
Addieren ohne/mit Übertrag	$F := A+B;\ F := A+B+CF$
Subtrahieren ohne/mit Übertrag	$F := A-B;\ F := A-B-CF$
Inkrementieren	$F := A+1$
Dekrementieren	$F := A-1$
Multiplizieren (ohne/mit Vorzeichen)	$F := A{\cdot}B$
Dividieren (ohne/mit Vorzeichen)	$F := A/B$
Komplementieren (im Zweierkomplement)	$F := \neg A+1$
Logische bitweise Verknüpfungen	
Negation	$F := \neg A$
Und	$F := A \wedge B$
Oder	$F := A \vee B$
Antivalenz	$F := A \neq B$
Schiebe- und Rotationsoperationen	
Linksschieben	$F := 2{\cdot}A \text{ modulo } 2^n$
Rechtsschieben	$F := [A/2]$
Linksrotieren ohne Übertragsbit	$F := 2{\cdot}A + A_{n-1} \bmod 2^n$
Linksrotieren durchs Übertragsbit	$F := 2{\cdot}A + CF \bmod 2^n$
Rechtsrotieren ohne Übertragsbit	$F := [A/2] + A_0{\cdot}2^{n-1}$
Rechtsrotieren durchs Übertragsbit	$F := [A/2] + CF{\cdot}2^{n-1}$
Transportoperation	
Transferieren	$F := A\ ;\ F := B$ $F := \text{Konstante}$

(Bezeichnungen: A, B Operanden; F Ergebnis; CF Übertrag; n Länge von A (in Bits); $\wedge, \vee, \neq, \neg$: UND, ODER, Antivalenz, Negation; „:=" Zuweisung; [ ] ganzzahliger Teil)

Beispiel:

Zwei 16-Bit-Operanden

$$A = AH,AL = (A_{15}...A_8),(A_7...A_0) \quad \text{und} \quad B = BH,BL = (B_{15}...B_8),(B_7...B_0),$$

die jeweils zwei Bytes im Speicher belegen, sollen durch eine 8-Bit-ALU mit dem Akkumulator AC addiert (bzw. subtrahiert) werden. Nach der Addition/Subtraktion der niederwertigen Bytes enthält das Übertragsbit den Übertrag, der in die Berechnung des höherwertigen Ergebnisbytes eingeht (s. Tabelle 5.13).

- Die beiden Operationen **Inkrementieren** bzw. **Dekrementieren** sind Spezialfälle der Addition bzw. der Subtraktion, bei denen der zweite Operand B durch die Konstante 1 ersetzt wird.

- Da das Ergebnis der **Multiplikation** bekanntlich doppelt so lang werden kann wie jeder Operand, braucht man wenigstens zwei Register, die das Ergebnis aufnehmen können, z.B. zwei Akkumulatoren AC0 und AC1. Natürlich sind zur Übertragung des Ergebnisses in die Register zwei Schritte nötig. Dann ergibt sich als Ergebnis der Multiplikation

$$AC1 := \text{H-Byte von } (AC0 \cdot AC1) \quad \text{und} \quad AC0 := \text{L-Byte von } (AC0 \cdot AC1).$$

Die Multiplikation kann häufig wahlweise mit vorzeichenlosen Zahlen oder vorzeichenbehafteten Zahlen im Zweierkomplement ausgeführt werden. Beide Zahlenbereiche müssen jedoch von der ALU unterschiedlich verarbeitet werden, da bei der Multiplikation zweier vorzeichenbehafteter Zahlen zunächst zwei Vorzeichenbits entstehen, von denen eines wieder
entfernt werden muss.

Tabelle 5.13: Durchführung der 16-Bit-Addition

Schritt	Addition	Subtraktion	Bemerkung
1.	CF:=0		Rücksetzen des Übertragsbits
2.	AC:=AL		Laden des L-Bytes von A
3.	AC:=AC+BL+CF	AC:=AC-BL-CF	Operation mit dem L-Byte von B und CF
4.	AL:=AC		Abspeichern nach AL
5.	AC:=AH		Laden des H-Bytes von A
6.	AC:=AC+BH+CF	AC:=AC-BH-CF	Operation mit dem H-Byte von B und CF
7.	AH:=AC		Abspeichern nach AH

- Bei der **Division** entstehen in der Regel ein ganzzahliger Quotient und ein Rest. Hier gibt es
  nun sehr unterschiedliche Möglichkeiten, das Ergebnis zu verwerten: Die ALU kann nur den
  ganzzahligen Anteil des Quotienten, nur den Rest oder aber – falls wieder zwei Operandenregister (Akkumulatoren) existieren – beide ausgeben. Dabei muss der Rest der Division ggf.
  auf die Anzahl der Bits des Akkumulators abgeschnitten werden. Diesen Fall kann man wie
  folgt darstellen:

$$AC1 := \text{ganzzahliger Anteil von } (AC1/AC0),$$
$$AC0 := (\text{abgeschnittener}) \text{ Rest von } (AC1/AC0).$$

  Auch die Division kann häufig wahlweise mit vorzeichenlosen Zahlen oder vorzeichenbehafteten Zahlen im Zweierkomplement ausgeführt werden.

- Durch die Operation **Komplementieren** wird eine Zahl in ihr Zweierkomplement umgewandelt. Dies geschieht durch bitweise Negation (Inversion) und anschließende Addition von 1.

- Die **logischen Operationen** Negation, UND-, ODER- bzw. Antivalenz werden stets bitweise
  auf ihren Operanden ausgeführt. Wir beschreiben sie anhand eines Beispiels. (Bezeichnungen: s. Tabelle 5.12.)

Beispiel: Es seien $A := 01101100, B := 11101001$.
Dann folgt: $F := \neg A = 10010011, \quad F := A \wedge B = 01101000,$
                  $F := A \vee B = 11101101, \quad F := A \neq B = 10000101.$

- Die **Schiebe-** und **Rotationsoperationen** können meistens in beide Richtungen „links" bzw.
  „rechts" durchgeführt werden. Bei Akkumulatormaschinen kann natürlich auch der Akkumulator als Links/Rechts-Schieberegister ausgebildet sein und somit diese Operationen
  ohne Einsatz der ALU durchführen. („links" bedeutet dabei üblicherweise eine Verschiebung
  in Richtung der höherwertigen Bits, „rechts" in Richtung der niederwertigen Bits. Verschie-
  be- und Rotationsoperationen tauchen noch einmal im Unterabschnitt 6.2.4 im Zusammenhang mit den Befehlen auf, durch die sie aufgerufen werden.)

- Bei den logischen **Schiebeoperationen** werden die Bits des Operanden als unabhängig voneinander betrachtet und besitzen keine Wertigkeiten. Das aus dem Register herausfallende Bit wird in das Übertragsbit übernommen und am anderen Ende eine 0 hereingezogen (s. Abb. 5.15a). Dadurch bekommt man die Möglichkeit, durch wiederholtes Verschieben jedes Bit eines Registers in das Übertragsbit CF zu übertragen und dort z.B. durch einen besonderen Verzweigungsbefehl auszuwerten (vgl. Unterabschnitt 6.2.4).

- Neben ihrer logischen Bedeutung besitzen die Schiebeoperationen auch eine arithmetische: Bekanntlich bedeutet eine Verschiebung einer vorzeichenlosen Dualzahl um ein Bit nach links eine (ganzzahlige) Multiplikation mit 2, eine Verschiebung nach rechts eine (ganzzahlige) Division durch 2. Logisches und arithmetisches Linksschieben unterscheiden sich in ihrer Realisierung nicht. In Abb. 5.15b wird beim arithmetischen Rechtsschieben (*Shift Arithmetic Right*) der Operand als vorzeichenbehaftet angesehen. Um bei der Schiebeoperation das Vorzeichen zu erhalten, wird das höchstwertige Bit in sich selbst zurückgeführt. Nach einer w-fachen Rechtsverschiebung stehen im Schieberegister nur noch Vorzeichenbits, also bei einer positiven Zahl nur 0-Bits, bei einer negativen Zahl nur 1-Bits.

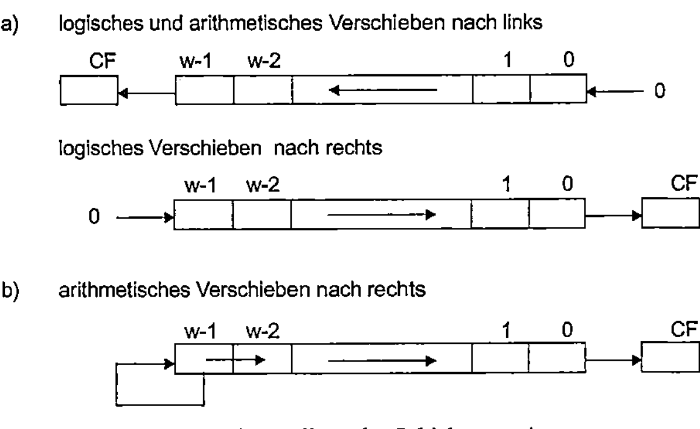

Abb. 5.15: Darstellung der Schiebeoperationen

- Die **Rotationsoperationen** unterscheiden sich von den Schiebeoperationen dadurch, dass das Register als geschlossene Bitkette aufgefasst wird (s. Abb. 5.16): Das jeweils an einem Ende herausfallende Bit wird am entgegengesetzten Ende wieder in das Register hereingezogen. Dabei kann das Übertragsbit wahlweise mitbenutzt werden oder nicht (Rotieren mit/ohne Übertragsbit). Außerdem kann das Übertragsbit als zusätzliches Bit des Registers aufgefasst werden (Rotieren durchs Übertragsbit).

• Durch die **Transportoperation** kann einer der beiden Operanden auf den ALU-Ausgang durchgeschaltet werden. Dies ist z.B. dann wichtig, wenn der Akkumulatorinhalt in einem Register oder einer Speicherzelle abgelegt werden soll. Es können aber auch häufig benutzte Konstanten, die in der ALU erzeugt werden, auf den Ausgang gelegt werden, wie z.B. 0, 1 oder −1 usw.[1] Wichtig ist, dass bei dieser Operation die Flags des Statusregisters dem Operanden entsprechend gesetzt werden und so die Größe des Operanden durch spezielle Verzweigungsbefehle getestet werden kann.

---

[1] Man beachte, dass die Zahl -1 im Zweierkomplement durch die Dualzahl 1111..11 = $FF..F dargestellt wird

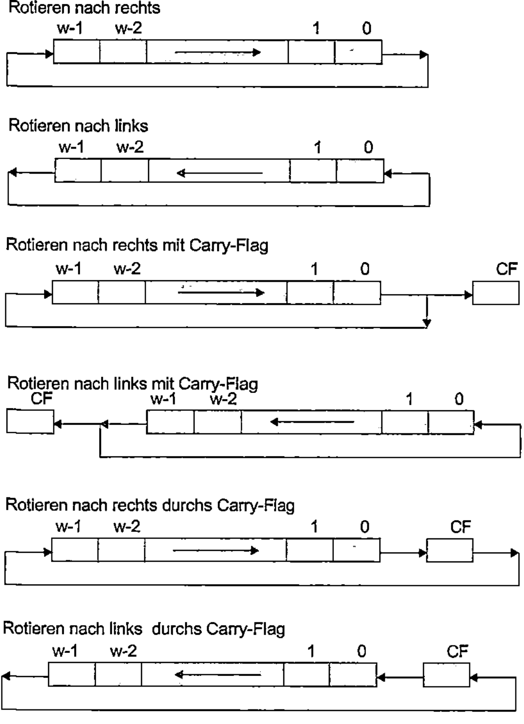

Abb. 5.16: Darstellung der Rotationsoperationen

5.5.1.4 Sättigung

Bei den Operationen Addition oder Subtraktion von ganzen Zahlen tritt in den folgenden Fällen ein Überlauf (*Overflow,* vgl. das Flag OF in Unterabschnitt 5.5.1) auf, d.h., der Zahlenbereich wird auf der einen Seite verlassen und auf der anderen Seite wieder betreten:

- Die Summe zweier vorzeichenloser Zahlen überschreitet den darstellbaren Zahlenbereich und wird auf die darstellbaren Bits abgeschnitten.

- Die Differenz zweier vorzeichenloser Zahlen ist kleiner als 0. Das Ergebnis wird modulo zur Größe des darstellbaren Zahlenbereichs als positive Zahl ausgegeben.

- Die Summe zweier vorzeichenbehafteter positiver Zahlen überschreitet den darstellbaren positiven Zahlenbereich und wird als negative Zahl ausgegeben.

- Die Summe zweier vorzeichenbehafteter negativer Zahlen unterschreitet den darstellbaren negativen Zahlenbereich und wird als positive Zahl ausgegeben.[1]

Dieses eben beschriebene zyklische Durchschreiten (*Wrap-around*) führt bei allgemeinen arithmetischen Rechnungen zu einer Überlauf-Ausnahmesituation (*Overflow Trap*) und muss durch ein geeignetes Behandlungsprogramm bereinigt werden. Bei Anwendungen der digitalen Signalverarbeitung oder im Multimediabereich kann ein Überlauf oft nicht toleriert werden, da er zur Ausgabe eines falschen (z.B. invertierten) Signals oder falscher Werte (z.B. für graphische

---

[1] Die Betrachtung der Überläufe bei der Subtraktion vorzeichenbehafteter Zahlen lässt sich auf die Addition zurückführen

Anwendungen[1]) führt. Andererseits darf diese Behandlung aus Zeitgründen oft nicht durch Software durchgeführt werden, sondern sie muss in Hardware implementiert sein.

Dazu bieten die entsprechenden Rechenwerke von DSPs und modernen universellen Prozessoren die Möglichkeit der **Sättigung** (*Saturation*): Die Ergebnisse werden auf den größten bzw. kleinsten Wert des darstellbaren Zahlenbereichs abgeschnitten, je nachdem, ob der Zahlenbereich nach oben oder unten überschritten wurde. Im o.g. ersten Fall führt das zu der Zahl $FF..FF, im zweiten Fall zum Ergebnis $00..00. Der dritte Fall ergibt die korrigierte Summe $7F..FF und der vierte Fall $80..00.

DSPs besitzen häufig ein bestimmtes Bit im Steuerregister, durch das die Arbeitsweise des Rechenwerks ohne bzw. mit Sättigung aufgabengerecht festgelegt werden kann. Spezielle Multimedia-Rechenwerke, auf die wir im Rahmen dieses Buches nicht besonders eingehen werden, bieten meist für jede der Operationen Addition und Subtraktion zwei getrennte Maschinenbefehle für ihre Ausführung ohne oder mit Sättigung der Ergebnisse.

5.5.2 Barrel Shifter

Bei einfachen Mikroprozessoren kann das Rechenwerk einen Operanden in jedem Taktzyklus des Prozessors um höchstens eine Bitposition nach links oder rechts schieben bzw. rotieren. Dies bedeutet, dass das Verschieben/Rotieren um mehrere Positionen[2] sehr zeitaufwendig durch eine Schleife realisiert werden muss. Daher besitzen die Rechenwerke von komplexeren Prozessoren die Fähigkeit, einen Operanden in einem einzigen Taktzyklus um eine beliebige Anzahl von Bitpositionen zu verschieben bzw. zu rotieren, die nur durch die Länge des Operanden beschränkt wird. Diese Operationen werden durch eine Teilkomponente des Rechenwerks ausgeführt, die als *Barrel Shifter* (oder *Barrel Rotator*) bezeichnet wird.[3] Zur Erhöhung der Fähigkeit, mehrere Operationen parallel ausführen zu können, ist der Barrel Shifter bei modernen Mikroprozessoren, insbesondere den DSPs, z.T. sogar als autonom arbeitendes Rechenwerk mit weiteren Funktionen realisiert und wird dann z.B. **Schiebe-/Rotationseinheit** (*Shifter*) genannt.

Die Grundschaltungen zur Realisierung eines Barrel Shifters bilden Multiplexer, die prinzipiell jede Ausgangsleitung mit jeder Eingangsleitung verbinden können. Daraus wird bereits der immense Aufwand an Chipfläche für die benötigten Schaltgatter und ihre Verbindungsleitungen deutlich. Im Anhang A.8 wird beispielhaft ein spezieller Barrel Shifter behandelt, der in einem Taktzyklus um 0 bis 3 Positionen verschieben kann.

5.5.3 Multiplizier-Akkumulier-Rechenwerke

Wie im Unterabschnitt 3.1.4 gezeigt wurde, werden zur Realisierung von Algorithmen der digitalen Signalverarbeitung (DSV) hauptsächlich die Grundrechenarten Addition, Subtraktion und Multiplikation verwendet. Dabei werden zuerst die einzelnen Faktoren multipliziert und dann die Einzelprodukte aufsummiert, d.h., akkumuliert. Die Multiplikation und die Addition sollen dabei in nur einem oder zwei Taktzyklen erfolgen. Zu diesem Zweck muss im Digitalen Signalprozessor (DSP) ein Parallelmultiplizierer integriert sein. Das Ergebnis dieser Multiplikation kann im Speicher bzw. einem Register abgelegt oder in der ALU weiterverarbeitet werden. Die

---

[1] So könnte z.B. die Überlagerung zweier tiefblauer Farben zu einer – ungewohnten – hellblauen Farbe führen
[2] wie es in Maschinenprogrammen sehr häufig vorkommt
[3] Auch andere Prozessorkomponenten, wie z.B. das Adresswerk zur Skalierung (vgl. Abschnitt 5.4), enthalten als Teilkomponenten *Barrel Shifter*

Algorithmen der digitalen Signalverarbeitung sind in den meisten Fällen rekursiv, was sich auf ihre Berechnungsmethoden auswirkt. Der gesamte Algorithmus kann in kleinen Schritten abgearbeitet werden. In jedem Teilschritt wird ein Produkt zur Teilsumme der vorhergehenden Produkte hinzuaddiert. Der Teilalgorithmus hat also die folgende Form:

$$S(n) = a(n) \cdot b(n) + S(n-1), \quad .$$

wobei b(n) und a(n) die Faktoren im Zyklus n sind, S(n) für die Teilsumme im Zyklus n steht und S(n–1) die Teilsumme aus dem vorangegangenen Zyklus bedeutet. (Für n<0 gilt zusätzlich S(n) = 0.) Zur Realisierung dieses Algorithmus eignet sich besonders eine Struktur, die aus einem schnellen, parallelen Multiplizierer[1] mit nachgeschaltetem Akkumulator besteht. Diese Struktur wird als Multiplizier-Akkumulier-Einheit (*Multiplier-Accumulator* – MAC) bezeichnet und stellt einen Grundtyp dar, von dem die Arithmetikeinheiten aller derzeit verfügbaren Signalprozessoren abgeleitet sind. Sie ist in Abb. 5.17 für ein Festpunkt-Rechenwerk dargestellt. Beide Teil-Rechenwerke, Multiplizierer und ALU, verfügen über eigene Statusregister, in denen Informationen über ihre Ergebnisse abgelegt sind. Sie können durch Lese-/Schreibbefehle über den Datenbus angesprochen werden.

Die benötigten Operanden werden diesem Rechenwerk über die beiden (Daten-)Datenbusse XDB und YDB zugeführt. Sie werden bereits in Eingaberegistern zwischengespeichert, während das Rechenwerk noch die zuvor eingelesenen Operanden verarbeitet. Lesen und Verarbeiten der Operanden geschieht also in einer zweistufigen Pipeline[2]. Die Eingaberegister können den Rechenwerkseingängen fest zugeordnet sein oder aber durch beliebige Register des Registersatzes des Rechenwerks realisiert sein. (Der letztgenannte Fall soll in der Abbildung durch die graue Unterlegung der Eingaberegister angedeutet werden.)

Lässt man das in Abb. 5.17 gestrichelt umrahmte Register am Ausgang des Multiplizierers zunächst außer Betracht, so stellt das Blockschaltbild ein Rechenwerk dar, bei dem entweder die Multiplikation und die (nachfolgende) Addition/Akkumulation im selben Taktzyklus oder eine ALU-Operation ohne Multiplikation durchgeführt werden kann, was in der Abbildung durch den Pfeil vom Eingaberegister um den Multiplizierer herum zur ALU angedeutet ist.

Eine leistungsfähigere Lösung stellt die um das Ergebnisregister am Multiplizierer-Ausgang erweiterte Struktur dar. Sie erlaubt eine unabhängige Multiplikation und Addition in einem einzigen Takt. In diesem Fall kann das Ergebnis der Multiplikation ohne weitere Verarbeitung im Speicher oder Registersatz abgelegt werden, was in der Abbildung durch den gestrichelten Pfeil angezeigt wird. Eine MAC-Operation hingegen wird (in einer zweistufigen Ausführungspipeline) verschachtelt in zwei Takten ausgeführt. Durch die Aufteilung der Ausführungszeit in zwei Phasen kann die Taktzykluszeit des Prozessors verkleinert und somit seine Rechengeschwindigkeit vergrößert werden. Einfachere DSPs führen die Multiplikation selbst in einer mehrstufigen Pipeline aus, die – im Idealfall – zwar ebenfalls in jedem Takt eine Operation beenden kann, aber u.U. durch Pipelinehemmnisse (vgl. Unterabschnitt 5.2.3) nicht ihre maximale Ausführungsrate erreicht.

---

[1] In typischen DSP-Anwendungen bestehen mehr als die Hälfte der Operationen aus Multiplikationen

[2] Da alle Operanden in Registern zur Verfügung stehen müssen, greifen nur die Schreib-/Lesebefehle auf den/die Datenspeicher zu. DSPs haben daher i.d.R. eine sog. *Load/Store*-Architektur

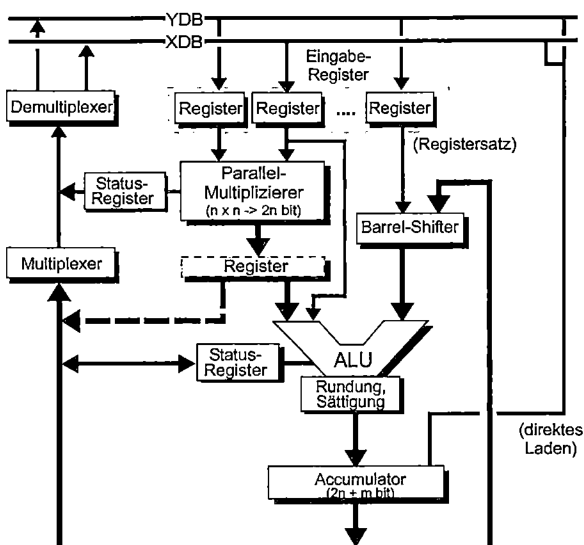

Abb. 5.17: Grundstruktur eines DSP-Rechenwerks

Vorzeichenbehaftete Festpunktzahlen liegen im Format (1.n–1) vor, d.h., sie besitzen eine Vorpunkt- und n–1 Nachpunktstellen (vgl. Unterabschnitt 6.1.5). Ihre Multiplikation ergibt ein Ergebnis im Format (2.2n–2), d.h., einen Wert mit 2 Vorpunkt- und 2n–2 Nachpunktstellen. Zur Korrektur dieses Effekts zu einer Zahl im Format (1.2n–1) besitzen die Multiplizierer häufig an ihrem Ausgang eine Schaltung, die das Ergebnis um eine Stelle nach rechts verschiebt, also in die gewünschte (1.2n–1)-Zahl umwandelt. Bei der Multiplikation zweier Integer-Zahlen wird diese Schaltung deaktiviert.

Bei Festpunktprozessoren ist die Wortbreite der ALU meist auf die Ergebnisbreite des Multiplizierers abgestimmt: Bei einem n-Bit-Prozessor sind dies 2n Bits. (Aus Kostengründen wird von einfacheren DSPs manchmal nur eine kleinere Bitzahl zwischen n und 2n unterstützt.) Bei leistungsfähigen DSPs ist die ALU-Wortbreite jedoch auf die optimale Durchführung der rekursiven Algorithmen der digitalen Signalverarbeitung zugeschnitten. Dazu wird sie zur Erhöhung der Rechengenauigkeit gegenüber dem Multiplikationsergebnis um zusätzliche „Überlauf"-Bits (*Overflow Bits, Guard Bits* – meist 8 Bits) ergänzt. Dadurch wird erreicht, dass eine größere Anzahl von Teilprodukten aufaddiert (bzw. subtrahiert) werden kann, ohne dass es zu einem „frühen" Überlauffehler kommt, der eine Skalierung des Zwischenergebnisses erforderlich machen würde. So kann z.B. ein 16-Bit-Festpunkt-DSP eine Ergebnisbreite von 40 Bits (2×16+8) haben. In vergleichbarer Weise gilt dies bei 32-Bit-Gleitpunktprozessoren, die sich meist auf einige wenige Bits mehr an Genauigkeit der Mantisse beschränken und so z.B. ebenfalls auf eine Wortbreite von 40 Bits kommen.

Erst vor der Ablage im Speicher muss das Endergebnis einer Festpunktrechnung eventuell gerundet und ein etwaiger Überlauf berücksichtigt werden. Ein Überlauf macht sich dadurch bemerkbar, dass nicht alle Überlauf-Bits denselben logischen Wert haben wie das Vorzeichenbit des Ergebnisses. Die Rundungslogik führt insbesondere die Sättigung (*Saturation*) des Ergebnisses durch, d.h., sie begrenzt ein Ergebnis beim Auftreten eines Überlaufs auf die größte bzw.

kleinste darstellbare Zahl (vgl. Unterabschnitt 5.5.1.4). Wenn es die Anwendung erlaubt, kann das Ergebnis auch skaliert werden, d.h., so weit (arithmetisch) nach rechts verschoben werden, bis die Überlauf-Bits nur noch das Vorzeichen enthalten. Das eigentliche Runden des Ergebnisses bringt das „überlange" 2n-Bit-Ergebnis auf die geforderte Ergebnislänge n Bits. Es geschieht meist nach einer der beiden Alternativen: „Abschneiden" (*Truncation*) oder „Runden zur nächst gelegenen Zahl" (*Round to Nearest*).[1] Bei Gleitpunkt-DSPs nach dem IEEE-754-Standard kann hingegen nach einer der vier im Unterabschnitt 6.1.4 beschriebenen Varianten gerundet werden.

Meist kann der auf (2n+m) Bits erweiterte Akkumulator eines Festpunkt-Rechenwerks auch über einen der Datenbusse mit einem n-Bit-Operanden aus dem Datenspeicher direkt geladen werden[2]. Ganzzahlige Operanden (*Integers*) werden üblicherweise rechtsbündig im Akkumulator eingetragen. Festpunktoperanden kommen in die höherwertigen Stellen (unterhalb der Überlauf-Bits), wobei die niederwertigen Bits mit 0 aufgefüllt werden (*Zero Fill*). Bei der Ablage eines vorzeichenbehafteten Operanden müssen sämtliche höherwertigen Bits, einschließlich der Überlauf-Bits, mit dem Vorzeichen gefüllt werden (*Sign Extension*).

Bei der in der Abbildung dargestellten Struktur eines Festpunkt-Rechenwerks hat ein im Register(satz) oder im Speicher abgelegtes Datum oft noch ein anderes Format als dasjenige, das von der ALU verarbeitet wird. Um Fehler bei der Verknüpfung der Daten in der ALU zu vermeiden, müssen die Daten noch an das ALU-Format angepasst werden – z.B. durch Skalierung. Das geschieht mit Hilfe des *Barrel Shifters*[3]: Wie beschrieben, erlaubt er, ein Datum um eine beliebige, wählbare Anzahl von Binärstellen in einem einzigen Schritt zu verschieben. Außer der Skalierung unterstützt er auch Normalierungsoperationen[4], die auf den Akkumulatorinhalt angewandt und besonders beim Festpunkt- oder Gleitpunktformat erforderlich sind.

Der dem Ergebnisregister nachgeschaltete Multiplexer hat die Aufgabe, das ALU-Ergebnisformat an die Datenbusbreite des Prozessors anzupassen. Dazu muss er aus den (2n+m)-Bit-Akkumulatorwerten die signifikanten Bits herausfiltern: Bei ganzzahligen Ergebnissen sind dies die niederwertigen n Bits, bei Festpunkt-Ergebnissen die höherwertigen n Bits.[5] Der Einsatz eines Multiplexers wird häufig dadurch unnötig, dass in einem Programm gezielt auf die einzelnen Teile des Akkumulators zugegriffen werden kann. Über einen Demultiplexer können die so „begrenzten" Ergebnisse auf einen der (Daten-)Datenbusse geschaltet und im zugeordneten Datenspeicher abgelegt werden. Multiplexer und Demultiplexer einiger DSPs erlauben es jedoch auch, das (doppelt genaue) 2n-Bit-Ergebnis über beide Busse parallel zu transportieren und (unter den gleichen Adressen) in den beiden Teilen des Datenspeichers (X-/Y-Datenspeicher) abzulegen.

Zum Abschluss dieses Unterabschnitts sei erwähnt, dass bei modernen DSPs die beschriebenen Rechenwerke Multiplizierer, ALU und Barrel Shifter als autonom und parallel arbeitende Einheiten mit getrennten Zugriffspfaden zu einem sog. Multiport-Registersatz ausgelegt sind. Dies ist in Abb. 5.18 skizziert. Hochleistungs-DSPs besitzen z.T. mehrere unabhängig arbeitende Gruppen aus den drei beschriebenen Rechenwerken. Darauf gehen wir im Abschnitt 10.2 noch näher ein.

---

[1] Genauer gehen wir darauf im Unterabschnitt 6.1.4 ein

[2] Man beachte, dass dabei – anders als bei den Integer-Rechenwerken – die Flags des Statusregisters der ALU nicht gesetzt werden, da der Operand nicht durch die ALU transportiert wird

[3] Vgl. Unterabschnitt 5.5.4

[4] Skalierung: Multiplikation mit einem konstanten Faktor, Normalisierung: Überführen (z.B.) ins IEEE-754-Format (vgl. Unterabschnitt 6.1.4), so dass die erste 1 der Mantisse direkt vor dem Dezimalpunkt kommt

[5] Die m Überlauf-Bits enthalten bei gültigen Ergebnissen stets nur das Vorzeichen

Realisierte Registersätze umfassen bis zu 16 Register mit einer Länge bis zu 40 Bits. Auf die Register kann – über im Maximalfall 16 Ports – gleichzeitig lesend oder schreibend zugegriffen werden. Über zwei dedizierte Speicherports werden in einem Takt zwei Operanden zwischen den Datenspeichern und den Registern ausgetauscht, wobei die Richtung für jeden Transport individuell festgelegt werden kann (lesen/lesen, lesen/schreiben, schreiben/lesen, schreiben/ schreiben). Die Registersätze sind häufig doppelt ausgelegt – und zwar als primärer Registersatz und sekundärer Registersatz (Schattenregister). Dadurch ist es möglich, in einem einzigen Taktzyklus zwischen beiden Sätzen umzuschalten. Dies ermöglicht einen schnellen Kontextwechsel, wie er z.B. beim Sprung in ein Unterprogramm oder beim Aufruf einer Interrupt-Routine nötig ist.

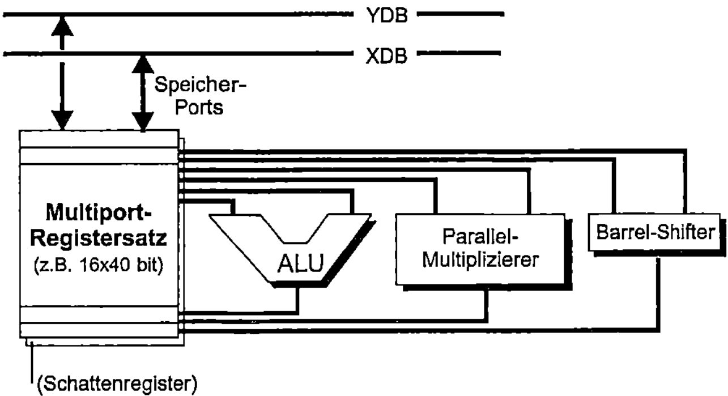

Abb. 5.18: Struktur des Rechenwerks moderner DSPs[1]

5.5.4 Gleitpunkt-Rechenwerke

Gerade in technisch-wissenschaftlichen Anwendungen treten häufig Zahlenwerte auf, zwischen denen viele Größenordnungen liegen. Hier ist es zweckmäßig, sich neben den eigentlichen wichtigen („signifikanten") Ziffern auch die individuelle Größenordnung einer Zahl („Maßstabsfaktor") zu merken. Dies führt zur **Gleitpunkt-Zahlendarstellung**.[2] Wir beschränken uns im Folgenden auf die Darstellung der Gleitpunktzahlen im Binärsystem. Dabei lässt sich eine Gleitpunktzahl Z folgendermaßen darstellen:

$$Z = \pm M \cdot 2^{\pm E} .$$

- M ist die oben erwähnte Folge der signifikanten Ziffern und wird **Mantisse** genannt. Sie kann positiv oder negativ sein, was durch das vorangestellte Vorzeichen „±" ausgedrückt ist. Üblicherweise wird verlangt, dass $1 \leq M < 2$ ist, d.h., in der binären Darstellung der Mantisse das Bit vor dem Punkt eine 1 ist. In diesem Fall spricht man von der normalisierten Form[3]. Im Fall, dass $M < 1$ gilt, spricht man dementsprechend von der denormalisierten Form.

---

[1] Ein Eingang des Barrel Shifters stellt den Operanden, der zweite die Anzahl der Schiebepositionen zur Verfügung

[2] Üblich ist auch der Begriff Gleitkommadarstellung. Wir benutzen ihn nicht, da er erstens keine Entsprechung im angelsächsischen Sprachraum hat und zweitens in allen Programmiersprachen oder Rechneranwendungen ein Punkt anstelle eines Kommas zur Zahlendarstellung benutzt wird

[3] Eine andere mögliche Form verlangt: $0.5 \leq M < 1$, also: $M = 0.1\ldots\ldots\ldots$

- $2^{\pm E}$ ist der Maßstabsfaktor der Zahl Z. Die Zahl E heißt der **Exponent** der Zahl. Auch der Faktor kann, ausgedrückt durch das vorangestellte „$\pm$", positiv oder negativ sein. Durch Addition einer geeigneten konstanten Zahl kann der Exponent in den positiven Zahlenbereich verschoben und dadurch auf das Vorzeichen des Exponenten verzichtet werden.[1] Im Folgenden wollen wir daher vorzeichenlose Exponenten voraussetzen.

Sehr viele mathematische Funktionen mit Gleitpunktzahlen bedingen die Ausführung unterschiedlicher Operationen auf Exponent und Mantisse der Zahlen. So wird ja z.B. die Multiplikation zweier Zahlen durch die Addition der Exponenten und die Multiplikation der Mantissen durchgeführt:

$$Z_1 \cdot Z_2 \quad = [(-1)^{VZ1} \cdot M_1 \cdot 2^{E1}] \cdot [(-1)^{VZ2} \cdot M_2 \cdot 2^{E2}] \ = \ (-1)^{VZ1+VZ2} \cdot (M_1 \cdot M_2) \cdot 2^{E1+E2}.$$

Die Unterteilung der Gleitpunkt-Datenformate in Exponent und Mantisse spiegelt sich häufig auch im Aufbau eines Gleitpunkt-Rechenwerks (*Floating-Point Unit* − FPU) wider, wie es in der folgenden Abb. 5.19 skizziert wird. Zur Beschleunigung der Berechnung mathematischer Funktionen besitzt das Rechenwerk zwei ALUs, die ihre Operationen auf den Exponenten und den Mantissen soweit wie möglich parallel durchführen[2].

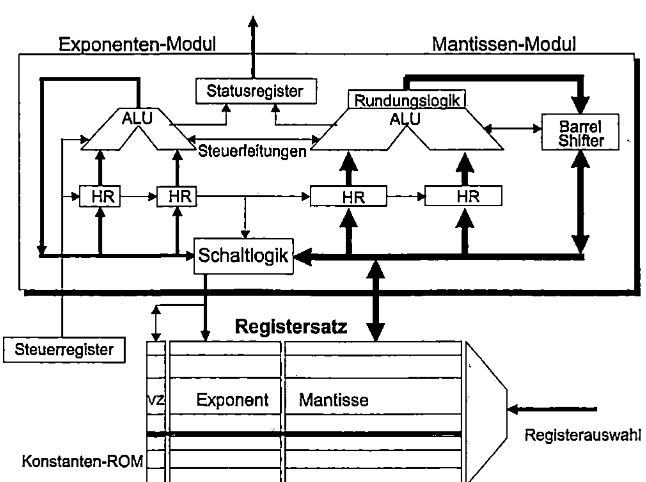

Abb. 5.19: Gleitpunkt-Rechenwerk mit zwei ALUs

Das Rechenwerk besitzt einen eigenen Satz von Registern für die Ablage von Gleitpunktzahlen, welche die Unterteilung der Operanden in Vorzeichen/Exponent bzw. Mantisse widerspiegeln. Zusätzlich werden in einem Festwertspeicher, dem Konstanten-ROM, wichtige und häufig benötigte Konstanten[3] als Gleitpunktzahlen abgespeichert und so deren zeitaufwendige Neuberechnung vermieden. Aus dem Registersatz werden über zwei getrennte Busse die Operanden-

---

[1] Vgl. den IEEE-754-Standard im Unterabschnitt 6.1.4

[2] Einfachere, ältere Gleitpunkt-Einheiten besaßen nur eine ALU, welche die Berechnungen von Exponenten und Mantissen sequenziell hintereinander − und damit sehr zeitaufwendig − durchführen musste

[3] Beispiele sind: 0, 1, 10, e, π, $\log_{10}e$, $\log_2 e$,....

teile den Hilfsregistern (HR) der ALUs zugeführt. Diese ALUs führen dann die geforderten Operationen aus. Die Mantissen-ALU berechnet ihre Ergebnisse üblicherweise intern mit einer größeren Genauigkeit. Die Ergebnisse werden erst vor ihrer Übertragung in den Registersatz auf das vorgegebene Format gerundet.

Beide ALUs tauschen über besondere Steuerleitungen Informationen aus. Bei der oben angesprochenen Normalisierung von Gleitpunktzahlen muss die ALU des Exponenten z.B. wissen, um wie viele Bitpositionen die Mantisse verschoben wurde, und entsprechend den Exponenten korrigieren.

Zur ALU für die Mantissen-Operationen gehört auch eine Rundungslogik, die das Ergebnis in das verlangte Ausgabeformat rundet. Außerdem ist ihr ein Barrel Shifter, insbesondere für die Durchführung der Normalisierung, zugeordnet. Die Kopplung beider Bussysteme über eine besondere Schaltlogik wird insbesondere für Befehle benötigt, die den Exponenten oder die Mantisse einer Gleitpunktzahl selbst in eine Gleitpunktzahl umwandeln (vgl. Unterabschnitt 6.2.4).

Im Statusregister findet man – neben den bereits beim Integer-Rechenwerk beschriebenen *Zero Flag* und *Negative Flag* – ein *Positive Flag*, das ein positives Ergebnis (>0) markiert. Bei den beiden letztgenannten Flags wird noch zwischen gültigen oder ungültigen Ergebnissen (NaN), beim *Zero Flag*[1] zwischen +0 und –0 unterschieden.

Darüber hinaus existieren weitere Statusflags, die anzeigen, ob das Ergebnis der letzten Operation

- positiv bzw. negativ unendlich ist (*Infinity* , +/-∞),
- keine gültige Gleitpunktzahl im verlangten Format ist (*Not a Number* – NaN),
- den darstellbaren Zahlenbereich nach oben (*Overflow*) oder unten (*Underflow*) verlässt,
- in nicht normalisierter Form vorliegt (*Denormalized*),
- durch Rundung an Genauigkeit verloren hat (*Precision*),
- bei der Division durch 0 entstand (*Divide by Zero*).

Darüber hinaus kann die Genauigkeit der vom Rechenwerk ausgegebenen Ergebnisse nach dem IEEE-785-Format bestimmt werden. Zusätzlich kann eine von vier verschiedenen Rundungsmöglichkeiten selektiert werden, die im IEEE-754-Standard festgelegt sind (vgl. Unterabschnitt 6.1.4).

---

[1] da hier keine Zweierkomplementdarstellung benutzt wird, sondern die Zahlen mit Betrag und Vorzeichen vorliegen

5.6 Der Registersatz

5.6.1 Registertypen

Unter einem Register versteht man eine Speicherzelle mit minimaler Zugriffszeit, die ihren Inhalt ohne große Verzögerung zur Verfügung stellt. Dies wird einerseits dadurch erreicht, dass die Register meist auf dem Chip untergebracht sind, wodurch das zeitraubende Umschalten der externen Adress- und Datenwege entfällt. Andererseits kann wegen der relativ kleinen Anzahl von Registern ihre Auswahl durch individuelle Steuerleitungen geschehen, wodurch wiederum die Zeit der Adressdecodierung entfällt. Die Zusammenfassung der Register eines Prozessors wird als **Registersatz** (*Register Set*) bezeichnet.

Durch die Verwendung getrennter Ein- und Ausgänge können die Register zwischen zwei verschiedene interne Busse (Eingangsbus, Ergebnisbus) des Prozessors gehängt werden. Dies verkürzt wiederum die Zugriffszeit und erlaubt das Schreiben eines Registers gleichzeitig zum Lesen eines zweiten Registers[1]. Insbesondere ist dadurch die Übertragung eines Registerinhalts in ein anderes Register in einem Taktzyklus möglich.

Größere Registersätze müssen hingegen als Schreib-/Lesespeicher mit zusätzlichem Adressdecoder realisiert werden, der zur eindeutigen Auswahl eines Registers dient. In diesem Fall spricht man auch von einem **Registerspeicher** oder Registerblock (*Register File*). In der einfachen Form kann zu jedem Zeitpunkt höchstens ein Register selektiert werden. Hier benötigt der angesprochene Registertransfer wenigstens zwei Taktzyklen und ein Hilfsregister zum Zwischenspeichern des transferierten Registerinhalts. Bei den zum Abschluss dieses Abschnitts beschriebenen Multiport-Registersätzen sind die Adressdecoder mehrfach ausgelegt, so dass „gleichzeitig", d.h., in einem Zyklus, mehr als ein Register zum Schreiben oder Lesen selektiert werden kann.

Oft besitzen einige der Register spezielle Funktionen, die durch Steuerleitungen aktiviert werden. Dazu gehören z.B. das Rücksetzen (meist) auf den Wert 0, das Inkrementieren bzw. Dekrementieren um 1 oder das Verschieben des Inhalts um ein Bit vorwärts, d.h., zu höheren Wertigkeiten, oder rückwärts. Mikroprozessoren stellen dem Benutzer zwischen vier und einigen hundert Registern zur Verfügung. Bei einigen Prozessoren kann man in einem Maschinenbefehl mehrere interne Register zu einem längeren zusammenfassen oder aber auch nur einen Teil eines Registers (z.B. ein 16-Bit-Wort oder ein Byte) getrennt ansprechen. Dies wird in abschließenden Fallstudien gezeigt.

Abb. 5.20 zeigt den typischen Registersatz eines Mikroprozessors. Die Register können unterschieden werden in Datenregister, Adressregister und Spezialregister.

5.6.1.1 Datenregister

Die Datenregister (*Data Register*) dienen zur Zwischenspeicherung der Operanden bei allen arithmetischen und logischen Operationen. Zu ihnen gehören insbesondere die Akkumulatoren, die als „Sammelregister" für die ALU bei den meisten Operationen einen Eingabeoperanden und alle Ausgabeoperanden aufnehmen (vgl. Unterabschnitt 5.5.1). 16/32-Bit-Mikroprozessoren

---

[1] Durch Verwendung von Master-Slave-Flipflops kann sogar auf ein und dasselbe Register in einem Taktzyklus lesend und schreibend zugegriffen werden

besitzen meist keine spezialisierten Akkumulatoren mehr, sondern stattdessen Datenregister, die alle in identischer Weise benutzt werden können. Die Breite der Datenregister stimmt in der Regel mit der Verarbeitungsbreite des Integer-Rechenwerks überein.[1]

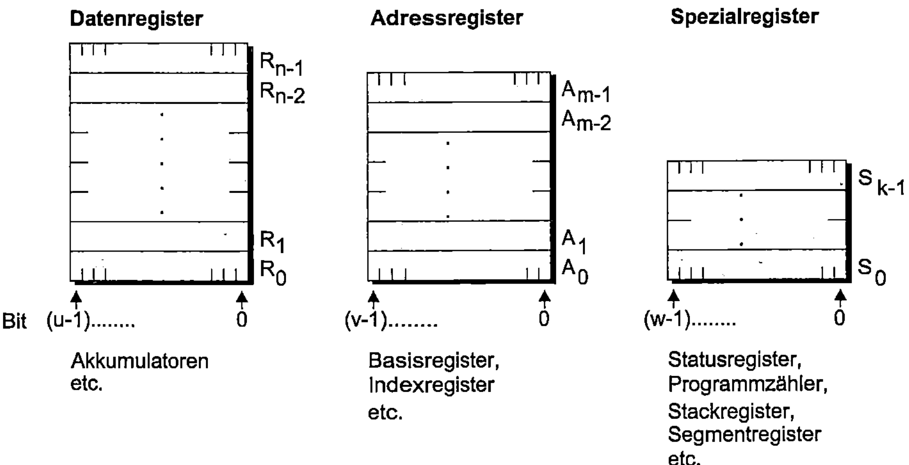

Abb. 5.20: Registersatz eines Mikroprozessors

5.6.1.2   Adressregister

Die Adressregister *(Address Register)* enthalten die Adressen oder Teile davon, die zur Auswahl eines Operanden oder eines Befehls im Speicher herangezogen werden. Dabei unterscheidet man weiter zwischen Basis- und Indexregistern (s. Abb. 5.21). Diese Unterscheidung ist oft jedoch nur durch die Verwendung der Register in den Befehlen, nicht jedoch durch unterschiedliche Hardware erklärbar.

- Ein **Basis(adress)register** enthält meist eine Adresse, die auf den Anfang eines bestimmten Speicherbereichs zeigt („Zeiger", *Pointer*) und während der Bearbeitung dieses Speicherbereichs unverändert bleibt. Die Breite des Basisregisters stimmt in der Regel mit der Breite einer Adresse[2] überein.

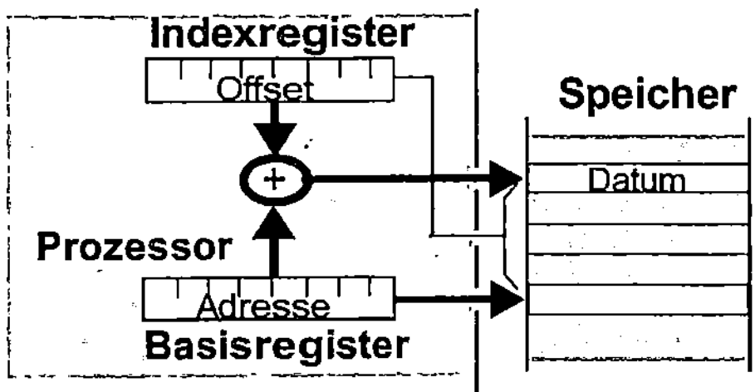

Abb. 5.21: Zur Funktion von Basis- und Indexregister

- Ein **Indexregister** hingegen enthält meist eine Adressdistanz (*Offset, Displacement*) zu einer Basisadresse und dient zur Auswahl eines bestimmten Datums in dem durch diese Adresse festgelegten Speicherbereich (s. Abb. 5.21). Im Gegensatz zu einer Basisadresse ist der Indexwert (meist) vorzeichenbehaftet, so dass – je nach Vorzeichen – Speicherzellen oberhalb (Index $\geq$ 0) oder unterhalb (Index < 0) der Basisadresse angesprochen werden können. Dabei kann die Breite des Indexregisters der des Basisregisters entsprechen, sie kann aber auch kürzer sein. Im letztgenannten Fall ist nur eine begrenzte Teilmenge aller möglichen Speicherzellen vom Basiswert aus ansprechbar. Während der Bearbeitung des Speicherbereichs kann der Wert des Indexregisters automatisch verändert werden. Sehr häufig wird er um eine feste Zahl inkrementiert bzw. dekrementiert, wodurch jeweils nachfolgende bzw. vorhergehende Daten im Speicher angesprochen werden. In Abb. 5.22 sind zwei häufig realisierte Varianten dieser **automatischen Modifikation** eines Indexregisters skizziert.

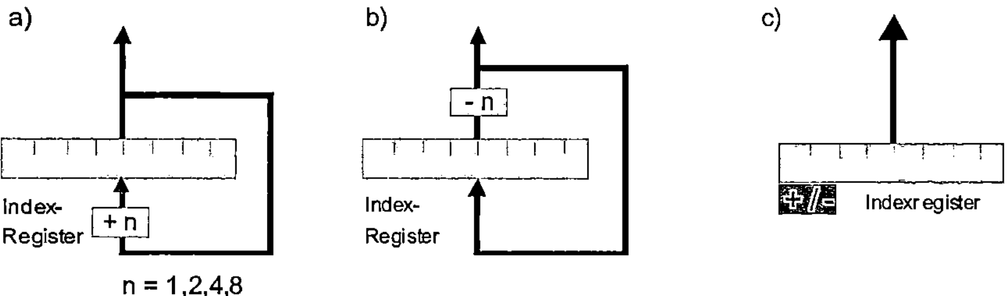

Abb. 5.22: Zur automatischen Modifikation von Indexregistern

- Bei der ersten Variante (in Abb. 5.22a) wird *nach* der Benutzung des Registerwerts dieser um den Wert n erhöht und in das Register eingetragen. Man spricht deshalb von einer Post-Inkrementierung. Bei der zweiten Variante (in Abb. 5.22b) wird der Wert des Indexregisters *vor* der Adressierung einer Speicherzelle um n erniedrigt. Dieser erniedrigte Wert wird dann in das Register zurückgeschrieben. Die Größe n bestimmt den Anfang des nächsten adressierbaren Datums im Speicherbereich. Sie muss im Befehl angegeben werden. Für sie gilt typischerweise n = 1, 2, 4, 8, je nach der Länge (in Byte) der Daten im Speicherbereich. Man spricht hier von einer Pre-Dekrementierung[1].

- In Abb. 5.22c ist ein Symbol für ein Register gezeichnet, das beide Modifikationen erlaubt. Vereinfachend spricht man von einem Autoinkrement/Autodekrement-Register. Natürlich ist es auch möglich, den Zeitpunkt der Inkrementierung bzw. Dekrementierung zu vertauschen und so zu einer Pre-Inkrementierung bzw. Post-Dekrementierung zu kommen.

- In Abb. 5.23 ist eine weitere, bei modernen 16/32-Bit-Prozessoren gebräuchliche Methode[2] skizziert, den Wert eines Indexregisters zu modifizieren. Sie wird **Skalierung** genannt. Bei ihr kann der Inhalt des Indexregisters vor der Auswertung mit einem skalaren Faktor n multipliziert werden. Für n sind – wiederum in Abhängigkeit von der aktuellen Länge der Daten (in Byte) – die Werte n = 1, 2, 4, 8 üblich. In diesem Fall kann man sich zur Selektion des nächsten Datums darauf beschränken, den Registerinhalt jeweils nur um den Wert 1

---

[1] exaktere Schreibweise nach Duden: Prä...
[2] Diese haben Sie schon im Abschnitt 5.4 kennen gelernt (s. Abb. 5.7)

zu inkrementieren bzw. zu dekrementieren. Die Länge des Registers wird dadurch effektiver genutzt. In Abb. 5.23 wird durch den mit „+/–" gekennzeichneten Block angedeutet, dass Register häufig mit beiden Möglichkeiten, Skalierung und Autoinkrement/Autodekrement, ausgestattet sind.

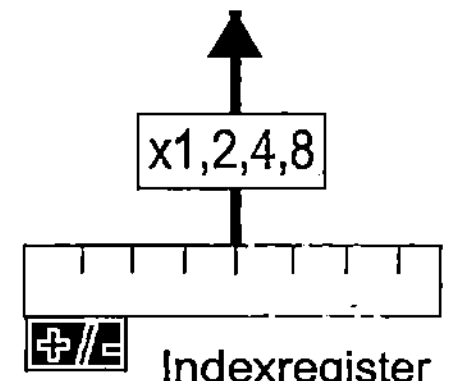

Abb. 5.23: Indexregister mit Skalierung

5.6.1.3 Universelle Register

Bei vielen 16/32-Bit-Prozessoren, insbesondere den RISC-Prozessoren, wird nicht mehr zwischen den Daten- und Adressregistern unterschieden. Dort spricht man dann von universellen Registern (*General Purpose Registers* – GPR), die wahlweise als Adress- oder Datenregister benutzt werden können.

5.6.1.4 Spezialregister

Neben den bisher beschriebenen Registern besitzt jeder Prozessor noch eine mehr oder weniger große Anzahl von Spezialregistern (*Special Purpose Registers*). Einige von ihnen werden als **Systemregister** bezeichnet, da sie nur Hilfsfunktionen im Prozessor ausführen und nicht gezielt vom Programm her angesprochen werden können. Dazu zählen zum einen die Hilfsregister der ALU, die wir im Unterabschnitt 5.5.1 beschrieben haben. Andererseits gehören dazu insbesondere der Programmzähler (*Program Counter* – PC, *Instruction Pointer* – IP), der zu jedem Zeitpunkt auf die im nächsten Programmschritt anzusprechende Speicherzelle zeigt, sowie der Adresspuffer[1] und der Datenbuspuffer.

Obwohl letztgenannte Register funktional zu anderen Komponenten des Prozessors – wie dem Adresswerk, der Systembus-Schnittstelle oder dem Steuerwerk – gehören, werden sie der Vollständigkeit halber meist bei der Darstellung des Registersatzes mit aufgeführt. Andere Spezialregister können durch Maschinenbefehle direkt adressiert werden. Dazu gehören z.B.:

- das Statusregister, das bereits im Unterabschnitt 5.5.1 ausführlich beschrieben wurde,

- das Basisregister für die Interrupt-Vektortabelle (*Vector Base Register*), das auf den Anfang einer Tabelle im Arbeitsspeicher zeigt, (Hierauf wurde im Abschnitt 5.3 ausführlich eingegangen.)

- das Stackregister, das wir im Unterabschnitt 5.2.3 – zusammen mit dem Begriff *Stack* – kurz erklärt haben.

Neben den hier erwähnten Registern besitzen die meisten Prozessoren noch eine Reihe weiterer (System-)Register, deren Funktion jedoch so speziell ist, dass sie hier nicht dargestellt werden können. Auf sie wird an entsprechender Stelle eingegangen.

---

[1] häufig irreführend ebenfalls Adressregister (*Address Register*) genannt

Die benutzerzugänglichen Register, d.h., die vom Programm direkt ansprechbaren Register, mit ihrer Struktur und festgelegten Funktion werden – neben Befehlssatz und Adressierungsarten – zum **Programmiermodell** des Prozessors gezählt, das alle für den (Assembler-)Programmierer wesentlichen Eigenschaften der Prozessor-Hardware zusammenfasst.

5.6.2 Registersätze realer Mikroprozessoren

In diesem Unterabschnitt wollen wir in einigen Fallstudien die Registersätze wichtiger Mikroprozessor-Familien darstellen.

5.6.2.1 Registersatz des Freescale MC68HC908

In Abb. 5.24 ist der Registersatz des 8-Bit-Mikrocontrollers Freescale MC68HC908KX8 dargestellt, den wir im einführenden Beispiel im Abschnitt 2.1 beschrieben haben. Dabei handelt es sich offensichtlich um einen minimalen Satz von Registern: Das Rechenwerk enthält nur den 8-Bit-Akkumulator A und das Statusregister CC (*Condition Code Register*); dem Adresswerk stehen drei 16-Bit-Register zur Verfügung: ein Adress-/Indexregister X, der Programmzähler PC und der Stackregister SP.

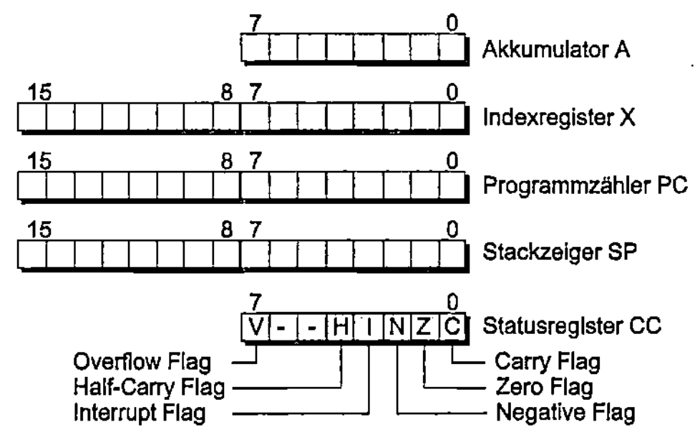

Abb. 5.24: Der Registersatz des Motorola/Freescale MC68HC908

5.6.2.2 Programmiermodell der MC683x0-Prozessoren

In Abb. 5.25 ist der Teil des Registersatzes des Motorola/Freescale MC683xx dargestellt, der bei allen Mitgliedern der Familie realisiert ist. Darüber hinaus stimmt er weitgehend mit dem Registersatz der erfolgreichen Familie von 32-Bit-Mikrocontrollern der Firma Motorola/Freescale überein. Er entspricht sehr gut unserem allgemeinen Modell in Abb. 5.20.

- In den 8 Datenregistern können 8, 16 oder 32 Bits breite Informationen angesprochen werden (Byte, Wort, Doppelwort), und zwar in den Bitpositionen wie es durch die senkrechten Trennstriche angedeutet ist. Sie können neben ihrer Funktion als Datenregister auch als Indexregister benutzt werden.

- Die Adressregister A0 – A6 werden als Basisregister, aber auch als Indexregister eingesetzt.

- Die drei Stackregister A7, A7', A7" werden jeweils unter derselben „Registeradresse" angesprochen. Abhängig vom Betriebszustand des Prozessors ist jeweils genau eines von ihnen aktiv. Sie entsprechen den folgenden Typen des aktuell bearbeiteten Programms:

- A7 (*User Stack Pointer* – USP)   Benutzerprogramm,
- A7' (*Interrupt Stack Pointer* – ISP)   Unterbrechungsroutine,
- A7" (*Master Stack Pointer* – MSP)   Betriebssystemroutine.

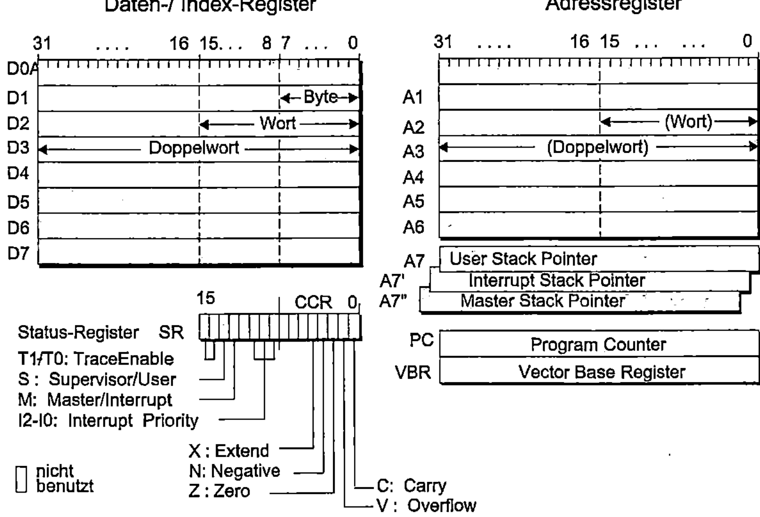

Abb. 5.25: Der Registersatz des Motorola/Freescale MC683x0

Die Adress- und Stackregister können auch als Datenregister benutzt werden. In diesem Fall werden aber in Abhängigkeit von einer ausgeführten Operation keine Flags im Statusregister geändert. Außerdem sind nur 16- oder 32-Bit-Datenverarbeitung (Wort bzw. Doppelwort) möglich. Bei der Abspeicherung eines Worts werden die oberen 16 Bits vorzeichenrichtig ergänzt (*Sign Extension*), d.h., das Wort W wird für

- $\$0000 \leq W \leq \$7FFF$ zu $\$0000\ W$,

- $\$8000 \leq W \leq \$FFFF$ zu $\$FFFF\ W$ erweitert.

Das *Vector Base Register* ist das oben erwähnte Basisregister für die Interrupt-Vektortabelle im Speicher (vgl. Unterabschnitt 5.3).

Das Statusregister SR enthält neben den Zustandflags im CCR (*Condition Code Register*) sieben weitere Flags:

- Die Flags T1/T0 sind *Trace Flags*, welche die Abarbeitung eines Programms in Einzelschritten steuern. Dabei kann zwischen zwei verschiedenen Modi gewählt werden: beim ersten wird eine Unterbrechungsanforderung vor jeder Befehlsausführung, beim zweiten nur vor jeder Programmflussänderung[1] generiert.

- Das *Supervisor/User Flag* S zeigt an, ob der Prozessor im Betriebssystem- oder Benutzermodus arbeitet, insbesondere also, ob eines der Stackregister A7', A7" oder aber das Stackregister A7 aktiv ist.

---

[1] Dies vermeidet z.B., dass längere, häufig aufgerufene Unterprogramme immer wieder im Einzelschrittverfahren durchlaufen werden müssen

- Lässt das *Supervisor/User Flag* erkennen, dass der Betriebssystemmodus vorliegt, so zeigt das *Master/Interrupt Flag* M an, ob eine Interrupt-Routine mit dem Stackregister A7' oder eine Betriebssystemroutine mit dem Stackregister A7" ausgeführt wird.

- Die *Interrupt Flags* I2 – I0 legen fest, welche Priorität eine Unterbrechungsanforderung mindestens haben muss, damit ihr stattgegeben wird.

5.6.2.3   Registersatz der PowerPC-Prozessoren

Als zweites Beispiel wollen wir nun den Registersatz eines typischen RISC-Prozessors vorstellen. Dazu haben wir die PowerPC-Familie der Firmen Motorola/Freescale und IBM ausgewählt. Einen Vertreter dieser Familie, den MPC555, haben wir im Abschnitt 2.4 beschrieben. Wir beschränken uns dabei auf die Register, die dem Benutzer (im *User Mode*) zugänglich sind. Neben diesen Registern besitzen die Mitglieder dieser Prozessorfamilie eine unterschiedliche große Anzahl von Registern, die nur im Betriebssystemmodus (*Supervisor Mode*) angesprochen werden können und insbesondere der Ausnahmebehandlung und der Speicherverwaltung dienen.

Der Benutzer-Registersatz ist in Abb. 5.26 dargestellt. Er besteht im Wesentlichen aus zwei Registerspeichern (*Register Files*):

- Der Speicher der universellen Register GPR31 – GPR0 (*General Purpose Registers*) besteht aus 32 Registern der Länge 32 Bits, die zur Zwischenablage von Integer-Daten und Adressen dienen. Das 32-Bit-Bedingungsregister CR (*Condition Code*) enthält acht 4 Bits breite Felder CRi (i=0,..,7) zur Aufnahme der Statusflags nach arithmetisch/logischen Operationen und den Ergebnissen von Vergleichsoperationen.

- Das Bitfeld CR0 zeigt für Integer-Operationen an, ob das Ergebnis kleiner (*less than* – LT), größer (*greater than* – GT) oder gleich 0 (*equal* – EQ) ist. Ein weiteres Flag SO (*Summary Overflow*) wird gesetzt, wenn wenigstens eine Teiloperation einer komplexen zusammengesetzten Operation einen Überlauf ergab.

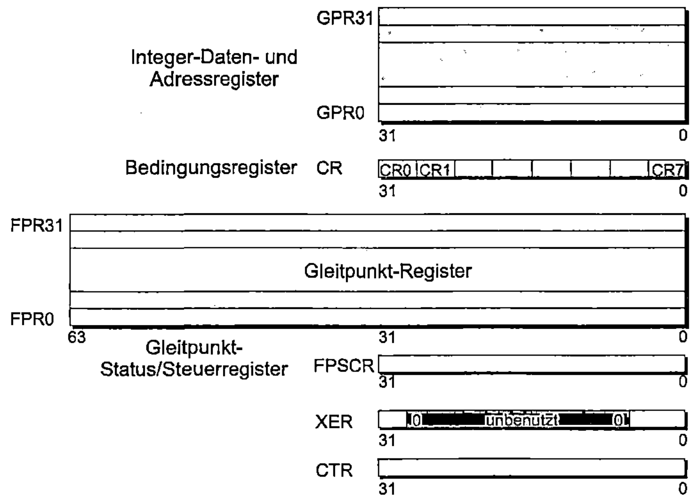

Abb. 5.26: Registersatz der PowerPC-Familie (Ausschnitt)

- CR1 enthält Flags, die das Auftreten von Ausnahmesituationen im Gleitpunkt-Rechenwerk (*Floating-Point Unit* – FPU) anzeigen, und zwar für die folgenden Fälle: Überlauf, ungültige Operation, beliebige Ausnahmesituation aufgetreten, mindestens eine aktivierte Ausnahmesituation aufgetreten (s.u. FPSCR).

- CR2 – CR7 (aber auch CR0, CR1) können in Maschinenbefehlen wahlfrei als Bitfelder für die Aufnahme der Ergebnisse von Vergleichsbefehlen mit den für CR0 (s.o.) angegebenen Bedingungen festgelegt werden – hier aber für Integer- oder Gleitpunkt-Operationen. Die wahlfreie Festlegung der Vergleichsflags erlaubt es dem Programmierer, die Ermittlung der Bits durch Vergleichsbefehle und ihre Auswertung durch nachfolgende Verzweigungsbefehle zu entkoppeln – ohne die Gefahr, diese Bits durch zwischendurch ausgeführte Befehle zu überschreiben.

- Der zweite Registerspeicher FPR31 – FPR0 (*Floating-Point Registers*) umfasst 32 Register der Länge 64 Bits und dient zur Aufnahme von doppelt-genauen Gleitpunktzahlen nach dem IEEE-754-Standard (vgl. Unterabschnitt 6.1.4[1]). Das FPSCR-Register (*Floating-Point Status and Control Register*) enthält zwei Dutzend Flags zur Anzeige von Ausnahmesituationen der FPU. Mit fünf Bits kann festgelegt werden, welche der Situationen: „ungültige Operation, Überlauf, Unterlauf, Division durch 0, Ergebnis gerundet" zu einer Programmunterbrechung führen soll (aktiviert – *enabled*). In einem weiteren Bitfeld kann eine der vier Rundungsweisen nach dem IEEE-754-Standard ausgewählt werden.

- Das XER-Register enthält in den drei höchstwertigen Bits das Übertragsbit (*Carry Flag*), das Überlaufbit (*Overflow Flag*) und das oben beschriebene *Summary Overflow Flag* (SO). Die sieben niederwertigen Bits stellen einen Zähler für Befehle dar, die eine Folge von Bytes (*Strings*) in den GPR-Registersatz laden bzw. von dort in den Speicher transferieren. Alle anderen Bits sind unbenutzt (0).

- Das Register CTR (*Count*) dient als Zählregister für einen kombinierten Verzweigungsbefehl, der den Inhalt von CTR dekrementiert und nur dann einen Sprung ausführt, wenn CTR = 0 erreicht ist.

5.6.2.4 Der Registersatz des ARM-Gleitpunkt-Coprozessors

Im Unterabschnitt 2.3.1 wurde erwähnt, dass einige Prozessorkerne von Mikrocontrollern durch Gleitpunkt-Arithmetikeinheiten erweitert sind. Da sie durch besondere Befehle im Befehlssatz des Prozessors programmiert werden können, werden sie auch als Coprozessoren bezeichnet. In Abb. 5.27 ist der Registersatz des Gleitpunkt-Coprozessors gezeigt, wie er in den Mikrocontrollern der Firma ARM (*Advanced RISC Machines*) eingesetzt werden kann.

Der Registersatz besteht aus 32 32-Bit-Registern ($S_{31},...,S_0$), die jeweils eine gebrochene 32-Bit-Zahl (einfach-genau – *single*) nach dem IEEE-754-Standard aufnehmen kann, der im Unterabschnitt 6.1.4 beschrieben wird. Wird mit gebrochenen 64-Bit-Zahlen (doppelt-genau – *double*) nach diesem Standard gearbeitet, so müssen die Daten jeweils in einem Paar von 32-Bit-Registern $D_i=(S_{2i+1}, S_{2i})$, i=0,..,15, abgelegt werden, wobei die höherwertige Hälfte in S_{2i+1} liegt.

---

[1] Die PowerPC-Prozessoren unterstützen einfach-genaue (32-Bit-)Zahlen und doppelt-genaue (64-Bit-)Zahlen. Intern wird jedoch immer mit einer Genauigkeit von 64 bit gerechnet

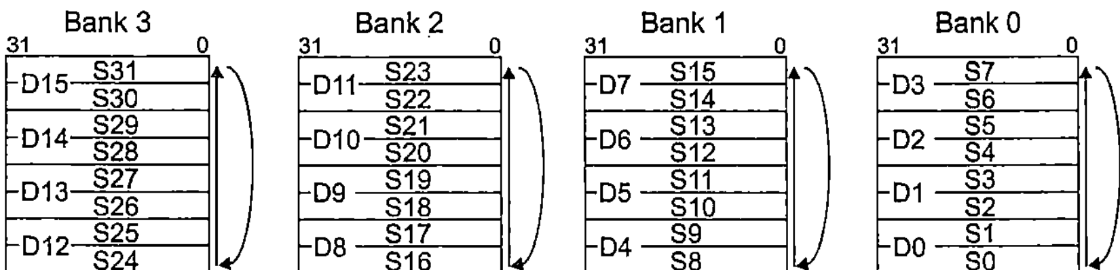

Abb. 5.27: Registersatz des ARM-Gleitpunkt-Coprozessors

Der gesamte Registersatz ist in vier Bänke mit jeweils 8 Registern unterteilt. Insbesondere für Anwendungen der digitalen Signalverarbeitung kann jede Bank mit Hilfe eines Indexregisters so adressiert werden, dass sie als Ringpuffer arbeitet (vgl. Unterabschnitt 6.3.4), d.h., nach der Selektion des letzten Registers in der Bank wird automatisch wieder auf das erste zugegriffen. Diese Zugriffsfolge wird in Abb. 5.27 durch die Pfeile angedeutet. Diese Ringpuffer-Adressierung unterstützt Arithmetikbefehle, die die Registerbänke als Vektoren aus acht 32-Bit-Operanden bzw. vier 64-Bit-Operanden verarbeiten. Daher wird die Einheit als Vektor-Gleitpunkt-Coprozessor (*Vector Floating-Point Coprocessor*) bezeichnet.

Wird die Gleitpunkt-Arithmetikeinheit von einer Anwendung nicht benötigt, so können ihre Register vom Rechenwerk des Prozessors zur Speicherung beliebiger ganzzahliger Operanden (*Integer Registers*) benutzt werden.

5.6.3 Registerspeicher

Bereits zu Beginn der Mikroprozessor-Entwicklung versuchte man, durch den Einsatz großer Registerspeicher auf dem Prozessorchip den hemmenden Einfluss zu verringern, der durch den Unterschied zwischen der (relativ hohen) Prozessorgeschwindigkeit und dem langsamen Arbeitsspeicher auftrat. So besaß bereits Mitte der 70er Jahre der F8-Prozessor der Firma Fairchild einen Registerblock aus 64 Registern (der Länge 8 Bits), der als „Notizbuchspeicher" (*Scratchpad Registers*) für die kurzzeitige Aufnahme häufig benutzter Daten (Operanden) und Adressen diente. Auch bei den Mikrocontrollern gibt es seit vielen Jahren Registerblöcke mit bis zu 256 Registern.[1] Bei den seit Anfang der 80er Jahre auf dem Markt erscheinenden RISC-Prozessoren gehört ein großer Registerblock (mit wenigstens 32 Registern) zu den charakterisierenden Eigenschaften.

Dennoch ist auffällig, dass die Größe der implementierten Registerspeicher in keinem Verhältnis zu den bei modernen Mikroprozessoren auf dem Chip integrierten Speichern steht. Ein Grund liegt darin, dass ein großer Registerspeicher eine lange Adresse zur Selektion eines bestimmten Registers benötigt und diese Adresse im Befehlscode[2] untergebracht werden muss.

- Der Befehlssatz des o.g. F8-Prozessors war in 8-Bit-Befehlscodes verschlüsselt. In diesen Befehlscodes war nur Platz für vier Adressbits, mit denen die „unteren" 16 Register des Registerblocks direkt selektiert werden konnten. Der gesamte Block musste indirekt adressiert werden, d.h., die 6-Bit-Adresse eines Registers musste zunächst in ein spezielles Adressregister eingetragen werden, bevor damit das gewünschte Register angesprochen werden konnte.

---

[1] z.B. beim Intel 80196
[2] Im Unterabschnitt 6.2.3 gehen wir auf den Aufbau eines OpCodes ausführlich ein

- RISC-Prozessoren besitzen häufig Befehlscodes mit einer festen Länge von 32 Bits. Viele ihrer arithmetisch/logischen Befehle verknüpfen zwei Registeroperanden miteinander und schreiben das Ergebnis in ein weiteres Register. Dazu müssen im Befehlscode drei Registeradressen angegeben werden. Um noch genügend Bits für die genaue Beschreibung der Operation zur Verfügung zu haben, ist dadurch die Länge der Adressen auf 8 bis 9 Bits begrenzt, d.h., auf insgesamt 24 bis 27 Bits für alle Registeradressen. Daraus ergibt sich eine maximale Kapazität des Registerspeichers von bis zu 256 bzw. 512 Registern. So besitzt z.B. der 64-Bit-Prozessor IA-64 (*Merced*) von Intel einen universellen und einen Gleitpunkt-Registerblock mit jeweils 128 Registern.

Ein weiterer Grund, der die Komplexität großer Registerspeicher sehr stark anwachsen lässt, wird aus der bereits erwähnten Tatsache deutlich, dass in modernen Prozessoren nicht nur eine Komponente, sondern mehrere Komponenten[1] gleichzeitig auf den Registerspeicher zugreifen müssen. Daher müssen die Registerblöcke als **Multiport-Registerspeicher** ausgelegt sein. Der Multiport-Registerspeicher erlaubt das gleichzeitige Auslesen und Einschreiben mehrerer Register. Dazu verfügt er über mehrfache Schnittstellen, den sog. **Ports,** zu unterschiedlichen internen Bussen des Prozessors. Da typische Rechenwerks-Operationen zwei Eingabeoperanden zu einem Ausgabeoperanden verarbeiten, sind meist mehr Ausgabeports als Eingabeports vorhanden. In Abb. 5.28 ist beispielhaft ein Multi-Registerspeicher skizziert.

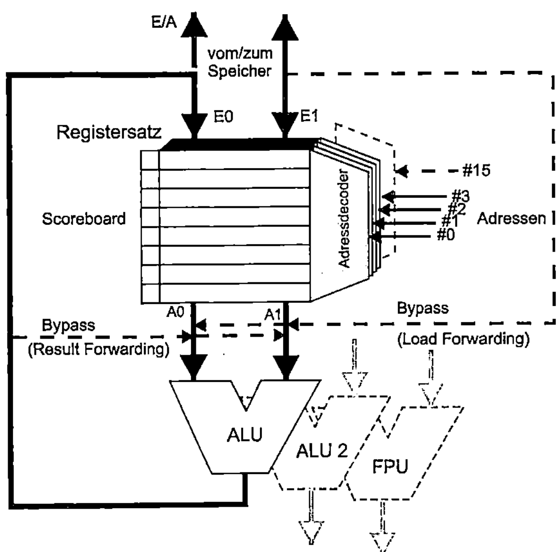

Abb. 5.28: Aufbau eines Multiportspeichers

Man findet heute Registerblöcke mit bis zu 16 Ein-/Ausgabeports.[2] Zur Selektion der beteiligten Register besitzt der Speicher einen vervielfältigten Adressdecoder. Die technische Realisierung der Register, z.B. aus Master-Slave-Flipflops, erlaubt es sogar, im selben Taktzyklus dasselbe Register sowohl als Eingabe- wie auch als Ausgaberegister anzusprechen.

---

[1] z.B. mehrere Rechenwerke und das Adresswerk
[2] z.B. beim DSP TMS320C6x von Texas Instruments

Über einen Ein-/Ausgabeport (E/A) können die Register aus dem externen oder internen Arbeitsspeicher oder einer Schnittstellenkomponente geladen bzw. ihre Inhalte können dorthin ausgegeben werden. Über die beiden Ausgabeports A0, A1 werden zwei Registerinhalte als Operanden an die ALU übergeben. Das Ergebnis der ALU-Operation wird über den Eingabeport E0 in den Registerblock (zurück-)geschrieben (*Write back*).

Die in Abb. 5.28 gezeigte Komponente **Scoreboard** („Anzeigetafel") verhindert, dass Datenabhängigkeiten zwischen mehreren Operationen, die momentan ausgeführt werden, zu falschen Ergebnissen führen: Ein Register, das in einem in Ausführung befindlichen Befehl als Ergebnisregister selektiert wurde, wird z.B. im Scoreboard solange als gesperrt gekennzeichnet, bis das neue Ergebnis dort eingetragen wurde. Dadurch kann vermieden werden, dass nachfolgende Befehle vorzeitig auf den alten, ungültigen Registerwert zugreifen. Das Scoreboard ist in der Abbildung vereinfacht als Bitvektor an den Registerblock gehängt. Seine Realisierung benötigt in Realität eine aufwändige Schaltung mit umfangreichen Tabellen. Darauf wollen wir im Rahmen dieses Buches jedoch nicht näher eingehen.

Wenn die ALU nach Abb. 5.28 einen Operanden verarbeiten muss, der noch nicht im Registerspeicher vorliegt, so muss dieser zunächst (über den Port E/A) geladen und in einem Register abgelegt werden. Er kann frühestens einen Taktzyklus später zur ALU weitergeleitet werden. Um diese Verzögerung zu vermeiden, verfügen Registerspeicher häufig über einen **Bypass** („Umgehungsbus"), über den der Operand – gleichzeitig mit seiner Ablage im Registerspeicher – auch an einen der Eingänge der ALU gelegt werden kann. Diese Übertragung des Operanden wird als *Load Forwarding* bezeichnet.

Eine ähnliche Situation tritt auf, wenn das Ergebnis einer ALU-Operation bereits in der folgenden Operation als Operand benötigt wird. In diesem Fall tritt eine Verzögerung (um wenigstens einen Taktzyklus) dadurch auf, dass das Ergebnis zunächst in den Registerspeicher (zurück-)geschrieben werden muss und erst im folgenden Takt von dort an einen ALU-Eingang gelegt werden kann. Auch zur Vermeidung dieser Verzögerung wird ein Bypass verwendet, der das Ergebnis unmittelbar auf einen der ALU-Eingänge zurückkoppelt. So kann es – gleichzeitig mit seiner Ablage im Registerblock – bereits durch den folgenden Befehl verarbeitet werden. Diese Rückkopplung des Ergebnisses wird *Result Forwarding* genannt.

Bei universellen Hochleistungsprozessoren findet man noch weitere Verfahren, die z.B. darin bestehen, große Registerspeicher in mehrere überlappende oder disjunkte Blöcke zu unterteilen. Wir wollen es hier aber mit diesen Ausführungen bewenden lassen.

5.7 Die Systembus-Schnittstelle

5.7.1 Aufbau

Die Systembus-Schnittstelle (*Bus Interface Unit* – BIU) stellt die Verbindung des Mikroprozessor(-Kern)s zu seiner Umwelt, also den Komponenten des Mikroprozessor-Systems dar. Dazu übernimmt sie einerseits die (logische) Funktion der Zwischenspeicherung von Adressen und Daten, andererseits die elektrische Funktion der Anpassung von internen und externen Signalpegeln und der Bereitstellung genügend großer Ausgangsleistung. Dies geschieht durch die Treiber, die als Stromverstärker eine größere Buslast und damit eine größere Anzahl von angeschlossenen Bausteineingängen erlauben. Auf beide Funktionen soll nun näher eingegangen werden. Dazu ist in Abb. 5.29 noch einmal die Systembus-Schnittstelle skizziert.

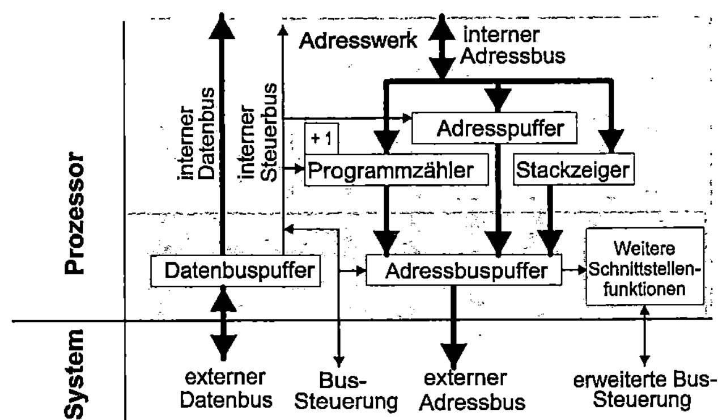

Abb. 5.29: Die Systembus-Schnittstelle

Wie bereits gesagt, werden Register, die nur zur kurzzeitigen Zwischenspeicherung eines Datums dienen und die vom Benutzer nicht direkt durch spezielle Befehle angesprochen werden können, häufig als Puffer(-Register, *Latches, Buffer*) bezeichnet. Die Systembus-Schnittstelle des Prozessors enthält wenigstens die folgenden Pufferregister:

Datenbuspuffer

Der Datenbuspuffer (DBP) speichert alle Daten, die von der Außenwelt in den Prozessor gelesen werden oder in umgekehrter Richtung den Prozessor verlassen. Bei Prozessoren, die intern eine erheblich höhere Verarbeitungsgeschwindigkeit haben, als sie beim Zugriff auf einen (externen) Speicher möglich ist, hält dieser Puffer das auszugebende Datum so lange fest, bis es vom Speicher übernommen wurde.

Adressbuspuffer

Der Adressbuspuffer enthält stets die Adresse der Speicherzelle, auf die im nächsten Buszyklus zugegriffen werden soll. Bei einem Befehlszugriff wird er dazu vom Adresswerk mit dem Wert des Programmzählers, bei einem Operandenzugriff aus dem Adresspuffer und bei einem Stackzugriff aus dem Stackzeiger geladen. Die genannten Register des Adresswerks sind über einen Multiplexer mit dem Adressbuspuffer verbunden.

Lese/Schreib-FIFO

Bei modernen Hochleistungsprozessoren sind Daten- und Adressbuspuffer häufig als FIFO-Speicher („Warteschlange") mit wenigstens vier Speicherplätzen ausgebildet. In diese kann der Prozessor die auszugebenden Daten, mit ihren Adressen und Bus-Steuerinformationen, mit der internen Arbeitsgeschwindigkeit eintragen (*Write/Store Buffer*). Der Transport dieser Daten in den Arbeitsspeicher wird dann von der Systembus-Schnittstelle mit der Arbeitsgeschwindigkeit des Systembusses autonom durchgeführt. Entsprechend können eingelesene Daten in einem Lade-FIFO-Speicher (*Load Buffer*) durch die Systembus-Schnittstelle zwischengespeichert werden und dort auf die weitere Bearbeitung durch den Prozessor warten.

Um den Prozessor vom Systembus „abschalten" zu können und so anderen Systemkomponenten den Zugriff darauf zu erlauben, sind die Ausgänge der Pufferregister als Tristate-Ausgänge (s.u.) realisiert. Im folgenden Unterabschnitt gehen wir auf die Realisierung der Busankopplung genauer ein.

5.7.2 Realisierung der Busankopplung

Um die beschriebenen Aufgaben erfüllen zu können, muss der Datenbuspuffer von beiden Richtungen aus, also vom Innern des Prozessors sowie von seiner Außenwelt her, gelesen und beschrieben werden können. Um anderen Komponenten des Systems den exklusiven Zugriff auf den Datenbus zu gewähren, muss es zusätzlich möglich sein, die Ausgänge der Datenbus- und Adressbuspuffer zum externen Systembus „abzuschalten". Dieses Abschalten wird durch eine besondere Gatterform, das **Tristate-Gatter**, erlaubt. Sein Schaltbild und seine Funktionstabelle sind in Abb. 5.30 dargestellt.

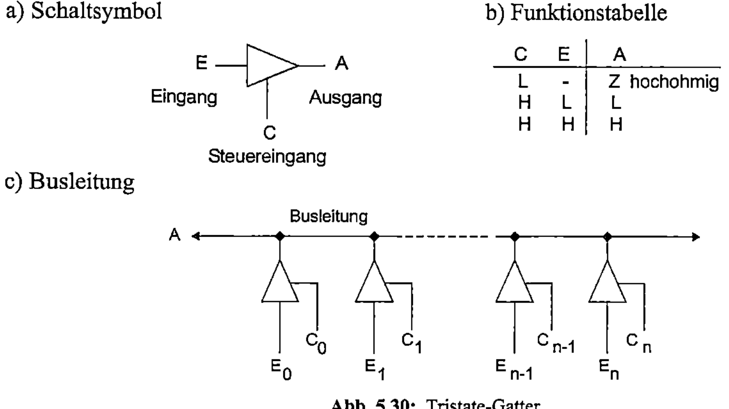

Abb. 5.30: Tristate-Gatter

Wie der Name bereits angedeutet, besitzt es drei Ausgangszustände: neben den Pegelzuständen H (*high*) und L (*low*) noch den Zustand Z. In diesem Zustand ist der Ausgang A hochohmig gegen beide Betriebsspannungen (*High Impedance*). Dieser Ausgangszustand wird stets angenommen, wenn der Steuereingang C (*Control*) auf L-Potenzial liegt. Tristate-Gatter ermöglichen es, mehrere Gatterausgänge auf eine gemeinsame Leitung zusammenzuschalten (s. Abb. 5.30c). Sie werden deshalb bevorzugt zum Aufbau von Bussystemen benutzt. Solange dafür gesorgt wird, dass stets höchstens einer der Steuereingänge C_i aktiviert, also auf H-Potenzial ist, kann es am gemeinsamen Ausgang A der Gatter keinen Kurzschluss geben.

In Abb. 5.31 ist ein Treiber aus Tristate-Gattern gezeichnet, der einen Datentransfer in beiden Richtungen zulässt. Für jede Bitleitung des Datenbusses muss ein solcher Treiber vorhanden sein.

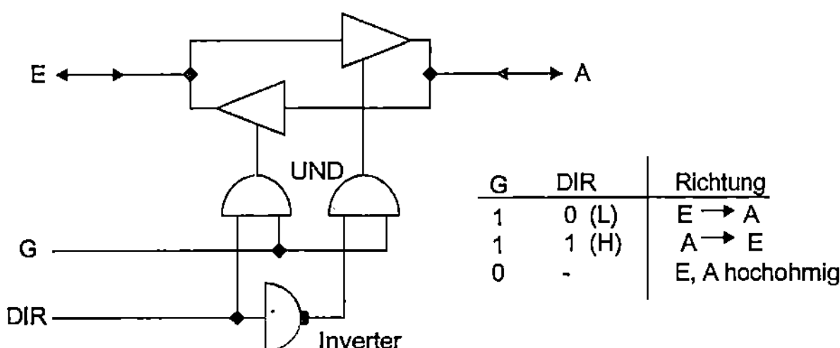

G	DIR	Richtung
1	0 (L)	E → A
1	1 (H)	A → E
0	-	E, A hochohmig

Abb. 5.31: Bidirektionaler (Datenbus-)Treiber

Durch ein L-Potenzial am Steuereingang G werden über die UND-Gatter beide Tristate-Gatter gesperrt, ihre Ausgänge werden also hochohmig. Somit ist ein Datentransfer in keine Richtung möglich. Liegt G auf H-Potenzial, so ist stets genau eines der UND-Gatter aktiviert. Welches von beiden, wird durch das Richtungs-Umschaltsignal DIR (*Direction*) vorgegeben: Ist DIR auf L-Potenzial, so geht die Übertragung von E nach A, für DIR auf H-Potenzial von A nach E.

In Abb. 5.32 ist der bidirektionale Datenbus-Treiber so um ein D-Flipflop erweitert, dass aus beiden Richtungen der Inhalt des Flipflops gelesen oder verändert werden kann.

Die Übernahme eines neuen Datums in das Flipflop wird durch ein spezielles Taktsignal erzwungen. Durch ein L-Signal am Steuereingang G werden alle Tristate-Gatter deaktiviert. Ein H-Signal an G selektiert genau die beiden Tristate-Gatter einer Übertragungsrichtung (G_1, G_4 bzw. G_2, G_3); die gewünschte Richtung wird wiederum durch das Signal DIR ausgewählt. Zwei zusätzliche Steuersignale O_E, O_A ermöglichen die Deaktivierung der Ausgangsgatter G_2 bzw. G_4, so dass der Flipflop-Inhalt verändert werden kann, ohne dass der Ausgang des Flipflops auf die Leitung E bzw. A gelegt wird.

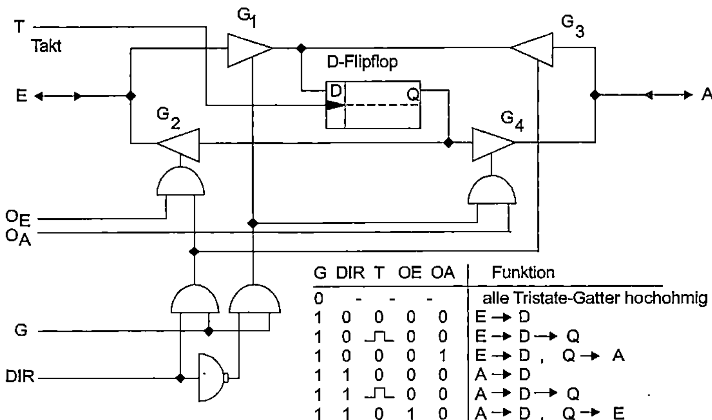

G	DIR	T	OE	OA	Funktion
0	-	-	-	-	alle Tristate-Gatter hochohmig
1	0	0	0	0	E → D
1	0	⊓	0	0	E → D → Q
1	0	0	0	1	E → D , Q → A
1	1	0	0	0	A → D
1	1	⊓	0	0	A → D → Q
1	1	0	1	0	A → D , Q → E

Abb. 5.32: Bidirektionaler Datenbustreiber mit Puffer-Flipflop

6.   Die Hardware/Software-Schnittstelle

In diesem Kapitel werden wir uns mit den grundlegenden Softwareaspekten der Mikroprozessoren beschäftigen – also nur mit denjenigen Aspekten, die unmittelbar von der Prozessor-Hardware vorgegeben werden. Im Wesentlichen geschieht dies durch eine ausführliche Beschreibung der verschiedenen von Mikroprozessoren unterstützten Datentypen und Datenformate, Befehlssätze und Adressierungsarten[1].

Zur Begriffsbestimmung

- Unter einem **Datentyp** verstehen wir vereinfachend den Wertebereich, den eine Konstante, eine Variable, Ausdrücke oder Funktionen in einem Programm annehmen können. Ein Datentyp wird bestimmt durch das **Datenformat**, insbesondere also die Anzahl der Bits, und durch seine Bedeutung. Häufig können bestimmte Datentypen in verschiedenen Formaten verarbeitet werden. Von allen möglichen Datentypen interessieren uns hier nur solche, die auf der Hardwareebene, d.h., durch den Befehlssatz des µPs, direkt verarbeitet werden können.

- Dabei versteht man unter dem **Befehlssatz** eines Prozessors die Menge der verschiedenen Maschinenbefehle, die durch das Steuerwerk des µPs interpretiert und entweder durch Mikroprogramme oder „fest verdrahtet" ausgeführt werden.

- Die verschiedenen Möglichkeiten eines Prozessors, aus Adressen, Adressdistanzen (*Offsets*) und Registerinhalten eine (effektive) Operandenadresse zu berechnen, nennt man seine **Adressierungsarten**.

6.1   Datentypen und Datenformate

Prinzipiell kann zwar jeder Mikroprozessor jeden Datentyp verarbeiten, jedoch bestehen bei den verschiedenen Prozessoren große Unterschiede darin, welche Datentypen die Hardware selbst, also insbesondere die ALU und die Gleitpunkteinheit im Operationswerk, als Operanden zulassen. Diese Datentypen können in den Maschinenbefehlen direkt angegeben werden. Alle anderen müssen durch ein geeignetes (Maschinen-)Programm auf elementarere Datentypen zurückgeführt und in mehreren Schritten berechnet werden, d.h., ihre Bearbeitung wird durch den Prozessor in Software emuliert.

In diesem Abschnitt werden Sie sehen, dass der Umfang der Datentypen, die direkt von der Hardware des Prozessors verarbeitet werden können, einen der größten Unterschiede zwischen den 8-Bit-Prozessoren einerseits und den 16-, 32- oder 64-Bit-Prozessoren andererseits darstellt.

6.1.1   Datentypen und Datenformate von 8-Bit-Prozessoren

In Abb. 6.1 sind die Datentypen und ihre Formate dargestellt, die von 8-Bit-Mikroprozessoren direkt verarbeitet oder unterstützt werden. Sie werden im Folgenden kurz beschrieben.

---

[1] Im Rahmen dieses Buches können wir uns leider nicht um weiterführende Softwarefragen, wie die (systematische) Erstellung von Anwender- oder Systemprogrammen, um Unterprogrammtechniken, um Assemblerprogrammierung oder Programmierung in einer höheren Programmiersprache usw., kümmern

H. Bähring, *Anwendungsorientierte Mikroprozessoren*, eXamen.press, 4th ed.,
DOI 10.1007/978-3-642-12292-7_6, © Springer-Verlag Berlin Heidelberg 2010

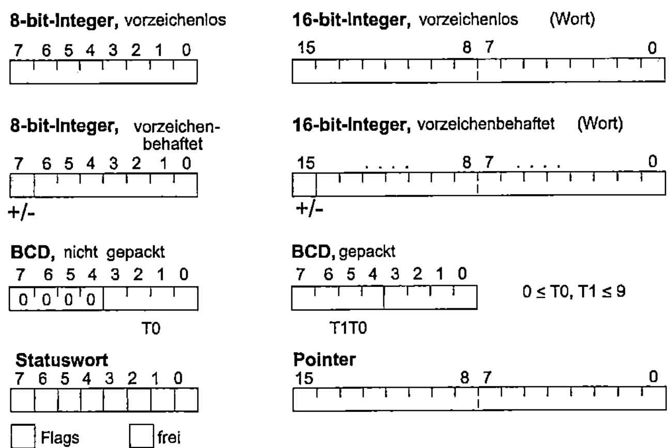

Abb. 6.1: Datentypen und Datenformate bei 8-Bit-Prozessoren

8/16-Bit-Integers

Daten dieses Typs stellen ganze Zahlen dar. 8-Bit-Integers sind bei 8-Bit-Prozessoren die längsten Zahlen, die in einem Schritt von der ALU verarbeitet werden können. Moderne 8-Bit-Prozessoren verarbeiten jedoch auch 16-Bit-Integers, auch wenn dies durch die ALU in mehreren Schritten durchgeführt werden muss. Eine 8-Bit-Integerzahl wird gewöhnlich auch als Byte bezeichnet. Leider ist die Benennung für eine 16-Bit-Integerzahl nicht so einheitlich: Bei 16-Bit-Prozessoren verwendet man häufig den Begriff „Wort", während sie bei 32-Bit-Prozessoren gewöhnlich „Halbwort" genannt wird.

8/16-Bit-Integers können sowohl als vorzeichenlose (unsigned, Ordinal) als auch als vorzeichenbehaftete (signed) Zahlen verarbeitet werden. Im letzten Fall wird das Vorzeichen durch das höchstwertige Bit angegeben. Dabei werden negative Zahlen im Zweierkomplement repräsentiert und ihr Vorzeichenbit ist 1. Die Wertigkeiten der einzelnen Bits und die darstellbaren Zahlenbereiche sind in der folgenden Tabelle 6.1 angegeben.

Tabelle 6.1: Bit-Wertigkeiten und Zahlenbereiche der Integer-Zahlen

Format	vorzeichenlos		vorzeichenbehaftet	
	Bit-Wertigkeiten	Zahlenbereich	Bit-Wertigkeiten	Zahlenbereich
8 Bits (Byte)	$2^7,.....,2^0$	$0 \leq Z \leq 255$	$-2^7, 2^6,.....,2^0$	$-128 \leq Z \leq 127$
16 Bits (Wort)	$2^{15},.....,2^0$	$0 \leq Z \leq 65535$	$-2^{15}, 2^{14},.....,2^0$	$-32768 \leq Z \leq 32767$

BCD-Zahlen

Jeweils vier Bits des Datums werden als binär codierte Dezimalziffer (*Binary Coded Decimal* – BCD) aufgefasst. Bei der Speicherung und Verarbeitung von BCD-Zahlen besteht einerseits die Möglichkeit, in jedem Byte nur die unteren vier Bits mit einer BCD-Ziffer zu belegen und die oberen durch Nullen aufzufüllen (*unpacked BCD*). Andererseits kann man zwei BCD-Ziffern in einem Byte unterbringen. Man spricht dann von gepackten BCD-Zahlen (*packed BCD*).

Bei einigen Prozessoren kann die ALU BCD-Zahlen direkt verarbeiten, bei anderen muss durch einen besonderen Befehl (z.B. *Decimal Adjust Accumulator* – DAA) nach jedem arithmetischen Befehl das Ergebnis im Akkumulator in eine BCD-Zahl umgewandelt werden. Dazu werden das Hilfs-Übertragsbit (*Half-Carry Flag*) und das Übertragsbit (*Carry Flag*) im Statusregister benutzt (vgl. Unterabschnitt 5.5.1).

Pointer

Ein *Pointer* (Zeiger) ist eine Adresse – also eine vorzeichenlose ganze Zahl –, die auf einen Operanden oder einen Befehl im Speicher zeigt. In der Regel kann durch einen Pointer der gesamte logische Adressraum[1] des µPs angesprochen werden, d.h., die Länge des Pointers stimmt mit der Länge der (logischen) Adresse überein.

Statuswort

Das Statuswort entspricht dem Inhalt des im Unterabschnitt 5.5.1 beschriebenen Statusregisters. Wie dort bereits erwähnt, ist es eine Verkettung von einzelnen Bits, zwischen denen kein logischer Zusammenhang besteht. Dieses Wort kann in das Statusregister geladen oder von dort gelesen werden. Oft sind einige Bits des Statusregisters nicht benutzt. Die korrespondierenden Bits im Statuswort haben dann keine Bedeutung (*don't care*).

Boole'sche Daten

Die meisten Prozessoren unterstützen Boole'sche Daten in der Form, dass sie die Bits eines Speicherworts oder Registers als unabhängige logische Größen behandeln, die jeweils den Wert 0 (logisch: falsch – *false*) oder 1 (logisch: wahr – *true*) annehmen können. Durch spezielle, logische Befehle kann mit diesen Boole'schen Werten gerechnet werden, wobei die ausgewählte Operation parallel mit allen Bits ausgeführt wird (vgl. Unterabschnitt 6.2.3).

6.1.2 Datentypen und Datenformate von 16/32-Bit-Prozessoren

Bei den 16/32-Bit-Prozessoren kommt zu den bisher beschriebenen Datentypen und ihren Formaten noch eine Reihe weiterer hinzu. Diese sind in Abb. 6.2 dargestellt.

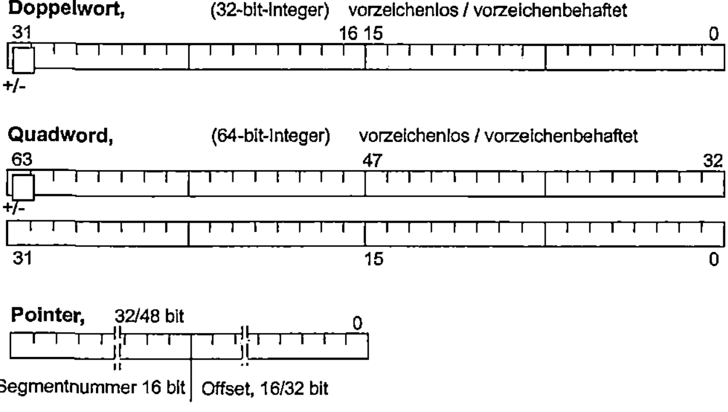

Abb. 6.2: Zusätzliche Datentypen bei 16/32-Bit-Prozessoren

---

[1] Vgl. Unterabschnitt 5.4.3

32/64-Bit-Integers

Die maximale Länge einer ganzen Zahl wird (bei einigen Prozessoren) auf die doppelte Datenbusbreite erweitert, d.h., bei 16-Bit-Prozessoren werden 32-Bit-Integers, bei 32-Bit-Prozessoren 64-Bit-Integers direkt verarbeitet. Man spricht im ersten Fall von einem Doppel- oder Langwort, im zweiten Fall existiert nur der englische Begriff *Quadword* (vierfaches Wort).

Alternativ werden aber auch die in Tabelle 6.2 gezeigten Bezeichnungen benutzt[1]. Wie bei den 8-Bit-Integers können auch diese Zahlen vorzeichenlos (*unsigned, Ordinal*) oder vorzeichenbehaftet (*signed*) sein. Im letzteren Fall wird die Darstellung im Zweierkomplement benutzt, und das höchstwertige Bit gibt das Vorzeichen an. Die Prozessoren legen diese Wörter auf unterschiedliche Weise im Speicher ab: Einerseits werden die einzelnen Bytes des Wortes oder Doppelwortes mit steigender Wertigkeit in Speicherzellen mit aufsteigenden Adressen (*Little Endian Memory Format*), andererseits mit absteigenden Adressen (*Big Endian Memory Format*) gelagert.

Tabelle 6.2: Alternative Bezeichnungen für Integer-Zahlen

	4 Bits	8 Bits	16 Bits	32 Bits	64 Bits
Variante 1	Tetrade	Byte	Wort	Doppelwort	Quadword
Variante 2	Tetrade	Byte	Halbwort	Wort	Doppelwort

Pointer

Bei 16/32-Bit-Prozessoren wird der oben beschriebene Datentyp *Pointer* häufig den komplexeren Adressierungsarten und Speicherverwaltungs-Mechanismen angepasst. Ein Datum vom Typ *Pointer* enthält nun nicht mehr nur die logische Adresse eines Operanden oder Befehls, sondern die Nummer eines bestimmten Segments des Adressraums und die Adressdistanz (*Offset*) zu einem bestimmten Registerinhalt.[2]

Felder (*Arrays*)

Hier beschränkt sich die Unterstützung durch die Hardware einiger Prozessoren auf die Prüfung, ob der Index eines angesprochenen Feldelements innerhalb der vorgegebenen Grenzen liegt. Außerdem wird aus einem zweidimensionalen Index eines Feldelements die eindimensionale Speicheradresse berechnet, unter der das Element im Speicher abgelegt ist. Für beide Operationen stehen spezielle Befehle zur Verfügung (vgl. Unterabschnitt 6.2.3).

Kellerspeicher (*Stack*)

Im Unterabschnitt 5.4.2 wurde der (Software-)Stack als Teil des Arbeitsspeichers mit seiner speziellen Form der LIFO-Verwaltung (*Last in, First out*) bereits beschrieben. Die im Stack abgelegten Daten bilden einen Block variabler Länge. Ein Datum kann nur an einem vorgegebenen Ende des Blocks angefügt oder von dort entnommen werden.

Einige weitere Datentypen und Datenformate werden wegen ihrer Bedeutung und Komplexität in eigenen Unterabschnitten behandelt.

---

[1] Wir verwenden in diesem Buch stets die Variante 1
[2] Vgl. Unterabschnitt 5.4.3

6.1.3 Bit- und blockorientierte Datentypen und ihre Formate

In Abb. 6.3 werden zunächst strukturierte Datentypen dargestellt, bei denen die kleinste unterscheidbare Informationseinheit ein Bit ist. Auf die Bedeutung dieser Datentypen und der auf ihre Verarbeitung spezialisierten Bitmanipulations- und Bitfeldbefehle für die Mikrocontroller haben wir schon im einleitenden Abschnitt 2.3 hingewiesen.

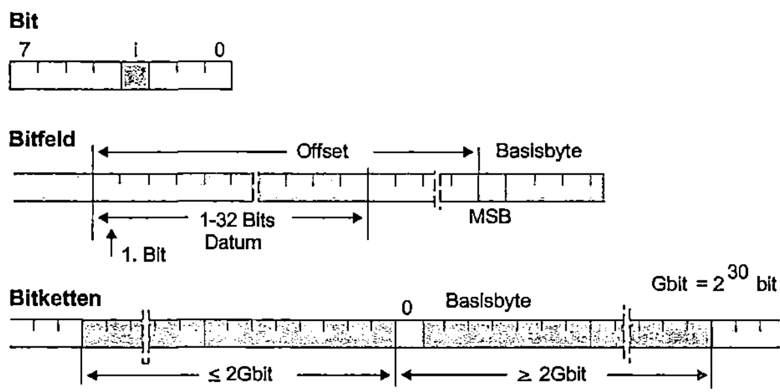

Abb. 6.3: Bit- bzw. blockorientierte Datentypen

Bit

Das Datum ist hier ein einzelnes Bit in einem ausgewählten Byte eines Registers oder einer Speicherzelle. Die Auswahl geschieht zweistufig dadurch, dass zunächst das Basisbyte (*Base Byte*) angesprochen wird, in dem das Bit liegt, und darin dann das gewünschte Bit.

Bitfelder (*Bit Fields*)

Zwischen 1 und 32 hintereinander folgende Bits im Speicher können zu einem Datum zusammengefasst werden. Sie müssen in einem von Prozessor zu Prozessor verschieden großen Speicherbereich liegen:

- Im Minimalfall ist er nur 32 Bits (4 Bytes) groß, und das Basisbyte − d.h., das Byte, das durch den Befehl selbst adressiert wird − enthält das erste Bit des Feldes als höchstwertiges Bit (*Most Significant Bit* − MSB).

- Im Maximalfall ist der Bereich 2^{32} Bits lang. Das MSB des Basisbytes ist nun der Bezugspunkt: Die Position des ersten Bits im Feld wird durch eine vorzeichenbehaftete Distanz (*Offset*, Einheit: Bits) zu diesem Bezugspunkt bestimmt. Der Befehl besteht hier also aus dem Befehlscode, der Adresse des Basisbytes und dem Offset.

Bitfelder spielen insbesondere bei der Verarbeitung von Audio- und Videodaten eine große Rolle, da dort die Daten − je nach akustischer oder optischer Auflösung − eine variable Länge besitzen können. Die Farbinformation eines Bildpunkts kann z.B. aus drei 8-Bit-Bitfeldern bestehen, die hintereinander im Speicher abgelegt sind. Sie bestimmen jeweils den Anteil der drei Grundfarben Rot, Grün oder Blau und erzeugen so eine von 2^{24} Farben.

Bitketten (*Bit Strings*)

Dies sind Erweiterungen der Bitfelder auf bis zu 4 Gbit. Die Auswahl geschieht analog der zuletzt bei den Bitfeldern beschriebenen, jedoch liegt die Bitkette immer symmetrisch zum MSB des Basisbytes. Natürlich können Bitketten − wegen ihrer Länge − nicht in ein internes Register des Prozessors geladen werden. Die Bearbeitung findet daher im Speicher statt und beschränkt sich i.d.R. auf das Einfügen und Entfernen, das Setzen, Rücksetzen oder Invertieren bestimmter Bits sowie das Finden des ersten 1-Bits in Richtung von den höherwertigen zu den niederwertigen Bits.

6.1.4 Gleitpunktzahlen nach dem IEEE-754-Standard

Im Unterabschnitt 5.5.4 wurden die Darstellung und Bearbeitung von Gleitpunktzahlen (reelle Zahlen) durch die Gleitpunkteinheit des Mikroprozessors bereits kurz beschrieben. Moderne (universelle) Mikroprozessoren sowie die Gleitpunkt-DSPs besitzen diese auch als (Gleitpunkt-) Arithmetikeinheit (*Floating-Point Unit* – FPU) bezeichnete Komponente bereits auf dem Chip. Wie bereits erwähnt, müssen Prozessoren ohne FPU die Verarbeitung von Gleitpunktzahlen entweder einem eigenständigen Arithmetik-Prozessor überlassen oder aber durch ein (mehr oder weniger langes) Maschinenprogramm ausführen („emulieren").

Während bis zur Mitte der 80er Jahre die meisten Hersteller von Arithmetik-Prozessoren und FPUs nur ihre eigenen Formate für Gleitpunktzahlen unterstützen, hat sich seitdem ein Standard für Gleitpunktzahlen weitgehend durchgesetzt[1], der vom Institute of Electrical and Electronics Engineers (IEEE) im Jahre 1985 als IEEE-754-Standard veröffentlicht wurde und die erste Norm für eine (binäre) Gleitpunkt-Arithmetik darstellte. In ihm sind die benutzbaren Datenformate, die Rundungsvorschriften sowie die Behandlung von Ausnahmesituationen, wie Bereichsüberlauf usw., geregelt. Außerdem gibt er einen Grundstock an mathematischen Funktionen vor, die mit diesen Datenformaten durchführbar sein müssen. (Auf diese Funktionen gehen wir erst im Unterabschnitt 6.2.3 näher ein.)

Der IEEE-754-Standard wird seitdem der Entwicklung aller modernen Prozessoren mit Gleitpunkt-Arithmetik zugrunde gelegt. Dadurch ist es möglich, mathematische Berechnungen, die für einen bestimmten Rechnertyp aufgestellt wurden, auch auf anderen Rechnern ohne Abweichungen in den Ergebnissen ablaufen zu lassen („Portabilität"). Aus Kompatibilitätsgründen können jedoch einige DSPs immer noch wahlweise nach dem IEEE-Standard oder dem proprietären Zahlenformat des Prozessorherstellers rechnen.

Der IEEE-754-Standard definiert zwei Basis-Gleitpunktformate, die in Abb. 6.4a) und b) skizziert sind:

- einfach-genaue Zahlen der Länge 32 Bits (*single*),
- doppelt-genaue Zahlen der Länge 64 Bits (*double*).

Im DSP-Bereich wird z.T. noch ein 40-Bit-Format benutzt, das gegenüber der 32-Bit-Darstellung nur eine um 8 Bits verlängerte Mantisse besitzt. Der IEEE-Standard lässt darüber hinaus noch erweiterte Formate (*extended*) zu, die für Mantisse und Exponent eine größere Anzahl von Bits erlauben. In Abb. 6.4c) ist dazu das erweitert-genaue 80-Bit-Format (*double extended*) dargestellt, das von vielen Gleitpunkt-Arithmetikeinheiten und DSPs unterstützt wird. Im Unterschied zu den beiden ersten Formaten ist das 80-Bit-Format im IEEE-Standard nicht bis auf die Bitebene herab exakt definiert. Dieses Format ist nur für Zwischenergebnisse gedacht, um eine höhere Rechengenauigkeit zu erreichen. Endergebnisse sollen stets auf das 32- bzw. 64-Bit-Format gerundet werden. Auf andere erweiterte Formate wollen wir hier nicht eingehen.

---

[1] insbesondere auch bei DSPs

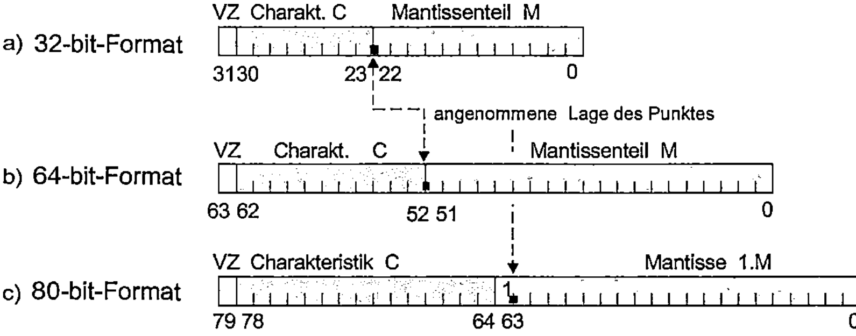

Abb. 6.4: Gleitpunktzahlen nach dem IEEE-754-Standard

Im IEEE-Standard wird jede Zahl Z, wie bereits im Unterabschnitt 5.5.4 erwähnt, durch drei Bitfelder dargestellt:

- Das höchstwertige Bit gibt das Vorzeichen (VZ) der Zahl an. Wie üblich gilt dabei für positive Zahlen VZ = 0 und für negative Zahlen VZ = 1.

- Die Mantisse liegt in normalisierter Form vor, bei der die höchstwertige 1 vor den Punkt steht, d.h., sie hat die Form „1.M". Um Platz zu sparen, wird die führende 1 – außer beim 80-Bit-Format – jedoch nicht dargestellt. Die Mantisse „1.M" wird im englischen Sprachgebrauch auch als *Significand*, der Teil M der Mantisse hinter dem Dezimalpunkt mit *Fraction(al)* bezeichnet. Er ist beim 32-Bit-Format 23 Bits und beim 64-Bit-Format 52 Bits lang. Beim 80-Bit-Format beträgt die Länge der Mantisse „1.M" 64 Bits.

Anders als bei den ganzen Zahlen üblich, werden die Mantissen der negativen Gleitpunktzahlen jedoch nicht im Zweierkomplement, sondern nach Betrag und Vorzeichen dargestellt. Die Zahl 0 wird durch 0-Bits in allen Positionen repräsentiert. Das Vorzeichen ist dabei beliebig, so dass es eine positive und eine negative Darstellung der 0 gibt.

Für die folgenden Betrachtungen sei k die Anzahl der durch die Mantisse belegten Bits. Die Nachpunktstelle m_i $(i=k-1,\ldots,0)$[1] der Mantisse 1.M in der Darstellung nach Abb. 6.4 hat dann für die drei beschriebenen Formate die folgende Wertigkeit W_i:

- 32-Bit-Format, k = 23: $W_i = 2^{i-k}$

- 64-Bit-Format, k = 52: $W_i = 2^{i-k}$

- 80-Bit-Format, k = 64: $W_i = 2^{i-k+1}$

Der Mantissenwert liegt (in binärer Darstellung) zwischen den Grenzen:[2]

$$1.000\ldots00_2 \leq (1.M)_2 \leq 1.111\ldots11_2.$$

Diesen Ungleichungen entspricht

$$1.0 \leq (1.M)_{10} < 2.0,$$

da $(1.111\ldots11)_2 \approx 2$ ist. Der Anzahl k der Bits der Mantisse entsprechen ungefähr $k/\log_2 10 \approx k/3.32$ Dezimalziffern. Daher besitzen die vorgestellten Zahlenformate eine Genauigkeit von ungefähr 7, 15 bzw. 19 Dezimalstellen.

---

[1] m_0 ist das LSB (*Least Significand Bit*), also das am weitesten rechts stehende Bit
[2] Der Index $_2$ bezeichnet eine Dualzahl, der Index $_{10}$ eine Dezimalzahl

Bei allen von 0 verschiedenen Zahlen wird anstatt eines Exponenten E die Charakteristik C (*biased Exponent*) angegeben. Diese hat je nach Format eine Länge n von 8, 11 oder 15 Bits. Sie nimmt alle Werte zwischen 0 und 2^n-1 an. Die Grenzwerte $C = 0$ und $C = 2^n-1$ dienen dabei – wie unten gezeigt wird – zur Kennzeichnung bestimmter Ausnahmesituationen.

Die Charakteristik entsteht durch Addition einer festen Basiszahl (*Bias*) zum Exponenten:

- 32-Bit-Format: $C = E + 127$,   für $-127 \leq E \leq 127$,

- 64-Bit-Format: $C = E + 1023$,   für $-1023 \leq E \leq 1023$,

- 80-Bit-Format: $C = E + 16383$,   für $-16383 \leq E \leq 16383$.

Damit lassen sich für alle Werte von C ($0 < C < 2^n-1$) die darstellbaren Dezimalzahlen nach folgender Vorschrift berechnen:

- 32-Bit-Format: $Z = (-1)^{VZ} \cdot 2^{C-127} \cdot (1.M)_{10}$,

- 64-Bit-Format: $Z = (-1)^{VZ} \cdot 2^{C-1023} \cdot (1.M)_{10}$,

- 80-Bit-Format: $Z = (-1)^{VZ} \cdot 2^{C-16383} \cdot (1.M)_{10}$.

Ausnahmen bei den Zahlenformaten

Die niederstwertige Charakteristik $C = 0$ (mit $M \neq 0$) bzw. die höchstwertige Charakteristik $C = 2^n-1$ sind zur Zahlendarstellung nicht zugelassen, da diese beiden Werte zur Kennzeichnung der folgenden Ausnahmesituationen nach einer Operation dienen:

- $C = 0, M \neq 0$: $Z = (-1)^{VZ} \cdot 2^{-K} \cdot (0.M)_2$, mit $K = 2^n-2$,
  also $K = 126$ im 32-Bit-Format, $K = 1022$ im 64-Bit-Format.
  Hier liegt ein Unterlauf vor, d.h., die Zahl Z wird in denormalisierter Form dargestellt, wodurch mit jeder führenden Null in M ein Verlust an Genauigkeit eintritt;

- $C = 2^n-1, M \neq 0$:
  Z ist keine gültige Gleitpunktzahl (*Not a Number* – NaN);

- $C = 2^n-1, M = 0$: $Z = (-1)^{VZ} \cdot \infty$:
  Das Ergebnis einer Operation ist positiv unendlich ($+\infty$, VZ = 0) oder negativ unendlich ($-\infty$, VZ = 1).

Der IEEE-754-Standard sieht vor, dass beim Auftreten einer dieser Ausnahmesituationen in der Gleitpunkteinheit (oder einem Coprozessor) eine Ausnahmesituation (*Trap*) im Mikroprozessor gemeldet und entsprechend behandelt wird, wie es im Abschnitt 5.3 beschrieben wurde.

Rundung von Gleitpunktzahlen

Sehr viele Gleitpunkteinheiten arbeiten intern immer im 80-Bit-Format. Alle reellen (vorzeichenbehafteten) Zahlen, die bei einer Operation als Ergebnis auftreten und innerhalb der Grenzen des darstellbaren Zahlenbereichs liegen, aber nicht ins gewählte Format passen, können nach einer der folgenden Varianten gerundet werden:

- zur nächstgelegenen darstellbaren Zahl („kaufmännisches Runden"),

- zur nächstgrößeren darstellbaren Zahl („Runden gegen $+\infty$"),

- zur nächstkleineren darstellbaren Zahl („Runden gegen $-\infty$"),

- zur betragsmäßig nächstkleineren darstellbaren Zahl („Runden gegen 0" durch Abschneiden, *truncate*).

Neben den dualen Gleitpunktzahlen definiert der IEEE-Standard auch die Darstellung von Gleitpunkt-*Dezimal*zahlen. In diesem Format besitzen Exponent und Mantisse die vom IEEE-Standard gerade noch zugelassen Größen, für die eine fehlerfreie Konvertierung ins duale 80-Bit-Format und zurück garantiert werden kann. Im Rahmen dieses Buches wollen wir auf dieses Format nicht näher eingehen.

6.1.5   Festpunktzahlen

Die Festpunktzahlen (*Fixed-Point Numbers*) nehmen eine Mittelstellung zwischen den ganzen Zahlen (*Integers*) und den Gleitpunktzahlen (*Floating-Point Numbers*) ein. Sie besitzen besonders im Bereich der DSPs, deren Rechenwerke sowohl Integer-Zahlen wie auch Festpunktzahlen berechnen können, eine große Bedeutung. Da Gleitpunkt-Rechenwerke relativ teuer sind, findet man diese im DSP-Bereich relativ selten. In Anwendungen der digitalen Signalverarbeitung, die – bei großen Stückzahlen – auf niedrige Kosten angewiesen sind, werden daher meist Festpunkt-DSPs (*Fixed-Point DSPs*) eingesetzt[1]. Sie verarbeiten Festpunktzahlen mit einer Wortlänge von 16, 24 oder 32 Bits. Die Lage des Punkts innerhalb einer Festpunktzahl kann prinzipiell beliebig festgelegt werden. Man spricht von einem m.n-Format, wenn in der gewählten Darstellung m Bits vor dem Punkt, n Bits nach dem Punkt stehen. Die Rechenwerke der Festpunkt-DSPs nehmen jedoch die Lage des Punktes üblicherweise nach dem höchstwertigen Bit an. Diese „gebrochenen" Zahlen im 1.n-Format werden häufig auch *Fractionals* genannt. In Abb. 6.5 sind beispielhaft 16-Bit-Festpunkt-Zahlen im 1.15-Format dargestellt.

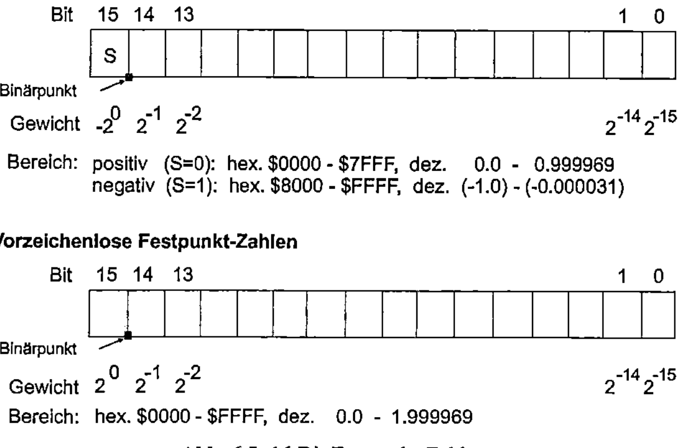

Abb. 6.5: 16-Bit-Festpunkt-Zahlen

Je nachdem, ob es sich um vorzeichenbehaftete oder vorzeichenlose Zahlen handeln soll, wird das Bit vor dem Punkt als Vorzeichen[2] gewertet oder aber mit dem Gewicht 1 (= 2^0) interpretiert. Von links nach rechts halbiert sich das Gewicht der Nachpunkt-Stellen jeweils. Insgesamt ergeben sich daraus die in der Abbildung angegebenen Gewichte der Bits und darstellbaren Zahlenbereiche. (Die Zahlenbereiche finden Sie in der Abbildung in hexadezimaler und dezimaler Form.)

---

[1] Nach Stückzahlen gerechnet sind weit über 90% aller DSPs von diesem Typ
[2] wie üblich: „0" = „+", „1" = „-"

Eine Zwischenstellung zwischen den Festpunkt- und den Gleitpunktzahlen nehmen die sog. **Block-Gleitpunktzahlen** (*Block Floating-Point*) ein, für deren Berechnung ein Barrel Shifter und ein sog. Exponentendetektor benötigt werden. Zu einem Datenblock wird mit Hilfe des Exponentendetektors – in einer Schleife – der kleinste Exponent im Datenblock ermittelt. Dabei wird unter dem Exponenten eines Festpunkt-Operanden die Anzahl der Bitpositionen verstanden, um die man den Operanden nach links verschieben muss, bis das erste 1-Bit unmittelbar hinter dem Punkt steht. Nach Ermittlung des kleinsten Exponenten kann der Block von Festpunktzahlen in Gleitpunktzahlen mit einem einheitlichen Exponenten verwandelt werden. Dazu werden – in einer zweiten Schleife – alle Daten des Blocks um die durch den (Block-)Exponenten gegebene Zahl von Bitpositionen nach links verschoben und die so erhaltenen Zahlen, zusammen mit ihrem gemeinsamen Exponenten[1] abgespeichert. Die berechneten Gleitpunktzahlen sind (z.T.) nicht normalisiert und genügen natürlich nicht dem IEEE-754-Standard. Sie bieten jedoch den Vorteil, dass sie die Nachkommastellen besser nutzen und so eine größere Genauigkeit erreichen.

---

[1] der natürlich nur ein einziges Mal für den gesamten Block gesichert werden muss

6.2 Befehlssätze

6.2.1 Grundlagen

Zur Wiederholung beginnen wir diesen Abschnitt mit der kurzen Zusammenfassung einiger Gesichtspunkte, die bereits in früheren Abschnitten angesprochen wurden.

Ein Programm besteht aus einer Folge von Befehlen, die sequenziell im Speicher abgelegt sind und sich aus einem Befehlscode (Operationscode, OpCode) und den Operanden (Daten) bzw. Zeigern darauf zusammensetzen. Die Operanden liegen ebenfalls im Speicher oder in den Registern des Prozessors bzw. der Ein-/Ausgabe-Schnittstellen vor. Die Adressierung des augenblicklich auszuführenden Befehls geschieht durch den Programmzähler (PC), die der Operanden durch den Adresspuffer (AP). Das Adresswerk (AU) berechnet nach verschiedenen, im Befehl spezifizierten Verfahren[1] aus dem Inhalt der Prozessorregister und/oder der im Befehl angegebenen Adresse bzw. einer Distanz zu einer Adresse (Offset) die logische Adresse des Operanden. Diese wird ggf. noch durch eine Speicherverwaltungseinheit (Memory Management Unit – MMU) in eine physikalische Adresse umgewandelt[2]. In diesem Abschnitt nehmen wir der Einfachheit halber aber an, dass logische und physikalische Adresse übereinstimmen.

Das Einlesen eines Befehls in den Prozessor ist in Abb. 6.6 – stark vereinfachend – skizziert. Dabei wird davon ausgegangen, dass OpCode und Operand bzw. Offset nicht in ein einziges Speicherwort passen. Daher muss zum Lesen des gesamten Befehls mehrfach auf den Speicher zugegriffen werden, bis alle Befehlsteile geladen sind; der Programmzähler muss dazu zwischendurch (jeweils um 1) erhöht werden. Diese Abarbeitung eines Lesezugriffs auf einen Befehl ist bei Mikrocontrollern und CISC-Prozessoren weit verbreitet. RISC-Prozessoren und DSPs besitzen hingegen typischerweise genügend breite Befehlswörter (meist 32 Bits, aber auch 40 bis 64 Bits), um darin sowohl den OpCode wie auch den/die Operanden bzw. Offsets unterzubringen. In diesem Fall muss nur ein einziges Mal auf den Speicher zugegriffen werden, um einen gesamten Befehl einzulesen. Ein im Befehl direkt angegebener Operand wird im Datenbuspuffer abgelegt und von dort zu der im Befehl spezifizierten Prozessorkomponente weitergereicht. Im Befehl angegebene absolute Adressen werden im Adresspuffer eingetragen und selektieren von dort den benötigten Operanden. Ein im Befehl enthaltener Offset wird vom Adresswerk zur Berechnung der Operandenadresse herangezogen.

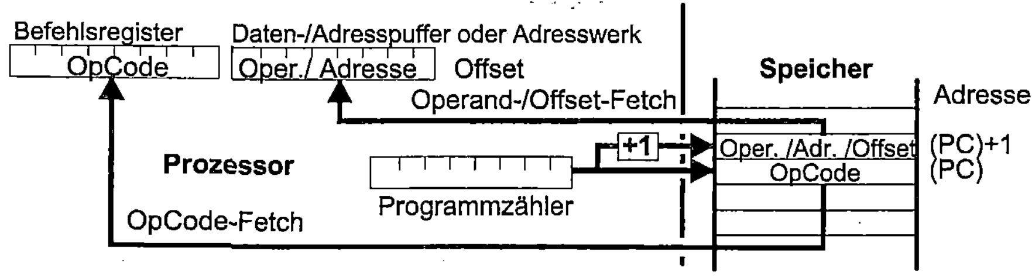

Abb. 6.6: Lesen eines Befehls aus dem Speicher

Die sequenzielle Abarbeitung der Programmbefehle kann durch einen Sprung, durch einen Verzweigungsbefehl, eine Unterbrechungsroutine (vgl. Abschnitt 5.3) oder durch den Aufruf eines Unterprogramms durchbrochen werden.

In Abb. 6.7 ist einerseits die Änderung des sequenziellen Programmflusses durch einen absoluten Sprung (JUMP) angedeutet, bei dem die vollständige Zieladresse im Befehl angegeben wird. Sie wird vom Adresswerk (ohne Weiterbearbeitung) in den Programmzähler (PC) geladen. Der nächste Befehl (z.B. ein Ladebefehl – LOAD) wird dann aus der durch die Zieladresse selektierten Speicherzelle geladen.

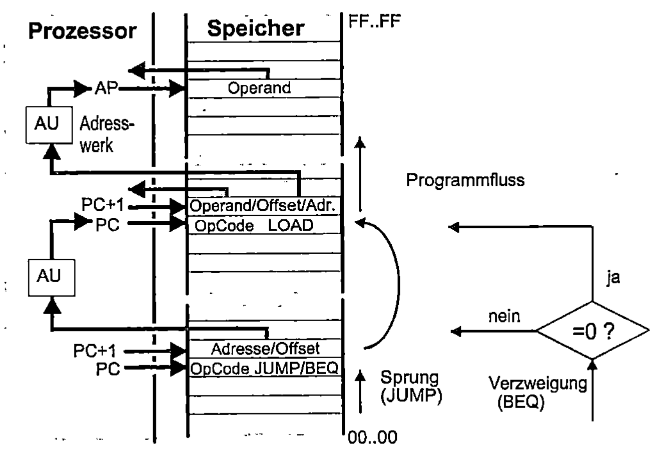

Abb. 6.7: Abarbeitung eines im Speicher liegenden Programms

Andererseits wird in der Abbildung gezeigt, wie der Prozessor auf einen Verzweigungsbefehl (z.B. BEQ – *Branch Equal*) reagiert. Dazu fragt er den Inhalt eines Registers ab und führt nur dann einen „Sprung" aus, wenn dieser (im Beispiel) den Wert 0 hat. Die Zieladresse wird durch das Adresswerk aus dem im Befehl angegebenen Offset – relativ zum aktuellen Programmzähler-Stand – berechnet[1]. Gewöhnlich enthält dabei der Programmzähler bereits die Adresse des im Speicher unmittelbar hinter dem Verzweigungsbefehl stehenden Befehls. Das Ergebnis der Adressberechnung wird als Zieladresse im Programmzähler abgelegt und selektiert wiederum den nächsten auszuführenden Befehl.

6.2.2 Begriffe und Definitionen

Zunächst wollen wir einige Begriffe und Definitionen zum Thema Befehlssätze behandeln[2].

- Ein Befehlssatz heißt **orthogonal**, wenn jeder Befehl jede Adressierungsart zulässt.

- Er heißt **symmetrisch**, wenn alle für einen Befehl relevanten Datentypen, Datenformate und Adressierungsarten sowohl für seine Quell- als auch für seine Zieloperanden zulässig sind. Dies gilt dann insbesondere für die Lade- und Speicherbefehle.

---

[1] Im Rahmen dieses Buches unterscheiden wir stets zwischen (unbedingten) Sprüngen (mit absoluten Zieladressen) und (bedingten) Verzweigungen (mit relativen Zieladressen), auch wenn das in der Literatur nicht immer so gehandhabt wird

[2] Beide folgenden Begriffe werden in der Literatur leider nicht einheitlich beschrieben. Wir haben uns zu den hier dargestellten Erklärungen entschieden, weil sie unserer Meinung nach den üblichen Vorstellungen der Symmetrie und Orthogonalität nahe kommen. Orthogonalität liegt näherungsweise dann vor, wenn in einer Tabelle, welche die Befehle zeilenweise, die Adressierungsarten spaltenweise darstellt, möglichst jeder Tabellenplatz einen Eintrag enthält

Grundsätzlich unterscheidet man zwischen **monadischen** Operationen (unären Operationen) der Form

$$A := op\ B$$

und **dyadischen** Operationen (binären Operationen) der Form

$$A := C\ op\ B,$$

worin B, C Operanden (Konstanten oder Variablen) sind und A eine Variable ist. „op" steht für eine Operation, die mit diesen Operanden ausgeführt werden kann. Den Variablen werden im Speicher feste Speicherzellen zugewiesen. Vom Maschinenbefehl werden sie durch ihre Adressen angesprochen. Die Operationen werden durch bestimmte binäre Muster selektiert, die im Befehlsregister gespeichert und vom Steuerwerk des Prozessors interpretiert werden.

- Stehen in der dyadischen Operation die Buchstaben A, B, C für paarweise verschiedene Variablen, so spricht man vom **Drei-Adress-Format**.

- Der Ausdruck A := A op B, bei dem die Ergebnisvariable A mit einer Eingabevariablen übereinstimmt, wird als **Zwei-Adress-Format** bezeichnet. Man spricht auch von **verdeckter Adressierung**, da eine Variable sowohl als Eingangsvariable als auch zur Aufnahme des Ergebnisses benutzt wird. Dabei ist es vom Prozessortyp abhängig, ob der erste Operand (wie im obigen Ausdruck) oder der zweite Operand das Ergebnis der Operation aufnimmt.

- Ist die Ergebnisvariable A jedoch stets im Accumulator AC gespeichert, so muss sie nicht explizit adressiert werden. Dies führt zu der Befehlsform AC := AC op B, die als **Ein-Adress-Format** bezeichnet wird. In diesem Fall spricht man auch von impliziter Adressierung.

- Werden alle Operationen nur auf den (beiden) oberen Einträgen eines Stacks ausgeführt[1], so spricht man vom **Null-Adress-Format**.

8-Bit-Mikroprozessoren arbeiten meist im Ein-Adress-Format, 16-, 32- und 64-Bit-Prozessoren unterstützen jedoch in der Regel das Zwei-Adress-Format, z.T. auch das Drei-Adress-Format. Beim Drei-Adress-Format werden dabei die Operanden meistens in den internen Prozessorregistern erwartet. Dieses Format wird insbesondere von den RISC-Prozessoren unterstützt.

In der Maschinen- sowie der Assemblersprache eines Prozessors werden die Befehle in der Regel in der Form angegeben, dass zunächst die Operationen und danach die Operanden hingeschrieben werden:

Maschinensprache: <OpCode>   {<Operand1>{,<Operand2>}}[2],

Assembler: <MnemoCode> {<Operand1>{,<Operand2>}}.

- <OpCode> steht darin für das binäre Muster, das die gewünschte Operation im Steuerwerk anspricht[3]. Darin codiert ist u.a. die Anzahl der Wörter, die zu dem Befehl gehören, also insbesondere auch die Anzahl der benötigten Operanden. (Näheres hierzu folgt im Unterabschnitt 6.2.2.)

- <MnemoCode> bezeichnet eine symbolische Abkürzung[4] für den Befehl, die als sprachliche Gedächtnisstütze für den Menschen leichter zu erlernen und zu merken ist. Die MnemoCodes werden vom Assembler in den OpCode übersetzt, der vom Steuerwerk des Prozessors ver-

---

[1] wie es im Unterabschnitt 2.4.1 beim 4-Bit-Controller ATAM862-3 beschrieben wurde
[2] Ggf. folgen noch weitere Operanden, die hier zur leichteren Darstellung nicht berücksichtigt werden
[3] Zur besseren Lesbarkeit wird dieses meistens in hexadezimaler Form angegeben – hier gekennzeichnet durch ein $-Zeichen
[4] „mnemotechnische" Abkürzung – Mnemonik, MnemoCode

standen wird. So kann z.B. der Befehl:

„Addiere zum Inhalt des Akkumulators A unter Berücksichtigung des Carry Flags"
durch die mnemotechnische Abkürzung „ADCA" (*Add with Carry A*) repräsentiert und vom
Assembler in den (hexadezimalen) OpCode „$6D" übersetzt werden.

- Die geschweiften Klammern „{ }" bedeuten, dass der so geklammerte Ausdruck entfallen
  kann. Dadurch wird der Tatsache Rechnung getragen, dass ein Befehl keinen, einen oder
  mehrere Operanden haben kann.

- <Operand> steht hier für die Operanden, mit denen die gewünschte Operation durchgeführt
  werden soll. Wie bereits oben erwähnt, können diese im Befehl als Konstante oder aber durch
  ihre Speicheradresse bzw. durch eine Distanz (*Offset, Displacement*) zwischen ihrer Speicheradresse und einem Registerinhalt angegeben werden. Es gibt – wie schon im Abschnitt
  6.1 gesagt – zwei Möglichkeiten dafür, wie eine Adresse im Maschinenbefehl angegeben
  wird:

  Little-Endian Format: <OpCode> <L-Adresse> <H-Adresse>...

  Big-Endian Format: <OpCode> <H-Adresse> <L-Adresse>...

  („H" steht, wie immer, für *high* – höherwertig, „L" für *low* – niederwertig.)

  Ist eine Adresse länger als ein Speicherwort, d.h., besitzt der Adressbus mehr Bits als der Datenbus, so muss der Prozessor mehrfach auf den Speicher zugreifen, um eine vollständige
  („absolute") Adresse aus dem Speicher zu lesen.

- <Offset>: Der in einem Befehl zur Adressberechnung angegebene Offset wird meistens im
  Zweierkomplement angegeben. Bei einer Breite von k Bits liegt er somit im (unsymmetri-
  schen) Bereich

$$-2^{k-1} \le \text{Offset} \le 2^{k-1}-1 \ .$$

Ist k ein Vielfaches von 4, so erhält man in hexadezimaler Darstellung

$$\$80...0 \le \text{Offset} \le \$7F...F \ ,$$

wobei in jeder der Zahlen die Punkte „...." für (k/4–3) Hexadezimalziffern 0 bzw. F stehen.
Als vorzeichenlose Zahl aufgefasst, liegt er im Bereich:

$$0 \le \text{Offset} \le 2^{k}-1 \ .$$

6.2.3 Realisierung eines Maschinenbefehlssatzes

Bei modernen CISC-Prozessoren ist der OpCode (s.u.) zwischen 1 und 6 Bytes lang, für jeden
Operanden bzw. seine Adresse werden jeweils bis zu 8 Bytes benötigt. So können z.B. bei den
Mikrocontrollern der Motorola/Freescale 683XX-Familie Maschinenbefehle bis zu 22 Bytes
lang sein. RISC-Prozessoren haben meist eine feste, einheitliche Befehlslänge (von z.B. 32
Bits).

6.2.3.1 Allgemeiner Aufbau eines Maschinenbefehls

Jede Anweisung zur Ausführung einer Operation muss für die Interpretation durch den Decoder
im Steuerwerk des µPs in eine Bitkette, den **OpCode**, codiert werden. Aus dem, was wir im
Abschnitt 5.6 über die verschiedenen Registertypen gesagt haben, und der Gruppeneinteilung
der Befehle im folgenden Unterabschnitt 6.2.3 ergibt sich das allgemeine Format eines OpCodes, wie es in Abb. 6.8 skizziert ist. Durch dieses Format können alle Operationen dargestellt
werden.

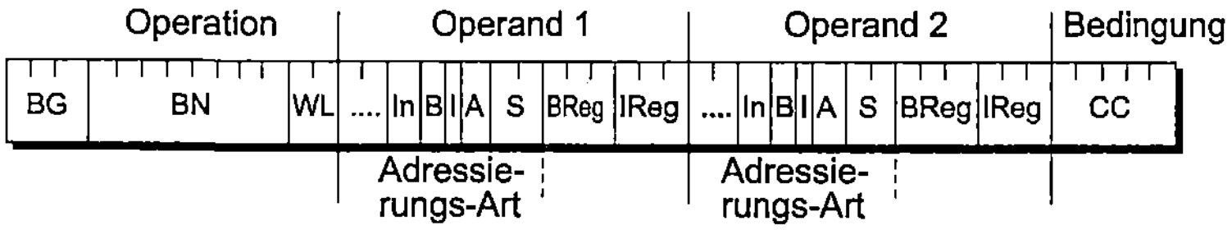

	Operation		Operand 1		Operand 2	Bedingung
BG	BN	WL	.... In B I A S BReg IReg	.... In B I A S BReg IReg		CC

Adressie-rungs-Art   Adressie-rungs-Art

Legende:

BG	Befehlsgruppe
BN	Nummer eines Befehls in der Gruppe
WL	Länge des Operanden (Byte, Wort etc.)
In	indirekte Adressierung
B	Basisregister benötigt
I	Indexregister benötigt
BReg	Nummer des Basisregisters
IReg	Nummer des Indexregisters
A	autoinkrement/autodekrement
S	Skalierung (x1,2,4,8)
CC	Bedingungen, z.B. für Verzweigungen

Abb. 6.8: Allgemeines Format eines OpCodes

Der OpCode ist in einzelne Bitfelder unterteilt, die verschiedene Informationen in binärcodierter Form enthalten.

- Das erste Feld, das wir Operationswort nennen, spezifiziert die Befehlsgruppe und die Nummer eines Befehls in seiner Gruppe. Darüber hinaus wird angegeben, wie lang die Operanden sind, auf die der Befehl wirken soll, also ob es sich um Bytes, Wörter, Doppelwörter oder Quadwords handelt.

- Die Operandenfelder geben für jeden Operanden zunächst die gewünschte Adressierungsart[1] an. Dazu gehört insbesondere die Information, ob ein Basisregister und/oder ein Indexregister benötigt werden und ob die Adressierung direkt oder indirekt[2] erfolgen soll. Durch weitere Bits wird festgelegt, ob ein Indexregister automatisch inkrementiert bzw. dekrementiert oder/ und sein Inhalt mit einem der Faktoren 1, 2, 4, 8 skaliert werden soll. Die Felder BReg bzw. IReg enthalten ggf. die Nummer eines zur Adressierung herangezogenen Basisregisters bzw. Indexregisters.

- Im Bedingungsfeld CC (*Condition Code*) steht die Codierung einer der im Unterabschnitt 6.2.3 angegebenen Bedingungen (s. Tabelle 6.2-9). Der Befehl, insbesondere ein Verzweigungsbefehl, wird nur dann ausgeführt, wenn das Überprüfen der Statusbits das Vorliegen dieser Bedingung anzeigt.

Besitzt ein Prozessor einen umfangreichen Befehlssatz, einen großen Registersatz und eine weite Palette von Adressierungsarten, so führt die eben beschriebene Codierung zu einem unvertretbar langen OpCode. Aus der Erkenntnis heraus, dass nicht für jeden Befehl alle Felder benötigt werden, teilt man meist die Befehle so in Gruppen ein, dass die Befehle einer Gruppe jeweils die gleiche Teilmenge an Bitfeldern benutzen. Diese werden auf die ersten Bitpositionen des OpCodes „gefaltet", indem im OpCode alle nicht benötigten Bitfelder weggelassen werden. Die Faltung ist in Abb. 6.9 exemplarisch an drei Befehlsgruppen dargestellt.

---

[1] Auf diese Adressierungsarten gehen wir im Abschnitt 6.3 ausführlich ein

[2] Der Befehl adressiert eine Speicherzelle, die nicht den Operanden selbst, sondern erst die Adresse des Operanden enthält, vgl. Abschnitt 6.3

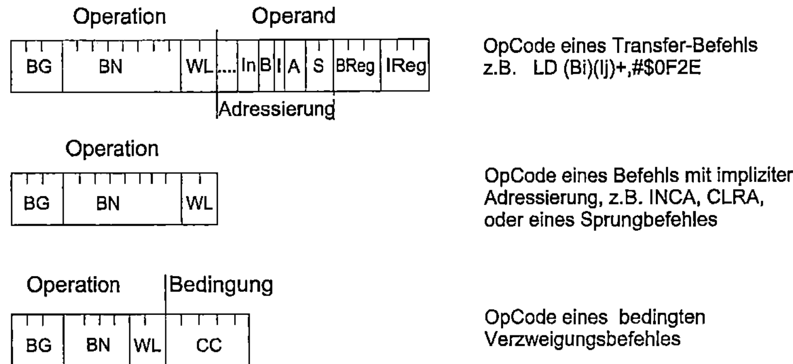

Abb. 6.9: Faltung der OpCodes auf verschiedene Befehlsformate

Durch die Faltung entstehen zwar bei einigen (CISC-)Prozessortypen bis zu zwei Dutzend verschiedene Befehlsformate, aber man erhält im Mittel erheblich kürzere OpCodes. Natürlich wird stets so gefaltet, dass die Anzahl der belegten Bytes des resultierenden OpCodes ganzzahlig ist. Moderne RISC-Prozessoren, wie der im Unterabschnitt 2.4.4 vorgestellte ARM-Prozessor, unterstützen zwei verschiedene Befehlssätze unterschiedlicher Leistungsfähigkeit mit konstanten Befehlslängen von 16 bzw. 32 Bits. Hier hat der Programmierer z.B. die Möglichkeit, sein Hauptprogramm im Platz sparenden 16-Bit-Code, die Unterbrechungsroutinen aber im leistungsfähigeren, d.h., schnelleren 32-Bit-Code zu schreiben.

Die Befehlssätze der modernen 16/32-Bit-Mikroprozessoren sind so komplex aufgebaut, dass sie im Rahmen unserer Abhandlung nicht mit all ihren Befehlsformaten dargestellt werden können. Deshalb zeigen wir Ihnen in Fallstudien lediglich die Grundform der OpCodes von drei dieser Prozessoren[1].

6.2.3.2 Fallstudie: Befehlsaufbau der Motorola/Freescale-Prozessoren MC683XX

In Abb. 6.10 ist der allgemeine Aufbau eines Befehls für die Mikrocontroller-Familie 683XX-Prozessor von Motorola/Freescale dargestellt. Hier besteht ein Befehl aus maximal elf 16-Bit-Wörtern[2]. Im Operationswort wird im Mod-Feld (*Mode*) die Adressierungsart bestimmt und dazu – falls benötigt – im angrenzenden Reg-Feld ein Register angegeben. Beide Felder dienen gemeinsam zur Berechnung der effektiven Adresse eines Operanden. Die kürzesten Befehle bestehen nur aus dem Operationswort (Wort 1). Nur bei ihnen werden durch das zweite Reg-Feld ein weiterer Registeroperand und im Feld Op-Mod (*Operation Mode*) die Breite der Daten (Byte, Wort, Doppelwort) spezifiziert, auf denen der Befehl ausgeführt werden soll. Beide Felder besitzen jedoch für andere Befehle eine ganze Reihe von weiteren Bedeutungen, wie z.B. zur Angabe eines Zählwertes, eines kurzen unmittelbaren Datums, einer Schieberichtung oder eines Coprozessors. Auf diese Bedeutungen wollen wir hier jedoch nicht näher eingehen.

---

[1] Dabei müssen wir leider informell schon auf die Adressierungsarten eingehen, die erst im Abschnitt 6.3 ausführlich beschrieben werden

[2] Die Formate unterscheiden sich sehr stark bei den verschiedenen Familienmitgliedern. Die weiteren Betrachtungen stützen sich auf den Prozessorkern CPU32

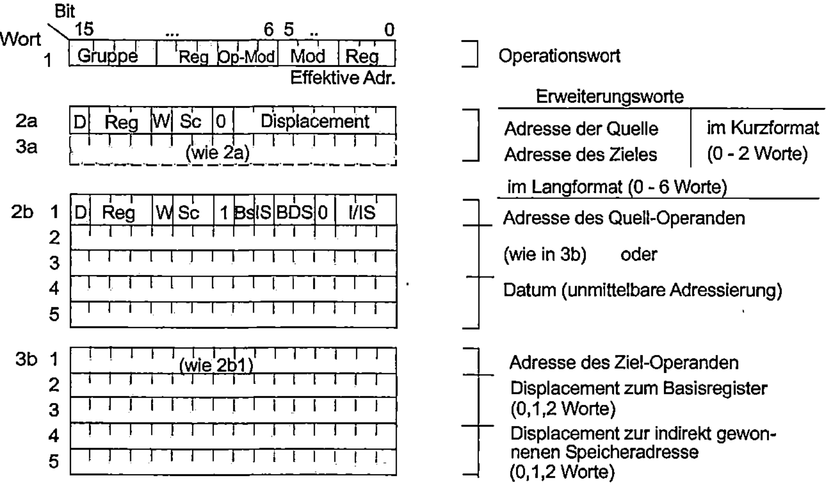

Abb. 6.10: Der allgemeine Befehlsaufbau des MC680X0 von Motorola

Befehle im **Kurzformat** besitzen – neben dem eigentlichen OpCode im Operationswort – eventuell noch ein bis zwei Erweiterungswörter (Wörter 2a bzw. 3a). In ihnen wird die Berechnung der Adresse von Datenquelle bzw. Datenziel genauer spezifiziert, falls ein zusätzliches Indexregister benötigt wird. Das Indexregister wird im Reg-Feld angegeben. Das D-Bit (*Data*) bestimmt, ob es aus der Menge der Daten- oder der Adressregister gewählt werden soll. Das SC-Feld (*Scale*) selektiert, mit welchem Wert (1, 2, 4, 8) das (32-Bit-)Indexregister skaliert werden soll. Durch das W-Bit (*Word*) wird festgelegt, ob der gesamte Inhalt des selektierten Indexregisters zur Adressberechnung herangezogen wird oder aber nur sein niederwertiges (16-Bit-) Wort. Dieses wird vorzeichengerecht durch eine Folge von 0- bzw. 1-Bits zu einem 32-Bit-Doppelwort ergänzt. Im *Displacement*-Feld kann ein 8-Bit-Offset folgen.

Befehle im **Langformat** haben außer dem OpCode jeweils bis zu sechs Befehlswörter für die Spezifizierung der Quelle (Wörter 2b1 – 2b6) und des Ziels (3b1 – 3b6).

Bei der unmittelbaren Adressierung[1] enthalten die Wörter 2b2 bis 2b3 den 16- oder 32-Bit-Operanden. Die Länge des Operanden wird in einem Feld des Operationswortes festgelegt. Bei der absoluten Adressierung wird in den Wörtern 2b2 und 2b3 die vollständige Adresse des Operanden angegeben. In beiden Fällen entfallen das Wort 2b1 und die Wörter 2b4 – 2b6.

Bei den anderen Adressierungsarten werden im ersten Wort (2b1 bzw. 3b1) alle Parameter für die Adressberechnung bestimmt, so dass es nach unserer obigen Darstellung (s. Abb. 6.10) eigentlich zum OpCode gehört. Die linken vier Bitfelder wurden bereits bei der Beschreibung des Kurzformats erwähnt. Die restlichen Felder haben folgende Funktion:

- BS bestimmt, ob das im Reg-Feld des OpCodes (Wort 1) angegebene Basisregister zur Adressberechnung herangezogen wird.

- IS leistet das Gleiche für das im Reg-Feld des Befehlsworts 2b1 bzw. 3b1 selbst angegebene Indexregister.

---

[1] d.h., der Operand ist als Konstante im Befehl selbst vorhanden

Die Wörter 2b2 – 2b5 bzw. 3b2 – 3b5 werden von den jeweils maximal zwei Wörter langen Offsets zu den eventuell verwendeten Basis- und Indexregistern belegt:

- BDS gibt die Länge (0, 1 oder 2 Wörter) des in den Wörtern 2b2 bis 2b3 bzw. 3b2 bis 3b3 folgenden Offsets zum Basisregister an.

- Durch das Feld I/IS wird – zusammen mit dem Mod-Feld im OpCode – einerseits die Entscheidung „Speicher-indirekt/nicht indirekt" getroffen, andererseits die Art der Indizierung *preindexed/postindexed* und die Länge eines zweiten, „äußeren" Offsets (0, 1 oder 2 Wörter) festgelegt, das in den Wörtern 2b4 bis 2b5 bzw. 3b4 bis 3b5 folgen kann. Die zugehörigen Adressierungsarten finden Sie zum Schluss des Abschnitts 6.3 (vgl. Abb. 6.29).

6.2.3.3 Fallstudie: Befehlsformate eines RISC-Prozessors

Als Kontrast zu dem sehr komplexen Befehlsaufbau eines typischen CISC-Prozessors, wie Sie ihn in der letzten Fallstudie kennen gelernt haben, wollen wir Ihnen nun zeigen, wie einfach – im Prinzip – der Befehlsaufbau eines RISC-Prozessors sein kann. Dazu haben wir einen der „Stammväter" dieser Prozessorklasse, den RISC II, herausgesucht, der Anfang der 80er Jahre an der Universität Berkeley entwickelt wurde. Dieser Prozessor kannte nur sechs verschiedene Befehlsformate, die in Abb. 6.11 skizziert sind.

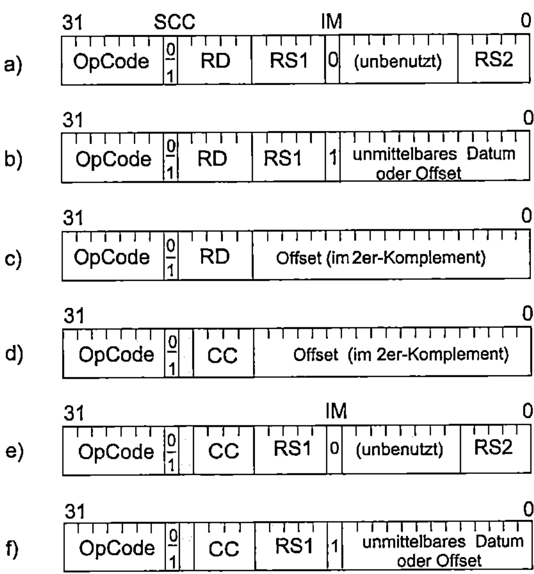

Abb. 6.11: Befehlsformate des RISC II

Auffällig ist hier die allgemeine Eigenschaft der RISC-Prozessoren, dass alle Befehle eine gleiche Länge haben, also in einer festen Anzahl von Bits (i.d.R. 32 Bits), codiert sind. Dies wird hauptsächlich durch das unterstützte Drei-Adress-Format möglich, bei dem alle Operanden in Registern vorliegen müssen. Im Speicher müssen alle Befehle (als *aligned Data*) stets an Doppelwort-Grenzen ausgerichtet sein, d.h., ihre Speicheradressen müssen durch 4 teilbar sein.

- Das unter a) dargestellte Format wird von allen Befehlen benutzt, die im Drei-Adress-Format zwei Operanden zu einem Ergebnis verknüpfen, in symbolischer Kurzschreibweise:

RD := RS1 op RS2,

wobei „op" eine Operation, RD das Zielregister (D: *Destination*), RS1 und RS2 die beiden Quellregister (S: *Source*) bezeichnen. Zu diesen Befehlen gehören insbesondere diejenigen zur Ausführung arithmetisch/logischer Operationen.

In Lade/Speicher-Befehlen[1] (LOAD/STORE) dienen die Register RS1 und RS2 zur Berechnung der effektiven Operandenadresse, in Sprung- und Verzweigungsbefehlen zur Berechnung der Zieladresse.[2]

- Format b) ermöglicht die arithmetisch/logische Verknüpfung eines Registerinhalts mit einem unmittelbar im Befehl angegebenen Operanden der Länge 13 Bits:

RD := RS1 op #<Operand>.

In Lade/Speicher-Befehlen gibt die Summe des Inhalts von Register RS1 und des unmittelbar im Befehl angegebenen Datums (als Offset) die effektive Adresse des Operanden, in Sprung- und Verzweigungsbefehlen die Zieladresse an.

- Im Format c) werden Befehle dargestellt, bei denen sich die Adresse eines Sprungziels oder Operanden durch Addition des im Befehl (im 2er-Komplement) angegebenen, vorzeichenbehafteten 19-Bit-Offsets zum aktuellen Programmzählerstand ergibt. Durch einen Lese-Befehl wird der Inhalt des so adressierten Speicherworts ins Register RD geladen, durch einen Schreib-Befehl der Registerinhalt von RD dort abgelegt. Durch einen Spezialbefehl kann das unmittelbar im Befehl angegebene 19-Bit-Datum in die *höherwertigen* 19 Bits von RD transportiert werden.

Befehle, die eines der Formate d), e) oder f) besitzen, werden nur ausgeführt, wenn die durch die vier Bits CC gewählte logische Bedingung erfüllt ist. Die möglichen Bedingungen stimmen zum großen Teil mit jenen überein, die in der (weiter unten folgenden) Tabelle 6.2-9 dargestellt werden. Falls in einem der Befehle CC = 0 gesetzt ist, wird der Befehl unbedingt ausgeführt.

- Format d) wird für eine bedingte Verzweigung zu der Speicherzelle benutzt, deren Adresse sich aus der Addition des vorzeichenbehafteten Offsets zum aktuellen Programmzählerwert ergibt.

- Die Formate e) und f) werden einerseits von Befehlen für bedingte Verzweigungen, andererseits für bedingte Rücksprünge aus Unterprogrammen oder Interrupt-Routinen benutzt. Sie unterscheiden sich nur in den Adressierungsarten für die Berechnung der Zieladressen: in e) steht der Offset im Register RS2, in f) direkt im Befehl.

Das Bit SCC (*Set Condition Code*) wird in den Befehlen gesetzt, die das *Carry Flag* auswerten sollen, (z.B. der Addierbefehl ADDC – *Add with Carry*). Durch das Bit IM (*immediate*) wird lediglich unterschieden, ob im Befehl ein unmittelbares Datum bzw. ein Offset oder aber ein weiteres Operandenregister angegeben ist.

---

[1] als Synonym für Lese/Schreib-Befehl benutzt
[2] Alle erwähnten Adressierungsarten werden erst im Abschnitt 6.3 genauer erklärt

6.2.4 Darstellung der verschiedenen Befehlsgruppen

Die Befehlssätze universeller Mikroprozessoren kann man in unterschiedliche Befehlsgruppen einteilen, die in der Tabelle 6.3 aufgeführt sind.

Tabelle 6.3: Die unterscheidbaren Befehlsgruppen

Abschnitt	Befehlsgruppen
	Basis-Befehlsgruppen der Integer-Rechenwerke
6.2.4.1	Arithmetische Befehle
6.2.4.2	Logische Befehle
6.2.4.3	Schiebe- und Rotationsbefehle
6.2.4.4	Flag- und Bit-Manipulationsbefehle
	Basis-Befehlsgruppen des Steuerwerks
6.2.4.5	Datentransportbefehle
6.2.4.6	Ein-/Ausgabe-Befehle
6.2.4.7	Sprung- und Verzweigungsbefehle
6.2.4.8	Unterprogramm- und Rücksprünge, Software-Interrupts
6.2.4.9	Systembefehle
6.2.4.10	Zusammengesetzte Befehle
	Spezielle Befehlsgruppen
6.2.4.11	Gleitpunkteinheiten
6.2.4.12	Digitale Signalprozessoren

Die ersten Befehlsgruppen der folgenden Darstellung bezeichnen wir vereinfachend als Basis-Befehlsgruppen, da sie mehr oder weniger von allen Mikroprozessoren – bis hinab zu den einfachsten Mikrocontrollern – verarbeitet werden. Die Befehlsgruppen der Gleitpunkteinheit (*Floating-Point Unit*) behandeln wir erst am Schluss, da diese Komponente nicht bei allen Mikrocontrollern zu finden ist.

Je nach Komplexität verwirklichen die Mikroprozessoren nur einen mehr oder weniger großen Ausschnitt des im Weiteren beschriebenen Befehlssatzes. Darüber hinaus verfügen sie aber häufig über eine große Zahl weiterer Spezialbefehle, die in den folgenden Tabellen nicht aufgeführt sind. Diese dienen z.B. der Verarbeitung von Zeichenketten- und Blöcken (fast) beliebiger Länge, von Multimedia-Daten[1], der virtuellen Speicherverwaltung (durch die *Memory Management Unit* – MMU), der Steuerung schneller Zwischenspeicher, der sog. Caches, oder der Kontrolle der elektrischen Leistungsaufnahme (*System Management Mode* – SSM). Diese Befehle können wir aus Platzgründen nicht beschreiben.

In den nachfolgenden Tabellen werden die Befehle jeder Befehlsgruppe durch gebräuchliche mnemotechnische Abkürzungen angegeben.

---

[1] bekannt unter den Bezeichnungen MMX (*Multimedia Extension*), SSE (*Streaming SIMD Extensions*)

6.2.4.1 Arithmetische Befehle

Die arithmetischen Befehle (s. Tabelle 6.4) erlauben insbesondere die Ausführung der vier Grundrechenarten: +, –, ·, /.

Tabelle 6.4: Arithmetische Befehle

MnemoCode	Bedeutung	
ABS	Absolutbetrag bilden	(*Absolute*)
ADD	Addition ohne Berücksichtigung des Übertrags	(*Add*)
ADC	Addition mit Berücksichtigung des Übertrags	(*Add with Carry*)
CLR	Löschen eines Registers oder Speicherwortes	(*Clear*)
CMP	Vergleich zweier Operanden	(*Compare*)
COM	bitweises Invertieren (Einerkomplement)	(*Complement*)
DAA, DAS	Umwandlung eines dualen Ergebnisses in eine Dezimalzahl .... nach Addition oder Subtraktion	(*Decimal Adjust Addition/Subtraction*)
DEC	Register oder Speicherwort dekrementieren	(*Decrement*)
DIV	Division	(*Divide*)
INC	Register oder Speicherwort inkrementieren	(*Increment*)
MUL	Multiplikation	(*Multiply*)
NEG	Vorzeichenwechsel im Zweierkomplement	(*Negate*)
SUB	Subtraktion ohne Berücksichtigung des Übertrags	(*Subtract*)
SBC, SBB	Subtraktion mit Berücksichtigung des Übertrags	(*Subtract w. Carry/ Borrow*)

Zum Teil können diese Operationen in dualer oder dezimaler Arithmetik durchgeführt werden. Bei Prozessoren, die nur im Dualzahlenmodus rechnen können, wird durch die Befehle DAA bzw. DAS (*Decimal Adjust Addition/Subtraction*) das Ergebnis einer arithmetischen Operation in eine BCD-Zahl umgewandelt. Dazu benutzen die Befehle das Übertrags- und das Hilfs-Übertragsbit (*Half-Carry Flag*, vgl. Unterabschnitt 5.5.1). Multiplikation und Division können wahlweise mit vorzeichenbehafteten (*signed Integer*) oder vorzeichenlosen Operanden (*unsigned Integer*) durchgeführt werden.

Des Weiteren gibt es Befehle für das Inkrementieren und Dekrementieren der Operanden in Speicherwörtern oder Registern. Diese Operanden können außerdem bitweise invertiert oder negiert (Vorzeichenwechsel) sowie auf ihren Absolutbetrag abgebildet werden. Darüber hinaus können Operanden gelöscht, d.h., auf den Wert 0 zurückgesetzt werden.

Besondere Bedeutung hat der Befehl CMP (Compare), der zum Vergleich zweier Operanden dient. Dazu werden die Operanden subtrahiert, jedoch so, dass auch im Zwei-Adress-Format keiner der Operanden durch das Ergebnis verändert wird. In Abhängigkeit vom Ergebnis werden jedoch die Flags im Statusregister gesetzt oder zurückgesetzt. Diese stehen dann für nachfolgende „bedingte" Befehle zur Verfügung (vgl. die Verzweigungsbefehle im Unterabschnitt 6.2.3.8).

6.2.4.2   Logische Befehle

Die logischen Befehle (s. Tabelle 6.5) veranlassen in der Regel die parallele Ausführung einer logischen Verknüpfung auf den sich entsprechenden Bits zweier Operanden. Seltener werden sie nur auf ein einzelnes Bit der Operanden, z.B. das LSB (*Least Significand Bit*), ausgeführt.

Tabelle 6.5: Logische Befehle

Mnemocode	Bedeutung	
AND	(bitweise) UND-Verknüpfung zweier Operanden	
OR	(bitweise) ODER-Verknüpfung zweier Operanden	
EOR	(bitweise) Antivalenz-Verknüpfung zweier Operanden	*(Exclusive Or)*
NOT	(bitweise) Invertierung eines (Boole'schen) Operanden	

Standardmäßig kann eine UND-, ODER- bzw. Antivalenz-Verknüpfung durchgeführt werden. Manchmal ist auch eine Äquivalenz-Verknüpfung vorgesehen. Die monadische Operation NOT invertiert jedes Bit eines Operanden und stimmt also mit dem im Unterabschnitt 6.2.3.1 aufgeführten Inversionsbefehl COM (Einerkomplement) überein.

6.2.4.3   Schiebe- und Rotationsbefehle

Die Schiebe- und Rotationsbefehle (s. Tabelle 6.6) führen die im Unterabschnitt 5.5.1 beschriebenen Schiebe- und Rotationsoperationen durch.

Tabelle 6.6: Schiebe- und Rotationsbefehle

Mnemocode	Bedeutung	
SHF	Verschieben eines Registerinhalts	*(Shift)*
	insbesondere:	
ASL	arithmetische Linksverschiebung	*(Arithm. Shift Left)*
ASR	arithmetische Rechtsverschiebung	*(Arithm. Shift Right)*
LSL	logische Linksverschiebung	*(Logical Shift Left)*
LSR	logische Rechtsverschiebung	*(Logical Shift Right)*
ROT	Rotation eines Registerinhalts	*(Rotate)*
	insbesondere:	
ROL	Rotation nach links	*(Rotate Left)*
RCL	Rotation nach links durchs Übertragsbit	*(Rotate with Carry Left)*
ROR	Rotation nach rechts	*(Rotate Right)*
RCR	Rotation nach rechts durchs Übertragsbit	*(Rotate with Carry Right)*
SWAP	Vertauschen der beiden Hälften eines Registers	

Es wurde bereits darauf hingewiesen, dass bei einfachen Prozessoren diese Operationen durch die ALU des Integer-Rechenwerks ausgeführt werden und leistungsfähigere Prozessoren, insbesondere auch DSPs, eine spezielle Schiebeeinheit (*Barrel Shifter*) zur Bearbeitung dieser Befehle besitzen. Im ersten Fall kann eine Verschiebung oder Rotation nur um eine Bitposition pro Taktzyklus ausgeführt werden. Im zweiten Fall kann die Anzahl der Bitpositionen, um die der Operand in einem einzigen Taktzyklus verschoben werden soll, im Befehl angegeben werden.

Der Inhalt eines Registers oder eines Speicherworts kann auf vielfältige Weise manipuliert werden. Die Verschiebung oder Rotation kann dabei nach links oder rechts geschehen. Dabei muss bei der Verschiebung nach rechts zwischen dem Vorzeichen-erhaltenden arithmetischen und dem logischen Verschieben unterschieden werden. Beim Linksschieben unterscheiden sich beide Operationen nicht. (Dennoch werden i.d.R. zwei verschiedene Assemblerbefehle dafür angeboten, die aber in denselben Maschinenbefehl übersetzt werden.)

Rotier- und Schiebebefehle können insbesondere auch dazu benutzt werden, ein bestimmtes Bit des Operanden dadurch zu überprüfen, dass man es in das Übertragsbit bringt. Durch (arithmetische) Operationen, die dem Rotier- bzw. Schiebebefehl folgen, kann jedoch das Übertragsbit verändert werden, bevor es ausgewertet wird. Daher benutzt die in Abb. 6.12 dargestellte Variante ein weiteres Hilfsflag X (*Extension Flag*), in dem das „Ergebnis" der Rotationsoperation zwischengespeichert wird. Dieses Flag wird nur durch die Rotier- und Schiebebefehle beeinflusst.

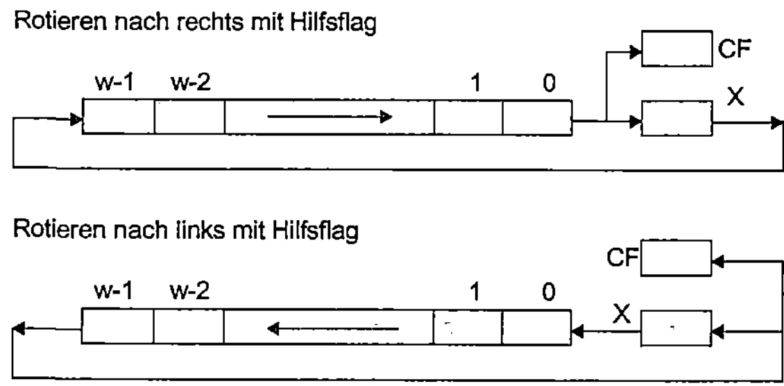

Abb. 6.12: Darstellung der Rotationsoperationen mit Hilfsflag

6.2.4.4 Flag- und Bit-Manipulationsbefehle

Die Flag- und Bit-Manipulationsbefehle (s. Tabelle 6.7) gestatten einerseits das gezielte Setzen, Rücksetzen oder Invertieren der Bedingungs-Flags im Statusregister oder der Flags im Steuerregister des Prozessors. Dazu gehören fast immer das Übertragsbit CF und das *Interrupt Flag* IF.

Andererseits können durch diese Befehle wahlfrei einzelne Bits in einem Register oder einem Speicherwort gesetzt, zurückgesetzt oder invertiert werden. Da die kleinste adressierbare Speichereinheit ein Byte ist, wird bei den Bitbefehlen, die auf einen Operanden im Speicher angewandt werden, üblicherweise stets wenigstens ein Byte gelesen und dann im Prozessor daraus ein bestimmtes Bit extrahiert. Das Ändern eines einzelnen Bits in einem Speicherwort bedingt daher zunächst das Lesen dieses Wortes, die Manipulation des Bits im Prozessor und das Rückschreiben des Wortes in den Speicher. Jedoch gibt es auch Mikrocontroller, wie z.B. der im Unterabschnitt 2.4.3 beschriebene C167 der Firma Infineon, der einen kleinen Speicherbereich besitzt, in dem die Bit-Manipulationsbefehle direkt und ausschließlich auf das im Befehl spezifizierte Bit einwirken.

Die Nummer des durch einen Bit-Manipulationsbefehl angesprochenen Bits wird durch den

Inhalt eines Registers oder „unmittelbar" im Befehl angegeben. Sie ist bei einem Operanden, der in einem Register liegt, durch die Breite des Registers, bei einem Operanden im Speicher durch den höchsten Bitindex (des Speicherwortes) beschränkt.

Tabelle 6.7: Flag- und Bit-Manipulationsbefehle

Mnemocode	Bedeutung	
SE<f>	Setzen eines Bedingungs-Flags	*(Set)*
CL<f>	Löschen eines Bedingungs-Flags	*(Clear)*
CM<f>	Invertieren eines Bedingungs-Flags	*(Complement)*
BSET	Setzen eines Bits	*(Bit Set)*
BCLR	Rücksetzen eines Bits	*(Bit Clear)*
BCHG	Invertieren eines Bits	*(Bit Change)*
TST, BT	Prüfen eines bestimmten Flags oder Bits	*(Test)*
BT[S,R,C]	Prüfen eines bestimmten Flags oder Bits mit anschließendem Setzen (S), Rücksetzen (R) oder Invertieren (C)	
BF...	Bitfeld-Befehle insbesondere:	
BFCLR	Zurücksetzen der Bits auf 0	*(Clear)*
BFSET	Setzen der Bits auf 1	*(Set)*
BFFFO	Finden der ersten 1 in einem Bitfeld	*(Find First One)*
BSF, BSR	Scannen eines Bitfelds: vorwärts/rückwärts	*(Bit Scan Forward/Reverse)*
BFEXT	Lesen eines Bitfelds	*(Extract)*
BFINS	Einfügen eines Bitfelds	*(Insert)*

(<f> Abkürzung für ein Flag, z.B. C: *Carry Flag*)

Durch den TST- bzw. BT-Befehl kann der Zustand eines einzelnen Bits im Operanden ermittelt werden. Durch diesen Befehl werden nur die Flags im Statusregister beeinflusst. Die Befehle BTS, BTR bzw. BTC testen ein bestimmtes Bit und setzen es danach auf 1 oder 0 bzw. invertieren es („toggeln").

In Erweiterung dazu bieten einige Prozessoren die Möglichkeit, ein Feld zusammenhängender Bits im Speicher (*Bit Field, Bit String*)[1] durch einen einzigen Befehl zu lesen oder zu verändern. Bedeutung haben diese Befehle insbesondere bei der Verarbeitung von Audio- oder Videodaten, wo die Bitfelder z.B. den digitalisierten Wert eines akustischen Signals oder die Repräsentation eines Bildschirmpunktes bzw. seiner Farben enthalten.

Die Assemblersyntax eines Bitfeld-Befehls ist z.B. folgendermaßen darstellbar:

BFEXT <Adresse>{Offset:Länge},Dn.

Durch die Adresse wird genau ein Byte im Speicher selektiert. Danach wird ein Bit bestimmt, das vom höchstwertigen Bit (MSB) des selektierten Bytes den durch den Offset vorgegebenen Abstand in Bits hat. Mit diesem Bit beginnend, werden die durch die (Bitfeld-)Länge angegebenen Bits rechtsbündig in das Register Dn geladen.

Es existieren Befehle zum Setzen (BFSET) oder Löschen (BFCLR) eines beliebigen Bits im Bitfeld. Durch den Befehl BFFFO kann die höchstwertige 1 in einem Bitfeld gesucht werden.

---

[1] Diese Bitfelder wurden im Unterabschnitt 6.1.3 beschrieben

Durch die beiden Befehle BSF bzw. BSR kann die Richtung des Suchvorgangs (MSB→LSB, LSB→MSB) gewählt werden.

6.2.4.5 Datentransportbefehle (Transferbefehle)

Die Transferbefehle (s. Tabelle 6.8) übertragen ein Datum von einem Quellort zu einem Zielort im Mikroprozessor-System. Quelle oder Ziel kann jeweils ein Speicherwort, ein Prozessorregister oder ein Register in einem Peripheriebaustein sein.

Tabelle 6.8: Transferbefehle

Mnemocode	Bedeutung
LD	Laden eines Registers *(Load)*
LEA	Laden eines Registers mit Adresse eines Operanden *(Load Effective Address)*
ST	Speichern des Inhalts eines Registers *(Store)*
MOVE	Übertragen eines Datums (in beliebiger Richtung) *(Move)*
EXC	Vertauschen der Inhalte zweier Register bzw. eines Registers und eines Speicherwortes *(Exchange)*
TFR	Übertragen eines Registerinhalts in ein anderes Register *(Transfer)*
PUSH	Ablegen des Inhalts eines oder mehrerer Register im Stack
PULL (POP)	Laden eines Registers bzw. mehrerer Register aus dem Stack
STcc	Speichern eines Registerinhalts, falls Bedingung cc (nach Tabelle 6.2-9) erfüllt *(Store)*

Man kann unterscheiden:

- Laden eines Registers mit einer Konstanten bzw. Ablegen einer Konstanten in einem Speicherwort.

- Austauschen der Inhalte zweier Register bzw. eines Registers und eines Speicherworts.

- Laden eines Registers aus dem Speicher bzw. Ablegen eines Registerinhalts im Speicher. Dabei kann man weiter die folgenden Spezialfälle unterscheiden:

  - Laden eines Registers vom Stack bzw. Speichern des Inhalts eines Registers auf dem Stack. Diese Befehle können manchmal auch auf mehrere Register gleichzeitig angewandt werden.

  - Laden eines Registers mit der (effektiven) Adresse eines Operanden (und nicht mit dem Operanden selbst!). Dieser Befehl erlaubt es, die Adresse eines Operanden erst zur Laufzeit des Programms festzustellen. Dadurch ist es u.a. möglich, Programme so zu schreiben, dass sie überall im Speicher ablauffähig sind („verschiebbarer Programmcode" – *Relocatable Program*).

  - Übertragen des Inhalts eines Speicherwortes in ein anderes Speicherwort[1]. In diesem Fall verursacht der MOVE-Befehl zwei Transferoperationen: Zunächst wird der Operand aus dem Speicher in den Datenbuspuffer und von dort zurück in den Speicher, gewöhnlich jedoch an eine andere Stelle, übertragen.

---

[1] Diese Übertragung ist nur sehr selten möglich

- Bedingte Transferbefehle, die nur dann ausgeführt werden, wenn eine bestimmte Bedingung erfüllt ist. Diese Bedingungen sind weiter unten in der Tabelle 6.2-9 zusammengefasst.

Beispiel:

STORE NOT EQUAL (STNE): „Speichere den Registerinhalt, falls er von 0 verschieden ist".

6.2.4.6 Ein-/Ausgabe-Befehle

Wie bereits mehrfach erwähnt wurde, verfügen einige Mikroprozessoren über spezielle Ein-/Ausgabe-Befehle (s. Tabelle 6.9) zum Datenaustausch mit den Peripheriebausteinen. Jeder dieser Befehle aktiviert ein spezielles Ausgangssignal (M/IO#) des Prozessors, das zur Anwahl der Peripheriebausteine herangezogen werden kann.

Tabelle 6.9: Ein-/Ausgabe-Befehle

Mnemocode	Bedeutung
IN, READ	Laden eines Registers aus einem Peripheriebaustein
OUT, WRITE	Übertragen eines Registerinhalts in einen Peripheriebaustein

6.2.4.7 Sprung- und Verzweigungsbefehle

Diese Befehle (s. Tabelle 6.10) erlauben es, die konsekutive Ausführung der Befehle eines Programms zu unterbrechen und an einer anderen Programmstelle fortzufahren (s. auch Abb. 6.7).

Tabelle 6.10: Sprung- und Verzweigungsbefehle

Mnemocode	Bedeutung	
JMP	unbedingter Sprung zu einer absoluten Adresse	*(Jump)*
Bcc	Verzweigen, falls die Bedingung cc erfüllt ist	*(Branch)*
BRA	Verzweigen ohne Abfrage einer Bedingung	*(Branch Always)*

Sprungbefehle werden stets durchgeführt. Das Sprungziel wird durch seine absolute (logische) Adresse angegeben. Verzweigungsbefehle werden nur in Abhängigkeit von einer im Befehl gewählten Bedingung (cc) ausgeführt. Das Sprungziel wird in der Regel durch seine Distanz (Offset) zum aktuellen Programmzähler bestimmt. Ist die Bedingung nicht erfüllt, wird mit dem Befehl fortgefahren, der im Speicher unmittelbar hinter dem Verzweigungsbefehl folgt.

Einfache Bedingungen (cc) werden durch den Zustand der Flags des Statusregisters vorgegeben. Sie sind im oberen Teil der Tabelle 6.11 dargestellt.

Im unteren Teil der Tabelle sind Bedingungen aufgeführt, die nach einem Vergleichsbefehl (CMP, s. Tabelle 6.4) zum Teil aus mehreren Flags des Statusregisters hergeleitet werden und Aussagen über das Verhältnis der beiden Operanden gestatten. Dabei wird zwischen nicht vorzeichenbehafteten Operanden und vorzeichenbehafteten Operanden im Zweierkomplement unterschieden. Einsetzen aller Bedingungen cc in den Mnemocode Bcc ergibt die möglichen Verzweigungsbefehle. Dazu bieten viele Prozessoren noch den Befehl BRA *(Branch Always)*, der zwar das Format eines Verzweigungsbefehls besitzt, jedoch einen nicht bedingten Sprung, relativ zum aktuellen Programmzählerwert, veranlasst.

Bei den aus den Flags abgeleiteten Bedingungen muss der Assemblerprogrammierer strikt unterscheiden, ob die durch den CMP-Befehl verglichenen Operanden vorzeichenlose oder vorzeichenbehaftete Integer-Zahlen repräsentieren sollen. Für beide Interpretationen existieren gesonderte Verzweigungsbefehle.

Beispiel:

Wird auf „größer als" verglichen, so ist für

- vorzeichenlose Zahlen: $A0 > $7E und BHI (*Branch Higher*) der richtige Befehl,
- vorzeichenbehaftete Zahlen: $7E > $A0 und BGT (*Branch Greater than*) der richtige Befehl.

Tabelle 6.11: Gebräuchliche Bedingungen für Verzweigungsbefehle

cc	Bedingung	Bezeichnung
CS	CF=1	Branch on Carry Set
CC	CF=0	Branch on Carry Clear
VS	OF=1	Branch on Overflow
VC	OF=0	Branch on not Overflow
EQ	ZF=1	Branch on Zero/Equal
NE	ZF=0	Branch on not Zero/Equal
MI	SF=1	Branch on Minus
PL	SF=0	Branch on Plus
PA	PF=1	Branch on Parity/Parity Even
NP	PF=0	Branch on not Parity/Parity Odd
nicht vorzeichenbehaftete Operanden		
LO	CF=1 (vgl. CS)	Branch on Lower than
LS	$CF \vee ZF = 1$	Branch on Lower or Same
HI	$CF \vee ZF = 0$	Branch on Higher than
HS	CF=0 (vgl. CC)	Branch on Higher or Same
vorzeichenbehaftete Operanden		
LT	$SF \neq OF = 1$	Branch on Less than
LE	$ZF \vee (SF \neq OF) = 1$	Branch on Less or Equal
GT	$ZF \vee (SF \neq OF) = 0$	Branch on Greater than
GE	$SF \neq OF = 0$	Branch on Greater or Equal

(Bezeichnungen: $\neq$ Antivalenz, $\vee$ logisches ODER)

6.2.4.8   Unterprogrammaufrufe und -Rücksprünge, Software-Interrupts

Durch einen Unterprogrammaufruf (s. Tabelle 6.12) wird ein abgeschlossener Programmteil aufgerufen, dessen Startadresse bzw. ein Offset dazu im Befehl angegeben ist. Dieser Aufruf kann unbedingt unter Angabe einer absoluten Adresse (*Jump to Subroutine* – JSR) oder aber in Abhängigkeit einer der in Tabelle 6.2-9 aufgeführten Bedingungen cc relativ zum Programmzähler (mit Angabe eines Offsets) geschehen (BSRcc). Der Rücksprung in das aufrufende Programm wird durch den Befehl RTS (*Return from Subroutine*) bewirkt.

Im Abschnitt 5.3 wurde schon gesagt, dass im Unterschied zu einem Unterprogrammaufruf bei einem Software-Interrupt keine Startadresse im Befehl angegeben wird. Stattdessen ist der aufzurufenden Interrupt-Routine eine Startadresse im Speicher entweder implizit fest zugeteilt, oder diese wird durch die Angabe eines Indexes im Befehl aus einer Ausnahmevektor-Tabelle ausgewählt. Der Rücksprung aus einer Interrupt-Routine geschieht mit dem Befehl RTI (*Return from Interrupt*) oder RTE (*Return from Exception*).

Tabelle 6.12: Unterprogrammaufrufe und -Rücksprünge, Software-Interrupts

Mnemocode	Bedeutung	
JSR, CALL	unbedingter Sprung in ein Unterprogramm	(*Jump to Subroutine*)
BSRcc	Verzweigung in ein Unterprogramm, falls cc gilt	(*Branch to Subroutine*)
RTS	Rücksprung aus einem Unterprogramm	(*Return from Subroutine*)
SWI,TRAP, INT	Unterbrechungsanforderung durch Software	(*Software Interrupt*)
RTI, RTE	Rücksprung aus Unterbrechungsroutine (*Return from Interrupt/Exception*)	

6.2.4.9 Systembefehle (Systemkontrolle)

In dieser Gruppe findet man die Befehle (s. Tabelle 6.13), die der Synchronisation der Komponenten eines Mikroprozessor-Systems dienen (*System Control*). Der einfachste Befehl NOP (*No Operation*) erhöht lediglich den Programmzähler (PC), wofür er eine gewisse Ausführungszeit benötigt. (Er wird deshalb in entsprechend großer Anzahl häufig dazu benutzt, um kleinere, feste Zeitspannen zu überbrücken.)

Tabelle 6.13: Systembefehle

Mnemocode	Bedeutung	
NOP	keine Operation, nächsten Befehl ansprechen	(*No Operation*)
WAIT	Warten, bis ein Signal an einem speziellen Eingang auftritt	
SYNC	Warten auf einen Interrupt	
HALT, STOP	Anhalten des Prozessors, Beenden jeder Programmausführung	
RESET	Ausgabe eines Rücksetzsignals für die Peripheriebausteine	
SVC	(geschützter) Aufruf des Betriebssystemkerns	(*Supervisor Call*)

Durch den WAIT-Befehl besteht die Möglichkeit, eine Programmausführung solange zu unterbrechen, bis an einem bestimmten Eingang des Prozessors ein Signal auftritt. Zu diesen Eingängen gehört z.B. der BUSY-Eingang, über den ein Coprozessor dem Mikroprozessor anzeigen kann, dass er eine Operation noch nicht beendet hat. Danach wird das Programm an der Wartestelle fortgesetzt.

Beim SYNC-Befehl erwartet der Prozessor eine Unterbrechungsanforderung an einem (beliebigen) Interrupt-Eingang und setzt nach deren Eintreten seine Arbeit mit der zugeordneten Interrupt-Routine fort. Durch den RESET-Befehl kann am RESET-Ausgang des Prozessors ein Rücksetzsignal für alle angeschlossenen Peripheriebausteine erzwungen werden.

Neben den bisher beschriebenen Systembefehlen verfügen die modernen 16/32-Bit-Prozessoren über weitere Systembefehle, die insbesondere der Kontrolle der verschiedenen Arbeitszustände (Benutzermodus, Systemmodus), der Steuerung der Speicherverwaltung und der Kommunikation und Kooperation mit einem anderen (Co-)Prozessor dienen. Auf diese kann im Rahmen dieses Buches nicht eingegangen werden.

6.2.4.10 Zusammengesetzte Befehle

Diese Befehle (s. Tabelle 6.14) kombinieren mehrere Befehle aus den bisher beschriebenen Gruppen. Ihr Sinn liegt darin, durch diese Zusammenfassung Speicherplatz für den Maschinencode und Ausführungszeit zu sparen.

Die „Hochsprachen-Befehle" unterstützen einen Compiler bei der Umsetzung von komplexen Befehlen – wie sie in einer höheren Programmiersprache üblich sind – in eine Folge von Maschinenbefehlen. Zu ihnen kann man auch die oben beschriebenen Block- und Bitkettenbefehle zählen, die durch Voranstellen des Präfix „REP.." (*Repeat*) eine auf diese Datenstrukturen eingeschränkte Schleifensteuerung in Hardware ermöglichen: Die Stringoperation wird solange wiederholt, bis der Inhalt eines bestimmten Registers den Wert 0 hat. Der Wert dieses Registers wird bei jeder Ausführung der Stringoperation um 1 dekrementiert.

Der LOOP-Befehl vereinfacht das Programmieren von allgemeinen Schleifen: Vor der Ausführung wird der Inhalt eines Registers dekrementiert und nur dann eine Programmverzweigung durchgeführt, wenn die im Befehl angegebene Bedingung für dieses Register gilt.

Durch den CASE-Befehl kann eine Kette von Abfragen durch mehrere bedingte Branch-Befehle dadurch vermieden werden, dass für das Vorliegen unterschiedlicher Bedingungen mehrere Sprungziele angegeben werden können (Multiway Branch).

Die beiden Befehle CHECK und INDEX erleichtern die Arbeit mit mehrdimensionalen Feldern (Arrays). Der erste überprüft, ob ein Index innerhalb vorgegebener Grenzen liegt und speichert im positiven Fall die Differenz zum unteren Grenzwert in einem bestimmten Register. Werden die Bereichsgrenzen unter- bzw. überschritten, wird eine Programmunterbrechung ausgeführt (Trap, vgl. Abschnitt 5.3). Der Befehl INDEX berechnet für den Index (i,j) eines zweidimensionalen Felds den Offset zur Basisadresse des Felds nach der Formel:

$$\text{Offset} = \text{Zeilenlänge} \cdot (i-1) + j \; .$$

Für die „Test- und Modifizier-Befehle" ist charakteristisch, dass sie als eine nicht unterbrechbare Operation ausgeführt werden. Deshalb darf der Systembus zwischen den einzelnen Teilbefehlen nicht von einer anderen Komponente des Systems belegt werden. Dazu zählen z.B. andere (Co-) Prozessoren oder Systemsteuerbausteine (vgl. Kapitel 9).

Tabelle 6.14: Zusammengesetzte Befehle

Mnemocode	Bedeutung
DBcc	Dekrementieren eines Registers und bedingte Verzweigung, falls cc (nach Tabelle 6.2-9) erfüllt ist *(Decrement and Branch)*
LOOP REP ... CASE CHECK (BOUND) INDEX	„Hochsprachen-Befehle" Abarbeiten einer Schleife Wiederholen einer Stringoperation *(Repeat)* Verzweigung mit mehreren Sprungzielen Überprüfen, ob ein Feldindex in den vorgegebenen Grenzen liegt Umrechnung eines Feldindexes in einen Adressen-Offset
TAS, BTS BTR BTC LOCK ...	„Test und Modifizier-Befehle" Prüfen eines Bits mit anschließendem Setzen *(Bit Test and Set)* Prüfen eines Bits mit anschließendem Rücksetzen *(Bit Test and Reset)* Prüfen eines Bits mit anschließendem Invertieren *(Bit Test & Complement)* Verhindert die Unterbrechung eines Befehls

Dadurch wird verhindert, dass zwischen der Abfrage eines Speicherwortes oder eines speziellen Bits darin und der folgenden Modifikation eine andere Komponente dieses Wort bzw. Bit verändert. Im Systembus wird die Nicht-Unterbrechbarkeit durch das Aktivieren eines speziellen Prozessorsignals erreicht[1], das z.B. mit LOCK bezeichnet wird und den anderen Komponenten mitteilt, dass der Systembus für mehr als einen Speicherzyklus benötigt wird. Der Befehl LOCK aktiviert dieses Ausgangssignal für die Dauer des folgenden Maschinenbefehls und sorgt somit dafür, dass dieser nicht unterbrochen werden kann. Bei asynchronen Bussystemen wird das im Unterabschnitt 8.2.1 beschriebene Ausgangssignal AS *(Address Strobe)*, welches das Vorliegen einer gültigen Adresse auf dem Adressbus anzeigt, für die gesamte Ausführungsdauer des Befehls aktiviert und sperrt solange den Bus gegen Zugriffe anderer Komponenten.

Ein Beispiel für die Notwendigkeit des LOCK-Befehls ist der BTC-Befehl, mit dem der Zustand eines Bits in einem Speicherwort abgefragt und invertiert werden kann. Mit der Befehlsfolge

LOCK   BTC <Adresse>,<Bitnummer>

können sog. **Semaphore** zur Synchronisation der Zugriffe mehrerer Prozessoren auf ein gemeinsames Betriebsmittel realisiert werden. Dazu kann z.B. vereinbart werden, dass ein Prozessor nur dann auf das Betriebsmittel zugreifen darf, wenn das Bit den Wert 1 hat. Jeder zugriffswillige Prozessor testet dieses Bit. Findet er den Wert 0, so muss er warten und den Zugriff später noch einmal versuchen. Findet er jedoch den Wert 1, so invertiert er sofort das Bit und kann das Betriebsmittel benutzen. Nach Abschluss dieser Nutzung setzt er das Bit wieder auf 1 und gibt dadurch das Betriebsmittel wieder frei. In diesem Beispiel verhindert die Nicht-Unterbrechbarkeit der Befehlsfolge, dass zwischen der Erkennung des 1-Zustands und der Invertierung des Bits ein anderer Prozessor, der ebenfalls den Wert 1 liest, bereits auf das Betriebsmittel zugreift.

---

[1] Vgl. Abschnitt 8.2

6.2.4.11   Befehle der Gleitpunkteinheit

Die Befehle der Gleitpunkt-Arithmetikeinheit (*Floating-Point Unit* – FPU) eines Mikroprozessors sind typischerweise besonders gekennzeichnet: Ihre OpCodes beginnen meistens mit einer spezifischen Bitkombination. Üblich sind z.B. „1111" (=$F) oder „11011" (=$1B)[1]. In Assemblerschreibweise werden ihre Mnemocodes meist durch das Präfix „F" (*Floating Point*) gekennzeichnet:

F<Mnemocode>.

Den Mnemocodes werden gewöhnlich Postfixe angehängt, die das Datenformat (vgl. Unterabschnitt 6.1.4) spezifizieren, auf das die Operation angewandt werden soll, also z.B.:

F<Mnemocode>S	einfach-genaues Gleitpunktformat,	*(single)*
F<Mnemocode>D	doppelt-genaues Gleitpunktformat,	*(double)*
F<Mnemocode>X	erweitert-genaues Gleitpunktformat,	*(extended)*
F<Mnemocode>P	gepacktes BCD-Format.	*(packed)*

Die arithmetischen Gleitpunkt-Operationen (s. Tabelle 6.15) lassen sich in die Grundoperationen (*Primary Operations*) und die daraus abgeleiteten Operationen (*Derived Operations*) unterteilen.

Zu den Grundoperationen gehören insbesondere die Addition, Subtraktion, Multiplikation und Division. Aus dem Bereich der DSPs stammt der Befehl SUBR (Subtract Reverse), bei dem die beiden Operanden vor der Subtraktion vertauscht werden. Dieser Befehl vermeidet eine u.U. notwendige, zeitaufwendige Vertauschung der Operanden in ihren Registern. Ähnliches gilt auch für den Divisionsbefehl FDIVR (Divide Reverse).

Zu den abgeleiteten Operationen gehören die trigonometrischen, logarithmischen und exponentiellen mathematischen Funktionen. Durch den Befehl FRNDINT kann eine Gleitpunktzahl zu einer ganzen Zahl gerundet werden. Dabei wird durch die Bits RC im Steuerregister der FPU festgelegt, welche der im Unterabschnitt 6.1.3 beschriebenen Rundungsmöglichkeiten benutzt werden soll. Mit den FGET...-Befehlen kann der Exponent oder die Mantisse eines Gleitpunktoperanden selbst in eine Gleitpunktzahl umgewandelt werden. Der Befehl FXTRACT fasst beide Befehle in einem zusammen.

Komplexe Gleitpunkt-Arithmetikeinheiten können neben den Grundoperationen von diesen abgeleitete Operationen ausführen, die in Tabelle 6.15 unten angegeben sind und hier nicht näher beschrieben werden müssen. Von einfacheren Gleitpunkt-Arithmetikeinheiten werden aus Kostengründen diese Funktionen häufig durch Programme softwaremäßig ausgeführt, die in einer Bibliothek zur Verfügung gestellt werden.

Neben den beschriebenen Befehlen zur Ausführung arithmetischer Operationen gibt es i.d.R. noch eine Reihe von Lade/Speicher-Befehlen, um die Daten- und Systemregister (Steuer-/Statusregister) der Arithmetikeinheit aus dem Speicher oder dem allgemeinen Registersatz zu laden bzw. dort abzulegen. Zusätzlich kann durch den Befehl FLDconst (const = 1, Z, PI, L2E, LN2, L2T, LG2) ein Operand aus dem Konstanten-ROM der Gleitpunkt-Arithmetikeinheit gelesen werden. Als Konstante kommen in Frage: $+1.0$, $+0.0$, π, $\log_2 e$, $\log_e 2$, $\log_2 10$, $\log_{10} 2$.

---

[1] Die letztgenannte Bitkombination wird mit *Escape* bezeichnet, da sie mit dem Code des gleichnamigen Steuerzeichens im ASCII-Code übereinstimmt

Tabelle 6.15: Die arithmetischen Befehle der Gleitpunkteinheit

Mnemocode	Bedeutung	
	1. Grundoperationen	
FADD	Addition	*(Add)*
FSUB	Subtraktion	*(Subtract)*
FSUBR	umgekehrte Subtraktion	*(Subtract Reverse)*
FMUL	Multiplikation	*(Multiply)*
FDIV	Division	*(Divide)*
FDIVR	umgekehrte Division	*(Divide Reverse)*
FMOD	Rest einer Division	*(Modulo)*
FRNDINT	Rundung zu einer ganzen Zahl	*(Round Integer)*
FSQRT	Quadratwurzel	*(Square Root)*
FABS	Absolutbetrag	*(Absolute)*
FCMP	Vergleich zweier Operanden	*(Compare)*
FGETEXP	Extrahieren des Exponenten	*(Get Exponent)*
FGETMAN	Extrahieren der Mantisse	*(Get Mantissa)*
FEXTRACT	Extrahieren von Exponent u. Mantisse	*(Extract Exp. and Significand)*
FCHS	Vorzeichenwechsel	*(Change Sign)*
	2. abgeleitete Operationen	
FAXXX	Arcus-Funktionen, XXX=COS, SIN, TAN, TANH	
FXXX	Trigonometrische Funktionen, XXX = COS, SIN, TAN, COSH, SINH, TANH, SINCOS	
FnTOX	Potenzieren der Basis n: n^X, n=2, e, 10	
F2XM1	$2^X - 1$	
FYL2X	$Y * \log_2 x$	
FYL2XP1	$Y * \log_2 (x+1)$	

Befehle zur Programmkontrolle

Die folgenden Befehle (s. Tabelle 6.16) werden in Abhängigkeit von den Zustandsbits im Statusregister der FPU ausgeführt (vgl. Unterabschnitt 5.5.4). Aus den Statusbits kann eine der in Tabelle 6.17 mit cc bezeichneten Bedingungen abgeleitet werden. Dabei ist zu beachten, dass als Ergebnis einer Operation auch die „Zahl" $\pm \infty$ oder aber „keine gültige Zahl" (NaN) herauskommen kann. Deshalb gelten nicht mehr die bei den Integer-Rechenwerken üblichen Verneinungen der Bedingungen.

So ist z.B. die Verneinung von

	„größer"	*(greater than)*
nicht	„kleiner oder gleich"	*(less than or equal)*,
sondern	„nicht größer"	*(not greater than)*.

Tabelle 6.16: Die Befehle der Gleitpunkteinheit zur Steuerung des Programmablaufs

Mnemocode	Bedeutung	
FCOM	Vergleich zweier Gleitpunktzahlen	(*Compare*)
FUCOM	Ungeordneter Vergleich zweier Gleitpunktzahlen	(*Compare*)
FBcc	µP verzweigt, falls in FPU cc gilt	(*Branch*)
FDBcc	FPU testet, ob die Bedingung cc gilt; falls cc gilt, dekrementiert der µP eine Zählvariable und verzweigt, falls Zählvariable ≥ 0	
FScc	µP setzt ein bestimmtes Flag-Byte im Speicher auf 11..11, falls in FPU cc gilt, sonst setzt er es auf 00..00 zurück	(*Set*)
FTRAPcc	µP führt einen Trap aus, falls in FPU cc gilt	

Außerdem müssen nun nicht mehr alle Operanden vergleichbar sein. Das führt z.B. zu der bei ganzen Zahlen wenig sinnvollen, weil stets erfüllten Bedingung:

„größer, kleiner oder gleich",

die nur dann erfüllt ist, wenn beide Operanden vergleichbar sind.

Durch den Befehl FCOM werden die Inhalte zweier Gleitpunktregister miteinander verglichen und die Flags des Statusregisters in Abhängigkeit vom Ergebnis gesetzt. Der Befehl FUCOM führt die gleiche Operation auf ungeordneten Operanden aus, d.h., auf Operanden, die aus den eben genannten Gründen nicht nach der Größe geordnet werden können. Der Befehl FScc kann dazu benutzt werden, das Ergebnis eines Operandenvergleichs für eine spätere Auswertung in einem Byte des Speichers als Flag abzulegen. Der Befehl FTRAPcc veranlasst den Aufruf einer Ausnahme-Behandlungsroutine, falls die Bedingung cc erfüllt ist. Die Startadresse (Vektor) dieser Routine ist in der Interrupt-Vektortabelle an einer fest vorgegebenen Position abgelegt.

Tabelle 6.17: Die abgeleiteten Bedingungen ($\neg$ = logische Verneinung, $\vee$ = ODER)

cc	Bedingung	
EQ	$=$	equal
NE	$\neq$	not equal
GT	$>$	greater than
NGT	$\neg >$	not greater than
GE	$\geq$	greater than or equal
NGE	$\neg \geq$	not (greater than or equal)
LT	$<$	less than
NLT	$\neg <$	not less than
LE	$\leq$	less than or equal
NLE	$\neg \leq$	not (less than or equal)
GL	$< \vee >$	greater or less
NGL	$\neg (> \vee <)$	not (greater or less)
GLE	$> \vee < \vee =$	greater, less or equal
NGLE	$\neg (> \vee < \vee =)$	not (greater, less or equal)

6.2.4.12 DSP-spezifische Befehle

Der besondere Aufbau der Signalprozessoren benötigt einen gut strukturierten und einfachen Befehlssatz. Er soll einerseits den Bedürfnissen der digitalen Signalverarbeitung entgegenkommen, andererseits soll er allen Prozessorkomponenten (neben den bekannten Befehlen) spezifische Befehle zur Verfügung stellen. In der Regel ist der Befehlssatz eines DSPs weniger umfangreich als der eines Standardmikroprozessors. Das resultiert aus dem Einsatzbereich dieser Prozessoren, die – wie bereits gesagt – auf die schnelle Ausführung von arithmetischen Operationen auf einer großen Menge von Eingabedaten spezialisiert sind.

Einige DSPs bieten die Möglichkeit, eine breite Palette von Befehlen vom Vorliegen einer bestimmten Bedingung abhängig zu machen. Dadurch werden Befehle zum Vergleich von Operanden und zur nachfolgenden Verzweigung entbehrlich. Im Assembler-Programm schreibt man dazu z.B.

[IF <Bedingung>] <Operation> .

Als <Bedingung> kann eine der in Tabelle 6.2-9 aufgeführten, aus den Zustandsbits abgeleiteten Bedingungen gewählt werden. Außerdem kann als Bedingung zugrunde gelegt werden, ob ein Schleifenzähler bereits seinen Nullzustand erreicht hat (*Counter Expired* – CE) oder ob ein Überlauf (*Overflow*) im Rechenwerk aufgetreten ist. Ist die gewählte Bedingung nicht erfüllt, wird der Befehl nicht ausgeführt und der nächste Befehl bearbeitet.

Multifunktionsbefehle

Ein DSP soll in jedem Taktzyklus eine Multiplizier/Akkumulier-Operation (MAC) mit zwei Operanden ausführen. Dies ermöglichen die Multifunktionsbefehle (*Multifunction Instructions*), die den erforderlichen Operandentransport parallel zu den arithmetischen Operationen ausführen. Dabei ist zu beachten, dass die in die Register des Rechenwerkes geladenen Operanden erst im nächsten Takt durch das Rechenwerk verarbeitet werden, also eine Fließbandverarbeitung stattfindet. In die Codierung der Instruktionen, den OpCode, müssen alle benötigten Informationen über die Operanden und ihre aufnehmenden Register sowie die arithmetische Operation untergebracht werden, so dass bei gewünschter Begrenzung der Befehlslänge i.d.R. nur wenige Multifunktionsbefehle realisiert werden können. Als Beispiel soll die allgemeine Struktur eines parallelen Transport/Arithmetik-Befehls des Signalprozessors 56001 von Motorola dienen:

OpCode	Operand	XDB	YDB
<OpC>	<Oper.>	$X{:}(R_0)+,X_0$	$Y{:}(R_4)+,Y_0$

Durch diesen Befehl soll die Operation <OpC> mit den Operanden <Oper.> vom Rechenwerk ausgeführt werden. Gleichzeitig sollen die durch den Inhalt des R_0-Registers adressierte Speicherzelle im X-Datenspeicher über den X-Datenbus (XDB) in das Register X_0 geladen und die durch R_4 adressierte Speicherzelle im Y-Datenspeicher über den Y-Datenbus (YDB) nach Y_0 gebracht werden. Die Inhalte der Adressregister R_0 und R_4 werden anschließend inkrementiert. Alternativ kann der Paralleltransfer auch aus dem Laden eines Operanden und dem Abspeichern eines Ergebniswertes bestehen.

Wie oben angedeutet, besteht der OpCode einer DSP-Instruktion aus definierten Teilen, deren Platz sich innerhalb der Instruktion nicht ändert. Deswegen werden sie als skalierte Befehle bezeichnet[1]. Der erste Teil ist für die Art der Instruktion reserviert. In den folgenden Teilen werden die Operanden und die Adressen der zu transportierenden Daten abgelegt. Soll ein Teil des Befehls nicht in Anspruch genommen werden, wird das entsprechende Feld z.B. mit Nullen belegt.

Arithmetik- und Logikbefehle

Aus den im Unterabschnitt 3.1.4 beschriebenen DSP-Anwendungen ergibt sich, dass die arithmetischen Instruktionen bei den Signalprozessoren eine besondere Rolle spielen. DSPs unterstützen die im Unterabschnitt 6.2.3.1 erklärten Standard-Arithmetikbefehle, wie Addition (ADD, ADC), Subtraktion (SUB, SUC), Multiplikation (MUL), Inkrementieren (INC), Dekrementieren (DEC), Vergleichen zweier Zahlen (CMP), Absolutbetrag bilden (ABS) und Vorzeichenwechsel (NEG). Diese Befehle können meist auf jeden der vom Prozessor unterstützten Datentypen, also Integer, Festpunkt- oder Gleitpunktzahlen, angewendet werden. Dazu kommen besondere Befehle zur Umwandlung von Datentypen, also z.B. von Festpunkt- in Gleitpunktzahlen (FLOAT) bzw. umgekehrt (FIX). Als „höherwertige" Befehle kommen manchmal noch dazu: Quadratwurzel ziehen (SQRT), Logarithmus zur Basis b (LOGB) und Ermittlung des Maximums bzw. Minimums von zwei Zahlen (MAX, MIN). Weiterhin findet man oft noch Befehle zum Runden des Ergebnisses (RND) nach vorgegebenem Verfahren bzw. zu dessen Sättigung (SAT – *Saturation*).

Auffällig ist, dass DSPs in der Regel keine (vollständige) Division beherrschen. Der Grund liegt darin, dass die Division durch veränderliche Größen in den Algorithmen der digitalen Signalverarbeitung keine Rolle spielt. Wenn in ihnen eine Division auftritt, so handelt es sich meist um die Division durch konstante Größen. In diesem Fall ist es aber (insbesondere auch aus Zeitgründen) angebracht, die reziproken Werte der Größen im Speicher abzulegen und die Division durch eine Multiplikation mit diesen Reziprokwerten zu ersetzen. Wenn ein DSP dividieren kann, so ermittelt er häufig mit jeder Ausführung des DIV-Befehls nur ein Bit des Quotienten. Das vollständige Ergebnis muss also in einer Schleife berechnet werden, wobei der Programmierer die gewünschte Genauigkeit durch Vorgabe der Schleifenlänge bestimmen kann. Andere DSPs bieten einen Befehl (RECIPS), der zum Operanden einen relativ kurzen Reziprokwert (z.B. 8 Bits lang) aus einer ROM-Tabelle ermittelt. Mit dessen Hilfe kann durch kurze, schnelle Algorithmen ein Quotient hinreichender Genauigkeit berechnet werden.

Das sehr leistungsfähige Rechenwerk braucht darüber hinaus spezielle Arithmetikbefehle, um es voll auszunutzen. Es besteht hier die Möglichkeit, in einem Befehlszyklus mehrere Operationen parallel auszuführen. Das resultiert aus der Struktur des Rechenwerkes. Wie schon erwähnt, können in der „MAC" gleichzeitig eine Multiplikation und eine Addition stattfinden. Durch die Anwendung des Barrel Shifters kann zusätzlich noch einer der Operanden verschoben werden. Um einen Eindruck davon zu gewinnen, wie komplex die speziellen Arithmetikbefehle aufgebaut sind, werden nun einige Beispiele genannt.

---

[1] Vgl. das allgemeine OpCode-Format im Unterabschnitt 6.2.3

- ADDL S,D   Funktion: $S + D \cdot 2 \to D$

  „Verschiebe den Operanden D um eine Stelle nach links (Multiplikation mit 2) und addiere ihn zum zweiten Operanden S; bringe das Ergebnis nach D."

- ADDSUB D_1, D_2 Funktion: $D_1 + D_2 \to D_1,\ D_1 - D_2 \to D_2$

  „Addiere und subtrahiere gleichzeitig die Operanden D_1 und D_2. Bringe die Summe nach D_1 und die Differenz nach D_2." (Dieser Befehl wird insbesondere zur schnellen Berechnung der FFT – Fast Fourier Transformation – benötigt, vgl. Abschnitt 6.3.4.)

- MPR (+/–)S1,S2,D

  „Multipliziere die Operanden S1 und S2. Bringe das Ergebnis zum Akkumulator D. Negiere ggf. das Ergebnis (–) und runde es (...R)."

- MACR (+/–)S1,S2,D

  „Multipliziere die Operanden S1, S2 und addiere (+) oder subtrahiere (–) das Ergebnis zum/vom Akkumulator D. Runde danach das Ergebnis (...R)."

Die logischen Befehle, die ein DSP ausführen kann, unterscheiden sich nicht von denjenigen, die wir im Unterabschnitt 6.2.3.2 beschrieben haben. Sie müssen daher hier nicht mehr behandelt werden.

Schiebe- und Rotationsbefehle

Wie erwähnt, verfügen DSPs mit dem Barrel Shifter häufig über eine eigene Rechenwerkskomponente zur schnellen Ausführung von Schiebe- und Rotationsbefehlen. Dazu gehören die im Unterabschnitt 6.2.3.3 beschriebenen Befehle zum arithmetischen oder logischen Verschieben und zum Rotieren – jeweils in beide Richtungen (links, rechts). In den entsprechenden DSP-Befehlen kann jedoch die Anzahl der Bitpositionen frei gewählt werden, um die der Operand in einem einzigen Taktzyklus verschoben bzw. rotiert werden soll.

Zu diesen Grundbefehlen kommen weitere Befehle, von denen wir hier die wichtigsten kurz aufzählen wollen: Der Normalisier-Befehl (NORMALIZE) bringt eine Festpunktzahl durch Verschieben in die normalisierte 1.n-Form. Die Anzahl der dabei zu verschiebenden Bitpositionen wird im Befehl spezifiziert. Zwei Befehle dienen der Generierung von sog. Block-Gleitpunktzahlen (*Block Floating Point*), die wir im Unterabschnitt 6.1.5 beschrieben haben: Der erste Befehl EXP (*Derive Exponent*) ermittelt in einer Festpunktzahl bzw. in einem Block von Festpunktzahlen den größten auftretenden „Exponenten", also die Anzahl der ohne Genauigkeitsverlust zu verschiebenden Bitpositionen. Der zweite Befehl EXPADJ (Block Exponent Adjust) normalisiert alle Blockelemente auf diesen Exponenten. Zwei weitere Befehle bestimmen in einem Operanden die Position der höchstwertigen 1 (LEFTO – Left One) bzw. 0 (LEFTZ – Left Zero). Durch sie kann auf das – in einer Schleife auszuführende – zeitaufwendige bitweise Verschieben/Rotieren des Operanden und die Abfrage des „herausgeschobenen" Bits (z.B. im Übertragsbit des Statusregisters) verzichtet werden.

Bitmanipulations-Befehle

Neben den Grundbefehlen zum Setzen, Rücksetzen, „Toggeln" und Testen eines Bits (BSET, BCLR, BTGL, BTST) bieten einige DSPs auch komplexe Befehle zur Extraktion (FEXT – *Field Extract*) bzw. zum Einfügen (FDEP – *Field Deposit*) von Bitfeldern in Operanden in vielfältigen Varianten an. Diese Befehle werden häufig von der Schiebe-/Rotationseinheit des Rechenwerks, einem erweiterten Barrel Shifter, ausgeführt.

Hardwareschleifen-Befehle

Oben haben wir gezeigt, dass eine wesentliche Komponente zur Verarbeitung von DSV-Algorithmen die Hardware-Schleifensteuerung ist. Zur Programmierung von Hardwareschleifen bieten die DSPs häufig zwei Befehle an:

- Die kürzesten Schleifen bestehen lediglich aus einem Befehl, der aber häufig mehrere Operationen ausführen kann (s.o.). Durch den Wiederhol-Befehl REP (*Repeat*) wird dieser Befehl so oft wiederholt, wie es im Befehl oder einem Zählregister vorgegeben wird.

- Längere Schleifen werden durch einen Befehl ausgeführt, der z.B. durch die Assembler-Bezeichnungen LOOP, DO...UNTIL.... oder RPTB (*Repeat Block*) angegeben wird. Wie bereits oben gesagt, wird im Befehl das Ende des Schleifenkörpers angegeben. Dazu muss eine der beschriebenen Abbruchbedingung festgelegt oder ein Schleifenzähler initialisiert werden. Endlosschleifen werden durch Angabe der Bedingung FOREVER oder durch das Weglassen der UNTIL-Angabe realisiert. Den Befehl ENDDO, mit dem eine Hardwareschleife vorzeitig beendet werden kann und der für eine automatische Bereinigung des Schleifen-Stacks sorgt, haben wir bereits im Unterabschnitt 5.2.5 erwähnt.

6.3 Adressierungsarten

6.3.1 Voraussetzungen und Begriffe

In der einfachsten Form, die in den Anfangsjahren der Digitalrechner als einzige benutzt wurde, werden alle Adressen der Operanden und Sprungziele als absolute (physikalische) Adressen im Befehl angegeben. Als Nachteil ergibt sich dabei, dass Programme und Daten vollständig lageabhängig sind; d.h., schon zur Programmierzeit wird festgelegt, wo sie zur Ausführungszeit der Programme im Speicher liegen müssen. Durch die Verwendung von absoluten Adressen ist z.B. die Programmierung von Tabellenzugriffen in einer Schleife nicht möglich, ohne dass die Adresse im Befehl selbst inkrementiert bzw. dekrementiert wird[1].

Deshalb bieten heute alle Mikroprozessoren die Möglichkeit, die Adresse eines Operanden oder eines Sprungziels erst zur Laufzeit aus den Inhalten von Registern und Speicherzellen oder Konstanten, die im Befehl angegeben sind, zu berechnen (dynamische Adressberechnung).

Wie bereits mehrfach gesagt, nennt man die verschiedenen Möglichkeiten eines µPs, die Adresse eines Operanden (im Registersatz, im Speicher oder in einem Peripheriebaustein) oder eines Sprungziels im Speicher zu berechnen, die **Adressierungsarten** des Prozessors. Durch den gut überlegten Einsatz der jeweils günstigsten Adressierungsart ist ein (Assembler-)Programmierer in der Lage, viel Speicherplatz und Rechenzeit für sein Programm einzusparen und insbesondere strukturierte Daten, wie Tabellen und Listen, geschickt zu verarbeiten.

Als Ergebnis einer Adressberechnung erhält man die **effektive Adresse** (EA) des Operanden. Berücksichtigt wird dabei nur die Adressberechnung, die explizit durch den Befehl verlangt wird; denn oft ist die berechnete Adresse zunächst eine logische Adresse. Nicht betrachtet wird in diesem Abschnitt die Möglichkeit, dass die gewonnene logische Adresse durch das Adresswerk „automatisch" in eine andere physikalische Adresse umgesetzt wird. Dies hatten wir im Unterabschnitt 5.4.4 bereits kurz dargestellt. Im Rahmen dieses Buches können wir leider nicht ausführlicher darauf eingehen.

In der Regel kann jede Adressierungsart zur Bestimmung eines Operanden unabhängig von der Richtung des Transports (vom Speicher zum Prozessor oder umgekehrt) angewendet werden. Erlaubt der Prozessor auch Speicher-Speicher-Transfers, so können für Quelle und Ziel des Datentransports meist beliebige und verschiedene Adressierungsarten benutzt werden. Zur Vereinfachung der Darstellung wird im Weiteren nur auf den Transport eines Operanden aus dem Speicher in den Prozessor Bezug genommen. Besitzt der Prozessor spezielle Befehle zur Ein-/Ausgabe über Peripheriebausteine (s. Tabelle 6.9), so ist im Allgemeinen bei diesen Befehlen nur eine Teilmenge der beschriebenen Adressierungsarten möglich.

Tabelle 6.18 gibt einen Überblick über die gebräuchlichsten Adressierungsarten. Sie werden in diesem Abschnitt ausführlich behandelt.

---

[1] Das bedeutet natürlich, dass der Befehl nicht in einem Speicher stehen darf, dessen Inhalt nicht veränderbar ist, also einem Festwertspeicher

Tabelle 6.18: Übersicht über die gebräuchlichsten Adressierungsarten

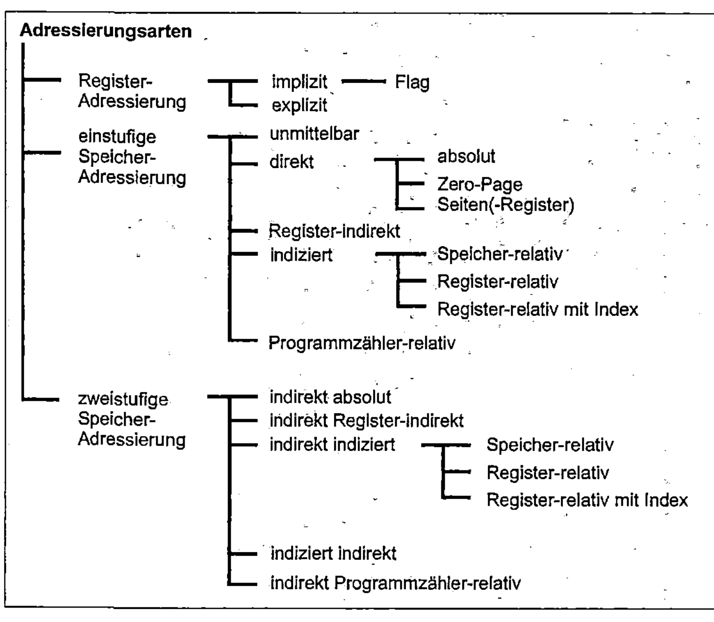

In den Beispielen zu den einzelnen Adressierungsarten werden die Befehle durch ihre Mnemo-codes angegeben, wie sie im letzten Abschnitt eingeführt wurden. Begriffe in spitzen Klammern „< >" stehen für Variablen, die Werte aus bestimmten Bereichen annehmen können. Insbesondere gilt für n = Anzahl der Adressbits, k = Anzahl der Bits des Offsets:

<Adresse>	$\in \{0,..,2^n\text{-}1\}$,	Operandenadresse
<Offset>	$\in \{0,..,2^k\text{-}1\}$,	vorzeichenloser Offset bzw.
<Offset>	$\in \{-2^{k\text{-}1},..,2^{k\text{-}1}\text{-}1\}$,	Offset im Zweierkomplement.

Wird eine Registerbezeichnung in runde Klammern „( )" gesetzt, so soll das bedeuten, dass nicht die Adresse, d.h., die Nummer des Registers, in die Berechnung der effektiven Adresse (EA) des Operanden eingeht, sondern der Inhalt des Registers. Dasselbe gilt sinngemäß für die Adresse eines Speicherwortes.

Beispiele:

EA = R0   das Register R0 wird angesprochen;
EA = (R0)   die effektive Adresse ist gleich dem Inhalt von R0;
EA = $A4E0   die Speicherzelle $A4E0 wird angesprochen;
EA = ($A4E0)   die effektive Adresse ist gleich dem Inhalt der Speicherzelle $A4E0.

Stimmen im letzten Beispiel Adress- und Speicherzellen-Breite nicht überein, so steht die effektive Adresse in mehreren hintereinander folgenden Speicherzellen. An dieser Stelle sei wiederholt, dass sich Mikroprozessoren nicht zuletzt darin unterscheiden, wie sie Adressen und Daten im Speicher ablegen:

- Im sog. *Little-Endian*-Format[1] belegen die niederwertigen Adress- oder Datenteile die Speicherzellen mit den niederwertigen Adressen. So kann z.B. der Assemblerbefehl zum Laden des X-Registers, LDX #$0A00, eines 8-Bit-Prozessors in den (hexadezimalen) Maschinenbefehl 8E 00 0A übersetzt und in dieser Reihenfolge in drei aufeinander folgenden Bytes des Speichers abgelegt werden [(n): $8E, (n+1): $00, (n+2): $0A].

- Beim *Big-Endian*-Format stehen höherwertige Adress- oder Datenteile unter niederwertigen Speicheradressen. LDX #$0A00 führt dann zur Übersetzung 8E 0A 00 und zur Speicherablage in dieser Reihenfolge [(n): $8E, (n+1): $0A, (n+2): $00].

Bei den 32- und 64-Bit-RISC-Prozessoren reicht die Breite eines Datenbusses und der internen Register in der Regel aus, einen vollständigen Befehl (meist mit der Länge 32 Bits) mit einem einzigen Speicherzugriff in den Prozessor zu laden. In diesem Befehl sind dann – wie im Abschnitt 6.2.2 gezeigt – neben dem OpCode alle Informationen zur Selektion des bzw. der Operanden (insbesondere auch ein Offset zu einer Basisadresse) oder der „unmittelbare" Operand (*immediate*) selbst enthalten. Offsets und unmittelbare Daten werden vom Steuerwerk abgezweigt und in internen Speicherzellen oder Hilfsregistern abgelegt. Nachdem der OpCode vom Decoder des Steuerwerks interpretiert wurde, können diese abgezweigten Befehlsteile prozessorintern angesprochen und verarbeitet werden.

CISC-Mikroprozessoren – aber auch die (hybriden) Prozessoren im PC und viele Mikrocontroller – müssen jedoch z.T. mehrfach auf den Speicher zugreifen, um einen kompletten Befehl daraus zu laden. Damit verbunden ist eine mehrfache Erhöhung des Programmzählers (PC) zur Selektion der folgenden Befehlsteile. Diesem Zugriff auf die nächsten Speicherzellen entspricht bei den oben erwähnten 32/64-Bit-Prozessoren die Selektion der bereits geladenen Befehlsteile in internen Speicherzellen. Um die Darstellung der Adressierungsarten möglichst allgemein zu halten, wollen wir im Weiteren den Fall des mehrfachen Zugriffs, wie er in Abb. 6.13 noch einmal skizziert ist[2], zugrunde legen. Der Programmzähler zeigt zunächst auf das Speicherwort, das den OpCode enthält. Von dort wird der OpCode in das Befehlsregister des Mikroprozessor-Steuerwerks geladen (OpCode Fetch). Der genaue Aufbau des OpCodes wurde im Abschnitt 6.2.2 beschrieben. Hier reicht es zu wiederholen, dass er aus verschiedenen Bitfeldern aufgebaut ist. In den folgenden Bildern dieses Abschnitts kennzeichnet das mit „Op" bezeichnete Feld die Art der Operation, das Feld „Reg" ein für die Adressberechnung benötigtes Register. Durch den Buchstaben A, B oder I wird – falls erforderlich – angegeben, ob es sich um ein allgemeines Adress-, ein Basis- oder ein Indexregister handelt.

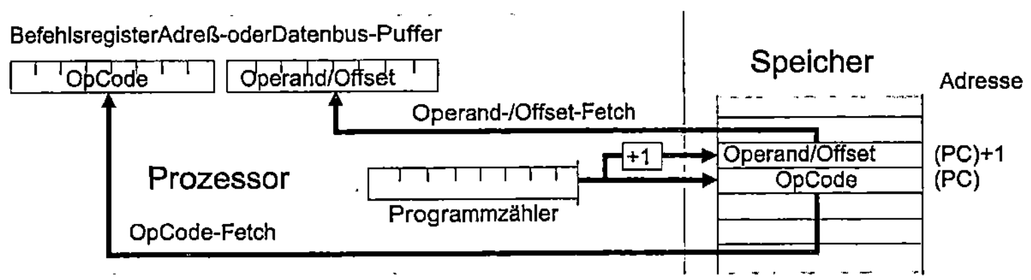

Abb. 6.13: Laden eines Befehls in den Prozessor (Wiederholung)

---

[1] Die beiden Begriffe leiten sich übrigens von einer Geschichte im Roman „Gullivers Reisen" von Jonathan Swift ab, in der sich die Akteure darüber streiten, an welchem Ende das Frühstücksei zu köpfen sei – am spitzen oder dicken Ende

[2] Vgl. Abb. 6.1

Nach dem Laden des OpCodes wird der Programmzähler erhöht. Er zeigt dann auf das Speicherwort, das den Operanden, seine Adresse oder seine Adressdistanz (*Offset*) zu einem bestimmten Registerinhalt enthält. Dieser Wert wird in ein geeignetes Register des Prozessors übertragen, z.B. in den Datenbuspuffer. Über die Länge der Register werden im Weiteren keine Aussagen gemacht.

Register und Speicherwörter können unterschiedliche Längen besitzen. Vereinfachend wird jedoch angenommen, dass OpCodes, Adressen, Operanden und Offsets immer in ein Speicherwort passen, der Programmzähler also stets um 1 erhöht werden muss. Ein Prozessor, bei dem das nicht der Fall ist, muss ggf. mehrfach auf konsekutive Speicherzellen zugreifen. Zu jeder Adressierungsart wird im Folgenden eine skizzenhafte Darstellung gebracht. Zusätzlich zu den beschriebenen Adressierungsarten existiert noch eine große Menge von Mischformen, auf die hier aber nicht eingegangen werden kann.

6.3.2 Beschreibung der wichtigsten Adressierungsarten

A. Register-Adressierung
(*Register Direct Addressing, Register Operand Mode*)

Bei dieser Adressierungsart steht der Operand bereits in einem Register des Prozessors zur Verfügung. Ein Zugriff auf den Speicher[1] zum Laden des Operanden ist daher nicht nötig. Deshalb benötigt diese Adressierungsart die geringste Ausführungszeit. Man kann hier drei Fälle unterscheiden:

A1. Implizite Adressierung oder inhärente Adressierung
(*Implied Addressing, Inherent Addressing*)

Die Nummer, d.h., die effektive Adresse des angesprochenen Registers, ist im Operationsfeld des OpCodes codiert enthalten (s. Abb. 6.14). Diese Adressierungsart wird nur dann realisiert, wenn durch einen Befehl lediglich ein oder wenige bestimmte Register angesprochen werden können. In diesem Fall gibt es für den Assembler spezielle Mnemocodes, die ggf. durch Anhängen des Registernamens gebildet werden.

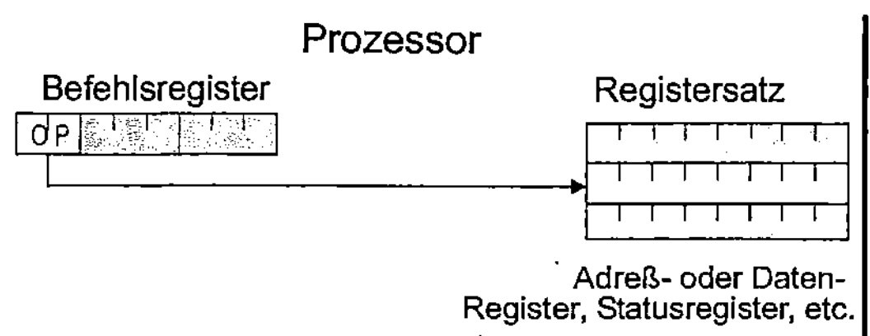

Abb. 6.14: Implizite Adressierung

Assemblerschreibweise:	<Mnemo>A	(A Akkumulator)
Effektive Adresse:	EA ist im OpCode codiert enthalten.	
Beispiel: LSRA	(Logical Shift Right Accumulator)	

„Verschiebe den Inhalt des Akkumulators A um eine Bitposition nach rechts.“

---

[1] auch nicht auf den internen Registersatz oder Speicher für unmittelbare Daten oder Offsets

A2. Flag-Adressierung

Sie ist ein Spezialfall der impliziten Adressierung. Bei ihr wird nicht ein ganzes Register angesprochen, sondern nur ein einzelnes Bit (*Flag*) in einem Register (s. Abb. 6.15). Dabei handelt
es sich z.B. um das Statusregister oder das Steuerregister. Befehle mit dieser Adressierungsart
dienen dazu, bestimmte (Status-)Bits abzufragen oder den Prozessor in einen anderen Betriebszustand zu versetzen. Für den Assembler existiert im letztgenannten Fall in der Regel ein Paar
von Mnemocodes, die das Setzen bzw. Rücksetzen des Flags ermöglichen.

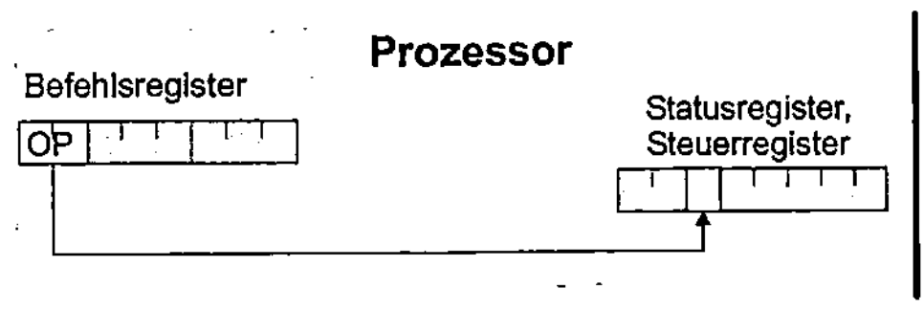

Abb. 6.15: Flag-Adressierung

Assemblerschreibweise: SE<flag>   (*Set*, Flag setzen),

                          CL<flag>   (*Clear*, Flag zurücksetzen).

Effektive Adresse: EA ist im OpCode codiert enthalten.

Beispiele: SEI/CLI, SEC/CLC   (*Set/Clear ...Flag*)

Setzen/Zurücksetzen des *Interrupt Enable Flags* bzw. des *Carry Flags*.

A3. Explizite Register-Adressierung (*Register Operand Addressing*)

Kann der Operand eines Befehls in allen oder wenigstens mehreren Registern stehen, so wird
die Nummer (Adresse) des angesprochenen Registers im Registerfeld „REG" des OpCodes
angegeben (s. Abb. 6.16).

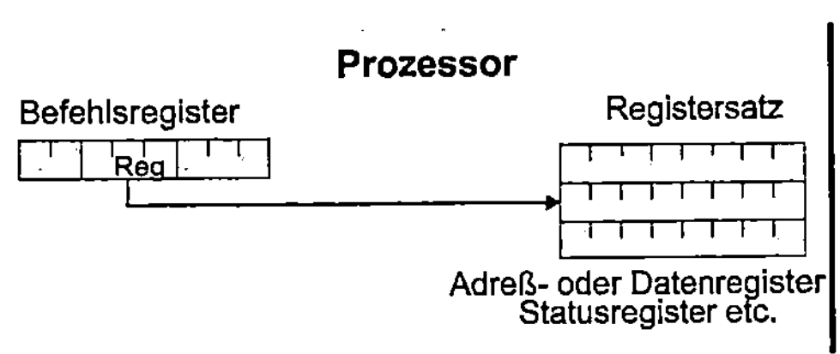

Abb. 6.16: Explizite Register-Adressierung

Assemblerschreibweise: Ri   (Register Ri).

Effektive Adresse: EA = i   (steht im REG-Feld des OpCodes).

Beispiel: DEC R0   (*Decrement R0*)

                            „Dekrementiere den Inhalt des Registers R0."

B. Einstufige Speicher-Adressierung

Bei den einstufigen Adressierungsarten ist zur Gewinnung der effektiven Adresse (EA) nur eine Adressberechnung notwendig. Das schließt nicht aus, dass mehr als zwei Größen (Register- oder Speicherinhalte) miteinander verknüpft werden. Wesentlich ist, dass nicht mit einem Teilergebnis der Adressberechnung als Zwischenadresse erneut auf den Speicher zugegriffen wird und von dort weitere Daten zur Adressberechnung geholt werden. Wie im Abschnitt 5.4 beschrieben, wird die effektive Adresse zur Anwahl einer Speicherzelle stets im Adresspuffer(-Register) oder im Programmzähler gehalten. In den folgenden Abbildungen wurde zur Vereinfachung der Darstellung der Adresspuffer nur dann gezeichnet, wenn er der einzige Ort im Prozessor ist, wo die Adresse zur Verfügung steht, also nicht dann, wenn dieses Register lediglich zum Zwischenspeichern des Inhalts eines anderen Registers oder der Summe anderer Registerinhalte dient.

Leider sind die Bezeichnungen der hier betrachteten Adressierungsarten in der Literatur sehr unterschiedlich. Die einstufigen Adressierungsarten werden häufig auch als „direkte Adressierungsarten" bezeichnet, die folgenden mehrstufigen dementsprechend als „indirekte Adressierungsarten". Da dies jedoch zu Begriffsverwirrungen führt, haben wir uns nicht an diese Bezeichnungen gehalten. Leider sind auch die Darstellungen der Adressierungsarten auf Assemblerebene äußerst unterschiedlich, so dass wir uns mehr oder weniger willkürlich auf eine Form beschränken mussten.

B1. Unmittelbare Adressierung (*Immediate Addressing*)

Hier enthält der Befehl nicht die Adresse des Operanden oder einen Zeiger darauf, sondern diesen selbst (s. Abb. 6.17). Unter den am Anfang des Abschnittes gemachten Voraussetzungen belegen OpCode und Operand im Speicher hintereinander folgende Speicherworte. Nachdem der OpCode ins Befehlsregister geladen wurde, stellt der Befehlsdecoder anhand des Operationsfeldes fest, dass es sich um einen Befehl mit unmittelbarer Adressierung handelt. Durch den um 1 erhöhten Programmzähler (PC) wird dann der Operand adressiert[1].

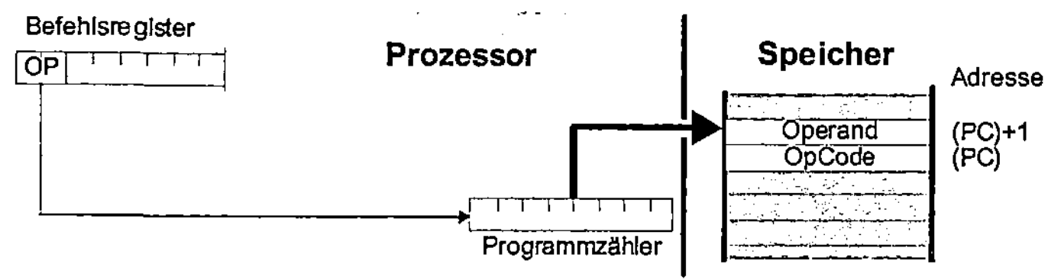

Abb. 6.17: Unmittelbare Adressierung

Als Operanden werden in der Regel alle oder ein Großteil der vom Prozessor unterstützten Datentypen und ihre Formate zugelassen. Dies bedeutet natürlich, dass der Prozessor (entgegen der vereinfachenden Darstellung in Abb. 6.17) ggf. mehrfach zum Lesen des Operanden auf den Speicher zugreifen muss. In der Assemblerprogrammierung ist der Operand eine dezimale, hexadezimale, oktale oder binäre Zahl bzw. eine ASCII-Zeichenkette (*American Standard Code for Information Interchange*). Unmittelbar im Assemblerbefehl angegebene Daten werden üblicherweise durch das Symbol „#" gekennzeichnet.

---

[1] 32/64-Bit-Prozessoren laden einen Befehl aus OpCode und kurzem, unmittelbarem Datum in einem Schritt

Assemblerschreibweise:	#<Operand>
Effektive Adresse:	EA = (PC) + 1
Beispiel:	LDA #$A3 *(Load Accumulator)*

„Lade den Akkumulator A mit dem Hexadezimalwert $A3."

B2. Direkte Adressierung (*Direct Addressing*)

Hier enthält der Befehl im Speicherwort nach dem OpCode die (logische) Adresse des Operanden, aber keine weiteren Vorschriften zu dessen Manipulation, z.B. durch die Addition mit einem Registerinhalt.

Assemblerschreibweise:	<Adresse>
Effektive Adresse:	EA = ((PC) + 1)

Es können weiter die folgenden Fälle unterschieden werden:

B2.1 Absolute Adressierung (*Extended Direct Addressing*)

Der Befehl enthält im Speicherwort, das dem OpCode folgt, die absolute, d.h., vollständige Adresse des Operanden im (logischen) Adressraum (s. Abb. 6.18). Meist wird diese Adressierungsart durch das Operationsfeld des OpCodes bestimmt. Jedoch gibt es auch Mikroprozessoren, bei denen stattdessen eine bestimmte Belegung des Registerfelds dafür reserviert wurde (z.B. der Intel 8080).

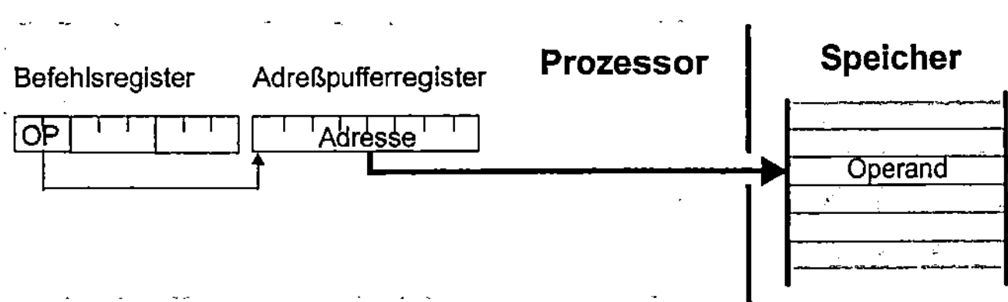

Abb. 6.18: Absolute Adressierung

Beispiel: LDA $07FE   *(Load Accu A)*

„Lade den Inhalt der Speicherzelle $07FE in den Akkumulator A."

B2.2 Seiten-Adressierung (*Direct Page Addressing*)

Hier steht im Befehl als Kurzadresse nur der niederwertige Teil der Operandenadresse (L-Adr., „kurze absolute Adressierung"). Diese Adressierungsart wird hauptsächlich von den Prozessoren zur Verfügung gestellt, bei denen Datenbus und Adressbus verschiedene Breiten besitzen, und die somit für das Laden einer vollständigen Adresse mehrfach auf den Speicher zugreifen müssen. Der Vorteil dieser Adressierungsart besteht darin, dass Speicherplatz für den Befehl und Ausführungszeit für das Holen des höherwertigen Adressteils aus dem Speicher eingespart werden. Für die Erzeugung des höherwertigen Adressteils gibt es die folgenden beiden Möglichkeiten:

B2.2.1 *Zero-Page*-Adressierung

Bei ihr wird der höherwertige Adressteil durch die entsprechende Anzahl von 0-Bits ersetzt (s. Abb. 6.19). Dadurch wird im Adressraum nur die „unterste Seite" (*Zero Page*) angesprochen. Der Assembler erkennt diese Adressierungsart in der Regel an der Anzahl der für die Adresse angegebenen Ziffern.

Beispiel:

Für eine Adresswort-Länge von 16 Bits ist der höherwertige Adressteil durch das Byte $00 gegeben und die ansprechbare Seite umfasst die untersten 2^8 (= 256) Adressen.

Die Befehle   (INC = *Increment*)

                    INC $7F   (Maschinenbefehl: 0C 7F)

und   INC $007F   (Maschinenbefehl: 7C 00 7F)

„Erhöhe den Inhalt der Speicherzelle $007F um 1",

führen zu verschiedenen OpCodes im Maschinenprogramm, wie das in Klammern für einen Prozessor beispielhaft angegeben ist.

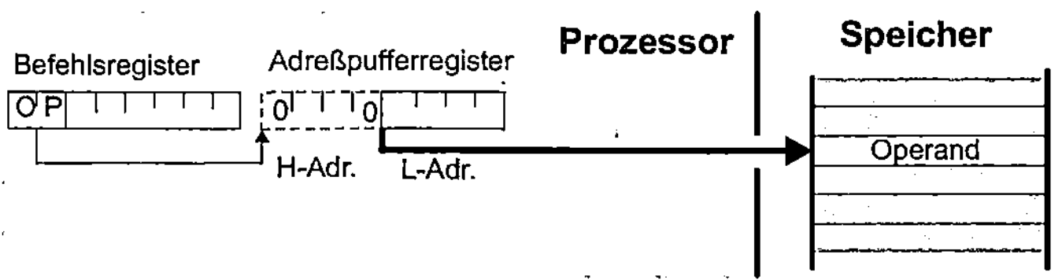

Abb. 6.19: *Zero-Page*-Adressierung

Variante

Die im Befehl angegebene Kurzadresse wird als vorzeichenbehaftete Zahl aufgefasst, deren höchstwertiges Bit das Vorzeichen angibt. Diese Kurzadresse wird vorzeichengerecht auf die volle Adresslänge ergänzt (*Sign Extended*), d.h., der höherwertige Adressteil wird durch eine Folge von 0-Bits ersetzt, falls die Kurzadresse positiv ist, im anderen Fall durch eine Folge von 1-Bits. Auf diese Weise wird durch die Kurzadresse eine Speicherseite angesprochen, die in ihrer Mitte die Adresse $00..0 enthält.

Beispiel: 16-Bit-Adressbreite, 8-Bit-Kurzadresse

   Adressen $XY,   0≤X≤7,   werden ergänzt zu $00XY,

   Adressen $XY,   8≤X≤F,   werden ergänzt zu $FFXY.

   Adressbereich: $FF80...$FFFF, $0000...$007F   hexadezimal,

   entsprechend: 65408...65535, 0...127   dezimal.

B2.2.2 Seitenregister-Adressierung ((*Direct*) *Page Register Addressing*)

Bei ihr wird der höherwertige Adressteil in einem Register des Prozessors (DP-Register, *Direct Page Register,* s. Abb. 6.20) zur Verfügung gestellt, das durch besondere Befehle gelesen und verändert werden kann. Diese Adressierungsart besitzt die gleichen Vorteile wie die *Zero-Page*-Adressierung. Setzt man das DP-Register auf den Wert 0, (was in der Regel automatisch nach dem Rücksetzen – *Reset* – des Prozessors geschieht,) so erhält man letztere als Spezialfall der Seiten-Register-Adressierung. Ein weiterer Vorteil besteht darin, dass der Variablenbereich eines Programms auf einfache Weise durch das Ändern des DP-Registers verschoben werden kann. Da es bei den meisten Assemblern möglich ist, Adressen ohne führende Nullen einzugeben, muss der Benutzer dem Assembler durch ein Steuerzeichen (z.B.: <, >) mitteilen, ob die Seiten-Register-Adressierung oder die absolute Adressierung gewählt werden soll.

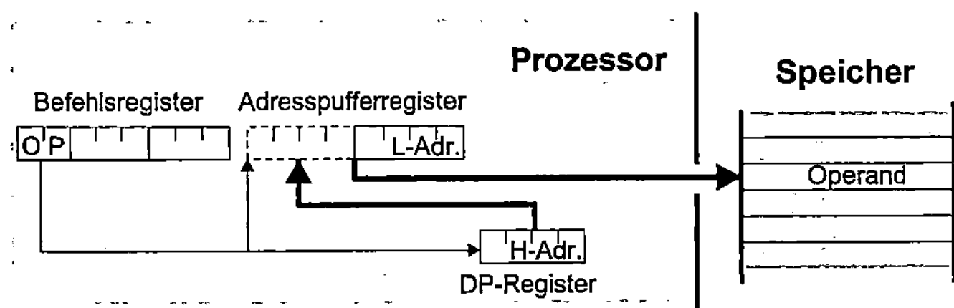

Abb. 6.20: Seiten-Register-Adressierung

Beispiele:
Unterstellt wird eine 16-Bit-Adresse. Das DP-Register besitze den Inhalt $A5.

    LD R0,>$7F   (absolute Adresse, LD = Load)

„Lade das Register R0 mit dem Inhalt des Speicherworts $007F."

    LD R0,<$7F   (*Direct-Page*-Adresse)

„Lade das Register R0 mit dem Inhalt des Speicherworts $A57F."

B3. Register-indirekte Adressierung (*Register Indirect Addressing*)

Hier enthält das durch seine Nummer im Registerfeld des OpCodes angegebene Adressregister die Adresse des Operanden (*Pointer*, „Zeiger", deshalb auch: „Zeigeradressierung", s. Abb. 6.21). Dem Assembler werden z.B. durch runde Klammern „( )" angezeigt, dass nicht der Inhalt des Registers, sondern der Inhalt der durch das Register adressierten Speicherzelle benutzt werden soll.

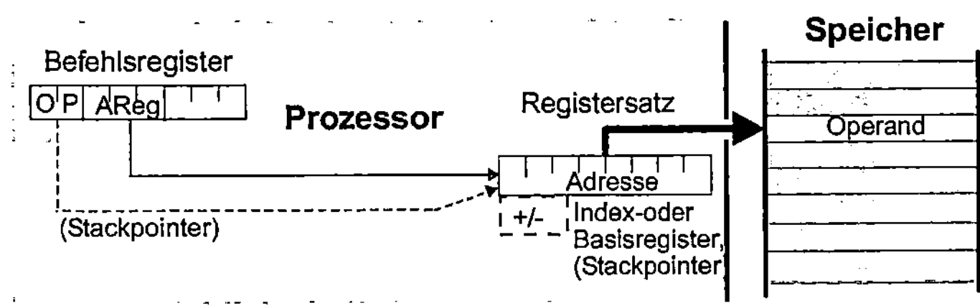

Abb. 6.21: Register-indirekte Adressierung

    Assemblerschreibweise: (Ri)   (Register Ri)

    Effektive Adresse: EA = (Ri)

Da es sich bei dieser Adresse sehr häufig um die Anfangs- oder Endadresse eines Tabellenbereichs im Speicher handelt, stellen viele Prozessoren die Möglichkeit zur Verfügung, den Registerinhalt durch die Ausführung einer Operation automatisch zu verändern. Üblich sind die bereits im Zusammenhang mit den Indexregistern im Abschnitt 5.6 beschriebenen Modifikationen, die wir hier noch einmal kurz wiederholen:

- postinkrement (vereinfachend auch autoinkrement genannt):
  Nach der Ausführung des Befehls wird der Inhalt des Registers (um 1) erhöht und zeigt danach auf die nachfolgende Speicherzelle.
  Assemblerschreibweise: (Ri)+
  Effektive Adresse: EA = (Ri)

- predekrement (vereinfachend auch autodekrement genannt):
  Vor der Ausführung des Befehls wird der Inhalt des Registers (um 1) erniedrigt und zeigt somit auf die vorhergehende Speicherzelle.
  Assemblerschreibweise: –(Ri)
  Effektive Adresse: EA = (Ri) – 1

Beispiele: LD R1,(A0)   (*Load*)
„Lade das Register R1 mit dem Inhalt des durch das Adressregister A0 adressierten Speicherwortes."

                    INC (R0)+   (*Increment*)
„Inkrementiere zunächst den Inhalt des Speicherworts, das durch das Register R0 adressiert wird, und danach den Inhalt von R0."

                    CLR –(R0)   (*Clear*)
„Dekrementiere zuerst den Inhalt des Registers R0 und lösche danach das Speicherwort, das durch R0 adressiert wird."

Ohne besondere Erwähnung wird im Folgenden stets zugelassen, dass ein Index- oder Basisregister über die Möglichkeiten des „Autoinkrements/Autodekrements" und der Skalierung verfügen kann (vgl. Abschnitt 5.6).

Ein Spezialfall dieser Adressierungsart mit „autoinkrement/autodekrement" ist die Adressierung des Stacks mit den Befehlen PUSH und PULL, die Sie im Unterabschnitt 5.2.4 kennen gelernt haben. Die Basisadresse wird hier im Stackregister (SP – *Stack Pointer*) gehalten. Das Stackregister enthält also stets die effektive Adresse des zuletzt im Stack belegten Speicherwortes bzw. die Adresse des ersten „freien" Speicherworts unterhalb der Stackeinträge bei Postdekrement/Preinkrement-Verwaltung des Stackregisters. Den beiden erwähnten Operationen, angewandt auf ein Register Ri, entsprechen damit:

                    PUSH Ri: ST Ri,–(SP)   (*Store*)

„Dekrementiere zuerst das Stackregister SP und speichere danach den Inhalt des Registers Ri in das durch SP adressierte Speicherwort."

                    PULL Ri: LD Ri,(SP)+   (*Load*)

„Lade das Register Ri mit dem Inhalt des durch das Stackregister adressierten Speicherwortes und erhöhe danach das Stackregister."

Während jedoch die Befehle LD und ST den Zustand der Bedingungsbits im Statusregister verändern können, haben die Befehle PUSH und PULL keine Auswirkung auf sie.

B4. Indizierte Adressierung (*Indexed Addressing*, relative Adressierung)

Bei ihr wird die effektive Adresse durch die Addition des Inhalts eines Registers zu einem angegebenen Basiswert berechnet. Diese Addition wird im Adresswerk des Prozessors vorgenommen und ist in den folgenden Abbildungen durch einen mit „+" gekennzeichneten Kreis dargestellt. Der Basiswert gibt die Anfangsadresse eines Speicherbereichs an, das Register enthält den „Index" eines Operanden in diesem Bereich, also die Adressdistanz zum Basiswert. Auch hier ist in der Regel die Möglichkeit der automatischen Änderung des Registerinhalts (autoinkrement, autodekrement) gegeben. Je nachdem, in welcher Form der Basiswert vorgegeben wird, kann man die folgenden Adressierungsarten unterscheiden:

B4.1 Speicher-relative Adressierung (*Memory Relative Addressing*)

Hier wird der Basiswert als absolute Adresse im Befehl vorgegeben (s. Abb. 6.22). Bei einigen Prozessoren ist die Länge des Indexregisters kürzer als die absolute Adresse, so dass nur ein beschränkter Adressbereich von der Basisadresse aus angesprochen werden kann. Das Indexregister wird durch das IReg-Feld im OpCode des Befehls bestimmt.

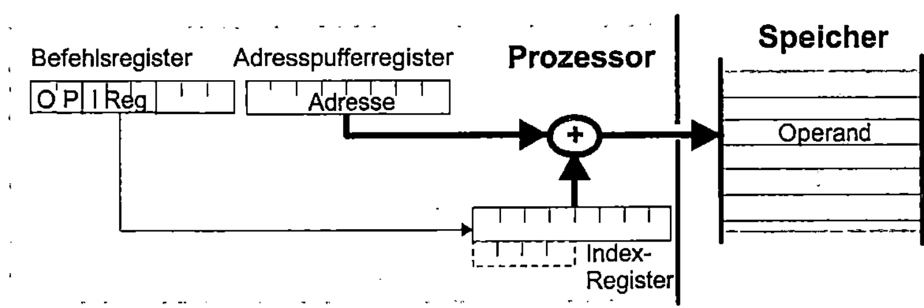

Abb. 6.22: Indizierte Adressierung mit absoluter Basisadresse

Assemblerschreibweise:	<Adresse>(Ii)
Effektive Adresse:	EA = ((PC) + 1) + (Ii)

Beispiel:	ST R1,$A704(R0)	(*Store*)

„Speichere den Inhalt von Register R1 in das Speicherwort, dessen Adresse sich durch Addition des Inhalts von R0 zur Basisadresse $A704 ergibt."

B4.2 Register-relative Adressierung (*Register Relative Addressing*)

Der Basiswert befindet sich in einem Basisregister (s. Abb. 6.23), auf das durch das BReg-Feld im OpCode verwiesen wird. Im Befehl wird ein Offset angegeben, der zum Inhalt des Basisregisters addiert wird. Dieser Offset ist in der Regel vorzeichenbehaftet und kann kürzer sein als die Länge des Basisregisters. Oft kann der Benutzer zwischen mehreren Offset-Längen wählen (z.B. 8- oder 16-Bit-Offset). Ist der Offset gleich 0, so stimmt diese Adressierungsart mit der Register-indirekten funktional überein, benötigt jedoch durch das Lesen des Offsets eine längere Ausführungszeit.

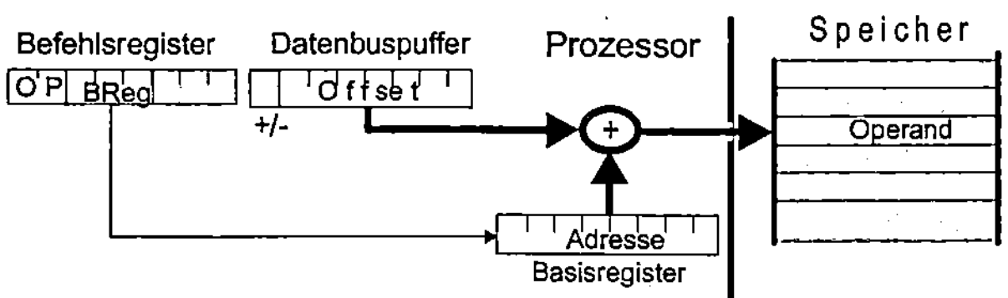

Abb. 6.23: Indizierte Adressierung mit Basisregister

Assemblerschreibweise:	<Offset>(Bi)	(Basisregister Bi)
Effektive Adresse:	EA = (Bi) + ((PC) + 1)	

Beispiel: CLR $A7(B0)   (*Clear*)

„Lösche das Speicherwort, dessen Adresse sich durch die Addition des hexadezimalen (negativen) Offsets $A7 zum Inhalt des Basisregister B0 ergibt."

B4.3 Register-relative Adressierung mit Index (*Based Indexed Mode*)

Hier wird der Basiswert in einem Basisregister übergeben (s. Abb. 6.24). Dazu wird der Inhalt eines Indexregisters addiert. Für dieses Indexregister können wieder die automatischen Veränderungen „autoinkrement/autodekrement" gewählt werden. Zusätzlich kann häufig im Befehl ein Offset angegeben werden, der zur Adressberechnung hinzugezogen wird.

Assemblerschreibweise:	<Offset>(Bi)(Ij)	
Effektive Adresse:	EA = (Bi) + (Ij) + ((PC) + 1)	

Beispiel: DEC $A7(B0)(I0)+   (*Decrement*)

„Dekrementiere das Speicherwort, dessen Adresse sich durch die Addition der Inhalte der Register I0 und B0 mit dem Offset $A7 ergibt, und erhöhe danach den Inhalt des Registers I0."

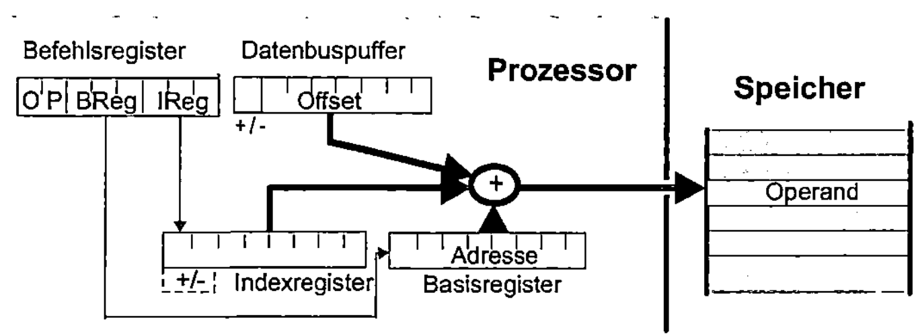

Abb. 6.24: Register-relative Adressierung mit Index

B5. Programmzähler-relative Adressierung (*PC Relative Addressing*)

In diesem Fall entsteht die effektive Adresse durch die Addition eines im Befehl angegebenen Offsets zum aktuellen Programmzählerstand (s. Abb. 6.25). Vor Ausführung der Adressberechnung enthält der Programmzähler (*Program Counter* – PC) in der Regel bereits die Adresse des Befehls, der im Speicher dem aktuell ausgeführten Befehl folgt.

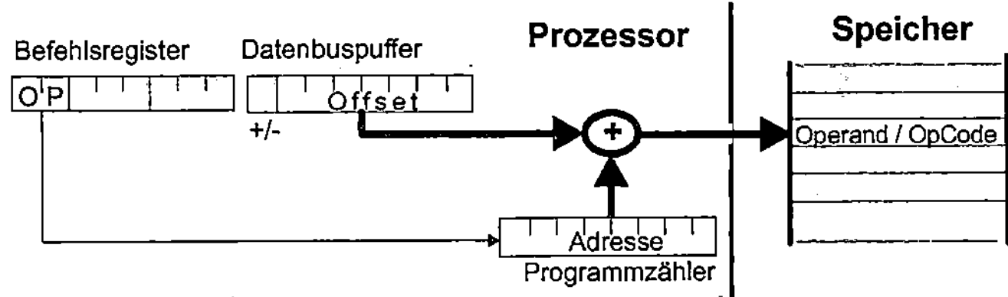

Abb. 6.25: Programmzähler-relative Adressierung

Diese Adressierungsart erlaubt es, Programme so zu schreiben, dass sie an einer beliebigen Stelle im Arbeitsspeicher ablauffähig sind („dynamisch verschiebbarer Programmcode"). Der Offset wird in der Regel als vorzeichenbehaftete Zahl im Zweierkomplement interpretiert. Bei vielen Prozessoren ist diese Adressierungsart nur in Verbindung mit Sprung- und Verzweigungsbefehlen oder Unterprogrammaufrufen zulässig. Stimmt die Länge des Offsets mit der Adresse überein, so kann zu jeder beliebigen Adresse im Speicherbereich gesprungen werden. Ist die Länge jedoch kürzer, so kann nur ein beschränkter Adressbereich angesprungen werden. Verschiedene Prozessoren lassen beide Arten von Offsets zu. In diesem Fall muss im OpCode die Länge des folgenden Offsets codiert sein. Da die meisten Assembler die Eingabe von positiven Zahlen ohne führende Nullen und von negativen Zahlen ohne führende „F" (in hexadezimaler Schreibweise) zulassen, muss dem Assembler die Länge des folgenden Offsets ggf. durch verschiedene mnemotechnische Abkürzungen mitgeteilt werden.

Assemblerschreibweise:	<Offset>(PC)
bzw. nur	<Offset>
Effektive Adresse:	EA = (PC) + 2 + ((PC) + 1)

Beispiel:	BNE $7F	(*Branch not Equal*)

„Verzweige nur dann zur Speicherzelle, deren Adressdistanz zum augenblicklichen Programmzähler 127 (=$7F) ist, wenn das Nullbit (Zero Flag) im Statusregister nicht gesetzt ist (also z.B. als Ergebnis eines Vergleichs nicht der Wert $00 herauskam). Im anderen Fall setze das Programm ohne Verzweigung mit dem nächsten Befehl fort."

LBRA $7FFF   (Long Branch Always)

„Verzweige „unbedingt" zu der Speicherzelle, deren Adressdistanz zum aktuellen Programmzähler 32767 (=$7FFF) ist."

C. Zweistufige Speicher-Adressierung

Bei diesen Adressierungsarten sind zur Bestimmung der effektiven Adresse mehrere sequenziell auszuführende Adressberechnungen und Speicherzugriffe notwendig. Das Ergebnis der ersten Berechnung liefert dabei die Adresse eines Speicherwortes[1], in dem wiederum eine Adresse für die folgende Adressberechnung zu finden ist. In Analogie zur Register-indirekten Adressierung B3 kann man die folgenden Adressierungsarten auch als „Speicher-indirekt" bezeichnen.

---

[1] bzw. die niederwertige Adresse einer Folge von Speicherwörtern, in denen Adresse oder Offset abgelegt sind. Dies gilt auch ohne besondere Erwähnung für die folgenden Adressierungsarten

177

C1. Indirekte absolute Adressierung

In diesem Fall enthält der Befehl eine absolute Adresse, die auf ein Speicherwort zeigt (s. Abb. 6.26). Der Inhalt dieses Speicherwortes ist die effektive Adresse des gesuchten Operanden („Zeigeradresse", *Pointer Address*).

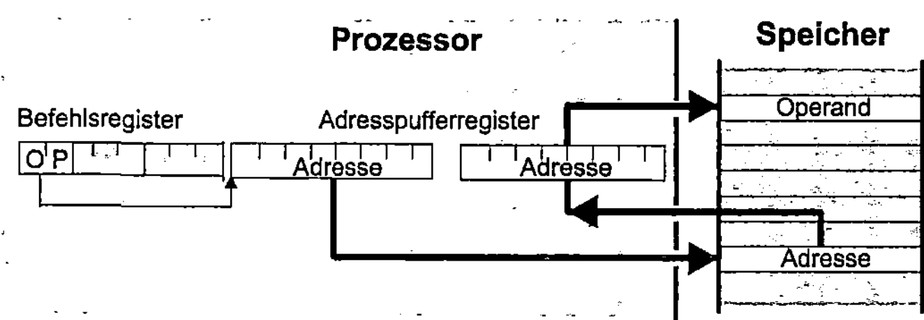

Abb. 6.26: Indirekte absolute Adressierung

Assemblerschreibweise:	(<Adresse>)
Effektive Adresse:	EA = (((PC) + 1))
Beispiel:	LDA ($A347) (*Load Accumulator*)

„Lade den Akkumulator A mit dem Inhalt des Speicherworts, dessen Adresse im Speicherwort $A347 steht."

C2. Indirekte Register-indirekte Adressierung

In diesem Fall enthält das im Registerfeld des OpCodes ausgewählte (Adress-)Register die Adresse eines Speicherwortes, in dem seinerseits die effektive Adresse des Operanden steht (s. Abb. 6.27). Diese Adressierungsart wird oft auch mit den Möglichkeiten der automatischen Veränderung des Registerinhalts „autoinkrement/autodekrement" zur Verfügung gestellt.

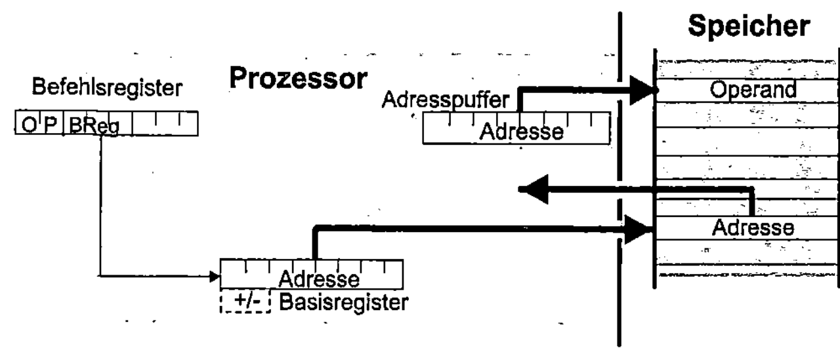

Abb. 6.27: Indirekte Register-indirekte Adressierung

Assemblerschreibweise:

a)	((Ri))	
b)	((Ri)+)	(autoinkrement)
c)	(−(Ri))	(autodekrement)

Effektive Adresse:

a) EA = ((Ri))

b) EA = ((Ri))

c) EA = ((Ri)−1)

Beispiel: LD R0,(–(R1))   (*Load*)

„Dekrementiere zunächst den Inhalt des Registers R1. Lade dann den Inhalt des durch R1 adressierten Speicherworts in den Adresspuffer und bringe danach den Inhalt des durch den Adresspuffer angesprochenen Speicherworts in das Register R0."

C3. Indirekte indizierte Adressierung (*Preindexed Indirect Addressing*)

Hier wird zunächst nach einem der Indizierungsverfahren unter B4 eine effektive (Zwischen-) Adresse gebildet. Diese zeigt auf ein Speicherwort, das die effektive Adresse des gesuchten Operanden enthält. In Abb. 6.28 ist nur der komplexeste Fall dargestellt.

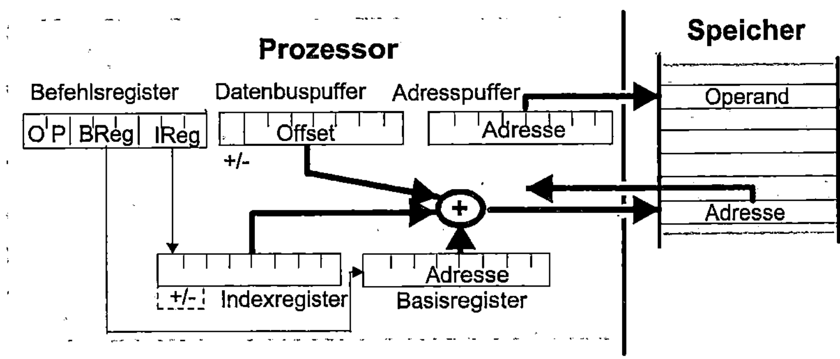

Abb. 6.28: Indirekte indizierte Adressierung

Assemblerschreibweise:

    a) (<Adresse>(Ii))   indirekt Speicher-relativ
    b) (<Offset>(Bi))   indirekt Register-relativ
    c) (<Offset>(Bi)(Ii))   indirekt Register-relativ mit Index

Effektive Adresse:

    a) EA = ((Ii) + ((PC) +1))
    b) EA = ((Bi) + ((PC) +1))
    c) EA = ((Bi) + (Ii) + ((PC) +1))

Auf die Angabe von Beispielen wird hier verzichtet.

C4. Indizierte indirekte Adressierung (*Postindexed Indirect Addressing*)

In diesem Fall wird zunächst nach dem Verfahren C3 mit Basisregister und Offset (1. Offset) eine effektive (Zwischen-)Adresse ermittelt (s. Abb. 6.29). Der Inhalt des dadurch adressierten Speicherworts wird dann nach dem Verfahren B4.1 indiziert. Dabei kann zusätzlich ein weiterer Offset (2. Offset, *Outer Displacement*) herangezogen werden.

    Assemblerschreibweise: <2. Offset>(<1. Offset>(Bi))(Ij)
    Effektive Adresse: EA = ((Bi) + ((PC)+1)) + (Ij) + ((PC)+2)

Erklärung:

(<Offset>(Bi)) liefert mit dem Basisregister Bi nach C3b eine Adresse, die nach B4.1 durch das Indexregister Ij indiziert wird. Bei dieser Berechnung wird ggf. der zweite Offset berücksichtigt.

Beispiel: INC $A7($10(B0))(I2)   (*Increment*)

„Addiere zunächst den Offset $10 zum Inhalt des Basisregisters B0. Entnehme dem durch diese Summe adressierten Speicherwort die Basisadresse des Operanden. Berechne die effektive Adresse EA des Operanden durch Addition des Inhalt des Indexregisters I2 sowie des Offsets $A7 zu dieser Basisadresse. Erhöhe den Wert des durch EA adressierten Speicherworts.“

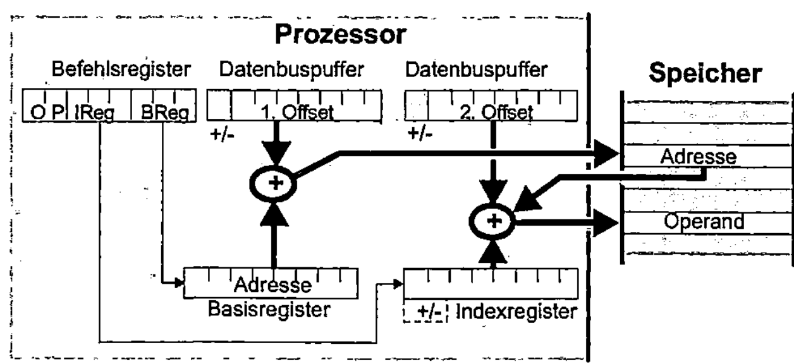

Abb. 6.29: Indizierte indirekte Adressierung

C5. Indirekte Programmzähler-relative Adressierung
(*Indirect Program Counter Relative Addressing*)

Bei diesem Verfahren wird zunächst aus dem aktuellen Inhalt des Programmzählers und einem Offset nach B5 eine (Zwischen-)Adresse gebildet. Diese zeigt auf ein Speicherwort, das die effektive Adresse des Operanden enthält (s. Abb. 6.30).

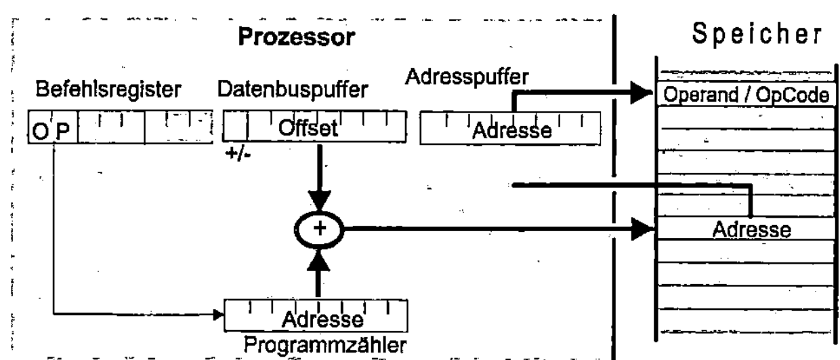

Abb. 6.30: Indirekte Programmzähler-relative Adressierung

Assemblerschreibweise: (<Offset>(PC)) .

Effektive Adresse: EA = ((PC) + 2 + ((PC) + 1)) .

Hinweis:

Der Summand „2“ berücksichtigt die bereits unter B5 erwähnte Tatsache, dass bei der Programmzähler-relativen Adressierung in der Regel von der Adresse des dem Befehl folgenden OpCodes ausgegangen wird.

Beispiel: JMP ($A7(PC))   (*Jump*)

„Addiere zum Inhalt des Programmzählers den Offset $A7. Entnehme dem durch diese Summe adressierten Speicherwort die Adresse, an der das Programm fortgesetzt werden soll.“

6.3.3 Minimaler Satz von Adressierungsarten

Zum Abschluss dieser Erklärung der gebräuchlichsten Adressierungsarten wollen wir mit dem RISC II-Prozessor der Universität Berkley einen Mikroprozessor mit einem äußerst einfachen Satz von Adressierungsarten vorstellen (s. Tabelle 6.19). Dieser Prozessor kannte nur sechs verschiedene Adressierungsarten, von denen für arithmetische, logische und Verschiebebefehle nur die beiden ersten benutzt werden konnten. Für diese Befehle mussten alle Operanden in den Registern des Prozessors vorliegen. Die letzten vier Adressierungsarten dienten nur in den Befehlen LOAD und STORE zur Selektion einer Speicherzelle sowie in Sprung- und Verzweigungsbefehlen zur Angabe des Sprungziels.

Tabelle 6.19: Adressierungsarten des RISC II

Bezeichnung	Notation	Effektive Adresse
Arithmetische, logische und Verschiebebefehle		
Unmittelbare Adressierung	#<Operand>	EA = (PC)
Explizite Register-Adressierung	Ri	EA = i
LOAD/STORE-Befehle		
Register indirekte Adressierung	(Ri)	EA = (Ri)
Register-relative Adressierung	<Offset>(Ri)	EA = (Ri) + <Offset>
Register-relative Adressierung mit Index	(Ri)(Rj)	EA = (Ri) + (Rj)
Programmzähler-relative Adressierung	<Offset>(PC)	EA = (PC) + <Offset>

(EA: effektive Adresse, (Ri): Inhalt von Ri)

6.3.4 Spezielle DSP-Adressierungsarten

Von den im Abschnitt 6.3.2 beschriebenen Adressierungsarten universeller Prozessoren findet man in der Regel die folgenden auch bei DSPs: (implizite und explizite) Register-Adressierung, unmittelbare Adressierung, direkte (absolute und Seiten-) Adressierung, Register-indirekte Adressierung (mit Autoinkrement/Autodekrement), Register-relative Adressierung (mit/ohne Index). Bei der unmittelbaren Adressierung werden häufig verschiedene Operandenlängen (z.B. 16 oder 32 Bits) zugelassen.

Um den Datenverkehr zu optimieren und das (Daten-)Rechenwerk möglichst gut auszunutzen, wurden in den Signalprozessoren spezielle Adressierungsarten implementiert, die auf die spezifischen Anforderungen der digitalen Signalverarbeitung zugeschnitten sind. Außer der direkten und der indirekten Adressierung mit Autoinkrement und Autodekrement steht hier die Modulo-Adressierung und die sog. „Adressierung mit Bitumkehr" (neudeutsch: bitreverse Adressierung, *Bit-reversed Addressing*) zur Verfügung.

6.3.4.1 Bitreverse Adressierung

Die bitreverse Adressierung wird zur Berechnung des Spektrums eines gegebenen Signals durch die schnelle Fourier-Transformation (FFT) eingesetzt, die im Unterabschnitt 3.1.4 kurz dargestellt wurde. Unter den vielen Berechnungsmethoden der FFT wird die Radix-2-Methode wohl am häufigsten benutzt. Für ihre Bestimmung wird das untersuchte Signal in zeitlich äquidistanten Abständen abgetastet. Die Anzahl der Abtastwerte N muss eine ganzzahlige Potenz von 2 sein. Die ermittelten Werte werden anschließend miteinander verknüpft. Dabei spielt die Reihenfolge der Abtastwerte eine wichtige Rolle. Zur Verdeutlichung ist in Abb. 6.31 die Berechnung der FFT zu acht Abtastwerten schematisch dargestellt.

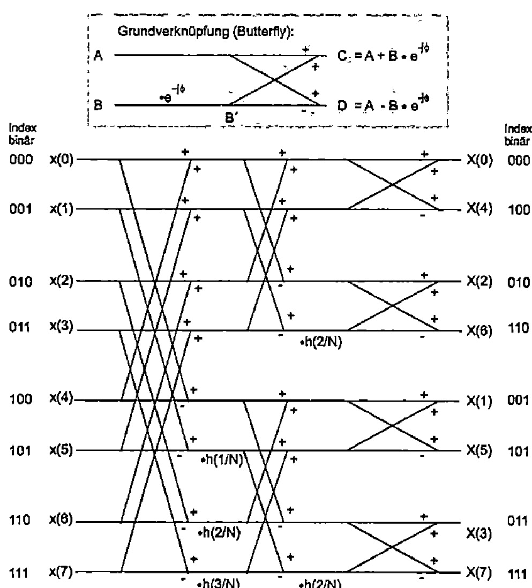

Abb. 6.31: Berechnung der FFT zu 8 Abtastwerten

Wie aus der Abbildung ersichtlich ist, werden die Ausgabewerte X(i) unter mehrfacher Anwendung der oben in der Abbildung dargestellten Grundverknüpfung (*Butterfly*) aus den Abtastwerten x(j) gewonnen. Dabei liefert der Algorithmus die X(i) nicht in ihrer „natürlichen" Reihenfolge X(0),...,X(7), sondern in einer auf den ersten Blick eher willkürlich erscheinenden Folge. Bei genauerer Betrachtung lässt sich allerdings ein Schema erkennen, nach dem die Indizes der Folge der Abtastwerte der Indexfolge der Ergebniswerte zugeordnet wird: Dazu wandelt man zunächst die Indizes in ihre Dualzahlendarstellungen um, wie sie in der Abbildung angegeben sind. Den dualen Index eines Ausgabewerts bekommt man, indem man den Index des zugeordneten Abtastwerts „bitrevers" hinschreibt, d.h., am LSB (*Least Significant Bit*) spiegelt oder – anders ausgedrückt – vom LSB zum MSB (*Most Significant Bit*) liest. Dabei stellt dann das LSB des dualen Indexes das MSB des neu entstandenen Binärcodes dar. Die erneute Umwandlung in die dezimale Form ergibt den bitreversen Index. In Abb. 6.31 ist z.B. dem Abtastwert x(1) der Ergebniswert X(4) zugeordnet. Ein Vergleich der in binärer Form links („001") und rechts („100") des Berechnungsschemas angegebenen Indizes zeigt, dass „4" bitrevers zu 1 ist.

Natürlich ist es nicht immer sinnvoll, die Bitumkehr bei der Adressierung des gesamten Speichers anzuwenden, sondern nur auf den Speicherbereich, in dem die FFT-Werte abgelegt werden sollen. Dazu ermöglichen es die Adressrechenwerke der DSPs, die Anzahl der niederwertigen Adressbits vorzugeben, auf welche die Bitumkehrlogik wirken soll. Die höherwertigen Adressbits bleiben dann von der Bitumkehr unbeeinflusst.

Um die lästigen Umrechnungen (in der Adress- oder Daten-ALU) durch eine Folge von Befehlen zu vermeiden, bieten die meisten Signalprozessoren die Möglichkeit der bitreversen Adressierung als Hardwarelösung im Adresswerk an. In diesem Fall werden bitreverse Adressen automatisch generiert, ohne die ALU einzubeziehen. In diesem Sinne kann man die Werte in Tabelle 6.3-3 als die niederwertigen 8-Bit-Teiladressen einer längeren Speicheradresse auffassen.

Tabelle 6.20: Einige bitrevers umgewandelte Zahlen

dezimal	binär	bitrevers	dezimal
1	00000001	10000000	128
7	00000111	11100000	224
27	00011011	11011000	216
217	11011001	10011011	155

6.3.4.2 Ringpuffer-Adressierung

Bei der Berechnung einer großen Klasse von Algorithmen der digitalen Signalverarbeitung werden Ringspeicher benötigt. Zu diesem Zweck deklariert man einen Speicherbereich als einen Ringpuffer. Innerhalb dieses Puffers wird der Speicher ganz normal nach oben oder unten durchgelaufen. Sobald aber ein Ende des Puffers erreicht wird, wird zum anderen Ende des Puffers gesprungen.

Als Beispiel sei ein Speicherbereich der Länge 5 ab der Adresse 300 deklariert. Die Schrittweite innerhalb des Puffers sei mit 2 festgelegt. Das Adresswerk muss also nacheinander die Adressen 300, 302, 304, 301, 303, 300... generieren. Diese Adressierungsart entspricht einer Modulo-n-Division, wobei n die Länge des Puffers ist. Die Ringpuffer-Adressierung wird von vielen DSPs in Form einer Modulo-Logik hardwaremäßig unterstützt (s. Abb. 5.9). Dabei werden die Adressen automatisch im Adresswerk (DAG) berechnet, ohne die Daten-ALU zu beanspruchen und ohne den dafür benötigten zusätzlichen zeitlichen Aufwand. Der Programmierer muss lediglich die Anfangsadresse und die Länge des Puffers sowie die Schrittweite festlegen. In Abb. 6.32 ist ein Ringpuffer graphisch dargestellt.

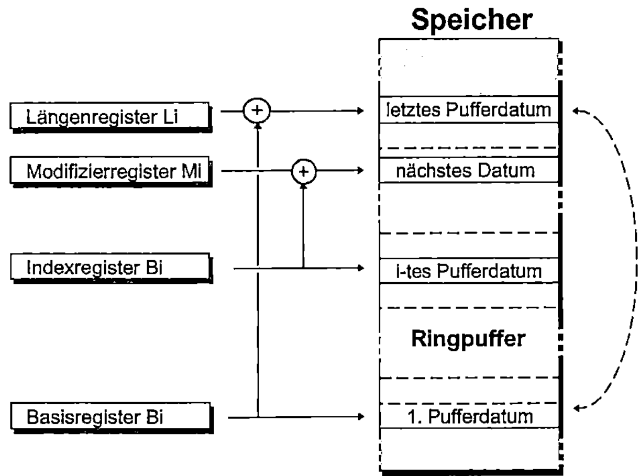

Abb. 6.32: Beispiel zur Ringpuffer-Adressierung

Die Vorschrift zur Berechnung der nächsten Adresse sieht wie folgt aus:

$$\text{NextAdr} = \text{BuffStartAdr} + ((\text{AktAdr} + \text{Step}) - \text{BuffStartAdr})\ \text{modulo}\ (\text{BuffLength})$$

Dabei bedeutet NextAdr die gesuchte Adresse, AktAdr die aktuelle Adresse im Indexregister, BuffStartAdr die Anfangsadresse des Puffers im Basisregister, Step die (positive oder negative) Schrittweite im Modifizierregister und BuffLength die Länge des Puffers im Pufferregister. Nach Abschluss des aktuellen Zugriffs wird NextAdr im Indexregister eingetragen.

7. Der Arbeitsspeicher

In diesem Kapitel werden wir uns nun ausführlich mit einer weiteren Hauptkomponente eines Mikrorechners, dem Arbeitsspeicher, beschäftigen. Dabei werden die zugrunde liegenden Technologien sowie der Aufbau und die Organisation des Speichers ausführlich behandelt. Im Vordergrund stehen hier die Speichertechnologien, die bei anwendungsorientierten Mikroprozessoren eine große Rolle spielen. Dynamische Schreib-/Lesespeicher (*Dynamic RAM* – DRAM), die in universellen Mikrorechnern, z.B. dem PC, in riesigen Kapazitäten (mehrere Gbyte) eingesetzt werden, werden hier nur ganz knapp behandelt.

7.1 Grundlagen

7.1.1 Wichtige Begriffe

Der **Arbeitsspeicher** ist das „Gedächtnis" (*Memory*) eines Mikrorechners, also der Ort, an dem Programme und Daten

- permanent abgelegt werden, wenn sie in jedem Augenblick zur Verfügung stehen müssen („Langzeit-Gedächtnis"). Zu diesen Programmen und Daten gehören insbesondere dedizierte Anwendungen von Mikrocontrollern und DSPs und wichtige Systemtabellen. Sie sind in Festwertspeichern untergebracht, die ihre Informationen auch nach dem Abschalten der Betriebsspannungen behalten.

- vorübergehend abgelegt werden, wenn sie nur kurzzeitig gebraucht werden („Kurzzeit-Gedächtnis"). Dazu zählen Anwendungsprogramme, die nur während ihrer Ausführungszeit im Arbeitsspeicher vorhanden sein müssen und deshalb bevorzugt in Schreib-/Lesespeichern eingelagert werden, aber auch Operanden und Ergebnisse der Programme. Diese Speicher verlieren nach dem Abschalten der Betriebsspannungen ihren Inhalt.

Arbeitsspeicher für Mikrorechner bestehen heutzutage fast ausschließlich aus Halbleiterbausteinen. Deshalb beschränken wir uns in diesem Kapitel ganz auf deren Beschreibung. Dabei betrachten wir ausschließlich digitale Speicher, bei denen die kleinste Informationseinheit nur zwei (binäre) Werte annehmen kann. Zunächst werden nun einige häufig auftretende Begriffe erklärt, die zum Teil in Abb. 7.1 skizziert sind.

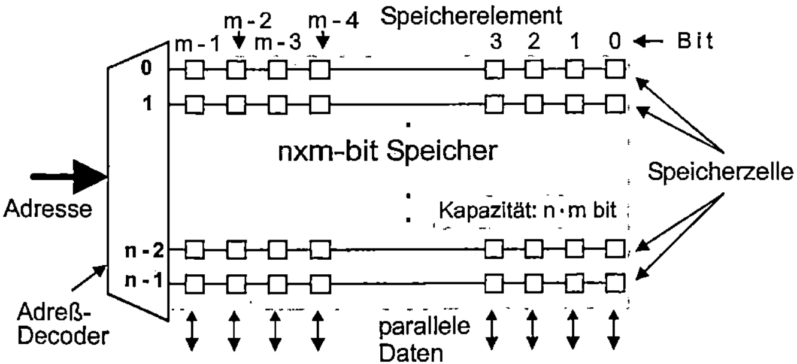

Abb. 7.1: Prinzipieller Aufbau des Arbeitsspeichers

Eine Schaltung, die genau einen binären Wert aufnehmen und für eine gewisse Zeit speichern kann, nennen wir ein **Speicherelement**. Eine **Speicherzelle**, auch Speicherplatz oder Speicher-

H. Bähring, *Anwendungsorientierte Mikroprozessoren*, eXamen.press, 4th ed.,
DOI 10.1007/978-3-642-12292-7_7, © Springer-Verlag Berlin Heidelberg 2010

stelle genannt, umfasst eine feste Anzahl von Speicherelementen, die durch eine einzige (Speicher-)Adresse – d.h., eine eindeutige, binäre Nummer – gleichzeitig ausgewählt werden. Das einzelne Element einer Speicherzelle wird **Bit** genannt. Eine Speicherzelle enthält gewöhnlich 8, 16, 32 oder 64 Bits und kann daher ein Byte, ein Wort, ein Doppelwort oder ein Quadword aufnehmen.

Speicherelemente werden in der Literatur häufig vereinfachend ebenfalls (1-Bit-)Speicherzellen (*Memory Cells*) genannt. Wo dies in den folgenden Abschnitten zu keinen Missverständnissen führen kann, haben wir uns im Sinne einer eleganteren Formulierung ebenfalls dazu entschlossen. Das Präfix „1-Bit-" lassen wir dabei fort.

Ein **Speicherwort** besteht aus der maximalen Anzahl von Speicherelementen, deren Inhalt in einem einzigen Buszyklus zwischen Mikroprozessor und Speicher übertragen werden können. Die Breite eines Speicherworts stimmt daher mit der (externen) Datenbusbreite überein.

Alle in diesem Kapitel betrachteten Speicherbausteine sind **ortsadressierbar**, d.h., jede Speicherzelle kann „wahlfrei" durch die Angabe ihrer Adresse angesprochen werden, ohne dass vorher andere Zellen selektiert werden müssen. (Letzteres ist z.B. bei Magnetplatten der Fall, bei denen die einzelnen Speicherzellen nur sequenziell hintereinander angesprochen werden können.) Die Selektion der Speicherzelle geschieht durch den **Adressdecoder**, der die angelegte Adresse in eine 1-aus-n-Auswahl umformt. Die Zeit für das Einschreiben eines Datums in eine Zelle bzw. sein Auslesen daraus ist adressenunabhängig.

Die **Organisation** eines Speicherbausteins bzw. des gesamten Arbeitsspeichers wird durch die Anzahl n seiner Speicherzellen und der Anzahl m der Speicherelemente pro Speicherzelle definiert. Sie wird in der Form „n×m Bit" angegeben. In der Regel kann man zum Aufbau eines (externen) Arbeitsspeichers mit festgelegter Organisation verschieden organisierte Speicherbausteine benutzen. Beispielsweise enthält ein 16k×32-Bit-Speicher 16384 Speicherzellen mit jeweils 8 Bits. Dieser Speicher kann einerseits aus zwei 16k×16-Bit-Speicher-Bausteinen, aus acht 8k×8-Bit-Speicher-Bausteinen, aber auch aus einem 16k×32-Bit-Baustein aufgebaut werden.

Die **Kapazität** eines Arbeitsspeichers bzw. eines einzelnen Speicherbausteins ist das Maß für die Informationsmenge, die darin maximal untergebracht werden kann. Sie wird in der Einheit „Bit" angegeben. Ihr Zahlenwert wird berechnet als das Produkt n·m der durch die Speicherorganisation vorgegebenen Anzahl von Speicherzellen n und der Anzahl von Speicherelementen m in jeder Speicherzelle.

In Abb. 7.2 sind zwei Zeiten skizziert, welche die **Arbeitsgeschwindigkeit** eines Speicherbausteins charakterisieren. Diese Zeiten können für den gesamten Arbeitsspeicher oder aber für einzelne Speicherbausteine angegeben werden. Die Zeiten für den gesamten Arbeitsspeicher ergeben sich aus denen der Bausteine, indem die Verzögerungszeiten für die Auswahl eines bestimmten Bausteins und eventuell eingesetzter Treiberbausteine hinzu addiert werden.

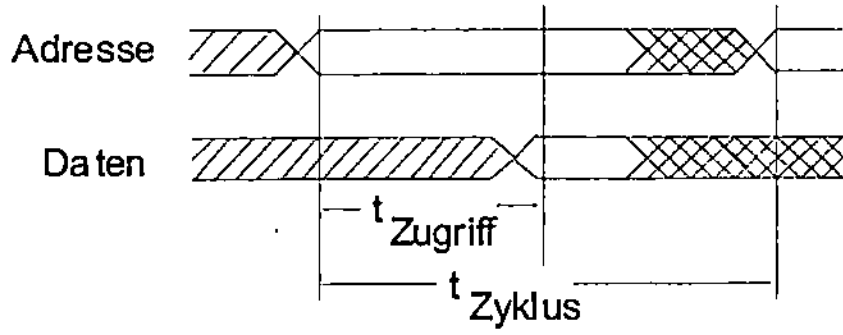

Abb. 7.2: Zugriffszeit und Zykluszeit

Die **Zugriffszeit** (*Access Time*) gibt die maximale Zeitdauer an, die vom Anlegen einer Adresse an den Baustein bzw. den Arbeitsspeicher bis zur Ausgabe des gewünschten Datums an seinen Ausgängen vergeht. Zur Bestimmung dieser Zeit muss zunächst das Abklingen der dynamischen Vorgänge aller Adress- und Datensignale abgewartet werden, bis diese Signale stabil auf dem H- oder L-Pegel vorliegen.

Die **Zykluszeit** gibt die minimale Zeitdauer an, die zwischen zwei hintereinander folgenden Aufschaltungen von Adressen an den Baustein bzw. den Arbeitsspeicher vergehen muss. Wie in Abb. 7.2 angedeutet, kann die Zykluszeit u.U. so lang sein, dass sich vor ihrem Ende die Signale auf Adress- und Datenbus bereits verändert haben.

Im Idealfall stimmt die Zykluszeit mit der Zugriffszeit überein, was bei einigen Arten von Halbleiter-Speicherbausteinen tatsächlich erreicht wird. In allen anderen Fällen überschreitet sie die Zugriffszeit, z.T. sogar beträchtlich (bis zu 80%). Ein Grund dafür liegt z.B. darin, dass bei einigen Speicherarten die Information durch das Auslesen zerstört wird und deshalb zunächst wieder eingeschrieben werden muss, bevor auf die nächste Speicherzelle zugegriffen werden darf (vgl. Unterabschnitt 7.1.2). Dieses Beispiel lässt schon erkennen, dass die Zykluszeit für das Schreiben bzw. das Lesen eines Datums unterschiedlich groß sein kann. Die Zykluszeit berücksichtigt außerdem alle Wartezeiten, die durch das Abklingen bausteininterner Signale auf stabile Werte verursacht werden.

7.1.2 Klassifizierung von Halbleiterspeichern

Wie bereits im letzten Unterabschnitt angedeutet, werden Halbleiterspeicher nach ihrer Funktion üblicherweise in Festwertspeicher und Schreib-/Lese-Speicher eingeteilt. Dies ist in Abb. 7.3 dargestellt.

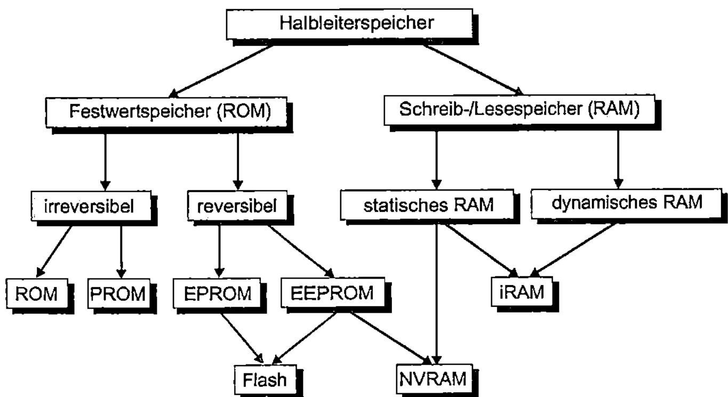

Abb. 7.3: Die wichtigsten Typen der Halbleiterspeicher

7.1.2.1 Festwertspeicher

Festwertspeicher sind dadurch charakterisiert, dass ihr Inhalt vom Mikroprozessor während des normalen Betriebs nur gelesen, nicht aber verändert werden kann. Sie werden deshalb auch als Nur-Lese-Speicher bezeichnet, wofür meist die englische Abkürzung ROM (*Read-Only Memory*) benutzt wird. In der Regel ist ihr Inhalt nicht flüchtig (*non volatile*), d.h., er bleibt auch nach dem Ausschalten der Betriebsspannung erhalten. Deshalb haben wir diese Speicher oben als „Langzeit-Gedächtnis" bezeichnet.

Festwertspeicher dienen in Mikrorechner-Systemen hauptsächlich zur Aufnahme von Programmen und Daten, die zur Funktionsfähigkeit des Systems dauernd und unverändert zur Verfügung stehen müssen. Das Einschreiben der Information in ein ROM wird als „Programmierung des Speicherbausteins" bezeichnet. (Man beachte, dass die Programmierung eines Bausteins nicht unbedingt etwas mit der Erstellung eines Programms für den Mikrorechner zu tun hat.)

Bei einigen ROM-Typen ist das Einschreiben der Information **irreversibel**, d.h., auch außerhalb des normalen Einsatzes in einem Mikrorechner-System nicht mehr rückgängig zu machen. Bei ihnen geschieht die Programmierung stets außerhalb des Systems, in dem der Speicher eingesetzt werden soll. Hier unterscheidet man die folgenden zwei Typen:

- Bei den maskenprogrammierten Festwertspeichern (ROM) geschieht die Programmierung bereits bei der Herstellung des Bausteins. In diesem Fall muss der Anwender dem Hersteller die gewünschte Speicherinformation vor der Fertigstellung der Bausteine übergeben. Diese Information bestimmt dann den letzten Schritt bei der Herstellung der Speicherelemente. Wegen der resultierenden hohen Programmierkosten sind maskenprogrammierte Festwertspeicher erst in sehr großen Stückzahlen wirtschaftlich einsetzbar. In diesen Fällen verursachen sie jedoch die geringsten Kosten pro Baustein.

- Bei den programmierbaren Festwertspeichern (*Programmable Read-Only Memory* – PROM) wird die Programmierung durch den Lieferanten oder vom Anwender selbst erst nach Fertigstellung der Bausteine vorgenommen. Dazu müssen sie in einem speziellen Programmiergerät einem exakt spezifizierten Programmierverfahren unterzogen werden, durch das informationsabhängig bestimmte Bereiche in den Speicherelementen physisch zerstört oder irreversibel verändert werden. Der Inhalt „zerstörter" Speicherelemente kann dann z.B. als logischer 0-Wert aufgefasst werden.

Für Prototypen während der Entwicklungsphase eines Systems und bei Geräten mit kleinen Stückzahlen ist der Einsatz von Festwertspeichern angezeigt, bei denen die Programmierung **reversibel** ist. In diesem Fall kann die eingeschriebene Information zwar geändert werden, jedoch nicht während des normalen Betriebs und/oder nicht durch den Mikroprozessor des Systems selbst.

- Bei den (UV-)löschbaren Festwertspeichern (*Erasable and Programmable Read-Only Memory* – EPROM) muss der Baustein zum Löschen dem System entnommen, für längere Zeit einer ultravioletten Strahlung (UV-Strahlung) ausgesetzt und vor dem Wiedereinsatz im System in einem speziellen Gerät neu programmiert werden.

- Die elektrisch löschbaren Festwertspeicher (*Electrically Erasable and Programmable Read-Only Memory* – EEPROM) besitzen den Vorteil, dass hier das Löschen und das erneute Programmieren der Bausteine durch den Mikroprozessor selbst im System veranlasst werden kann. Von den im Folgenden beschriebenen Schreib-/Lese-Speichern unterscheidet sie hauptsächlich, dass bei ihnen das (Löschen und das) Einschreiben von Daten viele Größenordnungen länger dauert als das Lesen der Daten und dass die Anzahl der Schreibzyklen aus physikalischen Gründen begrenzt ist. Deshalb werden sie oft zur Speicherung von Daten, die sich nur selten ändern, oder zur Datenrettung in (selten auftretenden) Notsituationen verwendet. Zu den in diesen Speichern typischerweise abgelegten Daten gehören z.B. die Kalibrierungsdaten in einem Messgerät, Zeichenbelegungen von universellen Tastaturen, veränderbare Zeichensätze in Druckern oder Tagespreise in Verkaufskassen.

- Im Bereich der Mikrocontroller hat sich in den letzten Jahren die Realisierung eines reversibel programmierbaren Festwertspeichers durchgesetzt, die die Vorteile beider genannten Typen vereint und als Flash-(EEP)ROM bezeichnet wird. Dieser Festwertspeicher wird in Kapazitäten von Hunderten kByte als Programmspeicher in Controllern und mehreren Gbyte als Speicherkarte im Multimedia-Bereich (s. Abb. 1.4) eingesetzt.

Im Abschnitt 7.3 wird auf verschiedene Möglichkeiten zur Herstellung von Festwert-Speicherzellen eingegangen.

7.1.2.2 Schreib-/Lese-Speicher

Die Schreib-/Lese-Speicher werden im englischen Sprachbereich (nicht ganz zutreffend) mit *Random Access Memories* (RAM) – also als Speicher mit wahlfreiem Zugriff[1] – bezeichnet. Der Inhalt von Schreib-/Lese-Speichern ist in der Regel flüchtig (*volatile*), d.h., er geht mit dem Ausschalten der Betriebsspannung verloren. Daher können diese Speicher nur zum kurzzeitigen Aufbewahren von Programmen und Daten benutzt werden, was wir weiter oben als „Kurzzeit-Gedächtnis" bezeichnet haben. Sie müssen auf Systemebene ggf. durch Hintergrundspeicher[2] ergänzt werden. Die RAM-Bausteine werden nach ihrer Speichertechnik in zwei Gruppen unterteilt:

- Die statischen RAM-Bausteine (SRAM) speichern die Information in Zellen, die aus Flipflops bestehen, also aus Schaltungen mit zwei stabilen Zuständen (bistabile Kippschaltungen). Diese halten eine einmal eingeschriebene Information solange, bis sie durch einen erneuten Speichervorgang verändert wird (oder aber die Betriebsspannung ausgeschaltet wird).

- Bei einem dynamischen RAM-Baustein (DRAM) wird die Information als winzige elektrische Ladung in einem Kondensator abgespeichert. Das Lesen einer Speicherzelle bedingt in der Regel das Entladen des Kondensators (*Destructive Read*), so dass danach der gelesene Wert wieder eingeschrieben werden muss (*Read-Write Cycle*). Außerdem geht diese Ladung durch unvermeidbare Leckströme kontinuierlich verloren, so dass sie in regelmäßigen Abständen aufgefrischt werden muss (*Refresh*). Ein Speicher aus DRAMs benötigt deshalb eine gesonderte Steuerlogik, die das Auffrischen der Zellen übernimmt. (Da DRAMs im Bereich der anwendungsorientierten Mikroprozessoren nur sehr selten und im höheren Leistungsbereich eingesetzt werden, behandeln wir sie in diesem Buch nur sehr kurz.)

7.1.3 Elementare Grundlagen über Halbleiterbauelemente

In diesem Unterabschnitt werden wir kurz und stark vereinfachend die Funktionsweise von Dioden, bipolaren Transistoren und MOS-Transistoren beschreiben, soweit das zum Verständnis der Erklärung der verschiedenen Halbleiterspeicherelemente in den folgenden Abschnitten nötig ist. Nur bei den MOS-Transistoren müssen wir schon an dieser Stelle kurz auf die technologischen Grundlagen eingehen.

---

[1] Diese Eigenschaft besitzen jedoch aus Geschwindigkeitsgründen in der Regel alle Bausteine, die für den Arbeitsspeicher eines Mikrorechner-Systems benutzt werden, insbesondere aber alle in diesem Kapitel beschriebenen Speicherarten

[2] auch Peripheriespeicher genannt. Dazu gehören: Floppy Disk, Festplatte, CD-ROM, DVD etc

7.1.3.1 Die Diode

In Abb. 7.4a) ist das Schaltsymbol einer Halbleiter-Diode gezeichnet.

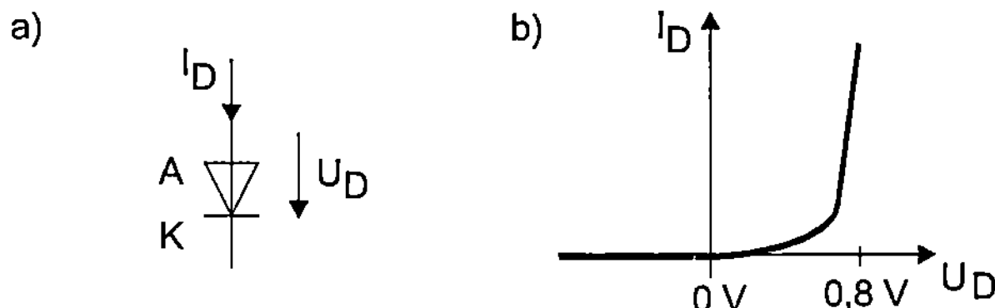

Abb. 7.4: Schaltsymbol (a) und Kennlinie (b) einer Diode

Eine Diode besitzt zwei Anschlüsse, die mit Anode (A) und Kathode (K) bezeichnet werden. (Anode: positive Elektrode, Pluspol; Kathode: negative Elektrode, Minuspol). Das pfeilartige Schaltsymbol in Abb. 7.4a) deutet bereits darauf hin, dass die Diode einen elektrischen Strom nur in einer Richtung und zwar von A nach K durchlässt. Sie wirkt also wie ein Stromventil.

In Abb. 7.4b) ist die Strom/Spannungs-Kennlinie einer Diode gezeichnet. Ist die Diodenspannung U_D negativ oder positiv, aber kleiner als etwa 0,5 V(olt), so ist der Diodenstrom I_D vernachlässigbar klein. Erst wenn die Spannung U_D Werte über 0,6 V annimmt, wächst der Strom stark an. Die Diodenspannung U_D kann nun aber nicht beliebig weiter erhöht werden, sondern wird durch die Diode auf ca. 0,7 bis 0,8 V begrenzt.

7.1.3.2 Der bipolare Transistor

In Abb. 7.5a) ist eine einfache Schaltung mit einem bipolaren Transistor gezeichnet. An dem Schaltsymbol des Transistors kann man erkennen, dass es sich dabei um ein Bauelement mit drei Anschlüssen handelt, die mit Basis (B), Kollektor (C) und Emitter (E) bezeichnet werden.

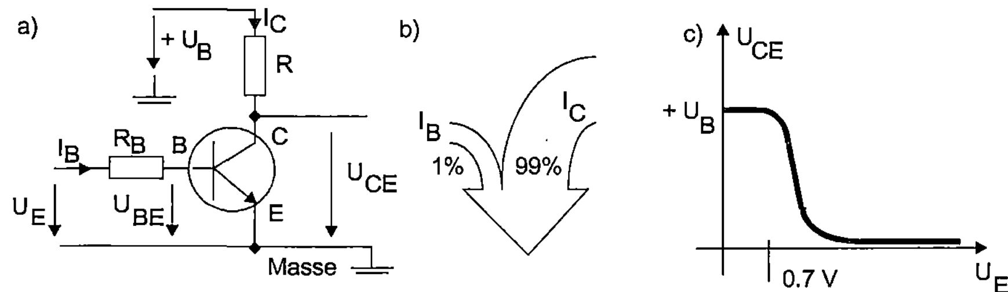

Abb. 7.5: Bipolarer Transistor;

a) Schaltsymbol, b) Stromverstärkung, c) Übertragungskennlinie

Die Basis-Emitter-Strecke des Transistors verhält sich im Wesentlichen wie die eben beschriebene Diode: Erst wenn die Spannung U_{BE} den Wert 0,5 V überschreitet, fließt ein nennenswerter Basisstrom I_B in die Basis, der den Transistor über den Emitter verlässt. Die Spannung U_{BE} wird auch bei steigendem Basisstrom auf maximal 0,7 bis 0,8 V begrenzt. Hervorgerufen durch den Basisstrom fließt nun jedoch ein Strom I_C in den Kollektor, der den Transistor ebenfalls über den Emitter verlässt. Dieser Kollektorstrom I_C ist um einige Größenordnungen stärker als der ihn steuernde Basisstrom. Der Faktor $V_I = I_C / I_B$, der das Verhältnis beider Ströme angibt, wird als (Gleich-)Stromverstärkung bezeichnet. In Abb. 7.5b) ist beispielsweise eine Stromverstärkung von $V_I = 99$ zugrunde gelegt worden.

Ohne näher darauf eingehen zu können, sei nur angemerkt, dass die Bezeichnung „**bipolarer**" Transistor daher rührt, dass in ihm sowohl negative Ladungsträger – also Elektronen – wie auch positive Ladungsträger („Löcher", „Defektelektronen") am Stromfluss beteiligt sind.

In der Schaltung nach Abb. 7.5a) wird der Kollektorstrom I_C von der Spannungsquelle $+ U_B$ gespeist. Er verursacht am Widerstand R einen Spannungsabfall. Bei einem Strom $I_C = U_B/R$ fällt die gesamte Betriebsspannung über dem Widerstand ab, so dass die Ausgangsspannung U_{CE} den Wert 0 V annimmt. Ist $U_{BE} < 0,5$ V, so sperrt der Transistor, d.h., für den Kollektorstrom gilt $I_C \approx 0$ mA (Milliampere). Daher fällt über dem Widerstand R keine Spannung ab, und der Ausgang hat das Potenzial $U_{CE} \approx + U_B$.

Bei den in den folgenden Abschnitten beschriebenen Speicherzellen wird der Transistor als Schalter betrieben. In diesem Fall werden nur die beiden eben beschriebenen Betriebszustände angenommen:

Transistor sperrt: $\quad U_{BE} < 0,5$ V: $\quad I_C \approx 0$ mA, $\qquad U_{CE} \approx + U_B,$

Transistor leitet: $\quad U_{BE} \approx 0,7$ V: $\quad I_C \approx U_B/R,\qquad U_{CE} \approx 0$ V.

Man spricht auch hier vereinfachend wieder vom L(ow)-Pegel bzw. H(igh)-Pegel am Eingang und Ausgang der Transistorschaltung. Wie man leicht einsieht, stellt die betrachtete Schaltung einen (logischen) Inverter dar.

7.1.3.3 Der MOS-Transistor

In Abb. 7.6a) ist das Schaltsymbol eines MOS-Transistors gezeichnet. Man sieht, dass auch dieser Transistor drei Anschlüsse besitzt, die hier aber mit *Drain* (D, Senke, Abfluss), *Source* (S, Quelle) und *Gate* (G, Steuerelektrode) bezeichnet werden.

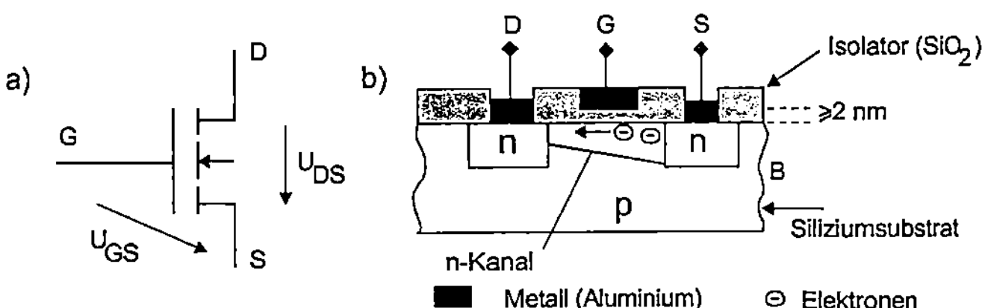

Abb. 7.6: n-Kanal-MOS-Transistor;
a) Schaltsymbol, b) Schnitt durch den Transistor

Grundlage des Transistors ist eine dünne Schicht aus einkristallinem Silizium (chemisches Zeichen: Si). Silizium gehört zu den sog. Halbleitern, also Stoffen, deren elektrische Leitfähigkeit zwischen der von Nichtleitern („Isolatoren") und der von guten Leitern, wie z.B. den Metallen, liegt. Die Siliziumschicht wird als Substrat (*Bulk* – B) bezeichnet. Diese wird durch das Einbringen („Dotieren") von Fremdatomen mit einer niedrigeren chemischen Wertigkeit als der des Siliziums zu einer sog. p-Zone, in der ein Überschuss an freien positiven Ladungsträgern vorliegt. In das p-Substrat werden durch Verunreinigung mit einem höherwertigen Stoff die n-Zonen des Source- bzw. Drain-Anschlusses „eindiffundiert", die einen Überschuss an freien Elektronen – also negativen Ladungsträgern – haben.

Die gesamte Substratschicht wird danach mit einem Isolator (SiO$_2$) überzogen, in den die Gräben für die erforderlichen Anschlussleitungen zu den S- bzw. D-Zonen hineingeätzt werden. Die Leitungen werden durch Aufdampfen von Metallen (Aluminium, Gold, Kupfer) hergestellt. Daher stammt die englische Bezeichnung *Metal Oxide Semiconductor* (MOS), die – frei übersetzt – einen „Halbleiter mit Metall auf (Silizium-)Oxid" meint. In den Isolator zwischen den S- und D-Anschlüssen wird die Steuerelektrode G eingesetzt. Das Substrat wird in der Regel auf das gleiche Potenzial wie die S-Zone gelegt.

MOS-Transistoren gehören zu den sog. **Feldeffekt-Transistoren,** die im Gegensatz zu den oben beschriebenen bipolaren Transistoren durch ein elektrisches Feld, also fast leistungslos gesteuert werden. Dieses Feld bildet sich zwischen der Steuerelektrode G und dem Substrat B, wenn zwischen den Anschlüssen G und S eine positive Spannung U_{GS} angelegt wird. Dabei wirkt der Isolator SiO$_2$ wie das Dielektrikum in einem Plattenkondensator. Übersteigt nun die angelegte Spannung U_{GS} einen gewissen Schwellwert (U_{th}, Threshold), so bildet sich zwischen den n-Zonen im Substrat ein leitender (n-)Kanal. Liegt zusätzlich zwischen den Anschlüssen D und S eine positive Spannung U_{DS}, so fließt durch diesen Kanal ein (Elektronen-)Strom. Man sagt, der Transistor leitet. Ist die Steuerspannung $U_{GS} < U_{th}$, so wird der Kanal an der Drain-Zone „abgeschnürt", und der Transistor sperrt. Transistoren des betrachteten Typs, die bei $U_{GS} = 0$ V sperren, werden deshalb als **selbstsperrend** bezeichnet.

Man erhält einen komplementären MOS-Transistor, wenn man in Abb. 7.6b) die Dotierung der einzelnen Zonen vertauscht. In diesem Transistor entstehen durch eine negative Steuerspannung UGS ein P-Kanal und darin ein Strom positiver Ladungsträger. Ein n-Kanal-Transistor wird im Schaltsymbol durch einen Pfeil mit nach innen gerichteter Spitze, ein p-Kanal-Transistor durch einen nach außen weisenden Pfeil gekennzeichnet. Da bei beiden Kanaltypen – im Gegensatz zu den bipolaren Transistoren – jeweils genau eine Art von Ladungsträgern den Stromfluss verursacht, werden MOS-Transistoren auch **unipolar** genannt. Beide Typen werden meist so symmetrisch aufgebaut, dass·man ohne weiteres die Anschlüsse Drain und Source vertauschen kann.

In Abb. 7.7a) wird das Schaltbild eines Inverters in **CMOS-Technologie** (Complementary MOS) gezeigt, in dem Transistoren beider Kanaltypen zusammengeschaltet sind. Wesentlich ist, dass für beide Eingangszustände (H-Pegel, L-Pegel) jeweils genau einer der beiden Transistoren leitet, der andere aber gesperrt ist. Nur im Umschaltzeitraum kann kurzzeitig ein Querstrom durch beide Transistoren fließen. Dies ist der Grund, warum die CMOS-Technik eine besonders niedrige Leistungsaufnahme aufweist, die jedoch stark von der benutzten Taktfrequenz abhängt.

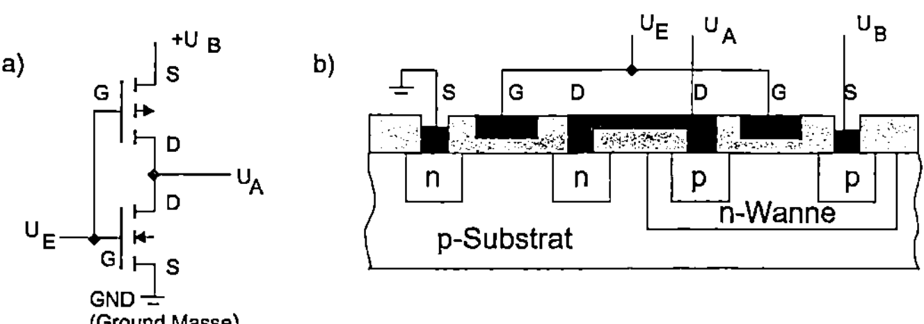

Abb. 7.7: CMOS-Inverter

In Abb. 7.7b) wird gezeigt, wie dieser Inverter in einem einzigen Halbleitersubstrat integriert wird. Dazu wird neben dem n-Kanal-Transistor eine „n-Wanne" eindiffundiert, in die der p-Kanal-Transistor eingesetzt wird.

Hinweis

In den Abbildungen 7.6 und 7.7 ist jeweils der Schnitt durch einen MOS-Transistor skizziert. Beachten Sie dabei, dass dieses Schnittbild – wie auch alle folgenden – nur den prinzipiellen Aufbau des Transistors, nicht aber die realen Proportionen zwischen seinen Komponenten darstellen soll.

7.2 Prinzipieller Aufbau eines Speicherbausteins

In diesem Abschnitt werden wir nun zeigen, wie eine große Zahl der eben beschriebenen Speicherzellen in einem Baustein zusammengefasst und welche Zusatzschaltungen benötigt werden, um diesen Baustein in einem Mikrorechner einsetzen zu können. Wir beginnen mit der Beschreibung des prinzipiellen Aufbaus eines Speicherbausteins. Dieser ist in Abb. 7.8 skizziert.

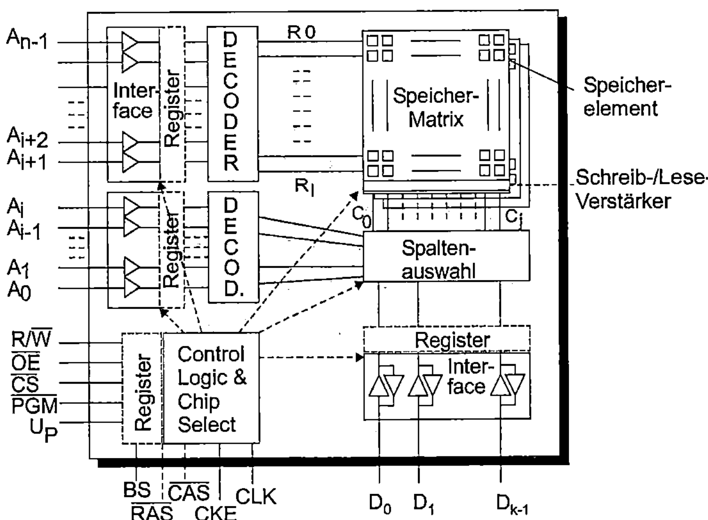

Abb. 7.8: Prinzipieller Aufbau eines Speicherbausteins

Den Kern des Bausteins bildet die **Speichermatrix**. In ihr sind die Speicherelemente reihen- und spaltenweise angebracht. In Abb. 7.9 sind die verschiedenen Möglichkeiten der Auswahl eines Speicherelements dargestellt. Danach liegt jedes Element im Schnittpunkt genau einer Zeilen-Auswahlleitung mit einer Spalten-Auswahlleitung (a) bzw. eines Paares von Spalten-Auswahlleitungen (b).

Um die Anzahl der Auswahlleitungen zu minimieren, versucht man, die Speichermatrix möglichst quadratisch zu bauen. Bei den hochintegrierten modernen Bausteinen können aber schon aus Gründen der elektrischen Belastung nicht mehr alle Speicherzellen in einer Matrix untergebracht werden, ohne die Anzahl der Zeilen und Spalten zu weit zu erhöhen. Hier wird die

Speichermatrix in mehrere Teilmatrizen aufgeteilt[1], die parallel mit denselben Zeilen-Auswahlleitungen, aber verschiedenen Spaltenleitungen verbunden werden. In einem Baustein der Organisation m×k können so z.B. k Teilmatrizen jeweils ein Bit jedes Datums speichern. Die Spalten-Auswahlleitungen bezeichnen wir mit Daten- bzw. Bitleitungen.

Die Spalten-Auswahlleitungen werden am Rand der Matrix mit Verstärkern abgeschlossen. Diese sind je nach Speichertyp als Leseverstärker oder als kombinierte Lese-/Schreibverstärker ausgebildet. Bei Speicherelementen, die jeweils über zwei Bitleitungen verfügen, werden diese durch den Verstärker zu einer gemeinsamen Datenleitung D zusammengefasst. Übersteigt die Anzahl der Speicherelemente an einer einzigen Auswahlleitung bestimmte Werte, so können physikalische und elektrische Schwierigkeiten auftreten – z.B. durch eine zu hohe Kapazität der Leitung. Auch dagegen hilft die Aufteilung der Matrix in (quadratische) Untermatrizen, die dann mit eigenen Lese-/Schreib-Verstärkern versehen werden.

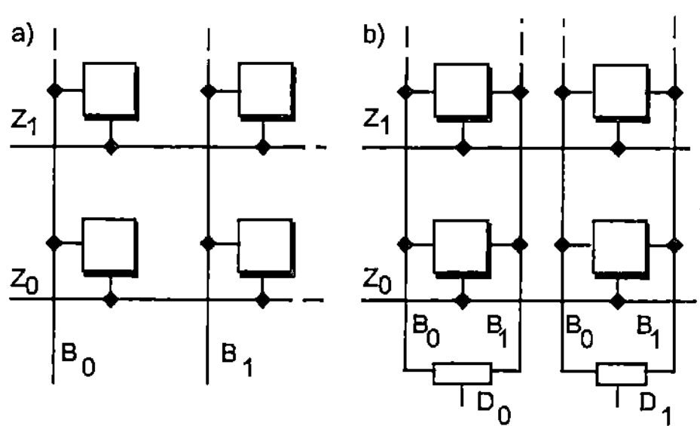

Abb. 7.9: Möglichkeiten der Auswahl eines Speicherelements

Zur Adressierung der Speicherzellen besitzt der Baustein die Eingänge $A_{n-1},...,A_0$, die mit den entsprechenden Signalen des Adressbusses beschaltet werden. Die Adresseingänge werden auf spezielle Schnittstellen-Schaltungen (*Interfaces*) gegeben, die je nach Speichertyp verschiedene Funktionen ausführen müssen:

- In der einfachsten Form stellen sie lediglich ausreichende Treiberleistung zur Verfügung, um die Belastung der Adressleitungen des Mikroprozessors klein zu halten.

- Einige Bausteintypen arbeiten intern mit anderen Spannungspegeln als der µP und die übrigen Peripheriebausteine. Hier müssen die Schnittstellen zusätzlich für die notwendige Pegelanpassung sorgen. Für alle besprochenen Speichertypen gilt, dass sie mit einer einzigen Betriebsspannung U_B arbeiten. Das ist bei älteren Typen meist +5 V, neuere Typen kommen häufig mit 3,3 V oder weniger aus, tolerieren an den Ein-/Ausgängen aber auch die o.g. TTL-Pegel.

- Bei dynamischen RAM-Bausteinen wird die Speicheradresse in zwei Teilen (höherwertige/niederwertige Bits) sequenziell dem Baustein über die gleichen Anschlüsse zugeführt, um deren Anzahl möglichst klein zu halten. Hier müssen die Teiladressen in den Schnittstellen zwischengespeichert werden. Die Übernahme der Teiladressen wird durch besondere Steuersignale bewirkt.

---

[1] Dies ist in Abb. 7.8 durch den „Stapel" von übereinander liegenden Speichermatrizen angedeutet

Mit der rasanten Steigerung des Prozessortaktes und der damit verlangten erhöhten Zugriffsgeschwindigkeit zum Speicher fand in den letzten Jahren ein Übergang zu den sog. synchronen Speicherbausteinen statt. Bei diesen werden alle Speicherzugriffe mit den Vorgängen auf dem Bus durch ein Taktsignal synchronisiert. Wie in Abb. 7.8 gezeigt, werden dazu alle Adress- und Dateneingaben sowie die Steuersignale in Registern zwischengespeichert, die durch den Bustakt (*Clock* – CLK) getriggert werden. Durch CKE (*Clock Enable*) kann der Takteingang aktiviert bzw. deaktiviert werden.

Die höherwertigen Adresseingänge $A_{n-1},...,A_{i+1}$ dienen zur Auswahl genau einer der Zeilen $(R_{l},..,R_0)$ in der Speichermatrix. Diese Auswahl wird durch einen (Zeilen-)Decoder vorgenommen. Bei der Beschreibung der gebräuchlichen Speicherbausteine in den folgenden Abschnitten wird gezeigt, dass die meisten Bausteine eine Organisation der Form m×k Bit besitzen, wobei k = 1, 4, 8, 16, 32 ist. Durch die Aktivierung einer bestimmten Zeile in der (möglichst quadratischen) Speichermatrix werden jedoch stets erheblich mehr Zellen angesprochen, als aktuell ausgelesen werden müssen. Es ist Aufgabe der Spalten-Auswahlschalter, aus den selektierten Zellen die gewünschten k Zellen auszuwählen.

Die durch die Spalten-Auswahlschalter selektierten Leitungen werden der Datenbus-Schnittstelle (*Interface*) zugeführt. Diese enthält – falls erforderlich – ebenfalls die oben erwähnten Schaltungen zur Anpassung der intern vorliegenden Signalpegel an diejenigen, die außerhalb des Bausteins verlangt werden. Ihre Hauptkomponente sind jedoch Treiber, die einerseits genügend Leistung an den Ausgängen zur Verfügung stellen, es andererseits aber als Tristate-Treiber ermöglichen, die Ausgänge hochohmig zu schalten und dadurch anderen Bausteinen den Zugriff zum Datenbus des Systems zu gewähren. Der Aufbau dieser Treiber variiert sehr stark von Speichertyp zu Speichertyp. Dies wird bei der folgenden Beschreibung der verschiedenen Bausteine deutlich werden.

Die letzte Komponente des Bausteins ist die **Steuerlogik** und **Bausteinauswahl**. Wie durch ihre Bezeichnung andeutet wird, übernimmt sie die Steuerung aller Komponenten im Baustein. Dazu besitzt sie eine Schnittstelle zum Steuerbus des Mikroprozessors. Einige der wichtigsten Schnittstellensignale sind in Abb. 7.8 eingezeichnet. Dies sind:

- Durch das CS-Signal (*Chip Select*) wird der Baustein eindeutig aus der Menge aller Systembausteine oder Komponenten ausgewählt. Üblich ist auch die Bezeichnung CE (*Chip Enable*). Dieses Signal wird gewöhnlich durch einen Decoder aus den höherwertigen Adresssignalen erzeugt. Häufig wird durch das Signal auch die Leistungsaufnahme des Bausteins gesteuert (*Power Control*), die im selektierten Zustand (*Active Mode*) erheblich größer als im nicht selektierten Zustand (*Stand-by Mode*) ist.

- Das R/W-Signal (*Read/Write*) wird nur bei Speichertypen gebraucht, deren Inhalt (im System selbst) geändert werden kann (RAM, EEPROM usw.). Es schaltet die Richtung der Treiber in der Datenbus-Schnittstelle um und aktiviert die Lese- bzw. Schreibverstärker.

- Das Signal OE (*Output Enable*) aktiviert die Tristate-Ausgänge der Treiber in der Datenbus-Schnittstelle. Es gibt also die aus der Speichermatrix ausgelesene Information auf den Datenbus.

- Das Signal PWM (*Program*) muss aktiviert werden, wenn der Baustein (innerhalb oder außerhalb des Systems) neu programmiert werden soll (EPROM, EEPROM usw.). Über den

Anschluss U_P muss dann ggf. die benötigte Programmierspannung zugeführt werden – falls sie nicht im Baustein selbst erzeugt wird.

Je nach Bausteintyp umfasst die Steuerlogik noch weitere Komponenten, die z.B. die Datenübertragung in Blöcken (*Bursts*), das Auffrischen von dynamischen RAMs sowie die Verwaltung mehrerer Speicherbänke steuern. Zu diesen Komponenten gehören z.T. spezielle Steuer- und Befehlsregister, die Funktion und Betriebsart des Speichers beeinflussen.

Im Folgenden werden nun die Bausteine der verschiedenen Speichertypen besprochen. Dabei orientieren wir uns an der Übersichtsabbildung 7.3. Für jeden beschriebenen Speichertyp geben wir an, wie weit er vom prinzipiellen Aufbau nach Abb. 7.8 abweicht.

7.3 Festwertspeicher

7.3.1 Irreversibel programmierte bzw. programmierbare Festwertspeicher

7.3.1.1 ROMs

In Abb. 7.10 sind drei Möglichkeiten skizziert, wie vom Hersteller programmierte Festwert-Speicherzellen (ROM) mit den im vorhergehenden Abschnitt beschriebenen Bauelementen Diode, bipolarer bzw. MOS-Transistor realisiert werden können.

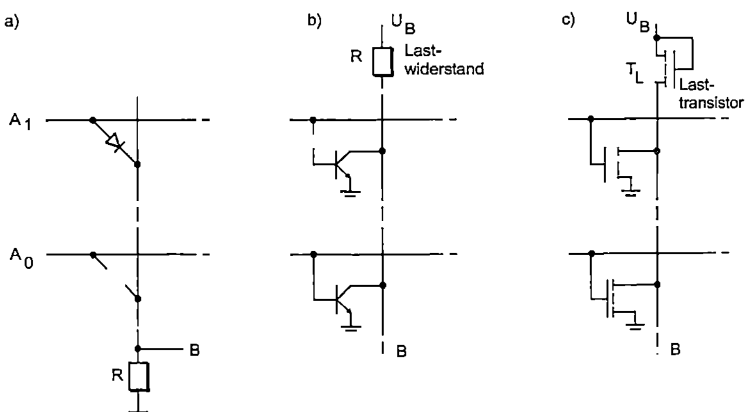

Abb. 7.10: ROM-Speicherzellen

Gemeinsam ist allen drei Zellentypen, dass sie jeweils im Kreuzungsbereich zweier Leiterbahnen liegen, die wir mit (Zeilen-)Auswahlleitung[1] (A) und Daten- oder Bitleitung (B) bezeichnen. Zwischen diesen beiden Leitungen wird nun durch den Hersteller des Speicherbausteins wahlweise eine elektrische Verbindung durch eines der o.g. Bauelemente geschaffen oder nicht. Im Ruhezustand liegen alle Auswahlleitungen A_i auf Massepotenzial (0 V). Zur Auswahl einer bestimmten Zeile wird jeweils genau eine von ihnen durch den Adressdecod(ier)er des Speicherbausteins auf positives Potenzial gelegt.

In Abb. 7.10a) ist das benutzte Bauelement eine Halbleiter-Diode. Wird die obere Auswahlleitung A_1 auf H-Potenzial gelegt, so fließt ein Strom über die Bitleitung B und verursacht am Widerstand R einen Spannungsabfall. Dieser kann von einem nachgeschalteten Leseverstärker z.B. als logische 1 interpretiert werden. Eine Aktivierung der zweiten Auswahlleitung A_0 hingegen beeinflusst die Bitleitung B nicht, da hier keine Koppeldiode vorhanden ist. Daher liegt am oberen Anschluss des Widerstands Massepotenzial, was als logische 0 gewertet wird.

In Abb. 7.10b) wird als Koppelelement ein bipolarer Transistor benutzt. Im Unterschied zur Diodenkopplung wird dieser jedoch in allen Kreuzungspunkten eingesetzt. Die Programmierung geschieht hier dadurch, dass wahlweise die Auswahlleitung A mit der Basis des Transistors verbunden wird oder nicht. Ist diese Verbindung – wie im unteren Teil des Bildes – vorhanden,

---

197

so wird durch die Aktivierung der Leitung A_0 die Bitleitung B durch den leitenden Transistor gegen Masse kurzgeschlossen. Im anderen Fall wird die Leitung B wiederum nicht beeinflusst, und sie besitzt daher über den Widerstand R das Potenzial der positiven Betriebsspannung U_B. Auch hier kann man beispielsweise ein hohes Potenzial der Bitleitung B mit dem logischen Wert 1, das Massepotenzial mit dem Wert 0 identifizieren.

Bei der in Abb. 7.10c) dargestellten Kopplung durch einen MOS-Transistor sind stets alle drei Anschlüsse des Transistors beschaltet. Die Programmierung geschieht hier dadurch, dass der Isolator, der die Steuerelektrode G (Gate) vom Substrat trennt, verschieden dick ausgeführt wird. Ist die Isolatorschicht – wie im unteren Teil des Bildes gezeigt – hinreichend dünn ausgelegt, so kann der Transistor durch die Aktivierung der Leitung A_0 durchgeschaltet werden und damit die Bitleitung B auf das Massepotenzial herabziehen. Im anderen Fall verschiebt die Dicke der Isolatorschicht die Schwellspannung des Transistors zu so großen Werten, dass er durch die Spannung auf der Auswahlleitung A_1 nicht durchgeschaltet werden und daher nicht mehr auf die Leitung B einwirken kann.

Da die Realisierung eines MOS-Transistors weniger Halbleiterfläche benötigt als ein Ohm'-scher Widerstand, wird die Bitleitung gewöhnlich über einen „Lasttransistor" T_L mit der Betriebsspannung verbunden, wie dies in Abb. 7.10c) gezeigt ist. Im Folgenden wird bei Schaltungen mit MOS-Transistoren der Einfachheit halber auch dann ein Lastwiderstand R gezeichnet, wenn an seiner Stelle in realen Schaltungen ein Lasttransistor eingesetzt wird.

ROM-Bausteine (s. Abb. 7.11) haben oft eine byteweise Organisation; einige Typen sind jedoch auch 16 oder 32 Bits breit organisiert. Die Spalten-Auswahllogik besteht im ersten Fall aus acht n-auf-1-Multiplexern. Da sie nur gelesen werden können, sind hier die Datenbustreiber unidirektional ausgeführt. Sie werden durch das CE-Signal aktiviert. Manchmal wird dieses Signal jedoch zusätzlich mit einem speziellen OE-Signal (*Output Enable*) verknüpft.

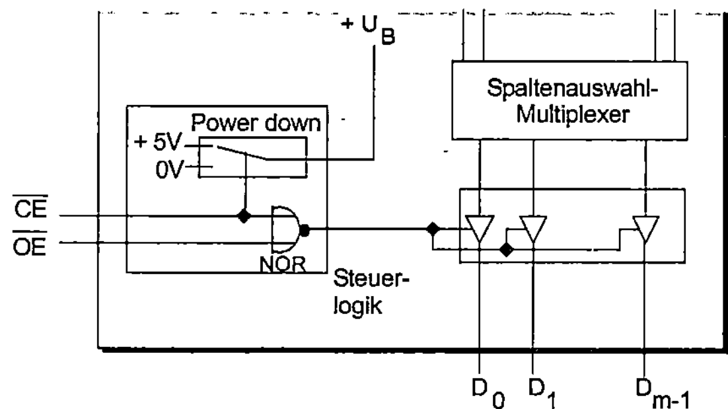

Abb. 7.11: ROM-Baustein

Um die Leistungsaufnahme des Bausteins herabzusetzen, ist er meist mit einer Schaltung versehen, welche die internen Komponenten immer dann von der Betriebsspannung U_B abhängt, wenn aktuell kein Zugriff auf den Baustein stattfindet. Diese Schaltung wird mit *Power Down* bezeichnet und ist in Abb. 7.11 skizzenhaft als Schalter dargestellt, der durch das CE-Signal gesteuert wird. Er schaltet entweder die Spannung +5 V oder aber das Massepotenzial 0 V als „Betriebsspannung" auf den Anschluss U_B der Speichermatrix durch. Den Zustand mit $U_B = 0V$, in dem der Baustein nicht aktiviert ist, haben wir oben schon als *Stand-by*-Zustand bezeichnet.

7.3.1.2 PROMs

Für die Herstellung von Speicherzellen für irreversibel vom Anwender selbst programmierbare Festwertspeicher (PROM) werden im Wesentlichen zwei verschiedene Verfahren angewandt:

- Bei dem ersten Verfahren besteht das Koppelelement aus einer feinen Widerstandsleiterbahn (Schmelzsicherung, *Fusible Link*) aus einer Nickel-Chrom-Legierung (NiCr). Die Programmierung geschieht durch das Einprägen eines Stromimpulses, durch den die Leiterbahn zum Schmelzen gebracht und dadurch vernichtet wird. In Abb. 7.12 sind zwei Varianten von Speicherzellen mit Schmelzsicherungen dargestellt. In beiden Fällen fließt nur dann ein Strom durch den Abschlusswiderstand R der Bitleitung B, wenn die Schmelzsicherung intakt ist.

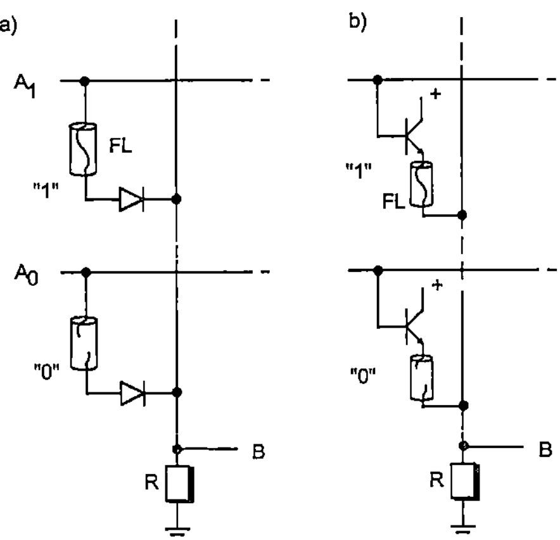

Abb. 7.12: Speicherzellen mit Schmelzsicherungen

- Bei der ersten Variante (Abb. 7.12a) ist eine Diode mit der Sicherung in Reihe geschaltet. Diese Diode muss verhindern, dass der von der aktivierten Zeile gelieferte Strom über die Bitleitung B und intakte Schmelzsicherungen auf anderen Zeilen-Auswahlleitungen wieder abfließt. Bei dieser Variante muss der durch den Abschlusswiderstand der Bitleitung B fließende Strom über die Auswahlleitung A vom Adressdecoder geliefert werden.

- Bei der zweiten Variante (Abb. 7.12b) wird die Kopplung von Auswahlleitung A und Bitleitung B durch einen bipolaren Transistor vorgenommen. Diese Variante hat den Vorteil, dass hier der Decoder nur den sehr kleinen Basisstrom des Transistors bereitstellen muss. Der größere Strom auf der Bitleitung B wird am Kollektor des Transistors direkt von der Spannungsversorgung des Bausteins entnommen.

Das *Fusible-Link*-Verfahren hat den großen Nachteil, dass bei ihm – bedingt durch die hohe Stromdichte – durch Materialtransport (von Aluminium-Atomen) auf den Leiterbahnen bereits programmierte, also zerstörte Sicherungen wieder „zuwachsen" können.

Diesen Nachteil vermeidet das zweite Verfahren zur Herstellung von PROM-Zellen, das die Herstellung erheblich zuverlässigerer Speicherzellen gestattet. Nach den dabei auftretenden physikalischen Vorgängen wird es AIM-Verfahren (*Avalanche*[1] *Induced Migration*) genannt. Es

---

[1] *Avalanche*: Lawine

beruht darauf, dass es möglich ist, durch kurzzeitige, hohe Stromimpulse einer Halbleiter-Diode ihre Wirkung als Stromventil dauerhaft zu nehmen und sie zu einem niederohmigen Widerstand umzufunktionieren. In Abb. 7.13 sind wiederum zwei Varianten für Speicherzellen gezeichnet, die nach diesem Verfahren programmiert werden.

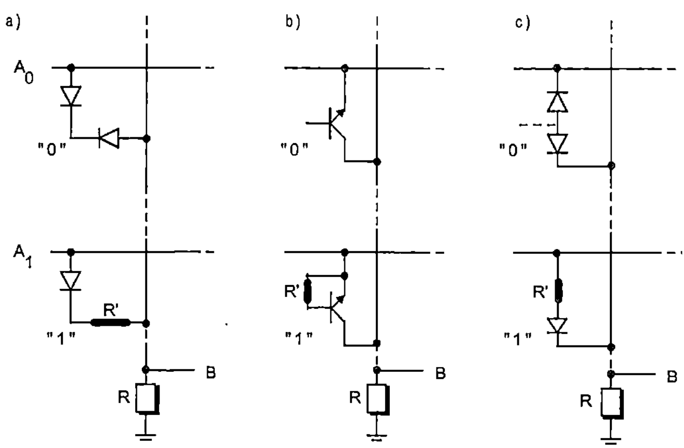

Abb. 7.13: AIM-Speicherzellen

- Bei der ersten Variante in Abb. 7.13a) werden zwei gegeneinander geschaltete Dioden als Koppelelement verwendet. Durch die Programmierung wird die untere zerstört, so dass eine Reihenschaltung aus einer Diode und einem kleinen Widerstand R" entsteht.

- Bei der zweiten Variante in Abb. 7.13b) werden als Koppelelemente bipolare Transistoren eingesetzt, die mit Emitter und Kollektor zwischen Auswahlleitung und Bitleitung geschaltet werden. Ihre Basis bleibt jedoch unbeschaltet. In Abb. 7.13c) ist ein Ersatzschaltbild dafür angegeben: Ein solchermaßen verschalteter Transistor verhält sich wiederum wie zwei gegeneinander gepolte Dioden. Durch die Programmierung wird nun die obere Diode, d.h., die Basis-Emitter-Strecke des Transistors, abgebaut. Übrig bleibt auch hier eine Serienschaltung eines niederohmigen Widerstands und der durch die Basis-Kollektor-Strecke gegebenen Diode.

Auch PROM-Bausteine sind häufig byteweise organisiert. Durch die Möglichkeit, sie nach der Herstellung zu programmieren, ist ihr interner Aufbau etwas komplexer als jener der ROM-Bausteine. Dies wird in Abb. 7.14 gezeigt.

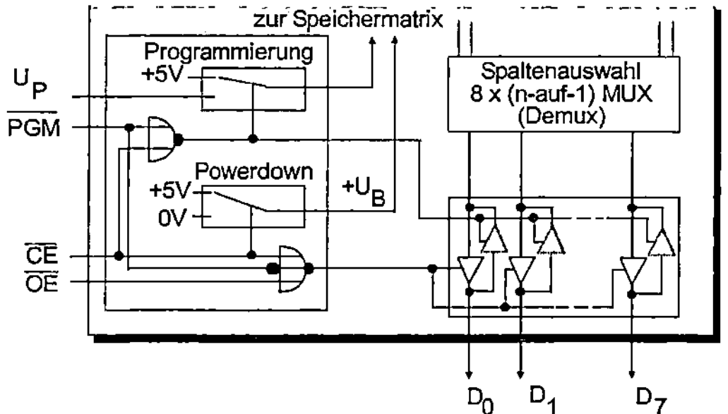

Abb. 7.14: PROM-Bausteine

Während des normalen Betriebs werden auch bei ihnen die Spalten-Auswahlschalter und die Datenbustreiber nur in einer Richtung – nämlich aus dem Baustein heraus – betrieben. Die Steuerung der Datenbustreiber wird wiederum durch die Signale OE und CE vorgenommen. Verknüpft sind sie hier jedoch mit dem PGM-Signal, das zur Programmierung des Bausteins aktiviert werden muss. Bei der Programmierung werden die Ausgangstreiber gesperrt und die Eingangstreiber aktiviert. Gleichzeitig wird durch den in der Abbildung skizzierten Schalter anstelle der Betriebsspannung +5 V die höhere Programmierspannung U_P (12 bis 21 V) an die Speicherelemente gelegt. Während der Programmierung dienen die Spalten-Auswahlschalter als Demultiplexer und schalten die eingegebene Information auf die selektierten Speicherelemente.

7.3.2 Reversibel programmierbare Festwertspeicher

7.3.2.1 EPROMs

In Abb. 7.15a) ist der Schnitt durch einen MOS-Transistor skizziert, wie er für den Aufbau von (UV-)löschbaren, programmierbaren Festwertspeichern (EPROM) benutzt wird. Er unterscheidet sich hauptsächlich dadurch von dem im Unterabschnitt 7.1.3 beschriebenen n-Kanal-MOS-Transistor, dass er eine zweite Steuerelektrode FG (*Floating Gate*) besitzt, die – ganz vom Isolator umschlossen – ohne äußeren Anschluss zwischen der Steuerelektrode G und dem Substrat liegt. Dieser Transistor wird **FAMOS-Transistor** genannt (*Floating Gate Avalanche MOS-Transistor*). In Abb. 7.15b) ist das Schaltsymbol dieses Transistors sowie die Ansteuerung einer EPROM-Zelle gezeichnet. Ihre Funktionsweise wird nun genauer erklärt.

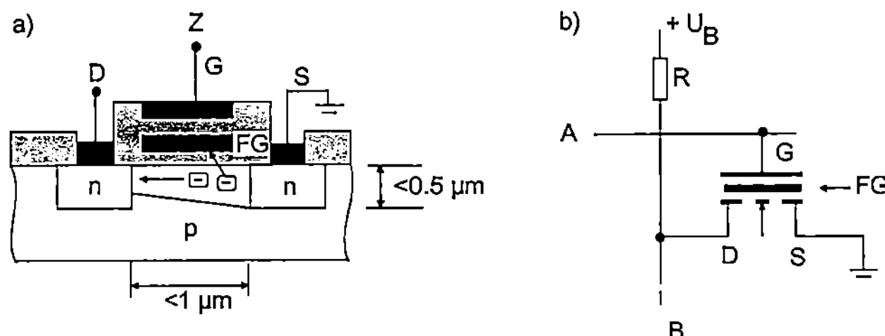

Abb. 7.15: Schnitt durch einen FAMOS-Transistor und sein Schaltsymbol

Programmierung

Die Programmierung geschieht dadurch, dass über die Auswahlleitung A und die Bitleitung B eine hohe Programmierspannung von – typischerweise – 12 bis 21 V an die Anschlüsse G und D des Transistors gelegt wird (siehe Abb. 7.16a).[1] Dadurch entsteht zunächst wieder der leitende (n-)Kanal zwischen der D- bzw. S-Zone, durch den ein Elektronenstrom fließt. Angezogen durch die hohe Gate-Spannung gelingt es nun einigen der energiereichen Elektronen („heiße Elektronen"), die dünne Isolierschicht (Dielektrikum) zum *Floating Gate* zu durchbrechen und

---

[1] Die Schreib- und Leseverstärker in der Abb. sind nur deshalb invertierend gezeichnet worden, um der Tatsache Rechnung zu tragen, dass käuflich zu erwerbende EPROM-Bausteine im gelöschten Zustand für jede adressierte Speicherzelle stets einen H-Pegel ausgeben

sich dort zu sammeln.[1] Dadurch wird dieses Gate negativ aufgeladen und verschiebt die Schwellspannung des Transistors zu höheren Spannungswerten. Der Programmiervorgang wird abgebrochen, wenn eine Schwellspannung U_{th} (*Threshold*) von ca. +6 V erreicht ist. Diese übersteigt die übliche Betriebsspannung (U_B = +5 V) der EPROM-Bausteine, so dass der Transistor auch bei einem H-Pegel am Gate-Eingang G nicht leitend wird.

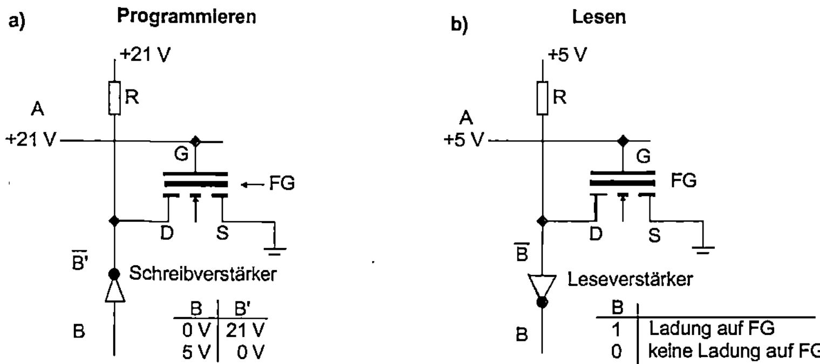

Abb. 7.16: Programmieren und Lesen einer EPROM-Zelle

Da zur Programmierung jede Zelle durch eine angelegte Adresse selektiert werden muss, kann die Programmierung nur immer für wenige Bits – meist 8 Bits (1 Byte) – gleichzeitig durchgeführt werden. Bei der Programmierung werden ca. 300.000 bis 1,2 Millionen Elektronen auf das *Floating Gate* gebracht. Dessen Isolierung ist so gut, dass in zehn Jahren durch Leckströme nicht mehr als 10% der Ladungsträger verloren gehen (sollen).

Lesen

In Abb. 7.16b) ist das Lesen einer EPROM-Speicherzelle skizziert. Dazu muss die Auswahlleitung A auf +5 V gesetzt werden. Sind nun auf dem *Floating Gate* Ladungsträger gespeichert, so schaltet der FAMOS-Transistor nicht durch; daher wird die Bitleitung B auf dem Potenzial +5 V der Betriebsspannung gehalten. Im anderen Fall, also ohne gespeicherte Ladungsträger, schaltet der Transistor durch und legt die Leitung B auf Massepotenzial.

Löschen

Das Löschen eines programmierten FAMOS-Transistors geschieht dadurch, dass man ihn der Schaltung entnimmt und in einem speziellen Löschgerät einer starken ultravioletten Strahlung aussetzt. Die Elektronen auf dem *Floating Gate* bekommen durch den Photonenbeschuss genügend Energie, um den Isolator SiO_2 zu durchbrechen und zum Substrat oder Gate hin abzufließen. Das Löschen geschieht grundsätzlich gemeinsam für alle Zellen eines Bausteins. Aus physikalischen Gründen ist die Anzahl der Programmier-Lösch-Zyklen auf wenige Hundert beschränkt.

---

[1] Die Dicke der Isolierschicht beträgt weniger als 40 nm . Zum Vergleich sind in Abb. 7.15 weitere Längenmaße angegeben

EPROM-Gehäuseformen

Abb. 7.17 zeigt gebräuchliche Gehäuseformen für EPROMs bzw. Mikrocontroller mit integriertem EPROM. Dabei handelt es sich in der Abbildung links um ein Gehäuse mit zwei Reihen von Anschlüssen an den Längsseiten (*Dual In-line Package* – DIP).

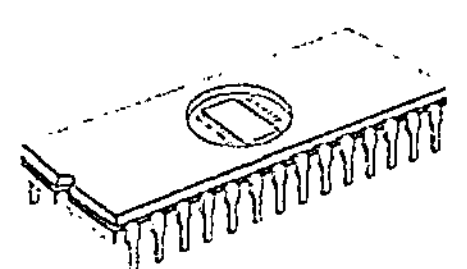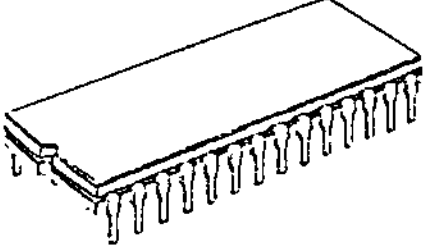

Abb. 7.17: Gehäuse von EPROM-Bausteinen

In der Mitte ist ein (quadratisches) PLCC-Gehäuse (*Plastic Leaded Chip Carrier*) gezeigt, dass die Anschlüsse an allen vier Seiten aufweist. Charakteristisch für EPROMs ist jedoch, dass die Gehäuse über dem eigentlichen Speicherchip ein Quarzfenster besitzen, durch das die Speicherzellen durch Bestrahlung mit ultraviolettem Licht (UV-Licht) gelöscht werden können. Dieser Löschvorgang dauert in etwa 15 bis 20 Minuten.[1] Nach dem Löschen ist in allen Speicherzellen eine logische 1 gespeichert.

Rechts in der Abb. sehen Sie den gleichen Baustein wie links, diesmal jedoch ohne Fenster. Diese als OTP(ROM)s (*One Time Programmable ROMs*) bezeichneten Versionen der EPROMs können natürlich nur einmal programmiert und nicht wieder gelöscht werden. Da sie erheblich preisgünstiger als die EPROMs mit Fenster sind, werden sie als Alternative zu ROMs oder PROMs hauptsächlich in Geräten (mit kleinen Stückzahlen) eingesetzt, welche die Entwicklungsphase hinter sich haben, so dass also keine Softwareänderungen mehr zu erwarten sind.

Der innere Aufbau eines EPROM-Bausteins unterscheidet sich nicht von dem eines PROM-Bausteins, wie er in Abb. 7.14 dargestellt ist. Die Programmierung des Bausteins wird byteweise vorgenommen. Dabei können auch bereits programmierte Speicherzellen umprogrammiert werden; jedoch kann stets nur ein 1-Bit in ein 0-Bit umgewandelt werden. Während der Programmierung eines Bytes müssen sowohl die Adresse als auch das „einzubrennende" Datum konstant am Baustein anliegen, also in Pufferregistern gespeichert sein. Die Programmierung des gesamten Bausteins dauert in Abhängigkeit vom benutzten Algorithmus nur wenigen Sekunden bis zu einigen Minuten.

7.3.2.2 EEPROMs

Der Aufbau einer EEPROM-Zelle ist in Abb. 7.18a) skizziert. Man sieht, dass er etwas aufwändiger ist als der einer EPROM-Zelle, denn zu dem eigentlichen Speichertransistor kommt ein Schalttransistor hinzu, der die Selektion der Zelle ermöglicht.

Abb. 7.18b) zeigt einen Schnitt durch den Speichertransistor, der (von der Firma Intel) als **FLOTOX-Transistor** (*Floating Gate Tunnel Oxid*) bezeichnet wird. Er unterscheidet sich vom FAMOS-Transistor hauptsächlich dadurch, dass die beiden Steuerelektroden anders geformt sind: Diese reichen bis über die n-Zone des Drain-Anschlusses D und sind von dieser nur durch

---

[1] Man könnte den Baustein übrigens auch im direkten Sonnenlicht löschen, nur dauert das dann ungefähr eine Woche. Das Fluoreszenzlicht („Neonlicht") in einem Arbeitszimmer oder Büro braucht dafür sogar bis zu drei Jahre

eine sehr dünne Isolierschicht (typisch: < 20 nm) getrennt. Nun soll die Funktionsweise der Zelle ausführlich erklärt werden.

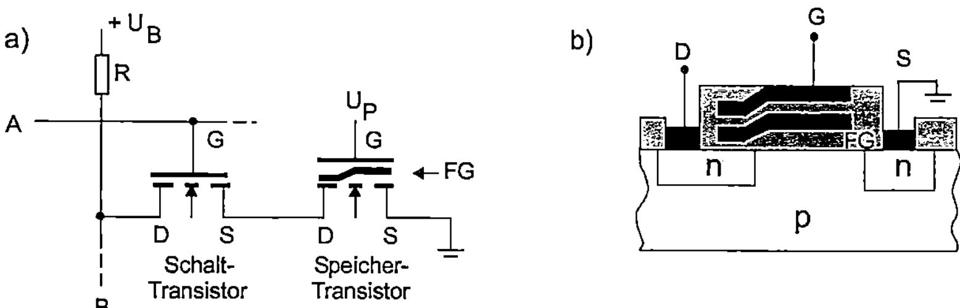

Abb. 7.18: Aufbau einer EEPROM-Zelle

Lesen

Das Lesen der Zelle geschieht dadurch, dass die Auswahlleitung A sowie die Steuerelektrode des Speichertransistors auf das positive Potenzial +5 V gelegt werden (s. Abb. 7.19).

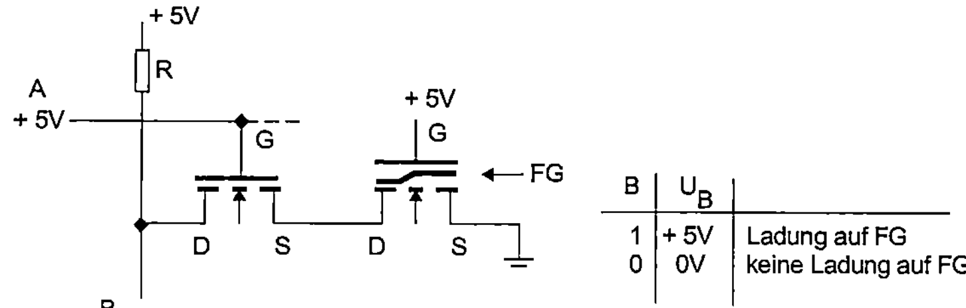

Abb. 7.19: Lesen einer EEPROM-Zelle

Dadurch wird auf jeden Fall der Schalttransistor leitend. Der Speichertransistor leitet genau dann, wenn auf seinem Floating Gate keine Ladungsträger gespeichert sind. In diesem Fall zieht er die Bitleitung B auf das Massepotenzial herunter. Im anderen Fall liegt diese Leitung über den Lastwiderstand R auf dem Potenzial +5 V.

Löschen

Zum Löschen einer Zelle werden die Bitleitung B auf Massepotenzial und die Auswahlleitung A sowie die Steuerelektrode des Speichertransistors auf ein hohes Potenzial, z.B. +21 V, gelegt (s. Abb. 7.20). Über dem leitenden Schalttransistor liegt dann das Massepotenzial auch am Drain-Anschluss des Speichertransistors. Durch das große elektrische Feld im sehr dünnen SiO_2-Bereich zwischen Drain und Floating Gate können energiereiche Elektronen den Isolator durchfließen („Fowler-Nordheim Tunneleffekt") und auf das Floating Gate gelangen. Dadurch wird wiederum die Schwellspannung U_{th} des Speichertransistors so vergrößert, dass er durch eine Steuerspannung $U_{GS} \leq +5$ V nicht mehr in den leitenden Zustand versetzt werden kann. Das Lesen einer gelöschten Zelle ergibt somit ein positives Potenzial auf der Bitleitung B, was als logischer Wert 1 interpretiert wird.

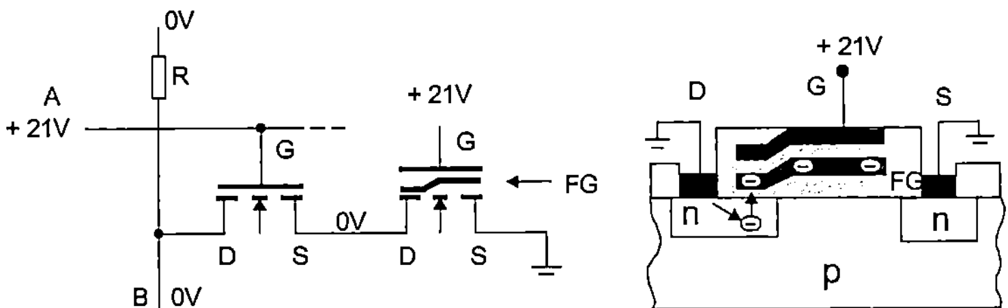

Abb. 7.20: Löschen einer EEPROM-Zelle

Programmieren

Vor der Programmierung muss eine EEPROM-Zelle grundsätzlich gelöscht werden, d.h., es müssen Ladungsträger auf dem Floating Gate gespeichert sein. Die Wahl der bei der Programmierung einer Zelle anzulegenden Spannungen ist in Abb. 7.21 dargestellt. Wie beim Löschen muss auch beim Programmieren die Auswahlleitung A auf (beispielsweise) +21 V gehalten werden, um den Schalttransistor in den leitenden Zustand zu versetzen. Die Steuerelektrode G des Speichertransistors wird nun jedoch auf das Massepotenzial 0 V heruntergezogen.

- Legt man nun an die Bitleitung B ebenfalls 0 V – was dem logischen Zustand 0 entspricht – so geschieht im Speichertransistor nichts, weil alle drei Anschlüsse auf demselben (Masse-) Potenzial liegen. Das anschließende Lesen der Zelle führt in diesem Fall zu einer logischen 1.

- Eine positive Spannung (z.B. +19 V), die dem logischen 1-Zustand entspricht, an der Bitleitung B veranlasst jedoch die auf dem Floating Gate gespeicherten Elektronen, die dünne Isolierschicht zu durchwandern und über den Drain-Bereich abzufließen. Dadurch wird das Floating Gate entladen. Ein anschließendes Lesen der Zelle führt in diesem Fall zu einer logischen 0.

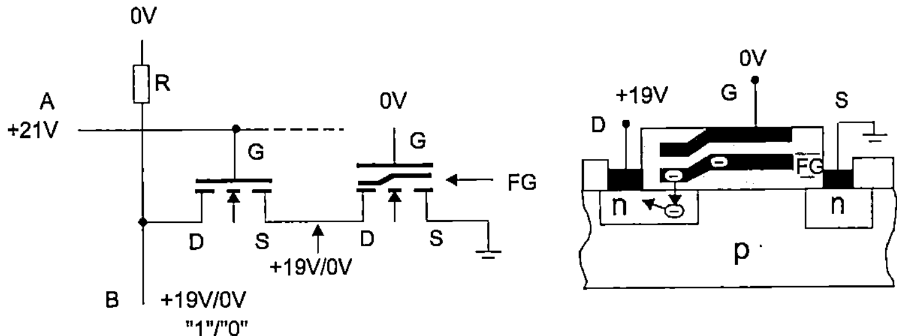

Abb. 7.21: Programmieren einer EEPROM-Zelle

Durch das Entladen des Floating Gates wird die Schwellspannung U_{th} negativ, so dass der Transistor schon bei einer Steuerspannung $U_{GS} = 0$ V leitet. Man sagt in diesem Fall, der Transistor ist selbstleitend. Die Programmierung überführt also den zunächst selbstsperrenden in einen selbstleitenden Transistor. Dieser Wechsel ist dafür verantwortlich, dass die Zelle – im Gegensatz zur EPROM-Zelle – durch einen zusätzlichen Schalttransistor von der Bitleitung getrennt werden muss, damit die Zelle mit entladenem Floating Gate im nicht selektierten Fall keinen Strom auf die Bitleitung schickt.

Hinweise

- Um zu erreichen, dass man den gleichen logischen Wert, den man in die Zelle eingeschrieben hat, auch wieder herausliest, muss der Schreibverstärker an der Bitleitung B die eingegebene Information invertieren.

- Natürlich kann man auch die folgende Zuordnung vornehmen:
  selbstsperrend ↔ „0", selbstleitend ↔ „1".

In Abb. 7.22 sind die wesentlichen Ergänzungen – gegenüber einem EPROM – zu erkennen, die in einem EEPROM-Baustein nötig werden, um den Baustein innerhalb des Systems, also in seinem Sockel, programmieren zu können.

Von einem Schreib-/Lese-Baustein unterscheidet sich ein EEPROM u.a. dadurch, dass vor jedem Einschreiben eines neuen Datums zunächst die adressierte Speicherzelle gelöscht werden muss. Die Steuerlogik des EEPROM-Bausteins ist deshalb um einen Teil erweitert, der das Löschen einer einzelnen (8-Bit-)Speicherzelle (nicht eines einzelnen Speicherelements) oder aber auch der gesamten Speichermatrix erlaubt.

Das Löschen einer einzelnen Speicherzelle geschieht in der Regel automatisch vor dem Einschreiben des neuen Werts. Die zum Löschen und Programmieren benötigte höhere Spannung (z.B. $U_P = +21$ V) muss – im Unterschied zu den EPROMs – nicht extern zugeführt werden, sondern wird auf dem Baustein selbst erzeugt.

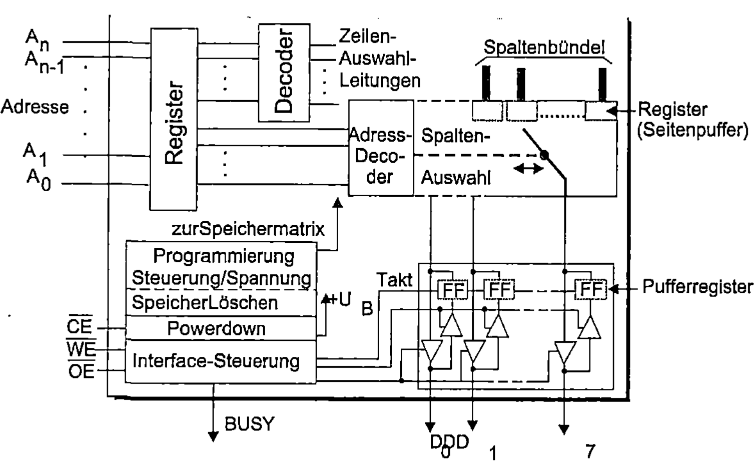

Abb. 7.22: EEPROM-Baustein

Das „Einbrennen" eines Datums in den Speicher dauert zwischen 5 und 10 ms. Während dieser relativ langen Zeit müssen die angelegten Adress- und Dateninformationen festgehalten werden. Dazu dienen die (Puffer-)Register in den Schnittstellen zum Datenbus und Adressbus. Das Pufferregister des Datenbusses ist bitweise aus Einzel-Flipflops (FF) dargestellt, die den Eingangstreibern der Datenbus-Schnittstelle nachgeschaltet sind und durch die negative Flanke des R/W-Signals getriggert werden. Während der Programmierzeit kann der µP andere Operationen ausführen.

Seitenzugriff in EEPROMs

Um dem µP ein kontinuierliches Beschreiben des Speichers zu ermöglichen, ist bei heutigen EEPROM-Typen die Zwischenspeicherung der Daten aus der Datenbus-Schnittstelle hinter die Spalten-Auswahlschalter verlegt worden (s. Abb. 7.22). Hier ist nun jeder Spalte der Speichermatrix ein statisches Speicherelement als Flipflop vorgeschaltet. Jede Zeile der Speichermatrix wird als eine „Seite" des Speichers angesehen. Dementsprechend wird die Gesamtheit der Flipflops als Seitenpuffer (*Page Buffer*) bezeichnet. Der Prozessor kann nun eine größere Anzahl von Bytes mit voller Geschwindigkeit „seitenweise" in den Speicher schreiben (*Page Write Mode*). Diese werden in den Flipflops zwischengespeichert (*Page Load*) und können von dort aus relativ langsam in die Speicherzellen übertragen werden (*Page Store*). Die Übertragung geschieht automatisch, wenn vor Ablauf einer gewissen Zeitspanne (z.B. 20 oder 100 µs) vom µP kein weiteres Datum eingeschrieben wird. Dabei sorgt die Bausteinsteuerung dafür, dass nur die Bytes des Seitenpuffers in die Speichermatrix übertragen werden, die im aktuellen Programmierzyklus neu beschrieben wurden. Die Reihenfolge, in der die einzelnen Bytes des Seitenpuffers beschrieben werden, ist völlig unerheblich. Wenn ein Byte vor der Übertragung in die Speichermatrix mehrfach angesprochen wird, so wird der zuletzt eingeschriebene Wert abgespeichert.

Da die Übertragung parallel für alle Bytes im Seitenpuffer vorgenommen wird, dauert sie nicht länger als die Übertragung eines einzelnen Bytes. Während der Übertragung dürfen keine neuen Daten in den Speicher geschrieben werden. Natürlich muss dazu der µP feststellen können, ob die interne Übertragung der Daten vom Seitenpuffer in die Speicherzellen schon beendet wurde oder nicht. Darüber informieren einige EEPROM-Bausteine den µP durch ein spezielles Statussignal (*busy*). Andere Bausteine geben auf jeden zwischenzeitlichen Lesezugriff hin solange das höchstwertige Bit des zuletzt eingeschriebenen Datums in invertierter Form aus, bis die Programmierung beendet wurde. Dieses Verfahren wird als *Data Polling* bezeichnet.

Die maximale Größe der Seiten liegt zwischen 16 und 128 Bytes. Die Lage eines eingeschriebenen Bytes im Seitenpuffer wird durch die niederwertigen Adressleitungen $A_i,...,A_0$ ($i=3, ..,6$) vorgegeben. Durch die höherwertigen Adressleitungen $A_n,...,A_{i+1}$ wird bestimmt, in welche „Seite" der Speichermatrix der Seitenpuffer übertragen wird. Daraus ergibt sich, dass für alle Daten, die im *Page Mode* übertragen werden sollen, dieselbe Oberadresse $A_n,...,A_{i+1}$ angegeben werden muss.

EEPROMs haben aus physikalischen Gründen eine begrenzte Lebensdauer. Der Hauptgrund liegt – vereinfachend dargestellt – darin, dass bei jedem Löschen oder Programmieren (Speichern) einige Ladungsträger in der dünnen Isolierschicht zwischen dem Floating Gate und der Drain-Zone (s. Abb. 7.18b) hängen bleiben und so die Schwellspannung des Transistors allmählich immer weiter verschieben. Dadurch wird die Differenz zwischen den Schwellspannungen im geladenen und ungeladenen Zustand immer geringer, bis sie ganz verschwindet. Die Anzahl der Lösch-/Speicher-Zyklen sollte in einem normalen Einsatz nicht wesentlich über 100.000 liegen. Garantiert wird von den Herstellern, dass die eingeschriebene Information wenigstens zehn Jahre lang unverändert vorliegt. In dieser Beziehung sind daher die EEPROMs den EPROMs überlegen.

Bei den ersten EEPROM-Bausteinen traten beim Einschalten bzw. Abschalten der Betriebsspannung (*Power up/down*) häufig unbeabsichtigte Schreibvorgänge auf, die zur Zerstörung der

Daten führten. Die modernen Bausteine besitzen deshalb eine Schreibschutzschaltung, die automatisch aktiv ist, wenn die Betriebsspannung unter einem bestimmten Wert liegt.

Eines der Hauptanwendungsgebiete von EEPROMs stellen heute die Chipkarten mit integriertem Mikrocontroller, die sog. *SmartCards*, dar. Hier können sie insbesondere deshalb eine wichtige Rolle spielen, weil es bei diesen Karten (noch) nicht auf große Speicherkapazitäten ankommt. In vielen anderen Anwendungen wurden sie in den letzten Jahren von den im nächsten Abschnitt beschriebenen Flash-Speichern verdrängt.

7.3.2.3 Flash-Speicher

In den letzten Jahren hat sich ein neuer Typ von Festwertspeicher in weitem Maß auf dem Markt durchgesetzt, der die Vorteile von EPROM und EEPROM in sich vereinigt. Von der Tatsache, dass bei ihm alle Speicherzellen – bzw. größere Bereiche des Speichers – auf einmal („blitzartig") gelöscht werden, hat er seinen Namen *Flash*-Speicher bekommen. In Abb. 7.23 ist links das Schaltsymbol einer Flash-Speicherzelle, rechts der Schnitt durch den Speichertransistor dargestellt. Dieser Transistor gleicht dem Speichertransistor einer EEPROM-Zelle. Auffällig ist jedoch, dass die Source-Anschlüsse aller Transistoren im gesamten Speicherbaustein – bzw. in einem bestimmten Speicher-Bereich – über einen Schalter (Schalttransistor) wahlweise mit Masse bzw. positiver Betriebsspannung verbunden werden können.

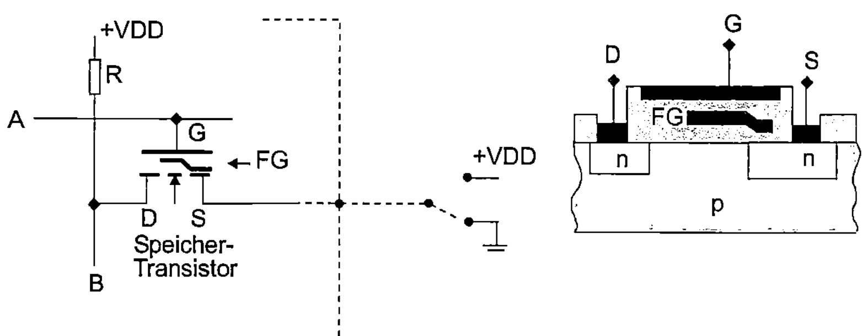

Abb. 7.23: Schaltsymbol und Schnittbild einer Flash-Speicherzelle

- Wie beim EPROM geschieht die Programmierung mit Hilfe des Lawineneffekts (Avalanche-Effekt), bei dem durch eine hohe Spannung (von z.B. +12 V) zwischen Drain und Source „heiße Elektronen" zum Floating Gate durchstoßen können (vgl. Abb. 7.24). Dieses wird dadurch negativ vorgeladen. Der Source-Anschluss muss dazu auf Masse gezogen werden.

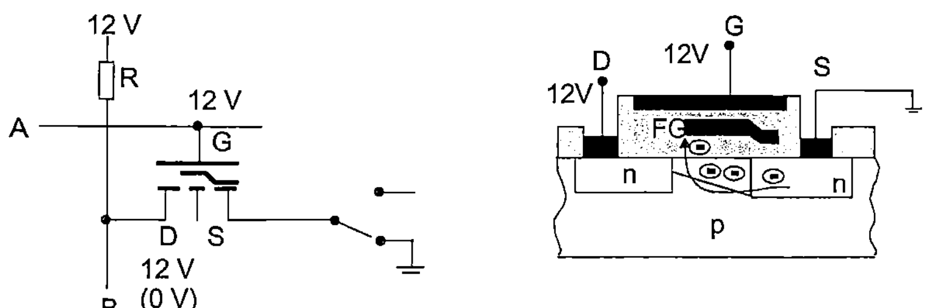

Abb. 7.24: Programmieren einer Flash-Speicherzelle

- Das Löschen geschieht – wie beim EEPROM – durch den Tunneleffekt, bei dem durch eine hohe Spannung (von z.B. +12 V) zwischen Source und Gate die auf dem Floating Gate gespeicherten Elektronen zur Source abfließen können. Dazu wird auch der Source-Anschluss auf die positive Betriebsspannung (12 V) hochgezogen (s. Abb. 7.25).

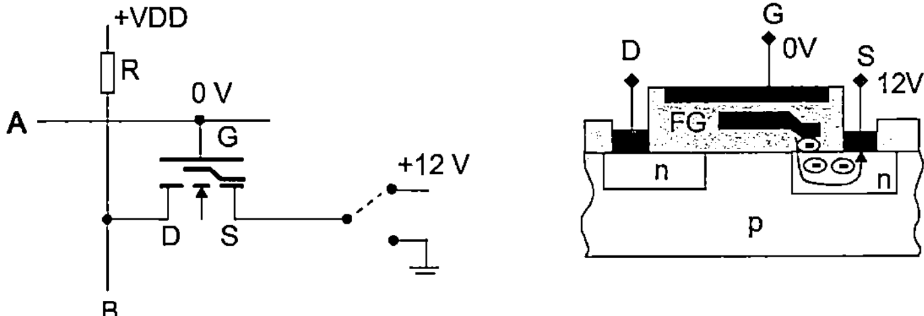

Abb. 7.25: Löschen einer Flash-Speicherzelle

Anders als die bisher beschriebenen Festwertspeicher existieren Flash-Speicher in zwei verschiedenen Realisierungsformen.

7.3.2.3.1 NOR-Flash

Bei der ersten Variante werden die Speicherzellen in der bisher stets zugrunde gelegten Weise zwischen die Zeilen-Auswahlleitungen und die Spalten-/Bitleitungen geschaltet. Betrachtet man in der Anordnung nach Abb. 7.26 eine einzige Spalte mit gelöschten Zellen, so realisieren diese Zellen bezüglich des gemeinsamen Ausgangssignals auf der Bitleitung eine negierte Oder-Schaltung: Denn sobald wenigstens eine Zeilen-Auswahlleitung aktiviert (1) wird, wird die Bitleitung auf niedriges Potenzial (0) heruntergezogen. Speicherbausteine mit dieser Form der Zellenverknüpfung werden als **NOR-Flash-Bausteine** bezeichnet. Sie sind es, die in Mikrocontrollern als Programm- oder Datenspeicher die anderen Arten von Festwertspeichern ersetzen können, da es bei diesen auf den wahlfreien Zugriff (*Random Access*) auf die Speicherzellen ankommt. NOR-Flash-Speicher haben Zugriffszeiten von typisch 50 ns.

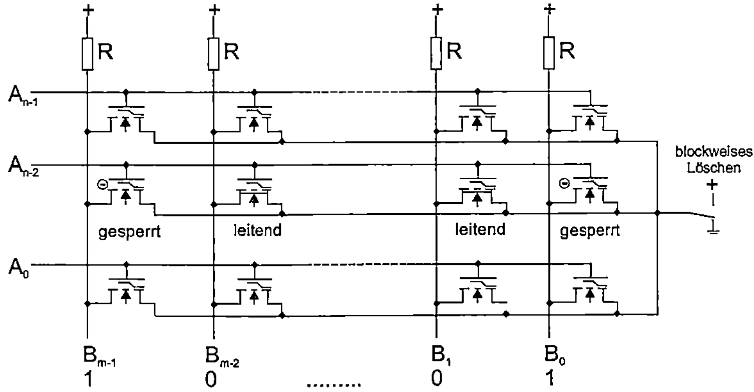

Abb. 7.26: Anordnung der NOR-Flash-Zellen

In Abb. 7.27 ist der Aufbau eines NOR-Flash-Bausteins skizziert. Er stimmt sehr weitgehend mit dem eines EEPROM-Bausteins überein. Auch die Flash-Bausteine unterstützen den Seitenzugriff (*Page Mode*), wobei der Seitenzugriff z.T. nur beim Schreiben eingesetzt wird. Der Grund liegt darin, dass das Einschreiben (mit z.B. 2,7 µs pro Byte) viel länger dauert als das Auslesen (z.B. 100 ns). Die Steuerung des Bausteins muss insbesondere zum Löschen die Kontrolle über die in Abb. 7.23 gezeigten Schalter an den Source-Anschlüssen der Speichertransistoren übernehmen.

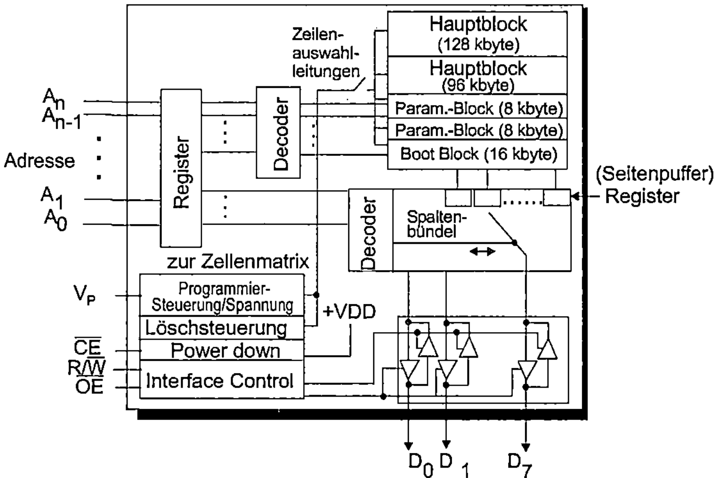

Abb. 7.27: Aufbau eines NOR-Flash-Bausteins

Um einen flexibleren Einsatz der Bausteine zu ermöglichen, werden häufig nicht alle Speicherzellen gemeinsam gelöscht. Stattdessen wird die Speichermatrix in mehrere Teilbereiche unterteilt, die dann jeweils für sich gelöscht werden können. In diesen Bereichen können dann Daten und Programme für verschiedene Einsatzbedingungen abgelegt werden. In Abb. 7.27 ist ein Baustein skizziert, der zwei Haupt-Speicherblöcke mit 128 bzw. 96 kByte, zwei 8-kByte-Parameterblöcke sowie einen sog. *Boot*-Block mit 16 kByte zur Verfügung stellt. Der letztgenannte Block nimmt in einem Mikrorechner-System häufig die Programmteile auf, die nach dem Einschalten des Gerätes (*Booting*) abgearbeitet werden müssen. Wegen ihrer Wichtigkeit sind sie durch besondere Maßnahmen des Bausteins gegen unbeabsichtigtes bzw. unberechtigtes Löschen oder Überschreiben geschützt.

7.3.2.3.2 NAND-Flash

Bei den **NAND-Flash-Bausteinen** werden die Speichertransistoren in Ketten mit 8 oder 16 Transistoren angeordnet, in denen der Source-Anschluss mit dem Drain-Anschluss des nächsten Transistors – ohne externen Anschluss – verbunden ist (s. Abb. 7.28a). Abbildung 7.28b) zeigt einen Schnitt durch solch eine Kette von 16 Speichertransistoren und den an den Enden angebrachten Auswahlschaltern (AS). Es macht deutlich, dass durch die zusammengelegten Source- und Drain-Bereiche der Platzbedarf eines Bausteins in NAND-Technik nur etwa 40% des Platzbedarfs eines Speichers gleicher Kapazität in NOR-Technik beträgt. An einer Bitleitung, an der nur Transistoren mit nicht negativ vorgeladenen Floating Gates hängen, müssen alle Auswahlleitungen im H-Pegel sein, um die Bitleitung auf L-Pegel herunterzuziehen. Als logische Funktion entspricht dies gerade einer NAND-Schaltung.

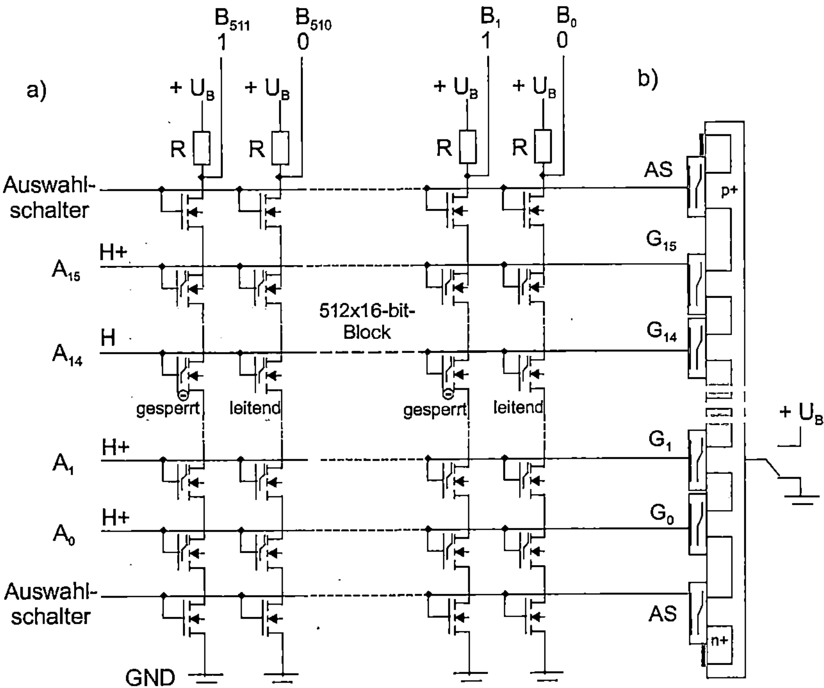

Abb. 7.28: Aufbau eines NAND-Flash-Bausteins

Für jeden Zugriff auf eine Seite müssen zunächst die Auswahlschalter zu +UB bzw. Masse (GND) durchgeschaltet werden. Etwas vereinfachend, beschreiben wir nun zunächst die wesentlichen Funktionen des Speichers: Lesen, Programmieren und Löschen.

Lesen

Zum sequenziellen Lesen eines Blocks werden die Auswahlleitungen A_i nacheinander auf H-Potenzial gelegt; alle anderen nicht selektierten Auswahlleitungen werden mit einem so hohen Potenzial H+ (z.B. 8 V) angesteuert, dass ihre Transistoren – unabhängig von Ladungsträgern auf dem Floating Gate – leiten. Dadurch wird erreicht, dass es nur vom Zustand der Transistoren an der Auswahlleitung A_i abhängt, ob an den Bitleitungen H- oder L-Potenzial festgestellt werden kann: Zellen an A_i mit negativ vorgeladenen Floating Gates sperren und sorgen so für einen H-Pegel an der zugeordneten Bitleitung, was in positiver Logik als 1 ausgewertet wird; nicht vorgeladene Transistoren steuern durch und ziehen dadurch die Bitleitung auf L-Potenzial, liefern also eine 0.

Programmieren

Zum Schreiben einer Zeile i werden A_i auf die Programmierspannung U_P (z.B. 18 – 21 V) und alle anderen Auswahlleitungen auf U+ gelegt. Dadurch werden sämtliche Transistoren des Blocks leitend. Nun hängt es vom Zustand der Bitleitungen ab, ob negative Ladungsträger auf den Floating Gates der Transistoren an A_i gespeichert werden oder nicht. Dabei wird – im Unterschied zur NOR-Zelle – nicht der Lawineneffekt, sondern der Tunneleffekt ausgenutzt: Liegt auf der Bitleitung Masse-Potenzial und am Gate die hohe Programmierspannung, so können Elektronen die SiO_2-Schicht durchdringen und sich auf dem Floating Gate ablagern. Beim Lesen wird in diesem Fall ein H-Potenzial erhalten, was mit 1 interpretiert wird. Hohes Potenzial auf der Bitleitung bedeutet eine geringe Gate-Drain-Spannung U_{GS}, so dass dieser Elektronentransport nicht stattfindet. In diesem Fall tritt beim Lesen auf der Bitleitung ein L-Potenzial auf, was als 0 gewertet wird. Das Schreiben einer Seite dauert ca. 200 µs. Während des Programmierens werden die unteren Auswahlschalter geöffnet, um einen Stromfluss zur Masse zu verhindern.

Löschen

Das Löschen eines Blockes geschieht ebenfalls mit Hilfe des Tunneleffekts, indem das Substrat aller Transistoren im Block auf die hohe Programmierspannung, alle Wortleitungen aber auf Masse-Potenzial gelegt werden. Die hohe negative Spannung zwischen Gate und Substrat der Transistoren sorgt dafür, dass die eventuell auf den Floating Gates gespeicherten Elektronen zum Substrat abfließen. Das Lesen eines gelöschten Blocks liefert danach in allen Zellen den logischen Wert 0. Zum Löschen eines Blocks werden typisch 2 ms benötigt.

NAND-Flash-Bausteine werden seitenweise verwaltet – ähnlich der Speicherung von Daten in Sektoren auf einer Festplatte. Dies ist in Abb. 7.29 skizziert.

Die Seitengröße ist üblicherweise 512 Bytes. 16 Seiten[1] werden in einem 16×512-Byte-Block organisiert, indem – wie in Abb. 7.28 gezeigt – sich entsprechende Speichertransistoren der Seite zu einer Kette verbunden werden. Mehrere dieser Blöcke werden an dieselben Bitleitungen angeschlossen und so zu einem größeren Block zusammengefasst.

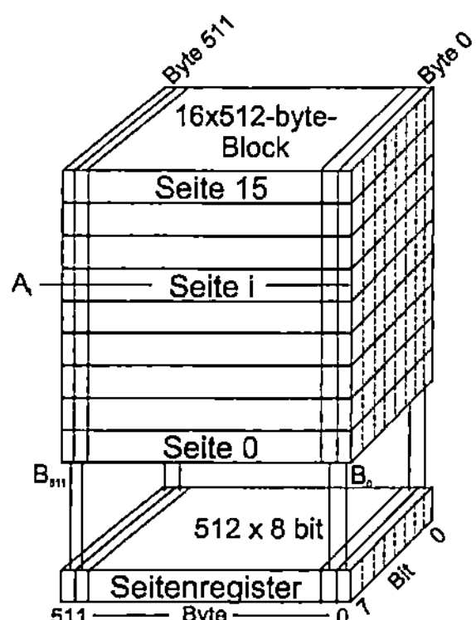

Abb. 7.29: Aufbau eines NAND-Flash-Bausteins

---

[1] in älteren Bausteinen nur 8 Seiten!

Den Abschluss der Bitleitungen bildet ein Register mit 256×8 Flipflops, das als Seitenregister (*Page Register*) bezeichnet wird. Mit einem einzigen Zugriff kann somit eine gesamte Seite in das Seitenregister geladen werden. Der wahlfreie Zugriff auf ein bestimmtes Datum dauert bis zu 15 µs, da dazu zunächst die gewünschte Seite adressiert werden muss und die gesamte Seite in das Seitenregister transportiert wird. Der Zugriff auf die restlichen Bytes der Seite benötigt hingegen jeweils nur 50 ns.

Wegen ihres geringen Platzbedarfs sind es die NAND-Flash-Speicher, die in Kapazitäten von bis zu einigen Gbyte als Einsteckkarten in mobilen Anwendungen, z.B. für Laptops, USB-Sticks, MP3-Player (s. Abb. 1.4) oder Digitalkameras, als Ersatz für Festplatten eingesetzt werden und insbesondere in störungsanfälligen Umgebungen ihre Vorteile ausspielen können.

Abbildung 7.30 zeigt den typischen Aufbau eines NAND-Flash-Bausteins mit einer Kapazität von 128 MByte. Die Speicherzellen sind auf acht Speichermatrizen aufgeteilt. Jede umfasst 16 MByte, jeweils aufgeteilt in 1024 Blöcken mit 32 Seiten und eigenem Seitenregister. Jede Seite enthält – wie oben beschrieben – 512 Bytes, zusätzlich aber noch jeweils 16 Reserve-Bytes, die für den Ersatz von fehlerhaften Speicherzellen herangezogen werden können. Der Baustein kann gleichzeitig mehrere Seiten programmieren und mehrere Blöcke löschen, wenn sie in unterschiedlichen Speichermatrizes untergebracht sind.

Die Schnittstelle des Bausteins besteht aus acht bidirektionalen Datenleitungen $D_7,...,D_0$, über die sowohl die Daten, die Adressen, aber auch die Befehle (Kommandos) übertragen werden. Die Unterscheidung zwischen diesen Übertragungen wird durch die Steuersignale CE (*Command Latch Enable*) und ALE (*Address Latch Enable*) vorgenommen. Das momentan auszuführende Kommando wird im Befehlsregister gespeichert.

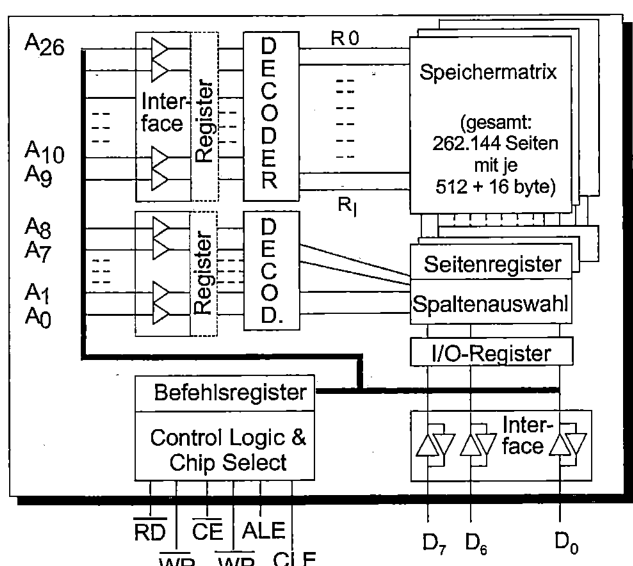

Abb. 7.30: Aufbau eines NAND-Flash-Bausteins

7.4 Schreib-/Lese-Speicher

In diesem Abschnitt werden der Aufbau und die Funktionsweise der gebräuchlichsten Speicherzellen für Schreib-/Lese-Speicher beschrieben. Wie bereits im Abschnitt 7.2 erwähnt, speichern diese Zellen die Information entweder in Flipflop-Schaltungen oder als Ladungen auf kleinen Kondensatoren. Im ersten Fall spricht man von statischen Zellen, im zweiten Fall hingegen von dynamischen. Statische Speicherzellen können entweder aus bipolaren oder MOS-Transistoren aufgebaut sein, dynamische werden stets mit MOS-Transistoren realisiert. In der Regel weisen bipolare Speicherzellen eine schnellere Zugriffszeit als die MOS-Zellen auf. Jedoch benötigen sie zum Teil erheblich mehr Halbleiterfläche, so dass nicht so viele Zellen in einem Baustein integriert werden können.

7.4.1 Statische RAM-Speicher

Abb. 7.31a) zeigt den Aufbau einer statischen CMOS-Speicherzelle. Sie besteht aus den beiden kreuzweise rückgekoppelten CMOS-Invertern mit den beiden Transistorpaaren (T_0, T_2) bzw. (T_1, T_3) (vgl. Abb. 7.7). Die Transistoren T_4 und T_5 dienen zur Ankopplung der Zelle an die beiden Bitleitungen B_1 und B_0. Sie werden in einem Schreib-/Leseverstärker zu einer gemeinsamen, bidirektionalen Datenleitung D verknüpft. Diese Zelle wird auch 6-Transistorzelle (*6 Device Cell*) genannt.

Anstelle der p-Kanal-Transistoren T_2 und T_3 können auch n-Kanal-Transistoren eingesetzt werden, wie es in Abb. 7.31b) angedeutet ist. In diesem Fall liegt eine NMOS-Zelle vor. Bei einigen Realisierungen werden diese Transistoren auch durch Widerstände ersetzt (s. Abb. 7.31c). Der große Vorteil der CMOS-Zelle gegenüber den anderen Realisierungen besteht darin, dass nur im Umschaltzeitpunkt ein nennenswerter Strom fließt. Dies führt zu einer wesentlich geringeren Leistungsaufnahme.

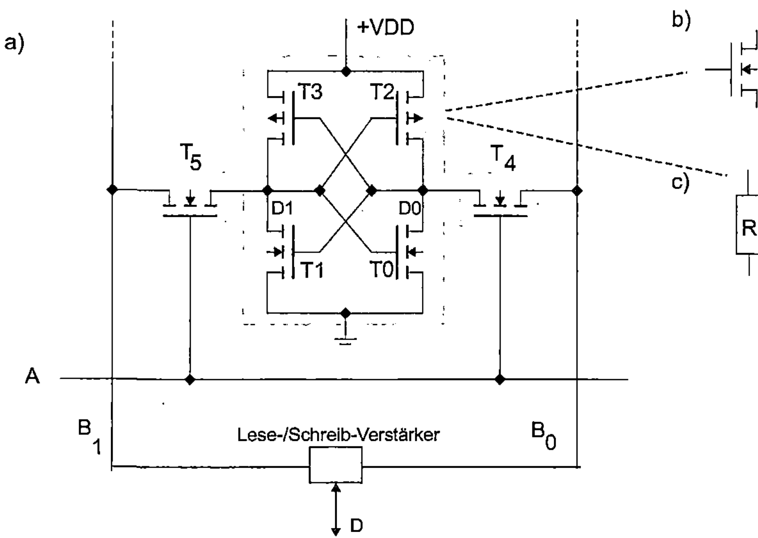

Abb. 7.31: Statische CMOS-Zelle

Wenn die Speicherzelle nicht angesprochen wird, liegt die Leitung A auf Masse-Potenzial und die beiden Transistoren T_4, T_5 sperren. Dann leitet genau einer der beiden Transistoren T_1 oder T_0. Am Drain-Anschluss des leitenden Transistors – und über die Rückkopplung damit auch am Gate-Anschluss des zweiten Transistors – liegt dann Masse-Potenzial, so dass dieser Transistor gesperrt ist. Da die beiden oberen Transistoren T_2 und T_3 als n-Kanal-Transistoren gebaut sind, zeigen sie das gegenteilige Verhalten der jeweils in Reihe geschalteten Transistoren: T_2 leitet, wenn T_0 sperrt, und umgekehrt. Dasselbe gilt für T_1 und T_3.

Zum Zugriff auf die Zelle wird die Auswahlleitung A auf H-Potenzial gelegt und dadurch werden über die nun leitenden die Transistoren T_4, T_5 die Bitleitungen B_1, B_0 mit den Drain-Anschlüssen der Transistoren T_4, T_5 verbunden.

Lesen

Der Lese-/Schreib-Verstärker hält die beiden Bitleitungen B_1, B_0 in einem hochohmigen Zustand, so dass sie die Pegel an den Drain-Anschlüssen D_1, D_0 der Transistoren T_1, T_0 nicht beeinflussen können. Diese Pegel können nun über T_4, T_5 vom Verstärker gelesen und in eine eindeutige Information auf der Datenleitung D umgesetzt werden. Die Zuordnung der logischen Zuständen 0 und 1 zu den Pegelwerten $D_1 = H/D_0 = L$ oder $D_1 = L/D_0 = H$ kann dabei willkürlich vorgenommen werden.

Schreiben

Das Schreiben geschieht dadurch, dass der Lese-/Schreib-Verstärker über die Bitleitungen B_1, B_0 und die Transistoren T_4, T_5 informationsabhängig an genau einen der Drain-Anschlüsse D_1, D_0 positives, an den anderen Masse-Potenzial anlegt und – über die Rückkopplung der Transistoren T_1, T_0 – diese Potenziale auch an den Gate-Anschluss des jeweils anderen Transistors. Dadurch wird gezielt der Transistor leitend, an dessen Gate-Anschluss positives Potenzial angelegt wird, und der andere wird gesperrt. Die beim Lesen erwähnte Festlegung der Pegelwerte zu den logischen Zuständen gibt dabei vor, auf welcher Bitleitung H- bzw. L-Potenzial angelegt werden muss, um eine 1 oder eine 0 zu schreiben.

Statische RAM-Bausteine sind in verschiedenen Organisationsformen erhältlich, hauptsächlich als nk×8-, nk×16- oder nk×32-Bit-Bausteine. Daneben gibt es auch Bausteine der Organisation nk×18 bzw. nk×36, die für jedes Byte des Speicherworts ein Paritätsbit speichern. Statische RAM-Bausteine findet man als asynchrone oder synchrone Realisierungen. Beide Formen unterscheiden sich darin, dass sie ohne bzw. mit Taktsignal arbeiten.

In Abb. 7.32 ist der Aufbau eines SRAM-Bausteins skizziert. Bei diesem Baustein sind die Treiber in der Datenbus-Schnittstelle bidirektional ausgeführt. Die Aktivierung der Treiber wird durch das CE-Signal, die Auswahl der Übertragungsrichtung durch das Schreibsignal WE vorgenommen.

Durch das CE-Signal wird auch *Power-Down*-Schaltung gesteuert. Beim RAM darf durch sie – im Unterschied zu den bisher besprochenen Festwertspeichern – die Betriebsspannung natürlich nicht völlig abgeschaltet werden, da sonst der gesamte Speicherinhalt verloren geht. Um dennoch eine Reduktion der Leistungsaufnahme zu erreichen, wird die Betriebsspannung der Speicherzellen im nicht aktivierten Zustand häufig auf solch einen niedrigeren Wert $U_B"$ heruntergezogen (z.B. $U_B" = 2\ V$), dass gerade noch eine sichere Datenhaltung gewährleistet ist. Da das Umschalten auf die höhere Betriebsspannung während eines Speicherzugriffs natürlich eine gewisse Zeit verbraucht, wird in RAM-Bausteinen für schnelle Anwendungen meist auf eine *Power-Down*-Schaltung verzichtet.

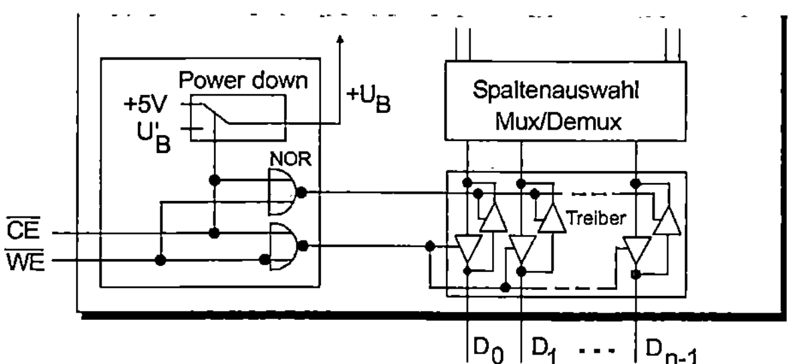

Abb. 7.32: Asynchroner SRAM-Baustein

7.4.2 Dynamische RAM-Speicher

Wie bereits gesagt, spielen dynamische RAM-Speicher (DRAM) bei den anwendungsorientierten Mikroprozessoren (noch) keine große Rolle. Man findet sie hauptsächlich im Hochleistungsbereich, wo z.B. ein 32-Bit-Mikrocontroller zur Steuerung eines komplexen Systems, z.B. eines Laserdruckers, und zur Verarbeitung großer Datenmengen eingesetzt wird. Wir wollen im Rahmen dieses Buches deshalb nur ganz kurz auf die Realisierung einer DRAM-Zelle eingehen und alle anderen Probleme, wie das regelmäßige Auffrischen dieser Zelle oder moderne Varianten (z.B. DDR-RAMs) hier nicht behandeln.

Die in Abb. 7.33 dargestellte dynamische MOS-Speicherzelle verlangt von allen Zellen für Schreib-/Lese-Speicher den geringsten Herstellungsaufwand und benötigt nur ungefähr ein Viertel der Halbleiterfläche, welche die statische RAM-Zelle belegt. Sie wird auch als 1-Transistor-Zelle (*1 Device Cell*) bezeichnet und standardmäßig in allen höchstintegrierten Speicherbausteinen eingesetzt. Bei dieser Speicherzelle wird die Information in einem kleinen Kondensator (Kapazität) gespeichert. (Die Zuordnung „Ladung" bzw. „keine Ladung" im Kondensator zu den logischen Zuständen 0 und 1 kann auch hier frei getroffen werden.)

Neben ihrem geringen Platzbedarf hat die dynamische 1-Transistor-Zelle – wie auch die statische CMOS-Zelle – den Vorteil, dass nur zu den Zeitpunkten des Einschreibens bzw. des Lesens der Information ein nennenswerter Strom fließt. Daraus resultiert ein relativ geringer Leistungsverbrauch. Auf die Nachteile der dynamischen Speicherung wurde bereits im Abschnitt 7.1 kurz eingegangen: Die Zelle verliert durch Leckströme oder das Auslesen ihre Information und muss daher regelmäßig und nach jedem Auslesen wieder neu beschrieben werden.

In Abb. 7.33b) ist ein Schnitt durch die 1-Transistor-Zelle skizziert. Vom normalen MOS-Transistor (s. Abb. 7.6) unterscheidet sie sich lediglich durch eine größere Drain-Zone und eine dünne Schicht SiO_2 zwischen dieser Zone und dem Drain-Kontakt. Wird dieser Kontakt an eine positive Spannung +U_B angeschlossen, so wirkt er – mit der im Substrat gegenüberliegenden n-Zone – wie ein Plattenkondensator mit der Isolatorschicht als Dielektrikum. Im Unterschied zur dargestellten 1-Transistor-Zelle wird bei anderen Realisierungen der Transistor nur als Schalttransistor benutzt und der Kondensator aus zusätzlichen p- und n-Zonen erzeugt. In diesem Fall kann der freie Kondensator-Anschluss mit dem Masse-Potenzial verbunden werden.

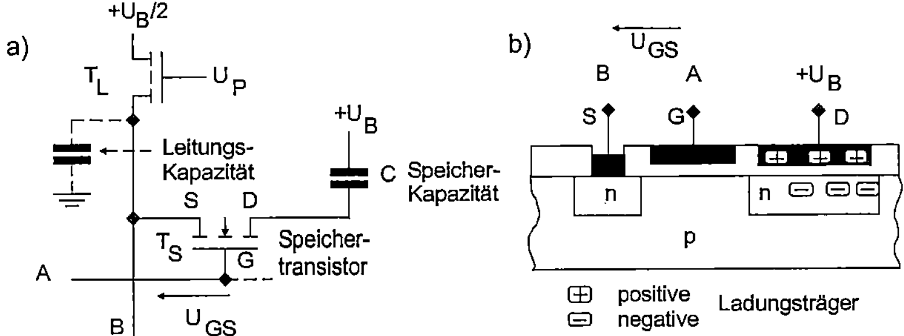

Abb. 7.33: Eine dynamische MOS-Speicherzelle

Lesen

Mit dem Bestreben, die Kapazität des Transistors und damit die Leistungsaufnahme des Speicherbausteins stetig zu verkleinern, trat zunächst das Problem auf, dass die (Stör-)Kapazität der Bitleitung in die gleiche Größenordnung kam wie die Speicherkapazität der Zelle. (Der Kondensator hat eine minimale Kapazität von 50 bis 80 fF[1].) Dadurch wurde es immer schwieriger, den Zustand der Zelle direkt durch den Leseverstärker auswerten zu lassen. Andererseits lag es nun nahe, diesen Zustand durch einen Vergleich der Zellenladung mit derjenigen auf der Bitleitung zu ermitteln.

Zu Beginn des Lesevorgangs wird dazu zunächst die Bitleitung B über den Lasttransistor T_L kurzzeitig mit der (halben) positiven Betriebsspannung verbunden und dadurch ihre Kapazität vorgeladen (*Precharge*). Dieser Vorgang wird durch das Signal U_P gesteuert. Das Lesen der Zelleninformation geschieht danach dadurch, dass an die Steuerelektrode G eine positive Spannung angelegt wird. Dadurch können eventuell auf dem Kondensator C gespeicherte Elektronen über den Transistor abfließen. Dabei findet ein Ausgleich mit den Ladungsträgern der Bitleitung statt. Der Leseverstärker am Ende der Bitleitung kann somit an der Stärke des Ausgleichstroms den Zustand der Zelle feststellen. Wie bereits gesagt, wird die Zelle durch das Lesen gelöscht und muss danach durch den Lese-/Schreib-Verstärker wieder mit der ursprünglichen Information neu beschrieben werden.

Schreiben

Durch das Anlegen einer positiven Spannung U_{GS} an die Steuerelektrode G wird der Transistor leitend. Liegt nun über der Bitleitung B Masse-Potenzial am Source-Anschluss S des Transistors, so werden über den (n-)Kanal des Transistors Elektronen in die Drain-Zone (n-Zone) gebracht, denen im metallenen Drain-Kontakt positive Ladungsträger „gegenüberstehen". Wird jedoch ein positives Potenzial an S angelegt, so werden eventuell im Kondensator gespeicherte Elektronen „abgesaugt". Dadurch wird der Kondensator entladen.

Auch das Schreiben wird häufig „dynamisch" durchgeführt, wobei zunächst die Bitleitungen informationsabhängig auf- oder entladen werden und danach erst durch die Auswahlleitung A der Speichertransistor aktiviert wird. Nun können die ggf. auf der Bitleitung gespeicherten Elektronen durch den leitenden Transistor in den Kondensator abwandern.

---

[1] 1 fF = 10^{-15} Farad (Femto-Farad), 1 Farad = 1 As/V

8. Bussysteme

Nachdem wir in den vorhergehenden Kapiteln dieses Buches die Prozessoren als „Zentraleinheiten" der Mikrorechner-Systeme beschrieben haben, wollen wir uns in diesem Kapitel nun mit den Verbindungswegen befassen, die es den Komponenten eines Mikrorechner-Systems erlauben, miteinander zu kommunizieren, d.h., Daten, Steuer- und Statusinformationen untereinander auszutauschen. Komplexe Rechnersysteme können über eine umfassende Hierarchie von Bussen verfügen, die sich in ihren technischen Realisierungen und ihrer Leistungsfähigkeit sehr stark unterscheiden.

8.1 Grundlagen

In Abb. 8.1 ist die allgemeine Verbindungsstruktur eines Rechensystems dargestellt. Alle Komponenten sind über Schnittstellen an einem Kommunikationsnetz angeschlossen. Das Netz ist durch ein physikalisches Übertragungsmedium sowie einen Satz von festen Regeln gegeben, nach denen die Kommunikation stattfinden muss, dem sog. **Protokoll**. Die Schnittstellen (*Interfaces*) dienen als Ankoppeleinheiten und übernehmen die mechanische, elektrische und zeitliche Anpassung an das Kommunikationsmedium. Zum Teil führen sie auch eine Codierung bzw. Decodierung der Daten durch.

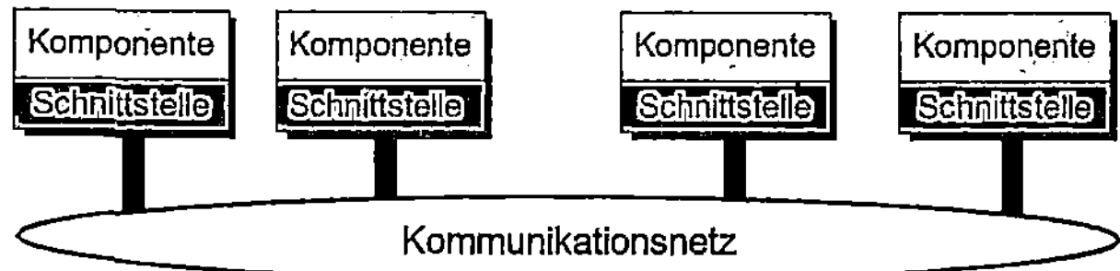

Abb. 8.1: Allgemeine Kommunikationsstruktur

Das Kommunikationsnetz kann auf vielfältige Art und Weise realisiert werden. Die beiden Extreme bestehen auf der einen Seite aus dedizierten Verbindungswegen (*Point-to-Point*) zwischen allen Komponenten, auf der anderen Seite aus einem einzigen, gemeinsamen Verbindungsweg für alle Komponenten. Dieser gemeinsame Verbindungsweg besteht im einfachsten Fall aus einer „Sammelschiene" von bis zu einigen Dutzend Leitungen zur Übertragung der Daten und Steuerinformationen und wird als (physikalischer) **Bus** bezeichnet. Es ist einsichtig, dass in einem sehr komplexen System dieser physikalische Bus zum „Flaschenhals" (*Bottleneck*) wird. Durch Weiterentwicklung der grundlegenden Busstruktur wurde seit vielen Jahren versucht, diesen Engpass zu vermeiden oder wenigstens zu erweitern. Diese verallgemeinerten Busstrukturen sind Gegenstand dieses Kapitels. Wir bezeichnen sie im Folgenden als **logische Busse**. (Sie werden in der Literatur manchmal auch „virtuelle Busse" genannt.) Definierende Kennzeichen dieser Busse sind

- Existenz eines gemeinsamen physikalischen Verbindungsnetzes, an dem alle Komponenten angeschlossen sind,
- unterschiedliche mögliche Topologien,
- Vermeidung von Zugriffskonflikten bei mehreren Komponenten, die gleichzeitig aktiv auf den Bus zugreifen können,
- Selektion eines Kommunikationspartners über eindeutige Adressen (Ausnahme: CAN-Bus, vgl. Abschnitt 8.4).

H. Bähring, *Anwendungsorientierte Mikroprozessoren*, eXamen.press, 4th ed., DOI 10.1007/978-3-642-12292-7_8, © Springer-Verlag Berlin Heidelberg 2010

Im Abschnitt 8.1 werden wir zunächst die allgemeinen Grundlagen zu Bussystemen darstellen. Darin beschreiben wir im Detail die „Hauptproblemkreise" von Bussen: Übertragungsverfahren, Buszuteilung und Adressierung von Komponenten. Im Abschnitt 8.2 werden wir dann die vielfältigen Realisierungsmöglichkeiten und Funktionen eines Prozessorbusses beschreiben. Abschnitt 8.3 behandelt mit dem USB (*Universal Serial Bus*) ein Bussystem, das beim Anschluss von unterschiedlichen Geräten (Multimedia, Messgeräte usw.) an einen Personal Computer große Bedeutung erlangt hat. Gegenstand von Abschnitt 8.4 ist der CAN-Bus (*Controller Area Network*) zur Verbindung von Mikrocontroller-Systemen, der im Bereich der „eingebetteten" Steuerungen (*Embedded Control*) große Bedeutung besitzt. In den Abschnitten 8.5 und 8.6 werden mit dem LIN-Bus (*Local Interface Network*) bzw. dem I^2C-Bus (*Inter-IC Bus*) zwei einfachere, kostengünstigere Lösungen für die Kopplung von Mikrocontrollern vorgestellt.

In folgendem Unterabschnitt werden wir die verschiedenen Busse definieren und klassifizieren, ihre Topologien betrachten und uns mit den Koppeleinheiten beschäftigen.

8.1.1 Definitionen und Klassifizierung

In Abb. 8.2 ist der Aufbau eines physikalischen Busses – eines Busses im engeren Sinne – dargestellt. Dieser Bus besteht aus einer Sammlung von einer oder mehreren Leitungen, an die alle Komponenten des Systems angekoppelt sind.

Zu jeder Zeiteinheit kann höchstens eine Komponente Daten aussenden, also auch höchstens eine Datenübertragung stattfinden. Hingegen können eine einzige Komponente, mehrere Komponenten (*multicast*) oder alle Komponenten (*broadcast*) gleichzeitig die ausgesendeten Daten empfangen.

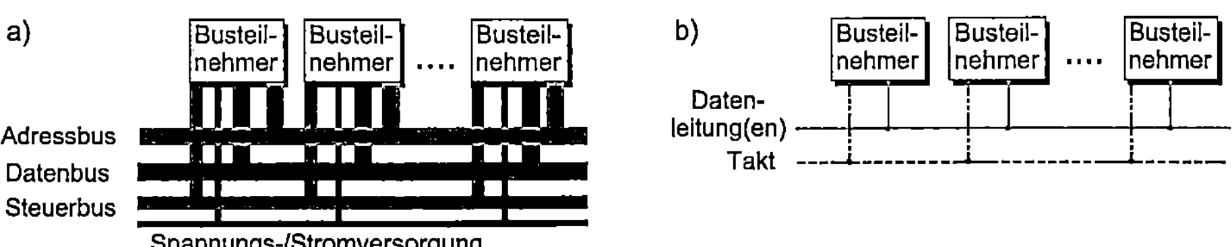

Abb. 8.2: Aufbau eines physikalischen Busses; a) parallel, b) seriell

In Abb. 8.2a) ist ein paralleler Bus dargestellt, bei dem „bit-parallel" mehrere Bits simultan übertragen werden. Der **Parallelbus** besteht aus den drei getrennten Teilbussen, die zur Übertragung von Adressen (Adressbus), Daten (Datenbus) oder Steuerinformationen (Steuerbus) dienen. Dazu kommt noch eine mehr oder weniger große Anzahl von Leitungen zur Strom-/Spannungsversorgung. Typischerweise werden 4, 8, 16, 32 oder 64 Datenbits transferiert, also Halbbytes (*Nibbles,* Tetraden), Bytes, Wörter, Doppelwörter oder Quadwörter. Um Anschlüsse und Leitungen zu sparen, werden häufig Adressen und Daten (oder jeweils bestimmte Teilmengen davon) nacheinander über die gleichen Leitungen transferiert. In diesem Fall spricht man von einem Multiplexbus (vgl. Abschnitt 8.2). Wesentliche Nachteile des Parallelbusses sind die begrenzte Länge der Leitungen sowie die relativ geringe Anzahl von zulässigen Anschlüssen. Die Sicherung gegenüber Übertragungsfehlern wird hauptsächlich durch Paritätsbits oder fehlererkennende/-korrigierende Codes (*Error Detecting/Correcting Code* – EDC/ECC) vorgenommen. Parallelbusse außerhalb von gedruckten Leiterplatten sind wegen der aufwändigen

Kabel und Steckverbinder sehr teuer. Außerdem besteht die Gefahr des „Übersprechens", d.h., der gegenseitigen Beeinflussung von Signalen, zwischen den Leitungen. Dennoch sind zum jetzigen Zeitpunkt die Parallelbusse <u>innerhalb</u> von Rechnersystemen noch sehr weit verbreitet.

Abb. 8.2b) zeigt einen **seriellen Bus**, bei dem die Kommunikation „bit-seriell" über gemeinsame Leitungen für Adressen, Daten und Steuerinformationen geschieht. Im einfachsten Fall kommt ein serieller Bus mit zwei Leitungen aus, z.B. mit einer Datenleitung und einer Masseleitung. In diesem Fall, in dem ohne besondere Taktleitung gearbeitet wird, spricht man von einem **asynchronen seriellen Bus.** Hier muss die Synchronisation zwischen dem Sender eines Datums und dem Empfänger durch spezielle Steuerinformationen vorgenommen werden. Die übertragenen Informationseinheiten umfassen in der Regel nur jeweils ein einzelnes Zeichen. Beim **synchronen seriellen Bus** hingegen existiert entweder eine zusätzliche Taktleitung, oder der Takt wird in den Daten codiert übertragen und muss vom Empfänger daraus zurückgewonnen werden. Die Datenübertragung geschieht in formatierten Blöcken, sog. Paketen, die die Daten in einen Rahmen aus Steuerinformationen, Sender- und Empfängeradressen und Prüfzeichen einbetten. Serielle Busse wurden zunächst hauptsächlich außerhalb eines Rechnergehäuses eingesetzt, u.a. zur Kommunikation zwischen Rechnern oder mit den Peripheriegeräten. Sie werden in naher Zukunft aber auch immer häufiger innerhalb eines Rechnersystems anzutreffen sein und dort die parallelen Busse nach und nach verdrängen. Ihre wesentlichen Vorteile sind die erreichbaren, langen Übertragungsstrecken sowie die kostengünstigen Kabel und Steckverbinder. Die Datensicherung wird durch Paritätsbits, Prüfsummen oder zyklische Redundanzprüfungen (*Cyclic Redundancy Check* – CRC) unterstützt. Durch die Übertragung von Prüf- und Synchronisierinformation wird die erreichbare Nutzdatenrate z.T. erheblich herabgesetzt.

Komponenten, die an einem Bus angeschlossen sind und Daten senden oder empfangen können, nennen wir im Weiteren **Busteilnehmer** oder **Knoten** (*Nodes*). Wir unterscheiden aktive Knoten (*Master*), die selbstständige Buszugriffe durchführen können, und passive Knoten (*Slave*), deren Buszugriffe von einem Master gesteuert werden müssen. Ein Multimaster-Bus erlaubt den Anschluss von mehreren aktiven Knoten und erfordert den Einsatz von Komponenten und Mechanismen zur Regelung des konfliktfreien Buszugriffs (*Bus Arbiter*). In diesen Bussen wird ein Master, der eine Datenübertragung (Senden oder Empfangen) auslöst, als *Initiator* bezeichnet, der ausgewählte Kommunikationspartner (Master oder Slave) heißt *Target.*

Einzelbusse der beschriebenen Form findet man gewöhnlich nur noch in einfachen Rechensystemen für Steuerungsaufgaben. Wie bereits erwähnt, stellt ihre beschränkte Busbandbreite in modernen Rechnern einen wesentlichen Engpass für die Leistungsfähigkeit dar. Deshalb findet man in diesen Rechnern heutzutage oft ein hierarchisch strukturiertes Bussystem aus mehreren unterschiedlichen Bussen. Die Busse werden je nach Einsatzart und -Umgebung mit den folgenden Begriffen bezeichnet:

- **Prozessorbus** (synonym: Systembus, CPU-Bus, *Host Bus*, im PC: *Front-Side Bus* – FSB) Dies ist i.d.R. ein Parallelbus mit direktem Anschluss an die Prozessorsignale. Die Datenübertragung wird durch den Prozessor oder einen DMA-Controller gesteuert. Dieser Bus ist zwar sehr schnell, erlaubt jedoch nur eine sehr geringe kapazitive Belastung und eine geringe räumliche Ausdehnung.

- **Speicherbus** (*Memory Bus*)
  Dieser Bus ist ein schneller Parallelbus zur Anbindung des Arbeitsspeichers an den Prozessor, der (häufig) mit derselben Übertragungsrate arbeitet wie der Prozessorbus. Er muss stets sehr kurz gehalten werden. In einfachen Systemen wird der Prozessorbus selbst als Speicherbus verwendet.

- **Peripheriebus** (Beispiel: *Inter-Module Bus* – IMB, synonym: lokaler Bus – *Local Bus*)
  Hierunter versteht man einen Bus zum Anschluss der internen und externen Peripheriekomponenten. Er stellt in gewisser Weise eine Erweiterung des Prozessorbusses zur Erhöhung der Anzahl der anschließbaren Komponenten und zur Vergrößerung der Entfernungen dar. Er muss die sehr unterschiedlichen Bandbreitenanforderungen der angeschlossenen Geräte erfüllen. Die Kopplung zwischen Prozessor- und Peripheriebus geschieht über einen sog. Brückenbaustein (vgl. Unterabschnitt 8.2.3).

In einer Bushierarchie steht auf höchster Stufe i.d.R. der CPU/Prozessorbus. Zur Erhöhung der kumulierten Busbandbreite können mehrere Busse derselben Klasse eingesetzt sein, z.B. mehrere Peripheriebusse. Die Kopplung der verschiedenen Busse geschieht durch Brückenbausteine (*Bridges*), wie sie im Abschnitt 8.2.3 kurz beschrieben werden.

8.1.2 Bustopologien

In diesem Abschnitt wollen wir kurz die gebräuchlichsten Topologien besprechen, die als logische Busse Verwendung finden. Sie sind in Abb. 8.3 dargestellt.

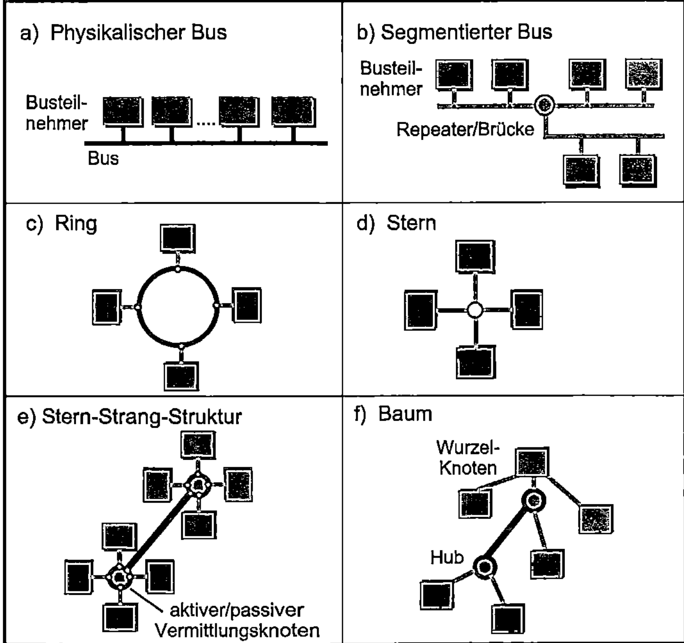

Abb. 8.3: Die gebräuchlichsten Bustopologien

Abb. 8.3a) zeigt den oben bereits beschriebenen **physikalischen Bus**, bei dem alle Teilnehmer an denselben Signalleitungen angeschlossen sind und der zu jedem Zeitpunkt nur eine Datenübertragung erlaubt. In Abb. 8.3b) wird gezeigt, wie durch Koppeleinheiten mehrere physikalische Busse zu einem **segmentierten Bus** zusammengeschlossen werden. Durch *Repeater* werden Busse gleichen Typs verbunden. Brücken *(Bridges)* koppeln Busse unterschiedlicher Klassen. Abb. 8.3c) zeigt einen **Ring**, bei dem die Knoten durch unidirektionale Verbindungen *(Links)* nur mit ihren direkten Nachbarn verbunden sind. Jeder Anschluss dient dabei als *Repeater* und gibt die empfangenen Signale verstärkt und zeitlich regeneriert auf die Ausgangsverbindung aus. Je nach Länge der *Links* und ihre Übertragungsrate können ein oder mehrere Daten gleichzeitig im Ring kursieren. Häufig werden aus Kapazitäts- und Fehlertoleranzgründen zwei (gegenläufige) Ringe eingesetzt.

In Abb. 8.3d) ist ein **Stern** *(Star)* gezeigt, bei dem alle Komponenten über dedizierte Verbindungsleitungen an einem Vermittlungsknoten angeschlossen sind. Kommunikation findet nur über diesen Vermittlungsknoten statt. Dieser kann in passiver Form vorliegen, d.h., er muss durch die angeschlossenen Knoten gesteuert werden und kann keinerlei eigene Verarbeitung vornehmen. Oder er ist als aktiver Knoten ausgelegt, der die Vermittlung zwischen den Anschlussleitungen selbst vornimmt und dabei zusätzliche Funktionen ausführt, z.B. die Zwischenspeicherung der Daten. Je nach Realisierung kann der Vermittlungsknoten zu jeder Zeiteinheit höchstens ein Datum übertragen oder aber mehrere Datenübertragungen zwischen disjunkten Knotenmengen gleichzeitig durchführen.

Die Sterntopologie hat in Form der sog. *Switches* in den lokalen Netzen eine große Bedeutung gewonnen. In der Ausprägung der *Crossbar Switches* wird sie auch verstärkt in Rechensystemen eingesetzt. Die **Stern-Strang-Topologie** nach Abb. 8.3e) verbindet die Vermittlungsknoten mehrerer Sterne durch zusätzliche Verbindungsleitungen (Stränge). Dabei kann sich die Übertragungskapazität der Stränge sehr stark von der der Verbindungen in den Sternen unterscheiden; sie muss jeweils nach dem Kommunikationsaufwand zwischen den Sternen festgelegt werden. Die Stern-Vermittlungsknoten können aktiv oder passiv sein.

In Abb. 8.3f) wird die **Baum-Topologie** *(Tree)* skizziert. Sie koppelt die Komponenten in Form eines Wurzelbaums, wobei die Übertragungswege (Zweige) bidirektional arbeiten. Alternativ kann die Kommunikation nur zwischen dem Wurzelknoten und einem der (Blatt-)Endknoten oder aber auch zwischen beliebigen Knoten stattfinden. Die Verzweigungen werden durch sog. *Hubs* realisiert. Als „fetter Baum" *(Fat Tree)* besitzt der Baum Zweige, deren Übertragungskapazitäten mit größerer Nähe zum Wurzelknoten *(Root Node)* steigen und dadurch den erhöhten Kommunikationsanforderungen zur Wurzel Rechnung tragen.

8.1.3 Koppeleinheiten

Im vorigen Unterabschnitt wurden bereits zwei der Einheiten erwähnt, die zur Kopplung von Bussen dienen: Die einfachste Form ist der *Repeater,* der zur Verbindung zweier identischer Busse dient. Dabei findet im Wesentlichen nur eine elektrische Verstärkung, zeitliche Regenerierung und (Re-)Synchronisierung der Bussignale ohne Pufferung der Daten statt. Alle Komponenten benutzen die gleiche Adressierung und teilen sich denselben Adressraum.

Aufwändiger aufgebaut als der Repeater ist ein *Hub* (Nabe, Mittelpunkt), wie er in Abb. 8.4a) skizziert ist. Vergleichbar zu einem Repeater hat er die Kopplung identischer Busse mit gleicher Adressierung und Adressraum zur Aufgabe, nun aber eines hierarchisch übergeordneten Busses

(*Upstream*) mit mehreren untergeordneten Bussen (*Downstream*). Zur Erfüllung seiner vielfältigen Funktionen besitzt er einen integrierten *Hub Controller*. Dieser überträgt Daten vom *Upstream Port* als Rundspruchdaten (*Broadcast*) zu den *Downstream Ports*.

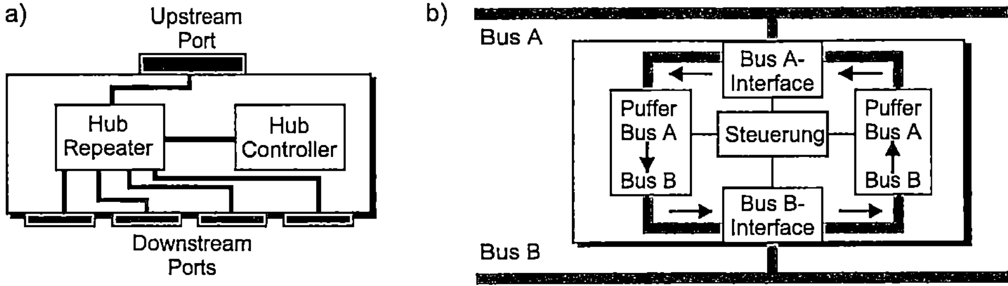

Abb. 8.4: Aufbau eines Hubs (a) und einer Brücke (b)

Daten in umgekehrter Richtung werden je nach Netzverwaltung ebenfalls als Rundspruchdaten an alle anderen Ports (*Upstream* und *Downstream Ports*) geliefert oder aber durch Punkt-zu-Punkt-Kommunikation nur zum *Upstream Port* transferiert. Darüber hinaus muss er aber auch selbstständig den Aufbau und Abbau einer Verbindung sowie den Wiederaufbau einer unterbrochenen Verbindung durchführen. Er schaltet dazu die einzelnen Ports an und ab, setzt sie gezielt zurück und versorgt sie u.U. mit Strom und Spannung. Der Hub erkennt selbstständig den Anschluss bzw. das Abtrennen von Geräten während des Betriebs (*Hot Plug & Play*) sowie das Auftreten von Fehlern und meldet dies an die zuständige Netzkomponente weiter.

Die komplexeste Form einer Koppeleinheit ist die Brücke, die in Abb. 8.4b) dargestellt ist. Sie wird zur Kopplung zweier identischer oder unterschiedlicher Busse eingesetzt. Dazu besitzt sie die busspezifischen Schnittstellen beider Busse. Sie verfügt über Pufferspeicher zur zeitlichen und protokollspezifischen Anpassung der Datenübertragungen auf beiden Bussen. Dabei übernimmt sie eine Umsetzung und Filterung der angelegten Adressen, d.h., sie überträgt nur Daten, die für die am „Zielbus" angeschlossenen Buskomponenten vorgesehen sind. Die verbundenen Busse können daher unterschiedliche Adressräume unterstützen. In der Brücke sind häufig zusätzliche Komponenten, wie Speichercontroller und weitere Schnittstellen integriert.

8.1.4 Konzepte für Bussysteme

In diesem Abschnitt wollen wir uns mit den wichtigsten Eigenschaften von Bussen beschäftigen und dabei insbesondere zeigen, wie der Datentransfer synchronisiert wird, wie die Busteilnehmer selektiert („adressiert") werden und wie Zugriffskonflikte gelöst oder vermieden werden.

8.1.4.1 Abschätzung des Bandbreitenbedarfs

Zur Motivation der in den folgenden Unterabschnitten beschriebenen technischen Maßnahmen zur Beschleunigung des Datentransfers über Busse wollen wir zunächst für einige typische Anwendungen aus dem immer wichtiger werdenden Bereich Multimedia die Anforderungen an die Busbandbreite grob abschätzen. Unter Busbandbreite wollen wir dabei den Durchsatz in Byte/s oder Bit/s verstehen, der mit einem speziellen Bus erreicht werden kann. Bereits in der Einleitung zu diesem Kapitel haben wir darauf hingewiesen, dass in modernen Rechnern das

Bussystem zum Flaschenhals werden kann und nicht so sehr der Prozessor. Dies wird unmittelbar einsichtig, wenn man bedenkt, dass auch Prozessoren mit einem Arbeitstakt von vielen hundert MHz noch mit CPU- oder Peripheriebussen arbeiten müssen, die lediglich eine maximale Taktfrequenz von 33, 66, 100 oder 133 MHz erlauben.

Hier nun einige Beispiele für die Anforderungen an die Busbandbreite:

- *High Quality* Video: Für die Übertragung von 30 Bildschirmrahmen mit jeweils 640*480 Bildpunkten und einer Auflösung von 24 Bit pro Bildpunkt wird eine Bandbreite von 221 MBit/s[1], also ca. 27,6 MByte/s benötigt.

- *Reduced Quality Video*: Die Reduzierung auf 15 Rahmen mit 320*240 Punkten und 16-Bit-Auflösung führt zu einem Bedarf von 18 MBit/s, also 2,25 MByte/s.

- Videokonferenz: Hier wird für Übertragungen mit reduzierter Qualität in beide Richtungen wenigstens eine Bandbreite von 4,5 MByte/s verlangt.

- *High Quality Audio*: 44.100 Abtastwerte pro Sekunde mit jeweils 16-Bit-Auflösung für zwei Stereokanäle ergibt einen Bandbreitenbedarf von 1,4 MBit/s, d.h., 175 kByte/s.

- MPEG-2: Übertragungen von Videobildern, die nach diesem Verfahren komprimiert wurden, benötigen eine Bandbreite von ca. 72 MBit/s, also 9 MByte/s.

Diese Beispiele zeigen jedoch nur die Bandbreite, die von den erwähnten Aufgaben selbst verlangt werden. Man darf dabei nicht vergessen, dass in modernen (Multimedia-)Anwendungen mehrere dieser Aufgaben simultan ausgeführt werden müssen. Dazu kommen dann u.U. noch Datenübertragungen von schnellen lokalen Netzanschlüssen (*Local Area Network* – LAN), die sich alle die begrenzte Bandbreite des Bussystems teilen müssen.

8.1.4.2 Busankopplung

In diesem Unterabschnitt wollen wir uns in aller Kürze mit den schaltungstechnischen Grundlagen beschäftigen, die den Anschluss mehrerer Signalausgänge an einer gemeinsamen Busleitung ermöglichen. In Abb. 8.5 sind die am häufigsten eingesetzten Realisierungen von Treiberausgängen zur Busankopplung dargestellt. Abb. 8.5a) zeigt – als Wiederholung von Anhang A.6 – links einen Treiber mit *Open-Collector*-Ausgängen, rechts einen *Open-Drain*-Ausgang. (Im ersten Fall wird ein bipolarer, im zweiten Fall ein MOS-Transistor (*Metal on Silicon*) benutzt.) Beiden gemeinsam ist, dass durch einen einfachen leitenden Transistor die Busleitung auf Massepotenzial heruntergezogen wird, wenn der Steuereingang D des Transistors auf positivem Potenzial liegt.

Liegt D auf niedrigem Potenzial, so sperrt der Transistor und der Ausgang A ist hochohmig von der Signalleitung getrennt. Durch den Zusammenschluss mehrerer Ausgänge wird eine logische Und-Verknüpfung, ein sog. *Wired-AND*, erzeugt, bei dem sich ein niedriger Signalpegel (L-Pegel) gegenüber jedem Ausgang mit positivem Potenzial (H-Pegel) durchsetzt. Der L-Pegel heißt deshalb **dominant**, der H-Pegel **rezessiv**. Elektrische Kurzschlüsse sind bei dieser Art von Treiberausgängen nicht möglich. Nachteilige sind jedoch die relativ großen Schaltzeiten.

---

[1] Bei Übertragungsraten steht M... in diesem Buch immer für 10^6 – und nicht 2^{20}

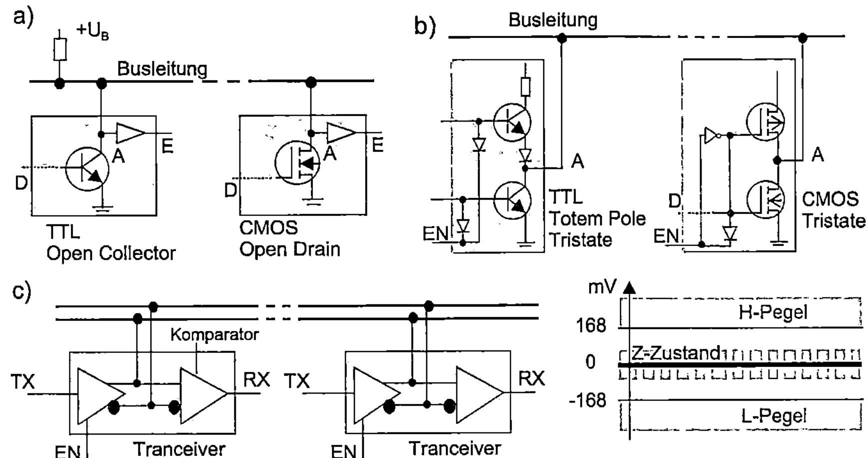

Abb. 8.5: Möglichkeiten der Busankopplung

In Abb. 8.5a) ist außerdem angedeutet, wie bei einer bidirektional betriebenen Leitung das Bussignal über eine Treiber-Schaltung (dargestellt durch ein Dreieckssymbol) mit hochohmigem Eingang abgegriffen und als Eingangssignal E zur angeschlossenen Komponente geführt wird.

Abb. 8.5b) zeigt sog. *Tristate*-Treiberausgänge.[1] (Auch hier ist links wieder eine Realisierung mit bipolaren, rechts eine mit MOS-Transistoren gezeigt.) Wie der Name andeutet, besitzen diese neben dem L-Pegel und H-Pegel noch einen dritten Ausgangszustand Z. In diesem Zustand ist der Ausgang A hochohmig gegen Masse und die positive Betriebsspannung, weil beide Transistoren des Ausgangs gesperrt sind. Der Ausgang wird in den Z-Zustand gesetzt, wenn der Steuereingang EN (*Enable*) auf Massepotenzial gezogen wird.

In seriellen Bussen werden Signale sehr häufig differenziell übertragen. Dies ist in Abb. 8.5c) skizziert. Dabei wird das Sendesignal TX durch einen Verstärker mit komplementären Ausgängen auf ein Paar von Busleitungen gelegt. In Abb. 8.5c) sind rechts beispielhaft die Spannungsbereiche für die beiden möglichen Signalzustände H-Pegel, L-Pegel dargestellt. Zur Vermeidung von Kurzschlüssen muss bei dieser Form der Busankopplung durch die konfliktfreie Ansteuerung der Signale EN dafür gesorgt werden, dass zu jedem Zeitpunkt höchstens ein Treiberbaustein seine Ausgänge aktiviert. Als Empfänger wird ein sog. Komparator eingesetzt, der feststellt, auf welcher Leitung der höhere Signalpegel liegt, und daraus das binäre Eingangssignal RX generiert. Für die Kombination von Sende- und Empfangsschaltung wird sehr häufig das Kunstwort *Transceiver* benutzt (aus *Transmitter* und *Receiver*). Zum Teil sind beide Schaltungseinheiten so ausgelegt, dass sie (ebenfalls) einen dritten Zwischenzustand Z auf den Leitungen erzeugen bzw. erkennen können. Dieser ist gegenüber den beiden Pegeln H und L rezessiv und dient zur Signalisierung bestimmter Situationen (vgl. Abschnitt 8.3).

Die differenzielle Form der Signalübertragung bietet eine höhere Sicherheit gegenüber Störungen auf den Busleitungen, da sich viele Störungen auf beiden Leitungen durch eine Spannungsabweichung in derselben Richtung auswirken und so vom Komparator durch die Differenzbildung herausgefiltert werden.

---

[1] vgl. Unterabschnitt 5.7.2

8.1.4.3 Synchronisations- und Übertragungsverfahren

Auf den unterschiedlichen parallelen Bussen in einer der erwähnten Bushierarchien werden z.T. dieselben Synchronisations- und Übertragungsverfahren angewandt wie beim Systembus. Diese Verfahren werden wir erst im Abschnitt 8.2 beschreiben. Erwähnt werden soll nur schon, dass auch für die anderen Parallelbusse (Ein-/Ausgabe-Bus, Peripheriebus, z.T. auch Speicherbus,..) zur Erhöhung der Übertragungsrate häufig eine Blockübertragung mit überlappender Adressierung eingesetzt wird (*Pipelined Burst Bus*): Dabei wird nur die Anfangsadresse des Übertragungsblocks ausgegeben, die Adressen der folgenden Blockdaten werden vom Speicher selbst erzeugt. Noch während die letzten Daten des Blocks übertragen werden, wird bereits die Anfangsadresse des nächsten Blocks ausgegeben. Zur Reduzierung der Signalleitungen und der dazu benötigten Platinenfläche sind darüber hinaus wichtige, standardisierte Parallelbusse als Multiplexbusse ausgelegt, bei denen sich Adressen und Daten dieselben Leitungen teilen müssen.

Bei seriellen Bussen mit (relativ) niedriger Übertragungsgeschwindigkeit werden die Daten- und Taktsignale aus Kostengründen meist asymmetrisch (*single-ended*) übertragen, d.h., pro Signal wird nur eine Signalleitung benutzt.[1] Schnellere serielle Busse übertragen hingegen Daten- und Taktsignale in differenzieller Form, wie es im Unterabschnitt 8.1.4.2 beschrieben wurde.

Bei der Bitübertragung auf *synchronen*, parallelen Bussen tritt (i. Allg.) zwischen zwei 1-Bits kein Signalwechsel auf, also kein Wechsel zum L-Pegel. Durch die Übermittlung des Bustaktes kann es dabei im Empfänger eines Datums nicht zu Interpretationsproblemen kommen. Bei der *asynchronen* seriellen Übertragung wird häufig ebenfalls ein Verfahren ohne Signalwechsel zwischen zwei 1-Bits eingesetzt, das in Abb. 8.6a) skizziert ist und **NRZI-Verfahren** (*Non Return to Zero Inverted*) genannt wird. Bei diesem Verfahren führt jedes 0-Bit zu einem Signalwechsel.

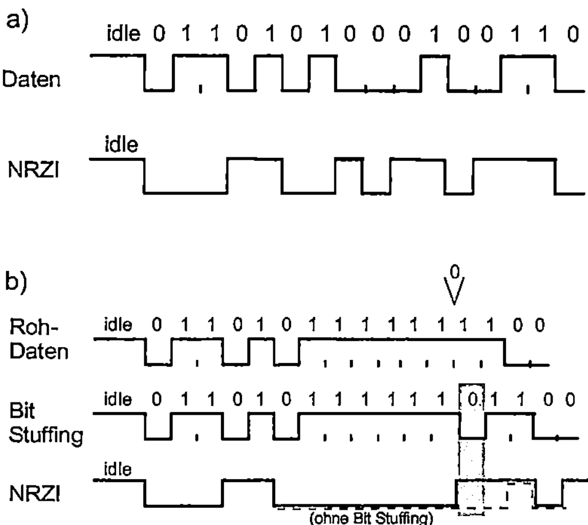

Abb. 8.6: *Non-Return-to-Zero*-Übertragung (a) und *Bit Stuffing* (b)

---

[1] nicht gerechnet die Signalmasse-Leitung(en)

Zur Vermeidung von zu langen Ketten von 1-Bits ohne Signalwechsel muss der Sender eines Datums nach spätestens sechs 1-Bits ein 0-Bit (und damit einen Signalwechsel) einfügen. Zur Regenerierung der ursprünglichen Bitfolge entfernt der Empfänger seinerseits jedes 0-Bit, das einer Kette von sechs 1-Bits folgt. Dieses Verfahren wird als *Bit Stuffing* bezeichnet. Es ist in Abb. 8.6b) gezeigt.

In Abb. 8.7 ist ein Übertragungsverfahren für synchrone serielle Busse dargestellt, bei dem vermieden wird, dass sich die Signale auf der Takt- und Datenleitung gleichzeitig ändern können (was zu elektrischen Problemen führen kann).

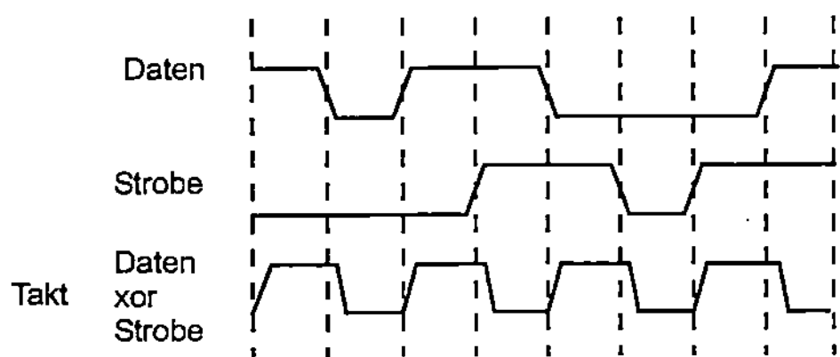

Abb. 8.7: Übertragung mit Daten/Takt-Mischung

Hier wird der Takt ersetzt durch ein *Strobe*-Signal, das stets genau dann einen Signalwechsel aufweist, wenn sich das Datensignal nicht ändert. Der Empfänger kann durch einfache XOR-Verknüpfung (Antivalenz) den Takt aus den erhaltenen Daten- und *Strobe*-Signalen ableiten.

8.1.4.4 Adressierung der Buskomponenten

In diesem Unterabschnitt wollen wir nun die verschiedenen Möglichkeiten betrachten, mit denen ein Prozessor die anderen Busteilnehmer gezielt selektieren und in diesen spezielle Speicherzellen oder Register adressieren kann. Zunächst wollen wir uns mit den Varianten beschäftigen, die bei parallelen Bussen eingesetzt werden. In Abb. 8.8a) ist die Variante dargestellt, die hauptsächlich in einfachen Mikroprozessor-Systemen, z.B. Einplatinen-Computern, angewandt wird, in denen der Prozessor die einzige aktive Komponente mit selbstständigem Buszugriff ist. Hier wird jede vom Prozessor ausgegebene Adresse durch einen zentralen Adressdecoder ausgewertet, der aus den höherwertigen Adresssignalen den angesprochenen Kommunikationspartner ermittelt und das ihm zugeordnete Selektionssignal aktiviert. Die niederwertigen Adresssignale werden zur Adressierung einer Speicherzelle oder eines Registers direkt an die Komponente weitergeführt. Bei Mikrocontrollern ist der Adressdecoder häufig auf dem Prozessorchip integriert.

In Abb. 8.8b) kann auf einen zentralen Adressdecoder dadurch verzichtet werden, dass in jede Komponente ein (dezentraler) Adressdecoder integriert ist, der den für die Komponente relevanten Adressraum erkennt. Größe und Lage des Adressraums müssen der Komponente fest oder veränderbar einprogrammiert oder aber z.B. über Schalter einstellbar sein.

In Abb. 8.8c) werden die Datenleitungen selbst zur Adressierung der Komponenten benutzt, indem jeder Komponente eine Leitung eindeutig zugewiesen wird. Die Anzahl der anschließbaren Komponenten ist durch die Anzahl der Datenleitungen begrenzt. Außerdem setzt dieses Verfahren voraus, dass die Adressierungs-/Selektionsphase und die Datentransferphase zeitlich getrennt sind.

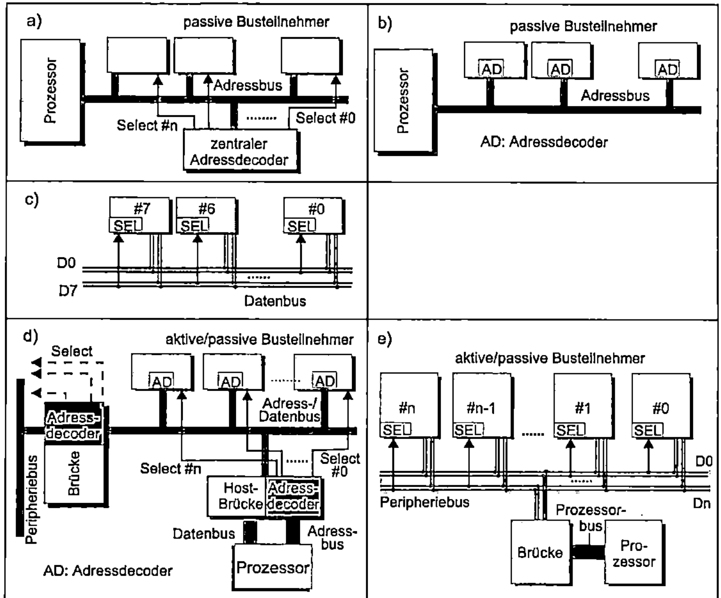

Abb. 8.8: Mögliche Adressierungsverfahren bei parallelen Bussen

Eine Kombination der bisher beschriebenen Adressierungsvarianten ist in den Abbildungen 8.8d) und 8.8e) skizziert. Die Adressierung der Speicherzellen und Ein-/Ausgaberegister der Buskomponenten geschieht hierbei nach Variante b), d.h., jede Komponente verfügt über einen (dezentralen) Adressdecoder. Der Registersatz, der der Konfigurierung der Komponente dient, wird – je nach Implementierung – nach Variante a) oder c) adressiert: Nach a) übergibt der Prozessor die Registeradresse an die Host-Brücke, die den zentralen Adressdecoder enthält und über das geeignete Selektionssignal die Komponente auswählt – sofern sie am angeschlossenen Peripheriebus liegt. Liegt sie hingegen an einem hierarchisch untergeordneten Peripheriebus, so wird die Registeradresse bis zur entsprechenden Brücke weitergereicht und erst vom Adressdecoder dieser Brücke in ein Selektionssignal umgesetzt. Nach Variante e) wird jeder Komponente des Peripheriebusses eine Busleitung als Selektionssignal zugeordnet. Dadurch wird die Anzahl der benötigten Anschlüsse der Brücke reduziert. Beide Varianten wurden z.B. im PCI-Bus realisiert.

In der folgenden Abb. 8.9 werden einige Adressierungsverfahren in seriellen Bussen dargestellt. Teilbild a) zeigt zunächst den typischen Aufbau eines Datenpaketes, wie es über den seriellen Bus übertragen wird. Auf die Bedeutung der einzelnen Bitfelder im Paket wollen wir hier nicht eingehen. Wichtig ist nur, dass im oberen Fall im Paket die Adresse des Empfängers übertragen wird. Durch diese Adresse kann eine einzelne Komponente, eine Gruppe von Komponenten (*Multicast*) oder die Gesamtheit aller Komponenten (*Broadcast*) angesprochen werden. Im unteren Fall wird im Paket – anstelle einer Empfängeradresse – eine Nachrichtenidentifikation übertragen. Dieses Paket kann von allen Komponenten empfangen werden, für die diese Nachricht von Bedeutung ist. Die Entscheidung darüber wird durch eine Maskierungslogik im Empfänger getroffen. (Dieser Art der Adressierung wird im CAN-Bus – *Controller Area Network* – zur Kopplung von Mikrocontrollern eingesetzt, vgl. Abschnitt 8.3.)

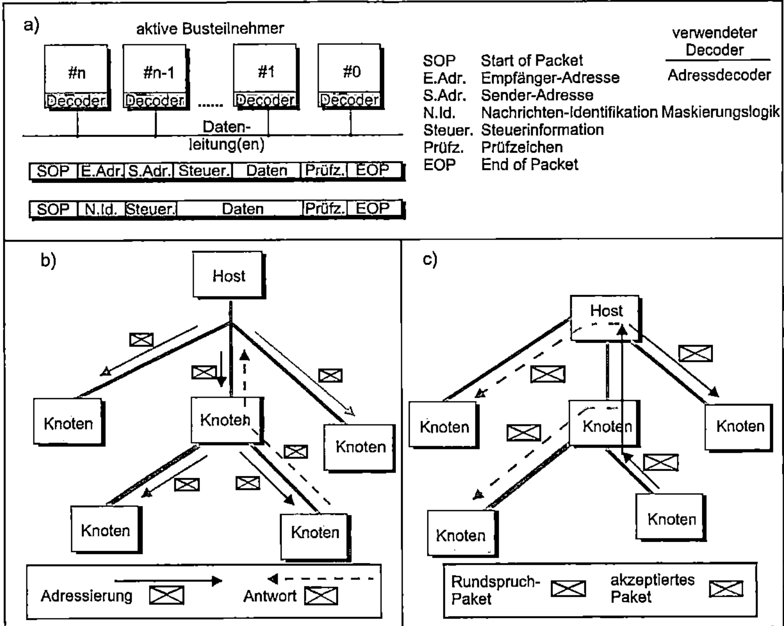

Abb. 8.9: Adressierung in seriellen Bussen

Abb. 8.9b) zeigt die Adressierung von Komponenten in einem baumförmigen Netz, in dem die Kommunikation nur zwischen dem Wurzelknoten (*Host, Root*) und einer Komponente stattfinden kann (vgl. USB in Abschnitt 8.3). Der Wurzelknoten schickt jedes Paket als Rundspruch-Nachricht (*Broadcast*) an alle Komponenten. Diese werten die im Paket enthaltene Empfängeradresse aus. Nur der angesprochene Knoten quittiert den Empfang des Paketes durch ein Antwortpaket (*Acknowledge*).

Abb. 8.9c) zeigt eine andere Variante der Adressierung in einem Baumnetz, bei der die Kommunikation zwischen beliebigen Knoten stattfinden kann. Der Sender eines Paketes verschickt dieses an seinen „Vaterknoten" und alle seine „Söhne". In jedem Zwischenknoten wird das Paket wiederum in alle Richtungen verteilt. Auf diese Weise „durchflutet" ein Paket das gesamte Netz und erreicht so auch den vorgesehenen Empfänger. Nur von diesem wird es akzeptiert und durch ein Quittungspaket beantwortet, das wiederum das gesamte Netz durchlaufen muss. Eine ähnliche Form der Adressierung wird im FireWire (IEEE1394-Bus oder auch iLink genannt) benutzt.

8.1.4.5   Buszuteilung (Arbitrierung)

In diesem Unterabschnitt wollen wir uns nun mit Bussystemen beschäftigen, in denen mehrere Busmaster selbstständig und unabhängig auf den Bus zugreifen können. Dies kann natürlich zu Konflikten führen, wenn mehr als ein Zugriff zur gleichen Zeit stattfindet. Wir werden zeigen, wie sich die Busmaster um den Bus bewerben können und wie ihnen der Zugriff gewährt wird (s. Abb. 8.10).

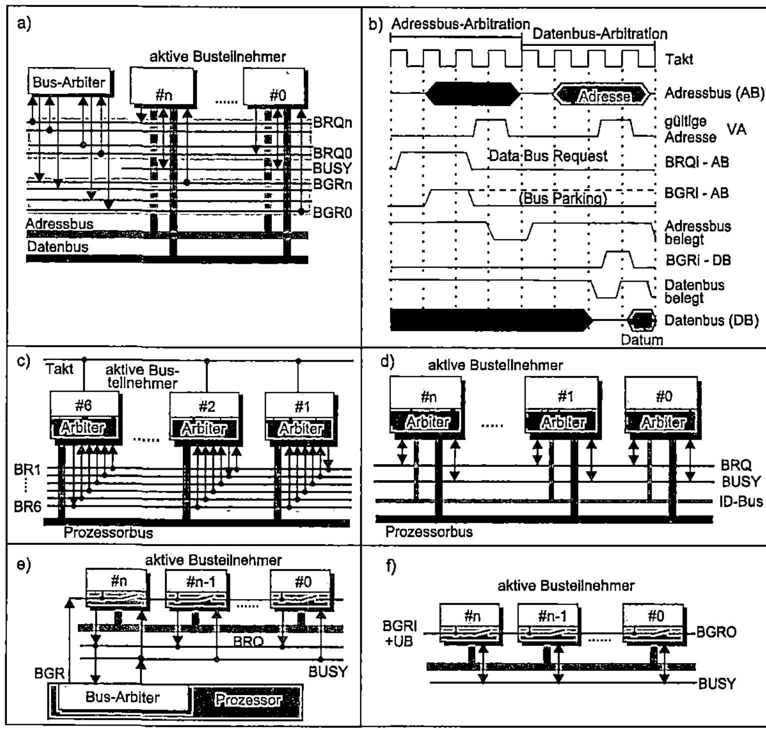

Abb. 8.10: Arbitrierungsverfahren für Parallelbusse

In Abb. 8.10a) ist das Verfahren der unabhängigen Anforderung (*Independent Request*, vgl. Abschnitt 8.2) dargestellt. Im System gibt es einen zentralen Bus-Arbiter („Schiedsrichter"), der nach verschiedenen Verfahren (auf die hier nicht eingegangen werden kann) genau eine von mehreren zugriffswilligen Komponenten auswählt. Jede Komponente besitzt eine eigene Anforderungsleitung BRQi (*Bus Request*), über die sie ihren Zugriffswunsch an den Arbiter melden kann. Über die individuelle Leitung BGRi (*Bus Grant*) wird ihr vom Arbiter die Genehmigung des Buszugriffs, die Buszuteilung, übermittelt. Von dieser Genehmigung darf eine Komponente jedoch erst dann Gebrauch machen, wenn sie anhand der gemeinsamen, bidirektionalen Leitung BUSY festgestellt hat, dass der vorhergehende „Businhaber" den Bus freigegeben hat.

In Abb. 8.10b) ist für einen etwas „komfortableren" Arbiter, der den Zugriff zum Adress- und Datenbus getrennt verwaltet, der Signalverlauf auf dem Bus dargestellt. In der Arbitrierungsphase um den Adressbus (...-AB) zeigen „interessierte" Komponenten ihren Zugriffswunsch durch ihr Signal BRQ-AB an. Einen Takt später teilt der Arbiter einem Bewerber durch das Signal BGRi-AB den Zugriff zu und die Komponente kann ihre Adresse auf den Adressbus legen. Durch das Signal VA (*Valid Address*) zeigt die Komponente das Vorliegen einer gültigen Adresse an und fordert gleichzeitig den Datenbus an. Sobald der laufende Datenbus-Transfer abgeschlossen ist, teilt der Arbiter der Komponente über BGRi-DB den Datenbuszugriff zu. Die zweite in der Abbildung angegebene gültige Adresse kann von einer weiteren Komponente stammen, die über ihre individuellen Anforderungs- und Zuteilungssignale BRQ und BGR den Buszugriff erteilt bekommen hat. Andererseits ist in der Abbildung gestrichelt auch die Möglichkeit des *Bus Parkings* gezeichnet, bei der der aktuelle Busmaster den Zugriff solange behält, bis er von einem anderen angefordert wird. In diesem Fall kann die zweite Adresse auch ohne erneute Busanforderung vom letzten Busmaster geliefert werden.

In Abb. 8.10c) ist eine Variante mit dezentralem, in jedem Busteilnehmer implementierten Arbiter gezeichnet. Jeder Teilnehmer kann über eine spezielle Ausgangsleitung BRi (*Bus Request*), die für alle anderen Teilnehmer eine Eingabeleitung ist, seinen Zugriffswunsch bei den dezentralen Arbitern anmelden. Diese entscheiden nach einer gemeinsamen Strategie über die Anforderung höchster Priorität. Alle „Verlierer" bei dieser Entscheidung ziehen ggf. ihren eigenen Zugriffswunsch zurück. Der Vorteil dieses Verfahrens liegt darin, dass keinerlei externer Schaltungsaufwand getrieben werden muss. Jedoch ist der Gesamtaufwand durch die mehrfachen Arbiter sehr hoch. In der Regel kann durch dieses Verfahren nur eine relativ kleine Anzahl von Teilnehmern (z.B. bis zu 6) verwaltet werden.

Abb. 8.10d) zeigt ein ähnliches Verfahren, bei dem (zur Erhöhung der Anzahl der anschließbaren Teilnehmer) alle Knoten ihre Anforderung über dieselbe Leitung BRQ melden. Gleichzeitig legen sie ihre eindeutige Kennung auf den ID-Bus (*Arbitration Identification Bus*). Die Busankopplung geschieht dabei durch *Open-Collector-* oder *Open-Drain*-Ausgänge, wie sie im Anhang A.6 beschrieben wurden. Mit dem höchstwertigen Bit beginnend, prüft nun jeder Knoten bitweise, ob der Pegel auf der ID-Busleitung mit dem von ihm selbst ausgesandten Zustand übereinstimmt. Ist dies nicht der Fall, hat er selbst einen rezessiven Pegel ausgegeben und wenigstens ein anderer Teilnehmer einen dominanten. Als „unterlegener" Knoten zieht er seine Anforderung sofort zurück. Auf diese Weise setzt sich auf eindeutige Weise der Knoten mit den höchstwertigen dominanten Bits durch. Dieser Knoten muss wiederum solange warten, bis er anhand des BUSY-Signals die Beendigung des letzten Buszugriffs feststellt.

Abb. 8.10e) zeigt das sog. *Daisy-Chain*-Verfahren mit zentralem Arbiter, der z.B. in einem ausgezeichneten Busmaster integriert sein kann. Alle Knoten können über eine gemeinsame Leitung BRQ den Buszugriff beim Arbiter anfordern. Dieser bietet über die Leitung BGR der ersten Komponente den Zugriff an. Falls diese das Zugriffsrecht momentan nicht benötigt, reicht sie es an ihren „rechten" Nachbarn weiter (symbolisiert durch den Schalter in der Busschnittstelle). Auf diese Weise bekommt stets die erste Komponente in der Kette den Zugriff, deren sämtliche linken Nachbarn momentan keinen Zugriff wünschen, d.h., die Priorität der Teilnehmer steigt mit ihrer Nähe zum Arbiter. Die Leitung BUSY hat hier dieselbe Funktion wie in den bisher beschriebenen Verfahren. Das Verfahren in Abb. 8.10f) verzichtet auf den zentralen Arbiter, indem der linken Station das Zugriffsrecht (durch positives Potenzial am Eingang BGR) permanent zugeteilt wird. Wie eben beschrieben, wird es zum rechten Nachbarn weitergereicht, wenn momentan kein Zugriff benötigt wird.

In Abb. 8.11 sind gebräuchliche Arbitrierungsverfahren in seriellen Bussystemen skizziert. Das Verfahren nach Abb. 8.11a) wird beispielsweise im USB-Bus eingesetzt (vgl. Abschnitt 8.3). Der Host-Prozessor ermittelt im *Polling*-Verfahren mögliche Zugriffswünsche, indem er zyklisch, in regelmäßigen zeitlichen Abständen Abfragepakete an alle Knoten sendet. Die Reihenfolge der Abfrage ist zwar frei wählbar, liegt danach aber fest. Die selektierten Knoten senden entweder ein positives Antwortpaket, das bereits Daten enthalten kann, oder nur eine Quittung (*Acknowledge*). Oder sie antworten mit einer negativen Quittung, mit der sie anzeigen können, dass kein Zugriffswunsch vorliegt, eine fehlerhafte Übertragung festgestellt wurde oder der Knoten nicht mehr betriebsbereit ist.

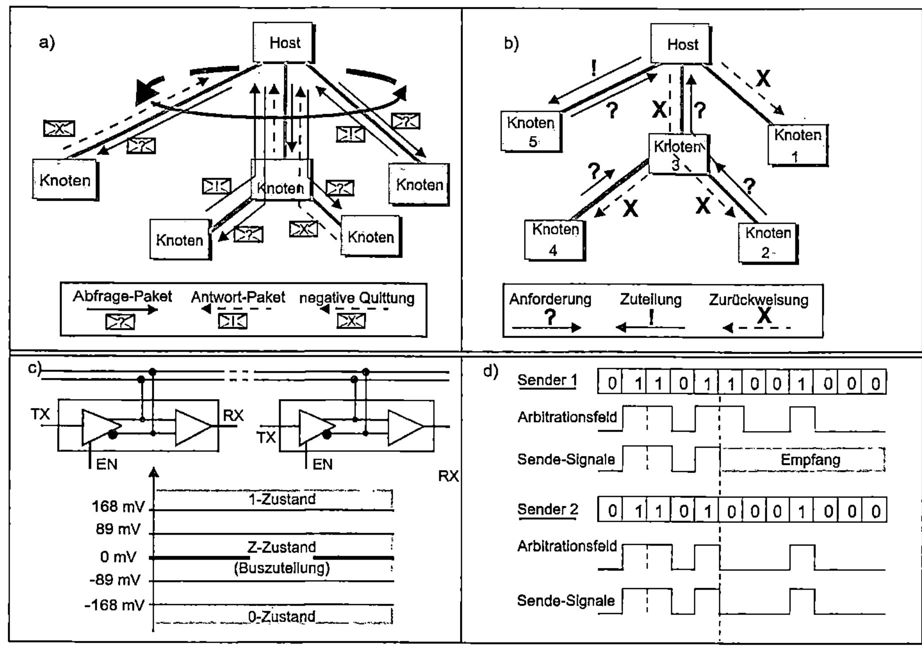

Abb. 8.11: Arbitrierungsverfahren für serielle Busse

Abb. 8.11b) zeigt ein Verfahren, bei dem ein beliebiger Knoten zu jeder Zeit einen Zugriffswunsch an den *Host* stellen darf. Dies geschieht z.B. dadurch, dass er eine Anforderung an seinen „Vater" schickt. Dieser reicht sie wiederum an seinen eigenen Vaterknoten weiter und blockiert gleichzeitig nachfolgende Anforderungen seiner anderen Söhne. Der Host entscheidet dann nach einer festgelegten Strategie nur noch über die gleichzeitig von seinen Söhnen übermittelten Anforderungen und weist durch eine spezielle „Nachricht", die bis zu den anfordernden Knoten übertragen wird, alle nicht zugelassenen Anforderungen zurück. Busanforderung, Buszuteilung und Zurückweisung geschehen durch bestimmte Signalkombinationen auf den Busleitungen. Dazu unterstützen die Treiber und Komparatoren noch einen dritten rezessiven Zustand Z (s. Abb. 8.7c), der während der Anforderung einer Punkt-zu-Punkt-Verbindung vom beteiligten Knoten und seinem Vater ausgegeben wird. Bei gleichzeitigem Zugriff setzt sich der Vater stets gegen seine Söhne durch.

Abb. 8.11d) zeigt die serielle Variante des Verfahrens nach Abb. 8.11c). Sie wird z.B. im CAN-Bus (vgl. Abschnitt 8.3) oder dem I^2C-Bus eingesetzt und gehört zu der Klasse der *CSMA/CA*-Verfahren (*Carrier Sense, Multiple Access with Collision Avoiding*), also den „Verfahren mit mehrfachem Buszugriff und Kanalabtastung mit Kollisionsvermeidung". Diese Verfahren setzen voraus, dass sich mehrere potentielle Sender zunächst synchronisieren (*Multiple Access*). Dann geben sie ihre Knoten- oder Nachrichten-Kennung Bit für Bit auf die Busleitung, wobei sie permanent den Zustand der Busleitung überwachen (*Carrier Sense*). Dabei setzen sich die dominanten 0-Bits durch, d.h., es findet eine logische Und-Verknüpfung (*Wired-AND*) statt. Ein unterlegener Knoten zieht sich sofort als Sender vom Bus zurück (*Collision Avoiding*), „hört" diesen nur noch ab und muss später einen erneuten Übertragungsversuch starten.

8.2 Der Systembus

In diesem Abschnitt betrachten wir den zeitlichen Ablauf (*Timing*) aller Signale auf dem Systembus, der an dedizierten Anschlüssen des Mikrocontrollers bzw. DSPs oder an programmierbaren Portleitungen zu beobachten ist (vgl. Abb. 5.1). Diese Signale werden für Lese- und Schreiboperationen vom Prozessorhersteller exakt spezifiziert, um den Anschluss verschiedener externer Komponenten – insbesondere von fremden Herstellern – sicherzustellen. Die Spezifikation der Signalformen und Pegel sowie ihre zeitliche Abfolge wird als **Systembus-Protokoll** des Prozessors bezeichnet. Leider existiert eine ganze Reihe sehr unterschiedlicher Protokolle, so dass – neben anderen Gründen – Standard-Systemkomponenten bei größeren Systemen nicht direkt am Systembus, sondern an einem zusätzlichen Peripheriebus angeschlossen werden müssen. Komplexe Mikrocontroller ermöglichen dem Systementwickler, Bausteine verschiedener Hersteller mit unterschiedlichen Steuer-, Adress- und Datensignalen ohne zusätzlichen externen Hardware-Aufwand anzuschließen. Dazu dient das in Abb. 2.10 gezeigte Modul zur „**Systemintegration mit Speichercontroller**", das der Anwender durch Einschreiben geeigneter Bitfeld-Informationen in eine ganze Reihe von Steuerregistern „programmieren" kann. Zum Ende dieses Abschnitts wollen wir solch einen **Systembus-Controller** ausführlich beschreiben.

Der wesentliche Unterschied der Systembus-Protokolle besteht darin, dass es sich entweder um einen „getakteten" Systembus handelt oder der Bus ohne eigenen Takt auskommt. Im ersten Fall übernimmt der Bustakt die Synchronisierung aller Buskomponenten, und zwar derart, dass alle Signalübergänge auf seine Flanken bezogen sind. Hier spricht man von einem synchronen Bus, im zweiten Fall von einem asynchronen Bus.

8.2.1 Zeitverhalten der Systembus-Signale

8.2.1.1 Synchroner Systembus

In Abb. 8.12 ist der zeitliche Ablauf der Signale auf einem getakteten Systembus für eine Lese- und eine Schreiboperation dargestellt. Die Zeitspanne zur Ausführung einer Systembusoperation (insbesondere das Lesen bzw. Schreiben eines Datums) wird häufig als **Buszyklus** T bezeichnet.

- Zu Beginn der positiven Halbwelle (Zeitspanne T_a) wird für beide Übertragungsrichtungen „Lesen" bzw. „Schreiben" die Adresse auf den Adressbus gelegt. Die Auswahl der Übertragungsrichtung geschieht durch die Bussteuerleitung $R/\overline{W}$ (Lese-/Schreibsignal). Die Zeitspanne T_a kann man daher auch als **Adressierungsphase** des Buszyklus[1] ansehen.

- Bei einer Leseoperation ($R/\overline{W} = 1$) gibt der Speicher (oder eine andere Systemkomponente) irgendwann während der Zeit T_b die geforderten Daten auf den Datenbus. Ihre Übernahme in den Prozessor wird durch die positive Flanke des Systemtakts (am Ende von T_b) angestoßen. Die Zeitspanne T_b ist die **Daten(transfer)phase** des Buszyklus.

- Beim Schreiben eines Datums ($R/\overline{W} = 0$) in den Speicher legt die CPU spätestens mit Beginn der negativen Halbwelle des Systemtakts (Zeitspanne T_b) die Daten auf den Datenbus. Die Übernahme der Daten in den Speicher wird durch die positive Flanke von $R/\overline{W}$ ausgelöst.

---

[1] Man beachte, dass im dargestellten Protokoll die Adresse auch nach der Adressierungsphase gültig ist

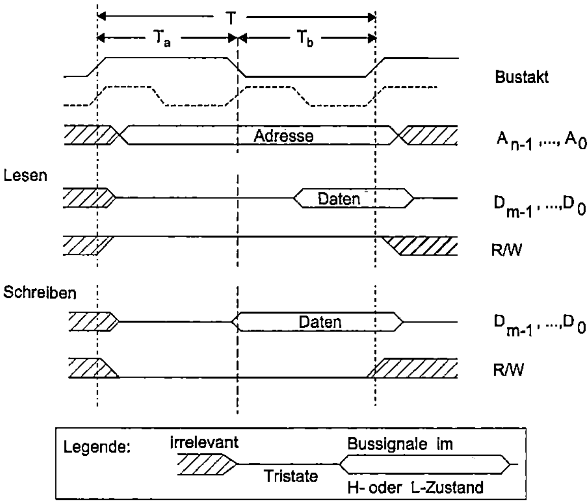

Abb. 8.12: Zeitliche Abläufe auf einem synchronen Systembus

An dieser Stelle soll darauf hingewiesen werden, dass viele Prozessoren – anstelle des kombinierten Lese/Schreibsignals R/W über zwei getrennte Signal $\overline{RD}$ (*Read*), $\overline{WR}$ (*Write*) verfügen, durch die Lese- bzw. Schreiboperationen angezeigt werden.

Da bei dem betrachteten Bus alle Vorgänge synchron zum Takt in einem starren Muster ohne Benutzung weiterer Steuersignale ablaufen, spricht man von einem **synchronen Systembus** (im engeren Sinne). Insbesondere geschieht die Übergabe bzw. Übernahme der Daten zu festgelegten Taktflanken. Der Nachteil dieses Busprotokolls ist, dass alle am Bus angeschlossenen Komponenten dieselben strengen Zeitvorgaben erfüllen müssen. Insbesondere bestimmt so entweder die langsamste Komponente die zulässige Geschwindigkeit des Busses, oder aber der Bus schließt den Einsatz von Komponenten aus, die seinen Anforderungen nicht genügen. Daher wurde dieses Busprotokoll nur in den Anfangsjahren der Mikroprozessoren eingesetzt – mit Busfrequenzen von wenigen MHz.

Zur Vermeidung der geschilderten Nachteile verwenden die getakteten Systembusse vieler moderner Mikroprozessoren weitere Steuer- und Meldesignale zur Synchronisation der Buszugriffe. Heutzutage werden diese Busse ebenfalls mit dem Begriff „synchroner Bus" bezeichnet; in früheren Jahren war dafür auch der Begriff **„semi-synchroner Bus"** üblich. In Abb. 8.13 ist das Busprotokoll eines solchen Busses dargestellt.

- Nach Beginn einer Speicheroperation legt der Prozessor möglichst frühzeitig zu Beginn des „Zustands" (*State*) T_a die Adresse auf den Adressbus. Die Auswahl der Übertragungsrichtung wird wiederum durch die Steuerleitung R/W vorgenommen.

- Bei einer Leseoperation (in einem hinreichend schnellen Speicher) erscheinen während der Buszykluszeit T_b die Daten auf dem Datenbus und können mit der aufsteigenden Taktflanke des nächsten Buszyklus in den Prozessor übernommen werden.

- Bei einer Schreiboperation folgen frühzeitig – im Bild zu Beginn der zweiten Hälfte von T_a – die Daten auf dem Datenbus. Im Beispiel bleibt dem Speicher nun bis zum Ende des Buszyklus Zeit, die gewünschte Speicherzelle zu selektieren und das Datum dorthin zu übertragen.

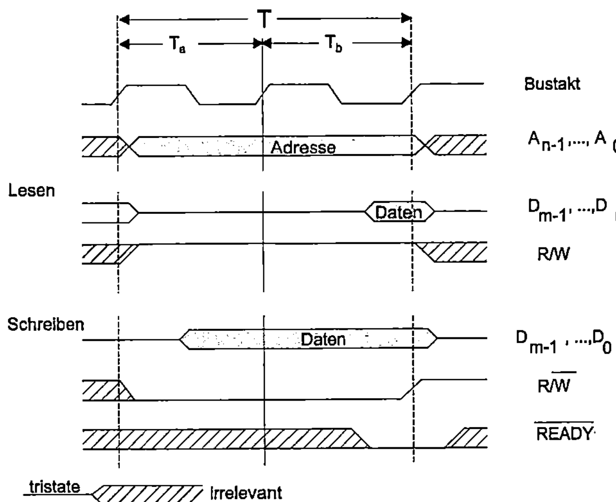

Abb. 8.13: Zeitliche Abläufe auf einem (semi-)synchronen Systembus

- Um jedoch auch langsamere und damit preisgünstigere Speicherbausteine (oder Peripherie-bausteine) benutzen zu können, besitzt der Prozessor einen Steuereingang, der häufig mit READY bezeichnet wird. Der eben beschriebene Vorgang einer Speicheroperation wird nur dann mit dem Ende des Zustands T_b abgeschlossen, wenn rechtzeitig vor der folgenden positiven Taktflanke des nächsten Buszyklus am READY-Eingang ein L-Signal anliegt.

In Abb. 8.14 wird gezeigt, wie der Prozessor reagiert, wenn am READY-Eingang am Ende von T_b noch ein H-Pegel anliegt. Der Prozessor fügt in diesem Fall solange **Wartezyklen** (*Wait States, Wait Cycles* – Tw) ein, bis am READY-Eingang ein L-Signal erscheint. Jeder Wartezyklus dauert – im betrachteten Fall – konstant eine halbe Buszykluslänge, d.h., die Länge von T_b. Bei Prozessoren, bei denen Buszyklus- und Taktzykluslänge übereinstimmen, wird dadurch auch die Länge eines Wartezyklus bestimmt.

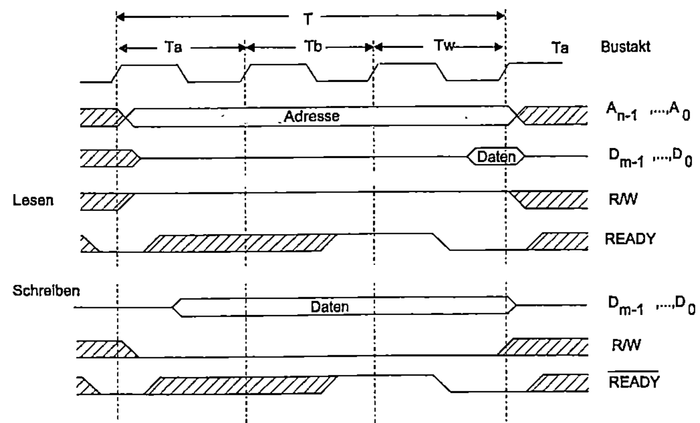

Abb. 8.14: Einfügen von Wartezyklen

Während der Wartezyklen werden alle Adresssignale, das Steuersignal R/W̄ und beim Schreiben auch die Daten konstant gehalten, um dem Speicher weiterhin Gelegenheit zu geben, diese zu übernehmen. Im Beispiel können durch das Einfügen eines Wartezyklus nun auch Speicherbausteine mit einer um 50% längeren Zugriffszeit benutzt werden.

Die eben beschriebenen (semi-)synchronen Systembusse mit READY-Signal nehmen eine Mittelstellung zwischen den synchronen Bussen im engeren Sinne und den asynchronen Bussen ein. Bei den (semi-)synchronen Systembussen liegt die Dauer einer Datenübertragung nicht von vornherein fest. Gegenüber den synchronen Bussen (im engeren Sinne) verlangen sie zwar einen höheren Steueraufwand, erlauben jedoch den Anschluss von Komponenten mit unterschiedlichsten Antwortzeiten.

Genügen alle Komponenten des Systems jedoch den vom Prozessor vorgegebenen Geschwindigkeitsanforderungen, so kann man den READY-Eingang des Prozessors fest mit der Masse verbinden und so einen wirklich synchronen Bus erhalten. Ist dies nicht der Fall, so kann das READY-Signal durch eine einfache externe Schaltung erzeugt werden. Der Systembus-Controller von anwendungsorientierten Mikroprozessoren, also Mikrocontroller und DSPs, verfügt in der Regel über eine integrierte Schaltung zur Erzeugung von Wartezyklen (*Wait-State Generator*). Dieser fügt bei Zugriffen auf unterschiedliche Adressbereiche automatisch eine programmierbare Anzahl von Wartezyklen ein (vgl. Unterabschnitt 8.2.6).

8.2.1.2 Asynchroner Systembus

Abb. 8.15 zeigt die zeitlichen Signalverläufe auf einem asynchronen Systembus.

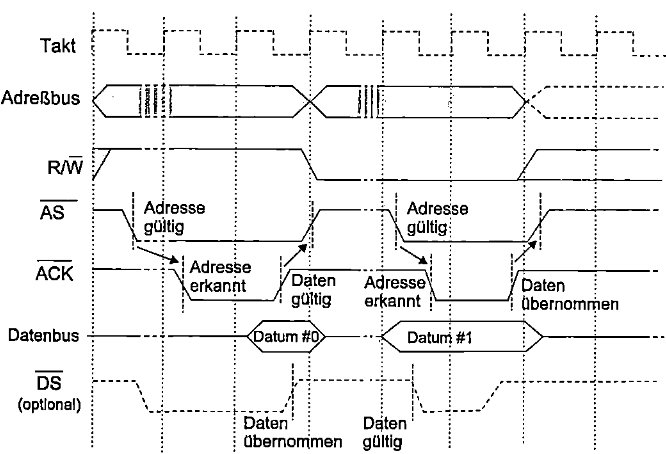

Abb. 8.15: Zeitliche Abläufe auf einem asynchronen Systembus

Hier erzeugt der Prozessor ein spezielles Steuersignal AS (*Address Strobe*), mit dem er der angeschlossenen Komponente das Vorliegen einer gültigen Adresse auf dem Adressbus anzeigt. Die Komponente wiederum besitzt einen Ausgang ACK (*Acknowledge*), über den sie den Prozessor (durch die negative Flanke) davon informieren kann, dass sie die Adresse auf dem Adressbus erkannt hat. Zwischen der Aktivierung beider Signale kann im Prinzip eine beliebig große Zeitspanne liegen. Beim Lesen eines Datums zeigt die angesprochene Komponente durch die positive Flanke des Signals ACK an, dass sie das geforderte Datum auf den Datenbus gelegt hat. Beim Schreiben eines Datums meldet sie durch die positive Flanke von ACK, dass sie das angebotene Datum übernommen hat. Wenn der Prozessor das Signal ACK erkannt hat, nimmt er sein Signal AS zurück. Bis dahin kann prinzipiell wiederum eine beliebig lange Zeit vergehen. Als Reaktion darauf kann nun die Komponente ihrerseits ihr Signal ACK deaktivieren.

Verfahren der eben beschriebenen Art werden **Handshake-Verfahren** (Quittungsverfahren) genannt, da sich bei ihnen die beiden Kommunikationspartner, CPU und angesprochene Komponente, durch den Austausch der Signale AS bzw. ACK sozusagen „die Hand geben". Wie beim synchronen Bus können Sender und Empfänger eines Datums durch die Steuerung der Handshake-Signale (fast) beliebige **Wartezeiten** einfügen, die – vereinfachend – meist auch als Wartezyklen (*Wait States*) bezeichnet werden. Dadurch können beim Prozessor und seinen Peripheriekomponenten, aber auch bei den Komponenten, sehr unterschiedliche Übertragungsraten vorliegen. Das asynchrone Busprotokoll ermöglicht damit erheblich längere Busleitungen als das (semi-)synchrone Protokoll.

Wir haben hier nur eine von vielen Möglichkeiten für das Zusammenspiel von zwei Handshake-Signalen gezeigt. Eine Variante des dargestellten Protokolls besitzt – wie in Abb. 8.15 gestrichelt skizziert – ein zusätzliches Strobe-Signal DS (*Data Strobe*), durch dessen negative Flanke der Prozessor das Vorliegen eines gültigen Datums auf dem Datenbus (Schreiben) bzw. durch die positive Flanke die Übernahme eines Datums (Lesen) anzeigt.

Wie die weiter oben beschriebenen (semi-)synchronen Busse erlauben auch die asynchronen Busse den Anschluss von Komponenten mit (fast) beliebiger Zugriffszeit, verlangen dazu aber einen höheren Steueraufwand. Auf asynchronen Systembussen spielt der Systemtakt keine (wesentliche) Rolle für die Synchronisation der Übertragung. (Deshalb wurde er in Abb. 8.15 gestrichelt gezeichnet.) Da das Steuerwerk des Prozessors ein synchrones Schaltwerk ist, werden aber die Zeitpunkte, zu denen sich die Prozessor-Signale ändern, vom Systemtakt vorgegeben. Die Reaktion von Prozessor und Komponenten auf das Steuersignal des jeweiligen Kommunikationspartners hingegen sind nicht in das starre Taktraster eingebunden. Da der Empfänger eines Signals (Prozessor oder Komponente) dieses jedoch mit seinem eigenen Takt synchronisieren muss und dazu u.U. eine Taktschwingung benötigt, sind asynchrone Busse in der Regel langsamer als eine synchrone Lösung. Die Dauer einer Datenübertragung liegt bei ihnen nicht von vornherein fest.

Viele Mikrocontroller ermöglichen es dem Systementwickler, durch Programmierung spezieller Register des Systembus-Controllers die Systembus-Schnittstelle so zu steuern, dass sie wahlweise als (semi-)synchroner oder asynchroner Bus arbeitet. Dies geht bei einigen Controllern soweit, dass diese Auswahl für verschiedene Adressbereiche unterschiedlich getroffen werden kann (vgl. Unterabschnitt 8.2.6).

8.2.2 Multiplexbus

Um die Anzahl der Anschluss-Stifte am Prozessorgehäuse und der Signalleitungen zu begrenzen, werden bei einigen Prozessortypen bestimmte Gruppen von Signalen zeitlich hintereinander über dieselben Busleitungen geschickt. Man spricht in diesen Fällen von einem **Multiplexbus**. In Abb. 8.16 ist die Systembus-Schnittstelle für den Fall gezeichnet, dass Daten- und Adressleitungen „gemultiplext" werden.

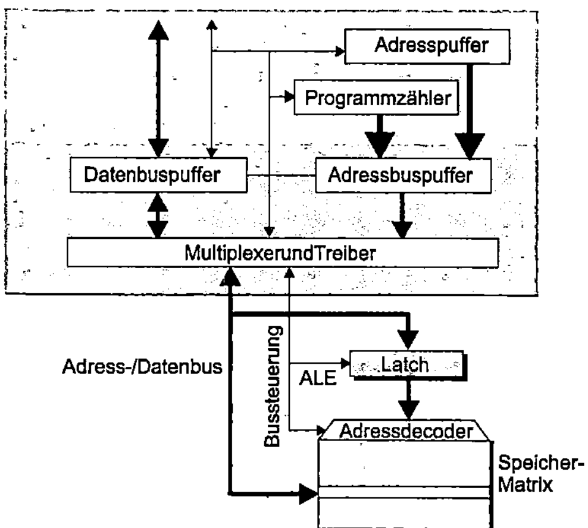

Abb. 8.16: Multiplex-Busschnittstelle

Ein Multiplexer in der Systembus-Schnittstelle des Prozessors schaltet nacheinander den internen Adress- und Datenbus auf den gemeinsamen externen Bus. Zu beachten ist, dass der Multiplexer im Datenbusbereich einen bidirektionalen Betrieb zulassen muss. Da zur Übertragung eines Datums aus dem bzw. in den Speicher die Adresse während der gesamten Zugriffszeit vorliegen muss, wird die vorzeitig ausgegebene Adresse in einem Auffangregister (*Latch*) gespeichert.

In Abb. 8.17 ist das Zeitverhalten des Multiplexbusses aus Abb. 8.16 dargestellt.

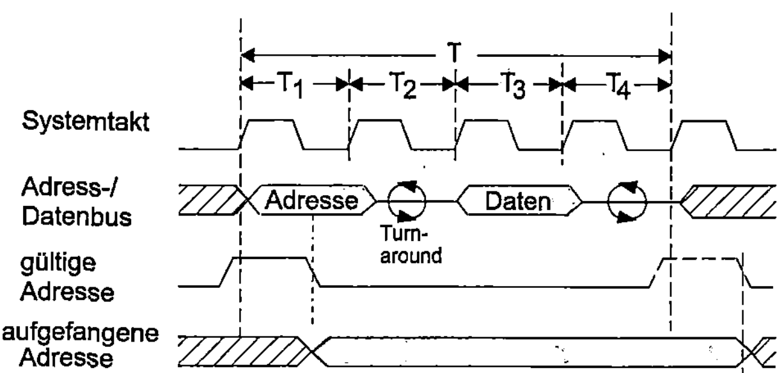

Abb. 8.17: Zeitliches Verhalten des Multiplexbusses

Während des ersten Systemtaktes T_1 erscheint auf dem Daten-/Adressbus die Speicheradresse. Durch ein Signal der Bussteuerung wird das Vorliegen einer gültigen Adresse angezeigt. Dieses Signal wird häufig mit AS (*Address Strobe*, auch ADS), VMA (*Valid Memory Address*) oder ALE (*Address Latch Enable*) bezeichnet.

Die Adresse wird z.B. durch die negative Signalflanke dieses Signals in das Auffangregister übernommen und steht dort bis zur nächsten negativen Signalflanke unverändert an. Während des Systemtakts T_3 liegen die zu übertragenden Daten stabil auf dem Multiplexbus. Dabei müssen u.U. weitere Bustakte als Wartezyklen eingefügt werden, wenn die Zugriffszeit[1] des adres-

---

[1] Zugriffszeit: Zeitspanne zwischen Anlegen einer Adresse und Übernahme bzw. Bereitstellung des Datums

sierten Speichers (oder Peripheriebausteins) zu groß ist. Während der Taktzyklen T_2 und T_4 werden der Multiplexer und – bei Lesezugriffen – die Richtung der Datensignale umgeschaltet (*Turn-around Cycles*). Neben der Serialisierung der Adress- und Datenübertragungen sind diese Umschaltzyklen der Grund, warum Multiplexbusse relativ langsam sind. Bei sehr schnellen Bussen werden diese Umschaltvorgänge deshalb oft noch während der Adress- und Datenphase vorgenommen. Andere Busprotokolle fügen die Umschaltzyklen T_2 nur bei Lesezugriffen ein, bei denen ja die Richtung der externen Bussignale umgeschaltet werden muss.

Es existieren verschiedene Möglichkeiten, Bussignale zu multiplexen. Das Multiplexen kann stattfinden zwischen

- den Adressen und Daten,
- den höher- und niederwertigen Adressbits,
- den höher- und niederwertigen Datenbits .
- oder in gemischter Form, z.B. zwischen den niederwertigen Adressbits und den Daten.

Trotz der beschriebenen Nachteile werden Multiplexbusse – insbesondere im Mikrocontroller-Bereich – sehr häufig eingesetzt, da sie eine Reduktion der Bausteinanschlüsse und damit kostengünstigere Chipgehäuse und Platinen ermöglichen. Hochleistungs-Mikrocontroller ermöglichen dem Entwickler sogar, die Systembus-Schnittstelle so zu programmieren, dass sie nicht gemultiplext wird oder wahlweise in einer von mehreren Multiplex-Varianten arbeitet.

An dieser Stelle soll darauf hingewiesen werden, dass aus Kostengründen – neben den Systembussen – auch standardisierte Peripheriebusse, wie z.B. der PCI-Bus (*Peripheral Connect Interface*) als Multiplexbusse realisiert werden.

8.2.3 Steuerung der Datenbusbreite

Moderne 16/32/64-Bit-Prozessoren erlauben es, die effektive Breite des Datenbusses dynamisch, d.h., von Befehl zu Befehl, ja sogar von Buszyklus zu Buszyklus zu verändern. Dadurch ist es möglich, in einem System Bausteine mit unterschiedlicher Datenbusbreite einzusetzen. So kann z.B. ein 32-Bit-Prozessor Daten über einen 8-Bit-Schnittstellenbaustein ausgeben. Ein 32-Bit-Registerinhalt wird dazu sequenziell in vier Bytes über die gleichen acht Datenleitungen übertragen. Ein weiteres Beispiel ist der Einsatz eines 8-Bit-Festwertspeichers in einem 32-Bit-System, der eine Initialisierungsroutine enthält, die lediglich nach dem Einschalten des Systems ausgeführt wird.

Zur Steuerung der Datenbusbreite besitzen die Prozessoren Eingangsleitungen, die individuell nach der Busbreite der selektierten Komponente angesteuert werden müssen. In Abb. 8.2-7 ist ein einfaches Mikroprozessor-System gezeichnet, das Komponenten mit 8, 16 und 32 Bits Datenbusbreite integriert. Für jede ausgegebene Adresse wird durch einen zentralen Adressdecoder die Komponente festgestellt, zu deren Adressraum diese Adresse gehört. Im Adressdecoder, der im Mikrocontroller integriert ist oder als externe Komponente realisiert wird, ist außerdem für alle angeschlossenen Komponenten die benötigte Datenbusbreite festgelegt. Der Adressdecoder wählt nun über ein Ausgangssignal CSi (*Chip Select*) die gewünschte Komponente an und informiert gleichzeitig den Prozessor durch die Steuersignale BS16, BS8 über die zu verwendende Datenbusbreite[1].

---

[1] Bei einigen Prozessoren kann auch auf 3-Byte-Wörter (24 bit) zugegriffen werden

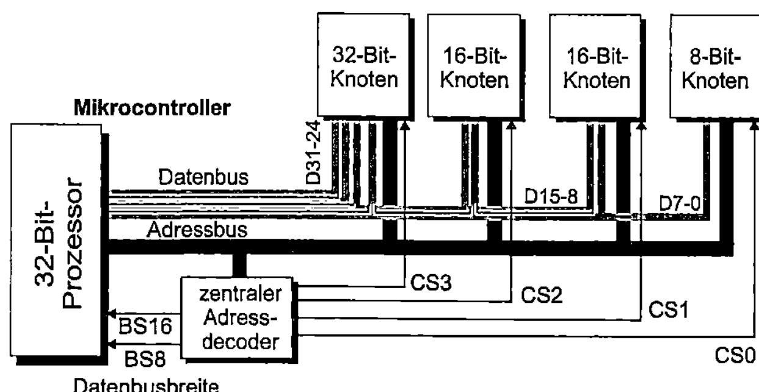

Abb. 8.2-7: Dynamische Busbreiten-Steuerung

In Abb. 8.2-8 ist der zeitliche Ablauf auf dem Datenbus für Zugriffe auf 32-Bit-Wörter in Komponenten mit unterschiedlicher Datenbusbreite skizziert. Bei den Datenbusbreiten 16 oder 8 Bits werden diese Wörter im Multiplexbetrieb (vgl. Unterabschnitt 8.2.3) übertragen. Dazu werden stets die niederwertigen Datenbusleitungen $DB_n,...,DB_0$ (n = 15, 7) benutzt und die niederwertigen Datenbits (meist) zuerst transferiert. Bei Lesezugriffen müssen die sequenziell empfangenen Teildaten von der Systembus-Schnittstelle des Prozessors wieder „parallelisiert" werden (*Assembly*), dass heißt, durch einen Demultiplexer in die richtigen Bitpositionen des Datenpuffers geschrieben werden. Bei Schreibzugriffen muss die Schnittstelle das Multiplexen dieser Teildaten auf die gemeinsam benutzten Leitungen vornehmen (*Disassembly*).

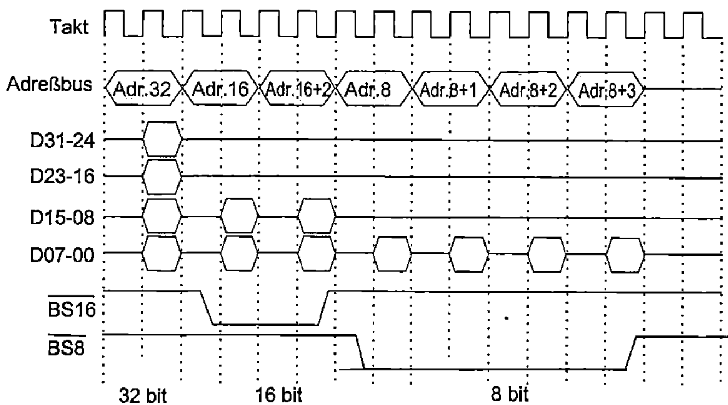

Abb. 8.2-8: Zeitlicher Ablauf von Busoperationen mit unterschiedlicher Datenbusbreite

Beim ersten Zugriff (Adr. 32) liegen BS16 und BS8 auf dem H-Pegel und das Datum wird parallel in einem Buszyklus über den 32-Bit-Datenbus übertragen. Durch BS16 auf L-Pegel, BS8 auf H-Pegel wird die Übertragung über einen 16-Bit-Datenbus angefordert. Der Prozessor liefert dazu zunächst die Adresse der niederwertigen 16 Bits des Datums. Im nächsten Zyklus folgt dann die Adresse der höherwertigen 16 Bits. Beide 16-Bit-Wörter werden über die niederwertigen 16 Datenleitungen übertragen. Bei einem 8-Bit-Transfer – gekennzeichnet durch BS16 auf H-Pegel, BS8 auf L-Pegel – werden die Daten in vier Zyklen byteweise über die acht niederwertigen Datenleitungen übertragen. Dazu liefert der Prozessor jeweils die Byteadressen des Datums in aufsteigender Reihenfolge.

8.2.4 Adressierung von Peripheriebausteinen

Die vom Prozessor ausgegebenen Adressen dienen nicht nur zur Selektion bestimmter Speicherzellen, sondern auch zur Auswahl der einzelnen Register in den übrigen Systembausteinen, insbesondere den Schnittstellenbausteinen, wie sie im Kapitel 9 beschrieben werden. Die Prozessorfamilien verschiedener Hersteller unterscheiden sich darin, wie diese Bausteine angesprochen werden. In Abb. 8.20 sind die beiden gängigen Verfahren dargestellt.

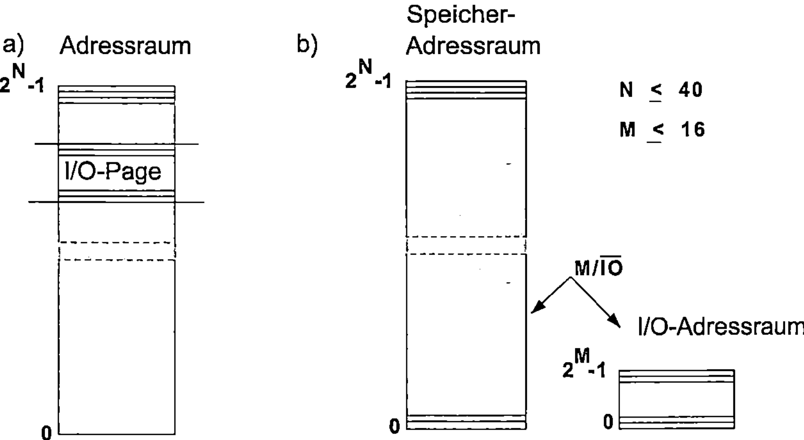

Abb. 8.20: Zur Adressierung von Peripherie-Bausteinen

- Beim ersten Verfahren, das man als **speicherbezogene Adressierung** (*Memory-mapped I/O*) bezeichnet, wird nicht zwischen der Adresse einer Speicherzelle oder der eines Registers in einem Schnittstellenbaustein unterschieden. Die Adressen der Register werden meist vom Systementwickler in einem zusammenhängenden Bereich des Adressraums untergebracht. Dieser wird gewöhnlich mit *I/O-Page* bezeichnet (s. Abb. 8.20a).

- Beim zweiten Verfahren existieren getrennte Adressräume für den Arbeitsspeicher und die Peripheriebausteine. Deshalb spricht man auch von der **isolierten Adressierung** (*Isolated I/O*). Der letztgenannte Adressraum (I/O-Adressraum) ist in der Regel erheblich kleiner als der Speicher-Adressraum. Die Auswahl zwischen beiden Adressräumen geschieht bei einigen Prozessoren durch ein spezielles Prozessorsignal, das beispielsweise mit M/$\overline{\text{IO}}$ (*Memory/Input-Output*) oder MREQ (*Memory Request*) bezeichnet wird. Dieses Signal kann somit als zusätzliches Adresssignal aufgefasst werden. Bei anderen Prozessoren dienen die im Abschnitt 5.2 beschriebenen Prozessor-Statussignale den Komponenten dazu, zwischen Speicher- und Schnittstellenzugriffen zu unterscheiden.

Im Mikrocontroller- und DSP-Bereich hat sich die speicherbezogene Adressierung in weitem Maß durchgesetzt. Die isolierte Adressierung findet man fast ausschließlich bei den Prozessoren der Firma Intel (und den Herstellern kompatibler Prozessoren).

8.2.5 Weitere Signale der Systembus-Schnittstelle

Bei einfachen Prozessoren werden die beschriebenen Steuer- und Meldesignale der Systembus-Schnittstelle vom (zentralen) Steuerwerk (vgl. Unterabschnitt 5.2.2), bei komplexen Prozessoren hingegen von der Schnittstelle selbst erzeugt bzw. ausgewertet. Im letztgenannten Fall arbeitet die Schnittstelle also wie ein eigenständiger Steuerbaustein[1] (*Controller*), der über spezielle Signale mit dem Steuerwerk kommuniziert. Die Komponente der Schnittstelle, welche die beschriebenen und weitere Funktionen (vgl. Abb. 2.10) erfüllt und die Integration des Prozessors in ein Rechnersystem erleichtert, wird z.B. mit *System Integration Module* (SIM, Motorola) oder *External Bus Controller* (EBC, Siemens) bezeichnet.

Zu den weiteren Signalen, die der Systembus-Controller zur Ausführung seiner Funktionen benötigt, gehören zunächst die im Folgenden beschriebenen Signale, auf die wir nur kurz eingehen wollen. In Unterabschnitten werden wir uns danach mit anderen wichtigen Signalgruppen beschäftigen.

8.2.5.1 Byteauswahl und Befehlsübermittlung

Durch eine Gruppe von Bussignalen CMDi,...,CMD0 (*Command*), können – während der Ausgabe der Adressen – Befehle oder Statussignale vom Prozessor zu den Peripherieeinheiten übertragen werden. Beispiele dafür sind die Akzeptierung von Unterbrechungsanforderungen (*Interrupt Acknowledge*), das Anzeigen des Halt-Zustandes oder die Auswahl zwischen mehreren Adressräumen (z.B. getrennt für das Betriebssystem bzw. die Anwenderprogramme).

Eine zweite Signalgruppe BEi,...,BE0 (*Byte Enable*) zeigt während der Übertragung der Daten an, welche Leitungen des Datenbusses gültige Bytes transportieren oder nicht. Diese Signale sind wichtig, wenn an einem „breiten" Datenbus – typisch 32 oder 64 Bits – Speicher- oder Peripheriebausteine mit „schmalerem" Datenbus hängen. Dazu gehören z.B. ein 8-Bit-breiter Festwertspeicher oder eine 8-Bit-Schnittstelle an einem 32-Bit-Datenbus.

In der folgenden Abb. 8.21 sind beide Signalgruppen für den nicht gemultiplexten Bus und den Multiplexbus dargestellt. Im zweiten Fall werden die Signale im Multiplexbetrieb so über gemeinsame Leitungen übertragen, dass während der Adressausgabe der Befehl (*Command*), während der Datenphase die Byteauswahl ausgegeben wird. (Diese Lösung wird z.B. beim PCI-Bus eingesetzt).

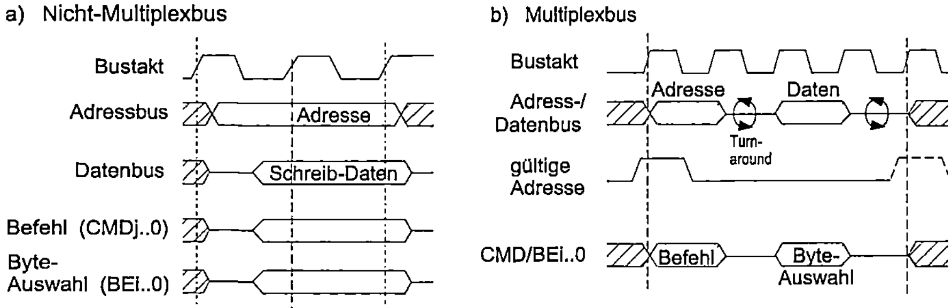

Abb. 8.21: Befehlsübermittlung und Byteauswahl

---

[1] Man spricht auch von einer „intelligenten" Schnittstelle

8.2.5.2 Speicher-Steuersignale

Insbesondere Mikrocontroller unterstützen den Anschluss verschiedenster Festwert- und Schreib-/Lesespeicher, indem sie die spezifischen Steuersignale für diese Speicherbausteine erzeugen. Dazu gehören insbesondere zwei Strobe-Signale zur sequenziellen Übernahme der oberen bzw. unteren Hälfte der Adresse (*Row Address Strobe* – RAS, *Column Address Strobe* – CAS) für dynamische Speicher (DRAM[1]), die ihre Information als Ladungsträger in kleinen Kapazitäten ablegen. Außerdem kann gewählt werden, ob ein kombiniertes $R/\overline{W}$-Signal für die Durchführung von Lese- bzw. Schreibzugriffen erzeugt oder aber mit zwei getrennten $\overline{RD}$-, $\overline{WR}$-Signalen gearbeitet werden soll. Der Systembus-Controller von Mikrocontrollern kann häufig so programmiert werden, dass er in verschiedenen Adressbereichen die Steuersignale für unterschiedliche Speicherbausteine ausgibt.

8.2.5.3 Unterbrechungssignale

Neben den im Unterabschnitt 5.3.2 beschriebenen Unterbrechungssignalen, wie HALT und RESET, die direkt an das Steuerwerk weitergereicht werden, reagiert der Systembus-Controller insbesondere auf den ERROR-Eingang, über den die Peripherie einen Busfehler anzeigen kann (z.B. eine Paritätsverletzung). Der Controller kann automatisch eine Wiederholung des letzten Buszugriffs, den Aufruf einer Ausnahmebehandlungs-Routine oder den Wechsel in den Halt-Zustand veranlassen. Über andere Eingänge können Mikroprozessoren – insbesondere Mikrocontroller, DSPs und Prozessoren für mobile Geräte – in einen Stromsparmodus (*Power-down*) versetzt werden, in dem im Extremfall der gesamte Systemtakt angehalten und die Betriebsspannung herabgesetzt wird.

8.2.5.4 Test- und Debug-Signale

Wegen der Komplexität moderner Mikroprozessoren und ihrer Peripheriebausteine ist es heute unerlässlich, die Bausteine im System selbst testen zu können. Die einfachste Lösung, die aber weite Verbreitung gefunden hat, wird im Anhang A.1 ausführlich beschrieben. Dieser Test überprüft nur die Ein-/Ausgangsschaltungen der Bausteine und ihre Verbindungsleitungen auf den Rechnerplatinen. Er benötigt lediglich fünf Bausteinanschlüsse und ist unter dem Namen JTAG-Test (*Joint Test Action Group*) standardisiert worden. Zur Einsparung von Anschlüssen werden diese häufig von den Prozessorherstellern mit einer Doppelfunktion realisiert und können damit alternativ auch für eigene produktspezifische Test- und Überwachungsfunktionen innerhalb der Bausteine (*Debugging*) benutzt werden. In diesem Modus können dann auch interne Prozessorkomponenten (Register, Speicherzellen,...) beobachtet und manipuliert werden (vgl. Anhang A.2).

8.2.5.5 Signale zur Auswahl einer Betriebsart

Viele anwendungsorientierte Mikroprozessoren (Mikrocontroller, DSPs) können in verschiedenen Betriebsmodi eingesetzt werden, die sich insbesondere in der Art des Systembusses und der Speicherausstattung (interner/externer Speicher) unterscheiden und durch den Entwickler eines Systems festgelegt werden müssen. Dazu werden bestimmte Eingangssignale, die üblicherweise

---

[1] Auf diese Speicher sind wir im Unterabschnitt 7.4.2 kurz eingegangen

nur während der Rücksetzphase (*Reset*) des Systems abgefragt werden, auf definierte Pegel gelegt. Diese Festlegung kann einerseits durch das Verbinden der Eingangsleitungen mit positiver Betriebsspannung oder Masse-Potenzial mit Hilfe von Widerständen unveränderlich, oder aber veränderlich durch Umsetzen von Lötbrücken oder durch kleine externe Schalter, sog. *DIP-Switches* (*Dual In-line Package*), geschehen. Als unterschiedliche Betriebsmodi unterscheidet man häufig

- den **Mikrocontroller-Modus**, in dem der Mikrocontroller keinen externen Systembus besitzt und nur mit den internen Speichermodulen auskommen muss,

- den **Mikroprozessor-Modus**, in dem der Mikrocontroller über einen externen Systembus mit Speichermodulen und zusätzlichen Peripherie-Bausteinen ergänzt wird,

- einen speziellen **Modus zur Fehlersuche** (*Debug Mode*), in dem z.B. die externen Festwertspeicher durch externe Schreib-/Lesespeicher ersetzt werden können, deren Inhalt verändert werden kann und in denen ablaufende Programme durch Messgeräte beobachtet werden können.

8.2.5.6 Busarbitrierungs-Signale

Die Signale BR (*Bus Request*), BG (*Bus Grant*) und BGACK (*Bus Grant Acknowledge*) zur Busarbitrierung wurden bereits im Unterabschnitt 5.2.2 beschrieben. Ihr Zeitverhalten ist in Abb. 8.22 skizziert.

Während der Prozessor im ersten Takt die Adresse der selektierten Speicherzelle ausgibt, fordert eine Systemkomponente (oder ein zweiter Prozessor) von ihm über den BR-Eingang den Systembus an. Zum Ende des zweiten Taktes hat der Prozessor das Datum übertragen und gewährt über sein Ausgangssignal BG nach Abschluss des Buszyklus der Komponente den Buszugriff. Optional kann nun die zugriffsberechtigte Komponente[1] über ein drittes Signal, BGACK, dem Prozessor und eventuell weiteren Busteilnehmern mitteilen, dass sie die Systembuskontrolle übernommen hat und ihren Buszugriff durchführt.

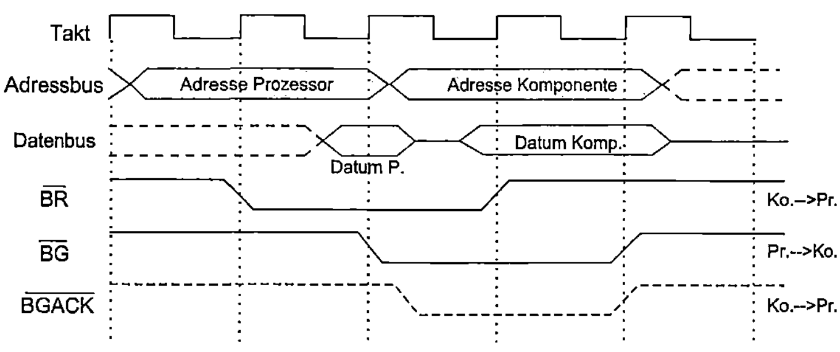

Abb. 8.22: Busarbitrierung

In einem Mikroprozessor-System der beschriebenen Art besitzen die angeschlossenen Buskomponenten stets eine höhere Priorität als der Prozessor, so dass er deren Zugriffswünsche (nach Beendigung des laufenden Buszugriffs) erfüllen muss. Immer wenn mehrere aktive Komponenten[2] an den gemeinsamen Systembus gekoppelt werden, benötigt man einen „Schiedsrichter"

---

[1] Man spricht von einem Busmaster
[2] Im Folgenden nennen wir Prozessoren und andere Systemkomponenten vereinfachend (Bus-)Teilnehmer

(*Arbiter*), der die durch gleichzeitige Zugriffswünsche entstehenden Konflikte auflöst und diese in eine geeignete zeitliche Reihenfolge bringt. Häufig ist dieser Arbiter als externer Baustein realisiert, dem jede Buskomponente ihr Signal BRQi zuführt. Dies ist in Abb. 8.23 skizziert.

Der Arbiter ist über spezielle Leitungen BGRi mit allen Komponenten verbunden und kann darüber genau eine Komponente zum momentanen Busmaster erklären, sobald der Bus durch das Prozessorsignal BG freigegeben wurde. Diese Form der Busarbitrierung nennt man, wegen der individuellen Anforderungs- und Zuteilungssignale, „unabhängige Anforderung" (*Independent Request*).

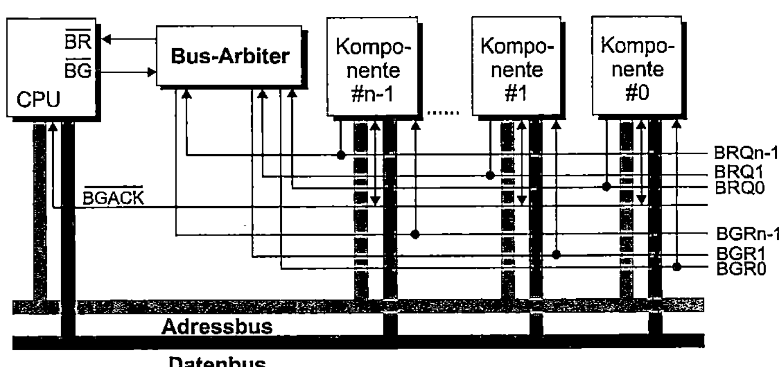

Abb. 8.23: Buszuteilung mit zentralem Arbiter

8.2.5.7 Lock-Signal

Wenn mehrere Busteilnehmer auf dieselben Speicherzellen[1] zugreifen sollen, entsteht ein Problem dadurch, dass ein Datum im Speicher bereits von einem zweiten Teilnehmer angesprochen wird, während der erste dieses noch bearbeitet und das Ergebnis noch nicht im Speicher abgelegt hat. Zur Vermeidung dieses Problems kann eine Operationsfolge „lesen – bearbeiten – abspeichern" (*Read-Modify-Write*) zu einem unteilbaren Buszyklus (*Indivisible Cycle*) erklärt werden.

Dazu besitzen die Prozessoren häufig ein Ausgangssignal, das z.B. mit LOCK oder RMC (*Read-Modify-Write Cycle*) bezeichnet wird. Dieses wird dem Arbiter zugeführt und veranlasst ihn, die Weitergabe des Zugriffsrechts auf den Bus an eine andere Komponente solange zu verzögern, bis der Prozessor den unteilbaren Buszyklus beendet hat. Dies ist in Abb. 8.24 dargestellt.

Zur Aktivierung des Blockiersignals für einen unteilbaren Buszyklus auf Programmebene existieren zwei Alternativen (s. Tabelle 6.14):

- durch spezielle Befehle, wie z.B. TAS (*Test and Set*), der eine Speicherzelle liest, testet und auf einen bestimmten Wert setzt,

- durch Angabe eines Präfixes LOCK... vor einem Schreib-/Lesebefehl, das direkt zum Setzen des genannten LOCK-Signals während der Ausführung des folgenden Befehls führt.

---

[1] wie dies z.B. zur Realisierung sog. Semaphoren zur Synchronisation verschiedener Prozesse benutzt wird

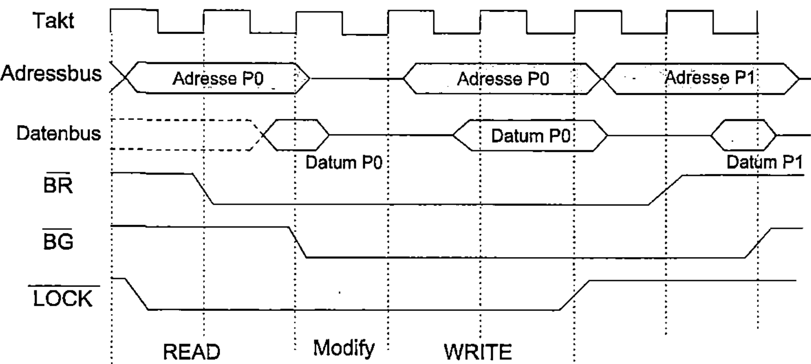

Abb. 8.24: Blockierung des Systembusses

Weitere Systembus-Signale

Neben den beschriebenen Signalen findet man manchmal noch die folgenden Signale:

- Zur Erleichterung des Aufbaus von Mehrprozessor-Systemen besitzen Prozessoren z.T. eine Anzahl von Eingangsleitungen (typisch: 3), über die dem Prozessor durch äußere, feste Beschaltung eine eindeutige Identifikationsnummer (ID) zugewiesen werden muss. Diese Nummer dient zur Adressierung der Prozessoren im System und legt häufig auch die Reihenfolge bei Zugriffskonflikten auf den Systembus fest.

- Viele Mikroprozessoren besitzen statische Ein-/Ausgangsleitungen, deren Zustand vom Benutzer durch spezielle Befehle oder durch den Zugriff auf ein vorgeschaltetes Register eingelesen oder geändert werden können. Diese als *User Flags* bezeichneten Signale können für die Steuerung einer einfachen Systemkomponente oder zur Ermittlung ihres Zustands benutzt werden.

8.2.6 Aufbau und Funktion eines Systembus-Controllers

Im Gegensatz zu PCs besteht der Arbeitsspeicher von anwendungsorientierten Prozessoren, d.h., Mikrocontrollern und DSPs, häufig nicht aus einem homogenen Speicherblock, sondern aus einer Vielzahl mehr oder weniger großer Speicherblöcke, die aus verschiedenen Bausteinen aufgebaut sind. Dazu gehören insbesondere Schreib-/Lesespeicher und Festwertspeicher der unterschiedlichsten Technologien, mit individuellen Schnittstellen und Steuersignalen, Zugriffszeiten und Kapazitäten[1]. Wie bereits zu Beginn des Abschnitts gesagt, bieten moderne Prozessoren vielfältige Möglichkeiten, dem Systementwickler größtmögliche Freiheit bei Auswahl und Einsatz der geeigneten Bausteine einzuräumen und dazu den Systembus-Controller geeignet zu „programmieren".[2] In Abb. 8.25 ist exemplarisch der Anschluss eines strukturierten Arbeitsspeichers an einen Prozessor mit programmierbarem Buscontroller skizziert.

Der Speicher bestehe aus einem großen Schreib-/Lesespeicher mit 32 Bits breitem Datenpfad, einem 8 Bits breiten Festwertspeicher sowie einem weiteren Speicherbereich, der den Zugriff auf 16-Bit-Datenwörter ermöglicht.

---

[1] Auf diese Bausteine sind wir im Kapitel 7 ausführlicher eingegangen

[2] Wie häufig im Zusammenhang mit Peripheriebausteinen und Controllern besteht die Programmierung darin, bestimmte Register mit geeigneten Binärmustern zu füllen

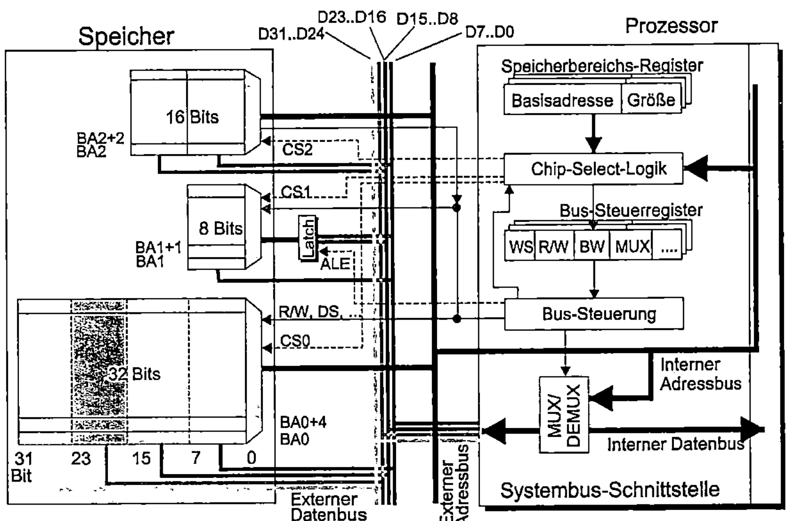

Abb. 8.25: Aufbau eines Systembus-Controllers

Der Buscontroller (des behandelten Beispiels) besteht aus zwei Hauptkomponenten:

- Die **Chip-Select-Logik** besitzt für jeden Speicherbereich, der durch die Schnittstelle unterschieden werden soll, ein Register, in dem bei der Initialisierung des Prozessorsystems die Basisadresse des Speicherbereichs und seine Länge eingetragen werden. Die Längenangabe kann meist aus einer Liste von fest vorgegebenen Größen gewählt werden und wird im Register binär-codiert durch wenige Bits (z.B. 4) angegeben. Typische Bereichsgrößen liegen zwischen wenigen Kilobyte und einigen Megabyte. Reale Buscontroller unterstützen die Ansteuerung von bis zu einem Dutzend verschiedener Speicherbereiche. Die Chip-Select-Logik vergleicht (voll-parallel) jede Adresse auf dem internen Adressbus mit allen in ihren Registern abgelegten Adressen und stellt so fest, in welchem der programmierten Speicherbereiche die angesprochene Speicherzelle liegt. Als Reaktion aktiviert sie – zeitgerecht – das dem gefundenen Bereich zugeordnete Speicherauswahl-Signal CSi (*Chip Select*). Bei einigen Prozessoren kann zusätzlich durch weitere Bits der Register festgelegt werden, ob das CS-Signal bei jedem Speicherzugriff oder aber nur bei Lese- bzw. Schreibzugriffen ausgegeben werden soll[1]. Außerdem unterstützen DSPs häufig den Aufbau getrennter externer Speicher für Befehle und Daten (Harvard-Architektur) durch spezielle Auswahlsignale PMS und DMS (*Program Memory Select, Data Memory Select*). In den dadurch selektierten Adressbereichen können wiederum verschiedene Speicherbereiche, wie oben beschrieben, untergebracht werden. Ein drittes Signal BMS (*Boot Memory Select*) spricht einen Speicherbereich an, in dem Festwertspeicher zur Initialisierung des Systems nach dem Rücksetzen (*Reset*) untergebracht werden müssen.

- Die **Bussteuerung** besitzt ebenfalls für jeden Speicherbereich ein Steuerregister, in dem für den Speicherbereich die individuellen Informationen über die Art und Arbeitsweise des Sys-

---

[1] Auf diese Weise kann ein rudimentärer Speicherschutz realisiert werden

tembusses abgelegt werden. Sie wird von der Chip-Select-Logik bei jedem Buszugriff über den angewählten Speicherbereich informiert und erzeugt mit Hilfe des zugeordneten Steuerregisters die entsprechenden Steuersignale. Im Steuerregister findet man typischerweise Bitfelder zur Auswahl der in den vorausgehenden Abschnitten beschriebenen Bus-Betriebsarten:

- Das mit BW (*Bus Width*) bezeichnete Bitfeld übernimmt die Steuerung der Datenbusbreite für die verschiedenen Speicherbereiche, wie sie im Unterabschnitt 8.2.5 beschrieben wurde. Durch die Möglichkeit des Buscontrollers, die Busbreite per Programm festzulegen, kann auf die im Unterabschnitt 8.2.5 behandelten Steuersignale BS16, BS8 zur Festlegung der Busbreiten verzichtet werden. Beim Zugriff auf 32-Bit-Daten in den Speicherbereichen 1 und 2 nach Abb. 8.25 findet – wegen der Verwendung einer eingeschränkten Datenbusbreite (8, 16 Bits) – implizit eine Datenübertragung im Zeit-Multiplexverfahren statt, d.h., die Teile eines Datums werden sequenziell hintereinander in vier bzw. zwei Buszyklen übertragen.

- Das Bitfeld MUX (*Multiplexing*) erlaubt es, für die einzelnen Speicherbereiche zwischen einer Übertragung von Adressen und Daten über getrennte Busse („nicht gemultiplext") bzw. einen gemeinsamen Adress-/Datenbus („gemultiplext") zu wählen. Im letztgenannten Fall kann häufig – in Ergänzung zum o.g. Bitfeld BW – die Busbreite des Multiplexbusses festgelegt werden. Üblich sind Muliplex-Busbreiten von 8, 16 oder 32 Bits. In Abb. 8.25 wird Speicherbereich 1 im Multiplexbetrieb angesprochen, bei dem die Adressen über die niederwertigen 16 Signale des Adress-/Datenbusses, die 8-Bit-Daten über die niederwertigen 8 Bits übertragen. Die Bussteuerung erzeugt dazu das Signal ALE (*Address Latch Enable*), mit dem die ausgegebene Adresse in ein Zwischenspeicher-Register (*Latch*) übernommen wird.

- Durch das Bitfeld WS (*Wait States*) kann für jeden Speicherbereich die Anzahl der Wartezyklen festgelegt werden, die bei jedem Zugriff auf diesen Bereich eingefügt werden müssen. Dadurch entfällt die Notwendigkeit, diese Wartezyklen vom jeweiligen Speichermodul über ein externes READY-Signal anfordern zu lassen. Typischerweise können 0 bis 15 Wartezyklen programmiert werden, so dass ohne zusätzlichen Hardwareaufwand auch relativ langsame Speicherbausteine (oder Peripheriebausteine) eingesetzt werden können.

- Das Bitfeld R/W (*Read/Write*) erlaubt den Einsatz von Speicherbausteinen verschiedener Hersteller, die sich u.a. durch die Art und Funktion ihrer Steuersignale unterscheiden. Hier kann z.B. berücksichtigt werden, ob der Speicherbaustein ein kombiniertes Schreib-/Lesesignal (*Read/Write* – R/W) und ein Daten-Strobesignal (DS) oder aber zwei getrennte Schreib- und Lesesignale (*Write* – WR, *Read* – RD) erwartet. Andererseits kann das Zeitverhalten bestimmter Signale oder zwischen mehreren Signalen festgelegt werden, z.B. zwischen dem ALE- und dem R/W-Signal.

- Neben den beschriebenen Bitfeldern besitzen einige Prozessoren weitere Felder, über die andere Steuersignale der Systembus-Schnittstelle an die Bedürfnisse der unterschiedenen Speicherbereiche angepasst werden können. Dazu zählen insbesondere Steuerbits, durch die festgelegt werden kann, ob ein Speicherbereich durch externe Speicherbausteine oder aber einen auf dem Prozessorchip integrierten Speicher realisiert werden soll. Auf diese Bits wollen wir hier nicht näher eingehen.

8.3 Der Universal Serial Bus – USB

8.3.1 Grundlagen

Die Entwicklung des USB (*Universal Serial Bus*) hatte als Hauptziel die einfache Erweiterbarkeit eines Arbeitsplatzrechners um unterschiedliche Peripheriegeräte ohne das heute noch übliche Kabelwirrwarr. Der USB soll das Hinzufügen und Entfernen von Komponenten und Geräten während des Betriebs und ohne Neustart des Rechners erlauben (*Hot Plug & Play*). Der Anschluss der Geräte geschieht über eine kostengünstige Schnittstelle mit einheitlichen billigen Steckern; die Übertragung läuft seriell über ein abgeschirmtes 4-Draht-Kabel (s. Abb. 8.26). Nach der Spezifikation USB 1.1, die wir zunächst zugrunde legen, beträgt die Standard-Übertragungsrate (*Full Speed*) 12 MBit/s und verlangt ein Kabel mit verdrillten Signalleitungen mit einer Länge bis zu 5 m. Für einfachste Geräte, z.B. eine Maus, kann auch eine niedrige Rate (*Low Speed*) von 1,5 MBit/s verwendet werden, die auch mit nicht verdrillten Signalleitungen von bis zu 3 m auskommt. Die aktuelle USB-Entwicklung USB 2.0 unterstützt eine „hohe" Übertragungsrate (*High Speed*) von 480 MBit/s[1]. Für Geräte mit niedrigem Leistungsbedarf kann die Spannungsversorgung über das USB-Kabel geführt werden. Der USB erlaubt den Anschluss von maximal 127 Geräten.

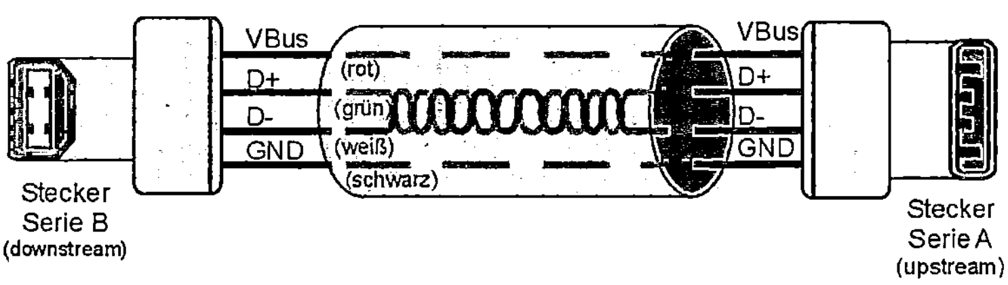

Abb. 8.26: Kabel und Stecker im USB

8.3.2 Topologie

Der USB besitzt eine Baumstruktur mit *Hubs* als Zwischenknoten und den angeschlossenen Geräten (*Functions*) als „Blätter". (Er ist also ein logischer, kein physikalischer Bus.) In Abb. 8.27 ist links die Baumstruktur des USB skizziert, rechts ist ein typisches USB-System dargestellt.

Der Wurzelknoten (*Root Hub*) ist stets im Rechner (*Host*) eingebaut, der den Bus verwaltet. Die Hubs können in den Geräten integriert oder eigene Komponenten sein. Die USB-Topologie besteht aus maximal sieben Schichten (*Tiers* – „Etagen, Schichten", ohne den Host), d.h., zwischen Host und jedem Gerät liegen höchstens sieben Kabelsegmente. Wie oben gesagt, ist die maximale Länge eines Kabels auf 5 m begrenzt[2], so dass sich eine größte Entfernung von 35 m zwischen dem Host und einem Gerät ergibt.

Ziel des USB ist der einfache Anschluss einer großen Anzahl von Geräteklassen an einen Host. Dazu gehören Massenspeicher, Monitore, Eingabegeräte (Tastatur, Joystick, Maus etc.), Drucker, Audiogeräte, Kommunikationsgeräte, Spannungsversorgung und Hubs.

---

[1] Auf diese Version gehen wir erst in einem späteren Unterabschnitt näher ein
[2] Über zwischengeschaltete *Repeater* sind auch größere Entfernungen, z.B. bis zu 35 m, überbrückbar

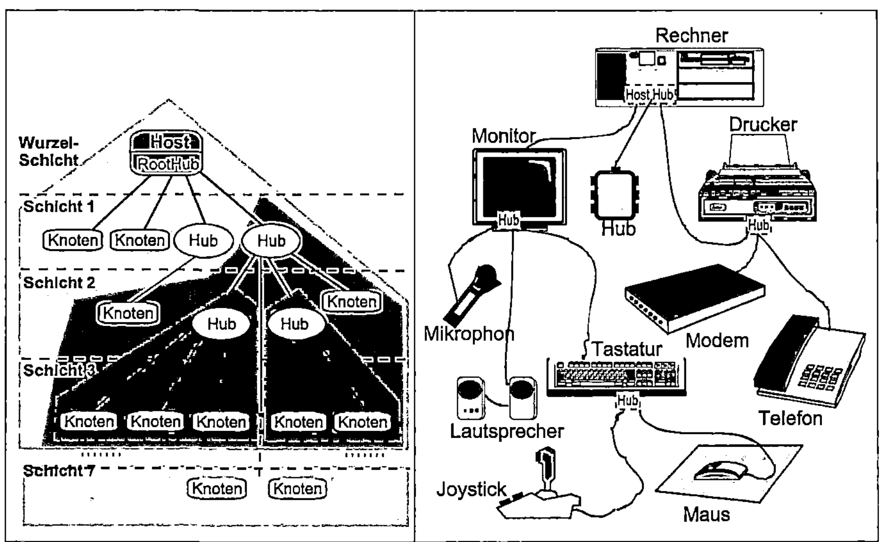

Abb. 8.27: USB-Topologie und Systembeispiel

Die Komponenten am Bus haben die folgenden Funktionen:

- Der *Host* ist ein PC oder ein vergleichbarer Rechner. Er benötigt USB-Hardware und USB-Software. Die Hardware besteht aus einem *Host Controller* (*Root Hub*), der typischerweise im Chipsatz des Rechners integriert ist. Aufgaben des Hosts sind die Initialisierung aller USB-Geräte, ihre Nummerierung und Adressierung. Er muss alle Geräte in regelmäßigen Abständen nach Übertragungswünschen abfragen (*Polling*) und die Betriebsspannung überwachen.

- Ein *Hub* ist ein spezielles Gerät zur baumförmigen Verzweigung der „Bus"-Stränge. Er besteht aus einer Schnittstelle, über die er mit dem Host kommunizieren kann (*Upstream Port*), und einer Anzahl von Schnittstellen zu den angeschlossenen Geräten oder Hubs (*Downstream Ports*). Der Hub kann als eigenständiges Gerät (s. Abb. 8.28) mit vier bis acht *Downstream Ports* ausgebildet sein; häufig ist er jedoch in einem Gerät (z.B. einem Monitor) eingebaut. Er erkennt selbstständig, ob Daten mit der langsamen (1,5 MBit/s), der Standardrate (12 MBit/s) oder der schnellen Rate (480 MBit/s) übertragen werden. Daten, die mit der Standardrate übertragen werden, werden vom Hub nur zu den Geräten weitergereicht, die mit dieser Geschwindigkeit arbeiten; Daten mit niedriger Übertragungsgeschwindigkeit erreichen hingegen alle (aktiven) Geräte. Der Hub überwacht alle an ihm angeschlossenen Geräte und ihre Versorgungsspannung und informiert den Host über alle Änderungen, z.B. über das Entfernen oder Hinzufügen eines Geräts (*Plug & Play*). Dazu kann er jeden *Downstream Port* individuell aktivieren oder deaktivieren bzw. zurücksetzen. Der Hub kann über den USB mit Spannung versorgt werden oder eine eigene Spannungsversorgung haben. Da ein Hub eine eigene Adresse besitzt (vgl. Unterabschnitt 8.3.4), zählt er zu den maximal 127 Geräten, die an den USB angeschlossen werden können.

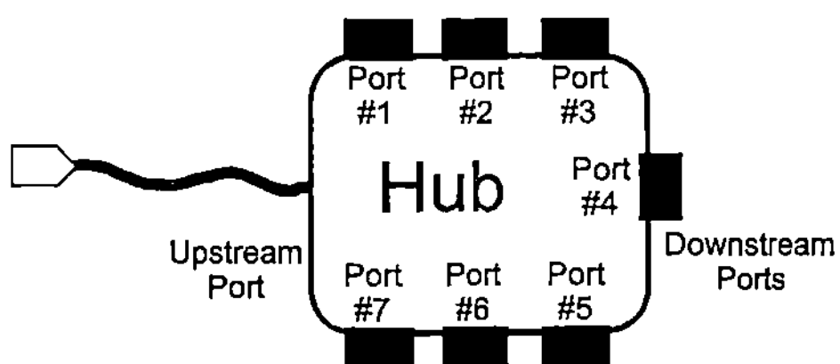

Abb. 8.28: Hub als eigenständiges Gerät

- Die Endgeräte heißen Funktionseinheiten (*Functions*). Sie sind direkt oder über Hubs mit dem Host verbunden und bestehen aus mehreren logischen Endpunkten (*Endpoints*), die z.B. der Gerätesteuerung, der Interrupt-Logik, der Ein- oder Ausgabelogik zugeordnet sein können. Endgeräte mit geringer Stromaufnahme (< 500 mA) können über den USB versorgt werden.

8.3.3 Synchronisations- und Übertragungsverfahren

Die Übertragung der Daten geschieht in Form von Paketen, die im Abschnitt 8.3.6 genauer beschrieben werden. Zur Synchronisation wird die Übertragung in Zeitrahmen konstanter Länge von 1 ms (± 0.05%), sog. (*Macro-*)*Frames,* aufgeteilt[1], während der alle Teilnehmer den Bus benutzen können. Da – wie später gezeigt – alle Transaktionen auf dem Bus vom Host Controller veranlasst werden, können keine Zugriffskonflikte (Kollisionen) auftreten. Die Übertragungen finden im Halbduplex-Verfahren statt, d.h., entweder vom Host zu einer Funktionseinheit oder umgekehrt, nie jedoch in beiden Richtungen gleichzeitig.

Jeder Rahmen beginnt mit einem Start-Paket (*Start of Frame* – SOF, s. Abb. 8.29). Dieses besteht aus einer 10 Bits langen Rahmennummer, durch die die Rahmen zyklisch durchgezählt werden. Der Rahmen endet mit einem Zeitintervall konstanter Länge ohne Busaktivitäten (*End of Frame* – EOF).

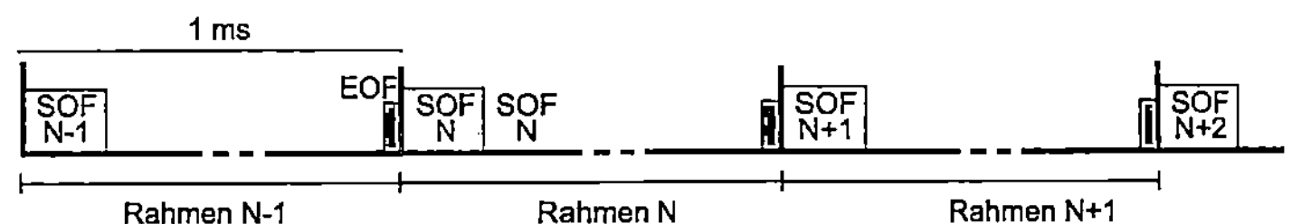

Abb. 8.29: Struktur der Synchronisationsrahmen

Jedes Paket fängt zusätzlich mit einem 8-Bit-Synchronisierzeichen SYNC an, an dem jeder Knoten den Beginn eines neuen Paketes auf dem „unbeschäftigten" (*idle*) Bus erkennen kann. Dieses Zeichen ist in Abb. 8.30 dargestellt. Es besteht aus drei 0-1-Paaren und zwei folgenden 0-Bits.

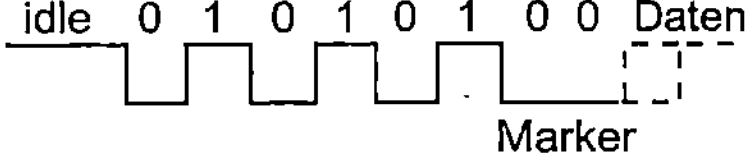

Abb. 8.30: Synchronisierzeichen SYNC

---

[1] Mit der Standardrate 12 MBit/s können pro Rahmen 12000 bit, also 1500 Byte übertragen werden

Die Übertragung der Signale im USB geschieht über verdrillte Leitungen (D+, D-), die differenziell angesteuert werden. Die Potenziale auf jeder Leitung müssen im H(igh)-Pegel zwischen 2,8 und 3,6 V, im L(ow)-Pegel unter 0,3 V liegen. Die Differenzspannung ist (betragsmäßig) größer als 200 mV, wobei der Referenzwert zwischen 1,3 V und 2 V liegen muss. Zur Kennzeichnung des Endes eines Datenpaketes (vgl. Abb. 8.34a bis d) werden beide Leitungen auf Spannungswerte unter 0,8 V gezogen (*Single-Ended 0*). Die Signalübertragung geschieht nach dem NRZI-Verfahren mit *Bit-Stuffing*, wie sie im Unterabschnitt 8.1.4 beschrieben wurde.

8.3.4 Adressierung der Busteilnehmer

Die Adressierung der Busteilnehmer im USB geschieht zweistufig durch eine 11-Bit-Adresse, wie sie in Abb. 8.31 dargestellt ist. Darin geben die höherwertigen sieben Bits die Geräteadresse (*Function Address*) an, die unteren vier Bits selektieren einen von max. 16 logischen Endpunkten im angesprochenen Gerät. Adressen werden in speziellen Paketen, den Token-Paketen nach Abb. 8.34b, übertragen. Nach dem Einschalten oder Rücksetzen eines USB-Systems hat jedes Gerät die Funktionsadresse 0. Der Host vergibt danach eindeutige Nummern an alle Funktionseinheiten (*Enumeration Process*) und Hubs. Dabei bleibt die Adresse 0 für die Initialisierung neuer Komponenten reserviert.

Aus logischer Sicht ist ein Endgerät eine Funktionseinheit, die aus einem oder mehreren *Interfaces* besteht. Ein Interface ist dabei eine spezielle Sicht auf die Funktionseinheit und kann mehrere Endpunkte umfassen. Endpunktadressen nummerieren logische Subkanäle (*Pipes*) in den Funktionseinheiten, wie sie im Unterabschnitt 8.3.6 beschrieben werden. Der Endpunkt 0 ist in jedem Interface vorhanden und dient zur Steuerung der Funktionseinheit. Geräte mit langsamer Übertragungsrate können nur zwei Endpunktadressen unterstützen.

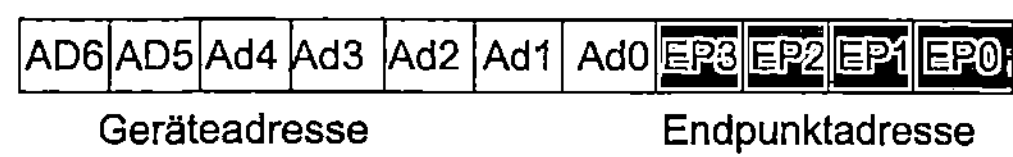

Abb. 8.31: USB-Adresse

8.3.5 Busanforderung und -Zuteilung

Die Zuteilung des Busses geschieht im USB durch das Polling-Verfahren, wie es in Abb. 8.32 (s. auch Abb. 8.9b) dargestellt ist. Der Host fragt dazu in gewissen Zeitabständen, die bei der Initialisierung des Systems für jede Komponente festgelegt werden, alle Teilnehmer nach Zugriffswünschen ab. Daneben existiert noch die Möglichkeit, Teilnehmern feste Zeitkanäle in jedem Rahmen zu reservieren. Dies wird weiter unten beschrieben.

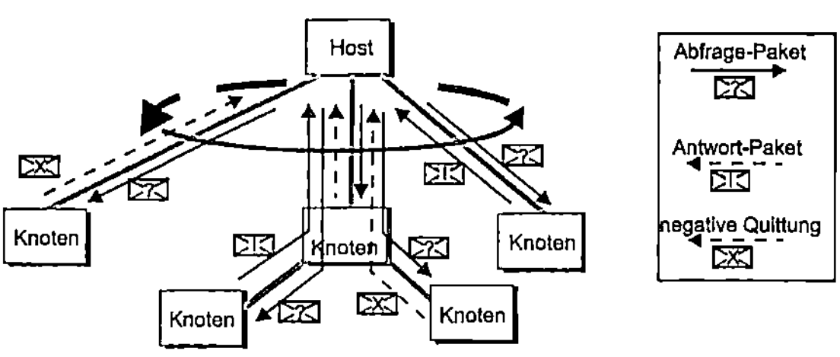

Abb. 8.32: Buszuteilung im USB

8.3.6 Kommunikation im USB

8.3.6.1 Übertragungstypen

Im USB werden fünf Übertragungstypen unterstützt, die sich hauptsächlich durch die Zuteilung des erforderlichen Anteils an der Busbandbreite unterscheiden. In Abb. 8.33 ist der Aufbau eines Zeitrahmens und die Zuteilung der Bandbreite an die Übertragungstypen skizziert. Im folgenden Unterabschnitt werden wir den Ablauf der beschriebenen Datenübertragungen genauer darstellen.

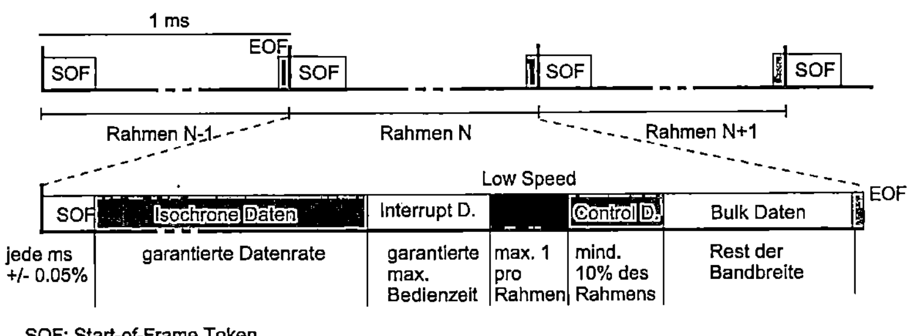

Abb. 8.33: Aufbau eines Rahmens und seine Aufteilung

- Bei der **isochronen Übertragung**[1] wird (vom Host Controller) den zu transferierenden Daten eine gleich bleibende Zeitdauer in jedem Rahmen reserviert. Dies garantiert eine konstante Datenrate und verhindert „untragbare" Verzögerungen. Benutzt wird dieser Typ für in Echtzeit anfallende Daten, die eine kontinuierliche Übertragung und Verarbeitung erfordern, z.B. Sprach-, Audio- und Videodaten. Es findet keinerlei Fehlerkorrektur, z.B. durch Wiederholung einer Paketübertragung, statt. Isochrone Übertragungen werden immer mit voller Geschwindigkeit, d.h., 12 MBit/s, durchgeführt. Pro Rahmen können dabei maximal 1023 Bytes gesendet werden, was einer maximalen Bandbreite von 8,2 MBit/s entspricht.

- Durch die **Bulk-Übertragung** werden Massendaten, d.h., größere Datenmengen, transferiert (*Bulk Transmit Transaction*). Bei diesen Daten werden eine Fehlererkennung durch CRC-Prüfzeichen (*Cyclic Redundancy Check*) und automatische Wiederholungsversuche durch die Hardware durchgeführt. Typische Geräte für diesen Übertragungstyp sind Drucker, Scanner und Modem. Der Bulk-Übertragung steht nur der von den anderen Übertragungstypen nicht belegte Rest des Rahmens zur Verfügung. So können maximal 19 Pakete mit 64 Bytes transferiert werden, was einer maximalen Bandbreite von 9,7 MBit/s entspricht.

- Bei der Übertragung von sog. **Interrupt-Daten**[2] werden nicht periodisch, spontan auftretende geringe Datenmengen gesendet, wie sie z.B. von einer Tastatur oder der Maus geliefert werden. Auch hier finden eine Fehlererkennung und ggf. Wiederholungsversuche statt. Dieser Typ garantiert zwar eine maximale Latenzzeit, aber kein konkretes Zeitverhalten. Bei der vollen Übertragungsrate können 8, 16, 32, 64 Bytes pro Paket und maximal 19×64 Bytes übermittelt werden, was eine maximale Bandbreite von 9,7 MBit/s bedeutet.

---

[1] Isochron bedeutet sinngemäß: zum gleichen Zeitpunkt (im Zeitrahmen) auftretend

[2] Obwohl der Begriff „Interrupt" etwas anderes suggeriert: Auch diese Übertragung wird durch den Host Controller durch regelmäßige Nachfrage bei den Funktionseinheiten (*Polling*) veranlasst

- Für die Übertragung von **Steuerdaten** (*Control Data*) werden wenigstens 10% des Rahmens reserviert. Dazu zählen alle Daten zur Identifikation, Konfiguration und Überwachung der Geräte und Hubs. Auch hier können die Pakete 8, 16, 32 oder 64 Bytes enthalten. Maximal dürfen 13×64 Bytes pro Rahmen übertragen werden, was einer Bandbreite von 6,6 MBit/s entspricht.

- Maximal ein Paket pro Rahmen darf mit der **langsamen Geschwindigkeit** (*Low Speed*) übertragen werden

8.3.6.2 Paketformate

Wie bereits gesagt, geschieht die Kommunikation zwischen dem Host und den Geräten über den Transfer von Paketen. Jedes Paket beginnt mit einem eindeutigen Synchronisierzeichen SYNC (hexadezimal $2A). Es endet mit einem Zeitintervall fester Länge EOP (*End of Packet*), das zum Ausgleich der unterschiedlichen Signallaufzeiten zwischen den Paketen eingefügt werden muss (*Interpacket Delay, Turnaround Time*). Elektrisch wird es durch ein *Single-Ended-0*-Signal repräsentiert (vgl. Unterabschnitt 8.3.3). In jedem Paket ist eine 8-Bit-Paketkennung PID (*Packet Identification Field*) enthalten, die einen von zehn verschiedenen Pakettypen spezifiziert. Der Typ wird durch die unteren vier PID-Bits beschrieben; die oberen vier Bits wiederholen zur Erkennung möglicher Fehler die Typnummer in invertierter Form. In Abb. 8.34 sind die verschiedenen Paketformate dargestellt. (Neben den beschriebenen gibt es noch einen speziellen PID-Typ PRE, der den Transfer zu Geräten mit langsamer Übertragungsrate ermöglicht. Ihn wollen wir hier nicht näher beschreiben.)

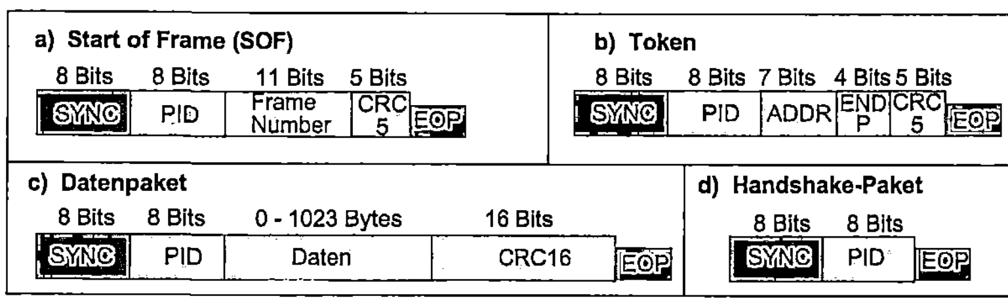

Abb. 8.34: Die verschiedenen Paketformate

- Wie bereits beschrieben, wird das *Start-of-Frame*-**Paket** (SOF, Abb. 8.34a) zur Kennzeichnung eines neuen Zeitrahmens im zeitlichen Abstand von 1 ms übertragen. Es enthält − neben dem Pakettyp (PID) − eine 11-Bit-Rahmennummer sowie ein 5-Bit-Prüfzeichen (CRC5).

- Durch ein *Token*-**Paket** (s. Abb. 8.34b) überträgt der Host die USB-Adresse (Gerät, Endpunkt) des gewünschten Partners für die folgende Kommunikation. Auch dieses Paket ist durch ein 5-Bit-Prüfzeichen (CRC5) abgesichert. Der Typ der Kommunikation und die Datenrichtung wird durch die PID-Kennung festgelegt. Die folgenden Typen werden unterstützt:

  - OUT leitet eine Datenübertragung vom Host zum Gerät ein,

  - IN eine Datenübertragung vom Gerät zum Host und

  - SETUP die Initialisierung des Kontrollendpunktes 0 im Gerät. Zusätzlich zur Übermittlung von Initialisierungsdaten erlauben SETUP-Übertragungen außerdem, allgemeine Datenpakete (s.u.) an das USB-Gerät zu senden bzw. von dort zu empfangen.

- Abb. 8.34c) zeigt den Aufbau eines **Datenpaketes**, mit dem bis zu 1023 Datenbytes übertragen werden können. Dabei hängt die zulässige Länge vom jeweiligen Übertragungstyp ab, wie er weiter oben beschrieben wurde. Jedes Datenbyte wird mit dem niederstwertigen Bit LSB (*Least Significant Bit*) zuerst gesendet; die Datenwörter selbst werden im Little-Endian-Format übertragen, d.h., mit dem niederwertigen Byte zuerst. Das Datenpaket wird durch ein 16-Bit-Prüfzeichen (CRC16) ergänzt. Zur Kontrolle der richtigen Paketreihenfolge unterscheidet das PID-Kennzeichen zwischen DATA0- und DATA1-Paketen, die sich in einem Strom von Paketen abwechseln müssen, wobei stets mit DATA0 begonnen wird (*Toggle Bit*-Synchronisation). Erreichen den Empfänger unmittelbar hintereinander zwei Datenpakete mit demselben Wert des *Toggle Bits* (auch *Sequence Bit* genannt), so quittiert er zwar beide (s.u.), verwirft aber das zweite als fälschlicherweise wiederholtes Paket.

- Ein USB-Gerät hat drei Möglichkeiten, über ein **Handshake-Paket** (s. Abb. 8.34d) den Erhalt der Pakete vom Host zu quittieren:

  - Mit der PID-Kennung ACK wird der fehlerfreie Empfang bestätigt. Bei der Übertragung von umfangreichen Daten in mehreren Paketen wird jedes Paket – im fehlerfreien Fall – einzeln beantwortet. Erkennt der Empfänger eine fehlerhafte Paketübertragung, so reagiert er darauf nicht. Das Ausbleiben der Quittung informiert den Sender nach Ablauf einer gewissen Zeitschranke (*Time Out*) über das Vorliegen eines Fehlers und veranlasst ihn ggf. zur erneuten Aussendung des Paketes.

  - Durch NAK zeigt ein Kommunikationspartner an, dass (momentan) kein Senden oder Empfangen eines Datenpaketes möglich ist. Als Reaktion darauf wird der Übertragungsversuch ggf. nach einer gewissen Zeit automatisch wiederholt.

  - Durch STALL zeigt das Gerät an, dass der adressierte Endpunkt außer Betrieb und eine Intervention des Hosts erforderlich ist.

NAK bzw. STALL können bei umfangreichen Daten nach jedem Teilpaket gesendet werden und so die Übertragung zeitweise unterbrechen[1] oder vorzeitig abbrechen. Mit der PID-Kennung SETUP übermittelte Daten vom/zum Gerät (s.o.) werden durch die Rücksendung von Statusinfomationen durch den jeweiligen Kommunikationspartner beantwortet.

8.3.6.3   Ablauf der Paketübertragungen

In diesem Abschnitt werden wir den Ablauf der o.g. Übertragungstypen genauer beschreiben. Wir beginnen mit den Transaktionen zur Übertragung von Datenblöcken im *Bulk*-Modus. Die unterscheidbaren Phasen der Transaktionen bestehen gewöhnlich aus den drei oben beschriebenen Teilphasen zur Übertragung der Token-, Daten- und Handshake-Pakete.

- **Transaktion zur Ausgabe von Datenblöcken** (*Bulk Transmit Transaction*)
  Der Host leitet die Übertragung von einzelnen Datenpaketen oder Datenblöcken, die auf mehrere Pakete verteilt sind, durch ein Token-Paket OUT ein (s. Abb. 8.35). Nach Ablauf einer vorgegebenen Verzögerung (*Interpacket Delay*) überträgt er dann ein Paket nach dem anderen über den USB, wobei der Typ des Daten-Paketes sich alternierend ändert: DATA0 / DATA1 / DATA / DATA1.... Die angesprochene Funktionseinheit quittiert – im Falle der asyn-

---

[1] Dies ist eine Form der sog. „Flusskontrolle", die verhindert, dass der Empfänger schneller und/oder mehr Datenpakete geliefert bekommt, als er verarbeiten kann

chronen Übertragung[1] – jedes (erfolgreich) übertragene Datenpaket durch ACK oder bricht die Übertragung durch ein NAK- bzw. STALL-Paket (ggf. vorzeitig) ab.

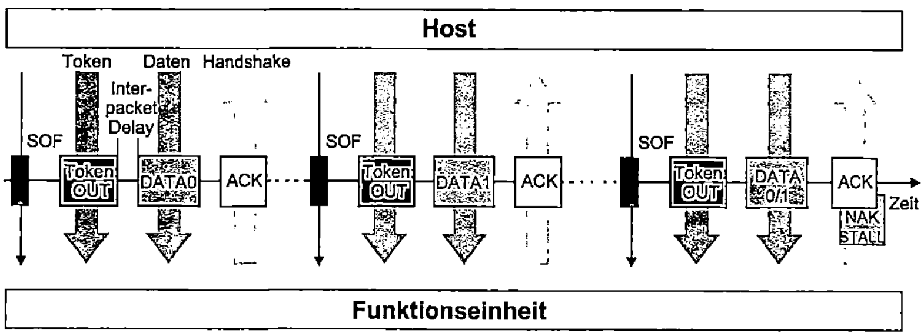

Abb. 8.35: Ablauf einer Datenausgabe

- **Transaktion zum Einlesen von Datenpaketen** (*Bulk Receive Transaction*)
  Hier beginnt die Übertragung durch eine Token-Paket IN (s. Abb. 8.36). Kann die Funktionseinheit die geforderten Daten liefern, so überträgt sie diese durch eine alternierende Folge von DATA0/ DATA1-Paketen. Die erfolgreiche Übertragung jedes Paketes wird vom Host durch ein ACK-Paket quittiert. Stellt der Host fest, dass bei der Übertragung ein Fehler aufgetreten ist, so sendet er kein Quittungspaket aus (Bildmitte). Kann die Funktionseinheit die gewünschten Daten nicht liefern, so antwortet sie mit einem NAK- oder STALL-Paket (rechts in der Abb.).

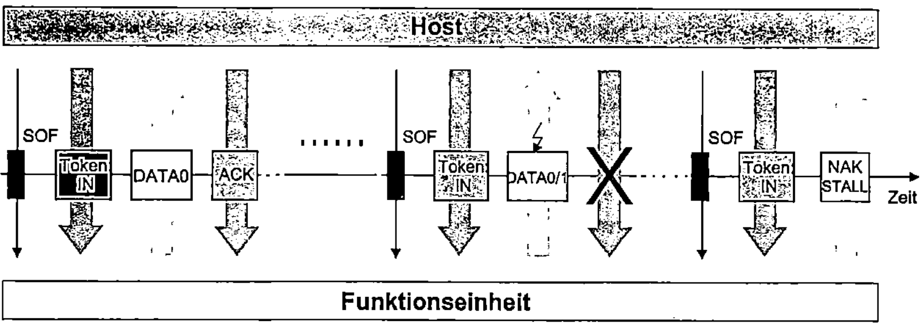

Abb. 8.36: Ablauf eines Datenempfangs

- **Transaktion zur Übertragung im isochronen Modus**
  Die Datenübertragung im isochronen Modus verläuft wie die eben beschriebenen Datenein-/ausgaben im Bulk-Modus, mit der Einschränkung, dass keinerlei Quittungspakete (ACK, NAK, STALL) ausgetauscht werden. Außerdem werden stets DATA0-Pakete übertragen; das Toggle Bit hat also keine Bedeutung.

- **Transaktion zum Einlesen einer Interrupt-Anforderung** (*Interrupt Transaction*)
  Die Übertragung von Interrupt-Daten kann als Spezialfall des eben beschriebenen Datenempfangs gesehen werden. Hier beginnt die Übertragung durch ein Token-Paket IN (s. Abb. 8.37). Falls die Funktionseinheit keine Interrupt-Daten liefern will, beendet sie die Transaktion durch ein NAK-Paket (rechts in der Abb.). Eine Einheit, die die Anfrage nicht bearbeiten kann, liefert ein STALL-Paket.

---

[1] Bei isochroner Übertragung entfällt hier und bei der folgenden Transaktion das ACK-Paket

Vorliegende Interrupt-Daten werden von der Funktionseinheit durch ein DATA0-Paket übermittelt, das vom Host durch ein ACK-Paket quittiert wird (links in der Abb.). Stellt der Host fest, dass bei der Übertragung ein Fehler aufgetreten ist, so sendet er wiederum kein Quittungspaket aus (Bildmitte).

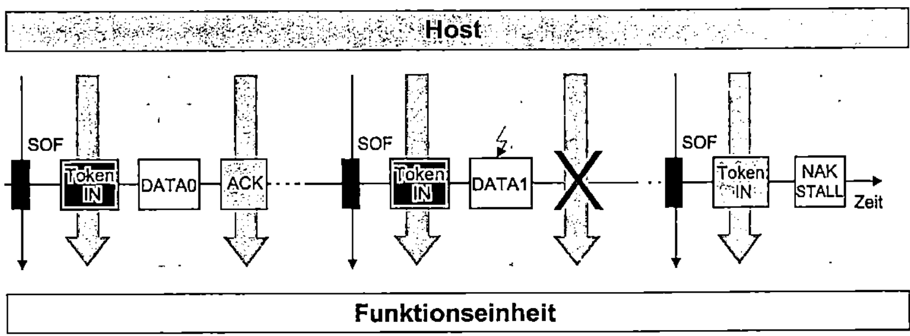

Abb. 8.37: Ablauf der Übertragung von Interrupt-Daten

Die folgenden Transaktionen dienen der Übertragung von Steuer- und Statusinformationen (*Control Transfer*) zwischen Host und Funktionseinheit. In der Funktionseinheit richten sie sich an den Endpunkt 0 (*Control Endpoint*), der die Steuerung der Einheit vornimmt. Alle anderen Endpunkte verwerfen die (evtl.) übertragenen Daten und übertragen keinerlei Antwortpakete.

Die Transaktionen zum *Control Transfer* werden vom Host mit der Ausgabe eines Token-Paketes SETUP begonnen (s. Abb. 8.38). Danach überträgt er in einem DATA0-Paket die Daten zur Festlegung der folgenden Datenübertragung, insbesondere die Übertragungsrichtung und den Umfang der Daten. Diese Daten werden in der nachfolgenden Datenphase in einem oder mehreren Datenpaketen, beginnend mit einem DATA1-Paket, übermittelt. Dies wird in den folgenden Absätzen für beide Übertragungsrichtungen beschrieben. Tritt während der Setup-Phase ein Fehler auf, der von der Funktionseinheit erkannt wird, so sendet sie kein Quittungspaket.

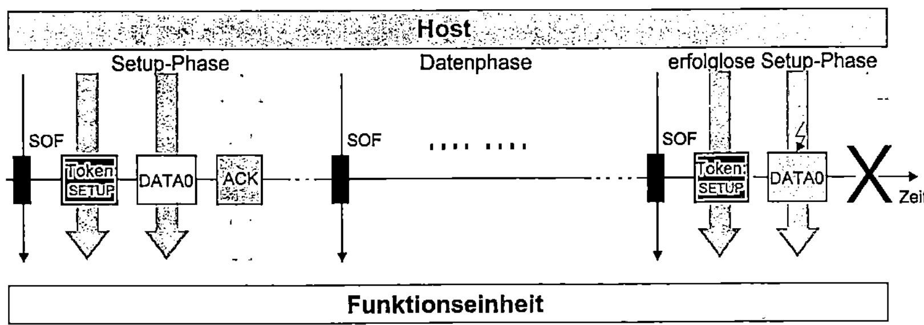

Abb. 8.38: Übertragung von Steuerinformationen – Setup-Phase

- **Transaktion zur Übertragung von Steuerinformationen zur Funktionseinheit**
  (*Control Write*)
  Die eben angesprochene Übertragung von Steuerpaketen zur Funktionseinheit ist in der folgenden Abb. 8.39 dargestellt. Der Host sendet eine Folge von Paketen mit Steuerinformationen zur Funktionseinheit, die (im fehlerfreien Fall) jedes Paket einzeln quittiert. Nach Ende der Übertragung sendet die Funktionseinheit ein DATA1-Paket, dessen Datenfeld u.U. leer ist, also keine Daten enthält. Nicht gezeigt ist der Fall, dass die Funktionseinheit einen Fehler

feststellt und als Antwort ein NAK-Paket zurücksendet. Wenn sie die Übertragung nicht bearbeiten kann, sendet sie ein STALL-Paket.

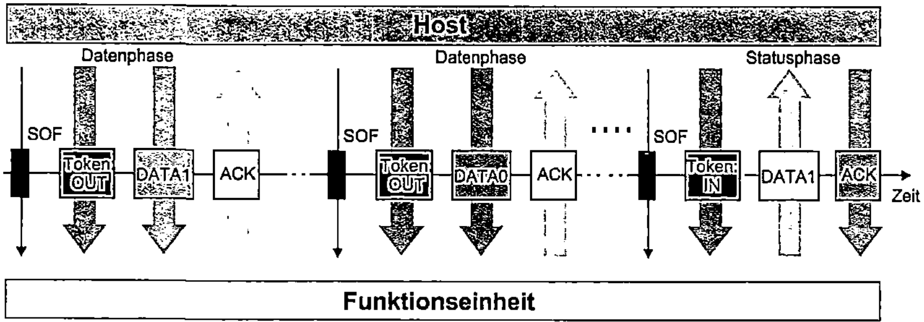

Abb. 8.39: Übertragung von Steuerinformationen – Ausgabe

Die Datenphase der dargestellten Ausgabe-Transaktion kann auch leer sein. In diesem Fall antwortet die Funktionseinheit in der Statusphase sofort mit einem (unter Umständen leeren) DATA1-Paket.

- **Transaktion zur Übertragung von Steuerinformationen zum Host** (*Control Read*)
  Diese Übertragung unterscheidet sich von der vorhergehenden dadurch, dass der Host in der Statusphase ein (u.U. leeres) DATA1-Paket aussendet, bevor die Funktionseinheit eine Quittung zurücksendet (s. Abb. 8.40). Diese Quittung kann wiederum durch ACK eine erfolgreiche, durch NAK/STALL eine – in der Abb. nicht dargestellte – nicht erfolgreiche Ausführung der Transaktion anzeigen.

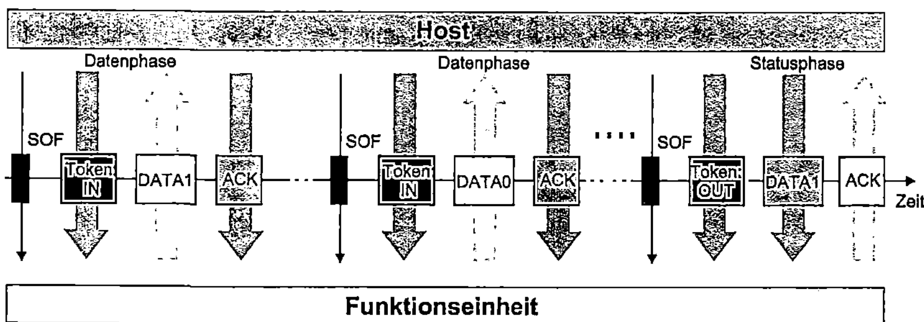

Abb. 8.40: Übertragung von Steuerinformationen – Einlesen des Status

8.3.6.4 Struktur der USB-Software

Im Abschnitt 8.3.4 hatten wir die Interfaces als spezielle Sichten auf ein USB-Gerät (Funktionseinheit) beschrieben, die aus unterschiedlichen Gruppen von Endpunkten (*Endpoints*) bestehen. Die Kommunikation zwischen dem Host und einem Gerät geschieht über logische Kanäle, den *Pipes*, die bei der Initialisierung des Systems zwischen der Anwendungssoftware (*Client Software*) und den Interfaces des Gerätes eingerichtet werden (s. Abb. 8.41). Die Pipes verbinden festgelegte Pufferbereiche im Arbeitsspeicher des Hosts mit den Endpunkten eines Interfaces. In jedem Gerät muss stets wenigstens die (*Default*) *Pipe* zum Endpunkt 0 (*Control Endpoint*) vorhanden sein, da dieser für die Initialisierung und Steuerung des Interfaces benötigt wird. Jeder

Pipe ist ein Attribut zugeordnet, das den Typ der übertragenen Daten kennzeichnet: *Default* (Initialisierungsdaten), *Interrupt, Write/Read Bulk Data, Write/Read Isochronous Data*. Zur Erhöhung der Bandbreite für ein Gerät können mehrere Pipes zu einem Bündel (*Pipe Bundle*) zusammengefasst werden.

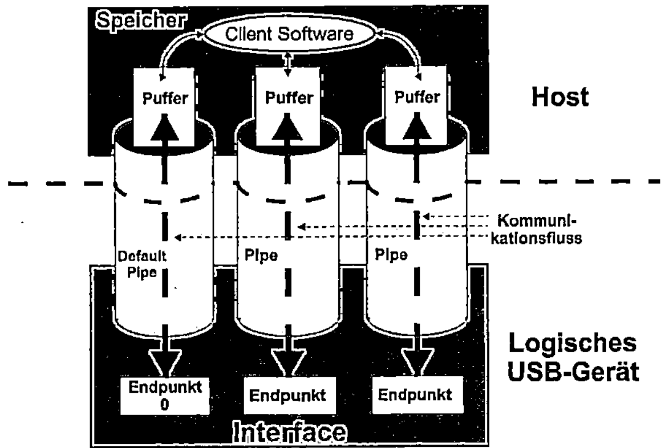

Abb. 8.41: Kommunikation und Adressierung im USB

Mit Hilfe der Pipes können zwei verschiedene Kommunikationsarten ausgeführt werden:

- **Nachrichten** (*Messages*) übertragen Daten mit einer in der USB-Spezifikation festgelegten Struktur. Die Daten werden als Steuerdaten (*Control Data*) zur Konfiguration und Steuerung des angesprochenen Geräts benutzt und von diesem interpretiert. Hierbei ist eine bidirektionale Übertragung möglich.

- **Stromdaten** (*Stream Data*) besitzen keine USB-Struktur. Sie werden als kontinuierliche Folge („Strom") von Datenpaketen übertragen. Nur die Anwendung und das angesprochene USB-Gerät kennen die Bedeutung der Daten. Diesen Daten entsprechen die isochrone, Bulk- oder Interrupt-Übertragungen. Es findet eine unidirektionale FIFO-Übertragung (*First in, First out*) statt, wobei die Daten von mehreren Anwendungen (*Clients*) kommen können.

Die Anwendung muss lediglich ihre Daten in den Pufferbereichen ablegen bzw. von dort holen; die Datenübertragung selbst wird vom Host Controller durchgeführt. Die Ablage der zu übertragenden Daten im Speicher und ihre Verwaltung ist – stark vereinfachend – in Abb. 8.42 dargestellt.

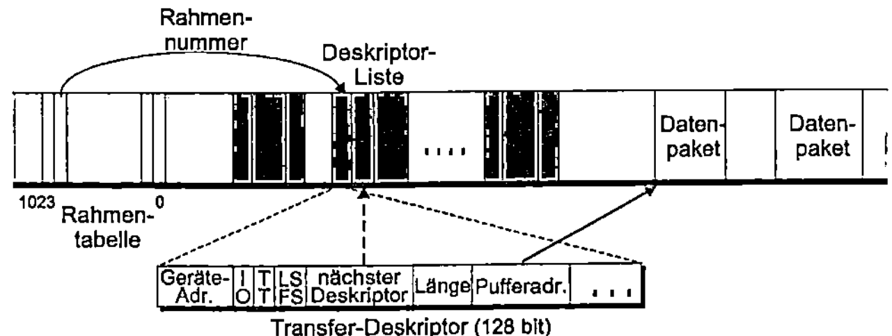

Abb. 8.42: Ablage der Übertragungsdaten im Speicher

Jede von einer aktiven Anwendung angeforderte USB-Transaktion wird durch einen Transfer-Deskriptor (*Transfer Descriptor*) mit einer Länge von 128 Bits (vier Doppelwörter) beschrieben. In diesem sind u.a. die folgenden Steuerinformationen angegeben: Geräte- und Endpunkt-Adresse des angesprochenen Kommunikationspartners, Richtung des Transfers (IO – *In/ Out/ Setup*), Transfertyp (TT – *Isochronous, Interrupt, Bulk, Control*) und Übertragungsrate (LS/FS – *Low/ Fast Speed*). Weitere Bits beschreiben z.B. den Status der Übertragung und das Toggle Bit der Datenpakete. Die zu übertragenden Datenpakete werden durch die Anfangsadresse ihres Pufferbereichs im Speicher sowie ihre Länge repräsentiert[1].

Die Deskriptoren aller Transfers, die in einem bestimmten Rahmen abgearbeitet werden sollen, sind als verkettete (Deskriptor-)Listen im Speicher abgelegt. Jeder Deskriptor enthält dazu einen Zeiger auf den nächsten Deskriptor in der Liste. Das Ende der Liste wird durch ein spezielles Bit im letzten Deskriptor angezeigt.

Der Zugriff auf die Deskriptorliste eines bestimmten Zeitrahmens geschieht über eine (Rahmen-)Tabelle (*Frame List*) im Speicher. Diese besteht aus 1024 32-Bit-Einträgen, die jeweils einen Zeiger (*Pointer*) auf den Beginn einer Deskriptorliste enthalten[2]. Die Basisadresse der Tabelle ist in einem Register des Host-Controllers abgelegt. Mit dem Beginn jedes neuen Rahmens greift der Controller mit der Rahmennummer relativ zur Basisadresse auf den Eintrag des Rahmens zu und entnimmt diesem die Anfangsadresse der „abzuarbeitenden" Transfer-Deskriptoren.

In Abb. 8.43 ist gezeigt, dass die USB-Kommunikationssoftware in drei Schichten aufgebaut ist.

- Die **Businterface-Schicht** regelt den physikalischen Kommunikationsfluss auf den USB-Leitungen. Auf Host-Seite wird sie im USB-Host Controller, auf Geräteseite durch das USB-Interface realisiert. Der Host Controller umfasst die Hardware und Software zum Anschluss der Geräte an den Host über den USB.

- Auf der **Geräteschicht** kommuniziert die USB-Systemsoftware im Host mit einem logischen USB-Gerät, wie es in Abb. 8.41 beschrieben wurde. Die Systemsoftware realisiert die Unterstützung des USB im eingesetzten Betriebssystem. Sie ist unabhängig von einem speziellen Gerät und den Anwendungen (*Client Software*). Insbesondere enthält sie den Host-Controller-Treiber, der die Softwareschnittstelle zum Host Controller in der Businterface-Schicht ist. Dieser Treiber ermöglicht die Entwicklung von Controller-unabhängiger Software.

- Die höchste Schicht ist die **Funktionsschicht**, auf der die Anwendungen Daten mit den USB-Funktionseinheiten austauschen. Die Schnittstelle zwischen der Anwendungssoftware und der USB-Systemsoftware wird von den USB-Treibern gebildet, die Routinen zur Manipulation von USB-Geräten bieten.

8.3.6.5 Hot Plug & Play

Wie bereits gesagt, erlaubt ein USB-System das Einfügen oder Entfernen von Geräten während des laufenden Betriebs. Dazu wird von der USB-Software des Hosts permanent ein spezieller

---

[1] wobei ein leeres Datenpaket durch die Längenangabe „$7FF" gekennzeichnet wird
[2] Dabei können mehrere Zeiger auf dieselbe Deskriptorliste weisen

Prozess ausgeführt. Dieser Prozess wird *Enumeration Process* („Aufzählung") genannt. Er hat insbesondere die Identifikation und Adressierung aller angeschlossenen Geräte zur Aufgabe.

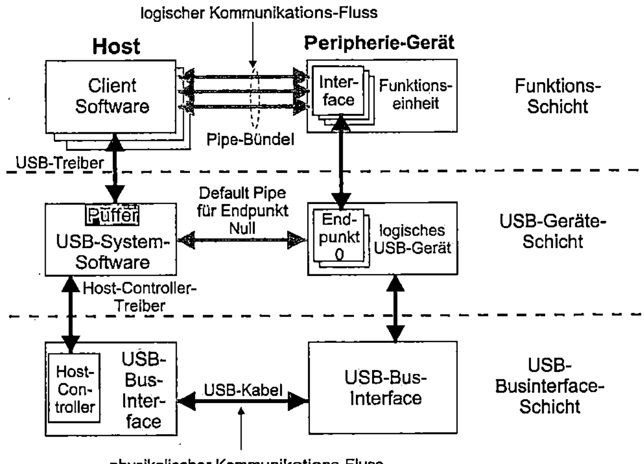

Abb. 8.43: Schichtenmodell der USB-Software

Beim **Einfügen** eines USB-Geräts gibt der betroffene Hub zunächst eine bestimmte Statusmeldung an den Host ab. Dieser fordert nun vom Hub die Nummer des Ports an, an dem das neue Gerät erkannt wurde. Der Hub sendet daraufhin die Portnummer zum Host. Der Host aktiviert den Port, adressiert über die *Control Pipe* mit reservierter Adresse 0 das Gerät und verlangt von diesem eine Reihe von Statusinfomationen. Danach vergibt der Host eine eindeutige USB-Adresse und richtet die *Default Pipe* zum Endpunkt 0 des Geräte-Interfaces ein. Falls das angeschlossene Gerät ein Endgerät ist, wird es der Host-Systemsoftware bekannt gemacht. Handelt es sich hingegen um einen neuen Hub, so wird der Einfügeprozess für alle am neuen Hub angeschlossenen Geräte (Endgeräte oder Hubs) wiederholt. Zum Abschluss des Einfügeprozesses ermittelt der Host von dem neuen Gerät bzw. den neuen Geräten die benötigte Übertragungsbandbreite und Latenzzeit-Bedingungen sowie die gewünschte maximale Paketgröße. Falls möglich, wird die Bandbreite zugeteilt; falls nicht, wird der Einfügewunsch zurückgewiesen.

Zum **Entfernen** eines USB-Geräts deaktiviert der Hub den betroffenen Port. Er informiert darüber den Host, der daraufhin alle Geräteinformationen aus dem System entfernt. Wird ein Hub entfernt, so wird dieser Prozess für alle angeschlossenen Geräte wiederholt.

8.3.7   Der Hochgeschwindigkeits-USB

In diesem Unterabschnitt wollen wir nun die Weiterentwicklung des beschriebenen Bussystems (USB 1.1[1]) behandeln, die durch die Spezifikation 2.0 definiert und daher häufig als USB 2.0 bezeichnet wird. Zusätzlich zu der beschriebenen Standard-Übertragungsrate (*Fast Speed*, 12 MBit/s) und der niedrigen Übertragungsrate (*Low Speed*, 1,5 MBit/s) unterstützt der USB 2.0 eine „Hochgeschwindigkeitsübertragung" (*High Speed*) mit 480 MBit/s[2] und wird deshalb auch

---

[1] nach der Spezifikation 1.1
[2] also 60 MByte/s

HiSpeed USB genannt. Diese Übertragungsrate erlaubt nun auch den Anschluss von Geräten mit großem Datenaufkommen, wie Video-Konferenzsystemen, schnellen Druckern, Scannern und CD-Brennern, DVD-Laufwerken, Festplatten und digitalen Camcordern.[1]

Wichtiges Ziel der USB-2.0-Entwicklung war die Fähigkeit, in einem Bussystem Komponenten nach beiden Spezifikationen, USB 1.1 und USB 2.0, einsetzen zu können. Das bezieht sich insbesondere auf die Hubs und die Funktionseinheiten (Geräten). Natürlich können dabei nur neue USB-2.0-Komponenten an der Hochgeschwindigkeitsübertragung teilnehmen.

Unverändert geblieben sind im USB 2.0 die Stecker und Kabel, wenn sich auch die Form der Signalübertragung geändert hat: Die logischen Pegel auf den Leitungen werden dadurch festgelegt, dass durch eine „Konstantstromquelle" in jeweils eines der beiden Signalkabel (D+, D–) ein exakt definierter konstanter Strom eingespeist wird. Auch die Kommunikationsregeln und -Strukturen wurden vom USB 1.1 übernommen, d.h., insbesondere, dass auch USB 2.0 Host-zentriert (*Host centric*) arbeitet, also der Einsatz eines Host-Computers unerlässlich ist. Kleinere Änderungen des Übertragungsprotokolls betreffen das SYNC-Zeichen, das jetzt aus 15 „0-1"-Paaren und zwei nachfolgenden 0-Bits besteht, sowie das Paket-Endezeichen EOP (*End of Packet*), das durch die Bitfolge „01111111" gebildet wird und daher bewusst eine Verletzung der Bit-Stuffing-Regel (*Bit-Stuffing Error*) erzeugt.

Im Baum eines USB-2.0-Systems muss stets ein *Host Controller* nach USB 2.0 verwendet werden, die Hubs jedoch können – wie bereits gesagt – vom Typ USB 2.0 oder USB 1.1 sein. Dabei können an den *Downstream Ports* eines USB-2.0-Hubs auch Hubs oder Geräte nach USB 1.1 angeschlossen sein. Die Alternative, USB-2.0-Komponenten an einem USB-1.1-Hub – auch über mehrstufige Verbindungen – anzuschließen, ist wenig sinnvoll, da alle diese Komponenten dann nur mit Standard- oder niedriger Übertragungsrate arbeiten können. Die USB-System-software kann solche ungeeigneten Buskonfigurationen feststellen, den Benutzer darüber informieren und eine bessere Ankopplung der Geräte vorschlagen. Bei der Initialisierung und Konfigurierung eines neu angeschlossenen Geräts müssen sich der Host Controller und das Gerät über die gewünschte Übertragungsrate einigen. Kann das Gerät (oder einer der zwischengeschalteten Hubs) den Hochgeschwindigkeitstransfer nicht durchführen, so muss es mit Standardrate oder niedriger Rate Daten austauschen.

Wie beim USB 1.1 wird auch beim USB 2.0 die Zeit in ein Raster aus Rahmen fester Länge eingeteilt, um insbesondere definierte Zeitpunkte für die Einrichtung isochroner Übertragungskanäle zu schaffen. Aus Kompatibilitätsgründen wurden die 1-ms-Rahmen des USB 1.1 übernommen, die wir im Weiteren als Makrorahmen (*Macro Frames*, s. Abb. 8.44) bezeichnen.

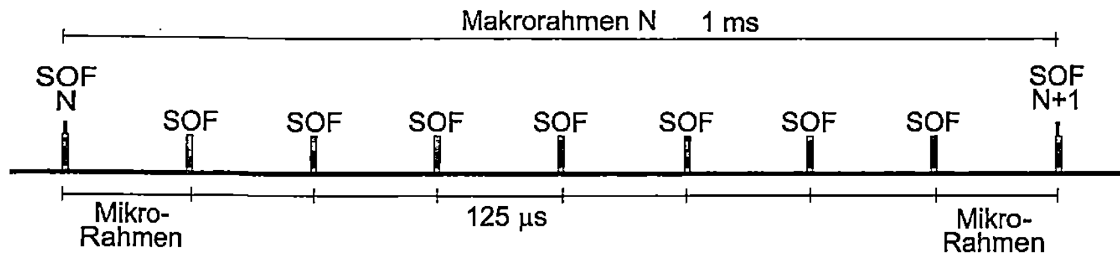

Abb. 8.44: Zeitrahmen-Einteilung im USB 2.0

---

[1] Kombination aus Videokamera und Videorecorder, bisher eine Domäne des FireWire (IEEE-1394-Bus)

Angepasst an die viel höhere Übertragungsgeschwindigkeit werden beim USB 2.0 die Makrorahmen in acht 125 µs lange Teilrahmen unterteilt, den Mikrorahmen (*Micro Frames*). Der Beginn jedes Makrorahmens wird durch den Host Controller mit Hilfe der beschriebenen Startpakete (*Start of Frame* – SOF) mit ihrer 11-Bit-Nummerierung angezeigt. Entsprechend werden auch die Mikrorahmen durch SOF-Pakete gekennzeichnet, wobei aber auf eine gesonderte Nummerierung verzichtet wird. Jeder USB-2.0-Hub reicht die erhaltenen SOF-Pakete der Makrorahmen an alle angeschlossenen Komponenten (USB 1.1 oder 2.0) weiter, die SOF-Pakete der Mikrorahmen jedoch nur an angeschlossene USB-2.0-Komponenten.

Die größten Veränderungen und Ergänzungen im USB 2.0 haben die Hubs erfahren, denen eine stärkere Rolle in der Ausführung des Busprotokolls zugewiesen wurde. In Abb. 8.45 ist der Aufbau eines USB-2.0-Hubs skizziert.

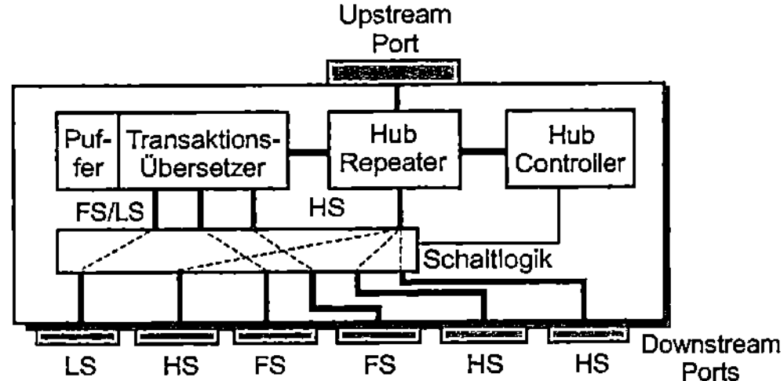

Abb. 8.45: Aufbau eines USB-2.0-Hubs

Werden Daten zwischen zwei USB-2.0-Komponenten mit der hohen Geschwindigkeit von 480 MBit/s ausgetauscht, so wirkt der Hub weiterhin als einfacher Umsetzer (*Repeater*), der die Datenbits ohne Verzögerung zwischen dem *Upstream Port* und den *Downstream Ports* überträgt. Wenn aber Daten zwischen USB-1.1- und USB-2.0-Komponenten ausgetauscht werden sollen, sind die USB-2.0-Hubs zusätzlich für die Anpassung der Übertragungsraten zuständig. In diesem Fall dienen sie als „intelligente Transaktions-Übersetzer" (*Transaction Translator*): In Richtung ihres *Upstream Ports* wirken sie wie eine Funktionseinheit, in Richtung ihrer *Downstream Ports* wie der Host Controller (im Root Hub). Zur zeitlichen Anpassung der Übertragungen verfügt der Hub über einen Pufferspeicher, in dem die Datenpakete zwischengespeichert werden. Über eine Schaltlogik, die vom Hub Controller (nach Vorgaben des Host Controllers) gesteuert wird, kann jeder *Downstream Port* mit dem *Repeater*-Teil oder dem Transaktions-Übersetzer des Hubs verbunden werden. Die Entscheidung hängt davon ab, ob an dem Port eine HS-Komponente (*High Speed*) oder eine FS/LS-Komponente (*Fast Speed, Low Speed*) angeschlossen ist. Diese Entscheidung bestimmt auch darüber, welche Treiberschaltung im Port eingesetzt werden muss: ein differenzieller Spannungstreiber für USB-1.1-Komponenten oder eine Konstantstromquelle für USB-2.0-Komponenten. In Abb. 8.46 ist der Ablauf einer möglichen Transaktions-Übersetzung grob skizziert. Darin wird davon ausgegangen, dass eine HS-Übertragung über zwei USB-2.0-Hubs[1] zu einer USB-1.1-Komponente (Hub oder Endgerät) durchgeführt wird[2].

Wie beschrieben, wird eine Ausgabe-Transaktion zwischen den USB-2.0-Hubs in einem einzigen Mikrorahmen durch den Hub-Repeater ausgeführt. Im zweiten Hub wird die Transaktion

---

[1] Der erste kann auch der Root Hub sein
[2] Betrachtet man in Abb. 56 nur die beiden oberen Einheiten, so kann man die dargestellten Transaktionen auch als Hochgeschwindigkeits-Transaktionen zwischen zwei USB-2.0-Komponenten auffassen

zwischengespeichert und erst im darauf folgenden Makrorahmen zwischen dem USB-2.0-Hub und der USB-1.1-Komponente mit langsamerer Geschwindigkeit (FS, LS) fortgesetzt. Bei der (im ersten Makrorahmen) skizzierten Eingabe-Transaktion werden die Daten zunächst mit langsamerer Geschwindigkeit in den USB-2.0-Hub übertragen, dort zwischengespeichert und im nächsten Makrorahmen mit voller Geschwindigkeit zum oberen Hub transportiert.

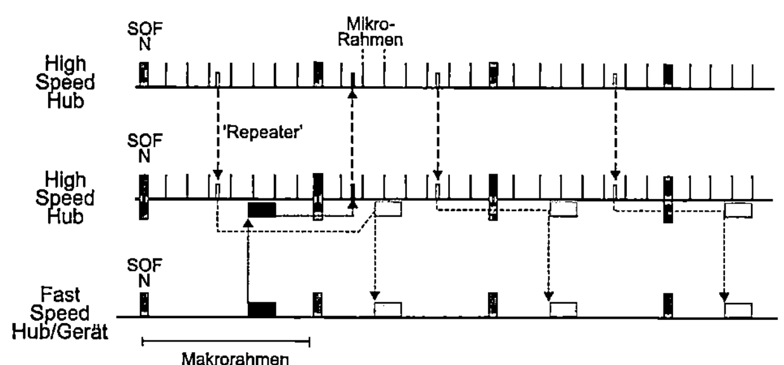

Abb. 8.46: Ablauf einer Transaktions-Übersetzung

Bei der in Abb. 8.46 dargestellten Transaktions-Übersetzung tritt die Frage auf, wie und wann z.B. bei der Bulk-Übertragung die Übertragung der Quittungen (ACK, NAK, STALL) durchgeführt werden kann. Im USB1.1 wird ja − wie gezeigt − die Quittung unmittelbar hinter dem Datenpaket, also noch im selben Makrorahmen zurückgeschickt. Beim USB 2.0 hätte das eine nicht tolerierbare Blockierung des Bussystems für wenigstens die Länge eines Makrorahmens zur Folge. Daher wurde beim USB 2.0 eine neue Form der Busübertragung eingeführt, die jede Transaktion in eine Anforderungsphase (*Request*) und eine Antwortphase (*Response*) unterteilt. Durch diese Unterteilung wird eine Blockierung des Busses vermieden, da zwischen den beiden Phasen der Bus für weitere Transaktionen zur Verfügung steht.

Der Host Controller beginnt die Anforderungsphase jeder **gesplitteten Transaktion** (*Split Transaction*) mit dem Aussenden eines SSPLIT-Paketes (*Start Split Transaction*, s. Abb. 8.47 und 8.48), in dem er allen Komponenten die Adresse des USB-2.0-Hubs mitteilt, in dem der Übergang von der hohen zu der niedrigeren Geschwindigkeit (HS ⇒ FS oder HS ⇒ LS) stattfinden soll. Weiterhin gibt er darin die Port-Nummer des Hubs an, an dem die adressierte Komponente hängt, sowie den Typ (*Isochronous, Bulk, Interrupt, Control*) und die Richtung (*In/Out*) des Transports. Im Anschluss daran sendet er das nur für den Empfänger gedachte Token-Paket, wie es beim USB 1.1 beschrieben wurde. Der Empfang der Pakete in der Anforderungsphase wird vom adressierten Übergangs-Hub (von USB 2.0 auf USB 1.1) durch ein geeignetes Quittungspaket (ACK, NAK, STALL[1]) beantwortet. Danach kann der Host Controller für einen oder mehrere Makrorahmen die Ausführung der Transaktion unterbrechen und sich mit anderen Übertragungsaufgaben beschäftigen, bevor er in einem späteren Makrorahmen (s.u.) die Transaktion zu Ende führt.

Erst zu einem späteren Zeitpunkt nimmt der Host Controller die Weiterbearbeitung der unterbrochenen Transaktion wieder auf, indem er ein CSPLIT-Paket (*Complete Split Transaction*, s. Abb. 8.47 und 8.48) mit derselben Information wie das SSPLIT-Paket und an denselben Hub (des Übergangs von der hohen zu der Standard-Übertragungsrate) aussendet. Zur Identifizierung

---

[1] wie beim USB 1.1 beschrieben

der anstehenden Transaktion wiederholt er danach auch das für den Empfänger ausgesendete Token-Paket. Der Austausch von Quittungspaketen hängt in dieser Phase von der Richtung des Datentransports ab. Zur Erläuterung skizzieren wir in den folgenden Bildern beispielhaft die Durchführung der gesplitteten Transaktionen für den quittierten Bulk-Transfer. Dabei betrachten wir der Kürze halber nur den Fall der fehlerfreien Übertragung.

Abb. 8.47 zeigt zunächst den Ablauf einer Einlese-Transaktion. In der SSPLIT-Phase wird mit hoher Geschwindigkeit ein *Token-In*-Paket zum USB-2.0-Hub übertragen. Nach Abschluss der SSPLIT-Phase führt der Hub selbstständig – wie im Unterabschnitt 8.3.6 beschrieben – die Einlese-Transaktion mit der USB-1.1-Funktionseinheit durch und speichert das empfangene Paket in seinem Puffer zwischen. Den Erhalt quittiert er der Funktionseinheit durch ein ACK-Paket. In der durch das CSPLIT-Paket und die Wiederholung des Token-In-Paketes gekennzeichneten Antwortphase überträgt der Hub nun das zwischengespeicherte Datenpaket mit hoher Geschwindigkeit zum Host Controller. Dieser quittiert den Empfang durch ein ACK-Paket.

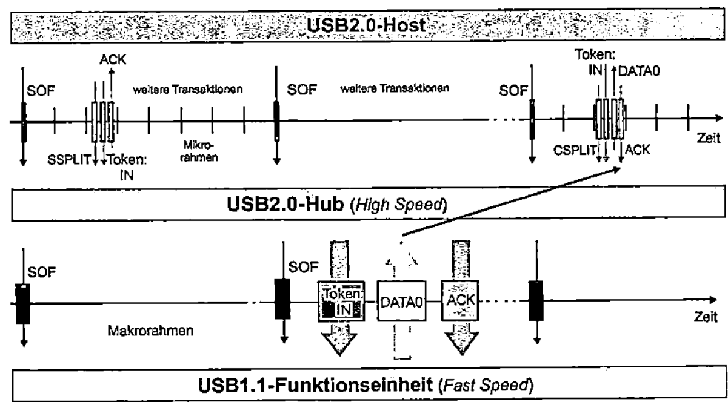

Abb. 8.47: Gesplittete Einlese-Transaktion

In Abb. 8.48 ist der Ablauf einer Ausgabe-Transaktion dargestellt. Hier wird in der Anforderungsphase – zusätzlich zum SSPLIT- und Token-Out-Paket – das Datenpaket zum USB-2.0-Hub geschickt. Im folgenden Makrorahmen überträgt der Hub das Datenpaket – wie im Abschnitt 8.3.6 dargestellt – zur Funktionseinheit und bekommt von dieser eine Quittung ACK, die der USB-2.0-Hub zwischenspeichert. In der nachfolgenden CSPLIT-Phase muss der Hub lediglich diese Quittung an den Host Controller weiterreichen.

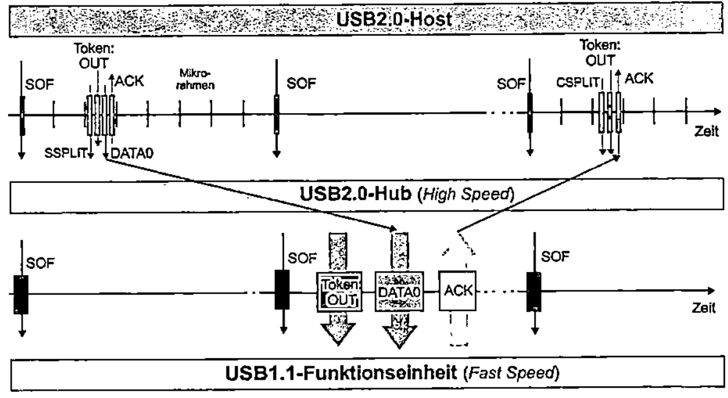

Abb. 8.48: Gesplittete Ausgabe-Transaktion

8.4 Controller Area Network – CAN

Nachdem wir in den vorangehenden Abschnitten ausführlich Bussysteme besprochen haben, die hauptsächlich im Mikrorechner selbst und zum Anschluss von Peripheriegeräten – insbesondere auch an Personal Computern – eingesetzt werden, wollen wir hier ein wichtiges Bussystem beschreiben, das zur Kopplung von Mikrocontrollern untereinander und mit ihren Peripheriekomponenten, wie Sensoren und Stellgliedern (*Sensors, Actors/Actuators*) benutzt wird. Wegen einiger Ähnlichkeiten zu einem lokalen Netz (*Local Area Network*) wird dieses Bussystem als *Controller Area Network* (CAN) bezeichnet. In Abb. 8.49 ist ein typisches CAN-Bussystem dargestellt, in dem die oben beschriebenen Komponenten vertreten sind. Die CAN-Busschnittstelle, der sog. **CAN-Buscontroller** (CBC), ist wegen seines einfachen Aufbaus in den Komponenten selbst integriert. (Komponenten am CAN-Bus werden wir im Weiteren auch als Knoten bezeichnen.)

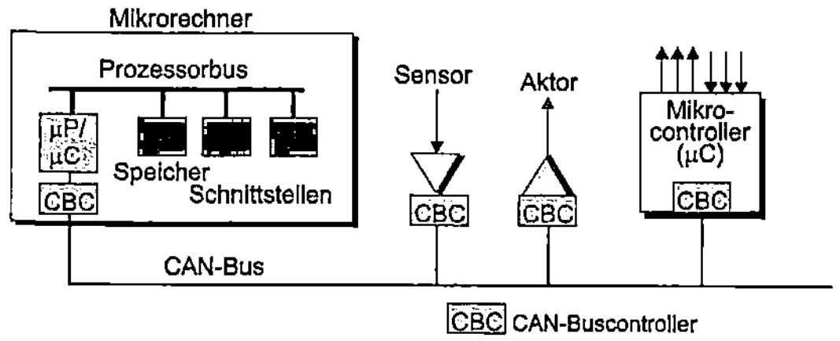

Abb. 8.49: Struktur eines CAN-Systems

Der CAN-Bus wurde zunächst für den Einsatz im Automobilbau entwickelt, setzt sich aber in immer weiteren Gebieten durch, insbesondere auch zur Automatisierung in der Industrie. In der Automobilelektronik verbindet er Motorsteuerung, Bremssystem, Fensterhebung und verschiedenste Sensoren und Steuereinheiten miteinander, die sich in ihrer Wichtigkeit und Komplexität sehr stark unterscheiden.

8.4.1 Eigenschaften des CAN-Busses

8.4.1.1 Physikalische Eigenschaften

Für die beschriebenen Einsatzbedingungen im Mikrocontrollerbereich bietet der CAN eine (relativ) hohe Übertragungsrate von 100 kBit/s bis zu 1 MBit/s. Dabei können in verschiedenen Systemen – abhängig von der Leistungsfähigkeit der Knoten – variable Übertragungsgeschwindigkeiten eingesetzt werden. In einem einzigen System müssen alle Komponenten jedoch dieselbe Transferrate benutzen. Der CAN-Bus erlaubt bei einer Übertragungsrate von 1 MBit/s noch Übertragungsweiten bis zu 40 m; bei niedrigeren Übertragungsraten können auch längere Strecken überwunden werden. Es existiert – wenigstens theoretisch – keine Beschränkung in der Anzahl von anzuschließenden Knoten. Praktische Begrenzungen werden jedoch durch die Verzögerungszeiten, die kapazitive Belastung des Busses sowie die geforderte hohe Störsicherheit (insbesondere im KFZ-Bereich und im Industrieeinsatz) gesetzt. Wesentlich für die vorgesehenen Einsatzbereiche ist auch der geringe Preis; so dürfen CAN-Controller (als selbstständige Controller oder in einem Mikrocontroller integriert) bei hoher Stückzahl nur sehr wenig kosten.

Das im CAN eingesetzte Zugriffsverfahren zum gemeinsamen Bus hatten wir im Unterabschnitt 8.1.4 als „Mehrfachzugriff mit Signalabtastung und Kollisionsvermeidung" (*Carrier Sense, Multiple Access with Collision Avoidance* – CSMA/CA) bezeichnet. (Wir werden es weiter unten ausführlicher beschreiben.) Es ist dadurch gekennzeichnet, dass der Übertragungsbeginn eines Knoten unbekannt ist (zufälliger Buszugriff) und die Entscheidung über den Buszugriff (Buszuteilung, Arbitrierung) bitweise geschieht. Für die dargestellte Aufgabe der Mikrocontroller-Kopplung ist die Multimaster-Fähigkeit des CAN zwingend erforderlich. Das heißt, der Beginn des Sendevorgangs ist – bei unbelegtem Bus – durch jeden Knoten möglich. Die Informationsübertragung erfolgt in Form von kurzen Botschaften (synonym: Nachrichten) von 0–8 Bytes. Anders als bei den bisher beschriebenen Bussen setzt sich jedoch nicht eine Komponente mit einer höheren Priorität durch, sondern die Priorität ist an die zu übermittelnden Nachrichten gebunden – unabhängig davon, welcher Knoten sie absetzen will: Die Station, die momentan die Botschaft mit der höchsten Priorität anbietet, erhält den Buszugriff.

8.4.1.2 Eigenschaften des Übertragungsverfahrens

Im CAN arbeiten die Systemknoten vollständig unabhängig voneinander. Das führt zu einer großen Flexibilität bei der Konfiguration des Gesamtsystems. Im Busprotokoll werden die Übertragungsrahmen für die unterschiedlichen Botschaftentypen und das Zeitverhalten festgelegt. Wie geschildert, werden an die Botschaften Prioritäten vergeben, die durch ein Identifikationsfeld in der Nachricht angezeigt und bei der Buszuteilung ausgewertet werden. Für Nachrichten mit hoher Priorität garantiert der CAN-Bus maximale Wartezeiten auf den Buszugriff, die sog. Latenzzeiten.

Im CAN werden verschiedene Verfahren und Methoden zur Fehlererkennung und Fehleranzeige eingesetzt, die eine Unterscheidung zwischen transienten (d.h., kurzzeitig auftretenden, sich selbst behebenden) und permanenten Fehlern ermöglichen, eine automatische Sendewiederholung beim Auftreten von Fehlern sowie ein autonomes Abschalten von defekten Knoten unterstützen.

8.4.1.3 Stecker

Die Signale des CAN-Busses werden differenziell über ein Leitungspaar übertragen. Daneben enthält das Verbindungskabel noch zwei getrennte Masseleitungen – für die Geräte- und die Signalmasse – sowie eine Leitung für die positive Busspannung. Optional kann das Kabel über eine Abschirmung gegen elektrische Störungen verfügen. In Abb. 8.50 ist der Stecker für den CAN-Bus dargestellt. Dabei handelt es sich um einen sog. Sub-D-Stecker mit neun Anschlüssen, von denen drei (noch) nicht belegt sind.

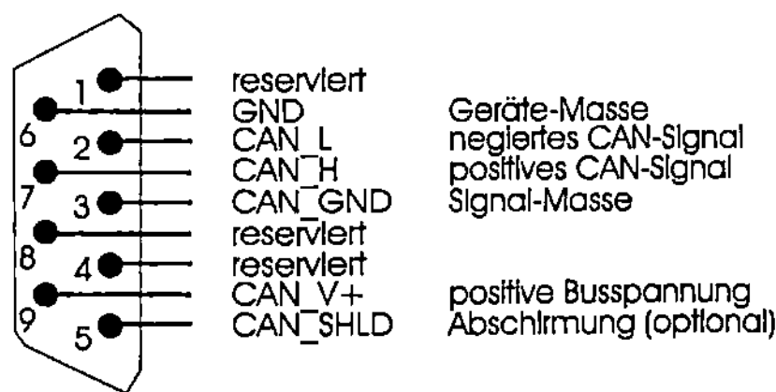

Abb. 8.50: Stecker des CAN-Busses

8.4.2 Protokollschichten

Um eine möglichst große Flexibilität bei der Implementierung eines CAN-Systems zu erreichen und die Anwendungssoftware von den Details und Eigenschaften des zugrunde liegenden Bussystems zu trennen, ist die CAN-Systemsoft- und Hardware in verschiedene Schichten unterteilt. Diese sind in Abb. 8.51 skizziert.

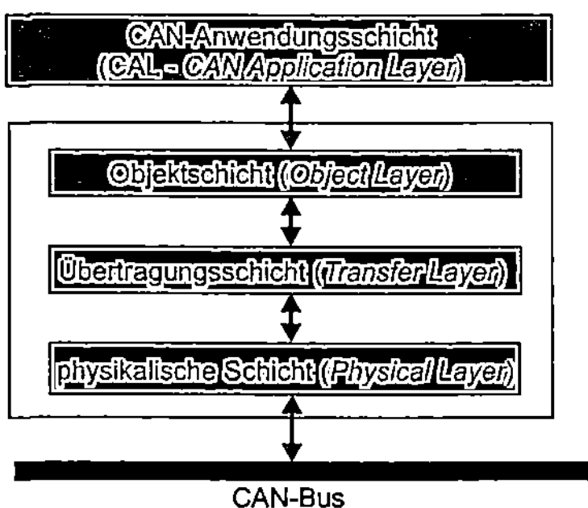

Abb. 8.51: Schichten der CAN-Systemsoft- und Hardware

- **Anwendungsschicht** (*CAN Application Layer*)
  In dieser Schicht werden die zu übertragenden Daten als Botschaften bereitgestellt und mit einer Kennung versehen, die eine inhaltsbezogene Adressierung ermöglichen. Durch die Wahl der Kennung wird jede Nachricht – wie erwähnt – mit einer festgelegten Priorität versehen.

- **Objektschicht** (*Object Layer*)
  Diese Schicht hat als Hauptaufgaben die Nachrichtenverwaltung und Zustandsermittlung. Sie entscheidet, welche Nachrichten momentan zu übertragen sind. Sie nimmt auf Empfängerseite eine Nachrichtenfilterung anhand der Kennung im Identifikationsfeld vor, d.h., eine Entscheidung, welche Nachrichten vom Knoten akzeptiert werden müssen oder nicht.

- **Übertragungsschicht** (*Transfer Layer*)
  Die Übertragungsschicht hat – allgemein gesprochen – die Aufgabe, das spezifizierte Busprotokoll abzuarbeiten. Dazu gehören die Erzeugung eines Übertragungsrahmens („Paket"), die Anforderung des Busses mit der nötigen Erkennung des Buszustandes (frei, belegt) und evtl. Durch-/Weiterführung des Zugriffs (dezentrale Buszuteilung). Dazu kommen die Aufgaben der Fehlererkennung und Fehleranzeige an den eigenen und u.U. an alle anderen Knoten sowie die Fehlereindämmung, durch die eine Ausbreitung des Fehlers in die eigene und alle anderen angeschlossenen Komponenten verhindert werden soll.

- **Physikalische Schicht** (*Physical Layer*)
  Auf dieser Schicht geht es um die Übertragung der einzelnen Bits einer Botschaft über das Verbindungskabel. Hier sind das Übertragungsmedium sowie die erforderlichen Signalpegel definiert; außerdem wird angegeben, wie ein Bit auf der Leitung präsentiert wird.

In Abb. 8.52 ist gezeigt, wie eine Nachricht der Anwendungsschicht, bestehend aus Botschaftskennung und Datenbytes, in der Übertragungsschicht durch zusätzliche Protokollinformationen zu einem Datenrahmen ergänzt und von der physikalischen Schicht als Bitfolge auf die Busleitungen gegeben wird. Auf die Länge und Funktion der zugefügten Bitfelder gehen wir im Unterabschnitt 8.4.4 näher ein. Wie bereits erwähnt, wird die Botschaftskennung der Anwendungsschicht von der Übertragungsschicht zur Buszuteilung (*Arbitration*) verwendet.

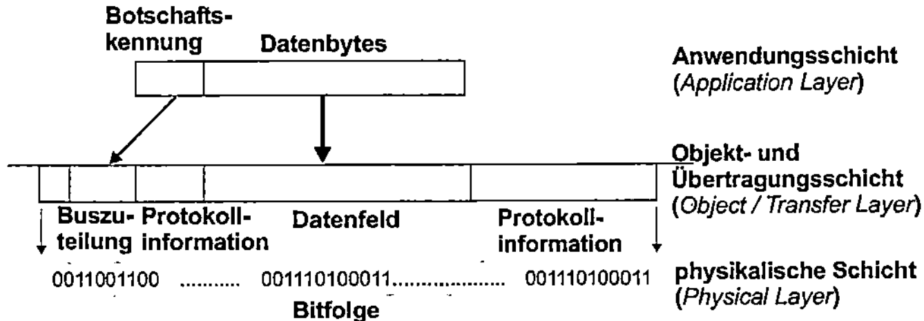

Abb. 8.52: Umwandlung der Nachrichten durch die Protokollschichten

8.4.3 Buszuteilung

8.4.3.1 Ankopplung der Knoten

In Abb. 8.5c) wurde bereits die Ankopplung der Knoten an den Bus mit differenzieller Signalübertragung dargestellt. Beim CAN-Bus werden die beiden Signalleitungen mit CAN-H, CAN-L bezeichnet. Ihr Spannungswert bezieht sich auf eine Referenzspannung U_{ref}. In Abb. 8.53 sind die Werte und der Verlauf dieser Signale skizziert.

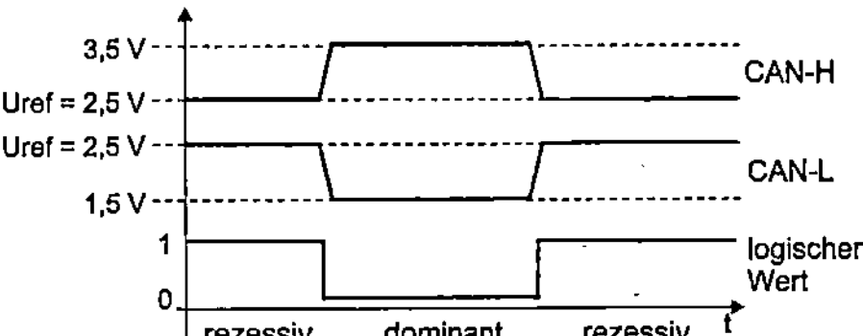

Abb. 8.53: Ankopplung der Knoten an den CAN-Bus

Die beiden unterscheidbaren Zustände auf den Ausgangsleitungen sind dadurch gekennzeichnet, dass in dem einen beide Leitungen auf der Referenzspannung Uref liegen, im anderen beide Signale um jeweils (ca.) 1 V von der Referenzspannung abweichen, und zwar CAN-L nach unten (auf 1,5 V), CAN-H nach oben (auf 3,5 V).

Liefern zwei Knoten am Bus zu einem Zeitpunkt unterschiedliche Signale, so setzt sich der Knoten, dessen Ausgangssignale auf 1,5 V bzw. 3,5 V liegen, durch, d.h., die Busleitungen CAN-L, CAN-H nehmen diese Spannungswerte an.

Der Zustand mit zwei unterschiedlichen Spannungspegeln wird daher der **dominante** Zustand genannt; der Zustand mit beiden Ausgangssignalen auf U_{ref} wird als **rezessiv** bezeichnet. In der CAN-Spezifikation ist festgelegt, dass der logische Wert 0 dem dominanten Zustand, der Wert 1 dem rezessiven Zustand entspricht. Das bedeutet, dass die Kopplung der Knoten über den Bus eine logische Und-Verknüpfung (*Wired-AND*) darstellt.

Bei der Bitübertragung wird das beschriebene NRZ-Verfahren mit *Bit Stuffing* eingesetzt, wobei nach maximal fünf Bits gleicher „Polarität" (rezessiv bzw. dominant) ein Bit der jeweils anderen Polarität einfügt wird (vgl. Unterabschnitt 8.1.4). Dabei ist zu beachten, dass einige

Botschaftentypen zur Bussteuerung sowie bestimmte Bitfelder in den Botschaften nicht diesem Verfahren unterzogen werden.

8.4.3.2 Bitweise Arbitration

In Abb. 8.54 ist (noch einmal, s. Abb. 8.11d) die bitweise Entscheidung über das Zugriffsrecht (*Arbitration*) im CAN dargestellt, bei der Sender 1 im 6. Bit unterliegt und augenblicklich seinen Zugriffswunsch dadurch zurückzieht, dass er auf Empfang umschaltet. Bei diesem Verfahren setzt sich der Knoten durch, dessen Botschaftenkennung möglichst viele führende Nullen enthält, als Dezimalzahl aufgefasst also einen möglichst geringen Wert besitzt.

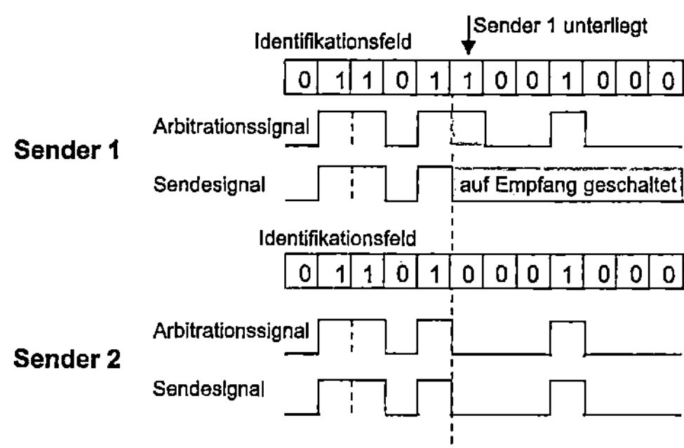

Abb. 8.54: Bitweise Arbitration im CAN

8.4.4 Botschaftenformate

Im CAN-Protokoll werden die folgenden Rahmentypen unterschieden, die wir in den nächsten Unterabschnitten kurz beschreiben werden:

- Datenrahmen (*Data Frame*)
- Anforderungsrahmen (*Remote Frame*)
- Fehlerrahmen (*Error Frame*)
- Abstandsrahmen (*Overload Frame, Interframe Space*)

8.4.4.1 Datenrahmen und Daten-Anforderungsrahmen

Der Datenrahmen wird zur Übertragung von Daten benutzt. Sein Aufbau ist in Abb. 8.55 dargestellt.

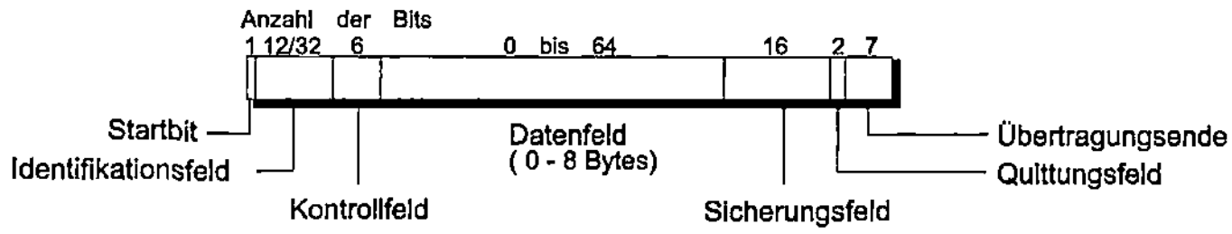

Abb. 8.55: Aufbau eines Datenrahmens

Dieser Rahmen wird einerseits zum Senden von Daten eingesetzt; andererseits kann der Initiator eines Nachrichtenaustausches dadurch von seinem Partner (*Target*) die Übertragung eines Datenrahmens anfordern.

Der Beginn eines Datenrahmens oder eines Anforderungsrahmens wird durch ein dominantes **Startbit** (*Start of Frame* – SOF), d.h., ein L-Bit, auf dem freien Bus (*idle*) angezeigt. Durch die negative Flanke dieses Bits findet die Bussynchronisation zwischen allen zugriffswilligen Knoten statt.

Das folgende **Identifikationsfeld** (*Identifier*) enthält die Kennung der übertragenen Nachricht und dient der im Unterabschnitt 8.4.3.2 beschriebenen bitweisen Arbitrierung. Für die Länge des Felds existieren zwei Formate, die in Abb. 8.56 beschrieben sind.

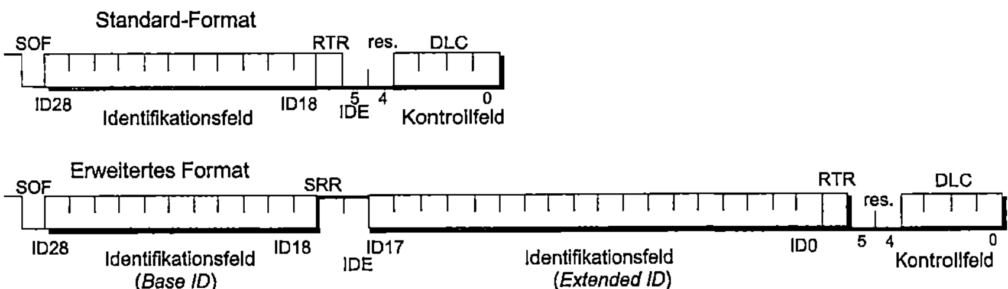

Abb. 8.56: Formate der Botschaftenidentifikation

- Im Standardformat besteht der Identifier aus 11 Bits ID28,...,ID18, die mit dem MSB zuerst übertragen werden. Vorausgesetzt wird, dass die höherwertigen sieben Bits ID28,..,ID22 nicht alle gleichzeitig den Zustand rezessiv, also den Wert 1, annehmen können. (Damit wird der Bereich $7F0,..,$7FF für die Identifikation ausgeschlossen.) Das Identifikationsfeld wird durch das o.g. RTR-Bit abgeschlossen. Das erste Bit des nachfolgenden Kontrollfelds IDE (*Identifier Extension Bit*) ist dominant und zeigt dadurch eine 11-Bit-Identifikation an.

- Im erweiterten Format wird die 11-Bit-Identifikation (*Base ID*) durch weitere 18 Bits ID17,...,ID0 (*Extended ID*) ergänzt. Nach der Basis-ID wird zunächst ein rezessives SRR-Bit (*Substitute Remote Request*) übertragen, das lediglich den Platz des RTR-Bits im Standardformat besetzt. Danach folgt ein rezessives IDE-Bit (*ID-Extension*), das auf die erweiterte Identifikation hinweist. Wiederum wird das Identifikationsfeld durch das RTR-Bit beendet.

Das **Kontrollfeld** (*Control Field*) besteht aus sechs Bits. Die beiden höherwertigen Bits 5, 4 sind dominant. Im Standardformat enthält Bit 5 das o.g. Bit IDE, Bit 4 ist reserviert für zukünftige Erweiterungen; im erweiterten Format sind beide Bits reserviert. Die restlichen vier Bits DLC (*Data Length Code*) enthalten (in dual-codierter Form) die Länge des folgenden Datenfelds (0–8 Bytes). In einem Anforderungsrahmen wird hierin die Länge des angeforderten Datenfelds angegeben.

In einem Datenrahmen enthält das **Datenfeld** zwischen einem und 8 Bytes, oder es ist leer. Jedes Byte wird mit dem MSB zuerst übertragen. In einem Daten-Anforderungsrahmen hingegen ist das Datenfeld stets leer, d.h., die Anzahl der übertragenen Datenbytes ist gleich 0. Die Auswahl zwischen Datenrahmen oder Daten-Anforderungsrahmen wird durch ein Bit RTR (*Remote Transmission Request*) getroffen, das am Ende des Identifikationsfelds untergebracht ist (s.u.). RTR muss in Datenrahmen dominant und in Daten-Anforderungsrahmen rezessiv sein. Das **Sicherungsfeld** (*CRC Field*) enthält eine 15-Bit-Prüfzeichenfolge (*Cyclic Redundancy Check* – CRC) über den vorausgehenden Datenrahmen – vom Startbit bis zum letzten Bit des Datenfeldes. Sie wird durch ein einzelnes rezessives Bit (*CRC Delimiter*) abgeschlossen.

Im **Quittungsfeld** (*Acknowledge Field*) überträgt der Sender eines Daten-Paketes zwei rezessive Bits. Das zweite von ihnen wird als Trennung (*ACK Delimiter*) zum folgenden Bitfeld benutzt, so dass das eigentliche Quittungsbit (*ACK Slot*) durch zwei rezessive *Delimiter*-Bits eingerahmt wird (s.o.). Die kurze Laufzeit der Signale auf dem räumlich begrenzten Bus ermöglicht es jedem Empfänger einer Nachricht, diese noch im übertragenen Datenrahmen selbst zu quittieren. Dazu setzt er das erste Bit des ACK-Felds in den dominanten Zustand, wenn er bei der Überprüfung der Nachricht mit Hilfe des Sicherungsfeldes keinen Fehler festgestellt hat. Der Sender, der seine eigene Nachricht auf dem Bus „mitliest", kann diese Quittung dann geeignet auswerten und ggf. die Übertragung der Nachricht wiederholen.

Beendet wird jeder Daten-(Anforderungs-)Rahmen durch eine **Ende-Kennung** (*End of Frame* – EOF), die aus sieben rezessiven Bits besteht und damit (bewusst) die Bit-Stuffing-Vorschrift verletzt.

8.4.4.2 Fehlerrahmen

Sobald ein Knoten auf dem Bus einen Formatfehler feststellt, kann er mit der Übertragung eines bestimmten Kennzeichens, der sog. Fehlermarkierung (*Error Flag*), beginnen. Da diese Zeichen von mehreren Knoten – u.U. mit unterschiedlichen Verzögerungen – ausgesandt werden, kommt es auf dem Bus zur Überlagerung von Fehlermarkierungen. Diese Überlagerung wird als **Fehlerrahmen** (*Error Frame*) bezeichnet. Dieser Rahmentyp ist in Abb. 8.57 dargestellt.

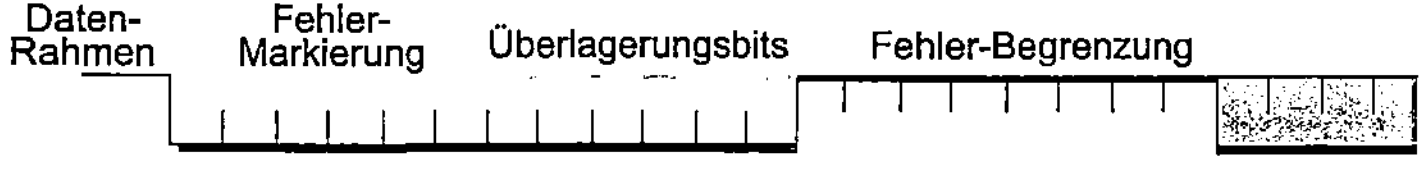

Abb. 8.57: Aufbau des Fehlerrahmens

Die Form des sich aus der Überlagerung ergebenden Zeichens auf dem Bus hängt vom Zustand jedes Knotens ab, wie er im Unterabschnitt 8.4.5 genauer beschrieben wird:

- Ein Knoten, der aktiv an der Fehleranzeige teilnehmen darf (*Error Active Station*), sendet sechs aufeinander folgende dominante Bits und erzeugt so (bewusst) eine Verletzung der Bit-Stuffing-Regel oder der festen Form der Quittungs- bzw. Rahmenende-Felder.

- Ein Knoten, der nur „passiv" zur Fehleranzeige berechtigt ist (*Error Passive Station*), schickt sechs aufeinander folgende rezessive Bits, die jedoch von aktiven Knoten durch dominante Bits „überschrieben" werden können.

Durch die Überlagerung der Fehlermarkierungen können zwischen 6 und 12 Fehlerbits gleicher „Polarität" (dominant/rezessiv) auftreten. Nach dem Aussenden einer Fehlermarkierung sendet jeder Knoten noch solange rezessive Bits, bis er das erste rezessive (also nicht durch ein dominantes Bit überschriebene) Bit auf der Busleitung feststellt. Die Ausgabe des Fehlerrahmens wird durch weitere sieben rezessive Bits beendet, so dass insgesamt acht Bits dieses Typs den Fehlerrahmen begrenzen (*Error Delimiter*).

8.4.4.3 Überlastrahmen

Der Empfänger von Daten-(Anforderungs-)Rahmen kann einen zeitlichen Abstand zwischen zwei Übertragungsrahmen vom Sender verlangen, indem er einen (oder maximal zwei) **Überlastrahmen** aussendet. Dieser entspricht in seinem Aufbau im Wesentlichen dem Fehlerrahmen nach Abb. 8.57, jedoch mit der Abweichung, dass die Überlast-Markierung (*Overload Flag*) stets aus sechs dominanten Bits besteht. Auch hier kann es zu einer Überlagerung von Überlast-Markierungen auf der Busleitung kommen, so dass zwischen 6 und 12 dominante Bits auftreten können. Die Begrenzung des Überlastrahmens umfasst wiederum acht rezessive Bits (*Overload Delimiter*), die wie die Fehlerrahmen-Begrenzung generiert werden.

Der Grund für die Ausgabe eines Überlastrahmens kann einerseits darin liegen, dass der Empfänger in einem Zustand ist, der eine Verzögerung des nächsten Rahmenempfangs erzwingt (z.B. mangelnder interner Pufferspeicher). Das Vorliegen solch eines Zustands muss unmittelbar in (der ersten Bitzeit) der folgenden Rahmenpause angezeigt werden.

Andererseits wird diese Ausgabe auch dadurch verursacht, dass während der (im Folgenden beschriebenen) erforderlichen Übertragungspause zwischen zwei Rahmen ein dominanter (unzulässiger) Zustand auf der Busleitung erkannt wurde. In diesem Fall beginnt jeder Knoten mit der Überlast-Anzeige spätestens eine Bitzeit nach der Erkennung des Zustands.

8.4.4.4 Rahmenpause

Alle Datenrahmen und Daten-Anforderungsrahmen müssen voneinander bzw. von allen Rahmen der anderen beschriebenen Typen durch einen vorgegebenen (Minimal-)Abstand getrennt werden. Diese Rahmenpause (*Interframe Space*) besteht aus einer Folge von wenigstens drei rezessiven Bits und wird erst durch das Startbit des nächsten Übertragungsrahmens beendet. Die drei „vorgeschriebenen" rezessiven Bits werden als *Intermission Period* bezeichnet; die evtl. anschließenden Pausenbits kennzeichnen einen freien Bus (*Bus idle*). Wie oben beschrieben, führt ein dominantes Bit während der *Intermission Period* zur Ausgabe eines Überlastrahmens durch die Knoten.

Ein Knoten, der nur „passiv" zur Fehleranzeige berechtigt ist, sendet nach der drei Bits langen *Intermission Period* „aus Vorsicht" acht rezessive Bits auf die Busleitung (*Suspend Transmission*), bevor er einen erneuten Übertragungsversuch startet. Stellt er während dieser Zeit fest, dass ein anderer Knoten mit der Ausgabe einer Nachricht beginnt, so stellt er augenblicklich seinen eigenen Übertragungswunsch zurück und schaltet seinen Busanschluss auf Empfang.

8.4.5 Sicherheit im CAN

Aus den vorgesehenen, oben beschriebenen Einsatzgebieten ergibt sich, dass auf die Sicherheit der Datenübertragung beim Entwurf und der Spezifikation des CAN-Busses besonderer Wert gelegt wurde. In diesem Unterabschnitt wollen wir uns etwas ausführlicher mit diesen Verfahren beschäftigen.

8.4.5.1 Fehlererkennung in jedem Knoten

Jeder Knoten beteiligt sich durch die folgenden Maßnahmen an der Erkennung möglicher Übertragungsfehler.

- **Busbeobachtung** (*Bus Monitoring*): Der Sender eines Datenrahmens liest seine eigene Nachricht ein und kann so durch den Vergleich der gesendeten Daten mit den auf dem Bus beobachteten Daten Übertragungsfehler feststellen.

- **Rahmenformat-Überprüfung** (*Message Frame Check*): Jeder Empfänger (einschließlich des Senders selbst) einer Nachricht überprüft den erhaltenen Rahmen daraufhin, ob das vorgeschriebene Format eingehalten wurde. Dazu benutzt er insbesondere die Start/Ende-Kennungen sowie die Begrenzungen (*Delimiter*) zwischen den Bitfeldern.

- zyklische **Redundanzprüfung** (*Cyclic Redundancy Check* – CRC): Durch diese Überwachung der Übertragungsrahmen mit Hilfe von Prüfzeichen können bis zu fünf zufällig über die Nachricht verteilte sowie jede ungerade Anzahl von Bitfehlern erkannt werden. Darüber hinaus werden diejenigen beliebig verteilten Fehlerfolgen aufgedeckt, die innerhalb eines höchstens 14 Bits langen Nachrichtenausschnitts liegen (Bündelfehler – *Burst Errors*).

- *Bit Stuffing*: Durch das Bit Stuffing wird verhindert, dass zu selten Signalwechsel auf den Leitungen stattfinden und dadurch die Möglichkeit zur Re-Synchronisierung in den Knoten eingeschränkt wird. Verletzungen der Bit-Stuffing-Regel werden gezielt zur Markierung besonderer Buszustände (Fehlerrahmen) und Rahmenabschnitte (Ende-Kennung) eingesetzt.

8.4.5.2 Leistung der Fehlererkennung

Durch die implementierten Verfahren zur Fehlererkennung soll die (bedingte) Wahrscheinlichkeit, dass eine fehlerhafte Nachricht unerkannt bleibt, unter einen Wert von $4{,}7 \cdot 10^{-11}$ gedrückt werden. Wie oben beschrieben, werden erkannt:

- alle globalen Fehler, also Fehler, die den CRC-Check oder den Rahmenaufbau verletzen;

- alle lokalen Fehler, die nur der Sender einer Nachricht feststellen kann, weil sie weder das CRC-Prüfzeichen noch den Rahmenaufbau verändern;

- bis zu 5 zufällig verteilte Fehler in einer Botschaft;

- Bündelfehler mit einer Länge von weniger als 15 Bits;

- Fehler mit ungerader Anzahl von verfälschten Bits.

An der Fehlererkennung ist jeder Knoten beteiligt. Durch ein bestimmtes Verfahren des Zählens und Bewertens der aufgetretenen Nachrichtenverfälschungen, das im folgenden Unterabschnitt beschrieben wird, kann zwischen transienten und permanenten Fehlern unterschieden und entsprechend darauf reagiert werden. Transiente Fehler treten zufällig, durch eine Störung verursacht, auf, haben eine zeitliche Begrenzung und können meist durch Wiederholung einer Übertragung behoben werden. Permanente Fehler hingegen wirken sich langfristig aus. Sie verlangen den Einsatz bestimmter Diagnose- und Reparaturverfahren.

8.4.5.3 Fehlerbehandlung

Im CAN-Protokoll ist eine ganze Reihe von Maßnahmen zur Fehlerbehandlung vorgesehen. Dazu gehören:

- **Neusenden** von fehlerhaften Botschaften: Spätestens 29 Bitzeiten nach dem Abbruch einer als fehlerhaft erkannten Nachricht wiederholt ihr Sender automatisch die Übertragung des Botschaftenrahmens.

- **Interrupt** an Mikrocontroller: In unterschiedlichen Phasen der Fehlererkennung und -behandlung kann der CAN-Buscontroller den angeschlossenen Mikrocontroller über einen Interrupt zur Ausführung einer speziellen Behandlungsroutine auffordern.

- **Unterscheidung zwischen aktivem und passivem Fehlerverhalten:** Je nach der aktuellen „Fehleranfälligkeit" eines Knotens kann er in zwei verschiedene Zustände versetzt werden, die seine Rolle bei der Meldung von Fehlern und die Reaktion darauf definieren, den aktiven oder passiven Modus (*Error active / Error passive*). Die unterschiedlichen Verhaltensweisen wurden bereits bei der Beschreibung der Rahmentypen im Abschnitt 8.4.4 behandelt.

- **Abschaltung** von Knoten: Nach dem Überschreiten einer oberen Grenze von Fehlern, die ein Knoten verursacht hat, wird ein permanenter Fehler unterstellt und dieser Knoten vom Bus (zeitweise) abgeschaltet. Durch ein genau vorgeschriebenes Verfahren kann dieser Knoten zu einem späteren Zeitpunkt – möglichst nach der Ausführung geeigneter Diagnose-, Wartungs- oder Reparaturmaßnahmen – wieder an den Bus angeschaltet werden, ohne dass dieser dazu zurückgesetzt werden muss.

In der folgenden Abb. 8.58 ist der Ablauf der Fehlerbehandlung genauer dargestellt. Zur Realisierung des dargestellten Verfahrens verfügt jeder Knoten über zwei Zähler, die das Auftreten von Fehlern beim Senden oder Empfangen von Nachrichten getrennt festhalten. Diese sind mit Sende-Fehlerzähler (*Transmit Error Counter*) bzw. Empfangs-Fehlerzähler (*Receive Error Counter*) bezeichnet.

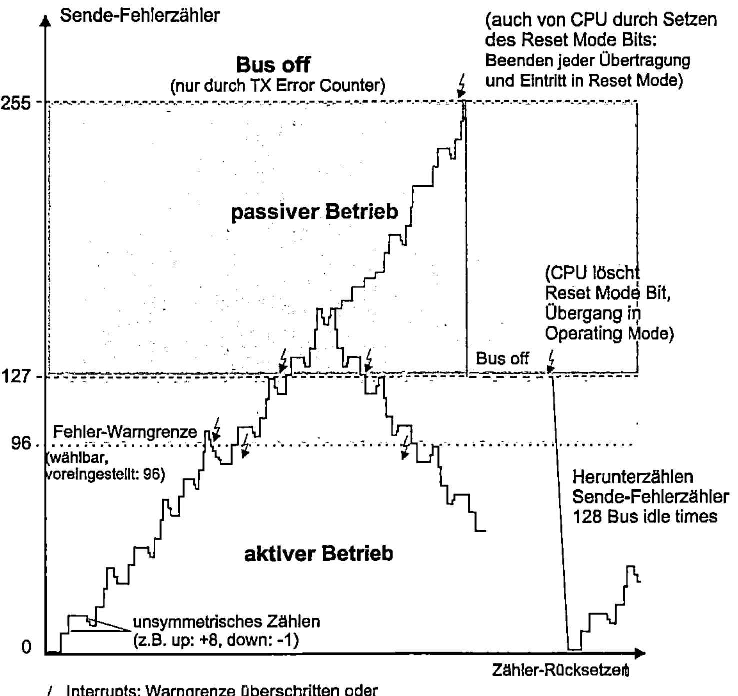

Abb. 8.58: Ablauf der Fehlerbehandlung im CAN-Bus (am Beispiel des Sende-Fehlerzählers)

Vor dem Anschalten des Knotens an den Bus werden seine beiden Fehlerzähler auf den Wert 0 gesetzt. Mit jedem erkannten fehlerhaft übertragenen Rahmen wird der zugeordnete Zähler (Senden bzw. Empfangen) um einen Wert größer-gleich 1 erhöht, mit jedem fehlerfrei übertragenen Rahmen um 1 erniedrigt. Bei der Erhöhung des Sende-Fehlerzählers wird stets der Wert 8 addiert. Dadurch werden Fehler als „Ausnahmesituationen" stärker gewichtet als der „Normalfall" der Fehlerfreiheit. Der Empfangs-Fehlerzähler wird nur dann um 8 erhöht, wenn der festgestellte Fehler darin besteht, dass das erste Bit nach einer von ihm selbst ausgesandten Fehlermarkierung (s.o.) dominant ist. Bei einem festgestellten Datenfehler wird er hingegen nur um 1 erhöht. (Die Spezifikation unterscheidet weitere Ausnahmebedingungen von diesen „Regeln").

Überschreitet einer der Zähler einen „einstellbaren" Schwellwert, so wird als Warnung ein Interrupt ausgelöst und der Mikrocontroller über den „sehr" gestörten Busbetrieb (*heavily disturbed Bus*) informiert. Der Wert dieser Fehler-Warngrenze (*Error Warning Limit*) ist in einem Register des Buscontrollers untergebracht und auf den Wert 96 ($60) voreingestellt. Aber auch beim erneuten *Unter*schreiten dieser Grenze – ausgelöst durch eine fehlerfreie Übertragung – wird eine Interrupt-Anforderung zum Mikrocontroller abgesetzt.

Solange beide Fehlerzähler des Knotens einen Wert kleiner oder gleich 127 besitzen, befindet sich der Knoten im (oben beschriebenen) aktiven Fehlermodus (*Error Active*). Mit dem Überschreiten dieser Grenze zwischen 127 und 128 durch einen der Zähler wechselt er in den passiven Modus (*Error Passive*). Er besitzt nun nur noch die beschriebenen eingeschränkten Möglichkeiten, an der Fehlererkennung und Fehleranzeige teilzunehmen. Dieser Wechsel wird wiederum über einen Interrupt an den Mikrocontroller gemeldet.

Im Normalfall nimmt der Knoten danach wieder an fehlerfreien Übertragungen teil. Bei Sendeübertragungen wird der entsprechende Zähler um 1 dekrementiert und kann so die Grenze zwischen 127 und 128 wieder unterschreiten – im Idealfall sogar den Wert 0 erreichen. Erfolgreiche Empfangsübertragungen setzen ihren Fehlerzähler jedoch nur auf einen Wert zwischen 119 und 127, erlauben also (ohne Mikrocontroller-Eingriff) nicht, die Warngrenze von 96 erneut zu unterschreiten. Ein Knoten wechselt erst dann wieder in den aktiven Zustand zurück, wenn seine beiden Zähler Werte unter 128 besitzen. Auch das Verlassen des passiven Bereichs wird dem Mikrocontroller über einen Interrupt signalisiert.

Überschreitet der Sende-Fehlerzähler den Wert 255, so wird der Knoten vom Bus abgeschaltet. Der Zustand wird *Bus Off* genannt. Das Abschalten vom Bus kann auch durch den Mikrocontroller selbst dadurch veranlasst werden, dass er den Wert 256 in den Sende-Fehlerzähler schreibt.

Ein abgeschalteter Knoten kann von seinem Mikrocontroller wieder in den aktiven Zustand versetzt werden. Dies geschieht dadurch, dass er die Fehlerzähler zunächst auf den Wert 128 setzt. Danach beobachtet der Buscontroller den Bus und erniedrigt die Zähler mit jedem Auftreten von 11 hintereinander folgenden rezessiven Bits um 1. Die Zahl von 11 rezessiven Bits entspricht gerade der im Unterabschnitt 8.4.4.4 beschriebenen Rahmenpause eines passiven Knotens. Sobald die Zähler den Wert 0 erreichen, kann der Knoten wieder an der Kommunikation über den Bus teilnehmen.

8.4.6 Can-Buscontroller

8.4.6.1 Aufbau und Funktion

Zu Beginn dieses Abschnittes hatten wir bereits die verschiedenen Implementierungsmöglichkeiten eines CAN-(Bus-)Controllers erwähnt (s. Abb. 8.49). In Abb. 8.59 sind diese Möglichkeiten (noch einmal) dargestellt.

Links in der Abbildung ist gezeigt, wie ein Standard-Mikrocontroller (µC), der über Sensoren und Aktoren einen Prozess überwacht und steuert, über einen separaten CAN-Controller (*stand alone*) mit dem Bus verbunden ist[1]. Rechts in der Abbildung hingegen ist ein Mikrocontroller für eine vergleichbare Aufgabe dargestellt, der einen integrierten CAN-Controller enthält. Diese Art der Busankopplung ist die kostengünstigere und daher immer häufiger eingesetzte Lösung. Fast alle weit verbreiteten µC-Familien bieten dazu Prozessorversionen, die über integrierte CAN-Controller verfügen.

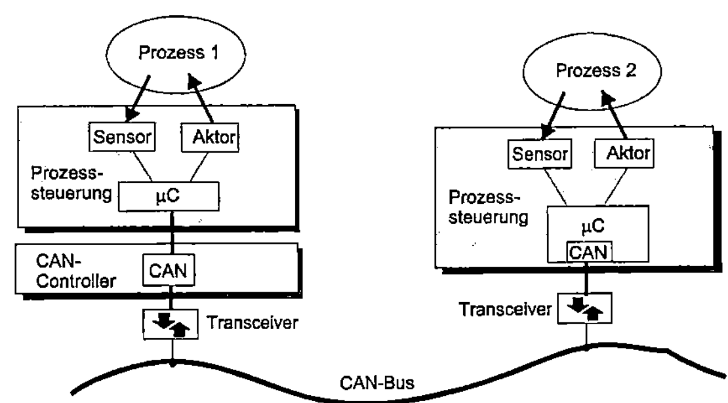

Abb. 8.59: Anschluss der Knoten am CAN-Bus

Abb. 8.60 zeigt den Aufbau und die Komponenten eines typischen CAN-Controllers.

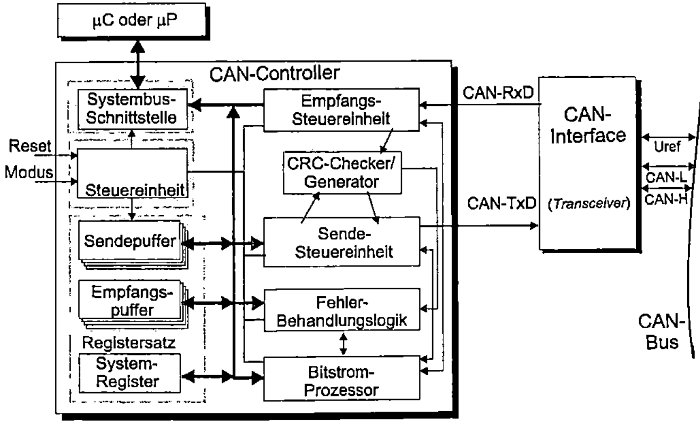

Abb. 8.60: Aufbau eines CAN-Controllers

---

[1] Die Verbindung zwischen CAN-Controller und µC kann über unterschiedliche Schnittstellen geschehen, wie wir sie im Kapitel 9 ausführlich beschreiben werden

- Die **Steuereinheit** übernimmt die Aufgabe, alle Komponenten des Controllers zu überwachen und zu steuern. Sie empfängt Steuerinformationen vom Prozessor und überträgt Statusinformationen zum Prozessor. Außerdem generiert sie Unterbrechungsanforderungen (Interrupts), verwaltet die Sende- und Empfangspuffer des Controllers und übernimmt die Aufgabe der CAN-Protokollverarbeitung.

- Die **Systembus-Schnittstelle** dient dem Anschluss des CAN-Controllers an den Mikroprozessor und besteht aus Adress- und Datenbus sowie den Bussteuersignalen. Zu dieser Schnittstelle gehören auch ein oder mehrere Signaleingänge (*Chip Select*), über die der Controller angesprochen wird.

- Der **Registersatz** enthält die Systemregister, d.h., die Steuer-, Befehls- und Statusregister, des Controllers. Außerdem gehören dazu ein oder mehrere Sendepuffer, die die Botschaftenrahmen vom Prozessor zwischenspeichern, bis sie über den CAN-Bus ausgegeben werden können. Für die über den CAN-Bus empfangenen Nachrichten werden ebenfalls ein oder mehrere Pufferregister zur Verfügung gestellt. Diese Pufferregister müssen lang genug sein, um Identifikationsfeld, Kontrollfeld und Datenfeld der Nachrichten aufzunehmen. Sind mehrere Puffer für jede Übertragungsrichtung vorhanden, werden sie als FIFO-Register verwaltet (*First-in, First-out*). (Im nächsten Unterabschnitt wird der Registersatz eines CAN-Controllers detailliert dargestellt.)

- Der **Bitstrom-Prozessor** ist ein Steuerwerk, das die Datenströme zwischen den Sende- und Empfangspuffern, den Sende-/Empfangssteuerungen und den Anschlüssen (CAN-RxD, CAN-TxD) zum CAN-Bus leitet.

- Die **Sende-Steuereinheit** entnimmt eine auf ihre Übertragung wartende Nachricht dem Sendepuffer (s.u.), packt sie in den erforderlichen CAN-Bus-Rahmen und überträgt diesen in serieller Form über die Leitung CAN-TxD zu den extern angeschlossenen CAN-Bus-Leitungstreibern. Die Ausgangstreiber zu dieser Leitung können häufig in verschiedenen Betriebsarten arbeiten, die durch die Sende-Steuereinheit unter Programmkontrolle eingestellt werden. Nach der Erkennung eines Übertragungsfehlers durch die unten beschriebene Fehler-Behandlungslogik schickt sie einen Fehlerrahmen auf den Bus oder wiederholt automatisch die letzte Rahmenübertragung.

- Die **Empfangs-Steuereinheit** synchronisiert den CAN-Controller mit dem Bitstrom auf dem CAN-Bus, entnimmt die übertragenen Rahmen, filtert alle für den Controller bestimmten Nachrichten heraus (s.u.) und überträgt sie in die Empfangspuffer.

- Der **CRC-Generator/Checker** besteht aus einer Schaltung, die für die Sende- und Empfangs-Steuereinheiten die Aufgabe der Erzeugung einer 15-Bit-Prüfbitfolge übernimmt. Beim Senden wird diese in den übertragenen Botschaftenrahmen eingefügt. Beim Botschaftenempfang wird sie mit der übermittelten CRC-Bitfolge verglichen. Das Ergebnis des Vergleichs wird an die Fehler-Behandlungslogik weitergereicht.

- Die **Fehler-Behandlungslogik** führt alle oben beschriebenen Maßnahmen zur Erkennung von Fehlern und zur Reaktion darauf aus.

Der eben beschriebene CAN-Controller deckt mit den Funktionen der Bit-Codierung, der Synchronisation und Zeitüberwachung bereits einen Teil der physikalischen Schicht der im Abschnitt 8.4.2 beschriebenen Protokollschichten ab. Die beschriebenen Leitungen zum CAN-Bus

(CAN-TxD, CAN-RxD) tragen jedoch binäre Signale, die noch nicht den Anforderungen des CAN-Busses bezüglich der differenziellen Übertragung mit vorgegebenen Pegeln entsprechen. Die Umsetzung in diese Form der Übertragung wird durch den angeschlossenen **CAN-Businterface**-Baustein vorgenommen, der als *Transceiver*[1] bezeichnet wird. Er liefert die beiden differenziellen Signale CAN-H und CAN-L sowie die Referenzspannung $U_{ref}= 2{,}5$ V.

8.4.6.2 Registersatz

In Abb. 8.61 ist der Registersatz eines CAN-Controllers dargestellt.

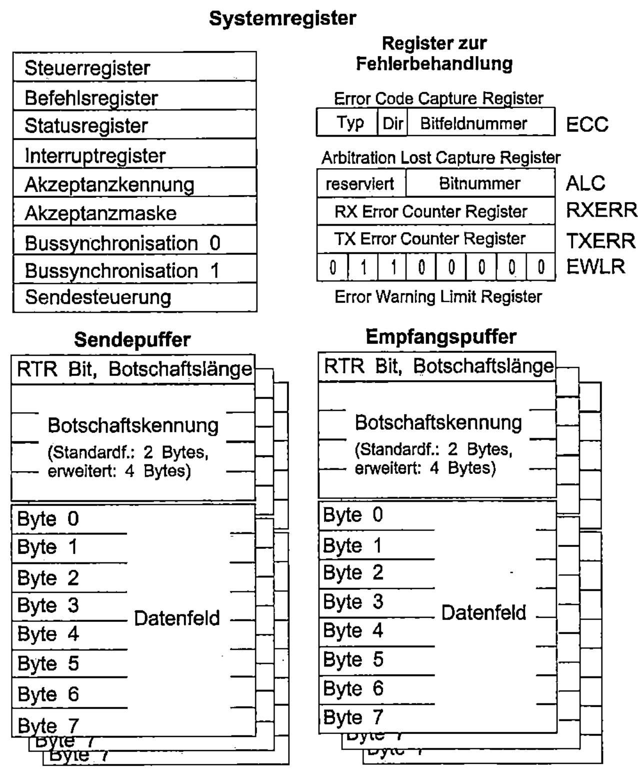

Abb. 8.61: Registersatz eines CAN-Controllers

- **Sende- und Empfangspuffer** (*Transmit Buffer, Receive Buffer*) können jeweils das 8-Byte-Datenfeld eines Botschaftenrahmens aufnehmen. In ihren ersten Bytes enthalten sie die Information über den Rahmen, bestehend aus dem RTR-Bit (*Remote Transfer Request*) und der Datenlänge DLC (*Data Length Code*), sowie die 11 oder 29 Bits lange Nachrichtenidentifikation (Identifier) in 2 bzw. 4 Bytes. Die CAN-Controller unterscheiden sich sehr stark in Anzahl und Verwaltung der Rahmenpuffer: Einfache Typen besitzen z.B. einen Sende- und zwei Empfangspuffer, komplexere besitzen bis zu 15 Puffer, die dynamisch sowohl für die Sende- wie auch Empfangsübertragungen genutzt werden können. Auch existieren Lösungen, die

---

[1] Kunstwort aus *Transmitter* und *Receiver*

z.B. 64 Bytes in Form eines Ringpuffers verwalten, wobei durch einen Rahmen keine feste Pufferlänge, sondern nur die tatsächlich benötigten Registerplätze belegt werden.

- Im **Steuerregister** kann der Controller in einen Selbsttest- oder „Schlaf"-Modus versetzt werden (*Selftest Mode, Sleep Mode*). Hier kann auch eine Betriebsart gewählt werden, in der er lediglich „hörend" am Busverkehr teilnehmen darf (*Listen-only Mode*), ohne die Möglichkeit, selbst Nachrichten abzusenden oder empfangene Nachrichten zu quittieren. Durch das Setzen eines Bits kann der Controller in einen definierten Anfangszustand zurückgesetzt werden.

- Das **Befehlsregister** erlaubt es, die Übertragung einer im Sendepuffer wartenden Nachricht auszulösen (*Transmission Request*) bzw. abzubrechen (*Abort Transmission*). Weiterhin kann zu (Selbst-)Testzwecken veranlasst werden, dass eine ausgesandte Botschaft simultan wieder eingelesen wird (*Self Reception Request*). Ein Empfangspuffer, dessen Botschaft vom Prozessor bereits gelesen wurde, muss durch das Setzen eines Bits im Befehlsregister explizit wieder freigegeben werden (*Release Receive Buffer*). Im Befehlsregister kann auch das Daten-Überlaufbit im Statusregister gelöscht werden.

- Die Bits des **Statusregisters** zeigen hauptsächlich an, ob der Controller momentan eine Nachricht empfängt, aussendet oder die Aussendung beendet hat. Darüber hinaus wird der Zustand des Busanschlusses gezeigt: Der Controller nimmt am Busgeschehen teil oder nicht (*Bus On/Off*). Der Prozessor wird weiterhin darüber informiert, ob ein Sendepuffer für eine neue Nachricht frei ist oder im Empfangspuffer eine eingelesene Nachricht zur Abholung bereit liegt. Letztendlich wird der bereits erwähnte Datenüberlauf angezeigt.

- Das **Interrupt-Register** enthält einerseits Flags, mit denen verschiedene Interrupts zum Prozessor zugelassen bzw. gesperrt werden können (*Interrupt Enable Flags*); andererseits Flags, die das Auftreten gerade dieser Interrupts anzeigen (*Interrupt Flags*). Dazu zählen Sende- und Empfangs-Interrupts, die das Aussenden bzw. Eintreffen eines Botschaftenrahmens anzeigen, sowie solche, die einen Busfehler oder einen Datenüberlauf melden, d.h., ein Empfangspuffer wurde überschrieben, bevor der Prozessor die vorher empfangene Nachricht abgeholt hat. Weiterhin können Interrupts zugelassen werden, die anzeigen, wenn der Controller die Warngrenze überschritten hat oder in den passiven Zustand übergegangen ist. Auch das Unterliegen bei der Arbitrierung zum CAN-Bus kann einen Interrupt verursachen.

- Die beiden Register **Akzeptanzkennung** und **Akzeptanzmaske** unterstützen einen Botschaftenfilter, indem sie festlegen, welche Botschaften ein Controller empfangen soll oder nicht. Im Akzeptanzkennungs-Register (*Acceptance Code Register*) wird die Kennung (Identifikation) der Botschaften eingetragen, die für den Controller bestimmt sind. Durch den im Akzeptanzmasken-Register eingeschriebenen Wert können bestimmte (oder alle) Bits der Botschaftenidentifikation aus dem Vergleich mit dem eben beschriebenen Registerwert herausgelassen, also als *don't care* behandelt werden. Dadurch ist es möglich, nicht eine einzige Botschaftenkennung zu akzeptieren, sondern eine ganze Gruppe von Kennungen, die sich nur in den maskierten Bits unterscheiden. In Abb. 8.62 ist das Verfahren zur Botschaftenfilterung skizziert.

Die höchstwertigen acht Bits $ID_{10},...,ID_3$ der empfangenen Botschaftenkennung werden durch Äquivalenzgatter paarweise mit den Bits $AC_7,...,AC_0$ des Akzeptanzkennungs-Registers auf Gleichheit überprüft. Die Ergebnisse dieser Vergleichsoperationen werden danach mit den entsprechenden Bits $AM_7,...,AM_0$ des Akzeptanzmasken-Registers paarweise oder-verknüpft. Ein Maskenbit $AM_i =1$ erzwingt am Oder-Ausgang eine logische 1 und macht dadurch das Vergleichsergebnis am zweiten Oder-Eingang irrelevant. Die Ausgänge der Oder-Schaltungen werden gemeinsam und-verknüpft. Der Ausgang der Und-Schaltung ist somit genau dann logisch 1, wenn alle Vergleiche mit nicht maskierten Bits logisch eine 1 ergeben. Das Ergebnis der Filterung wird im Statusregister abgelegt und entscheidet darüber, ob die empfangene Nachricht in den Empfangspuffer geschrieben wird oder nicht. Es sei hier noch vermerkt, dass einige CAN-Controller über mehrere Sätze von Akzeptanz-Kennungs- und -Maskenregister verfügen und so unterschiedliche Kennungsbereiche herausfiltern können.

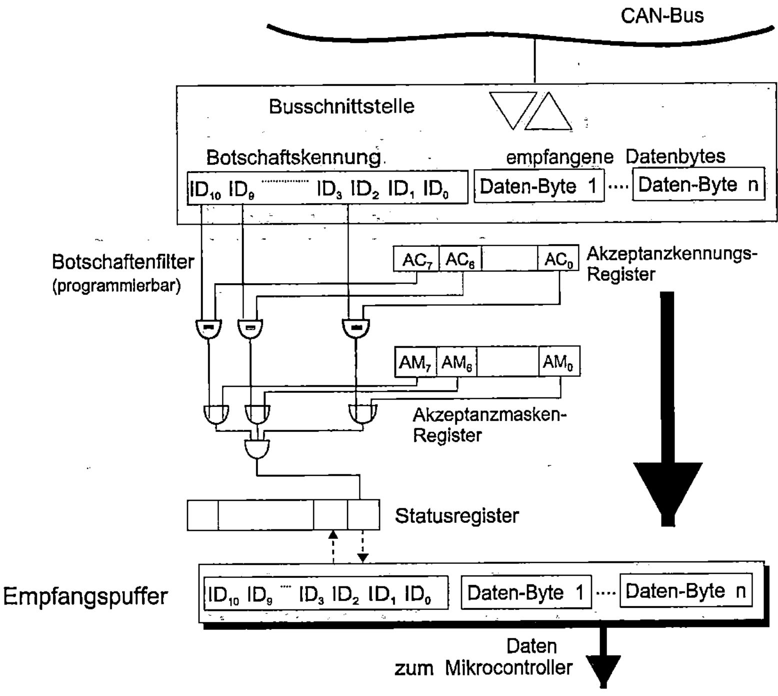

Abb. 8.62: Botschaftenfilterung

- In den **Bussynchronisations-Registern** (*Bus Timing Register*) wird der Wert eines Frequenzteilers zur Erzeugung der gewünschten Übertragungsrate (Baudrate) – und somit die zeitliche Länge eines Bits – bestimmt. Weiterhin wird festgelegt, wie häufig jedes Bit abgetastet werden soll (ein- bzw. dreimal) und wo diese Abtastungen innerhalb einer Bitzeit stattfinden sollen.

- Im **Sendesteuerregister** werden Form und Funktion der seriellen Datensignale des Controllers – CAN-TxD und CAN-RxD – aus einer Menge verschiedener Möglichkeiten gewählt, auf die hier nicht eingegangen werden kann.

- Die restlichen Systemregister dienen der oben beschriebenen Fehlerbehandlung im CAN. Dazu gehören die beschriebenen Zählerregister für Sende- und Empfangsfehler (*TX/RX Error*

Counter Register) sowie das Register, das die Grenze des Warnbereiches bestimmt (*Error Warning Limit Register*)˙ Wie bereits erwähnt, wird dieses Register mit dem Wert 96 = \$60 = 0110 0000 vorbelegt.

- Das **CRC-Fehlerregister** (*Error Code Capture Register*) zeigt Typ und Lage eines erkannten Fehlers in einem Botschaftenrahmen an sowie die Übertragungsrichtung (*Direction*) der fehlerhaften Nachricht: Senden oder Empfangen. Als Typen werden unterschieden: Bitfehler, Rahmenfehler, Bit-Stuffing-Fehler oder ein anderer Fehler. Durch die fünf restlichen Bits des Registers können 30 verschiedene Bitfelder in einem Botschaftenrahmen als Lage des Fehlers bezeichnet werden.

- Das letzte aufgeführte Register, das *Arbitration Lost Capture Register*, wird bei der Zuteilung des CAN-Busses benutzt. Es zeigt für einen unterlegenen Controller als 5stellige Dualzahl an, bei welcher Bitposition der Botschaftenkennung (inklusive der Bits IDE, RTR) er sich als „unterlegener" Knoten zurückziehen und auf Empfang umschalten musste.

8.5 Der LIN-Bus

In Automobilen der „Oberklasse" werden bereits so viele Mikrocontroller, intelligente Sensoren (*Smart Sensors*) und Stellglieder (Aktoren) eingesetzt, dass der CAN-Bus an die Grenze seiner Leitungsfähigkeit gebracht wird. Zur Abhilfe werden deshalb z.T. schon mehrfache CAN-Busse verwendet. Obwohl er prinzipiell eine kostengünstige Lösung ist, ist der CAN-Bus für viele Anwendungen jedoch zu aufwändig und zu teuer, insbesondere für Komponenten mit niedrigsten, seltenen Übertragungsanforderungen. Dazu gehören z.B. alle Komponenten, die lediglich über Schalter ein-/ausgeschaltet werden müssen (*On-off Devices*) oder die über kleine Leuchten („Glühbirnchen" oder Leuchtdioden – LEDs) ihren Zustand anzeigen. Im Automobil finden sich Gruppen dieser Komponenten häufig in einem eng umgrenzten Bereich, z.B. in einer Tür[1], im Heizungsbereich oder in einem Sitz[2]. Andererseits halten einige Hersteller, gerade auch im Automobilbereich, den CAN-Bus für extrem sicherheitskritische Anwendungen für nicht „sicher" genug – trotz der im letzten Abschnitt beschriebenen „ausgefeilten" Fehler-Behandlungsmethoden. Aus diesem Grund wird im Bereich der höchsten Sicherheitsanforderungen (insbesondere bei Bremsanlagen und der elektronischen Lenkung – *Steering by Wire*) an alternativen Busverbindungen geforscht und gearbeitet. Als Lösungsansätze untersucht man – neben fehlertoleranten Kopplungen mehrfacher CAN-Busse – auch andere Hochleistungsverbindungen.

In Abb. 8.63 ist ein hierarchisches Controller-Bussystem dargestellt, in dem der CAN-Bus das „Rückgrat" (*Backbone*) bildet, für den Sicherheits- und Komfortbereich jedoch andere Bussysteme eingesetzt werden. Im Sicherheitsbereich setzt sich die Flexray-Schnittstelle immer weiter durch, die bereits in vielen Mikrocontrollern integriert zu finden ist. Sie werden wir hier aus Platzgründen nicht beschreiben. Stattdessen beschränken wir uns im Folgenden auf die Beschreibung eines wichtigen Vertreters aus dem sog. Komfortbereich, den LIN-Bus.

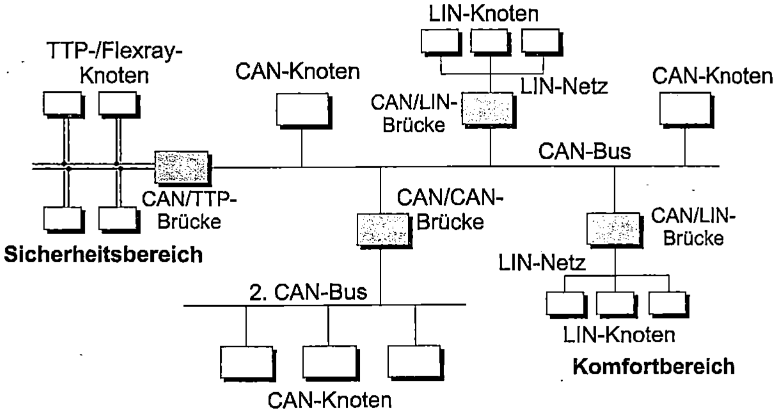

Abb. 8.63: Ein hierarchisches Controller-Bussystem

---

[1] Fensterheber, Spiegelverstellung, Türverriegelung usw
[2] Diese Komponenten werden zum sog. Komfortbereich gezählt

8.5.1 Aufbau eines LIN-Bus-Systems

Für den Einsatz im Komfortbereich von Automobilen mit seinen niedrigen Kosten- und Leistungsanforderungen (*Low-cost – Low-speed*) wurde der LIN-Bus[1] (*Local Interconnect Network*) entwickelt. Dieser Bus wird von einem *Master* gesteuert und kann (theoretisch) bis zu 64 *Slaves* umfassen. Reale Implementierungen besitzen typischerweise bis zu 10 Slave-Knoten. In Abb. 8.64 ist ein LIN-Bus-System mit seinem Anschluss an den CAN-Bus skizziert. Die Nachrichten werden hauptsächlich zwischen dem Master und einem, mehreren oder allen Slaves (*Point-to-Point, Multicast, Broadcast*) ausgetauscht; jedoch können auch die Slaves untereinander kommunizieren.

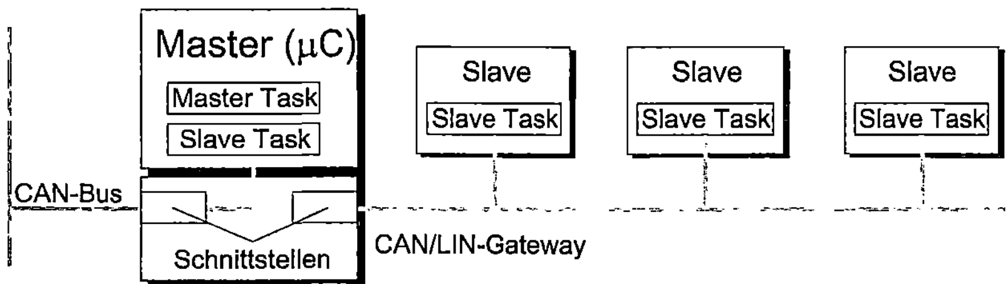

Abb. 8.64: LIN-Bus-System

Die Knoten im LIN-Bus sind meist einfach(st)e Mikrocontroller, die oben erwähnten „intelligenten" Sensoren, Stellglieder oder – im einfachsten Fall – Schalter (mit LIN-Busschnittstelle). Der LIN-Bus ist nicht zum CAN-Bus kompatibel (bezüglich des verwendeten Übertragungsprotokolls) und besitzt keine besonderen Fehlererkennungs-/Korrekturmöglichkeiten. Wichtig ist, dass durch die Kommunikation auf dem LIN-Bus der CAN-Bus nicht belastet wird.

Die Anbindung eines LIN-Busses an den CAN-Bus geschieht über CAN/LIN-Brücken (*Bridges, Gateways*), die gewöhnlich auch die Rolle des LIN-Masters übernehmen und im Master-Mikrocontroller integriert oder als eigenständiger Baustein (*Stand-alone*) realisiert sind. Die Brücken bestehen aus einem einfachen Mikrocontroller zur Umsetzung von CAN-Nachrichten in LIN-Nachrichten (oder umgekehrt). Durch diese Aufgabe ist der µC meist „unterbeschäftigt", sodass er noch zusätzliche Steueraufgaben übernehmen kann.

Die Schnittstelle zum CAN-Bus besitzt meist einen integrierten CAN-Controller; nur sehr einfache Typen benötigen einen eigenständigen, externen (*stand-alone*) CAN-Controller. Die Schnittstelle zum LIN-Bus (*LIN-Interface*) ist hingegen so einfach, dass sie (fast) zur Standardausrüstung jedes Mikrocontrollers gehört: Sie wird durch eine der asynchronen seriellen Schnittstellen (UART/SCI) realisiert, die wir im Abschnitt 9.6 ausführlich beschreiben werden. Über eine einzige Datenleitung („Eindraht-System") überträgt sie mit einer Rate von 2,4 bis 19,2 kBit/s Zeichen, die jeweils aus acht Datenbits und einem „Stop"-Bit zur Kennzeichnung des Zeichenendes bestehen.

---

[1] Da er nicht als eigenständiger Bus, sondern nur in Verbindung mit einem „höherwertigen" Bus (wie dem CAN) vorgesehen ist, wird er auch als Sub-Bus bezeichnet

8.5.2 Kommunikation im LIN-Bus

Im LIN-Bus geht jede Kommunikation vom Master aus. Das bedeutet insbesondere, dass es nicht zu Kollisionen auf dem Bus kommen kann und kein Zugriffsverfahren (Arbitrierung) zum Bus nötig ist. Die Kommunikation geschieht in Form sehr kurzer Nachrichten, die in feste Rahmen eingebunden und in Abb. 8.65 dargestellt sind. Der Rahmen enthält im Kopf (*Header*) eine 6-Bit-Nachrichtenkennung – ähnlich der Kennung im CAN-Bus –, im Datenfeld 0, 2, 4 oder 8 Datenbytes und wird durch eine 8-Bit-Prüfsumme abgeschlossen.

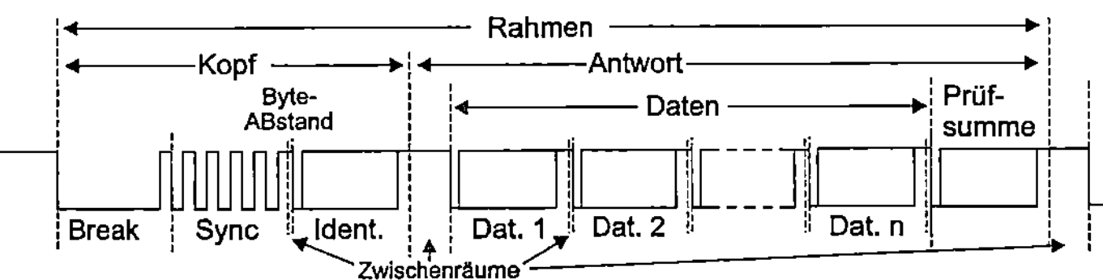

Abb. 8.65: Aufbau eines LIN-Nachrichtenrahmens

In den folgenden Bildern werden die Protokoll-Informationen im Nachrichtenrahmen genauer beschrieben. Wir beginnen in Abb. 8.66 mit dem Break-Zeichen, das den Beginn eines Rahmens anzeigt. Der LIN-Bus liegt im „unbeschäftigten" Zustand auf einem positiven Spannungspegel (H-Pegel), der mit dem logischen Wert 1 gleichgesetzt wird. Das *Break*-Zeichen, das den Beginn eines Rahmens angekündigt, zieht für wenigstens 13 Zyklen des Bustaktes die Busleitung auf Masse-Potenzial (entsprechend dem L-Pegel bzw. 0-Wert) herunter. Hexadezimal kann das Break-Zeichen also als $0000 dargestellt werden.

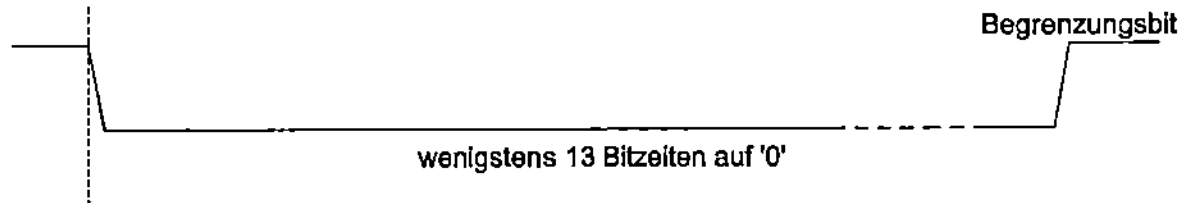

Abb. 8.66: Break-Zeichen

Um die vom Master verlangte Übertragungsrate (Baud-Rate) festzulegen und die Taktgeneratoren im Master und den Slaves „in Gleichtakt" zu bringen, folgt danach das **Synchronisations-Zeichen**, das hexadezimal dem Wert $55 entspricht (s. Abb. 8.67). Es ist in einen Zeichenrahmen eingebaut, der mit einem Startbit im L-Pegel beginnt und mit einem Stoppbit im H-Pegel endet.

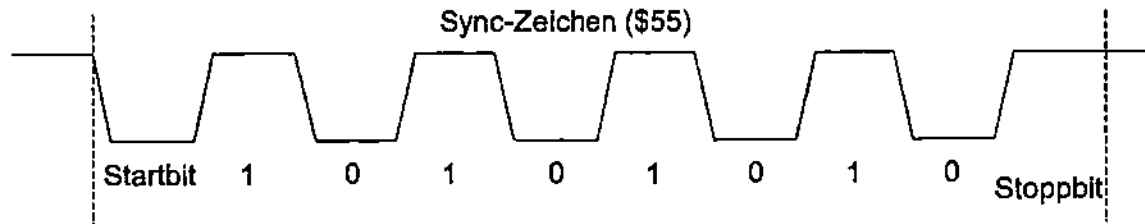

Abb. 8.67: Synchronisations-Zeichen

Das Identifikationsbyte (Kennung) im Nachrichtenkopf, die zu übertragenden Datenbytes und die Prüfsumme haben denselben Aufbau und werden daher gemeinsam in Abb. 8.68 dargestellt. Sie werden alle mit dem niederwertigen Bit (LSB) beginnend ausgesendet und ebenfalls durch ein Start- und Stoppbit eingerahmt.

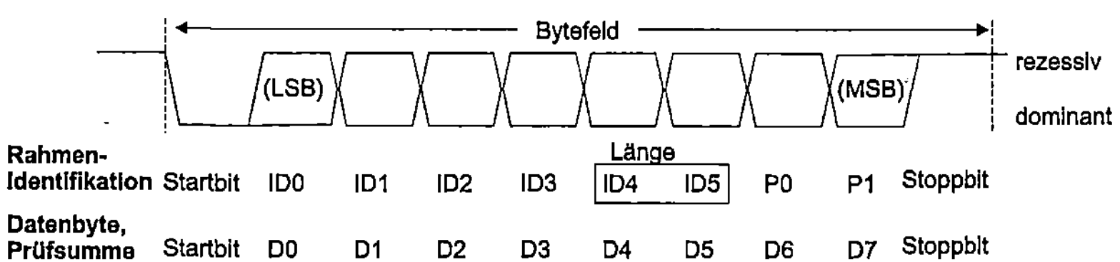

Abb. 8.68: Nachrichtenidentifikation, Datenbytes und Prüfsumme

Das Identifikationsbyte besteht aus drei Bitfeldern:

- ID3,...,ID0 gibt die Kennung der Nachricht an und kann Werte zwischen 0 und 15 annehmen.

- ID5, ID5 spezifizieren die Länge der Nachricht. Dabei wird durch die Kombination

  - ID4, ID5 = 00 eine Datenanforderung angezeigt;

  - ID4, ID5 = 01 eine 2-Byte-Nachricht,

  - ID4, ID5 = 10 eine 4-Byte-Nachricht und

  - ID4, ID5 = 11 eine 8-Byte-Nachricht angekündigt, die der Master aussenden wird.

Bei einer Datenanforderung schickt der Master den Nachrichtenkopf (mit leerem Datenfeld) und der angesprochene Slave überträgt daraufhin das Datenfeld und die Prüfsumme.

- P1, P0 sind zwei Paritätsbits, die das Identifikationsbyte gegen Übertragungsfehler absichern sollen.

Mit diesen kurzen Ausführungen wollen wir die Beschreibung des LIN-Busses beenden.

8.6 Der I²C-Bus

Der I²C-Bus (*Inter-IC Bus*, auch IIC-Bus genannt) wurde zu Beginn der 80er-Jahre des letzten Jahrhunderts von der Firma Philips/Valvo zur kostengünstigen Vernetzung von integrierten Schaltkreisen (ICs) entwickelt. Ähnlich wie der USB unterstützt der I²C-Bus drei verschiedene Übertragungsgeschwindigkeiten, wenn auch auf niedrigerem Niveau: die Standard-Übertragungsrate bis 100 kBit/s, eine schnellere Übertragung (*Fast*) bis 400 kBit/s sowie eine Hochgeschwindigkeits-Übertragung (*High Speed*) bis 3,4 MBit/s. Die Geschwindigkeitsangaben sind dabei als jeweilige Obergrenzen anzusehen; die tatsächlich genutzte Übertragungsrate kann beliebige Werte von 0 kBit/s bis zu dieser Obergrenze annehmen. (Da die Hochgeschwindigkeits-Übertragung (noch) keine große Rolle spielt, werden wir sie im Folgenden nicht weiter betrachten.)

Beispiele für typische I²C-Knoten sind – neben den Mikrocontrollern selbst: (EEP)ROM, A/D- und D/A-Wandler, Codecs, Flüssigkristall-Anzeigen (*LCD-Displays*), SmartCards, Tastatur-Controller usw.

8.6.1 Aufbau eines I²C-Bus-Systems

Abb. 8.69 zeigt den Aufbau eines I²C-Bus-Systems.

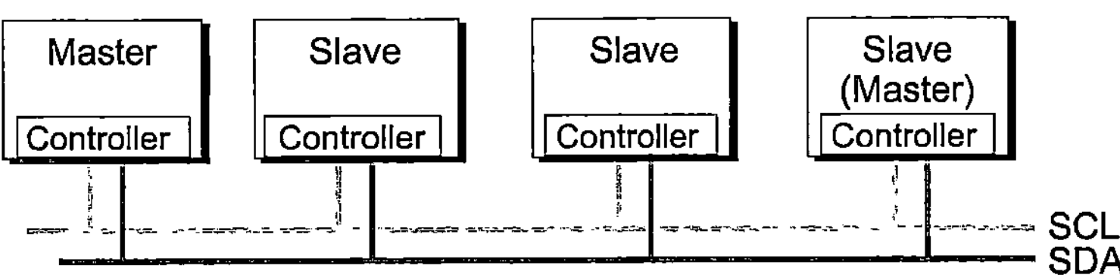

Abb. 8.69: Aufbau eines I²C-Bus-Systems

Der I²C-Bus ist ein getakteter synchroner 2-Draht-Bus. Auf der Leitung SCL (*Serial Clock*) wird der Bustakt übertragen, auf der Leitung SDA (*Bus Data*) die Daten. Die Knoten werden über integrierte Buscontroller mit Open Drain-Anschlüssen und *Pull-Up*-Widerständen (vgl. Anhang A.6) mit den Busleitungen verbunden. Dadurch wird eine *wired-AND*-Verknüpfung mit rezessivem H-Pegel und dominantem L-Pegel gebildet. Prinzipiell können beliebig viele Knoten an den Bus angeschlossen werden, jedoch nur so weit, bis eine maximale kapazitive Belastung von 400 pF erreicht wird.

Der I²C-Bus-Controller enthält die „üblichen" Komponenten, die deshalb hier nicht genauer betrachtet werden sollen: die I²C-Bus-Schnittstelle mit Bus-Zugriffslogik (Arbiter), Sende- und Empfangs-Datenregister, Steuer- und Statusregister, Interrupt-Logik, DMA-Anschluss und den Bustakt-Generator mit programmierbarem Vorteiler (*Prescaler*) und der Schaltung zur Taktsynchronisation.

Der Bus ist Multimaster-fähig. Jeder Knoten kann als Master oder Slave agieren. Der Master initiiert jeden Datentransfer und erzeugt den Bustakt SCL. Jeder Knoten, ob Master oder Slave, kann Sender (*Transmitter*) oder Empfänger (*Receiver*) sein. Dabei können in einem System Slaves mit Standard-Übertragungsrate und Master mit schneller Rate gemischt eingesetzt werden. Ein langsamer Slave kann dazu das SCL-Signal „beliebig" verlängern (*Wait State*), indem es die Taktphase im L-Pegel verzögert. In diesem Fall findet eine Kommunikation zwischen diesen ungleichen „Partnern" natürlich nur mit der Standardgeschwindigkeit statt. Zwischen Master und gleichschnellen Slaves wird hingegen mit der *Fast*-Geschwindigkeit übertragen. Eine Kopplung eines „langsamen" Masters mit schnellen Slaves macht wenig Sinn, da in diesem Fall jede Kommunikation mit Standard-Geschwindigkeit verläuft.

8.6.2 Kommunikation im I^{2}C-Bus

Wie beim LIN-Bus werden die Daten auch beim I^{2}C-Bus byteweise in festen Rahmen übertragen. Beginn und Ende eines Rahmens werden durch besondere Start-/Stopp-Bedingungen auf beiden Busleitungen angezeigt, die durch den Master erzeugt werden. Dies ist in Abb. 8.70 dargestellt.

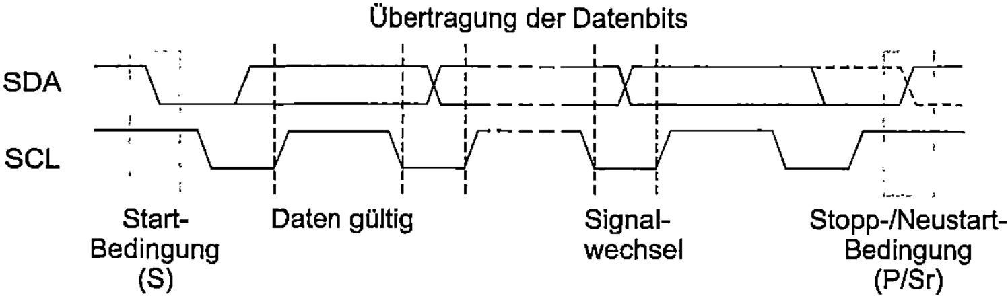

Abb. 8.70: Start-/Stopp-Begrenzung eines Übertragungsrahmens

Das Vorliegen gültiger Daten wird stets durch den H-Pegel das Taktsignals SCL angezeigt. Das Datensignal SDA darf während der Datenübertragung seinen Zustand nur dann ändern, wenn SCL im L-Pegel ist. Eine Verletzung dieser Regel macht sich der Master zur Kennzeichnung der Start-/Stopp-Bedingungen zunutze.

- Der Beginn eines Rahmens wird durch die Start-Bedingung angezeigt, bei der das Datensignal SDA eine negative Flanke hat, während das Taktsignal SCL im (aktiven) H-Pegel ist.

- Eine positive Flanke von SDA, während SCL aktiv ist, zeigt eine Stopp-Bedingung an.

- Durch die Neustart-Bedingung (Sr, *Repeated Start*), bei der das Signal SDA zum Abschluss einer Übertragung eine negative Flanke ausweist, während SCL aktiv ist, ist der aktuelle Master in der Lage, eine weitere Übertragung unmittelbar anzuschließen – u.U. mit einem anderen Slave und in eine andere Richtung.

Wie bereits gesagt, kann der Slave den (dominanten) L-Pegel des Taktsignals von sich aus verlängern und so die Übertragungsrate herabsetzen, wenn er den vom Master vorgegebenen Takt nicht einhalten oder eine andere Aufgabe erfüllen muss, z.B. einer Unterbrechungsanforderung nachkommen. Dadurch wird der Master zum Einlegen von Wartezyklen (*Wait States*) gezwungen.

Die Daten werden dabei stets byteweise transportiert, wobei die Anzahl der Bytes pro Rahmen (theoretisch) unbegrenzt ist. Jedes Byte wird mit dem höherwertigen Bit (MSB) zuerst ausgegeben und gesondert quittiert.

Jede Übertragung auf dem I^{2}C-Bus zerfällt in zwei Phasen, die in Abb. 8.71 skizziert sind.

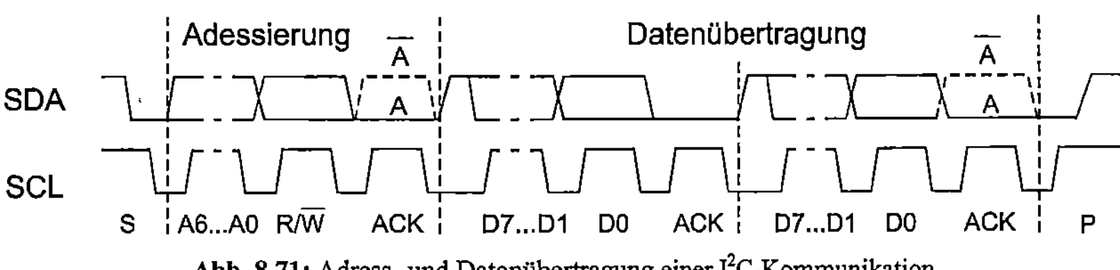

Abb. 8.71: Adress- und Datenübertragung einer I²C-Kommunikation

- In der **Adressierungs-Phase** wird zunächst eine Adresse zur Selektion des gewünschten Slaves übertragen. Diese Adresse kann wahlweise 7 oder 10 Bits lang sein. Die Unterscheidung zwischen beiden Adresslängen wird durch eine besondere Belegung der höherwertigen Adressbits vorgenommen (s.u.). Das letzte Datenbit ($R/\overline{W}$) legt fest, ob der Master Daten senden ($R/\overline{W}=0$) oder empfangen ($R/\overline{W}=1$) will. Die Adressierungsphase endet mit einem „Quittungstakt" ACK, in dem SDA vom Master im rezessiven 1-Zustand ausgegeben und vom Slave als Bestätigung des korrekten Empfangs durch ein dominantes Bit (A) überschrieben werden kann. Kann der Slave den aktuellen Kommunikationswunsch nicht erfüllen, z.B. weil er gerade beschäftigt ist, so belässt er SDA im H-Pegel ($\overline{A}$). Der Master kann dann mit der Ausgabe einer Stopp- oder *Repeated Start*-Bedingung (i.d.R. für einen anderen Slave) antworten.

- In der zweiten Phase werden nun die **Daten** byteweise solange übertragen, bis die Übertragung des gesamten Blockes durch den Sender „planmäßig" oder durch den Empfänger vorzeitig beendet wird. Dazu dient ebenfalls der beschriebene Quittungstakt ACK.

  - Das „planmäßige" Ende einer Blockübertragung, bei der der Master der Sender ist, zeigt der Master durch die Stopp- bzw. *Repeated Start*-Bedingung.

  - Ist der Master Empfänger, so kann er eine laufende Übertragung nach jedem gesendeten Byte ebenfalls durch die Stopp- bzw. *Repeated Start*-Bedingung vorzeitig abbrechen.

  - Kann der Slave als Empfänger (momentan) kein neues Datum mehr annehmen, quittiert er das zuletzt übertragene Byte nicht mehr (Signalpegel $\overline{A}$). Der Sender, also der Master, antwortet dann mit der Stopp-Bedingung (P).

In der folgenden Abb. 8.72 ist ein Beispiel für eine Datenübertragung gezeichnet.

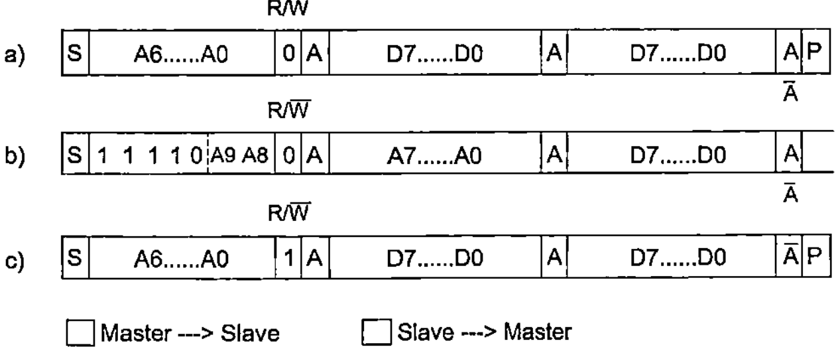

Abb. 8.72: Adress- und Datenübertragung einer I²C-Kommunikation

- Mit der oberen Übertragung a) sendet der Master ein Datenpaket mit einer 7-Bit-Adresse A6...A0 an einen Slave. Die Schreibrichtung wird durch R/$\overline{W}$=0 im ersten Byte angezeigt. Der Empfänger, also der adressierte Slave, bestätigt jedes Byte im Quittungstakt durch das Signal A. Das Ende der Übertragung zeigt der Master durch die Stopp-Bedingung P an. Der Empfänger könnte die Übertragung von sich aus durch das Signal $\overline{A}$ beenden.

- In der mittleren Übertragung benutzt der Master als Sender eine 10-Bit-Adresse. Diese wird durch die Bitkombination 11110 in den höherwertigen Adressbits angekündigt. Es folgen im ersten Byte die beiden Adresswerte A9 und A8. Der niederwertige 8-Bit-Adressteil A7,..,A0 steht dann im zweiten Byte.

- In der unteren Übertragung c) empfängt der Master eine Nachricht vom Slave. Der Slave quittiert das erste Adressbyte, der Master alle folgenden Datenbytes. Mit dem Signal $\overline{A}$ und der Stopp-Bedingung beendet er vorzeitig oder planmäßig die Übertragung.

8.6.3 Kollisionserkennung und Bus-Arbitrierung

Üblicherweise existiert in einem I²C-System ein einziger Master – z.B. ein Mikrocontroller, an dem über den I²C-Bus unterschiedliche Peripheriebausteine angeschlossen sind. Für den Einsatz in Multi-Master-Systemen sieht die Spezifikation jedoch ein Verfahren zur Kollisionserkennung und Bus-Arbitrierung vor, das wir nun kurz beschreiben wollen. Dieses Verfahren ist dem Zugriffsverfahren des CAN-Busses ähnlich und beruht auf dem „Verfahren mit mehrfachem Buszugriff und Kanalabtastung mit Kollisionsvermeidung" (*Carrier Sense, Multiple Access with Collision Avoiding* – CSMA/CA). Der Ablauf des Zugriffsverfahrens ist in Abb. 8.73 skizziert. Darin bezeichnen MS1 und MS2 die von zwei sendewilligen Mastern ausgegebenen Signale auf der Datenleitung SDA das sich auf dieser Leitung durch Überlagerung ergebende Signal.

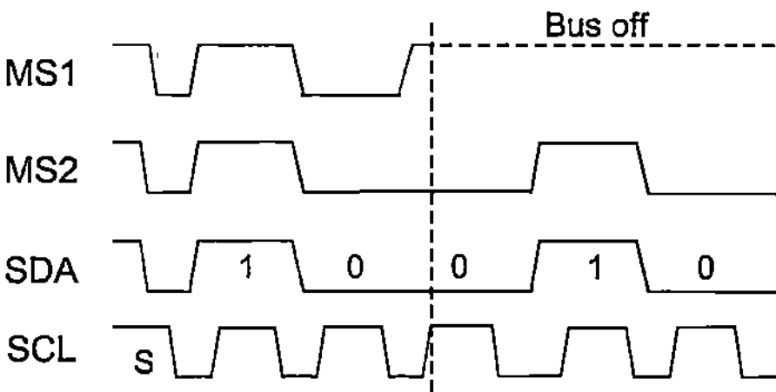

Abb. 8.73: Mehrfach-Zugriff auf den I²C-Bus

Alle sendewilligen Master (MS1, MS2,...) hören zunächst den Bus ab. Wenn sie erkennen, dass der Bus frei ist, erzeugen sie „gleichzeitig" die Start-Bedingung S. Da sie dazu insbesondere alle das Taktsignal SCL ausgeben, ist eine Synchronisation der Taktgeneratoren nötig. Danach beginnen alle Master mit der Ausgabe ihrer Adress- und Datenbits. Dabei setzen sich dominante 0-Bits gegen rezessive 1-Bits durch. Sobald ein Master auf dem überwachten Bus einen anderen Pegel erkennt, als er selbst ausgegeben hat, gibt er den Zugriffsversuch auf und schaltet seine Busschnittstelle auf Empfang (*Bus Off*). Insbesondere stoppt er dazu nach der laufenden Byte-Übertragung seine Ausgabe des SCL-Signals. Dieses Arbitrierungsverfahren wird über alle Adress- und Datenbits (!) solange fortgesetzt, bis sich ein Master als „Sieger" herausstellt.

9. Systemsteuer- und Schnittstellenbausteine

9.1 Grundlagen

9.1.1 Klassifizierung

In diesem Kapitel wollen wir uns mit den Bausteinen befassen, die außer dem Mikroprozessor, evtl. vorhandenen Coprozessoren (Gleitpunktprozessoren, Graphikprozessoren usw.), Speicher- und Brückenbausteinen zusätzlich zum Aufbau eines komplexen Mikrorechner-Systems benötigt werden. Einige von ihnen wurden bereits in den vorhergehenden Kapiteln angesprochen. Dazu gehört insbesondere eine ganze Reihe von relativ niedrig integrierten („diskreten") Bausteinen – also z.B. Bausteine mit einzelnen logischen Gattern, Tristate-Treibern, Registern, (Adress-)Decodern, Multiplexern bzw. Demultiplexern. Diese „Hilfsbausteine" werden wir hier nicht weiter behandeln.

9.1.1.1 Systemsteuerbausteine

Eine weitere Klasse – neben den Hilfsbausteinen – wird von den Systemsteuerbausteinen gebildet. Insbesondere bei den Mikrocontrollern sind sie aus technischen oder Kostengründen meist auf dem Prozessorchip selbst integriert. Sie sind teilweise nicht programmierbar, d.h., sie führen bestimmte, fest vorgegebene Funktionen aus, ohne dass die Möglichkeit besteht, vom Programm her auf ihre Arbeitsweise einzuwirken. Das schließt nicht aus, dass durch eine hardwaremäßige Beschaltung gewisser Steuereingänge (z.B. über Schalter) eine von mehreren Betriebsalternativen ausgewählt werden kann. In der Regel ist diese Auswahl aber für die gesamte Einsatzdauer der Bausteine im System fest vorgegeben. Einige von diesen Bausteinen sind zur Funktionsfähigkeit des Systems unerlässlich, während andere nur in komplexeren Systemen benötigt werden. Zu den „reinen", nicht programmierbaren Bausteinen gehören heutzutage nur noch wenige Funktionseinheiten, da die meisten zum flexiblen Aufbau eines Systems unter (z.T. dynamisch) veränderlichen Betriebsbedingungen arbeiten können. Dazu gehören z.B.

- Taktgeneratoren, die mit Hilfe eines extern anzuschließenden Quarzes eine Grundschwingung mit stabiler Frequenz erzeugen. Durch Frequenzteilung oder – bei heutigen „hoch getakteten" Prozessoren – Frequenzvervielfachung werden daraus eine oder mehrere Signale erzeugt, die dem Prozessor und den anderen Systembausteinen als Systemtakte zur Verfügung gestellt werden. Immer häufiger gestatten es jedoch moderne Prozessoren, zur Reduzierung des Leistungsverbrauchs die Taktgeneratoren während des Betriebs durch das Programm dazu zu bringen, die ausgegebene Taktrate aufgabengemäß zu erhöhen oder zu erniedrigen (vgl. Abschnitt 1.3).

  In der Regel erfüllen die Taktgenerator-Bausteine noch weitere Funktionen. So erzeugen sie beispielsweise aus einem extern angelegten Rücksetz-Signal (RESET) ein mit dem Systemtakt synchronisiertes Signal, das die vom Prozessor verlangten Zeitbeziehungen exakt einhält. Auf dieselbe Weise synchronisieren sie die READY-Signale von Systemkomponenten, die asynchron zum µP arbeiten, mit dem Systemtakt.

- Bausteine zur Steuerung des Systembuszugriffs (*Bus Arbiter*), die in Systemen mit mehreren Bus-Mastern den konfliktfreien Zugriff zum Systembus regeln. (Diese Bausteine wurden be-

H. Bähring, *Anwendungsorientierte Mikroprozessoren*, eXamen.press, 4th ed.,
DOI 10.1007/978-3-642-12292-7_9, © Springer-Verlag Berlin Heidelberg 2010

reits kurz im Unterabschnitt 8.2.6 beschrieben.) Häufig erlauben diese Bausteine z.B. die Auswahl einer von mehreren Zuteilungsstrategien.

- Steuerbausteine für dynamische Speicher (*Dynamic RAM Controller*), die das Auffrischen (*Refresh*) der dynamischen RAMs (dRAM) vornehmen. Dabei kann unter verschiedenen Auffrisch-Varianten gewählt werden. (Diese Bausteine werden im Rahmen dieses Buches nicht beschrieben.)

Die programmierbaren Systemsteuerbausteine enthalten hoch integrierte, komplexe Schaltungen, die während des normalen Betriebs in verschiedene Arbeitsmodi versetzt werden und alternativ unterschiedliche Funktionen ausführen können. Jedoch darf der Begriff „programmierbar" nicht zu dem Fehlschluss verleiten, dass sie notwendigerweise – wie der µP – auf ein im Speicher vorliegendes Maschinenprogramm selbstständig zugreifen und es ausführen können. Bausteine, die das können, gehören zu den Hilfs- bzw. Coprozessoren, auf die wir im Rahmen dieses Buches nicht näher eingehen wollen. Sehr häufig besteht die „Programmierbarkeit" nur darin, dass der Prozessor durch das Einschreiben eines Steuerwortes bzw. eines Befehls den Arbeitsmodus und die auszuführende Funktion bestimmen kann. Dadurch wird dann im Steuerwerk des Bausteins ein spezielles (Mikro-)Programm mit bestimmten Parametern aufgerufen. Zu diesen Bausteinen, die z.T. bereits beschrieben wurden, gehören:

- Cache-Steuerbausteine (*Cache Controller*) zur Verwaltung eines schnellen Zwischenspeichers zwischen Prozessor und Arbeitsspeicher. Auf diese Bausteine gehen wir im Rahmen dieses Buches nicht ein.

- Speicherverwaltungsbausteine (*Memory Management Unit* – MMU), die zur Umsetzung von logischen in physikalische Adressen dienen (vgl. Abschnitt 5.5.4). Auch diese Bausteine können wir hier nicht näher beschreiben.

- Systembus-Steuerbausteine (*System Bus Controller*), die mit ihren vielfältigen Funktionen bereits im Unterabschnitt 8.2.6 ausführlich beschrieben wurden.

- Unterbrechungs-Steuerbausteine (*Interrupt Controller*), die den Anschluss einer großen Anzahl von Interrupt-Quellen an einen gemeinsamen Eingang des Prozessors erlauben, unter diesen bestimmte Prioritäten festlegen und die Übertragung des Interrupt-Vektors zum Prozessor vornehmen. Interrupt-Controller sind Gegenstand des Abschnitts 9.2.

- Steuerbausteine für den direkten Speicherzugriff (*DMA Controller*), die den Datentransport zwischen dem Speicher und einer Schnittstelle ohne den Einsatz des Prozessors vornehmen. Diese Bausteine beschreiben wir im Abschnitt 9.3.

- Zeitgeber-/Zähler-Bausteine (*Timer*), die Zeitintervalle bestimmter, wählbarer Länge erzeugen oder als Ereigniszähler dienen. Diese Bausteine nehmen eine Sonderrolle ein, da sie zusätzlich über Ein-/Ausgänge verfügen, die zur Steuerung der Peripherie benutzt werden können. Sie gehören deshalb auch zu den weiter unten beschriebenen Schnittstellenbausteinen. Jedoch werden sie in vielen Mikroprozessor-Systemen ausschließlich zur Steuerung der internen Komponenten eingesetzt. Diese Bausteine beschreiben wir im Abschnitt 9.4.

- Echtzeit-Uhren (*Real Time Clock* – RTC) sind spezielle Zeitgeberbausteine, die in ihren Registern die aktuelle Tageszeit und das Datum zur Verfügung stellen. Sie werden gewöhnlich mit einer eigenen Spannungsquelle (Akku, Batterie) versehen, um auch nach Ausschalten des

Systems die Zeit weiter messen zu können. Sie werden in diesem Buch nicht weiter behandelt.

9.1.1.2 Schnittstellenbausteine

Die Schnittstellenbausteine, auch Ein-/Ausgabe-Steuerbausteine (*I/O Controller*) genannt, dienen als Bindeglied zwischen dem Prozessor und dem Arbeitsspeicher einerseits und den Peripheriegeräten andererseits. Dazu übernehmen sie

- die Pufferung der Ein-/Ausgabedaten, insbesondere auch zur Anpassung der unterschiedlichen Arbeitsgeschwindigkeiten im System und in den angeschlossenen Geräten;

- die Umsetzung der Daten, insbesondere

  - paralleler Daten in serielle Daten,

  - digitaler Daten in analoge Daten,

  - digitaler Daten in digitale Zeitfunktionen,

  wobei alle drei Umwandlungen auch in umgekehrter Richtung ausgeführt werden;

- die Erzeugung von Signalen zum Steuern eines Peripheriegerätes sowie zur Synchronisation der Datenübertragung zwischen dem Gerät und dem Schnittstellenbaustein;

- die Annahme von Unterbrechungsanforderungen der Peripheriegeräte und deren Weiterreichen zum Prozessor sowie die eigenständige Erzeugung solcher Anforderungen.

9.1.1.3 Systembausteine

Zur Vereinfachung fassen wir im Folgenden die programmierbaren Systemsteuerbausteine und die Schnittstellenbausteine unter dem Begriff **Systembausteine** zusammen. In den ersten Jahren der Mikrorechner-Entwicklungsgeschichte waren dies noch Bausteine im engeren Sinne – d.h., mehr oder weniger komplexe Schaltungen, die jeweils auf einem einzigen Halbleiterchip integriert und in einem eigenen Gehäuse untergebracht wurden. Auf einer oder mehreren Platinen montiert, wurden sie zum Aufbau eines Mikrorechner-Systems benutzt. Schon bald erlaubten es die Fortschritte der Halbleiter-Integrationstechnik, mehrere dieser Bausteine auf einem einzigen Chip zu platzieren. Wie bereits gesagt, behalten wir den Begriff „Baustein" (in einem erweiterten Sinne) bei, da aus den betrachteten Schaltungen auch moderne Mikrorechner aufgebaut werden – wenn sie auch typischerweise auf einem oder wenigen Chips integriert werden. Üblicherweise werden sie auch als Einheiten (*Units*) oder – vereinfachend – als Module (*Modules*) bezeichnet. In diesem Kapitel behandeln wir die wichtigsten Systembausteine getrennt nach ihrer Funktion. Sie sind – als Wiederholung zu Abb. 2.10 – in Abb. 9.1 noch einmal dargestellt. Die darin verwendeten Bezeichnungen werden in den folgenden Unterabschnitten erklärt.

9.1.2 Anschluss der Schnittstellenbausteine an den Mikroprozessor

Ein Problem ergibt sich dadurch, dass auch heute noch sehr viele Schnittstellenbausteine eine Datenbusbreite von 8 Bits (1 Byte) voraussetzen. Dies hat einerseits seinen Grund darin, dass viele Ein-/Ausgabe-Geräte zeichenorientiert sind, ihre Daten also gut durch jeweils ein Byte repräsentiert werden können.[1]

---

[1] Das entspricht einem maximalen Zeichenvorrat von 256 verschiedenen Zeichen

Andererseits werden auch für die modernen 16-, 32- bzw. 64-Bit-Prozessoren zum großen Teil noch die für die älteren 8-Bit-Prozessoren entwickelten Schnittstellenbausteine[1] eingesetzt. Im Unterabschnitt 8.2.6 wurde bereits gezeigt, wie moderne Prozessoren verschiedene Operandenlängen unterstützen.

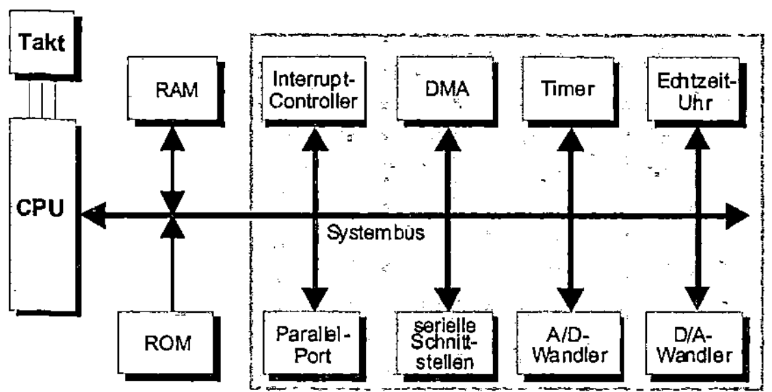

Abb. 9.1: Die wichtigsten Systembausteine in einem Mikrorechner

Durch zusätzliche Steuersignale (z.B. $BE_{7/3}$,..,BE_0) kann gezielt jedes Byte des Datenbusses aktiviert werden. Daher hat es der Systementwickler selbst in der Hand, mit welchem Byte des µP-Datenbusses er einen Schnittstellenbaustein verbindet. Durch einen Multiplexer/Demultiplexer in der Busschnittstelle des Prozessors wird dafür gesorgt, dass z.B. ein eingelesenes Byte stets in den niederwertigen Zellen der Datenregister (DR, s. Abb. 9.2) abgelegt wird. Diese Möglichkeit sorgt dafür, dass auch 8-Bit-Schnittstellen-Bausteine ohne freie Lücken im Adressraum untergebracht werden können.

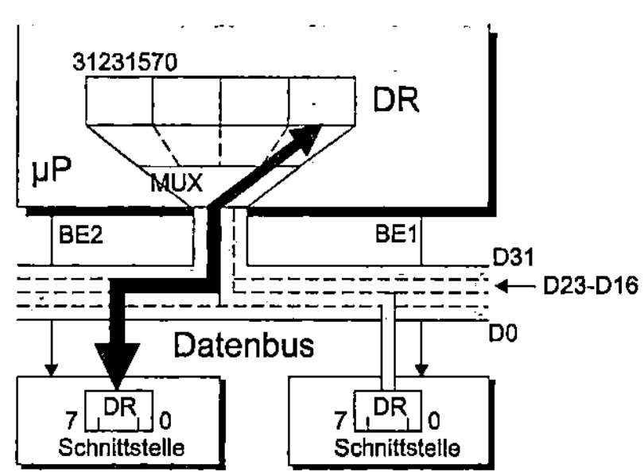

Abb. 9.2: 8-Bit-Schnittstelle am 32-Bit-Prozessor

9.1.3   Aufbau der Systembausteine

Bevor wir in den folgenden Abschnitten auf einige der o.g. Bausteine näher eingehen, wollen wir kurz den prinzipiellen Aufbau der programmierbaren Systembausteine beschreiben (s. Abb. 9.3). Der Baustein besteht im Wesentlichen aus der Steuerung und der eigentlichen Ausführungseinheit. Der Steuerbus, der die Steuerung mit allen Komponenten des Bausteins verbindet, wurde nicht eingezeichnet und wird auch bei den folgenden Bausteinbeschreibungen stets weggelassen.

---

[1] wenn davon u.U. auch mehrere auf einem einzigen Chip integriert sind

9.1.3.1 Steuerung

Die Steuerung des Bausteins sorgt für die zeitgerechte Erzeugung der Signale, mit denen die internen Komponenten – insbesondere die Register und die Datenweg-Multiplexer – aktiviert und geschaltet werden. Bei komplexeren Bausteinen ist die Steuerung ein synchrones Schaltwerk, das vom µP mit dem Systemtakt versorgt wird. In diesem Fall sprechen wir – wie beim µP – von einem Steuerwerk. Über den RESET-Eingang können die Steuerung und die Register in einen definierten Anfangszustand versetzt werden. Das CS#-Signal dient zur Auswahl des Bausteins durch den Prozessor. Es wird durch einen Adressdecoder aus den höherwertigen Adressbits erzeugt. Die niederwertigen Adressbits $A_i,...A_0$ werden dem Baustein direkt zugeführt und erlauben dem Prozessor, im Baustein ein bestimmtes Register anzusprechen. Die Richtung eines Datentransports zwischen Prozessor und Baustein wird durch das Lese-/Schreib-Signal R/W# bestimmt. Durch das READY-Signal zeigt der Baustein das Ende einer Datenübertragung auf (semi-)synchronen Systembussen an. Bei Bausteinen, die auf dem Prozessorchip selbst integriert sind, werden die beschriebenen Schnittstellensignale über den internen Steuerbus der Bausteinsteuerung zugeführt.

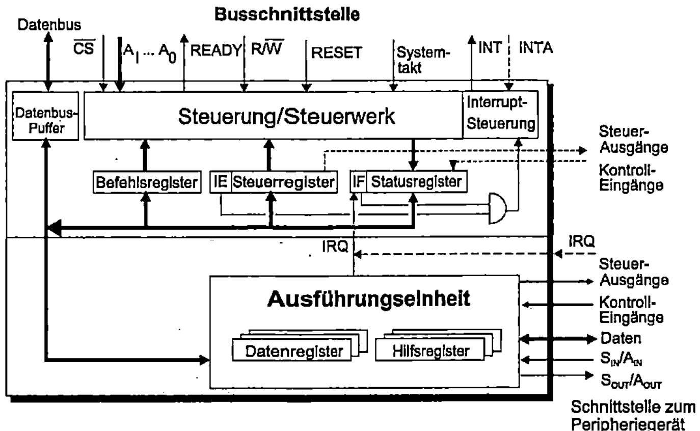

Abb. 9.3: Prinzipieller Aufbau eines Systembausteins

Der erwähnte Datentransport findet über den Datenbus statt. Im Datenbuspuffer können eingeschriebene oder ausgelesene Daten kurzzeitig zwischengespeichert werden. Im einfachsten Fall besteht der Datenbuspuffer jedoch nur aus bidirektionalen Tristate-Treibern. Quelle oder Ziel eines Datentransports sind stets die internen Register des Bausteins. Drei von ihnen sind der Bausteinsteuerung fest zugeordnet und dienen dem Prozessor zur Kommunikation mit dem Baustein.

- Im **Statusregister** legt die Steuerung Informationen ab, die den Zustand des Bausteins beschreiben. Dazu gehören Informationen über das Ergebnis der zuletzt ausgeführten Funktion, über die Betriebsart, in welcher der Baustein augenblicklich betrieben wird, sowie über eventuell vorliegende Bearbeitungswünsche des angeschlossenen Peripheriegerätes. Ein solcher Wunsch kann entweder vom Gerät direkt über einen Unterbrechungs-Anforderungseingang IRQ (*Interrupt Request*) oder aber von der Ausführungseinheit des Bausteins als Ergebnis eines durchgeführten Auftrags gestellt werden. Durch die Anforderung wird im Statusregister das IF-Bit (*Interrupt Flag*) gesetzt. Häufig existieren auch externe Kontroll-Eingänge, deren Zustand jederzeit vom Prozessor direkt im Statusregister abgelesen werden kann (*Flag In*).

- Das **Steuerregister** ((*Mode*) *Control Register*) bestimmt die Betriebsart, in welcher der Baustein arbeiten soll. Sein Inhalt wird in vielen Anwendungen während der normalen Betriebszeit sehr selten verändert, häufig sogar nur einmal während der Initialisierung nach dem Einschalten des Systems festgelegt. Dies gilt nicht für ein spezielles Bit des Steuerregisters, das als *Interrupt Enable Bit* (IE) dient: Nur wenn dieses Bit gesetzt ist, kann eine Unterbrechungsanforderung zum Prozessor weitergeleitet werden. In der Abbildung ist dies symbolisch durch die Und-Verknüpfung der Bits IF und IE dargestellt. Der Ausgang dieser Und-Schaltung wird der Interrupt-Steuerung zugeführt, die ein Bestandteil der Bausteinsteuerung ist. Sie ist verantwortlich für die zeitgerechte Erzeugung und Ausgabe des Unterbrechungssignals INT zum Prozessor. Bei einigen Bausteinen muss sie das Quittungssignal IN-TA (*Interrupt Acknowledge*) überwachen und für die Ausgabe der Interrupt-Vektor-Nummer IVN sorgen, wie es im Abschnitt 9.2 beschrieben wird. Einige Bausteine erlauben es, durch bestimmte Bits des Steuerregisters direkt den Zustand spezieller externer Steuerausgänge (*Flag Out*) festzulegen.

- Im Befehlsregister (Command Register) legt der Prozessor alle benötigten Informationen ab, welche die Ausführung der aktuell gewünschten Operation verlangt. Das bedeutet, dass dieser Registerinhalt sehr häufig, u.U. mit jeder auszuführenden Operation, geändert wird.

Die eben vorgenommene funktionale Unterscheidung zwischen Steuer- und Befehlsregister wird von manchen Bausteinherstellern sehr „großzügig" gehandhabt. So werden dieselben Bits bei Bausteinen vergleichbarer Funktion, aber verschiedener Hersteller häufig willkürlich im Steuer- oder Befehlsregister untergebracht. Außerdem werden zum Teil Status- und Steuerbits in einem einzigen (Schreib-/Lese-)Register zusammengefasst, das dann – ebenfalls willkürlich – als Steuer- oder Statusregister bezeichnet wird.

Je nach Komplexitätsgrad des Bausteins können übrigens alle drei Register in mehrfacher Ausführung vorhanden sein. Dies gilt insbesondere dann, wenn ein Baustein mehrere, voneinander getrennte Ausführungseinheiten des gleichen Typs oder verschiedener Typen besitzt. In diesem Fall kann man die Register auch den Ausführungseinheiten selbst und nicht der Steuerung zuordnen.

Bei den folgenden Bausteinbeschreibungen werden wir auf die Bausteinsteuerung, ihre Schnittstelle zum Prozessor und die beschriebenen drei Register nur noch dann eingehen, wenn sie Besonderheiten gegenüber dem soeben dargestellten allgemeinen Modell aufweisen.

9.1.3.2   Ausführungseinheit

Die Ausführungseinheit ist der Teil des Bausteins, der die spezifischen Bausteinfunktionen zur Verfügung stellt. Sie besitzt dazu ein oder mehrere Datenregister, die vom Prozessor gelesen und beschrieben werden können und in denen die Operanden der Funktionen abgelegt werden. In Hilfsregistern können zusätzliche Parameter abgelegt werden, welche die Ausführung einer Operation beeinflussen. Dazu gehören z.B. die Angaben, ob eine bidirektionale Datenleitung als Ausgang oder als Eingang geschaltet oder ob ein Zähler inkrementiert oder dekrementiert werden soll.

9.1.3.3 Schnittstelle zum Peripheriegerät

Die Schnittstellenbausteine unterscheiden sich von den programmierbaren Systemsteuerbausteinen hauptsächlich dadurch, dass ihre Ausführungseinheit eine mehr oder weniger große Anzahl von Ein- oder Ausgangsleitungen zur Kommunikation mit einem Peripheriegerät oder einem anderen Systembaustein besitzen. Diese Leitungen bilden die sog. physikalische Schnittstelle. Dazu gehören

- ein Bündel meist bidirektionaler Leitungen zum Austausch paralleler Daten,

- eine Eingangsleitung SIN bzw. Ausgangsleitung SOUT zur Übertragung serieller Daten,

- eine Eingangsleitung AIN bzw. Ausgangsleitung AOUT zur Übertragung analoger Signale,

- eine Anzahl von Steuerleitungen, über die der Baustein Steuerinformationen ausgeben kann. Dazu gehören z.B. Signale zum Ein-/Ausschalten eines Peripheriegerätes und Strobe-Signale zur Synchronisation der Datenübertragung (s.u.). Diese Signale werden zum Teil direkt vom Mikroprozessor kontrolliert, indem er in einem Register des Bausteins bestimmte Bits setzt bzw. zurücksetzt, deren Zustand direkt auf die Steuerleitungen geschaltet wird. Um die Adressierung der Bausteinregister zu erleichtern, werden diese Bits häufig mit in das oben beschriebene Steuerregister eingebunden, obwohl sie funktional nichts mit der Bausteinsteuerung zu tun haben.

- eine Menge von Meldeleitungen, mit deren Hilfe der Baustein Informationen über den Zustand der angeschlossenen Komponente bekommen kann. Dazu gehört insbesondere, ob die Komponente momentan bereit ist, Daten auszutauschen. Der Zustand der Meldeleitungen wird gewöhnlich in den Bits eines Hilfsregisters aufgefangen und dort vom Prozessor gelesen. Diese Bits können aus Vereinfachungsgründen aber auch im Statusregister des Bausteins eingebunden sein.

Zusammenfassend ist in Abb. 9.4 die Einbindung eines Schnittstellenbausteins zwischen Prozessor und Peripheriegerät dargestellt.

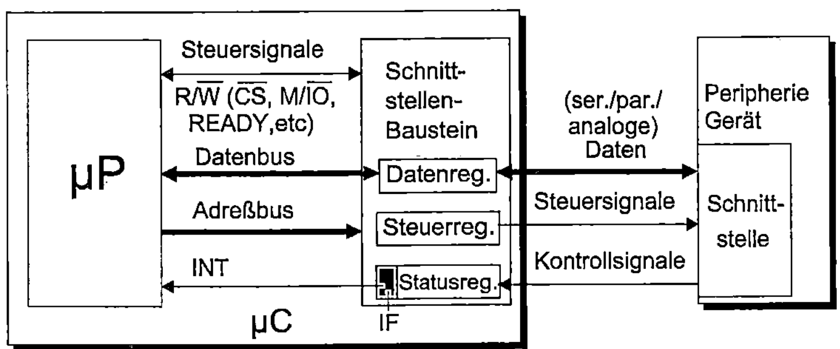

Abb. 9.4: Schnittstellenbaustein zwischen Mikroprozessor und Peripheriegerät

9.1.4 Ein-/Ausgabe-Verfahren

Für den Austausch einer Folge von Daten existieren im Wesentlichen drei Varianten.

- Die erste Variante, die in komplexen Systemen hauptsächlich angewandt wird, ist die **interruptgesteuerte Ein-/Ausgabe**. Bei ihr wird jeder Transfer eines einzelnen Datums oder eines Datenblockes vom Schnittstellenbaustein (oder dem angeschlossenen Peripheriegerät) über die INT-Leitung angefordert. Sobald der Prozessor dazu in der Lage ist, unterbricht er seine augenblickliche Programmbearbeitung und ruft eine spezielle Interrupt-Routine zur Datenübertragung auf.

  Der Vorteil dieser Methode besteht darin, dass der Prozessor zwischen den einzelnen Datentransfers andere Operationen ausführen kann – was insbesondere bei langsamen Peripheriegeräten wichtig ist. Außerdem kann der Prozessor auf diese Weise viele Schnittstellenbausteine ohne großen Steueraufwand bedienen. Die Aufgabe, aus gleichzeitig vorliegenden Übertragungswünschen denjenigen mit der höchsten Priorität auszusuchen, wird ihm von den oben bereits erwähnten Unterbrechungs-Steuerbausteinen (*Interrupt Controller*, vgl. Abschnitt 9.2) abgenommen. Ein Nachteil ist der zusätzliche Zeitaufwand für die Programmumschaltung zur Interrupt-Routine.

- Die zweite Variante wird als **programmierte Ein-/Ausgabe** (*programmed I/O*) bezeichnet, weil bei ihr die Datenübertragung durch die Ausführung von Schreib-/ Lese-Zugriffen auf das Datenregister des Bausteins an geeigneten Stellen im Programm vorgesehen werden muss. Dazu fragt der Prozessor (in regelmäßigen oder unregelmäßigen Abständen) das Statusregister des Schnittstellenbausteins daraufhin ab, ob dieser bereit ist, ein Datum zu übertragen. Zwischen den Übertragungsanforderungen kann der Prozessor andere Operationen ausführen oder aber in einer Schleife ausschließlich die Abfrage des Statusregisters durchführen. Im letztgenannten Fall spricht man von „aktivem Warten" (*Busy Waiting*).

  Dieses Ein-/Ausgabe-Verfahren ist immer dann vorzuziehen, wenn eine sehr große Anforderung an die Reaktionsgeschwindigkeit des Prozessors auf eine gewünschte Datenübertragung vorliegt; und natürlich auch dann, wenn er ohne das erwartete Datum seine Aufgabe nicht weiter ausführen kann. Betreibt der Prozessor jedoch mehrere Schnittstellenbausteine, so muss er deren Statusregister im Polling-Verfahren abfragen[1]. Das bedeutet für viele Anwendungsfälle eine unvertretbar große Zeitverzögerung.

- Die dritte Variante ist die im Abschnitt 9.4 beschriebene **DMA-Übertragung**. Neben ihrer großen Übertragungsrate – die von den beiden anderen Verfahren nicht erreicht wird – hat sie den Vorteil, dass bei ihr der Prozessor von der Übertragung derjenigen Daten befreit wird, die für seine augenblickliche Programmausführung keine Bedeutung haben. Dabei kann es sich z.B. um Daten handeln, die er erst später bearbeiten muss (einlesen) oder bereits früher bearbeitet hat (schreiben).

---

[1] s. auch Unterabschnitt 8.2.1

9.1.5 Synchronisation der Datenübertragung

Für die Synchronisation der Datenübertragung zwischen Schnittstellenbaustein und Peripheriegerät existieren mehrere Alternativen. In Abb. 9.5 ist eine Hardwarelösung dargestellt.[1]

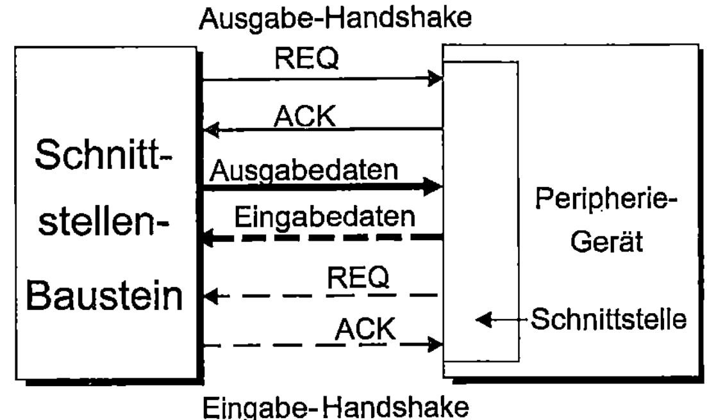

Abb. 9.5: Synchronisation der Datenübertragung zwischen Schnittstelle und Peripheriegerät

Beispielhaft zeigt die Abb. 9.5 die Übertragung paralleler Daten. Angenommen wird dabei, dass für beide Übertragungsrichtungen getrennte Datenwege zur Verfügung stehen, über die simultane Transfers durchgeführt werden können. Hier spricht man vom **Vollduplex-Betrieb**. Das im Folgenden beschriebene Verfahren funktioniert aber auch beim **Halbduplex-Betrieb** oder beim **Simplex-Betrieb:** Im erstgenannten Modus werden Daten bidirektional über dieselben Datenleitungen, deren Richtung jeweils entsprechend umgeschaltet werden muss, ausgetauscht. Im zweiten Fall ist die Übertragung nur unidirektional, also lediglich in einer Richtung möglich.

In der oben stehenden Abb. existiert für jede Richtung eine Signalleitung REQ (*Request*), mit der die Datenquelle das Datenziel zur Ausführung der Übertragung auffordert, und eine Leitung ACK (*Acknowledge*), über die das Ziel den Erhalt der Daten anzeigt. Für die exakte Ausführung der Synchronisation, das sog. Übertragungsprotokoll, gibt es viele Varianten. Eine davon ist in Abb. 9.6 für die Übertragung von der Schnittstelle zum Gerät dargestellt.

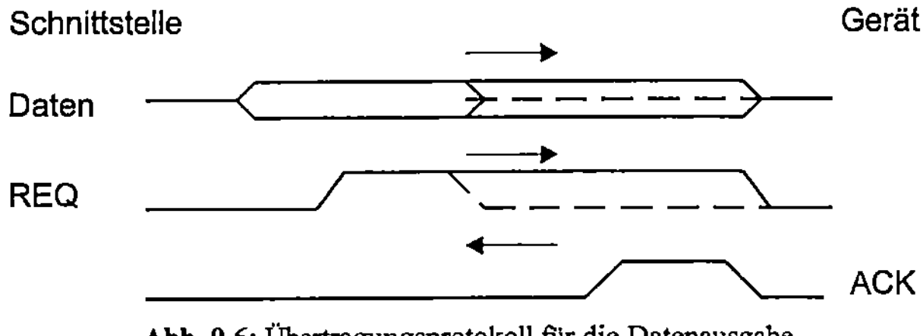

Abb. 9.6: Übertragungsprotokoll für die Datenausgabe

Vom Prozessor gesteuert, legt der Schnittstellenbaustein zunächst das Datum auf die (Tristate-) Ausgänge seiner Datenleitungen. Danach zeigt er durch sein REQ-Signal an, dass er die Übernahme der Daten durch das Peripheriegerät erwartet.

---

[1] Bei der Beschreibung der Schnittstellenbausteine für die serielle Übertragung in den Abschnitten 8.6 und 8.7 werden Sie zwei weitere Verfahren kennen lernen

- Besitzt das Gerät ein Auffangregister, das durch das REQ-Signal getriggert wird, so muss die Schnittstelle nur ein kurzes Strobe-Signal ausgeben und kann danach die Datenleitungen wieder abschalten. Dies ist in Abb. 9.6 durch gestrichelte Linien angedeutet. In diesem Fall wartet die Schnittstelle solange mit der Übertragung eines weiteren Datums, bis das Gerät durch das ACK-Signal anzeigt, dass es das zuletzt übertragene aus dem Register entnommen hat.

- Besitzt das Gerät kein Auffangregister, so müssen Daten und REQ-Signal solange auf ihren Leitungen stabil gehalten werden, bis das Gerät die Übernahme der Daten durch sein ACK-Signal anzeigt. Erst danach können diese Signale wieder deaktiviert werden.

Als Folge des aktivierten ACK-Signals wird im Statusregister des Schnittstellenbausteins ein bestimmtes Bit gesetzt. Oben wurde bereits erwähnt, dass dieses Statusbit entweder vom Prozessor gelesen oder aber sein Zustand über den Interrupt-Ausgang des Schnittstellenbausteins als Unterbrechungsanforderung zum Prozessor ausgegeben wird. Verfahren der beschriebenen Art hatten wir schon im Unterabschnitt 8.2.1 als *Handshake*-Verfahren (Quittungsverfahren) bezeichnet, da sich bei ihnen beide Kommunikationspartner durch den Austausch der REQ- bzw. ACK-Signale – bildlich gesprochen – „die Hand geben".

9.2 Interrupt-Controller

9.2.1 Einleitung

In diesem Abschnitt wollen wir uns den **programmierbaren Interrupt-Controllern** (PIC) – also Spezialbausteinen zur Verwaltung mehrerer Interrupt-Quellen – zuwenden. Dazu ist zunächst in Abb. 9.7 das Zusammenspiel zwischen einem PIC und dem Prozessor skizziert.

In der Abbildung ist gezeigt, wie mehrere Systemkomponenten dem Interrupt-Controller über individuelle Anforderungsleitungen IR_i ihre Unterbrechungswünsche mitteilen können. Der Controller ermittelt die Interrupt-Quelle höchster Priorität und gibt deren Anforderung über das Signal INT (*Interrupt Request*) an den Prozessor weiter. Der µP stellt anhand seines *Interrupt Enable Bits* IE im Steuerregister fest, ob zu diesem Zeitpunkt Unterbrechungen zugelassen sind. Im positiven Fall wird er – sobald wie möglich – über sein Quittungssignal INTA (*Interrupt Acknowledge*) den Controller von der Annahme der Unterbrechungsanforderung unterrichten.

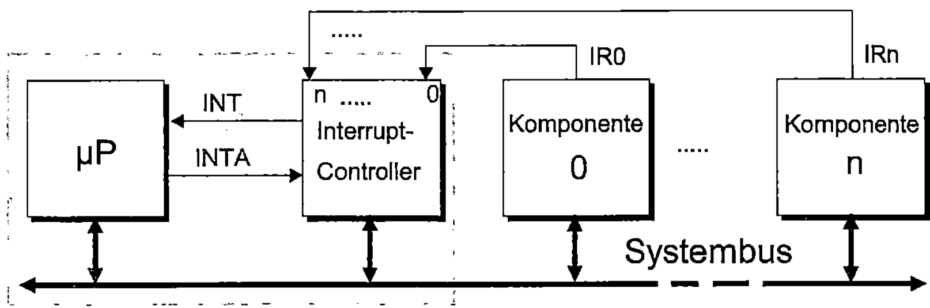

Abb. 9.7: Mikroprozessor-System mit Interrupt-Controller

Die graue Hinterlegung von µP und Interrupt-Controller in Abb. 9.7 soll andeuten, dass der Interrupt-Controller spezifische Funktionen des Prozessors wahrnimmt und zukünftig wohl auch bei universellen Prozessoren auf dem gleichen Chip integriert sein wird – wie es bei den Mikrocontrollern bereits der Fall ist.

9.2.2 Prinzipieller Aufbau eines Interrupt-Controllers

In Abb. 9.8 wird der prinzipielle Aufbau eines (externen) Interrupt-Controllers skizziert. Der Baustein besitzt eine Anzahl von (z.B.) Eingängen $IR_7,..,IR_0$, über welche die Systemkomponenten ihre Unterbrechungswünsche anmelden können. Diese werden im Anforderungsregister (*Interrupt Request Register* – IRR) zwischengespeichert, so dass an den Eingängen IR_i kurze (Trigger-)Impulse ausreichen. Die Eingänge IR_i werden auch als Interrupt-Kanäle (*Interrupt Channels*) bezeichnet.

Das nachgeschaltete Maskenregister (*Interrupt Mask Register* – IMR) kann während einer Programmausführung mit einem beliebigen 0-1-Muster geladen werden. Jedes Bit des Maskenregisters hat für seinen zugeordneten Interrupt-Eingang IR_i die gleiche Funktion wie das oben erwähnte *Interrupt Enable Bit* IE im Prozessor: Von den im IRR angezeigten Unterbrechungswünschen werden nur diejenigen an den Prioritätendecoder weitergereicht und letztlich ausgeführt, deren zugeordnetes Bit im Maskenregister eine 0 enthält, die also nicht maskiert sind.

Der Prioritätendecoder hat einerseits die Aufgabe, aus gleichzeitig vorliegenden, nicht maskierten Unterbrechungsanforderungen diejenige herauszusuchen, welche die höchste Priorität hat, also als erste ausgeführt werden soll. Andererseits muss er feststellen, ob eine augenblicklich durchgeführte Interrupt-Routine ihrerseits durch eine zwischenzeitlich neu eintreffende Anforderung mit höherer Priorität unterbrochen werden darf oder nicht. In beiden Fällen veranlasst der Decoder die Interrupt-Steuerung, über den INT-Ausgang ein Anforderungssignal zum Prozessor auszugeben. Wie bereits gesagt, wird der Prozessor in Abhängigkeit von seinem eigenen *Interrupt Enable Bit* IE der (neuen) Unterbrechungsanforderung stattgeben oder nicht. Im positiven Fall quittiert der Prozessor diese Anforderung über seine INTA-Leitung (*Interrupt Acknowledge*).

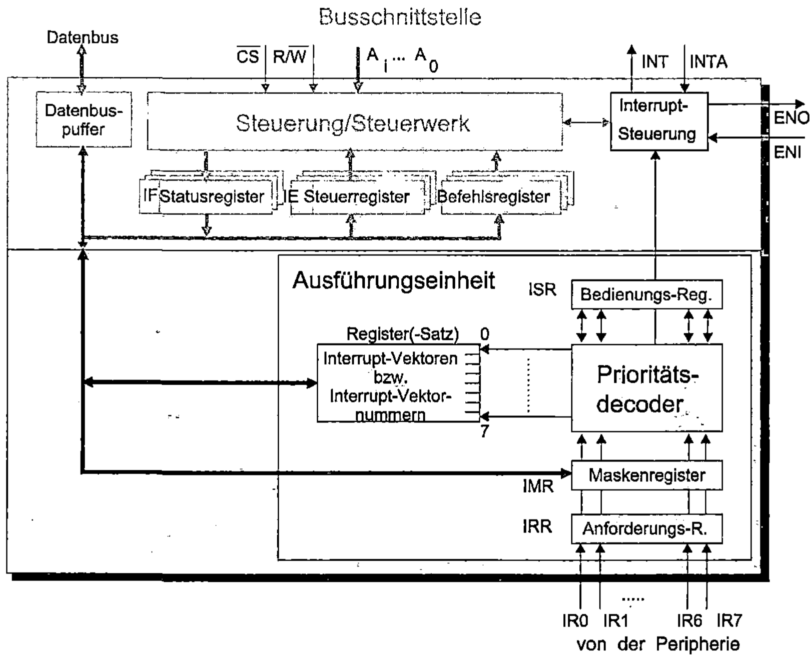

Abb. 9.8: Aufbau eines Interrupt-Controllers

Der Decoder setzt das Bit im Bedienungsregister (*Interrupt Service Register* – ISR), das dem ermittelten Interrupt-Eingang mit höchster Priorität zugeordnet ist. Gleichzeitig löscht er das entsprechende Bit im Anforderungsregister IRR. Dadurch wird dafür gesorgt, dass auf der gleichen Leitung IR_i sofort wieder eine erneute Anforderung gestellt werden kann. Das ISR enthält zu jedem Zeitpunkt alle Unterbrechungswünsche, die augenblicklich ausgeführt werden oder vorübergehend unterbrochen wurden. Dabei hat das neu gesetzte Bit stets die höchste Priorität aller 1-Bits im ISR, also z.B. die größte Positionsnummer i (i = 0,..,7).

Der Controller überträgt nun zum Prozessor die benötigte Information, die es diesem ermöglicht, den momentan selektierten Kanal höchster Priorität zu identifizieren und die entsprechende Unterbrechungs-Behandlungsroutine zu starten. Bei universellen Prozessoren, die z.B. im PC eingesetzt werden, besteht diese Information aus der sog. Interrupt-Vektor-Nummer (IVN), die dem anfordernden Kanal individuell zugewiesen und 8 Bits lang ist (IVN=0,...,255). Mit ihrer

Hilfe kann der Prozessor die Startadresse der Interrupt-Routine ermitteln. Bei Mikrocontrollern wird manchmal anstelle der Vektornummer die Startadresse einer Interrupt-Routine, der Interrupt-Vektor, selbst übertragen.[1]

Interrupt-Vektoren bzw. Interrupt-Vektor-Nummern stehen in einem Registersatz des Interrupt-Controllers zur Verfügung. Die Auswahl des aktuellen Registers wird vom Prioritätendecoder vorgenommen.

Zur Abspeicherung der Interrupt-Vektor-Nummern (IVN) im Controller werden zwei verschiedene Verfahren angewandt.

- Bei der ersten Methode ist jedem Interrupt-Eingang individuell ein Register fest zugeordnet, in dem eine beliebige Vektornummer eingetragen werden kann.

- Bei der zweiten Variante, die bei den Intel-Prozessoren realisiert ist, unterscheiden sich die Vektornummern nur in den niederwertigen Bits. Hier enthält der Controller lediglich ein Register für die höherwertigen Bits (IN_7,..,IN_3) der Vektornummern („Index", s. Abb. 9.9). An diese Bits wird die dreistellige duale Nummer $i = (ID_2, ID_1, ID_0)$ des auslösenden Interrupt-Eingangs IR_i angehängt.

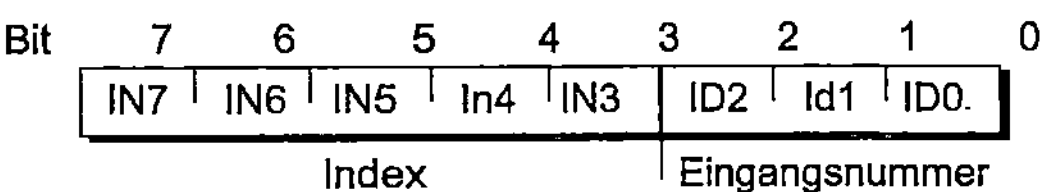

Abb. 9.9: Aufbau der Interrupt-Vektor-Nummer

In Abb. 9.10 wird für einen externen Interrupt-Controller der Weg von der selektierten Interrupt-Vektor-Nummer zur Interrupt-Routine skizziert. Dabei sei vorausgesetzt, dass der Prozessor die Startadressen der Unterbrechungsroutinen in einer Vektortabelle verwaltet, wie es im Unterabschnitt 5.3.4 beschrieben wurde.

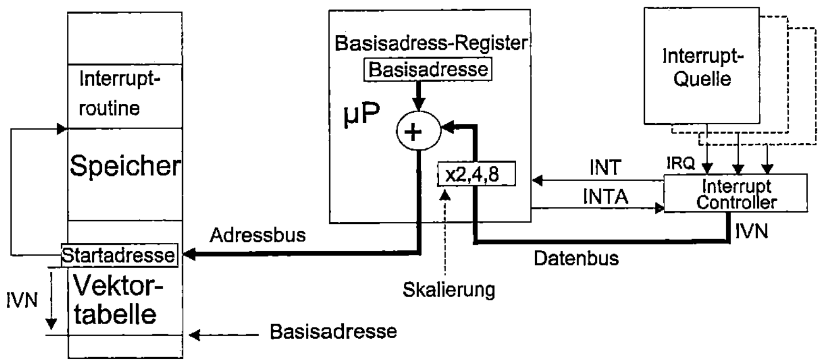

Abb. 9.10: Ermittlung der Startadresse einer Interrupt-Routine

Die am Interrupt-Controller angeschlossenen Interrupt-Quellen melden diesem ihre Bedienungswünsche über die IRQ-Leitungen. Der Controller fordert daraufhin über die Leitung INT die Ausführung einer Unterbrechungsroutine. Sobald der Prozessor dazu bereit ist, zeigt er dies dem Interrupt-Controller über sein Quittungssignal INTA an. Der Controller überträgt daraufhin die 8 Bits lange Interrupt-Vektor-Nummer IVN der Quelle mit der höchsten Priorität zum Prozessor. Die IVN wird im Prozessor mit der Länge L der Einträge in der Vektortabelle (L = 2, 4 oder

---

[1] Seltener wird stattdessen ein bestimmter Prozessorbefehl ausgegeben, der im Prozessor den Aufruf der Routine bewerkstelligt

8 Bytes) skaliert, d.h., multipliziert. Der so erhaltene Wert wird als Offset zu der Basisadresse der Vektortabelle addiert, die z.B. in einem Basis-Adress-Register vorgehalten wird. Das Ergebnis dieser Adressberechnung ist ein Zeiger auf den Eintrag in der Vektortabelle, der der übertragenen IVN zugeordnet ist. Er enthält die Startadresse der zugehörigen Unterbrechungsroutine. Diese Startadresse muss nun nur noch vom Steuerwerk in den Programmzähler geladen werden – und die Bearbeitung der Routine kann beginnen.

Die Übertragung der gewünschten IVN vom Interrupt-Controller zum Prozessor geschieht in einem speziellen Buszyklus (*Interrupt Acknowledge Cycle*), der beispielhaft in Abb. 9.11 als Zeitdiagramm dargestellt ist.

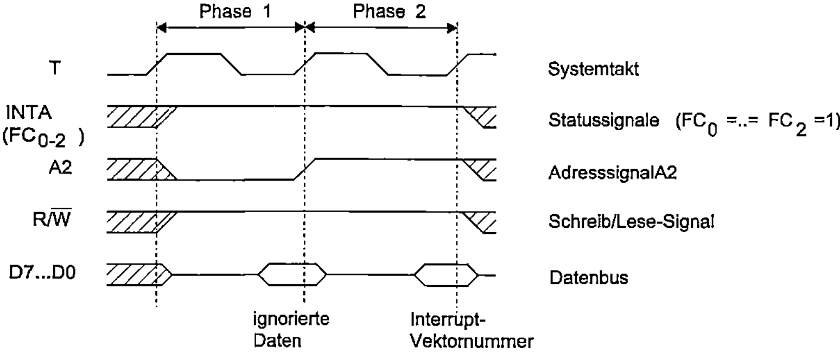

Abb. 9.11: Zyklus zur Identifikation der Interrupt-Quelle

In Phase 1 des Zyklus teilt der Prozessor zunächst allen Komponenten mit, dass er eine Interrupt-Anforderung bearbeiten will. Diese Information wird entweder über besondere Systembus-Statussignale (*Function Code* – FC[1]) oder über ein spezielles Ausgangssignal INTA (*Interrupt Acknowledge*) übertragen. Der angeschlossene Interrupt-Controller aktiviert daraufhin das Register in seinem Registersatz, das die IVN der momentan selektierten Interrupt-Quelle höchster Priorität enthält.[2]

In der Phase 2 wird nun der Registerinhalt, also die gewählte IVN, auf den (unteren Teil des) Datenbusses gegeben und vom Prozessor eingelesen. Damit ist der Prozessor in der Lage, die Quelle eindeutig zu identifizieren, die Startadresse der entsprechenden Ausnahmeroutine – wie oben beschrieben – aus der Vektortabelle zu ermitteln und diese Routine auszuführen.

Zur Unterscheidung der beiden Phasen benutzt der Prozessor in unserem Beispiel das Adress-signal A2. Gibt die ausgewählte Komponente am Ende der Phase 1, die ja prozessorseitig einen Lesezyklus darstellt, Daten auf den Systembus, so werden diese vom Prozessor ignoriert.

Spätestens nach dem Abschluss einer Interrupt-Routine durch den Prozessor wird das *Interrupt Service Bit* der zugehörigen Interrupt-Quelle im ISR zurückgesetzt. Wie dies geschieht, wird weiter unten beschrieben. Der Prioritätendecoder kann nun anhand des ISR feststellen, ob eine weitere Unterbrechungsanforderung vorliegt und dies ggf. dem Prozessor durch das INT-Signal mitteilen lassen. Von allen wartenden Anforderungen (*Pending Requests*) wird nun wiederum diejenige mit der höchsten Priorität zuerst bearbeitet.

---

[1] z.B. durch FC$_0$ =....= FC$_2$ =1

[2] In einfachen Systemen ohne Interrupt-Controller kann die IVN auch durch ein Schaltnetz ausgegeben werden, in dem der Vektor fest verdrahtet ist

9.2.3 Das Programmiermodell eines Interrupt-Controllers

Der Satz der Register, die vom Prozessor unter Programmkontrolle gelesen bzw. beschrieben werden können – also das Programmiermodell – umfasst Status-, Steuer- und Befehlsregister. In Abb. 9.8 ist angedeutet, dass diese Register, der komplexen Funktion des Bausteins entsprechend, mehrfach vorhanden sein können.

Zur Programmierung kann der Prozessor jeden Controller über sein CS-Signal gezielt ansprechen und über den Datenbus mit ihm Informationen austauschen. Die Auswahl eines bestimmten Registers geschieht über die niederwertigen Adressleitungen $A_i,..,A_0$. Die Lese-/Schreib-Leitung R/W# bestimmt dabei wiederum die Richtung des Datentransports.

9.2.3.1 Steuerregister

Durch das bzw. die Steuerregister (*Mode Control Register*) können verschiedene Arbeitsmodi des Controllers festgelegt werden. Da es den Rahmen dieses Abschnitts sprengen würde, alle Modi zu beschreiben, müssen wir uns auf die Beschreibung einer kleinen Auswahl dieser Betriebsarten beschränken. In Abb. 9.12 sind dazu beispielhaft zwei Steuerregister skizziert.

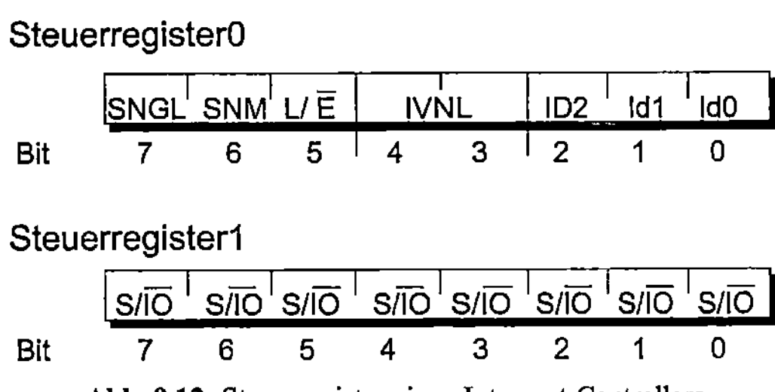

Abb. 9.12: Steuerregister eines Interrupt-Controllers

Steuerregister 0

In diesem Register haben die einzelnen Bits sehr unterschiedliche Bedeutungen:

- Das SNGL-Bit (*Single*) zeigt an, ob der Controller als einziger im System oder ob er in einem kaskadierten Interrupt-System eingesetzt ist. In diesem Fall kann an jedem IR-Eingang des sog. Master-Controllers wahlweise eine Interrupt-Quelle oder aber ein weiterer Interrupt-Controller, ein sog. Slave-Controller, angeschlossen sein.

- Das SNM-Bit (*Special Nesting Mode*) hat nur eine Bedeutung im Master eines kaskadierten Interrupt-Systems:

  - Ist es zurückgesetzt, so ordnet der Master allen Kanälen eines Slaves die gleiche Priorität zu, wie sie durch den von diesem Slave belegten Master-Kanal vorgegeben wird. In diesem Fall unterscheidet der Master also nur zwischen acht Prioritätsstufen. Das bedeutet, dass die Ausführung einer Interrupt-Routine einer Slave-Anforderung nicht durch eine Anforderung desselben Slaves mit höherer (lokaler) Priorität unterbrochen werden kann.

  - Ist SNM gesetzt, so sind die zuletzt genannten Unterbrechungen möglich. Bei Interrupt-Controllern mit jeweils acht Eingängen unterscheidet der Master also bis zu 64 mögliche Prioritätsstufen.

- Das L/E-Bit (*Level/Edge Triggered Mode*) legt fest, ob eine Interrupt-Anforderung durch den (konstanten) Pegel (*Level*) oder die Flanke (*Edge*) des Eingangssignals ausgelöst („getriggert") werden soll. Bei der Pegel-Triggerung wird die Interrupt-Routine u.U. solange mehrfach hintereinander ausgeführt, bis das Eingangssignal zurückgesetzt wird.

- Durch die IVNL-Bits (*Interrupt Vector Number Length*) wird in universell einsetzbaren Controllern die Länge (in Byte) der Interrupt-Vektor-Nummern oder der oben beschriebenen alternativen Informationen angegeben. Bei einer anderen Variante dieser Controller kann in einem 16-Bit-Register für jede Interrupt-Quelle getrennt die Länge der Interrupt-Vektor-Nummer durch jeweils zwei Bits festgelegt werden.

- In den Bits ID2 – ID0 (*Identification*) wird bei der Initialisierung eines Slave-Controllers seine eindeutige Nummer (s. Abb. 9.9) zur Identifikation durch den Master eingetragen.

Steuerregister 1

In einem kaskadierbaren Controller gibt jedes Bit i dieses Steuerregisters an, ob am zugeordneten Interrupt-Kanal IR_i eine Interrupt-Quelle (S/IO = 0) oder aber ein anderer Interrupt-Controller als Slave (S/IO = 1) angeschlossen ist. Dieses Register muss nur ausgewertet werden, wenn im Steuerregister 0 das SNGL-Bit zurückgesetzt ist.

9.2.3.2 Befehlsregister

Die Befehlsregister (*Command Register*) dienen dazu, während des Betriebs des Systems – in Abhängigkeit vom augenblicklich ausgeführten Programm – verschiedene Arbeitsweisen des Controllers aufzurufen. Auch von ihnen werden beispielhaft zwei Register beschrieben, die in Abb. 9.13 dargestellt sind.

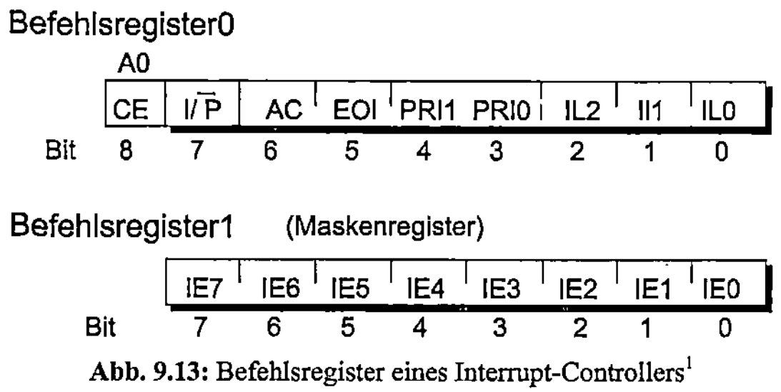

Abb. 9.13: Befehlsregister eines Interrupt-Controllers[1]

Befehlsregister 0

In diesem Register haben die Bits ebenfalls sehr unterschiedliche Bedeutungen:

- Das CE-Bit (*Controller Enable*) dient als Freigabebit des gesamten Controllers. Ist CE = 0, so sind alle Interrupt-Eingänge deaktiviert, d.h., alle Interrupt-Quellen sind „abgeschaltet".

- Durch das Rücksetzen des I/P-Bits (*Interrupt/Polling*) wird die Interrupt-Steuerung des Controllers abgeschaltet, so dass keine INT-Signale zum Prozessor ausgegeben werden können. In diesem Fall muss der Prozessor im Polling-Verfahren zyklisch das Statusregister des Control-

---

[1] In der Abbildung ist z.B. angenommen worden, dass CE über die Adressleitung A0 übertragen wird. Dadurch werden zwar zwei Adressen für dasselbe Register benötigt, aber eine Datenleitung „eingespart"

lers abfragen, um einen Unterbrechungswunsch festzustellen. Natürlich entfällt damit auch die Ausgabe des INTA-Signals durch den Prozessor. Dementsprechend wird das ISR-Register nicht – wie oben beschrieben – modifiziert und das IRR-Bit eines „bedienten" Kanals nicht zurückgesetzt. Dies muss ggf. durch einen speziellen Befehl softwaremäßig geschehen.

- Das AC-Bit (*Automatic Clear*) bestimmt die Art, wie die *Interrupt Service Bits* des Bedienungsregisters ISR zurückgesetzt werden.[1]

  - Ist AC = 1, so geschieht dieses Rücksetzen automatisch mit dem letzten INTA-Takt des oben beschriebenen Zyklus zur Identifizierung der Interrupt-Quelle. Als Folge davon kann die danach aufgerufene Interrupt-Routine ggf. auch von Interrupt-Quellen niedrigerer Priorität unterbrochen werden.

  - Ist AC = 0, so muss das Rücksetzen softwaremäßig durch Setzen des Bits EOI (s.u.) vor Beendigung der Interrupt-Routine durchgeführt werden. Bis zu diesem Zeitpunkt können nur Anforderungen mit einer höheren Priorität die Interrupt-Rroutine unterbrechen.

- Das EOI-Bit (*End of Interrupt*) ermöglicht – wie eben beschrieben – das softwaremäßige Zurücksetzen des *Interrupt Service Bits* im ISR.

- Über die Bits PRI1, PRI0 können verschiedene Prioritäten unter den Interrupt-Kanälen festgelegt werden. Als Beispiele seien nur die folgenden drei genannt:

  - **Feste Prioritäten**
    Hier werden die Prioritäten der Kanäle durch ihre Nummern in absteigender oder aufsteigender Reihenfolge festgelegt.

  - **Zyklisch rotierende Prioritäten**
    Nach jeder Unterbrechungsbehandlung bekommt der zuletzt bediente Kanal die niedrigste Priorität, während alle anderen Kanäle eine Prioritätsstufe hochsteigen. Diese Prioritätenzuteilung ist die fairste, da alle Kanäle langfristig dieselbe Chance haben, bedient zu werden. Im ungünstigsten Fall kommt jeder Kanal aber erst nach den sieben anderen Kanälen wieder an die Reihe.

  - **Spezifizierte Prioritäten**
    Hier wird durch einen Befehl einem bestimmten Kanal die geringste Priorität zugewiesen. Alle anderen Kanäle bekommen eine höhere Priorität, indem man ihre Nummern modulo 8 auffasst. Wird z.B. der Kanal 4 mit der niedrigsten Priorität versehen, so ergibt sich die folgende aufsteigende Reihenfolge der Prioritäten: 4–5–6–7–0–1–2–3.

  - In den drei Bits IL2 – IL0 (*Interrupt Level*) wird für die eben beschriebene Spezifizierung einer Prioritätenreihenfolge die Kanalnummer mit der niedrigsten Priorität angegeben.

Befehlsregister 1

Als weiteres Befehlsregister kann man das oben bereits erwähnte Maskenregister (IMR) ansehen. In ihm ist, wie beschrieben, für jeden Interrupt-Eingang IR_i ein Freigabe-Bit IE_i (*Interrupt Enable*) enthalten.

---

[1] Eine andere Variante eines Interrupt-Controllers verfügt über ein eigenes Register, in dem jedem Interrupt-Eingang ein spezielles AC-Bit zugeordnet ist

9.2.3.3 Statusregister

Der Zustand des Controllers wird insbesondere auch durch die am Anfang des Abschnitts beschriebenen Register dokumentiert: das Anforderungsregister IRR, das Maskenregister IMR sowie das Bedienungsregister ISR. Diese Register sind in Abb. 9.14 deshalb ebenfalls als Statusregister aufgeführt.

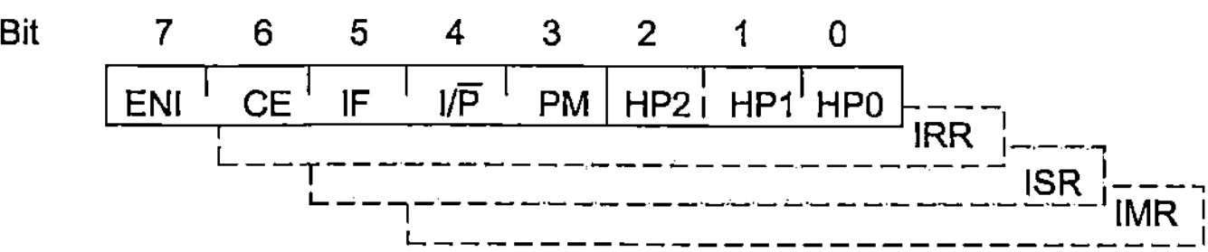

Abb. 9.14: Statusregister eines Interrupt-Controllers

Wir wollen nun noch die Bits des vierten Statusregisters erklären. Zwei von ihnen entsprechen den gleichnamigen Bits im Befehlsregister 0: Das CE-Bit und das I/P-Bit. Sie werden nur deshalb noch einmal ins Statusregister aufgenommen, um die Abfrage des Zustands und der programmierten Betriebsart durch den Mikroprozessor zu beschleunigen.

- Das ENI-Bit spiegelt den Zustand der oben beschriebenen gleichnamigen Eingangsleitung ENI wider, die zur Verkettung mehrerer Controller dient. Der Prozessor kann z.B. im Polling-Verfahren dieses Bit abfragen, um den Baustein zu finden, der die Interrupt-Anforderung mit der höchsten Priorität stellt.

- Das IF-Bit (*Interrupt Flag*) wird dann gesetzt, wenn wenigstens einer der nicht maskierten Kanäle eine Unterbrechungsanforderung gestellt hat. Dies geschieht auch dann, wenn durch Rücksetzen des Bits I/P# diese Anforderung nicht zum µP weitergegeben wird.

- Das PM-Bit (*Priority Mode*) unterscheidet zwischen der festen und der rotierenden Prioritätenvergabe.

- Die Bits HP2 – HP0 (*Highest Priority*) enthalten den Index desjenigen 1-Bits im Anforderungsregister IRR, das momentan die höchste Priorität hat und nicht maskiert ist. Im Polling-Verfahren wird diese Information vom Prozessor benötigt, um die verlangte Interrupt-Routine höchster Priorität aufzurufen.

9.3 Direkter Speicherzugriff (DMA)

9.3.1 Einleitung

Die Operanden, die von der CPU verarbeitet werden sollen, werden in aller Regel im Arbeitsspeicher des Systems erwartet. In diesem Abschnitt müssen wir nun klären, wie die Operanden auf möglichst effektive Weise in den Arbeitsspeicher bzw. von dort zu den Schnittstellen und den Peripheriegeräten transportiert werden können.

Bei den ersten Mikrorechner-Systemen, aber auch bei heutigen Minimalsystemen wird der Datentransport zwischen den Ein-/Ausgabe-Schnittstellen und dem Arbeitsspeicher vom µP selbst vorgenommen. Dies ist in Abb. 9.15 am Beispiel einer Datenübertragung aus dem Speicher zu einer Schnittstelle schematisch dargestellt.[1]

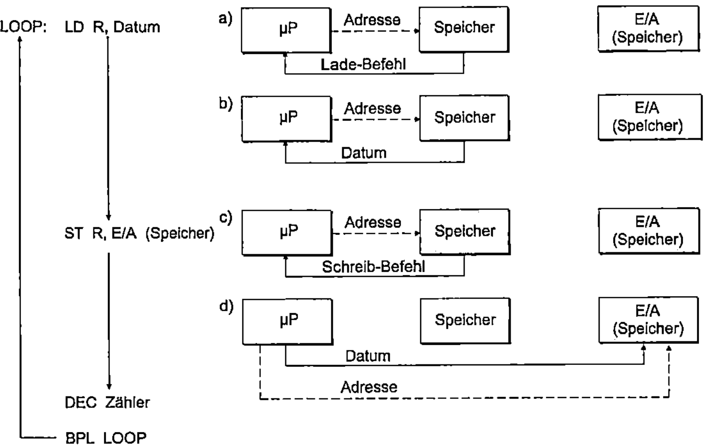

Abb. 9.15: Datenübertragung vom Speicher zu einer E/A-Schnittstelle

Der Übertragungsvorgang beginnt damit, dass der µP bei der Abarbeitung eines Programms den Speicher adressiert und ihm den Ladebefehl entnimmt (Abb. 9.15a). Im Ladebefehl wird die Berechnung der effektiven Adresse des Datums spezifiziert. Diese Adressberechnung bedingt ggf. weitere Speicherzugriffe, die der Einfachheit halber hier nicht betrachtet werden sollen. Die effektive Adresse wird dann zum Speicher ausgegeben. Von dort wird das Datum in ein Register der CPU geladen (Abb. 9.15b). Nun entnimmt der µP dem Speicher unter der vom Programmzähler ausgegebenen nächsten Speicheradresse den Schreibbefehl (Abb. 9.15c). Es folgt die Bestimmung der Schnittstellenadresse. Der nächste Systembuszugriff dient dann der Übertragung des Datums zur Schnittstelle (Abb. 9.15d).

Der gleiche Ablauf des dargestellten Datentransfers ergibt sich natürlich, wenn man als Ziel des Transports nicht eine Schnittstelle, sondern einen anderen Bereich des Speichers wählt. Außerdem ist als Quelle und Ziel des Datentransfers je eine Schnittstelle möglich. Insgesamt ergeben sich damit die folgenden drei Übertragungsmöglichkeiten, die jeweils in beiden Richtungen möglich sind:

---

[1] Zur Vereinfachung der Darstellung wurden Cache, Fließbandverarbeitung und virtuelle Speicherverwaltung nicht berücksichtigt

- Speicher   ↔   Speicher,

- Speicher   ↔   Schnittstelle,

- Schnittstelle ↔   Schnittstelle.

Man erkennt, dass bei der Datenübertragung durch die CPU wenigstens vier Speicherzugriffe nötig sind; und das sogar unter den gemachten „idealen" Voraussetzungen, dass sowohl das Holen als auch die Ausführung jedes Befehls nur jeweils genau einen Speicherzugriff erfordern.

In Abb. 9.15 ist am linken Rand die Befehlsfolge, welche die Ausführung der Datenübertragung veranlasst, in einem Assembler-ähnlichen Code notiert. Sehr häufig müssen jedoch nicht einzelne Daten, sondern große Datenblöcke zwischen dem Speicher und der Peripherie (bzw. einem anderen Speicherbereich) transportiert werden, wie das in Abb. 9.15 durch die Programmschleife angedeutet wird. Zu den Lade- und Speicherbefehlen kommen dann noch die Befehle zum In- bzw. Dekrementieren des Schleifenzählers und zur Abfrage der Ende-Bedingung, so dass sich als Minimum sechs Speicherzugriffe für die Übertragung eines einzigen Datums ergeben. Selbst bei sehr kleinen Speicherzugriffszeiten ist die so zu erreichende Übertragungsrate für viele Anwendungen bei weitem nicht ausreichend, insbesondere nicht für die Übertragung von Daten zu schnellen Festplatten oder Anschlüssen zu lokalen Netzen.

Ein weiterer Nachteil der beschriebenen Datenübertragung ergibt sich daraus, dass während der Übertragung des Datenblocks die CPU blockiert ist. Häufig müssen jedoch Daten übertragen werden, die augenblicklich für die CPU keine Bedeutung mehr oder noch keine Bedeutung besitzen. Dazu zählen einerseits z.B. Rechenergebnisse, die zu einer Festplatte oder über einen Drucker ausgegeben werden sollen, andererseits Eingabedaten, die erst später verarbeitet werden sollen. In diesem Fall muss die CPU ihre eigentliche Aufgabe unterbrechen (*Interrupt*) und ihren augenblicklichen Zustand auf den Stack retten. Erst nach der Übertragung der Daten kann sie ihre Arbeit fortsetzen. Dies führt insbesondere bei relativ langsamen Peripheriegeräten zu einer unvertretbar großen Verzögerung. Denn in diesem Fall muss die CPU entweder die Zeit zwischen der Übertragung zweier Daten unbeschäftigt (*idle*) verstreichen lassen, oder aber sie wird für jedes Datum erneut durch eine Interrupt-Anforderung aus ihrer aktuellen Arbeit „gerissen" – verbunden mit der jeweils notwendigen Rettung bzw. Restaurierung ihres Zustands.

Aus den eben beschriebenen Gründen wurden schon relativ früh Spezialbausteine entwickelt, welche die CPU von der zeitraubenden und einfachen Aufgabe der Datenübertragung zwischen dem Speicher und den Peripheriebausteinen (bzw. dem Speicher selbst) entlasten. Diese Bausteine führen die Datenübertragung hardwaremäßig, also ohne die sequenzielle Abarbeitung eines im Arbeitsspeicher liegenden Programms und daher sehr viel schneller als der Mikroprozessor aus. Sie werden nach dem im Folgenden beschriebenen Verfahren der Datenübertragung **DMA-Controller** genannt.

Im Laufe der Zeit haben die DMA-Controller immer komplexere Funktionen bei der Kommunikation des Mikroprozessors mit der Peripherie übernommen, so dass sie heute oft in der Form eines DMA-Coprozessors mit flexibler Programmierfähigkeit realisiert werden. Eine andere Entwicklungsrichtung besteht darin, dass viele der modernen Peripheriebausteine die Fähigkeit bekommen haben, selbstständig auf den Speicher zuzugreifen und sich von dort ihre Daten zu holen bzw. dort abzulegen. Aber auch in den Mikroprozessoren selbst – insbesondere den Mikrocontrollern und DSPs – werden heutzutage sehr häufig DMA-Controller integriert. Treten sie mehrfach auf, werden sie auch **DMA-Kanäle** genannt.

9.3.2 Prinzip der DMA-Übertragung

Das angesprochene Verfahren wird als **direkter Speicherzugriff** (*Direct Memory Access* – DMA) bezeichnet. Gemeint ist dabei ein Speicherzugriff einer Systemkomponente ohne Einsatz des Mikroprozessors. Abb. 9.16 skizziert das Prinzip des DMA-Zugriffs.

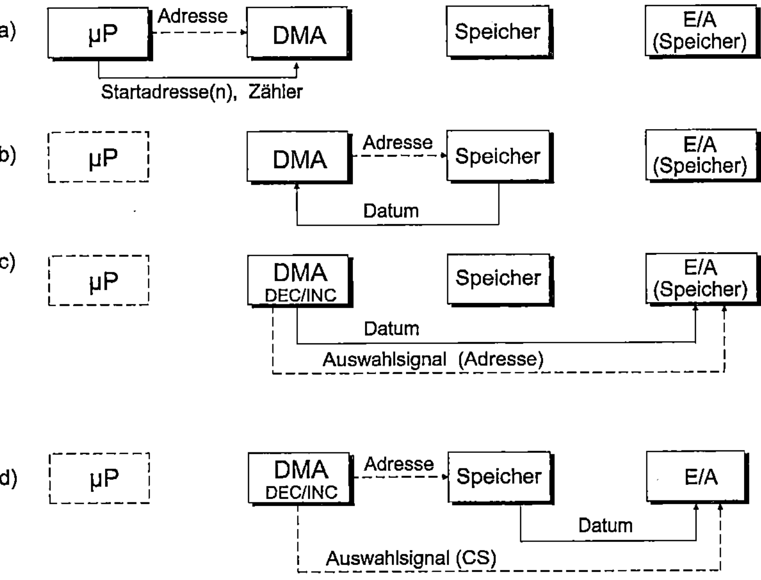

Abb. 9.16: Das Prinzip des direkten Speicherzugriffs

Zu Beginn wird der DMA-Controller von der CPU mit den benötigten Informationen zur Datenübertragung versorgt (s. Abb. 9.16a). Wie bereits gesagt, wird diese Informationsübertragung „Programmierung" des Controllers genannt. Dazu wird er – wie jeder andere Peripheriebaustein – über den Adressbus unter festgelegten Adressen angesprochen. Die „einprogrammierten" Informationen bestehen aus

- der Startadresse eines Datenbereichs im Speicher,

- der Adresse einer Schnittstelle bzw. Startadresse eines zweiten Datenbereichs im Speicher,

- der Anzahl der zu übertragenden Daten,

- der Richtung der Datenübertragung (Lesen/Schreiben),

- Informationen zur Steuerung der Übertragung.

Die Datenübertragung selbst wird nun selbstständig vom DMA-Controller vorgenommen. Während der Übertragung kann der Mikroprozessor intern weitere Befehle abarbeiten. Selbstverständlich darf er nicht gleichzeitig zu dem DMA-Baustein auf den Systembus zugreifen. Der Vermeidung von Zugriffskonflikten dienen die Steuerleitungen HOLD und HOLDA, die im Unterabschnitt 5.2.2 beschrieben wurden.

Zur Übertragung durch den DMA-Controller können zwei verschiedene Verfahren angewandt werden. Diese werden nun beispielsweise für die Datenübertragung vom Speicher zu einer Schnittstelle erklärt. (Die Übertragung in die andere Richtung verläuft sinngemäß.)

- Beim ersten Verfahren adressiert der DMA-Controller zunächst den Speicher und lädt das Datum in ein internes Register (*Fetch Cycle*, Abb. 9.16b). Danach spricht er den Peripheriebaustein (E/A) an und überträgt ihm das Datum (*Store Cycle*, Abb. 9.16c); bei einer Speicher-Speicher-Übertragung adressiert er dazu eine bestimmte Speicherzelle im Zielbereich des Speichers. Insgesamt sind also nur zwei Buszugriffe für den Datentransfer nötig. Dieses Verfahren wird im englischen Sprachgebrauch entweder als *Explicit Addressing*, *Flow Through* oder – bildhafter – als *Two-Cycle Transfer* bezeichnet.

  Nach jeder Übertragung dekrementiert der DMA-Baustein automatisch einen Datenzähler, in dem zu Beginn die Anzahl der zu übertragenden Daten geschrieben wurde, und stellt an ihm fest, ob weitere Daten übertragen werden müssen. Falls dies der Fall ist, wird die Adresse, die auf den Quelldatenbereich zeigt, erhöht (oder erniedrigt) und das Datum aus der nächsten Speicherzelle übertragen. Bei einer Speicher-Speicher-Übertragung wird ebenfalls die Adresse des Zielbereichs entsprechend angepasst (erhöht oder erniedrigt).

- Beim zweiten Verfahren, das in Abb. 9.16d) skizziert ist, wird der Umweg des Datums über das interne Pufferregister im DMA-Baustein vermieden. Der DMA-Controller legt nur die Adresse des Operanden an den Speicher. Gleichzeitig selektiert er die Schnittstelle. Das Datum kann nun direkt aus dem Speicher in die Schnittstelle gelangen. Alle dazu benötigten Steuersignale (z.B. R/W) werden vom DMA-Controller erzeugt. Für jeden Datentransfer ist also nur ein Buszugriff nötig.

  Dieses Verfahren kann jedoch nicht für einen Speicher-Speicher-Transfer benutzt werden, da nicht zwei Adressen gleichzeitig auf den Adressbus ausgegeben werden können. Es wird im Englischen mit *Implicit Addressing, Single Address Transfer* oder – bildhafter – als *Fly-by Transfer* bezeichnet.

  Auch hier werden automatisch der Datenzähler und die Adresse, die auf den Datenbereich im Speicher zeigt, verändert und ggf. weitere Daten übertragen.

Neben der eben beschriebenen physischen Übertragung von Daten zwischen einer Quelle und einem Ziel ermöglichen es einige DMA-Bausteine auch, nur die Adressen einer programmierten Blockübertragung auszugeben, ohne die Daten selbst zu übertragen. Diese Betriebsart kann zur Überprüfung der programmierten Blockparameter – Adressen und Datenblock-Länge – dienen (*Verify Mode*).

Bevor wir im folgenden Unterabschnitt den internen Aufbau eines DMA-Controllers beschreiben, zeigen wir in Abb. 9.17 seinen Einsatz in einem komplexen Mikrorechner-System.

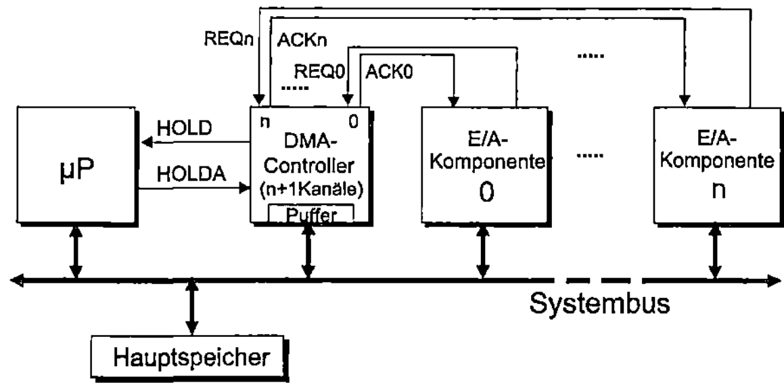

Abb. 9.17: Einsatz eines DMA-Controllers in einem µP-System

Die Abbildung zeigt, dass jede E/A-Komponente über zwei Signale mit dem Controller verbunden ist und dieser sich wiederum über die bereits im Unterabschnitt 5.2.2 beschriebenen Signale HOLD und HOLDA mit dem Mikroprozessor verständigt: Mit Hilfe ihres REQ-Signals fordert eine Komponente vom Controller die Übertragung seiner Daten über den Systembus an. Der DMA-Controller reicht diese Anforderung über das HOLD-Signal an den Prozessor weiter. Über HOLDA gibt der Prozessor den Bus frei, sobald er selbst seine letzte Bustransaktion beendet hat. Der Controller informiert darüber die anfordernde Komponente mit Hilfe ihres ACK-Signals. Sobald die Komponente ihr REQ-Signal deaktiviert, deaktiviert auch der DMA-Controller das HOLD-Signal. Der Prozessor übernimmt daraufhin wieder das Recht zum Buszugriff und zeigt dies dem Controller durch das Rücksetzen seines HOLDA-Signals an. Der Controller informiert wiederum darüber die Komponente durch das ACK-Signal.

Ein realer DMA-Controller kann den Datentransfer für bis zu einem Dutzend autonom arbeitende E/A-Komponenten durchführen. Seine Steuereinheiten dafür haben wir oben bereits als DMA-Kanäle bezeichnet.

9.3.3 Der Aufbau eines DMA-Controllers

In Abb. 9.18 ist der Aufbau eines DMA-Controllers skizziert. Er besteht aus dem Steuerwerk und der Ausführungseinheit. Für die weiteren Darstellungen gehen wir zunächst davon aus, dass der DMA-Controller nur über eine Ausführungseinheit, d.h., einen Kanal, verfügt.

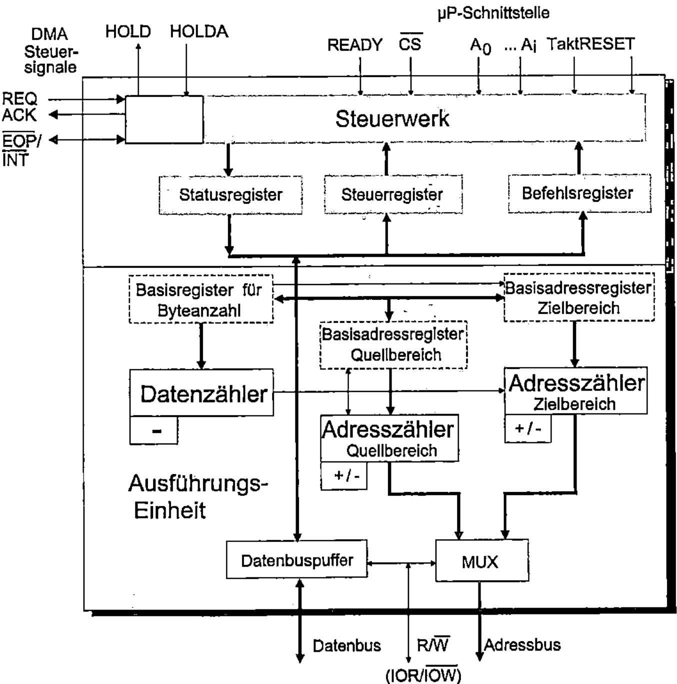

Abb. 9.18: Prinzipieller Aufbau eines DMA-Controllers

9.3.3.1 Steuerwerk

Das Steuerwerk kontrolliert alle Komponenten des Bausteins. Dazu erzeugt es die benötigten Takt- und Auswahlsignale. Es ist über die im Abschnitt 9.1.3 behandelten Ein- oder Ausgangsleitungen mit dem µP verbunden. Zu ihnen kommen zusätzlich die eben beschriebenen Signale zur Kommunikation mit dem µP:

- der HOLD-Ausgang, über den der DMA-Baustein vom µP den exklusiven Zugriff zum Systembus anfordert, sowie

- der HOLDA-Eingang (*Hold Acknowledge*), über den der µP dem DMA-Baustein diesen Zugriff gewährt.

Zum Informationsaustausch mit den Peripheriebausteinen werden die folgenden Signale benutzt, die wir z.T. ebenfalls schon kurz behandelt haben:

- REQ (*DMA Request*): Dies ist ein Eingang, über den ein Peripheriebaustein an den DMA-Controller eine Aufforderung zum Datentransfer stellen kann.

- ACK (*DMA Acknowledge*): Über diesen Ausgang wird der Peripheriebaustein darüber informiert, dass der DMA-Controller die Aufforderung zur Datenübertragung akzeptiert hat.

- EOP (*End of Process*): Über diesen Ausgang wird der Peripheriebaustein darüber unterrichtet, dass das letzte Datum übertragen wurde (bzw. gerade übertragen wird). Häufig ist diese Leitung bidirektional ausgeführt. Als Eingang geschaltet, kann die Peripheriekomponente hierüber den DMA-Controller zum Abbruch der laufenden Datenübertragung zwingen.

- INT (*Interrupt*): Obwohl bisher vereinfachend nur von Peripheriebausteinen als „Anforderer" (*Requester*) eines Datentransfers gesprochen wurde, kann natürlich auch der µP selbst über den REQ-Eingang eine Übertragungsanforderung stellen. In diesem Fall wird der EOP-Ausgang als Interrupt-Ausgang verwendet und mit dem IRQ-Eingang des Prozessors verbunden, so dass dieser durch einen Interrupt über das Ende der Datenübertragung informiert werden kann.

Zur Programmierung des DMA-Controllers und zur Überwachung seiner Arbeit durch den µP dienen die bekannten drei Register des Steuerwerks: Das Steuerregister und das Befehlsregister werden vom Prozessor beschrieben und beeinflussen die Arbeitsweise der Bausteinsteuerung; das Statusregister hingegen wird von der Steuerung selbst verändert und dient dazu, dem Prozessor Informationen über die ausgeführte Datenübertragung zukommen zu lassen. Die Funktion der Register werden wir erst nach der vollständigen Beschreibung des Bausteinaufbaus genauer darstellen.

Der Vollständigkeit halber sei hier schon erwähnt, dass die Systemkomponente, mit welcher die anfordernde Komponente, der *Requester*, Daten austauschen will, im Englischen häufig *Target* genannt wird. Die deutsche Übersetzung „Ziel" darf jedoch nicht zu dem Trugschluss führen, dass damit etwas über die Richtung des Datentransports ausgesagt ist.

9.3.3.2 Ausführungseinheit

Die Ausführungseinheit besteht im Wesentlichen aus drei Zählern, die vom µP vor dem Beginn einer Datenübertragung geladen werden.

- In den Datenzähler schreibt der Prozessor die Anzahl der zu übertragenden Daten. Dieser Zähler wird nach jedem Datentransfer dekrementiert. Sobald der Zählerstand 0 erreicht ist, wird darüber das Steuerwerk des Bausteins informiert, das dann die Übertragung beendet.

  Die Breite des Datenzählers ist oft kleiner als die Breite des Adressbusses, so dass durch eine einzige Blockübertragung lediglich ein Teil des (maximalen) physikalischen Arbeitsspeichers transferiert werden kann. Typischerweise ist der Datenzähler zwischen 16 und 24 Bits breit.

- In den Adresszähler des Quellbereichs überträgt der Prozessor die Adresse des ersten zu transferierenden Datums. Die Breite des Adresszählers stimmt in der Regel mit der Breite des Befehlszählers oder des Adresspufferregisters des Mikroprozessors überein, für den der DMA-Controller entwickelt wurde. Dadurch kann der DMA-Controller den gesamten Adressraum des Prozessors ansprechen.

  - Handelt es sich bei der Quelle der Daten um den Arbeitsspeicher, so wird die Basisadresse des zu übertragenden Datenbereichs eingeschrieben. In diesem Fall wird nach jeder Übertragung eines Datums der Zähler automatisch wahlweise inkrementiert oder dekrementiert und dadurch die nächste Speicherzelle angesprochen.

  - Ist jedoch ein Peripheriebaustein die Quelle der Daten, so wird die Adresse eines seiner Datenregister in den Zähler geschrieben. Diese Adresse bleibt während der Übertragung des gesamten Datenblocks natürlich unverändert.

- Der Adresszähler des Zielbereichs wird vom Prozessor mit der Adresse geladen, unter der das erste übertragene Datum abgespeichert werden soll. Wie eben beschrieben, wird diese Adresse ebenfalls nur dann nach jedem Datentransfer verändert, wenn der Zielbereich im Speicher liegt. Hingegen bleibt die Adresse eines Registers in einem Peripheriebaustein unverändert.

Der den Adresszählern nachgeschaltete Multiplexer (MUX) schaltet bei einer Datenübertragung in zwei Speicherzyklen (*Two-Cycle Transfer*) zunächst den Adresszähler der Datenquelle auf den Adressbus. Dabei wird durch das R/W-Signal der Quelle ein Lesezyklus angezeigt. Das Datum wird dann zunächst in den Datenbuspuffer des DMA-Bausteins übertragen. Danach schaltet der Multiplexer den Adresszähler des Zielbereichs auf den Adressbus, wobei das R/W-Signal einen Schreibzyklus anzeigt. Der Inhalt des Datenbuspuffers wird zum Ziel des Transports ausgegeben. Bei Mikroprozessoren, die ihre Peripheriebausteine in einem besonderen Ein-/Ausgabe-Adressraum (*I/O Page*) ansprechen, wird anstelle des R/W-Signals das IOR/IOW-Signal (*I/O Read – I/O Write*) aktiviert, wenn ein Peripheriebaustein selektiert wird.

Bei einer Übertragung in einem Speicherzyklus (*Fly-by Transfer*), bei der die Aufforderung zur Datenübertragung ja stets von einer Schnittstelle (als *Requester*) kommt, wird durch den Multiplexer derjenige Adresszähler auf den Adressbus gelegt, der dem Datenbereich im Speicher (als *Target*) zugeordnet ist, also je nach Übertragungsrichtung der Zähler des Quell- oder Zielbereichs. Die Adressierung der Schnittstelle geschieht in diesem Fall ausschließlich durch die ACK-Leitung. Das Datum wird direkt von der Quelle zum Ziel übertragen. Bei dieser Übertragungsart hat das Signal der R/W-Leitung für Target und Requester eine gegensätzliche Bedeutung: Ein Lesezugriff auf den Speicher muss bei der Schnittstelle einen Schreibvorgang verursachen, ein Schreibzugriff auf den Speicher dementsprechend einen Lesezugriff auf die Schnittstelle.

9.3.3.3 Varianten

- Einfacher aufgebaute DMA-Controller lassen – wie eben beschrieben – als *Requester* nur Schnittstellenbausteine, als *Target* nur den Arbeitsspeicher zu. Bei ihnen kann deshalb einer der Adresszähler und damit auch der nachgeschaltete Multiplexer entfallen. Im verbleibenden Adresszähler wird stets die Basisadresse des Datenbereichs im Speicher eingetragen, unabhängig davon, ob er Quelle oder Ziel des Transfers ist. Die Adressierung des Schnittstellenbausteins geschieht auch hier nur durch die ACK-Leitung. Über eine zusätzliche *Strobe*-Leitung wird diesem Baustein von seinem angeschlossenen Gerät mitgeteilt, wann ein Datum für ihn vorliegt bzw. von ihm verlangt wird. Die Übertragung eines Datums geschieht in einem einzigen Speicherzyklus (*Fly-by Transfer*).

- Die beiden oben beschriebenen Adresszähler sind nicht immer der Quelle bzw. dem Ziel des Datentransports fest zugeordnet. Bei einer weiteren Variante eines DMA-Controllers besteht diese feste Zuordnung stattdessen zwischen je einem Adresszähler und dem *Requester* bzw. dem *Target*.

- Viele DMA-Controller besitzen zusätzlich drei Basisregister, die jeweils den Zählern vorgeschaltet (und in Abb. 9.18 gestrichelt gezeichnet) sind. In diesem Fall muss der Prozessor in Anwendungen, bei denen sich die Übertragungsparameter für nachfolgende Datenblöcke nicht ändern, die Register nur ein einziges Mal vor der ersten Übertragung beschreiben[1]. Danach wird durch die Aktivierung des REQ-Signals der Inhalt der Basisregister vor jeder Übertragung eines neuen Datenblocks in die Zähler geladen. Dieser Vorgang wird als **Autoinitialisierung** (automatische Initialisierung) bezeichnet.

- Heutige DMA-Controller enthalten auf dem Baustein in der Regel nicht nur einen, sondern typischerweise 2 bis 8 DMA-Kanäle. (Integrierte Controller besitzen z.T. bis zu 12 Kanäle.) Jeder Kanal kann unabhängig von den anderen einem Requester zugeordnet werden, mit dem er über eigene Leitungen (REQ$_i$, ACK$_i$, EOP$_i$) kommuniziert. Durch eine spezielle Prioritätsschaltung (*Channel Priority Arbitration*) wird entschieden, welcher Kanal augenblicklich den Zugriff zum Systembus zugeteilt bekommt. Das ist dann wichtig, wenn entweder zwei oder mehr Kanäle gleichzeitig mit der Datenübertragung beginnen wollen oder aber während der laufenden Übertragung eines Kanals ein zweiter damit beginnen will. Wir wollen hier nur bemerken, dass dabei hauptsächlich die Verfahren der festen bzw. zyklisch rotierenden Prioritätenvergabe angewandt werden, die bereits im Unterabschnitt 9.2.3 beschrieben wurden.

9.3.4 Verschiedene DMA-Übertragungsarten

In der Regel kann man bei einem DMA-Baustein unter verschiedenen Übertragungsarten wählen, die sich stark durch die Belegung des Systembusses unterscheiden. Zur Vereinfachung ihrer Darstellung gehen wir im Folgenden von der Fly-By-Übertragung zwischen dem Speicher und einem Peripheriegerät aus. (Die Zeitdiagramme für die Two-Cycle-Übertragung unterscheiden sich nur dadurch, dass der DMA-Controller für jedes Datum zweimal auf den Adress- und Datenbus zugreift.)

---

[1] Beispiel: Übertragung eines festgelegten Speicherbereichs zum Festplattencontroller

- Beim **Einzel-Datentransfer** („transparenter" Datentransfer, *Single Transfer Mode*) wird jeweils genau ein Datum übertragen. In Abb. 9.19 ist das Zeitdiagramm für diesen Übertragungsmodus dargestellt.

  Nachdem der Prozessor die Controller-Register mit den Parametern der Übertragung geladen („initialisiert") hat, kann zu einem beliebigen Zeitpunkt der *Requester* seine DMA-Anforderung über das REQ-Signal stellen. Einen Taktzyklus später informiert der Controller den Mikroprozessor über die HOLD-Leitung vom Vorliegen dieser Anforderung.

  - Der Prozessor schaltet daraufhin bei der nächstmöglichen Gelegenheit, frühestens aber nach einem Zyklus, seine Systembusausgänge hochohmig und informiert darüber den DMA-Controller mit Hilfe des HOLDA-Signals. Dieser legt daraufhin die Adresse des zu übertragenden Datums auf den Adressbus, aktiviert die benötigten Bussteuersignale und überträgt das Datum. Das Datum wird solange aktiv gehalten, bis von der Zielkomponente durch das READY#-Signal eine erfolgreiche Übernahme signalisiert wird. Am Ende der Übertragung liest der Controller den Zustand des EOP#-Eingangs und bricht, in Abhängigkeit von dessen Zustand, den Übertragungsvorgang ab oder führt ihn mit dem nächsten Datum fort.

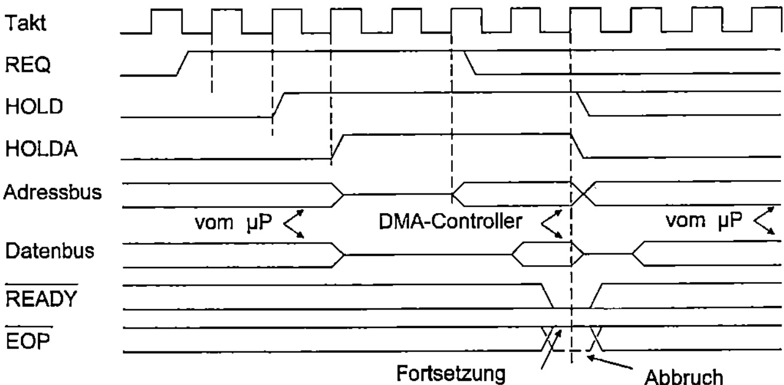

Abb. 9.19: Signalverlauf beim Einzel-Datentransfer

  - Nach jeder Übertragung eines Datums wird zunächst der Systembus zur Nutzung durch den Prozessor wieder freigegeben. Da dem Prozessor für jeden Datentransfer während eines oder mehrerer Taktzyklen der Systembus entzogen wird, heißt diese Übertragungsart im Englischen auch *Cycle Stealing*.

Der *Requester* kann zu einem beliebigen Zeitpunkt durch wiederholte Aktivierung des REQ-Eingangs die Übertragung eines weiteren Datums veranlassen. Dadurch ist die Anpassung der Übertragungsgeschwindigkeit des DMA-Bausteins an die evtl. erheblich langsamere Arbeitsgeschwindigkeit des Schnittstellenbausteins möglich. Selbst wenn der *Requester* seine Anforderungsleitung REQ zum DMA-Controller kontinuierlich aktiviert hat, kann der Prozessor vor dem jeweils nächsten Datentransfer auf den Systembus zugreifen. Die Übertragung wird vom Controller erst nach dem Transfer des letzten Datums beendet. Sie kann jedoch vom Peripheriegerät vorzeitig durch das Signal EOP abgebrochen werden.

- Die zweite Übertragungsart ist der **Blocktransfer** (*Block Transfer Mode, Burst Mode*). In Abb. 9.20 ist das Zeitdiagramm dieser Übertragungsart skizziert.

In diesem Fall überträgt der Controller ohne zwischenzeitliche Freigabe des Systembusses alle Daten des Blocks, sobald er den Zugriff zum Systembus eingeräumt bekommen hat. Das Anforderungssignal REQ muss nur vor und während der Übertragung des ersten Bytes aktiviert sein. Die Übertragung wird im Normalfall durch den Eintritt des Nullzustands im Datenzähler des Controllers beendet. Jedoch kann sie wiederum jederzeit über die EOP#-Leitung abgebrochen werden, die vom Steuerwerk nach jedem durchgeführten Datentransfer abgefragt wird.

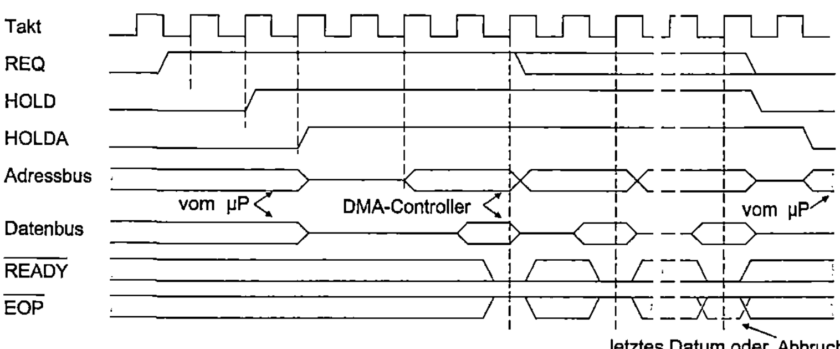

Abb. 9.20: Zeitdiagramm des Blocktransfers

- Die dritte Übertragungsart ist der **Transfer auf Anforderung** (*Demand Transfer Mode,* s. Abb. 9.21).

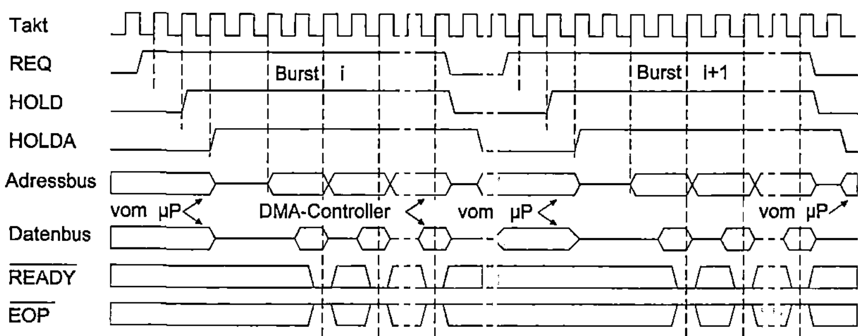

Abb. 9.21: Zeitdiagramm der Übertragung auf Anforderung

Sie nimmt eine Mittelstellung zwischen den bisher beschriebenen Arten dadurch ein, dass bei ihr die Datenübertragung solange ohne Unterbrechung durch µP-Buszyklen ausgeführt wird, wie dies der *Requester* wünscht. Diese Art des Transfers wird bevorzugt bei Peripheriegeräten eingesetzt, die ihre Daten in mehreren Schüben (*Bursts*) liefern bzw. verlangen, zwischen denen aber mehr oder weniger lange Pausen liegen. Den Übertragungswunsch teilt der Requester dem Controller durch das REQ-Signal mit. Mit jeder erneuten Aktivierung dieses Signals wird die Übertragung bis zur nächsten Unterbrechung, d.h., der Deaktivierung des REQ-Signals, fortgesetzt. Die Beendigung der Übertragung wird wiederum durch den Datenzähler im Controller oder das externe EOP#-Signal veranlasst.

9.3.5 Unterschiedliche Datenbreite in Requester und Target

Bisher haben wir sehr vage von der Übertragung eines Datums gesprochen. Es wurde aber bereits mehrfach darauf hingewiesen, dass ein Datum in einem Mikrorechner-System eine sehr unterschiedliche Länge haben kann. So sind die zwischen Hauptspeicher und Prozessor übertragenen Daten moderner Mikrorechner-Systeme in der Regel 16, 32 oder 64 Bits breit (im Extremfall sogar 128 Bits). Aber auch in diesen Systemen sind die Daten, die von bzw. zu den Schnittstellen geliefert werden, häufig nur 8 Bits breit. Insbesondere alle zeichenorientierten Peripheriegeräte – wie Drucker, Bildschirme, Scanner usw. – benutzen meist diese Byte-orientierten Schnittstellen. Ein weiteres Problem tritt auf, wenn die Adresse eines Datums nicht mit einer Wortgrenze im Speicher übereinstimmt, so dass zum Lesen des Datums mehrere Speicherzugriffe nötig werden (*non-aligned Data*). Den unterschiedlichen Datenwortbreiten muss die Arbeit des DMA-Controllers durch verschiedene Maßnahmen angepasst werden. Dazu gehören:

- Die Adresszähler im Baustein müssen nach jedem Transfer um 1, 2, 4 oder sogar 8 erhöht werden, je nachdem, ob ein Byte, ein Wort, ein Doppelwort, ein Quadword oder sogar ein 8-Byte-Datum übertragen wurde.

- Ist die Datenbreite des Quellbereichs größer als die des Zielbereichs, so muss der Baustein das eingelesene Datum vor dem Weitertransport zerlegen (*Byte Disassembly*) und in mehreren Zyklen weiterreichen. Im entgegengesetzten Fall muss er zunächst mehrere Daten der Quelle im Datenbuspuffer sammeln (*Byte Assembly*), bevor er sie als ein einziges Datum an das Ziel weiterreichen kann.

- Der Controller muss das Vorliegen der Adresse eines *Non-aligned*-Datums erkennen, selbstständig die erforderlichen Speicherzugriffe durchführen, die gelesenen Datenbytes im Datenbuspuffer sammeln (*Byte Assembly*) und in einem Zyklus zum Ziel übertragen. Umgekehrt müssen gelesene *Aligned*-Daten zerlegt (*Byte Disassembly*) und in mehreren Zyklen zu einer *Non-aligned*-Zieladresse übertragen werden[1].

Im *Fly-by*-Betrieb müssen *Requester* und *Target* natürlich die gleiche Datenbusbreite besitzen, da hier eine Anpassung im Datenbuspuffer des DMA-Bausteins nicht durchgeführt werden kann.

9.3.6 Die Register des Steuerwerks

In diesem Unterabschnitt wollen wir nun kurz die Register im Steuerwerk des DMA-Bausteins beschreiben. Dabei können wir nur auf die wichtigsten Register eingehen. Moderne DMA-Controller besitzen darüber hinaus eine große Anzahl weiterer spezieller Register. Wir legen beispielhaft einen Controller mit vier DMA-Kanälen zugrunde. In Abb. 9.22 ist ein möglicher Aufbau der drei üblichen Registertypen des Steuerwerks dargestellt. Bei dem betrachteten Baustein sind die Adresszähler fest den Kommunikationspartnern *Target* und *Requester* zugeordnet. Für andere Bausteine müssen im Folgenden diese Begriffe sinngemäß durch die Begriffe „Zielbereich" bzw. „Quellbereich" der Datenübertragung ersetzt werden.

---

[1] Notwendigerweise muss deshalb der Controller die in Abschnitt 2.7 beschriebenen Signale BE7/3,...,BE0 zur Auswahl einzelner Speicherbytes erzeugen

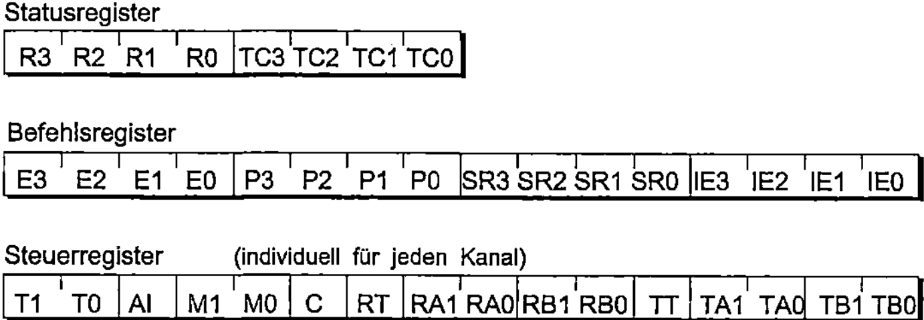

Abb. 9.22: Die Register des DMA-Steuerwerks

9.3.6.1 Das Statusregister

Das Statusregister zeigt für jeden Kanal durch ein Bitpaar an, ob für diesen Kanal eine Übertragungsanforderung vorliegt (Bits Ri – *Request*) bzw. ob der Datenzähler des Kanals den Endwert 0 erreicht hat (Bits TCi – *Terminal Count*).

9.3.6.2 Das Befehlsregister

Das Befehlsregister enthält alle Bits, durch welche die Arbeitsweise des Bausteins für jede Blockübertragung bestimmt wird. Dazu gehören

- die gezielte Aktivierung bzw. Deaktivierung jedes einzelnen der Kanäle (Bit Ei – *Enable*)

- sowie die Festlegung der Prioritäten zwischen den Kanälen (Bits Pi – *Priority*). Wie beim Interrupt-Controller kann meist zwischen den folgenden Alternativen gewählt werden:

  - feste Prioritäten der Kanäle 0, 1, 2, 3 in aufsteigender Reihenfolge,

  - rotierende Prioritäten, wobei der Kanal, der zuletzt bedient wurde, die niedrigste Priorität erhält.

- Durch das Setzen der Bits SRi (*Software Request*) kann der Prozessor softwaremäßig für jeden einzelnen Kanal eine DMA-Übertragung anfordern – als Alternative zur DMA-Auslösung über die REQ-Leitung.

- Über die Bits IEi (*Interrupt Enable*) kann für jeden Kanal festgelegt werden, ob seine Unterbrechungsanforderung zum Prozessor weitergereicht werden soll oder nicht.

9.3.6.3 Das Steuerregister

Für jeden Kanal ist ein eigenes Steuerregister vorhanden, das die Betriebsart des Kanals bestimmt (*Channel Control Register*). Die Bits des Registers haben die folgende Funktion:

- T1, T0: Festlegung des Typs der Übertragung
  Durch diese Bits wird festgelegt, ob der Requester Daten ausgeben, Daten empfangen oder nur die Adressausgabe überprüfen will (*Verify*, vgl. Unterabschnitt 9.3.2).

- AI: Automatische Initialisierung
  Dieses Bit bestimmt, ob die Adress- und Datenzähler des Controllers nach der Beendigung einer Blockübertragung zur Vorbereitung der nächsten Übertragung (mit unveränderten Parametern) automatisch aus ihren Basisregistern geladen werden sollen (vgl. Abb. 9.18).

- M_1, M_0: Übertragungsmodus
  Diese Bits legen eine der beschriebenen Übertragungsarten fest: Einzel-Datentransfer, Block-transfer oder Transfer auf Anforderung.

- C: Transferzyklen
  Durch dieses Bit wird bestimmt, ob die Übertragung in einem Zyklus (*Fly-by Transfer*) oder zwei Zyklen (*Two-Cycle Transfer*) stattfinden soll.

Die restlichen Bits gelten für beide Komponenten *Target* und *Requester* und werden daher hier gemeinsam erklärt. Dazu kann im Folgenden für das Zeichen X der Buchstabe T für *Target* bzw. R für *Requester* eingesetzt werden.

- XT: Typ der Komponente
  Durch dieses Bit wird unterschieden, ob die Komponente R bzw. T der Arbeitsspeicher oder ein Peripheriebaustein ist. Dieses Bit hat direkten Einfluss auf die alternative Benutzung des R/W-Signals oder des IOR/IOW-Signals zur Steuerung der Übertragungsrichtung.

- XA1, XA0: Aktion des Komponenten-Adresszählers
  Durch diese Bits wird festgelegt, ob der Adresszähler der Komponente R bzw. T nach jedem Datentransfer inkrementiert, dekrementiert oder unverändert gelassen (*hold*) wird.

- XB1, XB0: Busbreite
  Durch diese beiden Bits wird für die Komponente R bzw. T eine der Busbreiten 8, 16, 32 oder 64 Bits festgelegt.

9.3.7 Verkettung von DMA-Übertragungen

Leistungsfähige DMA-Controller bieten eine erweiterte Version der oben beschriebenen Auto-initialisierung, bei der nicht nur derselbe Datenblock wiederholt übertragen wird, sondern eine Folge von Datenblock-Übertragungen automatisch durchgeführt werden kann. Dieses Verfahren wird als **DMA-Verkettung** (*DMA Chaining*) bezeichnet. Jeder Datenblock wird dazu durch seine erforderlichen Parameter (Quell- und Zieladressen, Blocklänge und Steuerwörter) beschrieben, die in einem DMA-Kontrollblock (*Transfer Control Block* – TCB) im Speicher abgelegt werden (s. Abb. 9.23).

Die Kontrollblöcke der unterschiedlichen Datenblöcke werden im Speicher durch Zeiger miteinander verkettet: Dazu findet sich in jedem Block ein Eintrag, der jeweils die Startadresse des folgenden Blocks enthält. Die Lage der Kontrollblöcke im physikalischen Speicher ist dabei unerheblich. Der Verkettungszeiger im letzten Block kann wiederum auf den Anfang der Kette oder einen anderen Block zeigen. Durch einen bestimmten Eintrag" z.B. die Adresse 0, kann das Ende der Kette angezeigt werden.

Der Beginn der verketteten Übertragung wird durch den Prozessor dadurch veranlasst, dass er die Startadresse des ersten Kontrollblocks in ein spezielles Register des DMA-Controllers schreibt. Nach dem Ende jeder Datenblock-Übertragung – also bei Erreichen des Datenzähler-werts 0 (*Terminal Count*) – lädt der DMA-Controller automatisch seine Register mit den Werten des neuen Kontrollblocks. Sobald der Verkettungszeiger auf den folgenden Kontrollblock geladen wurde, beginnt die DMA-Übertragung des selektierten Datenblocks.

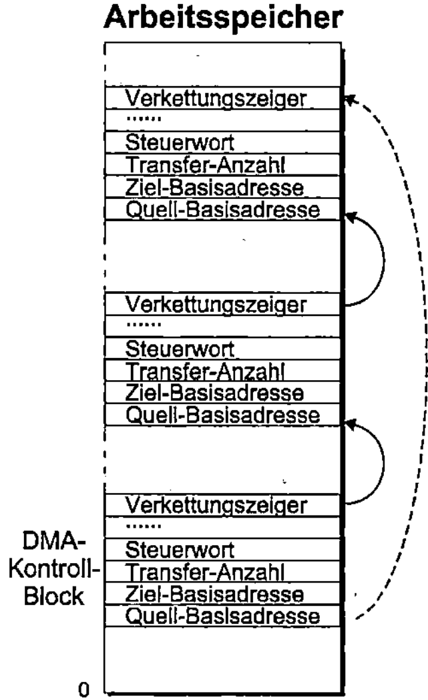

Abb. 9.23: Verkettung von DMA-Kontrollblöcken

9.3.8 PEC-Kanäle

Die Mikrocontroller-Familie C16X der Firma Siemens stellt eine einzigartige Möglichkeit eines Interrupt-gesteuerten Datentransfers zur Verfügung, der durch den sog. *Peripheral Event Controller* (PEC) vorgenommen wird. Die Arbeitsweise der PEC-Kanäle ist in Abb. 9.24 skizziert.

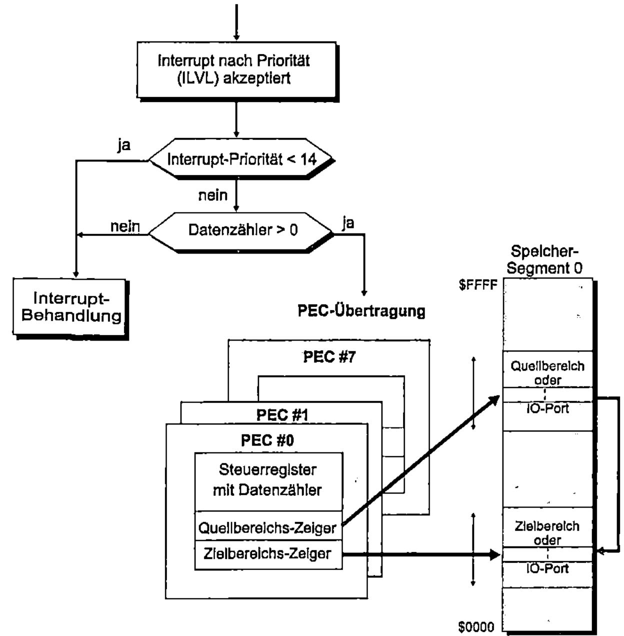

Abb. 9.24: Die Arbeitsweise der PEC-Kanäle

Eine PEC-Übertragung kann man als einfache Form eines DMA-Transfers ansehen, bei der – durch ein Interrupt-Signal angefordert – jeweils genau ein Datum ohne Beteiligung des Prozessorkerns übertragen wird. Für diesen Datentransfer stehen insgesamt acht unabhängige Einheiten, die sog. **PEC-Kanäle**, zur Verfügung.

Zu jedem der Kanäle gehört ein Steuerregister mit integriertem Datenzähler sowie je ein Register für einen Quellbereichs-Zeiger und einen Zielbereichs-Zeiger. Angefordert werden kann ein PEC-Transfer durch einen Interrupt, dem im Interrupt-Controller des C16X eine der beiden höchsten Prioritäten (*Interrupt Level* – ILVL) 14 oder 15 zugewiesen wird. Zusätzlich muss der Datenzähler im PEC-Registersatz einen Wert größer als 0 besitzen und dadurch das Vorliegen weiterer zu übertragender Daten anzeigen. Ist dieser Wert gleich 0, so wird eine Interrupt-Routine[1] aufgerufen, in der z.B. der Datenzähler und die übrigen Register für die Übertragung eines weiteren Datenblocks (erneut) initialisiert werden können.

Bei jeder PEC-Übertragung wird das Datum, auf den der aktuelle Quellbereichs-Zeiger weist, eingelesen und zu der Speicherzelle transportiert, auf die der Zielbereichs-Zeiger deutet. Beide Zeiger sind 16 Bits breit und können daher nur Zellen im untersten Segment 0 des Adressraums referenzieren, also Werte zwischen $0000 bis $FFFF enthalten.

Abb. 9.25 zeigt die Zuordnung der Interrupt-Prioritäten zu den einzelnen PEC-Kanälen. Dabei sei noch vermerkt, dass der C16X für jede Interrupt-Priorität noch jeweils vier verschiedene Unterprioritäten unterscheidet, die sog. Gruppen-Priorität (*Group Level* – GLVL)).

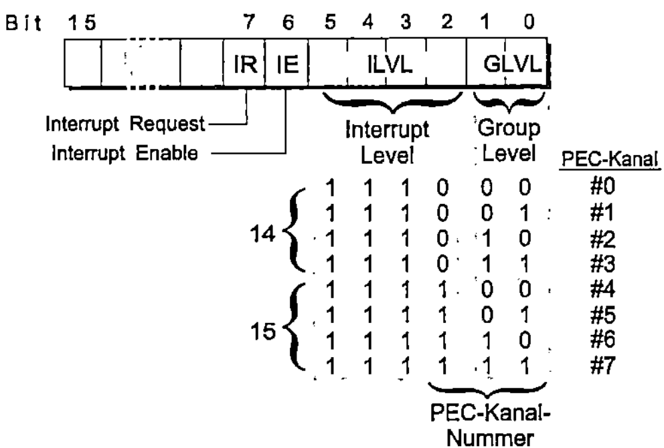

Abb. 9.25: Zuordnung der PEC-Kanäle zu den Interrupt-Quellen

Nach der Übertragung des Datums kann bei älteren Mitgliedern der C16X-Familie höchstens einer der beiden Zeiger wahlweise inkrementiert oder dekrementiert werden. Diese Betriebsart wird bei der Datenübertragung zwischen einem Speicherbereich und einer Schnittstelle eingesetzt. Ein Transfer zwischen zwei Speicherbereichen ist nur bei den neueren C16X-Mikrocontrollern möglich. Beide Zeiger können aber auch unverändert bleiben. Diese Variante muss insbesondere dann gewählt werden, wenn hinter beiden Zeigeradressen im Quell- und Zielbereich ein Datenregister einer Peripheriekomponente steht, d.h., die Übertragung zwischen zwei Schnittstellen stattfinden soll.

Wie bereits gesagt, wird die Arbeit jedes PEC-Kanals von einem zugeordneten Steuerregister bestimmt, dem **PEC-Steuerregister** (*PEC Control Register* – PECC). Abb. 9.26 zeigt den Aufbau dieses Steuerregisters.

---

[1] Natürlich kann es auch eine Interrupt-Routine ohne PEC-Einsatz sein

Im Steuerregister ist der schon beschriebene Datenzähler untergebracht. Bei einem Datenzähler-Wert 0 wird – trotz vorliegender Interrupt-Anforderung – kein PEC-Transfer, sondern die oben bereits beschriebene „Standard"-Interrupt-Routine durchgeführt.

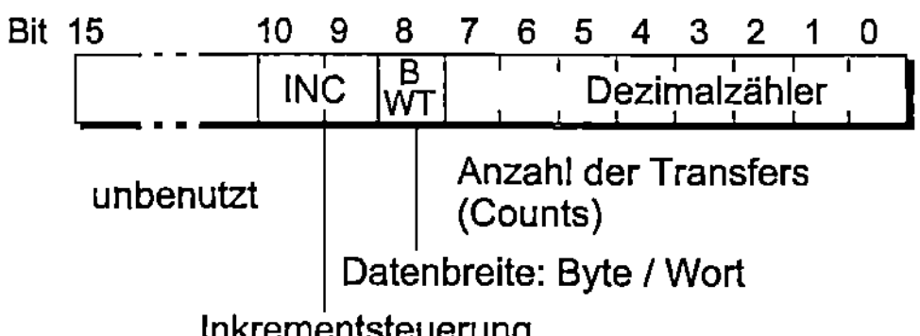

Abb. 9.26: Aufbau eines PEC-Steuerregisters

Bei einem Datenzähler-Wert 1 wird nach dem PEC-Transfer der Zähler auf Null dekrementiert. In diesem Fall wird das Interrupt-Anforderungsbit IR (*Interrupt Request*) nicht zurückgesetzt. Der Interrupt-Controller prüft nun, ob die weiterhin aktive Interrupt-Anforderung nach ihrer Priorität (ILVL) und ihrer Gruppen-Priorität (GLVL) „wichtiger" ist als alle anderen gleichzeitig vorliegenden Unterbrechungsanforderungen und führt bei positiver Entscheidung eine entsprechende Interrupt-Routine aus, in der z.B. der PEC-Transfer erneut initialisiert werden kann.

Der Datenzähler besteht aus einem 8 Bits breiten Wert zur Auswahl der Anzahl der PEC-Transfers. Hierbei stehen die in der Tabelle 9.1 angegebenen Möglichkeiten zur Verfügung.

Tabelle 9.1: Die verschiedenen Transfermodi

Datenzähler	Anzahl der Transfers
0	kein Transfer
1 – 254	„gezählter" Transfer
255	endloser Transfer

Bei einem Wert des Datenzählers zwischen 1 und 254 wird das laufende Programm nur für einen einzelnen Transfer unterbrochen und die Übertragung durch Dekrementieren des Datenzählers um 1 „gezählt". Der Datenzähler-Wert 255 hingegen veranlasst einen „endlosen" PEC-Transfer bei jeder Interrupt-Anforderung, ohne dass der Zählerwert vermindert wird. Eine Beendigung dieses Übertragungsmodus ist durch Löschen des Interrupt-Freigabebits IE (*Interrupt Enable*) oder durch Umprogrammierung des Datenzählers möglich.

Die Datenbreite des PEC-Transfers wird durch das Bit BWT (*Byte/Word Transfer Selection*) im Steuerregister eingestellt:

- BWT = 0:   Wortübertragung (16 Bits),
- BWT = 1:   Byteübertragung (8 Bits).

Durch das Bitfeld INC (*Increment Control*) wird ausgewählt, wie die Zeigerregister nach der Durchführung eines PEC-Transfers verändert werden sollen. Dabei stehen die folgenden Möglichkeiten (in binärer Notation) zur Auswahl:

- INC = 00:   kein Zeigerregister wird inkrementiert,
- INC = 01:   nur der Zielbereichs-Zeiger wird (um 1 oder 2) inkrementiert,
- INC = 10:   nur der Quellbereichs-Zeiger wird (um 1 oder 2) inkrementiert,
- INC = 11:   beide Zähler werden (um 1 oder 2) inkrementiert; diese Auswahl ist wiederum
  nur bei den neueren C16X-Controllertypen möglich (s.o.).

Dabei wird ein Zeiger um 2 erhöht bzw. erniedrigt, wenn ein wortweiser Transfer stattfindet, und um 1, wenn nur ein Byte übertragen wird.

9.4 Zeitgeber-/Zähler-Bausteine

Durch ihren Namen wird bereits auf die Doppelfunktion der Zeitgeber-/Zähler-Bausteine in Mikrorechner-Systemen hingewiesen: Einerseits dienen sie zur Erzeugung bzw. zur Messung von Zeitfunktionen unterschiedlichster Art, andererseits werden sie zum Zählen bestimmter Ereignisse verwendet. Sie werden im englischen Sprachgebrauch als *Programmable Interval Timer* (PIT) oder *Programmable Timer/Counter Module* (PTM) bezeichnet. Genauer betrachtet, werden diese Bausteine z.B. eingesetzt

- zur Erzeugung von internen oder externen Ereignissen, insbesondere

  - als Impulsgenerator, der Einzelimpulse programmierbarer konstanter Länge ausgibt. Als Spezialfall gehört dazu die Ausgabe von Einzelimpulsen, deren Dauer derjenigen einer Systemtakt-Schwingung entspricht. Diese Impulse werden insbesondere als Triggersignale (*Strobe*) zur Datenübernahme in Registern verwendet,

  - als Ereignisgenerator, der zu bestimmten Zeitpunkten einen Zustandswechsel des Ausgangssignals erzeugt (*Output Compare*),

  - als Interrupt-Quelle, die zu bestimmten Zeitpunkten periodische Unterbrechungsanforderungen generiert,

- als Signalgenerator, der digitale Schwingungen mit beliebig programmierbarem Impuls/Pausen-Verhältnis erzeugt. Dazu gehören insbesondere:

  - Rechtecksignale mit gleich langer Impuls- und Pausendauer (*Square Wave*), die als Taktsignale für andere Systemkomponenten gebraucht werden,

  - kurze periodische Interrupt- bzw. Trigger-Impulse mit einer programmierbaren Rate, die z.B. als Schaltimpulse einer Echtzeituhr oder als Zeitscheiben-Signal in Multitasking-Betriebssystemen verwendet werden,

  - Pulsweiten-modulierte Signale, bei denen das Impuls/Pausen-Verhältnis einem digitalen Ausgabewert entspricht und das auf einfache Weise in ein analoges Signal umgewandelt werden kann (vgl. Unterabschnitt 9.8.1),

- zur Erfassung von externen Ereignissen. Dabei unterscheidet man den Einsatz als

  - Ereigniszähler, der externe, asynchron oder synchron auftretende Signale zählt,

  - Flankendetektor, der den Zeitpunkt des Zustandswechsels eines externen Signals festhält (*Input Capture*),

- als Zeitmessschaltung zur Ermittlung der Schwingungsdauer oder der Impulsdauer externer digitaler Signale, insbesondere auch zur Messung der Dauer eines abgelaufenen Zeitintervalls.

9.4.1 Prinzipieller Aufbau eines Zeitgeber-/Zähler-Bausteins

Bevor auf die Ausführung dieser vielfältigen Funktionen näher eingegangen wird, soll zunächst der Aufbau eines Zeitgeber-/Zähler-Bausteins beschrieben werden. Er ist in Abb. 9.27 schematisch dargestellt. Dabei wurde der Einfachheit halber nur eine Ausführungseinheit gezeichnet, die abkürzend als *Timer* bezeichnet wird. Realisierte Bausteine enthalten in der Regel drei bis fünf, z.T. aber auch mehr als ein Dutzend unabhängig voneinander zu betreibende Timer.

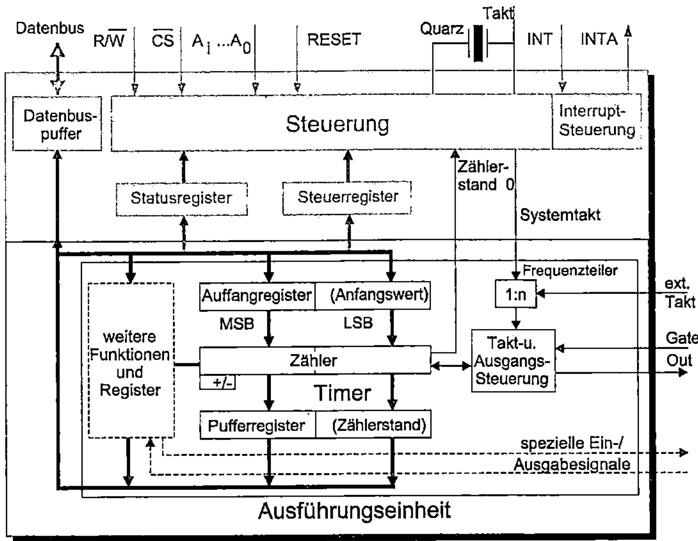

Abb. 9.27: Aufbau eines Zeitgeber-/Zähler-Bausteins

Die Funktion der Bausteinsteuerung, des (nicht gezeichneten) internen Steuerbusses, des Datenbuspuffers sowie der Anschlüsse zum Prozessor wurde bereits bei den bisher behandelten Bausteinen beschrieben, so dass hier nicht mehr darauf eingegangen werden muss. Zu erwähnen ist lediglich, dass einige Bausteine sowohl mit dem Systemtakt als auch mit einem eigenen, Quarz-stabilisierten Takt angesteuert werden können.

Die Hauptkomponente des Timers wird von einem synchronen Binärzähler gebildet, dessen Länge typischerweise zwischen 16 und 32 Bits liegt. Der Zähler reduziert die oben beschriebene Erzeugung von Zeitfunktionen im Wesentlichen auf die Erzeugung von Zeitintervallen bestimmter Länge. Dazu wird er zunächst mit einem Anfangswert (AW) geladen, der proportional zur gewünschten Intervalllänge ist. Der Proportionalitätsfaktor wird durch die Schwingungsdauer des Zählertaktes vorgegeben: Der Zählvorgang wird softwaremäßig durch den Prozessor mit Hilfe eines speziellen Steuerwortes oder hardwaremäßig durch andere Bedingungen gestartet, die weiter unten dargestellt werden. Dabei steht während des ersten Zähltaktes im Zähler üblicherweise noch der vorgegebene Anfangswert. Mit jedem weiteren Taktimpuls wird der Zählerwert um 1 dekrementiert, bis er den Zustand 0 erreicht. Am Ende des Taktes, in dem er diesen Zustand erreicht hat, wird ein Meldesignal zur Bausteinsteuerung generiert. Als Reaktion darauf setzt die Steuerung ein bestimmtes Bit im Statusregister. Wahlweise kann sie zusätzlich eine Interrupt-Anforderung an den Prozessor stellen. Der Zählvorgang vom Anfangswert AW bis zum Endwert 0 (einschließlich) wird im Weiteren **Zählzyklus** genannt. Da der 0-Zustand stets dazu gehört, dauert er AW+1 Taktimpulse.

Komplexere Timer bieten die Möglichkeit, wahlweise den Zähler zu inkrementieren oder zu dekrementieren. Außerdem kann bei ihnen der Vergleich des Zählerzustandes nicht nur mit dem Endwert 0, sondern mit einem beliebigen, in einem besonderen Register abgespeicherten Wert durchgeführt werden.

Der Anfangswert AW wird vom μP durch einen Schreibbefehl über den Datenbus in ein **Auffangregister** übertragen. Zu Beginn jedes Zählzyklus wird er daraus in den Zähler geladen.

Dieser Vorgang wird **Initialisierung** des Zählers genannt. Für mehrfach sich wiederholende Zählzyklen mit gleichem Anfangswert muss der Prozessor diesen Wert daher nur ein einziges Mal in das Auffangregister einschreiben. Nach jedem Zählzyklus wird dann die erforderliche erneute Initialisierung des Zählers entweder automatisch bei Erreichen des Endstands 0 oder durch das Vorliegen einer der weiter unten beschriebenen Startbedingungen ausgelöst.

Nun zur Erklärung der **Zählertakt- und Ausgangssteuerung:** Die Zähler der meisten Timer-Bausteine können wahlweise durch den Systemtakt oder einen asynchronen externen Takt angesteuert werden. Durch einen Frequenzteiler (1:n, *Prescaler*) kann der gewählte Takt häufig auf eine kleinere Taktrate heruntergesetzt werden. Der Teilerwert ist entweder fest vorgegeben oder er kann (über das Steuerregister) aus einer Palette von Werten ausgewählt werden. Realisiert wird der letztgenannte Frequenzteiler durch einen vorgeschalteten, zyklisch umlaufenden Binärzähler und einen Multiplexer an seinen Ausgängen, der die verfügbaren Teilerwerte an seinem Ausgang in dualer Form (1:2, 1:4, 1:8, ...) zur Verfügung stellt. Eine weitere, häufig realisierte Alternative erlaubt es, die Zykluslänge des Vorzählers durch Einschreiben eines (z.B. 8 Bits langen) Wertes in ein spezielles *Prescaler*-Register beliebig (1:1, 1:2, 1:3, .., 1:255) einzustellen.

Der *Gate*-Eingang G besitzt eine doppelte Funktion: Wird der Baustein als Zeitmessschaltung betrieben, so muss an den Eingang *Gate* das auszumessende Signal angelegt werden. Andererseits wird durch ihn der Zähler aktiviert bzw. deaktiviert, wenn der Baustein als Ereigniszähler oder zur Erzeugung der oben beschriebenen Zeitfunktionen eingesetzt wird. Im letztgenannten Fall wird das vom Baustein erzeugte digitale Zeitsignal über den Ausgang OUT ausgegeben.

Zu jedem Zeitpunkt kann der Prozessor den aktuellen Zählerstand abfragen. Prinzipiell könnte dies z.B. dadurch geschehen, dass durch einen Lesebefehl die Ausgänge des Zählers direkt auf den internen Datenbus geschaltet werden. Bei der Verwendung eines externen, zum Systemtakt asynchronen Zählertaktes besteht aber die Gefahr, dass sich während des Lesevorgangs der Zustand des Zählers ändert und deshalb eine ungültige Übergangsinformation ermittelt wird. Um dies zu vermeiden, besitzen die meisten Timer ein **Pufferregister**, in das der augenblickliche Zählerstand zunächst transferiert wird. Je nach Realisierung des Timers kann dieser Transfer automatisch mit jedem Impuls des Systemtaktes oder erst durch den Lesebefehl verursacht werden. In beiden Fällen ist sichergestellt, dass der Prozessor stets auf den stabilen Inhalt des Pufferregisters zugreifen kann.

Neben den bisher beschriebenen Komponenten besitzen komplexere Timer zusätzliche Komponenten und Register, die zur Erfüllung weiterer Funktionen benötigt werden. Diese werden wir erst im Verlauf dieses Abschnitts ausführlich beschreiben.

9.4.2 Die verschiedenen Zählmodi

Die gestrichelte Linie, die in Abb. 9.27 den Zähler und seine Register in zwei Hälften teilt, soll auf eine Besonderheit von 16-Bit-Timern in Bausteinen mit einem 8-Bit-Datenbus hinweisen. Bei diesen Bausteinen sind beide Timer-Register unerlässlich, da jedes 16-Bit-Datum, also Anfangswert und aktueller Zählerstand, byteweise transportiert werden muss. Ohne Zwischenspeicherung bestünde bei beiden erwähnten Datentypen die Gefahr, dass sich zwischen den sequenziell ausgeführten Bytezugriffen der Zählerstand u.U. wesentlich ändert.

Timer des eben beschriebenen Typs besitzen häufig neben dem oben beschriebenen „normalen" 16-Bit-Zählmodus noch eine weitere Zählart: Im 2×8-Bit-Zählmodus werden das niederwertige Byte (LSB) sowie das höherwertige Byte (MSB) des Zählers als zwei getrennte 8-Bit-Zähler betrieben. Der Zählertakt wird nur dem LSB-Zähler zugeführt. Immer dann, wenn der zyklisch umlaufende LSB-Zähler den Zustand 0 erreicht (und beendet) hat, wird er aus dem LSB-Byte des Auffangregisters neu initialisiert. Gleichzeitig wird ein Übertragssignal erzeugt, durch das auch der MSB-Zähler um 1 dekrementiert wird. Erst wenn beide Zähler den Wert 0 besitzen, ist (mit Ende des entsprechenden Taktzyklus) ein Zählzyklus beendet. Eine weitere Differenzierung der Zählmodi ergibt sich dadurch, dass die Zähler einiger Bausteine wahlweise als Dualzähler oder aber als Dezimalzähler, genauer als BCD-Zähler (*Binary Coded Decimal*), arbeiten können.

9.4.3 Programmiermodell

Zur Überwachung und Programmierung werden in der Regel für jeden Timer des Bausteins nur ein Statusregister sowie ein Steuerregister benötigt. Beide Register sind in Abb. 9.28 skizziert. Ihre Bedeutung wird nun kurz beschrieben. Zum Programmiermodell gehören weiterhin die Auffangregister und Pufferregister des Timers, auf die hier aber nicht mehr eingegangen werden muss.

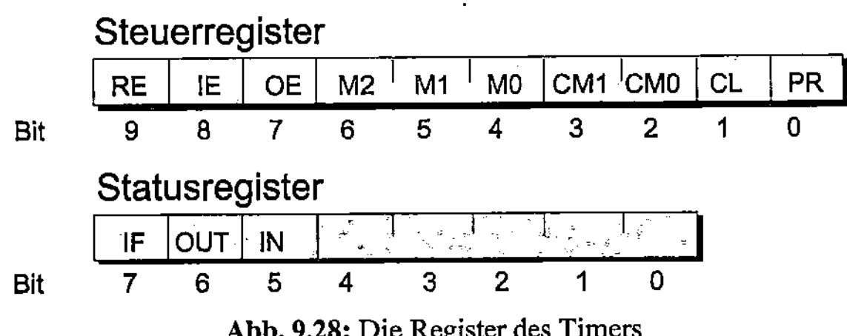

Abb. 9.28: Die Register des Timers

9.4.3.1 Steuerregister

Reale Timer-Bausteine bieten in der Regel nicht alle der im Folgenden aufgeführten Möglichkeiten und Arbeitsweisen, so dass sie – anders als in der Abbildung gezeichnet – meist mit einem 8-Bit-Steuerregister auskommen.

- Das RE-Bit (*Reset*) dient dem Prozessor zum Zurücksetzen des Zählers auf den im Auffangregister gespeicherten Anfangswert, also zu seiner softwaremäßigen Initialisierung.

- Das IE-Bit ist das *Interrupt Enable Bit*, das festlegt, ob ein Nulldurchgang des Zählers zu einer Interrupt-Anforderung an den Prozessor führen soll oder nicht.

- Das OE-Bit (*Output Enable*) bestimmt, ob der Ausgang OUT des Timers aktiviert ist, d.h., ob er eine intern erzeugte Zeitfunktion ausgeben soll oder nicht.

- Die Bits M2, M1, M0 (*Mode*) wählen eine bestimmte Funktion aus dem am Anfang des Abschnitts aufgeführten möglichen Repertoire des Timers sowie die verschiedenen Möglichkeiten der Zähler-Initialisierung aus. Im Folgenden werden diese Wahlmöglichkeiten noch ausführlich dargestellt.

- Durch die Bits CM1, CM0 (*Counter Mode*) wird eine der oben beschriebenen vier Zählvarianten selektiert: durch CM1 z.B. der 16-Bit- oder 2×8-Bit-Zählmodus, durch CM0 der duale oder der BCD-Modus.

- Das CL-Bit (*Clock*) wählt zwischen dem Systemtakt und einem externen Takt als Zählertakt.

- Durch das PR-Bit (*Prescaled*) wird der Frequenzteiler des externen Taktes aktiviert oder ausgeschaltet. Durch weitere Bits kann häufig ein bestimmter Teilerwert (1:n) aus einer Menge von vorgegebenen Werten ausgewählt werden (z.B.: 1:1, 1:2, 1:4, 1:8, ..., 1:128).

9.4.3.2 Statusregister

- Das IF-Bit ist das *Interrupt Flag*. Es zeigt an, ob vom Timer eine Interrupt-Anforderung gestellt wird. Bei mehreren Timern in einem Baustein erlaubt dieses Bit dem Prozessor, im Polling-Verfahren die Quelle des Unterbrechungswunsches festzustellen.

- Das OUT-Bit spiegelt zu jedem Zeitpunkt den aktuellen Zustand des Ausgangssignals OUT wider. Genauer betrachtet, gibt es den logischen Pegel des Signals in der Ausgangssteuerung noch vor dem nachfolgenden (Tristate-)Treiber an. Auch bei abgeschaltetem Ausgang OUT kann der Prozessor somit softwaremäßig den augenblicklichen Zustand des erzeugten digitalen Zeitsignals feststellen.

- Das IN-Bit zeigt an, ob der Zähler bereits mit dem Anfangswert initialisiert wurde, der als letzter vom Prozessor in das Auffangregister geschrieben worden ist. Bei hardwaremäßiger Initialisierung[1] kann der Prozessor an diesem Bit feststellen, ob der gewünschte Zählzyklus bereits begonnen wurde oder nicht.

- Die restlichen Bits 4–0 können z.B. einige Bits des Steuerregisters wiedergeben und vereinfachen so die Feststellung der Arbeitsweise des Bausteins durch den Prozessor.

9.4.4 Timer-Funktionen

Anhand von Diagrammen wollen wir nun zunächst die Erzeugung der oben angesprochenen Zeitfunktionen genauer beschreiben. Der jeweils in der ersten Zeile der Diagramme gezeichnete Takt kann, wie oben beschrieben, entweder der (interne) Systemtakt oder aber ein extern angelegter Takt sein. Der Zählerstand ist als Treppenfunktion über der Zeitachse dargestellt, wobei die Stufenhöhe gerade einem um 1 verminderten Zählerwert entspricht. Der Zählzyklus beginnt mit der Initialisierung des Zählers. In den Bildern sind zwei von drei Möglichkeiten dazu angedeutet:

- Im ersten Fall, der als **Hardware-Triggerung** bezeichnet wird, löst die ansteigende Flanke des Steuersignals am Eingang *Gate* die Initialisierung aus. Diese Flanke kann asynchron zum Takt auftreten. Mit der ersten negativen Flanke des Takts wird der Anfangswert AW aus dem Auffangregister in den Zähler geladen. Mit jedem folgenden Taktsignal wird der Zähler um 1 dekrementiert. Dies wird jeweils durch eine Stufe in der Treppenfunktion des Zählerstands dargestellt.

---

[1] Die Möglichkeiten dazu werden weiter unten beschrieben

- Der zweite Fall wird **Software-Triggerung** genannt. Hier wird die Initialisierung des Zählers durch einen Schreibzugriff auf das Auffangregister verursacht.

- Der dritte, in der Abbildung nicht dargestellte Fall liegt vor, wenn der Zähler durch das Setzen des RE-Bits im Steuerregister initialisiert wird.

Nun kann es passieren, dass noch während des Ablaufs eines Zählzyklus eine erneute Initialisierung des Zählers durch eines der eben beschriebenen Verfahren veranlasst wird. Im letzten der genannten Verfahren wird sich die Initialisierungsanforderung auf jeden Fall durchsetzen. Bei den beiden ersten Verfahren werden zwei Reaktionsmöglichkeiten realisiert:

- Wird der neuen Initialisierungsanforderung augenblicklich stattgegeben, so beginnt der Zählzyklus (noch vor dem Ende des laufenden Zyklus) mit dem Anfangswert AW von neuem. In diesem Fall spricht man von einer retriggerbaren Signalerzeugung (*retriggerable*).

- Im anderen Fall wird unbedingt zunächst der augenblickliche Zählzyklus beendet, bevor die erneute Anforderung berücksichtigt wird (*non-retriggerable*).

9.4.4.1 Impulsgenerator

In Abb. 9.29 sind drei verschiedene Einzelimpulsformen dargestellt, die durch einen Timer erzeugt werden können. In den beiden ersten Fällen a) und b) spricht man vom **Monoflop-Betrieb** oder *Single-Shot*-Betrieb, da der Ausgangsimpuls genau einmal erzeugt wird.

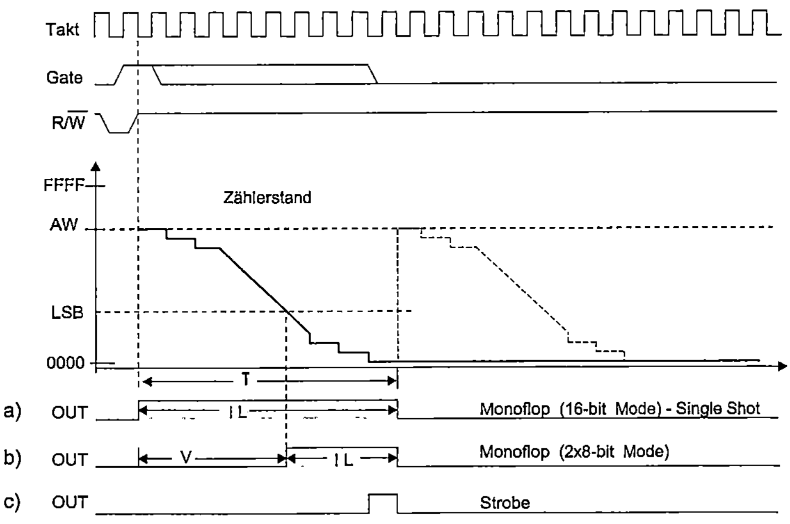

Abb. 9.29: Der Timer als Impulsgenerator

Fall a)

Hier wird das Ausgangssignal OUT mit der Initialisierung des Zählers auf H-Potenzial gelegt. Dieser Zustand wird solange beibehalten, bis der Zähler den Wert 0 erreicht, also während des gesamten Zählzyklus T. Am Ausgang OUT erscheint somit ein positiver Impuls, dessen Länge IL durch den Anfangswert AW vorgegeben ist und somit AW+1 Takte dauert.

Fall b)

In diesem Fall wird der Einzelimpuls erst mit einer gewissen Verzögerung ausgegeben.

- In der Abbildung ist die Realisierung im 2×8-Bit-Zählmodus skizziert. Der Impuls erscheint genau dann am Ausgang OUT, wenn der LSB-Zähler (s. Abb. 9.27) seinen letzten Zyklus durchläuft. Daher bestimmt der Anfangswert des LSB-Zählers die Länge IL des ausgegebenen positiven Impulses; die Länge V der Verzögerungszeit wird durch das Produkt aus MSB- und LSB-Anfangswert bestimmt:

$$IL = (AW_{LSB} + 1) \cdot T, \quad V = (AW_{MSB} + 1) \cdot IL.$$

- Einige Timer-Bausteine besitzen für jeden Zähler zwei Auffangregister. In diesem Fall kann sowohl der Wert der Impulsverzögerung V als auch die Impulslänge IL als Anfangswert jeweils in eines der Auffangregister geschrieben werden. Nach der Initialisierung wird nun zunächst der Zählzyklus mit dem ersten Anfangswert, danach automatisch ein weiterer Zyklus mit dem zweiten Anfangswert ausgeführt.

Fall c)

In diesem Fall wird dann, wenn der Zähler den Wert 0 erreicht, für genau eine Taktzykluslänge ein positiver Impuls ausgegeben. Wie bereits gesagt, werden Impulse dieser Form typischerweise als Triggersignale (*Strobe*) benutzt, z.B. zur Aktivierung eines Pufferregisters. In der Abbildung wurde unterstellt, dass nach Erreichen des Zählerstands 0 der Zählvorgang gestoppt wird. Bei alternativen Realisierungen wird der Zählzyklus periodisch (bis zur nächsten Initialisierung) wiederholt (und kann somit nach jedem Zyklusende z.B. einen Interrupt generieren). Wesentlich ist jedoch, dass auch in diesem Fall der Ausgangsimpuls nur ein einziges Mal während des ersten Zählzyklus erzeugt, der Ausgang OUT also während aller anderen Zyklen auf L-Potenzial gehalten wird.

9.4.4.2 Watch-Dog Timer

Als Anwendungsbeispiel wollen wir zeigen, wie man einen Timer zur Überwachung der ungestörten Abarbeitung eines Programms durch den Prozessor einsetzen kann. Schaltungen dieses Typs werden als *Watch-Dog Timer* („Wachhund" – WDT) oder COP (*Computer Operating Properly*) bezeichnet. Der zeitliche Verlauf der Überwachung ist in Abb. 9.30 dargestellt.

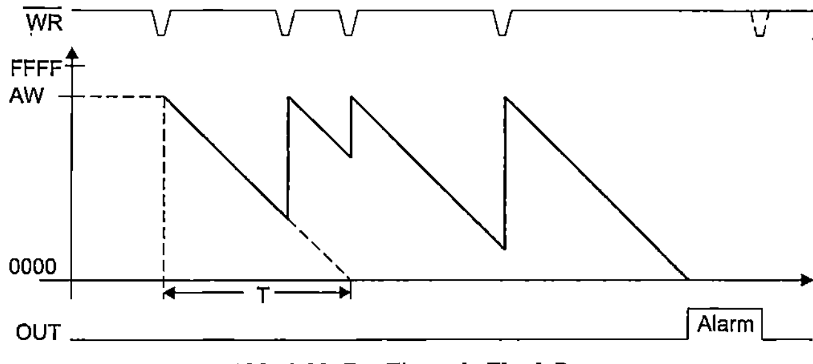

Abb. 9.30: Der Timer als *Watch Dog*

Zur Überwachung muss der Timer im retriggerbaren Strobe-Modus betrieben werden. Als Takt kann wahlweise der Systemtakt oder ein periodischer, externer Takt benutzt werden. Das Steuersignal am *Gate*-Eingang muss permanent aktiv sein. Die Triggerung wird vom Prozessor entweder durch einen Schreibzugriff auf das Auffangregister oder durch das Setzen des Bits RE im Steuerregister (s.o.) vorgenommen. Der Programmierer muss dafür sorgen, dass diese „Triggerbefehle" möglichst gleichmäßig über die Laufzeit des Programms verteilt sind. Als Anfangswert (AW) wird ein Wert in das Auffangregister geschrieben, dessen zugeordneter Zählzyklus den maximalen zeitlichen Abstand zwischen zwei Triggerbefehlen (etwas) übersteigt.

In der Abbildung ist gezeigt, wie der Zählzyklus durch jeden neuen Schreibbefehl unterbrochen und unmittelbar danach ein neuer Zählzyklus gestartet wird. Erst wenn der Abstand zwischen zwei Schreibbefehlen zu groß wird oder kein weiterer Schreibbefehl folgt, kann der Zähler den Nullzustand erreichen. Dies ist z.B. dann der Fall, wenn der Prozessor, durch einen Störimpuls verursacht, seinen Programmbereich verlassen hat, also „in den Wald gelaufen" ist.

Im Augenblick des Nulldurchgangs wird am Ausgang OUT des Timers ein Strobe-Impuls erzeugt. Dieser wird üblicherweise auf den Rücksetzeingang (*Reset*), seltener auf den nicht maskierbaren Interrupt-Eingang NMI des Prozessors gelegt. Er sorgt z.B. dafür, dass der µP eine Initialisierungsroutine zur geordneten Wiederaufnahme des abgebrochenen Programms ausführt.

Analog zum eben beschriebenen Einsatz kann der Timer natürlich auch zur Überwachung von externen Geräten eingesetzt werden. In diesem Fall müssen diese Geräte in regelmäßigen Abständen die (Re-)Triggerung des Zählers über den Steuereingang *Gate* vornehmen.

9.4.4.3 Flankengenerator (*Output Compare*)

Als erste der in Abb. 9.27 angekündigten zusätzlichen Funktionen eines komplexen ·Timers beschreiben wir nun die Möglichkeit, zu vorgegebenen (periodisch wiederkehrenden) Zeitpunkten Signalwechsel, d.h., positive oder negative Flanken, an einem Signalausgang zu erzeugen. Die Schaltung dazu ist in Abb. 9.31 dargestellt.

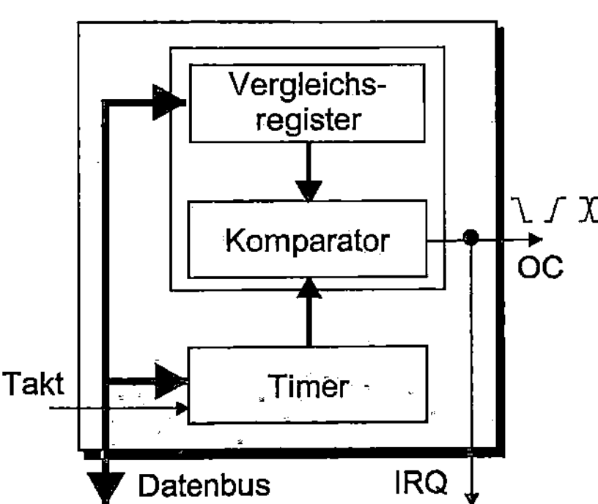

Abb. 9.31: Erzeugung von Signalflanken

Die Zeitbasis für die gewünschten Signalwechsel wird durch einen frei umlaufenden Timer vorgegeben, der nach jedem Ende seines Zählzyklus wieder mit dem Startwert beginnt. In einem speziellen Vergleichsregister (*Output Compare Register*) legt der Prozessor durch einen digitalen Wert zwischen 0 und dem maximalen Zählerwert einen „Zeitpunkt" innerhalb eines Zählzyklus fest. Der Registerinhalt wird laufend mit dem aktuellen Timer-Zustand verglichen. Bei Übereinstimmung sorgt die Schaltung für den verlangten Signalwechsel am Ausgang OC (*Output Compare*).

Als Signalwechsel kann im Steuerregister des Timers gewählt werden, ob eine negative oder eine positive Flanke erzwungen werden soll oder aber, ob das Signal seinen Zustand wechseln soll (*Toggle Mode*).

Das dargestellte Verfahren wird als (*Timer*) *Output Compare* bezeichnet. Typischerweise wird bei einer festgestellten Gleichheit (*Match*) eine Interrupt-Anforderung IRQ generiert, die bei gesetztem *Interrupt Enable Flag* (IE) an den Prozessor weitergereicht wird. Häufig kann die Schaltung in verschiedenen Modi arbeiten, die sich durch die Reaktion auf die vom Komparator festgestellte Übereinstimmung unterscheiden. Beispiele dafür sind:

- Es wird *nur bei der ersten* festgestellten Übereinstimmung eine Interrupt-Anforderung erzeugt, aber kein Signal ausgegeben.

- Es wird *bei jeder* festgestellten Übereinstimmung eine Interrupt-Anforderung erzeugt, aber kein Signal ausgegeben.

- Es wird *nur bei der ersten* festgestellten Übereinstimmung eine Interrupt-Anforderung erzeugt und das Ausgangssignal auf den (logischen) Wert 1 gesetzt; am Ende des Timer-Zählzyklus wird es automatisch auf 0 zurückgesetzt.

- Es wird *bei jeder* Übereinstimmung eine Interrupt-Anforderung erzeugt, und das Ausgangssignal wechselt jedes Mal seinen Pegel (toggelt).

- Daneben existieren auch Timer-Module, die im Doppelmodus (*Double Mode*) betrieben werden können. Dabei geben entweder zwei *Output-Compare*-Schaltungen ihre Zeitfunktionen auf einen gemeinsamen Ausgang oder eine einzige Schaltung besitzt zwei Vergleichsregister. Wahlweise kann damit z.B. bei der ersten Übereinstimmung eine positive, bei der zweiten eine negative Flanke erzeugt und so ein Ausgangsimpuls beliebiger Länge und Lage – natürlich nur relativ, also innerhalb des Timer-Zählzyklus – ausgegeben werden.

9.4.4.4 Taktgenerator

Kennzeichnend für die Funktion eines Timers als Taktgenerator ist, dass er periodische digitale Zeitsignale erzeugt. Dies wird dadurch erreicht, dass der Timer nach jedem Nulldurchgang des Zählers automatisch erneut initialisiert (getriggert) und dadurch der Zählvorgang kontinuierlich wiederholt wird (*Continuous Mode*). In Abb. 9.32 sind drei Möglichkeiten skizziert.

Fall a)

Hier besitzt jede Taktschwingung gleich große Impuls- und Pausenlängen. Zur Erzeugung dieser Schwingung werden zwei Alternativen realisiert:

- Beim ersten Verfahren, das in der Abbildung dargestellt ist, geht der Ausgang OUT mit jeder Initialisierung zunächst auf den L-Pegel. Er wechselt genau dann in den H-Zustand, wenn der Zählerstand den halben Anfangswert AW/2 erreicht hat.

- Beim zweiten Verfahren, das nicht dargestellt ist, wechselt der Ausgang mit jeder Initialisierung des Zählers seinen Zustand, so dass in jedem zweiten Zählzyklus der gleiche Ausgangszustand vorliegt.

Fall b)

Hier erscheint nach der Triggerung am Ausgang OUT ein Signal mit einem variablen, beliebigen Impuls/Pausen-Verhältnis (*Variable Duty Cycle*). Die Erzeugung einer einzelnen Schwingung dieses Ausgangstaktes geschieht analog zu der in Abb. 9.29b) als zweite Variante beschriebenen Erzeugung eines Einzelimpulses. Der Unterschied besteht nur darin, dass mit jedem neuen Zählvorgang derselbe Impuls erzeugt wird.

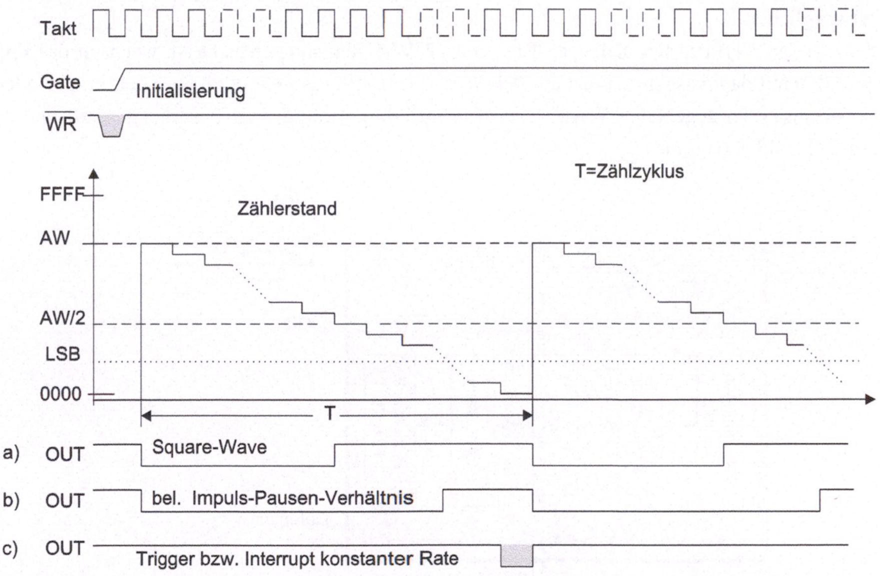

Abb. 9.32: Der Timer als Taktgenerator

Fall c)

In diesem Fall wird periodisch immer dann ein kurzer (negativer) Impuls ausgegeben, wenn der Zähler im Nullzustand ist. Die Länge dieses Impulses stimmt daher mit der Schwingungsdauer des Zähltaktes überein.

Die oben erwähnten Timer mit zwei Auffangregistern bieten häufig die Möglichkeit, in Abhängigkeit vom Zustand (0 bzw. 1) des Steuereingangs *Gate* zwischen zwei Anfangswerten zu wählen. Dadurch ist die Erzeugung von Ausgangssignalen möglich, die informationsabhängig zwischen zwei verschiedenen Frequenzen umschalten. Dieses Verfahren wird mit *Frequency Shift Keying* bezeichnet. Es wird z.B. für die Aufzeichnung digitaler Daten auf einem Magnetband benutzt.

9.4.4.5 Erzeugung von PWM-Signalen

Bei der in Abb. 9.32b) beschriebenen Timer-Funktion wird das frei wählbare Impuls/Pausen-Verhältnis durch zwei Zählzyklen unterschiedlicher Länge bestimmt, die in zwei verschiedenen Auffangregistern vorgegeben werden. Soll die Schwingungsdauer konstant gehalten und nur das Impuls/Pausen-Verhältnis geändert werden, müssen beide Auffangregister neu beschrieben werden. Diesen Nachteil vermeidet eine Variante der beschriebenen Funktion, die in Abb. 9.33 mit ihrem Ausgangssignal skizziert ist.

Hier werden in einem Register die Periodendauer und in einem zweiten Register die Impulslänge festgelegt. Dabei darf die Impulslänge höchstens so groß sein wie die Periodendauer. Zum Beginn jedes Zählzyklus wird ein Flipflop (FF) und damit das Ausgangssignal auf den Wert 1 gesetzt (*Set*).[1] Danach werden beide Registerinhalte permanent mit dem momentanen Timer-Wert verglichen.

Sobald der Wert des Impulslängen-Registers (PWM-Register) erreicht ist, wechselt das Flipflop und damit das Ausgangssignal auf den Wert 0 (*Reset*). Erreicht der Timer den im Periodendauer-Register vorgegebenen Wert, so wird er auf den Anfangswert 0 zurückgesetzt, und ein neuer Zählzyklus beginnt.

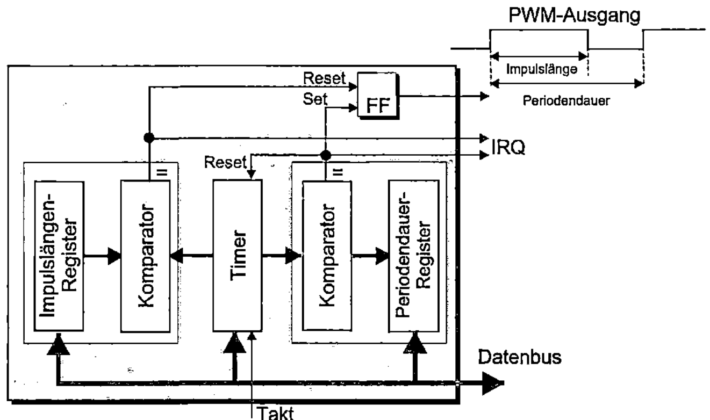

Abb. 9.33: Timer zur Ausgabe eines PWM-Signals

In typischen Anwendungen wird der Wert im Periodendauer-Register konstant gehalten. In das Impulslängen-Register wird ein vom Prozessor berechneter Ausgabewert geschrieben – evtl. nachdem er mit einem geeigneten Skalierungsfaktor multipliziert wurde. Die Länge des durch die Schaltung erzeugten Ausgangsimpulses ist damit proportional zum ausgegebenen Digitalwert. Diese Form der Umsetzung eines digitalen Zahlenwerts in eine digitale Funktion wird als **Pulsweiten-Modulation** (PWM) bezeichnet. Sie stellt sicher eine der wichtigsten Anwendungen von Timer-Modulen für die Steuerung und Regelung von Maschinen und Geräten dar.[2]

In Abb. 9.34 sind beispielhaft für einen Timer mit 8-Bit-Registern die Ausgabesignale für verschiedene Werte des PWM-Registers dargestellt. Für den kleinsten Wert 0 liegt das Ausgabesignal konstant auf dem logischen 0-Pegel, für den größten Wert 255 ($FF) auf dem 1-Pegel.

---

[1] sofern im PWM-Register ein Wert ungleich 0 steht, s. Abb. 9.34

[2] Im Unterabschnitt 9.8.1 kommen wir im Zusammenhang mit der Digital-/Analog-Wandlung noch einmal auf die Pulsweiten-Modulation zurück

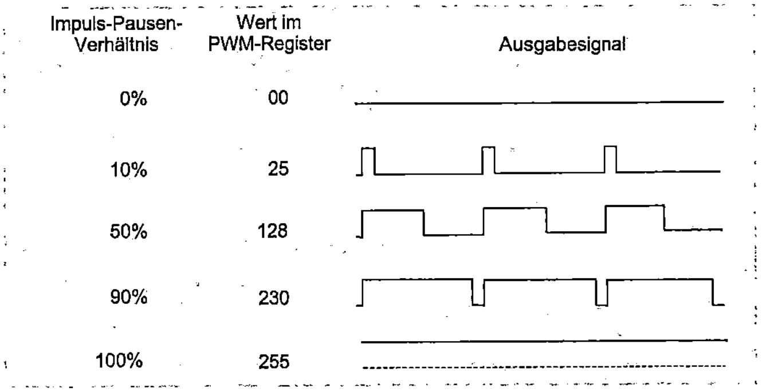

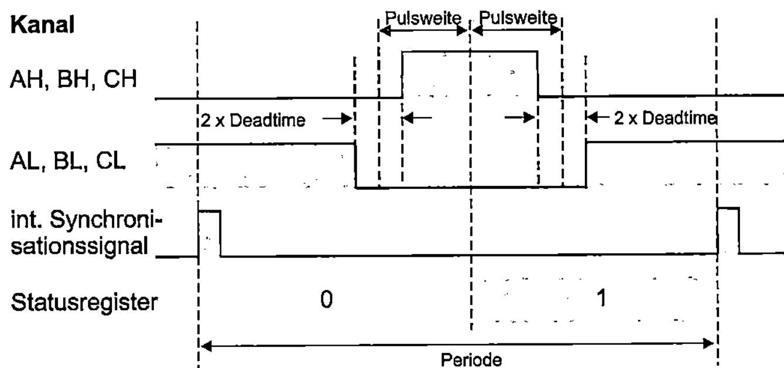

Abb. 9.34: PWM-Signale für verschiedene Impuls/Pausen-Verhältnisse

Motorsteuerung durch PWM-Kanäle

PWM-Signale besitzen eine große Bedeutung zur Ansteuerung von Motoren. Dabei werden – je nach Motortyp – zwei oder drei Paare von PWM-Kanälen gleichzeitig benötigt. In Abb. 9.35 ist z.B. die Ansteuerung eines Motors durch einen sog. 3-Phasen-Spannungsumrichter skizziert. Nur kurz erwähnt sei, dass zu den so angesteuerten Motoren die folgenden Typen gehören:

- Wechselstrom-Induktionsmotoren (*AC Induction Motor* – ACIM),

- Drehstrom-Synchronmotoren (*Permanent Magnet Synchronous Motors* – PMSM),

- bürstenlose Gleichstrom-Motoren (*Brushless DC Motors* – BDCM).

Abb. 9.35: PWM-Signale für verschiedene Impuls/Pausen-Verhältnisse

Jede Phase wird durch ein Paar von PWM-Signalen (Phase A: AH, AL, Phase B: BH, BL, Phase C: CH, CL) angesteuert. Das mit dem Postfix H bezeichnete Signal ist dabei symmetrisch in der Mitte der Periode aktiv (*center-based*), das mit L bezeichnete am Anfang und am Ende der Periode. Zu Beginn jeder Periode wird intern im Controller ein kurzes Synchronisationssignal erzeugt, das z.B. für die Steuerung eines integrierten A/D-Wandlers benutzt werden kann. Die erste oder zweite Hälfte jeder Periode wird in einem Bit des Statusregisters angezeigt. Zur Verhinderung von zerstörerischen Kurzschlüssen in den zwischen den PWM-Ausgängen und dem

Motor zwischengeschalteten Leistungstreibern werden vom PWM-Timer automatisch Zeiten (Totzeit, *Deadtime*) eingefügt, in denen beide Ausgänge (H, L) auf Massepotenzial liegen. Die Längen der Periode, der Pulslänge sowie der Totzeiten werden in Steuerregistern festgelegt. Da diese Register pro Periode nur ein einziges Mal ausgewertet werden, spricht man hier vom *Single Update Mode*.

Zum Schutz der Mikrocontroller-Elektronik werden Motoren häufig durch Übertrager angesteuert (*Transformer Isolation*), also durch Transformatoren mit dem Spannungs-Übersetzungsverhältnis 1:1. Man spricht hier auch von einer galvanischen Entkopplung. (Diese kann auch auf optischem Weg, durch sog. Opto-Koppler geschehen.) Übertrager benötigen für ihre Funktion die Verwendung von Wechselspannungen. Moderne PWM-Timer erzeugen diese Wechselspannungen nach Abb. 9.36 selbst. Danach werden während der aktiven Zeitintervalle der Ansteuersignale H bzw. L hochfrequente Rechteckschwingungen ausgegeben. Die Frequenz dieser sog. *Chopping*-Signale ist ebenfalls in einem Steuerregister einstellbar. Da auch hier die Steuerregister nur einmal pro Periode ausgewertet werden, spricht man vom *Single Update Mode with Gate Chopping*.

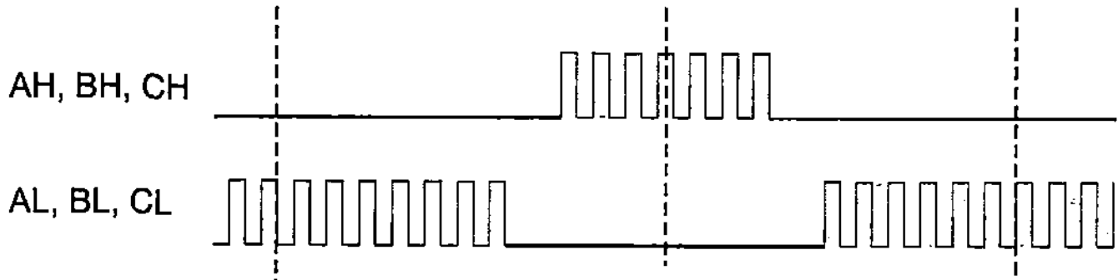

Abb. 9.36: PWM-Signale für verschiedene Impuls/Pausen-Verhältnisse

Andere Motortypen verlangen eine unsymmetrische Ansteuerung ihrer Phasen. Dies führt dann zur Erzeugung von PWM-Signalen nach Abb. 9.37.

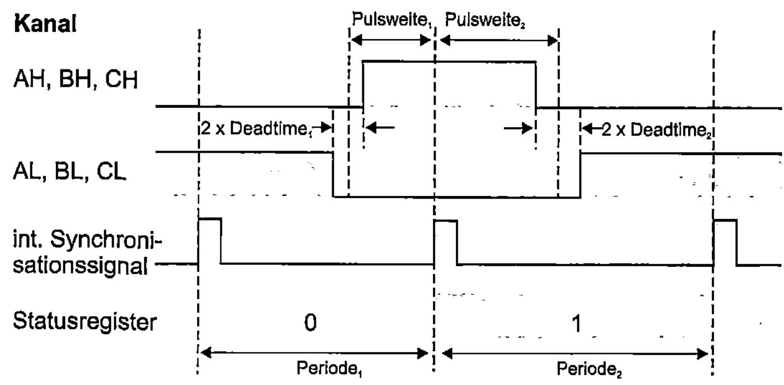

Abb. 9.37: PWM-Signale für verschiedene Impuls/Pausen-Verhältnisse

In diesem Fall liegt auf der H-Leitung ein zwar zentriertes, aber unsymmetrisches Signal vor, das sich über die Grenze zwischen zwei Perioden ausdehnt. Die beiden unterschiedlichen Pulsweiten-Anteile müssen getrennt in Steuerregistern festgelegt werden. Dort wird die Totzeit für beide Perioden einheitlich eingestellt. Außerdem wird im Statusregister angezeigt, ob gerade die erste oder zweite Periode abläuft. Das interne Synchronisationssignal wird zu Beginn jeder Periode erzeugt. Da für die Erzeugung eines vollständigen PWM-Signals mit jeder Periode die Steuerregister zweifach ausgelesen werden müssen, spricht man auch vom *Double Update Mode·*

9.4.4.6 Ereigniszähler

In Abb. 9.38 ist der Einsatz eines Timers als Ereigniszähler skizziert. In vielen Anwendungen treten die zu zählenden Ereignisse sporadisch und aperiodisch auf. Deshalb ist in der Abbildung ein externes Taktsignal mit willkürlicher Impulslage skizziert. (Natürlich können in dieser Betriebsart aber auch der Systemtakt oder ein periodischer externer Takt benutzt werden.)

Im Unterschied zu den bisher beschriebenen Einsatzarten wird hier der Timer durch die ansteigende Flanke des *Gate*-Signals nicht getriggert. Dies muss stattdessen irgendwann vorher durch Einschreiben eines Anfangswerts in das Auffangregister oder durch das Setzen des RE-Bits im Steuerregister geschehen. Das *Gate*-Signal dient nur zur Aktivierung bzw. Sperrung des Zählertaktes. Daher kann es sich bei dem Wert AW in Abb. 9.38 sowohl um den Anfangswert des Zählzyklus als auch um den Endwert eines bereits vorher durchgeführten Zählzyklus handeln, der vor Erreichen des Nullzustandes durch das Rücksetzen des *Gate*-Signals abgebrochen wurde. Das heißt, dass ohne erneute Triggerung des Timers jeder neue Zählzyklus mit dem Zähler-Endstand des vorhergehenden Zyklus fortgesetzt wird. In Abb. 9.38 wird der Endwert, der vor der Rücknahme des Gate-Signals erreicht wurde, mit EW bezeichnet. Die Differenz (AW–EW) gibt die Anzahl der Ereignisse an, die während der aktiven Phase des Gate-Signals aufgetreten sind. Nach Erreichen des Nullzustands wird der Zähler deaktiviert (*disarmed*). Über den Ausgang OUT wird bis zur nächsten Triggerung ein H-Pegel ausgegeben. Dieser kann z.B. als Interrupt-Signal verwendet werden. Der Prozessor kann dieses Signal als Übertragssignal benutzen, wenn mehr Ereignisse gezählt werden sollen, als in einem Zählzyklus (maximaler Länge) erfasst werden können.

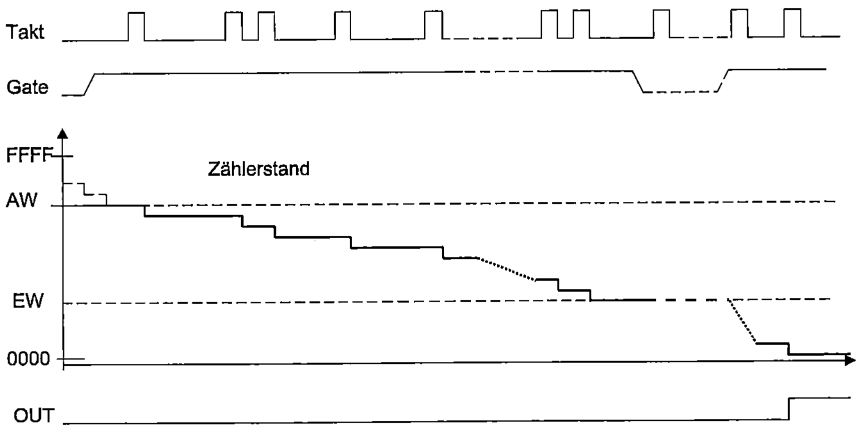

Abb. 9.38: Der Timer als Ereigniszähler

9.4.4.7 Flankendetektor (Ereignisdetektor)

In vielen Anwendungen ist es wichtig, den Zeitpunkt festzuhalten, zu dem ein Zustandswechsel (also eine Flanke) auf einer bestimmten Signalleitung auftritt. Dazu dient die in Abb. 9.39 dargestellte Timer-Schaltung.

Der Timer besteht wiederum aus einem frei umlaufenden Zähler. Sobald am Eingang IC das gewünschte Ereignis auftritt, wird der aktuelle Zählerstand in ein Auffangregister (*Input Capture Register*) übertragen und der Prozessor darüber ggf. mit Hilfe einer Interrupt-Anforderung IRQ informiert. Er kann dann bei Bedarf den Wert aus dem Register lesen und daraus den Zeitpunkt des Ereignisses ermitteln – natürlich nur als relativen Wert im laufenden Zählzyklus. Als auslösende Ereignisse können im Steuerregister des Bausteins positive Flanken, negative Flanken oder beliebige Signalwechsel festgelegt werden. Im englischen Sprachgebrauch wird das dargestellte Verfahren vereinfachend als **Input Capture** bezeichnet.[1]

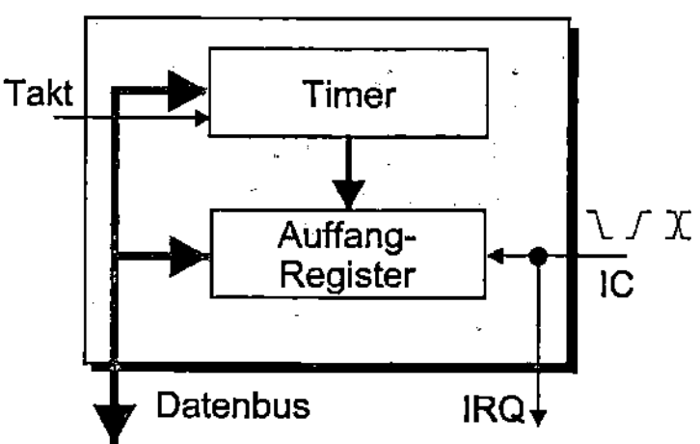

Abb. 9.39: Timer-Schaltung zur Erfassung von Signalwechseln

Häufig besitzen Timer-Schaltungen der beschriebenen Art die Fähigkeiten, sowohl *Input Capture* wie auch *Output Compare* (s.o.) auszuführen und werden dann als **CapCom-Einheiten** bezeichnet (*Capture/Compare*). Eine solche Einheit ist in Abb. 9.40 dargestellt. Sie kann entweder beide Funktionen über getrennte Ein-/Ausgangsleitungen (IC, OC) simultan erfüllen, oder aber – zur Reduzierung der Anschlüsse – wahlweise eine der beiden mit einer umschaltbaren Ein-/Ausgangsleitung IC/OC ausführen.

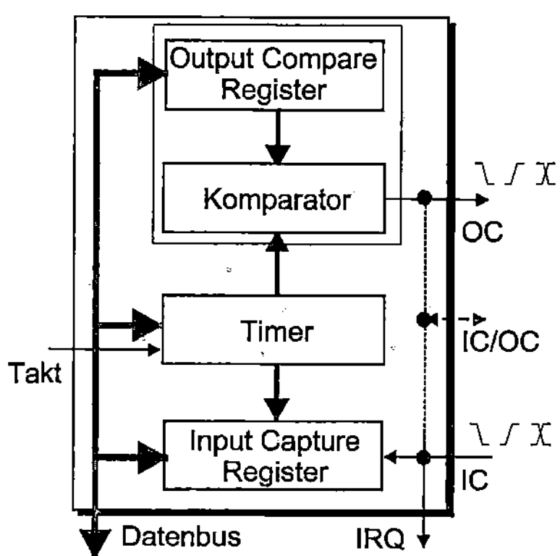

Abb. 9.40: Kombinierte CapCom-Schaltung

9.4.4.8 Zeitmesser

Nun soll beschrieben werden, wie man mit einem Timer die Dauer einer Vollschwingung eines digitalen Signals oder eines digitalen Impulses messen kann. Das zu vermessende Signal muss dazu an den Steuereingang *Gate* angelegt werden.

---

[1] Genauer könnte es *Input-triggered Timer-Output Capture* heißen

Vorausgesetzt wird in beiden Fällen, dass der Zählzyklus des Timers länger dauert als die zu ermittelnde Zeit. Bei Verwendung eines externen Zähltaktes ist das relativ einfach dadurch zu erreichen, dass man durch die Benutzung eines sehr niederfrequenten Taktsignals oder des Frequenzteilers (1:n) die Dauer des Zählzyklus „in die Länge zieht". Viele Timer-Bausteine bieten jedoch auch einen Frequenzteiler für den (internen) Systemtakt. Dessen Benutzung zur Zeitmessung verlangt deshalb ein Programm, das zunächst zählt, wie viele vollständige Zählzyklen maximal in die zu messende Schwingungs- bzw. Impulsdauer passen und dann das eventuell übrig bleibende Restintervall nach den nun beschriebenen Verfahren ausmisst.

Frequenzvergleich

In Abb. 9.41 ist zunächst die Bestimmung einer Schwingungsdauer (Ts) skizziert. ·

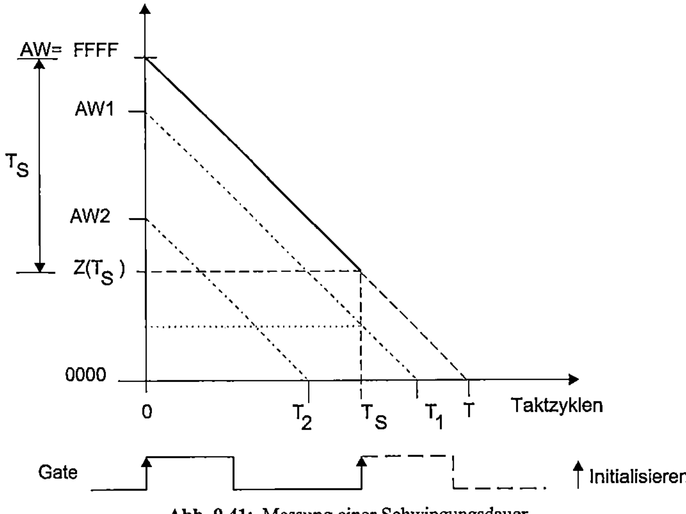

Abb. 9.41: Messung einer Schwingungsdauer

Zunächst wird der Timer durch einen Schreibzugriff auf sein Auffangregister initialisiert. Geeigneterweise wird dabei der größtmögliche Zählerstand als Anfangswert gewählt, d.h., der Wert AW = \$FF...FF. Mit der ersten positiven Flanke des zu vermessenden digitalen Signals am *Gate*-Eingang G wird nun der Zählzyklus (im Zeitpunkt 0) gestartet. Die nächste positive Flanke des Eingangssignals (im Zeitpunkt T_S) stoppt den Zähler und zeigt dadurch das Ende des Zählzyklus an. Der Zählerstand $Z(T_S)$ zu diesem Zeitpunkt wird vom Prozessor zur Bestimmung der Schwingungsdauer nach der folgenden Formel benutzt:

$$Ts = [AW - Z(T_S)] \cdot Taktzyklus$$

Durch einen Interrupt kann der Prozessor über das Ende des Zählzyklus unterrichtet werden. Dabei kann durch die oben erwähnten *Mode*-Bits im Steuerwort (vgl. Unterabschnitt 9.4.3) wahlweise festgelegt werden, dass ein Interrupt ausgelöst wird, wenn der Zählzyklus größer oder aber kleiner als die Schwingungsdauer des angelegten digitalen Signals ist. Deshalb wird diese Betriebsart als **Frequenz-Vergleichsmodus** (*Frequency Comparison Mode*) bezeichnet.

Anwendungsbeispiel

Auf die beschriebene Weise kann z.B. durch den Einsatz zweier Timer die Frequenz eines gemeinsamen Signals an ihren *Gate*-Eingängen überprüft, d.h., festgestellt werden, ob seine Schwingungsdauer zwischen zwei vorgegebenen Grenzwerten liegt. Dies ist in Abb. 9.41 gestrichelt skizziert. Dazu wird Timer 1 mit einem Anfangswert AW_1 geladen, der eine Zyklusdauer $T_1 > T_S$ nach sich zieht; Timer 2 hingegen wird mit einem Anfangswert AW_2 initialisiert, für dessen Zykluszeit $T_2 < T_S$ gilt. Nun programmiert man die Timer so, dass Timer 1 einen Interrupt abgibt, wenn $T_1 < T_S$ ist, und Timer 2, wenn $T_2 > T_S$ gilt. Der Prozessor wird dadurch stets dann unterbrochen, wenn die Schwingungsdauer außerhalb des zulässigen Bereichs liegt. Für eine lückenlose Überwachung der Eingangsfrequenz ist es natürlich unerlässlich, dass durch jede positive Flanke am *Gate*-Eingang beide Timer erneut getriggert werden.

9.4.4.8.1 Impulsbreitenvergleich

In Abb. 9.42 ist skizziert, wie mit Hilfe eines Timers die Dauer eines Impulses gemessen werden kann. Dabei kann es sich sowohl um den Impuls eines periodisch auftretenden Signals als auch um ein einmalig zu beobachtendes Zeitintervall handeln.

Von der Messung der Schwingungsdauer unterscheidet sich dieses Verfahren nur dadurch, dass das Stoppen des Zählers hier durch die negative Flanke des Eingangsimpulses hervorgerufen wird. Auch hier sind wieder zwei Möglichkeiten für die Auslösung eines Interrupts programmierbar: Dies kann wahlweise geschehen, wenn die Impulslänge T_I größer bzw. kleiner als die Zyklusdauer T ist. Völlig analog zur Messung der Schwingungsdauer kann auch hier durch den Einsatz zweier Timer festgestellt werden, ob die Impulsdauer innerhalb vorgegebener Grenzen liegt. Dies ist in Abb. 9.42 gestrichelt angedeutet.

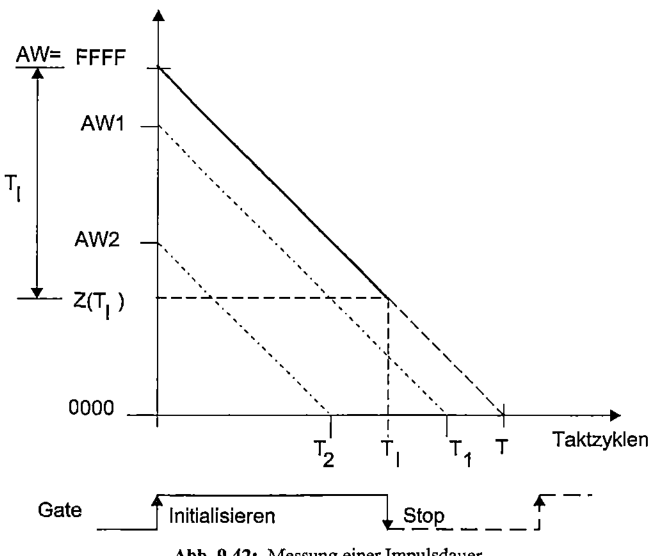

Abb. 9.42: Messung einer Impulsdauer

Akkumulation von Perioden-/Impulsdauerlänge

Während durch die beiden letzten Timer-Funktionen jeweils nur die Länge eines Impulses oder einer Schwingungsdauer des digitalen Eingangssignals ermittelt wurde, können einige Timer als sog. Perioden-/Impulsdauer-Akkumulatoren (*Period/Pulse-Width Accumulator* – PPWA) eingesetzt werden, welche die Gesamtlänge einer Folge von mehreren (z.B. bis zu 256) auftretenden Impulsen bzw. Schwingungsdauern messen.

9.4.5 Zeitprozessoren

Die Zeitgeber-/Zählerbausteine gehören sicher zu den wichtigsten Komponenten eines Mikrocontrollers und sind deshalb meist mehrfach und in verschiedenen Ausprägungen zur Realisierung von Realzeitmessvorrichtungen und Steuerungen vorhanden: als dedizierte *Watch-Dog Timer*, als CapCom-Einheiten, als PWM-Kanäle, als Zähler usw. In komplexen Anwendungen kommt man jedoch häufig mit diesen Standardfunktionen der Timer-Bausteine nicht aus. Zur Realisierung spezieller Zeitfunktionen müsste der Prozessor selbst die Timer-Bausteine überwachen und (z.B. in einer Interrupt-Routine) geeignet umprogrammieren: Als einfaches Beispiel sei ein Zeitsignal genannt, das zyklisch mehrere Impulse in sehr kurzen (u.U. verschieden langen) Abständen hintereinander und danach jeweils eine längere Pause ausgibt. Muss der Prozessor darüber hinaus die Steuerung von mehreren derartigen Zeitfunktionen übernehmen, so kann er dadurch ggf. sehr stark belastet oder sogar überfordert werden.

- Aus den beschriebenen Gründen existieren Mikrocontroller, die mit speziellen Coprozessoren zur Erzeugung (fast) beliebiger digitaler Zeitfunktionen ausgestattet sind. Diese Coprozessoren werden z.B. als *Time Processor Units* (TPU) bezeichnet und (einfach, zweifach oder dreifach) auf einem Prozessorchip integriert[1]. In Abb. 9.43 ist das Blockschaltbild einer TPU dargestellt. Die TPU umfasst 16 unabhängig voneinander arbeitende Zeitgeber-/Zähler-Einheiten, die als Kanal 0–15 (*Timer Channel*) bezeichnet werden.

Jeder dieser Kanäle kann zunächst eine breite Palette der beschriebenen Standardfunktionen eines Timers ausführen. Das sind die

- Pulsweiten-Modulation (PWM),
- Impuls- und Schwingungsdauermessung,
- Impuls- und Schwingungsdauer-Akkumulation,
- Impulszählung,
- Erzeugung zeitabhängiger Ereignisse (*Output Compare*),
- Erfassung externer Ereignisse (*Input Capture*),
- Nutzung als parallele I/O-Portleitungen (*Discrete Input/Output*).

Darüber hinaus können sie Signale

- zur Schrittmotorensteuerung (*Stepper Motor*) und
- zur winkelbezogenen Motorsteuerung (*Angle-Based Engine Control*) erzeugen,
- zur Bestimmung der exakten Motorposition (Quadratur-Decoder) auswerten sowie als universelle asynchrone serielle Schnittstelle (UART, ACIA, vgl. Abschnitt 9.6) dienen.

---

[1] Vgl. Unterabschnitt 2.4.1.1. Die beschriebene TPU ist eine Entwicklung der Firma Motorola

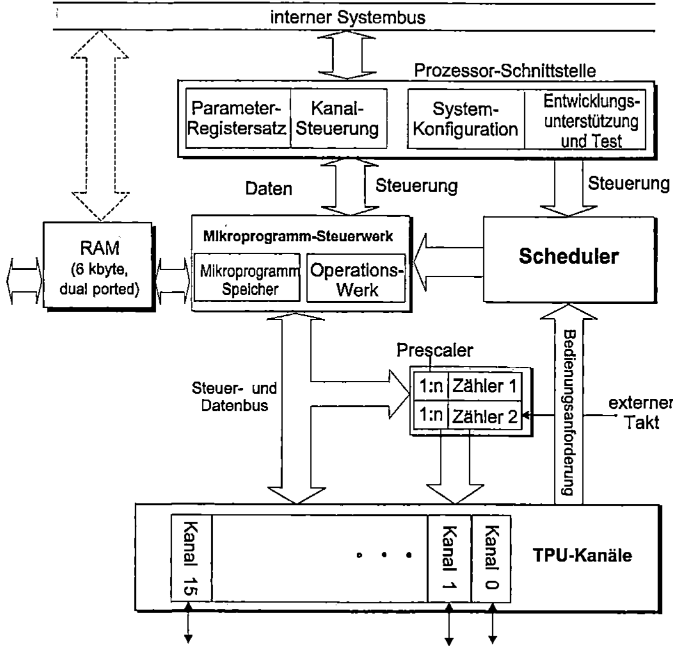

Abb. 9.43: Blockschaltbild des Zeitprozessors

Auf diese Funktionen wollen wir hier jedoch nicht eingehen. Als Zeitbasis für diese Funktionen stehen jedem Kanal zwei frei umlaufende 16-Bit-Zähler zur Auswahl, von denen Zähler 2 wahlweise mit dem internen Prozessortakt oder einem externen Takt betrieben werden kann. Auf die erwähnte Fähigkeit der TPU, (fast) beliebige zusätzliche digitale Zeitfunktionen zu erzeugen, gehen wir erst am Ende dieses Abschnittes ein.

Die Kommunikation zwischen Prozessor und TPU und die Programmierung der TPU geschieht über die Prozessorschnittstelle. Diese Schnittstelle enthält zunächst ein Modul mit speziellen Registern, das es ermöglicht, den TPU-Baustein zu testen und während der Systementwicklung bestimmte interne Zustände zu erzwingen oder deren Vorliegen zu beobachten. Dazu können z.B. sog. Unterbrechungspunkte (*Breakpoints*) gesetzt werden. (Auf den Aufbau eines solchen Moduls sind wir bereits im Anhang A.2 ausführlich eingegangen.)

Über die zweite Komponente der Schnittstelle bestimmt der Prozessor die geforderte Arbeitsweise und Konfiguration des TPU-Bausteins. Durch sie werden z.B. die in der Abbildung dargestellten Frequenzteiler („1:n", *Prescaler*) definiert und aktiviert bzw. deaktiviert sowie die Festlegung getroffen, ob der Baustein die aufgezählten Standardfunktionen oder aber benutzerdefinierte Funktionen (s.u.) ausführen soll. Weiterhin werden hier die Interrupt-Vektor-Nummern aller Kanäle gespeichert.

Zur „Programmierung" der einzelnen Kanäle stellt die Schnittstelle dem Mikroprozessor einen gemeinsamen Satz von Steuerregistern sowie individuelle Sätze von Parameterregistern zur Verfügung, die alle 16 Bits lang sind.

- In den Steuerregistern wird für jeden der 16 Kanäle ausgewählt, ob er aktiviert werden soll oder nicht, und die gewünschte Standardfunktion (*Channel Function Select*) selektiert. Zusätzlich können hier bis zu vier Ausführungsmodi für jede Funktion bestimmt werden. Außerdem wird festgelegt, welche Kanäle Interrupt-Anforderungen an den Prozessor stellen dürfen. Im Statusregister wird angezeigt, welche Kanäle momentan eine Unterbrechung wünschen. In einem weiteren Steuerregister werden die von den Kanälen zu erbringenden Funktionen in drei verschiedene Dringlichkeitsstufen (*Channel Priorities:* niedrige, mittlere, hohe Priorität) eingeteilt.

- Jedem Kanal ist ein Satz von 6 bzw. 8 Registern[1] zugeordnet, in denen der Prozessor bestimmte, zur Steuerung der selektierten Funktion benötigte Parameter ablegen muss und Ergebnisse der durchgeführten Funktion auslesen kann. Die Bedeutung der Parameter hängt sehr stark von der Zeitfunktion ab: Neben einem Steuerwort, das zwischen verschiedenen Ausführungsmodi der Funktion unterscheidet, beschreiben die Parameter bestimmte Zählerzustände, Skalierungswerte, Zähl-Offsets usw. Für die PWM-Ausgabe legen die Parameter z.B. die Perioden- und Impulsdauer (durch die entsprechenden Zählerwerte) fest. Der Prozessor kann zu jedem Zeitpunkt den aktuellen Zählerstand im Registersatz abfragen.

Die Ausführung der programmierten Zeitfunktionen ist Aufgabe des für alle Kanäle gemeinsamen Operationswerks, das von einem Mikroprogramm-Steuerwerk (*Microengine*) verwaltet wird. Es wird von der mit *Scheduler* („Zeitplaner") bezeichneten Komponente im Zeitscheibenverfahren (*Time Sharing*) quasi-parallel mit Aufträgen versorgt. Dazu unterteilt der Scheduler seine „Arbeitszeit" in Zyklen von jeweils sieben Zeitschlitzen (*Time Slots*). Die Länge der Zeitschlitze ist so festgelegt, dass darin gerade die nicht unterteilbaren (elementaren) Operationen ausgeführt werden können, die aus Folgen von Mikrobefehlen zur Realisierung aller Zeitfunktionen bestehen. Der Scheduler nimmt die Bearbeitungswünsche der Kanäle entgegen, gruppiert sie nach den im Steuerregistersatz (s.o.) angegebenen Prioritäten und reicht sie – Operation für Operation – an das Mikroprogramm-Steuerwerk weiter. Aufträgen mit hoher Priorität werden dabei in jedem Arbeitszyklus des Schedulers vier Zeitschlitze, Aufträgen mit mittlerer Priorität zwei Zeitschlitze und Aufträgen niedriger Priorität nur ein Zeitschlitz zugeteilt. Zusätzlich werden die folgenden Bedingungen eingehalten:

- Liegen für eine Prioritätsstufe mehrere Aufträge vor, so werden sie reihum – geordnet durch die entsprechenden Kanalnummern – abgearbeitet.

- Liegen für eine Prioritätsstufe aktuell keine Anforderungen vor, so werden die zugeordneten Zeitschlitze ausgelassen und die Aufträge mit der nächsten Prioritätsstufe abgearbeitet.

Bei der betrachteten TPU sind die bisher beschriebenen Standard-Zeitfunktionen als Mikroprogramme in einem Festwertspeicher (*Control Store*) des Mikroprogramm-Steuerwerks fest einprogrammiert. Dieser Speicher enthält 384 Mikrobefehle mit jeweils 32 Bits. Dazu kommt für jede der implementierten 16 Funktionen noch ein Parameterfeld mit jeweils acht 32-Bit-Wörtern, in denen insbesondere die Startadressen der für die Funktionen benötigten Mikrobefehlsfolgen im Mikroprogrammspeicher eingetragen sind.

Für Anwendungen, in denen die implementierten Standard-Zeitfunktionen nicht ausreichen, kann der Benutzer eigene, fast beliebig komplexe Zeitfunktionen definieren. Dazu muss er geeignete Mikroprogramme selbst entwickeln und in einem der TPU (bzw. allen TPUs) zugeord-

---

[1] Kanal 0–13: 6 Register; Kanal 14, 15: 8 Register

neten speziellen Schreib/Lesespeicher ablegen.[1] Dieser Speicher ist bis zu 6 kByte groß, kann also bis zu 1536 Mikrobefehle der Länge 32 Bits aufnehmen. In diesem Betriebsmodus stehen jedoch die implementierten Standardfunktionen nicht mehr zur Verfügung.

Bei Prozessoren, die über zwei TPUs verfügen, ist das RAM als Zweitor-Speicher (*Dual-Ported RAM*) ausgelegt, so dass beide TPUs gleichzeitig darauf zugreifen können. Wird dieser Speicher von den TPUs nicht benötigt, steht er – über den in Abb. 9.43 gestrichelt gezeichneten Datenpfad – dem Prozessor als zusätzlicher interner Arbeitsspeicher zur Verfügung. Über die gewünschte ausschließliche Nutzung des Speichers entscheidet der Zustand eines bestimmten Bits in einem der Steuerregister der Prozessorschnittstelle.

---

[1] Prozessoren, für die der Benutzer eigene Mikroprogramme entwickeln kann, heißen mikroprogrammierbar, im Unterschied zu den mikroprogrammierten mit unveränderbaren Mikroprogrammen im Festwertspeicher

9.5 Bausteine für parallele Schnittstellen

Wie ihr Name bereits andeutet, sind Parallel-Schnittstellenbausteine unter anderem für die Übertragung von Daten in paralleler Form vorgesehen. Im englischen Sprachgebrauch wird für diese Bausteine eine ganze Reihe verschiedener Begriffe benutzt:

- *Peripheral Interface (Adapter)* (PI, PIA),
- *Programmable Peripheral Interface* (PPI),
- *Parallel I/O Circuit* (PIO),
- *General Purpose I/O* (GPIO).

Bei der Übertragung zu Peripheriegeräten, die als Ein-/Ausgabe-Einheiten zwischen dem Rechner und dem Menschen dienen, repräsentieren die Daten häufig alphanumerische Zeichen. Für die meisten Anwendungen reicht ein Satz von maximal 256 verschiedenen Zeichen, so dass zur eindeutigen Codierung eines Zeichens 8 Bits genügen. Die Schnittstellenbausteine besitzen deshalb in der Regel acht Datenleitungen zur bitparallelen Übertragung eines Zeichens. Die Übertragung zusammenhängender Datenmengen geschieht zeichensequenziell.

Bei der folgenden Beschreibung der Bausteine wird gezeigt, dass ihre acht Datenleitungen aber auch zur Übertragung einzelner Melde- bzw. Steuersignale (*Sense Signal, Control Signal*) benutzt werden können, über die der Zustand des Peripheriegeräts ermittelt bzw. das Gerät gesteuert werden kann.

9.5.1 Prinzipieller Aufbau

Von allen Schnittstellenbausteinen besitzen die Parallel-Schnittstellenbausteine den einfachsten Aufbau und den geringsten Funktionsumfang. Sowohl für den Prozessor als auch für das Peripheriegerät erscheinen sie im Wesentlichen wie ein „normales" Register, das von beiden gelesen und/oder beschrieben werden kann. In Abb. 9.44 ist der prinzipielle Aufbau eines Parallel-Schnittstellenbausteins skizziert.

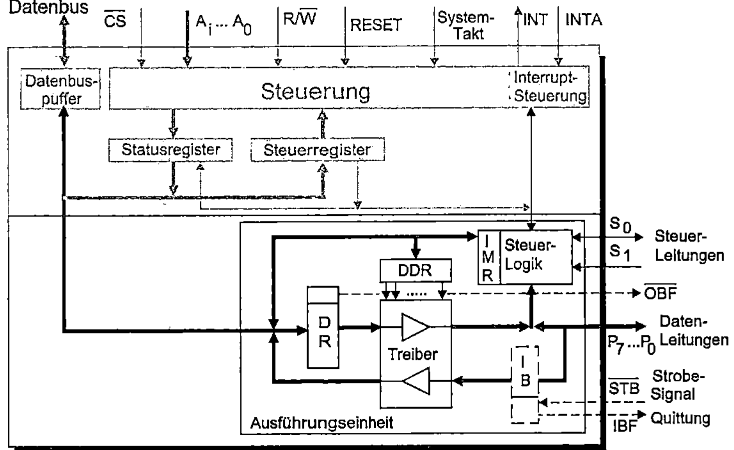

Abb. 9.44: Baustein für parallele Schnittstellen

Zur Realisierung einer parallelen Schnittstelle stellt die Ausführungseinheit des Bausteins – wie oben begründet – meistens acht Datenleitungen zur Verfügung. Dazu kommen häufig noch zwei Steuerleitungen. Die Übertragungsrichtung der Datenleitungen kann durch den Prozessor „programmiert" werden. Die Programmierung geschieht bei einigen Bausteintypen für alle Datenleitungen gemeinsam und einheitlich. Bei vielen Bausteinen kann die Festlegung der Übertragungsrichtung jedoch individuell für jede einzelne Datenleitung erfolgen.

Die Ausführungseinheit des Bausteins zusammen mit den Daten- und Steuerleitungen wird gewöhnlich als **Port** bezeichnet. Mikrocontroller besitzen in der Regel mehrere unabhängig voneinander zu betreibende Ports.

Die Funktionen der Steuerleitungen S_1 und S_0 sind sehr vielfältig und können durch die Manipulation bestimmter Bits im Steuerregister festgelegt werden. Wie in Unterabschnitt 9.1.3 beschrieben, sind ihnen bestimmte Bits im Status- bzw. Steuerregister fest zugeordnet, die ihren augenblicklichen Zustand widerspiegeln. Dies wird im Folgenden genauer beschrieben.

Die Steuerleitungen S_1, S_0 können z.B. folgende Aufgaben übernehmen:

- beide Leitungen sind Interrupt-Eingänge,

- S_1, S_0 dienen als Handshake-Leitungen (REQ, ACK),

- S_0 ist ein Ausgang, über den ein Steuersignal zum Peripheriegerät ausgegeben wird (*Control Output*), S_1 ein Eingang, über den der Prozessor den Zustand des Geräts abfragen kann (*Sense Input*).

Die Ausführung der verschiedenen Aufgaben dieser Leitungen wird von der als Steuerlogik bezeichneten Schaltung vorgenommen, die mit dem Status- und Steuerregister sowie der Interrupt-Steuerung des Bausteins verbunden ist.

Im Unterschied zum allgemeinen Modell eines programmierbaren Systembausteins (s. Abb. 9.3) kommen die Port-Bausteine ohne spezielles Befehlsregister aus. Der Grund liegt darin, dass sich die Programmierung des Bausteins im Wesentlichen darauf beschränkt, die Funktion der Steuerleitungen und die Richtung der Datenleitungen festzulegen. Die Funktion der Steuerleitungen ist durch das angeschlossene Gerät meist unveränderbar vorgegeben und wird daher im Steuerregister festgelegt. Zur Vereinfachung hat man aber auch die Bits, die den aktuellen Zustand dieser Steuerleitungen für jeden einzelnen Datentransfer bestimmen, dort untergebracht – also nicht, wie im Unterabschnitt 9.1.3 beschrieben, in einem zusätzlichen Steuerregister. Bei Bausteinen, für die nur eine einheitliche Richtung der Datenübertragung auf allen Datenleitungen möglich ist, wird diese ebenfalls im Steuerregister vorgegeben. Bei den anderen Bausteinen werden die individuellen Übertragungsrichtungen durch ein spezielles Register der Ausführungseinheit bestimmt (DDR, s.u.).

9.5.2 Aufbau der Ausführungseinheit

Zur Erklärung der Komponenten der Ausführungseinheit ist in Abb. 9.45 ihre Funktion für ein einzelnes Datenbit skizziert.[1]

Die Datenleitungen $P_7,...,P_0$ sind bidirektional ausgeführt. (Der Buchstabe P soll an den Begriff „Port" erinnern.) In der Abbildung haben wir den Fall zu Grunde gelegt, dass die Richtung jeder Portleitung individuell festgelegt werden kann. Diese Richtungsfestlegung geschieht im

---

[1] Die darin gezeichneten Tristate-Treiber mit mehreren Kontrolleingängen sollen genau dann aktiviert sein, wenn alle Eingänge aktiv sind

Datenrichtungsregister DDR (*Data Direction Register*, s. auch Abb. 9.44), in dem jeder Daten-leitung genau ein Bit zugeordnet ist. Üblich ist die folgende Festlegung zwischen der Datenlei-tung P_i und dem Bit DDR_i des Datenrichtungsregisters:

$DDR_i = 0$: $\qquad$ P_i ist Eingang;

$DDR_i = 1$: $\qquad$ P_i ist Ausgang.

Die Bits des Registers DDR steuern die Tristate-Treiber, die den internen Datenbus (D_i) von den externen Portleitungen (P_i) trennen. Die Ausgangstreiber derjenigen Leitungen, die als Eingänge programmiert sind, werden in den hochohmigen Zustand versetzt.

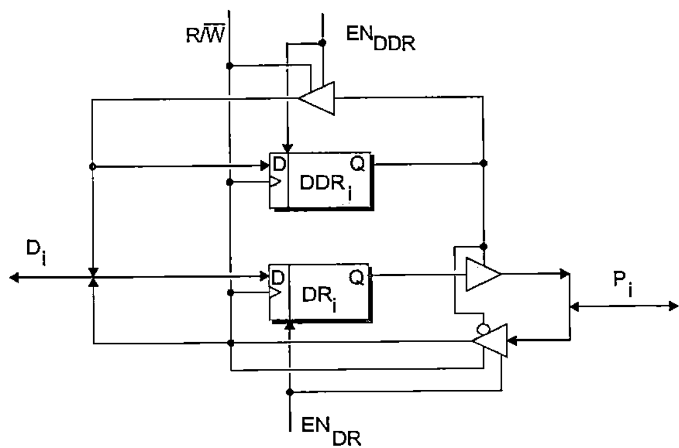

Abb. 9.45: Übertragungslogik für ein einzelnes Datenbit

Der Prozessor spricht das Daten-Richtungsregister DDR unter einer bestimmten Adresse an, aus welcher der Adressdecoder des Bausteins das Aktivierungssignal EN_{DDR} (*enable*) erzeugt. Das Laden des Registers DDR mit einer geeigneten 0-1-Bitkombination geschieht durch einen Schreibbefehl mit R/W = 0. Durch einen Lesebefehl kann der Prozessor jederzeit den Inhalt des Registers DDR abfragen. Beim Rücksetzen des Bausteins über den *Reset*-Eingang wird das Register DDR gelöscht. Dadurch werden alle Portleitungen als Eingänge geschaltet und so eine unbeabsichtigte Ansteuerung des Peripheriegerätes verhindert.

9.5.2.1 Datenausgabe

Die auszugebenden Daten werden vom Prozessor über den Datenbus des Bausteins in das Da-tenregister DR (*Data Register*) geschrieben. Der Adressdecoder im Baustein erzeugt dazu aus der angelegten Registeradresse das Aktivierungssignal EN_{DR}. Nach einer kurzen Verzögerung erscheinen alle Datenbits auf denjenigen Portleitungen P_i, die als Ausgänge definiert sind, und bleiben dort solange bestehen, bis der Inhalt des Datenregisters DR oder die Datenrichtung einer Leitung geändert wird. Der elektrische Pegel der als Eingänge geschalteten Portleitungen ist undefiniert[1] und hängt stark von der Technologie der angeschlossenen Bausteine ab.

Über das Ausgangssignal OBF (*Output Buffer Full*, s. Abb. 9.44) wird das angeschlossene Gerät darüber informiert, dass im Datenregister ein Datum zur Abholung bereitsteht. Dieses Signal wird erst durch ein Quittungssignal ACK des Peripheriegerätes zurückgesetzt. In Abb. 9.46a) ist das Zusammenwirken der Signale R/W und ACK zur Erzeugung des Statussignals OBF skizziert.

---

[1] Falls erforderlich, muss er durch externe Widerstände auf den H- oder L-Pegel gezogen werden

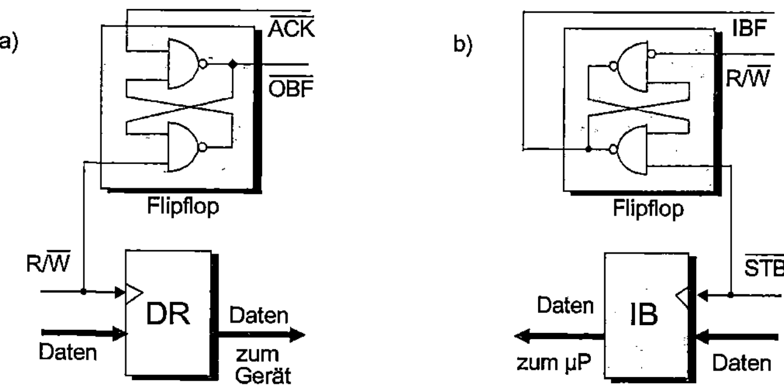

Abb. 9.46: Erzeugung der Signale OBF und IBF

9.5.2.2 Dateneingabe

Das Einlesen von Daten über die Portleitungen geschieht bei vielen Bausteintypen in der Form, dass die Treiber der als Eingänge definierten Leitungen aktiviert und diese Leitungen dadurch unmittelbar, d.h., insbesondere ohne Zwischenspeicherung, auf den internen Datenbus geschaltet werden. Zur Aktivierung der Treiber wird auch das oben erwähnte *Enable*-Signal EN_{DR} herangezogen, da in der Regel Lese- und Schreibzugriffe auf den Port unter derselben Adresse durchgeführt werden. (Vereinfachend wird daher auch ein Lesezugriff zum Port als Zugriff auf ein Datenregister interpretiert.) Während des Einlesens muss man durch ein Handshake-Verfahren mit den oben beschriebenen Steuerleitungen verhindern, dass sich das anliegende Datum ändert, da sonst der Zustand der Portleitungen undefiniert sein kann. Zu beachten ist, dass beim Lesezugriff auf einen Port nach Abb. 9.45 auf denjenigen Portleitungen, die als Ausgänge geschaltet sind, der Zustand der entsprechenden Bits im Datenregister DR gelesen wird.

Es existieren aber auch Bausteine, bei denen zwischen den Bausteineingängen und ihren Tristate-Treibern ein Eingaberegister IB (*Input Buffer*) geschaltet ist. Dieses Register kann vom Peripheriegerät durch das Strobe-Signal STB zur Aufnahme des anliegenden Datums getriggert werden. Über das IBF-Signal (*Input Buffer Full*) wird dem Gerät angezeigt, dass das Eingaberegister (noch) gefüllt ist. Dieses Signal wird erst durch einen Lesezugriff des Prozessors auf das Register IB zurückgesetzt. Das Zusammenwirken der Signale R/W und STB zur Erzeugung des Signals IBF ist in Abb. 9.46b) dargestellt.

9.5.3 Varianten

Einige Port-Bausteine erlauben auch den Einsatz der Portleitungen als Interrupt-Eingänge $(I_7,...,I_0)$. Diese Möglichkeit findet man besonders häufig bei den parallelen Schnittstellen von Mikrocontrollern. In der Regel kann dabei im Steuerregister außerdem festgelegt werden, ob die Unterbrechungsanforderung durch den Pegel des Eingangssignals (Pegel-Triggerung) oder aber durch dessen Flanke (Flanken-Triggerung) angezeigt werden soll. In einem speziellen Maskenregister IMR (*Interrupt Mask Register*) wird festgelegt, an welchem Eingang eine Unterbrechungsanforderung akzeptiert werden soll. In Abb. 9.47 ist der mögliche Aufbau des Steuerregisters für einen Baustein dieser Art dargestellt.

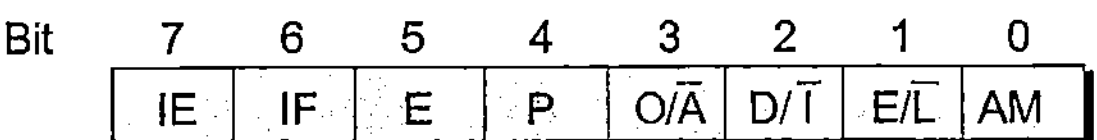

Abb. 9.47: Das Steuerregister eines Port-Bausteins

Beschreibung der Steuerbits

- Das IE-Bit ist das bereits häufig beschriebene *Interrupt Enable Bit*, das die Weitergabe einer Unterbrechungsanforderung zum Prozessor steuert.

- Das IF-Bit (*Interrupt Flag*) zeigt dem Prozessor das Vorliegen einer Unterbrechungsanforderung an einem der Portleitungen an.

- Das E-Bit (*Edge*) legt fest, ob Unterbechungsanforderungen durch einen Pegel oder eine Flanke (*Edge*) ausgelöst werden sollen.

- Das P-Bit (*Polarity*) legt fest, ob ein L-Pegel oder ein H-Pegel bzw. eine positive oder negative Flanke an einem der Interrupt-Eingänge I_i als Unterbrechungsanforderung gewertet wird.

- Durch das O/A-Bit (*Or/And*) kann ausgewählt werden, ob über alle augenblicklich anstehenden, nicht maskierten Unterbrechungsanforderungen eine Oder- bzw. eine Und-Verknüpfung gebildet werden soll. Im ersten Fall wird also ein Interrupt erzeugt, wenn wenigstens an einem (nicht maskierten) Eingang eine Anforderung vorliegt, im zweiten Fall dann, wenn an allen diesen Eingängen Anforderungen anstehen.

- Das D/I-Bit bestimmt die Betriebsart des Ports, d.h., ob seine Leitungen als Datenleitungen oder als Interrupt-Eingänge benutzt werden sollen.

- Das E/L-Bit beeinflusst die Funktion der Steuerleitung S_0, die als zusätzlicher Interrupt-Eingang dient. Hier kann gewählt werden, ob eine Flanke (*Edge*) oder der Pegel (*Level*) des Signals an S_0 zu einer Unterbrechungsanforderung führt.

- Das AM-Bit (*Acknowledge Mode*) bestimmt die Form des Quittungssignals ACK am Steuerausgang S_1: Wahlweise kann ein kurzes Strobe-Signal oder aber ein konstanter H-Pegel (bis zur nächsten Interrupt-Anforderung an S_0) ausgegeben werden.

Häufig besitzen die Steuerregister für jeden Interrupt-Eingang gesonderte Bits E und P für die Wahl zwischen Pegel- und Flankentriggerung und die Auswahl des Pegels bzw. der Flanke.

9.5.4 Kommunikationsports

Einige Digitale Signalprozessoren, die besonders für den Einsatz in kommunikationsintensiven Anwendungen konstruiert sind, besitzen spezielle parallele Kommunikationsports (*Link Ports*), über die mehrere DSPs zu einem Multi-DSP-System mit fast beliebiger Topologie gekoppelt werden können. Andererseits können an ihnen aber auch Peripheriebausteine angeschlossen werden, die über dieselbe Schnittstelle verfügen. Typischerweise sind die *Link Ports* 4 oder 8 Bits breite Parallelschnittstellen, die mit hoher Geschwindigkeit betrieben werden, aber nur über sehr kurze Entfernungen (im Zentimeter-Bereich) Daten übertragen können. Sie sind meist mehrfach – z.B. 6- oder 8-fach – implementiert. Zur Erhöhung der Datenbreite und der Übertragungsbandbreite können sie auch gekoppelt betrieben werden – also z.B. vier Ports, um 32-Bit-Daten zu übertragen. Die geringe Datenbreite der einzelnen *Link Ports* erfordert natürlich einen gewissen Hardwareaufwand für die Umsetzung der „breiten" prozessorinternen Daten auf die vom Port unterstützte Datenbreite. Wie dies geschieht, ist in Abb. 9.48 dargestellt.

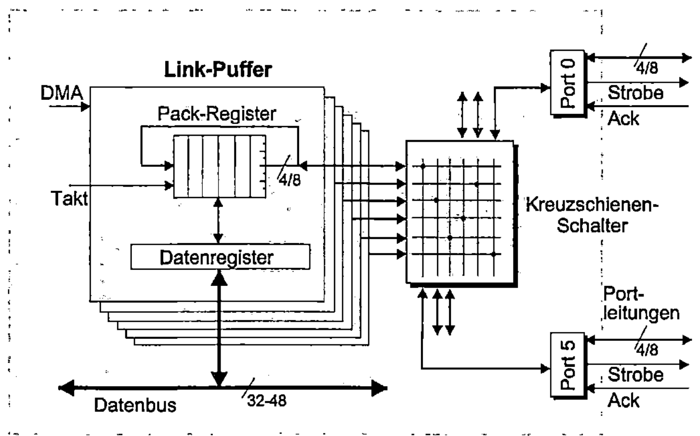

Abb. 9.48: Aufbau der Link Ports

Jedem der sechs Ports wird ein Link-Puffer zugeordnet, in dessen Datenregister der Prozessor oder ein DMA-Controller die auszugebenden Daten einschreibt bzw. aus dem er die empfangenen Daten entnimmt. Dieses Register ist so breit, dass es ein Datum maximaler Breite, also z.B. 32 oder 48 Bits, aufnehmen kann. Nach Beendigung der laufenden Datenausgabe werden die wartenden Schreibdaten vom Datenregister in das sog. Pack-Register übertragen. Dieses Register kann man sich als „Parallelschaltung" von vier oder acht Ringschieberegistern vorstellen – je nach Breite des Link Ports: Mit jedem Takt wird also ein 4- bzw. 8-Bit-Teil des Datums auf die Portleitungen ausgegeben.[1] Dabei ist es Aufgabe der Link-Puffersteuerung, für die erforderliche Anzahl der Schiebetakt zu sorgen, die durch die Breite des Datums und des Link Ports vorgegeben wird.

Ein empfangenes Datum wird 4- bzw. 8-bitweise in das Pack-Register aufgenommen und – sobald die Steuerung feststellt, dass es vollständig übertragen wurde – in das Datenregister transferiert.

Dazu ist anzumerken, dass die Link-Portleitungen zwar bidirektional betrieben werden können; jedoch muss die Übertragungsrichtung in den Steuerregistern beider Kommunikationspartner vor Beginn der Übertragung konfliktfrei[2] festgelegt werden.

Die Zuordnung der Link-Puffer zu den Link Ports wird im Steuerregister der Ports festgelegt und geschieht wahlfrei durch einen sog. Kreuzschienenschalter, d.h., jeder Puffer kann jedem Port zugeteilt werden. Als Besonderheit ist zu nennen, dass zwei Link-Puffer mit einem einzigen Port verbunden werden können. Auf diese Weise ist es möglich, die über den einen Puffer ausgegebenen Daten über den anderen wieder einzulesen und so z.B. eine Speicher-Speicher-Übertragung (unter DMA-Kontrolle) zu realisieren.

Jeder Port umfasst – neben den vier oder acht Datenleitungen – noch zwei Handshake-Signale:

- das Strobesignal zeigt dem Empfänger das Vorliegen eines neuen Datums an,

- das Quittungssignal (ACK) kennzeichnet die Übernahme des Datums durch den Empfänger.

---

[1] Es findet also eine Parallel/Serien-Umsetzung in 4-Bit-*Nibbles* bzw. Bytes statt

[2] Das heißt, nicht beide dürfen gleichzeitig schreiben oder gleichzeitig lesen. Es liegt also eine Halbduplex-Übertragung vor

Die Ausgaberate stimmt meist mit dem Prozessortakt überein. 4-Bit-Ports werden aber auch nach dem Zweiflanken-Verfahren (*Double Data Rate*) betrieben, so dass auch bei ihnen mit jedem Takt ein Byte über jeden Port transferiert werden kann. Ein moderner DSP mit einem 100-MHz-Systemtakt erreicht so z.B. allein über seine sechs Link Ports eine maximale Übertragungsrate von 600 MByte/s.

9.5.5 Alternative Nutzung von Parallelports

Um die Anzahl der Bausteinanschlüsse möglichst gering zu halten, können die Anschlusspins von Mikrocontrollern häufig wahlweise als Parallelports oder für die Ein-/ Ausgangssignale der in diesem Kapitel beschriebenen Systemkomponenten benutzt werden. In der folgenden Abb. 9.49 ist eine mögliche Schaltung zur Realisierung dieser Auswahl für eine einzelne Portleitung P_i skizziert.

Die aus Abb. 9.44 bekannten Bauteile des Parallelports sind darin hellgrau unterlegt gezeichnet. Dazu gehört zunächst das DDR_i-Bit (*Data Direction Register*) zur Steuerung der Übertragungsrichtung des Ports, das direkt die Ein-Ausgabetreiber TR steuert. Das Datenbit DR_i (*Data Register*) nimmt das auszugebende Datenbit auf.

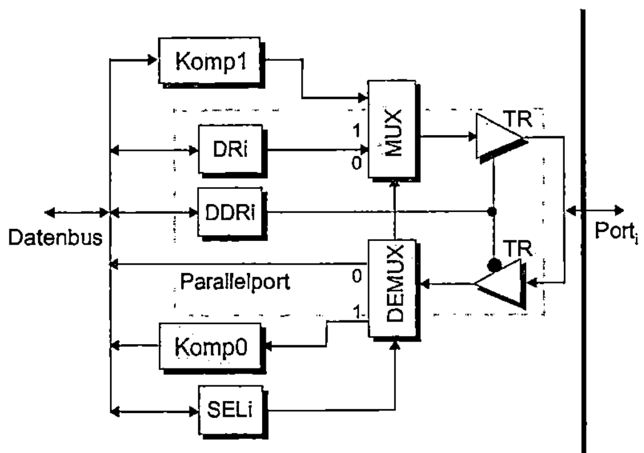

Abb. 9.49: Alternative Nutzung von Parallelport-Leitungen

Zur Auswahl der alternativen Nutzung der Portleitung wird die Portschaltung durch einen Multiplexer, einen Demultiplexer oder beide ergänzt, die durch ein zusätzliches Bit SEL_i in einem der Steuerregister umgeschaltet werden.

- Durch den Multiplexer (MUX) kann alternativ zum Datenbit DR_i der Ausgang einer anderen Systemkomponenten Komp1 über die Portleitung P_i ausgegeben werden. Bei dieser Komponente kann es sich z.B. um einen Timerbaustein, eine serielle Schnittstelle oder aber auch einen Digital/Analog-Wandler[1] handeln. Im einfachsten Fall wird über Komp1 jedoch einfach ein Bit des internen Adress- oder Datenbusses durchgeschaltet.

- Durch den Demultiplexer (DEMUX) kann das über die Portleitung P_i eingelesene Signal alternativ einer Systemkomponente Komp0 zur Weiterverarbeitung zugeführt werden. Diese Komponente kann ebenfalls ein Timer, eine serielle Schnittstelle oder aber ein Analog/Digi-

---

[1] In diesem Fall müssen natürlich auch die Ausgangstreiber TR zur Ausgabe eines analogen Signals umschaltbar sein

tal-Wandler sein. Wie im Unterabschnitt 9.5.2.1 gezeigt, kann eine Portleitung häufig aber auch als zusätzlicher Interrupt-Eingang genutzt und dazu auf den internen Interrupt-Controller geleitet werden. Im einfachsten Fall wird über Komp0 jedoch einfach ein Bit des externen Datenbusses mit dem internen Datenbus verbunden.

354

9.6 Asynchrone serielle Schnittstellen

9.6.1 Grundlagen zur seriellen Datenübertragung

Die im vorigen Abschnitt beschriebenen parallelen Schnittstellen ermöglichen eine sehr große Übertragungsrate. Jedoch haben sie zwei entscheidende Nachteile:

- Die maximale Länge der Übertragungsstrecke ist wegen des geringen Signalhubs zwischen dem L- und dem H-Pegel (ca. 3 V) und der Gefahr von Signalverfälschungen durch verschiedenste physikalische Effekte (Reflexionen, Übersprechen, statische und dynamische Belastung), die hier nicht behandelt werden können, auf wenige Meter beschränkt.

- Die große Anzahl von Übertragungs- und Synchronisierleitungen verursacht unverhältnismäßig hohe Kosten für die Stecker und den Übertragungsweg.

Diese Nachteile werden durch die serielle Übertragung digitaler Daten vermieden. Bei ihr werden die Daten häufig nur über zwei bis drei Leitungen übertragen. Aber auch hier müssen einige Probleme gelöst werden. Dazu gehören für den Empfänger insbesondere

- die Bit-Synchronisation, d.h., die Bestimmung des Übertragungszeitpunktes jedes einzelnen Bits,

- die Zeichen-Synchronisation, durch die der Beginn und das Ende eines Zeichens vorgegeben werden,

- die Block-Synchronisation, die den Beginn und das Ende eines Datenblockes festlegt.

Das erste Problem kann z.B. durch eine weitere Leitung gelöst werden, auf der ein für Sender und Empfänger gemeinsamer Übertragungstakt zur Verfügung gestellt wird. Zur Lösung des zweiten Problems kann man – wie bei der parallelen Übertragung – zwei zusätzliche Handshake-Leitungen benutzen. Das dritte Problem wird dadurch umgangen, dass Beginn und Ende des Blocks z.B.

- durch besondere Steuerzeichen gekennzeichnet sind, die zwischen den Nutzdaten übertragen werden, oder

- nur der Beginn gekennzeichnet ist und die Größe des Datenblockes zu Beginn der Übertragung dem Empfänger mitgeteilt wird.

Zur Lösung der Probleme gibt es jeweils eine ganze Reihe anderer Maßnahmen. Im Rahmen dieses Buches sollen nur die dargestellt werden, die in einem Mikrorechner-System bei der seriellen Übertragung von Daten zwischen dem µP und einem Peripheriegerät über relativ kurze Distanzen auftreten. Spezielle Probleme der Datenfernverarbeitung und ihre Lösungen sind dagegen nicht Gegenstand dieses Buches.

9.6.2 Synchronisationsverfahren

Je nach der gewählten Synchronisationsmaßnahme zwischen Sender und Empfänger unterscheidet man die asynchrone und die synchrone serielle Übertragung. Diese Begriffe beziehen sich jedoch nur auf die Art und Weise, wie die Zeichen eines Blockes transferiert werden. Für die Übertragung der einzelnen Bits eines Zeichens müssen natürlich stets Sender und Empfänger zeitgerecht, also synchron zusammenarbeiten.

In der Regel verzichtet man auf die oben erwähnte gemeinsame Taktleitung. Stattdessen besitzen Sender und Empfänger jeweils einen eigenen Taktgenerator. Da beide Taktgeneratoren unabhängig voneinander arbeiten, werden sie in der Regel „auseinander laufen", d.h., ihre Taktflanken treten nicht immer zu den gleichen Zeitpunkten auf. Deshalb müssen sie durch die übertragene Information selbst „in Gleichtakt" gebracht (resynchronisiert) werden.

- **Synchrone Übertragung**

  Bei der synchronen seriellen Übertragung wird die Synchronisation zwischen Sender- und Empfängertakt nur einmal zu Beginn der Übertragung eines Datenblockes vorgenommen. Alle Daten des Blockes werden danach in einem fest vorgegebenen Zeitraster übertragen. Die synchrone Übertragung wird hauptsächlich in öffentlichen Datennetzen und in schnellen lokalen Netzwerken (*Local Area Networks* – LAN) eingesetzt. Sie stellt erhebliche Anforderungen an die Taktgeneratoren, die auch nach einigen hundert oder tausend übertragenen Bits noch synchron arbeiten müssen. Vorteilhaft ist jedoch der sehr geringe zusätzliche Zeitaufwand für die Synchronisation.

- **Asynchrone Übertragung**

  Die asynchrone serielle Übertragung ist dadurch gekennzeichnet, dass sich Sender und Empfänger für jedes einzelne Zeichen eines Datentransfers erneut synchronisieren. Zwischen den Zeichen eines Blockes können daher beliebig große Zeitabstände liegen. Im Mikrorechner-Bereich wird die asynchrone Übertragung hauptsächlich zwischen dem Mikrorechner und langsamen Peripheriegeräten eingesetzt, die keinen ununterbrochenen Datenstrom liefern oder empfangen können. In den letzten Jahren hat die asynchrone serielle Schnittstelle rapide an Bedeutung verloren. Im PC-Bereich wurde sie weitgehend durch die USB-Schnittstelle verdrängt, über die heutzutage z.B. auch Tastatur und Maus als Eingabegeräte oder der Drucker als Ausgabegerät angeschlossen werden. Im Mikrocontroller-Bereich ist sie hingegen immer noch weit verbreitet und erlaubt hier den kostengünstigen Anschluss externer Komponenten[1]. Der wesentliche Vorteil der asynchronen Übertragung ist, dass nur geringe Anforderungen an den Gleichlauf der Taktgeneratoren gestellt werden, der ja jeweils nur für die Dauer einer Zeichenübertragung gesichert sein muss. Als Nachteil ist aufzuführen, dass die für jedes Zeichen wiederholte Synchronisation relativ viel Zeit benötigt.

9.6.3 Prinzip der asynchronen seriellen Übertragung

Im weiteren Verlauf dieses Abschnittes werden wir uns ausschließlich mit der asynchronen Übertragung beschäftigen. Die synchrone Übertragung wird im Abschnitt 9.7 beschrieben.

In Abb. 9.50 wird gezeigt, wie bei der asynchronen Übertragung jedes Zeichen zur Synchronisation in einen Zeichenrahmen (*Frame*) eingebettet wird. Zur Darstellung eines Bits werden z.B. die Spannungspegel 0 V (L-Pegel) und +5 V (H-Pegel) benutzt, die im englischen Sprachgebrauch als *Space Line* bzw. *Mark Line* bezeichnet werden. Vor jedem Zeichentransfer liegt das Übertragungssignal auf dem H-Pegel. Der Beginn des Transfers wird dem Empfänger durch ein Startbit angezeigt, das einen Taktzyklus lang das Potenzial auf den L-Pegel legt. Danach folgen die einzelnen Bits des Zeichens, üblicherweise beginnend mit dem niederstwertigen Bit (*Least Significant Bit* – LSB).

---

[1] Vgl. auch den LIN-Bus im Abschnitt 8.5

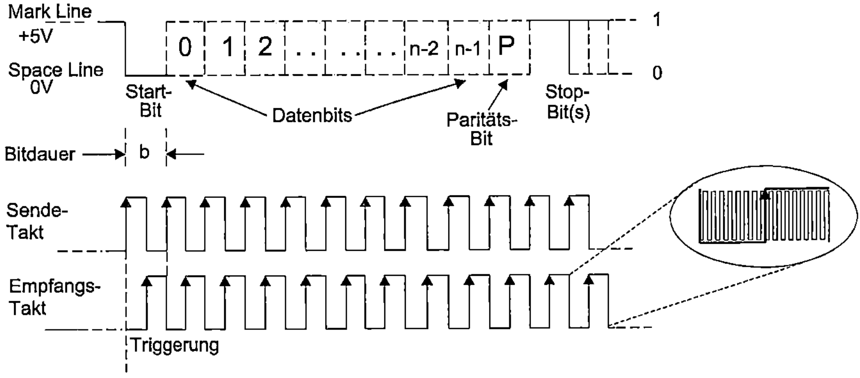

Abb. 9.50: Zeichenrahmen bei der asynchronen Übertragung

Ein Zeichen kann wahlweise aus 5 bis 8 Bits, in Ausnahmefällen auch aus 9 oder 10 Bits, bestehen. Es folgt optional ein Paritätsbit P (*Parity*), das zur Erkennung von Übertragungsfehlern dient. Für die Berechnung dieses Bits existieren vier Alternativen:

Even Parity: Durch das Paritätsbit wird die Anzahl der 1-Bits im Datum auf eine gerade Zahl ergänzt.

Odd Parity: Durch das Paritätsbit wird die Anzahl der 1-Bits auf eine ungerade Zahl ergänzt.

Mark Parity: Das Paritätsbit wird stets auf H-Potenzial gesetzt.

Space Parity: Das Paritätsbit wird stets auf L-Potenzial gesetzt.

Die Übertragung eines Datums wird mit 1, 1½ oder 2 Stopbits[1] abgeschlossen, die durch einen H-Pegel dargestellt werden. Bis zum nächsten Datentransfer bleibt dann der H-Pegel als Pausensignal (*Break Signal*) auf der Datenleitung erhalten. Wegen der beschriebenen Form der Zeichen-Synchronisation wird die asynchrone Übertragung auch **Start-Stop-Betrieb** genannt.

Natürlich müssen sich Sender und Empfänger vor der Datenübertragung über die Anzahl der Daten- und Stopbits, über die Berechnung des Paritätsbits sowie über die Frequenz des Übertragungstaktes verständigen. Diese Parameter werden in der Regel den Schnittstellen einmal einprogrammiert und bleiben dann für die gesamte Kommunikation zwischen Sender und Empfänger unverändert. Die Gesamtheit aller Parameter und Regeln, welche die Übertragung bestimmen, werden als (Übertragungs-)**Protokoll** bezeichnet.

In Abb. 9.50 sind unten der Bit-Sendetakt und der Bit-Empfangstakt gezeichnet. Man sieht, dass z.B. mit jeder positiven Flanke des Sendetakts ein neues Bit auf die Übertragungsleitung gegeben wird. Durch die negative Flanke des Startbits wird der Taktgenerator im Empfänger getriggert. Das Startbit übernimmt damit die oben erwähnte Aufgabe, den Beginn eines Zeichens festzulegen, und dient daher der Zeichen-Synchronisation. Nach einem halben Taktzyklus, also in der Mitte des Startbits, beginnt nun die erste Vollschwingung des Empfangstaktes. Üblicherweise wird der Empfangstakt aus einer 16fach schnelleren Taktfrequenz abgeleitet, wie sie in der Abbildung rechts angedeutet ist. Dies erlaubt dem Empfänger, das Startbit in der Mitte der Bitzeit zur Bildung einer Mehrheitsentscheidung mehrfach abzufragen und so kurzzeitige Störsignale zu erkennen, die ein Startbit „vortäuschen" und den Taktgenerator triggern können.

---

[1] korrekter: Stoppbits

Danach werden mit jeder positiven Flanke des Empfangstaktes nacheinander die Daten- und das Paritätsbit eingelesen, wobei auch hier wieder eine Überprüfung des ermittelten Signalpegels durch mehrfache Abtastung mit Hilfe der 16fach höheren Taktfrequenz durchgeführt werden kann. Der Empfangstakt übernimmt somit die Aufgabe der Bit-Synchronisation. Die Abfrage geschieht im Idealfall ebenfalls in der Mitte der vom Sender festgelegten Bitzeiten, so dass Sende- und Empfangstakt um einen halben Taktzyklus verschoben sind.

Durch das Stopbit bzw. die Stopbits kann der Empfänger die korrekte Beendigung der Zeichenübertragung feststellen. Auch diese Bits dienen daher der Zeichen-Synchronisation.

Im Maximalfall besteht der Transfer eines Datenbytes aus 12 Bits (Startbit, 8 Datenbits, Paritätsbit, 2 Stopbits). Während dieses Transfers dürfen Sender- und Empfängertakt höchstens um einen halben Taktzyklus auseinander laufen. Diese Forderung ist für kleine Übertragungsraten leicht zu erfüllen. Sie begrenzt aber heute übliche Übertragungsraten im Regelfall wenige hundert kBaud (kbd). Üblich sind maximale Raten von z.B. 115.200 bd. In Ausnahmefällen werden auch Raten im Mbd-Bereich unterstützt.

Mit „bd" (Baud) wird dabei die gebräuchliche Maßeinheit für die **Schrittgeschwindigkeit** bezeichnet, welche die Anzahl der Taktschritte pro Sekunde angibt. Sie stimmt bei den in diesem Buch besprochenen binären, seriellen Übertragungsverfahren zahlenmäßig mit der Übertragungsgeschwindigkeit in der Einheit „Bit/s" überein.[1] Dabei besteht eine starke reziproke Abhängigkeit zwischen der gewählten Übertragungsrate und der maximalen Länge der Übertragungsstrecke. Bei 19.200 bd beträgt diese Länge gerade noch 30 Meter.

Mit jedem Zeichen wird Information übertragen, die für den Benutzer eigentlich wertlos ist, nämlich die Start- und Stopbits zur Synchronisation und das Paritätsbit zur Fehlererkennung. Die „Netto"-Übertragungsgeschwindigkeit ohne Berücksichtigung dieser Bits wird mit **Transfergeschwindigkeit** (in Bit/s) bezeichnet.

9.6.4 V.24-Schnittstelle

Um eine asynchrone serielle Verbindung zwischen Rechnern und anderen EDV-Geräten verschiedenster Hersteller aufbauen zu können, muss die Schnittstelle zwischen den Komponenten genormt sein. Der wohl am häufigsten benutzte Standard für asynchrone serielle Schnittstellen ist die sog. V.24-Schnittstelle. Diese wurde ursprünglich für den Anschluss eines Rechners an ein öffentliches Weitverkehrs-Rechnernetz (*Wide-Area Network* – WAN) über eine Telefonleitung konzipiert. In Abb. 9.51 ist gezeigt, wie der Rechner über ein sog. Modem[2] (Modulator/Demodulator) mit der Telefonleitung verbunden wird.

Das Modem übernimmt im Wesentlichen Anpassungsfunktionen zwischen dem Rechner und dem Übertragungsweg. Dazu gehört vor allem die Aufgabe, die digitalen Signale der Rechnerschnittstelle in modulierte, analoge Signale (oder umgekehrt) umzuformen. Das Modem ist also stets nur Zwischenstation für die Daten auf ihrem Weg vom Sender zum Empfänger. Wie bereits gesagt, wurde die V.24-Schnittstelle schon sehr früh aber auch zum Anschluss von verschiedenen, langsamen Peripheriegeräten (Drucker, Maus usw.) an einen Rechner, aber auch zur kostengünstigen Kopplung zweier Rechner eingesetzt.

---

[1] Bei dem im vorangegangenen Abschnitt beschriebenen bitparallelen (Byte-seriellen) Datentransfer ist die Übertragungsrate hingegen um den Faktor 8 größer als die Schrittgeschwindigkeit, da mit jedem Taktschritt ein Byte (= 8 Bits) übertragen wird
[2] Obwohl es korrekter *der* Modem heißen müsste, hat sich die Sprachweise *das* Modem durchgesetzt

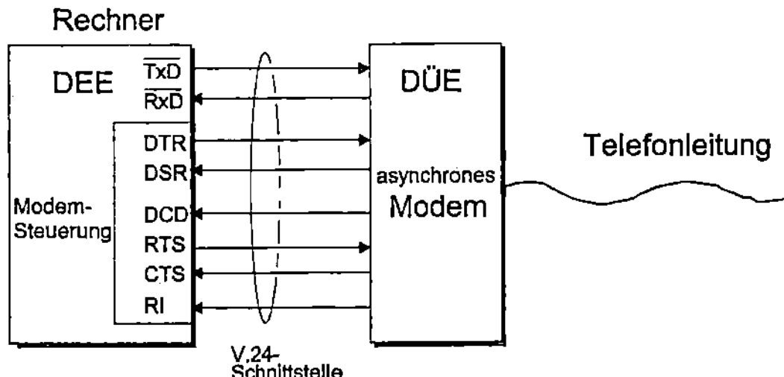

Abb. 9.51: Datenübertragung mit einem Modem

Die Signale TxD (*Transmit Data*) und RxD (*Receive Data*) der V.24-Schnittstelle transportieren die Daten vom Rechner zum Modem bzw. vom Modem zum Rechner nach dem oben beschriebenen Start-Stop-Protokoll. Die Kopplung erlaubt einen Vollduplex-Betrieb, d.h., der µR und das Modem können gleichzeitig (bidirektional) Daten übertragen. Dabei gelten meistens für beide Übertragungsrichtungen dieselben Parameter, also Baudrate, Anzahl der Daten- und Stopbits, Paritätsbit.

Neben den beschriebenen Datenleitungen benötigt die V.24-Schnittstelle noch eine ganze Reihe von Steuersignalen, die wir im folgenden Unterabschnitt besprechen werden.

9.6.4.1   Modem-Steuersignale

Die Kopplung eines Rechners mit einem Modem über die V.24-Schnittstelle benötigt verschiedene Steuer- und Meldesignale, die der Synchronisation der Datenübertragung zwischen den Geräten dienen. In der folgenden Beschreibung dieser Signale tauchen die englischen Bezeichnungen *Data Terminal* und *Data Set* auf.

- Mit *Data Terminal* wird in der Regel der Kommunikationspartner bezeichnet, in dem die Daten verarbeitet werden, also z.B. ein Mikrorechner oder ein Datensichtgerät (*Terminal*) eines Rechners. Im Deutschen wird dafür der Begriff Daten-End-Einrichtung (DEE) benutzt.

- Mit *Data Set* werden Schaltungen oder Geräte bezeichnet, die nur der Datenübertragung dienen. Sie werden Daten-Übertragungs-Einrichtungen (DÜE) genannt. Zu diesen DÜEs gehören insbesondere die oben beschriebenen Modems.

Bei der lokalen Kommunikation innerhalb eines Mikrorechner-Systems wird jedoch i.d.R. auf den Einsatz eines Modems verzichtet. Hier kennzeichnet der Begriff DÜE dann den Kommunikationspartner, also ein direkt angeschlossenes Peripheriegerät oder ein anderes Mikrorechner-System. Dieses ist selbst Quelle oder Ziel des Datentransportes.

Die Modem-Steuersignale werden üblicherweise an ihren Bausteinausgängen bzw. -eingängen invertiert. Dies wird – wie für diesen Buch vereinbart – durch das Zeichen „#" gekennzeichnet. Die Signale haben die folgende Bedeutung:

- DTR# (*Data Terminal Ready*) „Daten-End-Einrichtung betriebsbereit"
  Über dieses Ausgangssignal informiert der Prozessor seinen Kommunikationspartner darüber, dass er bereit ist, Daten auszutauschen. Dabei kann es sich um ein Modem, ein Peripheriegerät oder einen zweiten Prozessor handeln.

- DSR# (*Data Set Ready*) „Daten-Übertragungs-Einrichtung betriebsbereit"
  Dieses Eingangssignal dient dem Kommunikationspartner seinerseits dazu, dem Prozessor seine Bereitschaft zum Datenaustausch mitzuteilen.

- RTS# (*Request to Send*) „Sendeteil einschalten"
Über dieses Ausgangssignal teilt der Prozessor mit, dass er ein Datum aussenden will. Durch dieses Signal kann in einem Modem der Sendeteil eingeschaltet werden, der die Daten vom Prozessor übernimmt und auf die Daten-(Fern-)Leitung gibt. In einem direkt angeschlossenen Peripheriegerät kann hingegen der Empfangsteil (*Receiver*) aktiviert werden.

- CTS# (*Clear to Send*) „Daten-Übertragungs-Einrichtung sendebereit"
Dieses Eingangssignal dient einem Modem dazu, dem Prozessor anzuzeigen, dass er bereit ist, Daten aufzunehmen und weiterzuschicken. Ein direkt angeschlossenes Peripheriegerät zeigt dadurch dem Prozessor seine Empfangsbereitschaft an. Häufig schaltet dieses Signal im Schnittstellenbaustein der Daten-End-Einrichtung erst den Sendeteil (*Transmitter*) ein.

- DCD# (*Data Carrier Detect*) „Trägersignal erkannt"
Dieses Signal wird benötigt, wenn die Daten in analoger Form übertragen werden. Gebräuchliche Verfahren bestehen z.B. darin, die Frequenz oder die Amplitude eines Trägersignals (*Data Carrier*), d.h., einer Sinus-Schwingung bestimmter Frequenz, informationsabhängig zu verändern. Man spricht dann von Frequenz- bzw. Amplitudenmodulation. Über DCD wird dem Schnittstellenbaustein mitgeteilt, dass dieses Trägersignal auf der Übertragungsstrecke vorliegt. Es kann damit insbesondere auch zur Anzeige von Leitungsunterbrechungen oder Störungen dienen. Außerdem kann durch dieses Signal im Schnittstellenbaustein der Empfängerteil eingeschaltet werden.

- RI (*Ring Indicator*) „Klingelsignal erkannt"
Dieses Signal wird benötigt, wenn der Rechner über ein Modem an einer Telefonleitung angeschlossen ist. Es zeigt an, dass der Rechner momentan über diese Leitung angewählt wird.

9.6.4.2   V.24-Signale

In der V.24-Norm der CCITT[1] sind insbesondere die Signalbezeichnungen und Belegungen der Steckverbinder[2] festgelegt. Zur Codierung der Zeichen wird der ASCII-Code (*American Standard Code for Information Interchange*) benutzt, der in Tabelle A.2 im Anhang A.9 dargestellt ist. Die zu verwendenden elektrischen Signale werden hingegen in der V.28-Norm definiert. Die Norm schreibt die folgenden Signalpegel vor:

> H-Pegel: 3 bis 15 V,
> L-Pegel: −15 bis −3 V.

Typisch sind Spannungspegel von ±12 V oder ±10 V. So können z.B. Spannungspegel von ±10 V in einem Treiber-Baustein selbst durch Spannungsverdopplung und Invertierung aus einer 5V-Betriebsspannung erzeugt und so auf den Einsatz einer zusätzlichen externen Spannungsquelle verzichtet werden. Die relativ hohen Spannungspegel garantieren einen ausreichend großen Störspannungsabstand, so dass Störimpulse auf den Übertragungsleitungen zu einem großen Teil toleriert werden.

Die Datenbits, einschließlich des Start- und Paritätsbits sowie die Stopbits, müssen in negativer Logik, die Steuerinformationen, also die Signale DTR, DSR usw., in positiver Logik übertragen werden. Das heißt, es gelten die Zuordnungen nach folgender Tabelle 9.2.

---

[1] CCITT: Comité Consultatif International Télégrafique et Téléfonique, heute: ITU: International Telecommunication Union
[2] Zur Vereinfachung der Darstellung unterscheiden wir nicht zwischen einem Stecker und einer Steckerbuchse

Tabelle 9.2: Pegelzuordnung der V.24-Schnittstelle

logischer Zustand	Datenbits	Steuerinformation
0	H-Pegel	L-Pegel
1	L-Pegel	H-Pegel

Die standardisierte Steckverbindung der V.24-Schnittstelle hat 25 Anschlüsse, von denen 20 für genormte Signale reserviert sind. In Abb. 9.52a) ist diese Steckverbindung für eine Daten-End-Einrichtung (DEE) gezeichnet, wobei nur die wichtigsten, oben bereits erklärten Signale dargestellt sind. In typischen V.24-Verbindungen werden nur sie oder sogar nur einige von ihnen benötigt.

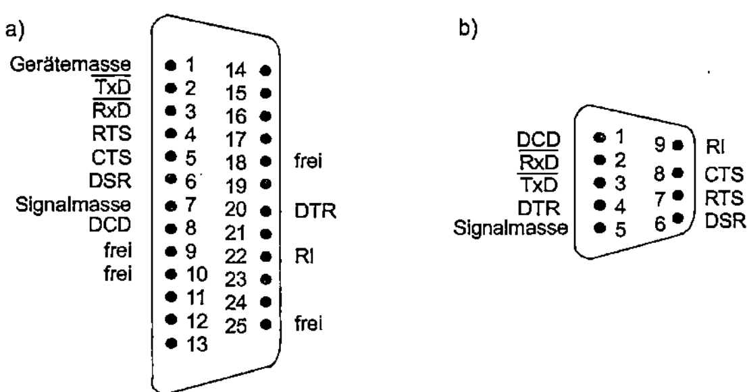

Abb. 9.52: Steckerbelegung der V.24-Schnittstelle für eine DEE;
a) 25-poliger Steckverbinder, b) 9-poliger Steckverbinder

Im Mikrorechner-Bereich wird heutzutage häufig auch eine kleinere Steckverbindung benutzt, die lediglich neun Anschlüsse aufweist. Ihre Anschlussbelegung ist in der Abb. rechts dargestellt. In der Steckverbindung einer DÜE sind gewöhnlich die Signale TxD und RxD, DTR und DSR sowie RTS und CTS paarweise vertauscht, um eine direkte Verbindung beider Steckverbinder – für DEE und DÜE – zu ermöglichen. Wie bereits gesagt, wird beim Anschluss von Peripheriegeräten in einem Mikrorechner-System oder zur Kopplung zweier Mikrorechner meistens auf den Einsatz eines Modems verzichtet. In diesem Fall sind beide Kommunikationspartner Daten-End-Einrichtungen im obigen Sinne. Daher werden die einander funktional zuzuordnenden Steuerleitungen DTR und DSR sowie RTS und CTS kreuzweise miteinander verbunden. In Abb. 9.53 ist beispielhaft gezeigt, wie ein Datensichtgerät und seine Tastatur über eine V.24-Schnittstelle mit einem Mikrorechner verbunden werden kann.

In der Regel werden dazu nicht alle Steuerleitungen der V.24-Schnittstelle benutzt. Im Extremfall kommt man – neben einer Masseleitung – nur mit den Datenleitungen TxD und RxD aus. In diesem Fall müssen auf beiden Seiten der Übertragungsstrecke die Anschlüsse DTR und DSR sowie RTS und CTS direkt miteinander verbunden werden. Man spricht dann von einem Null-Modem. In Abb. 9.53 ist es durch gestrichelte Linien dargestellt.

Aus Kostengründen wird die V.24-Verbindung zwischen µR und Peripheriegeräten auch heute noch zum Teil direkt ausgeführt, d.h., ohne die Umsetzung auf die oben dargestellten V.24-Pegel. Dadurch kann man sich die erforderlichen Betriebsspannungen, z.B. ±12 V, sparen. Wo nötig, setzt man aber auch die oben erwähnten Treiberbausteine ein, die mit einer 5-Volt-Betriebsspannung auskommen und auf dem Chip die zusätzlich benötigten Spannungen ±10 V durch Spannungsverdopplung und Invertierung erzeugen.

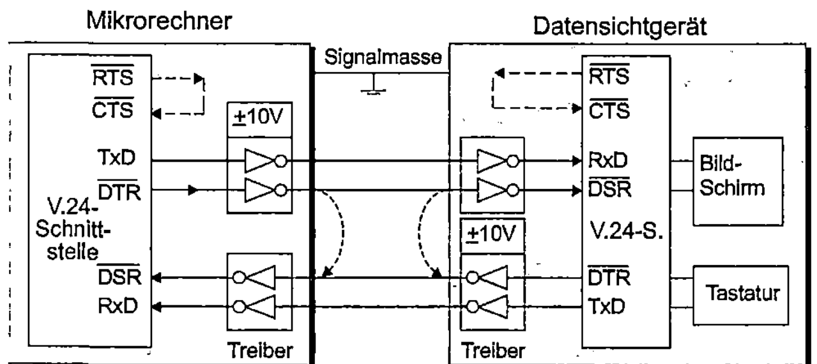

Abb. 9.53: Anschluss eines Datensichtgeräts über eine V.24-Schnittstelle

9.6.5 Aufbau eines Bausteins für asynchrone Schnittstellen

In Abb. 9.54 ist der prinzipielle Aufbau eines Bausteins für die asynchrone serielle Datenübertragung skizziert. Diese Bausteine werden alternativ wie folgt benannt:

- *Universal Asynchronous Receiver/Transmitter* (UART),

- *Serial Communications Interface* (SCI),

- *Asynchronous Communications Interface Adapter* (ACIA),

- *Asynchronous Serial Communications Controller* (ASCC).

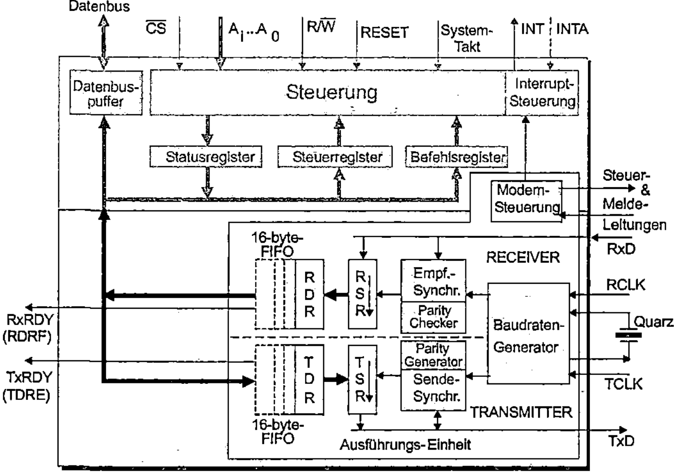

Abb. 9.54: Baustein für die asynchrone Übertragung

Die Ausführungseinheit des Bausteins ist in zwei Schaltungen unterteilt, die unabhängig voneinander zu betreiben und jeweils einer Übertragungsrichtung zugeordnet sind. Sie werden als Sende- und Empfangsschaltung oder kürzer als Sender und Empfänger (*Transmitter, Receiver*) bezeichnet. Bei einigen Bausteintypen sind die Datenregister (TDR, RDR) beider Schaltungen als Warteschlange (FIFO) mit jeweils bis zu 16 Speicherzellen ausgebildet. Auf diese Bausteine gehen wir in einem eigenen Unterabschnitt ausführlicher ein.

9.6.5.1 Sender

Der Mikroprozessor schreibt ein auszugebendes Datum in das Sende-Datenregister TDR (*Transmit Data Register*) des Senders. Von dort wird es von der Bausteinsteuerung automatisch in das Sende-Schieberegister TSR (*Transmit Shift Register*) übertragen. Dort findet die Parallel/ Serien-Umsetzung des Datums statt.

Zu Beginn der Übertragung gibt die Sende-Synchronisierschaltung (*Transmit Control*) zunächst das Startbit auf die Ausgabe-Datenleitung TxD (*Transmit Data*). Dann schaltet sie die benötigte Anzahl von Impulsen als Sendetakt auf den Takteingang des Schieberegisters. Mit jedem Taktimpuls wird genau ein Bit des Datums aus dem Register hinausgeschoben und auf den Ausgang TxD gegeben.

Schritthaltend mit der Ausgabe des Zeichens, wird vom *Parity Generator* das Paritätsbit ermittelt und ggf. unmittelbar nach dem letzten Datenbit ausgegeben. Zum Abschluss der Zeichenübertragung erzeugt die Synchronisierschaltung das bzw. die Stopbits. Werden mehrere Daten hintereinander übertragen, so muss das zuletzt eingeschriebene Datum eventuell warten, bis das TSR-Register wieder frei ist. Über die Ausgangsleitung TxRDY (*Transmitter Ready*), die gelegentlich auch mit TDRE (*Transmitter Data Register Empty*) bezeichnet wird, kann der Sender darüber informieren, dass er den Inhalt des Registers TDR ins Schieberegister TSR übertragen hat und somit bereit ist, ein neues Zeichen zu übernehmen. Dieses Signal kann zwar auch vom Prozessor selbst ausgewertet werden; es ist aber hauptsächlich zur Steuerung eines DMA-Controllers vorgesehen, wie er im Abschnitt 9.3 beschrieben wurde. Weiter unten wird gezeigt, dass der Prozessor sich mit Hilfe eines speziellen Bits TDRE des Statusregisters (vgl. Abschnitt 9.6.5.3) sehr einfach über den Zustand des Senders informieren kann. Wahlweise kann er aber auch durch einen Interrupt über das Setzen dieses Bits informiert werden.

Der Sendetakt wird von dem Baudraten-Generator (*Baud Rate Generator*) erzeugt. Im einfachsten Fall schaltet dieser lediglich den Takt durch, der als externer Sendetakt an einem speziellen Eingang TCLK (*Transmitter Clock*) des Bausteins angelegt wird. Darüber hinaus bietet er eine ganze Palette verschiedener Taktraten an, die er durch einen programmierbaren Frequenzteiler aus einer bestimmten Grundfrequenz erzeugt. Durch Eingabe einer bestimmten Bitkombination in das Steuerregister des Bausteins kann der Prozessor eine dieser Frequenzen selektieren. Die Grundfrequenz selbst wird durch einen extern anzuschließenden Quarz stabilisiert.

9.6.5.2 Empfänger

Der Empfänger ist völlig analog zum Sender aufgebaut – abgesehen davon, dass ihn die Daten in der anderen Richtung durchlaufen. Die Empfangs-Synchronisierschaltung (*Receive Control*) wird durch die erste negative Flanke eines Bitstroms auf dem Eingang RxD (*Receive Data*) aktiviert. Wie oben beschrieben, erzeugt sie zunächst eine Verzögerung um eine halbe Bitbreite und stößt dann den Baudraten-Generator zur Erzeugung des Empfangstaktes an. Das erste eingelesene Bit interpretiert sie als Startbit. Erst die folgenden Bits werden mit dem Empfangstakt in das Empfangs-Schieberegister RSR (*Receiver Shift Register*) eingelesen. In diesem findet die Serien/Parallel-Umsetzung der Daten statt. Vom RSR wird jedes empfangene Datum in das Empfangs-Datenregister RDR übertragen. Über den Ausgang RxRDY (*Receiver Ready*), der häufig auch mit RDRF (*Receiver Data Register Full*) bezeichnet wird, teilt der Baustein mit, dass im

Register RDR ein Datum zur Abholung bereitliegt. Auch dieses Signal ist hauptsächlich zur Steuerung eines DMA-Controllers vorgesehen. Die Information über ein bereitliegendes Datum wird auch in einem speziellen Bit RDRF des Statusregisters zur Verfügung gestellt, dessen Wechsel in den 1-Zustand wiederum zu einer Unterbrechungsanforderung an den Prozessor führen kann.

Schritthaltend mit dem Einlesen der Datenbits in das Empfangs-Schieberegister RSR wird vom *Parity (Generator and) Checker* wiederum das Paritätsbit berechnet. Nach der Übertragung des letzen Datenbits wird das neu berechnete Paritätsbit mit dem übermittelten verglichen. Stimmen beide nicht überein, so wird dies als Paritätsfehler (*Parity Error*) in einem Bit des Statusregisters (vgl. Unterabschnitt 9.6.5.3) festgehalten und ggf. eine Unterbrechungsanforderung zum Prozessor ausgegeben.

Als Letztes überprüft die Empfangs-Synchronisierschaltung, ob die geforderte Anzahl von Stopbits übertragen wird. Stellt sie dabei einen Fehler fest, wird ebenfalls ein Bit des Statusregisters gesetzt. Diesen Fehler bezeichnet man als Rahmenfehler (*Framing Error*). Ein weiteres Bit des Statusregisters zeigt an, dass ein neues Datum empfangen wird, obwohl der Prozessor das zuletzt empfangene Datum noch nicht aus dem Empfangs-Datenregister RDR gelesen hat. In diesem Fall geht das erste Datum verloren. Es liegt ein Überlauffehler vor (*Overrun Error*).

Als Empfangstakt wird entweder ein externes Taktsignal RCLK (*Receiver Clock*) oder aber eine der vom Baudraten-Generator zur Verfügung gestellten Frequenzen benutzt. Da der Baudraten-Generator nur eine einzige Frequenz erzeugt, muss entweder der Sender oder der Empfänger einen externen Takt benutzen, wenn in beiden Richtungen mit unterschiedlichen Geschwindigkeiten übertragen werden soll. Weil nur ein Steuerregister vorhanden ist, müssen die anderen Parameter (Anzahl der Daten- und Stopbits,..) für beide Übertragungsrichtungen gemeinsam festgesetzt werden.

9.6.5.3 Das Programmiermodell des ACIA-Bausteins

In diesem Unterabschnitt wollen wir den Aufbau der Register der Bausteinsteuerung beschreiben. Diese Register sind in Abb. 9.55 skizziert. Sie sind um einige Bits länger als die Register realer Bausteine: Der Vollständigkeit halber haben wir in ihnen möglichst viele Funktionen aufgeführt, die von verschiedenen ACIA-Typen zur Verfügung gestellt werden.

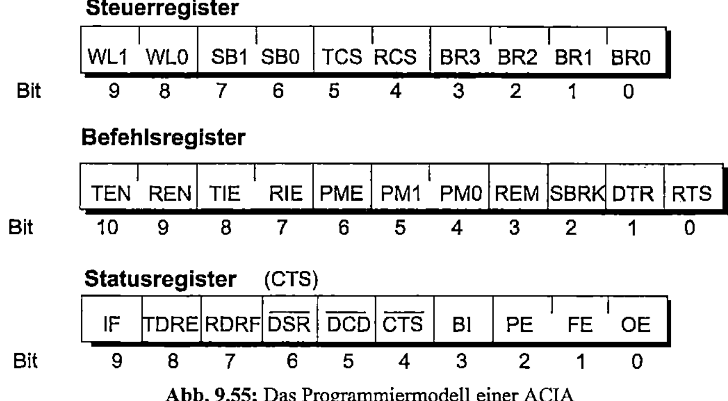

Abb. 9.55: Das Programmiermodell einer ACIA

Steuerregister ((Mode) Control Register)

WL1, WL0   (*Word Length*) Diese Bits geben die Länge des Datums an: 5 bis 8 Bits.

SB1, SB0   (*Stop Bits*) Durch diese Bits wird die Anzahl der Stopbits (1, 1½, 2) festgelegt.

TCS, RCS   (*Transmitter/Receiver Clock Select*) Diese Bits bestimmen, ob für den Sender bzw. den Empfänger der interne oder aber ein extern angelegter Takt (über den Eingang TCLK bzw. RCLK) zur Ansteuerung der Schieberegister benutzt wird.

BR3-BR0   (*Baud Rate*) Durch diese Bits wird die Schrittfrequenz des Baudraten-Generators ausgewählt. Üblicherweise werden die folgenden Werte bzw. eine Auswahl daraus (in bd) angeboten: 50, 75, 109.92, 134.58, 150, 300, 600, 1200, 1800, 2400, 3600, 4800, 7200, 9600, 19200, 38400, 57600, 115200, 230400 usw. Moderne Bausteine erlauben aber auch Übertragungsraten über 1 Mbd (1 MBit/s).

Befehlsregister (*Command Register*)

TEN, REN   (*Transmitter/Receiver Enable*) Durch diese Bits können der Sender und der Empfänger gezielt ein- bzw. ausgeschaltet werden.

TIE, RIE   (*Transmitter/Receiver Interrupt Enable*) Diese Bits legen fest, ob der Sender bzw. der Empfänger eine Interrupt-Anforderung an den Prozessor stellen darf. Sie steuern lediglich die Aktivierung des INT-Ausgangs, nicht jedoch die Generierung des IF-Bits im Statusregister (s.u.).

PME   (*Parity Mode Enable*) Dieses Bit legt fest, ob bei der Datenübertragung ein Paritätsbit zur Fehlererkennung benutzt werden soll.

PM1, PM0   (*Parity Mode*) Diese Bits wählen eines der am Anfang des Abschnittes beschriebenen vier Verfahren zur Erzeugung des Paritätsbits, und zwar: *Odd, Even, Mark, Space Parity*.

REM   (*Receiver Echo Mode*) Durch dieses Bit wird eine besondere Betriebsart eingeschaltet, bei welcher der Sender des Bausteins jedes Zeichen, das der Empfänger über die Leitung RxD eingelesen hat, um eine halbe Bitzeit verzögert auf der Leitung TxD wieder ausgibt. Dies wurde insbesondere bei älteren Datensichtgeräten zur Kontrolle der korrekten Übertragung angewandt: Das über die Tastatur eingegebene Zeichen wurde nicht direkt im Bildschirm dargestellt, sondern erst, nachdem es vom ACIA-Baustein zurückgeschickt wurde. Trat dabei ein Übertragungsfehler auf, stellte das der Benutzer sofort fest und konnte ihn sofort durch Neueingabe beheben.

SBRK   (*Send Break Character*) Zur Anzeige eines Fehlers oder zum Abbruch einer laufenden Datenübertragung kann der Sender ein Unterbrechungszeichen (*Break Character*) auf die Datenleitung TxD geben. Dieses besteht aus einer ununterbrochenen Folge von 0-Bits (*Space Bits*), deren Anzahl größer oder gleich derjenigen eines „normalen" Zeichens aus Startbit, Datenbits, Paritätsbit und Stopbits ist. Sobald ein Empfänger dieses Zeichen erhält, bricht er den Empfang ab und wartet zur Fortsetzung auf das nächste Stopbit (1-Bit).

DTR, RTS   (*Data Terminal Ready, Ready to Send*) Durch diese beiden Bits wird der Zustand der oben beschriebenen Ausgangsleitungen DTR#, RTS# festgelegt. (Wie bereits erwähnt, wird diese Bitinformation invertiert ausgegeben.)

Statusregister

IF   (*Interrupt Flag*) Wie bei den anderen Bausteinen zeigt dieses Bit an, ob eine Unterbrechungsanforderung von der Ausführungseinheit des Bausteins an den Prozessor gestellt wird. Es wird gesetzt, wenn eines der Bits 3 bis 8 aktiviert wird, unabhängig davon, ob die Weitergabe der Anforderung über den Ausgang INT erlaubt ist oder nicht[1]. Ist ihre Weitergabe nicht erlaubt, kann es dem Prozessor zur Feststellung der Unterbrechungsanforderung im *Polling*-Verfahren dienen. Das IF-Bit wird, ebenso wie die Bits 3 bis 8, durch das Lesen des Statusregisters zurückgesetzt.

TDRE   (*Transmitter Data Register Empty*) Dieses Bit wird automatisch gesetzt, wenn die Bausteinsteuerung ein Datum vom Sende-Datenregister TDR in das Sende-Schieberegister TSR transferiert. Dadurch wird dem Prozessor angezeigt, dass das TDR für ein neues Datum frei ist. Dieses Datum kann bereits ins TDR eingeschrieben werden, wenn das letzte Zeichen noch aus dem TSR herausgeschoben wird. Das TDRE-Bit wird gelöscht, wenn der Prozessor ein neues Datum in das TDR schreibt. Der logische Zustand des TDRE-Bits stimmt mit demjenigen des oben beschriebenen TDRE-Ausgangs überein.

RDRF   (*Receiver Data Register Full*) Dieses Bit zeigt dem Prozessor an, dass ein Datum vom Empfangs-Schieberegister RSR in das Empfangs-Datenregister RDR übertragen wurde und dort zur Abholung bereitsteht. Das RDRF-Bit wird durch das Lesen des Datenregisters RDR zurückgesetzt. Der logische Zustand des RDRF-Bits stimmt mit demjenigen des RDRF-Ausgangs überein.

DSR, DCD, CTS   (*Data Set Ready, Data Carrier Detect, Clear to Send*)
Diese Bits zeigen – in invertierter Form – den Zustand der oben beschriebenen Modem-Signale gleichen Namens an.

BI   (*Break Interrupt*) Dieses Bit zeigt an, dass am RxD-Eingang ein Unterbrechungszeichen (*Break Character*, s.o.) festgestellt wurde.

PE, FE, OE   (*Parity, Framing, Overrun Error*) Durch diese Bits wird jeweils einer der oben beschriebenen Übertragungsfehler angezeigt (Paritäts-, Rahmen-, Überlauffehler). Diese Bits werden entweder durch das Lesen des Statusregisters oder des Empfangs-Datenregisters gelöscht. Keiner der drei beschriebenen Fehler löst eine Interrupt-Anforderung aus. Der Prozessor sollte daher zur Sicherung einer fehlerfreien Übertragung mit jedem gelesenen Datum auch diese Bits auswerten, um geeignet auf einen Übertragungsfehler reagieren zu können.

9.6.6   Bausteine mit Warteschlangen als Datenregister

Der Einsatz von Warteschlangen (*First In, First Out* – FIFO) als Puffer für die Datenregister bietet die Vorteile, dass

---

[1] Vgl. das TIE- oder RIE-Bit im Befehlsregister

- auf Empfängerseite die Gefahr von „Überläufen" (*Overrun*) verringert wird, die dadurch auftreten, dass bereits neue Daten eintreffen, während der Prozessor noch das zuletzt empfangene Datum bearbeitet,

- der Prozessor nicht für jedes zu sendende bzw. empfangene Datum erneut durch einen Interrupt zum – zeitaufwändigen – Aufruf einer Behandlungsroutine gezwungen wird, sondern statt dessen einen größeren Datenblock zur Schnittstelle übergeben bzw. von dort übernehmen kann,

- der Einsatz eines DMA-Controllers zur Übertragung der Daten zwischen Schnittstelle und Speicher effektiver gestaltet werden kann,

- die Schnittstellenbausteine hardwaremäßig eine automatische „Flusskontrolle" mit Hilfe der Modem-Steuersignale durchführen können: Daten werden nur dann zwischen zwei Schnittstellenbausteinen übertragen, wenn sie beide dazu bereit sind. (Auf diese Steuerung gehen wir weiter unten näher ein.)

Bausteine, die über FIFO-Puffer als Datenregister verfügen[1], können meist wahlweise im „gepufferten" oder „ungepufferten" Modus arbeiten, d.h., mit aktivierten bzw. deaktivierten FIFOs. Im ungepufferten Modus gelten die zur Erzeugung von Interrupts im letzten Unterabschnitt gemachten Ausführungen. Im gepufferten Modus erzeugt der Sender eine Unterbrechungsanforderung an den Prozessor, wenn seine Sende-Warteschlange leer ist. Der Empfänger generiert dementsprechend einen Interrupt, wenn die Empfangswarteschlange (fast) „bis auf den letzten Platz" gefüllt ist. Durch das Lesen der empfangenen Daten wird die Warteschlange wieder vollständig geleert. (Entsprechendes gilt natürlich auch für die Aktivierung der Statussignale TDRE (*Transmitter Data Register Empty*) und RDRF (*Receiver Data Register Full*) zur Steuerung eines DMA-Controllers.)

Treffen die Zeichen auf einer gepufferten Empfangsleitung sehr selten oder vielleicht sogar nur ein einziges Mal ein, so dauert es sehr lange, bis der FIFO-Puffer gefüllt ist und der Prozessor – in vielen Fällen zu spät – über das Vorliegen der Daten informiert wird. Als Maßnahme gegen diese Gefahr erlauben moderne Bausteine, die „effektive" Länge des Empfangspuffers den aktuellen Gegebenheiten anzupassen. Dazu kann die Anzahl N der Dateneinträge im Puffer, die zur Ausgabe einer Interrupt-Anforderung ausreichen, festgelegt werden. Für N können typischerweise die Werte 1, 4, 8 oder 14 gewählt werden. Dabei verhindert z.B. die Wahl von N=1 das oben erwähnte Problem sehr selten eintreffender Zeichen.

Wie im letzten Unterabschnitt beschrieben, können beim Empfang eines Zeichens drei verschiedene Fehlerbedingungen[2] auftreten. Damit diese Informationen im gepufferten Modus nicht verloren gehen, verfügt jeder FIFO-Eintrag über drei zusätzliche Bits, in denen die individuellen Fehlerbits des eingetragenen Zeichens gespeichert werden. Wie im ungepufferten Modus wird beim Auftreten eines Fehlers der Prozessor nicht durch einen Interrupt darüber informiert. Er muss beim Einlesen der Daten die mit diesen gespeicherten Fehlerbits selbst auswerten. Dazu werden sie mit jedem aus der FIFO ausgelesenen Datum in das Statusregister des Bausteins übernommen.

---

[1] Dieser Abschnitt orientiert sich am Baustein TL16C550C der Firma Texas Instruments
[2] Vgl. die Bits PE, FE, OE im Statusregister

Neben diesen Bits finden sich im Statusregister weitere Bits, die anzeigen,

- ob im Empfangspuffer (wenigstens) ein Datum zur Abholung bereit liegt,

- ob der Sendepuffer vollständig leer ist; jedoch wird nicht angezeigt, ob einzelne Einträge darin frei sind;

- ob beim Empfang der einzelnen Zeichen des Datenblockes Zeitschranken überschritten wurden (*Time Out*),

- in welchem Zustand sich die oben beschriebenen Modem-Steuersignale befinden.

Abb. 9.56 zeigt die Kopplung zweier Geräte über gepufferte Alias. Die gestrichelt umrahmte Übertragungsstrecke in der Bildmitte kann dabei entweder eine direkte Verbindung der Bausteinanschlüsse, eine Verbindung über V.24-Treiberbausteine nach Abb. 9.53 oder eine Verbindung über zwei, durch eine „analoge" Leitung gekoppelte Modems repräsentieren.

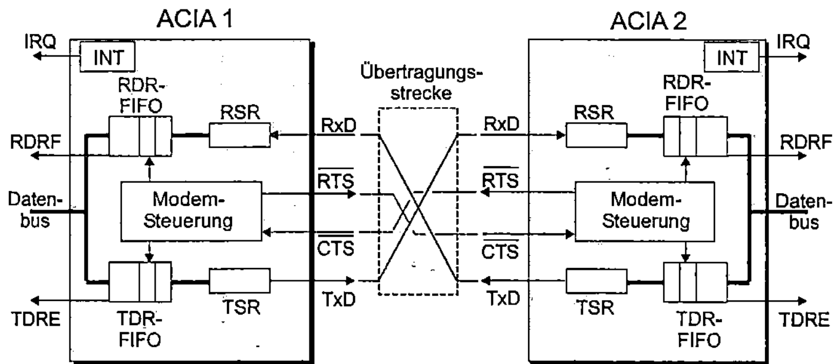

Abb. 9.56: Kommunikation über gepufferte Alias

Wie beschrieben, wird über das CT-Signal (*Clear to Send*) der Sender aufgefordert, ein Zeichen auf der Leitung TxD auszugeben. Dieses Signal wird in der dargestellten Kopplung vom Kommunikationspartner über seinen Ausgang RTS (*Request to Send*) aktiviert. Im vorhergehenden Unterabschnitt wurde gezeigt, dass bei einfacheren Bausteinen die Steuerung der RTS-Leitungen durch den Prozessor über das Befehlsregister vorgenommen wird und der Zustand der CT-Leitung im Statusregister ausgewertet werden muss. Bei dieser „Software-Lösung" kann natürlich weiterhin der Fall auftreten, dass der Sender – bei anhaltender Anforderung über CTS – schneller Daten liefert als der Empfänger aufnehmen kann, also ein Überlauf stattfindet. Dies vermeidet die **automatische Flusskontrolle** (*Auto Flow Control*), bei der RTS und CTS durch die Hardware der ACIA gesetzt und ausgewertet werden:

- Der Sender schickt nur dann ein Datum seiner Warteschlange auf die Ausgangsleitung TxD, wenn sein CTS-Eingangssignal durch den Empfänger – über dessen RTS-Signal – aktiviert wurde.

- Der Empfänger aktiviert nur dann sein RTS-Signal, wenn er in seiner effektiven Empfangs-warteschlange (s.o.) wenigstens einen freien Eintrag hat.

In Abb. 9.57a) wird die automatische Flusskontrolle im Sender durch sein vom Empfänger gesteuertes CTS-Signal dargestellt: Die Ausgabe der Zeichenfolge wird unterbrochen, wenn das Signal CTS deaktiviert (auf H-Pegel gezogen) wird, und erst dann wieder aufgenommen, wenn CTS erneut aktiviert wird.

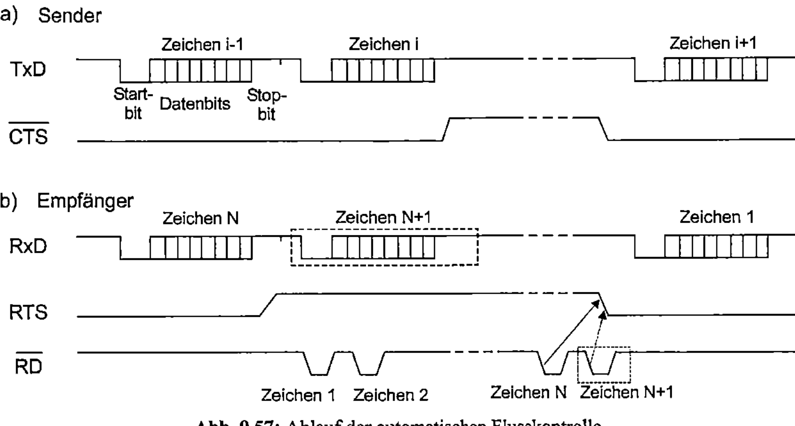

Abb. 9.57: Ablauf der automatischen Flusskontrolle

Abb. 9.57b) zeigt die Ausgabe des Steuersignals RTS für eine effektive Pufferlänge N (mit N=1, 4, 8). Sobald N Einträge des Puffers belegt sind, wird das Signal RTS deaktiviert. Erst das vollständige Lesen aller N Puffereinträge durch den Prozessor oder DMA-Controller aktiviert erneut das RTS-Signal und ermöglicht dadurch den Empfang eines neuen Zeichens.

Durch die Signalverzögerung zwischen Empfänger und Sender kann u.U. die Erkennung des deaktivierten RTS-Signals im Sender zu spät erfolgen, um die Ausgabe des folgenden Zeichens N+1 noch zu verhindern. In diesem Fall aktiviert erst das Auslesen des N+1. Zeichens aus dem Empfangspuffer das Signal RTS erneut. (Dies ist in der Abbildung durch die gestrichelten Rahmen dargestellt.)

Für die maximale Pufferlänge N=14 wird – abweichend von den anderen Fällen – das RTS-Signal erst mit dem Empfang des 16. Zeichens deaktiviert, also nach vollständiger Füllung des Puffers. Hier wird bereits nach dem Lesen eines einzigen Eintrags RTS wieder aktiviert, so dass der Puffer kontinuierlich ausgelesen und gefüllt werden kann.

Die automatische Flusskontrolle muss im Steuerregister des ACIA-Bausteins explizit aktiviert werden. Dabei kann gewählt werden, ob sie für beide Signale RTS, CTS oder aber nur für das Signal CTS gelten soll. Im zweiten Fall trägt der Prozessor des Empfängers selbst die Verantwortung dafür, durch eine angepasste Aktivierung seines RTS-Signals einen Überlauf zu verhindern.

9.7 Synchrone, serielle Schnittstellen

Bei der synchronen seriellen Datenübertragung kann man die folgenden Typen unterscheiden:

- Übertragung von Datenblöcken nach festgelegtem Protokoll; diese Form der Übertragung wird in Weitverkehrsnetzen oder Lokalen Netzen benutzt und wird weiter unterteilt in

    - die zeichenorientierte Übertragung (*Character Oriented Protocol* – COP),

    - die bitorientierte Übertragung (*Bit Oriented Protocol* – BOP).

- Übertragung von Einzeldaten ohne Protokoll; hierbei werden unstrukturierte Daten (Bits, Bytes, Wörter...) zwischen einem Prozessor und seinen Peripheriekomponenten bzw. zwischen Prozessoren ausgetauscht.

Die letztgenannte Übertragungsart unterscheidet sich von der im letzten Abschnitt beschriebenen asynchronen Übertragung hauptsächlich durch die Form der Synchronisierung zwischen Sender und Empfänger; in Funktion und Einsatz gleicht sie der asynchronen Übertragung jedoch sehr. Sie wird am Ende dieses Abschnitts ausführlich in einer Fallstudie beschrieben.

9.7.1 Zeichenorientierte Übertragung

Bei der zeichenorientierten Übertragung liegt die Information als Folge von Zeichen eines bestimmten Codes vor. Dabei handelt es sich meistens um den ASCII-Code (s. Tabelle A.2 im Anhang A.9). Jedoch können auch andere Codes mit 5 bis 8 Bits pro Zeichen benutzt werden. Zwischen den eigentlichen Nutzdaten werden Steuerzeichen eingefügt, die den Ablauf der Übertragung beeinflussen, für den Empfänger aber uninteressant sind.[1] International genormte, zeichenorientierte Übertragungsverfahren sind die *Basic Mode Control Procedures for Data Communication Systems* (BDC), kurz *Basic Mode Procedures* oder *Byte Control Procedures* (BCP) genannt. Auf sie gehen wir hier nur soweit ein, wie es für die folgende Beschreibung der Schnittstellenbausteine nötig ist.

In Abb. 9.58 ist der prinzipielle Aufbau eines Übertragungsblockes für die zeichenorientierte Übertragung dargestellt.

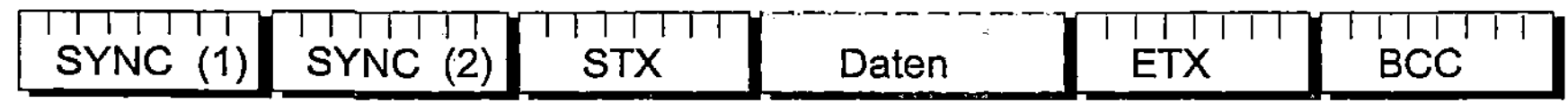

Abb. 9.58: Block der zeichenorientierten Übertragung

Die Übertragung beginnt zunächst mit dem Aussenden von einem oder mehreren Synchronisierzeichen SYNC (*Synchronous Idle*), die vom Empfänger benötigt werden, um sich mit dem Übertragungstakt des Senders gleichzuschalten. Das Steuerzeichen STX (*Start of Text*) kennzeichnet dann den Beginn der eigentlichen Datenübertragung. Diese wird durch das Zeichen ETX (*End of Text*) beendet. Zur Erkennung von Übertragungsfehlern wird dem Block ein Prüfzeichen BCC (*Block Check Character*) angefügt.

---

[1] Bei dem in Tabelle A.2 dargestellten ASCII-Code sind diese Steuerzeichen in den beiden ersten Spalten aufgeführt

9.7.1.1 Bausteine

Die Bausteine für die zeichenorientierte serielle Übertragung werden z.B. als

- *Synchronous Serial Data Adapter* (SSDA)

bezeichnet. Häufig kann jedoch ein und derselbe Baustein sowohl die asynchrone als auch die (zeichenorientierte) synchrone Übertragung durchführen. In diesem Fall spricht man von einem

- *Universal Synchronous/Asynchronous Receiver/Transmitter* (USART) oder einem

- *Programmable Communications Interface* (PCI).

Ein Baustein für die synchrone, zeichenorientierte Übertragung ist im Wesentlichen so aufgebaut wie die im letzten Abschnitt beschriebenen, asynchronen Schnittstellenbausteine. In Abb. 9.59 ist daher nur der prinzipielle Aufbau der Ausführungseinheit für die zeichenorientierte Übertragung dargestellt. Auf die übrigen Komponenten des Bausteins, also das Steuerwerk mit seinen Registern und die Interrupt-Steuerung brauchen wir hier nicht mehr einzugehen.

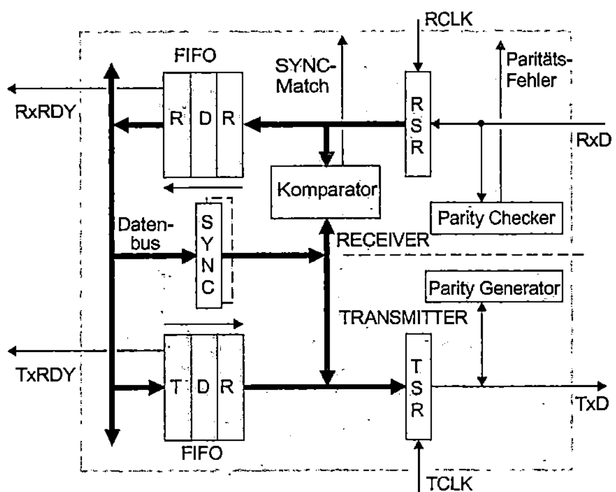

Abb. 9.59: Die Ausführungseinheit für die zeichenorientierte Übertragung

Sowohl beim Sender als auch beim Empfänger ist das Datenregister (*Transmitter Data Register* – TDR bzw. *Receiver Data Register* – RDR) durch einen FIFO-Registersatz (*First In, First Out*) ersetzt, der mehrere Zeichen aufnehmen kann – üblicherweise 3 bis 8 Zeichen. Die Pufferung der Daten gewährt dem Prozessor eine größere Flexibilität beim Einschreiben oder Auslesen der Übertragungsdaten. Ähnlich wie beim ACIA-Baustein wird durch den Ausgang TxRDY (*Transmitter Ready*) der CPU angezeigt, dass wenigstens ein Register des FIFOs im Sender frei ist, die CPU also ein neues Datum dort einschreiben kann. Durch den Ausgang RxRDY (*Receiver Ready*) wird dem Prozessor mitgeteilt, dass im Empfangs-FIFO wenigstens ein Datum zur Abholung bereitsteht. Zur Übertragung kann eine Zeichenlänge von 5 bis 8 Bits gewählt werden. Bei Zeichen mit einer Länge von weniger als 8 Bits werden die höchstwertigen Bits im FIFO-Register nicht benutzt, also als *don't cares* betrachtet. Dem Schieberegister TSR werden stets nur soviel Taktimpulse zur Parallel/Serien-Wandlung zugeführt, wie durch die Anzahl der Bits im Zeichen verlangt wird. Auf diese Weise wird die Zeit vergeudende Übertragung der *Don't care*-Bits vermieden.

Auch im Empfänger-Schieberegister RSR wird zunächst jeweils genau ein übertragenes Zeichen zusammengesetzt und dann parallel in ein FIFO-Register übertragen. Bei einer Zeichenlänge unter 8 Bits werden dabei die höherwertigen Registerzellen (z.B.) auf 0 gesetzt.

Im SYNC-Register (*Synchronization Code*) wird das vereinbarte Synchronisierzeichen abgelegt. In Abb. 9.59 ist gestrichelt angedeutet, dass einige Bausteine auch die Benutzung zweier (verschiedener) SYNC-Zeichen erlauben (*Two Sync Character Mode, Bi-Sync Mode*). Diese SYNC-Zeichen werden beim Senden vor dem ersten Datum des Blockes in das Sende-Schieberegister TSR (*Transmitter Shift Register*) übertragen und von dort auf den seriellen Ausgang TxD ausgegeben. Außerdem kann der Baustein so programmiert werden, dass er immer dann ununterbrochen SYNC-Zeichen ausgibt, wenn aktuell keine Daten zu übertragen sind.

Beim Empfang wird jedes Zeichen, das im Empfangs-Schieberegister RSR (*Receiver Shift Register*) „parallelisiert" wurde, durch den Komparator mit dem Inhalt des SYNC-Registers verglichen. Wird Gleichheit festgestellt (*Sync Match*), so wird ein bestimmtes Bit im Statusregister gesetzt und ggf. der Prozessor durch einen Interrupt davon unterrichtet. Häufig wird das Ergebnis des Vergleichs auch über eine spezielle Ausgangsleitung SYNDET (*Sync Detected*) angezeigt. Der Mikroprozessor stellt dadurch den Beginn eines Übertragungsblockes fest und kann die nachfolgenden Daten aus dem RDR-FIFO entnehmen. Das SYNC-Zeichen selbst wird nicht in das RDR-Register übernommen. (Im *Two Sync Character Mode* müssen natürlich zwei unmittelbar hintereinander folgende Zeichen mit den Inhalten der beiden SYNC-Register übereinstimmen.)

Alle anderen Steuerzeichen, z.B. die oben beschriebenen STX und ETX, sowie das Blockprüfzeichen BCC werden vom Prozessor wie normale Daten gesendet oder empfangen, ohne dass sie vom Schnittstellenbaustein ausgewertet werden. (Zur Erzeugung des BCC-Zeichens existieren Spezialbausteine, auf die im Rahmen dieses Buches jedoch nicht eingegangen werden kann, da die zugrunde liegende Theorie nicht vorausgesetzt wird.)

Wie bei der asynchronen Übertragung kann auch hier ein Paritätsbit zur Sicherung der Übertragung benutzt werden. Da die meisten Bausteine für einen Vollduplex-Betrieb entwickelt sind, muss die Logik zur Berechnung des Paritätsbits doppelt vorhanden sein, also sowohl im Sender als auch im Empfänger. Dabei kann wahlweise eine gerade oder ungerade Parität festgelegt werden (*Even/Odd Parity*). Das Paritätsbit wird vom *Parity Generator* im Sender erzeugt und jedem abgeschickten Zeichen angefügt. Die SYNC-Zeichen werden gewöhnlich nicht durch ein Paritätsbit ergänzt.

Im Empfänger wird das Paritätsbit vom *Parity (Generator and) Checker* überprüft. Tritt ein Paritätsfehler auf, so wird ein spezielles Bit im Statusregister gesetzt, das vom Prozessor zur Feststellung des Übertragungsfehlers abgefragt werden kann.

Die Bausteine für die synchrone Übertragung besitzen häufig keinen integrierten Baudraten-Generator, wie er bei den asynchronen Schnittstellen beschrieben wurde. In diesem Fall müssen der Sender- und Empfängertakt über die Eingänge TCLK (*Transmitter Clock*) bzw. RCLK (*Receiver Clock*) dem Baustein von außen zugeführt werden. Üblich sind Übertragungsraten bis zu 4 Mbd (Megabaud[1]).

---

[1] Zur Erinnerung: Bei Übertragungsraten bedeuten: 1 kilo = 1000, 1 Mega = 1 000 000

9.7.1.2 Externe Synchronisation

Bei der bisher beschriebenen Übertragung geschieht die Synchronisation von Sender und Empfänger durch das SYNC-Zeichen. Durch ein bestimmtes Bit im Steuerregister des Bausteins kann man diese „interne" Synchronisierung ausschalten. In diesem Fall kann die Synchronisation extern durch den Empfängertakt RCLK geschehen. Dieser muss dazu mit dem Sendertakt schaltungstechnisch so synchronisiert werden, dass er durch das erste Bit des übertragenen Datenblocks gestartet wird und seine (positive) Flanke genau um eine halbe Bitzeit von derjenigen des Sendertaktes verschoben ist (vgl. Abb. 9.50 unten). Diese Synchronisation erreicht man z.B. dadurch, dass man als Empfängertakt den invertierten Sendertakt nimmt.

9.7.1.3 Programmiermodell

In Abb. 9.60 sind mögliche Realisierungen des Statusregisters und der Steuerregister eines Bausteins für die zeichenorientierte Übertragung dargestellt. Die Funktion aller hellgrau unterlegten Bits ist bereits im letzten Abschnitt beschrieben worden und wird deshalb hier nicht wiederholt.

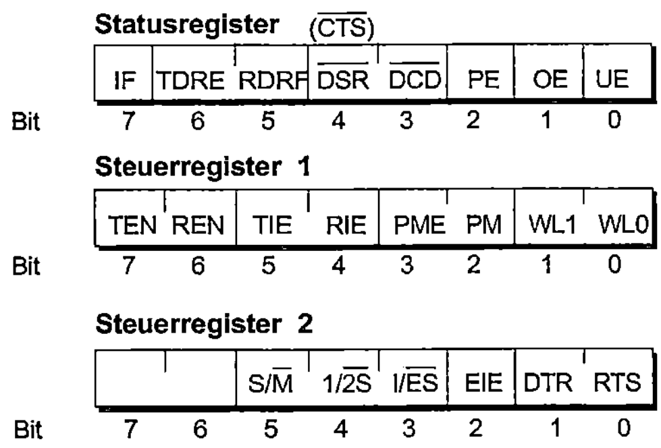

Abb. 9.60: Status- und Steuerregister eines COP-Bausteins

Statusregister

Im Statusregister ist nur das UE-Bit neu hinzugekommen (*Underrun Error, Underflow Error,* „Unterlauffehler"). Dieses Bit wird immer dann gesetzt, wenn während einer Blockübertragung das TSR-Schieberegister leer wird, im FIFO-Register aber noch kein weiteres Zeichen zur Übertragung bereitsteht. Der Baustein überträgt dann automatisch ein Füllzeichen, um die Synchronisation mit dem Empfänger aufrecht zu halten. Die Art dieses Füllzeichens wird durch ein Bit S/M# des Steuerregisters vorgegeben: Wahlweise wird das im SYNC-Register gespeicherte Synchronisierzeichen oder ein konstantes 1-Signal (*Mark Bit*) ausgegeben. Einige Bausteine besitzen außerdem einen besonderen Ausgang, um diesen Unterlauf-Fehler dem Prozessor anzuzeigen.

Steuerregister

S/M   Dieses Steuerbit wurde gerade eben beschrieben.

1/2S   Durch dieses Bit wird festgelegt, ob ein Datenblock durch ein oder zwei Synchronisierzeichen begonnen wird (*One/Two Sync Character Mode*).

I/ES   Dieses Bit bestimmt die Form der Übertragungssynchronisation: intern über die SYNC-Zeichen oder extern über den Empfängertakt RCLK.

EIE   (*Error Interrupt Enable*) Dieses Bit bestimmt, ob durch eines der „Fehler"-Bits 0 bis 2 im Statusregister eine Interrupt-Anforderung zum Prozessor übermittelt wird oder nicht.

9.7.2   Bitorientierte Übertragung

Bei der bitorientierten Übertragung werden die Daten in einen Rahmen (*Frame*) mit festem Format eingebunden. Nur die Position der Bits in diesem Rahmen legt fest, ob es sich um Steuerinformation oder ein Datum handelt. Diese Steuerinformation wird von den Schnittstellenbausteinen interpretiert. Die Datenbits selbst werden nicht ausgewertet. Sie können daher in einem beliebigen Code mit 1 bis 8 Bits pro Zeichen übertragen werden.

In Abb. 9.61 ist der Übertragungsrahmen für eines der am häufigsten eingesetzten Übertragungsverfahren (Übertragungsprozedur) skizziert. Dieses wird als *High Level Data Link Control* (HDLC-Prozedur) bezeichnet. Andere Übertragungsverfahren, auf die wir jedoch nicht näher eingehen können, sind die SDLC-Prozedur (*Synchronous Data-Link Control*), die hauptsächlich in der „IBM-Welt" eingesetzt wurde, sowie die ADCCP-Prozedur (*Advanced Data Communications Control Procedure*).

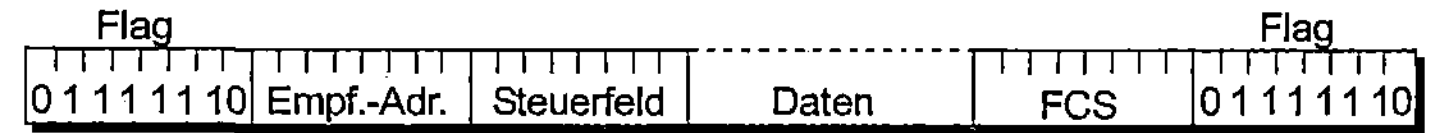

Abb. 9.61: Übertragungsrahmen der HDLC-Prozedur

Der HDLC-Rahmen beginnt und endet stets mit einem Begrenzungszeichen, dem *Flag*. Dieses wird durch die Bitkombination „01111110" dargestellt. Ähnlich wie das oben beschriebene SYNC-Zeichen dient das Anfangs-Flag (*Opening Flag*) zur Synchronisation zwischen Sender und Empfänger. Es kann vom Sender auch in den Pausen zwischen den Übertragungen ausgesandt werden.

Natürlich kann auch unter den Datenbits diese Kombination auftreten, die dann fälschlicherweise als Begrenzungszeichen interpretiert wird. Um dies zu verhindern, wird das bereits im Unterabschnitt 8.1.4 beschriebene Verfahren des *Bit Stuffings* („Bitstopfen", auch: *Zero Insertion/Deletion*) durchgeführt: Nach fünf hintereinander übertragenen 1-Datenbits fügt der Sender stets ein 0-Bit ein. Zur Restaurierung der ursprünglichen Information entfernt der Empfänger seinerseits jeweils das erste 0-Bit, das auf fünf 1-Bits folgt. Dadurch wird dafür gesorgt, dass – außer in den Anfangs- und Ende-Begrenzungszeichen – niemals 6 oder mehr 1-Bits unmittelbar hintereinander folgen, die als Begrenzungszeichen missverstanden werden könnten.

Das zweite Bitfeld des Rahmens enthält stets die Empfängeradresse (*Address Field*). Diese hat natürlich nur dann eine Bedeutung, wenn mehrere potentielle Empfänger die Daten erhalten können, also an der gleichen Datenleitung hängen. Die Länge dieses Feldes ist abhängig von der Übertragungsprozedur und stets ein Vielfaches von 8. Im anschließenden Steuerfeld *Control Field*) können bestimmte Befehle, Quittungsmeldungen oder aber auch Rahmennummern untergebracht werden.

Das nächste Feld (*Information Field*) enthält die zu übertragenen Daten. Es kann im Extremfall leer sein, nämlich dann, wenn (im Steuerfeld) lediglich ein Befehl übertragen werden soll.

Die maximale Länge des Feldes muss zwischen den Kommunikationspartnern abgesprochen werden. Die aktuelle Länge kann der Empfänger jedoch anhand des abschließend übermittelten Ende-Flags (*Closing Flag*) feststellen.

Nach den Daten wird wiederum ein Prüfzeichen übertragen, das üblicherweise 16 bzw. 32 Bits lang ist. Dieses wird *Frame Check Sequence* (FCS) genannt. Das als zyklische Redundanzprüfung (*Cyclic Redundancy Check* – CRC) bezeichnete Verfahren zur Berechnung dieses Zeichens hatten wir bereits mehrfach erwähnt. (Es kann leider im Rahmen dieses Buches nicht ausreichend genau dargestellt werden.)

9.7.2.1 Bausteine

In Abb. 9.62 ist die Ausführungseinheit eines Schnittstellenbausteins für die bitorientierte Übertragung skizziert. Diese Bausteine werden üblicherweise als *Advanced Data-Link Controller* (ADLC) bezeichnet. Es existieren jedoch auch Bausteine, die wahlweise die asynchrone sowie die synchrone, bit- oder zeichenorientierte Übertragung ausführen können. Übliche Namen dafür sind Datenkommunikationsbaustein, *Serial Communications Controller* (SCC) oder *Multiprotocol Controller*.

Wie bei den Bausteinen der zeichenorientierten Schnittstellen sind auch hier Sender- und Empfänger-Datenregister durch FIFO-Register ersetzt, die jeweils 3 bis 8 Speicherzellen besitzen. Der Baustein kann wiederum Zeichen mit einer Länge zwischen 5 und 8 Bits übertragen. Alle Zeichen, die kürzer als 8 Bits sind, werden – völlig analog zur zeichenorientierten Übertragung – in den FIFO-Registern gespeichert und von den Schieberegistern (TSR, RSR) bearbeitet. Dabei müssen Zeichen mit einer Länge von weniger als 5 Bits zunächst vom Prozessor so zusammengefasst werden, dass sie wenigstens 5 Bits lang sind. Auch die Funktion der Ausgänge Tx RDY, RxRDY ist hier dieselbe wie bei den Bausteinen zur zeichenorientierten Übertragung. Jedes im FIFO-Register abgelegte Zeichen wird mit seinem niederstwertigen Bit voran auf den Datenausgang TxD gegeben bzw. auf dem Dateneingang RxD empfangen.

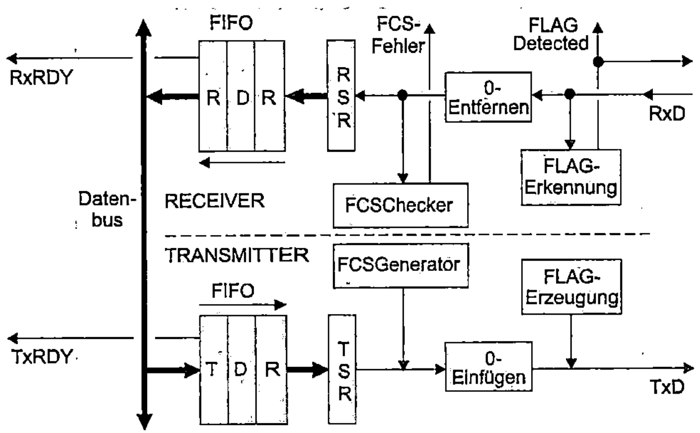

Abb. 9.62: Die Ausführungseinheit für die bitorientierte Übertragung

Vor der Übertragung des ersten Zeichens (d.h., der Empfängeradresse) gibt die mit „FLAG-Erzeugung" bezeichnete Komponente des Senders das Anfangs-Begrenzungszeichen auf den Datenausgang TxD. Bei dieser Komponente kann es sich z.B. um ein Schieberegister handeln, das mit dem festen Flag-Wert „01111110" parallel geladen wird und diesen über einen Multiplexer seriell auf TxD legt.

Die mit „FLAG-Erkennung" bezeichnete Komponente des Empfängers vergleicht permanent den auf der Datenleitung RxD eintreffenden Datenstrom mit dem Flag-Zeichen. Sobald sie dieses Zeichen findet, synchronisiert sie ihren Empfangstakt mit dem Sendetakt und gibt das Meldesignal *„FLAG Detected"* aus. Dieses Signal kann einerseits vom Prozessor an einem besonderen Bausteinausgang, andererseits aber durch ein spezielles Bit des Statusregisters (s.u.) abgefragt werden.

Das Flag wird nicht in das Empfangs-Schieberegister übernommen. Der Sender kann das Flag auch in den Übertragungspausen ununterbrochen ausgeben und dadurch für eine stetige Synchronisation des Empfängers sorgen.

Bei einer anderen Variante des in Abb. 9.62 dargestellten Bausteins besitzt die Ausführungseinheit ein spezielles Adressregister, in dem die Stationsadresse des Mikrorechners, wie sie im Adressfeld des Datenrahmens angegeben wird, abgelegt ist. Nach dem Erkennen des Flags vergleicht der Empfänger hardwaremäßig das nachfolgende Adressfeld im Datenrahmen mit dieser Adresse. Nur falls er eine Übereinstimmung feststellt, aktiviert er das Empfangs-Schieberegister RSR, informiert davon den Prozessor über eine zusätzliche Ausgangsleitung RxA (*Receive Address*) und fordert ihn dadurch zur Übernahme der Daten auf. Bei festgestellter Nichtübereinstimmung kann das RSR deaktiviert bleiben und auf den nächsten Übertragungsrahmen warten.

Die beiden Komponenten „0-Einfügen" bzw. „0-Entfernen" führen das oben beschriebene *Bit Stuffing* durch. Dazu untersuchen sie die durchlaufenden Bitströme auf fünf hintereinander folgende 1-Bits. Die Komponente „0-Einfügen" des Senders ergänzt diese Bits um ein 0-Bit; die Komponente „0-Entfernen" des Empfängers entfernt das erste 0-Bit, das nach ihnen übertragen wird.

Die Komponente *„FCS Generator"* des Senders berechnet aus dem vorbeilaufenden Ausgabe-Bitstrom nach einem bestimmten vorgegebenen Algorithmus das Rahmenprüfzeichen FCS und schickt es zum Abschluss der Datenübertragung auf den Ausgang TxD. Auf der Empfängerseite wird in der Komponente *„FCS Checker"* das Prüfzeichen erneut berechnet und mit dem im Datenstrom übertragenen Zeichen verglichen. Dabei kann der Empfänger das (zwischengespeicherte) FCS-Zeichen nur durch seine Lage im Datenstrom – direkt vor dem Ende-Flag – erkennen. Wird eine Abweichung festgestellt, so wird im Statusregister (s.u.) ein Fehlerbit gesetzt. In der Regel wird durch dieses Bit keine Interrupt-Anforderung an den Prozessor gestellt. Der µP kann dann also nur durch die Abfrage des Statusregisters einen aufgetretenen Übertragungsfehler feststellen. Da die ADLC-Bausteine meistens für einen Vollduplex-Betrieb entwickelt sind, muss die Logik zur Berechnung des FCS-Zeichens doppelt vorhanden sein, also sowohl im Sender als auch im Empfänger. Das FCS-Zeichen wird ebenfalls nicht in das Empfangs-Schieberegister übernommen.

9.7.2.2 Programmiermodell

In Abb. 9.63 sind mögliche Realisierungen von Status- und Steuerregister eines Bausteins für die bitorientierte Übertragung dargestellt. Alle Bits, die bereits in diesem oder dem vorhergehenden Abschnitt beschrieben wurden, sind wiederum hellgrau unterlegt und werden hier nicht mehr behandelt.

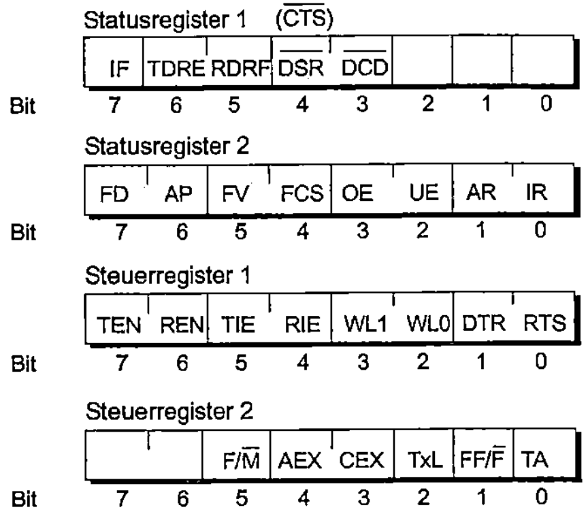

Abb. 9.63: Status- und Steuerregister eines BOP-Bausteins

Die Statusregister

FD   (*Flag Detected*) Dieses Bit wird gesetzt, wenn in einem empfangenen Bitstrom das Flag-Zeichen „01111110" erkannt wurde. Sein Zustand stimmt mit dem des oben beschriebenen Ausgangs *„FLAG Detected"* überein. Durch die Abfrage dieses Bits kann der Prozessor den Beginn eines Übertragungsrahmens feststellen.

AP   (*Address Present*) Dieses Bit wird immer dann gesetzt, wenn ein Zeichen des Adressfeldes im Datenrahmen empfangen wurde und im FIFO-Register des Empfängers bereitliegt. Durch dieses Bit wird der Prozessor aufgefordert festzustellen, ob eine übertragene Nachricht für ihn oder einen anderen Empfänger bestimmt ist. (Dieses Bit entfällt bei der oben erwähnten Variante mit Stations-Adressregister).

FV   (*Frame Valid*) Dieses Bit zeigt an, dass ein fehlerfreier und vollständiger Rahmen mit Anfangs- und Ende-Flag empfangen wurde. Nachdem dieses Bit gesetzt wurde, unterbricht der Baustein solange den Empfang, bis der Prozessor das letzte Datum des Rahmens aus dem FIFO gelesen und das FV-Bit zurückgesetzt hat.

FCS   (*Frame Check Sequence Error*) Durch dieses Bit wird ein Übertragungsfehler angezeigt, der durch die Auswertung des FCS-Zeichens festgestellt wurde. Es wird nicht gesetzt, wenn ein unvollständiger Rahmen ohne FCS-Zeichen übertragen wurde. (Dieser Rahmen wird durch das FV-Bit gekennzeichnet.)

OE   (*Overrun Error*) Hierdurch wird dem Prozessor ein Datenverlust mitgeteilt, der dadurch entsteht, dass ein neues Datum in das FIFO-Register des Empfängers eingetragen wird, obwohl dieses momentan keine freie Stelle besitzt. Dabei sorgt die FIFO-Steuerung dafür, dass immer nur die erste Stelle des FIFOs überschrieben wird.

UE   (*Underrun Error*) Dieses Bit wird gesetzt, wenn während der Übertragung eines Rahmens das TSR-Schieberegister geleert wird, der Prozessor aber nicht rechtzeitig ein neues Datum in das Sende-FIFO-Register schreibt. In diesem Fall wird die Übertragung des Rahmens automatisch abgebrochen und der Empfänger darüber durch das Aussenden eines Abbruchzeichens (*Abort Character*) aus wenigstens acht unmittelbar aufeinander folgenden 1-Bits – also eine gewollte Verletzung der *Bit-Stuffing-Regel* – informiert.

AR   (*Abort Received*) Dieses Bit zeigt an, dass während des Empfangs eines Rahmens auf dem Dateneingang RxD ein Abbruchzeichen erkannt wurde. Das Setzen dieses Bits führt zu einer Unterbrechungsanforderung an den Prozessor.

IR   (*Inactive Idle Received*) Dieses Bit wird gesetzt, wenn auf der Empfangsleitung RxD keine Informationen übertragen werden, diese Leitung also konstant einen logischen 1-Zustand hat. Auch das Setzen dieses Bits kann zu einer Unterbrechungsanforderung an den Prozessor führen.

Die Steuerregister

F/M#   (*Flag/Mark Idle Select*) Dieses Bit legt fest, welches Zeichen der Sender zwischen zwei Übertragungsrahmen kontinuierlich auf den Datenausgang TxD geben soll: das Flag-Zeichen „01111110" oder aber eine Folge von 1-Bits (*Mark Bits*).

AEX   (*Address Extend Mode*) Durch dieses Bit wird die Länge des Adressfeldes im Übertragungsrahmen bestimmt. Diese Länge kann entweder fest auf 8 Bits eingestellt oder aber dynamisch verändert werden. Im zweiten Fall zeigt eine 0 im niederstwertigen Bit des jeweils übertragenen Adressbytes an, dass ein weiteres Adressbyte folgt. (Eine Ausnahme davon stellt lediglich die „Null"-Adresse dar, die aus acht 0-Bits besteht.)

CEX   (*Control Field Extension*) Durch dieses Bit wird die Länge des Steuerfeldes (*Control Field*) im Rahmen auf 8 oder 16 Bits festgelegt.

TxL   (*Transmit Last Data*) Durch das Setzen dieses Bits teilt der Prozessor dem Sender im Baustein mit, dass er das letzte Datum in das FIFO-Register übertragen hat. Dadurch wird der Sender zur Ausgabe des FCS-Zeichens und des Ende-Flags veranlasst.

FF/F#   (*Double Flag/Single Flag*) Zur Erhöhung der Übertragungsgeschwindigkeit kann der Baustein das Ende-Flag eines Rahmens als das Anfangs-Flag des unmittelbar folgenden Rahmens auffassen. Durch dieses Bit wird bestimmt, ob von dieser Möglichkeit Gebrauch gemacht oder aber jeder Rahmen durch eigene Flags eingeschlossen werden soll.

TA   (*Transmit Abort*) Der Prozessor benutzt dieses Bit, um die Übertragung eines Rahmens vorzeitig abzubrechen. Als Reaktion wird das oben beschriebene Abbruchzeichen (von wenigstens acht 1-Bits) ausgesandt und dadurch der Empfänger über die Beendigung der Übertragung informiert.

9.7.2.3   LAN-Controller

In rapide steigendem Maß werden heutzutage immer mehr Mikrorechner miteinander vernetzt. Dies geschieht einerseits über öffentliche Weitverkehrsnetze (*Wide Area Networks* – WAN), vor allem aber auch durch die sog. Lokalen Netze (*Local Area Networks* – LAN). Für die Kommunikation in LANs wird häufig die synchrone bitorientierte serielle Datenübertragung angewandt. Die Bausteine zur Steuerung dieser Kommunikation werden LAN-Controller genannt. Im Rahmen dieses Buches können wir auf diese Bausteine leider nicht eingehen.

9.7.3 Beispiele zu synchronen, seriellen Schnittstellen

In diesem Unterabschnitt wollen wir nun zwei synchrone serielle Schnittstellen, die häufig in DSPs und Mikrocontrollern integriert sind, ausführlicher beschreiben. Dabei gehen wir auch auf ihre speziellen Eigenschaften und Funktionen ein, die wir bei der allgemeinen Beschreibung der Bausteine in den vorausgehenden Unterabschnitten nicht berücksichtigen konnten. Wie bereits am Anfang dieses Abschnitts gesagt, werden über diese Schnittstellen keine strukturierten Datenpakete oder Blöcke nach einem festen Protokoll, sondern einzelne Daten ausgetauscht. Über sie können zwar auch mehrere Prozessoren zum Datenaustausch gekoppelt werden. Ihre Hauptanwendung besteht aber im kostengünstigen Anschluss von Peripheriebausteinen, die über dieselbe Schnittstelle verfügen. Zu diesen Bausteinen gehören insbesondere Analog/Digital- sowie Digital/Analog-Wandler und „serielle" EPROMs, d.h., EPROMs mit serieller Schnittstelle. Weitere Bausteine sind komplexe Codierer/Decodierer (Codecs) für Stereo-Audiosignale und Anschluss-Schaltungen („Treiber") für Flüssigkristall-Anzeigen (*LCD-Displays, Liquid Crystal Display*).

9.7.3.1 Das *Serial Peripheral Interface* (SPI) von Motorola/Freescale

Das *Serial Peripheral Interface* (SPI) ist eine Entwicklung der Firma Motorola, die in vielen ihrer Mikrocontroller- und DSP-Bausteinen eingesetzt wird und hauptsächlich dem oben erwähnten kostengünstigen Anschluss von Peripheriekomponenten dient. Wegen ihrer weiten Verbreitung wird sie auch von anderen Prozessor- und Komponentenherstellern in ihren Produkten implementiert. In der komplexeren Form besitzt sie für die Sende- und Empfangsrichtung über größere Pufferbereiche. Diese Schnittstelle wird als *Queued Serial Peripheral Interface* (QSPI) bezeichnet. In Abb. 9.64 ist ein einfaches Anwendungsbeispiel dargestellt, in dem vier Peripheriekomponenten, die als *Slaves* bezeichnet werden, über die QSPI-Schnittstelle an einem Mikrocontroller, dem *Master*, angeschlossen sind.

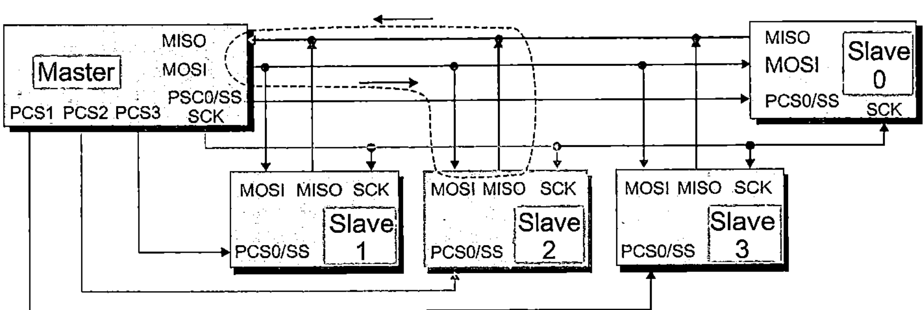

Abb. 9.64: Eine einfache QSPI-Kopplung

Die Festlegung, welche Komponente Master oder Slave ist, geschieht in einem Steuerregister jeder Schnittstelle. Sie muss eindeutig sein, d.h., es darf nur einen Master geben; alle anderen Komponenten müssen als Slaves programmiert werden. Die Datenübertragung geschieht im Vollduplex-Betrieb. Das heißt in diesem Fall aber nur, dass der Master gleichzeitig senden und empfangen kann (s.u.).

Der Übertragungstakt wird vom Master erzeugt und über seine Ausgangsleitung SCK (*Serial Clock*) an alle Slaves verteilt. Für die Übertragung stehen zwei Datenleitungen zur Verfügung, an die alle Komponenten busförmig angeschlossen sind[1]:

- Über die Ausgangsleitung MOSI (*Master Out, Slave In*) sendet der Master seine Daten an einen oder mehrere Slaves. Dementsprechend ist MOSI bei allen angeschlossenen Slaves eine Eingangsleitung.

- Über die Eingangsleitung MISO (*Master In, Slave Out*) empfängt der Master Daten von einem Slave. Dementsprechend ist MISO bei allen angeschlossenen Slaves eine Ausgangsleitung.

- Die Auswahl des jeweils gewünschten Kommunikationspartners wird von der Steuerlogik des Masters über vier Selektionssignale PCS3,..., PCS0 (*Peripheral Chip Select*) vorgenommen. Diese werden bei jedem Slave mit einer Eingangsleitung SS (*Slave Select*) verbunden. Bei Komponenten, die sowohl als Master als auch als Slave arbeiten können, stimmt dieser Signalanschluss mit dem Auswahlleitung PCS_0 überein und wird daher als PCS0/SS bezeichnet.

In Abb. 9.65 ist der innere Aufbau einer QSPI-Schnittstelle dargestellt.

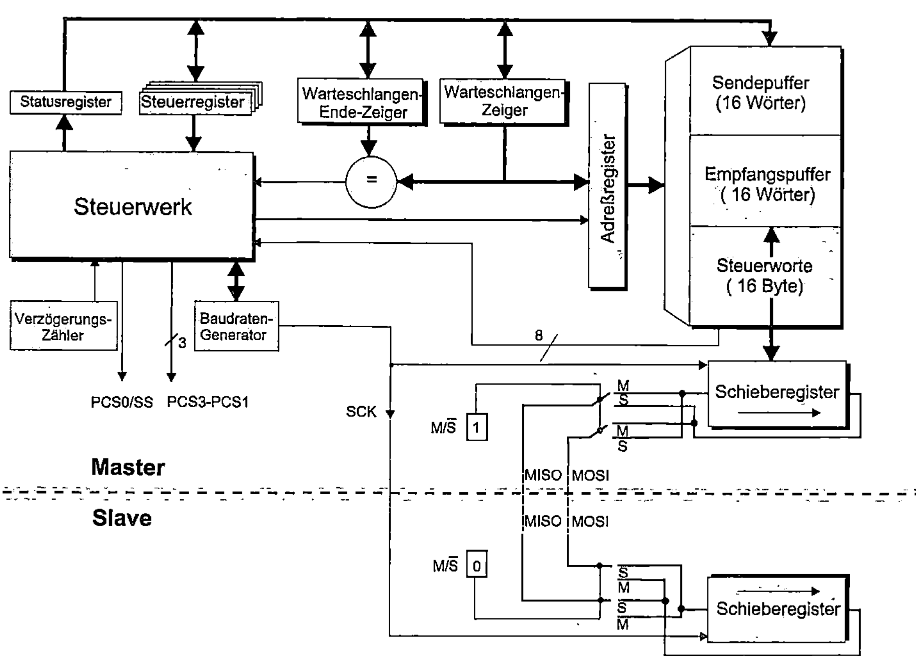

Abb. 9.65: Aufbau eines *Queued Serial Peripheral Interface*

Die Schnittstelle verfügt über mehrere Steuerregister, in denen alle Parameter zur Steuerung der Übertragung festgelegt werden. Dazu gehören insbesondere

---

[1] Wegen der Signalnamen wird die QSPI-Schnittstelle oft auch als MOSI-MISO-Schnittstelle bezeichnet

- die Festlegung für jede Komponente, ob sie als Master oder Slave arbeiten soll,

- die Länge der zu übertragenden Daten, die zwischen 8 und 16 Bits gewählt werden kann,

- die Übertragungsrate, d.h., die Frequenz des Taktsignals SCK, die – abhängig vom Prozessortakt – zwischen einigen kBit/s bis zu mehreren MBit/s reichen kann,

- eine wählbare Übertragungsverzögerung, die nach der Übertragung eines Datums eingelegt werden kann, um der angesprochenen Komponente eine genügend große Reaktionszeit vor der Übertragung des nächsten Datums einzuräumen.[1] Diese Verzögerung wird durch einen ein-/ausschaltbaren Verzögerungszähler (s. Abb. 9.65) realisiert.

Der Puffer (Warteschlange – *Queue*), der die Bezeichnung *Queued* SPI begründet, besteht aus 16 Einträgen. Jeder Eintrag wiederum enthält ein

- 16-Bit-Senderegister, in dem vom Prozessor ein 8 bis 16 Bits langes Datenwort abgelegt werden kann,

- 16-Bit-Empfangsregister, in dem vom Steuerwerk der Schnittstelle ebenfalls ein 8 bis 16 Bits langes Datenwort zur Abholung durch den Prozessor abgelegt werden kann,

- 8-Bit-Steuerwort. Dieses Steuerwort legt einerseits für die durch den Eintrag bestimmte Datenübertragung den Zustand der Auswahlsignale $PCS_3 - PCS_0$ fest – selektiert dadurch also den angesprochenen Slave (bzw. die angesprochenen Slaves, s.o.). Andererseits wird darin das zeitliche Verhalten des Auswahlsignals (bzw. der Auswahlsignale) bestimmt und das Einfügen der o.g. Übertragungsverzögerung aktiviert bzw. deaktiviert.

Mit den bisher beschriebenen Komponenten kann nun der Ablauf einer einfachen Datenübertragung vom Master zu einem Slave beschrieben werden. Dabei ist zu berücksichtigen, dass der am unteren Bildrand gezeichnete Doppelschalter durch das M/S-Steuersignal im Master auf die Stellung „M", im Slave auf die Stellung „S" gesetzt wird.

- Der Prozessor schreibt in eines der beschriebenen Steuerregister die 4-Bit-Adresse des Puffereintrages, der zur Kommunikation benutzt werden soll.

- Die Schnittstellensteuerung überträgt diese Adresse in das Adressregister des Pufferspeichers.

- Der Prozessor überträgt das auszusendende Datum sowie das gewünschte Steuerwort (mit der Auswahl des Slaves, s.o.) in den adressierten Puffereintrag.

- Die Schnittstellensteuerung überträgt den Inhalt des Sendepufferregisters parallel in das Schieberegister und liest gleichzeitig das zugeordnete Steuerwort.

- Danach erzeugt sie (über das Signal SCK) die erforderliche Anzahl von Schiebetakten, durch die das auszusendende Datum seriell, d.h., bit für bit, über die Leitung MOSI ausgegeben wird.

- Mit jedem Taktsignal wird gleichzeitig der aktuelle Zustand auf der MISO-Leitung in das Schieberegister eingezogen. Nach der vereinbarten Anzahl von Takten ist damit ein vollständiges Datenwort im Register eingetroffen. Dieses wird nach dem letzten Takt parallel in das adressierte Empfangspufferregister übertragen, wobei bei Daten mit weniger als 16 Bits Länge die höherwertigen Bits auf 0 gesetzt werden (*Zero Fill*).

---

[1] z.B. zur Erzeugung einer bestimmten Abtastrate eines Analog/Digital-Wandlers

- Ist das eingelesene Datum vom selektierten Slave beabsichtigt ausgegeben worden, so kann der Prozessor es aus dem Puffereintrag einlesen. Handelt es sich beim Slave jedoch um eine Komponente, die nur Ausgaben des Masters bearbeiten kann, aber keine Eingaben erzeugt, so wird der Prozessor die eingelesene „ungültige" Bitfolge unberücksichtigt lassen.

Viele Ein-/Ausgabekomponenten verlangen die Übertragung zusammenhängender Datenblöcke. Für diese Übertragungen besitzt die Schnittstelle weitere Steuer- und Adressregister. Sie ermöglichen es, im Pufferspeicher einen Block von aufeinander folgenden Einträgen festzulegen, die (meistens) zum bzw. vom selben Slave übertragen werden sollen. Ein Block kann dabei maximal alle 16 Puffereinträge, also bis zu 32 Bytes (d.h., 256 Bits), umfassen.

Der Prozessor trägt dazu in eines der Steuerregister die Adresse des ersten Blockeintrages, in das Blockende-Register die Adresse des letzten Blockeintrages ein. Ein weiteres Register, der Pufferzeiger, weist stets auf den aktuell zu übertragenden Puffereintrag. Nachdem die Schnittstelle aktiviert wurde, überträgt sie nun selbstständig einen Puffereintrag nach dem anderen aus dem selektierten Block. Nach jeder Übertragung vergleicht sie den aktuellen Wert des Pufferzeigers mit dem Inhalt des Blockende-Registers. Solange diese verschieden sind, wird der Pufferzeiger erhöht und der nächste Eintrag verarbeitet. Wird das Blockende erreicht, kann wahlweise die Blockübertragung beendet oder aber automatisch mit der erneuten Übertragung des Blockes begonnen werden (*Wrap Around Mode*), der dann typischerweise von der CPU bereits mit neuen Werten belegt wurde.

9.7.3.2 Die SPORTs von Analog Devices

Die synchrone, serielle Schnittstelle, die wir in diesem Unterabschnitt beschreiben, wird z.B. in der DSP-Familie ADSP-218x der Firma Analog Devices eingesetzt, die Sie im Kapitel 10 ausführlich kennen lernen werden. Diese Schnittstellen werden als *Serial Ports* (SPORTs) bezeichnet.

9.7.3.2.1 Kopplung über die SPORTs

Wie oben schon gesagt wurde, können die SPORTs außer zum Anschluss von Peripheriebausteinen auch zur Kopplung mehrerer Prozessoren verwendet werden. In Abb. 9.66 sind beide genannten Kopplungsmöglichkeiten schematisch dargestellt.

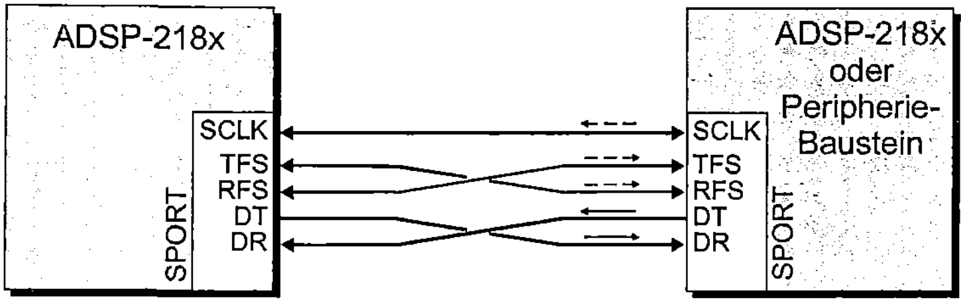

Abb. 9.66: Kopplung über die SPORTs

Die Schnittstelle besteht aus fünf Signalen. In Abb. 9.66 sind die drei „oberen" Signale SCLK, TFS, RFS – durch Doppelpfeile – bidirektional dargestellt. Dies ist so zu verstehen, dass sich beide Kommunikationspartner bei der Initialisierung des Systems über die Übertragungsrichtungen dieser Signal verständigen müssen.[1] Nachdem diese Wahl in den SPORTs getroffen wurde, ist sie gewöhnlich für die gesamte Betriebsdauer festgelegt. In der Abbildung wird durch die gestrichelt gezeichneten Pfeile an den Leitungen der Schnittstelle eine mögliche Richtungswahl angedeutet.

- Über die Leitung SCLK (*Serial Clock*) wird ein Taktsignal zur Steuerung der synchronen Übertragung ausgetauscht. (In Abb. 9.66 wird beispielhaft angenommen, dass dieses Signal vom „rechten" Kommunikationspartner erzeugt wird.)

- Über die Datenleitung DT (*Data Transmit*) werden die seriellen Daten ausgegeben.

- Über die Datenleitung DR (*Data Receive*) werden die seriellen Daten empfangen.

- Über die Steuerleitung TFS (*Transmit Frame Sync*) wird beim Aussenden eines einzelnen Datums oder eines Datenblockes ein Synchronisiersignal übertragen, das Beginn (und Ende) des Datums oder Datenblockes anzeigt (Rahmung – *Framing*, s.u.).

- Über die Steuerleitung RFS (*Receive Frame Sync*) wird dementsprechend beim Empfangen eines Datums oder Datenblockes ein Synchronisiersignal übertragen, das Beginn (und Ende) des Datums oder Datenblockes anzeigt (s.u.).

Die dargestellte Kopplung über die SPORTs erinnert sehr stark an die V.24-Schnittstelle, wie sie im Unterabschnitt 9.6.4 beschrieben wurde. Auch hier ist eine Vollduplex-Übertragung möglich, für die Daten- und Steuersignale jeweils kreuzweise miteinander verbunden werden müssen. Hier soll aber explizit darauf hingewiesen werden, dass die SPORTs keine universellen, synchronen/asynchronen seriellen Schnittstellen (USART – *Universal Synchronous/Asynchronous Receiver/Transmitter*) darstellen. Die Übertragung wird insbesondere nicht durch ein Start-Stop-Protokoll – wie bei der V.24-Schnittstelle – gesichert. Sofern man solch ein Protokoll benötigt, muss man es selbst durch Software nachbilden.

Die betrachteten SPORTs erlauben eine Übertragungsgeschwindigkeit von vielen MBit/s – gleichzeitig in beiden Richtungen, direkt abhängig von der maximalen Taktrate des Prozessors. Die DSPs der Firma Analog Devices besitzen jeweils zwei unabhängig voneinander arbeitende SPORTs. Diese unterscheiden sich etwas von DSP-Typ zu DSP-Typ. Im Weiteren legen wir den im folgenden Kapitel behandelten ADSP-218x zugrunde.

Vor der Benutzung einer seriellen Schnittstelle muss diese im Systemsteuerregister SCR aktiviert werden. Dieses Steuerregister ist in Abb. 9.67 dargestellt. Zur Aktivierung der SPORTs dienen die Bits 11 und 12. (Die grau unterlegten Steuerbits werden in späteren Unterabschnitten beschrieben.)

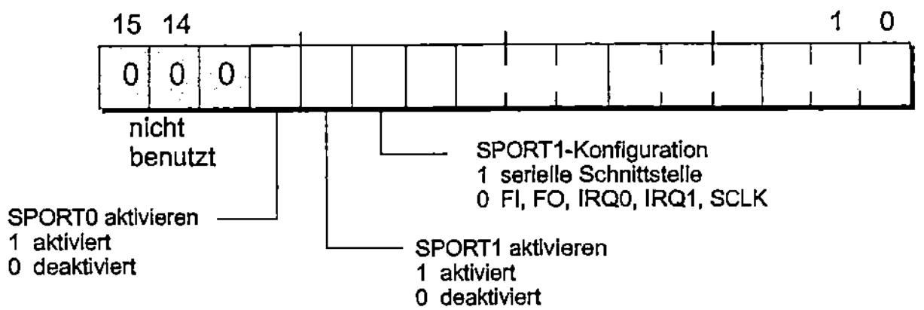

Abb. 9.67: Das Systemsteuerregister

---

[1] Es sind natürlich auch Anwendungen denkbar, in denen die Richtungen – gesteuert durch eine Absprache der Partner – wechseln können

9.7.3.2.2 Der innere Aufbau der SPORTs

In Abb. 9.68 ist der innere Aufbau der beiden seriellen Schnittstellen des ADSP-218x skizziert. Beide Schnittstellen sind identisch und werden als SPORT0 und SPORT1 bezeichnet. Alle Register des SPORTs können über den (Daten-)Datenbus DMD beschrieben und gelesen werden.

Jeder SPORT besteht aus einem Sender- und einem Empfängerteil. Ihre Funktion stimmt im Wesentlichen mit derjenigen der in diesem und dem Unterabschnitt 9.6 beschriebenen Bausteinen überein. Der Prozessorkern schreibt ein zu übertragendes Datum in das Sende-Datenregister TX (*Transmit Register*). Dabei können Wortlängen zwischen 3 und 16 Bits gewählt werden. Sobald das Sende-Schieberegister TSR (*Transmit Shift Register*) leer ist, d.h., das „vorausgehende" Datum vollständig bearbeitet wurde, wird das Datum aus TX (parallel) dorthin übertragen und dann Bit für Bit – synchron zum Takt SCLK – auf die Ausgangsleitung DT gelegt. Das höchstwertige Bit (MSB) wird zuerst ausgesendet. Sobald dieses Bit aus dem Register TSR herausgeschoben wurde, kann der DSP-Kern durch einen Interrupt (*Transmit Interrupt*) darüber informiert werden. Dazu muss in einem Register des Kerns, dem IMASK-Register (*Interrupt Mask Register*, vgl. Unterabschnitt 10.1.4), dieser Interrupt aktiviert sein. Der DSP-Kern kann dann (typischerweise in der Interrupt-Routine) ein neues Datum ins Register TX schreiben.

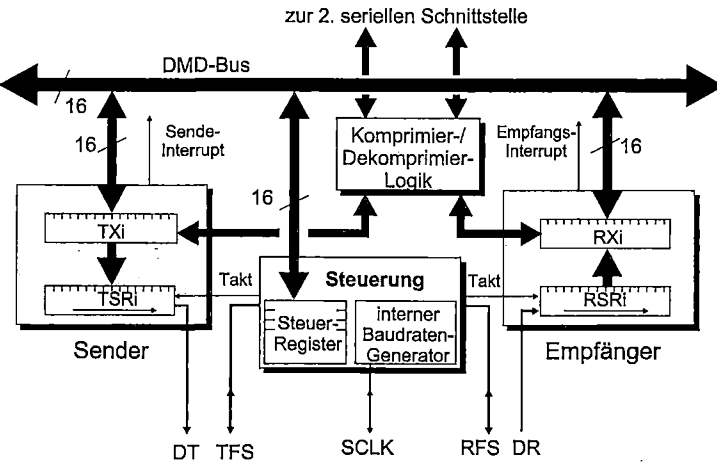

Abb. 9.68: Interner Aufbau der seriellen Schnittstellen

Beim Empfang eines Datums wird dieses zunächst von der Eingangsleitung DR bitweise ins Empfangs-Schieberegister RSR (*Receive Shift Register*) übernommen. Erst wenn das Datum vollständig übertragen wurde, wird es (parallel) ins Empfangs-Datenregister RX (*Receive Register*) geschrieben. Gleichzeitig kann der DSP-Kern durch einen Interrupt (*Receive Interrupt*) darüber informiert werden. Auch hier muss dieser Interrupt im IMASK-Register aktiviert sein. Der DSP-Kern kann dann (typischerweise in der Interrupt-Routine) das Datum aus dem Register DX lesen.

Die Register TX und RX werden nicht unter einer Speicheradresse, sondern durch bestimmte Bitfelder im OpCode direkt angesprochen. Lesen und Schreiben der Register geschieht z.B. durch die Datentransferbefehle (*Data Move Instructions*, vgl. Unterabschnitt 6.2.3.12).

Bei der digitalen Verarbeitung von analogen Audiosignalen werden diese häufig in einen (wenigstens) 13 oder 14 Bits langen Code umgesetzt. Zur Reduzierung des Übertragungsaufwandes für die so gewonnenen Zeichen können diese durch eine logarithmische Umcodierung in 8-Bit-Zeichen umgesetzt werden, ohne dass die Qualität der Verarbeitung hörbar leidet[1]. Die Umsetzung in diesen 8-Bit-Code (Kompression – *Compressing*) bzw. die Rückwandlung in den 13-Bit-Code (Dekompression – *Expanding*) wird von der in Abb. 9.68 dargestellten Komprimier-/Dekomprimier-Logik vorgenommen. Diese Logik wird im englischen Sprachgebrauch zusammenfassend mit dem Kunstwort *Compand Logic* bezeichnet. Die Logik entnimmt – sofern sie aktiviert wurde – die zu übertragenden bzw. empfangenen Daten den entsprechenden Registern TX bzw. RX, codiert sie entsprechend um und schreibt sie in die Register zurück. Da beide Register, TX und RX, sowohl beschrieben als auch gelesen werden können, kann die *Compand*-Logik auch nur intern – also ohne folgende oder vorausgehende Übertragung über die serielle Schnittstelle – zur Umwandlung von Daten durch Kompression bzw. Dekompression benutzt werden. Dabei muss jedoch beachtet werden, dass die Umwandlung einen Taktzyklus benötigt, so dass u.U. ein NOP-Befehl eingefügt werden muss, bevor die CPU das Ergebnis vom SPORT durch einen Lesebefehl aus TX oder RX abholen kann.

In jedem Zyklus können gleichzeitig eine Kompression und eine Dekompression ausgeführt werden. Wegen der Komplexität der Komprimier-/Dekomprimier-Schaltung ist sie für beide SPORTs nur einmal implementiert worden und muss bei Bedarf von ihnen gemeinsam benutzt werden. Treten dabei Zugriffskonflikte auf, so besitzt SPORT0 die höhere Priorität, und SPORT1 muss einen Zyklus warten.

Ausgelöst und überwacht werden alle möglichen Operationen der SPORTs durch die mit „Steuerung" bezeichnete Komponente. Sie enthält einen ganzen Satz von Steuerregistern[2] (*Configuration Registers*), die unter hohen Adressen des internen Datenspeichers angesprochen werden können (vgl. Unterabschnitt 10.1.5). Die Steuerung hat insbesondere die Aufgabe, Sender- und Empfängerteil des SPORTs mit den notwendigen Takt- und Steuersignalen zu versorgen. Dazu befindet sich in der Steuerung der Baudraten-Generator, der die Ableitung einer ganzen Reihe von Frequenzen des Schiebetaktes SCLK aus dem Systemtakt CLKOUT erlaubt. Das Signal SCLK kann dabei auch sehr niedrige Frequenzen bis hinunter zu 0 Hz aufweisen. Für die Erzeugung des Schiebetakts verfügt der Prozessor über zwei Steuerregister, die mit SCLKDIV und RFSDIV bezeichnet sind.

Die Frequenz des Schiebetaktes SCLK wird dadurch festgelegt, dass im Register SCLKDIV (*Serial Clock Divide Modulus*) ein Wert angegeben wird, durch den die Frequenz des Systemtaktes CLKOUT dividiert werden soll. Dabei gilt die folgende Formel:

Frequenz von SCLK = 0.5 * (Frequenz von CLKOUT) / (SCLKDIV + 1).

Das Register RFSDIV (*RFS Divide*) hat nur dann eine Bedeutung, wenn das Synchronisiersignal RFS (s.o.) intern erzeugt und vom Kommunikationspartner ausgewertet wird. Der Wert in RFSDIV legt fest, mit welcher Rate das Signal RFS auftreten soll und – dementsprechend – Datenwörter empfangen werden sollen. Diese Frequenz wird nach folgender Formel berechnet:

Rate von RFS = (Frequenz von SCLK) / (RFSDIV + 1).

---

[1] für Fachleute und besonders Interessierte: Umwandlung nach der CCITT-Empfehlung G.711 (μ-Law, A-Law)
[2] Diese Register werden wir weiter unten im Detail besprechen

Eine Umrechnung der Formel zeigt, dass der Wert (RFSDIV + 1) angibt, wie viele Takte von SCLK zwischen zwei Aktivierungen des Signals RFS auftreten. Daraus folgt auch, dass die Eingabe eines Werts, der kleiner als die Bit-Länge der Datenwörter ist, nicht zulässig ist.

Wird das Taktsignal SCLK extern, also vom Kommunikationspartner erzeugt, so wird es direkt an die Schieberegister TSR, RSR des SPORTs durchgeschaltet, und der Baudraten-Generator ist abgeschaltet.

Die Schnittstellenleitungen des SPORT1 können durch alternative Signale (*Alternate Configuration*) belegt werden. Das sind zwei Interrupt-Eingänge IRQ0 und IRQ1 sowie zwei unter Programmkontrolle ansprechbare Signale FI (*Flag In*) und FO (*Flag Out*).[1] Nur das Signal SCLK behält seine Funktion. Die Auswahl zwischen den Signalen der seriellen Schnittstelle und den alternativen Signalen geschieht durch Bit 10 des Systemsteuerregisters SCR (s. Abb. 9.67).

Eine sehr nützliche Eigenschaft der SPORTs ist, dass die Erzeugung des Taktsignals SCLK – wie die *Compand Logic* – auch dann aktiv ist, wenn der zugehörige SPORT selbst deaktiviert ist. In diesem Fall kann der SPORT als „programmierbarer" Taktgenerator für externe Peripheriekomponenten benutzt werden.

9.7.3.2.3 Die verschiedenen Synchronisationsverfahren

Um Bausteine unterschiedlicher Hersteller mit verschiedenen Übertragungsverfahren an die SPORTs anschließen zu können, erlauben diese, eine Auswahl unter einer Reihe von Synchronisationsvarianten zu treffen. Bevor wir auf diese Varianten genauer eingehen, stellen wir in Abb. 9.69 die Steuerregister der seriellen Schnittstellen dar, die wir mit SPCR0/1 (*SPORT0/1 Control Register*) bezeichnen.

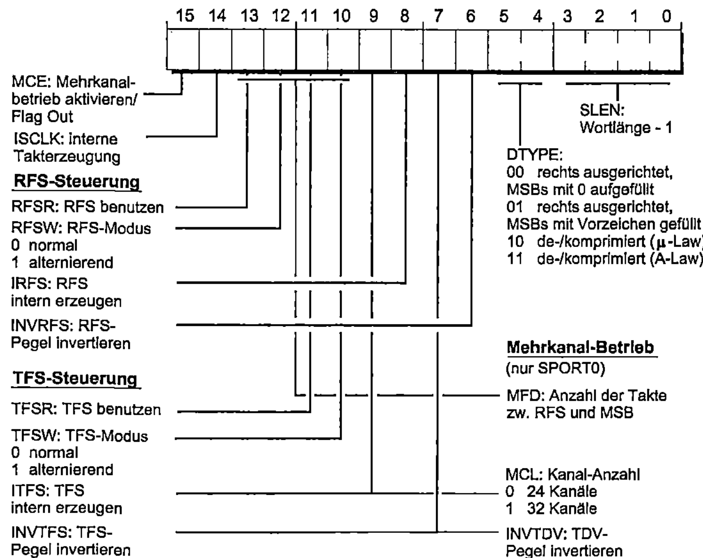

Abb. 9.69: Die Steuerregister der seriellen Schnittstellen

---

[1] IF (NOT) FLAG_IN bzw. SET/RESET/ TOGGLE FLAG_OUT, vgl. Unterabschnitt 10.1.4

Durch das Bit MCE (*Multichannel Enable*) im SPCR0 kann eine besondere Betriebsart der seriellen Schnittstelle SPORT0, die Mehrkanal-Übertragung, festgelegt werden, die am Ende dieses Unterabschnitts ausführlich beschrieben wird.

Im Steuerregister SPCR1 von SPORT1 gibt das Nur-Lese-Bit 15 (*Read-Only*) stets den aktuellen Zustand des oben bereits beschriebenen Ausgangssignals FO (*Flag Out*, vgl. auch Unterabschnitt 10.1.4) wieder, das unter Programmkontrolle beliebig geändert werden kann. Durch die Möglichkeit seiner Abfrage über Bit 15 kann auf die explizite Speicherung seines aktuellen Zustandes in einer Speicherzelle verzichtet werden.

Das Bit ISCLK (*Internal Serial Clock Generation*) legt fest, ob der Schiebetakt SCLK intern erzeugt oder vom Kommunikationspartner geliefert wird. Das Bitfeld SLEN in den Steuerregistern SPCRi bestimmt die Länge der übertragenen Daten zwischen 3 und 16 Bits. Dabei wird die Länge durch SLEN+1 gegeben. Die Angabe SLEN = 0010_2 = 2 entspricht z.B. einer Wortlänge von 3 Bits, SLEN = 1111_2 = 15 einer Länge von 16 Bits. (Die Werte SLEN = 0, SLEN = 1 sind nicht zulässig.) Da die Länge der übertragenen Wörter nicht mit der Länge 16 der internen Datenregister übereinstimmen muss, wird durch das Feld DTYPE (*Data Format*) festgelegt, wie empfangene Daten in den internen Registern abgelegt werden. Grundsätzlich geschieht die Ablage „rechtsbündig" (*right justified*), d.h., beginnend mit Bit 0. Durch DTYPE kann gewählt werden, ob die höherwertigen Bits (*Most Significant Bits* – MSBs) mit dem Wert 0 (*Zero Fill*) oder dem Vorzeichen des empfangenen Datums (*Sign Extension*) gefüllt werden. Außerdem wird durch das Feld DTYPE das Verfahren zur Daten-Kompression-/Dekompression (*Companding*) aktiviert, das bereits erwähnt wurde. Dabei kann zwischen zwei Algorithmen, dem sog. *A-Law* bzw. *µ-Law*, gewählt werden[1]. Empfangene Daten werden – nach der Dekomprimierung – rechtsbündig und vorzeichengerecht im Empfangsregister RXi zur Abholung durch den DSP-Kern bereitgestellt. Entsprechend werden ins Senderegister TXi geschriebene Daten – nach der Kompression – durch Auffüllen der MSBs mit dem Vorzeichen auf die programmierte Wortlänge erweitert und ausgegeben.

Die restlichen Bits der Register SPCRi dienen zur Steuerung der Datenübertragung, insbesondere zur Festlegung der oben beschriebenen Synchronisiersignale RFS und TFS. Für jedes Signal werden dazu vier Bits benötigt. Die grundlegenden Formen der Übertragung sind in Abb. 9.70 skizziert.

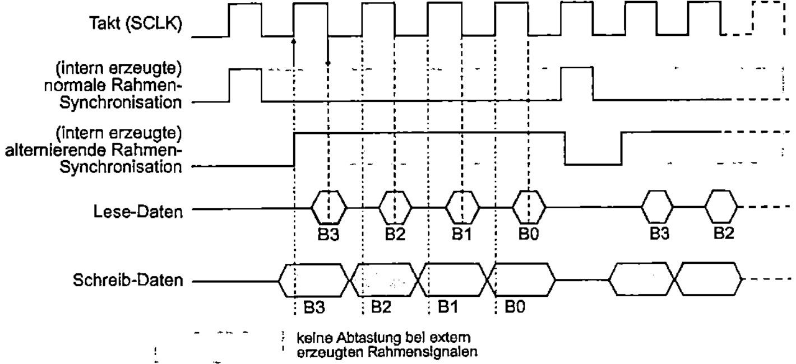

Abb. 9.70: Die grundlegenden Synchronisationsverfahren der SPORTs

---

[1] Beide Algorithmen komprimieren – wie oben gesagt – vor dem Senden 13- bzw. 14-Bit-Werte in 8-Bit-Zahlen und dekomprimieren beim Empfangen diese 8-Bit-Zahlen wiederum zu 13- bzw. 14-Bit-Zahlen

Dargestellt ist darin jeweils der Fall, dass die Synchronisiersignale (*Framing Sync*) intern, also nicht vom Kommunikationspartner erzeugt werden. Die Steuerbits RFSR (*Internal Transmit Frame Sync Enable*), TFSR, ITFS (*Internal Transmit Frame Sync Enable*) bzw. IRFS (*Internal Receive Frame Sync Enable*) sind dazu auf den Wert 1 zu setzen. Zur Vereinfachung der Darstellung wird von der Übertragung von 4-Bit-Wörtern (B3, B2, B1, B0; SLEN = 3) ausgegangen. Grundsätzlich wird, wie bereits gesagt, durch die SPORTs das höchstwertige Bit B3 (MSB) zuerst ausgegeben.

- Bei der **normalen Rahmensynchronisation** (*Normal Frame Synchronous*) wird ein Zyklus vor dem Beginn der Übertragung für eine halbe Taktdauer ein (positives) Synchronisiersignal ausgegeben. Es wird vom Kommunikationspartner während der fallenden Taktflanke erkannt. Danach wird das Signal bis zum Ende der Übertragung des Datums zurückgesetzt. Im Kommunikationspartner wird das Signal während der folgenden Übertragung des Datums nicht mehr abgetastet und ausgewertet.

  - Beim Schreiben wird das (intern erzeugte) Signal auf der Leitung TFS ausgegeben. Mit jeder folgenden positiven Flanke des Taktes wird danach ein Bit des Datums gesendet. Das Bit TFSW (*Transmit Frame Sync Width*) muss auf den Wert 0 gesetzt sein.

  - Beim Lesen wird das Signal auf der Leitung RFS erzeugt. Mit jeder folgenden negativen Flanke des Taktes wird danach ein Bit des Datums empfangen. Das Bit RFSW (*Receive Frame Sync Width*) muss auf den Wert 0 gesetzt sein.

- Bei der **alternierenden Rahmensynchronisation** (*Alternate Frame Synchronous*) wird zu Beginn der Übertragung das (positive) Synchronisiersignal ausgegeben und erst nach dem Ende der Übertragung des Datums wieder zurückgenommen. Im Kommunikationspartner wird auch hier das Signal während der folgenden Übertragung des Datums nicht mehr abgetastet und ausgewertet. Gleichzeitig mit der Aktivierung des Signals wird bereits das erste Bit des Datums übertragen, wobei bezüglich des Schreibens und Lesens die beim normalen Verfahren gemachten Aussagen gelten. Die Bits RFSW bzw. TFSW müssen für die alternierende Rahmensynchronisation auf den Wert 1 gesetzt sein.

  Da bei diesem Verfahren der Partner bereits während des Taktzyklus, in dem das Synchronisiersignal aktiviert wird, das erste Bit übertragen (senden oder empfangen) muss, verlangt es eine schnellere Reaktion.

Bei den bisher beschriebenen Übertragungen werden die Synchronisiersignale für jedes zu übertragende Wort neu generiert. Man spricht daher von der **„gerahmten" Übertragung** (*Framed Transmission*). Sie wird durch die Belegung der Bits TFSR (*Transmit Frame Sync Required*) bzw. RFSR (*Receive Frame Sync Required*) mit dem Wert 1 selektiert. In Abb. 9.71 wird dieser Rahmensynchronisation die Übertragung ohne Rahmung (*Unframed Transmission*) gegenübergestellt.

- Die **„ungerahmte" Datenübertragung** wird zwischen Kommunikationspartnern eingesetzt, die große Blöcke von Daten möglichst schnell und ohne Pausen übertragen wollen. Sender und Empfänger müssen sich vor der Übertragung über die Länge des Blockes verständigen. Hier wird nur vor dem Beginn der Übertragung eines Blockes das Synchronisiersignal erzeugt. Erst die Übertragung des nächsten Blockes wird wieder durch ein Rahmensignal angezeigt. Während der Blockübertragung wird das Rahmensignal vom Partner nicht abgetastet und ausgewertet. Die ungerahmte Übertragung wird durch RFSR = 0 bzw. TFSR = 0 im Steuerregister selektiert.

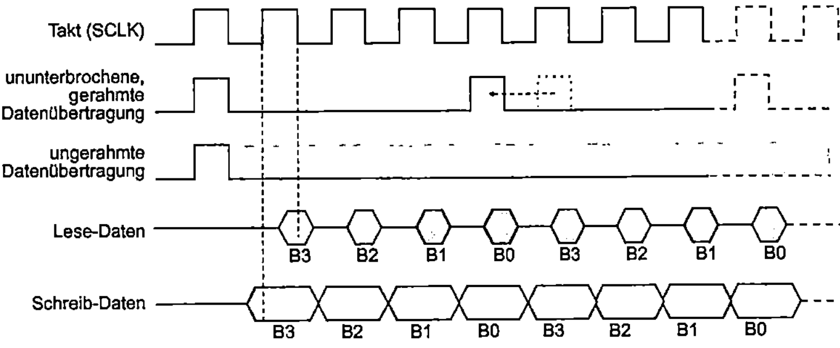

Abb. 9.71: Gerahmte und ungerahmte Übertragung

In Abb. 9.71 wird auch gezeigt, dass bei der normalen Rahmung durch vorzeitige Erzeugung des Synchronisiersignals – noch während der Übertragung des letzten Bits eines Datums – ebenfalls eine ununterbrochene Übertragung von Daten erreicht werden kann (*Continuous Transfer without Break*).

Abschließend soll noch darauf hingewiesen werden, dass der aktive Pegel (*high* oder *low*) der Rahmen-Synchronisiersignale frei gewählt werden kann. Dies geschieht durch die entsprechende Programmierung der Bits INVRFS (*Invert Receive Frame Sync*) bzw. INVTFS (*Invert Transmit Frame Sync*). Eine 0 selektiert dabei einen positiven, eine 1 einen negativen aktiven Pegel.[1]

9.7.3.2.4   Übertragung mit automatischer Pufferung

Zur Kommunikation mit Peripheriekomponenten, die ihre Daten blockweise anbieten oder verlangen, bieten die SPORTs eine besonders effiziente Möglichkeit der Datenübertragung mit automatischer Pufferung im Speicher (*Autobuffering*).

Im sendenden Kommunikationspartner kann der Datenblock zunächst in einem Ringpuffer abgelegt und dann durch die Hardware der seriellen Schnittstelle automatisch, d.h., ohne Ausführung eines Programmes, übertragen werden. Erst wenn der gesamte Datenblock ausgegeben wurde, wird der DSP-Kern darüber ggf. durch einen Interrupt informiert und zur Übergabe eines neuen Datenblockes aufgefordert. Im empfangenden Partner kann dementsprechend der gesamte Datenblock zunächst automatisch in einem Ringpuffer gesammelt werden, bevor der DSP-Kern evtl. durch einen Interrupt aufgefordert wird, den Block geeignet weiterzuverarbeiten.

Die Ablage eines Datums aus dem Register des SPORTs im Ringpuffer bzw. das Holen eines Datums daraus „kostet" jeweils nur einen Taktzyklus[2], für den der DSP-Kern auf das interne Bussystem verzichten muss. Dies ist sehr viel weniger Zeit, als bei der Übertragung unter Programmkontrolle verbraucht wird; denn die automatische Pufferung geschieht völlig transparent, asynchron zum Programmlauf und ohne „Prozessumschaltung" z.B. zu einer Interrupt-Routine. Die angesprochenen Ringpuffer müssen im (internen oder externen) Datenspeicher – also nicht im Programmspeicher – angelegt werden. Dazu müssen die Daten-Adressgeneratoren (DAG) – wie im Unterabschnitt 5.4.3 beschrieben – geeignet programmiert werden. Der besprochene

---

[1] In den oben stehenden Bildern wurde der aktive Pegel beispielhaft stets auf *high* gesetzt

[2] Nicht eingerechnet sind hier Wartezyklen, die u.U. beim Zugriff auf einen Puffer im externen Speicher benötigt werden

DSP besitzt zwei unabhängig arbeitende DAGs mit zusammen jeweils acht Index-, Modifizier- und Längenregistern (vgl. auch Unterabschnitt 10.1.4).

Die Aktivierung der Betriebsart *Autobuffering* für das Senden oder Empfangen von Datenblöcken sowie die Angabe der für die Ringpuffer benutzten DAG-Register geschieht in den sog. *Autobuffer Control Registers*. Ihr Aufbau ist in Abb. 9.72 dargestellt. Die benötigten Indexregister können – durch Angabe ihrer 3-Bit-Nummer – beliebig aus beiden Daten-Adressgeneratoren gewählt werden[1]. Da die Modifizier-Register, welche die Adressierungsart bestimmen, aus dem gleichen Adressgenerator genommen werden müssen, reichen zu ihrer Selektion zwei Bits im Steuerregister. Die Aktivierung des *Autobuffering* geschieht durch Einschreiben einer 1 in das der Übertragungsrichtung entsprechende Bit 1 oder 0.

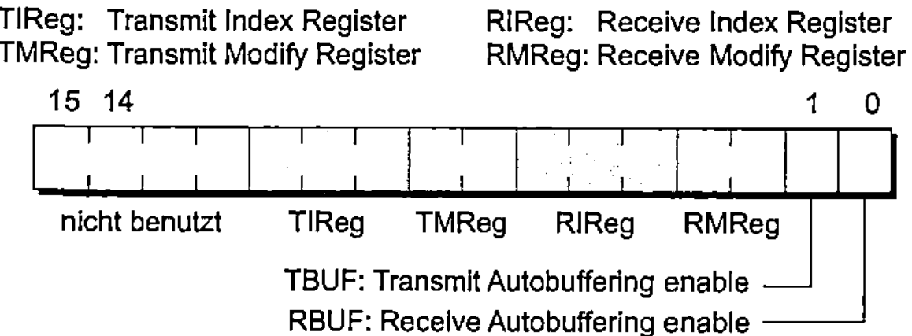

Abb. 9.72: Die Steuerregister für die automatische Pufferung

9.7.3.2.5 Mehrkanal-Übertragung

Die Möglichkeit der Kommunikation von Prozessoren und Peripheriekomponenten über die seriellen SPORT-Schnittstellen ist nicht auf die Punkt-zu-Punkt-Verbindung beschränkt, die in Abb. 9.66 skizziert ist. Grundsätzlich können an jeder Ausgangsleitung DT auch mehrere Eingänge DR angeschlossen sein, also eine stärker vermaschte Kopplung realisiert werden. Die Steuersignale TFS bzw. RFS sowie der Takt SCLK der beteiligten Partner müssen dabei natürlich entsprechend „verdrahtet" und programmiert werden[2]. Im einfacheren Fall findet eine „Rundspruch"-Übertragung (*Broadcast*) statt, bei der die gesendeten Daten von allen angeschlossenen Kommunikationspartnern empfangen werden (können). In Abb. 9.73 ist die Kopplung mehrerer Prozessoren bzw. Peripheriekomponenten über ihre synchrone serielle Schnittstelle skizziert.

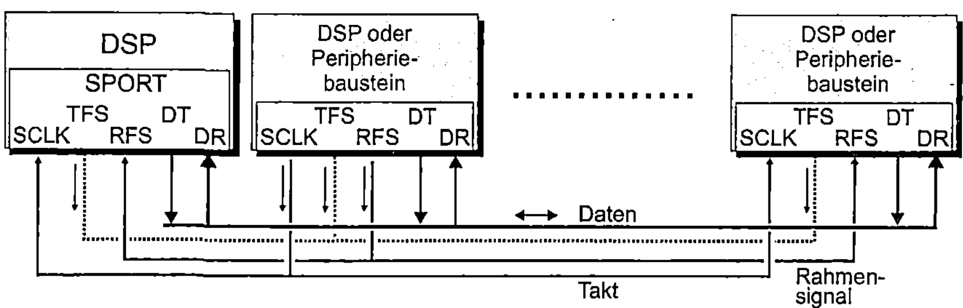

Abb. 9.73: Kopplung mehrerer Prozessoren und Komponenten

---

[1] Sie können in speziellen Anwendungen für das Senden und Empfangen auch identisch sein

[2] Insbesondere darf jedes Steuersignal zur Vermeidung von Kurzschlüssen nur von einem der Partner erzeugt, von allen anderen jedoch nur ausgewertet werden

Die Datenleitungen sind für den Halbduplex-Betrieb verschaltet, d.h., die Ausgänge DT und DR werden mit derselben Datenleitung verbunden. Zur Rahmensynchronisation wird ausschließlich das Signal RFS benutzt. Das Signal TFS (TDV, s.u.) zeigt nur an, ob ein (beliebiger) Sender aktuell Daten auf die Datenleitung ausgibt. In der Abbildung ist beispielhaft angenommen, dass die zweite Komponente von links für die Erzeugung des gemeinsamen Taktsignals SCLK und des Rahmensignals RFS verantwortlich ist.

Für die dargestellte Kopplung muss der SPORT0 im Zeit-Multiplexverfahren (*Time Division Multiplexing* – TDM) betrieben werden. Dabei wird die Übertragung in mehrere Zeitkanäle eingeteilt, die sich zyklisch wiederholen (*Multichannel Operation*). Jeder Zyklus wird durch einen Impuls des Synchronisiersignals RFS „eingerahmt". Wählbar sind 24 oder 32 Kanäle. Vor Beginn jeder Übertragung wird festgelegt, in welchen Kanälen ein bestimmter DSP oder Peripheriebaustein Daten aussenden darf und in welchen Kanälen er Daten empfängt. Dabei darf jeder SPORT in ein und demselben Kanal auch gleichzeitig senden und empfangen oder aber in diesem Kanal inaktiv sein. Natürlich muss die Vergabe der Senderechte konfliktfrei geschehen, d.h., es dürfen nicht zwei SPORTs gleichzeitig in einem Kanal Daten ausgeben. Die Länge der übertragenen Datenwörter muss in allen beteiligten SPORTs auf denselben Wert – zwischen 3 und 16 Bits – eingestellt werden. In Abb. 9.74 ist die Mehrkanal-Übertragung für 4-Bit-Daten skizziert.

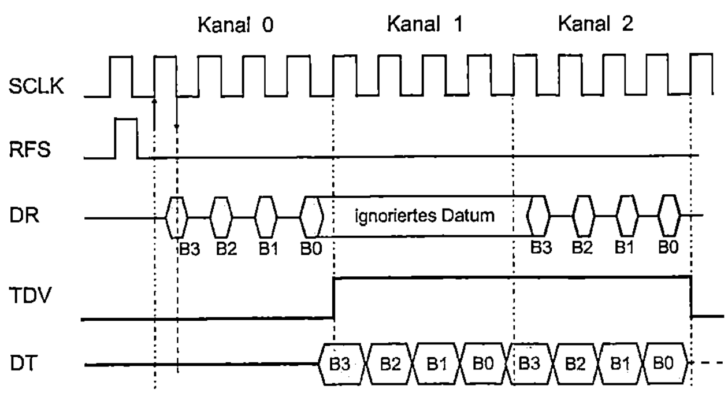

Abb. 9.74: Zum Prinzip der Mehrkanal-Übertragung

Darin empfängt die betrachtete serielle Schnittstelle Daten in den Kanälen 0 und 2. Sie sendet Daten in den Kanälen 1 und 2. Das Synchronisiersignal RFS (*Receive Frame Sync*) wird im Normalmodus von einer festgelegten seriellen Schnittstelle erzeugt und zeigt den Beginn eines Rahmens von Zeitkanälen an. Das Signal TFS (*Transmit Frame Sync*) wird von jeder der angeschlossenen seriellen Schnittstellen genau dann aktiviert, wenn sie ein Datum über die Leitung DT ausgibt.[1] Es zeigt somit das Vorliegen von gültigen Ausgabedaten[2] an und wird deshalb im Mehrkanal-Betrieb mit *Transmit Data Valid* (TDV) bezeichnet.

Die Selektion des Mehrkanal-Betriebs für den SPORT0 geschieht durch Setzen des MCE-Bits (*Multichannel Enable*) im Steuerregister SPCR0 zu SPORT0 (s. Abb. 9.69). Dort wird im Bit MCL (*Multichannel Length*) auch festgelegt, ob 24 (MCL = 0) oder 32 (MCL = 1) Kanäle benutzt werden sollen. Die Bits INVRFS bzw. INVTDV legen fest, ob die Synchronisiersignale RFS und TDV (TFS) im H- oder L-Pegel aktiv sind.

---

[1] Die TFS-Ausgänge verfügen dazu über die *Open-Drain*-Eigenschaft, vgl. Anhang A.4
[2] Dieses Signal kann von externen Bausteinen ausgewertet werden

Die Belegung der Bits MFD (*Multichannel Frame Delay*) gibt die Anzahl der Systemtakte an, um welche die Ausgabe des ersten Datenbits jedes Rahmens von Zeitkanälen gegenüber dem Synchronisiersignal RFS verzögert wird. Durch diese Verzögerung ist eine Anpassung der Datenübertragung an Kommunikationspartner mit unterschiedlichen Reaktionsgeschwindigkeiten möglich.

Die Zuordnung der Kanäle als Sende- oder Empfangskanäle zu den einzelnen Kommunikationspartnern geschieht durch die vier Register *Multichannel Word Enables*, die in Abb. 9.75 dargestellt sind. Die Zuordnung eines Kanals i als Schreib- oder Lesekanal zu einer Schnittstelle geschieht durch den Eintrag einer 1 in der i-ten Bitposition des entsprechenden Registers.

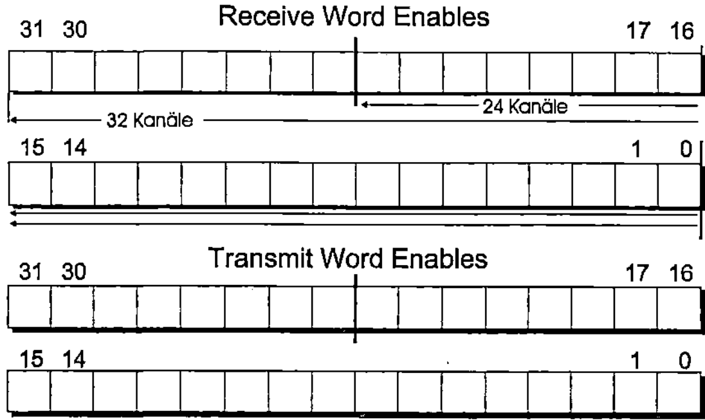

Abb. 9.75: Register zur Kanalzuteilung

9.8 Bausteine zur A/D- und D/A-Wandlung

Den bisher beschriebenen Schnittstellenbausteinen ist gemeinsam, dass an allen ihren Ein- und Ausgängen digitale, binäre Signale auftreten, die genau zwei Zustände annehmen können. (Diese Zustände hatten wir mit H- bzw. L-Pegel bezeichnet.) Häufig werden Mikrocomputer, insbesondere natürlich DSPs, jedoch in einer „analogen" Umwelt eingesetzt, in der die zu verarbeitenden Signale beliebige Werte aus einem kontinuierlichen Spannungsbereich annehmen können. Dazu gehört z.B. der µP-Einsatz in Steuerungssystemen, in Messgeräten oder in Messwert-Erfassungssystemen.

Wie in Abschnitt 3.1 beschrieben, werden in diesen Systemen die verschiedensten physikalischen Größen durch Sensoren gemessen und in elektrische (analoge) Spannungen umgesetzt. Zu diesen Sensoren zählen beispielsweise Druck- oder Temperaturfühler sowie Spannungs- oder Strommesser. Zur Weiterverarbeitung durch den Mikroprozessor müssen ihre elektrischen Signale durch Analog/Digital-Umsetzer (ADU, *Analog to Digital Converter* – ADC) in digitale (Zahlen-)Werte umgewandelt werden. Die digitalen Ergebnisse der Bearbeitung im Prozessor dienen dann wiederum zum Steuern und Regeln von technischen Prozessen oder zum Antrieb von Maschinen und Motoren. Dazu müssen sie durch Digital/Analog-Umsetzer (DAU, *Digital to Analog Converter* – DAC) in analoge (Spannungs-)Signale umgeformt werden.

Wir werden hier nur kurz und stark vereinfachend das Grundprinzip der Analog/Digital-Wandlung bzw. Digital/Analog-Wandlung darstellen[1]. Der Schwerpunkt dieses Abschnittes liegt auf der Beschreibung der hochintegrierten Bausteine, die diese Umwandlung vornehmen.

Die Anzahl n der Bits der Dualzahl, die in einen analogen Spannungswert umgesetzt bzw. als Ergebnis der Wandlung erhalten wird, bestimmt die Genauigkeit (Auflösung) der Umwandlung. Bausteine zur Ausführung dieser Umwandlung nennt man entsprechend n-Bit-A/D-Wandler bzw. n-Bit-D/A-Wandler.

9.8.1 Digital/Analog-Wandlung

9.8.1.1 Prinzip

Die Aufgabe der Digital/Analog-Wandlung besteht darin, den Bereich der n-Bit-Dualzahlen $0 \leq D \leq 2^n - 1$ auf einen vorgegebenen Spannungsbereich $U_{min} \leq U < U_{max}$ linear abzubilden. Dazu wird der Spannungsbereich in 2^n gleich große Abschnitte unterteilt, deren Länge man LSB (Wertigkeit des *Least Significant Bits*) nennt, d.h.,

$$LSB := (U_{max} - U_{min}) / 2^n \quad [\text{Volt}].$$

Jeder Dualzahl wird nun als analoger Wert die Spannung

$$U_{DA}(D) = D \cdot LSB + U_{min}$$

zugewiesen. Wie dies technisch geschieht, werden wir kurz an zwei möglichen Verfahren zur D/A-Wandlung beschreiben.

In Abb. 9.76a) ist für n = 8 und $U_{min} = 0$ V die Ausgangsspannung eines D/A-Wandlers gezeichnet, die man erhält, wenn man den digitalen Zahlenbereich von $00 bis $FF (in hexadezimaler Form) durchläuft. Es handelt sich um die charakteristische Treppenfunktion, deren Stufenhöhe gerade ein LSB ist.

---

[1] kurz: A/D- bzw. D/A-Wandlung

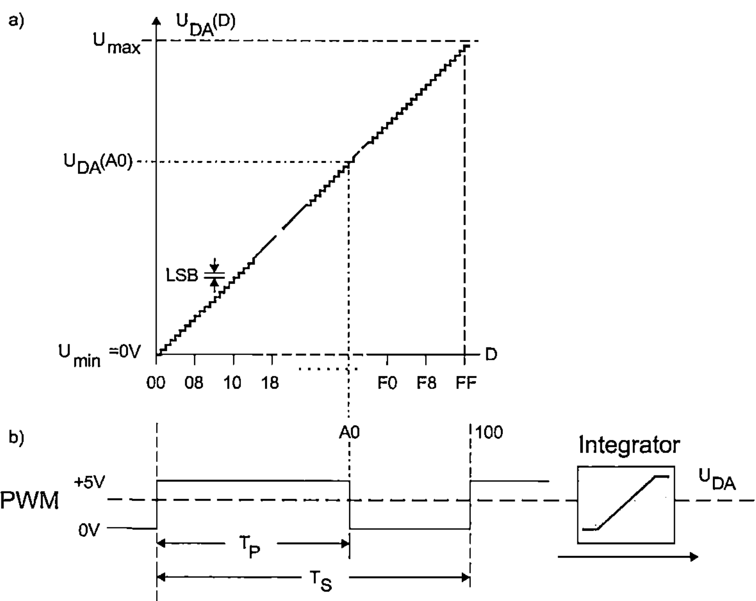

Abb. 9.76: a) Ausgangssignal der Digital/Analog-Wandlung, b) PWM-Signal

In Abb. 9.76b) ist die Zwischenstufe zur D/A-Wandlung skizziert, die wir bereits im Abschnitt 9.4.4 beschrieben und als **Pulsweiten-Modulation** (PWM) bezeichnet haben. Diese zeichnet sich dadurch aus, dass sie ohne weiteren Aufwand ausschließlich durch digitale Schaltungen realisiert werden kann. Deshalb wird sie heute standardmäßig in Prozessor- oder Peripheriebausteinen eingesetzt. Dabei wird der digitale Ausgangswert D in eine periodische, digitale Zeitfunktion umgewandelt, deren Impulsdauer proportional zum Digitalwert D ist:

- Der oberen Grenze 2^n des betrachteten Digital-Zahlenbereichs wird ein Zeitintervall konstanter Länge T_S zugewiesen. Dieses Zeitintervall bestimmt die Schwingungsdauer des Ausgangssignals. Es wird in 2^n gleich lange Teilintervalle T_I untergliedert.

- Für jeden umzuwandelnden Digitalwert D wird nun ein (positiver) Ausgangsimpuls erzeugt, dessen Länge gerade durch $T_P = D \cdot T_I$ gegeben ist.

- Nach jedem erzeugten Impuls wird der Ausgang bis zum Ende der Schwingungsdauer Ts auf L-Pegel gehalten, also für die Restzeit $T_S - T_I = (2^n - D) \cdot T_I$.

Die eigentliche Umwandlung des PWM-Ausgangssignals in einen zum Digitalwert D proportionalen analogen Ausgangswert U_{DA} geschieht in einer separaten Schaltung, die das PWM-Ausgangssignal integriert. Sie wird deshalb als **Integrator** oder **Integrierglied** bezeichnet. Im einfachsten Fall handelt es sich dabei um eine Kondensator-Widerstands-Kombination (RC-Glied). Auf den Aufbau komplexerer Integratoren kann hier leider nicht eingegangen werden.

9.8.1.2 Bausteine für die Digital/Analog-Wandlung

Die meisten Verfahren der D/A-Wandlung zeichnen sich durch hohe Anforderungen aus, die sie an das Einhalten der wichtigsten Bauelemente-Parameter stellen. Bei hochauflösenden D/A-Wandlern entsprechen den niederwertigen Bits des Digitalwertes außerdem sehr kleine Potenzialsprünge der analogen Ausgangsspannung. Hier bedarf es eines hohen schaltungstechnischen Aufwands, Störspannungen zu unterdrücken, die z.B. durch einen hochfrequenten (System-) Takt induziert werden. Deshalb werden die D/A-Wandler heute (meist noch) nicht zusammen mit hochkomplexen digitalen Schaltungen auf einem Chip integriert, sondern stattdessen als selbstständige Halbleiterbausteine eingesetzt.

Auf diese Bausteine wollen wir hier nicht näher eingehen, da sie neben der eigentlichen Schaltung zur D/A-Wandlung häufig nur noch ein internes Register zur Zwischenspeicherung des digitalen Eingabewertes und eine Schnittstelle zur Kommunikation mit dem Mikroprozessor besitzen.

9.8.2 Analog/Digital-Wandlung

9.8.2.1 Prinzip

Das Prinzip der Analog/Digital-Wandlung (A/D-Wandlung) ist in Abb. 9.77 skizziert. Ein analoges Signal $U(t)$ nimmt darin Werte aus dem Bereich $U_{min} \leq U < U_{max}$ an. Dieser Spannungsbereich wird wiederum in 2^n gleich große Abschnitte der Länge $LSB = (U_{max} - U_{min}) / 2^n$ unterteilt. In Abb. 9.77 ist durch eine zweite Ordinaten-Skala $D(t)$ diese Unterteilung für $n = 8$ mit hexadezimalen Zahlenwerten eingezeichnet. Zum Beispiel gehört zum Zeitpunkt t_0 der Spannungswert $U(t_0)$. Diesem Wert ist der Digitalwert $D(t_0) = \$78$ zugeordnet.

Liegt ein Spannungswert $U(t_0)$ in einem der durch die Digitalisierung erzeugten Teilabschnitte, d.h.,

$$U_{min} + m \cdot LSB \leq U(t_0) < U_{min} + (m+1) \cdot LSB \, ,$$

so ordnet man ihm als $D(t_0)$ den Digitalwert der unteren Abschnittsgrenze zu, also:

$$D(t_0) := m.$$

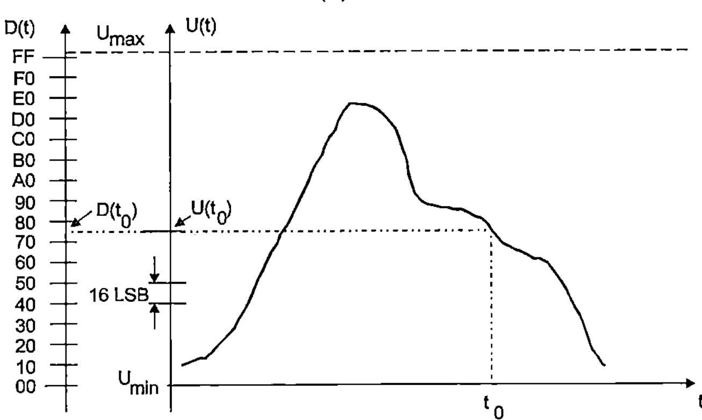

Abb. 9.77: Ausgangssignal der Analog/Digital-Wandlung

9.8.2.2 Bausteine für die Analog/Digital-Wandlung

In Abb. 9.78 ist der Aufbau eines Bausteins zur A/D-Wandlung (*Analog Data Aquisition Unit –* ADU) skizziert.[1] Bausteine der beschriebenen Form besitzen in der Regel wenigstens eine Auflösung von 10 Bits. Ihre Wandlungszeit liegt – in Abhängigkeit von der Auflösung und dem Wandlungsverfahren – typischerweise im µs-Bereich.

Die Ausführungseinheit besitzt häufig mehrere analoge Eingänge AI_i (*Analog Inputs*). Typisch sind 8 bis 16 Eingänge. Durch einen (Analog-)Multiplexer wird genau eines der Eingangssignale ausgewählt. Für diesen Multiplexer werden in Analog/Digital-Wandlern sehr hohe Anforderungen an die Toleranzgrenzen der Transistorparameter gestellt. Seine Steuerung wird vom Prozessor über das Steuerregister vorgenommen (s.u.). Das selektierte Eingangssignal wird über den Multiplexerausgang U_A auf einen von zwei Eingängen eines Spannungs-Komparators gelegt. Dabei handelt es sich um eine Schaltung, die durch ein binäres Ausgangssignal anzeigt, ob die Spannungsdifferenz an ihren Eingängen positiv oder negativ ist.

Die eigentliche A/D-Wandlung geschieht im Wesentlichen durch die Komponente, die am Ausgang des Komparators hängt. Für die Realisierung dieser Komponente und das von ihr durchgeführte Wandlungsverfahren gibt es viele Möglichkeiten. Als Beispiel soll hier die Wandlung durch **sukzessive Approximation** dargestellt werden, die im Mikrocontroller-Bereich weit verbreitet ist. Für dieses Verfahren besteht die erwähnte Wandler-Komponente aus einem (Approximations-)Register und einer Steuerlogik.

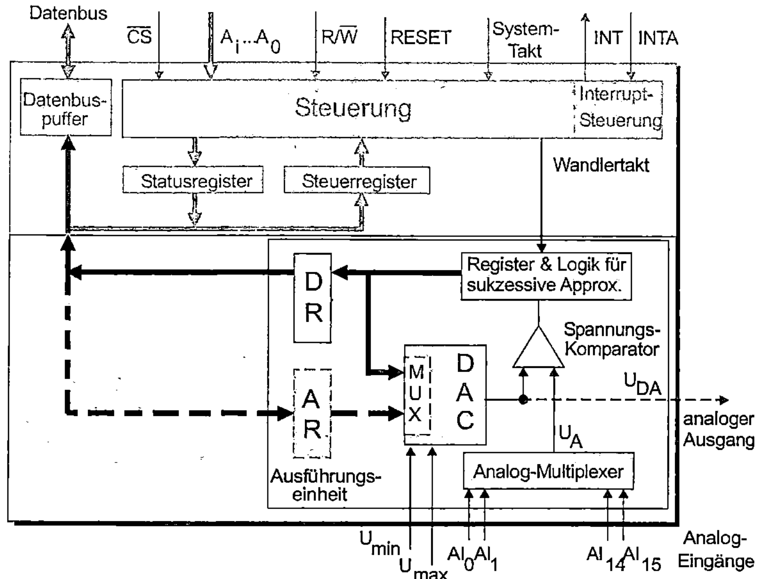

Abb. 9.78: Baustein zur A/D-Wandlung

---

[1] Wie bereits in den vorhergehenden Abschnitten werden wir auf die Steuerung des Bausteins nur soweit eingehen, dass wir weiter unten eine typische Realisierung der Status- und Steuerregister darstellen

Zum Beginn einer Wandlung wird das Approximations-Register auf den Wert 0 zurückgesetzt. Dann wird mit jedem Impuls des Wandlertaktes „sukzessiv" ein Bit des Registers auf den logischen Wert 1 gesetzt – beginnend mit dem höchstwertigen Bit. Der aktuelle Registerinhalt wird auf die Eingänge des nachgeschalteten D/A-Wandlers (DAC) gegeben. Dieser erzeugt daraus die analoge Spannung U_{DA}, die im Komparator mit der Eingangsspannung U_A verglichen wird. Über die Eingänge U_{min} und U_{max} werden dazu dem A/D-Wandler die Grenzen des zulässigen Spannungsbereiches zugeführt. Ist U_{DA} größer als U_A, so wird noch während der zweiten Hälfte des Taktimpulses das zuletzt veränderte Registerbit wieder zurückgesetzt. Mit dem folgenden Taktimpuls wird das Verfahren mit dem nächsten Bit des Registers fortgesetzt, bis auch das niederstwertige Bit ausgewertet wurde. Zum Ende jeder Wandlung wird der Inhalt des Approximations-Registers in das Datenregister DR übertragen und kann dort vom Prozessor ausgelesen werden.

Ein n-Bit-A/D-Wandler mit sukzessiver Approximation benötigt also für die Konvertierung jedes analogen Wertes genau n Taktschwingungen. Wegen der Ähnlichkeit zum Auswiegen eines Gegenstandes mit Hilfe einer (Apotheker-)Waage und verschieden schweren Gewichtsstücken wird die beschriebene Umwandlung auch Wägeverfahren genannt.

In Abb. 9.79 ist dieses Verfahren für einen 8-Bit-A/D-Wandler dargestellt. Als Ordinate ist darin zur Vereinfachung nur die Skala der digitalen Werte eingezeichnet. In jedem der acht Taktintervalle ist als Spaltenvektor der Inhalt des Approximations-Registers aufgeführt. Bits, die während eines Taktes geändert werden, sind umrahmt gezeichnet. Als Ergebnis der Wandlung erhält man im Beispiel den gesuchten Digitalwert $D(U_E) = 01100101 = \$65$.

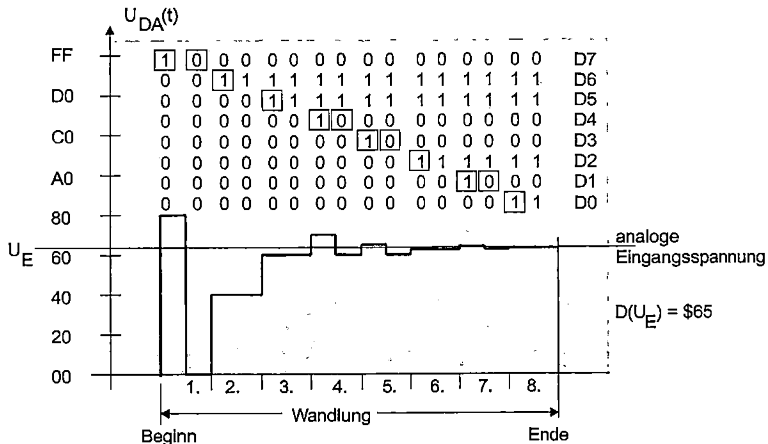

Abb. 9.79: Beispiel zur sukzessiven Approximation

9.8.2.3 Programmierbarer Spannungsvergleich

Als Erweiterung des bisher beschriebenen Aufbaus kann die Ausführungseinheit des Bausteins ein Ausgabe-Register AR enthalten. In dieses kann der Prozessor einen beliebigen digitalen Wert einschreiben. Über den Multiplexer MUX kann der Registerinhalt auf den D/A-Wandler geschaltet und dort in den entsprechenden Analogwert U_{DA} übersetzt werden. Der Spannungskomparator vergleicht diesen Wert wiederum mit dem Wert U_{DA} des Eingangssignals. Im Statusregister wird daraufhin ein Bit gesetzt, das anzeigt, ob U_{DA} kleiner als U_A ist oder nicht. Der Vergleich dauert stets nur eine einzige Taktschwingung, ist also erheblich schneller als eine vollständige A/D-Wandlung des Eingangssignals. Dieser „programmierbare" Spannungsvergleich (*Programmable Voltage Comparison*) wird deshalb immer dann angewandt, wenn der Prozessor nur feststellen will, ob die Eingangsspannung größer ist als eine bestimmte Referenzspannung oder nicht.

Wird das Signal U_{DA} über einen speziellen (analogen) Ausgang nach außen geführt, so kann der Baustein auch als D/A-Wandler betrieben werden.

9.8.2.4   Das Programmiermodell

In Abb. 9.80 sind mögliche Realisierungen des Status- und des Steuerregisters gezeigt.

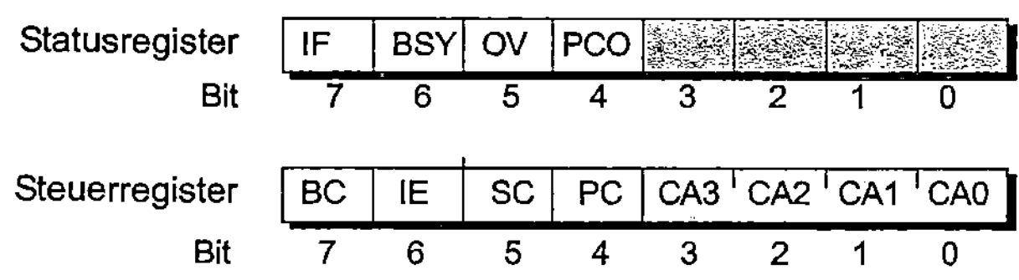

Abb. 9.80: Das Programmiermodell des A/D-Wandlers

Statusregister

IF   (*Interrupt Flag*) Dieses Bit wird gesetzt, wenn eine A/D-Wandlung beendet wurde.

BSY   (*busy*) Durch dieses Bit zeigt der Baustein dem Prozessor an, dass er „beschäftigt" ist, also augenblicklich eine A/D-Wandlung durchführt.

PCO   (*Programmable Voltage Comparator Output*) In diesem Bit wird das binäre Ergebnis des programmierten Spannungsvergleiches abgelegt.

OV   (*Over Scale*) Wenn das zu wandelnde Eingangssignal U_E nicht im zulässigen Spannungsbereich ($U_{min} \leq U_E < U_{max}$) liegt, wird der Prozessor darüber durch dieses Bit informiert.

Steuerregister

BC   (*Begin Conversion*) Durch dieses Bit wird der Baustein aufgefordert, eine Operation auszuführen. Dabei kann es sich um eine A/D-Wandlung, aber auch um einen programmierbaren Spannungsvergleich handeln.

IE   (*Interrupt Enable*) Wenn dieses Bit gesetzt wird, kann der Baustein über seinen INT-Ausgang eine Unterbrechungsanforderung an den Prozessor stellen. Diese Anforderung wird immer dann erzeugt, wenn eine A/D-Wandlung beendet wurde.

SC   (*Short Cycle*) Durch dieses Bit wird die Auflösung des A/D-Wandlers bestimmt. So kann z.B. aufgabenabhängig zwischen einer Genauigkeit von 8 bzw. 10 Bits gewählt werden. Die Wahl wirkt sich auf die Wandlungsgeschwindigkeit des Bausteins aus.

PC   (*Programmable Voltage Comparison*) Durch dieses Bit wird der Baustein in die Betriebsart „programmierbarer Spannungsvergleich" versetzt.

CA₃,...,CA₀ (*Channel Address*) Durch diese Bits wird der Analog-Multiplexer gesteuert und genau einer der (bis zu) 16 Eingänge selektiert.

10. Beispiele für Digitale Signalprozessoren

Nachdem im Kapitel 3 bereits die typischen Merkmale eines Signalprozessors besprochen wurden, werden wir in diesem Kapitel nun verschiedene Signalprozessoren im Detail vorstellen. Das größte Interesse gilt dabei dem Aufbau der einzelnen Komponenten sowie der Architektur der Prozessoren. Wir beginnen im Abschnitt 10.1 mit der ausführlichen Beschreibung eines relativ einfachen 16-Bit-Festpunkt-DSPs. Im Abschnitt 10.2 beschäftigen wir uns dann mit modernen Hochleistungs-DSPs.

10.1 ADSP-218x von Analog Devices

Als Beispiel-Prozessor für einen 16-Bit-Festpunkt-DSP haben wir die DSP-Familie ADSP-218x von Analog Devices gewählt, die zurzeit ca. ein Dutzend Prozessoren umfasst. Es handelt sich um Ein-Chip-Signalprozessoren, d.h., alle Komponenten sind auf dem Chip integriert. Die DSPs ADSP-218x werden mit einer Taktfrequenz von bis zu 80 MHz betrieben. Da sie intern in jedem Zyklus eine Instruktion ausführen können, kommen sie auf eine „Spitzenleistung" von 80 MIPS (*Million Instructions per Second*).

10.1.1 Architektur

In Abb. 10.1 ist der innere Aufbau des ADSP-218x grob dargestellt. Daraus erkennt man, dass seine Busstruktur sehr gut mit der allgemeinen Struktur nach Abb. 3.3 in Kapitel 3 übereinstimmt, also eine interne (unvollständige) Harvard-Architektur realisiert.

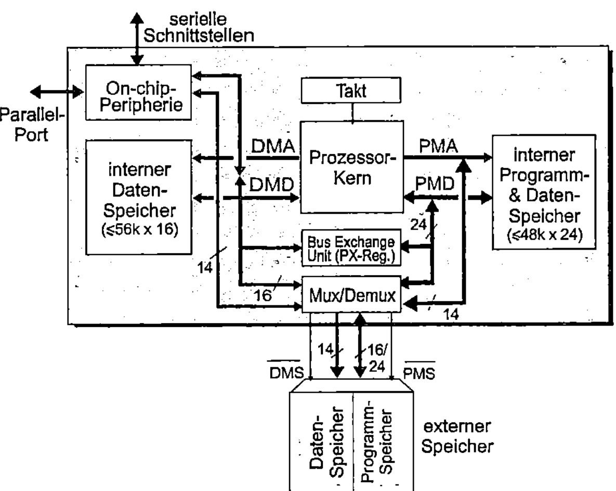

Abb. 10.1: Die interne und externe Busstruktur des ADSP-218x

Für den kollisionsfreien Transport von Daten zwischen dem Prozessorkern und den internen oder externen Speichermodulen stehen vier Busse zur Verfügung, und zwar:

- der Adressbus zur Adressierung des (internen) Programmspeichers (*Program Memory Address Bus* – PMA),

H. Bähring, *Anwendungsorientierte Mikroprozessoren*, eXamen.press, 4th ed., DOI 10.1007/978-3-642-12292-7_10, © Springer-Verlag Berlin Heidelberg 2010

- der Datenbus zur Übertragung von Befehlen oder Operanden aus dem (internen) Programmspeicher (*Program Memory Data Bus* – PMD),

- der Adressbus zur Adressierung des (internen) Datenspeichers (*Data Memory Address Bus* – DMA),

- der Datenbus zur Übertragung von Operanden in den oder aus dem (internen) Datenspeicher (*Data Memory Data Bus* – DMD).

Im Unterschied zur allgemeinen Struktur nach Abb. 3.3 in Kapitel 3 wird hier der Datentransfer zu den Peripheriekomponenten (insbesondere den seriellen Schnittstellen) über das Bussystem des Datenspeichers durchgeführt. Beide Adressbusse (PMA, DMA) sind 14 Bits breit und können so zur Adressierung von jeweils $2^{14} = 16$ k Speicherwörtern benutzt werden. Die in Abb. 10.1 gezeigten erheblich größeren Speicherkapazitäten werden durch eine Art Segmentierung erreicht, bei der unter den gleichen Speicheradressen jeweils genau eine von mehreren physikalischen Speicherseiten angesprochen wird, deren Selektion durch besondere Prozessorregister durchgeführt wird. Der interne Datenspeicher besteht aus bis zu sieben 8k×16-Bit-Speichersegmenten, der Programm/Datenspeicher aus bis zu sechs 8k×24-Bit-Speichersegmenten, so dass maximal 256 kByte interner, schneller SRAM-Speicher zur Verfügung steht. (Im Unterabschnitt 10.1.5 werden wir ausführlicher auf die Speicherorganisation eingehen.)

Der Programmspeicher kann neben Instruktionen auch Daten speichern. Die Breite der Speicherwörter im Programm- bzw. Datenspeicher ist jedoch unterschiedlich: Der Programmspeicher besteht aus 24-Bit-Zellen, der Datenspeicher aus 16-Bit-Zellen. Entsprechend sind die beiden Datenbusse PMD bzw. DMD 24 Bits bzw. 16 Bits breit.

Auf dem Programmspeicher-Datenbus (PMD) können nicht nur Instruktionen, sondern auch Daten befördert werden. Da dieser Bus 24 Bits breit ist, der Prozessor aber nur 16 Bits breite Daten verarbeiten kann, wird die Länge der Daten beim Übergang vom Programmspeicher zu den Rechenwerken im Prozessorkern oder umgekehrt automatisch angepasst: Beim Eintritt in ein Rechenwerk werden die unteren acht Bit abgeschnitten. Diese werden in einem Register (PX) der Buskoppeleinheit (*Bus Exchange Unit* – BEU) abgelegt und können in einem folgenden Zyklus von dort gelesen werden. Beim Transport eines 16-Bit-Datums in den Programmspeicher wird automatisch der im PX-Register zuletzt abgelegte Wert über die niederwertigen Leitungen des Busses PMD mit in den Speicher übertragen.

Dank der Busstruktur können innerhalb eines Zyklus eine Instruktion aus dem Programmspeicher und zwei Operanden – einer aus dem Datenspeicher und einer aus dem kombinierten Programm-/Datenspeicher – dem Prozessor zur Verfügung gestellt werden. Dazu können durch eine spezielle Taktsteuerung während eines einzigen Zyklus ein Befehl und ein Operand über denselben Bus PMD übertragen werden.

Über Multiplexer/Demultiplexer werden die beiden internen Bussysteme für den Programm- bzw. Datenspeicher zu einem gemeinsamen externen Systembus[1] zusammengefasst. Durch die beiden Steuersignale PMS (*Program Memory Select*) und DMS (*Data Memory Select*) können im externen Speicher zwei unterschiedliche Bereiche selektiert werden. Auf diese Weise kann ein externes Speichersystem aufgebaut werden, das aus einem getrennten (24 Bits breiten) Programmspeicher (mit 16 kWörtern) und einem Datenspeicher (mit ebenfalls 16 kWörtern) be-

---

[1] Wenn der Hersteller von einer *Enhanced Harvard Architecture*, also einer erweiterten Harvard-Architektur spricht, bezieht sich das somit nur auf die internen Bussysteme

steht. Die Zugriffe zum externen Datenspeicher erfolgen ebenfalls über die 16 höherwertigen Leitungen des Datenbusses, die niederwertigen 8 werden dabei nicht berücksichtigt. In den jeweils 16k großen Adressbereichen für den Programm- bzw. Datenspeicher sind die internen Speichermodule in bestimmten Bereichen „eingeblendet" (vgl. Abschnitt 10.1.5), so dass die Ausgabe einer dieser Adressen vom Prozessorkern nicht auf den externen Adressbus durchgeschaltet wird.

Der genaue innere Aufbau des ADSP-218x ist in Abb. 10.2 dargestellt.

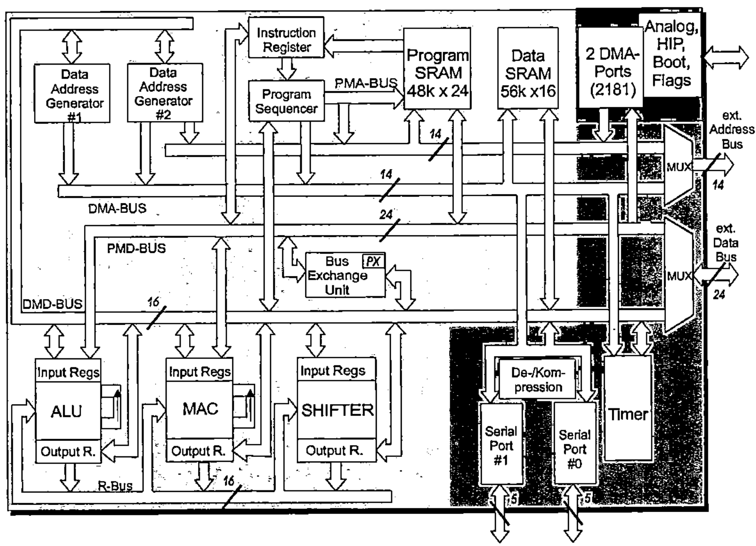

Abb. 10.2: Der innere Aufbau des ADSP-218x

In dieser Abbildung kann man die wichtigsten Komponenten erkennen. Dazu gehören

- drei separate Rechenwerke mit jeweils eigenen Ein- und Ausgaberegistern
  - der arithmetisch/logischen Einheit (ALU),
  - der kombinierten Multiplizier-/Akkumulier-Einheit (*Multiplier-Accumulator* – MAC),
  - der Schiebe-/Normalisier-Einheit[1] (*Barrel Shifter*),
- zwei Daten-Adressgeneratoren (*Data Address Generators* – DAG),
- eine Programm-Ablaufsteuerung (*Program Sequencer*),
- zwei serielle Schnittstellen (*Serial Ports 0, 1*) mit gemeinsamer Kompressions-/Dekompressions-Einheit,
- ein Zeitgeber-/Zähler (*Timer*),
- der interne (bis zu) 48k×24-Bit-Programm/Daten-Speicher,
- der interne (bis zu) 56k×16-Bit-Datenspeicher,
- je nach Familienmitglied:

---

[1] Wir benutzen diesen Begriff in Ermangelung eines besseren deutschen Ausdrucks

- ein „Boot"-Adressgenerator zum Initialisieren des internen Programmspeichers aus einem externem ROM nach dem Einschalten der Betriebsspannung,

- eine Schnittstelle (*Host Interface Port* – HIP) zu einem Host-Prozessor, d.h., einem Prozessor, der den DSP (wie einen Slave- oder Coprozessor) steuern und überwachen kann,

- zwei DMA-Kanäle (*Direct Memory Access*), über die Daten und Programme ohne Einsatz des Prozessorkerns aus einem externen Speicher oder einem Host-Prozessor in die internen Speicher transferiert werden können.

In der ALU werden die arithmetischen und logischen Standardoperationen ausgeführt. Die MAC-Einheit enthält u.a. einen 16×16-Bit-Parallelmultiplizierer, der es möglich macht, während eines Zyklus eine Multiplikation, eine Multiplikation und eine Addition oder eine Multiplikation und eine Subtraktion zu realisieren. Die Schiebe-/Normalisier-Einheit besteht im Wesentlichen aus einem *Barrel Shifter* und ist für Schiebeoperationen und Operationen zur Berechnung des Exponenten bei Gleitpunktzahlen sowie für ihre Normalisierung verantwortlich.

Die Eingänge jedes Rechenwerkes sind mit (einem Satz von) Eingaberegistern (*Input Registers*), jeder Ausgang mit einem Ausgaberegister (*Output Register*) versehen. Dadurch wird bei der Befehlsausführung eine Form von 3-stufiger Fließbandverarbeitung (*Pipelining*) vorgenommen: Operanden in Eingaberegister → Befehlsausführung, mit Ergebnis im Ausgaberegister → Ergebnis zum Speicher.

Die drei Rechenwerke sind miteinander über den Ergebnisbus (*Result Bus* – R-Bus) gekoppelt – und zwar so, dass der Ausgang jedes von ihnen mit einem Eingang der anderen verbunden ist. Auf diese Weise steht das Ergebnis einer der Einheiten den anderen schon im nächsten Taktzyklus nach der Berechnung zur Verfügung. Alle drei Einheiten sind außerdem mit dem DMD-Bus verbunden, über den die Operanden in die Eingaberegister bzw. die Ergebnisse in den Datenspeicher geleitet werden. Das Ergebnis einer Operation erscheint also gleichzeitig auf dem DMD- und auf dem R-Bus. Außer über den DMD-Bus können die Operanden auch über den R-Bus den Eingaberegistern zugeführt werden. Bei der ALU und der MAC besteht noch die Möglichkeit, die oberen 16 Bits des PMD-Busses für die Zuführung von Operanden aus dem Programm-/Datenspeicher zu benutzen. Die beiden Adressgeneratoren können unabhängig voneinander zwei Adressen berechnen und über die separaten Adressbusse DMA und PMA ausgeben.

Alle drei Rechenwerke des ADSP-218x können zwar in einem einzigen Zyklus ein Rechenergebnis gewinnen und dieses an einen der „Nachbarn" weiterreichen, jedoch arbeitet in jedem Zyklus höchstens eines der Werke. Eine Parallelarbeit findet also nicht statt.

10.1.2 Zahlenformate

Alle drei Rechenwerke des ADSP-218x arbeiten im 16-Bit-Festpunkt-Format, in dem zwischen der ganzzahligen und der Bruchdarstellung (*Integer* bzw. *Fractional*) unterschieden wird (vgl. Unterabschnitt 6.1.5). Die vorzeichenbehafteten ganzen Zahlen werden im Zweierkomplement dargestellt. Das höchstwertige Bit ist für das Vorzeichen reserviert, wobei eine 1 an dieser Stelle ein negatives Vorzeichen bedeutet. Die gebrochenen Zahlen werden als Festpunktzahlen repräsentiert, d.h., in diesen Formaten hat der Dezimalpunkt (bzw. Komma) einen festen Platz in der Zahl und kann nicht verschoben werden. Es stehen 16 mögliche Formate zur Verfügung, die sich nach der Position des Punkts innerhalb der (16-Bit-)Zahlen unterscheiden. Dabei wird der

Punkt selbst nicht dargestellt. Zur Unterscheidung dieser Zahlenformate wird die Notation n.m benutzt, bei der n die Anzahl der Bits vor der vereinbarten Position des Punkts, m die Anzahl nach dem Punkt bezeichnet. (Natürlich muss stets n+m=16 sein.) Bei den vom ADSP-218x hardwaremäßig direkt unterstützten Formaten handelt es sich um die Formate 16.0 bzw. 1.15. Sie sind in Abb. 10.3 dargestellt.[1]

16.0-Format: vorzeichenlose ganze Zahl (unsigned Integer, ordinal)

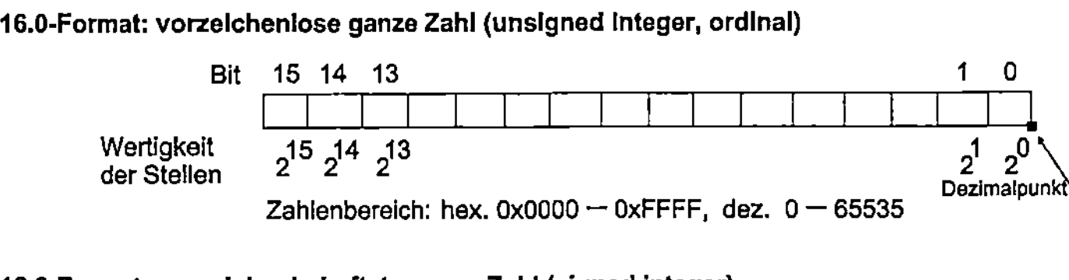

16.0-Format: vorzeichenbehaftete ganze Zahl (signed Integer)

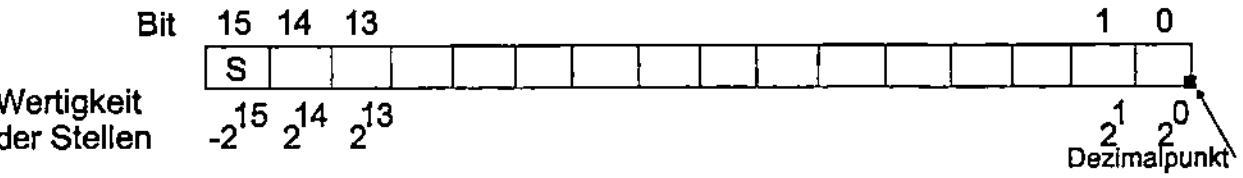

1.15-Format: vorzeichenbehaftete gebrochene Zahl (signed fractional)

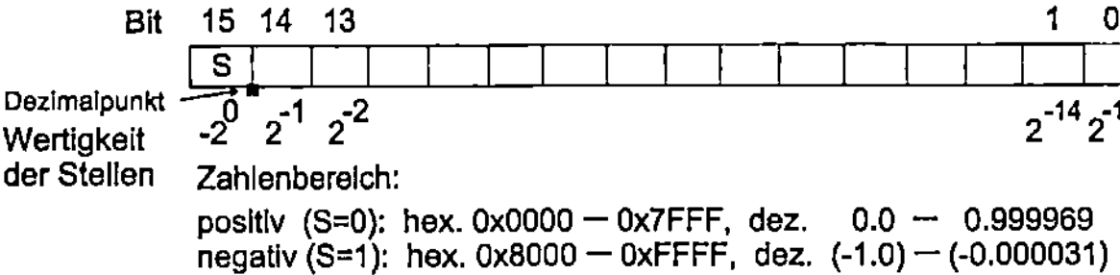

1.15-Format: vorzeichenlose gebrochene Zahl (unsigned fractional)

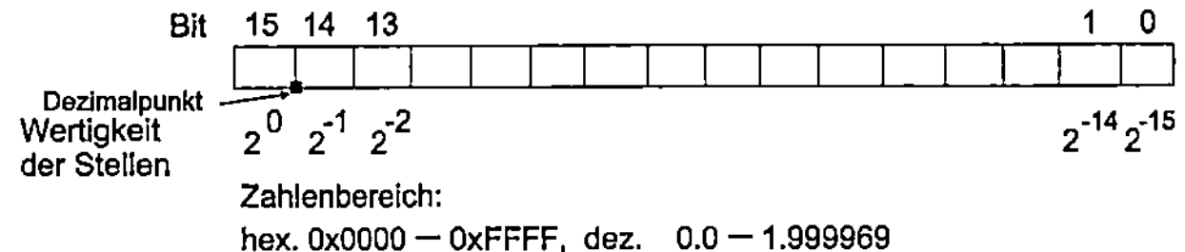

Abb. 10.3: Die vom ADSP-218x unterstützten Zahlenformate

Bei der 1.15-Notation für die Fractional-Zahlen liegt der Punkt zwischen dem ersten und dem zweiten Bit. Die größte positive Zahl, die in dieser Notation dargestellt werden kann, beträgt 0x7FFF[2], was dezimal gleich 0.999969(482) ist. Die kleinste negative Zahl ist entsprechend gleich 0x8000, was dezimal −1.0 bedeutet. Die Multiplikation zweier 1.15-Zahlen mit Vorzeichen ergibt eine 2.30-Zahl, d.h., eine Zahl mit zwei Vorzeichenbits. Hier sorgt die Hardware automatisch dafür, dass durch eine Verschiebung des Punktes um ein Bit nach links eine 1.31-Zahl entsteht − also eine Zahl im geforderten 1.15-Format (mit einem Vorzeichen) und eine angehängte 16.0-Zahl zur Erhöhung der Genauigkeit. (Die letztgenannte Zahl fällt bei der Rundung einfach weg.) In der 16.0-Notation für die Integer-Zahlen liegt der Punkt hinter der letzten Binärstelle. Hier beträgt für vorzeichenbehaftete Zahlen die größte darstellbare positive Zahl 32767, und die kleinste Zahl ist −32768. (Das Einer-Komplement und die BCD-Darstellung werden nicht unterstützt.)

---

[1] als Wiederholung zu Unterabschnitt 6.1.5
[2] 0x7FFF ist die von Analog Devices gebrauchte Darstellung für die hexadezimale Zahl $7FFF

Alle anderen Festpunktformate, aber auch Gleitpunktformate, können selbstverständlich softwaremäßig verarbeitet werden, d.h., durch spezielle Programme zur Umwandlung und Anpassung an die unterstützten Festpunktformate und der geforderten Berechnung in den Rechenwerken. So müssen z.B. Festpunktzahlen höherer Genauigkeit, etwa 32- oder 64-Bit-Zahlen, wortsequenziell in mehreren Schritten verarbeitet werden. Bei dieser Verarbeitung werden nur die höchstwertigen Teiloperanden als vorzeichenbehaftete Fractional-Zahlen interpretiert, alle anderen Operandenteile aber als vorzeichenlose Fractional-Zahlen. Bei der Multiplikation zweier gebrochener 32-Bit-Operanden müssen z.B. zwei vorzeichenbehaftete 16-Bit-Zahlen, zweimal eine 16-Bit-Zahl mit Vorzeichen und eine vorzeichenlose Zahl sowie zwei vorzeichenlose Zahlen multipliziert und die Teilprodukte stellenrichtig addiert werden. Bei Addition und Subtraktion zweier Zahlen müssen beide Operanden lediglich dasselbe Format aufweisen. Beide Operationen unterscheiden selbst nicht zwischen vorzeichenlosen und vorzeichenbehafteten ganzen Zahlen; dies bleibt dem Programmierer überlassen. Auf die Behandlung von Gleitpunktzahlen gehen wir bei der Besprechung der Schiebe-/Normalisier-Einheit ein.

Neben den in Abb. 10.3 gezeigten Datentypen verarbeiten die Rechenwerke des ADSP-218x noch 16-stellige Bitketten (*Binary Strings*), also 16-stellige Bitmuster ohne Vorzeichen oder Dezimalpunkt (vgl. z.B. die logischen Operationen der ALU).

10.1.3 Rechenwerke

10.1.3.1 Arithmetisch-logische Einheit

Der innere Aufbau der arithmetisch-logischen Einheit (ALU) ist in Abb. 10.4 schematisch dargestellt. In dieser Einheit werden – wie der Name es sagt – arithmetische und logische Operationen ausgeführt. Das eigentliche Rechenwerk besitzt zwei Eingangsports X und Y und einen Ausgangsport R. An den Eingangsports werden Operanden erwartet. An dem Ausgangsport erscheint am Ende eines Rechenzyklus das Ergebnis.

Um das eigentliche ALU-Rechenwerk sind mehrere Register und Multiplexer angeordnet. Dank der Multiplexer können die Operanden von verschiedenen Quellen an die Eingangsports X und Y der ALU geschaltet werden. Der X-Operand kann entweder von den AX-Registern oder über den internen R-Bus von den anderen Arithmetikeinheiten (MAC, Schiebe-/Normalisier-Einheit) kommen. Die letztgenannte Möglichkeit erlaubt die Zuführung eines Operanden aus dem Ergebnisregister eines anderen Rechenwerkes. Der Operand muss dazu nicht zwischengespeichert werden. Die AX-Register bestehen aus zwei separaten 16-Bit-Registern AX0 und AX1. Der Y-Operand kann entweder von den Y-Registern AY0, AY1 oder vom sog. *Feedback*-Register AF kommen, das das Ergebnis der letzten ALU-Operation auf den Y-Eingang zurückkoppelt. Im Befehl muss jeweils angegeben werden, ob das Ergebnis in das Ergebnisregister AR oder das Feedback-Register AF geschrieben wird. Vom Register AR aus kann ein Ergebnis zum R-Bus oder zum DMD-Bus geschaltet werden, über die Buskoppeleinheit (*Bus Exchange Unit* – BEU) auch zum PMD-Bus.

Alle Register in der arithmetisch/logischen Einheit sind in zweifacher Ausführung, als Pri-mär- und als Schattenregister (*Background Register*, in Abb. 10.4 durch einen Apostroph gekennzeichnet), vorhanden. Sie können unabhängig voneinander angesprochen werden.[1]

---

[1] Die Auswahl geschieht über ein Bit des Statusregisters MSTAT der Multiplizier/Addier-Einheit (s.u.)

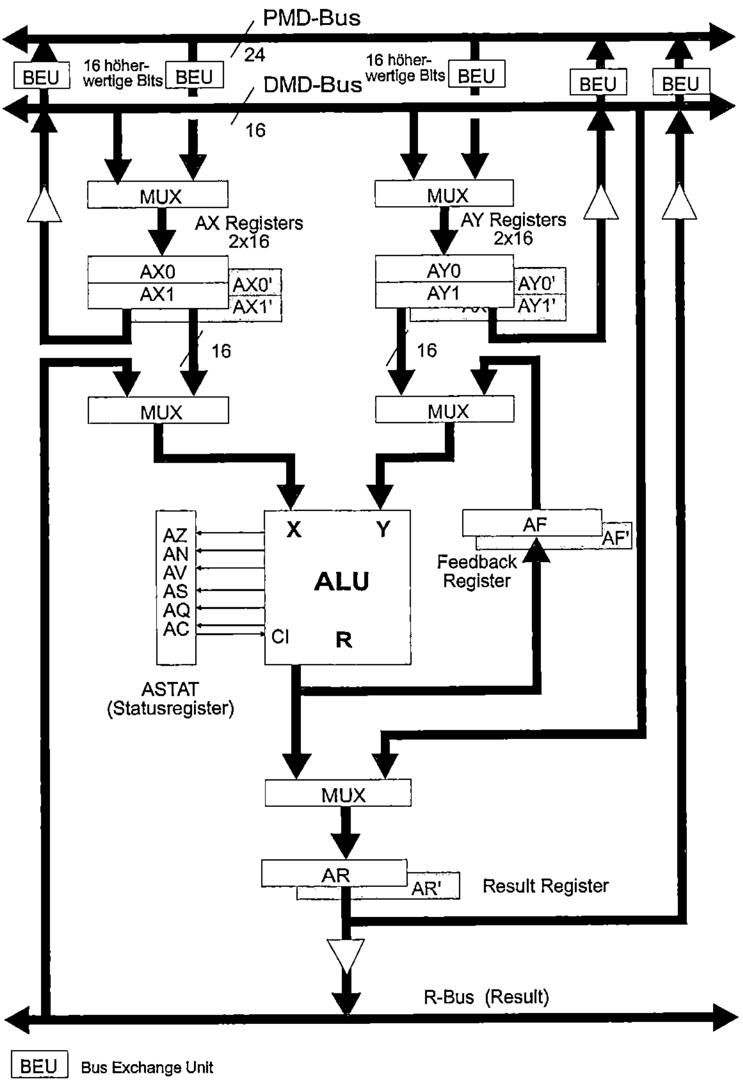

Abb. 10.4: Blockschaltbild der ALU

(Die weißen Dreiecke sind gebräuchliche Symbole für Tristate-Treiber)

In der ALU werden sechs Statusbits (*Flags*) generiert, die im ALU-Statusregister ASTAT abgelegt sind. Dies ist in Abb. 10.5 dargestellt.[1] Das Übertrags-Flag AC wird intern auf den Eingang CI (*Carry Input*) der ALU zurückgekoppelt und zur Bildung von „Kettenrechnungen", insbesondere zur Berechnung von Zahlen erhöhter Genauigkeit, ausgewertet. Das Vorzeichen AS des X-Eingangs der ALU wird nur durch den Befehl ABS (Berechnung des Absolutbetrages, s. Tabelle 10.2) ermittelt. Das Bit AQ enthält bei der (schrittweisen) Durchführung der

---

[1] Die Anbindung von ASTAT an das interne Bussystem und die dadurch gegebenen Zugriffsmöglichkeiten werden im Abschnitt 10.1.4 über das Steuerwerk beschrieben

Division mit Hilfe der Befehle DIVS und DIVQ jeweils ein Bit des Quotienten. (Der Vollständigkeit halber sind in Abb. 10.5 noch zwei weitere Flags SS, MV aufgenommen, die zu den anderen Rechenwerken gehören, aber im ASTAT-Register angeordnet sind und später behandelt werden.)

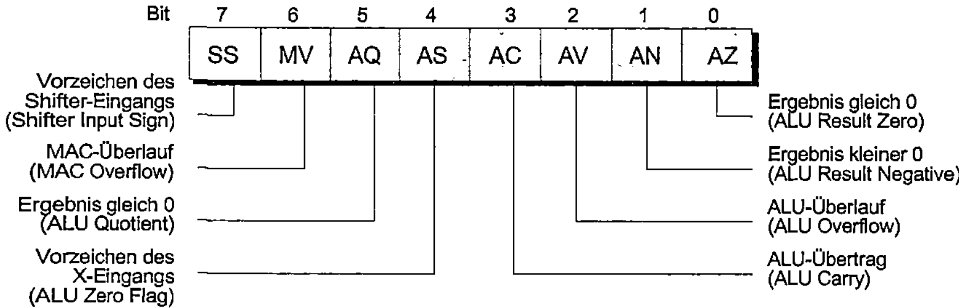

Abb. 10.5: Das Statusregister ASTAT

Das allgemeine Assembler-Befehlsformat[1] der ALU ist durch

$$[\text{IF condition}] \ \text{dest} = \{\text{operand 2}\} \ \text{op} \ \text{operand 1}$$

gegeben. Dabei ist „dest" eines der Ergebnisregister AR oder AF. Die Operationen „op" sind in der Tabelle 10.2 aufgeführt. „operand 1" ist bei den meisten Befehlen eines der Eingaberegister der ALU (AX0, AX1, AY0, AY1), ein Ergebnisregister der ALU (AR, AF) oder ein Ergebnisregister der anderen Rechenwerke (über den R-Bus). „operand 2" entfällt bei monadischen Operationen.

Tabelle 10.1: Die Bedingungen für die Befehlsausführung

Bezeichnung	Funktion	Bemerkung
EQ	ALU-Ergebnis = 0	AZ = 1
NE	ALU-Ergebnis ≠ 0	AZ = 0
GT	ALU-Ergebnis > 0	
GE	ALU-Ergebnis ≥ 0	
LT	ALU-Ergebnis < 0	
LE	ALU-Ergebnis ≤ 0	
NEG	X-Eingang der ALU < 0	Flag AS=1, nur durch Befehl ABS gesetzt
POS	X-Eingang der ALU ≥ 0	Flag AS=0, nur durch ABS zurückgesetzt
AV Not AV	Überlauf in der ALU kein Überlauf in ALU	Überlauf im Zweierkomplement
AC Not AC	Übertrag in der ALU kein Übertrag in ALU	
MV Not MV	Überlauf in der MAC kein Überlauf in MAC	s. Multiplizier/Akkumulier-Einheit
NOT CE	Not Counter Expired	Zähler der Hardwareschleife nicht abgelaufen, Achtung: kein Counter expired (CE)!

---

[1] In diesem Assembler werden viele Instruktionen nicht durch mnemotechnische Abkürzungen, sondern in Form von algebraischen Operatoren (+,-,* etc.) angegeben. Man spricht deshalb von einem „algebraischen Assembler"

Mit Ausnahme der Befehle DIVS, DIVQ zur (schrittweisen) Division (*Division Primitives*) kann die Ausführung jedes Befehls von einer Bedingung abhängig gemacht werden. Ist diese Bedingung nicht erfüllt, wirkt der Befehl wie ein NOP-Befehl. Die möglichen Bedingungen werden aus den Statusbits der ALU im ASTAT-Register abgeleitet. Sie sind in Tabelle 10.1 aufgeführt. (Die beiden letztgenannten Bedingungen werden in den beiden anderen Rechenwerken – nicht in der ALU erzeugt – und später beschrieben.)

Außer diesen Operationen ist es möglich, in der ALU eine Division in mehreren Schritten durchzuführen. Diese Operation setzt sich aus Additionen und Schiebeoperationen zusammen und benutzt spezielle Hardwarekomponenten. Sie wird mit den Befehlen DIVS und DIVQ schrittweise ausgeführt. Auf die Division soll hier nicht näher eingegangen werden, da sie nicht zu den typischen Operationen der digitalen Signalverarbeitung gehört.

In der ALU können die in Tabelle 10.2 angegebenen Standardoperationen ausgeführt werden.

Tabelle 10.2: Die Arithmetik-Operationen des ADSP-218x

Assemblernotation	Funktion
R = xop + yop	Addiere die Operanden xop und yop
R = xop + C	Addiere zum Operanden xop den Übertrag (*Carry*)
R = xop + yop + C	Addiere die Oper. xop, yop mit *Carry* (C=AC in ASTAT)
R = xop – yop	Subtrahiere yop von xop
R = xop + C – 1	Subtrahiere von xop den Wert 0 mit Übertrag (*Borrow*)
R = xop – yop +C – 1	Subtrahiere yop von xop mit Übertrag (*Borrow*)
R = yop – xop	Subtrahiere xop von yop
R = – xop + C – 1	Subtrahiere xop von 0 mit Übertrag (*Borrow*)
R = yop – xop +C – 1	Subtrahiere xop von yop mit Übertrag (*Borrow*)
R = – xop	Negiere den Operanden xop
R = – yop	Negiere den Operanden yop
R = yop + 1	Inkrementiere den Operanden yop
R = yop – 1	Dekrementiere den Operanden yop
R = PASS xop	Schalte Operand xop zum Ausgangsport R, setze die Flags
R = PASS yop	Schalte Operand yop zum Ausgangsport R, setze die Flags
R = PASS –1/0/1	Schalte den Wert –1/0/1 zum Ausgangsport R durch
R = 0	Lösche das Ergebnis in R
R = ABS xop	Bilde den Absolutwert von Operand xop
R = xop AND yop	Verknüpfe (bitweise) logisch-und die Oper. xop und yop
R = xop OR yop	Verknüpfe (bitweise) logisch-oder die Oper. xop, yop
R = xop XOR yop	Verknüpfe (bitweise) logisch-antivalent die Oper. Xop, yop
R = NOT xop	Logische (bitweise) Negation des Operanden xop
R = NOT yop	Logische (bitweise) Negation des Operanden yop
R = NOT 0	R wird auf 1....1 gesetzt
R = DIVS yop, xop	Bestimme das Vorzeichen des Quotienten
R = DIVQ xop	Berechne ein Bit des Quotienten
NONE=<ALU-Befehl>	Setzen der Flags in ASTAT als Ergebnis der ALU-Operation ohne Abspeicherung des Ergebnisses in einem Register

Der Ausgang R kann dabei auf eines der Ergebnisregister AR oder AF geschaltet werden, der Eingang xop aus den Registern AX0, AX1, AR, MR0-MR2 (in der MAC, s.u.) sowie SR0, SR1 (in der Schiebe-/Normalisier-Einheit) gespeist werden, der Eingang yop aus den Registern AY0, AY1 und AF.

10.1.3.1.1 ALU-Sättigung (*Saturation*)

Ein Überlauf (*Overflow*) oder Unterlauf (*Underflow*) in der ALU, der in der Zweierkomplement-Arithmetik auftreten kann, führt zu einem Vorzeichenwechsel des Ergebnisses. Das heißt z.B., dass die Addition zweier positiver Zahlen zu einem negativen Ergebnis führt. In diesem Fall ist es in vielen Anwendungsfällen sinnvoll, das Ergebnis auf den größten positiven bzw. kleinsten negativen Zahlenwert zu begrenzen. Diese Begrenzung kann beim ADSP-218x im Ergebnisregister AR durch die ALU-Hardware geschehen – also schneller als durch eine Folge von Befehlen, wie sie bei anderen Prozessoren nötig sind. Dazu muss im Statusregister MSTAT (*Mode Status Register*, s. Tabelle 10.4) Bit 3 gesetzt werden, wozu der spezielle Befehl „ENA AR_SAT" (*Enable Saturation of AR*) dient. Nach Ausführung dieses Befehls werden – bis zur expliziten Deaktivierung durch den Befehl „DIS AR_SAT" (*Disable Saturation of AR*) – alle folgenden Überlaufe im Ergebnisregister AR (aber nicht in AF!) entsprechend korrigiert. In der Tabelle 10.3 sind die Bedingungen für die Sättigung gegeben.

Tabelle 10.3: Bedingungen für die Sättigung

AV – Overflow Flag	AC – Carry Flag	AR-Inhalt
0	0	ALU-Ergebnis R
0	1	ALU-Ergebnis R
1	0	0x7FFF, größte positive Zahl
1	1	0x8000, kleinste negative Zahl

10.1.3.1.2 ALU Overflow Latch Mode

Das Überlauf-Bit AV wird nach jeder Operation zurückgesetzt, in der kein Über-/Unterlauf stattfand. Bei anderen Prozessoren muss daher eine Auswertung des AV-Flags unmittelbar nach der auslösenden Instruktion geschehen. Zur Beschleunigung einer Kettenrechnung bietet hier der ADSP-218x die Möglichkeit, das gesetzte AV-Flag quasi „einzufrieren" (Sprechweise: AV wird ein „*Sticky Bit*"). Dies geschieht durch den Befehl „ENA AV_LATCH", wodurch Bit 2 im Statusregister MSTAT gesetzt wird (s. Tabelle 10.4). In diesem Fall muss das AV-Flag nach der Auswertung explizit durch eine Befehlsfolge zurückgesetzt werden. Der Befehl „DIS AV_LATCH" hebt diese Funktionalität des AV-Flags wieder auf.

10.1.3.2 Multiplizier-/Akkumulier-Einheit (MAC)

Die in Abb. 10.6 dargestellte Multiplizier-/Akkumulier-Einheit besteht aus einer Reihe von Registern und Multiplexern, die rund um das eigentliche Rechenwerk angeordnet sind.

Ein Operand, der X-Operand, kann entweder vom R-Bus oder – über einen Multiplexer – von einem der Datenbusse DMD bzw. PMD kommen – im letztgenannten Fall durch die *Bus Exchange Unit* (BEU). Er wird mittels eines Multiplexers an den Eingangsport X des 16×16-Bit-Parallelmultiplizierers geschaltet.

Ein Operand, der über einen der Datenbusse geliefert wird, wird in eines der 16-Bit-Eingaberegister MX0 oder MX1 geschrieben, die als Datenpuffer dienen. Der Y-Operand kommt entweder vom *Feedback Register* MF oder – wie beim X-Eingang – von einem der Datenbusse DMD bzw. PMD. Kommt der Y-Operand über die Datenbusse, so wird er in eines der Register MY0 oder MY1 geschrieben. Das Schalten der entsprechenden Datenquelle an den Eingangsport Y geschieht ebenfalls mittels Multiplexern.

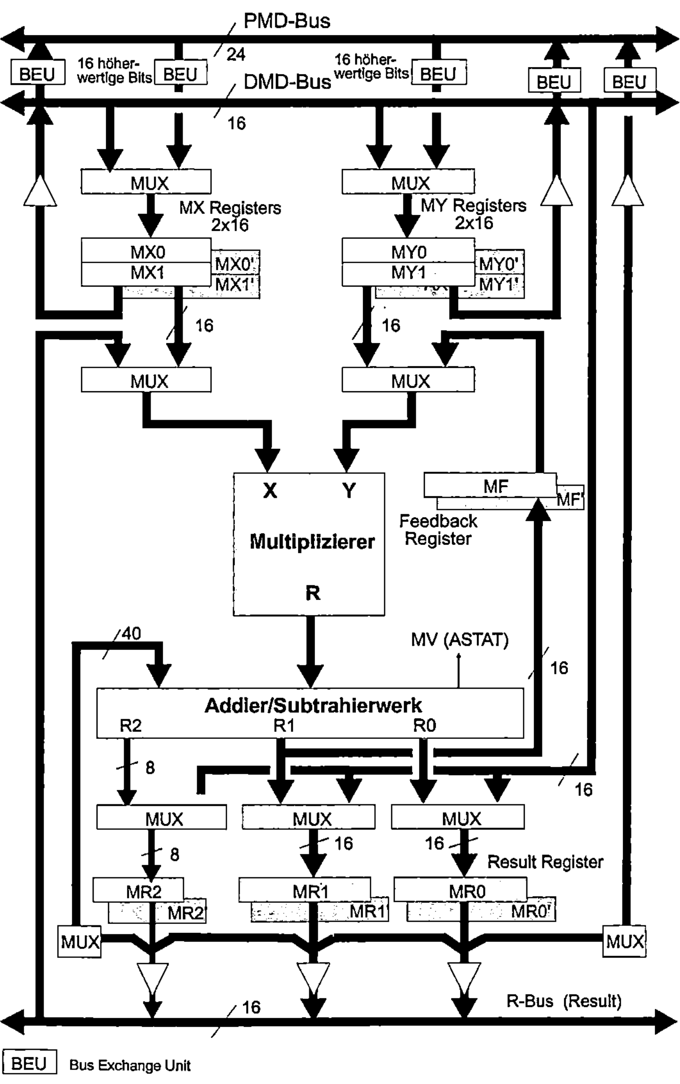

Abb. 10.6: Die Multiplizier-/Akkumulier-Einheit (MAC)

Im Multiplizierer werden die beiden 16-Bit-Operanden in einem einzigen Taktzyklus multipliziert, wobei das Ergebnis am R-Port des Multiplizierers erscheint. Von da aus kann das Produkt noch im gleichen Taktzyklus von der Addier/Subtrahier-Einheit zum Inhalt des Ergebnisregisters MR addiert oder davon subtrahiert werden. Das Ergebnisregister besteht aus drei separaten Registern: Die MR0- und MR1-Register sind 16 Bits und das MR2-Register 8 Bits breit. Daraus ergibt sich die Breite des Akkumulators (Ergebnisregister) MR zu 40 Bits. Der Sinn der Erweiterung des Ergebnisregisters um das Überlaufregister MR2 besteht darin, dass bis zu 255 Zwischenergebnisse, in denen jeweils ein Überlauf stattfand, aufaddiert werden können, ohne dass ein Überlauf aus dem 40-Bit-Akkumulator und dadurch ein Datenverlust auftreten kann. Das erhöht die Genauigkeit des Prozessors. Im Addier-/Subtrahierwerk wird außerdem das MAC-Überlauf-Flag (*Multiply Overflow*) MV erzeugt. Es wird gesetzt, wenn das Ergebnis breiter als 32 Bits ist. Ist das der Fall, dann muss der Inhalt der Register MR1 und MR2 zur Schiebe-/Normalisier-Einheit übertragen und dort auf das gewünschte Format normalisiert werden (vgl. Unterabschnitt 10.1.3.7).

Jedes der Teilregister MR2 − MR0 des Akkumulators MR kann zum Addier/Subtrahier-Werk zurückgekoppelt, über den Ergebnisbus R zu einem der anderen Rechenwerke (ALU, Schiebe-/Normalisier-Einheit) weitergereicht oder über die Datenbusse DMD bzw. PMD (in Verbindung mit der *Bus Exchange Unit*) in den Daten- oder Programmspeicher transportiert werden.

Wie bei der ALU sind auch bei der MAC-Einheit alle Register mit Schattenregistern (*Background Register*) ausgestattet. Die Auswahl zwischen Primärregistern und Schattenregistern geschieht (gemeinsam für ALU, MAC und Schiebe-/Normalisier-Einheit, s.u.) durch das Bit 0 im sog. MSTAT-Register (*Mode Status Register*), das in Abb. 10.7 dargestellt ist.

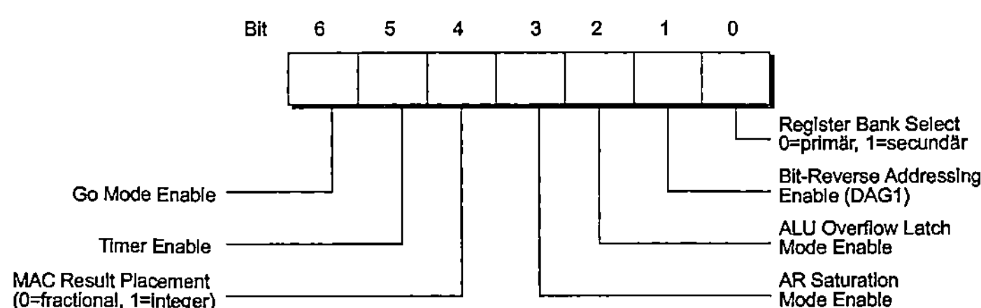

Abb. 10.7: Das Status-/Steuerregister MSTAT

Die Auswahl zwischen den Registerbänken geschieht durch spezielle Befehle „ENA SEC_REG" („Aktiviere die zweite (Schatten-)Registerbank") bzw. „DIS SEC_REG" („Deaktiviere die Schatten-Registerbank"). Zur Festlegung der Art, wie die Operanden der MAC-Einheit interpretiert werden sollen, dienen die Befehle „ENA M_MODE" zur Selektion des Integer-Modus und „DIS M_MODE" zur Selektion der *Fractional*-Darstellung. Diese Befehle wirken sich auf Bit 4 von MSTAT aus, das sie setzen bzw. zurücksetzen. Nach dem Rücksetzen des Prozessors (*RESET*) ist der *Fractional*-Modus voreingestellt (*default*). Die unterschiedliche Bearbeitung der Ergebnisse in der MAC-Einheit stellt sich wie folgt dar:

- Im Fractional-Modus ist das Produkt zweier Zahlen im Format 1.15 eine Zahl im Format 2.30. Dieses Ergebnis muss zunächst vor einer Weiterverarbeitung korrigiert werden. Das geschieht dadurch, dass das Produkt zunächst auf 40 Bits erweitert wird, indem 8 Bits davor gestellt werden, die alle mit dem Vorzeichen des Produkts (0 oder 1) gefüllt werden (*Sign Ex-*

tension). Danach wird durch Linksschieben um ein Bit und Nachziehen einer 0 in die niederstwertige Stelle das Produkt zu einer 1.31-Zahl korrigiert.

- Im Integer-Modus ist das Ergebnis der Multiplikation zweier Zahlen im 16.0-Format eine Zahl im Format 32.0, also wiederum ein Integer-Zahl. Hier ist lediglich eine Erweiterung auf 40 Bits durch die eben beschriebene Ergänzung um 8 Vorzeichenbits erforderlich.

Auf die Funktion der Bits 2 und 3 im MSTAT-Register haben wir bereits im vorangegangenen Unterabschnitt beschrieben. Die restlichen Bits werden wir im weiteren Ablauf dieses Kapitels erklären. In Tabelle 10.4 sind noch einmal die einzelnen Bits des MSTAT-Registers, ihre Bezeichnung in einem Assembler-Programm und ihre Funktion zusammenfassend dargestellt.

Tabelle 10.4: Das Status/Steuerregister MSTAT

MSTAT-Bit	Ass.-Notation	Bezeichnung	Funktion
0	SEC_REG	Reg. Bank Select	Auswahl aller Registerbänke: Primär- oder Schattenregister
1	BIT_REV	Bit Reversed Addr.	Adressierung mit Bitumkehr im Adressrechenwerk DAG1 (s.u.)
2	AV_LATCH	ALU Overflow Latch Mode Enable	ALU-Überlauf-Bit einfrieren (s.o.)
3	AR_SAT	AR Saturation Mode Enable	Aktivieren des Sättigungsmodus für die ALU (s.o.)
4	M_MODE	MAC Result Placement	Selektion zwischen Integer- und Fractional Zahlendarstellung
5	TIMER	Timer Enable	Aktivierung des internen Timers
6	G-MODE	GO-Mode Enable	DSP arbeitet trotz Busfreigabe (*Bus Grant*) intern weiter

Das Format eines Assembler-Befehls für die MAC-Einheit ist durch

[IF Condition] dest = {MR +/−} operand1 * operand2 (format)

gegeben. Jeder Befehl kann bedingt ausgeführt werden, wobei die möglichen Bedingungen (*Conditions*) durch die Zustandsbits der ALU nach Tabelle 10.1 gegeben sind. „dest" bezeichnet die Ergebnisregister MR oder MF, die Operanden 1 und 2 stehen in den Registern XOP = {MX1,MX0,MR2,MR1,MR0,AR,SR1,SR0[1]} bzw. YOP = {MY1, MY0, MF}.

Für „format" muss eine der Zeichenkombinationen SS, US, SU, UU, RND angegeben werden. Dabei bedeutet „S", dass der entsprechende Operand eine vorzeichenbehaftete Zahl (*signed*) ist, und „U" kennzeichnet eine vorzeichenlose Zahl (*unsigned*). „RND" impliziert ein Operandenformat „SS" und bewirkt die Rundung (*Rounding*) des Akkumulatorinhalts zum verlangten Zahlenformat. In der Tabelle 10.5 sind die MAC-Befehle aufgelistet.

---

[1] SR1, SR0 sind Register der Schiebe-/Normalisier-Einheit

Tabelle 10.5: Liste der MAC-Befehle

Befehl	Funktion
dest = xop*yop (format)	Multiplikation
dest = MR + xop*yop (format)	Multiplikation mit Akkumulation
dest = [MR±] xop*xop (format)	Quadrieren von xop, ggf. mit Akkumulation
dest = MR − xop*yop (format)	Multiplikation mit Subtraktion
dest = 0	Akkumulator MR, MF löschen
dest = MR [(RND)]	Runden des Akkumulators MR
IF MV SAT MR	(bedingte) Sättigung des Akkumulators

MAC-Sättigung (*Saturation*)

Ein MAC-Überlauf (*Overflow*) ist dadurch gekennzeichnet, dass wenigstens ein Bit des Überlaufregisters MR2 nicht mit dem Vorzeichen des Ergebnisses in MR1, also seinem höchstwertigen Bit, übereinstimmt. Das heißt, dass keine „vorzeichenerweiterte" Zahl vorliegt (*sign-extended*). Dies wird vom Addier/Subtrahier-Werk der MAC-Einheit durch das Flag MV (*MAC Overflow*) im ASTAT-Register angezeigt (s. Abb. 10.5). Anders als bei der ALU wird die Sättigung der MAC-Einheit nicht als Modus für alle nachfolgenden Befehle eingestellt, sondern muss durch den Befehl

IF MV SAT MR

für jeden Befehl gesondert erwirkt werden. Durch die Sättigung wird ein positiver Überlauf auf den Wert MR=0x00 7FFF FFFF begrenzt und ein negativer auf den Wert MR=0xFF 8000 0000.

Rundung des MAC-Ergebnisses

Wie oben bereits gesagt, wird die Rundung des Ergebnisses im Register MR oder MF durch die Formatangabe „(RND)" veranlasst. Sie wirkt sich nur im Fractional-Modus der MAC-Einheit aus. Die Art der Rundung ist beim ADSP-218x derart festgelegt, dass ein 40-Bit-Ergebnis stets auf die „nächstgelegene" Zahl im 1.15-Format abgebildet wird (*Round to Nearest*). Dies geschieht dadurch, dass zum Ergebnis im MR/MF-Register eine 1 zur Bitposition 15 addiert und nach der Addition MR0 „abgeschnitten" wird. Zahlen, die in Bitposition 15 eine 0 hatten, werden so lediglich ab der Position 15 verkürzt, Zahlen mit einer 1 in Bitposition 15 werden nach oben gerundet. Der Sonderfall, wenn MR0 = 0x8000 ist, wird dabei nach oben gerundet, wenn in MR1 eine ungerade Zahl steht, und nach unten bei einer geraden Zahl[1].

10.1.3.3 Schiebe-/Normalisier-Einheit

Die dritte arithmetische Einheit des ADSP-218x ist die Schiebe-/Normalisier-Einheit. In ihr werden Schiebeoperationen an einem 16 Bits breiten Eingabeoperanden durchgeführt, der danach in ein 32 Bits breites Ergebnisregister eingebettet wird. Zu den möglichen Schiebeoperationen gehören das logische und arithmetische Schieben sowie Normalisierungs- und Skalierungsoperationen.

---

[1] Man spricht hier von einem *Unbiased Rounding*, da in einer langen Reihe von (gleichverteilten) Zahlenwerten der Fehler, der sich durch das Runden ergibt, 0 ist

412

Mit Hilfe des sog. Exponentendetektors kann der Exponent des Eingabeoperanden oder – in einer Schleife – der kleinste Exponent eines Datenblockes ermittelt werden. Dabei wird unter dem Exponenten eines Festpunkt-Operanden die Anzahl der Bitpositionen verstanden, um die man den Operanden nach links verschieben muss, bis das erste 1-Bit unmittelbar hinter dem Punkt steht. Mit der letztgenannten Funktion kann ein Block von Festpunktzahlen in Gleit-punktzahlen mit einem einheitlichen Exponenten verwandelt werden (*Block Floating Point*). Dazu werden – in einer zweiten Schleife – alle Daten des Blockes um die durch den (Block-) Exponenten gegebene Zahl von Bitpositionen nach links verschoben und die so erhaltenen Zahlen, zusammen mit ihrem gemeinsamen Exponenten, abgespeichert. Die berechneten Gleit-punktzahlen sind (z.T.) nicht normalisiert und genügen natürlich nicht dem IEEE-754-Standard. Sie bieten jedoch den Vorteil, dass sie die Nachkommastellen besser nutzen und so eine größere Genauigkeit erreichen.

Das Blockschaltbild der Schiebe-/Normalisier-Einheit ist in Abb. 10.8 dargestellt.

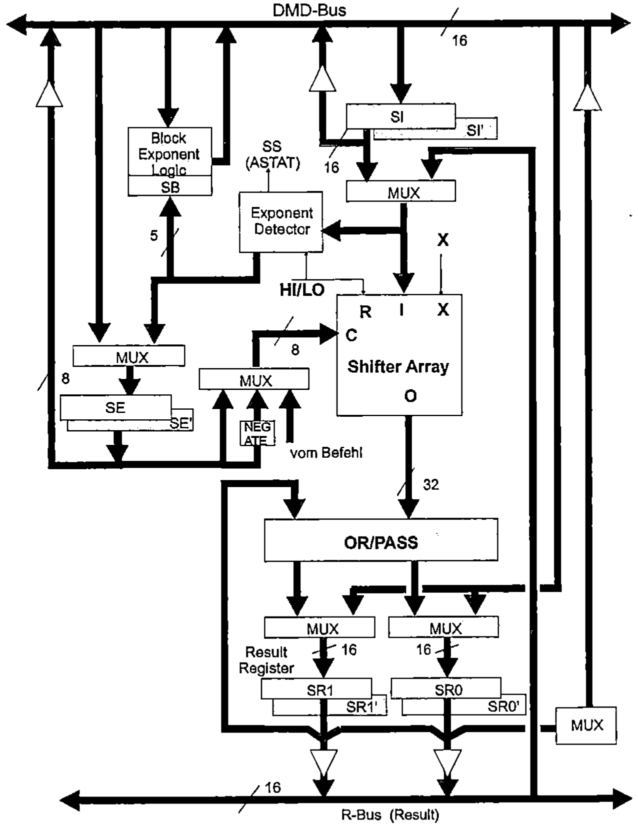

Abb. 10.8: Blockschaltung der Schiebe-/Normalisier-Einheit

Das Hauptelement dieser Einheit bildet das *Shifter Array*. Dieses besteht im Wesentlichen aus einem 32 Bits breiten Schieberegister, das als *Barrel Shifter* aufgebaut ist. Ein über den DMD-Bus übertragener 16-Bit-Operand wird im Eingaberegister SI gespeichert. (Dieses Register kann über den DMD-Bus ausgelesen werden, so dass es auch als universelles Datenregister dienen kann.) Der vom SI-Register oder vom Ergebnisbus R kommende, 16 Bits breite Eingabeoperand wird über einen Multiplexer an den Eingangsport I des Shifter Arrays geschaltet.

Durch die Möglichkeit des Barrel Shifters, das angelegte Eingabewort während eines einzigen Befehlszyklus um eine „beliebige" Anzahl (0 – 32) von Bitpositionen nach links oder rechts zu verschieben, können das Eingabewort bzw. seine höher- oder niederwertigen Bits überall innerhalb des 32 Bits breiten Ausgangsports platziert werden, was insgesamt 49 verschiedene Platzierungsmöglichkeiten[1] ergibt. Über die Platzierung entscheiden der Zustand des HI/LO-Signals am R-Eingang des Shifter Arrays sowie das Steuerwort C (*Control Code*): Das Signal am R-Eingang wird durch die Angabe des Parameters *„Alignment"* mit den möglichen Werten „HI" und „LO" (high/ low, s.u.) im Schiebebefehl bestimmt. Es entscheidet über den „Bezugspunkt" der Schiebeoperationen im 32-Bit-Ergebnisregister SR=(SR1,SR0). Bei Angabe des Werts „HI" finden alle Schiebeoperationen in Bezug auf das Bit 0 des SR1-Registers statt, bei Eingabe von „LO" in Bezug auf das Bit 0 des SR0-Registers. Das heißt z.B., dass bei einer (möglichen) Verschiebung um 0 Bitpositionen bei „HI" das Eingabewort vollständig ins Register SR1, bei „LO" ins Register SR0 übertragen wird.

Das Steuerwort an C ist ein 8 Bits breiter, vorzeichenbehafteter Wert, der die Richtung und die Anzahl der Bitpositionen bestimmt, um die der Operand am Eingang I des Shifter Arrays verschoben werden soll. Bei positiven Werten wird das Eingangswort nach links geschoben und bei negativen nach rechts. Dieses Steuerwort wird entweder im Befehl als Anzahl der zu verschiebenden Bits direkt angegeben, oder er wird indirekt durch den Exponenten geliefert, der im (Shifter-)Exponentenregister SE gespeichert ist. Der Wert im SE-Register kann über den DMD-Bus eingelesen werden.

Die Bitpositionen rechts vom (verschobenen) Eingabewort im Ergebnisregister SR werden stets mit Nullen gefüllt. Der Zustand der Bits links von diesem Wort hängt von der durchgeführten Instruktion ab und ist durch den Eingang X des Shifter Arrays gegeben. Bei logischen Schiebeoperationen werden diese Bits mit Nullen und bei arithmetischen Schiebeoperationen mit dem höchstwertigen Bit (*Most Significant Bit* – MSB) des Eingabewortes, also seinem Vorzeichen, gefüllt (*Sign Extension*). Bei Normalisierungsoperationen hängt der Zustand dieser Bits vom Zustand des AC-Bits im ALU-Statusregister ASTAT ab[2].

Bei der im ADSP-218x benutzten Festpunkt-Zahlendarstellung im Format 1.15 stimmt eine (je nach Größe des Operanden) mehr oder weniger lange (ununterbrochene) Folge der höherwertigen Bits mit dem Vorzeichenbit (MSB) überein. Im *Exponent Detector* wird die Anzahl der redundanten „Vorzeichenbits" im Eingabeoperanden ermittelt und im SE-Register abgelegt. Dabei wird das Vorzeichen des am I-Eingang des Shifter Arrays anliegenden Werts als SS-Flag (*Shifter Input Sign*) im Statusregister ASTAT der ALU gespeichert (s. Abb. 10.5).

Der ermittelte Exponent kann über das SE-Register als Steuerwort C zurück an das Shifter Array geführt werden. Durch eine Schiebeoperation mit diesem Steuerwort wird der Eingabeoperand um die Anzahl seiner redundanten Bits nach links verschoben. Als Ergebnis steht eine

---

[1] MSB in Bits 31 – 0, MSB „unterhalb" von Bit 0, LSB in Bits 31 – 17, LSB „oberhalb" von Bit 31
[2] Hierauf wollen wir nicht näher eingehen

Gleitpunktzahl zur Verfügung, deren Exponent im SE-Register und deren Mantisse im Ergebnisregister SR gespeichert ist.

Die effiziente Verarbeitung eines Blocks von Festpunktzahlen kann es erfordern, dass alle Blockelemente als Gleitpunktzahlen mit dem höchsten auftretenden Exponenten dargestellt werden (*Block Floating Point*). Dazu wird (in einer Programmschleife) durch die Komponente *Exponent Detector* der Exponent jedes Elements festgestellt. Dieser Exponent ist durch die Anzahl der redundanten Vorzeichenbits des Operanden, also durch die um 1 verminderte Anzahl der führenden 0- oder 1-Bits gegeben. Durch die mit *Block Exponent Logic* bezeichnete Komponente wird der größte für den Block von Operanden errechnete Exponent ermittelt und in einem internen 5-Bit-Register SB abgespeichert – und zwar als Zahl mit negativem Vorzeichen aus dem Bereich –15...0. Mit Hilfe des so ermittelten größten Exponenten werden alle Blockelemente in einem zweiten Schleifendurchlauf um diesen Wert nach links verschoben und so mit diesem Wert „normalisiert"[1].

Das 32 Bits breite Ergebnis des Shifter Arrays kann durch die *OR/PASS*-Einheit entweder direkt in das Ergebnisregister SR übertragen (*Pass*) oder mit Hilfe der ODER-Logik mit dem aktuell im Ergebnisregister abgelegten Wert logisch verknüpft (*Or*) werden. Dadurch werden verkettete Schiebeoperationen von 32-Bit-Eingabeoperanden innerhalb von zwei Befehlszyklen möglich. Wie bei den anderen Rechenwerken sind alle Register der Schiebe-/Normalisier-Einheit zweifach ausgeführt, als Primär- und als Schattenregister[2].

Die Befehle für die Schiebe-/Normalisier-Einheit sind in den allgemeinen Formen

- SR= [SR OR] ASHIFT/LSHIFT xop BY <expr> (alignment)

- [IF Condition] SR= [SR OR] op xop (alignment)

gegeben. Als Operationen sind im 1. Format nur die Operationen ASHIFT (arithmetisches Verschieben) oder LSHIFT (logisches Verschieben) möglich. Der Eingabeoperand xop kann in den Shifter-Registern SI, SR0, SR1 stehen, aber auch über den Ergebnisbus R aus den Ergebnisregistern MR2, MR1, MR0 (der MAC-Einheit) oder AR (der ALU) kommen. Tabelle 10.6 zeigt alle möglichen Operationen der Schiebe-/ Normalisier-Einheit.

Tabelle 10.6: Operationen der Schiebe-/Normalisier-Einheit

Befehl	Funktion
SR = [SR OR] ASHIFT xop (HI/LO)	arithmetisches Verschieben, Bitanzahl in SE
SR = [SR OR] LSHIFT xop (HI/LO)	logisches Verschieben, Bitanzahl in SE
SE = EXP xop (HI/LO)	Ermitteln des Exponenten von xop
SR = [SR OR] NORM xop (HI/LO)	Normalisieren von xop, Exponent SE von EXP
SB = EXPADJ xop	Anpassen der Exponenten eines Blocks
SR = [SR OR] ASHIFT xop BY <expr> (HI/LO)	arithmetisches Verschieben, Bitanzahl unmittelbar im Befehl
SR = [SR OR] LSHIFT xop BY <expr> (HI/LO)	logisches Verschieben, Bitanzahl unmittelbar im Befehl

---

[1] Vgl. den Befehl EXPADJ in Tabelle 10.6
[2] Die Registerbank-Auswahl geschieht im Register MSTAT (s.o.)

Die weiteren Angaben im Befehl steuern seine Abarbeitung, wie sie weiter oben beschrieben wurde.

- Beim arithmetischen Rechtsschieben wird das Vorzeichen des Operanden von links nachgezogen, beim logischen Rechtsschieben wird von links eine 0 eingezogen. Beim Linksschieben wird stets von rechts eine 0 nachgezogen.

- Die Anzahl der Bitpositionen, um die der Operand verschoben werden soll, wird entweder direkt oder indirekt bestimmt. Im ersten Fall wird der Wert als Größe <expr> im Wertebereich −128,...,127 angegeben[1]. Im zweiten Fall steht er als (vorzeichenbehaftete) 8-Bit-Zahl im Exponentenregister SE.

- Die ersten fünf Befehle in der Tabelle 10.6 können bedingt ausgeführt werden, wobei die möglichen Bedingungen (*Conditions*) durch die ALU nach Tabelle 10.1 gegeben sind.

- Ein negativer Wert in <expr> oder SE bewirkt eine Verschiebung nach rechts, ein positiver Wert nach links.

- Die Angabe des Wertes (alignment) als (HI) oder (LO) bestimmt die Platzierung des Ausgabewertes im Register SR1, SR0: Bei Angabe von (LO) ist der Bezugspunkt, von dem aus die zu verschiebenden Bitpositionen berechnet werden, das Bit 0 von SR0, bei Angabe von (HI) das Bit 0 von SR1.

Jeder Befehl mit Ergebnisregister SR kann das Resultat entweder direkt ins Register SR übertragen (PASS, s.o.) oder zusätzlich mit dem alten Wert in SR logisch „oder"-verknüpfen (OR). Die letztgenannte Form bietet z.B. eine gute Möglichkeit, mehrere kürzere Eingabewerte im Ergebnisregister SR zu einem 32-Bit-Wort zu verketten.

10.1.4 Steuerwerk

Nachdem wir im letzten Abschnitt ausführlich die Rechenwerke des ADSP-218x besprochen haben, wollen wir uns nun mit der zweiten Hauptkomponente jedes Mikroprozessors, dem Steuerwerk, beschäftigen. Das Steuerwerk besteht aus den Daten-Adressgeneratoren[2] und der Programm-Ablaufsteuerung.

10.1.4.1 Daten-Adressgeneratoren

Der ADSP-218x enthält zwei voneinander unabhängige Daten-Adressgeneratoren (*Data Address Generators* − DAG). Diese sind notwendig, um den Rechenwerken in einem Zyklus gleichzeitig zwei Operanden zur Verfügung stellen zu können[3]. Beim hier betrachteten Prozessor finden die Zugriffe auf den Datenspeicher und den kombinierten Programm-/Datenspeicher statt. Beide Adressgeneratoren[4] sehen im Aufbau beinahe identisch aus. Sie unterscheiden sich hauptsächlich dadurch, dass DAG1 nur Adressen für den Datenspeicher, DAG2 aber für den Daten- und den Programmspeicher liefern kann. Andererseits kann nur DAG1 zur bitreversen

---

[1] Dabei darf im Assemblercode für positive Werte kein „+" angegeben werden

[2] Im Sinne von Abschnitt 5.4 bilden die Daten-Adressgeneratoren das „Adresswerk" des Prozessors. Der Einfachheit halber rechnen wir das Adresswerk − wie im Abschnitt 1.1− hier zum Steuerwerk dazu

[3] Dies ist typisch für DSPs, vgl. Abschnitt 3.2

[4] Wir lassen in diesem Abschnitt das Kennwort „Daten-" der Kürze halber häufig weg, da keine Verwechslungen zu befürchten sind. Den „Programm-Adressgenerator" − der aber nicht so genannt wird − werden Sie erst bei der Programm-Ablaufsteuerung weiter unten kennen lernen

Adressierung von Operanden (bei der schnellen Fouriertransformation, vgl. Unterabschnitt 6.3.4) benutzt werden. Das Blockdiagramm der DAGs ist in Abb. 10.9 dargestellt.

Beide Adressgeneratoren enthalten einen Registersatz aus zwölf Registern, die in drei Registerbänke unterteilt sind. Jede Registerbank besteht aus je vier 14-Bit-Registern. Jedes Register kann durch einen Programmbefehl angesprochen und über den DMD-Bus beschrieben oder gelesen werden. Dabei werden nur die unteren 14 (der 16) Bits des Busses DMD benutzt. Die Register haben die folgenden Funktionen:

- Ein **Indexregister** I dient als Adressregister, d.h., es enthält die aktuelle Adresse, mit der nach einer der möglichen Adressierungsarten (s.u.) auf den Operanden zugegriffen wird. Diese sog. Register-indirekte Adressierung eignet sich besonders gut zur Selektion von Daten in einem Feld von Koeffizienten oder Stützwerten, wie sie in Algorithmen der digitalen Signalverarbeitung häufig auftreten (vgl. Unterabschnitt 3.1.4).

- Im **Modifizierregister** M (*Modify Register*) kann ein vorzeichenbehafteter 14-Bit-Wert angegeben werden, der nach der Ausführung des aktuellen Speicherzugriffs zum Inhalt des Indexregisters hinzuaddiert wird. Die Indexregister verfügen also über die Möglichkeit der automatischen Modifikation, genauer der Post-Modifikation, nach der Ausführung der Operation. Diese Erhöhung wird durch den in Abb. 10.9 gezeigten Addierer noch im gleichen Zyklus wie der Speicherzugriff ausgeführt. Wird ein negativer Wert im M-Register angegeben, kann so ein Speicherbereich in absteigender Adressordnung bearbeitet werden.

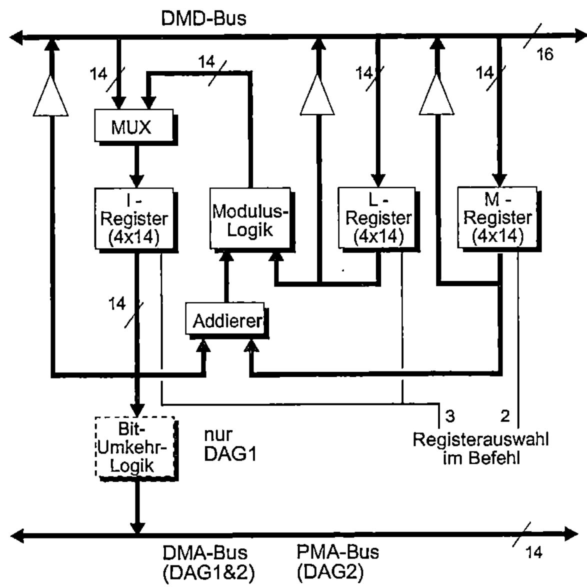

Abb. 10.9: Der Aufbau der Daten-Adressgeneratoren

- Das **Längenregister** L (*Length Register*) entscheidet darüber, ob das zugeordnete I-Register zur linearen oder zur Ringpuffer-Adressierung (*Circular Buffer Addressing*) benutzt werden soll (s.u.). Im ersten Fall muss es mit dem Wert 0 geladen werden, im zweiten Fall mit der

Länge (größer 0) des Ringpuffers, wie er im Unterabschnitt 6.3.4 beschrieben wurde. Beim Überschreiten der Puffergrenze nach oben/unten wird auf eine Adresse im unteren/oberen Pufferbereich zugegriffen. Bei der Ringpuffer-Adressierung kann auch ein M-Register mitbenutzt werden, so dass sequenzielle Zugriffe nicht auf unmittelbar aufeinander folgende Adressen stattfinden müssen, sondern eine (in M vorgegebene) Anzahl von Speicherzellen übersprungen wird.

Die Register in gleichnamigen Registerbänken (I, M, L) in beiden Adressgeneratoren werden jeweils von 0 bis 7 durchnummmeriert, wobei die Register 0–3 zum DAG1 und die Register 4–7 zum DAG2 gehören. Also finden sich I0–I3, M0–M3, L0–L3 in DAG1 und I4–I7, M4–M7, L4–L7 in DAG2. Die Zuordnung zwischen einem M-Register und einem I-Register muss so geschehen, dass beide Register zum Registersatz des gleichen Adressgenerators gehören; innerhalb eines Generators kann sie jedoch frei gewählt werden. Ein evtl. benutztes L-Register muss hingegen nicht nur zum gleichen Registersatz gehören, sondern auch die gleiche Nummer wie das Indexregister haben. Die Begründung für diese Einschränkungen finden Sie im Blockschaltbild in Abb. 10.9: Zur Selektion des I-Registers werden im OpCode drei Bits zur Verfügung gestellt, also kann I0–I7 gewählt werden. Mit den gleichen Bits wird aber auch ein benötigtes L-Register L0–L7 selektiert. Das M-Register wird hingegen nur durch zwei Bits adressiert, das höchstwertige (dritte) Bit wird von der Adresse des I-Registers übernommen, so dass stets ein Register desselben Adressgenerators angesprochen wird. Zu beachten ist, dass die L-Register beim Rücksetzen des Prozessors nicht gelöscht werden und deshalb unbedingt vor der Benutzung eines I-Registers das zugeordnete L-Register geeignet programmiert werden muss.

In Tabelle 10.7 werden alle Befehle aufgeführt, bei deren Ausführung die Adressgeneratoren involviert sind. Der Vollständigkeit halber sind darin auch noch die Datentransferbefehle aufgeführt, die ohne die Adressgeneratoren ausgeführt werden. Mit „reg" werden alle Register des Prozessorkerns, mit „dreg" die Register der Rechenwerke ALU, MAC, Shifter (ohne AF, MF) bezeichnet. <data> steht für ein beliebiges Datum, dessen Breite mit der des entsprechenden Registers (16 bzw. 14) übereinstimmt. <address> kennzeichnet eine 14-Bit-Speicheradresse. Die Befehle und ihre Notation werden im Folgenden noch ausführlicher beschrieben. Zum Verständnis sei nur darauf hingewiesen, dass in einem Assemblerbefehl durch die Notation „DM(..)" bzw. „PM(..)" angegeben wird, ob durch den Befehl der Daten- oder der Programmspeicher angesprochen werden soll.

Tabelle 10.7: Datentransferbefehle mit DAG-Einsatz

Assemblernotation	Funktion
reg = reg	Register-Register-Transfer
(d)reg = <data>	unmittelbares Laden eines Registers
reg = DM(<address>) DM(<address>) = reg	Lesen/Schreiben des Datenspeichers mit direkter Adressierung
dreg = DM(Ij, Mk) j, k = 0,..,3 DM(Ij, Mk) = dreg oder j, k = 4,..,7	Lesen/Schreiben des Datenspeichers mit indirekter Adressierung
dreg = PM(Ij, Mk) j, k = 4,..,7 PM(Ij, Mk) = dreg	Lesen/Schreiben des Programmspeichers mit indirekter Adressierung
MODIFY(Ij, Mk) i, j = 0,..,3 oder j, k = 4,..,7	Modifikation des Indexregisters I ohne Ausgabe auf den Adressbus

10.1.4.2 Adressierungsarten

Wie bereits erwähnt, unterstützen die Daten-Adressgeneratoren verschiedene Adressierungsarten, die nun ausführlicher beschrieben werden sollen.

- **Direkte Adressierung**

  Diese Adressierung ist nur für Zugriffe auf den Datenspeicher zulässig. Bei ihr wird die Operandenadresse direkt im Befehl als 14-Bit-Wert angegeben, also in der Form DM(<Adresse>).

  Beispiel:

  Der Befehl AX0 = DM(0x3800) lädt den Wert aus Speicherzelle 0x3800 im Datenspeicher in das Eingaberegister AX0 der ALU.

- **(lineare) Register-indirekte Adressierung ohne/mit Post-Inkrementierung**[1]

  Diese Adressierungsart wird – wie auch alle folgenden – in der Form DM(Ij,Mk) bzw. PM(Ij,Mk) im Befehl angegeben. Das dem Indexregister Ij zugeordnete Register Lj muss auf den Wert 0 gesetzt sein. Ist der Wert im Register Mk ebenfalls gleich 0, findet keine Post-Inkrementierung statt. Ansonsten gibt Mk den vorzeichenbehafteten Wert an, um den die effektive Adresse im Register Ij nach dem Speicherzugriff erhöht bzw. erniedrigt werden soll.

- **Ringpuffer-Adressierung** ohne/mit Post-Inkrementierung:

  Wie bereits gesagt, muss die Länge des Ringpuffers (in Speicherwörter) in dem L-Register angegeben werden, das dem benutzten Indexregister I zugeordnet ist. Wird ohne Post-Inkrementierung gearbeitet, muss das benutzte M-Register wieder auf 0 gesetzt werden. Bei Nutzung der Post-Inkrementierung muss die Bedingung

$$|M| < L$$

  - eingehalten werden, da sonst bei der Adressberechnung die Grenzen des Puffers mehrfach zyklisch überschritten werden können und dadurch bei der Befehlsausführung unvorhersehbare Ergebnisse auftreten können. Aus Gründen der Vereinfachung der Adressgeneratoren wird auch an die im Indexregister I vor dem ersten Zugriff auf den Ringpuffer anzugebende Basisadresse B eine einschränkende Forderung gestellt. Für die Basisadresse muss danach gelten

$$B = n * 2^k \qquad \text{mit } 2^{k-1} < L \leq 2^k.$$

  Das heißt, dass die Basisadresse zur nächsten Potenz von 2 oder einem Vielfachen davon aufgerundet werden muss und dadurch eine genügend große Anzahl von niederwertigen Bits in der Basisadresse auf 0 gesetzt werden.[2]

  Wenn die eben genannten Bedingungen für die Basisadresse B und den Modulo-Wert M eingehalten werden, ergibt sich bei der Ringpuffer-Adressierung für die (jeweils) nächste Adresse, die nach dem Speicherzugriff als neuer Wert dem Indexregister I zugewiesen wird

$$I_{neu} := (I_{alt} + M - B) \bmod L + B.$$

- **Adressierung mit Bitumkehr**

  Diese Adressierung wird nur vom Adressgenerator DAG1 unterstützt und wirkt somit nur bei Zugriffen auf den Datenspeicher. Im Steuerregister MSTAT muss dazu das Bit 1 (durch den

---

[1] vereinfachende, ungenaue Bezeichnung, da sowohl inkrementiert wie dekrementiert werden kann
[2] Für Spezialisten: Die Berechnung der Basisadresse wird dem Programmierer vom *Linker* abgenommen

Befehl „ENA BIT_REV") gesetzt werden. Als Startadresse für den Zugriff auf die zu verarbeitenden Operanden muss die Basisadresse des Operandenbereichs in bit-reverser Form in das benutzte Indexregister I geladen werden, wobei zur Bitumkehr alle 14 Adressbits herangezogen werden. Das L-Register des verwendeten I-Registers muss auf den Wert 0 gesetzt sein. Für die Operandenzugriffe kann durch das verwendete M-Register die Anzahl N der (niederwertigen) Bits in der Adresse bestimmt werden, die durch die Bitumkehr betroffen sein sollen[1], und zwar nach der folgenden Formel:

$$M = 2^{14-N}.$$

Danach wird der Operandenbereich mit der gewünschten Adressierungsart angesprochen.

10.1.4.3 Multifunktionsbefehle

In Tabelle 10.8 wird gezeigt, welche Befehle der ADSP-218x parallel in einem Zyklus ausführen kann. Diese Parallelarbeit macht ihn (und fast alle anderen DSPs) so leistungsfähig. Die parallel ausführbaren Befehle werden Multifunktionsbefehle genannt (*Multifunction Instructions*). Sie kombinieren einen oder zwei Datentransfers mit der Ausführung einer arithmetischen Berechnung. Wie alle anderen Befehle werden sie in einem einzigen 24-Bit-Befehlswort codiert, so dass sich daraus gewisse Einschränkungen gegenüber der sequenziellen Ausführung derselben Befehle ergeben.

Tabelle 10.8: Multifunktionsbefehle

Assemblernotation	Funktion
<ALU,MAC,SHIFT>, dreg = dreg	Berechnung mit Register-Register-Transfer
<ALU,MAC,SHIFT>, dreg = DM(Ij,Mk) DM(Ij,Mk) = dreg, <ALU,MAC,SHIFT> j, k = 0,..,7	Berechnung mit Lesen/Schreiben des Datenspeichers
<ALU,MAC,SHIFT>, dreg = PM(Ij,Mk) PM(Ij,Mk) = dreg, <ALU,MAC,SHIFT> j, k = 4,..,7	Berechnung mit Lesen/Schreiben des Programmspeichers
reg1 = DM(Ij,Mk) , reg2 = PM(In, Mm) j, k = 0,..,3; n, m = 4,..,7	paralleles Lesen von Daten- und Programmspeicher
<ALU,MAC>, reg1=DM(Ij,Mk), reg2 = PM(In, Mm) j, k = 0,..,3; n, m = 4,..,7	ALU, MAC-Operation mit parallelem Lesen von Daten- und Programmspeicher

Multifunktionsbefehle werden in einer Assemblerzeile, getrennt durch Kommas, dargestellt. Als Voraussetzungen für die Ausführung der Multifunktionsbefehle in einem einzigen Buszyklus haben Sie das komplexe Bussystem des DSPs und seine doppelten Adressgeneratoren kennen gelernt. reg1 bezeichnet in Tabelle 10.8 die X-Eingaberegister von ALU und MAC (AX0, AX1, MX0, MX1) und reg2 die entsprechenden Y-Eingaberegister (AY0, AY1, MY0, MY1). Mit der Angabe des Namens eines Rechenwerkes in spitzen Klammern werden alle Operationen gemeint, die dieses Rechenwerk ausführen kann. Die Ausführung dieser Operationen darf jedoch nicht von einer Bedingung abhängig gemacht werden, und als Ergebnisregister müssen die Register AR, MR benutzt werden, nicht die Feedback-Register AF, MF.

---

[1] Bei der schnellen Fouriertransformation (vgl. Unterabschnitt 3.1.4) entspricht das einer Anzahl von 2^N Abtastwerten

10.1.4.4 Programm-Ablaufsteuerung

Der gesamte Programmfluss des ADSP-218x wird von der Programm-Ablaufsteuerung (*Program Sequencer*) abgewickelt, deren Blockschaltung in Abb. 10.10 dargestellt ist.

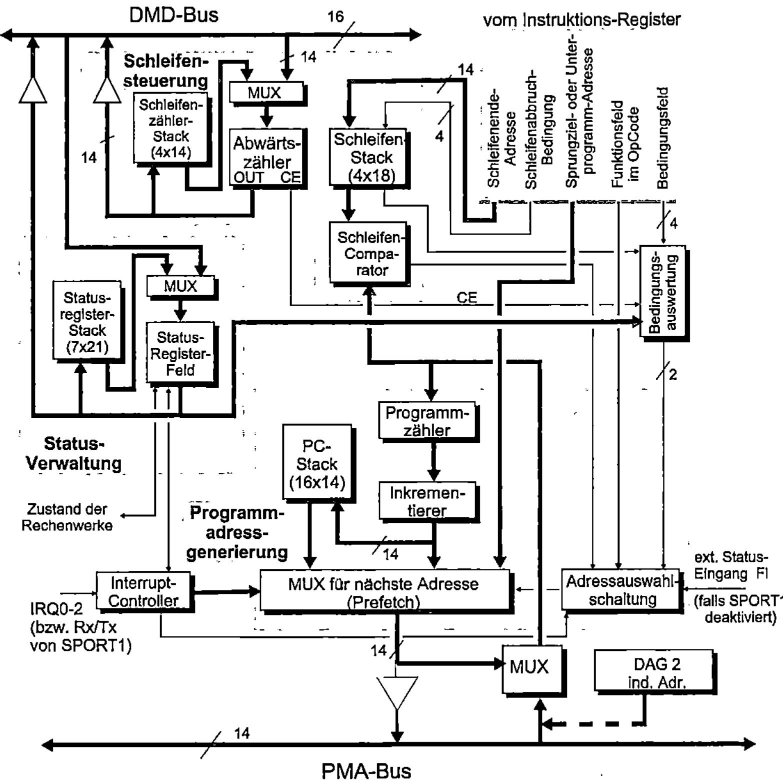

Abb. 10.10: Blockschaltbild der Programm-Ablaufsteuerung

Man erkennt darin die Komponenten zur

- Generierung der nächsten Programmadresse (*Next Instruction Address Generation*),

- Verwaltung und Auswertung des Prozessorzustandes und verschiedener, in den Befehlen vorgegebener Bedingungen (*Condition Codes*),

- Steuerung der Abarbeitung von (verschachtelten) Schleifen „in Hardware" (*Hardware Loop Control*),

- Interrupt-Steuerung (*Interrupt Controller*).

Die ersten drei Komponenten verwalten jeweils einen bzw. zwei eigene Stacks. Diese sind als Hardware-Stacks auf dem Chip integriert und besitzen unterschiedliche Breiten und Tiefen. Sie erlauben dem Prozessor einen sehr schnellen „Kontextwechsel", der z.B. durch Unterprogrammaufrufe, Unterbrechungsanforderungen oder Schleifenabarbeitungen erzwungen wird.

Der Interrupt-Controller übernimmt insbesondere die Aufgaben der Prioritätenvergabe und der Ermittlung der Interrupt-Vektoren.[1] Die von der Ablaufsteuerung benötigten Informationen kommen einerseits aus dem Instruktionsregister (in dem der aktuell ausgeführte Befehl liegt), andererseits als Statussignale von den Rechenwerken und als Unterbrechungsanforderungen über die Interrupt-Leitungen IRQ0–2.

10.1.4.5 Generierung der nächsten Programmadresse

Diese Komponente ermittelt bereits während der Abarbeitung einer Instruktion die Adresse der nächsten auszuführenden Instruktion und legt sie auf den PMA-Bus (*Prefetch*). Die Adresse kann aus vier verschiedenen Quellen stammen. Die Bestimmung der jeweils aktuellen Adressquelle geschieht durch eine Adressauswahl-Schaltung (*Next Address Source Select*), die dazu – in Abhängigkeit von den verschiedenen Befehlstypen – fünf Gruppen von Steuersignalen auswertet.

Wird bei der Interpretation des OpCodes im Befehlsregister (*Instruction Register*) anhand des sog. *Function Fields* festgestellt, dass der Befehl keine Kontrollflussänderung bewirkt bzw. bewirken kann – das Programm also in einer sequenziellen Abarbeitungsphase ist – kommt die Adresse des nächsten Befehls vom Programmzähler (*Program Counter* – PC), dessen Inhalt in einer Inkrementierschaltung (*Increment*) um 1 erhöht wird und danach auf den folgenden Befehl zeigt. Die erhöhte Adresse wird auf den PMA-Bus geschaltet und zurück zum Programmzähler geführt. Über den PMA-Bus und einen Multiplexer kann der Programmzähler direkt mit einer neuen Adresse geladen werden. Dies geschieht bei den (Register-)indirekten Sprungbefehlen, bei denen die Programmadresse vom Daten-Adressgenerator DAG 2 (*Data Address Generator*) gebildet und auf den PMA-Bus geschaltet wird.

Unterprogrammsprünge und absolute Sprünge werden im *Function Field* erkannt. Bei diesen Befehlen kommt die nächste Programmadresse aus der Instruktion selbst. Bei Unterprogrammaufrufen wird die im Programmzähler stehende Adresse durch die Inkrementierschaltung (*Increment*) um 1 erhöht und im PC-Stack abgelegt. Dieser Stack ist 16 Einträge tief und – entsprechend der Adressbusbreite – 14 Bits breit.

Bei den bedingten Verzweigungsbefehlen wird neben dem *Function Field* auch die im Befehl angegebene Bedingung (*Condition Code*) ausgewertet. Die Auswertung geschieht in einer eigenen Komponente (*Condition Logic*), die auch die Abarbeitung von Hardwareschleifen überwacht. In Abhängigkeit vom Ergebnis der Bedingungsauswertung wird im Programm mit der im Befehl spezifizierten Verzweigungsadresse oder mit dem um 1 erhöhten Programmzähler als direkter Folgeadresse fortgefahren. Im Fall, dass die Verzweigungsbedingung erfüllt ist, wird schon im nächsten Zyklus der Befehl an der Verzweigungsadresse ausgeführt (*Single Cycle Conditional Branches*). Verzweigungsadressen können entweder als absolute Adressen im Befehl stehen oder – wie oben beschrieben – als Register-indirekte Adressen vom Daten-Adressgenerator DAG 2 geliefert werden.[2]

Die Ausführung von Unterprogrammsprüngen und absoluten Sprüngen kann durch die Bedingungen [IF FLAG_IN] bzw. [IF NOT FLAG_IN] vom Zustand eines besonderen Eingangssignals FI (*Flag In*) abhängig gemacht werden. Ist das Eingangssignal FI auf 1, wird als nächste Adresse die im Befehl angegebene Adresse durchgeschaltet.

---

[1] vgl. Abschnitt 5.3
[2] Die Abarbeitung von Schleifen wird in einem folgenden Unterabschnitt im Detail erklärt

Die dritte Quelle für die Adresse ist der Interrupt-Controller. Wenn ein Interrupt aufgetreten ist und vom Interrupt-Controller akzeptiert wurde (*Interrupt Enabled*), so informiert dieser darüber die Adressauswahl-Schaltung mit Hilfe eines Steuersignals. Gleichzeitig ermittelt der Interrupt-Controller die Quelle der Unterbrechungsanforderung und legt den zugeordneten Interrupt-Vektor als nächste Programmadresse auf den PMA-Bus.

Zur geordneten Rückkehr aus einem Unterprogramm (*Return from Subroutine* – RTS) oder einer Interrupt-Routine (*Return from Interrupt* – RTI) wird aus dem PC-Stack die Adresse geholt, an der das unterbrochene Programm fortgesetzt werden muss. In diesen Fällen wird die Adressauswahl-Schaltung wiederum durch das *Function Field* im OpCode gesteuert.

10.1.4.6 Hardware-Schleifensteuerung

Wie bereits in Abb. 10.10 gezeigt, wird von der Programm-Ablaufsteuerung des ADSP-218x auch die Ausführung von (verschachtelten) Hardwareschleifen[1] kontrolliert. Eine Hardwareschleife wird durch einen Schleifenbefehl mit der folgenden Syntax initialisiert:

DO Label UNTIL Bedingung

Sobald die Ablaufsteuerung diesen Befehl[2] erkennt, legt sie den in der Inkrementierschaltung um 1 erhöhten Wert des Programmzählers im PC-Stack ab. Dieser Wert zeigt als Schleifen-Anfangsadresse auf den ersten Befehl des Schleifenkörpers. Die (14-Bit-)Endadresse der Schleife, d.h., die Adresse des letzten Befehls im Schleifenkörper, wird zusammen mit der Schleifenabbruchbedingung (4 Bits) in den Schleifen-Stack geschrieben. Nach jedem Programmschritt wird die aktuelle Programmadresse mit der Schleifen-Endadresse durch den Schleifen-Komparator verglichen. Wenn dadurch das Ende des Schleifenkörpers erkannt wird, wird die im Schleifen-Stack abgelegte Abbruchbedingung durch die Komponente *Condition Logic* überprüft. Ist die Bedingung noch nicht erfüllt, wird die Schleifen-Anfangsadresse vom PC-Stack gelesen[3], und der Schleifenkörper wird ein weiteres Mal abgearbeitet. Ist die Bedingung jedoch erfüllt, wird die Schleifen-Anfangsadresse vom Stack entfernt und die von der Inkrementierschaltung ermittelte Folgeadresse auf den Adressbus PMA ausgegeben.

Der Schleifen-Stack hat eine Tiefe von vier Einträgen und eine Breite von 18 Bits. Das erlaubt eine Schachtelung von bis zu vier Schleifen. Wichtig ist dabei, dass mehrere ineinander geschachtelte Schleifen nicht mit der gleichen Programmadresse enden dürfen, also kein Eintrag im Stack mehrfach vorliegen darf. Notfalls ist durch das Einfügung von NOP-Befehlen am Schleifenende dafür zu sorgen, dass diese Bedingung erfüllt ist. Von den 18 Bits pro Eintrag werden 14 durch die Schleifen-Endadresse und vier durch die Abbruchbedingung belegt. Durch diese vier Bits kann eine von 16 Abbruchbedingungen selektiert werden. Die Abbruchbedingungen werden aus bestimmten Bits der Statusregister ASTAT, MSTAT (vgl. Unterabschnitt 10.1.3) abgeleitet oder durch das CE-Signal (*Counter Expired* – „Zähler abgelaufen") eines Abwärtszähler in der Schleifensteuerung bestimmt. Die möglichen Abbruchbedingungen sind in der Tabelle 10.9 aufgeführt.

---

[1] Wir benutzen diesen Begriff verkürzend für den Ausdruck: „Programmschleifen, deren Steuerung durch die Prozessor-Hardware ohne spezielle Befehle stattfindet"

[2] Dieser Befehl ist der einzige „Schleifen-Verwaltungsaufwand" im Programm. Es werden keine Vergleichs- oder Verzweigungsbefehle benötigt. Der Hersteller spricht daher von „*Zero Overhead Looping*

[3] Keine POP-Operation, d.h., der Stack bleibt für den nächsten Schleifendurchlauf unverändert

Tabelle 10.9: Abbruchbedingungen für die Schleifensteuerung

Abk.	Bezeichnung	Funktion
EQ	gleich 0 (*equal*)	AZ = 1
NE	ungleich 0 (*not equal*)	AZ = 0
LT	kleiner 0 (less than)	AN XOR AV = 1
GE	größer/gleich 0 (*greater/equal*)	AN XOR AV = 0
LE	kleiner/gleich 0 (*less/equal*)	(AN XOR AV) OR AZ = 1
GT	größer 0 (greater than)	(AN XOR AV) OR AZ = 0
AC	ALU-Übertrag (*ALU Carry*)	AC = 1
NOT AC	kein ALU-Übertrag (*no ALU Carry*)	AC = 0
AV	ALU-Überlauf (ALU Overflow)	AV = 1
NOT AV	kein ALU-Überlauf (*no ALU Overflow*)	AV = 0
MV	MAC-Überlauf (MAC Overflow)	MV = 1
NOT MV	kein MAC-Überlauf (*no MAC Overflow*)	MV = 0
NEG	X-Operand der ALU negativ	AS = 1
POS	X-Operand der ALU positiv	AS = 0
CE[1]	Schleifenzähler abgelaufen	CNTR=1 (Counter Expired)
FOREVER	immer, Endlosschleife	

Der Abwärtszähler (Register CNTR) mit dem dazugehörigen Schleifenzähler-Stack erlaubt eine völlig softwareunabhängige Abarbeitung von Zählschleifen. Er muss vor der Ausführung des Schleifenbefehls mit der Anzahl der gewünschten Schleifendurchläufe über den DMD-Bus geladen werden. Nach jedem Schleifendurchlauf wird er automatisch dekrementiert. Sobald er den Nullzustand erreicht hat, liefert er das CE-Signal (*Counter Expired*) an die Komponente zur Bedingungsauswertung (*Condition Logic*).

Wurde als Abbruchbedingung der Schleife die Bedingung „CE" angegeben, so wird die Schleife mit der Durchführung des ersten Befehls nach dem Schleifenkörper beendet. Das CE-Signal wird stets zu Beginn eines Befehlszyklus überprüft. Der Inhalt des Zählregisters CNTR wird aber erst am Ende desselben Zyklus dekrementiert.

Auch der Schleifenzähler-Stack ist vier Einträge tief und unterstützt dadurch – zusammen mit dem Schleifen-Stack – die Verschachtelung von vier Schleifen mit der Abbruchbedingung „CE". Beide Stacks unterscheiden sich aber dadurch, dass beim Beginn der äußeren von (max. vier) ineinander geschachtelten Schleifen der Zählerwert nicht sofort in den Stack transportiert wird, sondern erst dann, wenn die nächste (innere) Schleife gestartet wird.

10.1.4.7 Verwaltung der Status- und Steuerregister

Der Kern des ADSP-218x besitzt insgesamt sechs Status- und Steuerregister. Neben den bereits im Unterabschnitt 10.1.1 beschriebenen Status-/Steuerregister der Rechenwerke (ASTAT, MSTAT) sind dies das Register SSTAT (*Stack Status Register*) zur Überwachung der Stacks und drei Register des Interrupt-Controllers.[2]

---

[1] Achtung: Hier ist kein „NOT CE" verfügbar. Das Register CNTR wird erst nach dem Abschluss des Zyklus zu 0 dekrementiert
[2] Die letztgenannten werden im folgenden Unterabschnitt beschrieben

Das SSTAT-Register ist 8 Bits breit und enthält Informationen über die vier Stacks der Programm-Ablaufsteuerung. Dieses Register kann nur gelesen werden (*read-only*). Es ist in Tabelle 10.10 dargestellt.

Tabelle 10.10: Das Statusregister SSTAT

Bit	Funktion
7	Überlauf des Schleifen-Stacks (*Overflow*)
6	Schleifen-Stack leer (*Empty*)
5	Überlauf des Status-Stacks (*Overflow*)
4	Status-Stack leer (*Empty*)
3	Überlauf des Schleifenzähler-Stacks (*Overflow*)
2	Schleifenzähler-Stack leer (*Empty*)
1	Überlauf des PC-Stacks (*Overflow*)
0	PC-Stack leer (*Empty*)

Für jeden der vier Hardware-Stacks der Programm-Ablaufsteuerung sind im SSTAT-Register zwei Bits vorhanden: Das *Empty Bit* zeigt für jeden Stack an, dass (seit dem letzten Rücksetzen des Prozessors) die Anzahl der POP-Operationen größer oder gleich der Anzahl der PUSH-Operationen ist, der Stack also kein gültiges Datum enthält. Das *Overflow Flag* zeigt an, dass die Anzahl der PUSH-Operationen um wenigstens die Tiefe des Stacks größer ist als die Anzahl der POP-Operationen[1]. In diesem Fall sind (wichtige) Werte verloren gegangen. Daher bleibt ein *Overflow Flag* auch dann gesetzt (*Sticky Bit*), wenn eine genügende Anzahl von POP-Operationen nachfolgt. Natürlich kann dabei der Zustand auftreten, dass für einen Stack sowohl das *Empty Bit* wie auch das *Overflow Bit* gesetzt sind. Erst ein Rücksetzen des Prozessors setzt die *Overflow Bits* wieder zurück.

Der Status-Stack hat eine Tiefe von sieben Einträgen und eine Breite von 21 Bits. Wird vom Interrupt-Controller eine Unterbrechungsanforderung akzeptiert, so werden die beiden Register ASTAT (8 Bits), MSTAT (7 Bits) und das Maskenregister IMASK (6 Bits) des Interrupt-Controllers (s.u.) im Status-Stack abgelegt. Nach Beendigung der Unterbrechungs-Behandlungsroutine durch den Befehl RTI werden diese Register dann aus dem Status-Stack wieder restauriert.

10.1.4.8 Interrupt-Controller

Der Interrupt-Controller des ADSP-218x verwaltet zehn mögliche Interrupt-Quellen. Diese Interrupt-Quellen können individuell durch Setzen bzw. Rücksetzen von bestimmten Bits des **Interrupt-Maskenregister** IMASK (*Interrupt Mask Register*) aktiviert oder deaktiviert werden. Nach dem Rücksetzen des Prozessors sind alle Bits auf 0 gesetzt und dadurch alle Interrupts gesperrt. In Abb. 10.11 ist das IMASK-Register dargestellt.

---

[1] Im Unterschied zu der Stackverwaltung anderer Prozessoren gehen beim ADSP-218x in diesem Fall die zuletzt übertragenen Werte verloren. Der Grund für diese ungewöhnliche Stackverwaltung ist, dass in vielen Anwendungen davon ausgegangen werden kann, dass die ältesten Stackeinträge wichtiger für den Programmablauf sind

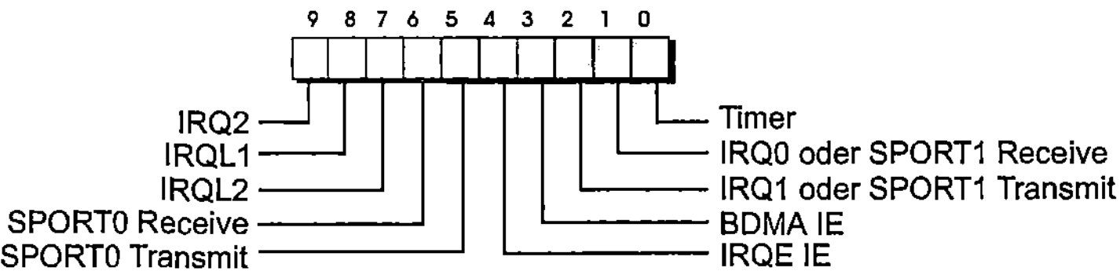

Abb. 10.11: Das IMASK-Register (ADSP-2181)

Die in Abb. 10.11 aufgeführten Interrupts werden nun etwas genauer beschrieben.

- Der Timer-Interrupt wird immer dann erzeugt, wenn der frei umlaufende Zähler des Timers den Nullzustand erreicht[1].

- Die seriellen Schnittstellen SPORT0 und SPORT1 (*Serial Ports*) können zwei verschiedene Interrupts erzeugen, und zwar je einen für den Sender (*Transmitter*) und den Empfänger (*Receiver*).

- Die Interrupts IRQ2, IRQE und IRQL1/2 werden durch externe Signale an den gleichnamigen Eingängen des Prozessors erzeugt. Dabei werden IRQE durch eine Flanke (*Edge*), IRQL1/2 durch einen Pegel (*Level*) und IRQ2 (wie IRQ0/1) wahlweise durch eine Flanke oder einen Pegel hervorgerufen (s. Abb. 10.12).

- Wird die serielle Schnittstelle SPORT1 (in einem – hier nicht beschriebenen – Steuerregister des Prozessors) „abgeschaltet", so können zwei ihrer Signalleitungen als zusätzliche externe Interrupt-Eingänge IRQ0, IRQ1 benutzt werden.

Neben den in Abb. 10.11 gezeigten Bits zur individuellen Freigabe von Interrupts besitzt der Prozessor ein „globales" Bit zur Aktivierung (*Interrupt Enable*) bzw. Deaktivierung aller Interrupts. Dieses Bit kann durch das Befehlspaar „ENA INTS", „DIS INTS" gesetzt bzw. zurückgesetzt werden. Zu den Interrupts kommen noch die Unterbrechungsanforderungen am Reset-Eingang sowie an einem Unterbrechungseingang, über den der DSP in den Stromsparmodus (*Power Down*) versetzt werden kann.

Sobald der Interrupt-Controller eine Unterbrechungsanforderung erkennt, wartet er die Abarbeitung des augenblicklich ausgeführten Befehls ab. Nach dieser Wartezeit überprüft er anhand des IMASK-Registers, ob er diese Anforderung momentan akzeptieren kann. Ist dies der Fall, wird der aktuelle Prozessorzustand, wie er durch die Status-/Steuerregister ASTAT, MSTAT und das Maskenregister IMASK gegeben ist, im Status-Stack gesichert. Danach wird mit der Abarbeitung der Behandlungsroutine (*Interrupt Service Routine*) begonnen. In dieser Routine kann man einen sehr schnellen Kontextwechsel in einem Zyklus vornehmen, indem (durch die Änderung des Bits 0 im MSTAT-Register, s.o.) auf die Schattenregister umgeschaltet wird.

Da die Stacks als Hardware-Stacks realisiert sind, kann nach dem Eintreffen einer Unterbrechungsanforderung (im besten Fall) bereits nach der Ausführung zweier Programmbefehle und eines einzigen, vom Steuerwerk eingeschobenen NOP-Befehls, also mit sehr geringer Latenz (*Interrupt Latency*), mit der Abarbeitung der Behandlungsroutine begonnen werden.

In der folgenden Tabelle 10.11 sind die Anfangsadressen angegeben, unter denen das Steu-

---

[1] Wie bereits angekündigt, gehen wir im Rahmen dieses Kapitels nicht näher auf die Peripheri ekomponenten Timer und serielle Schnittstellen ein. Timer wurden in Abschnitt 9.4 allgemein beschrieben

erwerk im Fall einer Unterbrechung deren Behandlungsroutine erwartet. (Darin wird beispielhaft der ADSP-2181 betrachtet.) Diese Adressen zeigen auf Speicherzellen im internen Programmspeicher (ab Adresse 0x0000) und liegen jeweils vier Plätze auseinander. Sehr kurze Interrupt-Routinen (aus maximal vier Befehlen, wovon der letzte der RTI-Befehl – *Return from Interrupt* – sein muss) können direkt in diesen Speicherplätzen untergebracht werden.

Tabelle 10.11: Interrupt-Startadressen beim ADSP-2181

Interrupt-Quelle	Startadresse	Priorität
RESET	0x0000	höchste Priorität
Power Down	0x002C	
IRQ2	0x0004	
IRQL1	0x0008	
IRQL2	0x000C	
SPORT0 Transmit	0x0010	
SPORT0 Receive	0x0014	
IRQE	0x0018	
BDMA	0x001C	
SPORT1 Transmit oder IRQ1	0x0020	
SPORT1 Receive oder IRQ0	0x0024	
Timer	0x0028	niedrigste Priorität

Bei längeren Routinen muss durch einen (unbedingten) Sprung zu einem anderen Speicherbereich gewechselt werden. Natürlich muss auch in diesem Fall die Routine durch einen RTI-Befehl abgeschlossen werden. Die Abarbeitung des RTI-Befehls sorgt dafür, dass die Statusregister wieder mit ihren im Status-Stack gespeicherten Werten geladen werden. Dadurch wird der Prozessorzustand restauriert, wie er zum Zeitpunkt der Unterbrechungsbehandlung gegeben war. Außerdem wird der Programmzähler mit der Rücksprungadresse aus dem PC-Stack geladen. In der Tabelle 10.11 sind außerdem die Prioritäten angegeben, nach denen der Interrupt-Controller u.a. gleichzeitig anliegende Unterbrechungsanforderungen akzeptiert.

Das **Interrupt-Steuerregister** ICNTL (*Interrupt Control Register*) bestimmt für die Unterbrechungen, die durch die speziellen Leitungen IRQ0–IRQ2 angefordert werden, ob dies durch eine negative Flanke oder einen vorgegebenen Pegel geschehen soll (s. Abb. 10.12): Wird eines der Bits 0 bis 2 gesetzt, bedeutet das, dass der entsprechende Interrupt flankengetriggert ist; im anderen Fall ist er pegelgesteuert. Eine Interrupt-Anforderung, für welche die Flankentriggerung programmiert wurde, wird in einem Auffang-Flipflop (*Latch*) zwischengespeichert. Sie bleibt solange gespeichert, bis der Interrupt-Controller die Abarbeitung der zugehörigen Behandlungsroutine startet und dadurch automatisch das Latch zurücksetzt.

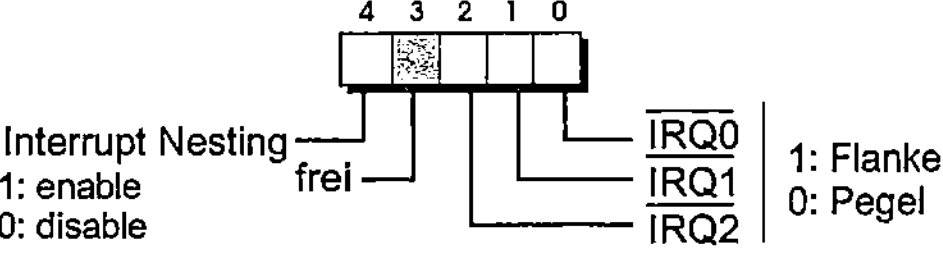

Abb. 10.12: Das ICNTL-Register

Pegelgesteuerte Interrupt-Anforderungen werden nicht zwischengespeichert und müssen daher von der Interrupt-Quelle bis zur Akzeptierung durch den Interrupt-Controller stabil gehalten und danach selbsttätig gelöscht werden. Alle Interrupts der internen Komponenten – also Timer und serielle Schnittstellen – werden wie flankengetriggerte Unterbrechungsanforderungen behandelt.

Bit 4 des Registers ICNTL legt fest, ob eine Verschachtelung (*Nesting*) von Unterbrechungsaufrufen zugelassen werden soll oder nicht.

- Ist es zurückgesetzt, dann wird – wie oben beschrieben – der Inhalt des Maskenregisters I-MASK vor dem Eintritt in die Interrupt-Routine in den Stack geschrieben. Danach wird I-MASK gelöscht, so dass in der Interrupt-Routine keine weitere Unterbrechungsanforderung mehr akzeptiert wird. Nach der Abarbeitung der Interrupt-Routine wird der alte Zustand des IMASK-Registers vom Stack geholt.

- Ist dieses Bit dagegen gesetzt, werden nur Interrupt-Quellen mit der gleichen oder einer niedrigeren Priorität für die Dauer der Interrupt-Routine deaktiviert, indem die zugeordneten Bits im Register IMASK gelöscht werden. Die Bits der Interrupt-Quellen mit höherer Priorität bleiben unverändert, so dass (nicht maskierte) Anforderungen mit einer höheren Priorität bearbeitet werden. Dadurch kann es zu einer Schachtelung von Interrupt-Routinen kommen.

Das letzte Register des Interrupt-Controllers ist das ***Interrupt Force and Clear Register*** (IFC), das in Abb. 10.13 dargestellt ist.

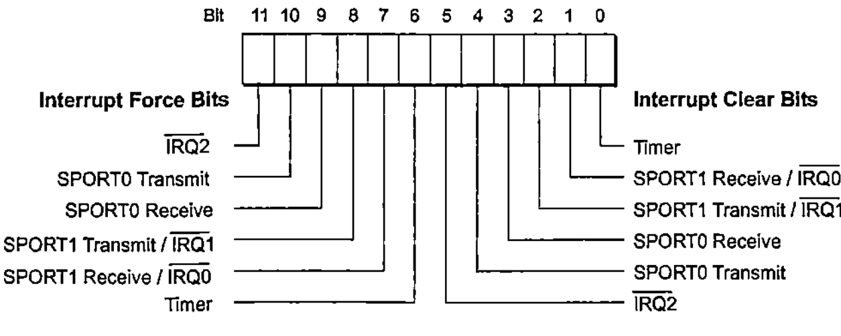

Abb. 10.13: Das IFC-Register

Dieses Register kann nicht gelesen, sondern nur beschrieben werden (*write-only*). In ihm sind für jede Interrupt-Quelle zwei Bits vorhanden, jeweils eines in der oberen, eines in der unteren Registerhälfte.

Mit Hilfe des sog. *Force Bits* kann jeder Interrupt *unter Programmkontrolle* angefordert (*force*) werden. Ist der Interrupt (momentan) nicht maskiert, wird er vom Interrupt-Controller zur Ausführung akzeptiert. Dabei gilt jedoch die Einschränkung, dass externe Interrupts im ICNTL-Register als flankengetriggert programmiert sein müssen.

Mit Hilfe des *Clear Bits* (Löschbit) können unter Programmkontrolle flankengetriggerte Interrupt-Anforderungen, die auf ihre Abarbeitung warten (*Pending Interrupts*), gelöscht werden. Dies geschieht durch das Zurücksetzen des o.g. Auffang-Flipflops.

10.1.4.9 Befehle der Programm-Ablaufsteuerung

Tabelle 10.12 zeigt die von der Programm-Ablaufsteuerung ausführbaren Befehle. Darin bezeichnet *„condition"* eine der bereits in Tabelle 10.1 angegebenen, aus den Status-Flags abgeleiteten Bedingungen.

Tabelle 10.12: Die Befehle der Programm-Ablaufsteuerung[1]

Befehl	Funktion
[IF condition] JUMP <dest>	(bedingter) Sprung
[IF condition] CALL <dest>	(bedingter) Unterprogrammaufruf
[IF condition] RTS	(bedingter) Unterprogrammrücksprung
[IF condition] RTI	(bedingter) Interrupt-Rücksprung
IF <flag_condition> JUMP <address>	Sprung, abhängig vom Eingangs-Flag FI
IF <flag_condition> CALL <address>	UP-Aufruf, abhängig vom Flag FI
[IF condition] SET/TOGGLE/RESET FLAG_OUT, FLi (i=0,1,2)	Setzen, Ändern, Rücksetzen der Ausgangs-Flags FO, FL0, FL1, FL2
DO <address> [UNTIL <term>]	Hardwareschleife
NOP	No Operation
PUSH STS / POP STS	Push/Pop für Status-Stack
POP CNTR	Pop für Schleifenzähler-Stack
POP PC	Pop für Programmzähler-Stack
POP LOOP	Pop für Schleifen-Stack
ENA <mode> / DIS <mode>	Modus-Steuerung über MSTAT
IDLE [(n)] (n=16,32,64,128)	Prozessor in Wartezustand (Interrupt) versetzen, Taktrate auf 1/n herabsetzen

FI ist das bereits erwähnte, spezielle Eingangssignal des Prozessors, dessen Zustand zur bedingten Befehlsausführung ausgewertet werden kann. <Flag_condition> bezeichnet die beiden möglichen Bedingungen für dieses Flag: „FLAG_IN" und „NOT FLAG_IN" (auch „FI" bzw. „NOT FI"). FO (*Flag Out*) ist ein durch die genannten Befehle unter der Assembler-Bezeichnung „FLAG_OUT" (auch „FO"[2]) manipulierbares Ausgangssignal. Ebenso sind FL0, FL1, FL2 direkt ansprechbare und manipulierbare Ausgangssignale des Prozessors.

<Address> steht für eine direkt im Befehl angegebene absolute 14-Bit-Adresse. <dest> kann eine absolut oder Register-indirekt angegebene Adresse sein, wobei im letztgenannten Fall ein Register der im vorhergehenden Abschnitt beschriebenen Daten-Adressgeneratoren genommen wird. <term> steht für eine der in Tabelle 10.9 aufgeführten Schleifen-Abbruchbedingungen.

Mehrere der dargestellten PUSH/POP-Befehle zur Verwaltung der diversen Stacks der Programm-Ablaufsteuerung können, durch Komma getrennt, in einer einzigen Programmzeile angegeben werden und werden dann in einem einzigen Zyklus ausgeführt. Mit <mode> werden

---

[1] Durch eckige Klammern werden Angaben gekennzeichnet, die entfallen können, also optional sind
[2] Wie FI, IRQ0, IRQ1 kann es alternativ zu den Signalen des seriellen Ports SPORT1 benutzt werden, vgl. Abb. 9.69

die Flags des Steuerregisters MSTAT erfasst (s. Tabelle 10.4), die durch besondere Befehle gesetzt oder zurückgesetzt werden können. Die Bedingungen für die Befehlseinschränkung „IF condition" sind in Tabelle 10.1 angegeben. Dazu kommen hier noch die beiden Bedingungen „FLAG_IN" bzw. „NOT FLAG_IN", die erfüllt sind, wenn der Flag-Eingang FI des Prozessors den (logischen) Zustand 1 bzw. 0 annimmt.

10.1.5 Speicherorganisation

10.1.5.1 Programm-Adressraum

Nachdem wir in den vorausgehenden Abschnitten den Prozessorkern des ADSP-218x ausführlich beschrieben haben, wollen wir nun kurz die unterschiedlichen Adressräume besprechen. Charakteristisch für DSPs – aber auch für Mikrocontroller – ist, dass die Lage der internen und externen Speicherbereiche im gesamten Adressraum nicht festliegt, sondern vom Systementwickler (im eingeschränkten Maß) bestimmt werden kann. Beim ADSP-218x ist dies für den externen Programmspeicher möglich, dessen Einblendung in den Adressraum vom Zustand eines Eingangssignals, dem Signal *Mode B* (*Boot Mode*), abhängt. Die beiden Möglichkeiten der Programmspeicher-Positionierung sind in Abb. 10.14 dargestellt. In ihnen wird die Lage von internem und externem Programmspeicher vertauscht.

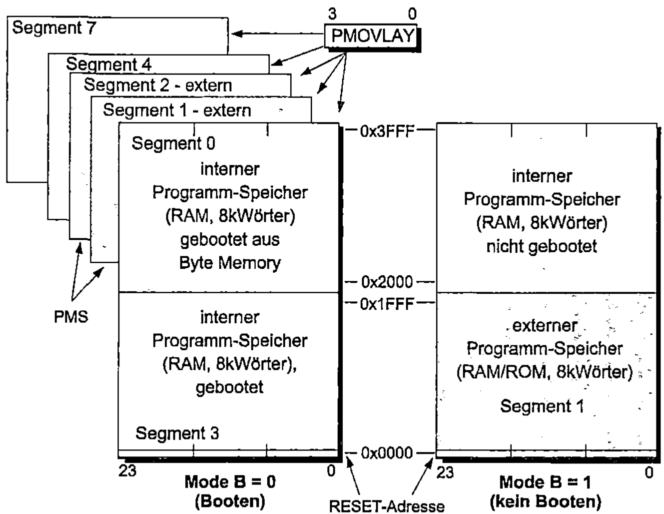

Abb. 10.14: Organisation des Programmspeichers beim ADSP-218x

Die erste Variante, bei welcher der interne Programmspeicher die unteren Adressen belegt (Mode B=0), wird dann benutzt, wenn der Speicher nach dem Rücksetzen des Prozessors, z.B. beim Einschalten der Betriebsspannung, automatisch über einen der DMA-Kanäle (aus einem externen Speicher oder über einen Host-Prozessor) mit einem Startprogramm (inkl. Daten) geladen werden soll. Nach diesem Ladevorgang wird die Befehlsausführung ab der Adresse 0x0000 gestartet. Diese Variante wird insbesondere benutzt, wenn der ADSP-218x als CPU in einem kleineren System ohne externen Speicher betrieben wird (Mikrorechner-Modus).

Die zweite Variante (Mode B=1) wird dann eingesetzt, wenn kein „Booten" aus einem externen Speicher stattfinden soll, der ADSP-218x also als CPU oder Coprozessor in einem größeren System mit externem Speicher arbeiten soll (Mikroprozessor-Modus). Hier liegt seine RESET-Adresse (0x0000) im externen Speicher.

Der interne Programm-Adressraum des ADSP-218x umfasst 16 kWörter mit jeweils 24 Bits Breite. Er ist in zwei 8k-Segmente unterteilt. Eines dieser Segmente kann durch weitere gleich große (interne oder externe) Segmente überlagert werden (*Overlays*): Unter denselben 14-Bit-Adressen werden dadurch – je nach ausgewähltem *Overlay*-Segment – andere physikalische Speicherzellen angesprochen. Die Anzahl der internen Segmente liegt – je nach Prozessortyp – zwischen 2 und 6. Damit umfasst der interne Programmspeicher zwischen 16 und 48 kWörter. Der externe Adressraum besteht – je nach Prozessortyp – aus weiteren 8 bzw. 16 kWörtern, also ein oder zwei 8k-Segmenten. Die Selektion des externen Programm-Adressraums geschieht durch das Ausgangssignal PMS (*Program Memory Select*). Im *System Control Register* kann für den gesamten externen Programm-Adressraum eine Anzahl von Wartezyklen festgelegt werden.

Die Belegung des gültigen Adressraums ist vom Zustand des Eingangssignals Mode B beim Rücksetzen des Prozessors abhängig:

- Mode B=1: In der unteren Hälfte des Adressbereiches wird das Segment 1 des externen Programmspeichers angesprochen. Die obere Hälfte wird durch das Segment 0 des internen Speichers belegt. (Im *Overlay Register* – s.u. – muss stets der Wert 0 eingetragen sein.)

- Mode B=0: Im unteren Adressbereich wird das Segment 3 des internen Programmspeichers angesprochen. Der interne Speicher wird (ganz oder teilweise) gebootet[1]. Der obere Adressbereich wird wahlweise durch eines der Segmente 0 bzw. 4 – 7 des internen Speichers oder eines der beiden Segmente 1, 2 des externen Speichers belegt. Die Auswahl geschieht durch ein spezielles 4-Bit-Register PMOVLAY (*PM-Overlay*, Programmspeicher-„Überdeckung"), in das – vor einem Segmentwechsel – durch einen Prozessorbefehl die Nummer des gewünschten Segments eingetragen werden muss.

Wie die meisten anderen Mikroprozessoren kann auch der ADSP-218x von einer externen Buskomponente (z.B. einem DMA-Controller) zur zeitweisen Freigabe des externen Systembusses veranlasst werden. Dies geschieht über die Signale BR (*Bus Request*) und BG (*Bus Grant*). Der Benutzer kann über Bit 6 (G-MODE) im Steuer-/Statusregister MSTAT (s. Tabelle 10.4) festlegen, ob der ADSP-218x während der Busfreigabe weiter arbeitet oder aber angehalten wird. Im ersten Fall arbeitet er mit den in den internen Speichern abgelegten Befehlen und Daten solange weiter, bis er durch einen vom Programm geforderten Zugriff auf den externen Systembus gestoppt wird.

---

[1] Dies kann aus einem externen EPROM-Speicher oder über einen der erwähnten DMA-Kanäle geschehen

10.1.5.2 Daten-Adressraum

In Abb. 10.15 ist die Belegung des Daten-Adressraums dargestellt.

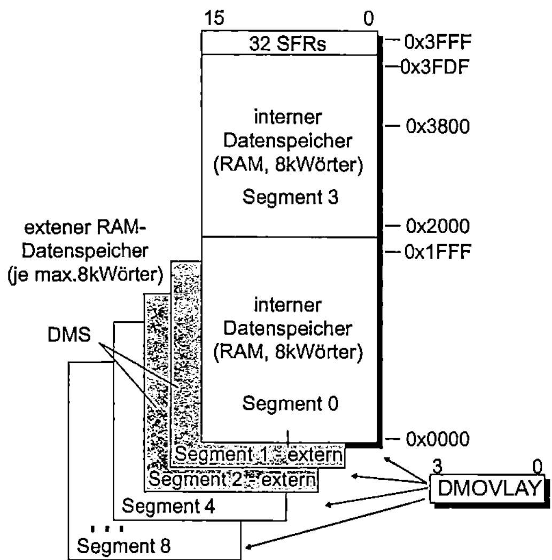

Abb. 10.15: Organisation des Datenspeichers beim ADSP-218x

Auch der interne Daten-Adressraum umfasst 16 kWörter, jedoch mit der Breite 16 Bits. Er ist wiederum in zwei 8k-Segmente unterteilt. Die obere Hälfte ist dabei fest durch einen internen Speicher belegt und enthält unter den höchstwertigen Adressen die *I/O-Page*, d.h., die Adressen der sog. *Special Function Registers – SFR*. Die untere Hälfte des Adressbereiches kann durch das Segment 0 des internen Speichers, durch die Segmente 1, 2 des externen Speichers oder aber durch die internen Segmente 4 – 8 belegt werden. Die Auswahl wird in einem speziellen 4-Bit-Register DMOVLAY (*DM-Overlay*, Datenspeicher-„Überdeckung") getroffen. Die Selektion des externen Daten-Adressraums geschieht durch das Ausgangssignal DMS (*Data Memory Select*). Im *Data Memory Waitstate Register* kann für den gesamten externen Daten-Adressraum eine Anzahl von Wartezyklen festgelegt werden.

Wie bereits gesagt, ist der kombinierte interne Programm-/Datenspeicher so schnell, dass er in einem einzigen Taktzyklus sowohl einen Befehl wie ein Datum (Operand) liefern kann. Zusammen mit dem internen Datenspeicher können so in einem Zyklus zwei Operanden und ein Befehl transportiert werden. In der gleichen Zeit können aber auch zwei der drei benötigten Befehlskomponenten (2 Operanden, 1 Befehl) aus den internen Speichern und der dritte aus dem externen Speicher geladen werden. Der ADSP-218x arbeitet immer dann am schnellsten, wenn diese Bedingung erfüllt ist. Dies ist insbesondere der Fall, wenn das gesamte Anwendungsprogramm im internen Speicher liegt. Nur wenn in einem Zyklus zwei Zugriffe auf den externen Speicher nötig sind, findet eine Befehlsverzögerung statt.

10.1.5.3 Byte-Adressraum

Zum Booten verfügt der ADSP-218x über einen 4-MByte großen „Byte"-Adressraum. Der Name deutet darauf hin, dass hier nur Speicherbausteine mit einer 8-Bit-Datenbreite, z.B. EPROMs (vgl. Abschnitt 7.3), untergebracht werden können. Diese werden über den mittleren Teil des Datenbusses (D15 – D8) angesprochen. Die Adresse wird über die acht höchstwertigen Bits des Datenbusses (D23 – D16) und den Adressbus (A13 – A0) übertragen. Der modifizierte *Boot Address Generator* ermöglicht das Booten des internen Programmspeichers aus Speichermodulen im Byte-Adressraum. Zur schnellen Datenübertragung zwischen einem Speicher im Byte-Adressraum und dem internen (Programm- oder Daten)-Speicher wurde der DSP um einen DMA-Kanal (*Byte Direct Memory Access* – BDMA) ergänzt. Dieser wird über drei spezielle Steuerregister (SFR) verwaltet. Die Auswahl des Byte-Adressraumes geschieht über ein besonderes Signal BMS (*Byte Memory Select*).

10.1.5.4 Ein-/Ausgabe-Adressraum

Zusätzlich verfügt der ADSP-218x über einen Ein-/Ausgabe-Adressraum (*IO-Memory Space*), der 2048 Adressen umfasst. In ihm können die Register externer Peripheriebausteine untergebracht werden. Er wird durch ein spezielles Selektionssignal ausgewählt (*IO-Memory Select* – IOMS). Der Datenaustausch geschieht über die oberen 16 Datenbusleitungen (D23 – D8). Im *Data Memory Waitstate Register* kann für vier (festgelegte) Bereiche des E/A-Adressraumes die Anzahl von Wartezyklen individuell angegeben werden. Zum Lesen oder Schreiben eines Registers im E/A-Adressraum unterstützt der Assembler die spezielle Adressierungsmöglichkeit „IO(Adresse)".[1]

10.1.5.5 Systembus-Schnittstelle und Anschluss externer Speicher

In Abb. 10.16 wird graphisch dargestellt, wie Speichermodule in den unterschiedlichen Adressräumen an den Systembus angeschlossen werden und wie ihre Selektion durchgeführt wird. Als Beispiel haben wir mit dem ADSP-2181 den „Stammvater" dieser DSP-Unterfamilie gewählt. (Auf die Realisierung und Funktion der seriellen Schnittstellen – Sport0, Sport1 – sind wir im Unterabschnitt 9.7.3 ausführlich eingegangen.)

Systembus

Der Systembus besteht aus dem 14-Bit-Adressbus (A13 – A0) sowie dem 24-Bit-Datenbus (D23 – D0). Der Datenbus ist in drei 8-Bit-Teilbusse (D23-D16, D15-D8, D7-D0) aufgeteilt und wird in Abhängigkeit von der Bitbreite des adressierten externen Speichers unterschiedlich betrieben:

- Der Programm/Datenspeicher (PM) wird über den gesamten Datenbus D23 – D0 angeschlossen. Die Selektion dieses Speicherbereiches wird durch das Signal PMS (*Program Memory Select*) vorgenommen.

- Der Datenspeicher (DM) hängt an den beiden höherwertigen Teil-Datenbussen D23 – D8. Hier wird die Selektion durch das Signal DMS (*Data Memory Select*) realisiert.

- Ein Byte-orientierter Speicher im *Byte Memory Address Space* (BM) wird über D15 – D8 bedient, wobei das Auswahlsignal BMS (*Byte Memory Select*) benutzt wird.

---

[1] Beispiele: AR=IO(0x0000) bzw. IO(0x0001)=MR

- Der E/A-Adressbereich wird – wie der Datenspeicher – über die beiden höherwertigen Teil-Datenbusse D23 – D8 betrieben und das Signal IOMS (*IO-Memory Select*) ausgewählt.

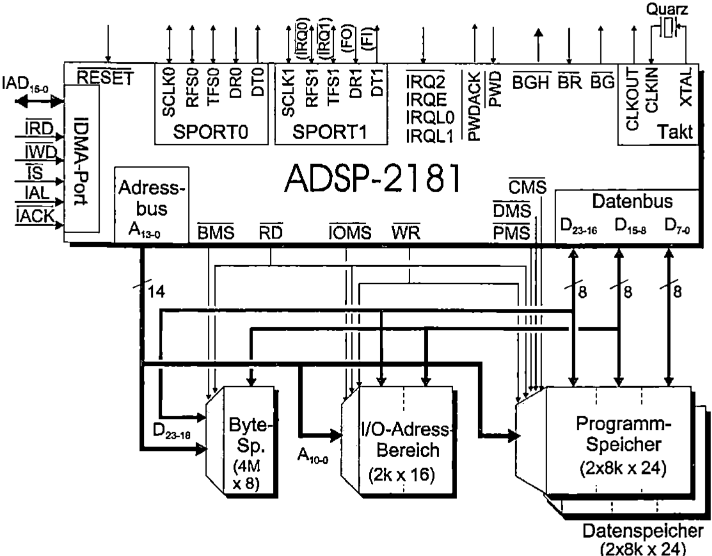

Abb. 10.16: Systembus und Speicher

Das in Abb. 10.16 weiterhin gezeigte Selektionssignal CMS (*Composite Memory Select*) ist in gewissen Grenzen frei aus den übrigen Selektionssignalen „programmierbar" und erlaubt so z.B. die Ausgabe eines gemeinsamen Auswahlsignals für einen einheitlichen Programm-, Daten- und/oder E/A-Adressraum.

Über Multiplexer/Demultiplexer in der Systembus-Schnittstelle werden die äußeren Teilbusse mit den internen Programm- und Operanden-Datenbussen verbunden. Findet kein externer Speicherzugriff statt, so werden alle externen Busse hochohmig (Tristate) geschaltet. Die Steuerung der Übertragungsrichtung wird durch die Signale RD (*Read*) und WR (*Write*) vorgenommen: Bei jedem externen Buszugriff ist genau eines dieser Signale (im L-Pegel) aktiv – RD: Lesen, WR: Schreiben.

Systembus-Freigabesignale und Stromsparmodus

Wie bereits im Abschnitt 5.2 beschrieben, kann eine externe Komponente über die Steuerleitung BR (*Bus Request*) den DSP auffordern, den Systembus freizugeben. Als Reaktion darauf schaltet der DSP alle seine Systembusausgänge (Adress-, Daten-, Steuerleitungen) in den hochohmigen Zustand und informiert über das Signal BG (*Bus Grant*) alle Komponenten über die Busfreigabe. Sobald die zugriffsberechtigte Komponente ihre Busübertragung beendet hat, deaktiviert sie ihr BR-Signal und übergibt dadurch dem DSP wieder die Buskontrolle. Dieser deaktiviert im Gegenzug sein BG-Signal.

Während einer (länger andauernden) Busbelegung durch eine andere Komponente kann ihr der DSP durch sein Ausgangssignal BGH (*Bus Grant Hung*) anzeigen, dass er den Buszugriff wieder wünscht. Es ist dem Systementwickler vorbehalten zu bestimmen, wie die Komponenten auf dieses Signal reagieren.

Durch das Bit G_*MODE* (*Go Mode*) im MSTAT-Register wird die Arbeitsweise des DSPs während der Freigabe des Systembusses bestimmt: Ist G-MODE = 0, so stoppt der DSP die Befehlsbearbeitung solange, bis das Signal BR deaktiviert wird; bei Bit G_MODE = 1 arbeitet der DSP solange (mit seinen internen Speichern) weiter, bis er auf einen Befehl mit externem Buszugriff trifft.

Zur Reduzierung des Stromverbrauches kann der DSP durch eine externe Komponente in einen *Power Down*-Zustand versetzt werden. Dazu steht das Signal PWD (*Power Down*) zur Verfügung, das eine Unterbrechungsanforderung an den DSP stellt. Der DSP führt nun in der Regel noch einige „Aufräumarbeiten" durch, bevor er sich mit dem Befehl „IDLE" „schlafen legt". Den Übergang in diesen Zustand zeigt er allen externen Komponenten durch sein Signal PWDACK (*Power Down Acknowledge*) an.

10.2 Hochleistungs-DSPs

Wegen ihres guten Preis/Leistungsverhältnisses stellen die 16/24-Bit-Festpunkt-DSP – von denen wir im letzten Abschnitt einen erfolgreichen Vertreter beschrieben haben – immer noch die umsatzstärkste Klasse der digitalen Signalprozessoren. In diesem Abschnitt wollen wir uns nun einerseits mit den 32-Bit-Gleitpunkt-DSPs beschäftigen und andererseits einige Tendenzen in der DSP-Entwicklung vorstellen. Dazu gehören

- **DSV-Erweiterungen universeller Prozessoren**
  Zur Bearbeitung der vielfältigen Aufgaben der digitalen Signalverarbeitung (DSV), die in einem Arbeitsplatzrechner (PC oder Workstation) vorliegen, werden schon seit vielen Jahren universelle Prozessoren mit speziellen Rechenwerken und Befehlen ausgerüstet. Dabei handelt es sich um die sog. MMX-Rechenwerke (*Multimedia Extension*) für Integer- und Gleitpunktzahlen und die MMX/ISSE-Befehlssatz-Erweiterungen (*Internet Streaming SIMD Extension*) der Intel Pentium-Prozessoren. Auch im RISC-Bereich findet man diese Komponenten wieder, z.B. bei den SPARC-Prozessoren der Firma SUN oder den PowerPC-Prozessoren der Firma Motorola/Freescale mit ihrer „Altivec" genannten Befehlssatz-Erweiterung. Aus Platzgründen können wir darauf nicht näher eingehen.

- **Superskalare und VLIW-DSPs**
  Dies sind DSPs, die über eine größere Anzahl parallel arbeitender Operationswerke verfügen, denen eine geordnete Folge von Maschinenbefehlen so zugeführt werden muss, dass jedes Operationswerk möglichst gut ausgelastet ist. Zur Erhöhung der Parallelität auf Befehlsebene bearbeiten diese DSPs ihre Befehle – wie die universellen Hochleistungsprozessoren – in mehrstufigen Pipelines. Wegen der häufig sehr regulären Struktur vieler Algorithmen der digitalen Signalverarbeitung können diese Pipelines meist sehr gut gefüllt gehalten werden. Zur Vermeidung von Pipeline-Hemmnissen durch die Verzweigungsbefehle der häufig ausgeführten, verschachtelten Schleifen reichen einfache statische Verfahren der Sprungzielvorhersage. Die einfache Struktur der Algorithmen vereinfacht es auch dem Programmierer oder Compiler, im Maschinenprogramm nach voneinander unabhängigen Befehlen für die einzelnen Rechenwerke des Prozessors zu suchen und diese zu einem „sehr langen Befehlswort" (*Very Long Instruction Word* – VLIW) zusammenzufassen, das in einem einzigen Taktzyklus der DSP-Steuerung übergeben werden kann.

- **Multiprozessor-Kopplung** von DSPs
  In vielen DSV-Anwendungen reicht die Rechenkapazität eines einzelnen DSPs bei weitem nicht mehr aus. Hier ist man darauf angewiesen, viele – oft über 100 – DSPs zu einem Mehrprozessor-System miteinander zu verbinden. Diese Kopplung kann auf verschiedene Weisen geschehen:

  - auf einer Platine über den Prozessorbus selbst,

  - durch spezielle parallele Schnittstellen, sog. *Link Ports* oder *Communication Ports* (vgl. Unterabschnitt 9.5.4),

  - Multiprozessoren in einem Baustein, bei denen mehrere DSP-Chips miteinander verbunden und zusammen in einem Gehäuse untergebracht werden (*Multi-Chip Module* – MCM),

- Multiprozessoren auf einem (einzigen) Chip, die aus mehreren Festpunkt- und Gleitpunkt-Prozessorkernen mit gemeinsamem Speicher, gemeinsamer Busschnittstelle und Peripheriekomponenten bestehen.

- **Prozessoren mit DSP/Mikrocontroller-Funktionalität**

  In vielen DSP-Anwendungen fallen neben den DSV-Aufgaben auch komplexe Steuerungsaufgaben an. Zur Lösung dieses Problems werden zwei unterschiedliche Wege beschritten:

  - **DSP mit Mikrocontroller-Funktionalität**

    Digitale Signalprozessoren werden mit immer umfangreicheren Peripheriemodulen ausgestattet, und ihr Befehlssatz wird um Befehle zur Bedienung dieser Komponenten[1] ergänzt. Man spricht bei ihnen von Digitalen Signal-Controllern (DSC) oder kurz auch von DSP-Controllern. Im speziellen Einsatzgebiet der Motorsteuerung heißen sie auch Motorcontroller.

  - **Mikrocontroller mit DSP-Funktionalität**

    Schon seit vielen Jahren werden Mikrocontroller mit Komponenten zur digitalen Signalverarbeitung ausgestattet. Im einfachsten Fall handelt es sich dabei nur um eine MAC-Einheit, in komplexeren Realisierungen werden aber auch weitere DSP-typische Komponenten hinzugefügt, wie z.B. eine Hardware-Schleifensteuerung, eine interne mehrfache Bus/Speicher-Architektur und Ringpufferadressierung. In komplexeren Realisierungen werden auf einem einzigen Halbleiterchip vollständige Mikrocontroller und DSPs gemeinsam integriert.

  - **Kommunikationsprozessoren**

    Die rasante Entwicklung im Telekommunikationsbereich macht die Entwicklung von speziellen Kommunikationsprozessoren mit DSP- und Mikrocontroller-Funktionalität nötig, die – neben vielfältigen Steuerungsaufgaben – auch die Ausführung unterschiedlicher Übertragungsprotokolle „in Hardware" ermöglichen.

Auf die Prozessoren mit DSP/Mikrocontroller-Eigenschaften sind wir bereits im Kapitel 4 ausführlich eingegangen. Hier wollen wir nun eine Familie von sehr leistungsfähigen 32-Bit-Gleitpunkt-DSPs beschreiben, um daran einige leistungssteigernde Entwicklungsmöglichkeiten aufzuzeigen.

10.2.1 DSP-Familie ADSP-2106x der Firma Analog Devices

In Abb. 10.17 ist der 32-Bit-Gleitpunkt-DSP ADSP-2106x der Firma Analog Devices dargestellt. Wegen seiner komplexen Bus- und Speicherarchitektur wird er auch als SHARC bezeichnet, was für *Super Harvard Architecture* stehen und sich natürlich aber auch an die englische Bezeichnung des Haifisches (*Shark*) anlehnen soll[2]. Der SHARC arbeitet – je nach Typ – mit einer Taktfrequenz von 40 bis 66 MHz und erreicht damit – weil jeder Befehl in einem Taktzyklus ausgeführt werden kann – eine Befehlszykluszeit von 16 bis 25 ns.

---

[1] insbesondere Bit-Manipulationsbefehle
[2] So wird der Hai in den Unterlagen der Firma auch stets im Zusammenhang mit dem SHARC dargestellt

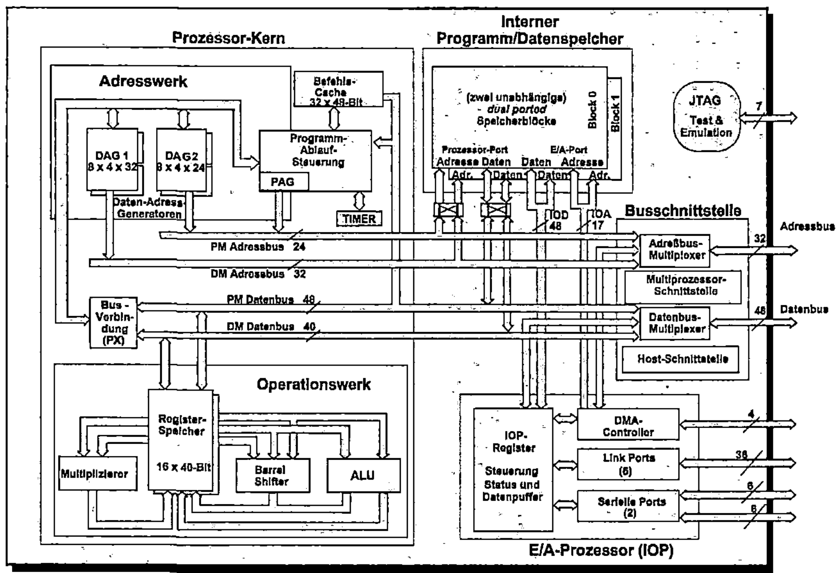

Abb. 10.17: Der ADSP-21060

Da mit jedem Befehl maximal drei Gleitpunkt-Operationen ausgeführt werden können (s.u.), entspricht dies einer „Leistung" von 40 – 66 MIPS[1] und einer maximalen Ausführungsrate für Gleitpunktbefehle von 120 – 200 MFLOPS (*Million Floating Point Instructions per Second*). Da es aber so gut wie keine Anwendungen gibt, die nur aus simultan auszuführenden Gleitpunkt-Operationen besteht, wird diese Spitzenleistung wohl nie erreicht. Die Herstellerfirma nennt daher auch lieber eine erreichbare „Dauerleistung" von 2/3 der Spitzenleistung, also 80 – 133 MFLOPS. Typische Anwendungen für diesen DSP liegen in den Bereichen der Sprach-, Musik-, Graphik- und Bildverarbeitung.

Der SHARC hat eine interne Speicherarchitektur, wie sie in Abb. 3.4 beschrieben wurde; d.h., der maximal 512 kByte (4 MBit) große interne Speicher ist in zwei unabhängige Blöcke aufgeteilt. Jeder Block besitzt zwei Zugriffspfade (*dual-ported*), über die zwei Zugriffe simultan stattfinden können. So können in jedem Takt zwei Operanden bzw. ein Operand und ein neuer Befehl geladen werden. Damit auch im erstgenannten Fall ein zusätzlicher Befehl geladen werden kann, verfügt das Steuerwerk des DSPs über einen kleinen Pufferspeicher (sog. Befehlscache). In diesen werden nur die Befehle abgelegt, die in einem Ladekonflikt mit einem zweifachen Operandenzugriff stehen. Bei allen folgenden Ladezugriffen wird der Befehl mit großer Wahrscheinlichkeit in diesem Pufferspeicher gefunden[2].

Das Operationswerk[3] des SHARCs besteht aus drei Rechenwerken: einer Multiplizier/Akkumuliereinheit (MAC), einer ALU und einer Schiebe-/Normalisier-Einheit (*Barrel Shifter*). Diese können[4] parallel arbeiten und rechnen mit

---

[1] *Million Instructions per Second*, vgl dazu Abschnitt 1.2. Eine weitere wichtige Leistungsgröße bei DSPs ist die Anzahl der pro Sekunde auszuführenden MAC-Operationen, die in MMACs angegeben wird (*Million MACs per Second*). Da sie oft mit den MIPS- oder MFLOPS-Angaben übereinstimmt, wollen wir sie nicht verwenden
[2] insbesondere in typischen DSV-Anwendungen, die in kurzen Schleifen abgearbeitet werden
[3] in den SHARC-Unterlagen als *Processing Element* (PE) bezeichnet
[4] anders als beim ADSP-218x; vgl. Abschnitt 10.1

- 32/40-Bit-Gleitpunktzahlen nach dem IEEE-754-Standard oder
- 32-Bit-Festpunktzahlen oder
- 32-Bit-Integer-Zahlen.

Die drei Rechenwerke arbeiten auf einem Satz von sechzehn 40-Bit-Registern. Für einen schnellen Kontextwechsel kann (in einem einzigen Taktzyklus) vom gesamten Registersatz bzw. nur von einer seiner beiden Hälften auf einen gleich großen Satz von Schattenregistern umgeschaltet werden.

Für die Kommunikation mit anderen DSPs, Mikroprozessoren oder Peripheriebausteinen verfügt der DSP über eine Reihe von parallelen und seriellen Schnittstellen (*Link Ports, Serial Ports*)[1]. Diese werden – ebenso wie die Systembus-Schnittstelle – von einer programmierbaren Steuerlogik, dem E/A-Prozessor (*Input/Output Processor* – IOP) verwaltet, so dass der DSP-Kern von allen Ein-/Ausgabeoperationen entlastet wird und ohne Unterbrechung seine Aufgaben erledigen kann. Der E/A-Prozessor kann dazu über ein eigenes Bussystem und die „Doppel-Ports" auf die Speicherblöcke zugreifen, über die Busschnittstelle aber auch auf einen externen Arbeitsspeicher, andere DSPs oder externe Peripheriekomponenten. Die Schnittstellen des DSPs übertragen mit jedem Taktzyklus ein Datum und bieten so eine beeindruckende Datenübertragungsrate. So können z.B. bei einer Taktfrequenz von 50 MHz maximal übertragen werden:

- über die sechs *Link Ports*:   6 Bytes × 50 MHz   =   300 MByte/s,
- über die beiden seriellen Schnittstellen: 2 × 1 Bit × 50 MHz   =   12,5 MByte/s,
- über die Systembus-Schnittstelle[2]:   6 Bytes × 50 MHz   =   300 MByte/s.

Quelle und Ziel der Übertragungen und die Übertragungsoperationen werden dabei von dem DMA-Controller (*Direct Memory Access*) des E/A-Prozessors – ohne Einsatz des DSP-Kerns – verwaltet. Die Systembus-Schnittstelle des SHARCs ist als Multiprozessor-Schnittstelle realisiert. Was das im Einzelnen bedeutet, werden wir erst im nächsten Unterabschnitt beschreiben.

Die in Abb. 10.17 mit *„JTAG Test & Emulation"* bezeichnete Komponente dient dem Testen der Funktionsfähigkeit des Prozessors und der Suche nach Fehlern während der Programmentwicklung. Auf sie sind wir im Anhang A.1 und A.2 ausführlich eingegangen.

Zur Erhöhung der Verarbeitungsleistung wurde die beschriebene SHARC-Grundarchitektur bei den beiden neueren Weiterentwicklungen dieser DSP-Familie in einigen wichtigen Eigenschaften ergänzt oder verändert. Diese sind in Abb. 10.18 dargestellt. Zur Beurteilung der Leistungssteigerung wollen wir hier nur erwähnen, dass ein SHARC mit einer Taktfrequenz von 66 MHz ca. 280 μs für die Berechnung einer schnellen Fouriertransformation (FFT) mit 1024 komplexen Werten benötigt.

- Der **Hammerhead SHARC** (ADSP-2116x) besitzt als Operationswerke[3] zwei parallel arbeitende Gruppen von Rechenwerken, die wiederum jeweils aus einer MAC-Einheit, einer ALU, einer Schiebe-/Normalisiereinheit und einem eigenen Registersatz bestehen. Sie werden über zwei auf 64 Bits verbreiterte Datenbusse mit Operanden versorgt. Beide Gruppen können jedoch nur einen einheitlichen Befehlsstrom, wenn auch mit unterschiedlichen Operanden ver-

---

[1]   Vgl. Unterabschnitt 9.5.4
[2]   Der externe Datenbus ist 48 bit = 6 Byte breit
[3]   in den Firmenunterlagen als *Processing Elements* PE$_X$, PE$_Y$ bezeichnet

arbeiten, so dass hier eine sog. SIMD-Verarbeitung (*Single Instruction – Multiple Data*) stattfindet. Diese Form der Parallelverarbeitung lässt sich z.B. sehr gut im Stereo-Audio-Bereich einsetzen, indem die beiden Gruppen von Rechenwerken jeweils den linken oder rechten Stereo-Kanal bearbeiten können. Der Hammerhead wird mit maximal 100 MHz getaktet und erreicht damit eine Spitzenleistung von 100 MIPS bzw. – wegen der verdoppelten Rechenwerke – 600 MFLOPs. Er benötigt z.B. für die oben erwähnte FFT-Berechnung nur noch ca. 90 μs.

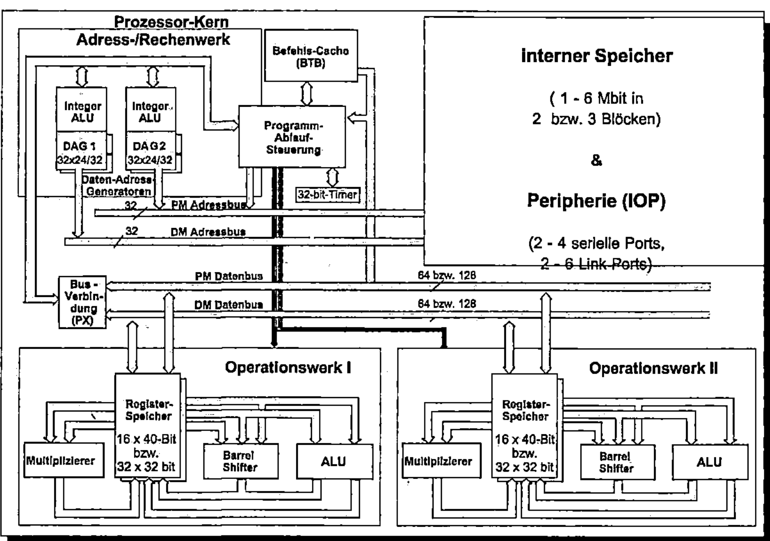

Abb. 10.18: Architektur von Hammerhead SHARC und TigerSHARC

- Der **TigerSHARC** (ADSP-TS101S) verfügt über dieselben zwei Operationswerke aus Gruppen von drei parallel arbeitenden Rechenwerken. Sein Steuerwerk ist jedoch statisch superskalar realisiert, d.h., es kann (im Idealfall) in jedem Taktzyklus jedes Operationswerk mit (unterschiedlichen) Befehlen versorgen, wobei diese Befehle durch den Programmierer oder Compiler geeignet zusammengestellt und geordnet werden müssen. Da jeder Befehl ein Multifunktionsbefehl sein kann, können in einem einzigen Takt von den beiden Operationswerken zusammen bis zu sechs Rechenoperationen bearbeitet werden. Alternativ können beide Operationswerke – wie der Hammerhead SHARC – im SIMD-Modus arbeiten, d.h., denselben Befehlsstrom, aber auf unterschiedlichen Daten ausführen. Der Erhöhung der Rechenleistung dient außerdem, dass die beiden Daten-Adressgeneratoren (DAG) des Tiger SHARCs zu zusätzlichen 32-Bit-Integer-ALUs ergänzt wurden, die immer dann allgemeine Rechenoperationen ausführen können, wenn die DAGs nicht für ihre ursprüngliche Aufgabe der Adressberechnung benötigt werden. Im Unterschied zu den bisher beschriebenen DSPs besitzt der TigerSHARC eine relativ lange Pipeline mit acht Stufen[1].

Die Rechenwerke bekommen ihre Operanden über zwei 128 Bits breite Datenbusse geliefert. Darüber hinaus sind die Rechenwerke des TigerSHARCs skalierbar, d.h., sie können Fest-

---

[1] von denen die ersten drei mit dem Laden der Befehle und die restlichen fünf mit deren Ausführung beschäftigt sind

punkt- und Integer-Operanden verschiedener Breite (8, 16, 32 Bits) verarbeiten und so Operationen auf mehreren „verkürzten" Operanden parallel anwenden. So können z.B. arithmetische oder logische Operationen simultan auf vier Paaren von jeweils 8 Bits breiten Operanden oder zwei Paaren von jeweils 16 Bits breiten Operanden ausgeführt werden. Die Datenbreite der Schiebe-/ Normalisiereinheit wurde auf 64 Bits vergrößert. Diese Einheit führt alle Operationen zur Bit- oder Bitfeld-Manipulation durch. Die Operanden stehen in insgesamt 128 Registern zur Verfügung, die in vier 32×32-Bit-Multiport-Registersätzen den Rechenwerken zugeordnet sind. Nach den Unterlagen der Firma Analog Devices kann der TigerSHARC so bis zu sechs 32-Bit-Gleitpunkt-Operationen und 24 (!) 16-Bit-Festpunkt-Operationen pro Taktzyklus ausführen[1].

Der TigerSHARC soll mit Frequenzen ab 180 MHz betrieben werden. Damit kann er eine maximale Gleitpunkt-Leistung von 1080 MFLOPs erreichen und die oben genannte FFT in ca. 70 µs durchführen. Bei dieser Frequenz kann er über seine vier *Link Ports* maximal 720 MByte/s (4×180 MByte) und über seine Systembus-Schnittstelle (mit 64-Bit-Datenbus) maximal 1,44 Gbyte/s übertragen. Als Haupteinsatzgebiet des TigerSHARCs wird der Telekommunikationsbereich angesehen. Wegen der Möglichkeit, bis zu vier 32-Bit-Befehle zu einer „langen" 128-Bit-Befehlskette zu verbinden und diese an die vier Operations-/Rechenwerke zur parallelen Ausführung zu übergeben, könnte man den TigerSHARC (mit Einschränkungen) bereits den VLIW-DSPs zuordnen. Im nächsten Unterabschnitt wollen wir nun eine Familie von Hochleistungs-DSPs beschreiben, die das VLIW-Prinzip in stärkerem Maß realisieren.

10.2.2   VLIW-DSPs TMS320C6XXX von Texas Instruments

Die Familie der VLIW-DSP der Firma Texas Instruments umfasst eine große Anzahl von Mitgliedern, die drei Unterfamilien zuzuordnen sind:

- Zur Unterfamilie TMSC320C62XX gehören Festpunkt-DSPs, die Datenbreiten bis zu 32 Bits verarbeiten und mit einer Taktfrequenz von 150 bis zu 300 MHz betrieben werden. Als maximale Leistung werden damit 2400 MIPS erreicht.

- Die Unterfamilie TMS320C64XX ist eine modernisierte Weiterentwicklung der „C62"-Familie, die ebenfalls aus 32-Bit-Festpunktprozessoren besteht. Mit einer Arbeitsgeschwindigkeit zwischen 400 und 600 MHz stellt sie augenblicklich die bei weitem schnellsten DSPs auf dem Markt. Die maximale Leistung dieser Prozessoren beträgt 4800 MIPS.[2] Die wesentlichen architektonischen Änderungen zur C62XX-Familie bestehen in der Skalierbarkeit der Operandenbreite der Rechenwerke und der Auslegung der internen Programm- und Datenspeicher als Caches, d.h., als schneller Zwischenspeicher mit (teilweise) inhaltsorientierter Selektion der Daten.

- Die Unterfamilie TMS320C67XX umfasst die Gleitpunkt-DSPs, die – neben Festpunkt- und Integer-Zahlen – gebrochene 32-Bit-Zahlen nach dem IEEE-754-Standard verarbeitet. Ihre Taktfrequenz reicht von 150 bis 225 MHz. Damit wird eine Spitzenleistung von 1800 MIPS bzw. 1350 MFLOPS erreicht.

---

[1] Die letztgenannte Zahl können wir aus den Unterlagen nicht verifizieren

[2] Zukünftige Mitglieder dieser DSP-Familie sollen mit bis zu 1,1 GHz getaktet werden und dabei eine Spitzenleistung von 8.800 MIPS erreichen

Abb. 10.19 zeigt den inneren Aufbau der TMSC6XXX-DSPs. Dabei wurde versucht, alle wesentlichen Komponenten in die Abbildung mit aufzunehmen. Reale DSPs der genannten Unterfamilien besitzen oft nur eine Teilmenge der gezeigten Komponenten.

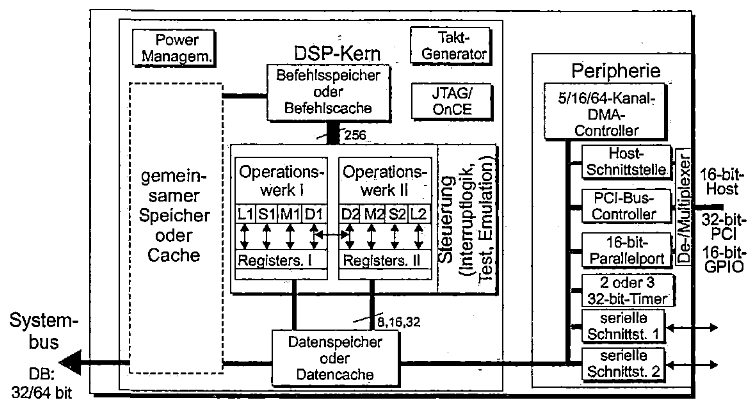

Abb. 10.19: Architektur der DSPs TMS320C6XXX

Der DSP-Kern der Prozessoren besteht aus zwei Operationswerken[1], die jeweils vier parallel arbeitende Rechenwerke (*Functional Units*) mit unterschiedlichen Aufgabenbereichen umfassen: zwei ALUs (.Li, .Si, inkl. Verzweigungslogik), einen Multiplizierer (.Mi) sowie ein Daten-Adresswerk (.Di). Diese Rechenwerke verarbeiten bei den Festpunktfamilien C62XX und C64XX 32- bzw. 40-Bit-Festpunkt- und Integer-Zahlen, bei den C67XX-Prozessoren zusätzlich 32-Bit-Gleitpunktzahlen nach dem IEEE-754-Standard bzw. 40-Bit-Zahlen, die dieselbe Charakteristik, aber eine um 8 Bits verlängerte Mantisse besitzen. Jedes der beiden Operationswerke kann dazu auf einen Multiport-Registersatz von 32-Bit-Registern zurückgreifen, der bei den C62XX- und C67XX-DSPs 16 Register, bei den C64XX-Prozessoren 32 Register enthält. Über einen zusätzlichen Datenpfad können Daten zwischen den Registersätzen der beiden Operationswerke ausgetauscht werden.[2]

Der externe Datenbus ist bei den C62XX- und C67XX-Typen 32 Bits breit, bei den „C64XX-Prozessoren hingegen 64 Bits breit. Über den 32-Bit-Adressbus können bis zu 4 GWörter mit je 32- bzw. 64 Bits adressiert werden. Bei der Programmierung sollte jedoch soweit wie möglich dafür gesorgt werden, dass die benötigten Befehle und Daten in den internen Speichern zu finden sind. Die Unterfamilien und ihre Mitglieder unterscheiden sich sehr bezüglich der Größe, Organisation und Einsatzart dieser internen Speicher.

- **Familie C62XX:** Der Programmspeicher dieser Unterfamilie umfasst bis zu 384 kByte. Davon kann ein 128 kByte großer Block vom Anwender wahlweise als RAM-Speicher oder als Cache (s.o.) konfiguriert werden. Der Datenspeicher ist bis zu 512 kByte groß. In einem Taktzyklus können zwei 8-, 16- oder 32-Bit-Daten aus dem Speicher gelesen bzw. dort abgelegt werden.

- Familie C64XX: Diese Unterfamilie besitzt eine zweistufige Organisation der internen Programm- und Datenspeicher. Die erste Stufe besteht aus jeweils 16 kByte großen Caches für

---

[1] vom Hersteller mit Datenpfad (*Data Path*) A und B bezeichnet
[2] was natürlich zusätzliche Taktzyklen benötigt

Befehle und Daten. Die Einträge im Befehlscache sind 256 Bits breit. Die zweite Stufe ist ein 1 MByte großer universeller statischer RAM-Bereich für Befehle und Daten, der auch ganz oder blockweise als Cache konfiguriert werden kann.

- Familie C67XX: Die erste Stufe der ebenfalls zweistufigen Speicherorganisation besteht hier nur aus jeweils 4 kByte großen Caches für Befehle und Daten. Die zweite Stufe ist ein 256 kByte großer universeller statischer RAM-Bereich, von dem 16, 32, 48 oder 64 kByte als Cache konfiguriert werden können.

Der Bus zwischen dem internen Programmspeicher bzw. dem Befehlscache und dem DSP-Kern ist 8×32 Bits = 256 Bits breit, so dass mit jedem Takt acht 32-Bit-Befehle gelesen werden können. Auf diese Weise kann (im Prinzip) jedem der oben beschriebenen insgesamt acht Rechenwerken ein neuer Befehl zugewiesen werden. Die „Parallelisierung" der Befehle muss durch den Programmierer oder einen Compiler geschehen. In realen Programmen gelingt es natürlich nicht, in jedem Takt eine sinnvolle Kombination auszuführender Befehle zu finden, so dass einige Rechenwerke keine neuen Befehle übertragen bekommen. Die Kombinationen der in einem Takt zusammenfassbaren Befehle werden als „lange" Befehlswörter aufgefasst und bilden die VLIW-Befehle, von denen die Prozessorarchitektur ihre Bezeichnung bekommen hat.

In Abb. 10.20 ist gezeigt, wie VLIW-Befehle verschiedener Länge aus dem Datenspeicher gelesen und auf die Rechenwerke verteilt werden. In der Abbildung ist ganz oben eine Folge von vier Zugriffen auf den internen Programmspeicher dargestellt. Die damit eingelesenen 32-Bit-Befehle der Rechenwerke sind in Gruppen zu maximal 8 zusammengefasst, indem durch ein Trennzeichen – in der Abbildung eine 1 – angezeigt wird, dass der folgende Befehle zum selben VLIW-Befehl gehört; eine 0 hingegen kennzeichnet den Beginn des nächsten VLIW-Befehls. Die *Dispatch*-Einheit des DSPs zerlegt den aktuell gelesenen VLIW-Befehl in seine Teilbefehle und weist diese den Decodern der geeigneten Rechenwerke zu.

Die acht Rechenwerke lesen ihre Operanden über jeweils zwei Ports aus dem angeschlossenen Registersatz und legen ihr Ergebnis über einen dritten Port dort ab. Dabei können die Rechenwerke .Li, .Mi, .Si jeweils einen ihrer Operanden auch aus dem anderen Registersatz lesen. Die Adressrechenwerke .Di berechnen die verlangten Adressen ebenfalls aus den Inhalten bestimmter Register. Mit diesen Adressen können sie dann auf den Datenspeicher zugreifen und dort Operanden aus dem Registersatz ablegen bzw. von dort in den Registersatz laden.

Der interne Datenspeicher bzw. Datencache ist in zwei Blöcke mit jeweils 4 bis 16 gleich großen Unterblöcken, sog. Bänken, unterteilt und erlaubt in jedem Taktzyklus zwei 32-Bit-Zugriffe, wenn diese auf unterschiedlichen Bänken stattfinden. Da mit Hilfe des DMA-Controllers auch die Peripheriekomponenten auf den Datenspeicher zugreifen müssen, kann in jedem Taktzyklus entweder der DSP-Kern auf zwei Operanden im Datenspeicher (lesend oder schreibend) zugreifen, oder aber DSP-Kern und Peripherie können jeweils nur einen Zugriff durchführen.

Die DSPs besitzen für Digitale Signalprozessoren unüblich „lange" Pipelines, die bei den C62XX-DSPs 11 Stufen, bei den C67XX-DSPs 16 Stufen umfassen. Davon werden die ersten vier Stufen für das Laden der Befehle (*Fetch*), die folgenden zwei für die Decodierung (*Decode*) benötigt, der Rest dient der Ausführung (*Execute*) des Befehls. Im Idealfall kann jeder DSP der drei Familien pro Taktzyklus bis zu acht 32-Bit-Befehle in die Pipelines schicken.

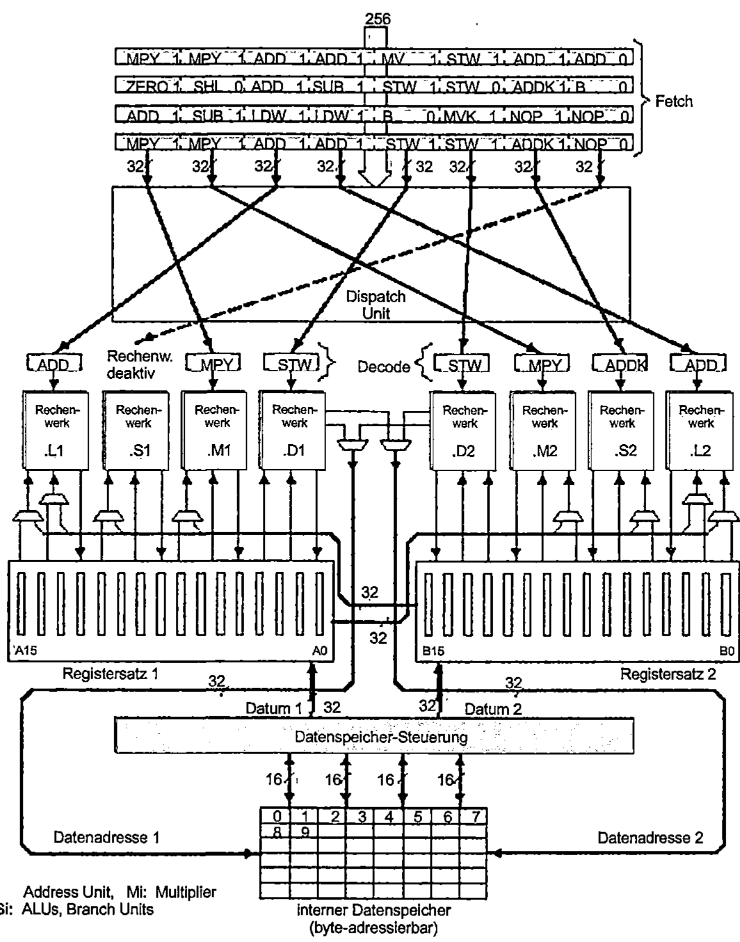

Abb. 10.20: Verteilung der VLIW-Befehle auf die Rechenwerke

Wiederum im Idealfall sind die Pipelines stets gefüllt und es treten keine Hemmnisse auf, so dass mit jedem Takt acht Befehle abgeschlossen werden. Die Familie der C67XX-DSPs besitzen sechs parallel arbeitende Gleitpunktrechenwerke. Daher gibt der Hersteller für seine Prozessoren die maximale Leistung nach folgender einfacher Formel an, was zu den zu Beginn dieses Unterabschnittes aufgeführten maximalen Leistungswerten führt:

- Festpunktleistung in MIPS: (8 Befehle) × (Frequenz in MHz)

- Gleitpunktleistung in MFLOPS: (6 Befehle) × (Frequenz in MHz).

Die DSPs der C6XXX-Familien zeigen ihre besondere Stärke in Anwendungen, in denen Daten in gleichartiger, paralleler Weise für mehrere „Kanäle" verarbeitet werden müssen. Daher finden sie ihre Haupteinsatzbereiche in der Telekommunikation, wo sie in Mobilfunk-Basisstationen, in Modemservern usw. eingesetzt werden. So kann z.B. bereits ein einziger DSP vom Typ TMS320C6XXX bis zu einem Dutzend Modems realisieren.

Die beschriebenen DSPs verfügen über eine unterschiedliche Anzahl von Peripheriekomponenten, auf deren Funktion wir im Kapitel 9 ausführlich eingegangen sind. Hier seien sie kurz aufgezählt:

- zwei synchrone, serielle Schnittstellen mit einer Übertragungsrate von je 40 MBit/s, die ihre Datenbits in verschiedenen Zeitkanälen übertragen und selbstständig im Speicher ablegen bzw. von dort holen. Sie werden deshalb als *Multichannel Buffered Serial Port* (McBSP) bezeichnet;

- zwei oder drei 32-Bit-Zeitgeber-/Zähler-Einheiten (*Timer*);

- ein IEEE-JTAG-Testport mit der Möglichkeit der Fehlersuche im DSP-Programm (*On-Chip Emulation* – OnCE);

- bis zu 64 unabhängige DMA-Kanäle, die die Datenübertragungen zwischen (internem oder externem) Speicher und den Peripheriekomponenten ohne Prozessoreinsatz durchführen;

- eine 16-Bit-Host-Schnittstelle, über die ein Mikroprozessor, Mikrocontroller oder weiterer DSP den TMS320C6XXX steuern kann;

- bis zu 16 Anschlüsse, die wahlweise als statische Ein- oder Ausgänge genutzt werden können (*General Purpose I/O* – GPIO).

Die drei letztgenannten Komponenten teilen sich über Multiplexer/Demultiplexer-Schaltungen dieselben Bausteinanschlüsse.

10.2.3 Multiprozessor-Kopplung von DSPs

In den beiden letzten Unterabschnitten haben wir Hochleistungs-DSPs beschrieben, die – zur Leistungssteigerung – über mehrere Operationswerke mit parallel arbeitenden Rechenwerken, aber nur ein Steuerwerk verfügen. Nun wollen wir uns mit den verschiedenen Möglichkeiten beschäftigen, mehrere vollständige DSPs zur Bearbeitung komplexer Aufgaben zusammenzuschalten. Im DSP-Bereich wurden diese Multiprozessor-Kopplungen sehr viel früher als bei den universellen Prozessoren eingesetzt, bei denen z.B. die Mehrkern-Prozessoren erst in den letzten Jahren weitere Verbreitung fanden. Dies liegt einerseits an den sehr hohen Anforderungen vieler Aufgaben (oder Algorithmen) der digitalen Signalverarbeitung an die Rechenleistung des Systems, andererseits aber auch an ihrer guten Parallelisierbarkeit. Da die gekoppelten DSPs unabhängig voneinander verschiedene Befehlsströme auf verschiedenen Daten ausführen können, liegt hier eine MIMD-Architektur (*Multiple Instruction, Multiple Data*) vor.

10.2.3.1 Kopplung über den Systembus

Im Unterabschnitt 5.2.2 hatten wir bereits beschrieben, wie sich mehrere Komponenten eines Mikrorechners darüber verständigen können, wer momentan als „*Bus Master*" auf den Systembus zugreifen kann. Dieses Thema haben wir im Abschnitt 8.2 über Systembusse noch einmal aufgegriffen und vertieft. Daher wollen wir uns in diesem Unterabschnitt mit der Präsentation einer sehr interessanten Kopplungsmöglichkeit mehrerer DSPs über ihren Systembus beschränken. Diese Kopplung ist in Abb. 10.21 links skizziert. Bei den DSPs handelt es sich um die im Unterabschnitt 10.2.1 beschriebenen SHARC-Prozessoren (oder ihrer verschiedenen Derivate).

Bis zu sechs SHARCs[1] können nach der dargestellten Methode ohne zusätzliche Logikschaltungen, sog. *Glue Logic*, unmittelbar über ihren Systembus verbunden werden.

Die Zuteilung des Systembusses geschieht durch dezentral in den DSPs realisierte Arbiter-Schaltungen, die über Anforderungs- und Zuteilungsleitungen (*Bus Request*, *Bus Grant*) untereinander verbunden sind. Dabei kann zwischen festen Prioritäten nach aufsteigenden DSP-Nummern, die ihnen vom Systementwickler mit Hilfe von speziellen Eingängen eindeutig zugewiesen werden, oder rotierenden Prioritäten – d.h., der momentan zugriffsberechtigte DSP bekommt beim nächsten Zugriff die niedrigste Priorität – gewählt werden. Jeder DSP kann auf diese Weise auf einen evtl. im System vorhandenen externen Arbeitsspeicher zugreifen und so insbesondere Daten mit den anderen Prozessoren austauschen. Jedoch können bei der beschriebenen Lösung die DSPs auch sehr effizient über ihre internen Speicher kommunizieren.

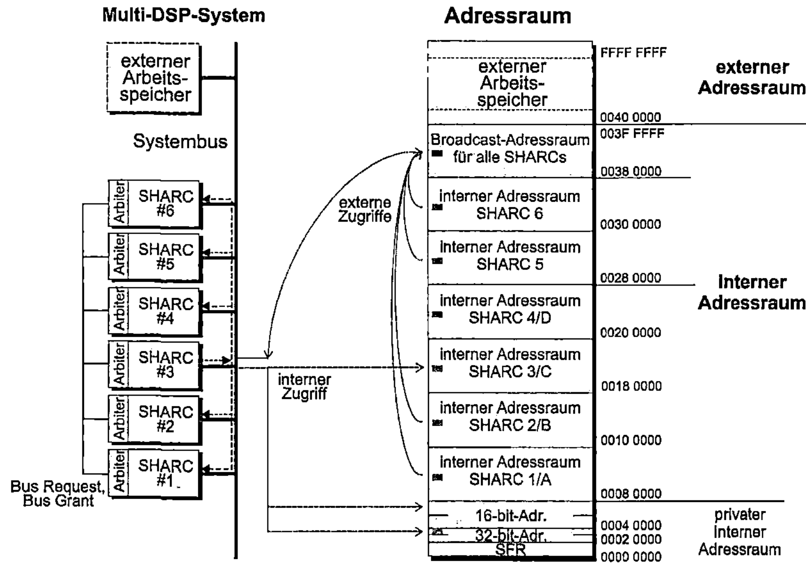

Abb. 10.21: Multiprozessor-Kopplung von SHARC-DSPs über den Systembus

Wie dies realisiert ist, wird in Abb. 10.21 rechts erklärt. Alle an der Kopplung beteiligten DSPs teilen sich einen gemeinsamen 4-GWort-Adressraum. Jeder DSP kann seine viele Dutzend Spezialregister (SFR – *Special Function Register*) zur Steuerung der Peripheriekomponenten und seinen bis zu 512 kByte großen internen Speicherbereich (unterteilt in zwei gleich große 256-kByte-Blöcke) dreimal im gemeinsamen Adressraum ansprechen, und zwar[2]

- im Bereich der unteren 512k Adressen: $0000 0000 – $0007 FFFF. Auf diesen „privaten" Bereich kann nur er selbst zugreifen. Die Speicherzellen dieses Bereiches kann er in getrennten Adressbereichen als 32-Bit-Doppelwörter oder als 16-Bit-Wörter ansprechen. Die Selektionsmöglichkeit der Daten in Form von 16-Bit-Wörtern vereinfacht dabei den Einsatz des DSPs in 16-Bit-Festpunkt-Anwendungen.

---

[1] bzw. bis zu acht TigerSHARCs
[2] In der Abbildung sind diese Adressbereiche z.B. für DSP #3 dunkelgrau unterlegt dargestellt

- in einem Adressbereich, der durch seine eindeutige Nummer im System vorgegeben wird; für den DSP #i, i=1,..,6, ist die Anfangsadresse gegeben durch: i * $0008 0000,

- in einem für alle DSPs gemeinsamen *Broadcast*-Adressraum („Rundspruch"): $0038 0000 – $003F FFFF, dessen Funktion im Folgenden beschrieben wird.

Die Adressbereiche der gekoppelten DSPs sind hintereinander im Bereich der unteren vier Mega-Adressen des gemeinsamen Adressraums untergebracht. Jeder DSP kann ohne Einschränkungen auf den Adressraum seiner Partner zugreifen – auch auf deren Spezialregister (SFR). Dadurch ist ein Datenaustausch mit jedem anderen DSP auf der Basis einfacher Schreib-/Lesezugriffe möglich.[1] Außerdem kann beim Systemstart ein ausgewählter DSP die Peripheriekomponenten aller anderen DSPs initialisieren.

Die Verteilung gleicher Daten auf die internen Speicher einiger oder aller anderen Partner bedingt bei dieser Form der Einzelübertragung die zeitaufwendige mehrfache Ausführung der Übertragungsoperation mit verschiedenen Zieladressen. Zur Vermeidung dieses Nachteils ist der o.g. Broadcast-Adressbereich vorgesehen: Ein Datum, das an eine Stelle dieses Adressraums geschrieben wird, legt die Hardware der DSPs automatisch in allen Adressbereichen der angeschlossenen DSPs ab – und zwar unter den gleichen relativen Adressen zur Basisadresse des jeweiligen Bereiches.

In Abb. 10.21 ist beispielhaft gezeigt, wie DSP #3 ein Datum[2] in den Broadcast-Adressraum schreibt. Dieses wird sofort (in einem Takt) in seinem internen Speicher – unter der ermittelten relativen Adresse – abgelegt und kann dort über die oben beschriebenen Adressierungsmöglichkeiten selektiert werden. Gleichzeitig bemüht sich DSP #3 um die Erlaubnis, auf den Systembus zuzugreifen. Sobald er das Zugriffsrecht bekommt, legt er das Ausgabedatum mit der Broadcast-Adresse auf den Systembus. Die Schnittstellen aller angeschlossenen DSPs erkennen die Broadcast-Adresse, übernehmen selbstständig das Datum und legen es im eigenen internen Speicher – ebenfalls unter der ermittelten relativen Adresse – ab. Damit ist die Broadcast-Übertragung beendet.

Aus dem beschriebenen Ablauf ist erkennbar, dass die Broadcast-Übertragung eine nicht vorhersagbare Anzahl von Taktzyklen benötigt. Da die Buszuteilung und Datenübertragung jedoch nur ein einziges Mal (pro Datum) durchgeführt werden muss, ist sie dennoch erheblich schneller als eine Folge von Einzelübertragungen.

Die dargestellte Form der Kopplung[3] mehrerer DSPs über den Systembus und ihre getrennten internen Speichereinheiten gehört zu den sog. symmetrischen Multiprozessor-Systemen mit gemeinsamen verteilten Speichern (*Symmetrical Multi-Processor – SMP – with Distributed Shared Memory*).

10.2.3.2 Kopplung über parallele Kommunikationsports

Im Unterabschnitt 10.2.1 hatten wir bereits die parallelen Kommunikationsports[4] (*Communication Ports, Link Ports*) der SHARC-DSPs von Analog Devices erwähnt, die eine zusätzliche oder alternative Möglichkeit bietet, mehrere DSPs miteinander zu koppeln. Auf die technische Realisierung dieser Ports sind wir im Unterabschnitt 9.5.4 eingegangen. Hier wollen wir ihre

---

[1] Größere Datenblöcke werden effektiv durch den DMA-Controller transferiert
[2] dargestellt durch ein kleines graues Rechteck
[3] hier die DSPs mit ihren internen Speichern
[4] auch Kommunikationskanäle genannt

Funktion genauer beschreiben. In Abb. 10.22 ist ein DSP mit Link Ports skizziert.

Parallele Kommunikationsports wurden zuerst in den DSPs TMS320C4X der Firma Texas Instruments realisiert. Wie beschrieben, sind sie heute auch in allen SHARC-DSPs (und Derivaten) der Firma Analog Devices zu finden. Diese DSPs besitzen bis zu acht solcher Kommunikationskanäle, die jeweils aus vier oder acht Datenleitungen[1] bestehen. Die Übertragung findet asynchron und unidirektional statt, wobei die Übertragungsrichtung wählbar ist und die Synchronisation zwischen Sender und Empfänger durch zusätzliche *Handshake-* und *Strobe*-Signale erfolgt. Die maximale Übertragungsrate jedes Kommunikationsports stimmt oft mit der internen Taktfrequenz des DSPs überein. So werden Übertragungsraten von 20 bis 180 MByte/s für jeden Port erreicht.

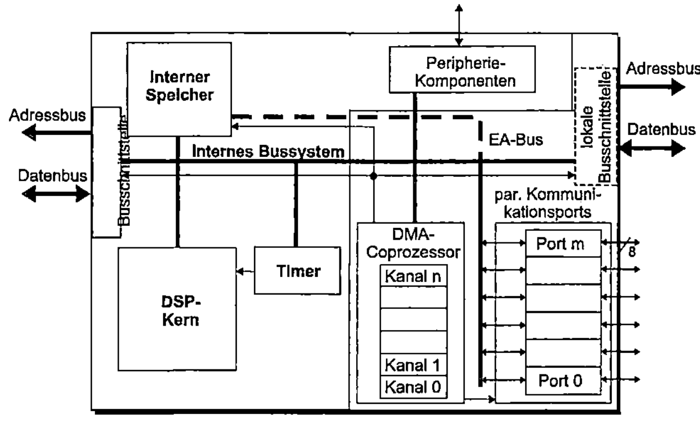

Abb. 10.22: Ein DSP mit parallelen *Link Ports*

Um einen Datenverlust beim Empfänger zu verhindern, besitzen die Ports für jede Übertragungsrichtung einen kleinen Pufferspeicher mit (z.B.) acht 32-Bit-Einträgen, der als Eingabe-FIFO bzw. Ausgabe-FIFO verwaltet wird. Zur Erhöhung der Übertragungsbandbreite zwischen zwei DSPs oder zur Übertragung „breiterer" Daten können mehrere Ports zum gemeinsamen Datentransfer miteinander gekoppelt werden.

Die Ports sind im Inneren des DSPs mit dem internen Speicher verbunden, in dem sie die eingelesenen Daten ablegen bzw. von wo sie die auszugebenden Daten abholen. Dies kann einerseits über das gemeinsame interne Bussystem gehen, was natürlich zu Konflikten mit Speicher- bzw. Peripheriezugriffen des DSP-Kerns führen kann und ungewünschte Zeitverzögerungen hervorruft. Besser ist daher eine Lösung, bei der die Link Ports über einen separaten Ein-/Ausgabebus (EA-Bus) und einen separaten Speicherport auf den Speicher zugreifen.

Da in jedem Taktzyklus nur ein Port über diesen EA-Bus verfügen kann, treten auch hier Zugriffskonflikte auf. Diese werden von der Port-Steuerung (*Port Arbitration Unit* – PAU) nach verschiedenen Prioritäten-Verfahren gelöst.

Die Übertragung über die Link Ports soll die Arbeit des DSP-Kerns so weit wie möglich nicht behindern. Dies bedeutet insbesondere, dass die Datenübertragungen nicht durch den Prozessorkern selbst gesteuert werden dürfen. Diese Aufgabe übernimmt in den behandelten Hochleistungs-DSPs der DMA-Controller, der Speicherzugriffe der Ports (und anderer Peripherie-

---

[1] Über die vier Leitungen werden nach dem Zweiflankenverfahren (*Double Data Rate* – DDR) mit jedem Strobe-Signal ebenfalls 8 bit (1 Byte) übertragen

komponenten) ohne Einsatz des Kerns, also parallel zu den DSP-Operationen ermöglicht[1]. Der DMA-Controller besitzt bis zu 14 sog. DMA-Kanäle, die voneinander unabhängige Übertragungen durchführen können. Sie können vom Programmierer wahlfrei den Link Ports und anderen Peripheriekomponenten zugewiesen werden. Die Loslösung der Port-Übertragungen vom DSP-Kern wird weiterhin dadurch unterstützt, dass die DMA-Kanäle über die Fähigkeit der Selbstinitialisierung verfügen, d.h., sie können selbstständig auf den Speicher zugreifen und von dort alle für die Übertragungssteuerung benötigten Parameter lesen.

Es gibt eine große Anzahl von Möglichkeiten, mehrere DSPs über die parallelen Kommunikationsports zu einem Multiprozessor-System zu koppeln.[2] Die aufwändigste ist die vollständige Vermaschung, bei der jeder DSP mit jedem anderen verbunden ist. Dabei kann für jede Übertragungsrichtung ein eigener Port eingesetzt werden, oder die Übertragung wird über einen einzigen Port ausgeführt, dessen Übertragungsrichtung geeignet umgeschaltet wird. Für viele Anwendungen ist eine Anordnung der DSPs in Form eines zweidimensionalen Felds sehr geeignet, bei der die Eingabedaten an zwei Seiten in das Feld eingegeben und dort zeilen- und spaltenweise verarbeitet werden; die Ergebnisse „verlassen" das Feld an den beiden gegenüberliegenden Seiten. Eine einfachere Form ist die lineare oder ringförmige Kopplung, bei der jeder DSP mit genau einem anderen in jeder Übertragungsrichtung verbunden ist. In Abb. 10.23 ist als Beispiel eine Platine mit vier DSPs vom Typ TMS320C40 der Firma Texas Instruments gezeichnet.

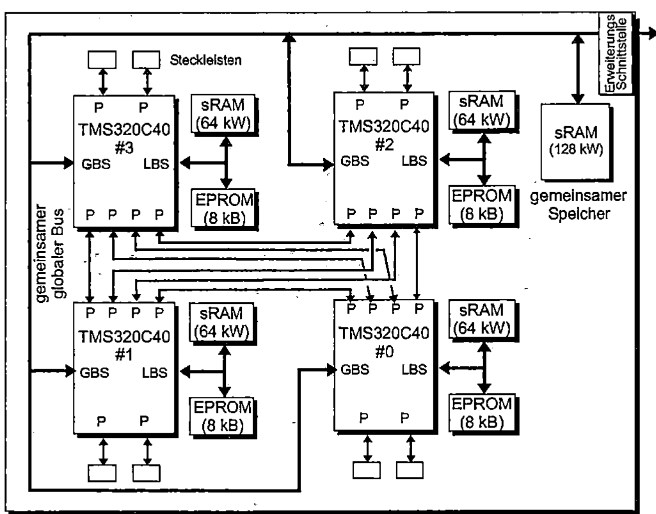

Abb. 10.23: Beispiel für eine Kopplung über parallele Kommunikationsports

Die vier DSPs der Platine sind vollständig miteinander vermascht, wobei für jede Verbindung nur ein Kommunikationsport (P) mit Richtungsumschaltung eingesetzt ist. Die dazu nicht benutzten acht Ports sind über Steckleisten „nach außen" geführt und stehen dem Anwender zur freien Verfügung.

---

[1] Auf die Realisierung der DMA-Übertragung sind wir bereits im Abschnitt 9.3 ausführlich eingegangen
[2] In allgemeiner Form haben wir das im Abschnitt 8.1 beschrieben

Wie die DSPs anderer Hersteller verfügt auch der verwendete DSP-Typ über zwei getrennte vollständige Systembus-Schnittstellen. Dadurch wird der Aufbau eines über einen gemeinsamen Speicher (*Shared Memory*) gekoppelten Multiprozessor-Systems unterstützt, wie es in der Abbildung dargestellt ist. Jeder DSP kann über seine „lokale" Busschnittstelle (LBS) auf einen 64 kWort großen privaten Datenspeicher (Schreib-/Lesespeicher – sRAM) und einen 8 kByte großen Programmspeicher (Festwertspeicher – EPROM[1]) zugreifen. Die zweite „globale" Busschnittstelle (GBS) verbindet alle DSPs über einen gemeinsamen Bus mit dem gemeinsamen Arbeitsspeicher, der eine Kapazität von 128 kW (kWörtern) hat.

10.2.3.3   Mehrfach-DSPs in einem Gehäuse

Die Fortschritte der Halbleitertechnologie machen es heute möglich, ein Mehrfach-DSP-System in einem einzigen Baustein unterzubringen, das eine ähnliche Architektur wie das Einplatinen-System aus dem letzten Unterabschnitt, aber bereits eine wesentlich höhere Leistung besitzt. In Abb. 10.24 ist der AD14060 von Analog Devices dargestellt, der aus vier SHARC-DSPs besteht. Diese DSPs sind in einem Gehäuse mit 308 Anschlüssen auf vier getrennten Halbleiterchips (*Multi-Chip Module* – MCM) untergebracht. Der Baustein wird mit 40 MHz getaktet und erreicht damit eine Spitzenleistung von 160 MIPS bzw. 480 MFLOPS[2]. Die erreichbare Durchschnittsleistung wird vom Hersteller mit 320 MFLOPS angegeben.

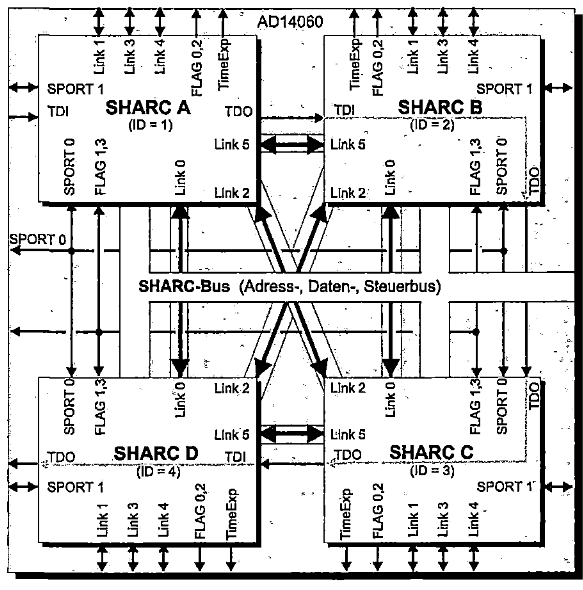

Abb. 10.24: Der AD14060 von Analog Devices

Jeder der integrierten SHARCs verfügt über einen 512 kByte großen internen Speicher, der Baustein also über insgesamt 2 MByte. Wie im Unterabschnitt 10.2.3.1 beschrieben, kann jeder DSP auf den gesamten internen Speicher zugreifen. (In Abb. 10.21 wurde bereits die Einblendung der internen Speicher der SHARCs A,..,D in den gemeinsamen Adressraum eingezeich-

---

[1]   Auf die Speicherbausteine sind wir im Kapitel 7 genauer eingegangen
[2]   Diese Leistung wird durch die drei parallel arbeitenden Gleitpunktrechenwerke pro DSP erbracht!

net.) Extern kann der AD14060 – ohne zusätzliche Logikschaltungen – durch zwei weitere SHARCs erweitert werden.

Baustein-intern sind die SHARCs über vielfältige Wege miteinander verbunden. Darüber hinaus erlauben sie auf unterschiedliche Weise die Kommunikation mit externen Komponenten.

- Die Kopplung über den internen SHARC-Bus erlaubt eine Übertragungsrate von 240 MByte/s. Der interne Systembus ist über eine gemeinsame Schnittstelle auf die Bausteinanschlüsse gelegt und erlaubt dadurch die externe Ergänzung um einen Arbeitsspeicher und Peripheriekomponenten. Außerdem können über diese Schnittstelle die vier SHARCs mit einem externen *Host*[1] kommunizieren und von diesem gesteuert werden.

- Die vier SHARCs sind über ihre parallelen Kommunikationsports (*Link Ports*) vollständig miteinander vermascht. Diese Verbindungen sind bidirektional ausgelegt, d.h., vor jeder Übertragung muss die Richtung zwischen beiden Kommunikationspartnern festgelegt werden. Über jeden Port können maximal 40 MByte/s übertragen werden.

- Die restlichen zwölf freien Parallelports (drei pro SHARC) stehen an Bausteinanschlüssen für beliebige Anwendungen zur Verfügung und erlauben eine maximale Gesamtübertragungsrate von 480 MByte/s.

- Alle DSPs sind über eine synchrone serielle Schnittstelle[2] (SPORT0) miteinander verbunden, über die maximal 40 MBit/s übertragen werden können. Diese Schnittstelle kann wahlweise von einem einzigen DSP oder aber von mehreren im Zeitmultiplexverfahren benutzt werden. Über diese Schnittstelle können die DSPs Baustein-intern kommunizieren. Da sie aber auch auf Bausteinanschlüsse gelegt ist, können auch externe Peripheriekomponenten (oder weitere DSPs) daran angeschlossen werden.

- Jeder DSP besitzt jeweils eine zweite serielle Schnittstelle (SPORT1) mit ebenfalls einer maximalen Übertragungsrate von 40 MBit/s. Diese Schnittstellen sind über Bausteinanschlüsse nach außen geführt. (Dies schließt jedoch nicht aus, dass sie extern verbunden und so zur Kommunikation der DSPs untereinander benutzt werden können.)

- Die DSPs sind über zwei statische Ein-/Ausgabeleitungen, die als FLAG 1,3 bezeichnet sind, miteinander verbunden, über die typischerweise Zustandsinformationen ausgetauscht werden. Pro DSP sind zwei weitere individuelle Flags (0,2) an den Bausteinanschlüssen abgreifbar.

- Der Zeitgeber-/Zähler (*Timer*) in jedem SHARC kann über einen Ausgang anzeigen, dass er den Zählerstand 0 erreicht hat (*Timer expired* – TimeExp).

- Die letzte Verbindung der SHARCs betrifft ihre internen JTAG-Test- und Emulationseinheiten[3] (s. Abb. 10.17). Diese sind sequenziell miteinander verkettet: Der Ausgang TDO (*Test Data Out*) eines DSPs ist mit dem Eingang TDI (*Test Data In*) des nächsten DSPs verbunden. An den Bausteinanschlüssen stehen TDI von SHARC A und TDO von SHARC D zur Verfügung.

Zum Vergleich mit den im Abschnitt 10.2.1 beschriebenen SHARC-DSPs sei noch erwähnt, dass der AD14060 für die dort genannte schnelle komplexe Fouriertransformation (FFT) mit 1024 Punkten 460 µs benötigt.

---

[1] Mikroprozessor, Mikrocontroller oder DSP
[2] Es handelt sich um die im Unterabschnitt 9.7.3 ausführlich beschriebene serielle Schnittstelle (SPORT)
[3] Auf ihre Funktion sind wir bereits im Anhang ausführlich eingegangen

10.2.3.4 Mehrfach-DSPs auf einem Chip

Nachdem wir in den letzten Unterabschnitten Mehrfach-DSP-Systeme auf Platinen- und Bausteinebene (als MCM) kennen gelernt haben, wollen wir nun zum Abschluss dieses Kapitels zwei DSPs vorstellen, die jeweils ein Multiprozessor-System auf einem einzigen Halbleiterchip darstellen.

10.2.3.4.1 DSP TMS320VC5421

Als erstes Beispiel zeigen wir mit dem TMS320VC5421 der Firma Texas Instruments einen DSP, der auf dem Halbleiterchip zwei Exemplare eines bereits länger verfügbaren vollständigen DSPs integriert, dem 16-Bit-Festpunkt-DSP TMS320C54X. Dieser „Doppel-DSP" ist in Abb. 10.25 dargestellt. Er wird mit 100 MHz getaktet und erreicht damit eine Leistung von 200 MIPS.

Das Operationswerk jedes integrierten DSPs besteht aus einer 40-Bit-ALU[1], einem 40-Bit-Barrel Shifter und einer MAC-Einheit mit 17×17-Bit-Multiplizierer und 40-Bit-Addierer/Akkumulierer. Über ein vierfach ausgelegtes Bussystem kann der DSP-Kern in jedem Taktzyklus einen neuen Befehl und zwei Operanden aus dem Speicher laden sowie ein Ergebnis dort ablegen. Als Programmspeicher ist ein Festwertspeicher (ROM) mit 2 kWörter (der Breite 16 Bits) vorhanden, als Datenspeicher ein Schreib-/Lesespeicher mit 64 kWörtern (ebenfalls der Breite 16 Bits).

Jeder DSP verfügt über den gleichen umfangreichen Satz von Peripheriekomponenten. Darunter sind jeweils drei synchrone serielle Schnittstellen, ein Zeitgeber-/Zähler-Modul, statische Ein-/Ausgabeleitungen (GPIO), eine Host-Schnittstelle und eine JTAG-Test-Einheit. Angeschlossen sind diese Komponenten über einen speziellen Peripheriebus, der durch Treiber mit den Datenbussen des DSP-Kerns und damit auch den internen Speichern verbunden werden kann. Für den Transport größerer Datenmengen steht ein DMA-Controller mit sechs Kanälen zur Verfügung.

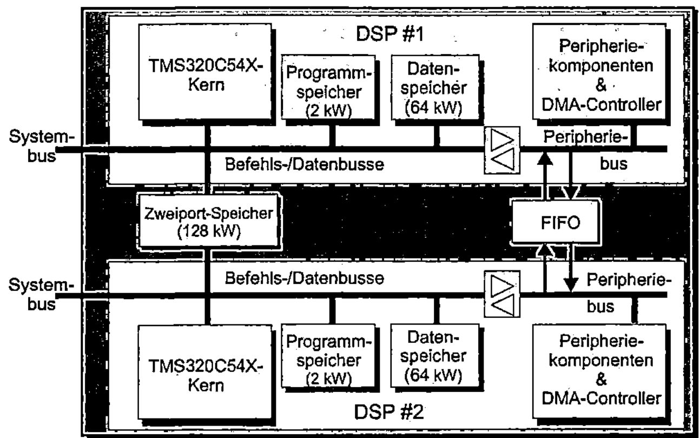

Abb. 10.25: Der „Doppel-DSP" TMS320VC5421

---

[1] die auch skaliert arbeiten kann und dann zwei 16-Bit-Operationen simultan ausführt

Die chipinterne Kopplung beider DSPs geschieht einerseits über einen gemeinsamen Speicher, auf den in jedem Taktzyklus beide DSPs zugreifen können (*Dual Access, dual ported*) und der 128kWörter (mit 16 Bits) enthält. Andererseits können aber auch Daten zwischen den Peripheriekomponenten beider DSPs ausgetauscht werden. Dazu sind beide Peripheriebusse durch einen kleinen Pufferspeicher verbunden, der nach dem FIFO-Prinzip verwaltet wird.

Der Vollständigkeit halber sei noch erwähnt, dass der DSP TMS320VC5441 von Texas Instruments den DSP-Kern TMS320C54 gleich vierfach enthält (*Quad-Core DSP*). Dieser DSP erreicht bei einer Arbeitsfrequenz von 133 MHz eine Leistung von 532 MIPS. Neben dem eigentlichen DSP-Kern besitzt er auch die oben aufgezählten Peripheriekomponenten in vierfacher Form.

10.2.3.4.2 DSP TMS320C80

Der letzte hier besprochene DSP ist heute vor allem aus „architektonischen" Gründen heraus noch sehr interessant[1], da er eine Vielzahl von verschiedenen Prozessoren und Steuereinheiten miteinander auf einem einzigen Chip verknüpft. Es handelt sich um den TMS320C80 von Texas Instruments, der als *Multimedia Video Processor* (MVP) bezeichnet wird und seine Hauptanwendungen in den Bereichen Audio, Bildverarbeitung, Bildkompression, Videokonferenz, Dokumentenverarbeitung und HDTV (*High Division Television*) findet (bzw. fand). Nach fünf Jahren Entwicklungszeit, die im Jahr 1989 begann, wurde er bereits 1994 vorgestellt und im Frühjahr 1995 „auf dem Markt" eingeführt. Der Baustein enthält 4 Millionen Transistoren und ist in 0,5-μm-CMOS-Technologie hergestellt. Er wird mit einer Taktfrequenz von 50 MHz, d.h., mit einer Zykluszeit von 20 ns, betrieben. Sein Gehäuse hat 305 Anschlüsse. Die Architektur des Prozessors ist in Abb. 10.26 dargestellt.

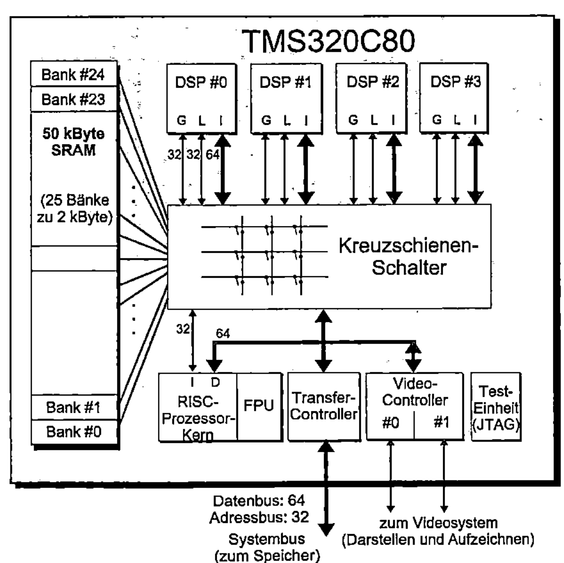

Abb. 10.26: Der Multi-DSP TMS320C80

---

[1] Er wird vom Hersteller zwar noch vertrieben, aber nicht mehr für den Einsatz in Neuentwicklungen empfohlen

Der TMS320C80 ist ein *Single-Chip*-Multiprozessor aus vier 32-Bit-Festpunkt-DSPs und einem 32-Bit-RISC-Prozessor. Der RISC-Prozessor besitzt eine Gleitpunkteinheit (*Floating Point Unit* – FPU), die 32-Bit-Gleitpunktzahlen nach dem IEEE-754-Standard verarbeitet.

Der TMS320C80 hat einen 50 kByte großen internen Programm- und Datenspeicher, der in 25 „Bänke" mit je 2 kByte eingeteilt ist. Jedem der vier DSPs und dem RISC-Prozessor sind jeweils fünf dieser Bänke zugeordnet. Dabei besitzen diese Bänke unterschiedliche Funktionen: als Befehlscache, als Datenspeicher/Datencache und als Parameterspeicher.

Für das Laden der internen Speicherbänke und für den Datentransport aus dem TMS320C80 heraus ist der sog. *Transfer Controller* verantwortlich. Dies ist eine „intelligente" Steuerschaltung mit mehreren FIFO-Pufferbereichen, welche die Daten und Befehle in größeren Blöcken überträgt. Sie erzeugt auch die Steuersignale für den externen Systembus, der einen 64 Bits breiten Datenbus und einen 32-Bit-Adressbus enthält. Für den vorgesehenen Einsatz im Multimediabereich enthält der Prozessor außerdem zwei Videocontroller, die alle Steuersignale für den Anschluss von bis zu zwei hochauflösenden Farbmonitoren erzeugen.

Die aus architektonischer Sicht interessanteste Komponente des Prozessors ist eine Einheit, die als Kreuzschienenschalter (*Crossbar Switch*) bezeichnet wird. Dabei handelt es sich um eine komplexe Schaltung, die den simultanen Zugriff der beschriebenen internen Komponenten auf die verschiedenen Speicherbänke steuern soll. Von ihrem Aufbau her ist sie in der Lage, jede Komponente mit der für diese Komponente vorgesehenen Menge von Speicherbänken zu verbinden. Beim TMS320C80 müssen dazu in einem Taktzyklus (*Cycle by Cycle*) bis zu (fast) 1000 Signalleitungen geschaltet werden.

Jeder interne DSP ist mit zwei 32-Bit-Operandenbussen (L, G^1) und einem 64-Bit-Befehlsbus (I) am Kreuzschienenschalter angeschlossen, der RISC-Prozessor über einen 64-Bit-Datenbus (D) und einem 32-Bit-Befehlsbus (I), der Transfer Controller über einen 64-Bit-Datenbus. Der Kreuzschienenschalter ermöglicht somit in jedem Taktzyklus die Übertragung von bis zu fünf Befehlen mit zusammen 36 Bytes und 10 Daten/Operanden mit zusammen 48 Bytes. Dies bedeutet eine maximale Übertragungsrate (bei 50 MHz) von 4200 MByte/s.

Natürlich können durch den Versuch mehrerer Komponenten, gleichzeitig dieselbe Speicherbank anzusprechen, Zugriffskonflikte auftreten. Diese müssen vom Kreuzschienenschalter aufgelöst werden, indem er diese simultanen Zugriffswünsche in einer geeigneten zeitlichen Folge hintereinander ausführt.

Der TMS320C80 ist mit den beschriebenen Komponenten in der Lage, $2 \cdot 10^9$ RISC-ähnliche Operationen pro Sekunde (GigaOps) auszuführen. Trotz dieser beeindruckenden Leistung hat er sich auf dem Multimediamarkt leider nicht durchgesetzt. Unserer Meinung nach hat das hauptsächlich den folgenden Grund: Der interne Speicher ist für den Einsatz im Multimediabereich viel zu klein. Dieser Nachteil wird durch seine Unterteilung in Bänke mit verschiedenen Funktionen und Zugriffsmöglichkeiten noch verstärkt. Eine Vergrößerung auf heute übliche Kapazitäten (bis in den Megabyte-Bereich) ist wegen der unmittelbaren Auswirkung auf den Kreuzschienenschalter nicht möglich, da dessen Komplexität dadurch sehr stark steigen würde.

---

[1] Über den L-Bus (*Local*) greift der DSP nur auf seinen „privaten" Speicher zu, über den G-Bus (*Global*) kann er auch die Speicherbänke der anderen DSPs ansprechen

Anhang

A.1 JTAG-Test-Port

Komplexe Mikrorechner-Systeme bestehen heute aus vielen hochintegrierten, komplexen Bausteinen mit Hunderten von sehr eng angeordneten Anschlüssen (*Fine Pitch*), die sich oft unterhalb des Gehäuses befinden. Häufig werden auch sog. *Multi-Chip Modules* (MCM) eingesetzt, bei denen in einem Gehäuse mehrere Chips untergebracht sind. Die beschriebenen Bausteine wiederum werden sehr eng auf einer Platine „montiert", wobei in verstärktem Maße beide Platinenoberflächen (*double-sided*) bestückt werden. Die Verbindungsleitungen (Leiterbahnen) auf der Platine werden ständig feiner und in geringeren Abständen verlegt, wobei nicht nur die beiden Platinenoberflächen, sondern auch mehrere Zwischenschichten (*Multilayer*) benutzt werden.

Die beschriebenen Gegebenheiten machen den Test eines komplexen Mikrorechner-Systems immer aufwändiger. Der Einsatz von Testadaptern, die gleichzeitig sehr viele Punkte (Bausteinanschlüsse oder Leiterbahnen) durch feine Nadeln (*Bed-of-Nails Test*) kontaktieren, ist durch die o.g. Gründe[1] nur noch sehr eingeschränkt möglich.

Die Grundidee des im Folgenden vorgestellten, bereits häufig erwähnten Testverfahrens besteht darin, die gewünschten Testpunkte – also im Wesentlichen die Anschlusspins – in den Bausteinen selbst zu beobachten. Natürlich können die Zustände an diesen Anschlüssen nicht in paralleler Weise gelesen oder verändert werden. Daher wird ein serielles Zugriffsverfahren eingesetzt, über das Testdaten (Stimuli) an die Eingangsanschlüsse gegeben und die Testergebnisse von den Ausgangsanschlüssen gelesen werden können. Die Integration der Testhardware in einen Baustein ist in Abb. A.1 dargestellt.

Die in der Abbildung mit „Kernlogik" bezeichnete Schaltung kann ein universeller Prozessor, ein DSP, ein Mikrocontroller oder aber ein (fast) beliebiger hochintegrierter Peripheriebaustein sein, wie z.B. ein Speicherbaustein.

Zur oben beschriebenen Beobachtung und Beeinflussung der Bausteinanschlüsse werden innerhalb des Chips zwischen jedem Ein- bzw. Ausgang und der Kernlogik einfache Flipflopschaltungen gelegt, die alle miteinander als Schieberegister verbunden sind. Nach seiner Lage und Funktion am „Rand" des Bausteins wird dieses Schieberegister als *Boundary Scan Path*[2] bezeichnet. Das beschriebene Testverfahren wurde seit Mitte der 80er Jahre von einer großen Gruppe von Firmen entwickelt, die mit dem Bau, dem Test oder dem Vertrieb von komplexen Elektroniksystemen befasst waren und sich als *Joint Test Action Group* (JTAG) bezeichnet. Im Jahre 1990 wurde es dann als IEEE-Standard[3] 1149.1 international genormt. Seitdem hat es eine sehr weite Verbreitung gefunden und ist heute in den meisten Hochleistungsprozessoren integriert. Es zeichnet sich nicht zuletzt durch einen minimalen Hardwareaufwand aus: nur fünf Anschlusspins und ein sehr geringer Bedarf an Chipfläche.

---

[1] und durch weitere – auch elektrotechnische – Gründe, auf die wir hier nicht eingehen können
[2] wörtliche Übersetzung in etwa: Rand-Abtastpfad
[3] IEEE: Institute of Electrical and Electronics Engineers

H. Bähring, *Anwendungsorientierte Mikroprozessoren*, eXamen.press, 4th ed.,
DOI 10.1007/978-3-642-12292-7, © Springer-Verlag Berlin Heidelberg 2010

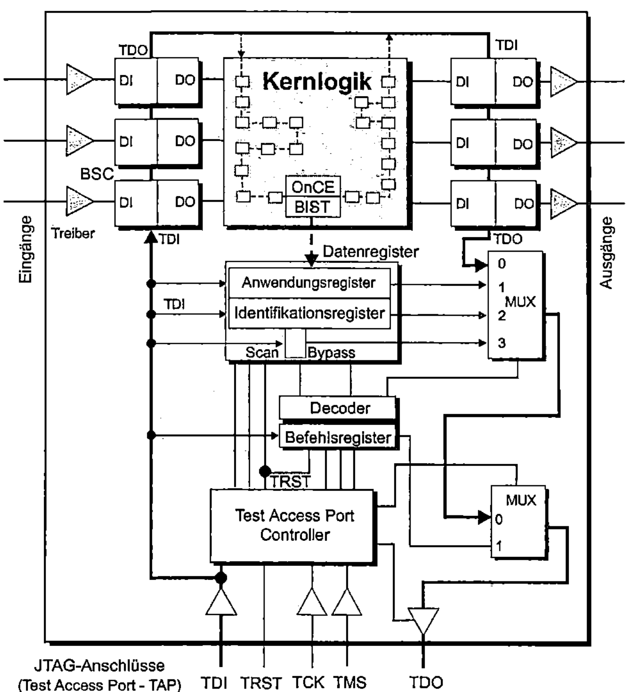

Abb. A.1: Realisierung des JTAG-Ports

In Abb. A.1 ist auch eine Erweiterung des *Boundary Scans* (gestrichelt) gezeichnet, bei welcher der Testpfad zusätzlich durch die Kernlogik geführt wird und dort alle oder einen Teil der inneren Register und Speicherzellen mit einbezieht. Bei dieser komplexeren Lösung spricht man allgemein vom *Scan-Path*-Verfahren. Neben der Fähigkeit, dadurch auch in den Prozessor „hineinschauen" zu können, bieten diese Verfahren die Möglichkeit, Register- und Speicherinhalte zu ändern, von außen Maschinenbefehle zu „injizieren", Unterbrechungspunkte (*Breakpoints*) zu setzen und den Programmverlauf (*Trace*) aufzuzeichnen. Diese Form der Systemüberwachung und -Steuerung wird als *On-Chip Emulation* (OnCE) bezeichnet[1]. In einer einfacheren Form erlauben die Scan-Path-Verfahren, in der Kernlogik implementierte Selbsttests (*Built-In Selftests* – BIST) aufzurufen, diese mit geeigneten Parametern zu versehen und die Testergebnisse zur Auswertung auszulesen.

In Abb. A.2 ist der Aufbau der genannten Flipflop-Schaltungen skizziert, die als *Boundary Scan Cells* (BSC) bezeichnet werden. Wie in der Abbildung gezeigt, sind die Dateneingänge DI der BSCs mit den Bausteineingängen bzw. den Ausgangssignalen der Kernlogik verbunden. Der Ausgang TDO (*Test Data Out*) einer Zelle ist mit dem Eingang TDI (*Test Data In*) der benachbarten Zelle verbunden.

---

[1] Im A2 werden wir die Realisierung dieses Verfahrens näher beschreiben

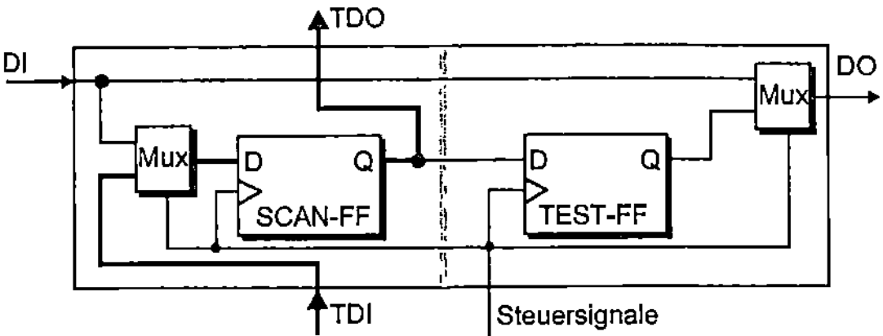

Abb. A.2: Aufbau einer *Boundary-Scan*-Zelle

Die BSC kann in die folgenden Betriebsarten versetzt werden und die folgenden Funktionen –
z.T. simultan – ausführen:

- Im **Normalbetrieb** – d.h., nicht im Testbetrieb – wird das Eingangssignal DI der Zelle auf
den Ausgang DO durchgeschaltet. Dies geschieht durch den rechts in der Abbildung gezeichneten Multiplexer. In diesem Modus wird die „normale" Funktion des Eingangs und des Ausgangs des Bausteins nicht beeinträchtigt.

- Im **Testbetrieb** wird durch den genannten Multiplexer der Zustand des Test-Flipflops auf den
Zellenausgang DO geschaltet. Dadurch kann das in den Test-Flipflops aller BS-Zellen gespeicherte Testmuster an die Baustein-internen Eingänge der Kernlogik bzw. an die Ausgangsleitungen des Bausteins gegeben werden.

- Durch die **Auffangfunktion** (*Capture*) wird – über den links in der Abbildung gezeichneten
Multiplexer – der Zustand des Eingangssignals DI im linken Flipflop der Zelle, das wir mit
Scan-Flipflop (*Scan Latch*) bezeichnet haben, gespeichert.

- Die **Scan-Funktion** schaltet durch den „linken" Multiplexer den Testdaten-Eingang TDI auf
den Eingang des Scan-Flipflops, das seinen Zustand übernimmt. Da das in allen BSCs des
JTAG-Ports geschieht, wird so durch die beschriebene serielle Verbindung der Scan-Zellen
über ihre Eingänge TDI bzw. Ausgänge TDO die oben beschriebene Schieberegister-
Funktion erreicht.

- Die **Auffrischfunktion** (*Update Mode*) übernimmt den Inhalt des Scan-Flipflops in das
nachgeschaltete Test-Flipflop und hält ihn dort für den nächsten Test bereit. Die Verwendung
eines zusätzlichen Flipflops für diesen Zweck ermöglicht es, während der Ausführung eines
Tests durch die Auffang- oder Scan-Funktion den Zustand des vorgeschalteten Scan-Flipflops
simultan zu ändern.

Bidirektionale (Ein-/Ausgangs-)Anschlüsse des Bausteins besitzen eine BS-Zelle für jede Übertragungsrichtung. Die Steuersignale für die Auswahl der beschriebenen Betriebsweisen wird
durch den JTAG-Controller (auch *TAP Controller* genannt) vorgenommen, den wir im Folgenden mit seinen wesentlichen Komponenten beschreiben werden. Der Controller kommuniziert
mit der „Außenwelt" des Bausteins über eine genormte Schnittstelle, die *Test Access Port*
(TAP) genannt wird und die folgenden (vier bzw.) fünf Anschlüsse umfasst:

- TDI (*Test Data In*)
Über diesen Anschluss werden, wie oben beschrieben, die Test-Eingabedaten in das Bounda-
ry-Scan-Schieberegister seriell eingelesen. Über diesen Eingang werden dem Controller aber
auch seine Befehle übertragen.

- TDO (*Test Data Out*)

  Über diesen Ausgang werden die aus dem Boundary-Scan-Register herausgeschobenen Testergebnisse ausgegeben.

- TCK (*Test Clock*)

  Dieses Signal liefert den Arbeitstakt des JTAG-Controllers. Aus ihm leitet der Controller insbesondere die Übernahme- und Schiebetakte der Flipflops in den Boundary-Scan-Zellen ab.

- TMS (*Test Mode Select*)

  Dieses Signal unterscheidet zwischen den beiden grundsätzlichen Betriebsarten des JTAG-Controllers: Befehl einlesen und Befehl ausführen.

- TRST (*Test Reset*)

  Über dieses Signal kann der Controller in einen definierten Anfangszustand versetzt werden. Das TRST-Signal muss nicht vorhanden sein; es ist also optional. Ist es nicht implementiert, so muss über eine besondere Schaltung nach dem Rücksetzen des Bausteins (*Power on Reset*[1]) dieser Zustand erzwungen werden.

In komplexen Systemen, die mehrere Bausteine mit JTAG-Port besitzen, werden die drei zuletzt beschriebenen TAP-Anschlüsse busförmig miteinander verbunden. Über die Signale TDI und TDO werden die Bausteine hingegen in Form einer Kette[2] verbunden – und zwar derart, dass der Ausgang TDO eines Bausteins mit dem Eingang TDI des nächsten in der Kette verbunden wird. Auf diese Weise werden die Boundary-Scan-Register aller beteiligten Bausteine zu einem einzigen langen Schieberegister miteinander verknüpft. Dies ist in Abb. A.3 dargestellt.

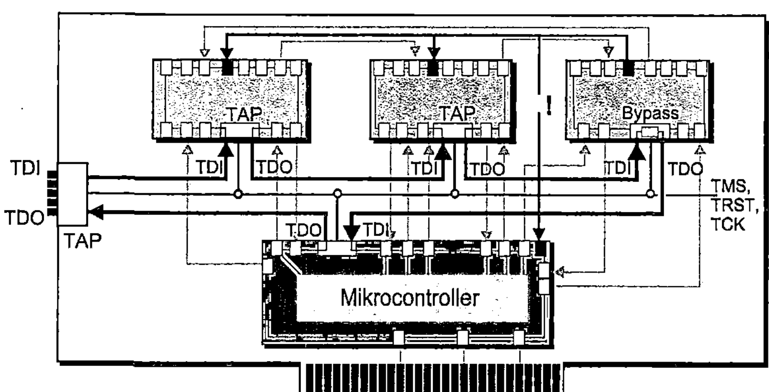

Abb. A.3: Verbindung mehrerer JTAG-Ports auf einer Platine

Über den gezeichneten *Test Access Port* (TAP) der Platine können nun wiederum mehrere Platinen auf die beschriebene Weise miteinander verbunden werden. Am Ende der so erzeugten Kette wird gewöhnlich ein externer Test-Controller angeschlossen, der für die Steuerung des gesamten Tests, die Erzeugung und Bereitstellung der Testdaten sowie die Auswertung der Testergebnisse verantwortlich ist. Im einfachen Fall handelt es sich dabei um einen Personal Computer (PC). Es existieren aber auch spezielle, in das System eingebettete Testcontroller (*Embedded Test Bus Controller*), die diese Aufgaben übernehmen.

---

[1] Vgl. Anhang A.2

[2] im Englischen *Daisy Chain* genannt, also „Gänseblümchen-Kette"

Aus Abb. A.3 wird ersichtlich, wie über den JTAG-Port ein einfacher Test zur Überprüfung der Verbindungsleitungen (*Interconnect Test*) zwischen den Bausteinen durchgeführt werden kann: Der Boundary-Scan-Pfad wird nacheinander mit (einer geeigneten Auswahl von) Testmustern gefüllt, die in den Boundary-Scan-Zellen der Ausgangsanschlüsse bestimmte Zustände einstellen. Nach jeder Testmuster-Übertragung wird der Zustand aller Eingangsanschlüsse in das Scan-Register eingelesen und vom Test-Controller ausgewertet. Er vergleicht dazu für jeden Ausgang den ausgegebenen Wert mit den Werten der Eingänge, die mit ihm durch eine Leiterbahn verbunden sind, und kann so insbesondere Kurzschlüsse und Unterbrechungen finden. (So kann er z.B. die in der Abbildung – durch ein „!" – gekennzeichnete Unterbrechung der Verbindung zwischen dem Baustein rechts oben und dem Mikrocontroller erkennen.)

Doch nun zurück zu Aufbau und Funktion des TAP-Controllers: Die vom TAP-Controller auszuführenden Befehle werden – wie gesagt – seriell über den Eingabeanschluss TDI eingelesen und in einem Befehlsregister (*Instruction Register*) abgelegt. Dieses Register umfasst wenigstens zwei Bits, kann aber vom Bausteinentwickler um weitere Bits zur Realisierung anwendungsspezifischer Befehle erweitert werden[1]. Durch die beschriebene Kopplung der JTAG-Ports verschiedener Bausteine werden auch die Befehlsregister dieser Bausteine zu einem langen Schieberegister zusammengeschaltet. Durch Laden dieses Schieberegister mit einer Kette von Befehlen können alle TAP-Controller mit einem neuen Befehl versorgt werden.

Die Befehle des TAP-Controllers wirken auf einen kleinen Satz von Datenregistern. Zum Registersatz gehört das bereits beschriebene Schieberegister, das den Boundary-Scan-Pfad realisiert und eine vom Baustein abhängige Länge hat. Weitere Datenregister sind

- das *Bypass*-**Register**, das nur eine Länge von einem Bit besitzt[2] und es erlaubt, den *Boundary Scan Path* zu umgehen, d.h., die über TDI eingeschobene Information um einen TCK-Zyklus verzögert über TDO wieder auszugeben. Dieses Register wird eingesetzt, wenn ein Baustein in einer Kette mehrerer Bausteine nicht oder nicht mehr an dem gemeinsamen Testlauf teilnehmen soll. (Dies ist in Abb. A.3 z.B. für den Baustein rechts oben angenommen worden.) Das Bypass-Register muss in jedem JTAG-Port realisiert sein.

- das **Identifikationsregister** (*Device Identification Register*), das in 32 Bits je eine Kennung für den Bausteinhersteller, den Baustein selbst sowie seine Version enthält. Ein Identifikationsregister muss nicht in jedem JTAG-Port vorhanden sein.

- **anwendungsspezifische Register**, die vom Bausteinhersteller für besondere Funktionen in unterschiedlicher Anzahl implementiert werden können. Sie können z.B. vordefinierte Bitmuster für spezielle Bausteintests enthalten oder der unten beschriebenen Entwicklungsunterstützung durch die *On-Chip Emulation* dienen.

Da das Befehlsregister und alle Datenregister ebenfalls über TDI und TDO seriell beschrieben bzw. gelesen werden, besitzen sie einen ähnlichen Aufbau wie das Boundary-Scan-Register: Sie können parallel – z.T. mit festgelegten Werten[3] – geladen (*Capture*) oder um ein Bit verschoben (*Shift*) werden. Außerdem kann ihr Inhalt in einem nachgeschalteten Register gesichert (*Update*) werden. Dadurch können z.B. bereits neue Werte in die Register – parallel oder seriell – übertragen werden, ohne die momentan gespeicherten zu zerstören.

---

[1] Darauf gehen wir weiter unten ein
[2] d.h., also ein einzelnes Flipflop darstellt
[3] wie z.B. das Identifikationsregister

Der JTAG-Standard schreibt vor, dass ein TAP-Controller immer die folgenden drei Befehle ausführen muss:

- Der Befehl **Sample/Preload** ermöglicht es, während des Normalbetriebs der BS-Zellen – also vor dem Umschalten in den Testmodus – ihre Scan-Flipflops zu laden. In den Zellen, die den Bausteineingängen zugeordnet sind, werden dabei die Eingangssignale, in denjenigen der Ausgangsanschlüsse die Ausgangssignale der Kernlogik gespeichert. Über das BS-Schieberegister können die in seinen Scan-Flipflops aufgefangenen Zustände (*Sample Mode*) ausgelesen werden. Andererseits können vor der Ausführung eines Tests aber auch Testdaten über das Schieberegister herangeführt werden, die durch eine nachfolgende Auffrisch-Operation in die Test-Flipflops der BS-Zellen übernommen werden (*Preload Mode*).[1]

- Durch den Befehl **Extest** (*External Test*) wird ein Test ermöglicht, der die äußeren Anschlüsse eines Bausteins – also gewöhnlich seine Verbindungen mit anderen Bausteinen (*Interconnect Test*) – überprüft. Der Befehl bewirkt für einen Bausteineingang das Einlesen seines Zustands in das Scan-Flipflop der angeschlossenen BSC-Schaltung (s. Abb. A.3), für einen Bausteinausgang die Ausgabe des Zustands seines Test-Flipflops auf den Ausgang. Vor der Änderung eines Eingangszustands können über das BS-Schieberegister wiederum die an den Eingängen aufgefangenen Zustände ausgelesen und neue Testdaten herangeführt werden. Diese werden durch eine nachfolgende Auffrisch-Operation in die Test-Flipflops der Ausgangsleitungen übernommen.

- Der **Bypass-Befehl** verkürzt den Scan Path durch das oben beschriebene Bypass-Register. Die Ein- und Ausgänge des Bausteins arbeiten im Normalmodus weiter. Die über TDI eingeschobene Information wird ohne Auswirkungen und Änderung über TDO wieder aus dem Baustein herausgebracht.

Die nun beschriebenen Befehle können optional realisiert und um weitere anwendungsspezifische Befehle ergänzt werden.

- Der Befehl **Intest** (*Internal Test*) ermöglicht die Ausführung eines Tests der Kernlogik. Er bewirkt, dass die Ausgänge der Test-Flipflops auf die Eingänge der Kernlogik geschaltet und nach der Testausführung ihre Ausgangssignale in die angeschlossenen Scan-Flipflops übernommen werden. Von dort können sie über das Scan-Schieberegister ausgelesen werden. Gleichzeitig werden neue Testdaten eingelesen, die in die Test-Flipflops der Eingänge übertragen werden.

- Durch den Befehl **Runbist** kann einer der oben erwähnten, in der Kernlogik implementierten Selbsttests (*Built-In Selftest* – BIST) aufgerufen werden. Der Test kann sein Ergebnis über den beschriebenen Scan Path in der Kernlogik oder in einem speziellen Datenregister des JTAG-Controllers zurückliefern.

- Mit Hilfe des Befehls **IdCode** kann der Inhalt des oben beschriebenen Identifikationsregisters ausgelesen werden. Die Baustein-Ein- und -Ausgänge arbeiten im Normalmodus.

---

[1] In einer überarbeiteten Version des IEEE-1149.1-Standards sollen die beiden Funktionen *Sample* und *Preload* durch zwei verschiedene Befehle realisiert werden

Neben den beschriebenen Einsatzmöglichkeiten kann der JTAG-Port noch in einer ganzen Reihe weiterer Formen verwendet werden. Dazu gehören z.B. das Testen von einfachen Logikbausteinen (ohne eigenen JTAG-Port) und von Speicherbausteinen sowie das Programmieren von Flash-EEPROM-Bausteinen und „programmierbaren Logikbausteinen" (*Programmable Logic Devices* – PLD). Auf diese Möglichkeiten wollen wir hier jedoch nicht eingehen. Im folgenden Abschnitt A.2 zeigen wir, wie der JTAG-Port zu einer Schaltung erweitert werden kann, die während des normalen Betriebs eines Mikroprozessors die Überwachung seines Programmablaufs erlaubt.

A.2 Fehlersuche in Maschinenprogrammen

Der eben beschriebene JTAG-Port ermöglicht es, eine Leiterplatte auf das Vorliegen von Hardware-Fehlern zu testen. Durch den Aufruf von „eingebauten Selbsttests" (*Built-In Selftests* – BIST) kann er auch zur Überprüfung der internen Bausteinfunktionen eingesetzt werden. Er ist jedoch nicht in der Lage, während der Entwicklungsphase die Software auf Programmierfehler zu untersuchen. Eine aufwändige, kostenintensive Möglichkeit zur Fehlersuche und -behebung in der Software ist der Einsatz eines Testsystems, das als *In-Circuit Emulator* (ICE) bezeichnet wird. Der Testvorgang wird häufig auch als *Debugging*[1] bezeichnet, das dafür eingesetzte System entsprechend als *Debugger*. In Abb. A.4 ist seine Verwendung skizziert.

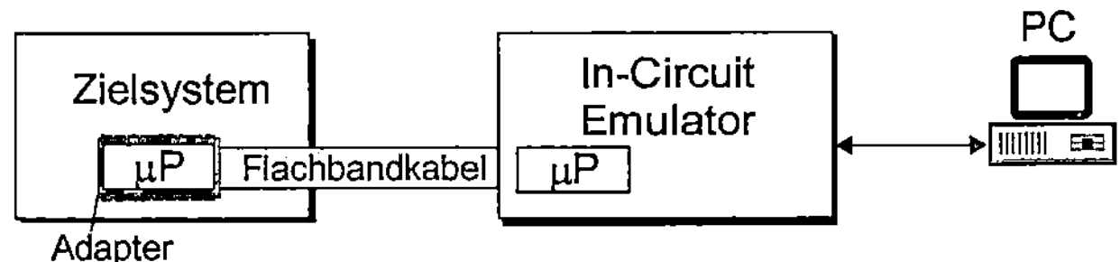

Abb. A.4: Einsatz eines *In-Circuit Emulators*

Der ICE besteht aus einem Mikrorechner-System, das (meist) denselben Prozessor enthält wie das zu testende Zielsystem (*Target System, Unit Under Test* – UUT). Es kann als eigenständiges Gerät oder aber als Einschubkarte für einen PC realisiert sein und wird oft – in Kombination mit weiteren Messgeräten – als Entwicklungssystem (*Host Development System*) bezeichnet. Der Emulator wird mit einem Flachbandkabel mit dem Zielsystem verbunden, indem ein Sockeladapter entweder auf den Prozessor des Zielsystems aufgesetzt wird oder – seltener – den aus der Schaltung entfernten Prozessor ersetzt. Im erstgenannten Fall wird der Prozessor für den Test deaktiviert, d.h., insbesondere, dass seine Ausgänge hochohmig geschaltet werden. Die Programmausführung findet im Prozessor des Emulators statt. Seine Ausgangssignale, die über das Flachbandkabel ins Zielsystem geleitet werden, können im Emulator selbst beobachtet werden. Insbesondere kann durch die Überwachung des Adress- und Datenbusses die Abfolge der ausgeführten Befehle festgestellt und auf Fehler untersucht werden. Durch das Setzen von Unterbrechungspunkten (*Breakpoints*) kann die Programmausführung vorübergehend gestoppt werden; es können dann Register- und Speicherinhalte betrachtet und u.U. geändert werden, bevor die Programmausführung an der Unterbrechungsstelle fortgesetzt wird.

Die zu Beginn des Abschnitts A.1 beschriebenen Entwicklungstendenzen der Baustein- und Leiterplattentechnik erschweren – oder verhindern sogar – in steigendem Maße den Einsatz der

---

[1] *Bug*: Wanze, Laus – also wörtlich übersetzt „Entlausung"

beschriebenen Emulatoren mit ihren teuren, komplexen Sockeladaptern. Dazu kommen weitere leistungssteigernde Fähigkeiten und Komponenten moderner Mikroprozessoren, die es kaum zulassen, die interne Abarbeitung eines Programms an den externen Prozessoranschlüssen zu beobachten. Gänzlich unmöglich ist das sogar bei denjenigen Mikrocontrollern, die überhaupt keinen externen Adress-/Datenbus zur Verfügung stellen und ihre Programme vollständig in den internen Speichermodulen abarbeiten.

Zur Umgehung der dargestellten Schwierigkeiten verfügen viele Prozessoren, insbesondere Mikrocontroller und DSPs, über eine Möglichkeit, die Abarbeitung eines Programms im Baustein selbst – bei voller Arbeitsgeschwindigkeit des Prozessors – zu beobachten und zu beeinflussen. Dieses Verfahren wird als *On-Chip Emulation* (OnCE) bezeichnet und kommt mit einem einfachen externen Testsystem, z.B. einem PC, ohne teure, komplexe Zusatzhardware aus. Abb. A.5 zeigt das Blockschaltbild eines Prozessors, der dieses Verfahren unterstützt.

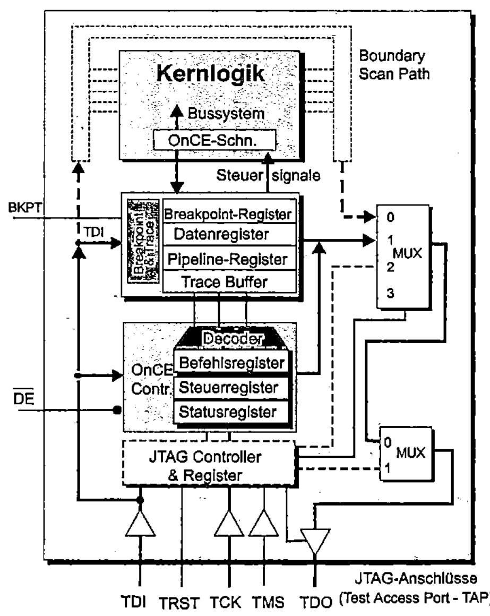

Abb. A.5: Ein Prozessor mit OnCE-Hardware

Die OnCE-Hardware benutzt zur Kommunikation mit einem externen Testsystem die Schnittstellensignale des JTAG-Ports. Durch einen Befehl des JTAG-Ports (*Enable_OnCE*) wird zwischen den beiden Testmöglichkeiten *Boundary Scan* und *On-Chip Emulation* umgeschaltet.

Wie erwähnt, soll die OnCE-Hardware die Befehlsausführung des Prozessors überprüfen und dazu die Beobachtung und Manipulation der internen Register und Speicherzellen ermöglichen. Bei Mikrocontrollern soll sie zusätzlich auch die Register der integrierten Komponenten (*On-Chip Peripherals*) zugänglich machen. Dazu ist sie über eine Schnittstelle der Kernlogik mit dem internen Bussystem[1] des Prozessors bzw. Controllers verbunden. Über diese Schnittstelle ist die OnCE-Hardware in der Lage – bei angehaltenem Prozessor und unterbrochener Programmausführung –

---

[1] bei DSPs mit allen internen Bussystemen

- einen Maschinenbefehl in das Steuerwerk des Prozessors einzuspeisen und ausführen zu lassen;

- den Inhalt der Prozessorregister (und der Register der Peripheriebausteine) zu lesen oder zu verändern;

- den Inhalt der internen oder externen Speicherbereiche zu lesen oder zu verändern.

Dabei werden die genannten Speicher- und Register-Zugriffe durch die erstgenannte Funktion ausgeführt. Die Hardware besteht aus zwei Modulen:

- Der OnCE-Controller übernimmt die Steuerung der Hardware. Er verfügt dazu über ein Befehlsregister, ein Steuerregister und ein Statusregister (Zustandsregister). Diese Register werden über den seriellen Datenpfad „TDI→TDO" des JTAG-Ports beschrieben bzw. ausgelesen. Die Debug-Befehle des Controllers sind 8 Bits lang. Sie bewirken, dass eines der Register der OnCE-Hardware über den JTAG-Port gelesen bzw. beschrieben (*Read/Write with Register Select*), ein eingespeister Befehl durch den Prozessor ausgeführt (*Go*) oder der Prozessor in den Normalmodus (*Exit Debug Mode*) versetzt wird.

- Die zweite Komponente, die in der Abbildung mit *Breakpoint & Trace* bezeichnet ist, dient der eigentlichen Beobachtung der Prozessorarbeit. Sie benutzt dazu spezielle Hardware-Komponenten und Registerblöcke. Ihre Register können ebenfalls seriell über den JTAG-Port beschrieben bzw. gelesen werden.

  - Die *Breakpoint*-Logik erlaubt es, in einem Programmablauf sog. Unterbrechungspunkte (*Breakpoints*) zu setzen. Dabei handelt es sich um Adressen von Speicherzellen, auf die vom Prozessor zugegriffen werden kann. Sie werden in den *Breakpoint*-Registern eingetragen. Zusätzlich können noch weitere Bussteuersignale zur genaueren Bestimmung (Qualifizierung) herangezogen werden, also z.B. ob es sich um einen Lese-, Schreib-, Daten- oder Befehlszugriff handelt. Da bei einem Mikrocontroller typischerweise auch die Register seiner Peripheriekomponenten im (Speicher-)Adressraum[1] untergebracht sind, können sie auch mit einem Unterbrechungspunkt belegt werden.

  Durch Komparatoren wird (während des normalen Prozessorbetriebs) laufend jede auf dem internen Prozessorbus ausgegebene Adresse simultan mit den Inhalten der Breakpoint-Register verglichen, wobei dies wahlweise auf gleich, ungleich, größer oder kleiner ausgeführt werden kann. Die Vergleichsergebnisse selbst können wiederum logisch oder zeitlich miteinander verknüpft werden: So kann einerseits getestet werden, ob alle Vergleichsergebnisse oder wenigstens eines[2] positiv waren. Andererseits kann festgestellt werden, ob die Vergleichsanforderungen in einer bestimmten zeitlichen Reihenfolge erfüllt wurden. Sobald die geforderte Bedingung erfüllt ist, wird der Prozessor angehalten und in den Testmodus (*Debug Mode*) gesetzt.

  Zu den Breakpoint-Registern kann zusätzlich ein Zähler (*OnCE Memory Breakpoint Counter – OMBC*) gehören, dessen Wert bestimmt, wie häufig ein Unterbrechungspunkt im Programm angesprochen werden muss, bevor ein Übergang in den Testmodus stattfindet. Dadurch kann z.B. erreicht werden, dass ein Breakpoint in einer Schleife erst dann berücksichtigt wird, wenn die letzten Schleifendurchläufe ausgeführt werden.

  Alternativ zum hardwaremäßig erzwungenen Wechsel in den Testmodus kann nach dem

---

[1] So genannte speicherbezogene Adressierung (*Memory-mapped Addressing*), vgl. Unterabschnitt 8.2.4
[2] Dies entspricht einer Und- bzw. einer Oder-Verknüpfung

Ansprechen eines Unterbrechungspunkts auch eine Hardware-Unterbrechungsanforderung (*Interrupt Request*) an den Prozessor gestellt werden. In der zugeordneten Behandlungsroutine können dann die gewünschten Testausgaben und Testeingaben getätigt werden.

- Verbunden mit der eben beschriebenen Breakpoint-Logik ist die sog. *Trace*-**Logik**, die es erlaubt, ein Programm im Einzelschritt-Modus (*Trace Mode, Single Step Mode*) auszuführen. Nach jeder Befehlsausführung wird der Prozessor in den Testmodus versetzt, in dem – wie oben beschrieben – alle Register und Speicherzellen gelesen und verändert werden können. In diesem Modus wartet er auf neue Befehle vom OnCE-Controller. Auf diese Weise kann der Benutzer die Auswirkung jedes einzelnen Befehls überwachen. Um zu vermeiden, dass dabei Schleifen und Unterprogramme immer wieder – Schritt für Schritt – durchlaufen werden müssen, verfügt die *Trace*-Logik über die Möglichkeit, mehrere Maschinenbefehle „blockweise" im Normalmodus abarbeiten zu lassen, bevor wieder in den Testmodus verzweigt wird. Dazu benutzt sie einen Abwärtszähler (*Event Counter, OnCE Trace Counter* – OTC), in dem die Anzahl dieser Befehle festgelegt werden kann[1]. Zur Abarbeitung des Befehlsblocks muss der Programmzähler zunächst durch den OnCE-Controller auf die erste Befehlsadresse gesetzt werden. Danach wird in seinem Steuerregister der Trace-Modus aktiviert und der Prozessor in den Normalmodus versetzt. Der Nulldurchgang des Zählers bewirkt den erneuten Übergang in den Testmodus. Über das (bidirektionale) DE-Signal (*Debug Enable*) wird das Testsystem über diesen Moduswechsel informiert und zur Eingabe eines neuen Befehls aufgefordert.

- In eines der **Datenregister** muss das Testsystem jeden Maschinenbefehl eintragen, der durch den Prozessor ausgeführt werden soll. Wird vom Prozessor ein eingespeister Befehl zum Lesen einer Speicherzelle oder eines Registers ausgeführt, so wird der erhaltene Wert in einem weiteren Datenregister abgelegt, das danach vom Testsystem gelesen werden kann. Dieses Register ist aber ebenfalls im Adressraum des Prozessors eingeblendet und kann so auch in einem Maschinenprogramm angesprochen werden.

- Im Abschnitt 5.2 wird beschrieben, dass moderne Mikroprozessoren die Programmbefehle typischerweise in einer mehrstufigen Pipeline bearbeiten, die wenigstens aus den Phasen Holen, Decodieren, Ausführen besteht. Wird nun nach dem Erreichen eines Unterbrechungspunkts der Prozessor in den Haltezustand versetzt, so werden die Adressen der Befehle, die sich in den verschiedenen Pipelinestufen befinden, in den **Pipeline-Registern** gespeichert. In einem weiteren Register wird der Befehl selbst abgelegt, der sich augenblicklich im Befehlsregister des Prozessors befindet. Die vom OnCE-Controller eingespeisten Maschinenbefehle können nun die Pipeline durchlaufen und dabei deren Stufenregister überschreiben. Erst beim Verlassen des Testmodus werden die Register der Pipelinestufen (automatisch) aus den Pipeline-Registern des OnCE-Controllers restauriert und die Programmbearbeitung an der Unterbrechungsstelle fortgesetzt. Falls benötigt, können die Pipeline-Register aber auch vom Testsystem über den JTAG-Port ausgelesen[2] werden.

---

[1] Bei einer Zählerlänge von z.B. 24 bit sind das maximal 16 M Befehle
[2] Veränderungen sind auf diesem Weg nicht möglich

- Der *Trace Buffer* besteht aus einer Reihe von (z.B. 12) Registern, die als Warteschlange mit FIFO-Organisation verwaltet werden. In diesem Puffer werden jeweils die Adressen der letzten Maschinenbefehle gespeichert, die zu einer Programmflussänderung geführt haben oder führen konnten.[1] Zusätzlich speichert der Puffer die Adresse des zuletzt ausgeführten Befehls – unabhängig von seinem Typ. Der Pufferinhalt kann vom Testsystem über den JTAG-Port ausgelesen und zur Darstellung und Überprüfung des Programmablaufs ausgewertet werden.

Wie oben bereits gesagt, wird durch den Befehl *Enable_OnCE* des JTAG-Controllers entweder die *Boundary-Scan*-Hardware oder die OnCE-Hardware aktiviert. Es existieren die folgenden Möglichkeiten, den Prozessor in den Debug-Modus zu versetzen:

- Gewöhnlich wird der Prozessor in den Testmodus gebracht, wenn er auf einen der Unterbrechungspunkte trifft, die in den beschriebenen Registern der OnCE-Hardware festgelegt wurden.

- Darüber hinaus verfügt der Prozessor über ein Eingangssignal DE (*Debugging Enable*, s. Abb. A.5, auch: BKPT – *Breakpoint* – genannt), über das der Moduswechsel veranlasst werden kann. Dieses Signal kann von dem am JTAG-Port angeschlossenen Testsystem selbst aktiviert werden, wenn es auf dem beobachteten externen Systembus des Prozessors einen der definierten Unterbrechungspunkte feststellt.

- Andererseits kann aber auch vom Testsystem durch den Befehl *Debug_Request* des JTAG-Controllers eine Anforderung zum Moduswechsel an den Prozessorkern gestellt werden.

- Eine weitere Möglichkeit, in den Debug-Modus zu wechseln, besteht darin, aus dem laufenden Anwendungssprogramm heraus den Maschinenbefehl *Debug* (auch: BKPT – *Breakpoint*) ausführen zu lassen oder im Steuerregister des Prozessors ein spezielles Bit ETM (*Enter Test Mode*) zu setzen.

In der folgenden Abb. A.6 ist skizzenhaft dargestellt, wie nach dem Auftreten eines der genannten Debug-Ereignisse die laufende Programmausführung unterbrochen wird, eine Folge von Befehlen im Debug-Modus bearbeitet und danach die Programmausführung an der Unterbrechungsstelle fortgesetzt wird.

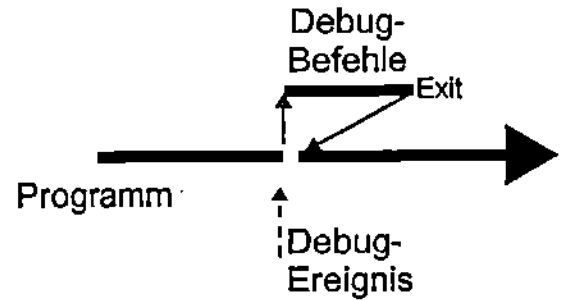

Abb. A.6: Ausführung eines OnCE-Tests

Dieser Ablauf erinnert stark an die Ausführung einer Interrupt-Behandlungsroutine (vgl. Abschnitt 5.3) bzw. eines Unterprogramms durch den Mikroprozessor. Der wesentliche Unterschied besteht aber darin, dass die „Debug"-Befehle nicht vom Prozessor allein, sondern unter der Kontrolle des OnCE-Controllers ausgeführt werden.

Zum Abschluss dieses Abschnittes wollen wir die wesentlichen Vorteile der *On-Chip Emulation* gegenüber dem Einsatz eines *In-Circuit Emulators* nach Abb. A.4 zusammenfassen:

---

[1] Dazu gehören alle Sprung- und Verzweigungsbefehle sowie Unterprogrammaufrufe und -rücksprünge

- Der Prozessor bleibt im Zielsystem.

- Das externe Testsystem wird auf eine einfache Hardwareschnittstelle, geeignete Testprogramme sowie ggf. ein Messgerät zur Definition und Überwachung von *Breakpoints* reduziert.

- Die Beobachtbarkeit erstreckt sich auch auf das Innere des Prozessors bzw. des Prozessorkerns. Die Überwachung geschieht mit voller interner Taktgeschwindigkeit, nicht mit der häufig verminderten externen Busfrequenz.

- Es wird ein einfaches, kostengünstiges 5- bzw. 6-poliges Verbindungskabel mit entsprechenden Steckern eingesetzt.

- Es bestehen keine elektrischen Anpassungsschwierigkeiten. Auf aufwändige, schwer zu installierende Testadapter kann verzichtet werden.

A.3   Takterzeugung

Zu Beginn dieses Abschnitts sei zunächst darauf hingewiesen, dass die folgenden Beschreibungen sehr oberflächlich gehalten werden, um nicht zu hohe Anforderungen an die elektronisch/ elektrotechnischen Vorkenntnisse des Lesers zu stellen.

Wie bereits betont, sind Mikrorechner synchrone Schaltwerke, bei denen alle Änderungen des internen Zustands durch die Flanken eines regelmäßigen Taktsignals hervorgerufen werden, das insbesondere für die zeitlich korrekte Ansteuerung der Flipflops und Register benutzt wird. Beim Einsatz einfacher Mikrocontroller, die mit einer Taktfrequenz von wenigen MHz betrieben werden, wird auf die „Güte", d.h., die zeitliche Stabilität des Taktes, oft wenig Wert gelegt. Hier reicht als Schaltung für die Erzeugung des Taktes, des sog. Taktgenerators, eine Anordnung, wie sie in Abb. A.7 dargestellt ist.

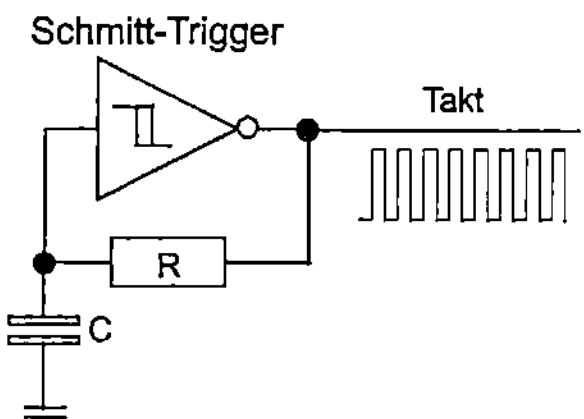

Abb. A.7: Einfacher Taktgenerator

Dieser besteht aus einem logischen Inverter, bei dem der Eingangs-Schwellwert für das Umschalten des Ausgangs in den Low-Pegel höher ist, als derjenige für das Schalten in den High-Pegel. Dieses Schaltverhalten wird als Hysterese bezeichnet, und Bausteine mit diesem Schaltverhalten werden Schmitt-Trigger genannt. Die Rückkopplung des Schmitt-Trigger-Ausgangs auf den Eingang durch den (entsprechend dimensionierten) Widerstands R hält die Eingangsspannung stets im Bereich der erwähnten Schalt-Eingangspegel. Der sich dadurch auf- bzw. entladende Kondensator C sorgt dafür, dass beide Schaltpegel zyklisch durchschritten werden und somit am Ausgang das gewünschte Taktsignal erzeugt wird. Seine Frequenz ist hauptsächlich vom Produkt $\tau = R \cdot C$ abhängig. Man spricht von einem Schwingkreis oder Oszillator.

Für Anwendungen mit einer höheren Anforderung an das Taktsignal muss zur Stabilisierung eine Schaltung eingesetzt werden, bei der die Taktfrequenz durch einen extern anzuschließenden Quarz „stabilisiert" wird. Ein Beispiel dafür ist in Abb. A.8 skizziert.

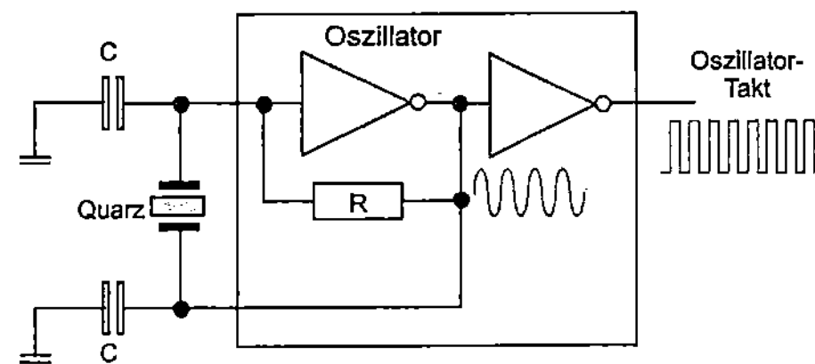

Abb. A.8: Quarz-stabilisierter Taktgenerator

Als Oszillator wird hier ein invertierender Verstärker eingesetzt, dessen Ausgang auf den Eingang durch einen Widerstand R „zurückgekoppelt" wird. Der Quarz mit den beiden externen Kondensatoren C wirkt dabei als sog. Bandpass, der nur einen sehr engen Frequenzbereich des Ausgangssignals zum Eingang durchlässt. Abweichungen von dieser sog. Resonanzfrequenz werden also herausgefiltert. Am Ausgang des Verstärkers entsteht dadurch ein analoges Signal mit guter Frequenz-Stabilität. Durch den nachgeschalteten zweiten Verstärker wird aus diesem analogen Signal dann das digitale Taktsignal erzeugt.

Moderne Mikrocontroller werden mit internen Taktsignalen mit Frequenzen von vielen MHz betrieben. Quarze für diese Frequenzen sind zu teuer oder sogar nicht herstellbar. Daher wird eine Schaltung eingesetzt, die den Einsatz eines Oszillators mit einem kostengünstigen Quarz mit niedriger Resonanzfrequenz ermöglicht und aus seinem stabilisierten Taktsignal einen Systemtakt mit einer um ein Vielfaches höheren Frequenz erzeugt. Eine Schaltung, die das leistet, wird in Abb. A.9 dargestellt. Sie wird als **PLL-Schaltung** (*Phase Locked Loop*) bezeichnet.

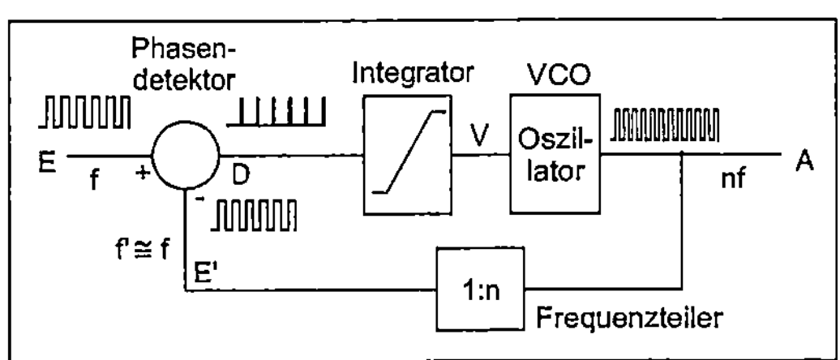

Abb. A.9: PLL-Schaltung

Die englische Bezeichnung *Loop* (Schleife) weist darauf hin, dass es sich um einen geschlossenen Regelkreis handelt. Eine deutsche Bezeichnung lautet daher auch Phasenregelkreis. Das Eingangssignal wird durch den sog. Phasendetektor mit dem zurückgekoppelten Ausgangssignal der Schaltung verglichen. Das so ermittelte Differenzsignal wird in einer Integrierschaltung (Integrator) zu einer Steuerspannung V „aufaddiert" und einem Schwingkreis (Oszillator) zugeführt. Die Frequenz der von ihm erzeugten digitalen Ausgangsschwingung A hängt linear von der Steuerspannung V ab, d.h., es liegt ein durch eine Spannung steuerbarer Oszillator (*Voltage Controlled Oscillator* – VCO) vor. Durch Wahl der Parameter des VCO kann die Frequenz des Ausgangssignals A so eingestellt werden, dass sie das gewünschte Vielfache (nf) der Frequenz des Eingangssignals (f) ist. Das Ausgangssignal A wird als Systemtakt dem Steuerwerk des Mikrocontrollers zugeführt. Gleichzeitig wird es jedoch durch einen 1:n-Frequenzteiler auf die Frequenz f des Eingangssignals „heruntergeteilt" und liefert so das oben beschriebene Vergleichssignal für den Phasendetektor. Wie der Name schon sagt, stellt der Phasendetektor lediglich Abweichungen in den Phasen der beiden verglichenen Signale fest. In höherwertigen Schaltungen wird daher häufig ein sog. Phasen-Frequenz-Detektor (*Phase Frequency Detector*) eingesetzt, der sowohl Abweichungen der Phase sowie der Frequenz feststellt und schneller auf beliebige Abweichungen reagiert.

Nach dem Einschalten des Mikrorechners benötigt die PLL-Schaltung einige Tausend Takte des Oszillators, bevor sie auf die Eingangsfrequenz „einrastet" und den gewünschten höherfrequenten Systemtakt liefert. Während dieser Zeit wird der Prozessor gewöhnlich angehalten.

A.4 Erzeugung eines RESET-Signals

In Abb. A.10 ist eine kombinierte Schaltung dargestellt, die sowohl ein automatisches Rücksetzen des Prozessors nach dem Einschalten der Betriebsspannung (*Power on Reset* – POR) als auch ein manuelles Rücksetzen über einen Taster ermöglicht.

Zur Funktion: Nach dem Einschalten der Spannungsversorgung (im Zeitpunkt t=0) steigt die Betriebsspannung +U_B sehr rasch auf ihren Endwert (z.B. +5 V, s. Abb. A.4b). Die dabei auftretende Verzögerung ist hauptsächlich dadurch bedingt, dass zunächst alle Kapazitäten des Systems aufgeladen werden müssen. Dazu gehören insbesondere die Kondensatoren mit unterschiedlichsten Aufgaben, aber auch die Störkapazitäten der Leiterbahnen, der Gattereingänge und der Transistoren. Nachdem die Betriebsspannung ihren Endwert erreicht hat, beginnt der Oszillator mit der Ausgabe des Systemtaktes. Mit der durch die Widerstands-Kondensator-Kombination vorgegebenen Zeitkonstanten τ =R · C, im Beispiel τ = 200 ms, wird der Kondensator C allmählich (exponentiell) aufgeladen.

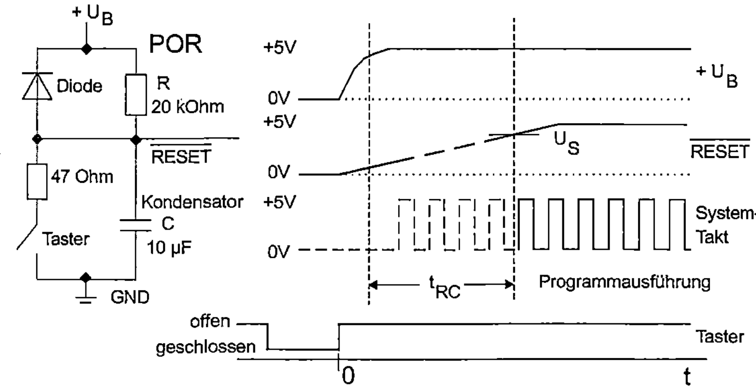

Abb. A.10: Schaltung zum Rücksetzen des Prozessors[1]

Diese Zeitkonstante τ muss bei einigen µC-Typen so groß gewählt werden, dass die eben beschriebene Initialisierungsroutine im Prozessor vollständig ausgeführt werden kann. Vom Her-

---

[1] 1 µF (Mikrofarad) = 10^{-6} Farad, 1 Farad = 1 As/V (Ampere·Sekunde/Volt)

steller wird die benötigte Zeit t_{RC} durch eine Mindestanzahl von Taktzyklen angegeben. Erst wenn die Kondensatorspannung (am Ausgang RESET) einen bestimmten Schwellwert U_S überschreitet, wird mit der nächsten Schwingung des Systemtakts (bzw. eine fest vorgegebene Anzahl von Schwingungen später) der Programmzähler (s. Abb. 5.1) mit der Adresse des ersten auszuführenden Maschinenbefehls geladen und dadurch die Programmausführung gestartet. (Bei anderen Prozessortypen wird die Initialisierung erst nach dem Erreichen des Schwellwertes U_S und vor der Ausführung des ersten Maschinenbefehls durchgeführt.)

Wird während des laufenden Betriebs der Rücksetz-Taster betätigt, also geschlossen, so kann sich über ihn der Kondensator C gegen Masse entladen. Der Reihenwiderstand (47 Ω) sorgt dabei für eine Begrenzung des Entladestroms. Nach Lösen des Tasters können nun wiederum – wie oben beschrieben – die Initialisierungsroutine ablaufen und der Kondensator C sich über den Widerstand R erneut aufladen.

Der Vollständigkeit halber sei angemerkt, dass die Diode als Stromventil wirkt, das einen Strom nur dann zum U_B-Anschluss fließen lässt, wenn dort ein niedrigeres Potenzial liegt als am RESET-Anschluss. Sie sorgt dafür, dass nach dem Abschalten der Betriebsspannung (U_B=0 V) der Kondensator schnell entladen wird und damit der Eingang RESET des Prozessors nicht auf hohem Potenzial liegen bleibt.

A.5 Zur Beschreibung von Signalen und Steuerbits

Nach ihrer Funktion kann man bei den Steuersignalen zwischen Aktivierungssignalen und Auswahlsignalen unterscheiden.

- Die **Aktivierungssignale** besitzen einen aktiven und einen passiven Zustand. Der aktive Zustand kennzeichnet häufig das Vorliegen einer bestimmten Situation oder spricht eine bestimmte Komponente des Systems an. Durch eine Überstreichung des Signalnamens wird üblicherweise angezeigt, dass der niedrige Spannungspegel, der L(ow)-Pegel, dem aktiven Signalzustand entspricht. So zeigt z.B. der Signalname $\overline{RESET}$ an, dass das System durch einen L-Pegel in den Grundzustand zurückgesetzt wird. Anstelle der Überstreichung werden häufig auch die Schreibweisen: RESET#, RESET/ oder –RESET benutzt. Überwiegend wird der L-Pegel zur Realisierung des aktiven Zustands benutzt, da in vielen Bausteintechnologien das Umschalten in den L-Zustand schneller als in den H-Zustand vor sich geht.

- Die **Auswahlsignale** selektieren genau einen von zwei möglichen Zuständen. Sie werden üblicherweise in der Schreibweise $A1/\overline{A2}$ angegeben, wobei die Überstreichung wiederum angibt, dass die Alternative A2 durch einen L-Pegel des Signals bestimmt wird. So zeigt z.B. die Signalbezeichnung $R/\overline{W}$ (*Read/Write*) an, dass durch einen H(igh)-Pegel ein Lesezugriff, durch einen L-Pegel ein Schreibzugriff ausgelöst wird. Die Festlegung, welcher Pegel eines Signals eine bestimmte Alternative auswählt, wird vom Bausteinhersteller mehr oder weniger willkürlich getroffen. Auswahlsignale mit gleicher Funktion haben daher häufig bei Bausteinen verschiedener Hersteller verschiedene Pegelzuordnungen.

Zur Vereinfachung der Schreibweise werden wir bei Signalen, die im L-Pegel aktiv sind, im Text das Zeichen „#" benutzen. Überstreichung eines Signalnamens werden wir nur in den Bildern verwenden. Immer dann, wenn es zu keinen Missverständnissen kommen kann, werden wir jegliche Kennzeichnung weglassen. So sprechen wir z.B. vom RESET-Signal und lassen dabei offen, welcher Pegel zum Rücksetzen des Prozessors führt. Analog sprechen wir auch vom Signal R/W und verzichten auf die Markierung der zweiten Alternative. Die gleiche Konvention werden wir im Rahmen des Buches auch bei der Beschreibung von Steuer- und Statusbits einhalten.

A.6 Open-Collector- und Open-Drain-Eigenschaft

In diesem Abschnitt soll auf eine besondere Eigenschaft von Signalen des Steuerwerks eingegangen werden, die von verschiedenen Komponenten des Mikrorechners aktiviert werden können. Als Beispiel soll das im Unterabschnitt 5.2.2 beschriebene HOLD-Signal herangezogen werden, das typischerweise im L-Pegel aktiv ist – also korrekterweise mit HOLD# bezeichnet wird. In der Regel gibt es in einem komplexen Mikrorechner-System mehr als eine Komponente, die vom μP den Zugriff zum Systembus verlangen kann. Nun ist es nicht ohne weiteres möglich, die HOLD-Ausgänge aller dieser Komponenten einfach zu verbinden und zusammen auf den HOLD-Eingang des Prozessors zu legen, da dadurch ein elektrischer Kurzschluss entstehen könnte. Diese direkte Verbindung ist nur bei Gattern möglich, die sog. *Open-Collector*-Ausgänge bzw. *Open-Drain*-Ausgänge besitzen. In Abb. A.11 ist das Prinzip skizziert, nach dem mehrere *Open-Collector/Drain*-Ausgänge mit einem Eingang verbunden werden können.

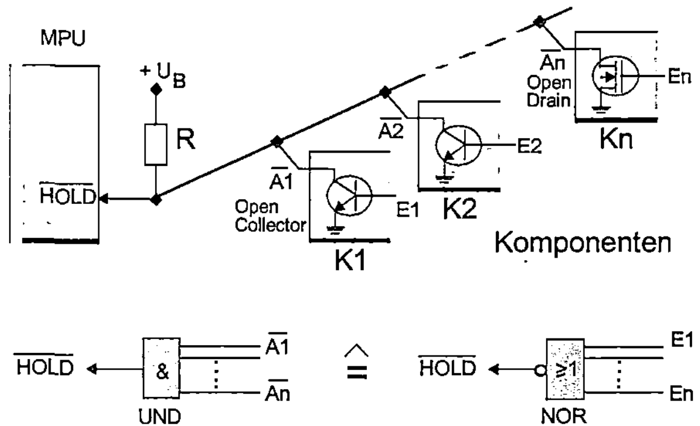

Abb. A.11: Anschluss mehrerer Komponenten am *HOLD*-Eingang des Prozessors

Das kreisförmige Symbol in den Komponenten K_1 und K_2 stellt einen bipolaren Transistor, in der Komponente K_n einen MOS-Transistor (*Metal-Oxid Semiconductor*) dar. Ihre Funktion können wir hier nicht genauer beschreiben. Es reicht für die folgende Beschreibung zu wissen, dass diese Transistoren „leiten", wenn am zugehörigen Eingang E_i ein H-Pegel liegt. In diesem Fall wird der Komponentenausgang A_i gegen Masse kurzgeschlossen.

Liegt hingegen an E_i ein L-Pegel, so „sperrt" der Transistor, der Ausgang ist dann hochohmig gegen Masse. Alle Ausgänge A_i sind über einen gemeinsamen Widerstand R mit der positiven Betriebsspannung $+U_B$ verbunden. Dieser sorgt hauptsächlich dafür, dass der HOLD-Eingang auf H-Potenzial liegt, wenn alle Ausgänge A_i hochohmig gegen Masse geschaltet sind. Um den HOLD-Eingang des Prozessors auf L-Potenzial herunterzuziehen und dadurch den Systembus anzufordern, reicht es nun stets, dass wenigstens ein Ausgang A_i auf Masse heruntergezogen wird oder – gleichbedeutend damit – dass wenigstens ein Steuereingang E_i auf H-Pegel liegt.

Wie in der Abbildung angedeutet, stellt daher die direkte Verbindung der *Open-Collector*-Ausgänge eine logische UND-Verknüpfung der negierten Signale A_i bzw. eine NOR-Verknüpfung der Signale E_i dar. In der Regel sind alle Ausgänge von Systembausteinen, die zur Ansteuerung gemeinsam benutzter Prozessoreingänge dienen, als *Open-Collector*- bzw. *Open-Drain*-Ausgänge realisiert.

A.7   Grundlagen der Mikroprogramm-Steuerwerke

Wir betrachten hier einen einfachen Standardprozessor, dessen Steuerung als Mikroprogramm-Steuerwerke (MPStW) ausgelegt ist. In Abb. A.12 ist dieses MPStW skizziert. In einem Festwertspeicher des Steuerwerks (Mikroprogramm-Speicher, *Control Memory/ Store*) liegt für jeden Makrobefehl (Maschinenbefehl) ein Mikroprogramm vor, d.h., der Prozessor ist mikroprogrammiert (vgl. Abschnitt 1.1). Der Operationscode (OpCode) des Makrobefehls, der im Befehlsregister gespeichert ist, wird vom Befehlsdecod(ier)er interpretiert („entschlüsselt"). Als Ergebnis liefert der Decoder dem Mikroprogramm-Steuerwerk die Anfangsadresse eines Mikroprogramms zur Ausführung des anstehenden Befehls. Außerdem stellt der Decoder fest, wie viele Operanden der Befehl benötigt, wo sie zu finden sind und welche Register dazu benötigt werden.

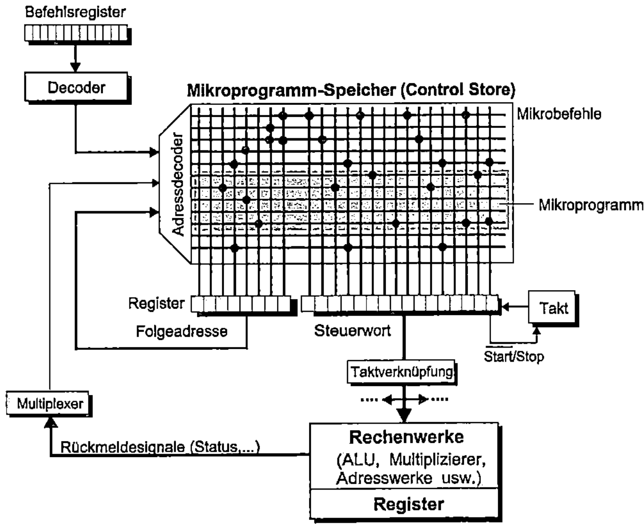

Abb. A.12: Aufbau eines einfachen Mikroprogramm-Steuerwerks

Ein Mikroprogramm besteht aus einer Folge von **Mikrobefehlen** (*Micro Instructions*). Die Abfolge dieser Befehle wird durch einen Takt gesteuert, der (z.B.) durch das letzte Bit der Mikrobefehle beeinflusst, d.h., gestartet und gestoppt, wird. Den einzelnen Bits eines Mikrobefehls entsprechen **Mikrooperationen,** durch welche die Auswahl- und Freigabesignale (*Select, Enable*) für die benötigten Komponenten bestimmt und die Datenwege im Prozessor und zu den externen Komponenten geschaltet werden. Das Steuerwort im Mikrobefehl ist in einzelne Felder unterteilt, deren Bits jeweils bestimmte Komponenten des Prozessors und ihre Register steuern, wie z.B. das Rechenwerk mit seinem Statusregister StR (s. Abb. A.13 und auch Abb. 5.1).

Durch Verknüpfung der Signale mit dem Prozessortakt werden spezifische Steuertakte erzeugt, deren Flanken die Schaltzeitpunkte festlegen. Dadurch wird für die erforderliche zeitliche Abfolge der Komponentensteuerung gesorgt. Die Komponenten ihrerseits liefern Rückmeldesignale, aus denen über einen Multiplexer vom Steuerwort ein Signal ausgewählt und als Teiladresse an den Speicher gelegt werden kann. Auf diese Weise können, abhängig von einem bestimmten Zustand, Verzweigungen im Mikroprogramm durchgeführt werden. Schließlich meldet das Mikroprogramm-Steuerwerk dem Decoder das Ende der Befehlsausführung und fordert dadurch den nächsten Befehl an. Gleichzeitig wird der Takt des MPStWs angehalten.

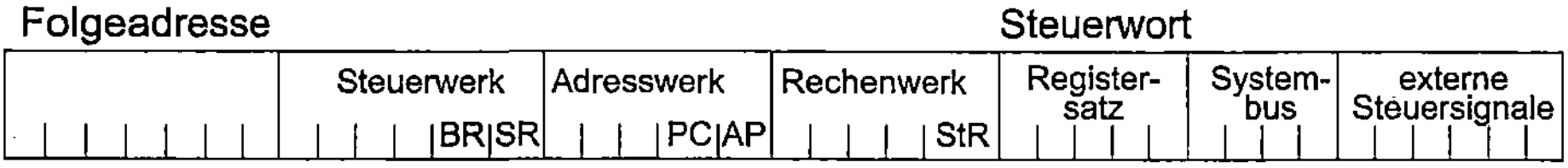

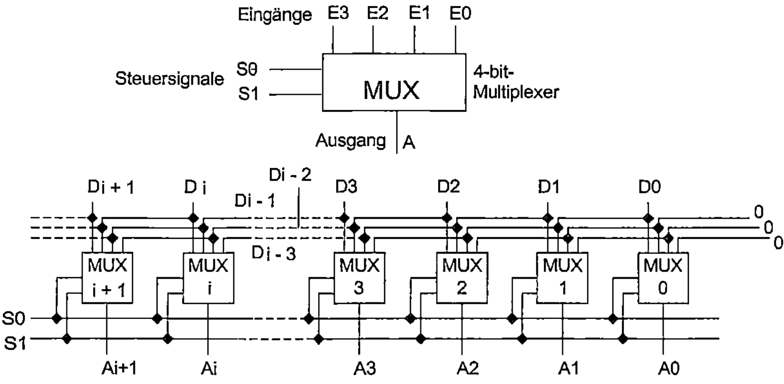

Abb. A.13: Prinzipieller Aufbau eines Mikrobefehls

Das letzte Feld des in Abb. A.13 dargestellten Mikrobefehls erzeugt die externen Signale, die an den Anschlüssen des Prozessors zur Steuerung der Peripheriebausteine abgegriffen werden müssen. Andere Signale werden von diesen Bausteinen zum Steuerwerk des Prozessors geführt und dort ausgewertet. Dazu gehören typischerweise die im Unterabschnitt 5.2.2 beschriebenen Signalgruppen.

A.8 Realisierung eines Barrel Shifters

Im Abschnitt 5.4 hatten wir bereits eine Komponente des Adresswerks beschrieben, welche die **Skalierung** eines Eingabewerts zur Aufgabe hat. Zur Erinnerung: Die Skalierung erlaubt es, einen Operanden wahlweise mit den Werten 1, 2, 4 oder 8 zu multiplizieren. Bekanntlich bedeutet eine Multiplikation einer positiven ganzen Zahl mit dem Faktor 2 gerade eine Verschiebung um eine Bitposition nach links – also zu höheren Bitwertigkeiten hin – und das Auffüllen der untersten Bitstelle mit einer 0. Daher kann man die Skalierungskomponente durch einen einfachen *Barrel Shifter* als Schaltnetz realisieren, das alle Bits wahlweise um 0, 1, 2 oder 3 Stellen nach links verschiebt. In Abb. A.14 ist eine mögliche Realisierung dieses Barrel Shifters dargestellt.

Abb. A.14: Realisierung eines *Barrel Shifters*

Der Grundbaustein ist ein 4-Bit-Multiplexer. Sein Schaltsymbol ist im oberen Teil des Bildes angegeben. Die beiden Steuerleitungen S_0 und S_1 der Multiplexer werden für alle Bitpositionen miteinander verbunden.

Ist $D = D_{n-1},...,D_0$ die Eingabeinformation der Skalierungskomponente, so ist die Ausgabeinformation 3 Bits länger, d.h., man kann sie als $A = A_{n+2},A_{n+1},A_n,A_{n-1},...A_0$ schreiben.

Jeder Dateneingang D_i ist beim Multiplexer Nr. i mit dem Eingang E_3, bei seinem unmittelbar linken Nachbarn mit dem Eingang E_2, beim übernächsten Nachbar mit E_1 und beim dritten Nachbarn zur Linken mit E_0 verbunden. Die bei dieser Belegung frei bleibenden unteren Eingänge der ersten drei Multiplexer bzw. oberen Eingänge der letzten drei Multiplexer werden mit 0 belegt. (Natürlich kann man diese Multiplexer auch durch spezielle Multiplexer mit 1 bis 3 Eingängen ersetzen.)

Für die Ausgänge A_i ergeben sich in Abhängigkeit von S_0 und S_1 die in der folgenden Tabelle A.1 dargestellten Funktionen und Ausgabewerte.

Tabelle A.1: Funktionen und Ausgabewerte des *Barrel Shifters*

S_1	S_0	A_i	Funktion
0	0	D_{i-3}	$A = 8 \cdot D$
0	1	D_{i-2}	$A = 4 \cdot D$
1	0	D_{i-1}	$A = 2 \cdot D$
1	1	D_i	$A = 1 \cdot D$

A.9 Der ASCII-Code

Tabelle A.2: Der ASCII-Code (LZ: Leerzeichen – *blank*)

2. Tetrade

	0	1	2	3	4	5	6	7	8	9	A	B	C	D	E	F
0	NUL	SOH	STX	ETX	EOT	ENQ	ACK	BEL	BS	HT	LF	VT	FF	CR	SO	SI
1	DLE	DC1	DC2	DC3	DC4	NAK	SYN	ETB	CAN	EM	SUB	ESC	FS	GS	RS	US
2	LZ	!	„	#	$	%	&	„	(	)	*	+	,	-	.	/
3	0	1	2	3	4	5	6	7	8	9	:	;	<	=	>	?
4	@	A	B	C	D	E	F	G	H	I	J	K	L	M	N	O
5	P	Q	R	S	T	U	V	W	X	Y	Z	[	\	]	^	_
6	`	a	b	c	d	e	f	g	h	i	j	k	l	m	n	o
7	p	q	r	s	t	u	v	w	x	y	z	{	|	}	~	
8	Ç	ü	é	â	ä	à	å	ç	ê	ë	è	ï	î	ì	Ä	Å
9	É	æ	Æ	ô	ö	ò	û	ù	ÿ	Ö	Ü	ø	£	Ø	×	ƒ
A	á	í	ó	ú	ñ	Ñ	ª	º	¿	®	¬	½	¼	¡	«	»
B	_	_	_	¦	¦	Á	Â	À	©	¦	¦	+	+	¢	¦	+
C	+	-	-	+	-	+	ã	Ã	+	+	-	-	¦	-	+	¤
D	ð	Ð	Ê	Ë	È	ı	Í	Î	Ï	+	+	_	_	¦	Ì	_
E	Ó	ß	Ô	Ò	õ	Õ	µ	þ	Þ	Ú	Û	Ù	ý	Ý	‾	´
F	-	±	_	¾	¶	§	÷	,	°	¨	·	¹	³	²		_

(Zeilenbeschriftung links: 1. Tetrade)

Beispiele

Zeichen	Hexadezimal-Code	binäre Darstellung
höchstes Bit nicht gesetzt		
ESC	1B	0001 1011
A	41	0100 0001
{	7B	0111 1011
höchstes Bit gesetzt		
Ä	8E	1000 1110
µ	E6	1110 0110
±	F1	1111 0001

Zur Verschlüsselung der Zeichen reichen jeweils 7 Bits. Die Zeichen der ersten beiden Zeilen der Tabelle werden vom Peripheriegerät als Steuerzeichen erkannt, die es dem Prozessor erlauben, die Arbeitsweise des Geräts zu beeinflussen. Auf sie kann hier leider nicht weiter eingegangen werden. Die untere Hälfte der Tabelle zeigt eine von vielen nicht standardisierten Erweiterungen. Zur Codierung aller Zeichen der Tabelle werden acht Bits benötigt.

Literatur

Neben den bereits erwähnten Büchern von H. Bähring: *Mikrorechner-Technik,* die 2002 im Springer-Verlag erschienen sind, wurden für die Erstellung des Textes viele Handbücher und Datenbücher der wichtigsten Mikrocontroller- und DSP-Hersteller herangezogen, die im Internet auf den Hersteller-Seiten zum Herunterladen bereit stehen. Zum Selbststudium und Nachschlagen werden zusätzlich die folgenden Bücher empfohlen.

Analog Devices: *ADSP-218x DSP Microcomputer.* 1997

H. Bähring: *Mikrorechner-Technik, Band I: Mikroprozessoren und Digitale Signalprozessoren, Band II: Busse, Speicher, Peripherie und Mikrocontroller,* 3. Auflage, Springer-Verlag, 2002

Bosch: *CAN Specification.* Version 2.0, Robert Bosch GmbH, Stuttgart, 1991

U. Brinkschulte, T.Ungerer: *Mikrocontroller und Mikroprozessoren,* 2. Auflage, Springer-Verlag, 2007

Compaq et al: *Universal Serial Bus Specification.* Revision 1.0, 1996

K. Dembrowski: *Computerschnittstellen und Bussysteme.* Hüthig Verlag, Heidelberg, 1997

T. Flik: *Mikroprozessortechnik und Rechnerstrukturen.* 7. Auflage, Springer-Verlag, Berlin, 2005

J. L. Hennessy, D.A: Patterson: *Rechnerorganisation und -entwurf.* 3. Auflage, Spektrum Akademischer Verlag, 2005

D. Hoffmann: *Grundlagen der Technischen Informatik.* Hanser-Verlag, 2007

IEEE: *IEEE Standard 754-1985 for Binary Floating-Point Arithmetic.* 1985

J. Iovine: *PIC Microcontroller Project Book,* McGraw-Hill, 2000

H. J. Kelm (Hrsg.): *USB - Universal Serial Bus.* Francis Verlag, Poing, 1999

H. Liebig, T. Flik: *Rechnerorganisation.* Springer-Verlag, Berlin, 1993

P. Marwedel: *Eingebettete Systeme.* Springer-Verlag, 2007

H. Messmer, K. Dembrowski: *PC-Hardwarebuch – Aufbau, Funktionsweise, Programmierung.* 7. Auflage, Addison-Wesley, Bonn, 2003

T.D. Morton: *Embedded Microcontrollers.* Prentice Hall, 2001

M. Predko: *Handbook of Microcontrollers.* McGraw-Hill, 1999

W. Schiffmann, R. Schmitz: *Technische Informatik 2.* 5. Auflage, Springer-Verlag, Berlin, 2005

F.J. Schmitt et al.: *Embedded-Control-Architekturen.* Hanser-Verlag, 1999

P. Schnabel: *Computertechnik-Fibel.* 2. Auflage, Eigenverlag Ludwigsburg, 2009

D. Schossig: *Mikrocontroller – Aufbau, Anwendung und Programmierung.* Tewi-Verlag, 1993

B. Shriver, B. Smith: *The Anatomy of a High-Performance Microprocessor - A Systems Perspective.* IEEE Computer Society, Los Alamitos, California, 1998

M Sturm: *Mikrocontroller-Technik.* Hanser-Verlag, 2006

P. Urbanek: *Mikrocomputer-Technik.* Teubner Verlag, Stuttgart, 1999

Index

B

C

M

U